干旱内陆河流域水文水资源

冯　起　高前兆　司建华　席海洋　等　著

科　学　出　版　社

北　京

内 容 简 介

本书是在前人大量研究工作的基础上，结合作者多年实地调查和观测，经过大量统计、分析和论证完成的。全书共十五章，第一～三章为理论基础，内容包括流域水文水资源系统、流域水资源形成与分布及内陆水循环与水文平衡；第四～十章对降水、冰雪消融与融水径流、出山径流、地下水、洪水与枯水径流、蒸发量与生态需水量、流域水体化学等主要水文水资源要素进行定量分析；第十一～十五章开展流域水文水资源在生态水文、生态环境建设、水资源承载力、水资源合理利用和可持续管理等方面的评价与分析应用，旨在为现阶段西北内陆河地区的水资源开发利用提供重要支撑。

本书可供水文水资源、生态水文、水利、资源环境等领域的科研单位、高等院校师生使用，也可供科技、生产管理及决策部门工作人员参考。

审图号：GS(2019)1962 号

图书在版编目（CIP）数据

干旱内陆河流域水文水资源/冯起等著. —北京：科学出版社，2019.9

ISBN 978-7-03-060025-7

Ⅰ. ①干…　Ⅱ. ①冯…　Ⅲ. ①干旱区-内陆水域-区域水文学-研究-西北地区　②干旱区-内陆水域-水资源-研究-西北地区　Ⅳ. ①P343②TV213.9

中国版本图书馆 CIP 数据核字（2018）第 284695 号

责任编辑：杨向萍　亢列梅　徐世钊 / 责任校对：郭瑞芝

责任印制：师艳茹 / 封面设计：陈　敬

科 学 出 版 社 出版

北京东黄城根北街 16 号

邮政编码：100717

http://www.sciencep.com

北京通州皇家印刷厂 印刷

科学出版社发行　各地新华书店经销

*

2019 年 9 月第　一　版　开本：787×1092　1/16

2019 年 9 月第一次印刷　印张：32

字数：759 000

定价：298.00 元

（如有印装质量问题，我社负责调换）

《干旱内陆河流域水文水资源》撰写委员会

主　任：冯　起

副主任：高前兆　司建华　席海洋

委　员：（按姓氏汉语拼音排序）

陈丽娟　冯　起　高前兆　郭小燕　何新林　蓝永超
李宝锋　李若麟　刘桂民　刘　蔚　刘　文　宁婷婷
钱　鞠　曲耀光　沈永平　司建华　苏宏超　王根绪
王　润　温小虎　席海洋　杨林山　杨玲媛　尹振良
鱼腾飞　张成琦　朱　猛

前　言

干旱内陆河流域地处丝绸之路经济带核心区，是我国生态安全战略格局中的重点区域。水资源对我国国民经济发展具有重要意义。为了便于对水资源进行合理利用与管理，本书对我国内陆地区的主要河流和湖泊进行归类，将中国自然地理区划中的西北干旱区扩大到青藏高原北部的柴达木盆地和季风气候区内蒙古东部高原的内流区，以及黄河上游集水区及其在宁夏回族自治区和陕西省边界存在的内流区，将其专门列为中国西北内陆河区。西北内陆河区占我国国土面积的 1/3，其水资源量仅占全国的 5%，并以10%的绿洲养育了该区 85%的人口，产出了该区 93%的 GDP。然而，水资源短缺仍是制约区域经济和社会发展的瓶颈。在变化环境下，区域的水循环要素必然发生变化，使得水资源系统的变化过程更为复杂，水资源供需矛盾日益突出。我国干旱内陆河流域山地-荒漠-绿洲系统是结构完整的独立生态水文单元，叠加有悠久的人类活动并遗留许多痕迹，是探索地球系统、开展科学研究的理想单元，在认识水问题上具有全球代表性。

由于近代干旱内陆河流域人口压力和经济利益的驱动，河流水资源开发达到前所未有的速度和强度。干旱内陆河流域以水土资源开发为主的人类活动，打破了自然生态系统平衡状态，从而出现了河道断流、湖泊干涸、地下水水位持续下降、灌溉绿洲土壤次生盐碱化、土地旱化、植被退化、天然绿洲萎缩、风蚀沙化加剧、沙尘暴频频袭击等一系列生态环境问题。同时，环境变化进一步加剧了生态危机，进而影响到整个区域的生态安全和区域社会经济的可持续发展。21 世纪初，国家投入巨资开展以塔里木河流域、黑河流域为典型内陆河流域的生态环境整治，并在 2006 年开展石羊河流域的综合治理，同时进行土地荒漠化、盐碱化及水土流失治理等攻关研究，作为遏制内陆河地区生态环境退化，改善我国西部地区生态环境、人民生活和工农业生产基本条件的重大举措。尽管塔里木河、黑河、石羊河等内陆河流域生态抢救工程已取得初步成效，区域生态环境局部有所改善，但整个内陆河流域的退化趋势仍未得到根本性逆转。

本书以包括黄河上游在内的中国西北内陆河地区的水文学研究为主线，以内陆河区流域水资源可持续开发利用与管理为目标，总结水文循环基础研究、水资源评价及其开发利用的经验与教训，提出我国西北内陆河流域水资源可持续开发利用与管理基本的宏观思路，为我国西北地区的社会、经济和生态的可持续发展提供参考。

全书共十五章。前三章重点介绍干旱内陆河流域水文水资源系统组成、水资源形成与转化、水资源量与质的特征；阐述干旱内陆河流域水资源形成与分布、水资源开发利用状况、流域水资源转化模式，以及水资源配置和水平衡关系等问题；论述我国西北内陆水循环的基本规律，重点开展内陆河流域山区到平原的水循环分析，计算并分析内陆河流域水文平衡规律。第四～九章，分别论述降水、冰雪消融与融水径流、出山径流、地下水、洪水与枯水径流、流域蒸发量和生态需水量的变化、形成与转化规律等。第十章以典型流域为例，揭示流域水体化学的特征与变化规律，阐述水体化学的形成作用与影响因素。第十一章探讨流域尺度的生态水文，从水循环与生态、流域生态系统特点、上游山地径流形成、中游平原绿洲径流利用耗散、下游河流系统退化方面，对全流域生态系统用水和生态水资源评价及生态需水理论与问题进行系统分析，拓展生态水文在内陆河流域的研究领域。第十二章分析干旱内陆河流域水资源开发利用引起的重大生态和环境问题，阐释流域中下游的生态系统水平衡失调、中游绿洲灌区次生盐碱化、上游山区植被退化与水土流失、河流水质恶化与水污染严重、平原植被退化和土地沙漠化、土壤质量下降等严重的问题，基于上述问题，提出干旱内陆河流域可持续利用预警综合评价系统。第十三章综述干旱内陆河流域水资源承载力的研究方法、存在的问题及发展趋势。第十四章从流域尺度介绍水资源合理利用与评价。第十五章提出流域水资源可持续管理及对策，旨在为西北内陆河区水资源合理开发利用提供重要支撑。

本书由冯起、高前兆、司建华等撰写提纲，冯起、高前兆负责全书统稿工作，冯起、司建华负责定稿。本书撰写分工为：前言（冯起、高前兆、司建华），第一章（高前兆、冯起），第二章（高前兆、冯起），第三章（高前兆、陈丽娟、郭小燕），第四章（苏宏超、冯起、高前兆），第五章（沈永平）、第六章（尹振良、冯起、蓝永超），第七章（钱鞠、温小虎、高前兆、席海洋），第八章（王润、高前兆），第九章（鱼腾飞、司建华、曲耀光），第十章（刘蔚、冯起），第十一章（司建华、刘桂民、王根绪），第十二章（冯起、何新林），第十三章（杨玲媛、王根绪），第十四章（冯起、高前兆），第十五章（冯起、高前兆）。席海洋、杨林山、宁婷婷、朱猛、刘文、李宝锋、李若麟、张成琦参与了本书文字和图表整理工作。

本书是在国家重点研发计划项目“西北内陆区水资源安全保障技术集成与应用”（2017YFC0404300），中国科学院中年拔尖科学家项目“气候变化对西北干旱区水循环的影响及水资源安全研究”（QYZDJ-SSW-DQC031），祁连山生态环境研究中心、甘肃省重大专项“祁连山涵养水源生态系统与水文过程相互作用及其对气候变化的适应研究”（18JR4RA002），甘肃省重点项目“黑河流域土地沙漠化与生态修复技术跨境研究”（17YF1WA168）的共同资助下完成的。对这些项目的资助表示感谢！

本书是在总结我国几十年来干旱内陆河流域水文水资源研究成果的基础上，结合作者多年来的研究成果凝练而成的著作。因其综合性较强、涉及学科门类多、覆盖面宽广，仍有许多科学和实践问题需要进一步探究和研讨。作者撰写历时5年，几易其稿，增删多次，疏漏之处敬请读者不吝赐教。

目　　录

第一章　流域水文水资源系统

我国内陆地区除了大片沙漠和戈壁无流区外，均以基本的流域或盆地为单元，并且以河流为纽带，联系着高山冰川、冻土、山前平原的戈壁、绿洲和内陆盆地的沙漠。一个个流域把内陆地区具有特色的山地生态系统、平原绿洲生态系统和盆地荒漠生态系统组合为内陆河流域生态系统。

内陆地区，一个流域就是一个完整的地表水与地下水相互联系的生态系统功能单元，形成的水文系统成为水分补给、流动、转化和消耗不可分割的整体，并构成内陆水循环的陆地水文过程和各种水文循环的重要部分，同时也形成了独特的以高山冰雪-山地涵养林-平原绿洲-河流尾闾湖泊为一体的流域水文系统。

内陆河流域的水文系统可分为两部分，即流域的地表水系统和地下水系统，它们相互联系、互相制约。由于平原地区降水稀少、人类活动强烈，在水系统规划中，地表水系统比地下水系统更为重要。实际上，尽管平原地区受地表水的天然补给限制，但地下水以盆地为单元进行运移、转化、消耗、储蓄和开采利用，并与地表水系统相互联系，为内陆水循环的地下径流、能量与物质的循环及陆地生态环境提供生生不息的动力。

内陆河流域水系统可以由流域内的冰川、积雪、沼泽、山区水源地，河道、湖泊，泉流、地下水盆地，水库、人工渠网、水利工程、水井及各种用水户等几项或全部项组成。在一个流域里，它们相互联系、互相制约；在不同的流域里，尽管有着相似的类型及存在形式，但是它们相互独立，各自成为内陆河流域水系统中的亚系统（Olli，1999；Falkenmark，1990）。

第一节　流域地表水与地下水系统

一、地表水系统

地表水系统主要由山区的冰川、积雪、湖沼、河谷、水源涵养地与平原河流、湖泊与蓄水水库、引水渠网、输水与配水设施等水利工程，以及各种用水户等组成。山区多属天然系统，而平原地区随着人类对水资源的开发利用，从引水、输水、蓄水、取水和排水修建一系列工程，逐步演变为人工的和天然的混合水系统。对于内陆河流域的地表水系统，目前主要开展的地表水文研究有：山区气候变化对降水的影响、冰雪物理与冰川融水径流、积雪与融雪径流、降雨径流、出山径流形成与模拟、山区森林水文与生态水文等山（坡）地水文；平原干旱与洪水、地表水与地下水转化、河流水化学、河道渗漏、水面蒸发、灌溉水文、土壤次生盐碱化、作物蒸散发与需水量、生态需水等绿洲水文；荒漠绿洲水热平衡、生态输水、河道渗漏、荒漠植被生态需水量实验观测与模拟、内陆湖沼水文、暴雨洪水、临时性径流、水盐平衡等荒漠生态水文问题。地表水文研究可为流域水文形成与演变、运移与转化、消耗与利用提供实时或预测的过程，为陆地水文提供、积累基础信息和观测资料，并揭示各种自然规律；也可为流域水资源合理开发利用提供精确的定量评价，为经济社会的可持续发展及生态环境保护服务。

人类在与自然斗争的过程中学会开发利用河流与湖泊的地表水，可以说，自人类出现就已进行，并积累了丰富的知识和经验。随着科学与技术进步，人类开发利用水资源的能力取得了极大进步，可以减少天然来水与供水需求之间的矛盾，在流域内建立起人工水系统。这种人工水系统达到何种程度与需要服务多大范围、如何运用这种人工水系统达到一系列的既定目标，就需要采用水资源系统规划来实现。我国人口的快速增长，再加上工业化、城镇化、农业集约化与大量使用水的生活方式，导致内陆河流域地区生产与生活用水量成倍增长，挤占了自然界生态需水量，不仅突破了自然水资源生成与循环能力，而且导致了严重的植被退化、沙漠化、盐碱化、水土流失、沙尘暴和环境污染等生态危机。因此，要着重关注流域地表水和地下水系统，从流域整体-综合-优化的角度，实现水资源利用的可持续发展。

二、地下水系统

冰川与积雪下伏的冻土、山坡壤中流、基岩裂隙水、泉水、河谷与山间盆地的地下径流、河谷潜流等构成山区地下水系统；而平原地下水盆地、泉水、地下潜水露头、截潜与地下引流、人工地下水库等水利工程、各种水井及与其相联系的用水户等属于平原地下水系统。流域地下水系统与地表水系统紧密相连。因流域地下水是以盆地为单元作为地下水资源评价、开发和管理的基础，本书将流域山区和平原的若干个盆地组合起来，就构成了流域地下水系统。

干旱内陆河流域地下水系统由若干个具有一定独立性而又互相联系、互相影响的不同等级的区域地下水亚系统或次亚系统组成（耿雷华等，2002）。而区域地下水亚系统包括包气带、局部性浅层地下水系统、子区中层地下水系统、区域及跨区域深层地下水系统、跨区域及深层地下水系统，并以其地下水的补给、径流与排泄，物质能量转化、消耗、储存与开采利用来开展地下水研究。地下水系统作为流域水文系统的一个重要组成部分，与降水-径流和地表水亚系统存在密切联系，可以互相转化；而且地下水系统的演变在很大程度上受这些亚系统的输入与输出系统控制。流域里每一个地下水系统都具有各自的特征与演变规律，包括各自的水动力系统、水化学系统等，且地下水系统的时空分布与演变规律既受天然条件的控制，又受社会环境，特别是人类活动的影响。地下水系统主要研究如下 3 个系统：由输入、区域地下水系统、输出 3 部分组成的水文系统，作为地下水系统的边界及其发展演变重要依据的水动力系统，作为评价地下水资源的水质与水量且两者存在密切联系的水质系统，或称水化学系统。

地表水和地下水是整个水文系统相互联系的组成部分，但在各自研究中所采用的方法手段却有明显不同。许多地表水水文学研究者将兴趣放在降水-径流方面，并倾向于将流域以确定性和随机性做集中处理，而许多地下水水文学家则注意地下水流的细节，并常将地下水盆地处理为确定性的分布参数系统（王浩等，2002）。在分析降雨-径流过程时，需要考虑的因素包括降雨、入渗、蒸散发、土壤上层储水量、下层储水量、下层前期含水量、地下储水量、地下径流量及地表径流量等。作为一种研究方法，地表水水文学与地下水水文学有着相似之处。

三、人类开发利用水资源的事实

人类开发利用自然资源必须考虑（曲耀光，1987）：土地利用取决于水，而水主要消耗于植物生产，环境变化是由水的各种并行功能与水循环整体性的综合影响造成的。因此，在分析水资源利用引起的未来环境变化时，需要把水和土地视为相互作用的资源系统，并充分关注水循环的整体性。土壤是水循环地面阶段的关键地带，土壤层中的各种作用过程不仅决定地下水的补给部分，而且决定着地下水的水质、径流形成及到达河流的径流途径，最后影响河流水质。土壤的生产率直接决定于土壤水分条件，但土壤水是降水、地表水与地下水转化的一种形式；各种绿色植物着根于土壤，受水分条件控制，又与生态环境相连。根据已有研究，干旱区内陆河流域水资源数量有限，水质变化大，但较可靠。对人类有开发利用价值的水资源包括：降水资源、河川径流资源、浅层地下水资源。其中，深层地下水和冰川固体水更新速率很慢，只能视作贮存资源。人类开发利用水资源一方面应当明确一个限度，以便全流域水资源循环再生、可持续利用；另一方面必须留出一定的水量，满足生态平衡需水，特别是维持平原天然绿洲、河道、必要的湖泊水域和地下水盆地的需水，以利于调节人类生存环境，抵御自然和环境灾害。

第二节 流域水资源形成与转化

以甘肃河西内陆河流域为例，其地理位置为37°17′～42°48′N、93°23′～104°12′E，地处我国西北干旱区东部和青藏高原北侧祁连山北坡的内陆盆地，自东向西分属石羊河、黑河和疏勒河3个流域，是我国西北内陆河流域的一部分。内陆河流域四周被高山高原的地理环境所围绕，形成干旱地带独具特色的水循环系统，按其进入盆地和汇水洼地的方式构成一个个相对独立的大小内陆河流域或水系，水资源在流域的水循环中形成、运移、转化和消耗。

与外流河水流入海洋相比，内陆河水流进入干旱的封闭盆地，形成了一个个封闭的陆地水循环系统；内陆河流域或水系，水资源具有在流域上游山区的水循环中形成，并在山前平原强烈进行地表水与地下水转化的特点（蓝永超等，2003；聂振龙等，2001）。尽管水资源可以储蓄在地下水盆地和终端内陆湖泊，但仍在流域水资源系统里遵循着水分平衡规律，并在广阔平原的陆地水循环中散失，与自然生态平衡保持着微妙的关系。

一、水资源形成过程

内陆河上游山区为径流形成区，这里海拔较高，地形复杂，人类活动稀少；高山发育的冰川每年夏季消融，形成冰川融水径流，成为多数河流的源头；山地坡陡，降水较多，形式多样，经植被截留、地表径流和壤中流转化（Rodriguez，2000；陈隆亨和曲耀光，1992），即形成降雨径流和季节性积雪融水径流，并迅速汇集于河道；还有一部分降水和径流在山坡和河谷入渗地下，随地形和地质条件变化，流入河道成为基流，极小部分成为深层流。因此，地表径流随山溪河流沿程增加，到达出山口时，河川径流达到最大。根据多年平均值，可以得到河西内陆河流域山区水资源形成的水文过程示意图（图 1-1）。在山区地表水形成转化同时，山区的降水与径流还支撑着山地生态系统。

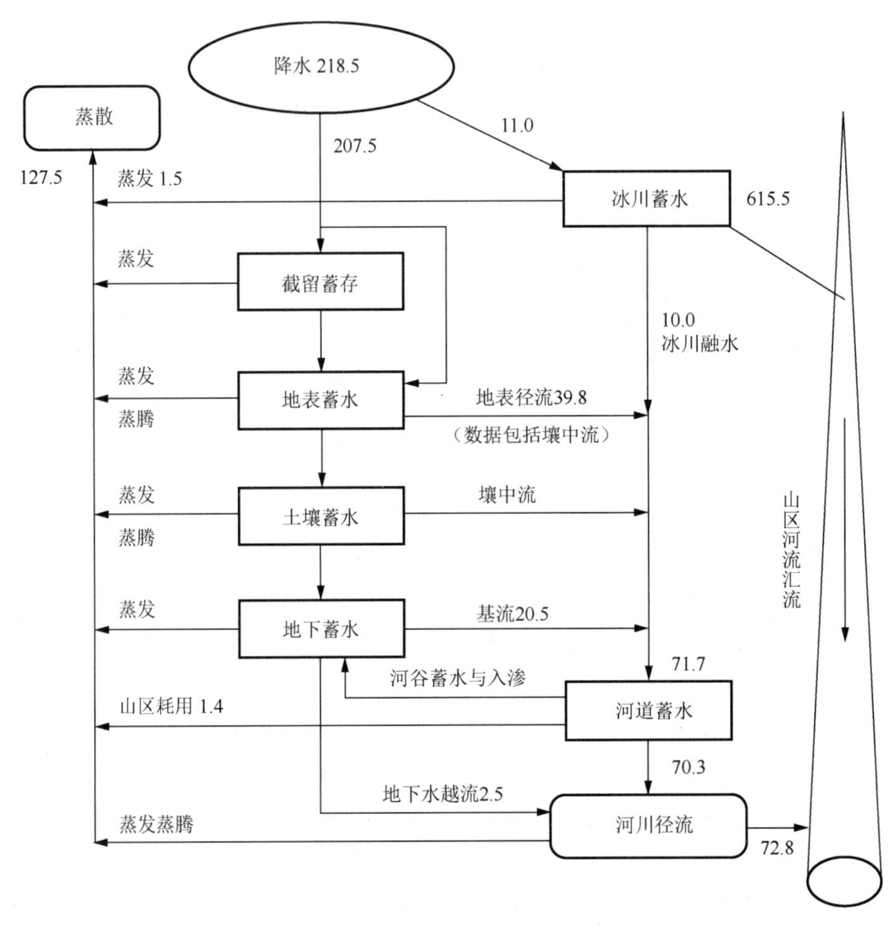

图 1-1　河西内陆河流域山区水资源形成水文过程示意图（单位：亿 m^3）

二、水资源消耗过程

径流出山后以地表水与地下水两种形式相互转换汇集于河道，尽管平原区也有降水，但仅有少量入渗补给地下水，受水文地质和气候条件影响，不能形成地表径流进入河道；伴随着人类开发利用，沿河道水流不断渗漏进入地下和蒸发蒸腾向空中散失，最终在下游消耗掉在山区形成的全部水资源。在平原地区的中上游山前地带，在天然条件下，河水流经透水性极强的山前冲洪积扇，会大量入渗补给地下水，河川径流沿程减少，其补给量取决于河床的水文地质条件、流量和流程，一般在未修建人工取水设施之前，补给地下水的量可以达到出山径流量的 60%。盆地里有河道入渗、山前侧渗和少量降水入渗补给的地下水，其主要以潜水的形式向下游流泄，并在冲积扇缘以泉水形式溢出，汇集成泉沟流入河道，在盆地内再度转化为地表水，有的甚至还可进入下一级盆地转化消耗。流进盆地的河川径流和地下水的部分支撑着人类活动最强烈的人工生态系统；河流下游和人工绿洲的周边地区属于地表和地下径流的排泄、积累和蒸发散失区，水资源支撑了天然绿洲、内陆湖泊水域和低湿地生态系统（耿雷华等，2002）；河流尾闾与天然绿洲周边及下游广大荒漠地区属于水分严重稀缺的无流区，仅依靠极为有限的降水和大气凝结水，支撑着区域脆弱的荒漠生态系统。

三、人类活动对水资源的影响

在干旱地区，人类开发利用水资源建设人工绿洲，在河道上筑坝拦水、修建水库，在两岸开渠引水，以至形成现今中游地区的河道渠化，改变了水流与河道、湖泊积水的关系，改变了地表水和地下水的转化路径，也改变了原有的地下水所赋存的环境。其在流域内天然水循环的框架下，形成了取水-输水-用水-排水-回归等环节构成的地表水流侧支循环；在绿洲里，人工开采地下水采用引流泉水、打井提水，甚至回补或截引地下含水层，构成地下水流的侧支循环。以石羊河流域东部的武威盆地为例，进入20世纪90年代，人工引蓄地表水（库渠引水）和提引地下水的侧支水循环已占了主要地位（图1-2），而且已在武威盆地年超采地下水近亿立方米。尽管其也是消耗山区形成的水资源，但是由于受到绿洲里人类活动高强度的开发利用影响，以及大规模改变土地覆盖，流域中下游地表水流和地下水补给、排泄发生巨大变化，而且在取水-用水-排水过程中还产生明显的流域水文效应。流域人工侧支水循环的形成和发展，一方面增加了人工供水量，另一方面使天然状态下的下游地表径流量和地下径流量不断减少，水质受到人类活动的影响，导致平原水系统发生变化，也使天然绿洲生态与人工生态发生相应变化，结果使中游地带水转化在垂直方向加强，向空中蒸发消耗的水量增加（王浩等，2002）；下游地带水平方向径流减少，造成下游河道和内陆终端湖泊萎缩、地下水水位下降、沙漠化等环境退化。

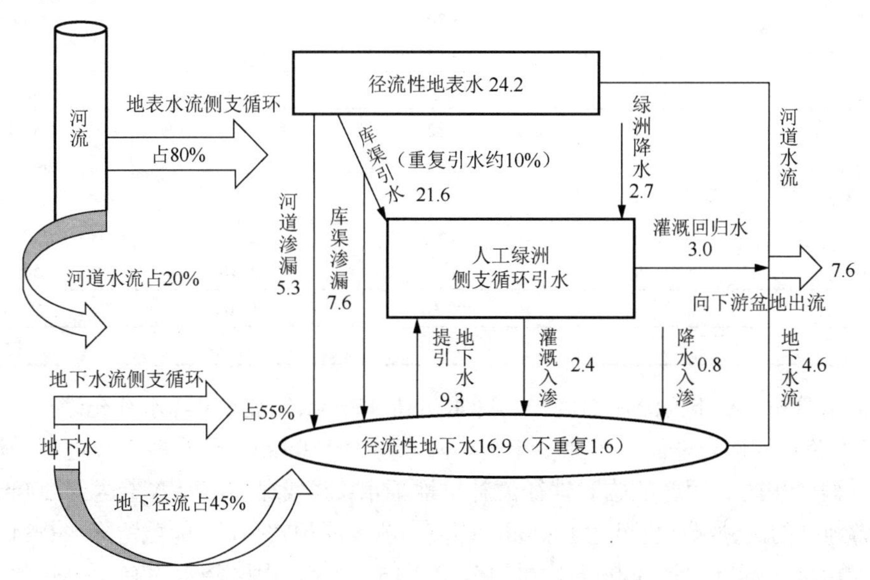

图1-2　平原人工绿洲水循环侧支循环结构示意图（单位：亿 m^3）

以黑河中游张掖盆地20世纪90年代为例

第三节　水资源相互转化

一、降水资源转化

干旱内陆河流域山区的降水不仅影响着山区冰川发育和对河流的补给，也是河流水的主要来源。山区降水远较河西走廊（简称走廊）平原丰富，因而成为河西地区每年得以更新的地表水源泉（蓝永超等，2003）。一般来说，河西走廊平原东部的石羊河流域多年平均降水量为 100～250mm，中部黑河流域为 80～200mm，西部疏勒河流域仅为 50～120mm。祁连山东段石羊河流域降水量为 250～750mm，降水量随高程的增加量为（25～40mm）/100m；中段黑河流域山区降水量为 200～600mm，降水量随高程的增加量为（10～25mm）/100m；西段疏勒河流域山区降水量仅 120～350mm，降水量随高程的增加量只有（5～10mm）/100m。按河西各地区多年平均降水量等值线图量算及流域面积（高前兆和仵彦卿，2004；陈隆亨和曲耀光，1992）、2000 年冰川面积统计来估算（康尔泗等，2002；施雅风等，2002），可得到整个河西内陆河流域的总降水量达 389.93 亿 m^3，其中河源冰川区降水计 6.15 亿 m^3，山区降水计 218.49 亿 m^3，平原降水计 171.44 亿 m^3（表 1-1）。

表 1-1　2000 年河西各流域主要生态区降水量估计　（单位：亿 m^3）

生态区	石羊河流域	黑河流域	疏勒河流域	河西内陆河流域
冰川	0.34	2.15	3.66	6.15
冰川径流区	0.53	4.51	5.47	10.51
森林	3.24	3.70	0.00	6.94
灌木林	3.71	6.67	17.71	28.09
山区小计	47.60	107.32	63.57	218.49
人工绿洲	8.44	6.62	0.88	15.94
天然绿洲	0.34	5.39	1.02	6.75
盐碱地	—	0.02	0.03	0.05
戈壁	10.12	34.53	27.53	72.18
沙丘地	11.00	9.94	2.10	23.04
平原小计	39.76	73.60	58.08	171.44
合计	87.36	180.92	121.65	389.93

按流域分析，石羊河流域山区平均降水量达 450mm，除少量降水补充冰川外，约有 1/3 的降水转化为地表径流；平原多年平均降水量为 130mm，已不能形成地表径流，仅在山前暴雨洪水时有短暂的临时性径流补给地下水；武威绿洲年降水量达到 200mm，即使在下游地区的民勤绿洲也可达 100mm；因高山冰川面积较少，仅能截留降水 0.34 亿 m^3。黑河流域山区平均降水量 360mm，冰川截留 2.15 亿 m^3，山区降水约有 36%转化为地表径流；平原降水量为 120mm，除走廊北山可以产生少量临时性径流外，平原地区的降水对河流几乎无补给，走廊的甘州、临泽、高台和酒泉的绿洲降水量为 100mm 左右，下游金塔、鼎新绿洲降水量为 80mm。疏勒河流域比较干旱，冰川截留降水较多，约 3.66 亿 m^3，

山区已无乔木林而仅为灌木林，平均降水量170mm，仅有25%的降水转化为地表径流；平原区降水量不到80mm，除了疏勒河灌区绿洲年降水量有70mm外，瓜州、敦煌绿洲降水量不足50mm。

干旱内陆河山区既是径流的形成区，也是水量消耗的重要区。控制山区径流的是降水-蒸发-地表径流的转化，从山区的降水-径流关系分析，降水除了形成径流以外，还要满足山地乔灌林和牧草生长的需水，其余的水量消耗于山区的蒸发（李宝兴，1982），有30%～50%耗散于空中。在高山冰川区降落在冰川上的水量，除粒雪线以上的降水补给冰川外，其余的降水每年在夏季作为一部分冰川融水径流出流。按冰川区水文观测资料，蒸发损失的水量占年降水量的20%～25%，大部分冰川上的降水随冰川的运动和消融，可转化为融水径流出流。

高寒裸露山区，降水量相对丰富，蒸发能力较弱，尽管无植被生长，但产流率高，年降水量的75%左右可以转化为径流，径流系数可达0.75。因此，在祁连山径流等值线上，高山的东段石羊河流域上游出现500mm高值闭合线；在黑河流域上游东部有400mm闭合线，西部为300mm闭合线，在森林生长受到降水和热量条件限制的山坡，可生长灌木林；在疏勒河上游的最高径流闭合等值线仅为200mm。在祁连山东部阴坡森林带分布区，降水量为350～500mm，径流系数一般为0.3～0.4，有40%～50%的降水消耗于蒸发蒸腾；西部的山地降水已不能满足乔木林生长的条件，仅生长灌木、禾本科草类，并随降水量的减少，植被变得稀疏甚至裸露，相对径流系数仅为0.05～0.2，即有80%～95%的降水损失于蒸发蒸腾。

在整个河西内陆河流域平原，按多年平均估算，绿洲的年总降水量为22.69亿m^3，其中石羊河流域为人工绿洲和天然绿洲提供8.78亿m^3的降水量，黑河流域为12.01亿m^3，疏勒河流域平原地区降水量少，绿洲面积也小，供绿洲的降水量仅1.90亿m^3。绿洲的降水对天然和人工植被生长有意义，但对农田的补给作用主要取决于雨量、雨强和降雨历时与季节；由于平原地区面积较大，降水总量可达171.44亿m^3，仅在地下水水位较浅的地区有小部分转化为地下水。其中，降落在裸露的沙漠、戈壁和盐碱地的降水量计95亿m^3，对地下水的补给基本无效，仅对保存极稀疏的耐旱植物有作用。

二、平原地表水与地下水转化

平原内陆河的河水-地下水-河水的相互转化是中下游陆地水循环运动的一个重要组成部分。由于河西内陆河穿越2～3排构造盆地，这种水循环过程可以重复2～3次（高前兆等，2004）。转化运动从山前上部河水渗漏补给地下水开始，到冲洪积扇缘溢出带出露地表转化为泉水，入流河道为止。未受人类提引时，在地表水和地下水的水循环转化过程中，水量一次又一次减少，泉水也相应减少，河水可以到达终端湖，并潴积大量湖水；受人类活动在第一循环带开发利用时的影响，至第二或第三循环带，仅以少量地表径流和地下径流汇集湖盆洼地，由蒸发消耗掉河流下游水量或造成地下水水位下降和亏缺，以此维持着内陆河水量平衡来完成内陆河水循环的过程（施雅风等，2002；曲耀光，1987）。以黑河流域为例，平原地区存在3个循环带：发源于祁连山的河流首先进入张掖、酒泉盆地的第一循环带，在山前洪积扇群带强烈补给地下水，成为南盆地（沿祁连山前分布的黑河中游地区盆地）地下水的主要补给源，到扇缘和细土平原，又以泉水形式出露地表，转换成为地表水，完成第一次循环；接着，通过走廊北山的峡口进入金塔和鼎新盆地，开始第二次循环；然后，流出甘肃省进入内蒙古额济纳盆地，流向居延海，完成第三次循环。根据 20 世纪 70 年代的计算结果，黑河流域各河流入河西走廊的地表径流为 39.20 亿 m^3，在第一循环带有 64.30%的地表水通过河、渠渗漏转化为地下水，而在盆地中下部，这部分地下水中有 54.70%以泉水形式溢出成为地表水流入河流，这部分水量约占进入第二循环带地表水的 86.10%；进入金塔和鼎新盆地的地表水有 21.30%转化为地下水；从鼎新盆地出口进入第三循环带，地表径流仅有 9.82 亿 m^3，其中约有一半，即 44.9%转化为下游盆地的地下水。这种转化关系到 20 世纪 80～90 年代已发生较大变化（表 1-2），尽管出山地表径流变化不大，但在第一循环带由河水转化为地下水的转化率已有明显变化，地下水补给减小，泉水出流持续减少，加上人工绿洲侧向分支循环作用，消耗水加大，使得进入第二循环带的河水大为减少，当然其转化也就更少。这样也直接使得进入第三循环带的河水减少，造成下游盆地地下水补给量成倍减少，同时还得不到上游洪水期的淡水补给，下游水质逐渐变劣；受下游盆地原有植被耗水的影响，地下水处于亏缺状态，致使地下水水位连续下降、地下水水循环减缓。

表 1-2　黑河流域平原地表水与地下水转化的变化

时间	循环	地表径流量/亿 m^3	河、渠渗漏量/亿 m^3	河、渠渗漏量占地表径流/%	泉水出流量/亿 m^3	泉水出流量占河、渠渗漏量/%	泉水出流量占流入盆地地表水/%
20 世纪 70 年代	第一次	39.20	25.20	64.30	13.80	54.70	86.10
	第二次	16.00	3.40	21.30	—	—	—
	第三次	9.82	4.40	44.90	—	—	—
1981～1985 年	第一次	37.80	23.32	61.70	11.20	46.70	77.80
	第二次	14.40	3.20	22.20	—	—	—
	第三次	8.36	3.70	44.20	—	—	—
20 世纪 90 年代	第一次	37.30	20.90	56.00	10.10	43.60	73.70
	第二次	13.70	3.10	22.60	—	—	—
	第三次	5.62	1.90	33.80	—	—	—

盆地河水向地下水转化的变化是随着人工绿洲的建设，引水渠口从平原河道向山前上移，并在中小河流上修建拦蓄水库，使得从河道水量引流率大大提高，山前平原河道渠化，原有河道成为弃洪泄水道，地下水对盆地补给由原来河道渗漏占总补给量一半及其以上的比例减少到不足三分之一，不仅使盆地地下水补给量大减，而且使地下径流减缓和水头降低，反映出河西走廊盆地的泉水流量逐年减少；而受人工引流和地下水开采的侧支水循环加强，库渠和农田入渗成为盆地地下水主要的补给源；同时，城镇工矿废水排放，农田化肥、农药残留由灌溉入渗进入地下水，使地下水的水质受到不同程度的影响；随着渠道防渗和农田灌溉节水的提高，入渗地下水的补给量还会减少，增加地下水开采量也会使盆地地下水补给量有所减少。

在石羊河流域和疏勒河流域的平原地区，也存在与黑河流域同样的水循环特征，不过只有两个循环带，其中石羊河流域由于在第一循环带——武威盆地，地表水和地下水开发的侧支循环引水率均已超过了90%，致使武威盆地的地下水补给失去了意义，造成下游民勤盆地补给水分严重短缺，地下水连年超采，位于下游的农田被弃耕，植被枯亡，沙漠入侵和沙尘暴肆虐等环境退化问题；疏勒河流域，由于水资源开发强度相对较低，在第一循环带——昌马盆地，地表引水率在修建昌马水库后仅为85%，地下水侧支循环引提水率仅为35%，相对来说，要比前两个流域情况要好，但是进入瓜州盆地的地表水补给也是呈减少趋势，下游环境退化态势也十分严峻。极为重要的是，需要注意维持这种地表水与地下水转化的关系，才能使流域地表水与地下水循环转化达到可持续开发利用的目标。

三、流域下游盆地水资源消耗

走廊平原地区水在水循环中的变化不仅反映在进入下游的水量持续减少，相对地，加大山前平原的水量消耗，无疑可以增加靠近祁连山北侧河西走廊平原区的水汽量。根据水文观测，按流入下游盆地地表水量统计，20 世纪 90 年代比 50 年代减少输送水量 10 亿 m^3 以上，占出山水总量的 15%左右，加上走廊盆地出口水库蒸发损失，向下游流泄水量只有原来的 55%，这对增加走廊平原向山区输送的水汽量具有积极作用（高前兆和仵彦卿，2004）。反映河西走廊盆地消耗水量的过程，可以由河流出山水量扣除向下游盆地泄放的水量来近似推算。因此，以武威盆地山前的西营河、杂木河与东大河的出山水量之和，减去红崖山水库的出流量作为武威盆地耗水的代表；以黑河干流的黑河和梨园河出山径流量，减去张掖盆地出口正义峡的出流量，近似代表黑河张掖盆地的耗水；采用昌马河出山径流量与昌马盆地出口的双塔堡出流量之差，作为近似西部疏勒河盆地的代表。从图 1-3 可以看出，1950～2005 年走廊盆地消耗地表径流一直在增加。

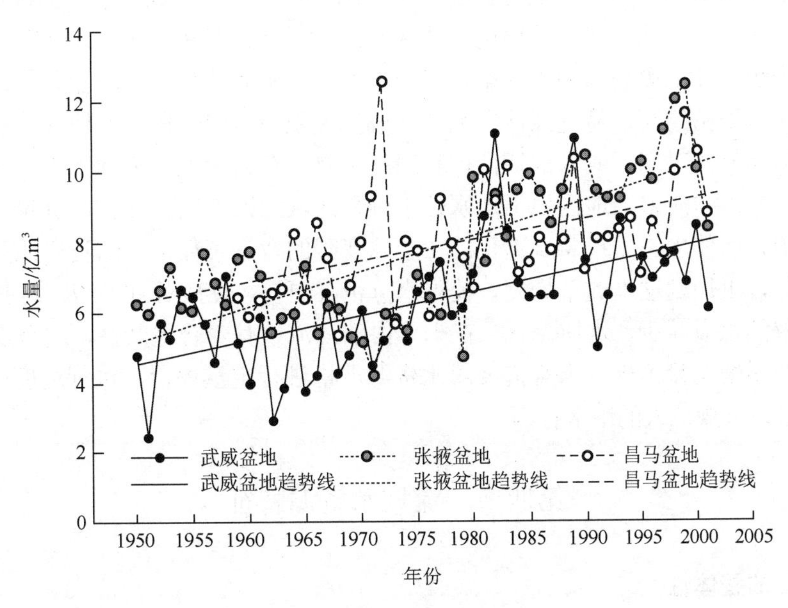

图 1-3 河西走廊盆地耗水过程

毫无疑问，受灌溉耕地增加和人工绿洲扩大等人类活动影响，山前盆地水量消耗尽管有波动，但一直在持续增加；这样，流入河流下游或进入下游盆地的地表径流逐年减少，在河西走廊 3 条内陆河进入下游断面时，均观测到径流明显减少的过程（图 1-4）。

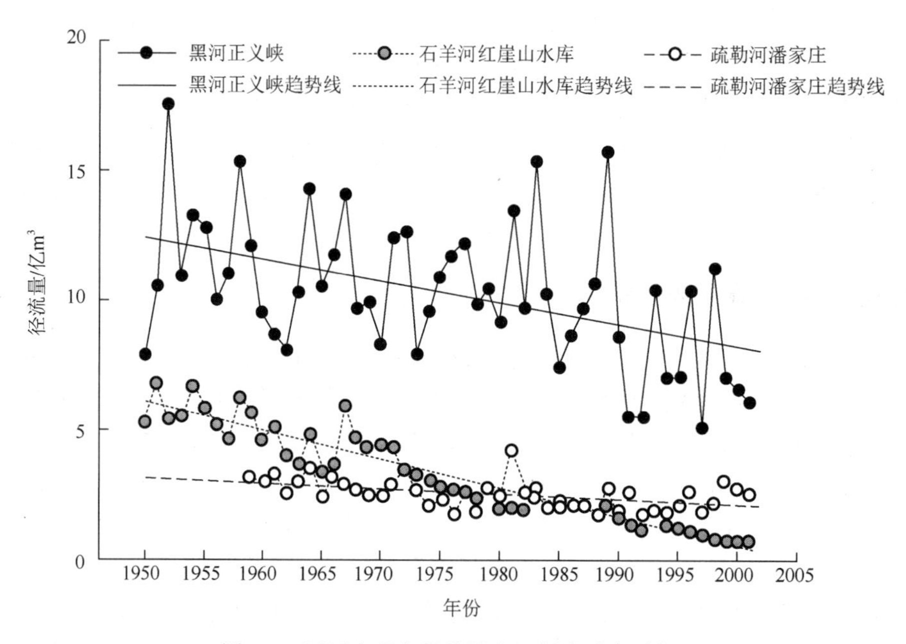

图 1-4　河西走廊主要盆地出口径流减少过程

根据干旱内陆河流域的水循环转化的特点，内陆河下游是人类在中上游水量开发影响最严重的地区。中游拦截了泄放到下游的水量，使得内陆河终端湖水量减少，乃至干枯，使下游河道成为季节性水道，甚至完全干涸，也改变了流域内水量的区域水分配；拦蓄山溪河流洪水，减少向下游输送的淡水资源，同时绿洲灌溉和土地开发打破原有土壤的盐分平衡，加上灌溉回归水的影响，使下游地区水质咸化，土壤盐碱化；由于减少了下游水量，干枯的河道易受风沙影响，造成风蚀积沙；同时在下游地区，水分与植被的平衡要迟缓一段时间，或为维持植被和绿洲生物生存人为地开采地下水，这样仍需要消耗水量，使内陆河末端地区地下水水位下降，区域性植被衰退死亡，引起下游天然绿洲生态平衡，而使生态系统急剧退化；在全球变暖的背景条件下，助长局地升温，并增加蒸发潜能，更加剧这里的干燥度，使得水分消耗更快，造成叠加效应。这些影响造成内陆河下游的水量减少、水质恶化，在干旱内陆河流域有着普遍共性，这是因为人类缺乏对水资源系统全盘考虑，未来需要对水资源严格进行定量评价、进行适度开发利用、实现科学管理来规范人的用水行为。

第四节　流域水资源特征

一、水资源的整体性

在陆地水循环中，由于水与生态环境密不可分，环境又是一面镜子，与水有关的各种现象又极为复杂，人类在开发利用水资源过程中，会对水循环各个环节进行干扰，任何干扰都会在水循环内向前扩散。因此，需要认识有关内陆河流域的水循环的整体性，以及由人类活动所产生的后果，从水循环的整体性概念（高前兆等，2003）考虑流域治理，这也是制订人与环境相互作用的对策的关键。

二、水资源的系统性

内陆河流域水量分配格局的改变，使原来大量消耗于下游的河川径流量逐步转移到山前平原。增加平原绿洲蒸散消耗水量，一方面改善了中游绿洲的局部生态环境，形成绿洲小气候，产生绿洲效应，并取得经济效益；另一方面，山前平原水分大量蒸发，必将减少向下游输送的水量，引起内陆河下游水分亏缺和土地沙漠化，损失一些具有生产力的可利用土地资源，并加剧自然灾害的危害，给流域社会经济造成更严重的损失。这是人类在内陆河流域过度开发利用有限水资源的一种结果，已成为河西内陆河流域，乃至整个西北内陆河区不可持续发展的关键依据。

三、水资源相互转化

可持续的水资源开发是一个大尺度的界定（高前兆等，2003）。内陆河流域的水资源产生并消耗于流域的水循环中，在许多重要的全球变化和趋势中，水与土地资源开发在平原地区增加的速度是非常快的，迅速增加的人口、城镇化、工业化和人类活动等以有害的方式展现物质循环，并进入水循环连环。因此，需要采取有效的控制措施，避免在水资源转化中影响下游的水源与环境；同时由于山区水资源主要由降水转化形成，而极大部分在转化中消耗，需要重视山区的植被建设与水资源保护，来促进水资源转化的研究，为实现河西内陆河流域的水资源安全战略提供稳定可靠的水源。

第二章　流域水资源形成与分布

第一节　区域范围与特点

一、地理范围

中国科学院自然区划工作委员会采用干燥度指数作为全国干湿程度的指标，定义干燥度指数在 1.5～2.0 为半干旱区；干燥度指数大于 2.0 的区域为干旱区，干旱区不灌溉就不能进行农业耕作；干燥度指数为 2.0～4.0 的天然植被为荒漠草原；而干燥度指数大于 4.0 为荒漠地带。天然植被为干草原，虽然可以勉强进行农业耕作，但产量很不稳定。有时也将干旱区和半干旱区统称为干旱地区。本书研究的西北内陆河区主要包括我国贺兰山以西的内陆河区、青海内陆河区和额尔齐斯河上游区；还包括我国西北黄河上游区和内蒙古高原东部内陆河区的半干旱区。上述范围的河源山区干燥度指数小于 1.5，或者小于按照中国自然地理编辑委员会划定的全国水分指标的年干燥度指数 3.5，这些区域本不属于干旱半干旱区，但为了使河流具有流域完整性，仍把这些山地包括在内；还有柴达木盆地，在自然地理中属于青藏高原，但由于盆地较低平（海拔 2500～3000m），干燥度指数大于 3.5，年降水量为 16～70mm，干旱仍是主要特征；从水文与水资源角度考虑，也将其列入中国西北内陆河区。

内陆干旱盆地具有独特的自然景观。干旱区盆地内分布有塔克拉玛干沙漠、古尔班通古特沙漠、库姆塔格沙漠、巴丹吉林沙漠、腾格里沙漠、柴达木盆地沙漠、乌兰布和沙漠、库布齐沙漠及众多小片沙漠；半干旱区分布有毛乌素沙地、浑善达克沙地和小块沙地，以及连片戈壁荒漠，盆地四周分布有天山、祁连山、阿尔金山、帕米尔、喀喇昆仑山、东昆仑山、西昆仑山、阿尔泰山、六盘山、贺兰山和阴山等山脉，还有源于山地的众多河流、湖泊，并在平原和盆地里形成大大小小的绿洲。盆地里沙漠戈壁广布，水系绿洲景观相映，山地森林与草地交错，高山寒冷且多有冰川积雪分布，构成了我国西北内陆河区各种自然景观。该区域横跨欧亚大陆中心的广大干草原、荒漠区的大部分区，约占全国陆地总面积的 1/3。

二、自然地理特点

（一）地貌特点

我国西北地区地形地貌复杂多样，整体上看，山地、高原、沙漠、盆地相间分布，而干旱内陆河区高山盆地相间的地貌格局更为显著，西北干旱地区高山环列，基本上形成高山与盆地相间的地貌单元，新疆地区可以概括为“三山夹两盆”：新疆南部及东南部边缘为昆仑山及阿尔金山，中部横亘着天山，北部及东北部边缘是阿尔泰山，在天山南北有塔里木盆地、准噶尔盆地。柴达木盆地夹于东昆仑山和阿尔金山之间，祁连山北部是河西走廊地区。这种地貌格局是由地质时期显著的差别上升所形成的，大部分地域上升幅度不大，形成海拔1000m上下的高原和内陆盆地；一部分地域则大幅度上升，形成横亘高原之中或环绕高原和内陆盆地周围的高山（天山海拔在3500m以上，阿尔泰山在3000m以上）。高原和内陆盆地中也有一些较低部分，如吐鲁番盆地中心艾丁湖湖面海拔仅–155m，是我国陆地最低处，也是世界上仅次于约旦死海的第二洼地。这种地貌格局使水资源在水文气象条件上不仅存在水平地带性差异，还存在明显的垂直地带性差异。高山的存在能够截获较多的水汽。例如，天山西部年降水量最高可达900mm以上，并且发育有大面积的冰川和积雪。

虽然西北地区各山系所处的地理位置不同，但却有共同的地貌纵剖面。从高山带起经过中低山带，出山口后为山前冲洪积扇，然后过渡到细土平原，最后为荒漠或沙漠区。西北地区每一个内陆河水系由源头到尾闾都要流经山区，山前洪积、冲积倾斜平原，冲积或湖积平原，沙漠等地貌单元。在岩相上则分别为裂隙基岩、大孔隙洪积砾石、冲积中细砂和粉砂。这种地貌结构对于干旱区气候、河网发育与分布，以及地表水与地下水资源的形成和分布等都带来了巨大影响。

（二）气候特点

我国西北干旱区深处内陆腹地，且四周为山岭所环绕，夏季海洋季风影响甚微，气候干旱，平原区年降水量在200mm以下，部分地区降水量小于30mm。

通常用500hPa①高度场表示对流层中部的环流状况，700hPa以上的高度场表示对流层下部的环流特征，大气中90%以上的水汽集中在500hPa以下的高度场气层内。在1000hPa至近地面湿度场，西北地区湿度明显低于我国其他地区；随高度上升，西北地区与其他地区的湿度差距逐渐缩小，在500hPa气压层上，湿度大小分布较为均匀，这就清楚地表明地形地貌对低层大气湿度的分布具有明显影响。因此，西北地区环列的高山对水汽输送具有较大影响。另外，我国不同气压层湿度场有一个共同特点：大气湿度自东南向西北逐渐减少，西北是我国大气水汽分布最少的地区，西北内陆大部分流域上空水汽含量平均为40mm左右，远低于其他地区。

一个区域的降水量主要来源于空中水汽的输送和转化，西北地区共有四条水汽输送通道。第一条是西风环流挟带的大西洋及地中海与欧洲大陆蒸散的水汽通道，这是西北中西部（天山和祁连山西部）降水的主要水汽来源，虽然水汽东进可抵达河西走廊，但大部分水汽被天山阻截。第二条是东亚季风挟带的太平洋、孟加拉湾及南海水汽的通道，其水汽丰沛，但只能影响到甘肃东部、祁连山东部、黄河上游和内蒙古东部内陆河地区，仅在合适的天气状况下可能伸展到西北内陆。第三条是由印度季风挟带的阿拉伯海的水汽通道，它越过昆仑山时可形成大量云层，产生降水或积雪，夏季积雪融化的水量是南疆的主要水资源，但这支气流进入南疆地区后，变为下沉气流而不易形成云层产生降水。第四条为来自北方北冰洋的水汽，其水汽含量较其他三条通道少得多，只有西风气流输送到区内水汽的1/4～1/3，主要影响北疆阿尔泰一带。水汽输送的这种通道特点及其决

① 1hPa=100Pa。

定的降水梯度变化，使得内陆地区的塔里木盆地东南部、吐鲁番-哈密盆地、河西走廊及柴达木盆地西北部等地区成为我国最为干旱的地区，形成降水稀少、蒸发强烈、干燥多风的气候特征。例如，塔里木盆地东南部的若羌县，年降水量不足 20mm，而年蒸发量高达 2900mm。

同时，按我国西北内陆河区总蒸发水量计算，进入水汽循环的水量约为 400km^3，尽管仅为外部输入水汽量的 10%左右，但约为四周进入区内净输入水汽量的 3 倍，可见内陆区内蒸散形成的水汽量的重要性。内陆产生的水汽量中，山区通过蒸发和林草植被蒸腾散失水量 240km^3，约占山区降水量的 60%，这部分水汽大部分参与山区水循环过程，并以降水的形式返回到地面；而平原蒸发的水量达 270km^3，可能有部分参与内陆水循环，但大部分通过北部和东北边界输出区外。

受环流和地形地貌双重影响，干旱地区各地气温差异显著。年均气温总的分布趋势是北部低于南部、山区低于平原。吐鲁番盆地实测最高气温达到 47.6℃，新疆北部的富蕴县曾有最低气温为-50.8℃的实测纪录。

（三）植被与土壤

我国西北干旱区自中生代末期以来，已逐渐形成干旱和半干旱气候。现有植物大都为周围山地植物逐渐干旱化的结果，动、植物种类远较东部季风区少。根据中国科学院《中国自然地理》编辑委员会划定的全国水分干湿状况指标，表 2-1 列出了干旱地区地带性植被的分异特征及其对应的气候条件，可见干旱地区植被的空间分异性显著。

表 2-1　干旱地区地带性植被的分异特征及其对应的气候条件

干湿状况	年干燥度指数	植被景观	降水量/mm	代表性植被
湿润	＜1.0	森林	＞500	落叶阔叶林、栎类
半湿润	1.0～1.6	森林草原	450～550	白羊草、中旱生灌木林、油松、栎、杨、柳等
半干旱	1.6～3.5	典型草原	300～450	长芒草
干旱	3.5～16.0	荒漠草原	200～300	短花针茅、戈壁针茅及沙生针茅
极干旱	＞16.0	荒漠	＜200	旱生、超旱生灌木、半灌木等

干旱区森林资源贫乏，主要分布于山区，面积约占土地面积的 3%。因水热条件的差异，在干旱内陆河流域尺度上，植被垂直带谱极其分明，也存在较为明显的水平分布带谱。以山体为核心，一般形成的垂直分布规律是从山顶到平原区依次为冰雪裸岩带-高山垫状植被带-高山草甸植被带-山地森林植被带-山地草原植被带-低山荒漠草原植被带。水平方向沿山区到河流尾闾区域大体为森林、灌丛、草原及荒漠 4 个植被带，东、西部山区和南、北坡山地略有差异。

以黑河流域为例，海拔 4000～4500m 为高山垫状植被带；3800～4000m 为高山草甸植被带；3200～3800m 为高山灌丛草甸带，有山生柳（*Salix oritrepha*）、鬼箭锦鸡儿（*Caragana jubata*）、金露梅（*Potentilla fruticosa* L.）等灌木林生长；山地森林草原带一般分布在海拔 2800～3200m，但就分布部位而言，阴坡比阳坡要高出 200～300m。阴坡主要树种为青海云杉（*Picea crassifolia*），阳坡零星有祁连圆柏（*Sabina przewalskii*）分布（高前兆和李福兴，1990）。这些山地及其植被对形成径流、调蓄河流水量、涵养水源有着重要作用。海拔 2300～2800m 为山地干草原带；2000～2300m 为草原化荒漠带，其对山地径流形成和汇集也有一定作用。流域中、下游地带性植被为温带小灌木、半灌木荒漠植被，以藜科、蒺藜科、麻黄科、菊科、禾本科、豆科为多见植物。受河流水源和人类活动影响，中游山前冲积扇下部和河流冲积平原上分布有灌溉绿洲栽培的农作物和林木，呈现出人工植被为主的景观。而在河流下游两岸、三角洲上与冲积扇缘的湖盆洼地一带，呈现荒漠天然绿洲景观，代表性植物以旱生草本和灌木占优势，如红砂、霸王柴、膜果麻黄、梭梭、泡泡刺、松叶猪毛菜、合头藜、短叶假木贼、蒙古沙拐枣等，其中瓣鳞花只分布于额济纳旗；河滩林和灌丛有胡杨、沙枣、柽柳及盐湿草甸种芨芨草、野大麦、盐生草等；在沼泽和树旁生长有芦苇、狭叶香蒲、狗尾草、灰菜、田施花等。

区域土壤是气候和植被作用的结果，地貌是自然与人类活动综合的“雕塑”（图 2-1）（赵松乔，1985），其更能反映干旱地区的干旱背景。在干旱区，地貌外营力主要为微弱的风化、物质移动、水力侵蚀和堆积及广泛的风力侵蚀、搬运和堆积，沙漠和戈壁广布，因此土壤成壤条件以物理风化为主，生物和化学营力微弱。在干旱气候和以草原与荒漠为主的植被类型下，地带性土壤自东而西的排列是：暗棕壤-黑土-栗钙土-棕钙土和灰钙土-荒漠土，从山区到平原区土壤的分布也具有这样的规律。由栗钙土区往西，气候更加干燥，年降水量降至 150～200mm，植被为荒漠草原或草原化荒漠，土壤以棕钙土和灰钙土为主，是我国温带草原和荒漠土区之间的过渡地带。分布地区是内蒙古高原的

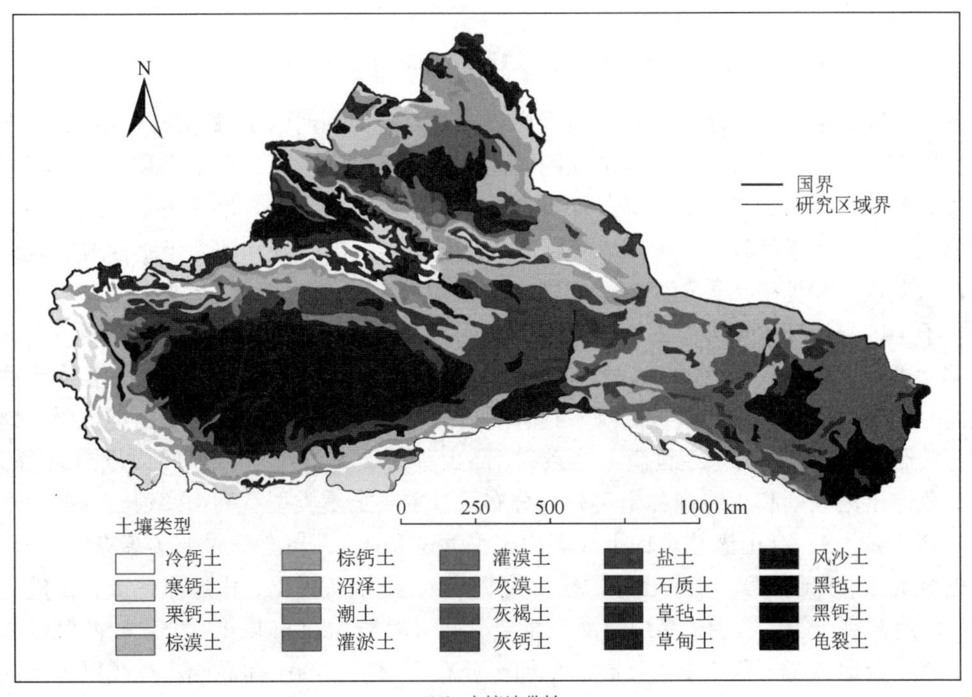

(a) 土壤地带性

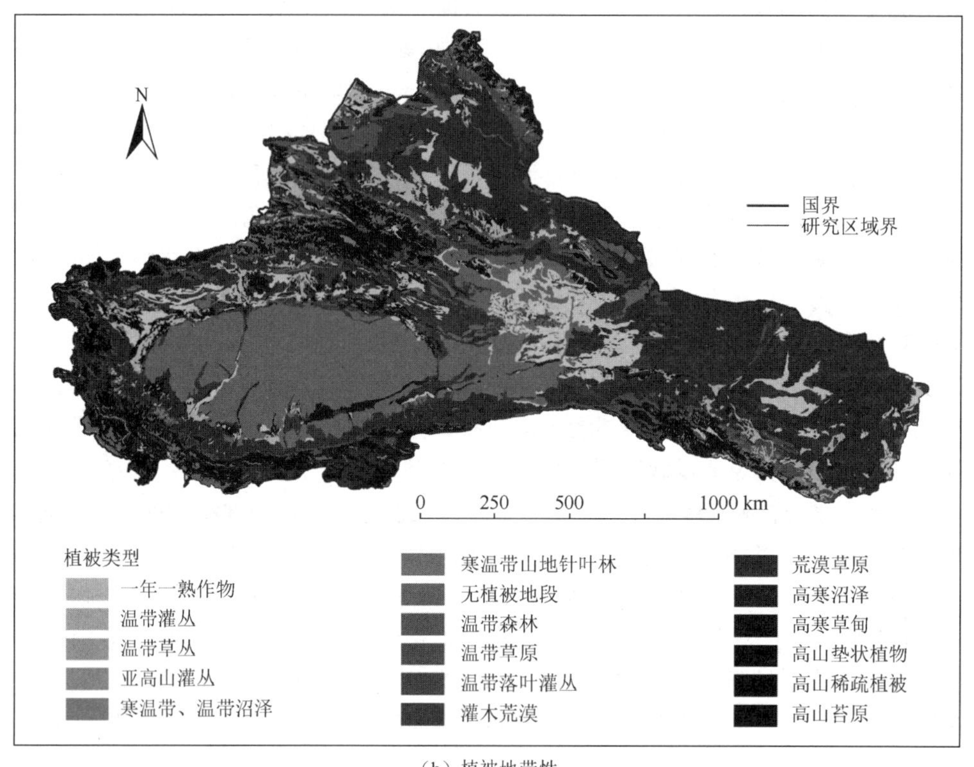

（b）植被地带性

图 2-1　西北干旱区土壤地带性和植被地带性分布图

中部和西部、黄土高原西北部及银川平原，并向西延伸到河西走廊的东部和中部，准噶尔盆地东部也有少量分布。该区是我国西北重要的灌溉农业区。在干旱和半干旱气候及干草原、荒漠草原和荒漠的植被条件下，土壤有机质含量不高，垦后更是迅速减少。从棕钙土和灰钙土继续往西，即深入到欧亚大陆的腹地，即新疆和河西走廊西段的荒漠土区，以灰漠土和棕漠土等荒漠土壤类型为主。

干旱内陆流域土壤分布的地带性也比较明显，以黑河流域为例，流域土壤可划分为 21 种类型，其中地带性类型 16 种，非地带性类型 5 种（李世明等，2002）。各类土壤的空间分布受地形、气候和植被影响，具有明显的垂直带谱。祁连山地受山地气候、地形和植被影响，形成高山寒冷荒漠土壤系列、高山草甸土壤系列、山地草甸草原土壤系列、山地草原土壤系列和山地森林土壤系列分布区，主要土壤类型有高山寒漠土、高山草甸土（寒冻毡土）、高山灌丛草甸土（泥炭土型寒冻毡土）、高山草原土（寒冻钙土）、亚高山草甸土（寒毡土）、亚高山草原土（寒钙土）、山地灰褐土、山地黑钙土、山地栗钙土、山地灰钙土等。其中，高山寒漠土主要分布于海拔 3800m 以上，分水岭两侧或古冰川、冰碛台地；高山草甸土、亚高山草甸土分布于海拔 3400～3800m，林线以上寒漠土带以下；3200～3400m 阴坡为灰褐土，阳坡为山地黑钙土；2600～3200m 阴坡为灰褐土，阳坡为山地栗钙土；海拔 2300～2600m 为山地栗钙土，海拔 1900～2300m 为山地灰钙土。流域中、下游地区属灰棕荒漠土与灰漠土分布区。除这些地带性土壤类型外，还有灌淤土（绿洲灌溉耕作土）、盐土、潮土（草甸土）、潜育土（沼泽土）和风沙土等非地带性土壤。在下游额济纳旗境内，以灰棕漠土为主要地带性土壤，受水盐运移条件和气候及植被影响，非地带性分布硫酸盐盐化潮土、林灌草甸土及盐化林灌草甸土、碱土、草甸盐土、风沙土及龟裂土等。

（四）自然资源特点

西北地区总面积占全国国土面积的1/3以上，土地资源丰富、空间容量大，该地区具有较大的土地开发潜力，是全国宜农荒地资源分布较广的地区，拥有宜农荒地约1.8亿亩[①]。加上该区光热资源异常充足，草场资源丰富，农业生产的农作物病虫害少，全国棉花和春小麦最高单产均出现在该区，发展农牧业有很强后劲，是缓解我国粮食、肉类等农牧产品供需矛盾的关键。在当前土地资源日益耗竭的现实情况下，西北地区广大未开发和未利用的土地资源成为我国21世纪可持续发展的战略后备资源。在全国已探明储量的157种矿产资源中，储量居全国首位的矿种就有26种，居前五位的有62种，矿产资源丰富。这些矿产资源的开发不仅对西北地区开发而且对全国都有重要的战略价值。西北地区是我国石油天然气资源最具前景的勘探开发区，其中塔里木盆地、准噶尔盆地和柴达木盆地是最有前景的石油基地。

但西北内陆河区水资源贫乏，时空分布极不平衡，年均水资源总量为2344亿m^3，仅占全国水资源总量的8%。由于人类活动的加剧，资源性水资源短缺十分严重，可利用量不足1200亿m^3，占全国的4%左右，致使西北地区水资源紧缺的矛盾日益突出，生态环境严重恶化。

三、经济社会特点

西北地区人口数量仅占全国的7.7%，其中27.1%集中在内陆河流域的绿洲区域。在该区域，人类对自然界的影响远不如东部季风区广泛、深切，但在有水灌溉处，形成了许多肥沃而人口稠聚的人工绿洲，绿洲区域集中了大部分干旱区的社会总产值和人口，以新疆为例，占全疆总土地面积仅3.6%的绿洲区域集中了全疆90%以上的财富和95%以上的人口。

相对于全国平均水平，西北地区的经济发展相对落后，部分地区仍未脱贫。2018年西北地区人均GDP 4.4万元，仅为全国平均水平的75%；农村人均纯收入1.1万元，为全国平均水平的75%。在人口增加和经济规模增长的过程中，西北地区生产方式仍限于传统、粗放的外延型，环境问题比较突出。同时，西北地区经济增长趋于缓慢，20世纪80年代该区域GDP增速总体上处于全国中等偏上水平，但在1991年以后，持续下滑至相对落后的水平，对全国GDP的贡献率，由1978年的7.8%下降到1997年的6.2%。总体上，现阶段该区域的经济状况表现为：经济发展迟缓，农业生产水平较低，产业结构不合理，基础设施落后，城乡差距、东西部差距继续扩大。

① 1亩≈666.7m^2。

第二节　流域水的形成与分布规律

水资源是指地球上可供人类利用的水量，即陆地上由大气降水形成的各种地表水和地下淡水水体的总和。大气降水不但补给地表水和地下水，还形成土壤水为植物所直接利用，是区域一切水资源形成的来源。干旱区水资源不仅是最为宝贵的自然资源，而且是限制该区域一切人类经济活动和生态环境最为关键的因素。深入了解干旱区水资源的形成与分布规律，对于正确评价水资源、合理开发利用水资源意义重大。

一、大气降水资源

西北干旱地区的水汽来源相对比较复杂：东部地区主要有东南沿海进入内陆的东亚季风挟带的水汽，西部地区主要有西风带挟带的大西洋与北冰洋水汽，南部地区有随印度洋暖湿气流北进带来的印度洋与孟加拉湾水汽。新疆地区位于中纬度西风带内，降水来源主要是西风环流带来的水汽，还受北冰洋水汽和印度洋水汽影响；河西走廊的水汽来源比较复杂，东部主要是东南季风带来的太平洋水汽和印度洋水汽，西部主要受西风带气流影响；柴达木盆地的水汽主要是由孟加拉湾热带西南季风暖湿气流北上引起，且自东向西气流影响减弱，当然还受到当地蒸散产生的水汽影响。外来水汽来源均因长途输送和山地阻截等，使得干旱地区平原地带成为我国降水量最少的地区，绝大部分平原区年降水量在 150mm 以下。但是在干旱地区的高山山地区，通过拦截空中较多水汽，并与当地产生形成的水汽共同作用，其降水量比较稳定而丰富，成为干旱地区中的“湿岛”。

干旱地区大气降水分布的空间分异性十分显著，尽管山区降水相对集中，但仍然呈现明显的区域差异。新疆地区降水量总体上呈现由西北向东南减少的分布趋势，天山山脉对西风带水汽屏障作用明显，山区平均降水量高达 500mm，其西部的伊犁-巩乃斯谷地一带是天山地区的降水中心，在海拔 1800m 的地方年最大降水量可达 900mm 以上；山区降水量由西向东逐渐递减，在东部哈密地区高山区域降水量只有 400mm 左右。祁连山区的降水分布变化与天山地区正好相反，祁连山东段冷龙岭一带的年降水量为 800mm 左右，到中部地段减少为 600mm 左右，向西到西段大雪山冰川一带降水量进一步减少到 400mm 左右，呈现出明显的由东向西逐渐减少的趋势。如图 2-2 所示，河西走廊区降水东西差异分带明显，东南部多而西北部少。有研究表明，在祁连山区由东向西，经度每减少 1° 降水量减少约 67.6mm。正是由于西北干旱区东西部水汽来源不同，加之均是长距离输送和山体阻截，在两大水汽来源的交汇地带，形成了我国最为干旱的地区，如河西走廊西端和新疆东端交接区域，年降水量在 20mm 以下，最低纪录仅有 7mm。

降水的地带性分布规律还表现在山区“湿岛”效应随海拔变化的特点。降水主要集中在高山冰雪冻土带和山区植被带，存在显著的山区多、平原区少的降水地貌分布差异特点。由于山脉对气流的阻截作用及谷地下沉气流的影响，山地降水量总体较大，但降水量变化很大，迎、背风坡也存在明显差异，一般迎风坡降水量要大于背风坡。降水量随海拔变化的规律一般是：在一定范围内，降水量随海拔增加而增加，但在一定海拔以

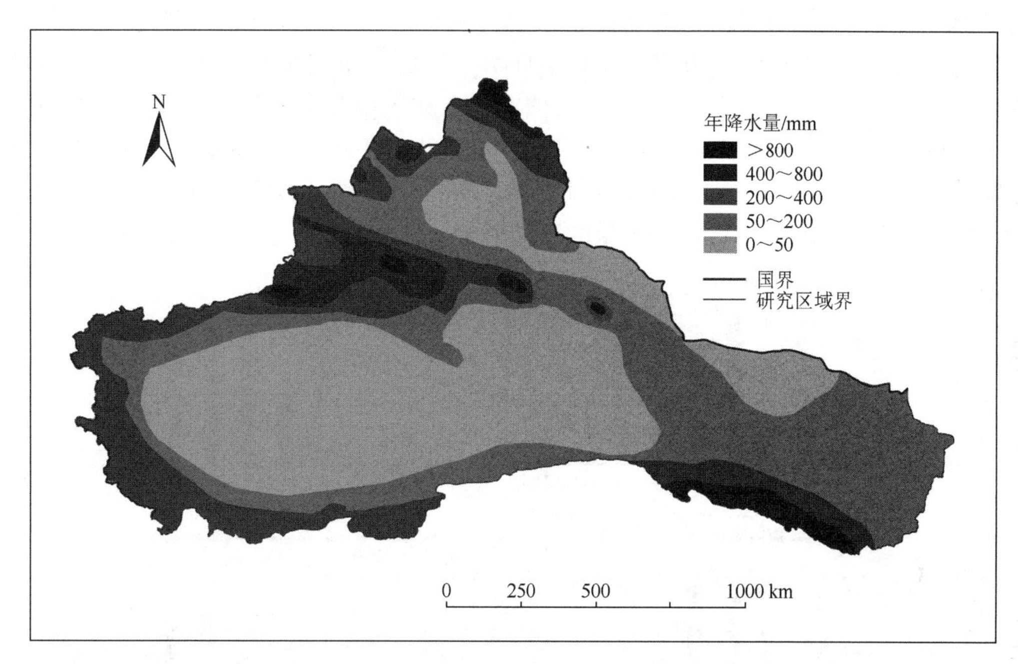

图 2-2　中国西北内陆河区降水等值线分布图

后又会明显减少，最大值一般分布在距山顶数百米的地带（在祁连山区观测数据显示为距山顶 300～400m）（图 2-3），同时降水量随海拔的变化幅度在降水量较大的地区单位高程的增幅也大。例如，祁连山区降水量随海拔的递增率的最大值出现在东段多雨区，而西段山区递增率较小。

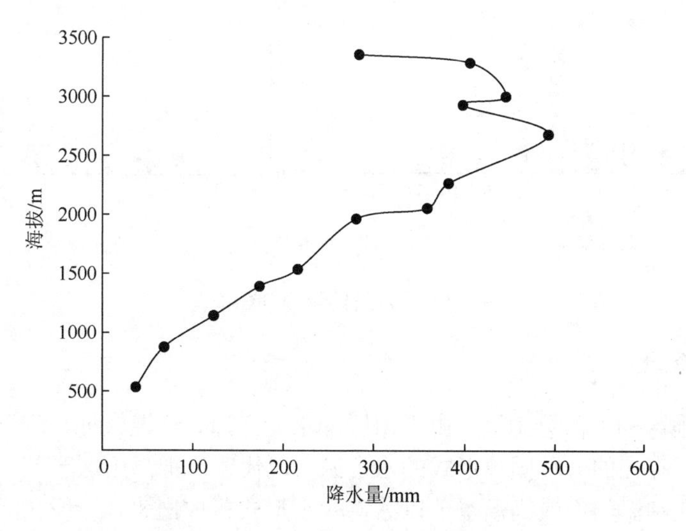

图 2-3　祁连山区年降水量与海拔的关系图

干旱地区降水的时间分布很不均匀，年内分配变化较大，表现在汛期降水量大而集中，非汛期降水量少而不稳，尤其是冬春季节降水量很少。汛期连续 4 个月降水量可占全年的 60%～80%，河西地区中西部在 70%以上，有些山区甚至在 80%以上。连续 4 个月最大降水量出现的月份，受东西不同水汽来源影响，大致以河西走廊酒泉一带为界，以西为 5～8 月，以东为 6～9 月。在 4 个月中，又以 7～8 月最为集中，一般可占年降水量的 40%左右。冬季 3 个月（12 月～翌年 2 月）降水量普遍稀少，一般在全年降水量的 10%以下。春季 3 个月（3～5 月）是干旱区农业生产用水的高峰期，但降水量仅占全年降水量的 15%以下，3～4 月更是少于 11%（图 2-4）；而且春季降水量的年际变化较大，以河西走廊为例，3～4 月降水量的平均变差系数为 1.57，是一年中最大的。

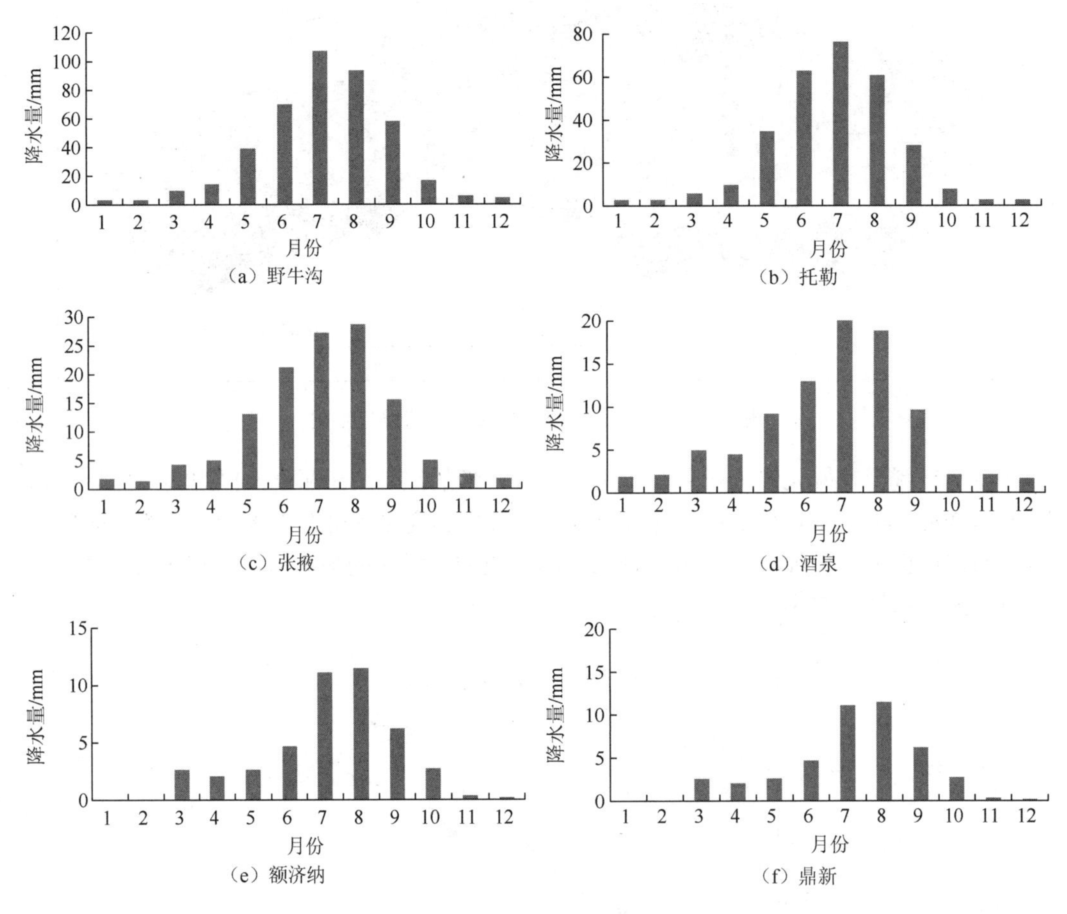

（a）野牛沟　（b）托勒　（c）张掖　（d）酒泉　（e）额济纳　（f）鼎新

图 2-4　降水量的年内分配情况

二、冰川融水资源

我国干旱地区的大部分山区，由于山区降水量充沛、气温较低，广泛发育着现代冰川，是干旱山区存在的一种固体形式的水资源。现代冰川把高山区一部分降水以冰雪形式储存起来，在高温年份或高温季节以冰雪融水形式释放出来，一般在降水量多的年份气温相对较低，冰川储存量增加，在高温少雨年份，冰川消融强烈，可释放出较多冰雪融水，因此具有明显的多年或季节调节作用，使河水径流量的年际变化相对稳定，被称为“固体水库”。

在干旱的内陆河流域的天山、祁连山、帕米尔高原、昆仑山、喀喇昆仑山和阿尔泰山分布的冰川总面积约3.24万km^2，冰川储量33129亿m^3，分别占全国的55.4%和64.8%；多年平均融水径流量为225.45亿m^3，为全国冰川融水年径流量的40.3%（表2-2）。

表2-2 中国干旱内陆山区冰川分布状况

山区	冰川面积/万km^2			冰川储量/10^3亿m^3			平均融水径流量/亿m^3			条数/条
	内流	外流	小计	内流	外流	小计	内流	外流	小计	
天山	0.920	—	0.920	10.110	—	10.110	95.91	—	95.91	8908
昆仑山	1.197	0.019	1.216	12.730	0.204	12.940	57.73	3.50	61.23	7960
喀喇昆仑山	0.608	—	0.608	6.520	—	6.620	37.53	—	37.53	2789
帕米尔高原	0.270	—	0.270	2.430	—	2.430	15.37	—	15.37	1804
祁连山	0.193	0.004	0.197	0.940	0.012	0.954	11.21	0.35	11.56	2859
阿尔泰山	0.0004	0.029	0.0294	0.001	0.164	0.165	0.23	3.62	3.85	416
合计	3.1884	0.052	3.2404	32.731	0.380	33.129	217.98	7.47	225.45	24736
占全国比例/%	—	—	55.4	—	—	64.8	—	—	40.3	—

从表2-2可以看出，干旱内陆河流域六大山区中，天山融水径流量最大，占整个内陆区冰川融水径流量的42.54%，其次是昆仑山和喀喇昆仑山，分别占27.16%和16.65%，祁连山区占5.13%。天山是我国现代冰川最为发育、分布最为集中的山区，最大冰川作用中心分布在其西部海拔7435.29m的托木尔峰附近，这里地势高寒、降水充沛（降水量大于800mm），非常有利于冰川发育，冰川多为大型山谷冰川。天山山势越往东越低缓，降水量也越少，冰川发育规模随之变小，以小型山谷冰川和悬冰川为主。祁连山区雪线自东向西逐渐升高，由于东部气温较高，西部降水量虽少但气温较低，其冰川作用中心主要集中在中西部的疏勒南山、土尔根达坂山、走廊南山、大雪山及党河南山等山区，以小型冰川和悬冰川为主，也有少量较大规模的山谷冰川。

干旱区冰川分布面积最大的内陆河流域是塔里木河流域，占干旱区总冰川分布面积的70%，其中以叶尔羌河流域冰川面积最大，达到3265km^2。冰川融水补给量占年平均径流量超过40%的主要河流有帕米尔高原和喀喇昆仑山的盖孜河、克孜河、叶尔羌河；昆仑山和阿尔金山的玉龙喀什河、喀拉喀什河；天山的阿克苏河、台兰河；祁连山西段的党河；柴达木盆地西部山区的塔塔棱河、鱼卡河等。

三、河流水源

内陆河区的河流均依靠高山拦截水汽，在山区形成较大降水，或直接产流，或降水形成冰川积雪后经过融水产流形成。由于降水集中在山区，除了在个别地区暴雨形成的临时水流外，可在山前平原区产生瞬时性暴雨洪水，一般在平原区降水基本不能形成径流。除了西北部的额尔齐斯河、东部黄河上游和东北部内蒙古东部的内陆河流以外，干旱区绝大部分内陆河流、山溪径流均从高山区形成并汇聚于河道。一般坡陡谷深，落差较大，水量沿程增加，至中低山才流出山口，河道水流湍急，不仅具有丰富的水力能源，而且挟带着大量的物质，洪水季节含有较多泥沙，但河流水质较优；河水泄出山口，受山前地形和流水沉积影响，在天然情况下，部分洪水通过漫溢渗漏补给地下水，其余的通过河道渗漏补给河道两侧的地下水，河道水量在洪积-冲积扇散流，河流水量剧减；形成的主干流继续向山前平原和盆地流泄，历经地表水与地下水的不断转化，水流沿程减少，最终消失于荒漠或终端湖泊中。这种河流形成过程与沿程径流性质使其具有明显的独特之处：一般河网不甚发育，河流短小，多为平行分布，河流流程长短取决于山区降水量的多少；多为向心状水系，河流出山以后均流向各自山前平原盆地集水中心，最后汇聚于终端湖沼或散失于戈壁沙漠之中。

（一）水汽源地

天山是西风气流在欧亚大陆长驱直入几千千米以后遭遇的第一个高大屏障。天山将大西洋东经欧亚大陆和地中海的水汽大量截获，形成天山西段众多水量丰富的河流，发育的伊犁河成为我国西北地区水量最大的内陆河流，并流入哈萨克斯坦境内的巴尔喀什湖；天山南坡的阿克苏河流入塔里木盆地，现已成为塔里木河的主要补给源；同时天山北坡还截留北冰洋水汽流，使得北、南天山山脉发育了干旱地区主要的内陆水系，养育着天山南、北坡的大片绿洲带。西昆仑山截获来自西风带的部分剩余水汽，在东段还接受绕过青藏高原东端的孟加拉湾和我国南海的水汽流，其西段通过河流峡谷接受来自阿拉伯湾的印度洋水汽流，因此，西昆仑山和天山分布相似，从西到东，发育的河流水量逐渐减少，两山西部均发育了较大河流。而东昆仑山受青藏高原和西南季风影响，除黄河源外，在柴达木盆地发育的内陆河流水量都不大，并自东向西水量减少。西风带到达祁连山西北段时低空水汽基本耗尽，东南气流到达祁连山西段时也是强弩末势，水汽所剩无几，因此，柴达木盆地和河西走廊地区是内陆河区最干旱的地区之一，只有在东南季风影响较强的东部才有较大降水，但已进入我国半干旱气候的黄土高原区，为黄河上游径流微弱形成区。由表 2-3 可知，天山和昆仑山发育了干旱区大部分内陆河流。据不完全统计，中国西北地区，除东部黄河和西北端额尔齐斯河为外流河外，有名称的内陆河流有 710 条，其中新疆地区（以天山和昆仑山为主）就有 570 条，占 80.3%，河西走廊有 56 条，青海境内有 63 条，内蒙古东部有 21 条。

表 2-3　我国干旱区主要内陆河流及其对应的发源山脉

山脉	水汽来源	代表性河流
天山南坡	西风气流地中海水汽	伊犁河、喀什噶尔河、阿克苏河、渭干河、开都河
天山北坡	地中海、北冰洋水汽	额敏河、精河、奎屯河、玛纳斯河、乌鲁木齐河
昆仑山北坡	地中海、印度洋水汽	叶尔羌河、和田河、香日德河、格尔木河
祁连山	南海等东亚季风气流	石羊河、黑河、疏勒河、巴音郭楞河
阴山、兴安岭	太平洋、东南季风水汽	巴音河、乌拉盖尔河

（二）径流形成与河流类型

1. 径流形成

西北内陆河区的径流主要在周围山区形成，这里地势高寒，水文气象、土壤、植被等自然条件随海拔变化而变化。海拔 3000m 以上的高山区，可形成河川径流的 80%以上，这是由于高山容易拦截输送到内陆地区的水汽。由于海拔高，气温较低，降水多以固态水为主，冬半年为积雪覆盖，高山冰川发育；春夏季节气温转暖，冰雪消融，降水增加，但蒸发微弱；加上地形切割、坡陡谷深，径流易汇集于山溪，不仅汇集山区冰川融水径流，融雪和降雨径流也汇集于河谷，还接受沿途壤中流和河谷地下径流。随集流面积增大，径流沿程加大；随海拔降低，经过中山乔灌木林带、山地草原或荒漠草原时，降雨径流也随之增加，山溪汇集成主河道，地下水径流也随之增加；到出山口前，受前山带地质构造阻隔影响，山区的地下水在河流出山之前大多补给了河流，变为地表水，仅剩少许变为河谷潜流，成为平原地区不与地表水重复的地下水补给源，还有极少部分通过地质断裂带或地下水含水层在平原区越流补给。

黄河上游尽管与内陆河在径流形成上有许多相似之处，但由于降水相对较多，而且年内相对集中，多以暴雨降落。整个上游流域除河套平原、沙漠、戈壁分布区外，即使分布在中、下段的黄土丘陵区，年降水量也不足300mm，湿季超过5mm的降雨都能产流，并形成地表径流，汇集于沟壑进入河道，但也造成黄土地区的水土流失问题；河源位于青藏高原，阿尼玛卿山和祁连山东段有少量的冰川融水补给，多为融雪与降雨径流补给。

以中等流域的区域代表站径流深资料为依据，将径流深点标在集水区域的径流分布的中心，结合水文观测和实验资料，以及水量平衡分析计算，进行合理性检验，绘制多年平均径流深等值线图。根据我国在20世纪90年代初绘制的西北内陆河区多年平均径流深等值线图（图2-5）可以看出，在内陆河流域，5mm径流深都接近山前，广大的盆地平原地区，径流深几乎为0，成为连片的无地表径流区；高山区径流形成区与降

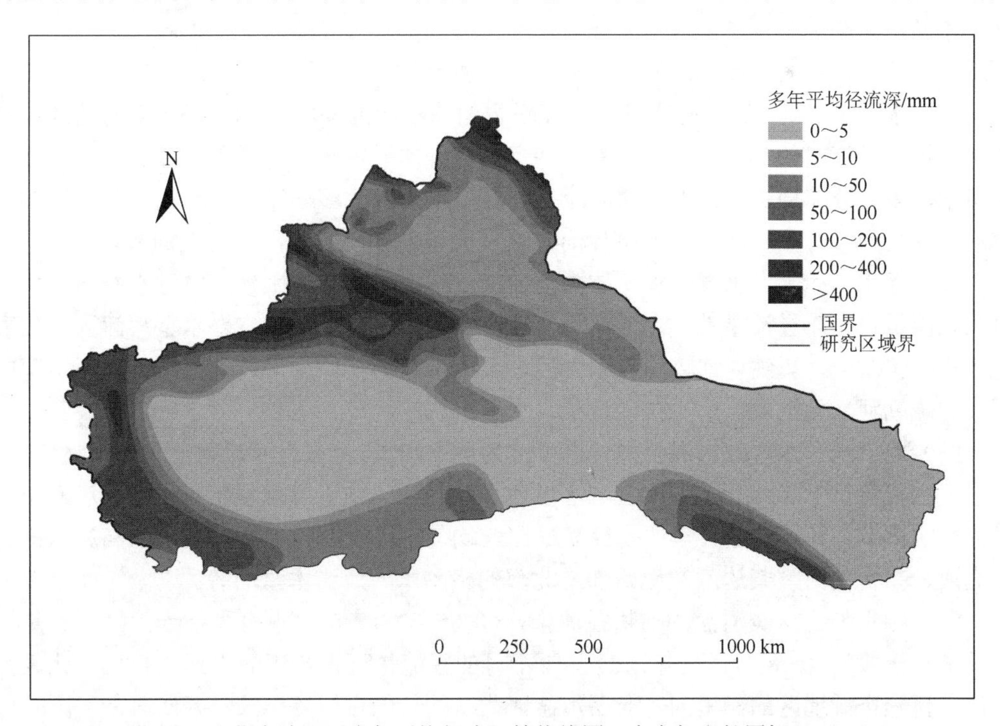

图2-5　西北内陆河区多年平均径流深等值线图（卢金凯和杜国桓，1991）

水等值线相对应，分布有径流深高值闭合圈。一般在天山西段、阿尔泰山区可达 600～700mm；祁连山、昆仑山也可形成 200～300mm 的高值区；大兴安岭西侧径流深为 100m。黄河上游河源径流深自西北向东南增加，一般为 50～200mm，流经青海至兰州的河谷山区，径流深为 200～300mm；而流出兰州段后径流深为 5～50mm，基本也是自东南向西北降低，但在一些山地和土石山区，也可形成 50～100mm 的小闭合中心。

内陆河流域山区平均径流系数为 0.40，其中新疆北部地区为 0.47，南部地区为 0.36，河西走廊为 0.38，天山北坡巩乃斯河径流系数可达 0.60 左右，而昆仑山、阿尔金山的河流，如车尔臣河径流系数只有 0.21。黄河上游源区径流系数一般为 0.2～0.3，中下段不到 0.10，平原地区一般为 0.05 左右。在内陆河周围山区，高山冰川径流形成区，特别是在高温冰川退缩阶段，径流系数可以超出 1.0，而到冰川末端地区，径流系数降到 0.70 左右，在高山灌木林带径流系数可达 0.50 左右，而到乔木林带径流系数仅为 0.2～0.3，至山前草地径流系数仅为 0.1 左右。区域径流形成与河流位置密切相关。

2. 河流类型

除黄河上游大小干支流水系外，内陆区的年均径流量接近或超过 10 亿 m^3 的河流只有 20 条，其中 18 条分布在新疆境内（塔里木盆地有 9 条，阿勒泰和伊犁地区有 7 条，准噶尔盆地有 2 条），其中乌伦古河年均径流量大约为 10 亿 m^3（实际为 9.96 亿 m^3）；甘肃境内只有黑河流域径流量超过 10 亿 m^3，青海柴达木盆地的那仁郭勒河也超过 10 亿 m^3。径流量超过 30 亿 m^3 的大型河流有 9 条，全部分布在新疆境内，其中塔里木盆地有 4 条，阿勒泰和伊犁地区有 5 条。

这些河流，按其径流的补给条件可分为 5 种类型。

（1）冰雪融水型。冰雪融水补给径流量占河川径流的 40%～50%，6～8 月的河流径流量占全年径流量的 60%～80%。突出特点是由于冰雪融水补给量大，径流量的年际变化较小，年内分配稳定。代表性的河流有发源于昆仑山、喀喇昆仑山和帕米尔高原的盖孜河、克孜河、叶尔羌河、玉龙喀什河，以及天山的库玛拉克河和台兰河等。

（2）雨水、冰雪融水混合型。这类河流 20%～40%的径流来自冰雪融水补给，6～8 月的径流量占全年径流量的 50%～60%，径流的年际变化要比冰雪融水型河流大。代表性河流有伊犁河、玛纳斯河、乌鲁木齐河，天山南坡的托什干河、开都河，河西走廊中西段的疏勒河、党河等。

（3）地下水、冰雪融水混合型（也可称为地下水型）。这类河流地下水补给量较大，一般占总径流量的 50%以上，冰雪融水仅占 20%以下。由于降水量较小，降水对河川径流的影响微弱，其特点是一年四季径流量比较均匀。代表性的河流有帕米尔高原东部的吕克河、布古孜河，柴达木盆地西部及北部的格尔木河、诺木洪河等。

（4）融雪型。这类河流的河川径流中，60%～70%来自春季融雪补给，其特点是汛期较早，一般为 4～8 月，一年内最大 4 个月的径流量可占全年的 70%～80%。代表性河流有新疆塔城地区的额敏河，准噶尔盆地北缘的乌伦古河等；额尔齐斯河是我国唯一流入北冰洋的水系，上游支流和干流也属春汛融雪补给型河流。

（5）雨水型。这类河流夏季（雨季）雨水是河流径流的主要补给来源，可占全年径流总量的70%～80%，年径流的丰枯变化主要取决于年降水量的多少，冰雪融水的补给量不足20%，其突出特点是河川径流年内分配不均匀，年际变化大。代表性河流有祁连山北坡的黑河和石羊河，以及柴达木盆地东部及塔里木盆地东部的一些中小河流，还有内蒙古东部的内陆河流，已无冰川融水补给，仅有极少量融雪水补给，径流补给主要为雨水。黄河上游的支流也有少量冰川融水补给，但多不足5%，加上融雪径流不超过15%，均属于雨水补给型河流。

与我国其他地区河流相比，西北干旱地区河流径流的补给来源多样，补给类型齐全，尤其是冰雪融水补给为干旱区所特有。另外，地下水补给是干旱区河流径流来源的普遍形式，几乎每条河流都有一定数量的地下水补给，只不过比例大小不同而已，但都是冰川径流、融雪径流和降雨径流的转化形式。

（三）河流水系分区

我国西北内陆河区根据地域特点与径流特征可为9个分区，各自特征如下。

（1）塔里木盆地周边河流。塔里木盆地周边河流指以塔里木河为主干流，自三河汇合口——阿拉尔起始，从盆地西、南、北三面汇集了天山、帕米尔高原、喀喇昆仑山、昆仑山及阿尔金山等的河流，沿塔克拉玛干沙漠北部向东流，流经库车县与轮台县过境点，至汇聚于罗布泊的向心水系，包括阿克苏河、喀什噶尔河、叶尔羌河、和田河等在阿拉尔汇合，形成塔里木河干流，并在南北汇集了和田河、渭干河、迪那河和开都河-孔雀河等，再向下游台特玛湖汇流，并接纳南部的车尔臣河，形成了全长2137km的塔里木河，成为我国最长的内陆河流。塔里木河历史上正源为叶尔羌河，现今阿克苏河已成为塔里木河主要的水量补给源。塔里木河属于不产流的河流，在其上游只有阿克苏河、和田河和叶尔羌河有水汇入塔里木河。20世纪50年代后，喀什噶尔河、渭干河、孔雀河相继无地表径流进入塔里木河干流，而南部的和田河和北部的迪那河也早已失去水力联系，现今开都河-孔雀河采用博斯腾湖抽水，通过库塔干渠向塔里木河干流下游供水，而南部的车尔臣河沿盆地东南缘汇入台特玛湖，这样塔里木河集中了盆地周边九大水系河流。径流量大于10亿m^3的河流有9条，占新疆内陆河这种规模河流总数的一半，其中径流量超过30亿m^3的河流有4条，占总数的44%，因此该区域是我国内陆水系最为集中的地带。

（2）吐鲁番-哈密盆地周边河流。吐鲁番-哈密盆地是南疆天山东部的山间盆地，可分为两个。吐鲁番盆地位于新疆全区的腹心，也是内陆最低的盆地，以周边山脊线为界，面积为50147km^2。其中低于海平面以下100m的面积有2085km^2，盆地最低处为艾丁湖，面积约为152km^2，干涸最低地位于海平面以下161m，盆地水文网以湖泊为中心的向心式水系，主要由溢出泉水、地表径流和坎儿井水汇集于盆地最低处，形成大大小小的积水湖泊，其主要依靠天山山区的降水和冰雪融水补给，其中年径流量超过1亿m^3的河流为白杨河和阿拉沟，从北部和西部汇集盆地，并在潜水溢出带形成11条泉沟，成为干旱内陆最低盆地绿洲的主要水源。哈密盆地位于新疆东部的天山尾部的南侧，东天山余脉横贯哈密全境，分成南、北两个封闭式盆地，山北为巴里坤盆地，属准噶尔盆地；山南为哈密盆地，呈北高南低、由东北向西南倾斜，盆地北部为天山南坡洪积倾斜平原，水源主要为天山南坡数十道小沟小河，为山区冰雪融水、降水及其转化的地下水补给，较大的有石城子河、榆树沟、五道沟等。吐鲁番-哈密盆地是新疆三大油田之一，其生产独特的吐鲁番葡萄和哈密瓜果产品闻名于国内外。

（3）准噶尔盆地周边河流。在其南部天山、西部准噶尔界山与北部阿尔泰山山区发源有 30 余条河流，汇集于准噶尔盆地：源自天山北坡的有玛纳斯河、博尔塔拉河、奎屯河、呼图壁河、乌鲁木齐河和三工河等，以及天山东段北麓及巴里坤-伊吾盆地诸小河，其中玛纳斯河是盆地南部径流最丰富的河流，河长 190km，集水面积为 5156km^2，最后汇集于古尔班通古特沙漠的终端湖——玛纳斯湖；乌鲁木齐河源于天山中段北麓天格尔山一号冰川，是新疆乌鲁木齐市的主要水源，最后散失于北部的古尔班通古特沙漠；东端巴里坤盆地由北向西分布，盆地东部山势狭窄，水源来自天山北坡的伊吾河、柳条河等小河沟，并形成伊吾盐池和巴里坤湖两个洼地，以及北部的淖毛湖、三塘湖等；博尔塔拉河和奎屯河汇集于盆地西南端最低处的艾比湖；乌伦古河源自阿尔泰山西南端，沿准噶尔盆地北部向西偏北流，注入乌伦古湖（福海），是盆地北部阿勒泰地区的第二大河流，全长 782km，集水面积为 3.5 万 km^2。

（4）柴达木盆地周边河流。柴达木盆地周边山区发源了许多流程短小、以盆地为归宿的向心水系，常年性流水的有 43 条河。最大河流为那棱格勒河，位于盆地西南部，发源于东昆仑山最高峰——布喀达坂峰，上游有两大支流在布伦台汇合后向北流出山口，山区集水面积达 20790km^2，河流全长 440km，河水大量入渗补给地下水，余水与地下水汇集河道，最后注入东、西台吉乃尔湖；盆地西端有铁木里克河，源出阿尔金山，自西向东流入盆地，在阿拉尔以上集水面积为 14350km^2，河流全长 300km，最后注入尕斯库勒湖；还有位于那棱格勒河以东 20km 的乌图美仁河，源于东昆仑山北翼支脉，横切山脉呈东向流入盆地，自上游段到下游段水流方向完全相反，呈“C”形，河水最后注入西达布逊湖。在盆地南部有格尔木河、柴达木河（上游称香日德河）、诺木洪河等；在盆地东部有察汗乌苏河，在盆地北部有源于祁连山的巴音郭楞河（流入托素湖和可鲁克湖）、塔塔棱河和鱼卡河（汇入大、小柴达木湖）及哈尔腾河（汇入苏干湖）等。其中，比较重要的河流是香日德河与格尔木河，香日德河源于昆仑山脉中的布尔汗布达山，有冰川湖泊补给，经出山口都兰县香日德镇以后，集水面积为 1.23 万 km^2，干流长 240km，先潜入地下后又渗出地面，成为柴达木河，河流尾闾为霍鲁逊湖；格尔木河源于昆仑山脉博卡雷克塔格山的冰川，上游分东西两支，在纳赤台交汇后始称格尔木河，全长 215km，集水面积为 1.9 万 km^2，河流出山后，水流分散在山前绿洲，最后注入达布逊湖。还有位于祁连山南坡海拔 3000m 以上的青海湖内陆不对称复合水系，主要有布哈河、沙柳河（依克乌兰河）和哈尔盖河等支流，向心式汇集于青海内陆咸水湖；哈拉湖内陆对称复合水系，河流均源于四周高寒山区、流程很短，主要河流有奥果吐乌兰果勒河；以及柴达木盆地东北的茶卡、沙珠玉内陆小盆地水系，四周为青海南山、鄂拉山等大小山脉环绕，因山势较低、干旱少雨，河流稀少，却多为雨水补给的季节性河流，主要有沙珠玉河和茶卡河等。

（5）河西走廊河流。发源于祁连山北坡的比较重要的河流自东向西依次有石羊河、黑河及疏勒河，它们在不同程度上均接受冰雪融水补给，水源相对稳定。石羊河发源于祁连山东段的冷龙岭，在红崖山水库以上集水面积为 1.42 万 km^2，上游支流众多，比较大的有西营河、东大河、杂木河、西大河、金塔河、黄羊河、古浪河等流入盆地；西大河在下游水磨关、北海子潜流出露汇集成金川河，穿出金川峡谷北流；其余6条河在武威盆地绿洲区出露汇流，至凉州区与民勤县交界的黄花寨子后始称石羊河，穿越红崖山，进入民勤盆地，一支向北流入青土湖，另一支向东北最终流入白亭海，历史上曾流入潴野泽。黑河发源于祁连山中段的讨赖南山，由黑河、讨赖河、山丹河、洪水河、大诸马河、梨园河、摆浪河、马营河、丰乐河和洪水坝河等35条支流组成，汇集于张掖盆地的黑河干流和酒泉盆地的北大河，穿越走廊北山的正义峡和和佳山峡，从东西进入鼎新盆地和金塔盆地，其中北大河最终流出金塔盆地在鼎新汇入黑河干流，并向北流，进入内蒙古高原西部居延盆地的额济纳河，最后注入东、西居延海，河流全长821km，集水面积为13万km^2，是河西走廊最大的内陆河，也是我国干旱区仅次于塔里木河和伊犁河的第三大内陆河流。疏勒河发源于祁连山西段的疏勒南山，主要有昌马河、白杨河、踏实河与党河支流。昌马河为河源，至昌马峡为上游，到昌马盆地出口处为中游，形成大型的昌马冲洪积扇和扇缘绿洲，并在西侧汇入踏实河，穿出双塔堡峡口进入瓜州盆地，在下游汇集源于祁连山西段的党河经敦煌后出流，最后注入哈拉湖。哈拉湖早已干枯，再往西河床逐渐消失，至新疆与甘肃交界处进入罗布洼地。现今踏实河和党河孕育着各自的绿洲，其下游与疏勒河已失去地表水的联系。自河源至哈拉湖河流全长945km，集水面积为10.19万km^2，为河西走廊第二大内陆河水系。

（6）内蒙古东部内陆河流。内蒙古东部内陆河流分布在阴山山脉以北，阿拉善高原以东，大兴安岭以西，北与蒙古国接壤。这里地势起伏比较平缓，为高原地貌，年降水量为150～400mm，由东向西减少，属半干旱草原地区，仅最西部属干旱荒漠地区。因周边没有高大山脉分布，也就没有迎风坡面降水和高山冰川融水，自然景观的垂直地带性规律很不显著，无论单位面积的降水量或者是年径流总量，都比西部干旱区要小得多，为我国河网密度最小的地区。发育于这里的河流短小，长度不到400km，都一致向北流，集水面积较小，河流切割浅。地下水在河流补给源中比例很小；河流从丘陵发源后，一进入平原，便逐渐成为蜿蜒曲折无明显河道的河流，最终消失于草原中或注入内陆湖泊；洪水期间河水可以溢出两岸，当河流汛期过后便进入枯水期，冬季严寒干燥漫长，一般可达5～6个月，断流2个月左右，河道封冻期长，最长可达5个月；秋冬积雪在春季融化，致使河流具有春汛特点；因降水和径流变率大，无论年径流还是各季径流，尤其是春季径流，年际间变化都比较大，造成河川径流利用困难。区内最大河流是位于东北部的乌拉盖尔河，发源于大兴安岭西侧宝格达山，经奴奶庙流出山口，上游集水面积有7500km^2，多年平均流量为3.06m^3/s，向西南流，最后注入乌珠穆沁盆地最低点索里诺尔洼地；自东北向西南有巴拉格河、吉力河和锡林河，向北流，三河共同流注查干诺尔；巴音河是第二条大河，在昌图庙以上集水面积为2471km^2，多年平均流量为1.36m^3/s，最后注入呼日查干诺尔；还有分布在南部的小河汇入达来诺尔；西部的塔布河流注呼和诺尔和盖不盖河流入腾格淖，还有乌兰诺尔、岱海、黄旗海和安古里诺尔等。

（7）出国境的内陆河流。在西北边界分布着许多大小不同的发源于我国而流出国境的出境内陆河流，比较大的河流自北向西依次有伊犁河、额敏河、察汗托盖河等，其中伊犁河是面积最大、水量最丰沛、国际较著名的内陆河，其上游在我国境内。伊犁河位于天山西段，上游有特克斯河、巩乃斯河和喀什河三大支流汇入伊犁谷地，主流特克斯河源于天山汗腾格里峰北坡，特克斯河上游在哈萨克斯坦境内，由西向东流，在 81°E 以东再折向北流，穿过喀德明山脉，与巩乃斯河汇合，始称伊犁河，除干流外还有许多支流和泉沟，北岸较大的有霍尔果斯河、匹里青河、切德克河等，南岸山地流出河沟水量较小，主要有加格斯河、宏海那河等。向西至伊宁附近有喀什河注入，以下则是宽阔的河谷平原，向西流出国境后泄入哈萨克斯坦境内，沿途有众多河流在南岸注入喀尔巴什湖。伊犁河在我国境内自正源至雅马渡河长 442km，流域面积为 5.67 万 km^2，约为河流全长与流域面积的 1/3。受西风带水汽影响，因流域位于天山向西敞开处，并有流域周边高山阻挡抬升作用，可形成较多降水，使山区草木茂盛；高山区多年平均年降水量达 800～1000mm，冰川也较发育。河川径流有季节积雪融水、冰川融水和雨水多种补给，并经地下水调蓄补给占有较大比例。额敏河也是一条国际内陆河，发源于塔尔巴哈台山和吾尔喀夏依山交汇处，是塔城盆地最大的内陆水系，横贯额敏全境，向西南流经裕民县、塔城市，注入哈萨克斯坦境内的阿拉湖，在国内河长 210km，集水面积达 21480km^2，是塔城地区主要的水源。

（8）出国境的外流水系。额尔齐斯河属发源于阿尔泰山南坡的外流水系，流出国境进入哈萨克斯坦，然后穿出阿尔泰山西部支脉流入西伯利亚平原，在俄罗斯汉特-曼西斯克附近汇入鄂毕河，最后注入北冰洋。该水系位于新疆最北部，水系发育不对称，支流主要分布在右岸，由北向南呈梳状平行汇入干流，自东向西主要支流有库依尔特斯河、卡依尔特斯河、喀拉额尔齐斯河、克兰河、布尔津河、哈巴河、别列孜河等。其中，哈巴河、别列孜河的河源在哈萨克斯坦境内，喀拉额尔齐斯河部分河源在蒙古国境内。布尔津河是最大支流，发源于海拔 4374m 的友谊峰，并有喀纳斯湖风景名胜分布，在布尔津汇入干流。自库依尔特斯河与卡依尔特斯河汇合后，始称额尔齐斯河（周聿超，1999；汤奇成等，1992；熊怡和汤奇成，1989），自河源到国界流长 633km，流域面积为 5.9 万 km^2，其中国外部分集水面积为 4560km^2。额尔齐斯河以季节性积雪融水和雨水补给为主，还有高山冰川融水和山区地下水等形式多样的补给来源，并成为干旱区重要的水文特征之一。

（9）黄河上游水系。黄河发源于青海巴颜喀拉山的约古宗列渠，上游流经青海、四川、甘肃、宁夏、内蒙古五省（自治区），在山东注入渤海，因此黄河上游是流经东部的出境河流，在内蒙古托克托县的河口镇流入中游。自源头至河口镇河段长 3731.4km，约为黄河全长的 2/3，落差 3846.0m，集水面积约为 38.6 万 km^2，约占全流域面积的一半。黄河发源于约古宗列渠，经过 16km 的茫尕峡谷进入星宿海，再东行 20km 进入黄河上游最大的湖泊——扎陵湖和鄂陵湖，向西南流至黄河沿，干流长 270km；经达日绕阿尼玛卿山，转弯流入四川西北角，向西北流至青海玛曲，并弧形转弯向东流，至龙峡水库上游的唐乃亥，可称为黄河源区。黄河上游区间左右两岸汇入的较大支流（流域面积 1000km^2 以上）有 43 条（表 2-4），黄河上游流水行走于青藏高原和内蒙古高原上，受岷山、阴山阻挡，形成纵贯 400 多公里的“S”形大拐弯，这就是著名的“黄河第一曲”。其中，龙羊峡以上河流位于海拔 3000～4000m 的青藏高原，这里虽然降水不多，但水分消耗极小，是黄河产水量的高值区；龙羊峡至宁夏青铜峡段流经山丘地带，多为峡谷和盆地相间，其中包括龙羊峡、松巴峡、积石峡、刘家峡、李家峡、盐锅峡、乌金峡和青铜峡等 20 个峡谷，峡谷两岸多由坚硬的花岗岩和古老的变质岩组成，干流坡陡流急，河中险滩众多，平均每 100km 坡度下降 140 多 m，径流量占全黄河流域的 60%以上，蕴藏着丰富的水能资源，是黄河水力资源的“富矿”区，也是全国重点开发建设的水电基地之一；黄河出青铜峡后，向东北流入荒漠和半荒漠地区，几乎无支流注入，这里河道比降平缓，两岸有大片带状冲积平原，自古以来孕育了“唯富一套”的银川河套绿洲，对黄河流域干旱区部分社会经济发展起到了巨大的推动。下河沿至河口镇的黄河两岸为宁蒙引黄灌区，是黄河流域重要的农业产区。该地区降水少、蒸发大，加上灌溉引水和河道渗漏损失，致使黄河水量沿程减少，沿河平原还不同程度地遭受洪水和凌汛危害。

表 2-4　黄河上游干流特征与汇入支流

区段	河长/km	落差/m	集水面积/km^2	支流数/条	支流名称
源头至黄河沿	260	—	—	5	约古宗列渠、多曲、卡日曲、扎曲、热曲
黄河沿至玛曲	1181.6	1429.6	86059	12	玛曲、勒那曲、达日曲、科曲、大黑河等
玛曲至龙羊峡	505.6	950.4	45361	9	芒拉河、青根河、巴曲、切木曲、泽曲等
龙羊峡至兰州	431.6	939.0	91131	5	湟水、洮河、夏河、庄浪河、隆武河等
兰州至青铜峡	485.5	379.0	52549	4	祖历河、清水河等
青铜峡至河口镇	867.1	148.0	110956	8	乌加河、大黑河、清河等
上游合计	3731.4	3846.0	386056	43	—

（四）径流年际年内变化

径流年际变化特征：与东部完全以降雨形成径流的河流相比，内陆河区河流流出山口径流的年际变化要小得多，如表 2-5 所示。采用距法计算（即单点法）求得河流年径流的变差系数 C_v 值一般为 0.1～0.5，而东部河流大多大于 0.3，这是内陆河区河流水文的一个重要特点。一般而言，在内陆河区，以高山冰雪融水径流补给为主的河流，可以起到在降水较多的年份积累在高山，而在干旱年份释放出来的多年调节作用。与高山地区降水相对比较稳定有联系：在雨水偏多年份，雨水补给增加而融水补给减少，而在干旱气温偏高年份雨水偏少，这时冰雪融水补给量增加而雨水补给量减少。通过流域综合，反映在河流出山口年径流量就比较稳定，径流年际变化较小，其变差系数 C_v 值为 0.1～0.14；以降水、冰雪融水混合型补给河流的年径流变差系数 C_v 值为 0.12～0.20；融雪型和雨水型河流的径流年际变化较大，变差系数 C_v 值为 0.25～0.52。

表 2-5　干旱地区不同补给来源河流及东部河流的年径流变差系数比较

干旱区高山降水、冰雪融水补给		干旱区季节融雪与雨水补给		东部地区（无冰雪补给）	
河流	C_v 值	河流	C_v 值	河流	C_v 值
玛纳斯河	0.12	额尔齐斯河	0.45	御河	0.55
乌鲁木齐河	0.13	乌伦古河	0.52	冶河	0.58
开都河	0.15	沙拉依灭勒河	0.48	东江	0.32
叶尔羌河	0.17	卡浪古尔河	0.37	万泉河	0.41
黑河	0.15	哈巴河	0.30	拒马河	0.68
诺木洪河	0.14	柴达木河	0.29	鉴江	0.38

径流的年内变化：总体上径流年内变化较大，内陆河区河川径流的季节分配受河水补给来源不同的影响出现明显差异。如图2-6所示，对于融雪型河流，汛期来得比其他河流类型要明显提前，春季径流所占比例较高，可达25%～50%，最大4个月径流出现在4～8月，占全年径流量的70%～80%；对于高山冰雪融水型河流，汛期相对较晚，径流相对集中，一般径流连续最大4个月出现在6～9月，夏季径流所占比例较大，为60%～80%，春季径流在10%以下；冰雪融水与雨水混合型河流的突出特点是春汛连接夏洪，春季径流所占比例为15%～20%，最大4个月连续径流出现在5～8月，夏季径流所占比例为50%～65%；雨水型河流明显与降水的季节分配相一致，各地因雨季出现的时间不同，连续最大4个月径流出现的月份各地也不尽相同，西北西部以5～8月较多，东部以6～9月居多，夏秋季径流比例较高；地下水型河流的突出特点是径流四季相对比较均匀，没有一个季节的径流量能超过年径流总量的50%，相对于其他类型河流，一般春季和冬季径流明显较大，尤其是冬季径流一般可占到年径流量的15%～20%。

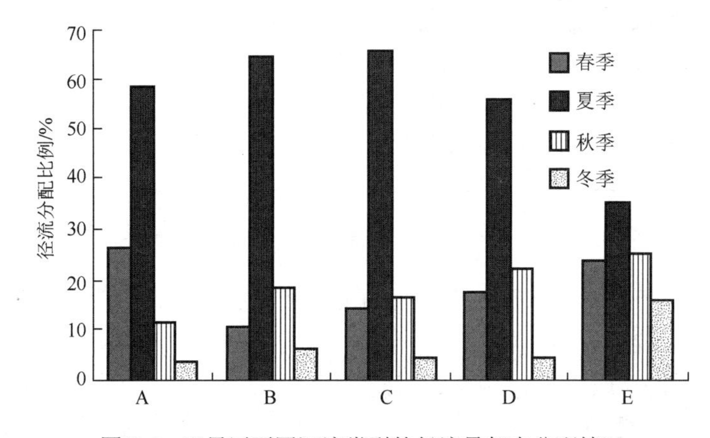

图2-6　干旱区不同河流类型的径流量年内分配情况

A. 融雪型；B. 高山冰雪融水型；C. 冰雪融水与雨水混合型；D. 雨水型；E. 地下水型

四、地下水资源

西北地区每一条内陆河水系由源头到尾闾都要流经山区、山前洪积、冲积倾斜平原，冲积或冲积湖积平原，荒漠等地貌单元。在岩相上分别为：裂隙基岩、大孔隙洪积砾石、冲积中细砂和粉砂。干旱区的这种地貌和岩相决定了干旱区地下水的形成在山区和平原区具有显著不同的规律。

（一）地下水形成分布规律

河流源区山地坡陡谷深，融雪和降雨径流可以入渗坡地很薄的土壤层，形成壤中流，但因坡度大、含水层厚度小、出流容易，一般随地表径流随时排泄到山溪沟道，不能形成具有稳定含水层的地下水资源。因此，山区地下水资源主要由降水和冰雪融水通过基岩裂隙补给形成，基岩裂隙含水层是山区主要的地下水赋存介质。总体上，内陆河山区降水量的15%左右可补给形成山区的地下水资源，这是地下水主要的补给源，占山区地下水总补给量的80%～90%，冰雪融水补给地下水的量占地下水总补给量的13%～20%。在河网强烈深切的条件下，山区的河流多数是山区基岩裂隙水的排泄通道，而且在前山带都有阻水岩层，因而山区的地下水在河流出山口前几乎全部转化成地表水，经河道排到山外。

山区地下水资源通过两条途径进入平原：其一为山区降水、冰雪融水渗入地下形成地下水，在出山口之前转化为地表水，但仍有少量河谷潜流，再经河道流入平原；其二为不经过河道从山区侧渗直接进入平原，形成平原区深层地下水。河流经河道挟带的大量地表水和物质能量流出山口，水流扩散、泥沙沉积，进入山前平原后，坡降减缓但仍很大，经由山前大孔隙洪积砾石组成的洪积、冲积倾斜平原，地表水大量渗漏转化成地下水；然后，地下水在水力梯度作用下由冲洪积扇向冲积平原运移，在冲积扇前缘地带，由于地形转折变缓、含水层颗粒变细、导水性变弱，形成地下水溢出。地下水以泉水形式溢出地表，汇集出流或聚集形成泉水河流，又转化为地表水，与河道流水合成，成为平原河流的一个重要的补给源。这就是内陆河流出流在平原地区的地表水-地下水-地表水的转化过程。例如，甘肃河西走廊地区，由径流区到散失区要经过中高山地区—山麓丘陵区—洪积扇群—细土平原—低山丘陵—洪积、冲积、湖积平原，这样可以使“渗入”“溢出”的水资源转化过程重复多次（图2-7）。

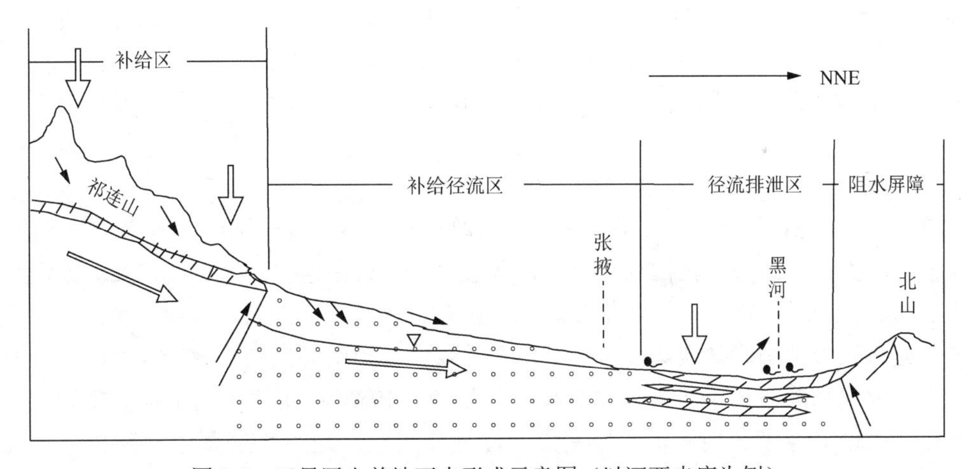

图2-7　干旱区山前地下水形成示意图（以河西走廊为例）

干旱内陆河流域平原区的降水基本不能形成地表径流，同时仅有极少部分的降水能够入渗补给地下水，据粗略估算，平原区降水只有3%左右可以补给地下水。天然状态下，平原区地下水的补给来源由三方面组成：一是河流入渗补给，河流出山以后流经山前冲洪积平原第四系松散洪积砾石、冲积中细砂等组成的大厚度强透水地带时，大量河水下渗进入地下含水层，其是平原区地下水最主要的补给来源，占总补给量的75%～85%；二是降水入渗补给，该补给量较少，仅占平原区地下水补给量的3%～10%；三是山前地下水侧向潜流补给，是通过山区含水层潜流直接进入平原区深层地下水的主要途径，占地下水总补给量的12%～20%。

平原区因特殊的山盆地貌结构，一般山前平原为相对沉降的大型构造盆地，堆积了巨厚的第四系松散地层，尤其是广泛分布的冲洪积砂砾石沉积物，非常有利于地下水的补给与储存，一般汇集和蕴藏着丰富的地下水资源。例如，河西走廊地区，祁连山山前冲洪积扇缘砾石平原和平原中心的细土平原，第四系松散堆积层厚达数百米，地下径流模数一般为 5～10L/（s • km^2），含水层储量模数达到 500 万～4000 万 m^3/km^2。受地质构造和沉积物结构的控制，含水层呈山前向平原区倾斜，地下水埋深在平原地区自山前向盆地中心逐渐由深变浅。

地下水是干旱地区水资源中一个重要的组成部分。尽管地表水和地下水是一个相互转换、相互制约的统一整体，但是地下水又是水资源在运行、转化和开发利用中不可缺少的一种存在形式。

上述干旱区地下水的形成规律表明，内陆河区地表水与地下水之间具有十分密切的关系，山前平原现存的地表水、地下水、泉水等各种形式的水资源在成因上有不可分割的内在联系。地下水资源补给来源绝大部分是地表水的渗漏，而泉水则是出露的地下水，二者基本上是出山口地表水的转化与重复，不是完全独立的水资源形式。

（二）地下水资源类型与分布

在我国西北内陆河地区分布着许多著名的高山环绕的盆地，而这一系列大大小小的盆地由山前平原、山间盆地、山间谷地、湖盆洼地和广大的戈壁、沙漠所组成；东部内蒙古内陆河区和黄河上游也有河谷盆地、大河冲积平原及河岸滩地，而且在盆地里堆积着巨厚的第四系松散地层，是汇集和蕴藏丰富地下水的主要场所。根据水文地质调查资料，我国西北内陆区地下水资源主要分布在山前平原、山间盆地、山间谷地和湖盆、洼地。

（1）山前平原地下水。山前平原地下水主要分布在巨大盆地靠近大山体的山麓前缘，河流挟带着大量的碎屑物在山前沉积成冲积扇，由分布在这些河流出山口前的冲洪积扇及扇群构成了在天山南北、帕米尔高原东、昆仑山北、祁连山南北等山前平原。由于山前平原分布在大型构造盆地边缘，其呈现条带或向盆地中心倾斜的环带状。山前平原由山麓到盆地底部具有以下水文地质规律（赵松桥，1985）：①沉积物由顶部粗砂砾石向平原过渡为细砂及细土类，地形坡度由陡逐渐变缓；②地下水埋藏由顶部很深（几十米甚至上百米）往下逐渐变浅，到了盆地底部转折处甚至成为泉水或沼泽溢出地表，这时地下水往往具有承压性质；③地下水在顶部主要接受地表径流补给，地下径流迅速，随地形变缓和沉积物变细，径流逐渐滞缓，在盆地底部以消耗于蒸发蒸腾的垂直排泄为主；④地下水含盐量由上而下逐渐增加，由上部矿化度＜1g/L 的淡水到盆地底部变为高矿化水。

在山前平原的水平方向上，其最上部为洪积、坡积的卵石层，多为透水地层；往下为新老洪积扇组成的扇群，多为卵砾石夹泥质沙层；以洪积和冰水沉积的卵砾石层和冲洪积砂砾层构成了山前平原的主体，宽度由几千米到几十千米，是良好的地下水蓄水体，蕴藏有丰富的地下水资源；山前平原的前缘由含细粒的冲洪积物沙层和冲积沙层、亚砂土层组成，间或有湖相沉积地层分布，并组成多层含水层结构，这也是潜水向承压水过渡的地区。这里水、土、光、热资源利用配合良好，是干旱地区天然和人工绿洲的主要分布场所，因此这里的灌溉渠系和田间渗漏成为山前平原地下水的又一重要补给源。在垂直方向，山前平原中、上部为单一的砂砾石层，但中、下部为一巨厚砂层，是由砂与砂砾石层和黏质土组成的多层结构。

根据山前平原地区的水文地质普查，通过测定河床渗漏，观测渠系和田间渗漏与水文分析，求算山前平原地区的河道渠系、田间渗漏量，按控制水文地质剖面计算地下水侧向径流量和估算降水入渗量，求得 20 世纪 80 年代我国西北干旱地区四大盆地里山前平原地下水的天然资源补给量为 316.35 亿 m^3（表 2-6）。在山前平原天然地下水资源中，有 60%～90%是由地表水转化而来的，这种干旱区地表水向地下水的大量转化规律还伴随人工引流的多次转化。

表 2-6　西北内陆河区山前平原地下水天然资源表　（单位：亿 m^3）

盆地	河渠田间入渗量	地下径流量	降雨入渗量	地下水天然资源补给量
甘肃河西走廊	39.83	2.52	2.42	44.77
青海柴达木盆地	23.30	5.65	1.02	29.98
新疆准噶尔盆地	53.27	3.77	5.84	62.88
新疆南疆盆地	161.92	10.72	6.08	178.72
合计	278.32	22.66	15.36	316.35

（2）山间盆地和山间谷地地下水。西北干旱地区地下水另一个储存区是山间盆地和山间谷地。这些盆地和谷地多是构造成因，并且受到新构造运动的制约，特别是在广大的山前平原和主体山脉间有古近系-新近系或中生界山前构造阻挡，构成了一系列山间盆地和河谷，山区的裂隙水和地面径流只能通过切穿山前构造的山口流向平原。在柴达木盆地、昆仑山北麓、祁连山南麓都有一个或几个不连续的山前带，形成串联式山间盆地；天山、阿尔泰山、准噶尔界山几乎都为褶皱隆起山，因此在准噶尔盆地的天山北麓、阿尔泰山南麓、准噶尔界山东麓都有褶皱带前的一系列隆起，构成山前凹陷；在塔里木盆地，昆仑山北麓西起莎车东至若羌以东为一连续的山前拗陷带；天山西南部，山前还有一系列隆起，塔里木盆地西部实际上是一个三角形的喀什凹陷；河西走廊实际上是介于南部的祁连山地槽褶皱和阿尔金山断块，与北部的阿拉善台块和北山（马鬃山）断块带中间的坳陷，走廊坳陷与祁连山隆起相毗连，多受构造褶皱影响，形成若干不相连贯的山间盆地与山间谷地。

山间盆地与山间谷地的地下水形成和补给特征，大体与山前平原的地下水相似，区别在于规模远不如大型构造盆地，而且这里人类活动较弱，渠系和田间渗漏很强烈，地表径流成为主要的补给源。按盆地和谷地的流入河川径流入渗补给估计，西北内陆河区主要的山间盆地和山间谷地的地下水天然资源补给量为 143.47 亿 m^3（表 2-7）。需要指出的是，这些地下水大部分在山间盆地和山间谷地下部，经由河流出口转化为地表径流，再向山前平原流泄，因此属于地表径流重复的地下水资源。

表 2-7　西北内陆河区主要山间盆地和山间谷地地下水天然资源补给量　（单位：亿 m^3）

省（自治区）	山间谷地、盆地名	地下水天然资源补给量	省（自治区）	山间谷地、盆地名	地下水天然资源补给量
新疆	伊犁盆地	8.17	青海	德令哈盆地	3.56
	伊犁谷地	15.11		花海盆地	5.67
	达坂城谷地	2.93		马海盆地	1.26
	精河-博乐谷地	16.23		柴旦盆地	0.64
	巴里坤盆地	0.92		门源谷地	3.84
	吐鲁番盆地	5.67	甘肃	昌马河谷	2.56
	哈密盆地	3.07		讨赖河谷	3.84
	焉耆盆地	16.80		黑河河谷	1.82
	拜城盆地	24.12		党河河谷	0.47
	柯坪盆地	1.32		总计	143.47
	哈尔俊盆地	2.31			
	马什盆地	17.61			
	塔什库尔干盆地	5.55			

在这些山间盆地和山间谷地的前缘分布着规律不等的山前平原，其中间还有河谷穿越。一般说来，山前平原堆积有较厚的第四纪冰川和冰水相沉积，这些冲积层颗粒粗大，蓄水能力极强，常在洪水期大量蓄水，而在枯水期又大量排出，使某些穿越山间盆地和山间谷地的河流终年有水，川流不息，因此在这些山间盆地和山间谷地形成了丰富的地下水，而且水质较好，矿化度一般为 0.5g/L 左右。

黄河上游地下含水层有平原松散岩类的多层和单层含水系统，主要分布在沙漠地带的鄂尔多斯高原四周的断陷盆地，包括银川平原、河套平原及小型河谷盆地。这里地下水丰富，是该地区工业供水、农业灌溉及人畜饮水的重要水源（表 2-8）。

表 2-8　黄河上游河谷盆地地下水补给资源

名称	面积/km^2	地下水资源量/亿 m^3	降水补给占比/%	可开采资源量/亿 m^3	开采量/亿 m^3
银川平原	7000	11.8	25	11.0	4.9
河套平原	21000	17.9	50	10.9	10.9

鄂尔多斯高原分布有黄土高原和台塬的黄土地下水，地下水资源量大小与补给和赋存条件密切相关，地下水天然资源补给模数从上游向下游省份呈逐渐增大的规律，即甘肃、宁夏、内蒙古、陕西，分别为 2.32 亿 m^3/km^2、5.15 亿 m^3/km^2、4.92 亿 m^3/km^2、5.79 亿 m^3/km^2。不同类型的地下水资源丰富程度由富至贫依次为孔隙水、岩溶水、裂隙水、孔隙裂隙水、黄土水（表 2-9），根据各省（自治区）地下水资源量计算，黄土高原总计有 335.98 亿 m^3，按矿化度分，淡水（＜1g/L）占 86%、微咸水（1～3g/L）占 10%、咸水（＞3g/L）占 4%。按地下水开采资源面积 16.84 万 km^2 计算，可开采资源量为 203 亿 m^3，相当于天然补给资源的 60%，而其中的 79%集中在宜开采的平原区，其次是岩溶水和西部的山间谷地地下水。

表 2-9　鄂尔多斯高原不同类型地下水资源统计表

指标	孔隙水	岩溶水	裂隙水	孔隙裂隙水	黄土水	合计
面积/万 km^2	16.97	4.55	10.82	10.00	20.00	62.34
地下水资源量/亿 m^3	196.33	44.98	50.46	21.75	22.46	335.98
占地下水资源量/%	58.4	13.4	15.0	6.5	6.7	100
补给模数 L/（s・km^2）	11.57	9.89	4.66	2.18	1.12	5.39

（3）湖盆、洼地地下水。分布在山前平原下部或山间盆地、山间谷地的低洼地区的冲积湖积平原和内陆湖盆、洼地，占据着干旱地区的广大地域，除被塔克拉玛干沙漠、古尔班通古特沙漠、巴丹吉林沙漠、腾格里沙漠和柴达木盆地沙漠的流动沙丘覆盖外，基本上还保持着平原的风貌，往往这里处在大型盆地和洼地里，形成环状分带的最内环，在平原低处仍尚存有大大小小不等的现代湖泊，并且目前仍处于收缩过程之中，其中绝大部分为咸水湖和盐湖，有一部分是淡水湖和微咸湖。这里因地形条件成为地表水和地下水的汇集中心，其沉积物主要由细粒砂（中、细砂与粉砂等）和各类土层（粉砂土、砂黏土和黏土等）相互组成，在垂直方向上往往形成数个含水层，并有承压水，有的呈自流水。一般在有较大河流的下游，地表水资源可以直接流入，补给湖泊蓄水，水质较好。湖盆和洼地通过河道渗漏，地下径流、山前平原的溢出泉和一部分人工引灌的地表水再渗漏进行补给；另外，因地域广阔，周围地区暴雨临时性径流尚有断续补给，使这些湖盆、洼地里保持有一部分地下水资源，有的甚至还是地质历史时期里丰水时期保存下来的部分古封存水。

湖盆、洼地地下水资源按河流渗漏和部分地下断面径流测定。在我国西北地区，这些湖盆、洼地地下水资源因调查资料还不齐全，只能做出不完全统计，据 8 个湖盆、洼地计，约有 33.09 亿 m^3 的地下水资源（表 2-10）。湖盆、洼地位于地表水和地下水补给的最下游，受其上部人类活动影响，目前主要面临着地下水水位下降、湖盆收缩、地下水资源枯竭等严重威胁。

表 2-10　西北内陆地区湖盆、洼地地下水资源统计表　（单位：亿 m^3）

湖盆、洼地名称	地下水天然补给量
民勤-潮水湖盆	2.80
金塔-花海	4.02
瓜州-敦煌	3.94
雅布赖	1.79
居延海	5.39
吉兰泰	1.50
青海湖	5.00
罗布泊	8.65
合计	33.09

（4）沙漠地区潜水。我国西北干旱地区在大型盆地中心和高原边缘为广大的沙漠所占据，自西向东主要的沙漠有塔克拉玛干沙漠、古尔班通古特沙漠、库姆塔格沙漠、巴

丹吉林沙漠、腾格里沙漠、柴达木盆地沙漠、河西走廊沙漠等，总面积达 69.4 万 km^2。

这些沙漠多为流动沙丘、半固定沙丘和固定沙丘，沙漠中相间有一些残丘、戈壁、湖盆、盐沼和低湿地，还有广泛分布的几百平方米至上百平方千米的丘间低地。这些丘间低地地表形态多为黏质土组成的光板地、龟裂地，这里是接受大气降水的天然径流场，可为沙漠潜水补给淡水源。尽管这些沙漠地区年降水量大都在 100mm 以下，但因干旱地区降水量多以暴雨形式降落，次降水量≥10mm 的有效降水可达 10～50mm，沙层本身具有较强的渗漏能力，容易将偶然的降水和雪层融水入渗，作为丘间低地潜水贮藏在地表下，呈淡水透晶体状态。同时，因沙漠多分布于地势低洼的盆地中，河水、山前平原地下径流和附近山地临时径流容易补给沙漠，可以延伸至沙漠内部很远，乃至腹地的丘间低地，形成沙漠潜水。

存在沙漠潜水的丘间低地一般埋藏较浅，多在 5～10m，在湖盆低地常在 1～3m 甚至更浅，主要受降水补给和河水补给的沙漠潜水矿化度为 1～3g/L，但在湖盆凹地潜水矿化度上升到几十克每升至上百克每升，潜水水位视埋藏深度一般有 0.5～1.2m 的年内变幅，多数在 3～4 月达到最高水位，强烈蒸发后的 9～10 月最低。这些沙漠潜水和沙漠中存在的难以补给地下水的凝结水，可以满足丘间地和低湿地植被生长。按沙漠地区年降水量和≥10mm 的有效降水量，以降水入渗系数估算，沙漠地区的天然降水补给量可达 50 亿 m^3 以上（表 2-11），这也是一笔可观的资源。

表 2-11　西北内陆河沙漠覆盖区潜水接受降水补给量估算表

沙漠名称	沙漠面积/万 km^2	年降水量/mm	≥10mm 有效降水量/mm	降水入渗系数	估算补给量/亿 m^3
塔克拉玛干沙漠	33.75	30	10	0.5	20.2
古尔班通古特沙漠	4.88	140	30	2.5	13.6
巴丹吉林沙漠	4.43	70	20	1.5	6.2
腾格里沙漠	3.21	110	50	3.0	7.0
柴达木盆地沙漠和风蚀地	3.49	40	10	1.0	2.8
乌兰布和沙漠	0.99	150	45	2.5	3.0
河西走廊沙漠	0.51	80	20	1.0	0.8
雅马里克及狼山北部沙漠	0.56	90	20	1.5	1.0
库姆塔格沙漠	1.95	58	10	0.5	2.2
合计	53.77	—	—	—	56.8

（5）深层自流水。我国西北地区地形和地质条件非常有利于自流水的形成。在山前平原下部第四系松散地层中普遍存在较浅的自流水层。大量资料证明，在许多大型盆地和断陷凹地的古近系-新近系及中生界地层中也埋藏着深层自流水。

在准噶尔盆地北部，自流水埋藏较浅，多在 500m 以内，有些地方数十米就可揭露出自流水，但在盆地底部和天山北麓常达千米以上，第四系承压自流水埋藏于冲积湖积的细粉砂层中，几乎沿天山山前平原尾部至中部都有发现，自 60～300m 揭露出 4～5 层，一般水头高出地表 1～3m 或 3～5m，自流量为 2～3L/s，自流水多为淡水，矿化度为 0.3～0.6g/L，局部为 10g/L。

柴达木盆地许多构造凹地中，自流水埋藏均在 50～200m，其第四系自流水主要储存在上更新统和全新统冲洪积、湖积地层中，一般埋藏在 50～100m，其含水层数较多，盆地南部和北部大于 50m 的含水层中多达 2～6 个，压力水头高，水量大，单井涌水量为 1000～2000m^3/d，矿化度为 0.5～1.0g/L。

河西走廊各个独立盆地里都有承压水，东自武威-民勤盆地，向西经张掖-酒泉盆地，直到瓜州-敦煌盆地为一不连续自流水带，自流水多出自第四系冲积、湖积物中，自流水头高出地面 1～3m 或 3～5m，自流水量达 2～3L/s，水质尚好。

塔里木盆地的部分地区存在承压水，水头仅上升到距地表不深的距离，个别钻孔不能形成自流；在天山南麓和喀什-和田凹陷中，第四系砂砾石中自流水质优、量富，但揭露出古近系-新近系和中生界地层的自流水层，尽管含水层多，但矿化度高，多为 12～60g/L 的盐水。另外，在罗布泊凹地钻探，有较淡的深层自流水存在。

内蒙古西部高原几个大沙漠中均有自流水断续分布，贺兰山西部的吉兰泰盐池一带揭露出了 4～5 个自流水层，混合水头高出 1～8m，自流水量为 0.5～5L/s。在银川平原、河套平原、乌兰布和沙漠、居延盆地、塔里木盆地天山山前平原、昆仑山山前平原麻扎塔克和北民丰隆起南部、伊犁谷地均有第四系自流水盆地存在。因深层自流水的形成很复杂，还难以对水量做出定量评价，除第四系地层多属淡水和微咸水外，其余多属矿化水。因此，还需要进一步的勘查，做出正确判断和切实的利用规划。

五、湖泊水资源

西北内陆河区湖泊众多，绝大多数湖泊是内陆河流的终闾和归宿地，有少量是盆地低洼地带，由河水和地下水补给。大多数干旱区湖泊属于封闭内陆湖，蒸发是湖水消耗的主要途径，因此一般属咸水湖或盐湖。同时，受气候和人类活动影响，干旱区湖泊普遍处于明显退缩状态，现已有大量湖泊干涸，如著名的罗布泊、台特玛湖、玛纳斯湖、西居延海，以及青土湖、哈拉湖等。

西北内陆河区是一个多湖泊分布的地区，这里地形起伏、盆地相间、地质构造运动强烈、河流洪水量大、平原暴雨多。湖泊作为盆地内和河流两侧的调蓄场所，数量众多，主要分布在外流河冲积平原、内陆河冲积扇缘、内陆盆地和东部沙漠的丘间低地，除一部分由人工拦蓄成水库外，大部分是地表水和地下水的径流、汇集、蓄积的结果，在地质、地貌条件适宜的地区潴积成湖，所有湖水都属于水资源的一种蓄积存在方式。

这些湖泊，有一部分受黄河上游和少数较大河流的水流补给，水量交替较快，属淡水湖和微咸湖。例如，位于青海的黄河上游源区的扎陵湖和鄂陵湖，天山北坡乌鲁木齐附近的天池，为淡水湖，湖水矿化度小于 1g/L；博斯腾湖位于南疆开都河下游和孔雀河源头，乌伦古湖位于北疆乌伦古河下游，青海湖位于祁连山段的封闭汇水盆地，还有内蒙古高原东部的查干诺尔、达来诺尔、岱海、黄旗海等汇集这里的短小河流径流形成湖泊，湖水矿化度为 1～3g/L。还有一部分湖泊是在平原和山前利用积水洼地和地形修建的人工水库，如黄河的龙羊峡、刘家峡、青铜峡等水库，河西走廊的鸳鸯峡、双塔堡、红崖山等水库，新疆塔里木河的大西海子、卡拉、上游、胜利、小海子等水库，北疆的蘑菇湖、夹河子等水库，均属淡水调节利用水库。除此以外，还有大部分湖泊位于盆地中心，受干旱地区强烈蒸发和地下径流影响，湖水浓缩而形成碱湖、咸水湖和盐湖，如东居延海、台特玛湖、艾比湖、达布逊湖等，所有湖泊对维护区域生态环境有着重要作用。即使一些湖泊矿化度较高，其水量难以直接为农业利用，但因有地下径流，湖泊周围地下水水位较高，水分条件较好，能生长一些植被，乃至荒漠灌草，就是在矿化度极高的盐湖周围，也能生长一些耐盐植物。

据统计，我国北方地区大小湖泊数以千计，湖泊面积大于 1km^2 的湖泊有 400 多个，面积达 1.7 万 km^2 以上（表 2-12）。若按湖水矿化度大小可分为 3 类：湖水矿化度小于 1g/L 的属淡水湖，矿化度为 1～3g/L 的属微咸水湖，二者在统计区内有 80 多个，主要分布在外流河流域上游和内陆河出山前段，属调节水的吞吐湖，面积达 3500km^2，储水量达 300 亿 m^3 以上。这些湖泊的开发利用价值很大，但要注意维护湖泊所在区域的生态平衡。占总面积 80%的湖泊属咸水湖、半咸水湖和盐湖，湖水矿化度大于 3g/L，主要分布在内陆河流的终端、盆地中心最低处和沙漠中的丘间低地，这里既是地表径流的汇集末端，又是地下径流的汇集中心，径流往往到此流动极为缓慢，甚至停滞，强烈的蒸发促使湖水矿化；水质矿化度大于 35g/L 的湖泊属盐水湖，其湖泊面积约占总面积的 25%，最高湖水矿化度可达 300g/L 以上。还有一部分属于干湖盆和干枯湖泊，除一部分为地质时期形成的积水湖泊退缩和变迁的结果外，还有相当一部分为历史时期受人类活动影响而干枯，如塔里木河下游的罗布泊和台特玛湖，在近几十年来完全干枯，黑河下游的西居延海也遭受同样的命运，西居延海自 20 世纪 60 年代干枯以来，一直未得到恢复，东居延海也几经干枯。21 世纪初，经黑河和塔里木河流域的综合治理，东居延海和台特玛湖得以初步恢复。

表 2-12　沙漠地区主要湖泊特征表

湖名	所在省（自治区）	地理位置	面积/km^2	湖面高程/m	最大水深/m	容积/亿 m^3	湖水类型
青海湖	青海	36°40′N，100°23′E	4568	3190.0	19.15	753	咸
罗布泊	新疆	40°26′N，90°15′E	3006	2680	干枯	—	—
艾比湖	新疆	44°55′N，82°53′E	824	189	—	—	咸
博斯腾湖	新疆	41°59′N，86°49′E	1001	1048.0	15.7	77.4	淡
布伦托海	新疆	47°13′N，87°18′E	730	479	12.0	58.5	—
乌兰乌拉湖	青海	34°50′N，90°30′E	540.5	4834.0	—	—	咸
哈拉湖	青海	38°18′N，97°35′E	593.2	4078.0	65.0	161.1	咸
赛里木湖	新疆	44°36′N，81°11′E	457	2073	—	—	咸
阿雅克库木湖	新疆	37°35′N，89°20′E	535	3867	—	—	微咸
托素湖	青海	35°17′N，98°33′E	253	4082	100	75	—
居延海	内蒙古	42°18′N，101°15′E	302.5	921	1.0	0.5	咸
扎陵湖	青海	34°56′N，97°16′E	526.1	4294	8.9	468	淡
鄂陵湖	青海	34°53′N，97°52′E	610.7	4272	17.6	107.5	淡

资料来源：施成熙，1989，部分数据有修改。

博斯腾湖是我国内陆地区最大的淡水湖，位于天山南坡焉耆盆地最低洼处，该湖东西长 55km，南北宽 25km，面积为 1001km^2，容积为 77.4 亿 m^3，平均水深为 7.66m，每年入湖水量平均为 25 亿 m^3，出湖水量为 12.9 亿 m^3，消耗于蒸发约为 12 亿 m^3。博斯腾湖既是焉耆盆地的流水容泄区，又是孔雀河良好的天然水库，湖内鱼、芦苇资源十分丰富。因湖水蒸发水量占总湖水量的48%，过去曾使开都河绕过湖泊，直接流入孔雀河，这样不仅使湖水位逐年下降，而且造成湖周围芦苇大量死亡，湖水碱化（湖水矿化度已达1.0～1.5g/L）和水产大量减少，对湖区生产和生态平衡不利。目前已根据流域规划和湖水综合开发利用，修建提引水工程，并加速大湖水文循环，降低湖泊预定水位，减少蒸发损失，并在2000年分两次成功地调用3.27亿m^3水，通过孔雀河向塔里木河下游输水，用以拯救下游绿色走廊的胡杨林生态用水。大型淡水湖在青海省的还有扎陵湖、鄂陵湖、托素湖等。柴达木盆地的托素湖也已开发利用，每年为香日德河谷灌区提供1亿m^3的水量灌溉。

青海湖是我国内陆高原最大的半咸水湖，湖水矿化度为15.5g/L，湖水面积达4568km^2，湖水平均深度为17.5m，容积为753亿m^3，大约是黄河入海水量的1.8倍。每年注入湖泊地表径流为13亿m^3，湖水蒸发值年平均为492mm左右。据沙陀寺水位站1956～1978年观察资料，水面下降2.14m，每年入湖水量减少4.27亿m^3，使区域小气候、环湖生态环境退化，沙漠化发生发展及其对渔业生产也产生了严重影响。

除了上述众多湖泊外，在内陆盆地的沙漠覆盖区也有许多小型湖泊和干湖盆。内陆盆地的沙漠，如塔克拉玛干沙漠、古尔班通古特沙漠和河西走廊沙漠，湖泊多分布在沙漠外围的河流末端和大型河流残留古河道区，其受河水补给，如北疆的玛纳斯湖、南疆的鱼湖与巴什库勒、敦煌的月牙泉等，但柴达木盆地沙漠盐湖均是内陆河流积水的归宿。例如，在巴丹吉林沙漠的高大沙山间分布有大小湖泊144个，面积一般小于1km^2，其中最大的为1.51km^2，最大深度达6.2m，小湖边缘有泉水出露，为沙丘水，降雨入渗和凝结水补给，水质较好，矿化度小于1g/L，但湖水矿化很高。腾格里沙漠广泛分布有大小湖盆422个，它与巴丹吉林沙漠中的内陆小湖不同，大部分为未积水和积水面积很小的草湖；在沙漠中南部呈有规则平行排列的头道湖、二道湖、三道湖等，是在古近纪和新近纪湖盆基础上逐渐干涸退缩形成的残留湖；在西南部有较大面积的草湖，大部分是古代冲积-洪积平原前缘洼地，部分是石羊河水系末端潴水场所，在沙漠中部偏西北复合型沙丘链丘间洼地，也有规则排列的泉水补给小湖泊；毛乌素沙地中也有大小不等的上百个湖泊，其中多数为盐碱湖，而淡水湖均系沙区凹地汇集地下渗水和天然降水形成，也由废弃河床演化而成。东北的浑善达克沙地处内蒙古北部高原内流区，沙地中湖泊发育，有110余个，东部为淡水湖，查干诺尔面积1.12万hm^2，达里诺尔面积2.66hm^2，水深7.3m，盛产鱼类；西部多为盐碱湖，较大的有二连诺尔、查干里门诺尔，有碱矿。由于这里降水量超过350mm，每年夏季还可形成季节积水小湖。

据统计，新疆南北疆湖泊总面积为5505km^2，有大于1km^2的湖泊139个，其中面积超过100km^2的湖泊有11个，占湖泊总面积的87%；有大中小型水库472座（大型17座、中型93座、小型362座），总库容为67.16亿m^3。青海省内陆区有大于0.5km^2的湖泊202个，湖泊总面积为10548.1km^2，其中淡水、微咸水湖104个，面积为920.8km^2；咸水湖76个，面积为8325.4km^2；盐水湖22个，面积为1301.9km^2。黄河上游有湖泊89个，湖水面积为497.0km^2，其中淡水、微咸水湖86个，面积为1468.7km^2，咸水湖

2 个，面积为 20.3km^2。黄河上游的扎陵湖和鄂陵湖是青海省内最大的两个淡水湖，湖水面积分别为 526.1km^2 和 610.7km^2；柴达木盆地有大小湖泊 93 个，分布面积约为 5901km^2，青海湖是我国最大的内陆高原咸水湖，储水量为 154.3 亿 m^3。内蒙古有大小湖泊上千个，总面积为 7000km^2，水面大于 100km^2 的湖泊有贝尔湖、达里诺尔、乌梁素海、岱海、黄旗海、查干诺尔、居延海等；甘肃河西走廊湖泊较少，仅几个，面积为上百平方千米，但修建大小水库 146 座，其中大型 3 座、中型 19 座、小型 124 座，总库容为 14 亿 m^3；甘肃在黄河上游支流上修建中小型水库 39 座，总库容为 1.13 亿 m^3。在黄河上游干流峡谷修建水库 11 座，其中大型水库 6 座，总库容达 350 亿 m^3。

六、水资源总量及其区域分布

西北内陆区水资源主要形成于山区的地表径流，降水量主要集中在山区，并有冰雪融水补给，径流系数平均为 0.22，河流在出山口时径流量最大，并成为平原地区和内陆盆地可资利用的水源，平原地区由部分降水入渗和河谷潜流等侧向径流组成的地下水，不与地表水转换重复。根据西北内陆区水资源总量计算，按照中亚细亚内陆区、准噶尔盆地区、塔里木盆地区、柴达木盆地区、青海湖内陆区、河西内陆区和额尔齐斯河区，计算的流入盆地的水资源总量为 1002.03 亿 m^3，地表径流在水资源总量中占 90%以上，盆地里地下水资源有 685.03 亿 m^3，其中 86%为地表水的重复转换量，而不与地表径流重复的地下水资源量为 92.80 亿 m^3（表 2-13）。

表 2-13　西北内陆区水资源量统计（1956～1995 年）　（单位：亿 m^3）

分区	地表水	地下水	重复水	总资源
中亚细亚内陆区	192.66	111.62	105.51	198.77
准噶尔盆地区	126.04	99.30	77.28	148.06
塔里木盆地区	347.81	281.44	246.79	382.46
柴达木盆地区	48.13	46.28	38.42	55.99
青海湖内陆区	21.94	14.96	12.73	24.17
河西内陆区	72.66	82.61	64.68	90.58
额尔齐斯河区	100.00	48.82	46.82	102.00
合计	909.24	685.03	592.23	1002.03

资料来源：陈志凯等，2004。

西北内陆区东部属半干旱区，水资源主要形成于黄河上游及其支流流域周围山地。由于这里降水量较大，还可产生部分地表径流，也可以用水资源总量来评价水资源总量。在黄河流域上游以二级支流流域和内流区来划分，内蒙古东部内陆区单独列出，进行水资源总量评价，西北内陆区东部的水资源总量有 410.64 亿 m^3，地表水资源量为 332.59 亿 m^3，占水资源总量的 81.0%，不与地表水重复的地下水资源量为 77.86 亿 m^3（表 2-14）。

表 2-14　西北内陆区东部水资源量统计　（单位：亿 m^3）

分区	地表水	地下水	重复水	总资源
龙羊峡以上	166.36	73.60	73.22	166.74
龙羊峡-兰州	136.83	60.06	58.35	138.54
兰州-河口镇	16.32	78.06	52.03	42.55
鄂尔多斯内流区	3.07	8.19	1.00	10.25
内蒙古东部内陆区	10.01	46.77	4.22	52.56
合计	332.59	266.68	188.82	410.64

注：表中数据根据沈大军等，2006；陈志凯等，2004；刘新民等，1996 文献数据计算。

综上，我国西北内陆区的水资源总量有 1412.67 亿 m^3，其中地表水资源量 1241.83 亿 m^3，地下水资源量 170.84 亿 m^3，地下水资源中受地表水与地下水的转换，重复率达 82%。

依据 2000 年以前的流域观测数据，通过国家“九五”攻关计划项目的实施，进行了较为详细的评价，表 2-15 给出了西北干旱区行政单元分区上的水资源评价结果。整个干旱区地表水资源总量为 912.0 亿 m^3，地下水资源量为 508.2 亿 m^3，水资源总量为 1003.0 亿 m^3。其中，地表水资源量的 87.1%分布在新疆地区，河西走廊地区仅占 8.1%；地下水资源的 76.6%分布在新疆地区，河西走廊地区占 13.1%。从产水模数角度看，北疆地区是干旱区水资源形成与分布最重要的区域，产水模数是全疆平均水平的 2 倍，是河西走廊地区的 4 倍，是柴达木盆地的 6 倍；其次是河西走廊东段的石羊河流域，产水模数高于南疆和黑河流域。对比上述两个评价结果，水资源区域分配分量的结果大体一致，数量上的差异来源于几个方面：一是评价所采用的数据系列不同，后者较前者在径流系列上长 10～15 年，且归纳的站点更多，另外对地下水评价的数据也更加全面；二是评价区域不同，后者对于地下水的评价范围更大。

表 2-15　西北干旱区内陆河分区水资源分布情况

省（自治区）	分区/流域	地表水资源量/亿 m^3	地下水资源量/亿 m^3	水资源总量/亿 m^3	产水模数/［万 m^3/（km^2·a）］
新疆	北疆	403.7	149.0	430.0	10.9
	南疆	370.2	212.9	399.6	3.8
	东疆	20.5	27.4	27.4	1.3
	全疆	794.4	389.3	857.0	5.2
甘肃	疏勒河	20.6	21.3	22.8	1.34
	黑河	37.3	32.4	41.6	3.24
	石羊河	15.8	12.7	17.5	4.29
	河西走廊	73.7	66.4	81.9	2.41
青海	柴达木盆地	43.5	33.7	46.8	1.8
内蒙古西部	内陆河区	0.4	18.8	17.3	0.8
合计		912.0	508.2	1003.0	—

第三节　水资源开发利用中的问题

一、资源性的水资源短缺

根据《中国水资源公报》统计区域供水量与需水量，对西北内陆区水资源供需平衡进行分析（表 2-16）。

表 2-16　2000 年西北内陆区水资源供需平衡分析　（单位：亿 m^3）

分区	水资源总量	供水量				需水量			缺水量
		地表水	地下水	其他	小计	工业、生活	农业	小计	
中亚细亚内陆区	198.77	46.59	4.10	0.26	50.95	4.08	49.16	53.24	2.29
准噶尔盆地区	148.06	73.06	22.88	0.02	95.96	9.75	97.23	106.98	11.02
塔里木盆地区	382.46	277.84	23.44	0	301.28	12.14	290.28	302.42	1.14
柴达木盆地区	55.99	4.79	1.02	0.01	5.82	1.09	4.84	5.93	0.11
青海湖内陆区	24.17	2.07	0.08	0	2.15	0.21	2.45	2.66	0.51
河西内陆区	90.58	58.69	22.61	0	81.30	6.00	79.75	85.75	4.45
额尔齐斯河区	102.00	28.02	0.28	0	28.30	1.28	28.45	29.73	1.43
合计	1002.03	491.1	78.2	0.29	565.76	34.55	552.16	586.71	20.95

注：表中“其他”为污水回用和集蓄雨水等。

资料来源：陈志凯等，2004。

尽管水资源总量有 1002.03 亿 m^3，2010 年可供水量达 600 亿 m^3，约高出 2000 年 34 亿 m^3，但是总需水量新增 27 亿 m^3，供需缺口约 14 亿 m^3，而且尚有 54.5 万 hm^2 有效灌溉面积没有保灌，约有 33.3 万 hm^2 是因缺水导致无法保灌；还有灌溉面积中有较大部分没有得到充分灌溉而成为中低产田；许多城市生态环境用水量不足，还有部分地区农村人畜饮用水没有解决；没有考虑严重环境退化挤占的生态用水量，以及一些地区过度开采地下水引起的亏空量，如石羊河流域下游民勤盆地的地下水降落漏斗亏空水量就超过 50 亿 m^3；还存在一些不合理供水，如直接采用污水灌溉等现象，需要增加灌溉水源或采用水处理回灌。

由于干旱地区水资源数量有限，国民经济的瓶颈效应越来越突出，这种水土资源开发的供需矛盾还会加剧，直到 2030 年仍将继续加大。在黄河上游和内蒙古东部内陆区也存在着水资源利用严重挤占生态环境用水量的情况（表 2-17），造成区域生态环境呈恶化趋势，需要进行支流流域综合治理，通过节水、调整产业结构等措施，退出挤占的生态环境用水，还水于生态。在内蒙古高原东部内陆区，也不同程度地出现缺水和生态环境退化现象，致使北京周围的风沙源和沙尘暴频发，其原因除了气候变化外，直接与这些地区缺水引起地面干旱化、在大气环流作用下地表风蚀和起尘密切相关。中国科学院程国栋院士在谈到西北干旱区水资源问题及对策时指出，西北地区是支撑我国 21 世纪实现崛起和复兴战略的重要基地，应以足够的社会适应性能力架设科学与决策之间的桥梁。面对水资源对经济发展的制约，制定适应西北干旱区的水资源安全新战略极为迫切。有关数据显示，21 世纪初全国水资源的开发利用率（供水量与水资源总量的比值）仅为 20%，而西北内陆区石羊河流域水资源开发利用率已达 154%、黑河流域达 112%、河西走廊整体达 92%、塔里木河达 79%、准噶尔盆地达 80%，西北内陆河流域水资源开发利用率的平均值也已达到 52.5%，超出国际标准 12.5 个百分点。这种无节制地开发利用水资源，势必会影响生态环境：目前我国 90%的沙漠化土地在西北，1960～2010 年内陆湖泊面积减少 57%，1980～2010 年高山冰储量减少约 15%。据预测，到 21 世纪中叶，西北干旱区缺水将达到 220 亿 m^3。

表 2-17　2000 年黄河上游与内蒙古东部内陆区水资源供需平衡分析　（单位：亿 m^3）

分区	水资源总量	供水量				需水量			缺水量
		地表水	地下水	其他	小计	工业生活	农业	小计	
龙羊峡以上	166.74	1.51	0.09	0	1.60	0.48	1.53	2.01	0.41
龙羊峡-兰州	138.54	30.64	5.24	0.10	35.98	13.66	25.18	38.84	2.86
兰州-河口镇	42.55	157.22	26.50	0.67	184.39	18.41	168.06	186.46	2.08
黄河内流区	10.25	0.07	2.29	0.01	2.37	0.45	3.19	3.64	1.27
内蒙古东部内陆区	49.82	2.26	5.90	0	8.16	1.78	7.54	9.32	1.16
合计	407.90	191.70	40.02	0.78	232.50	34.78	205.50	240.07	7.78

注：表中数据根据沈大军等，2006；陈志凯等，2004；刘新民等，1996 文献数据作统计，缺松嫩沙区的分析资料；“其他”为污水回用和集蓄雨水等。

水资源的供需矛盾几乎伴随干旱区的土地开发和经济发展而日趋尖锐，并由此引发一系列严重的区域性生态环境问题，导致区域经济社会发展速度趋于减缓，使干旱区成为全国发展相对最为落后的地区，制约着我国社会主义现代化的稳定发展。

同时，随着气候变化，可利用水资源量在减少，用水更紧缺；受人类活动和气候变化影响，西北内陆水循环遭受不同程度的变化，影响水资源的时空分布、水资源的质与量的变化，极端水文事件发生，这与区域生态环境退化相交融，使水资源及其利用的安全情势不容乐观。

二、水资源分布不均

干旱区水资源分布不均表现在两个方面：①空间地域分布不均匀。新疆地区水资源北多南少、西多东少。新疆地区水资源集中在较湿润的西北部，阿尔泰和伊犁地区的地表径流量占全新疆的 35.6%，而政治、经济、文化和工业中心乌鲁木齐市只有 1.1%；吐-哈盆地为新的石油基地，地表径流只有 2.0%；面积约 56 万 km^2 的塔里木盆地为近年来石油开发的热点地区，地表径流只占全新疆的 39%左右，而且主要分布于盆地边缘；新疆西北部约 50%的面积集中了全新疆水资源总量的 93%，而东南部 50%的面积只有 7%的水资源。河西走廊地区水资源东多西少、南多北少。西北干旱区水资源空间分布的巨大差异，为开发利用带来较大困难，极大地限制了该区域工农业生产力的布局。②季节分布不均匀。季节上：春旱、夏涝、秋缺、冬少。降水量季节分配的区域性变化较大，受西北环流和北冰洋气流输送水汽影响的北疆地区，降水多集中于春、夏季，秋季次之，冬季最少；受太平洋和印度洋季风环流输送水汽影响的甘肃地区，降水则主要集中于夏季，其次为春、秋季，冬季降水量很少。南疆地区降水的季节分布和甘肃地区类似。除了阿尔泰和塔城等少数区域外，春旱是新疆最大的自然灾害，同时，夏季又经常有洪水泛滥。在河西走廊，4～6月河道天然来水量只占19%～31%，而这段时期灌溉需水量则占全年的34%～45%，来水量不足常常造成大面积农作物的大量减产。总体而言，干旱区春季来水量仅占全年的20%以下，但需水量占全年的35%以上，因此春旱在西北具有普遍性，俗称“卡脖子旱”，严重制约着干旱区灌溉农业的可持续发展，并极大地影响着区域水资源开发利用工程的布局，如大量采用高耗散水的平原水库和长距离的输引水。

三、经济发展与生态用水配置不协调

在西北内陆河流域，天然状态下，在沿河两岸分布着大量的天然生态系统，具有许多特有的生物物种，如新疆和甘肃河西走廊胡杨等；生态系统类型多样，植被覆盖度高，形成沿河带状，以及在河流尾闾湖沼地带大面积分布的荒漠绿洲生态系统。出山径流的相当一部分水量需要用来满足绿洲生态系统维护生态平衡的需求。在十分干旱条件下形成的平原区荒漠绿洲，其核心问题是生态环境十分脆弱，水是干旱区的关键生态因子，植被的组成和结构与水密切相关。干旱区水资源呈资源型严重短缺的特点，加之人口压力下的水土资源过度开发利用，已经导致严重的生态环境退化问题。主要表现为：土地沙漠化、盐渍化和水土流失等荒漠化呈扩大趋势；西北内陆河流域挤占生态环境用水情况突出，导致河流断流、地下水水位下降、天然绿洲衰亡，如新疆塔里木河，河西走廊的黑河、石羊河等；不合理的农业灌溉方式，导致人工绿洲土地盐渍化、水质恶化；在1980～2005年，西北干旱区土地沙漠化约为15万km^2，每年以0.2万～0.3万km^2的速度增加；同时，由于水资源利用不当，土壤盐渍化面积约为200万hm^2，占全国盐渍化土地的1/3。新疆有125.5万hm^2的盐渍化土地，占总耕地面积的30.6%，其中南疆为32.3万hm^2，占总耕地面积的48.8%。

干旱区生态环境的退化几乎是伴随区域发展而同步发生的，其根本原因在于人类对干旱区的开发是以人工绿洲的建立和发展为主要方式，人工绿洲生态系统耗用大量原属于天然荒漠绿洲生态系统的水资源，在开发程度较高的流域，人类活动无一例外地改变了流域水循环和水资源的时空分布格局，使得天然绿洲的水资源供需平衡状态遭受严重破坏，从而导致天然生态系统退化甚至完全消失。干旱区经济与生态之间的水资源矛盾十分突出，如何保障区域生态环境刚性的水资源需求，并协调好经济发展与生态维护之间的水资源配置关系，是干旱区水资源利用中最突出的核心问题。

四、水资源利用缺乏系统性

西北内陆河区山前平原现存的地表水、地下水、泉水等各种形式的水资源，在成因上有不可分割的内在联系。只要牵动转化其中的一个环节，相连的环节将随之发生变化，并影响到水资源的利用方式。例如，上游修建水库和高标准防渗渠道，使渠系利用率提高，进而使地表水在洪积扇的渗漏量不断减少，这将大大减少地表水转化为地下水的数量，随之使下游地区泉水的溢出量和溢出地点、平原河流的径流量及其以下地区地下水的补给量减少。又如，在上游地区大规模开发利用地下水，降低地下水水位，将导致下游地区的泉水及平原河流水量大幅度减少。多种形式水资源间的密切关系，在一定程度上有利于水资源的开发利用，但也决定了干旱区水资源利用的系统性与整体性。任何形式的水资源都不能单独对其规划利用，需要充分考虑水资源系统间的不可分割性，进行水资源系统分析、系统规划，地表水与地下水的联合调度与统一开发利用是干旱区水资源利用中的必经之路。

五、水资源开发利用与调配方式滞后

西北内陆区出山径流是平原区共同的水资源，上中下游之间存在极为密切的质与量的关系。由于流域下游一般位于荒漠地带，均属于干旱和极干旱地区，从中游出流的地表径流是维系下游生态环境和经济发展的主要水源，上中游任何形式的水资源利用，都将不可避免地改变整个流域的水资源分配，从而导致下游生态环境恶化、经济社会发展滞后。流域下游对流域水资源的开发利用方式极其敏感。现阶段内陆区水资源开发利用几乎无一例外地引发下游严重的生态环境退化，主要表现在流域开发不能上下游统筹规划统一管理。例如，塔里木河出现的最大的问题是上中游用水过度，更为突出的是上中游大量开垦土地，扩大人工绿洲，造成下游断流；还有在一些地区的河流中游修建平原水库，控制河流的径流，虽然发展了灌溉，但平原水库建成之日往往就是下游断流之时，不能保证下游农业、生活和生态用水，致使植被退化、自然植被大面积死亡，造成土地资源退化和生态环境恶化。西北内陆河区流域水资源是一个十分紧密的统一体，上中下游相互联系、相互依存、互相制约，水资源开发利用必须统筹规划，兼顾上中下游利益，实现流域水资源统一规划、统一管理和统一调配。水资源配置需要解决的主要问题是：保证河流下游生态环境的耗水，使下游的生态环境和上中游的社会经济系统合理分享水资源。这需要在流域尺度上的水资源系统中研究和建立可行的水资源配置决策系统。

六、山区水土流失严重

黄土高原灾害性土壤水蚀面积有 42 万 km^2，侵蚀量大于 1000t/（km^2·a）的面积超过 68%，有 1/3 的面积侵蚀量超过 5000t/（km^2·a）。长城沿线及以南，以及半干旱地带旱作农田，不仅有严重的水蚀，还有风蚀相伴，可直接导致土壤肥力降低和土地资源丧失，而且河道还会将大量泥沙带至下游，引起下游河道和水库淤积等一系列问题。沿黄河干流受风沙侵袭，估算流入河道沙量高达 1 亿 t，与上游带来的大量泥沙一起，使三盛公黄河水利枢纽库区原设计库容（4 亿 m^3）被淤积一多半，并使 2000～2010 年内蒙古河段淤高了 2m 多，已经形成了继黄河下游河南、山东段后又一“地上悬河”。水土流失尽管经过几十年的治理取得很大成效，但仍是该区突出的问题。随着人口增加，人为生产活动向大自然无节制索取，如工矿建设破坏植被、坡地垦殖、过度放牧和毁林毁草等，造成在治理水土流失的同时，又出现新的破坏，甚至治理速度赶不上破坏的速度，导致土壤侵蚀量增加。研究表明，不合理的人类活动引起的土壤侵蚀可占总侵蚀量的60%以上，以至造成水土流失区生态环境失衡的恶性循环。

在内陆河流域，河流多流经浅山带荒漠和植被稀疏地带，而山地植被退化与现今的水利工程、道路和开矿建设造成水土流失。已有迹象表明，内陆河流的泥沙含量在增加，造成许多水库因淤积寿命缩短，而且还有大河平原地区河段河道侵蚀，以及位于沙漠和沙漠化地区的风蚀引起水土流失。

七、水资源利用效率低

西北干旱内陆河区水资源开发利用程度很不均匀，各地差异显著。新疆全区水资源开发利用程度平均为53%，甘肃河西走廊平均达到89.9%，柴达木盆地利用程度大约为45%。不同区域内部也存在较大的空间差异，如河西走廊的石羊河流域水资源开发利用程度很高，达154%，黑河流域为80.4%，疏勒河流域为60.7%；新疆乌鲁木齐河流域开发利用程度高达153%，塔里木河为79%，准噶尔盆地为80%，而北部阿勒泰地区不足20%。相对地表水资源较高的利用程度，地下水资源开发利用程度则较低，平均为21%。其中，河西走廊平均为24.6%，新疆地区不足15%。一般地表水利用程度高的流域，地下水利用程度也高，如石羊河流域，地下水利用程度高达87.8%，是干旱区地下水利用程度最高的区域。

另外，西北内陆河区水资源的利用存在人均用水量高、农田灌溉用水定额高、单位GDP用水量高的问题。农田平均每亩实灌定额671m^3，比全国平均高40%；万元GDP用水1736m^3，比全国平均高1.85倍。2002年，农田实灌亩均用水量，甘肃、青海比全国高33%，新疆高出65%，宁夏更高出2.6倍（水田）。因此，西北干旱区水资源利用的效率很低，相比而言，存在较大的水资源浪费问题。如何提高干旱区水资源利用效率，是关系西北内陆河区水资源可持续利用的关键问题。

八、水资源管理滞后

西北内陆河区水资源利用竞争产生了一系列不断激化的矛盾，并由此产生一系列严重的生态环境问题，水资源浪费等问题在20世纪90年代之后突显出来，可以看出这是一个深层次的严峻问题，就是水资源管理的滞后，迫切需要协调流域尺度水资源管理和行政区水资源管理的关系，创新管理体制，制订科学合理、高效的管理措施。需要切实建立水资源统一协调、高效管理的体制和机制，利用实时水资源信息和系统决策手段，进一步规范、调整和指导供水、用水、节水、治污和保护水资源的行为，全面规划协调好部门之间、地区之间的用水矛盾，使有限的水资源充分发挥效益。以流域为单元，实现流域水资源的统一规划、统一管理。统一管理的主要任务是通过全面综合规划，对水资源进行合理配置，量、质并重，城、乡兼管，地表水和地下水统一管理，促进水资源的高效利用。需要基于水资源系统的流域各类水资源间的相互关系、动态变化及供需关系协调等方面的信息集成与决策平台，构建水资源系统，发挥其最大经济效益、生态效益和社会效益的系统决策支持模式，这是目前干旱内陆流域水资源问题研究中十分薄弱的环节。

健全水资源管理的法制体系是保障水资源科学管理的前提。现阶段内陆河区水资源利用中最突出的问题就是缺乏流域水资源调配和管理的系统法规，以及存在有法不依的现象。应根据各流域的具体情况，加强水权确立与完善水资源的立法和执法，全面推行依法治水、依法管水。实行部分水资源的商品化，运用经济手段促进水资源合理利用，对解决水资源供需矛盾、推进全社会节约用水具有重要作用，水价是水资源管理中主要的经济杠杆，对水资源的合理配置和管理具有重要的导向作用，应研究制订并尽快实施与流域统一调配水资源相适应的水价政策。总之，要在水资源可持续利用和保护生态环境的条件下，研究如何相应地合理配置水资源，实现随着区域经济的持续发展，通过适宜的综合管理措施，使内陆河区用水总量及产业用水量趋于合理与可持续，使有限的水资源可支撑区域社会和经济的可持续发展，这是干旱区水资源系统研究的总目标。

第四节　流域水资源二元动态演化模式

水资源在流域水循环过程中形成和转化，不仅是生态环境的控制因素，而且是社会经济发展的物质基础。研究流域水循环特点是进行西北水资源调控的前提。

一、自然状态下流域水循环的特征

自然状态下，内陆河流域山区和平原区水循环的基本模式如图 2-8 所示。

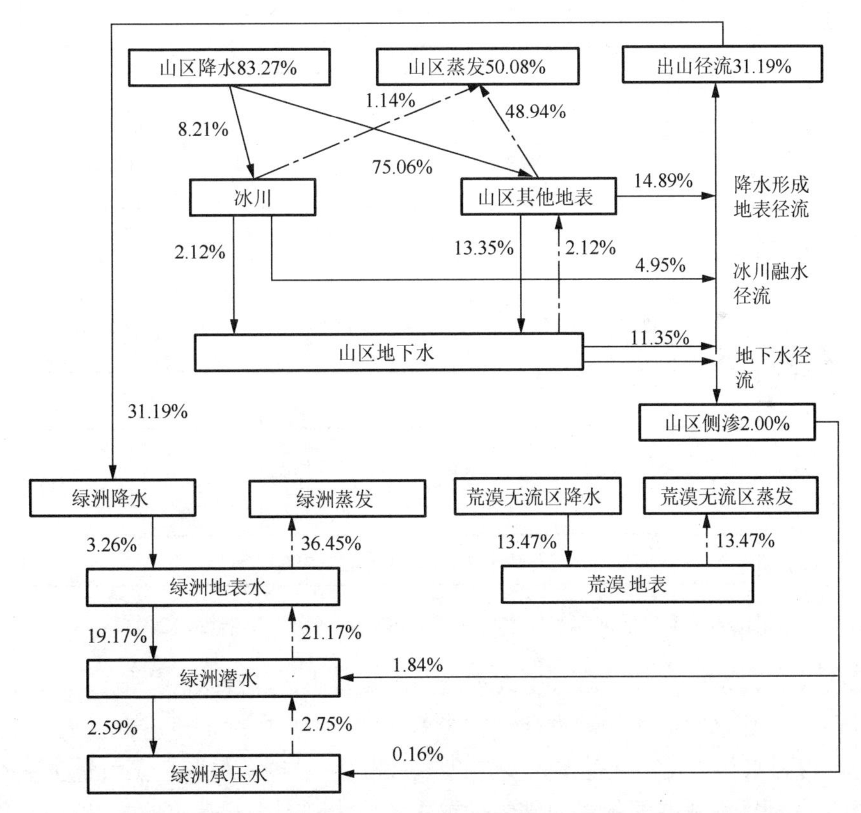

图 2-8　内陆河流域水循环——山区（径流形成区）和平原区（径流散失区）

图中各项循环转化量均以流域降水总量作为参照

二、自然与人类双重作用下流域水资源演化的二元结构

人类在发展进程中的各项水资源开发活动，从水分循环路径和循环特性两个方面明显改变了天然状态下的流域水循环过程。从水流途径看，水资源开发利用可改变江河与

湖泊的关系，改变地下水的赋存环境，也改变地表水与地下水相互转化的路径和质量与数量的关系。在天然水循环的大框架内，形成了由取水-输水-用水-排水-回归 5 个基本环节构成的侧支循环圈。流域人工侧支水循环的形成和发展，使得天然状态下地表径流和地下径流量不断减少，而人工供水量不断增加。内陆干旱区天然水循环与人工侧支水循环的此消彼长，导致绿洲内天然生态系统与人工生态系统发生相应变化，也导致伴随流域水循环的水沙过程、水盐过程、水化学过程发生相应改变。

从水循环特性看，土地利用和城市化大范围改变了地貌与植被分布，使流域地表水的产汇流特性和地下水的补给排泄特性发生相应变化。人类取水-用水-排水过程中产生的蒸发渗漏，更对流域水文特性产生了直接影响。人类活动使得天然状态下降水、蒸发、产流、汇流、入渗、排泄等流域水循环特性发生了全面改变（图 2-9）。图 2-9 中虚线箭头表示人工侧支循环，实线箭头表示天然水循环。

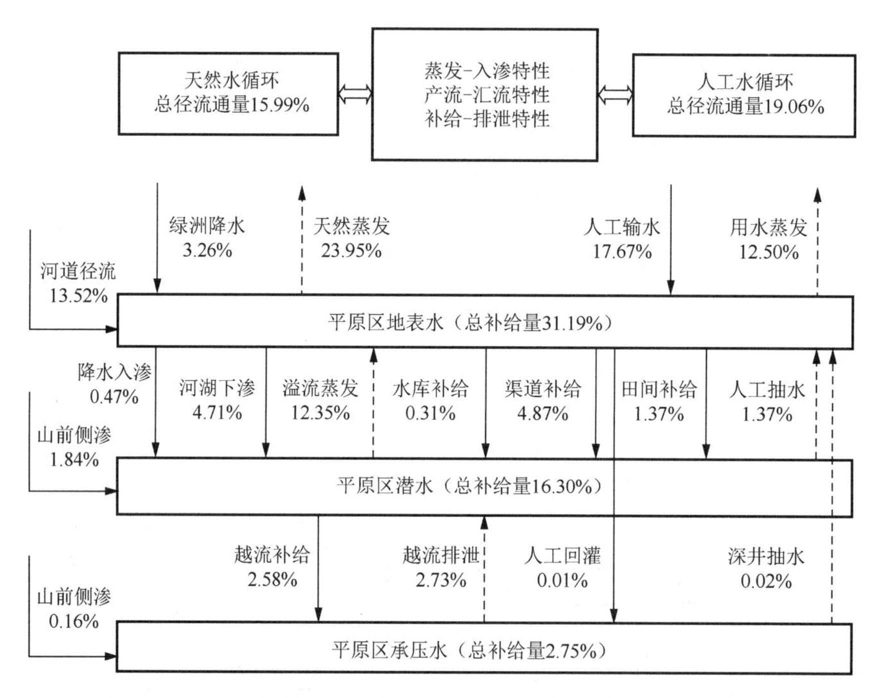

图 2-9　干旱区河流平原水资源二元转化示意图（王浩等，2003）

由图 2-9 可以发现，由于山区受人类活动影响较小，其降水、产流、蒸发特性基本未变，山区和平原区之间水循环框架结构未变。到平原区，绿洲下游的广大荒漠区均属于无流区，若降水和蒸发特性基本未变，平原绿洲区的总降水量和总蒸散量也基本未变。但是，由于绿洲区水资源演化的内部结构发生了引水、用水和耗水的明显改变，其对周边过渡带的径流补充发生了改变。

水资源开发利用形成了地表径流的二元结构：河流出山口不远处建有引水渠，用于盆地农业灌溉，由此形成了地表径流的人工侧支循环。例如，天山北坡玛纳斯河流域的渠首引水量占出山口径流量的 3/4 左右。渠道引水使天然河道流量减少，相应地减少了河流对平原地下水的入渗补给量，但同时增加了渠系入渗量和田间入渗量。

平原绿洲区的天然水循环通量可以定义为4项：引水后余留的河道径流、山前侧渗潜水径流、山前侧渗承压水径流、降水入渗潜水径流。对于内陆河流域平均而言，其通量为流域降水通量的16%左右。人工侧支循环通量由地表水、潜水、承压水3项的实际供水量构成，其通量为流域降水通量的19%左右。人工侧支循环的水循环通量已经超过了绿洲区的天然水循环通量。

人工侧支循环支撑了人工绿洲系统，从而使平原绿洲区的蒸发项也具有了二元结构：天然生态系统所形成的天然蒸发，人工生态系统所形成的人工蒸发。人工蒸发由人工水面蒸发、人工灌溉面积上的蒸发，以及生活与工业用水蒸发构成，其余均是天然蒸发。目前，来自于人工侧支循环的蒸发量已经占到绿洲蒸发总量的34%。

从绿洲区地下水系统的总补给关系看，水库、渠系、田间3项入渗补给构成人工转化补给量，降水与河道两项入渗补给构成天然转化补给量。对于西北内陆河流域的一般情况而言，人工转化补给量已经占到绿洲区地下水补给总量的55%～60%。

从绿洲区地下水系统的总排泄关系看，天然状态下的侧渗流出、潜水蒸发、泉水溢出等项，由于人类活动增加了人工重力排水和抽水两项，也可增加提水-用水-排水的地下水侧支循环。目前，西北地区各内陆河流域仍以自然排泄为主。随着水资源开发利用程度的提高，大部分地区的泉流量在逐渐减少。例如，河西走廊20世纪50年代泉流量为32亿m^3/a，60年代泉流量减少到28亿m^3/a，70年代泉流量减至22亿m^3/a，目前石羊河流域的泉水溢出量几乎衰减殆尽。泉域范围内地下水的补给量减少和开采量的增加，导致泉流量大量减少。由此可以看出，内陆河平原绿洲区天然水循环和人工侧支循环强烈的相互作用。

地下水补给和排泄条件的变化，使地下水资源量及其分布发生相应变化。在绿洲区中游，大量的灌溉用水入渗补给，使地下水水位升高，在灌溉期可达1.5m左右，从而导致无效潜水蒸发加大；在绿洲下游，由于上中游用水量加大，蒸发消耗相应加大，地表和地下径流的水平运动减弱，地下水水位下降，潜水蒸发减少，从而使地表天然植被的水分支撑条件不足，植被退化。

绿洲区人类活动总的水文效应是中游地带水资源转化垂直方向的加强，总蒸发量加大；下游地带水平方向的径流通量减少，下游河道萎缩和地下水水位下降。

第三章　内陆水循环与水文平衡

第一节　水循环的水文学基础

地球上的水循环，又称水文循环，是自然环境中主要的物质运动和能量交换的基本过程之一。水循环是指地球上的水连续不断地变换地理位置和物理形态（相变）的运动过程，具体指自然界的水在水圈、大气圈、岩石圈、生物圈四大圈层中，通过各个环节连续运动和往复循环的过程（Brutsaert，2005）。地球上水分的这种循环运动，在一定的时间段和空间里其水分是有限的，但又是无限循环并可更新的。例如，在某个区域，根据目前按年度为计量的水资源，其数量有限；但是由于水分不断地循环更新，水资源却又似用之不竭。

地球上的液态水，在太阳辐射能和地球表面热能的作用下，从海洋和陆地表面蒸发，转变为水汽，上升到大气中；随着大气的运动和输送，在一定的热力条件下，水汽遇冷凝结为液态水，在地球重力的作用下，以雨或雪等降水形式降落至地球表面。其中，海面上的降水直接回归海洋；而降落到陆地的降水，除了被树木和草被等植物拦截或再次蒸发外，一部分通过坡面和河道形成地表径流，另一部分渗入地下岩土层，形成壤中流和地下径流；地表径流、壤中流和地下径流会排入江河、湖泊，最后汇流入海洋。这种往复地从海洋蒸发水汽到大气中，通过大气环境输送到地球上各处，在太阳辐射和地球重力作用下做无止境、不间断的水分运动的过程，称为地球上的水循环。由于海洋水面蒸发水量约为陆地蒸发水量的 61 倍，陆地上的降水主要由海洋输送而来，大气中的水分还有一部分来自大陆地表蒸发量。

地球上的水循环，由海陆大循环与海洋小循环和陆地小循环组成。海陆大循环是指海洋蒸发的水汽，被气流带到陆地上空，凝结后以降水形式降落到地表，形成地表与地下径流，一部分被蒸发进入大气；其余水分则沿地表流动形成江河径流，最后注入海洋。在这个水循环过程中，海洋水与陆地水之间通过一系列过程进行相互交换，使其成为陆地补水的主要形式。而海洋内循环和陆地内循环称为小循环。海洋小循环，即为海洋水体蒸发形成水汽，进入大气后在海洋上空凝结形成降水，又降落到海面的过程；陆地小循环是指陆地地面水分的一部分或者全部通过陆面、水面蒸发和植物蒸腾形成水汽，在高空冷凝形成降水仍落到陆地上所完成的水循环过程。这种水循环若发生在外流河区，通过地表径流可汇入河海、地下径流可汇入敞开的盆地，最终大部分能回到海洋。但在陆地内陆小循环中，还有一小部分水分，也由水汽输送到陆地的内陆上空，与当地的陆面、水体及植物的蒸发蒸腾水汽结合，通过凝结形成降水，并在内陆盆地里降落形成地表径流、地下径流等，几经转化，这部分水量不能全部回归到海洋，则称为内陆水循环。

水量平衡是指任意选择的区域（或者水体），根据物质不灭定律，在任意时段内，其收入的水量与支出的水量之间的差额必然等于该时段区域（或水体）内蓄水的变化量。通过长期观测（Korzoun，1978），地球上的总水量是不变的，甚至在地球整个地质历史时期的总水量也是不变的。因此，水在循环运动过程中总体上保持收支平衡，这就是地球上的水量平衡。为此，若按全球平均降水量1040mm计，以该值作为100个单位，由海洋蒸发的水汽折合的水量相当于86个单位，降回到海洋的降水量约为80个单位，这样由海洋蒸发的水量只有6个单位以水汽形式输送到大陆上空，陆地表面从河流、湖泊、沼泽、土壤和植物等蒸发蒸腾出来的水汽形式有14个单位，这样降落到陆地的降水量约有20个单位，多出的6个多单位由地表和地下径流流到海洋，保持各自的水分平衡。根据全球水平衡研究，按内流区降水与蒸发水量相等估算为9000km^3，内流区降水仅为全球降水量的7.5%，我国西北内流区水量不到其1/10，这部分水仅在内陆盆地循环运动，但这种内陆水循环在内流与外流边界上空仍有水汽交换。

全球水总储量约为13.6亿km^3，约有97.3%储存在世界大洋的海水之中，均为咸水，淡水只占2.59%。淡水大多储存在极地冰盖、山岳冰川和海冰，其储量约占淡水资源的77.2%；地下水占22.4%，湖泊沼泽水占0.35%，河水占0.01%；而大气圈中气态水占0.04%。这样能方便取用的淡水只有河水、淡水的湖水和浅层地下水，估算约300万km^3，仅为地球总水量的0.2%左右，而大陆上可利用淡水量仅占全球的0.06%。地球上各种形式的水以不同周期自然循环更新，水的赋存形式不同，其更新周期差别很大。地球主要水体海洋水及多年冻土带地下冰和极地冰盖的更新周期最长，需10000年左右（David，2002）。

全球的水分循环运动与伴随着的其他物质和能量运动，不仅维护着全球的水量平衡，而且还通过水循环的各个环节，把大气圈、水圈、生物圈、岩石圈等有机地联系成为一个系统，水在系统里不断地运动和转化。同时，作为载体或介质，水促使地球各个圈层之间、海洋与陆地之间实现物质迁移与能量交换，并使地球上的淡水得以更新，促使淡水资源形成，为人类从大气降水、地表水、地下水、土壤水乃至海洋获得可利用的水资源，不断地更新着地球上各处的淡水水体（表3-1）。水循环运动影响全球的气候和生态，不断塑造着地表形态和环境。这样不仅带给人类和各种生物的生命源泉与生存环境，而且还为人类生存发展提供各种各样的有力保障。在大陆上的内流区内，就长时间平均状态而言，降水量基本和蒸发量相等，成为一个独立的循环系统。尽管不与海洋相通，但借助于大气环流运动，在高空进行水分输送，也可能有地下水径流交换，因此仍有相对较少的水量参与海陆间大循环（于维忠，1988）。

表3-1　地球上各类淡水水体的平均更新时间表

水体	更新周期
永久冻土层水	10000年
极地冰川和雪盖	9700年
高山冰川	1600年
海洋水	2500年
地下水	1400年

续表

水体	更新周期
湖泊水	17 年
沼泽水	5 年
土壤水	1 年
河流水	16 天
大气水	8 天
植物水	几小时

第二节　我国西北的内陆水循环

一、内陆水循环运动过程

我国西北内陆区四周为高山和高原环绕，形成了干旱地带独特的内陆河流域水循环系统（图 3-1）。由于河流进入的盆地和汇水洼地不同，构成了一个个相对独立的大大小小的内陆河流域或水系，水资源在流域的水循环中形成、运移、转化和消耗。

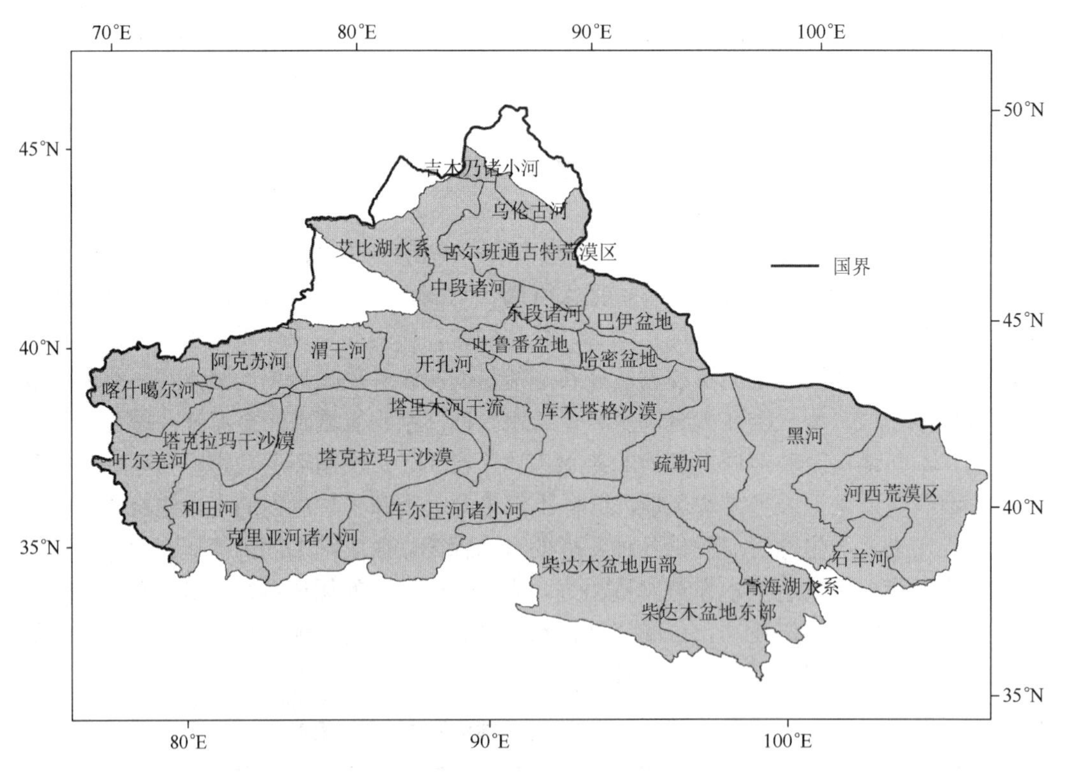

图 3-1　我国西北内陆河区水系及水资源分区

我国西北内陆河区位于亚欧大陆腹地中亚内流区的东部，南与我国西藏高原内流区相接，北与蒙古国内流区相邻，是北半球最大的内陆区之一。整个区域除了内流水系及其地下汇流的盆地构成的内陆河流域外，还有干燥残山、丘陵与起伏平原。因地表层疏松、蒸发强烈、降水稀少，难以形成地表径流，间或有较大降雨，也可形成临时性径流，塑造干旱冲沟和沟壑，临时径流瞬间入渗地下，致使形成无流区，其与有流区具有明显差别。在内陆河水系流泄地区，不仅有陆地上从高山冰雪带到封闭盆地内地表和地下水流运动的水循环，而且受到不同季风环流的影响，进行着水汽交换。尽管每年输入和输出水汽量差别较大，但从内陆区的降水和山地形成的地表径流变化相对比较稳定可以推断，进入该区的净水汽量的变化也不大，使得多年平均情况仍属稳定，这样以半敞开的方式参与全球水循环（高前兆和王润，1996）。

（一）地表水与地下水水流运动轨迹

我国西北内陆区的内陆水循环，由大洋水汽通过长途跋涉输送到我国西北内陆上空，与当地的陆面、水体及植物蒸发蒸腾的水汽结合，通过凝结形成降水，降落在内陆盆地的四周高山地区，多呈固态雪形态，其中有一小部分补给高山冰川，并可储存在高山地区。但每年受到暖季太阳辐射、气温和降水影响，在6～9月消融，形成冰川融水径流；秋冬至早春山区和平原的降雪还可形成季节性积雪，并在春季3～5月形成融雪径流；而山区的夏季降雪，也可停留数天而消融殆尽，与山区的降雨混合，扣除山坡土壤、林草植被和水体的消耗损失，才形成山区的地表径流、壤中流及地下径流。几经转化，大部分水汽以山溪河道径流在出山口断面输送至平原，称为出山径流；仅有小部分通过河谷潜流或通过深层含水层及断裂带进入平原。尽管平原地区也有降水，但年降水量较少，一般不足250mm，受降雨强度和平原疏松地表层的影响，降水很快入渗地下，补给土壤水或地下水；平原区除特大暴雨可形成临时性地表径流外，大都即刻入渗消失。而流出山区的河道径流，受山前倾斜平原多孔地层结构影响，大量渗漏补给地下水，形成平原地区的地下径流，向内陆盆地或低洼处汇流。

由于内陆河流域从高山到平原高差达数千米，从出山口到内陆盆地最低处，高差也有千米以上。当河水流泄至山前倾斜平原时，不仅会塑造出河流冲洪积扇与散流河谷，大河还可形成冲积平原。在冲、洪积扇的扇缘，由于地形转折变平缓或沉积物颗粒变细，地下水溢出，有时形成泉流和沼泽，并汇集进入河道。细土平原受沉积物和有利的地表水与地下水资源条件的影响，形成片状或条状绿洲，并受到人类活动的明显影响，改造利用和拦截消耗大部分水量，然后再流向河道下游，与地下径流一起，向下游次级盆地或盆地最低洼处流泄，并多次与地表水相互转换。一般而言，当河水水位高于盆地地下水水位时，河水沿途不断渗漏，河道补给与其相连的土壤水及地下水，同时支撑着两岸植被和绿洲里的生命与环境，承受着人类活动和气候变化的影响。内陆盆地的地下水主要受河道渗漏和地表水体入渗影响，并受少量雨水和临时暴雨径流入渗补给，另有极少量的深层地下水越流补给，可在盆地里的浅层、深层和极深层的含水层中储蓄与运动，最终都汇聚到河流终端的内陆湖泊和湖盆洼地，即进入到内陆河的最下游。一些小型河流就直接消失在戈壁沙漠之中，而大、中型河流有余水流入终端湖，并在湖滨形成干三角洲。这样，从山溪到平原河道，至终端湖，构成完整的内陆河流水系统。浅层地下径流受沉积物颗粒变细影响，流速减缓，有时停滞；深层地下水受含水层和地温影响，地下水有时呈承压或半承压性质，储蓄并消耗于盆地，并形成了内陆河流域的地下水系统。需要指出的是，内陆河流的地表水和地下水不能回归到海洋，而成为封闭的地表径流和地下径流的内陆水循环。

（二）地面上空的水分运动

我国西北的内陆水循环，在内陆河区还包括地面至空中的水分运动，这里的水汽主要受大气环流、气流形式和风流的影响，由降水向地面提供液态淡水，并由地面水体、土壤、地下水的蒸发和植物蒸腾向空中释放水汽。西北内陆区地处亚欧大陆腹地，又受到高大山体与盆地相间地貌格局和巨大的山盆气候影响，来自海洋的水汽已经大大减少。发源于高山汇流进入封闭盆地的内陆河流域是一个独立单元的水文水资源系统，并在流域里形成高大山区集水与盆地平原耗水两个相对立的水循环过程。在山区，因山体高大，可截获空中更多水汽。季风气流输送的水汽，在爬坡过程中，受气温降低及高山冰川永久积雪冷源影响，容易形成降水。由于蒸发相对较小，加上山高坡陡，易于形成地表径流，汇集于河谷。尽管高山冰川区可以积聚少量降水，但在年内暖季大多消融出流。在中高山区，受水分和热量条件限制，有些区域生长乔木林带，有些区域生长灌草植被，满足林草生长需要消耗部分降水，这属于自然供给；而余下的降水形成地表径流或补充地下水。至中低山区，多数属于荒漠化草原或荒漠，植被稀疏，但因前山带多暴雨或大雨，也可形成地表径流。因此，在内陆河流域的山区，可以成为径流汇集形成区。

需要说明的是，山区因降水量较多，可形成径流，尽管径流可成为平原地区可利用的水资源，但蒸发和林草消耗的水量也较多，估算要占到降水量的 1/5～2/3，部分蒸发水量在山区与拦截水汽结合，形成降水。

流出山区的河川径流与地下径流基本上受河道渗漏、地表水入渗和降雨入渗补给地下水，依靠人类对河水和地下水开发利用，维持平原绿洲与沿岸植被及其陆面蒸发消耗，散失水分进入大气。近代受人类开发利用水资源影响，大多河道径流已经由山前拦截进入水库，形成渠道水网，并引灌进入人工绿洲的农田和林地。因此，灌溉入渗增加，绿洲耗水加大，使得向下游的水量减少。这样也会引起一部分水汽在顺风或气流影响下进入山区，形成内陆的山前局地水循环。流至内陆河最下游的河水和地下水，除维持沿岸植被和人类用水外，多数河道已出现季节性断流，使进入内陆河最下游的水量越来越少，并与地下水径流相汇聚，供给荒漠绿洲及潜水区生长的稀疏林草植被，最终通过河湖水体、地下水、土壤和人类用水的蒸发和植物蒸腾进入大气层，消耗掉山区所形成的径流，以此维持全流域的水量平衡。

二、内陆水循环的主要环节

我国西北地区特殊的内陆地理位置、高山相间的盆地地形及在西风带下季风气候边缘的环境，使得区内降水高度集中在山区，而盆地平原、谷地的降水稀少且不能产生地表径流，致使山区河流形成的径流成为盆地、平原与谷地一切生命及其生态环境生存的主要源泉。河水出山口后，除被引流进入灌溉绿洲发展经济外，部分入渗补给地下径流，流泄于平原河流，大型河流最后余水从地表水和地下水汇流入尾闾，形成内陆湖泊；而小型河流消失于盐沼和荒漠。这样就构建成一个个完整的以流域为单元的内陆区水分循环系统。

在全球水循环的大背景下，每一个流域在陆地上是封闭的，而且都拥有自身的径流形成区（山区产流区）、平原的地下水盆地和排水水系（天然河道和尾闾湖），即为内陆河湖流域，并可组合为几个巨大的山间盆地体系，从而整体合成为我国西北内陆区。但是水汽运动在空中是敞开的，即水汽输送和散失的路径受大气底层的环流与风场作用的影响，并由它们挟带着水汽、热量、盐粒、尘埃微粒和孢子花粉、昆虫幼体甚至其他生物物质，由高空和盆地平原输送到山区，参与空中的全球水循环，其内陆水循环环节主要包括水汽输送、降水、冰川运动、径流、入渗和蒸发蒸腾等。

（一）水汽输送

水汽输送是指大气中的水汽因扩散而由一个地方向另外一个地方运移，或者低空与高空之间的输送过程。根据水汽运移的方向可将水汽输送分为水平输送和垂直输送。水汽在输送的过程中，水汽的含量、运动方向与路线，以及水汽输送强度等随时会发生改变，从而对沿途的降水有很大影响。西北内陆区地处季风边缘区，常年受西风带的控制，其中夏季受季风水汽和陆地再循环水汽的影响，冬季受蒙古-西伯利亚高压挟带水汽的影响。

刘国纬（1997）以 1983 年的气象数据为依据，计算得出西北地区有 3647.7km^3 水汽输入，并有 3354.6km^3 水汽输出，即有 85.6%的水汽输出境外；在区内年总蒸发量中，平均只有 7.2%的水汽重新以降水的形式返回地面。崔玉琴（1994）根据中国西北地区自然边界的基本走向，以不规则的九边形作为水汽输送量计算的边界，采用最邻近边界 20 个站次探空观测、一天两个时次（08:00、20:00）、7 个层位面（地面、850hPa、700hPa、500hPa、400hPa、300hPa、200hPa）的高空资料，计算了 1981～1986 年各边界水汽输送量，对内陆上空的年平均水汽输送进行计算，得出水汽输入为 4490km^3，而输出为 4349km^3，净输入量为 141km^3；按内陆河区内总蒸发水量计算，进入水汽循环水量约为 400km^3，则有 541km^3 的水汽量。根据多年平均降水量等值线图计算，每年西北内陆河区降水量为 550km^3，与该区的水汽净输入量接近。通过上述研究，得到了中国西北内陆河区水汽输送参与全球水循环及内陆陆地水循环概念框图（图 3-2）。

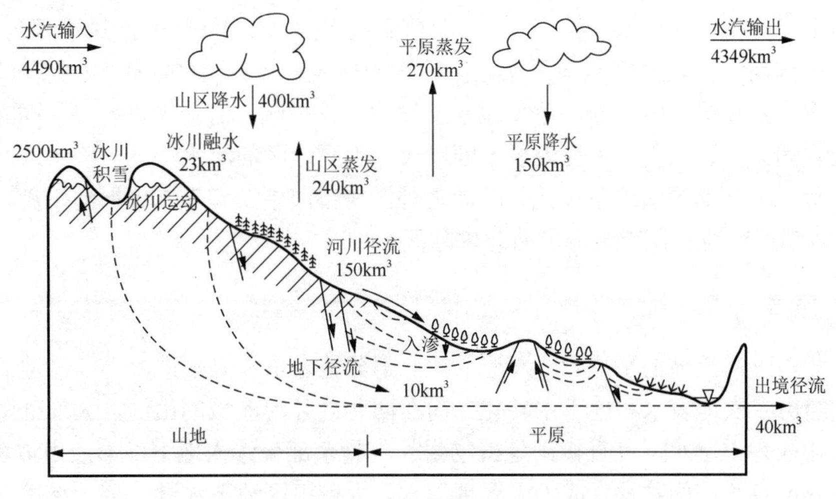

图 3-2　中国西北内陆陆地水循环概念框图

（二）降水

输送入境的水汽与当地水汽在合适的条件下才能形成降水。由于西北内陆河区受到地形和地理位置影响，高山降水明显多于平原，盆地周边多于盆地腹地，迎风坡多于背风坡，高山区成为西北干旱区的“湿岛”，在高山地区形成多降水中心，成为河流的发源地和干旱区的水源地。尽管山地面积仅占区域面积的 1/3，但平均每年降落在山区的降水量估算有 400km^3；而内陆盆地成为低降水极值中心，如塔里木盆地的腹地——塔克拉玛干沙漠和位于黑河下游的内蒙古额济纳旗，多年平均降水量不足 50mm，成为我国的“旱极”。尽管其降水少，但由于面积较大，降水总量约有 150km^3。

（三）冰川运动

每年降落在山区的降水中有一小部分（估算有 23km^3）作为固体水库-冰川的补给，储蓄在高山地区。据 20 世纪 80 年代冰川编目资料统计（杨针娘，1991），西北内陆盆地周围共有冰川面积 27973.86km^2，冰川储量为 2814.81km^3，折合水量约为 2500km^3。冰川在高山并沿山谷作冰川运动；同时，受暖季太阳辐射、气温和降水的影响，每年在 6～9 月进行强烈消融，20 世纪 90 年代前有 23km^3 的多年平均冰川融水补给干旱区河流（耿雷华等，2002）。气候变暖的效应，相应引起冰川的减薄和退缩，已对面积较小的冰川产生较大影响，有的已经消失；同时对河源有较大冰川和较多冰川的河流，冰川融水量增加明显；而河源冰川面积较小的河流，因冰川面积与储量减小，或部分小冰川消失，使冰川融水调节河流水量的能力减弱，影响到河流水量的稳定，尤其是枯水年河流流量的稳定。

（四）径流

山区的降水有 25%～40%转化为河水、泉水和湖水，并与冰雪融水径流汇合成为山区河川径流，产流量同时受山区河谷及沼泽的调节作用影响；形成于山区的河川径流，最终成为西北内陆河流域人类直接开发利用的地表淡水资源。总体而言，西北内陆区的地表径流主要产生在人口稀少的山区，山溪径流从河源到出山口，径流量沿程逐渐增加。据统计，中国西北内陆区每年向平原地区输送的地表径流约 150km^3。山区径流流入平原后不仅得不到补给，而且受山前平原水文地质条件影响，河水大量入渗，同时被沿途的植物吸收和人类引用消耗，径流量不断减少。平原地区的河水渗漏与降水入渗在一定程度上补给了平原地区的地下径流。除此之外，在黄河中游和额尔齐斯河下游，还有约 40km^3 的多年平均地表径流量流出西北内陆区。

（五）入渗

在西北内陆河流域的平原，渗入地下的一部分地表水和降水进入内陆盆地的地下水循环，并经历多次地表水和地下水转化。而在西北内陆河流域的山区，大部分降水和坡面径流转化成为土壤水，可直接满足植物生长，剩余部分渗入地下，形成山坡壤中流，并汇流进入河谷和山间盆地，成为山区地下水。少量山区地下水进一步入渗进入基岩形成裂隙水，参与深层地下水循环；大部分山区地下水则沿山溪出流，作为河流径流的一个重要补给来源，构成河川径流的基流部分。在内陆河流域的山前平原，山前的侧向径流将河谷潜流与平原地区的降水入渗补给一起，形成平原地区不与地表水入渗重复计算的地下水资源，约有 10km^3。平原地区地下水，除侧向径流、河谷潜流和降水入渗外，还有河道、水库、渠道、湖泊、农田灌溉与排水入渗，形成由地表水转化而来的地下水补给；加上山前侧向径流、河谷潜流和平原降水入渗补给，构成平原地区的地下水径流，成为在内陆盆地里自行调节可资利用的宝贵地下水资源。

（六）蒸发蒸腾

蒸发是内陆水循环中最重要的过程。水面、地下水和地表蒸发，可使大量的水分散失在开敞的大气水循环中；另外，植物根系可从土壤中吸收水分，并通过蒸腾作用将其汽化。据估算，每公顷林地或农田可蒸腾水量为 20～50t/a（高前兆等，2004）。这种蒸发、蒸腾损失在内陆地区占到总降水量的 80%以上，因此也是内陆生态系统中水循环的积极因素。山区蒸发和林草植被蒸腾散失的水量约占降水量的 60%，约有 240km^3，而平原蒸发蒸腾的水量达 270km^3。

三、内陆水循环的基本规律

内陆水循环与外流河流入海洋的陆地大循环相比，除了形成一个个封闭的盆地水循环系统外，按照内陆河流域气候、地貌地质特点，其有着不同于外流河流域的水循环规律，即内陆盆地的周围中、高山区为内陆河流域或水系的水资源形成区。而山前平原强烈地进行地表水与地下水转化（聂振龙等，2001），经过河流的冲积平原时，人类通过人工绿洲建设形成水循环的二元结构，使水最终或注入下游内陆河末端或终端湖，或潜行地下进入荒漠地区，维系着脆弱荒漠生态系统里的微弱生命，因此平原是内陆河流域的径流性水资源散失区。在封闭的内陆盆地里，以地表水系为脉络，也接受稀少的降水补给，形成地下的径流、运行、排泄、消耗和开采利用等独特的、封闭的水文循环地下水系统。最后，地下径流逐渐停滞，或储蓄于地下水盆地底部凹陷处，或通过地下水含水层与土壤水间进行水分交换，以地表生态耗水和植物蒸发蒸腾垂向散失于空中，并与内陆盆地生态环境维持着微妙的水热平衡。

（一）山地水资源形成区

内陆河上游山区海拔较高且地形切割，尽管位于大陆腹地，但其一方面受纵列的高山拦截大气环流或从海洋上远距离输送来的水汽影响，取得较多的水汽源，形成降水；另一方面，由于这里气候寒冷，常年处于 0℃以下，多呈固态降水，因此高山发育着冰川和永久积雪。受年内四季气候变化影响，山地的降水也从秋季开始多呈降雪飘落，慢慢地从高山向中山再至低山积聚，不再融化，经过冬季累积，至每年春季由低山向高山积雪开始融化，形成季节积雪融水径流；进入夏季高山季节积雪开始消融时，0℃等温线推进到发育的冰川区，冰川上覆盖的积雪与下伏冰川即开始消融，并伴随有固体降水降落在冰川上，在消融区，也会在随后几日内逐步融化，组合形成冰川融水径流，补给河流，成为冰川补给河流的源头。冰川融水径流与中高山区的融雪径流和降雨径流汇合，向山谷汇流，并在沿途接受通过降水和坡面径流入渗形成的地下水；随着海拔降低，进入中高山地带，每年进入盛夏，降雨径流增多，这里山高谷深，以降雨径流为主，并与高山冰川径流和随降随消的融雪径流汇合，构成以冰川径流、融雪径流和降雨径流不同比例组合的河川径流，而地下水仅是它们由地表水转化的一种形式。流域水循环径流形成、运移与消耗过程示意图见图 3-3。

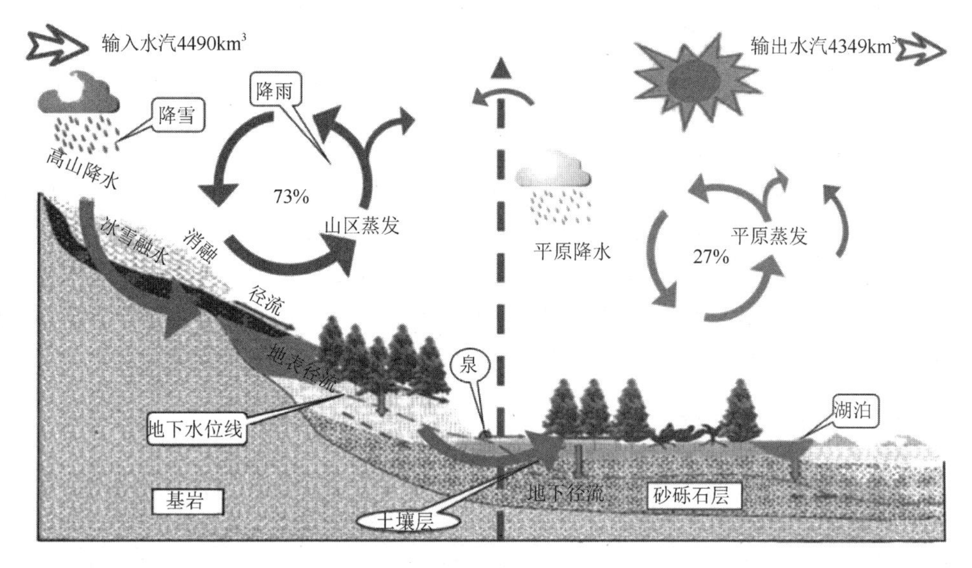

图 3-3　流域水循环径流形成、运移与消耗过程示意图

山地降水受海拔和坡向影响明显，迎风坡降水量一般随海拔升高而增加；有些山坡呈上升的“S”形曲线，并在水汽形成上出现两个降水峰值带。一个降水峰值带出现在海拔 4500m 以上，依据水汽来源和坡向差别，降水峰值带可升高到高山冰川附近，该地区年内降水多以固体形态为主，海拔越高固态降水比例越高；另一个降水峰值带出现在林带附近，夏季多以降雨为主。由于山高坡陡，降水较多且形式多样，在中高山带降水量较多的山坡可形成高寒灌木、森林和灌木林带，其水分条件不能形成森林植被区，仍有灌木林带分布，而在中低山形成荒漠草原或荒漠植被，各山系南、北坡可形成不同类型的生态植被垂直带谱。降水由植被截留或入渗土壤，满足植被生长，部分形成坡地壤中流，其中还有少量进入基岩裂隙，成为深层地下水的补给源；但大部分在坡面产流。因此，山坡的降水经由植被截留、坡面径流和壤中流转化过程（Rodriguez，2000），除消耗于蒸发和植被蒸腾外，即可形成降雨径流和季节性积雪融水径流，并迅速汇集于河道；同时，还有一部分降水和径流在河谷和山间盆地渗入岩土层，随地形、地质条件的变化出流进入河道，特别是在一些山脉的前山带河谷径流切穿基岩时，山区形成的地下水大部分汇入河谷，形成河流出山径流的基流。因此，山区坡陡谷深，蒸发较少，降水较多，使地表径流量随山溪河流沿程增加，到达出山口时，河川径流量达到最大，成为内陆河流域主要的地表水资源。可以看出，在径流形成转化的同时，山区的降水与径流还支撑着山地植被生态系统。

出山口的地表径流主要由山区降水径流（包括降雨径流和融雪径流）、冰川融水径流和地下水径流三部分补给，其补给比例在每个流域与降水量及其空间格局相关，河源冰川面积、山间盆地与河谷的大小分别为20%～80%、0～40%、10%～40%。通过山区总降水量分析，有 5%～10%的降水降落在冰川区来维持冰川物质平衡，这部分降水除少量的消耗于蒸发外，受气温调节，每年约有一半消融补给河流；但当气候变暖，冰川区呈现负的物质平衡时，冰川上的降水超过一半会被消融，形成冰川径流。降落在山区其余地区的降水，有20%～30%直接产流，形成地表径流，与山区形成的地下水径流在河道汇合，成为内陆河流域平原地区最宝贵的地表淡水资源。

需要指出的是，内陆河流域的山区既是重要的径流形成区，也是重要的水量消耗区。控制山区径流大小的因素主要为降水、蒸发和地表径流的转化。从山区的降水-径流关系来看，降水除形成径流外，还要满足山地灌木、森林和草场植被生长的需要，通过天然植物的截留、溅落、入渗土壤、坡面径流、壤中流和土壤水维持着山地生态系统，其余的水量消耗于山区蒸发。在高山冰川区降落在冰川上的水量，除粒雪线以上的部分补给冰川外，其余的降水每年在夏季作为一部分冰川融水径流出流。按冰川区水文观测资料，在气候变暖、物质负平衡时期，高山冰川融水径流的产流系数可达 1.0 以上，甚至高达 1.2 左右；在冰川区蒸发和升华损失的水量占年降水量的 20%～30%；其余降水补给形成的冰川和冰川径流，受到山区太阳辐射和气温变化影响，经冰川运动和消融，维持冰川的物质平衡，部分转化为融水径流，并在年内和年际调节着河川径流丰枯变化。

在高寒裸露山区，降水量相对丰富，蒸发能力较弱，尽管无植被生长，仍要消耗部分水量，但产流率高，年降水量的75%左右可以转化为地表径流，径流系数可达0.75。在山区的径流等值线上，在祁连山东段石羊河上游有500mm、中段黑河上游有400mm、西段疏勒河上游有 300mm 的闭合线；在天山西段可出现 600～700mm 闭合线，中段为300～400mm、东段为 200mm；南疆帕米尔高原和北疆准噶尔界山有 400mm 闭合线，昆仑山西段在南疆有 200～300mm，在东段柴达木盆地也有 300mm 的闭合线，而在阿尔泰山年径流深可高达 800mm。天山北坡和祁连山东中段阴坡林带分布区年降水量达350～500mm，径流系数为0.3～0.4，有40%～50%的降水消耗于蒸发。即使在疏勒河上游、昆仑山北坡年径流深达 200～300mm，降水量也仅 250～400mm，不是因海拔较高热量有限，就是因降水量少而不能满足乔木生长需水，仅生长灌木、半灌木或禾本科草类，降水消耗于蒸发的水量超过 50%；至中山带，随着降水量减少，植被变得稀疏，甚至裸露，相对径流系数仅为0.05～0.20，即有 70%～95%的降水损失于蒸发蒸腾；然而，这里仍有夏季暴雨发生，并易形成水土流失，甚至造成泥石流灾害。

（二）平原水资源散失区

径流出山口后，受山前倾斜地面和河流洪积的卵砾石层影响，地表水随即大量入渗地下，经历地表水与地下水的转换。尽管平原区也有降水，但仅有少量入渗补给地下水。受水文地质和气象条件限制，这里的降水仅在特大暴雨期间可形成临时性暴雨径流，一般的降水不能形成地表径流；特别是在内陆河中下游地区，这里地表疏松，降水较少，大部分地区不足 100mm，降水入渗迅速，很难形成地表径流；在暴雨期间可形成短暂的临时径流，随即入渗补给当地地下水；河道流水主要以上游水流沿河向下输送，沿河水流不断地渗入地下，进入冲洪积扇下部的细土平原和冲积平原，经过绿洲植被消耗和人类开发利用，余水流入下游，大中型河流可形成较长的河流廊道和一系列内陆湖泊，以至最终形成内陆终端湖，河道散流在冲积、湖积平原下部或干三角洲上，最后余水注入终端湖。通过平原人工绿洲和天然绿洲，以及广阔的平原地区蒸发和蒸腾散失，最终耗尽山区形成的全部水资源。

平原地区位于内陆河流的中上游山前地带，在天然条件下，出山口径流流经透水性极强的山前冲洪积扇带，河水大量入渗补给地下水，河川径流沿程减少，其补给量取决于河床的地质地貌条件、流量和流程。一般在没有修建人工取水设施之前，补给地下水的量可以达到出山径流量的60%以上。河流流入盆地途经冲洪积扇缘，地形转折坡度变缓，流入冲积平原，经现代水资源开发利用，大多已从前山带到出山口段建有蓄水水库和引流渠道工程，将大部分河水引流入绿洲，开展人工灌溉绿洲建设。山前盆地里由河道渗漏、灌溉入渗、山前侧渗和少量降水入渗补给的地下水，主要以潜水的形式向下游流泄，并在冲洪积扇的扇缘，以泉水形式溢出，并汇集成为泉沟流入河道，在盆地内再度转化为地表水，较大河流可进入下一级盆地进行地表水与地下水的转化，地表水流甚至可流入最下游盆地的内陆终端湖。流进盆地的地表径流和地下径流大部分用来支撑人类活动最强烈的人工生态系统；河流下游和人工绿洲的周边地区，属于地表径流和地下径流的排泄、积累和蒸发散失区，水资源支撑着天然绿洲、内陆湖泊水域和低湿滩地生态系统（耿雷华等，2002）；天然绿洲外围及下游广大的荒漠地区属于水分严重稀缺的无流区，这里仅依靠极为有限的降水和大气凝结水维系着脆弱的荒漠生态系统。

西北内陆河流域现代的水资源开发利用，已形成了人工绿洲水循环二元结构（王浩等，2002）。在干旱地区，人类开发利用水资源建设人工绿洲，在河道上筑坝拦水，修建水库蓄水，在两岸开渠引水，以至形成当今内陆河中游地区的河道渠化，人为地改变了水流与河道、积水湖泊的天然关系，改变了地表水与地下水的转化路径，也改变了原有的地下水所赋存的环境。在流域内天然水循环的框架下，形成了由取水-输水-用水-排水-回归等环节构成的地表水流侧支循环；在绿洲里人工开采地下水，采用引流泉水、打井提水，甚至回补或者截引地下含水层的方式，构成了地下水流侧支循环。以黑河流域东部的张掖盆地为例，自20世纪90年代以来，人工引蓄地表水已占出山径流的80%，地表水流侧支循环已占了主要地位；同时，人为提引的地下水已达地下径流的55%，地下水侧支循环也达到了较高程度（图3-4）。

地貌和植被的分布使内陆河流域中下游地区地表水和地下水补给、排泄相应地发生明显变化；同时，由于人类取水-用水-排水过程中蒸发和渗漏改变了原有的水循环模式，直接影响到流域中下游地区水文特性。流域人工侧支水循环的形成与发展，一方面增加了人工供水量，另一方面使天然状态下的地表径流量和地下径流量不断减少，水质受到人类活动影响，平原水资源系统、平原天然绿洲生态系统与人工生态系统发生变化，伴随着流域水循环中的水沙过程、水化学过程、水热过程和水文物理过程的改变。其结果是内陆河流域中游地区水资源转化在垂直方向加强，即向空中蒸发消耗的水量增加；下游地区水平方向的地表和地下径流减少，造成下游河道断流、内陆尾闾湖萎缩、地下水水位连续下降和土地向沙化环境退化。

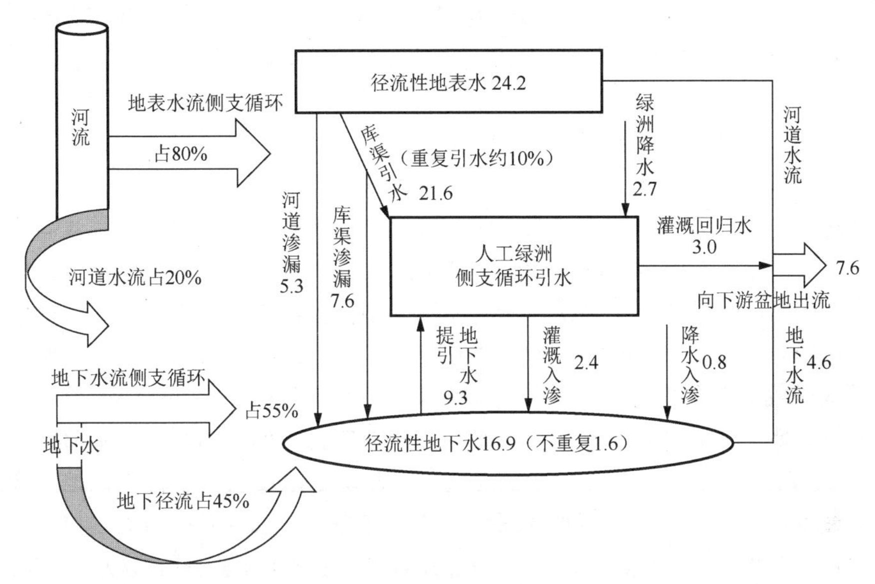

图 3-4　平原人工绿洲水循环侧支循环结构示意图（单位：亿 m^3）
以黑河中游张掖盆地 20 世纪 90 年代为例

（三）水资源封闭盆地地下水系统

在内陆河流域，由山区形成的水资源以河川径流形式流出山口，随即进入平原地下水储水盆地，可形成流域水资源的封闭盆地地下水系统。内陆盆地在气候、地质构造、水文地质及生态分布、水循环转化等方面具有相似性（聂振龙等，2012；张宗祜和李烈荣，2004；陈梦雄，1997），以及内陆水循环的独特性，最终形成了具有鲜明特色的两类内陆盆地地下水系统，即塔里木、准噶尔、柴达木等大型盆地的地下水系统和河西走廊等梯级盆地的地下水系统。

（1）大型盆地地下水系统。内陆、干旱、封闭的自然地理，强烈褶皱、阶梯断陷地质构造的蓄水条件及不同地层岩性的赋水介质，构成了新疆南、北疆既相似又相异的两大独立的塔里木盆地和准噶尔盆地水域环境（图 3-5，图 3-6）。各水域又表现为山地和盆地（含山间盆地、谷地）紧密相连的两个不同的水资源形成与消耗区单元，还有天山东段南侧的吐鲁番、哈密和北侧的伊吾、巴里坤等中型盆地的地下水水系统。平原盆地地下水主要赋存于山前强烈沉降的冲积平原和古河湖平原第四系松散堆积层中（陈曦，2010；曲焕林，1991）。盆地底垫层主要为古-新近系和局部中生代地层，以泥岩为主的砂岩、砾石岩构成储水盆地基底。盆地内中生界和古近系-新近系砂岩、砾岩中普遍含有水量很小的较高矿化度的地下水，仅在山麓带和河谷两侧等补给条件好的地段分布有水质尚好、水量较大的层间承压-自流水。较好水质的地下水主要分布在前山拗陷区内，基本由粗粒的卵砾石组成沉积物，在沉积过程中没有稳定的黏性土沉积，因此赋存有大厚度的单一潜水区，并从山前延伸至大盆地中部，地面大多为戈壁、沙漠覆盖。这里水量丰富，单井涌水量一般为 1000～3000m^3/d，水质较好，矿化度小于 1g/L；部分潜水盆地的地表层分布片状的上层滞水，水质较差，为矿化水。塔里木盆地的地下水自昆仑山、帕米尔高原和天山向盆地汇集，通过塔克拉玛干流动沙漠下伏含水层，向沙漠北侧汇流，以塔里木河的水道为脉络，最终汇集位于塔里木盆地东南侧台特玛湖以东的罗布泊洼地。准噶尔盆地的地下水自天山、准噶尔界山和阿尔泰山向盆地中部汇聚，盆地中部被古尔班通古特沙漠覆盖，最终汇集于准噶尔盆地西南端的艾比湖洼地。

山前平原地下水从盆地边缘向腹地延伸，由第四系单一结构的卵砾石含水层带过渡为多层结构的砾、砂含水层承压水带，还可分为山前平原沉降带及山前强倾斜平原区的潜水带。含水层厚度一般为400～600m，较厚的达1000m以上，可构成巨大的地下水储水盆地。山前平原在地貌上为冲洪积扇群组成的山前倾斜平原。在冲洪积扇前以下河湖平原区，有承压-自流水分布带，含水层由砂砾、砂与黏性土相间的多层结构组成，承压水顶板埋深数十米至数百米，多埋藏于不同程度高矿化度潜水层之下，承压水水头高于潜水水位，地势较低区为正水头自流水层，这种自流水单井涌水量由扇前向盆地中心有1000～2000m^3/d至小于1000m^3/d的变化，含水层总厚度及富水性由盆地边缘向腹地呈现出岩性变细、厚度变薄、富水性减弱的变化趋势，含水层逐渐消失，被黏性土层替代。至盆地中部为大面积流沙覆盖，形成沙漠地下水；在沙漠腹地，含水层厚度主要取决于储水构造、赋水介质和边界补给条件，塔克拉玛干沙漠下伏的地下水多为潜水含水层，但在深层出现半承压性质。

青海柴达木盆地介于阿尔金山、祁连山和昆仑山之间，属青藏高原北部的大型内陆封闭盆地。盆地底部海拔处于2600～3200m，自新近系以来，盆地西部缓慢上升，致使上更新世和中下更新世砂泥岩裸露地表，形成构造剥蚀丘陵，而盆地东部则强烈沉降堆

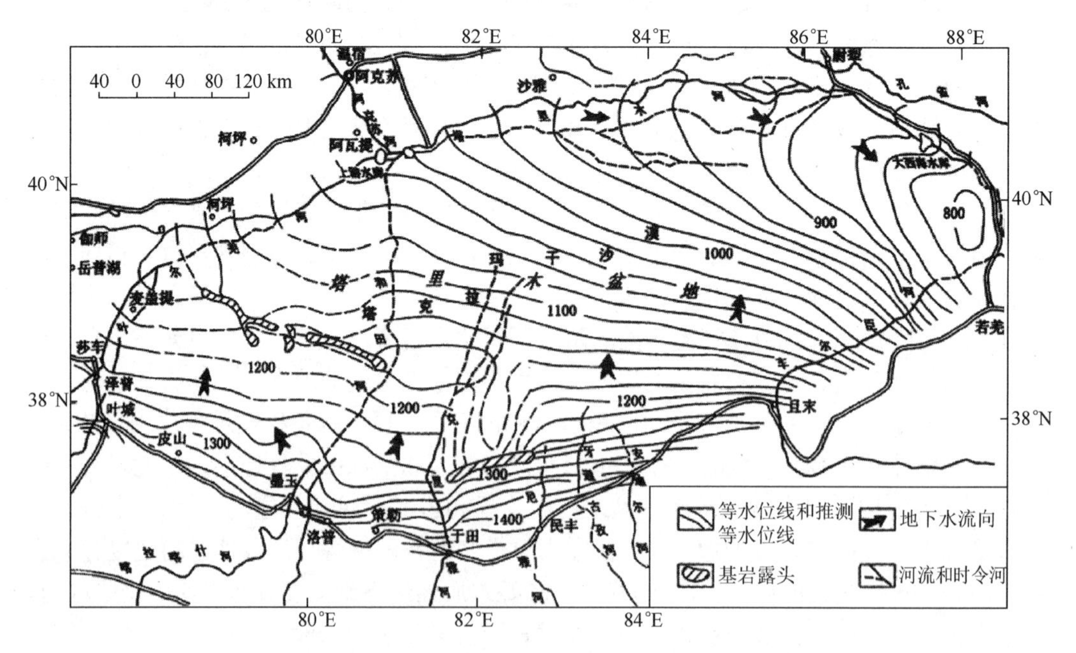

图3-5　塔里木盆地沙漠下伏潜水等水位线图（单位：m）

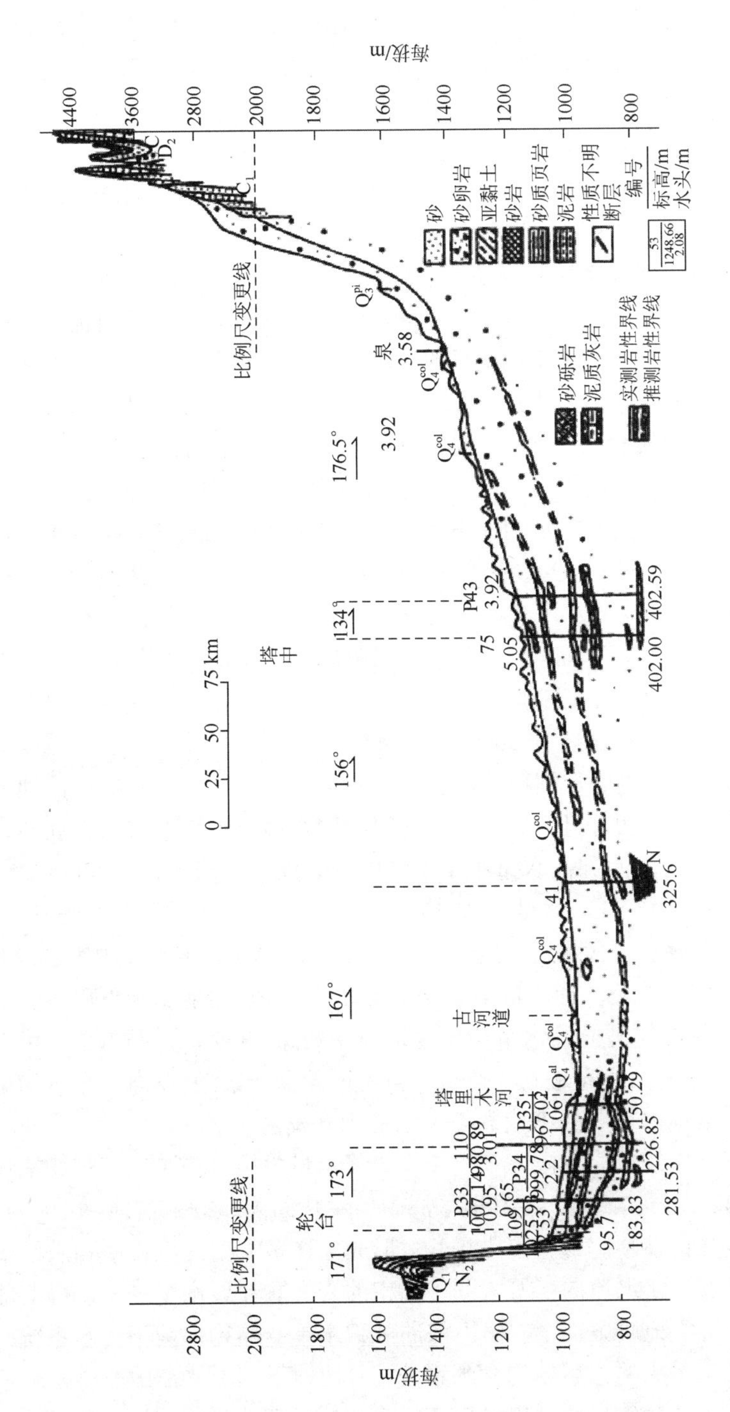

图 3-6　纵穿塔里木盆地的轮台-塔中水文地质剖面

积，有厚达 500～600m 或 600m 以上的更新世和全新世冲洪积及冲湖积松散碎屑岩层。盆地南部，由昆仑山麓至盆地中心可划分出山前戈壁荒漠、细土绿洲、盐沼盐湖 3 个长逾千余千米的景观带。盆地西部为柴达木沙漠集中覆盖区，另在北部都兰与共和南部也有小片沙漠分布。盆地东北部由一连串小型山间盆地组成，自西向东有马海、鱼卡、大柴旦、小柴旦、德令哈、泽令沟及希里沟等，这些小盆地边缘至中心也可分出山地-戈壁-丘陵-平原-沼泽-湖泊等自然景观。共和盆地西部和柴达木盆地属内陆河水系，青海湖流域是柴达木盆地北侧祁连山南坡的一个内陆盆地，湖区是汇水中心，发育内陆水系。

地下水主要分布在第四系松散沉积厚度较大的内陆盆地，从山前平原到盆地中心，主要有山前冲洪积平原松散岩类孔隙水带、冲湖积平原多层孔隙承压自流水带和湖积平原多层孔隙咸水及卤水带。山前冲洪积平原孔隙潜水带主要分布在戈壁砾石带和细土平原，前者为地下水径流带，后者为地下水排泄区，由粗颗粒、单一大厚度含水层系统，逐渐变化为细颗粒、多层含水层系统，地下水由潜水转化为承压-自流水。由于山区强烈上升，平原区相对下沉，在山前堆积了巨厚的第四系松散物，构成良好的含水层。特别是河流冲洪积扇群，隐藏有丰富的地下水，矿化度为 0.3～0.8g/L，水量丰富区含水层厚度为 50～300m，涌水量可达 2000～10000m^3/d；一般区含水层厚度也有 10～40m，涌水量达 350～1000m^3/d。冲湖积平原孔隙承压自流水带分布在冲积扇前缘，含水介质在横向上呈大面积连续分布，承压-自流水自洪积扇前缘至盆地中心其含水层厚度由厚变薄，岩性由粗变细，隔水层由薄变厚，可分为南、北盆地两个区。北盆地没有南盆地分布广阔，南盆地通过钻孔揭露，在 300m 内有 4～7 个承压-自流含水层，厚度一般超过 50m，岩性为中细砂及中粗砂、细粉砂，易开采的第三层自流水，水头高出地面，富水性中等，水质较好，矿化度小于 0.75g/L；北盆地钻孔揭露也有多层，岩性多为中粗砂及砂砾石，富水性好，除西部涌水量小于 1000m^3/d 外，一般超过 1000m^3/d，最高达 6000m^3/d，矿化度小于 0.5g/L，且呈环状分布于绿洲带，便于开采利用。另外，在承压-自流水层上部分布着潜水，含水层厚度一般小于 20m，岩性为细沙、中细砂及粉细砂，水位埋深 2～3m，富水性差，涌水量小于 200m^3/d，从冲积扇前缘向下矿化度由 0.7g/L 增至 1g/L。湖积平原多层孔隙盐水带可分为尕斯库勒湖-东西台吉乃尔湖、伊克柴达木湖-巴嘎柴达木湖、东与西达布逊湖、南与北霍鲁逊湖和托素湖-尕海 5 个湖泊地区，这些也是青海柴达木盆地内重要的工业盐与卤水资源开发区。

大型盆地地下水系统位居内陆，气候干燥，降水量由山区向平原有规律地递减，蒸发量却呈增加趋势；地质构造上，各盆地均属中新生代断陷或拗陷盆地，山区为剥蚀区，河流挟带大量物质在山前断陷或拗陷带堆积，形成由许多大型冲洪积扇和洪积扇群构成的山前扇状倾斜平原，随水流向下游减弱，堆积的岩性颗粒逐渐变细，使得上部第四系堆积呈现分带性；水文地质条件上，由山前冲洪积扇单一结构性地下含水系统，向盆地中心逐渐过渡为细土平原的多层结构含水系统，盆地地下水主要在山前洪积扇带接受出山的河水补给，在山前倾斜平原溢出带以下以泉流或沿河床溢出的形式向地表水排泄；生态景观上，由山前向盆地中心依次为山前戈壁荒漠带、细土平原绿洲带、盆地汇水中心上部湖相平原带、下游地区的荒漠或沙漠地带。在水循环转化方面，盆地地下水主要来源于出山河水渗漏补给，山区径流流出山后，经山前冲洪积扇戈壁带，大量入渗补给地下水，转化为地下径流；在山前冲洪积扇的径流途中，一部分地下水转化为人工绿洲带的生态水，另一部分在扇缘带溢出转化为地表径流；在河道流向下游进入细土平原，部分地表径流再次入渗转化为地下水，部分地下水在绿洲带被开发利用或为生态植被消耗，地表与地下径流最终排泄到下游荒漠区或终端湖泊，通过蒸发返回大气。

（2）梯级盆地地下水系统。这种山前地下水盆地主要分布在河西走廊，与塔里木、准噶尔和柴达木等大型盆地相比，具有不同的特性。因为河西走廊实际是由一系列盆地组成（范锡鹏，1981；曲焕林，1991），并有南盆地和北盆地之分（图 3-7），地下水运动的趋势与河水的流向一致。一般是含水层系统地下水径流强度随导水性由南向北变弱而减弱，其交替的方式也由“入渗-径流”过渡为“入渗-蒸发”。进入山前平原，地下水来源是河水入渗、山区的侧向径流、渠系与田间灌水入渗、降水和凝结水、融冻水入渗等，但主要为河渠水入渗。沿祁连山分布的南盆地洪积扇群是主要的地下水补给地带，这里河流水位一般高出地下水水位 10～200m，构成河床及河床下地层的为卵砾石层，具有很强的透水性，因而河水大量渗漏，对于流量较小的河流，径流几乎渗漏损失殆尽；对于流量较大的河流渗漏量也达到 40%～60%。南盆地中部和北部为细土平原地带，河水的水位低于地下水水位，致使地下水沿洪积扇的前缘、细土平原上的河床和沟槽大量溢出地表，形成众多的泉水流，并汇集到主要河道中去，成为石羊河、黑河、疏勒河三大河系下游径流的主要组成部分，占总径流量可达 50%以上。

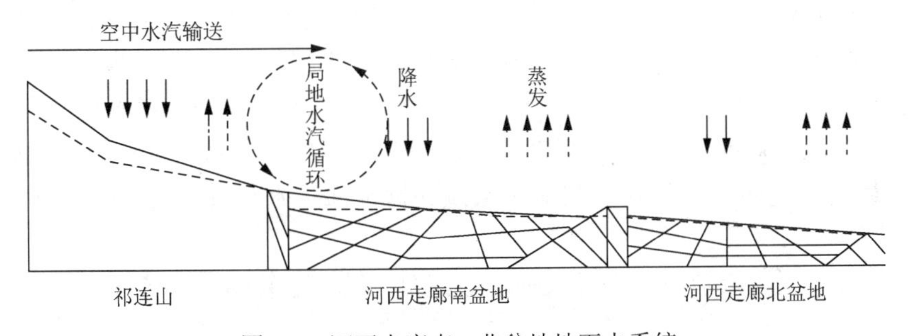

图 3-7　河西走廊南、北盆地地下水系统

在河西走廊南盆地中，从河水的渗入到地下水的溢出，经历了河水转化为地下水和地下水转化为河水的往返全过程。通过勘察已经证实，由于构造山梁阻隔，南盆地地下水只有很少一部分是通过现代河床或古河道冲积层进入北盆地的，南盆地地下径流难以直接流入北盆地，绝大部分地下径流以泉水溢出转化成河水或用于蒸发消耗。在天然条件下，由地下水转化来的河水流进北盆地，与南盆地相似，河水渗入补给地下水、地下水溢出转化为河水或蒸发消耗，这是地表水和地下水再一次相互转化的往返全过程。但进入北盆地的有限河水大部分纳入渠系引流灌溉或继续向下游排泄，以泉水形式溢出的已很有限，没有像南盆地那样形成大量泉群和泉流沟；最后北盆地的余水几乎完全消耗于蒸发，河道流水消失，地下水淡水被浓缩、盐化，淡水带消失。例如，穿越南盆地的石羊河、黑河、疏勒河，其河床排水对区域地下水径流影响最大。石羊河的河床不仅是武威盆地西部地下水的排泄通道，而且还夺取东部沙漠地区的地下水；黑河的河床排水涉及范围更大，是南部张掖盆地、酒泉东盆地和北部的金塔盆地与鼎新盆地的地下水集纳地，并且可穿越鼎新

盆地，进入第三排的额济纳盆地。在北盆地，河床排水作用较弱，直到下游冲湖积平原才将上游河道流水全排泄于地下含水层。在地形上，以封闭盆地低洼地为地下水汇集中心，如民勤盆地的青土湖和白亭海，额济纳盆地的居延泽和东、西居延海，敦煌盆地的北湖及瓜州盆地的西湖等地。这种南、北盆地的地下水水力坡度一般为2‰～5‰，南盆地坡度较陡，可明显分出河渠水入渗补给带、地下水溢出带和蒸发带，在地下水溢出带的水力坡度可达6.5‰～8‰；而在北盆地的湖沼平原水力坡度仅为0.7‰～0.08‰，地下水溢出带基本消失，越往下游地下径流基本越趋于停滞状态。

根据内陆河流域的陆地水循环特点，下游成为中上游水资源开发影响最严重的地区。上中游拦截和大量耗水，使下游河道逐步成为季节性流水，乃至完全干枯，并使内陆河终端湖水量锐减，甚至干涸，这也改变了流域内水量的区域再分配。同时，因绿洲灌溉和土地开发打破了原有土壤的盐分平衡，加上灌溉回归水的影响，下游地区水质盐化、土壤盐碱化；由于减少了河道行水，干枯河床遭受风沙侵袭，造成风蚀积沙。在下游地区，受植被和蒸发耗水影响，水分失去平衡，其过程要迟缓一段时间；或者人为维持植被与绿洲生存，迫使开采地下水；其结果是内陆河末端得不到上游来水补给，导致地下水水位持续下降，促使区域性植被衰亡，并引起下游天然绿洲生态系统急剧退化。这在全球变暖背景下，不仅助长局地升温，增加蒸发潜能，还加剧这里的干燥，使得水分消耗更快，致使内陆河下游水资源逐渐枯竭，并陷入恶性循环。在20世纪末，黑河下游的额济纳绿洲至居延海、塔里木河下游绿色走廊至罗布泊、石羊河下游民勤绿洲至青土湖等地就经历了这些过程。当然在国际上，中亚地区的阿姆河下游至咸海地区的水资源问题，造成了重大的国际性生态危机。为此，我国在21世纪初，果断采取举措对黑河、塔里木河和石羊河等典型内陆河流域进行生态环境综合治理，以增加对下游生态输水来挽救已濒临毁灭的下游生态系统，并逐步恢复受损的河流水系统和盆地地下水系统。

第三节　内陆河流域山区到平原的水循环分析

一、上游山区水量消耗

祁连山区既是径流的形成区，也是水量消耗的重要区。控制山区径流的是降水、蒸发和地表径流的转化。从山区降水-径流的关系分析，降水除了形成径流以外，还要满足山地灌木、森林和草被生长的需水，其余的水量消耗于山区的蒸发。高山冰川区降落在冰川上的水量，除粒雪线以上的降水补给冰川外，其余的降水每年在夏季作为一部分冰川融水径流出流。按冰川区水文观测资料，蒸发损失的水量占年降水量的20%～25%；降水补给形成的冰川，受山区太阳辐射和气温变化的影响，经冰川运动和消融，维持冰川的物质平衡，部分转化为融水径流，并在年内和年际调节着河川径流，蒸发和升华消耗的水量较少。在高寒裸露山区，降水相对丰富，蒸发能力较弱，尽管无植被生长，但产流率高，年降水量的75%左右可以转化为径流，径流系数为0.75。因此，在祁连山径流等值线上，东段石羊河流域上游高山出现500mm的闭合线，在黑河流域上游东部为400mm，西部为300mm，在祁连山阴坡林带分布区，年降水量有350～500mm，径流系数为 0.3～0.4，有 40%～50%的降水消耗于蒸发。疏勒河上游的闭合年径流深等值线仅为 200mm，降水已不能满足乔木林生长条件，仅生长灌木、禾本科草类；至中低山带，随降水量的减少，植被变得稀疏，甚至裸露，相对径流系数仅为 0.05～0.20，即有 80%～95%的降水损失于蒸散发。

二、山前平原的地表水与地下水转化

在内陆河平原区，地表水和地下水相互转化是中下游陆地水循环运动的一个重要组成部分。由于河西内陆河穿越 2～3 排盆地，这种转化可以重复 2～3 次（陈隆亨和曲耀光，1992）。在未受人类影响的水循环转化过程中，河水可以到达下游终端湖，并潴积大量湖水。若第一循环带受人类开发大量耗水时，就减少了第二和第三循环带的水量，造成下游湖泊干涸、地下水下降和亏缺。盆地里地表水向地下水转化，随着人工绿洲的建设，灌溉面积扩大，引水渠口从平原河道向山前上移，并在中小河流上修建拦蓄水库，使得从河道引水率达到 60%～80%，甚至更高，加上山前平原河道渠化，原有河道成了弃洪的泄水道，地下水补给从原来河道渗漏占总补给量的 60%，相应地减少到不足 40%或更少。这不仅使盆地地下水补给量大幅度减少，而且导致地下径流减缓和水头降低，最直接的反应就是盆地里原有的泉水流量逐年减少或消失。同时，随着地表引水侧支循环成为主导，渠、库和农田入渗成为盆地地下水主要的补给源。而地下水开发也加大了地下水的侧支循环，使地下水消耗增加。随着渠道防渗和农田灌溉节水率的提高，地下水入渗补给量将会进一步减少。

三、内陆盆地地下水对生态环境的作用

根据内陆河流域的陆地水循环特点，内陆河下游成为受中上游水资源开发影响最严重的地区。上中游拦截和大量耗水，使下游河道成为季节性河道，或完全干涸；并使内陆河终端湖水量锐减甚至枯竭。人类活动已经改变了流域内水量的区域再分配；绿洲灌溉和土地开发打破了原有土壤的盐分平衡；加上灌溉回归水的影响，下游地区地下水水质咸化，土壤盐碱化，土地沙化面积逐渐扩大。同时，下游地区的水分平衡，由于受植被影响，消耗水量过程要迟缓一段时间；或为维持植被或绿洲生存，迫使开采消耗地下水，结果使内陆河末端地区地下水水位持续下降、区域性植被衰亡，并引起下游天然绿洲生态系统急剧退化（刘恒等，2001）。在全球变暖的背景下，局地升温，蒸发潜能增加，更加剧了干燥，使得水分消耗更快，呈现放大效应。这就形成了内陆河下游水资源枯竭和生态环境的恶性循环。

第四节　内陆河地区水文平衡

自然界万物都在运动变化着，但都遵循物质不灭和能量守恒定律。在水文学范围内研究水的运动变化，必须同时研究引起水运动和变化的能量，以及能量的来源、储存和迁移规律。各种水文现象在一定时段内表现为动态的相对平衡，因此需研究水量与热量平衡两个方面。在西北内陆区，水的运动环境从遥远的海洋高空水汽输送转化为降水，

水从高寒山区到干旱平原，从冰川积雪到河川径流，流泄于内陆盆地，经地表水与地下水转化，最后在封闭盆地里的含水层中缓慢运移，最终以蒸发形式散失在荒漠之中，这样以空中敞开与地下封闭的状态完成陆地水循环过程。这里水热相互作用，不仅推动水循环各个环节，而且影响水与热的传输。因此，研究内陆区的水热量平衡尤为重要，同时从质量守恒概念来分析水热（能量）平衡和水盐平衡等水文现象，这才统称为水文平衡。

一、水热（能量）平衡

由于地球上水与外层空间及行星间的交换量几乎为零，在地球系统里，水以太阳能为燃料，并作为能量的一种载体，在地球重力用下不间断地、无止境地做水文循环运动，这是水文学最基本的原理。地球上的水由海洋和陆面蒸发，以水汽形态被大气环流输送到大气中，遇冷凝结，以雨雪的形式降落，被树木和草被截留后在地表形成径流，经过土壤入渗补充地下水，排入江河、湖泊，最后流入海洋；并再次从海洋蒸发，通过水的气态、固态和液态转化不停地进行着水循环过程。从地球上水分运动和水循环的过程分析，经过国际水文十年计划、国际水文计划及地球上的水资源和水平衡研究证实，地球上存在相互依存的水量平衡和热量平衡两个基本方程。

（一）通用水量平衡方程

水量平衡研究是要对水文循环建立定量的概念，了解组成水文循环各要素，如降水、下渗、蒸发和径流等及其相互间的作用，解决一个地区或流域乃至全球的产水量和径流的出流过程。在水文上依据水量平衡，可以由某些已知水文要素来推求待定的水文要素，如通过观测得到已知的降水量和径流量，推求蒸发和其他水量损失；在生态环境方面，也可以细化水量平衡方程，通过对一些土壤水、入渗和渗漏的精确观测，推求土壤蒸发和植物蒸腾损失水量，了解水与生态环境的关系。因此，水量平衡原理被广泛地应用于水资源评价、水文分析计算、水文预报、环境生态评价，同时用来对水文测验、各种涉水科学试验、水文水资源资料整编、预报预测和计算成果进行合理性检验分析，并评价成果的精度。

在地球上任一个区域任一个时段，通用的水量平衡方程为

$$P = R + E \pm \Delta W \tag{3-1}$$

式中，P 为降水量；R 为径流量；E 为蒸发量；ΔW 为经下垫面到地下各层的水通量变化，即研究区域蓄水变量，包括积雪量变化和土壤含水量、水库储水量的正负变化。式（3-1）中有两项是由重力产生的，即降水量 P 和径流量 R，蒸发量 E 是由大气湍流扩散定律所决定的。ΔW 的物理性质较为复杂，对于不冻结的陆地表面，其包括从土壤表面到更深层的液态水分重力通量，具有不同湿润程度的各层土壤间薄膜水通量的垂直部分；由地下水输送到地表面的毛细管水通量；由植物根系吸水所输送的水分通量；对于自由水面及冻结的陆面或水体表面，ΔW 可认为是在外界因素的共同作用下，某一固定地点下垫面单位面积上水的总流入量的存储量变化。式（3-1）各项采用的是某一时段内各项总量。ΔW 为时段初至时段末的区域蓄水量变化，有余为正，亏缺为负。在这种情况下，

ΔW 表达式为 $\Delta W=\int_0^t \omega \mathrm{d}t$，该值等于垂直柱体内的水量变化与时间 t 内经过柱体的表面水分总通量的数值之和，同时假设这样的柱体深入地下直到实际已无水分交换的地方。

若所在区域为一个闭合流域，式（3-2）可成为流域年水量平衡方程式。随着时间年度 n 的增加，降水总量 P 增加，径流总量 R 也增加。对于多年平均状况来说，流域蓄水变量 $\pm\Delta W/n$ 的值趋近于 0，这在足够长的计算周期里或对多年平均情况而言，$\Delta W/R<1$，此时水量平衡方程可写为

$$P_0=R_0+E_0 \tag{3-2}$$

式（3-2）为闭合流域多年平均水量平衡方程。式中，P_0、R_0、E_0 分别为多年平均降水量、径流量和蒸发量。式（3-2）在水文上也称为三要素年平均水量平衡方程。根据多年平均水量平衡方程，可以分析我国西北内陆区各大片水量平衡要素值在数值上的分配（表 3-2），分析在水分循环过程中水分的来源及其损耗情况，并作为评估该地区水资源的状况及其生态环境重要水分因素的参考。

表 3-2　我国西北内陆区各大片水量平衡要素表

地区		面积/km²	收入水量/亿 m³				支出水量/亿 m³			径流系数/%
			降水量	平原产水量	区内径流	区外径流	区内径流	区外径流	蒸发量	
山区	北疆	177 641	888.0	—	—	26.06	415.0	236.80	473.0	46.7
	南疆	523 663	1246.1	—	—	2.02	449.5	2.85	796.6	36.1
	河西	91 200	186.6	—	—	0	69.9	0	116.7	37.5
	柴达木	116 768	261.5	—	—	0	45.1	0	216.4	17.2
	青海湖	25503	111.2	—	—	0	19.3	0	91.9	17.4
	内蒙古东部	224697	674.1	—	—	0	9.8	0	664.3	14.5
	黄河上游*	244652	1212.6	—	—	0	353.6	0	863.0	29.2
	黄河内流区	0	0	—	—	0	0	0	—	—
平原	北疆	215 454	205.2	9.4	415.0	28.1	—	224.5	423.6	4.6
	南疆	726 971	206.2	5.6	449.5	61.9	—	7.4	710.2	2.7
	河西	179 800	165.5	2.6	69.9	0	—	0	235.4	1.6
	柴达木	149 000	160.3	3.2	45.1	0	—	0	205.4	2.0
	青海湖	4 192	14.7	0.3	19.3	0	—	0	34.0	2.2
	内蒙古东部	47339	94.7	4.5	9.8	0	—	0	104.5	4.8
	黄河上游	125430	255.1	10.2	353.6	0	—	247.6	361.1	4.0
	黄河内流区	45708	12.8	3.1	0	0	—	0	12.8	2.4

*黄河上游以干流内蒙古的出口断面计，不包括黄河内流区。平原产水量主要为临时径流，补给地下水。

式（3-2）若作为计算地球海洋与陆地的总水量平衡方程式，就可得出地球上的一般水循环概念。类似上述分析，以 $P_1=R_1+E_1$ 表示全球海洋总的多年平均水分平衡方程式，以 $P_2=R_2+E_2$ 表示径流系统与全球海洋相关的陆地部分总的多年平均水分平衡方程式，显然 $R_2=-R_1$，即从陆地流入海洋的多年平均总径流量，为海洋表面输送到大陆上空相应水汽的补偿量，从而保证了海洋区降水量超过蒸发量的一个数值 R_2。对于径流系统与海洋隔绝的内陆区来说，也可类似地以 $P_3=R_3+E_3$ 表示内陆区的水量平衡方程式，这里 R_3 表示流入内陆盆地或沙漠地区的河流多年平均总径流量，仅参与内流区内的水文小循环。相对于海洋和陆地外流流域来说，R_3 不参与由大陆进入海洋的水文大循环，因此对

于外流域水循环来说，R_3 等于 0。这样，内陆区多年平均总降水量等于多年平均总蒸发量。

针对上述区域水量平衡方程，20 世纪 80 年代苏联著名水文学家李沃维奇通过对土壤水的渗蓄作用进行研究，在过去三要素水量平衡方程的基础上，考虑把径流细分为地表径流和地下径流两部分，以 ΔW 表示地区湿度，它等于降水扣除地表径流，即蓄存于土壤中的那部分降水量，并消耗于蒸发或转化为地下径流。ΔW 的变化过程必须以土壤为媒介，因而受土壤性质、土壤植被、土地利用状况等因素的制约。这样将三要素方程分离，提出了六要素流域水量平衡方程，进一步揭示了水循环过程的本质，对水文地理学发展具有积极意义。

$$\begin{aligned} P &= R_s + R_g + \mathrm{ET} \pm \Delta W \\ P &= R + \mathrm{ET}\ (\text{闭合流域多年平均}) \end{aligned} \tag{3-3}$$

式中，$\pm\Delta W$ 为流域给定时段土壤层水蓄存量变化；$R_s + R_g = R$，即地表径流量（R_s）和地下径流量（R_g）两者构成年径流量（R）；$\mathrm{Wh} = P - R$，Wh 为流域渗蓄水或土壤水通量；$L = R + \mathrm{ET}$，L 为流域的水量支出；闭合流域水量转化的水量平衡为：$\mathrm{Wh} = L$。可见，$\Delta W = P - R_s = R_g + \mathrm{ET}$，$P$ 为流域在给定时段内的大气降水量；ET 为流域给定时段内从陆面（土壤、植物）蒸发及水面（包括冰面、雪面）蒸发总量与凝结水量的差值；R_s、R_g 分别为给定时段内陆河道流入、流出或经地下水流入、流出的净径流量。

相对于经典的三要素水量平衡方程来说，式（3-3）在理论上更为完善，在概念上更加明确，在形式上更加有利于实际应用，尤其是对地下水和区域土壤层水蓄存量 ΔW 的提出，对研究土壤水蓄存量和大气水-地表水-土壤水-地下水“四水”转化，乃至“四水”加上植物水的“五水”转化提供了有利条件。

（二）地表热量平衡基本方程

地球表面太阳辐射能会被转化为非辐射能的形式，这些非辐射能的转换是保持地球-大气系统能量平衡的重要组成部分。首先，被地表吸收的绝大部分能量都用于蒸发，辐射能被转化成附属在水分子上的潜热，直到水分子在大气中转换成液态或固态时才离开。这就是从地表到大气的一种重要的能量传输方式。其次，净辐射的第二种主要分配对象是进入大气的感热。由于空气不是好的传热导体，地表对大气的加热只发生在地表数厘米的范围内，加热大气底部会造成被加热的气体以对流形式进行传输。最后，净辐射中最少的一部分能量会进入土壤层或用于融化冰雪。因此，自然界中水循环与水量平衡和热量平衡密切相关。热与水各自独立守恒，又同时并存。通过热量平衡研究，可以确定不同地区水文现象的物理基础，并可以这些规律直接推求某些水文特征值，了解下垫面蒸发物理过程，还可以探讨这些水文现象与过程，如水温变化与河流冰情等。地球上，受太阳辐射的地表热量平衡基本方程一般表示为

$$R_n = Q + LE + F \pm \Delta Q \tag{3-4}$$

式中，R_n 为陆地表面获得的净辐射通量；Q 为地表与大气间的热量交换，主要是湍流感热通量；L 为潜热通量系数，约为 2495J/g；E 为蒸散量（包括物理蒸发和植物生理蒸腾

与凝结水量）；F为时间t内通过该柱体垂直面热量的总水平通量；ΔQ为垂直柱体在时间t内的热量变化，与水量平衡方程中$\pm\Delta W$相似，$\pm\Delta Q$的平均值随时间t的增长而减小，对于足够长的时间段和多年的平均情况来说，$\Delta Q = 0$，则为陆地表面没有明显的热量传递，其热量平衡方程式为

$$R_n = Q + LE \tag{3-5}$$

而在海洋或河湖的水面，水体的热量交换不能忽略，则水面热量平衡方程表示为

$$R_n = Q + LE + F \tag{3-6}$$

式中，F为地表面与生物、物理、化学过程有关的能量通量（如光合作用、生物能储藏和冰雪融冻等）；辐射平衡差额R_n数值可利用辐射平衡表所做的专门辐射观测记录来计算；一般地，Q可由埋在地表下5cm处的土壤热通量板测得，Q和LE分别采用涡动相关和空气动力学方法求解。

在西北内陆区，热量平衡方程可用来研究冰川和积雪消融过程，为分析冰川径流和融雪径流出流提供重要依据，即依据能量守恒原理，总的热能通量等于0，即假定冰川积雪体的辐射、对流、传导、平流能量及雪体内部的热能变化之和等于0。对于一个单位控制体的冰川或积雪，假定在水平方向上的能量输送可以忽略不计，在垂直方向上提供雪层融化的总的热量Q_M由式（3-7）表示：

$$Q_M = Q_N + Q_s + Q_L + Q_G + Q_A - \frac{\Delta U}{\Delta t} \tag{3-7}$$

式中，Q_M为净冰面或雪面的消融热；Q_N为净辐射热通量，即辐射交换产生的地表热通量；Q_s为冰、雪面（或冻土）与近地面层大气之间湍流交换感热通量；Q_L为冰、雪面（或冻土）蒸发和凝结潜热通量，蒸发表示为负，凝结表示为正；Q_G为地热通量，即控制体与地表以下热传导之间的能量传导通量；Q_A为对流热量，由外部获得的能量，如降雨进入雪体的热量；$\frac{\Delta U}{\Delta t}$为单位时间、单位面积内部能量变化率，通常为负，表示热储量。式（3-7）可作为冰川水文和融雪水文计算中冰川融水和融雪水量的基本方程，以进入体积内的热通量为正，出去的为负。

对于水体来说，能量平衡更为复杂，因式（3-4）～式（3-7）中忽略了土壤内的能量存储。实际上，能量的存储深度在一些深水处可达数千米。因为水在地下比地表具有更大的流动性，所以需要更多地考虑其水平方向的能量通量。对于陆地而言，采用式(3-5)仍缺乏一些项，如融化潜热、汽化热，以及由降水造成的热输送等，这些因素对于某些地区和时段也非常重要。热量平衡的一个重要特征是，夜晚或冬季高纬度地区，以及高寒山区的能量收支为负值，在这种情况下，热辐射达到了辐射平衡，而非辐射能则为地表输送能量，以补充热辐射的损失。在干旱地区，由于水分条件限制，蒸发水耗能较少，大部分辐射能都会加热地表大气，大气直接受到太阳辐射而增热，土壤表面则因吸收辐射而增热。一旦空气与温暖的地面接触，空气就因增热变得较轻并升高。当空气升高时，会挟带走在地面获得的超额热量。这种由增热的空气运动而传输热量的过程称为对流。地面从太阳辐射接受的大部分热量，就是以这种方式分布在整个大气中。当暖空气流升

高时，周围空气必须在其他地区下降。从空气下降地区到空气上升地区的空气水平运动就产生了风。这样，侧向或水平方向的对流过程称为平流。风可以跨越地区，将热从一个地方带到另一个地方，干燥区域上的热空气可移到一个灌溉或湿润地区，并挟带相当数量的能量。同样，由湿润地区刮来的风可能是冷的和载有大量水汽，从这个原理出发，在干旱区一个大型水体可影响相邻陆地的气候。以该方式从一个地方传递到另一个地方的热，称为平流热传输。

通过上述水热平衡研究，还可以确定不同地区水面蒸发、土壤蒸发和植物蒸腾等，探讨各种水文现象和水资源的转化过程，研究河湖和地下水的水温变化、河流冰情和绿洲水热传输过程等。

二、水盐平衡

近几十年来，全国江、河、湖、海的水环境状况日趋恶化，淡水资源匮乏，导致供需矛盾加剧，水环境严重污染，水文生态环境也遭到破坏，进一步加剧了水旱灾害和水质污染。水环境危机实质是由水“质”的改变而引起的危机，加上水污染日益严重，水环境正在发生着“质”的变化。这固然受水资源分布特点和气候变化等外部因素的影响，但也与人类对干旱区水循环和水文平衡仍缺乏深入了解有关，特别是与开发利用中水资源的落后管理有着直接关系。为此，需要加强水资源开发利用的水盐平衡及其与环境相互作用的机理研究。

（一）灌区盐量均衡方程

位于黄河上游的宁夏银川与内蒙古河套沿黄灌区，以及内陆河流域人工绿洲灌区乃至整个下游地区，土壤盐碱化成为危害农业生产的主要的生态环境问题。例如，河套引黄大型灌区，其灌溉面积由中华人民共和国成立初的 21 万 hm^2 增加到 1997 年的 54 万 hm^2，盐碱地面积从 3 万 hm^2 增加到 1997 年的 38 万 hm^2。由于早期缺乏灌溉排水配套工程，加上不合理灌溉，导致土壤次生盐碱化，盐碱化耕地占到 13.9%，一度增加到 63.6%，使灌区长期处于积盐状态，灌区平均积盐量达 168 万 t/a，致使灌区粮食生产长期处于低水平。因此，进行灌溉排水改良盐碱化土壤极为重要。为此，从 20 世纪 90 年代开始，水利部门开始重视河套灌区的排水系统建设，其现已成为全国控制排水面积最大的排水系统，对有效控制地下水、调节土壤水盐含量、防止土壤盐碱化起到了重要的作用；同时，合理利用灌区周围荒地或低湿洼地，采用“干排盐”的方式发挥非耕地的蒸发积盐作用，可以减轻耕地盐渍化。类似这类灌排灌区，盐分均衡方程一般可表示为

$$\Delta S = S_{\mathrm{i}} - S_0 \tag{3-8}$$

其中，

$$\begin{aligned} S_{\mathrm{i}} &= V_{\mathrm{i}} C_{\mathrm{i}} \\ S_0 &= S_{\mathrm{d}} + S_{\mathrm{p}} = V_{\mathrm{d}} C_{\mathrm{d}} + A_{\mathrm{c}} S_{\mathrm{c}} + A_{\mathrm{n}} C_{\mathrm{n}} \end{aligned} \tag{3-9}$$

式中，S_{i}、S_0、V_{i} 分别为灌区总进盐量、排盐量、灌溉水量，盐量以 g、kg 或 t 为单位，水量以 m^3 为单位；C_{i} 为灌溉水的平均盐度，以 g/L 或 kg/m^3 为单位；V_{d}、C_{d}、S_{d}

分别为灌区排出水总量（m^3）、平均浓度（kg/m^3）、排出盐量（kg）；A_c、A_n分别为耕地和非耕地面积（hm^2）；S_p为植物吸盐量（kg）；S_c、C_n分别为单位面积耕地植物和非耕地植物积盐量（kg）。当$\Delta S > 0$时，说明灌区属于积盐状态；当$\Delta S = 0$时，灌区排盐量与进盐量处于平衡状态；当$\Delta S < 0$时，灌区处于脱盐状态，耕地土壤次生盐碱化就会减轻。

若考虑灌区周围的干排盐，则灌区盐量平衡方程为

$$\Delta S = S_i - S_f - S_d \tag{3-10}$$

式中，S_i、S_f、S_d分别为引水进入灌区总盐量、灌溉排水排除盐量和干排水积盐量，以kg或t为单位。

若仅依据排水来排盐，根据1987～1997年的引水量、排水量及其矿化度数据估算，河套灌区属于积盐状态，积盐高达168万t。若考虑到灌区周围盐碱荒地积盐、洼地水域积盐和沙地积盐等方式的干排水积盐（S_d），$S_d = E_d \times C_d$，式中，E_d和C_d分别为潜水蒸发量（mm）和地下水矿化度（g/L）。根据当时调查结果分别计算，干排积盐可达246万t，式（3-10）显示为负值，表明灌区耕地为脱盐状态，荒地积盐约占进盐量的65%，荒地积盐使耕地处于脱盐过程。若不注意灌区排水，则造成灌区地下水水位持续上升，当地下水水位超过防治盐碱化临界深度后，地下水在干旱区的强烈蒸发下，将大量盐分积累在地表及耕作土层内，甚至在干旱内陆盆地灌区其积盐的数量超过灌溉引水带来的盐分。然而，种植耐盐作物也可以起到排盐作用，但部分仍以各种形式回归到土壤，可见作物的排盐量较少，但是作物排盐直接影响到土壤剖面中盐分分布，使耕作层土壤盐浓度产生短期变化，有利于作物生长。即使在灌区采用干排盐可以对耕地起到作用，但这种方法仍有其局限性，非耕地或荒地上积盐不仅仍在灌区内，而当要开发荒地时，又会排出更多盐分。灌区的盐渍化危机依然存在，河套灌区总体盐量平衡应是灌溉农业可持续发展的基础，减少灌区积盐一方面要减少引水量，从而减少引入盐量；另一方面要加强灌区排水，将盐分排到灌区之外，同时降低地下水水位至临界深度以下，这才是防治土壤盐碱化的根本措施。

（二）内陆水体水盐平衡方程

干旱区内陆水体包括湖泊、沼泽、河道流水及地下水等。湖泊多半由封闭盆地的地表径流与地下径流补给，并主要以强烈的水面、土壤和地下水的蒸发形式排泄，造成水盐失调、生态退化、水资源减少和水质恶化等环境问题。在水资源开发利用时，当拦截引用部分流入水体的地表径流或地下径流量后，水体的水盐收支失衡，将使河道、湖沼和地下水的水位下降、面积缩小和矿化度增加，下游河道流水的环境容量较小，水环境将发生本质性改变；当拦蓄地表水和强烈抽取地下水时，会改变天然水的动力条件，引起地下水水位降低，并形成新的水文地球化学环境，导致水中的化学成分和微生物组分含量增多，产生水质恶化现象；地下水水位的下降不仅会引起地面下沉等地质灾害，还会造成区域性缺水、水质盐化等问题；特别是处在内陆河流域下游的内陆湖泊，可能会从微咸水湖演变成咸水湖，直至变为盐湖。内陆河流上、中游的水资源过度开发利用、水库建设和绿洲扩展，势必影响到尾闾湖泊。现以内陆湖泊为代表水体，分析其水量平

衡和盐量平衡及其动态。

（1）湖泊水量平衡方程。内陆湖泊系指长期占有大陆封闭洼地的水体，并积极参与自然界的水循环，成为地表水循环的一种类型。但在内陆地区，由于气候干旱、降水不丰，河流和潜水易向汇水洼地的中心积聚，加上强烈的蒸发作用，其具有盐分易积累的特点。因此，需要采用水量和盐量相联合的方法研究湖泊水盐平衡。

一般情况下，湖泊可看作一个既有进水量又有出水量的水体。如果湖泊在天然状态下收支基本平衡，则湖水位会在一定变幅内波动。天然状态下，计算时段内的湖泊水量平衡方程式可写为

$$R_s + R_g + P = E + Q_s + Q_g \pm \Delta V \tag{3-11}$$

式中，R_s 为入湖地表径流量；R_g 为入湖地下径流量；P 为湖面降水量，折算成亿 m^3；E 为湖面蒸发量；Q_s 为出湖地表径流量；Q_g 为出湖地下径流量；ΔV 为计算时段内湖水储量的变化量；上述变量单位均为亿 m^3。对有些淡水湖泊取用部分水量进行灌溉或供水，水量平衡右侧还需加上取用的工农业用水量 I_q，以亿 m^3 计。

山间盆地的封闭湖泊和河流尾闾湖泊一般位于盆地里最低排泄基准面，没有出流，因此 Q_s、Q_g 均为 0，则式（3-11）简化为

$$R_s + R_g + P = E \pm \Delta V \tag{3-12}$$

若湖水多年平均水位保持稳定，则湖水储量变化量 $\pm\Delta V$ 为 0，可推算出湖泊多年平衡的蒸发量。这样，式（3-12）简化为

$$R_s + R_g + P = E \tag{3-13}$$

从式（3-13）可以看出，天然状态下内陆封闭湖泊的多年平均水量平衡是湖泊水量收入量（包括湖面降水量和地表、地下入湖水量）与支出项（湖水面蒸发量）之间的平衡。

（2）湖泊盐量平衡方程。由于盐随着水流进入湖泊，根据水量平衡方程，建立的湖泊盐量平衡方程为

$$S_{s1} + S_{g1} + S_p = S_{s2} + S_{g2} \pm \Delta S \tag{3-14}$$

或

$$R_{s1} \times C_{s1} + R_{g1} \times C_{g1} + P \times C_p = Q_{s2} \times C_{s2} + Q_{g2} C_{g2} \pm \Delta S \tag{3-15}$$

式中，S_{s1} 为入湖地表径流的含盐量；S_{g1} 为入湖地下径流的含盐量；S_p 为湖面降水带入的盐量；S_{s2} 为出湖地表径流带走的盐量；S_{g2} 为出湖地下径流带走的盐量；ΔS 为计算时段内湖水盐储量的变化量；上述变量单位均为万 t。C_{s1}、C_{g1}、C_p、C_{s2}、C_{g2} 分别为入湖地表径流、入湖地下径流、湖面降水、出湖地表径流、出湖地下径流的平均盐浓度，单位以 kg/m^3 或 t/m^3 计。

考虑到湖面大气降水带入的盐量非常小，近似为 0，则式（3-14）和式（3-15）可简化为

$$S_{s1} + S_{g1} = S_{s2} + S_{g2} \pm \Delta S \tag{3-16}$$

或

$$R_s \times C_{s1} + R_g \times C_{g1} = Q_s \times C_{s2} + Q_g C_{g2} \pm \Delta S \quad (3\text{-}17)$$

由式（3-16）可知，干旱内陆湖泊的盐平衡是湖泊盐量收入量（包括地表水、地下水入湖盐量）与支出项——湖泊出流带走盐量（出湖地表、地下径流带走的盐量）之间的平衡。由湖泊的多年平均入湖径流盐量和出湖径流盐量之差，就可计算出湖泊多年平均收入盐量（Brustaert，2005）。对于山间盆地封闭湖泊和河流尾闾湖泊，地表、地下出湖径流量 Q_s 、 Q_g 均为 0，则 S_{s2} 、 S_{g2} 均为 0，式（3-15）可进一步简化为

$$S_{s1} + S_{g1} = R_{s1} \times C_{s1} + R_{g1} \times C_{g1} = \Delta S \quad (3\text{-}18)$$

在多年平均情况下，入湖径流含盐量的变化将引起湖水盐储量的变化。上述湖泊盐量平衡方程应用到沼泽时，要注意当地下水面距沼泽表面的深度在毛管水作用范围（30cm）以内时，毛管作用会把大量地下水源源不断地输送到沼泽表面供给蒸发，并积聚盐分，这时在式（3-18）的右边要增加一项由沼泽地下水矿化度 C_{g0} 与蒸发水量 E_{g0} 的盐量 S_{g0} 。

应用上述湖泊水盐平衡方程，可以为内陆湖泊、沼泽、水库，乃至河道流水和地下潜水等水体进行水量平衡和盐量平衡分析，评价气候变化及人类活动对各种水体的水盐平衡动态，估算湖泊、积水沼泽、湿地保护的生态需水量和积盐量，甚至考虑人工调节水库、河道流水和地下水含水层的生态环境容量。

天然水体是一种十分复杂的溶液，常溶解有一定数量的化学离子、溶解气体、生物营养元素和微量元素，受地貌、气候、水文等自然条件影响，这些化学元素在水体运行过程发生着一系列化学反应。在定量评价内陆水体水盐平衡时，需要依据水化学的机理和精确的水盐平衡方程，为流域水资源转化、水质演化规律的揭示、水资源质量变化评价提供依据，尤其可以对干旱地区灌溉土壤盐碱化的积盐和脱盐做出评价。通过人为调控地下水水位和排水改良盐碱化土地，还可以掌握内陆湖泊和沼泽、水库、中下游河道流水、地下水含水层的水盐动态。根据地表水、地下水环境质量标准和生活饮用水标准，评价各类水资源的质量，进而根据水环境容量控制污染，改善河流、湖库和地下水的水质，为人类提供合格的饮用水、生活生产用水和环境用水。

三、水沙平衡

在干旱地区，河流发源于山区，流经高山陡坡并接受前山带暴雨径流汇集河道，流出山口的河川径流会挟带大量固体颗粒，在水文上叫河流泥沙。泥沙的运动和沉积也是水资源开发利用和河流径流过程中重要的水文现象。泥沙除来源于流域坡地上被风雨、径流侵蚀的土壤外，还来源于平原上被水流冲刷河床的土壤，此外流经沙漠地带由风沙流挟带的沙粒也会进入河道流水。我国西北内陆河地区东部为黄河上游，流经黄土高原的水土流失区，以及腾格里沙漠、乌兰布和沙漠和毛乌素沙地，每年风成沙入黄沙量多达 1 亿 t，在通过内蒙古头道拐水文站时，每年河水输送的泥沙达 1.1 亿～3.2 亿 t，不仅造成河道淤积，而且在河道地区变成地上河。据 20 世纪 90 年代前实测资料统计，河水流经黄土高原严重侵蚀区至黄河中游陕县站时，平均每年通过的泥沙量约有 17 亿 t，使黄河变为一条世界著名的多沙河流，给中下游地区带来严重的洪水泛滥灾害。在内陆河

流域出山口段，河水泥沙含量也较多，其是造成修建水库淤积、灌溉引水渠道淤积、河岸稳定和河道冲淤变化、河道通航安全、河流供水水质等问题的根源所在。河流泥沙以水流作为主要动力。黄土高原和内陆河山地的土壤，经过降雨和径流冲刷进入河道，进而通过冲刷河槽，使河水挟带大量泥沙，成为我国内陆区水土流失的重要区域；源于山区的黄河上游河道和内陆河流，因水流湍急，河床底部多卵砾石，不仅使河水中含有较多的悬移沙，而且在河底推移质砂砾也聚集很多。

在内陆河下游和广大的荒漠地区，受地下水水位下降影响，土壤表层失去水分，受风力侵蚀影响，形成地面土壤侵蚀与堆积，还有空中风沙流。这不仅向河道、水库和渠系输送泥沙，而且磨蚀建筑物，危害作物禾苗，阻塞交通，侵袭农田、草场和村庄，更有甚者在大气环流和大风气流的影响下，每年春夏造成风沙危害和沙尘暴灾害，这就造成了另一类风蚀水土流失问题。

为此，研究干旱内陆区两类水土流失的水沙平衡问题，可从土壤水蚀、土壤风蚀、河道悬移沙运动来展开，从物理成因到经验总结，解决水资源开发利用中的水沙问题。

（一）土壤水蚀

黄土高原和内陆河形成径流多在山区坡地，是受土壤侵蚀并形成河流泥沙的主要源地。表征坡地土壤流失量及其主要影响因子间的定量关系的侵蚀数学模型可采用美国农业部 1961 年提出的通用土壤流失方程（revised universal soil loss equation，RUSLE），其可用于计算在一定耕作方式和经营管理制度下，因面蚀产生的年均土壤流失量，其表达式为

$$A = R \times K \times L \times S \times C \times P \tag{3-19}$$

式中，A 为单位面积年均土壤侵蚀量［t/（km^2 • a)］，主要指由降雨和径流引起的坡面细沟或细沟间侵蚀的年均土壤流失量；R 为降雨侵蚀力因子［(MJ • mm)/(hm^2 • h)］，反映降雨引起土壤流失的潜在能力，在 RUSLE 中，它被定义为降雨动能和最大 30min 降雨强度的乘积；K 为土壤可蚀性因子［(t • h)/(MJ • mm)］，它是衡量土壤抗蚀性的指标，用于反映土壤对侵蚀的敏感性，K 表示标准小区单位降雨侵蚀力引起的单位面积上的土壤侵蚀量；LS 为坡长坡度因子（无量纲），其中 L 为坡长因子，被定义为坡长的幂函数，S 为坡度因子，LS 表示在其他条件不变的情况下，某给定坡长和坡度的坡面上土壤流失量与标准径流小区典型坡面上土壤流失量的比值，其对土壤侵蚀起加速作用（陈云明等，2004）；C 为覆盖与管理因子（无量纲），是指在其他因子相同的条件下，某一特定作物或植被覆盖下的土壤流失量与耕种后连续休闲地的流失量的比值，该因子可衡量植被覆盖和经营管理对土壤侵蚀的抑制作用；P 为水土保持措施因子（无量纲），是指采取水土保持措施后的土壤流失量与顺坡种植的土壤流失量的比值。

（二）土壤风蚀

内陆干旱地区土壤一旦失去水分，便呈现水沙的另一类缺水不平衡现象，以风力为主的外营力作用于地面，引起尘土、沙的飞扬、跳跃和滚动的侵蚀过程。按其作用方式

分为两种：一种为风力通过地面时，气流的紊动作用所引起沙粒的起动吹扬，称为吹蚀；另一种为风力通过所挟带的沙粒，对地面进行冲击、摩擦，称为磨蚀。当风速加大时，在风力作用下，沙粒开始沿着地面滑动和滚动，当达到起动风速时，滚动沙粒碰到地面突起颗粒或被其他运动颗粒运动碰撞而向上跃起，跳跃的沙粒在气流中获得运动动量，开始在一定风力作用下运移。土壤水分和植被覆盖对抗风蚀起重大作用。当沙子处在湿润状况时，沙粒间黏滞性增加，沙粒团聚作用加强，因而，也就要增加沙粒的临界起动风速。野外观测和风洞实验显示，起动风速与沙粒粒径相关（表 3-3）。一般干沙沙粒粒径为 0.25～0.50mm，近地面 2m 高风速达到 5.6m/s 时，即可引起土壤风沙流；但当沙地土壤含水率达到 2%时，形成风沙流和土壤侵蚀的风速需要 7.2～7.5m/s；地面若有植被覆盖，不仅可以起到显著的抗风蚀作用，而且会引起风沙搬运沙粒的堆积作用。在多数自然条件下，风力搬运的沙粒主要集中在近地面 30cm 之内，因此磨蚀作用主要发生在近地表的范围内。

表 3-3　随沙子粒径变化的临界起动风速（近地面 2m 高）

沙子粒径/mm	0.10～0.25	0.25～0.50	0.50～1.0	＞1.0
临界起动风速/（m/s）	4.0	5.6	6.0	7.1

土壤风蚀是在特定环境背景下，风动力作用于砂质地表的结果，其成因总体上归属自然因素和人为因素的相互作用，其中自然因素包括气候、土壤、植被和地形等，人为因素包括土地开垦、过度放牧、樵采、水资源过度利用等不合理的经济活动。两者相互作用使地表裸露、土壤失去水分，造成以风动力为主的地表土壤的侵蚀。为精确估算土壤风蚀量、评价各种防风蚀措施，各国学者经过几十年努力提出不同形式的土壤风蚀模型。我国在风蚀模型方面研究较晚，20 世纪后期根据风洞模拟实验结果，建立以风速（V）、空气相对湿度（H）、土体颗粒平均粒径（d）、土体硬度（F）、植被盖度（V_{CR}）、地表破损率（S_{DR}）、坡度（θ）为变量的土壤风蚀流失量模型（董治宝，1994）：

$$Q=\iiint\left[V(t)H(t)F(x,y)V_{\mathrm{CR}}(x,y,t)S_{\mathrm{DR}}(x,y,t)\theta(x,y)\right]\mathrm{d}x\mathrm{d}y\mathrm{d}t \tag{3-20}$$

$$\begin{aligned}Q=\iiint&[3.90(1.0413+0.0441\theta+0.0021\theta^2-0.0001\theta^3)]\\&\times[V^2(8.2\times10^{-5})V_{\mathrm{CR}}S_{\mathrm{DR}}^2/(H^8d^{2F})x,y,t]\mathrm{d}x\mathrm{d}y\mathrm{d}t\end{aligned} \tag{3-21}$$

式中，Q 为风蚀流失量（t）；V 为风速（m/s）；H 为空气相对湿度（%）；V_{CR} 为植被盖度（%）；S_{DR} 为地表破损率（%）；d 为土体颗粒平均粒径（mm）；F 为土体硬度（N/cm^2）；θ 为坡度（°）；x 为东西方向上距参照点距离（km）；y 为南北方向上距参照点距离（km）；t 为时间（日）。

风成沙进入河流、渠道、湖泊、水库等水体，输沙方式包括风沙流、沙丘移动及流水侵蚀沙丘的坍塌等。沙丘移动是风沙流运动的函数，即 $D=Q/rH$（D 为沙丘单位时间前移距离，Q 为单位时间内通过单位面积宽度的全部沙量，r 为沙子容重，H 为沙丘高度）。由上述关系式可以看出，沙丘移动速度与风沙流沙量成正比，因此运用风沙流运动挟带的沙量，可以揭示沙丘移动的沙量。在风沙流搬动过程中，以蠕移和跃移两种运动形式为主，属于一种近地表的搬运过程，而悬移输沙量较少。因此，把风沙流在单位时间内、单位断面宽度内输移的风沙物质量称为输沙率。把风沙流以线型岸边一侧，向水体全年以各个方位输入流水的沙量，称为年输沙量，可表示为

$$Q_1 = \sum q_i \times t_i \times l_i \sin\theta \tag{3-22}$$

式中，Q_1 为输入水体的年输沙量（kg 或 t）；q_i 为不同沙地类型的输沙率（kg/min）；l_i 为不同沙地类型沿水体侧边的长度（m）；θ 为起沙风向与当地水体流水方向的夹角（°）；t_i 为各风向起沙风力持续时间（min）；i 为沙地类型。

由于输沙率受各种自然条件影响，实际计算根据野外观测确定。野外观测表明，输沙率主要与地表 2m 高风力和沙地类型有关。一般地，沙地植被越稀少则风沙流动性越大，输沙率也越大。可以通过与地表面风速 V_i 的相关方程求得输沙率 q_i（杨根生，1991），即

$$q_i = aV_i^3 \tag{3-23}$$

式中，q_i 为不同沙地类型的输沙率；a 不同沙地类型风沙流系数，一般情况下流动沙地可取 0.46～0.88，而半流动沙地仅 0.14～0.254；V_i 为 2m 高处的起动风速（m/s），风速数据可以来自气象站（10.7m 高）和自持风速仪测定，由于其高度不同、时距有差异，需要进行高度和时距订正。高度订正采用 $V_{10.7} = K_\text{n}V_\text{h}$，其一般为风速高度订正系数，风沙流公式中风速为 2m 高处风速，与气象站 10.7m 高处风速高度订正系数为 1.3；风速时距订正系数为 $V_{10} = B + KV_i$（V_{10} 代表 10min 平均风速，V_i 代表 1min 平均风速，B 为两种时距风速观测验证的截距，K 通过对定时、不同时距的风速观测验证求得）。

通过沙丘坍塌进入水体的沙量 Q_2，主要取决于坍塌沙体的长度（l_i）、风沙层厚度（h_i）和平均坍塌的速度（v_i），计算公式为

$$Q_2 = \gamma \sum_{i=1}^{n} v_i h_i l_i \tag{3-24}$$

式中，γ 为沙体容重（t/m^3），取平均值 1.6t/m^3；l_i 为实际观测的各坍塌段长度（m）；h_i 为相应坍塌段风沙层厚度（m）；v_i 为沙丘平均坍塌速度，可以采用不同期的航空相片对比求得，也可根据实际不同时间的沙丘坍塌观测得到。这样风成沙年进入水体沙量为 Q_1 和 Q_2 之和。

（三）河道悬移沙运动

干旱区内陆河流中泥沙变化一般有 3 个过程：上游山区冲刷过程、中下游局部冲刷过程和最下游沉积过程。特别是前山带，由于多暴雨、山坡植被稀少、人类活动较多，遇雨坡面土壤侵蚀，加上河谷流水急的河道冲刷侵蚀，成为以侵蚀为主的河流泥沙来源；东部黄河干流流经黄土高原时，汇集源于黄土沟壑的支流，每年雨季造成严重的坡面、沟壑和沟道侵蚀，由水蚀引起的水土流失成为水利工程的主要问题。在内陆河流出山口，随地形变缓，水流开始减速，粗大颗粒逐步沉积在山前倾斜平原，形成山前洪积、冲积扇，流经中下游的砂质河川还会造成局部河道冲刷，间或有风沙流进入河道。例如，黄河干流穿越沙漠地带，风成沙成为河道悬移沙的主要来源；至内陆河流的下游，由于水流平缓，流至最下游或终端湖的入口，较细的泥沙颗粒最后沉积下来，形成干三角洲或

滨湖三角洲。在现今内陆河中上游水资源过度开发利用的情况下，大多数内陆河下游已变成季节性河流甚至断流，干枯的河道变成积沙河床，并随下风侧方向扩散，成为干旱区另一类水土流失问题。

水流中的泥沙运动有3种形式：①大颗粒泥沙沿河床滚动或以平移形式的“推移质”移动；②当水流速度增大、上举力增大，泥沙颗粒跃起被水流挟带前进，随后又受重力回落河床的形式不断前移叫“跃移质”运动；③当水流速度加大形成紊流，泥沙悬浮于水中，与水流以同样速度前进的运动方式叫“悬移质”输沙移动。由于悬移质泥沙输送距离较远，其对河道演变、水资源利用、水库渠道淤积及河流水质影响较大，对河道流水的水沙平衡起重要作用。现把悬移质泥沙运动的含沙量、输沙率和输沙量计算公式分别列出。

将含沙量定义为单位浑水体积所含泥沙的质量，由式（3-25）计算：

$$\rho = \frac{W_{\mathrm{hs}}}{V} \tag{3-25}$$

式中，ρ为含沙量，单位为$\mathrm{kg/m^3}$；V为河流浑水体积，单位为$\mathrm{m^3}$；W_{hs}为河水泥沙质量，单位为kg或t。在河流泥沙公式中，泥沙的密度（γ_0）采用颗粒的实际质量之和（W_{hs}）与所有沙粒实际体积（V_{hs}）之比，即为$W_{\mathrm{hs}}/V_{\mathrm{hs}}$。泥沙密度随沙粒成分而变，变化范围为2.66～2.70$\mathrm{g/cm^3}$；单位体积烘干泥沙的质量称为干容重（γ_0），它与泥沙的密度关系为$\gamma_0 = \gamma_{\mathrm{s}}/(1+e)$，$e$为孔隙比，是泥沙沉积物中孔隙体积与颗粒体积之比，一般中细沙以下为0.4～0.7，细沙为0.5～0.8，壤土达1～2，细黏土高达2～4，泥沙的干容重为1.56～1.89$\mathrm{t/m^3}$，细沙为1.17～1.77$\mathrm{t/m^3}$，壤土为0.88～1.32$\mathrm{t/m^3}$，细土为0.53～0.88$\mathrm{t/m^3}$。

输沙率为河道流水在单位时间内通过断面的悬移沙质量，其计算公式为

$$Q_{\mathrm{s}} = Q \times \bar{\rho} \tag{3-26}$$

式中，Q_{s}为河道流水悬移沙输沙率，单位为kg/s；Q为河道断面流量，单位为$\mathrm{m^3/s}$；$\bar{\rho}$为断面平均含沙量，单位为$\mathrm{kg/m^3}$。

输沙量为一定时间内通过水流断面的悬移质泥沙质量，即

$$W_{\mathrm{s}} = Q_{\mathrm{s}} \times T \tag{3-27}$$

式中，W_{s}为河流某断面悬移质输沙量，单位为kg或t；T为输沙时间，通常采用秒（s）为单位。

内陆河流观测数据显示，输沙量年内和年际变化都很大，其变差系数为0.35～1.65。根据20世纪90年代之前新疆29个河流水文站观测到的1954～1960年资料系列，对丰、平、枯输沙年的数据进行分析，发现内陆河流年平均流量与年输沙率存在较好的指数回归关系，其公式如下：

$$G_{\mathrm{s}} = a\mathrm{e}^{bQ} \tag{3-28}$$

式中，G_{s}为年平均输沙率（kg/L）；Q为年平均流量（m/s）；e为自然对数（约2.71828）；a、b为回归系数；相关系数可达到0.6～0.94。多年平均输沙量（Q_{s}）由年平均输沙率乘以全年的秒数得到，即为$Q_{\mathrm{s}} = G_{\mathrm{s}} \times T_{全年}$，$T_{全年}$为全年秒数，即365×86400s。多沙内陆河主要有塔里木盆地的叶尔羌河、阿克苏河、玉龙喀什河、克孜河、渭干河、塔里木河等；河西走廊西段的洪水坝河、昌马河、榆林河等多年平均输沙量达1000万t以上，其

余在 200 万～500 万 t，北疆伊犁河输沙量也较高，可达 700 万 t 以上；额尔齐斯河、天山北坡等河流、柴达木盆地的河流与河西走廊东段河流年输沙量不高，一般在几十万至上百万吨。

黄河源深居青藏高原腹地，地势开阔、平缓，河道弯曲，河谷宽浅，湖泊、沼泽和草甸发育，加上湖泊沉积作用，致使黄河沿程含沙量较少；经四川流经甘肃再入青海，绕过积石山后进入青海南部高台山地，河流强烈侵蚀切割，河水含沙量迅速增加达 10 倍以上；黄河干流进入芒拉河口以下、支流湟水在西宁以下，河流流入干旱浅山地带，经甘肃、宁夏，汇入大夏河、洮河、湟水河、庄浪河、祖历河等支流，在石嘴山后流入内蒙古，干流沿岸多沙化地段，受风沙流侵袭，成为黄河上游多沙河段，多年平均输沙量均在 1000 万 t 以上，而青海循化站为 5000 万 t。

河道断面泥沙是流域面上土壤侵蚀和河道侵蚀进入流水中的固体颗粒，既反映断面以上流域集水区的水土流失量，也反映河道流水挟带泥沙的水质状态，对流水地貌、河床演变、水工建筑物、水库淤积及引水灌溉造成巨大影响。因此，需要维持一定的水流与泥沙相平衡关系，顺应河流泥沙运动规律，合理安排水利工程建筑物，保护桥梁和水工安全；并处理好河道截引水口，取用含沙较少的河水进入渠道；可根据水沙平衡原理及渠道纵坡，减轻渠系清淤工程量；为考虑减少水库和河渠淤积，运用水力引导冲沙或对水库合理排沙，延长其寿命；还可引洪淤灌、改良盐碱地和板结土壤等。

第五节　水 文 混 合

所谓环境，一般是指大气环境、水环境和生态环境，三者之间保持着密切关系。环境保护和防治环境污染是当今世界所面临的严重问题之一，现今已作为我国生态文明建设的一项主要任务。工业化发展和城镇化的加速，使人类居住相对集中，对人类和其他生物有害的大量工业废物（废气、废水和废渣）、生活污水和农业废水排入河流、湖泊、水库和地下水体，使天然水体受到严重污染，污染物通过在水体中溶解扩散及随水流的输移而扩大影响范围。干旱区降水稀少、蒸发强烈，水中污染物浓缩积累不易清除，严重影响下游地区，甚至进入地下水深层，更难以清除。为了保护环境、防治污染的危害，就必须了解这些污染物的扩散输移规律，了解水中污染物浓度在空间的分布，有时还要注意总量问题，需要探求污染物投放入水体后，由扩散、输移过程所造成的污染物浓度随空间和时间变化的关系。人们在研究水资源开发和利用时，不仅有数量要求，同时也有质量要求，这样，在水质评价、水质预报、水质规划，以及在水环境、水资源保护等方面，需要考虑水团和水分子从这一层转移到另一层的交换的水文混合现象。要做出水质评价与预报，不但要考虑污染物质在水体内扩散、输移而引起的传播，也要对水体本身的自净能力做出估计。水体既有受污染的不利方面，又存在与此同时发生的因物理、化学、生物等因素而使污染物质逐渐衰减的有利（即自净作用或称同化作用）方面，只有把这两方面的作用结合起来，才能对水体质量进行正确预测。

水中含有的物质可通过各种方式发生混合和位置迁移，主要包括分子混合、紊动混合和对流混合（沈晋等，1992）。在混合过程中，水团和水分子的动量、热量或挟带的溶质、胶质、有机质和无机质得到混合，形成动量转移、热量转移和质量转移等现象。

一、分子混合

分子混合也叫分子扩散。在静止水体或层流中，水分子不断运动并互相碰撞，称作分子的布朗运动。在静水中放入少量有色溶液，由于布朗运动便形成分子扩散。在无风情况下，在水面与地面的蒸发过程中，水汽向大气扩散；水体中的溶解质、悬移质向水体扩散；土壤中孔隙内水汽从浓度高的地方向浓度低的地方移动，均属于质量扩散或质量转移。水体内水温的上下传导，水体与底部土壤间的热量交换等是热量转移；而在层流状态下，表面流速向下传递则是动量传递。

费克于 1955 年提出液体中分子扩散规律，认为在均值液体中，单位时间通过单位面积扩散物质（F）或称通量，与该断面的浓度梯度成比例，费克分子扩散式为

$$F = -D\frac{\partial C}{\partial X} \tag{3-29}$$

式中，C 为扩散物质在水体中的浓度；$\frac{\partial C}{\partial X}$ 为 X 方向上的浓度梯度；D 为扩散系数，对于一定温度下一定扩散物质，D 是常数；式中负号表示质量自大向小的方向转移或传递。

在长度为 ΔX 的微小空间，在 X 方向的左侧单位面积上有进入的通量 F，右侧有出来的通量 $F+\frac{\partial F}{\partial X}\Delta X$，在此微小空间的 X 方向上，浓度在时间上变化率为 $\frac{\partial C}{\partial t}\Delta X$，按质量守恒定律，则

$$F-\left(F+\frac{\partial F}{\partial X}\Delta X\right)=\frac{\partial C}{\partial t}\Delta X \tag{3-30}$$

于是：

$$\frac{\partial F}{\partial X}+\frac{\partial C}{\partial t}=0 \tag{3-31}$$

代入式（3-31）整理得

$$\frac{\partial C}{\partial t}=D\frac{\partial^2 C}{\partial X^2} \tag{3-32}$$

这就是一维扩散方程。实际上在空间上扩散都是三维的，即在 X、Y、Z 三个方向上都有扩散。因此，同理可得

$$\frac{\partial C}{\partial t}=D\frac{\partial^2 C}{\partial X^2}+D\frac{\partial^2 C}{\partial Y^2}+D\frac{\partial^2 C}{\partial Z^2} \tag{3-33}$$

在层流中，X 方向上有平均流速 U，推动扩散物质在 X 方向上运动，称为对流或平流。物质的对流运动与扩散运动可以分开考虑，但在实际上是叠加在一起的。这样，对于某种物质具有的流速 U 通过单位面积在 X 方向上的运动，其总通量应为

$$F=UC+\left(-D\frac{\partial C}{\partial X}\right) \tag{3-34}$$

由式（3-34）可以推导得

一维对流扩散：
$$\frac{\partial C}{\partial t}+\frac{\partial}{\partial X}(UC)=D\frac{\partial^2 C}{\partial X^2} \tag{3-35}$$

二维对流扩散：
$$\frac{\partial C}{\partial t}+\frac{\partial}{\partial X}(UC)=D\frac{\partial^2 C}{\partial X^2}+D\frac{\partial^2 C}{\partial Y^2} \tag{3-36}$$

三维对流扩散：
$$\frac{\partial C}{\partial t}+\frac{\partial}{\partial X}(UC)=D\frac{\partial^2 C}{\partial X^2}+D\frac{\partial^2 C}{\partial Y^2}+D\frac{\partial^2 C}{\partial Z^2} \tag{3-37}$$

由上述可知，分子混合的基本方程式为$F=-D\frac{\partial C}{\partial X}$，即通量$F$（每秒通过每平方厘米的质量，为热量或动量）与扩散质的梯度成正比，其比例系数D（或分子扩散系数）就质量转移而言是分子交换系数。若以热量转移，则

$$Q_{\mathrm{m}}=-\lambda\frac{\partial T}{\partial Z} \tag{3-38}$$

式中，Q_{m}为热量通量［J/（m^2·s）］；$\frac{\partial T}{\partial Z}$为温度梯度（K/m）；$\lambda$为导热系数［W/（m·K）］。

$$\lambda=C_{\mathrm{p}}\rho K_{\mathrm{t}} \tag{3-39}$$

式中，C_{p}为流体比热容［J/（kg·K）］；ρ为流体密度（kg/m^3）；K_{t}为导温系数（m^2/s）。

若以动量转移，D就为绝对黏滞系数，也称内摩擦系数，因次量为g/（cm·s），它表征流体的黏滞性，但又具有双重意义，即流体表面发生运动时，由于黏滞作用，流速向下传递；另外，由于黏滞性作用产生摩擦，速度自表面向下逐渐减小，以至等于0。液体的黏滞系数随温度升高而减小。

二、紊动混合

紊动混合又称紊动扩散，由于外力作用，流体运动的质点的原有运动规律遭到破坏，紊流中有大小不等的涡旋，像分子运动一样呈交错运动，由此形成的混合现象叫紊动混合。紊动混合理论可以解释许多水文现象的成因，如河流中泥沙悬移质、污染质的扩散，水体在有风情况下的蒸发。水体内部的水文变化则与紊动热量交换有关。同上述分子混合一样，紊动混合也具有质量转移、热量转移和动量转移，但是紊动混合系数要比分子混合系数大数千倍，紊动混合作用远较分子混合作用大。

紊流中的涡旋运动与分子运动具有随机性，因而符合高斯分布规律。许多学者通过实验与理论分析一致认为，只要把分子扩散系数D换成紊动扩散系数E，上述扩散方程就可以应用于紊动扩散。

在费克定律的基础上建立的分子与紊动扩散方程，实质上是物质输送或物质平衡方程，它又可以分为恒定情况与不恒定情况。若在一个单元空间浓度不随时间变化，即$\frac{\partial C}{\partial t}=0$，就为恒定情况；反之就是不恒定情况。其方程式为

$$\frac{\partial C}{\partial t}+U\frac{\partial C}{\partial X}=E_x\frac{\partial^2 C}{\partial X^2}+E_y\frac{\partial^2 C}{\partial Y^2}+E_z\frac{\partial^2 C}{\partial Z^2}\quad（不恒定） \tag{3-40}$$

$$U\frac{\partial C}{\partial X}=E_x\frac{\partial^2 C}{\partial X^2}+E_y\frac{\partial^2 C}{\partial Y^2}+E_z\frac{\partial^2 C}{\partial Z^2}\quad（恒定） \tag{3-41}$$

式中，$U\frac{\partial C}{\partial X}$为对流项，$X$、$Y$、$Z$ 分别为水平坐标、横向坐标和垂向坐标，等号右边是在 X、Y、Z 各方向的扩散项；E_x、E_y、E_z 分别为各方向的紊动扩散系数。

河流一般都可以看作为恒定的，或者在某个时段是恒定的。从数量级上比较，X 方向的扩散远远小于对流项，因此可以忽略不计。这样可得到实用的三维与二维的紊动扩散方程：

$$U\frac{\partial C}{\partial X}=E_x\frac{\partial^2 C}{\partial X^2}+E_y\frac{\partial^2 C}{\partial Y^2}+E_z\frac{\partial^2 C}{\partial Z^2}\quad（三维）\tag{3-42}$$

$$U\frac{\partial C}{\partial X}=E_x\frac{\partial^2 C}{\partial X^2}+E_y\frac{\partial^2 C}{\partial Y^2}\quad（二维）\tag{3-43}$$

三、对流混合

对流混合也称对流扩散，是由静力或动力等原因引起的流体中的对流运动，其使水体的质量、热量和动量也随之混合。对流混合可分为垂直对流混合和水平对流混合两种形式，前者的水体中呈温度差或密度分层不稳定，进而引起垂直方向对流运动，并伴随着物质迁移和混合；后者受风力、梯度力作用而引起水平运动的对流混合。

在水文学中对流混合现象有大气的对流引起热量和水汽的扩散，湖泊、水库的对流引起水体内部热量交换等。此外，泥沙运动、盐分扩散、河流中环流引起的混合也有对流现象。

自然界中水体多处于流动状态，各种形式的迁移和混合常常交织在一起，上述几种物质在水中混合的方式仅是按照扩散的物理过程划分的。

第六节　内陆水循环认识

一、增加对内陆水循环整体性认识

在陆地水循环中，由于水与生态环境密不可分，环境又是一面镜子，而与水有关的各种现象又极端复杂，人类在开发利用水资源过程中，都会对水循环各个环节进行干扰，任何干扰都会在水循环内向前扩散。因此，在评价合理开发利用水资源时，需要给环境学家、水利工作者和决策者传递有关水循环的整体性认识，并以完整水循环来观测所产生的后果。采纳了水循环的整体性概念（Falkenmark，1990），也就掌握了制订人与环境相互作用的超前对策的关键。

二、山前平原局地水汽循环对降水的影响

内陆河流域水资源分配格局的改变，使得原来大量消耗于下游的河川径流量逐步转移到山前平原绿洲，增大了平原绿洲蒸发蒸腾水量，一方面改善了绿洲的局部生态环境，形成绿洲小气候，产生绿洲效应；另一方面，大量蒸发的水汽在临近高山山麓地带向上运动，必将有部分向山区输送。尽管内陆水循环不很活跃，但还有当地水汽参与内陆水

分循环，并形成山区与平原绿洲之间的局地水循环，产生少量降水（林之光，1995）。随着全球升温、水循环加剧，这种局地水分循环是否会增加这里的降水量？其影响的幅度有多大？这不仅影响到内陆河流域水资源合理利用评价，还会影响到西北地区气候向暖湿转型变化的降水增量评价（施雅风等，2002）。

三、陆地水循环链条中水资源开发利用的整体协调

干旱地区人类开发利用水资源的经过：早期狩猎时代就从河畔用木桶或瓦罐取水，采用简陋引水种植而定居；逐步发展到开渠引水灌田并打井取用地下水，逐渐形成村落集居；随着人们对河道流水习性的认识增加，历史上，从最初开创小规模灌溉农业，采取弯道截引河水或筑坝建渠首引水，逐渐发展成建水库蓄水开渠引灌，甚至采用泵站提水引灌，在平原上开辟农田大规模发展灌溉，发展成现代水利工程和人工绿洲建设工程，河道引水逐步由中下游前移至河流出山口河流水量最大的河段，修建大型水利枢纽，蓄引更多水量供水，并可跨流域长距离引水，在中下游平原上形成渠田林路村庄和城镇集聚的人工灌溉绿洲，同时发展机井和截泉工程等开采地下水，甚至采用自流和提水供水，以使取用水量总和超过河流或流域的总水资源量，这样就不得不开始评价河流水资源承载能力，考虑“以供定需”的水资源开发利用的资源水利改革。随着社会和科技的进步，人类需水迅速增长，水资源开发强度不断加大，供需用水矛盾逐渐加剧。因此，需要在山区从冰雪融水、山地径流和空中水汽取得更多的淡水资源，并在生态保护、水源涵养、水土保持和水环境维护等方面进行探索，从开源、涵养和水保目标上维持稳定山地生态，要从山地生态系统中提供稳定的水源公共产品，为人类和社会服务。在平原上，从河川径流、地下水、降水和循环水利用中提高有限水资源的利用效率和效益，发展蓄水调配、输配水量、节水灌溉、地表水与地下水联合利用、集雨径流、抗旱保水、生态水调控、咸水灌溉和再生水利用等技术，从节水、保水、高效和水调控来实现现阶段的水资源开发和利用，满足生活、生态和生产的需要。

然而，这些水资源的开发利用，以及发展的开发利用的技术，都是在从内陆河流域河流源头到尾闾的陆地水循环链条上发生的，都会经历集水、引水、取水和消耗利用。而且从水循环角度看，蒸发、蒸腾和调蓄会损耗一部分水量，并且上游到下游有着相互密切关联和制约。发展某一种水资源开发利用，都会影响到其下游的水量和水质，而且在山区会影响到形成的社会水资源量和时间分配；在平原会引起区域水资源量分配、地下水盆地的水位变动，以及影响人工绿洲、天然绿洲、隐域生态植被及自然生态的平衡等。因此，在干旱地区开发利用水资源和发展各种水利技术，需要从内陆河流域的水循环特点，从流域水资源形成与消耗总量的平衡上整体协调，采用多水源联合开发利用、多环节综合节水保水、多途径调控水量水质来达到现阶段可持续的水资源开发利用目标。否则，过度强调水资源某一项开发技术和方式，会引起水循环链条上一系列反应，必定会出现流域水资源冲突与生态环境变化的问题。实际上，已经在西北内陆河流域出现如上中游过度开发利用水资源，造成下游河道断流、湖泊干涸、地下水水位下降、生态环境恶化；部分灌区灌溉水量过大，又缺乏排水或排水不畅，引起灌区土壤大面积次生盐碱化；一些河源和河段及灌区，对城镇和工业废水与生活污水不经处理或不达标排

放，引起区域性水污染和水质退化，不仅影响人畜和生物的卫生健康，而且加剧缺水危机。

四、内陆河流域的水资源良性循环

可持续水资源开发是一个大尺度的界定（Varis，1999），内陆河流域的径流水资源产生并消失于流域的水循环中。在全球变化中，水与土地开发速度非常快，人口迅速增加，城市化、工业化和人类活动等以不利的方式进入水循环，造成水资源危机、土地退化、环境污染，并危及经济和社会稳定。这是一个与恶性循环挑战的特殊问题。因此，在复杂的水循环中首要考虑的是水资源循环的环境因素。我国政府在西部大开发中，以实施生态环境建设战略来促进可持续发展，并采取一系列重大措施来改善黑河和塔里木河等流域水资源循环和中下游环境，目前已经出现了转机。但该区水资源是否转入良性循环，仍需进一步研究，相关衡量方法和标准也有待提出。

第四章　内陆河流域降水

大气降水是自然界水文循环过程中最重要的影响要素，是地表水和地下水最终的补给来源，在陆地水循环和淡水资源演化中具有举足轻重的作用。大气降水是大气中的水汽向地表输送的主要方式和途径，也是陆地水资源最活跃、最易变、最值得关注的环节。通过水分循环，由空中输送来的水汽和当地蒸发蒸腾产生的水汽相结合，遇到冷空气就凝结成为降水；降水补给河流、湖泊、冰川、积雪等各类水体，经过地面及地表层贮存后，有部分入渗土壤形成地下水，变成能够为人类生存连续供给的水资源。因此，降水是陆地上一切水资源的补给来源，是一种潜在的水资源。

西北内陆地处亚欧大陆腹地的内陆干旱半干旱区，远离海洋。例如，以乌鲁木齐为中心，东距太平洋 2500km，南距印度洋 2200km，西距大西洋 6900km，北距北冰洋 3400km，其气候干燥，蒸发强烈，降水稀少，时空分布不均，反映了内陆区水资源特征。内陆多年平均年降水量不足全国平均水平的 1/4，平原区降水则更加稀少。同时，受气候变化的影响，尽管全国 1956～2005 年来平均降水量没有明显的变化趋势，但降水变化趋势的分布具有明显的区域特征：1956～2000 年，西部大部分地区的年降水量有比较明显的增加，特别是新疆的天山南北，尽管位于内陆，但 1987～2005 年降水量增加明显。这种趋势的未来变化对内陆区水资源和生态环境的影响显著。作为典型的内陆区且具有干旱、半干旱特征和沙漠绿洲、灌溉农业的社会经济体系来说，降水资源对西北水资源的可持续利用和良性的生态环境发展具有十分重要的作用和意义。

第一节　西北内陆区降水资源及其分布

采用两种方法对西北内陆区降水资源及其分布进行研究。根据水文气象站观测，结合有关试验站点观测，以及高山冰川观测研究分析，可绘制出西北内陆区多年平均降水量等值线图（图 4-1）。

根据西北地区 160 个台站和内蒙古、山西、河南、湖北、四川、西藏 43 个台站的气象资料，运用 1956～2005 年的多年平均降水量，研究西北干旱内陆河地区相应的年平均水文变量的空间分布格局。

为了提高对水文变量空间分布描述的精度，采用基于地统计学的克里金插值法进行水文变量的空间插值。克里金插值法是依据半变异函数对水文变量进行空间建模和预测的算法，在特定的随机过程，克里金插值法能够给出最优线性无偏估计，因此在地统计学中也被称为空间最优无偏估计器，常用于水文气象要素的空间插值。

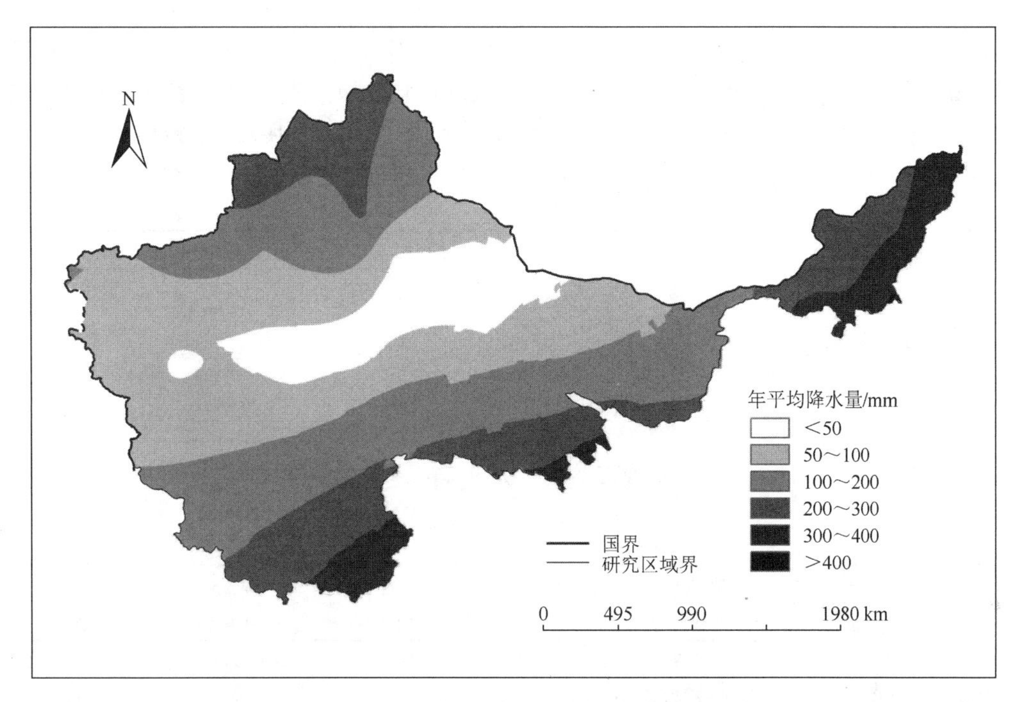

图 4-1　西北内陆区多年平均降水量等值线分布

一、西北内陆区多年平均年降水量空间分布

我国西北内陆区的水汽主要来自 3 个方向：东部地区水汽来自太平洋；西部地区水汽主要来自西方的大西洋和北方的北冰洋；南部黄河上游和柴达木盆地水汽则主要来自南方的印度洋（汤奇成等，1992），外来水汽源与本地蒸发蒸腾的水汽结合，才形成内陆地区的降水。对于西北某一地区而言，水汽输送方向、距离和输送量在很大程度上决定着该地区降水量的大小和分布格局。

西北内陆区年降水量由东南向西北总体呈递减趋势，至西北部甘肃与新疆交界处达到最少，到新疆境内又逐渐向西增加，至伊犁达到最大。新疆天山以南的塔里木盆地和吐-哈盆地、青海西北的柴达木盆地、甘肃河西走廊西部和内蒙古西部地区年降水量低于 100mm。在甘肃河西走廊南部的祁连山和新疆中部天山西段，因海拔升高而出现相对降水高值区，成为干旱区山前平原区的主要径流形成区。西北内陆区绝大部分地区年降水量小于其气候需水量（张庆云和陈烈庭，1991；李庆祥等，2002），造成西北地区水资源十分短缺。

二、西北内陆河区降水资源评价

西北内陆区主要通过大气环流的水汽输送获得降水，其成为区域地表水和地下水补给的根本来源。根据国家水利和气象部门统计的 1950～1995 年雨量观测资料（陈志凯，2004），分流域加权平均，求得包括黄河上游的西北地区多年平均降水量为 155.2mm，降水总量为 5844.9 亿 m^3（表 4-1）：其中，西北内陆河流域多年平均降水量为 144.5mm，降水总量为 3660.6 亿 m^3；内蒙古高原内陆区属于半干旱气候，多年平均降水量达

250.0mm，降水总量为 713.7 亿 m^3；而西北黄河上游区多年平均降水量为 420.0mm，降水总量为 1470.6 亿 m^3。根据 1970～2000 年统计资料分析显示，西北地区地表水与地下水的水资源总量为 1079 亿 m^3，仅占全国的 7.0%（李泽椿和李庆祥，2004）。

表 4-1　西北内陆河区分流域降水资源与水面蒸发量

流域	分区域	降水资源量/亿 m^3	降水量/mm	水面蒸发量/mm
西北内陆河流域	中亚细亚内陆区	358.0	391.9	1014
	准噶尔盆地	659.9	208.7	1590
	塔里木盆地	1321.1	124.1	1633
	羌塘高原内陆区	213.6	161.6	1772
	柴达木盆地	123.8	45.1	1522
	青海湖内陆区	133.8	290.7	1066
	河西内陆河区	425.7	109.4	2007
	阿拉善内陆区	174.3	73.3	2340
	额尔齐斯河外流区	236.0	429.5	1205
	奇普恰普河外流区	14.5	319.7	1362
	综合平均	3660.6	144.5	1661
内蒙古高原内陆区	东部内陆河区	713.7	250.0	2200
西北黄河上游区	上游源区-龙羊峡	491.8	426.8	818
	龙羊峡-兰州	435.8	257.0	1139
	兰州-内蒙古河口镇	415.3	422.1	1256
	鄂尔多斯内陆区	127.7	279.3	1560
	综合平均	1470.6	420.0	1079
内陆河平均		5844.9	155.2	1716

我国西北内陆河与黄河上游区地域广阔，受 4 个方向来源的水汽影响程度不同。其中，来自东部太平洋的水汽，尽管翻越东南沿海丘陵、太行山、吕梁山、秦岭等重重屏障阻拦，仍对黄河流域上游、内蒙古高原东部的内陆河和西北干旱区河西走廊的降水产生主要影响；西部的水汽主要来自大西洋，水汽通过西风带进行输送，尽管经过几千千米的远距离输送，沿途夹带有地中海及中亚内海的水汽，通过上空西风急流进入新疆，有利于高山地区拦截水汽而成为新疆水分的主要来源；来自北方北冰洋的水汽，比西风带输送的水汽少一半以上，仅为西风气流的 1/4～1/3，主要影响北疆的阿尔泰地区，准噶尔盆地和天山北坡受较小影响；来自东南沿海和印度洋的南方水汽源，主要影响黄河源区和柴达木盆地的降水。塔里木盆地位于西北内陆区南部，影响降水的水汽源有 3 条途径：一是从中亚直接越过天山南支几处谷口进入盆地；二是进入准噶尔盆地后越过天山缺口进入塔里木盆地；三是少量南方印度洋水汽绕道进入柴达木盆地，沿东昆仑山北侧进入塔里木盆地，另有较少水汽经源于西昆仑山的河道峡谷，给昆仑山前的降水带来影响。影响河西走廊降水的水汽源比较复杂，主要有典型的东南季风带来的太平洋水汽和印度洋水汽，印度洋水汽随暖湿气团北进，经过青藏高原，可到达河西走廊的东部，在河西走廊西部还受西风环流带来的大西洋水汽影响；内蒙古位于东亚季风区内，冬季受极地大陆气团控制，夏季热带海洋气团带来的水汽受地形屏障作用，影响大兴安岭及

以东地区、阴山及以南地区的降水。

三、西北内陆河区降水资源的地域分布

内陆地区降水除了受到输送水汽源的方向、距离和强度的影响外，还受区内相间的山脉、盆地、平原、戈壁与沙漠等地形地貌的明显影响。总体而言，平面上东西向的降水量呈相反方向递变，南北向的降水量及其变化也有较大程度的差异；但在垂直方向上，一般平原地区降水量较少，而四周的高山地区降水量丰富。这也是造成西北内陆区内降水地域情况各异的原因，现以山地、黄河上游和盆地平原分述如下。

（一）山地多降水

天山和祁连山呈东南/西北向排列，巍峨耸立在西北内陆干旱区，不仅是我国干旱/半干旱气候区域分界线的标志，也是干旱地区的重要“湿岛”，还是西北内陆干旱区内的重要生态屏障。天山和祁连山将塔里木盆地和吐-哈盆地与准噶尔盆地、柴达木盆地与河西走廊分隔在南北两侧，也是区域内拦截水汽，进而形成降水的主要源地。天山和祁连山不仅对塔里木河水系、天山北坡诸内陆河、青海内陆湖、柴达木盆地内陆水系、河西内陆河水系和黄河支流水资源的形成产生决定影响，而且是西北干旱区的供水“水塔”。

天山山脉东西绵延 2500km，西端伸入哈萨克斯坦、吉尔吉斯斯坦和塔吉克斯坦，东段横亘在新疆中部，长约 1700km，南北宽 250～350km，是新疆南北气候分界线。天山山脉山脊高度在 4000m 左右，由于拦截西风带水汽流，是中国西北干旱区降水量最丰富的山地，年总降水量约 1000 亿 m^3，约占新疆降水总量的 40%。降水量自西向东递减，高值区有 3 个：一是天山西部，特别是伊犁谷地向西敞开，受地形抬升作用，在山区形成的降水极为丰沛，在伊犁河支流的巩乃斯河上游山地，高程 1776m 的中国科学院天山积雪雪崩研究站曾测得年最大降水量为 1139.7mm，26 年观测年平均为 829.7mm，喀什河上游唐巴斯站 1979 年测得最大降水量为 877mm，根据实测雨量和流域径流深估算海拔 2000m 以上降水量为 800～1000mm；二是托木尔峰，降水量为 700～900mm；三是天山中部偏东的博格达峰，天池站实测年最大降水量为 798.5mm，估计高山带降水量为 600～700mm，而位于天山东部的喀尔力克山峰年降水量为 400～500mm。天山中西段北坡中低山带降水量为 400～500mm，与森林带降水量相似；南坡在 300mm 以下，天山中东段低山带降水量只有 150～200mm。天山山间盆地的降水比周围山地相对小些，如昭苏盆地为 500mm，大、小尤尔都斯盆地为 200～300mm，东部北坡巴里坤盆地为 200mm；而在天山中部南坡的拜城、焉耆盆地仅 100mm；伊犁河谷平原因地形平坦缺乏抬升作用，降水量为 200mm 左右。

祁连山西起当金山，与阿尔金山相连，向东直达乌鞘岭，山系全长 850km，宽 200～300km，是青海高原气候与甘肃温带气候的分界线。祁连山山势西高东低，大部分地区海拔在 3000～3500m 或 3500m 以上，最高峰为疏勒南山团结峰 5926.8m。祁连山脉地处东南季风、高原季风和西风带 3 个大气环流系统的交汇区，主要拦截东南季风和青藏高原季风的水汽：夏季受太平洋副热带高压影响，东南沿海暖湿气流可以经过黄土高原进入河西走廊，可到达河西走廊中部张掖，并影响甘、新边界；盛夏期间，印度洋水汽可

随暖气团北沿进入青藏高原到达祁连山；由西风带输送的大西洋水汽也可影响到祁连山西部的降水。因此，祁连山降水分布与天山相反，空间分布由东向西逐渐减少，北坡多于南坡。祁连山区多年平均降水量有 350 亿 m^3，其中，北坡属河西走廊水系，降水总量为 210 亿 m^3，是高山区冰川补给和内陆河湖的主要补给水源。祁连山的湿岛不仅是河西内陆河和柴达木内陆河的水源地，同时黄河的支流湟水和庄浪河也发源于此。山区降水也有 3 个高值中心：第一个在黄羊河和杂木河上游祁连山东段冷龙岭，年平均降水达 700mm；第二个在张掖南部黑河和大渚麻河上游，年平均降水量为 600mm 以上；第三个在中段河西走廊南山的讨赖河和洪水坝河的上游，年平均降水量达 400mm 以上。在祁连山西段的大雪山仅能形成年平均降水量达 300mm 的闭合圈；在祁连山北坡东段中山带年平均降水量为 400～500mm，分布有森林带；中段仅 300～400mm，自讨赖河以西乔木林带消失，仅为灌木林带，西段降低到 200～300mm。

北疆阿尔泰山和准噶尔西部山地与天山合围成准噶尔盆地。阿尔泰山横亘在中国、哈萨克斯坦、俄罗斯、蒙古四国边境，呈西北-东南走向，在国境内属整个山系中段南坡，平均海拔为 3000m，主峰为西北部友谊峰，海拔为 4374m。阿尔泰山地形呈阶梯状逐级升高，低山和缺口成为冷湿气流入侵通道，北、西北、西方途经的气流都能涉足阿尔泰山地，使该区降水量丰富。高山带年平均降水量达 600～1000mm，在海拔 2000m 的森塔斯站实测年最大降水量达 705mm，中山带为 300～500mm，低山带及山麓平原在 300mm 以下，总的年降水量约为 280 亿 m^3，是额尔齐斯外流河和乌伦古内陆河的源地。准噶尔界山呈环状分布，围成一个向西敞开的喇叭形地形，有利于接纳西来水汽。随季节变化，受南北两支急流交替影响，冷空气活动频繁，降水在地区间差异较大：西侧迎风坡多于背风坡，盆地居中，塔尔巴哈台山、乌日可下亦山、巴尔鲁克山的迎风坡为降水量高值区，年平均降水量为 500～900mm；加依尔-玛依力山、乌日可下亦山为背风坡，年平均降水量在 200mm 以下；克拉玛依一带仅 100mm 左右，为少雨区，塔城盆地降水量为 300mm 左右。阿尔泰山降水总量约 250 亿 m^3，这里是流出国境的额敏河、从西和北汇入艾比湖的博尔塔拉河和托里小河的水源地。

南疆西至西南侧的帕米尔高原和喀喇昆仑山是亚洲中部山汇地带，地势高峻，位于塔里木盆地的西至西南侧，处于背风坡位置；公格尔峰和慕士塔格峰海拔在 7500m 以上，能够截留一部分翻越天山的西来水汽，据高山冰川观测与降水径流推算，估计峰区年平均降水量为 500～700mm。最高峰为喀喇昆仑山的乔戈里峰（K_2），是世界第二高峰，海拔为 8611m，受微弱印度洋季风影响，雪山连绵、冰河垂悬。因缺实测降水资料，以径流深反推年平均降水量可能在 400mm 以上，该区其他山地年平均降水量为 200～300mm，山间盆地降水量在 200mm 以下。这里降水总量估算有 400 亿 m^3，是塔里木河西侧的叶尔羌河和喀什噶尔水系河流的发源地。

西昆仑山与阿尔金山是新疆降水量最少的山地，南有喜马拉雅山阻挡印度洋水汽，处于青藏高原背风坡，远离各大海洋地，能到达的水汽量有限，降水量空间分布自西向东减少。西昆仑山在 80°E 附近自西向东分出大致平行的两支山脉，前一道山梁山体较后一道低，但海拔也在 5000m 以上，东西方向截获的微弱水汽多在前山降落；后山比前山更为干燥少雨，前山降水一般为 150～300mm。西段慕士山一带及皮山桑珠河上游降水量较大，为 400～500mm，后山西部降水量在 300mm 左右，东部深入西藏内，处于前、后山盆地之间，部分属羌塘高原内陆区，干燥少雨，降水量在 150mm 以下。东段自且末以东连接阿尔金山，北坡降水量更少，一般在 150mm 左右。该区山地降水总量约为 300 亿 m^3，西段为和田河、克里雅河和民丰至且末间诸小河的源区，东部为车尔臣河、若尔羌河、米兰河的发源地。

东昆仑山位于柴达木盆地南缘，东昆仑山、阿尔金山和祁连山及其余山脉从四周包围，形成青藏高原北部基底海拔为 3000m 的柴达木盆地。东昆仑山的山脊平均海拔在 6000m 以上，最高峰在西部布喀达坂峰，海拔为 6860m，与南部海拔 8000m 以上的喜马拉雅山相接，成为阻止印度洋水汽北上的巨大屏障，对北坡干旱气候的形成起决定性作用。高山冰川雪线自西向东由海拔 5000m 上升到 5800m，山地绝大部分属于 4000m 以上的冰缘地带，冻融作用强烈，裸露基岩风化剥蚀明显，这里与其他地区高山区相比属于最干旱的高大山系，降水总量不大，约为 270 亿 m^3，其中，可可西里约为 110 亿 m^3，是柴达木盆地南部内陆河流的水源地。

巴颜喀拉山是黄河上游与长江水系的分水岭，黄河源头海拔为 4830m，源于巴颜喀拉北麓的雅拉达泽山，流经星宿海、扎陵湖、鄂陵湖后，河道分叉。主流沿阿尼玛卿山的西南山麓，向东流经四川省若尔盖，再折向西北，沿阿尼玛卿山东北麓到兴海的唐乃亥，然后折向东北流入龙羊峡水库，再向东流经甘肃、宁夏、内蒙古，呈现“S”形，流入陕西境内。最高峰为阿尼玛卿山峰，海拔为 6286m，水源补给主要是冰雪融水。黄河源头降水较小，不到 300mm，高山区降水量为 300～400mm，在阿尼玛卿山有年平均降水量 500mm 以上的高值中心。另外，黄河流出源区后，在汇合源于祁连山湟水和庄浪河的上游冷龙岭也有年平均降水量 500mm 以上的高降水中心。

秦岭呈东西向排列，是我国南北的分界线，也是我国半干旱与湿润气候的分界线。秦岭西段伸入到甘肃境内东南部，位于黄河上游洮河支流的南部边界，成为与长江支流白龙江和汉水的分水岭，这里降水比较丰富，可达 600mm；其北支山脉延伸至六盘山，是黄河上游的洮河和祖厉河与中游的渭河和泾河的分界线。六盘山横贯陕甘宁三省（自治区），是近南北走向的狭长山地，南北长约 100km，山脊海拔超过 2500m，最高峰米缸山海拔达 2942m。山区降水较多，山顶的国家级森林公园年降水量为 676mm，山地降水量在 400mm 以上，是黄河上游的清水河、葫芦河和中游的泾河支流的发源地。六盘山以北，黄河上游干流河段与中游河口至龙门分界，是沿毛乌素沙地的内流区东界与干流西侧支流无定河、屈野河的边界，向东北延伸至河口镇，而吕梁山是黄河中游段东部边界与山西汾河的分界线。

贺兰山近北北东向展布，绵延 200km，宽 30km，最高峰海拔为 3556m，是干旱区东北边界最高山地，处在宁夏与内蒙古阿拉善盟边界。贺兰山位于黄河宁蒙段的西岸，是外流河黄河与西北内陆河的分水岭。贺兰山西坡较缓，逐渐过渡到蒙古阿拉善高原，东坡陡峭，山势雄伟，高差较大，可以削弱西伯利亚高压冷气流，构成巴丹吉林沙漠与腾格里沙漠向东扩展的一道天然屏障，也是干旱区与半干旱区的地理界线。在海拔 2200～3100m 分布有云杉林，年平均降水量高出山麓 200mm，达到 400mm，形成十多条小沟从西侧流入腾格里沙漠。阴山呈东西走向，东西长 1300km，南北宽 80～240km，是黄河内蒙古段与高原东部内陆河区的分水岭。阴山有66%的山地位于1000～2000m，西部最高峰狼山海拔为2364m，这里在贺兰山与祁连山、贺兰山与狼山之间各有一个断层地块，成为西北风沙入侵黄河流域的两个缺口。阴山降水量自西200mm向东增加到300mm，南坡形成向南流入黄河干流的大黑河、红河等小支流，并成为呼和浩特的重要水源；北坡成为艾不盖河、塔布河和黄旗海等数条内陆河湖的水源地。

大兴安岭南北长1350km，东西宽150～300km，面积为32万km^2，主峰黄岗梁位于内蒙古东北部锡林郭勒盟，海拔为2034m。西北与额尔古纳河分界，属西北内陆河位于半干旱区的内蒙古东部内流水系区，为与东北的嫩江和辽河的分水岭；山脊西两侧不对称，分水岭东侧山翼陡峭，坡度较大；而西侧山翼较窄、平缓，由中山、低山过渡到丘陵高原，中低山山脊、山顶散布，不连续，降水相对稀少，河网也不太发育。在大兴安岭西侧形成的径流，流入内蒙古高原东部内陆河区，这里属于我国典型的草原区，年降水量为300～400mm。

（二）黄河上游水汽来源与降水资源

黄河流域地势自西向东逐渐下降，跨越我国地形上三大台阶：黄河上游在兰州以上自源区经青海、四川、甘肃流经第一级阶梯——青藏高原，平均海拔在4000m以上，有一系列西北-东南向的山脉，最高在阿尼玛卿山主峰；在兰州至龙门间流经第二级阶梯——内蒙古高原和黄土高原，海拔为1000～2000m，内蒙古高原包括长750km、宽50km的河套平原和鄂尔多斯高原两部分。黄土高原北起鄂尔多斯高原，南抵秦岭，西起青海日月山，东达太行山，面积为140万km^2，是世界上最大的黄土分布区。黄土层厚度由数十米至300m，质地疏松，垂直节理发育，水土流失严重，与区域暴雨、西北干旱内陆区风沙活动结合，成为黄河泥沙的主要源地。黄河自内蒙古河口镇至龙门为中游，属黄土丘陵沟壑区；黄河干流自龙门流经三门峡、花园口，向东流经第三级阶梯——黄河下游冲积平原，地面海拔一般在100m以下。黄河上游龙羊峡以上属高寒地区，兴海至龙羊峡黄河干流两侧雨量较少，时有旱灾发生，雪灾和雹灾是该区段主要的自然灾害。兰州至内蒙古河口镇区间，大部分地区位于半干旱、干旱带，旱情严重，对旱作农业影响最大。自黄河上游达日至兰州区间，是上游洪水来源区，其特点是降雨历时长、面积大、强度小，加上森林、草地和沼泽调蓄作用弱，河道集水宽度不足，形成的洪水涨落平缓，呈矮胖型。兰州至内蒙古河口镇，因降水少、蒸发大，加上区间灌溉引水与该段河宽平缓、河道的槽蓄作用，洪峰流量及径流量沿程减少。黄河上游洪灾主要发生在甘、宁、蒙段，每年春夏之交，在宁蒙河套段常发生冰凌洪灾，凌汛期受河道冰塞冰坝壅水，往往发生堤防决溢，危害两岸生产生活，特别是在内蒙古河套段河道高出地面成悬河，这是每年防洪必须考虑的问题。

黄河上游跨越我国温带半干旱、干旱、青藏高原3个气候区，并与地形地貌、水汽来源的输送结合，这对区域内降水的分布和变化影响很大。除了青藏高原高山区以降雪为主外，雨水是黄河径流的重要资源。在盛夏雨季，水汽来源主要有3个，即印度孟加拉湾、南海北部湾和东南太平洋。受纬度、距海洋远近及地形等因素影响，有3条途径可输送水汽到黄河上游：第一条由四川盆地经嘉陵江河谷北上进入，它汇集前两个源地的水汽，不仅厚度大，而且影响范围广，这是黄河上游盛夏形成暴雨的水汽最主要的输送带；第二条由青藏高原中部拉萨一带呈东北向北上，是与青藏高原上空热低压前部的西南风的最大风速轴相对应的一条水汽输送带，它把高原上空的暖湿空气输送到黄河上游，受地势影响，其厚度较薄，属高层水汽输送；第三条沿武汉至西安方向自东南向西北的输送带，把华中、华北一带低层的水汽输送到黄河流域，输入厚度受环流情势影响变化较大，其往往也是造成特大暴雨的重大原因，而且东南季风输送水汽到黄河上游，整个西北内陆河区的东部都会受到影响。

流域内降水具有东南多雨、西北少雨、山区降水多于平原的特点，年降水量由东南的500mm向西北递减到150mm。祁连山、太子山、贺兰山、六盘山、吕梁山和秦岭，受地形拦截水汽影响，成为区域高降水区。在祁连山东段达坂山、冷龙岭年降水量可达500mm以上；在西宁南的拉脊山，年降水量在500mm左右；在黄河源区可达到300～500mm，而玛多以上河源仅200～300mm。黄河干流河谷及支流湟水谷地其降水量一般在400mm以下，仅在干流兴海至共和到贵德段，出现200mm以下低降水区，一般都在300mm。因此，在黄河上游兰州以上，形成众多支流汇集黄河地表水源的龙头区（表4-2），多年平均降水总量达930亿m^3；而兰州以下多年平均降水量多在200～450mm，自西北向东南增加；东南部秦岭北坡西端和六盘山降水量较高，可达500mm；而到深居内陆的宁夏、内蒙古部分地区，降水量不足150mm，沿干流仅能形成水量不大的支流，兰州至内蒙古河口镇区间，多年平均降水总量仅415亿m^3，在鄂尔多斯的内流区还有近130亿m^3，毛乌素沙地通过降水入渗形成泉流和小型积水湖沼。

表4-2　黄河上游干流特征与汇入支流及集水面积分布

区段	河长/km	落差/m	集水面积/km^2	支流数/条	支流名称
源头至黄河沿	260.0	—	—	5	约古宗列渠、多曲、卡日曲、扎曲、热曲
黄河沿至玛曲	1181.6	1429.6	86059	12	玛曲、勒那曲、达日曲、科曲、大黑河等
玛曲至龙羊峡	505.6	950.4	45361	9	芒拉河、青根河、巴曲、切木曲、泽曲等
龙羊峡至兰州	431.6	939.0	91131	5	湟水、洮河、夏河、庄浪河、隆武河等
兰州至青铜峡	485.5	379.0	52549	4	祖厉河、清水河等
青铜峡至河口镇	867.1	148.0	110956	8	乌加河、大黑河、清河等
上游合计	3731.3	3846.0	386056	43	

黄河上游降水的季节分配特点是冬干春旱、夏秋降水集中（6～9月），年际变化悬殊。区域上，最大年与最小年降水量之比为1.7～7.5。雨水资源是黄河径流补给的重要来源，在黄河源区和黄土高原区，尽管年平均降水量不足300mm，但因夏季多暴雨，可以成为径流的形成区，但常发生暴雨洪水灾害。随着水资源利用技术的进步，除了修建窑窖、淤地坝和小型塘坝水库以开展雨水集流外，仍需要采取措施开发利用雨洪资源来缓解水资源急缺矛盾。

（三）干旱区盆地平原降水资源

西北内陆河区盆地、平原地势低洼，是干旱地区一些河流的汇水区，降水自四周向中央减少。新疆塔里木盆地是一个封闭盆地，西高东低，极为闭塞。塔里木盆地边缘年平均降水量稀少，北缘为50～70mm，东、南缘为20～30mm，塔里木盆地中央仅10mm左右；吐鲁番盆地和哈密盆地的降水量为25mm，在吐鲁番盆地的托克逊站，由于焚风作用强烈，多年平均降水量仅7.5mm，记录到的1968年全年降水量仅0.5mm，全年几乎无雨。这里属暖温带极端干旱区，被我国最大的塔克拉玛干流动沙漠和大片山前戈壁覆盖。位于温带的准噶尔盆地，自东向西微微倾斜，为一个半封闭盆地，盆地边缘年平均降水量为100～200mm，盆地中央少于100mm，分布有古尔班通古特半固定沙漠和东部大片的黑戈壁。

在甘肃河西走廊，沿祁连山北坡山麓年降水量为100～200mm，山前平原减少到80～160mm；自西向东、由北向南递增，在西段伸入暖温带极端干旱区的敦煌，年降水量不足50mm，至中部酒泉增加到86mm和张掖增加到128mm，到东部武威可达162mm，即在石羊河下游民勤也有100mm以上。内蒙古阿拉善高原降水量一般为50～200mm，低降水分布在黑河下游额济纳旗，降水量仅40mm，属温带极端干旱区。青海南部的柴达木盆地，也是一个封闭的高原干旱盆地，盆地年降水量分布大致从东部的400mm逐渐减少到中心的20mm，盆地边缘为50～100mm。在昆仑山口可达250mm，至格尔木河上游纳赤台约150mm，到格尔木则为100mm，至盆地中心的察尔汗仅25mm，其气候寒冷干燥，助长盆地的盐湖生成。

与位于半干旱地区相对应，内蒙古高原东部内流区年降水量为150～400mm，由东向西逐渐减少，仅最西部属于干旱荒漠区，年降水量已下降到100mm。境内为地势起伏比较平缓的高原地貌，属典型的草原景观；但在干燥剥蚀的高平原上分布有2.14万km^2的浑善达克沙地，东部还可进行旱作。这里因没有迎风面降水和高山冰雪融水，形成的河流是我国河网密度最小的地区，除了有几条源于阴山北坡的河流向北流外，多数短小河道源于大兴安岭向西北流，并在地形低洼区形成积水湖泊。

宁、陕、蒙交界处的白于山以北是内蒙古高原南部的一部分，包括河套平原和鄂尔多斯高原。河套平原西起宁夏中卫、中宁，东至内蒙古托克托，位于黄河冲积平原上，分为宁夏银川平原和内蒙古后套平原。银川平原年降水量不到200mm，后套平原自西部磴口的150mm，向东递增到包头200mm，再到托克托达350mm，主要发展灌溉农业。鄂尔多斯高原是一个近似方形台状的干燥剥蚀高原，在地理学上称为“鄂尔多斯地台”，毛乌素沙地分布于此，风沙地貌发育活跃。北部为黄河南岸的库不齐沙漠，西部的卓资山、东部及南部长城把高原中心围成一块凹地，这里年降水量为200～350mm，自西北向东南递增，因沙质地面降雨难以形成地面径流，多入渗地下水，并汇集于地形低洼的碱湖，成为黄河流域界线内面积达4.23万km^2的内流区。

黄土高原北起长城，南界秦岭，西抵青海高原，东至太行山（在黄河上游仅到泾河、北洛河和无定河上游边界），上游区约占黄土高原总面积的1/3，海拔为1000～2000m，黄土深厚，土质疏松，地表裸露，易遭受暴雨侵蚀，造成千沟万壑，地形支离破碎，土壤水蚀严重；在长城沿线还与风力侵蚀相结合，不仅危害农业生产，而且是黄河泥沙的主要来源。多年平均年降水量在陕甘宁区自西北向东南增加，为200～400mm；西部伸展到青海高原湟水流域，降水量可增至300～400mm。夏季暴雨频繁，加上雨区面积大、历时长、强度大，多出现在 7 月或 9 月，受强对流云团影响可形成局地大暴雨，不仅造成严重的水土流失，而且造成极大量级的小流域洪水和泥石流灾害。

四、1956～2005 年西北内陆区月、年降水序列变化趋势

西北内陆区年降水量变化趋势主要表现为新疆塔里木盆地中部至天山西段南麓为降水量极显著增加区域，新疆大部分地区和青海中西部为显著增加区域。西北地区东南部年降水量呈极显著增加趋势（图 4-2）。统计分析表明，西北地区年降水量平均变化率为–1.23mm/10a，最高变化率为 2.53mm/10a，最低为–5.30mm/10a。

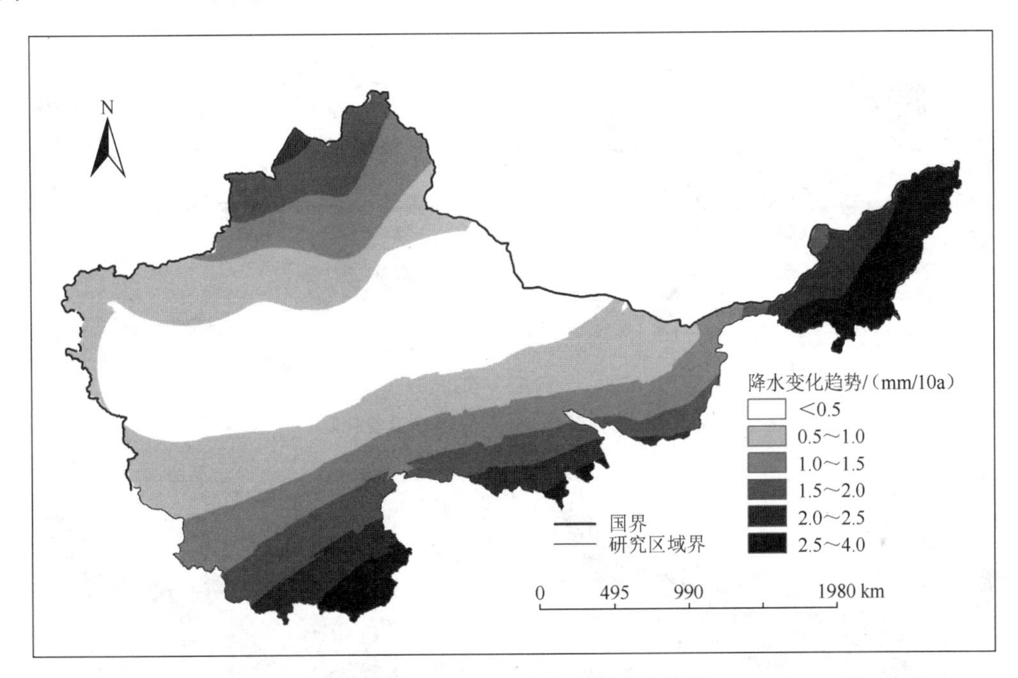

图 4-2　西北内陆区年降水量变化趋势

就各月降水量变化趋势（图 4-3 和图 4-4）而言，降水量变化的空间连续性明显好于气温变化趋势，说明降水量变化的地域性特征比较突出。

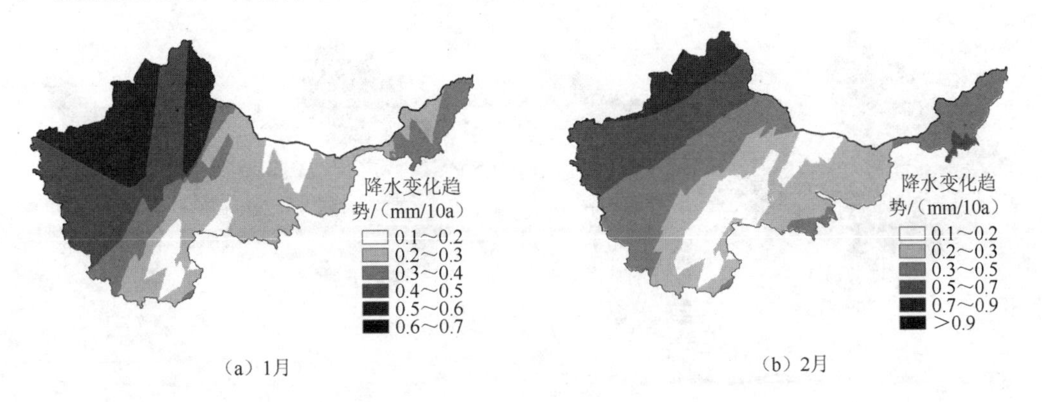

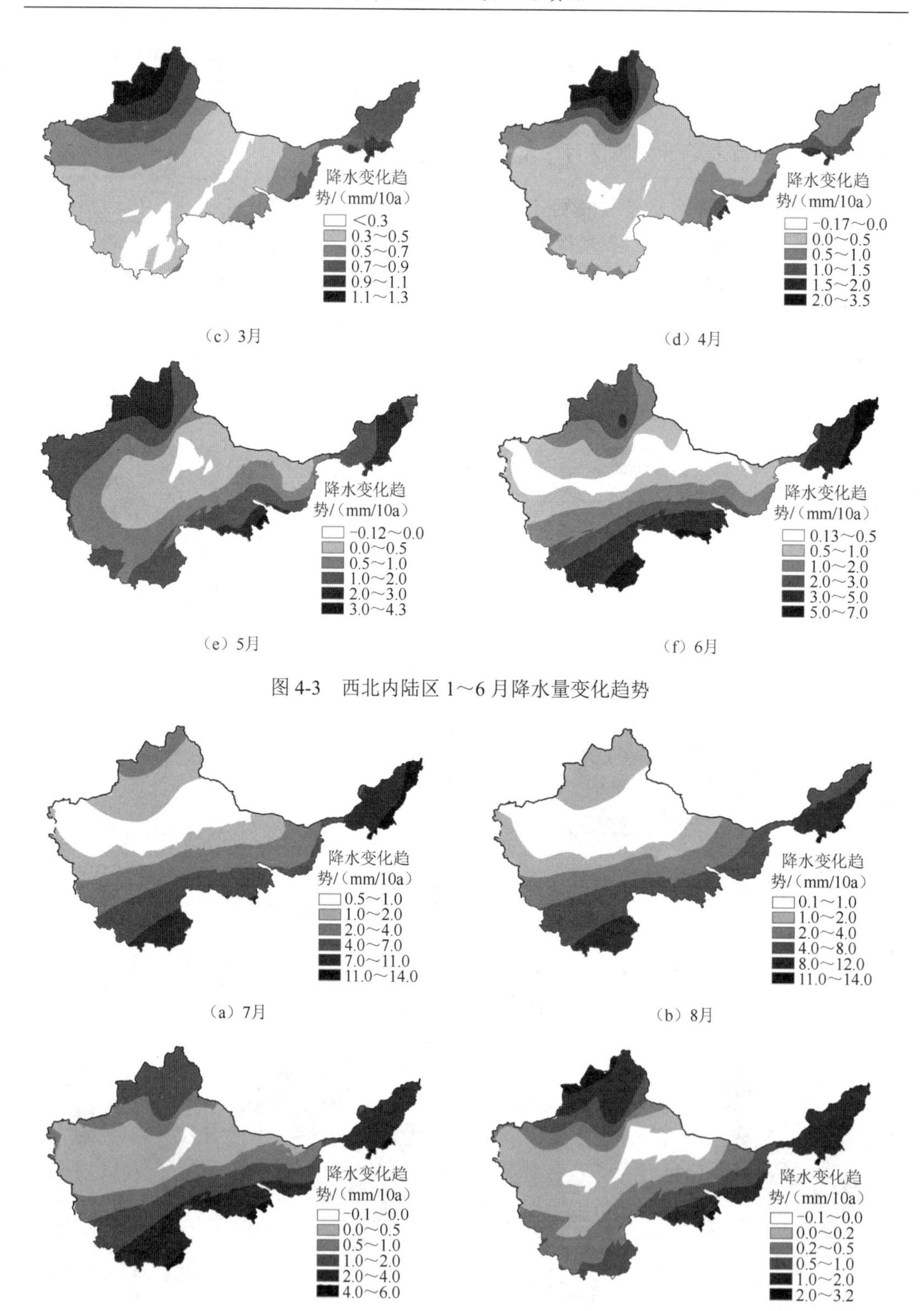

（c）3月　（d）4月

（e）5月　（f）6月

图 4-3　西北内陆区 1～6 月降水量变化趋势

（a）7月　（b）8月

（c）9月　（d）10月

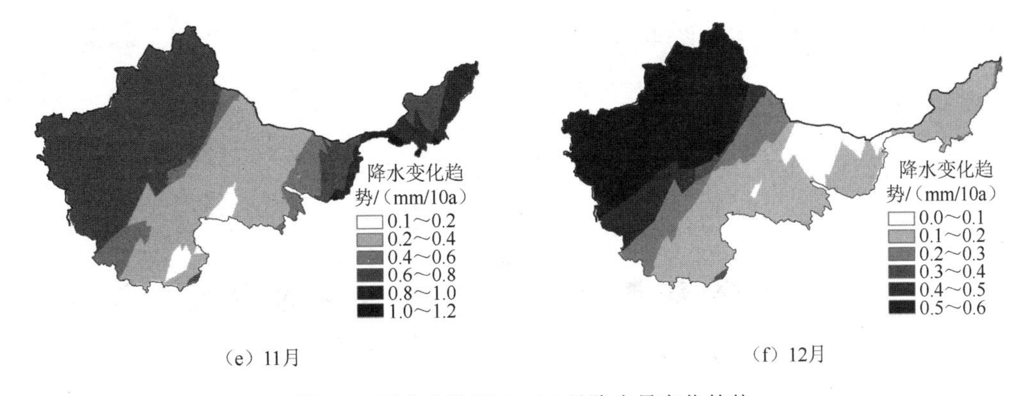

（e）11月　（f）12月

图 4-4　西北内陆区 7～12 月降水量变化趋势

1 月降水量显著增加的区域仅有新疆北部哈巴河、吉木乃地区，塔里木盆地东部和内蒙古西部为降水量极显著减少区域。2 月降水量极显著增加区域主要分布于青海南部青藏高原腹地江河源头，极显著下降区域则分布在塔里木盆地至内蒙古西部，包括甘肃西部和青海西北部区域。2 月总体呈现出西北地区的西北部和东南部降水量有增加的趋势。

3 月降水量显著增加区仍然分布于青海东南部和新疆北部，降水量极显著下降区则分布于新疆东南部，包括塔里木盆地及其南缘、天山东段至新疆东北部，内蒙古西部为显著下降区。4 月降水量下降区主要集中于新疆塔里木盆地及其周边地区，青海南部小范围地区为显著增加趋势。

5～8 月全西北内陆区降水量变化均不显著。9 月降水量无显著增加趋势出现，显著下降区出现在新疆塔里木盆地南部、甘肃西部和青海西北部。10 月降水量极显著下降区分布于新疆天山以南、甘肃西部和青海中北部，西北内陆区的西北部和东南地区呈不显著增加趋势。11 月降水量增加区主要分布于新疆北部和青海南部，新疆南部和青海西部及内蒙古西部为极显著下降区。12 月降水量极显著下降区为新疆天山及其以南地区和阿拉善高原中部。

上述各月降水量变化趋势中，由于 5～8 月降水量变化趋势不明显，且这 4 个月降水量占全年降水量比例较大，掩盖了其他月份降水量变化的下降趋势。可见，在年降水量变化趋势中表现为西北地区中西部大部分地区为上升或不显著上升趋势。西北地区东南部降水量的相对不明显变化趋势表明，该地区 1956～2005 降水量相对平稳，在某种意义上保证了该地区雨养农业的平稳发展和城乡供水的安全。

从以上分析结果可以看出，我国西北内陆区年降水量有很明显的年代际变化，这种变化在春、夏季表现尤其明显，但冬季降水从 20 世纪 80 年代起有所减少。西风带气候区年降水量表现为小幅增加趋势，而季风带气候区表现为小幅减少趋势（王鹏祥等，2007）。

20 世纪 60 年代以来，塔里木河流域的年降水量也逐年递增，但是与温度的增幅趋势相反，从源流区到下游区，降水量增幅逐步减少，源流区平均增加了 34.2%，上游区增加了 22.0%，中游区增加了 15.3%，下游区只增加了 6.1%（满苏尔·沙比提和楚新正，

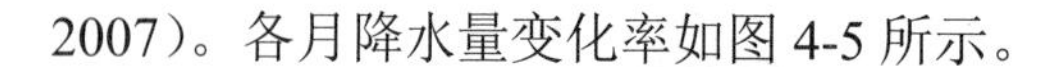

2007）。各月降水量变化率如图 4-5 所示。

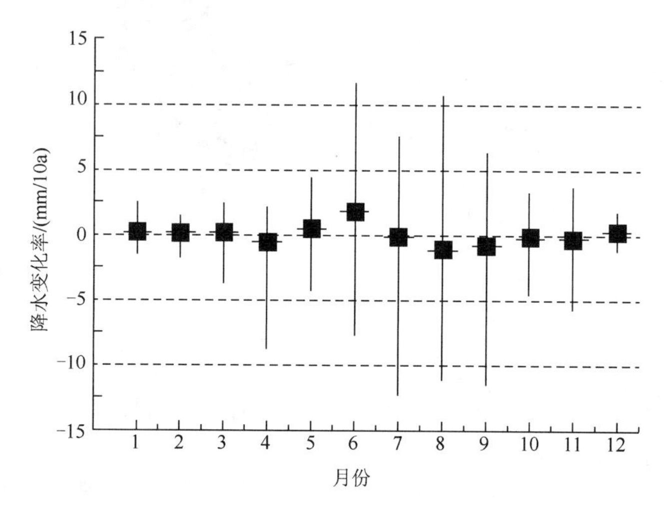

图 4-5　西北内陆区各月降水量变化率

由图 4-5 可以看出，西北内陆区 6 月降水量增加最多，为 1.8mm/10a，其次为 5 月和 12 月，分别为 0.37mm/10a 和 0.22mm/10a，8 月降水量下降幅度最大，为 1.15mm/10a，其次为 9 月和 4 月，分别下降 0.78mm/10a 和 0.58mm/10a。

黄荣辉等（2006）研究表明，我国东部强季风区夏季气候的年代际变化一般是降水偏多时，气温偏低；而降水偏少时，气温偏高。但西北地区夏季气候的年代际变化特征则是气温升高，降水增多，出现暖湿趋势，这与施雅风（2001）通过分析水文观测资料得到的结论一致。

陈亚宁和徐宗学（2004）、徐长春等（2006）研究表明，在 1956～2005 年的 50 年里，塔里木河流域降水量表现出了增加的趋势。从相应的时间序列来看，在 1986 年附近有一个明显的跳跃，这可能是气候变化影响的结果。

从近百年来平均降水量的变化情况分析，西北内陆区近百年来的降水量呈明显的下降趋势，20 世纪初为相对多雨时期，10 年代为少雨时期，20～30 年代为多雨时期，40～50 年代降水逐步下降，60～70 年代降水量达到最低点；从 80 年代中期开始，随着全球变暖趋势的加剧，降水量也相应增加，但仅约达到近百年平均降水量，趋势仍然不能确定。此外，通过小波分析发现，年降水量 3～7 年的周期变化仍是该地区的主要变化周期。

受不同气候系统的影响，西北内陆区东部与西部（以 100° E 为界）降水量的年代际变化有相反的趋势（宋连春和张存杰，2003）。1920 年以前，东部降水量呈上升趋势，1918 年达到最多，为 290mm；20 世纪 20～40 年代降水量下降趋势非常明显，1941 年达到最低，为 138mm，平均每年下降 6mm。1940 年以后降水量变化相对较为稳定，60～70 年代降水量相对较多，20 世纪初降水量呈下降趋势。西北内陆区西部降水量变化不同，20 世纪初降水量较多，10 年代降水量相对较少；20～40 年代降水量相对较多，1946 年降水量最多，为 302mm；50～60 年代下降趋势非常明显，70 年代降水量很少，1974 年达到谷点，为 135mm，平均每年下降 5.7mm。从 80 年代开始西北内陆区西部降水量呈明显的上升趋势，但还未达到20世纪初的水平。

从世纪尺度来看，受全球气候系统变化的影响，西北内陆区东部和西部，甚至华北和中亚干旱半干旱区的降水量变化趋势是一致的，可以把它们看成一个整体，20世纪90年代以前呈下降趋势，90年代有上升趋势（宋连春和张存杰，2003）。从年代际尺度来看，它们的降水量变化不完全一致。受不同天气系统的影响，有时会出现相反的趋势，如80～90年代西北内陆区东部和华北地区降水量持续偏少，而西北内陆区西部降水量增多。

为了深入分析西北内陆河流域的降水及其资源评价，以下仅对甘肃河西内陆河流域和新疆内陆河流域进行深入探讨。

第二节　河西内陆河流域降水资源

甘肃省河西地区东起乌鞘岭，西至玉门关，南依祁连山与青海省相邻，北与内蒙古相接，东西长1000km，南北宽50～100km，总面积约27万km^2。以黑山、宽台山和大黄山为界，该地区被分隔为石羊河、黑河和疏勒河三大内流水系，3条河流流域均发源于祁连山，出山后，大部分渗入戈壁滩形成潜流，或被引流用于绿洲灌溉。由于平原地区降水稀少，且主要以小雨为主，水资源量有限，属于典型的温带内陆干旱地区。一般来讲，受水汽来源、水汽通道、大气候背景和地形起伏的影响，降水系统本身存在着多变性，同时，区域地形地貌的复杂性决定了降水的复杂性（IPCC，2013）。宋连春和张存杰（2003）对20世纪西北地区降水量变化特征研究认为，河西地区年降水量有增加的趋势。为搞清楚该地区降水资源及其水资源的开发潜力，本节对河西内陆河区进行深入分析。

一、河西内陆河降水资源和广义水资源的估算

祁连山降水不仅影响着山区冰川和季节积雪对河流的补给，而且直接控制着河西内陆河流域的水文情势。山区降水远较河西走廊平原丰富，因而成为河西地区每年得以更新的地表水资源来源。一般来说，河西走廊平原的东部石羊河流域多年平均降水量为100～250mm，中部黑河流域为80～200mm，西部疏勒河流域为50～120mm。在祁连山东段，石羊河流域降水量为250～750mm，降水量随高程增加25～240mm/100m；在中段黑河流域山区，降水量为200～600mm，降水量随高程增加1～25mm/100m；西段疏勒河流域山区降水量仅为120～350mm，降水量随高程增加只有5～10mm/100m。按各河西地区降水量多年平均等值线量算及流域面积测算（高前兆和李福兴，1990），以普查的冰川面积（杨针娘，1991）估算冰川融水量，得整个河西内陆河流域总降水量达390亿m^3，祁连山区有218.5亿m^3，其中在河源冰川区降水5.74亿m^3，平原区降水171.4亿m^3。

河西走廊的水资源除来源于其境内的降水量外，祁连山区的降水资源和冰雪融水也是水资源的重要来源（白肇烨等，1988）。分析祁连山区降水量发现，祁连山高山区的降水量比同纬度的河西走廊降水量大得多，大部分站的年降水量大于400mm。其中。祁

连山东南侧的互助、门源两站年降水量最大，分别达 532mm、537mm；祁连山区的降水日数也远多于河西走廊（除乌鞘岭外），大部分地区日降水量≥0.1mm 的年降水日数在 89 天以上，互助站的降水日数多达 135 天。

按照流域分析，石羊河流域山区年平均降水量达 450m，除少量降水补充冰川外，约有 1/3 的降水转化为地表径流；山前平原在年降水量 130mm 以下，已不能产生地表径流，仅在暴雨洪水时有短暂的临时性径流补给地下水，武威绿洲年降水量达到 200mm，下游民勤绿洲也可达 100mm。黑河流域山区平均降水量 360mm，冰川截留 2.15 亿 m^3，约有 36%转化为地表径流；平原降水量 120mm，除河西走廊北山可以产生少量临时性径流外，平原地区的降水对河流几乎无补给，河西走廊的甘州、临泽、高台和肃州的绿洲降水量为 100mm 左右，下游金塔、鼎新绿洲降水量为 80mm。疏勒河流域比较干旱，冰川截留降水较多，约 2.84 亿 m^3，山区无森林，平均降水量 170mm，仅有 25%的降水转化为地表径流；平原区降水不到 80mm，除了疏勒河灌区绿洲年降水量有 70mm 外，瓜州、敦煌绿洲降水量不足 50mm。

整个河西内陆河流域降落在平原绿洲的总降水量为 22.69 亿 m^3，其中，石羊河流域为人工绿洲和天然绿洲提供 8.78 亿 m^3 的降水量，黑河流域为 12.01 亿 m^3，疏勒河流域仅为 1.9 亿 m^3。降落在裸露的沙漠、戈壁和盐碱地的无效降水计 95 亿 m^3，按流域降水总量扣除这部分水量作为目前阶段的广义水资源算，整个河西内陆河流域广义水资源有 295 亿 m^3。除去内蒙古黑河下游的降水量，甘肃省河西地区广义的水资源量为 270 亿 m^3。

二、河西内陆河流域降水的年代际变化

从时间角度来看，20 世纪 90 年代以前年降水量偏低，进入 90 年代以后年降水量有所上升，90 年代降水均值比多年均值高 19.92mm。2000 年后，降水量明显增多，2000～2009 年降水量均值比多年均值高 33.92mm。同时，各个年代降水量在空间分布上存在着差异（表 4-3）。其中，东部地区年降水量呈显著的上升趋势，但是在不同的季节也呈现出波动趋势，20 世纪 80 年代、90 年代及 2000～2009 年春季降水量距平值为正值，冬季降水量距平值绝对值都较小，说明该地区冬季降水量较接近年均值；在中部地区，20 世纪 60 年代，夏季降水量均值远远低于年均值 39.4mm，2000～2009 年，秋季降水量高于年均值 31.2mm；在西部地区，各个年代春季降水量都接近年降水均值，20 世纪 70 年代，夏季降水量高于年均值 32.4mm（靳生理等，2012）。

表 4-3　河西地区年、季降水的年代际距平变化　（单位：mm/10a）

地区	年代	全年	春季	夏季	秋季	冬季
东部	1960～1969 年	−14.3	−1.7	−42.9	0.7	−2.4
	1970～1979 年	−0.2	−24.3	1.6	26.4	−6.0
	1980～1989 年	−0.2	5.6	23.9	−31.2	1.4
	1990～1999 年	1.4	12.8	19.9	−29.9	−0.1
	2000～2009 年	13.2	7.3	−1.9	33.9	7.1

续表

地区	年代	全年	春季	夏季	秋季	冬季
中部	1960～1969 年	–13.1	9.8	–39.4	–11.7	–8.2
	1970～1979 年	9.9	–13.6	32.6	18.9	–7.1
	1980～1989 年	–7.6	–2.9	–2.1	–18.8	–3.1
	1990～1999 年	0.8	2.2	21.5	–19.7	–1.8
	2000～2009 年	10.0	4.8	–12.6	31.2	10.9
西部	1960～1969 年	–7.1	2.7	–20.3	4.4	1.4
	1970～1979 年	10.4	–3.3	32.4	7.2	–3.5
	1980～1989 年	–2.9	–3.6	5.6	–10.7	–2.4
	1990～1999 年	–0.3	1.1	5.7	–6.3	–2.4
	2000～2009 年	–0.1	2.9	–23.2	15.2	6.9

三、河西内陆河流域降水的年际变化

河西地区年降水量在空间上表现出地域的差异性（靳生理等，2012），东部、中部和西部降水量变化趋势分别为–6.5mm/10a、–4.3mm/10a、–0.6mm/10a。从季节变化角度来看，河西地区春、夏、秋、冬季的降水量变化趋势分别为 2.33mm/10a、5.25mm/10a、–3.27mm/10a、–2.32mm/10a，同时，各个地区的年际变化也表现出差异。具体来说，东部地区在 20 世纪 60 年代中期和 90 年代前后降水量具有明显的下降趋势，从各季节来看，春季降水量的变化趋势为 5.57mm/10a，夏季降水量变化趋势为 12.44mm/10a，秋季降水量变化趋势为–1.90mm/10a，冬季降水量变化趋势为–2.59mm/10a（表 4-4），其中以夏季降水量变化幅度最大。中部地区年降水量在 1980 年前后达到最大值，在 1985 年前后达到最小值，春季降水量的变化趋势为 1.01mm/10a，夏季降水量的变化趋势为 5.91mm/10a，秋季降水量的变化趋势为–4.69mm/10a，冬季降水量的变化趋势为–2.98mm/10a（表 4-4），其最大值也出现在夏季。西部地区降水量最大值与中部地区一样出现在 1980 年前后，其中春季降水量的变化趋势为 0.39mm/10a，夏季降水量的变化趋势为–2.59mm/10a，秋季降水量的变化趋势为–3.20mm/10a，冬季降水量变化趋势为–1.40mm/10a，以秋季变化幅度最大。

表 4-4　河西地区年、季降水变化趋势显著性检验（p 值）

地区	春季	夏季	秋季	冬季	全年
东部	0.2659	0.2166	0.7879	0.0261	0.0673
中部	0.8338	0.4762	0.4014	0.0357	0.1837
西部	0.8906	0.6131	0.1582	0.1639	0.7193

四、河西内陆河流域降水的年际变化空间分布

河西地区年降水量空间显著变化的区域主要集中在以马鬃山为代表的西部地区和以乌鞘岭为代表的东部地区（靳生理等，2012）。其中，东部地区年降水量变化趋势为由北往南增多，变化趋势在 20mm/10a 以上，而西部地区在 10mm/10a 以上，马鬃山区为低值中心，降水增加幅度由北往南递增，自西向东增加。从各季节来看，河西地区春

季降水量变化趋势低值出现在中部的酒泉、鼎新地区，以此为低值中心，向东和向西逐渐递增，往西的增加幅度为 0.4mm/10a，往东的增加幅度为 0.8mm/10a，最大值出现在乌鞘岭地区；夏季年降水量变化趋势在空间分布特征较为明显，降水量降低的区域面积明显扩大，除了马鬃山地区以外，还有敦煌、瓜州和玉门镇，向东在一定范围内降水量变化趋势是逐渐增加的，到永昌地区达到 2.0mm/10a 以上，由此再往东就依次递减，在乌鞘岭地区达到最小值；秋季降水量增加的区域面积在扩大，主要集中在河西中部地区，降水量变化趋势较小的区域主要集中在马鬃山、敦煌、鼎新地区，最小值出现在永昌地区；冬季河西地区降水量变化趋势普遍较低，最大值分布在张掖地区。

河西走廊属季风气候区，降水季节分配极不均匀，一般夏季多、冬季少，春秋两季居中，秋雨多于春雨，其固有的特点之一就是雨热同期。河西走廊 5 月中旬以后进入雨季，至 9 月中旬前后雨季结束，持续 4 个月左右，是除乌鞘岭外其他地方月平均气温≥10℃的持续时期，是年内气温较高时期，也是雨水相对丰沛时期，这无疑对农作物及牧草的生长发育有利（杨晓玲等，2009）。但河西走廊年蒸发量在 1500mm 以上，河西西部达 2000mm 以上，最大可达 3360mm。区内蒸发与降水之比为 3.8～59.4，河西西部的蒸发与降水之比达 22 以上，是我国蒸发与降水量比值较大的地区。河西走廊蒸发强烈，地表非常干燥，因此也是我国比较干旱的地区。

河西走廊的降水特点主要表现在两个方面：一是降水量年内变化大，年内降水主要集中在 7～9 月。同时，在降水季节的分配上也表现出了明显的不均匀性，且多表现为暴雨，季节降水量为 26～100mm，一般占年降水量的 47%～64%。二是秋季（9～11 月）降水多于春季，即秋雨多于春雨。秋季的季节降水量为 3.9～42.7mm，占年降水量的 11%～31%。春季（3～5 月）的季节降水量为 10～70mm，占年降水量的 13%～28%，冬季（12 月～翌年 2 月）降水最少，季节降水量为 2～8mm，其季节降水量仅占年降水量的 1%～8%（表 4-5）。

表 4-5　河西走廊地区平均气温与降水量

项目	地名	冬季	春季	夏季	秋季	全年
平均气温/℃	马鬃山	–11.6	4.7	11.7	3.9	3.8
	敦煌	–9.3	12.4	24.6	8.8	9.3
	酒泉	–9.5	9.3	21.8	7.4	7.3
	张掖	–10.0	9.4	21.3	7.1	7.0
	武威	–8.6	10.0	21.9	7.7	7.7
降水量/mm	马鬃山	3.5	13.3	59.2	9.2	85.2
	敦煌	3.1	5.7	24.1	3.9	36.8
	酒泉	5.3	17.4	48.4	14.2	85.3
	张掖	4.7	21.0	77.9	25.4	129.0
	武威	5.4	26.2	84.0	42.7	158.4

从降水强度和降水日数来看，河西走廊降水强度不大，以小雨为主，绝大多数日降水量在 5mm 以下；日最大降水量为 27.1～65.5mm，大多数在 30mm 以上；日降水量≥0.1mm 的年日数大部分地区在 60 天以上，最多降水日数为乌鞘岭达 137 天；日降水量≥

10mm 的日数各地普遍为 5 天左右；日降水量≥25mm 的日数就更少。河西走廊各地年降水量少，降水强度小，但降水日数多的时段相对集中，降水的有效利用率相对较高。

五、河西内陆河流域降水时间分布均匀度变化

（1）基尼系数的年际变化和分布函数：降水量基尼系数的年际变化特征反映了降水量时间分布均匀度的变化特征（靳生理等，2012）。经计算，20 世纪 60 年代，河西地区降水量基尼系数在 0.53～0.69 波动，但从总体趋势来看，降水量基尼系数越来越大，也就是说，在这 10 年当中降水量分布越来越不均匀；1970～1979 年，降水量基尼系数显示出两次正“V”波动和倒“V”波动，以 5 年为周期，在 1973 年和 1978 年基尼系数为 0.58，在 1970 年、1975 年和 1980 年基尼系数为 0.68；步入 2000 年以后，降水量基尼系数有明显下降的趋势，也就是说，降水量在时间上的分布很均匀。从河西地区降水量基尼系数的分布函数也能进一步说明，20 世纪 60 年代和 90 年代降水相对均匀，而 80 年代降水相对不均匀。

（2）基尼系数的年代空间分布：降水量基尼系数的年代空间分布可以反映降水量变化的均匀度。从靳生理等（2012）的研究可以看出，20 世纪 60 年代，敦煌、瓜州、马鬃山是降水量分布不均匀的地区，降水量基尼系数都在 0.65 以上；70 年代以后，降水量的不均匀度明显增加，同时，降水量不均匀的地区发生了转移，主要集中在酒泉、鼎新地区，基尼系数的最大值达到了 0.75 左右；从 1980 年开始，东部地区成为降水量分布相对均匀的地区，其中，武威地区成为基尼系数最小的区域；步入 90 年代，整个河西地区降水量均匀度以玉门镇、永昌为中心呈现出辐射状，其中，玉门镇是降水量最均匀的地区，降水量均匀程度向四周逐渐递减；而永昌是降水量最不均匀的地区，降水量均匀度逐渐向四周递增。河西地区降水量均匀度年际变幅较大，其中东部是降水量较均匀的地区。2001～2010 年，整个地区降水量基尼系数逐渐增大，表现在空间上就是降水量均匀度较低。但是，相对于其他年代，降水分布不均匀地区的面积明显减少，降水分布不均匀地区主要是在中部和东部地区。从长期趋势来看，河西地区降水量均匀度在时间上和空间上的波动依然会很大。

第三节　新疆内陆河流域降水资源

一、降水资源形成的地形条件

（一）水汽来源

水汽是形成降水的必要条件，一次持续降水过程，不仅取决于大气中水分含量，而且要求有不断的水汽供应。大气中的水汽随着空气流动就是水汽输送，包括平流输送和垂直输送（David，2002）。这种输送是由风场、湿度场和气压场的相互作用所决定的。根据质量输送方程，在 t_1～t_2 的时段内，通过某一单位宽垂直剖面输送的水汽量的计算公式为

$$Q=\frac{1}{g}\int_{p_2}^{p_1}\int_{t_2}^{t_1}qv\mathrm{d}t\mathrm{d}p \tag{4-1}$$

式中，p_1为地面气压（10^2Pa）；p_2为计算剖面上界气压（hPa）；q为比湿（g/kg）；v为风速（m/s）；g为重力加速度（m/s^2）。

陈家琦等（2002）计算得出，新疆上空的水汽含量的多年平均值约为 150 亿 m^3，平均降水量为 8mm 左右。新疆上空每年水汽由西向东的输送量为 10375 亿 m^3，为全国平均值的 5.7%，为长江流域的 20%～25%。就地区分布而言，塔里木盆地水汽占总量的 51%～56%，准噶尔盆地占 36%～43%，而山区只占 6.5%～8%；从季节性分配来看，夏季最多，占全年的 42.7%，冬季最少，为 12.7%，春秋两季分别占 24.4%和 20.2%。经推算，新疆上空多年平均水汽输出量为 10219 亿 m^3，净输入量为 156 亿 m^3，占总输入量的 1.5%，与我国大陆上空平均净输入量占总输入量的 13%相比，新疆比值较小，相对于宽广区域从另一个侧面说明新疆气候干旱。

由于新疆位于亚欧大陆腹地，源自东部太平洋的湿润气流经翻越秦岭后水分含量已大量锐减，再经河西走廊长途跋涉到达新疆已是强弩之末，只能影响东部或东北部山区，对内陆广大平原地区的天气影响甚微；源自印度洋的湿润气流输送高度较低，又因喜马拉雅山、昆仑山山系等高大山体阻挡，绕过青藏高原可以影响黄河上游、昆仑山和祁连山东段，仅有很小部分靠峡谷进入南疆盆地。由于整个西北内陆位于北半球中纬度的盛行西风带内，新疆西部山地首当其冲，成为截获纬向西风环流带来的大西洋水气流的要地；其次为北冰洋的干冷气流（汤奇成等，1998），其水汽含量仅相当于西风气流的 1/4～1/3，而且主要影响北疆的阿勒泰一带，通常会造成气温下降，对阿尔泰山的降水造成影响。根据以往研究结论，进入新疆内陆的水汽的路径主要有 4 条（周聿超，1999）。

（1）西方路径。该路径来自湿润的大西洋西风气流。虽然大西洋距新疆遥远，但对流层上部的西风气流是终年畅通的。在纬向环流形势下，西风气流形成的天气系统以移动性东移槽脊为主，且水汽输送过程中在俄罗斯和哈萨克斯坦境内受阻较少，中途又得到地中海、里海、黑海、咸海等海域和湖泊的水汽补充。气流经里海北部和中亚进入新疆，形成中等量级以上的降水。当有强冷空气入侵时，部分水汽可翻越帕米尔高原进入天山以南的塔里木盆地，造成天山以南地区的降水天气。经计算，新疆上空 89%的水汽输送是通过西方路径完成的。

（2）西北方路径。该路径由新地岛以西的北冰洋水汽向东南方向移动，经乌拉尔山南部进入新疆。当冷空气势力较强时可翻越天山影响新疆天气，常以大风降温为主，伴有降水，入侵新疆的冷空气以该路径最多。

（3）北方路径。该路径由新地岛以东的北冰洋水汽南下，经西伯利亚进入新疆。除伊犁河谷受影响较弱外，大部分地区都受到影响，多为干冷空气，水分含量小，以降温为主，只有少量降水。

（4）东方路径。东方路径的水汽输送，在天山以北地区大降水中显得不很重要，但在天山以南地区的大降水中却有其重要地位。该路径由北方、西北方路径的冷空气东移到蒙古国后，由于蒙古高压的存在，部分冷空气南下，由东向西经河西走廊通过天山东段的缺口迂回进入新疆天山以南地区。该路径冷空气若与翻越帕米尔高原的西来冷空气汇合，往往造成天山以南局部地区的降水天气。

在以上四路水汽中，以西方路径和西北方路径对新疆影响较大，另外还有南方路径，印度洋水汽可翻过昆仑山，对塔里木盆地南部的河谷和盆地产生影响（林振耀和吴祥定，1990）。除了从上述遥远海洋输送来的水汽外，内陆地区通过蒸发蒸散还有部分水汽加入，对新疆水循环与水平衡进行分析，全区有2390亿m^3总蒸散发水量进入上空，为输入水汽量的20%以上。该地水汽与外来水汽结合，若与冷空气相遇，就可形成降水。

地形和降水的关系十分密切。冷空气进入新疆上空后，容易出现气流的爬升、绕流、汇合等现象，有利于降水的形成。新疆是高山和各种大小盆地相互交错的一个区域，地形差异极其明显，自北向南，横亘着阿尔泰山、天山、昆仑山与准噶尔盆地、塔里木盆地，形成独特的“三山夹两盆”的地形条件，极大地影响新疆的气候，不仅给近地面层气候状况造成影响，而且还影响到近地面层大气中的一般环流，以及与此有关的不同气团的水热输送，从而造成北疆与南疆、山区和平原、迎风坡和背风坡及东西部区域间的降水差异。地形对降水的影响主要表现在海拔、坡向等方面。

（二）海拔

由于地形热动力抬升作用，气流遇山地极易成云致雨。新疆山区降水普遍大于平原降水，具有明显的垂直地带分布特征。由于目前新疆山区气象台（站）和水文站（点）稀少，资料缺乏，特别是中高山区，几乎为实测资料的空白区，资料的缺乏和观测技术上的问题，使得山区降水的梯度分布规律及最大降水高度带的研究十分困难，不同研究者的看法也不尽一致。

张家宝和邓子风1987年通过对乌鲁木齐河流域从乌鲁木齐平原区到高山区沿河谷布设的6个水文、气象站点1984～1987年实测降水资料分析后认为：年降水量随海拔的上升而增加，呈双峰型分布，最大降水高度带在海拔1900m左右。若用改正观测系统误差后的降水资料（1959～1986年）分析，乌鲁木齐河流域降水梯度变化虽也呈双峰型，但最大降水高峰则位于高山冰川作用区粒雪盆（4030m左右）附近。

一般来讲，山区降水随着海拔的增加而增加，但到了一定高度，受到水汽随海拔高度减少的约束（张家宝和邓子风，1987）。因此，降水增加到一定高度后就不再增加，而转为随高度的增加而减少。胡汝骥（2004）、李江风（1991）认为，天山北坡最大降水高度带为2000～3000m，而天山南坡则为2500～3000m，这是由于水汽凝结高度的不同造成的，夏季凝结高度升高，最大降水带上移，冬季相反，最大降水带下移。

西天山特克斯河流域、天山北坡乌鲁木齐河流域、天山南坡乌拉斯台河流域、帕米尔高原塔什库尔干河流域的23处水文、气象站点1958～2002年的年降水资料研究表明，新疆内陆河流域降水分布随海拔变化的特征如下。

（1）除西天山的特克斯河流域的年降水随海拔的升高不断增加外，天山北坡的乌鲁木齐河流域、天山南坡的乌拉斯台河流域、帕米尔高原的塔什库尔干河流域的年降水量从平原到山区并不随海拔的上升持续增加，而是到达最大降水高度后呈下降趋势，而后又继续上升。

（2）阿尔泰山南坡最大降水高度带在海拔2000m左右（森塔斯林场气象站多年平均降水量650mm）；西天山最大降水高度带在海拔1800m左右（位于巩乃斯流域上游海拔1776m的天山积雪站，多年平均年降水量达821.9mm），天山南坡山区最大降水高度带在

2500m 左右；天山北坡山区最大降水高度带在海拔 2000m 左右，次高降水高度带在 3500m 左右；帕米尔高原地区最大降水高度带在 2000m 左右，次高降水高度带在 3000m 左右。

（3）山地降水多于平原、盆地，降水垂直地带性规律明显，但各山系递变率不同，多雨区大，少雨区小，且降水递变率有随海拔增加呈减小的趋势，而平原区则无明显的变化规律。

根据各山系实测河谷剖面资料计算（王苏民等，2002），在海拔 3000m 以下，天山北坡西部的垂直递变率为 40～60mm/100m，其中，特克斯河流域为 20～45mm/100m；准噶尔盆地西部山地和天山北坡中部地区为 30～35mm/100m，如乌鲁木齐河流域为 5～35mm/100m；阿尔泰山地为 25～30mm/100m。南疆山地的递变率小于北疆，天山南坡为 10～20mm/100m，西部大于东部，其中黄水沟、开都河-孔雀河流域为 9～30mm/100m；帕米尔高原为 3～20mm/100m；昆仑山系北坡的递变率为 10mm/100m 左右。海拔 3000m 以上山区实测资料极为缺乏，降水与高程的关系比较复杂，有待进一步加强高山区降水监测和分析研究。

（三）坡向

地形中，除山脉的海拔对山区的降水有影响外，坡向对降水的影响也十分显著，特别是山脉的迎风坡。由于山脉的阻挡作用，空气沿山脉的迎风面运动时，能加强气流上升运动和对流活动，强迫气流上升，遇冷凝结后产生较大降水，并影响气团和锋面的运动速度，使降水时间延长，因而山区迎风坡较之背风坡降水量大，气流越过山脊到了背风坡，受下沉空气作用及水分已在上风向损失而变得较为干燥，从高山上下降的气流有时还会形成干热的焚风，降水机会很少，导致背风坡降水小于迎风坡。由表 4-6 可见，地处迎风坡面区域的降水明显大于背风坡地区。例如，准噶尔西部迎风坡面区的多年平均降水量在 280mm 以上，而背风坡面区的多年平均降水量则不足 150mm；又如，天山中部地处北、南坡，而海拔高度相近的英雄桥水文站（1920m）和巴伦台气象站（1738m）、巴里坤气象站（1651m）和头道沟水文站（1400m），其多年平均年降水量分别为 468.1mm 和 210.4mm、214.1mm 和 99.1mm。有些山区既是气流的迎风坡，又处在喇叭口地形的深处，更有利于大降水的形成。例如，天山西部迎风坡的新源气象站平均年降水量为 500.7mm，背风坡的巴音布鲁克气象站则只有 275.1mm，可见一斑。

表 4-6　新疆主要山脉不同坡向降水量统计表（1958～2002 年）

山区	站名	海拔/m	年降水量/mm	山区	站名	海拔/m	年降水量/mm
阿尔泰山南坡	哈巴河（气）	534.0	182.9	昆仑山北坡	卡群（气）	1370	72.3
	群库勒（水）	640.0	263.8		皮山（水）	2300.0	160.7
	布尔津（气）	475.5	136.2		和田（气）	1374.7	35.8
	阿勒泰（气）	736.9	192.7		乌鲁瓦提（水）	1800.0	84.0
	库威（水）	1370.0	343.8		民丰（气）	1409.7	36.0
	富蕴（气）	826.6	195.0		且末（气）	1248.4	24.5
	青河（气）	1220.0	170.0		若羌（气）	889.3	25.6

续表

山区	站名	海拔/m	年降水量/mm	山区	站名	海拔/m	年降水量/mm
准噶尔西部迎风坡	额敏（气）	523.3	281.8	准噶尔西部背风坡	和布克赛尔（气）	1294.2	143.6
	裕民（气）	716.2	286.6		克拉玛依（气）	428.4	111.6
天山北坡	昭苏（气）	1854.6	507.0	天山南坡	卡木鲁克（水）	1480	158.2
	新源（气）	929.1	500.7		巴音布鲁克（气）	2458.9	275.1
	乌苏（气）	478.3	168.5		轮台（气）	977.6	64.8
	英雄桥（水）	1920	468.1		巴伦台（气）	1738.3	210.4
	乌鲁木齐（气）	918.7	260.8		巴音郭楞（气）	932.7	55.2
	木垒（气）	1271.0	316.2		鄯善（气）	399.1	26.2
	巴里坤（气）	1650.9	214.1		头道沟（水）	1400	99.1

注：“（气）”指气象站，“（水）”指水文站。

二、新疆内陆河流域年降水量及其时空分布

根据全国1956～2000年平均降水量等值线图量算，新疆地面年降水总量为2544亿m^3，占空中水汽输送量的22%，占全国年降水总量的4%，占西北地区平均年降水总量的24%，在全国和西北地区分别排第10位和第2位（王苏民等，2002；新疆水文总站，1985）。新疆多年平均年降水量154.8mm，占全国平均降水量650.5mm的23.8%，为西北地区多年平均年降水量258.3mm的60%左右，在西北及全国排位倒数第1。

按水资源三级区统计，塔克拉玛干沙漠区和塔里木河干流面多年平均年降水量分别仅为32.0mm和13.0mm，是年降水最少的地区（表4-7）。

表4-7　新疆水资源三级区多年平均年降水量

名称	多年平均年降水量/亿m^3	名称	多年平均年降水量/亿m^3
和田河流域	157.3	阿克苏河	118.0
叶尔羌河	206.3	渭干河	95.0
克里雅河	86.9	塔克拉玛干沙漠	32.0
车尔臣河	128.0	塔里木河干流	13.0

南疆面积约119万km^2，占全疆总面积的73%左右，其年降水量为1399亿m^3，面积若折算为面平均雨深，则为117mm。因为造成新疆大气降水的主要水汽是中纬度西风环流带来的水汽，加上地形原因，所以新疆西部、北部降水量大，而东部、南部降水量小。如果以策勒-焉耆-奇台3个县城划一直线，可将全疆分成西北部和东南部，面积大致各占一半，西北部的降水量占全疆降水量的4/5，平均雨深约240mm，而东南部的降水总量仅占1/5，平均雨深不足60mm。

新疆的降水主要分布在山区，若将新疆按照地形高度和变化梯度划分，则可划分为山区和平原两大地貌单元，山区面积为70.13万km^2，占全疆总面积的42.7%；多年平均年降水量为2062亿m^3，折合降水量为294mm，占全疆年降水总量的81.1%；平原区面积为94.24万km^2（含66.90万km^2的沙漠及荒漠区），占全疆总面积的57.3%，多年平均年降水量为482亿m^3，折合降水量仅为51.1mm，占全疆年降水总量的18.9%（朱瑞兆等，1995）。

据 1956～2000 年多年平均降水等值线（章曙明等，2005），南疆山地一般为 200～500mm，盆地边缘为 50～80mm，东南缘为 20～30mm，盆地中心约为 20mm。

新疆有 94.24 万 km^2 的平原区，占全疆总面积的 57.3%，其中，沙漠和戈壁的荒漠区面积 66.90 万 km^2，占平原区总面积的 71%；绿洲面积为 14.28 万 km^2，仅占全疆平原区面积的 15%左右（朱瑞兆等，1995）。

对于塔里木盆地本身而言，降水自盆地边缘向中心的递变规律较之山地不甚明显，另外由于盆地内部实测资料缺乏，尤其是盆地中部沙漠腹地的降水资料更为稀少，目前还难以做出盆地内准确的降水分布规律分析。根据年降水量等值线，盆地里降水存在从边缘向中心减少的分布趋势（魏文寿，2000）（表 4-8）。

表 4-8　塔里木盆地降水量分布情况（魏文寿，2000）

站名	年降水量/mm	站名	年降水量/mm	站名	年降水量/mm
叶城	57.5	喀什	63.2	阿克苏	69.6
莎车	51.5	伽师	60.0	阿瓦提	55.9
麦盖提	46.0	巴楚	54.6	阿拉尔	48.5
库尔勒	54.5	尉犁	46.7	铁干里克	33.2
新和	70.6	沙雅	58.6	新渠满	48.9

三、新疆内陆河流域降水的年内分配

南疆地区：春季降水占 15%～35%，夏季占 45%～70%，秋季占 9%～20%，冬季占 3%～11%。最大月占 20%～30%，出现时间大多在 7 月，个别站出现在 5 月或 6 月，最小月一般在 2%以下，出现时间除吐哈盆地在 2 月和 3 月外，其他地区多在 11 月或 12 月。在新疆，春季降水大于秋季，其差异南疆地区大于北疆地区；降水量主要集中在春夏两季，南疆地区较为集中，占到 65%～85%，且有自北向南、自西向东集中程度增加的规律（表 4-9）。

表 4-9　南疆各地年降水量四季分配表

地理位置	站名	春季（3～5 月）占比/%	夏季（6～8 月）占比/%	秋季（9～11 月）占比/%	冬季（12～2 月）占比/%	最大月占比/%	出现月份	最小月占比/%	出现月份
南部山地	协合拉	24.8	52.2	14.9	8.2	19.9	7	1.8	12
	破城子	26.6	49.3	17.1	7.0	18.3	8	1.1	12
	巴音布鲁克	15.4	68.7	12.4	3.5	24.9	7	1.0	1
	托云	30.3	48.0	17.2	4.5	16.5	7	1.1	1
	库鲁克栏杆	27.4	57.0	12.5	3.1	21.0	6	0.6	11
	塔什库尔干	24.3	53.1	12.2	10.4	22.5	6	1.0	11
	乌鲁瓦提	33.8	48.5	9.8	7.8	20.6	5	1.0	11
塔里木盆地	喀什	35.5	35.8	14.9	13.9	17.7	5	2.5	11
	阿克苏	20.4	57.8	13.1	8.7	22.8	7	1.2	11
	铁干里克	18.5	67.9	11.3	2.3	27.8	7	0.1	2
	若羌	14.9	71.3	4.5	9.2	35.8	7	0.8	10
	和田	29.2	46.5	10.4	13.9	19.9	6	0.9	11

四、新疆内陆河流域降水相对系数分析

如果用降水相对系数分析降水量在年内各月的变化，其分析式为$C = r / R$，C为降水相对系数；r为月降水量；R为全年降水量每天均匀分配到该月应得的降水量。用该方法分析能更确切地比较在一定的地理条件下，各地区在不同时期内所有降水条件综合效果的大小，并且同一时期的降水相对系数又能定量地反映出各地的区域地理条件、湿度分布和天气现象在降水过程中的综合效果。

降水相对系数，不是降水量的绝对值，它是一个纯比率数值，表征着该区域各个月份降水量在全年内的相对变化。根据对南疆不同区域水文、气象站点的多年平均月降水资料的统计分析，东天山及吐-哈盆地在10月至翌年5月，南疆山区在10月至翌年4月，塔里木盆地在9月至翌年4月，$r<R$，即实际降水少于全年的均匀分配，是该区的绝对干季（表4-10）。从最长连续干季分布情况来看，南疆、东疆和准噶尔盆地则为6～8个月。

表4-10　南疆各主要代表站降水相对系数表

站名	1月	2月	3月	4月	5月	6月	7月	8月	9月	10月	11月	12月
巴音布鲁克	0.13	0.15	0.17	0.44	1.18	2.75	2.92	2.47	1.16	0.19	0.22	0.16
托云	0.13	0.25	0.69	1.05	1.85	1.93	1.93	1.88	1.13	0.66	0.28	0.18
乌鲁瓦提	0.34	0.45	0.59	1.14	2.48	2.41	1.75	1.51	0.78	0.25	0.12	0.16
喀什	0.39	0.99	1.08	1.04	2.13	1.32	1.43	1.41	1.07	0.52	0.30	0.30
阿克苏	0.27	0.39	0.52	0.53	1.52	1.84	2.61	2.16	1.04	0.50	0.15	0.39
和田	0.49	0.69	0.60	0.83	2.29	2.39	1.63	1.41	0.80	0.33	0.12	0.41
铁干里克	0.14	0.02	0.28	0.82	1.19	2.60	3.17	2.28	0.72	0.30	0.28	0.14

五、新疆内陆河流域降水的年际变化

（一）丰枯周期分析

根据新疆各代表站的模比系数差积曲线（图4-6）分析，各地降水的年际变化特征不尽相同，线型各异，总体上看有以下几个特征。

从降水过程上看，50年序列中（为便于比较，资料系列均统一为1956～2005年）各代表站至少包含有一个或一个以上明显的丰枯周期变化过程：乌鲁瓦提水文站1956～1968年、1986～1999年为平水期，1968～1986年为枯水期，1999～2005年为连续丰水期。铁干里克气象站1956～1970年、1993～2005年为枯水期，1970～1993年为丰水期。

从降水丰枯段长度的比例来看，中天山南北坡大多数站点的降水丰水段略小于枯水段，其转折点在1986年前后；昆仑山系降水丰、枯水段类似于西天山；塔里木盆地边缘自西向东丰、枯水段的转折点逐步滞后（1970～1986年）。

一般来说，山区降水下降段的变率要低于上升段的变率，而山前平原区及盆地边缘降水下降段与上升段的变率差异要小于山区。

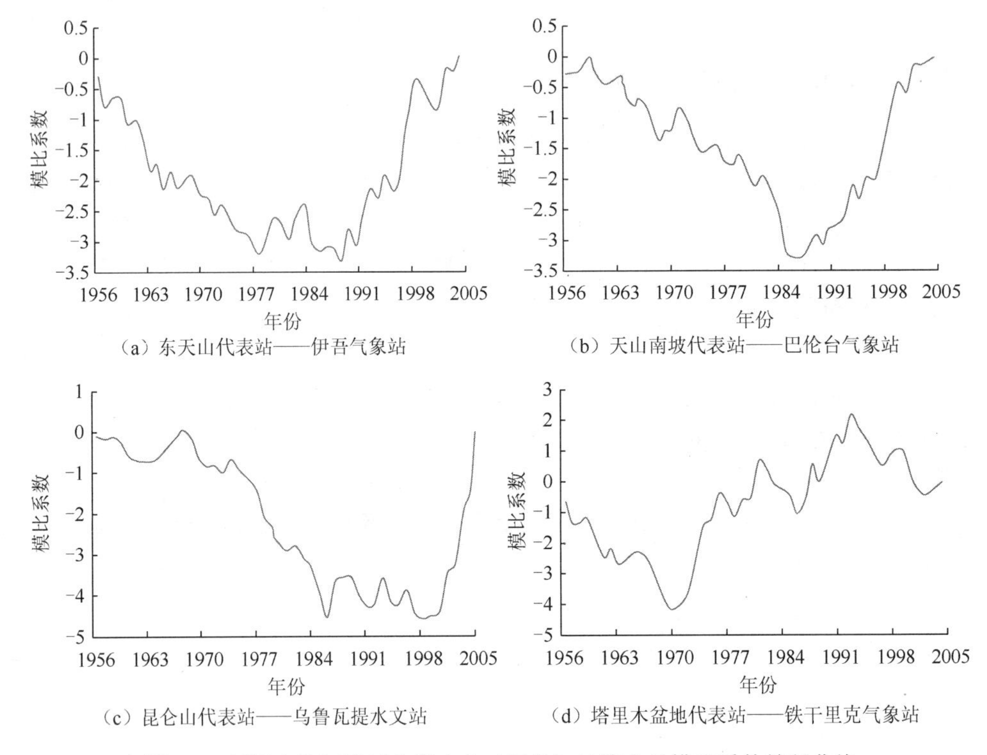

（a）东天山代表站——伊吾气象站　（b）天山南坡代表站——巴伦台气象站

（c）昆仑山代表站——乌鲁瓦提水文站　（d）塔里木盆地代表站——铁干里克气象站

图 4-6　新疆内陆河流域典型水文（气象）站降水量模比系数差积曲线

（二）年际最大变幅分析

降水量的多年变化也可以用年最大与年最小比值来表征。由表 4-11 可知，南疆山地为 1.9～8.2，平原较大，塔里木盆地的北缘、西缘和哈密盆地为 7.8～10.0，塔里木盆地的东缘、南缘则为 20 以上。年降水量比值在塔里木盆地南缘的和田气象站和若羌气象站约为 30。

表 4-11　新疆代表站年降水量最大与最小比值表

地理位置	站名	海拔/m	多年平均年降水量/mm	最大年		最小年		最大/最小
				降水量/mm	年份	降水量/mm	年份	
南部山地	巴音布鲁克	2458.9	272.0	406.6	1999	214.0	1995	1.9
	协合拉	1487.0	129.6	304.3	1996	54.7	2000	5.6
	托云	3507.2	242.8	428.9	1998	139.0	1976	3.1
	塔什库尔干	3093.7	71.9	110.1	2004	20.1	1963	5.5
	乌鲁瓦提	1850.0	90.3	217.9	2005	26.6	1985	8.2
吐-哈盆地	吐鲁番	37.2	16.4	48.4	1958	2.9	1968	16.7
	托克逊	2.2	7.8	25.7	1994	0.5	1968	51.4
	哈密	737.9	38.1	71.7	1992	9.2	1997	7.8
塔里木盆地	喀什	1290.7	66.1	158.6	1996	16.2	1994	9.8
	阿克苏	1105.3	71.8	186.2	1996	18.7	1986	10.0
	铁干里克	847.1	33.5	75.7	1974	3.4	2001	22.3
	若羌	889.3	26.4	116.0	2005	3.9	1957	29.7
	民丰	1409.7	36.2	114.7	1987	4.8	1976	23.9
	和田	1374.7	37.7	100.9	1987	3.4	1985	29.7

（三）变差系数分析

若用年降水量变差系数 C_v 值来表征降水量的多年变化，则 90%以上站点的 C_v 值在 0.20～0.70。其分布趋势为南疆大、山地小、平原大；迎风坡小、背风坡大，与降水量的地域分布特征相反。昆仑山山系、塔里木盆地北缘、西缘为 0.35～0.50；塔里木盆地东缘、南缘及吐鲁番盆地、哈密盆地为 0.50～0.70。单站最大值为托克逊气象站、策勒气象站，高达 0.79，其次是民丰气象站和且末气象站，为 0.72。

六、降雪与暴雨

降雪又称为固态降水，与液态降水一样，都是降水的组成部分，形成降雪的大气的必要条件是水汽含量、冰核和周围的气温要在 0℃以下。在新疆的年降水中，冬季的降雪占有一定的比例。新疆地处干旱半干旱区，地域辽阔，地形呈多样化（刘潮海等，2000）。降雪占年总降水量的比例在山区最大，高山地区全年各月均有降雪，年降雪可占到年降水量的 90%或以上。

按我国气象部门定义，日雨量（24h）为 50mm 或以上的降水称为暴雨。塔里木河流域具有干旱区降水较少的特点，降雨径流汇集迅速，在降雨量较小时也能形成洪水。因此，新疆气象部门规定日雨量≥25mm 时就称为暴雨。产生暴雨的重要条件是空气中含有大量水汽，并且伴随较强的上升对流运动，暴雨的发生和大气环流的季节性变化有密切的关系。随着气候变暖、大气含水量增加，发生暴雨、洪水、泥石流的强度和频率也会加大（马力，1993）。阿克苏地区极端降水量和频次在 1961～2000 年显著增多，20 世纪 80 年代以来尤其明显。年极端降水量于 1980 年发生突变，但这期间南疆极端降水的强度无显著变化，是极端降水频次的增多导致极端降水量的显著增加。

新疆大范围大暴雨由大尺度倾斜对流运动所造成，主要分布在山区，是影响较大的灾害性暴雨。例如，1958 年 8 月 13 日前后，天山南坡的一次大降水过程，导致≥50mm 的暴雨区域达 70 万 km^2，发生了有名的库车大洪水；1996 年 7 月中下旬，天山南北两侧出现特大暴雨，降雨范围达到 50 万～60 万 km^2，最大一日降水量占过程降水总量的 46%～83%，一日过程中最大降水量集中在几个小时内；开垦河开垦水文站 1996 年 7 月 26 日 8 时～16 时 30 分的降水量为 44.5mm，占过程降水量的 51%。大范围、高强度的暴雨导致了新疆有史以来的“96・7”特大暴雨洪水，造成严重灾害。

七、降水资源的作用及其开发利用

（一）降水对水资源的作用

水资源是指可供人类和自然生态环境经常消耗而不枯竭的水量，且能够循环恢复的动态水量，即陆地上由大气降水补给的各种地表和地下淡水水体。从水分循环的角度来讲，大气降水是地球上所有水体的来源。在地表水分循环和水体运移的过程中，地表水体（湖泊、水库、冰川、河流等）的蒸发、植物蒸腾对空中水汽的补充，有助于水域附近降水的形成。大气降水资源不但补给地表水和地下水，还补充土壤水，为地表各类林草植物和农作物所直接利用，维持绿色生态。因此，降水资源作为水资源不可或缺的组成部分，在新疆这样一个水资源极度匮乏的干旱地区，对社会经济可持续发展和生态环境保护都具有十分重要的作用。

根据对 1956～2005 年 50 年的降水和流量资料的统计分析，南疆大气降水与河川总径流量、地表水资源量均具有较好的对应关系，其中，降水量（P）与地表水资源量（R）之间的相关系数可达 0.8290，数学表达式为

$$R = 1.7964P^{0.776} \tag{4-2}$$

降水对地表水资源的作用还反映在降水的产水系数，即径流系数上，它与下垫面的地形、地貌、下渗强度、降水强度等要素有关。流域坡度大、地表不透水性能好、表层含水量丰富、降水强度高，就易产生地表径流，增加河川径流量，对地表水资源的贡献就大。新疆全区平均径流系数为 0.34，就其地域分布而言，从总体上看，山区大于平原、盆地，西部大于东部，降水丰沛的地区大于降水稀少的地区（表 4-12）。

表 4-12　新疆主要河流流域径流系数分布情况

流域	降水量/亿 m^3	河川径流量/亿 m^3	径流系数
车尔臣河诸小河	128.0	21.3	0.2
喀什噶尔河流域	143.9	52.1	0.4
阿克苏河流域	118.0	100.5	0.9
渭干河流域	95.0	36.3	0.4
塔克拉玛干沙漠	32.0	0.0	0.0
塔里木河干流区	13.0	0.0	0.0
和田河流域	157.3	51.4	0.3
叶尔羌河流域	206.3	76.8	0.4
克里雅河诸小河	86.9	24.3	0.3

注：引自《新疆水资源及可持续利用》，资料截至 2000 年。

（二）降水量变化趋势预测

我国是一个水资源短缺的国家，特别是对于新疆这样干旱的地区来说，大气降水的变化对农牧业生产和生态环境建设，以及社会经济的可持续发展等有着重要影响。我国实施的西部大开发战略和新时期的治水方略，对水资源的需求较大，如何合理地配置和利用好有限的水资源，对实现西部大开发战略和资源水利、促进人水和谐意义重大。在进行流域规划与水资源利用和保护规划及重大水利工程设计时，不能忽视未来气候变化对西北干旱、半干旱地区大气降水的影响。目前，国内对我国大气降水的历史演变趋势已经进行了比较系统与详细的分析工作，关于未来气候变化对大气降水的影响，国际上已有比较成熟的数值模式，对未来全球大气降水和温度的变化趋势有一定的可信度。

高庆先等（2002）利用德国的 ECHAM4、英国的 HADCM2、美国的 GFDL-R15、加拿大的 CGCM2 和澳大利亚的 CSIRO 模式结果，探讨了我国 2030 年降水的变化趋势，对我国西北地区（30°N～55°N，73°E～100°E）未来大气降水趋势分析的结果表明，未来南疆地区的降水将略有增加，但增加的幅度非常有限，最大增加值在 3mm 左右。

上述 5 个全球气候模式的模拟结果表明，尽管降水有增加，但还不能改变干旱面貌。因此，未来新疆地区仍然属干旱地区，大气降水资源十分有限，仅依靠增加大气降水来缓解新疆水资源短缺的问题仍不现实，必须通过其他途径，包括空中调水或跨流域大型调水，来解决新疆水资源短缺的根本问题。因此，近期需合理配置和高效利用有限水资源，采用各种类型的节水技术，以节水增效、提高水资源利用效率为主攻目标，提高全社会的节水意识；以多途径开源，如采用人工增雨雪、人工集雨径流、微咸水利用、污水资源化等手段，来缓解当前的缺水矛盾，实现新疆水资源的可持续利用，来支撑社会经济的可持续发展。

第五章　冰雪消融与融水径流及其变化

冰川是冰冻圈重要的组成部分，是自然界中最宝贵的淡水资源。地球上陆地面积的1/10被冰覆盖，4/5的淡水储存在冰川之中。尽管冰川储量的96%位于南极大陆和格陵兰岛，但是其他地区的冰川由于临近人类居住区而更有利用的现实意义，特别是亚洲中部干旱区，历史悠久的灌溉农业一直依赖高山冰川融水。冰川融水是发源于高山的诸多河流的重要补给来源，因此，高山冰川的准确数量是进行河川径流估算和水热平衡研究的基础资料；山区泥石流、洪水和冰湖溃决等灾害过程常与冰川活动有关，也需要了解冰川的特征和分布情况。

第一节　河西内陆河流域冰川资源分布

河西内陆河流域冰川资源主要分布在祁连山高山地区。不同规模、类型和运动速度状态的冰川对气候波动反应的敏感性和滞后性是不一致的。20世纪50年代中期以来，祁连山大多数冰川处于退缩状态，但退缩幅度东段比中、西段大得多。这种地区性差异，不仅表现在冰川的近期变化上，而且反映在第四纪末次冰期以来冰川规模的变化范围上。这说明，随着气候大陆性程度由东向西不断加强，以及山体海拔由东向西逐渐升高，祁连山中、西段的冰川规模、冰川作用差和冰川积累区比率等都要比其东段大；反映在冰川的基本物理性质上，如冰川温度、积累量、消融强度和物质平衡水平等，中、西段冰川却要比其东段小（刘潮海和谢自楚，1998）。这些因素共同作用使祁连山中、西段冰川较其东段具有较高的稳定性。冰川稳定系数的计算也表明，祁连山西段老虎沟12号冰川要比其东段的水管河4号冰川大3.4倍。

第二节　祁连山中段（黑河上游）冰川分布特征

一、总体分布特征

通过遥感影像、地形图、数字高程模型（digital elevation model，DEM）和GPS野外实测数据，使用遥感和实测相结合的方法，开展1956～2003年来祁连山中段的冰川变化分析。根据调查分析结果，1956年黑河和北大河共有910条冰川，到2003年已变为879条，面积为311.01km^2（陈辉等，2013）。从表5-1可以看出，面积＜0.1km^2、0.1～0.5km^{2}和0.5～1.0km^{2}的冰川分别占到冰川总条数的15.6%、56.9%和18.0%（贺建桥等，2008）。因此，＜1.0km^{2}的冰川数量和面积分别占总数的90.4%和57.6%，无论是在数量上还是在总面积上均占优势。占总条数9.3%的1.0～5.0km^{2}等级的冰川，面积占到总面积的39.0%。该区仅有两条冰川面积＞5.0km^2，总面积为10.92km^2。

表 5-1　1956～2003 年祁连山中段不同等级冰川面积变化

面积等级	1956 年		2003 年		1956～2003 年冰川变化		
范围/km²	条数/条	面积/km²	条数/条	面积/km²	条数/条	面积/km²	百分比/%
＜0.1	153	10.02	137	5.56	−16	−4.46	−44.5
0.1～0.5	512	126.21	500	86.89	−12	−39.32	−31.2
0.5～1. 0	161	110.35	158	86.40	−3	−23.95	−21.7
1.0～5.0	82	138.92	82	121.24	0	−17.68	−12.7
＞5.0	2	11.91	2	10.92	0	−0.99	−8.3
合计	910	397.41	879	311.01	−31	−86.40	−21.7

资料来源：陈辉等，2013；贺建桥等，2008。

1956～2003 年，910 条冰川总面积从 397.41km² 缩小到 311.01km²，缩小了 21.7%。有 31 条冰川完全消失，面积均小于 1.0km²，其中 28 条冰川面积＜0.5km²。计算得到冰川末端平均后退 189m，即 4.0m/a。不同面积等级的冰川变化比率不尽相同。1956 年面积＜1.0km² 的冰川，分别占总条数和总面积的 90.8%和 62.0%，在 1956～2003 年面积缩小了 27.5%。相比之下，＞1.0km² 的冰川，其数量和面积分别占总数的 9.2%和 38.0%，面积缩小了 12.4%（陈辉等，2013）。因此，＜1.0km² 冰川无论在面积上还是在数量上均占优势，＞1.0km² 的冰川平均面积变化率为 2 倍以上。总之，从单条冰川面积的相对变化可以看出，小冰川变化相对较大，大冰川变化相对较小。这种冰川变化幅度和冰川规模与干旱区其他地区变化规律是相一致的。

二、黑河和北大河冰川变化

从表 5-2 看出，1956～2003 年，黑河流域和北大河流域冰川面积分别缩小 29.6%和 18.7%。黑河流域冰川平均面积 0.32km²，较北大河流域 0.50km² 小很多，而且没有＞5km²

表 5-2　1956～2003 年黑河和北大河不同等级冰川分布和面积变化

流域	面积等级/km²	1956 年		2003 年		1956～2003 年冰川变化		
		条数/条	面积/km²	条数/条	面积/km²	条数/条	面积/km²	百分比/%
黑河流域	＜0.1	58	3.82	52	2.03	−6	−1.78	−46.7
	0.1～0.5	218	51.51	211	33.68	−7	−17.84	−34.6
	0.5～1.0	40	26.36	40	19.46	0	−6.90	−26.2
	1.0～5.0	19	27.66	19	21.77	0	−5.89	−21.3
	＞5.0	0	0	0	0	0	0	0
	合计	335	109. 35	322	76.94	−13	−32.41	−29.6
北大河流域	＜0.1	95	6.21	85	3.53	−10	−2.68	−43.1
	0.1～0.5	294	74.70	289	53.22	−5	−21.48	−28.8
	0.5～1.0	121	84. 00	118	66.95	−3	−17.05	−20.3
	1.0～5.0	63	111.26	63	99.46	0	−11.79	−10.6
	＞5.0	2	11.91	2	10.92	0	−0.99	−8.3
	合计	575	288.06	557	234.08	18	−53.99	−18.7

资料来源：陈辉等，2013。

的冰川，这也是其冰川面积缩小比率大于北大河流域的主要原因（颜东海等，2012）。在消失的 31 条冰川中，有 13 条位于黑河流域，占总条数的 3.8%，18 条位于北大河流域，占总条数的 3.1%（王璞玉等，2011）。

自 20 世纪 50 年代以来，祁连山气温明显升高，增幅为 0.54～0.92℃，这是造成冰川退缩的主要原因。同时，祁连山西部受西风环流影响，降水呈增加趋势，东部受季风影响，降水呈减小趋势（蓝永超等，2004）。北大河流域降水量相较黑河流域多，同时冰川规模也相对较大，这是造成该流域冰川变化比率小的直接原因。

三、葫芦沟流域冰川变化

葫芦沟流域共有 6 条冰川，1956～2010 年总面积减少了 30.1%，年平均减少了 $0.008km^2$，1 条冰川已消融殆尽。1956～2003 年该流域冰川面积年平均减少了 $0.005km^2$，2003～2010 年年平均减少了 $0.026km^2$，是 1956～2003 年的近 5 倍（阳勇等，2007）。其中，1956～2010 年十一冰川面积缩小率为 15.8%，同时冰川末端升高了 50m，由海拔 4270m 上升至 4320m。2003～2010 年该冰川的变化速率已增至 1956～2003 年的近 6 倍。

第三节 祁连山中段（黑河上游）冰川时间尺度变化

冰川数量是衡量一个地区冰川丰度的重要基础数据，也是统计和分析冰川变化的重要内容之一。准确掌握冰川数量及其变化，有利于了解祁连山中段冰川的整体状况和冰川数量在不同时间段对气候的响应特征及其差异。表 5-3 是祁连山中段冰川三期数量和面积变化数据，其中第一期数据时间为 1956 年，数据取自第一次冰川编目；第二期、第三期数据来自 1990 年和 2010 年的遥感影像。

表 5-3 祁连山中段冰川三期数量和面积变化

项目	1956 年（第一次冰川编目）	1990 年	2010 年
总面积/km^2	164.454	135.165	98.935
数量/条	428	421	404
平均面积/km^2	0.384	0.321	0.245
单条最大面积/km^2	2.329	2.296	2.245

资料来源：夏明营，2013。

一、祁连山中段冰川时间尺度变化

1956～2010 年，祁连山中段冰川数量表现为减少趋势。祁连山中段冰川数量在 1956 年有 428 条，2010 年为 404 条。其中，1956～1990 年冰川数量仅减少了 7 条，平均每 10 年减少 1.5 条，而 1990～2010 年，平均每 10 年减少 8.5 条，其减少量是前一个时段的 2.4 倍，其减少速率是前一个时段的 5.7 倍。从整体上来看，虽然 1990～2010 年的年数比 1956～1990 年少，仅为 20 年，但是冰川在该时段的数量减少最为明显和迅速。这在很大程度上是由于该研究区山地气候的气温显著升高，使得冰川面积不断萎缩，并导致冰川在该区域的大量“瘦小化”。研究表明，在山岳冰川区，面积等级规模越小的冰川，其对气候的响应也就越为明显和强烈，并且响应的时间也比较短暂。随着年均气温的不断升高，该区的冰川，特别是小冰川，在不断变小的过程中对气温的响应也越来越敏感，并导致冰川大量消融。特别是对于规模等级＜0.1km^{2}的冰川来说，气温的升高使其收入-支出系统很容易出现支出大于收入的状况，最后会完全消失，而在该研究区，规模等级＜0.1km^{2}的冰川数量由1990年的67条增加为2010年的141条。

冰川数量在不同规模等级的变化在三期表现略有差异，主要表现为：1956～2010年，规模等级＜0.1km^{2}的冰川数量从32条增加到141条，而规模等级0.1～0.5km^{2}的冰川数量则从303条减少到220条，规模等级0.5～1km^{2}的冰川数量则从65条减少到31条，规模等级1～2km^{2}的冰川数量则从26条减少到11条。规模等级＜0.1km^{2}的冰川数量大量增加主要是由120条规模等级0.1～0.5km^{2}的冰川快速消融带来的。由此可以推测，未来该研究区在冰川数量仍然以0.1～0.5km^{2}和0.5～1km^{2}规模等级为主。＜0.1km^{2}和0.1～0.5km^{2}两个规模等级的冰川在数量上占有绝对大的比例，而这些冰川几乎都表现出快速消融的趋势。据此可以推测，该区冰川总体数量可能会在较短的时期内继续快速减少。

冰川面积在不同规模等级的变化特征主要表现为：1956～2010年，规模等级＜0.1km^{2}的冰川面积减小，规模等级0.1～0.5km^2、0.5～1km^{2}和1～2km^{2}的冰川面积都显著下降，而规模等级0.1～0.5km^{2}的冰川面积减少量最大，其面积由80.590km^{2}减少为52.841km^2，共减少27.749km^2；等级1～2km^{2}的冰川面积缩减率最高，其面积减少率为56.7%。可以看出，1956～2010年，黑河流域冰川面积总共减少了65.519km^2。从选取的三期数据结果来看，冰川平均面积变化表现为减小趋势，这很可能是由于该流域冰川规模以＜0.1km^{2}等级和0.1～0.5km^{2}等级为主，而冰川面积越小，其对气候变暖的响应越敏感，缩减幅度也就越大。研究选取的两个时段的年数长度并不相同，使1956～1990年和1990～2010年的冰川面积变化量差异并不大，而前一个时段与后一个时段的年均面积变化率相比差异较大（表5-4）。两个时段的年数分别为35年和20年，年均面积变化率分别为–0.51%和–1.34%，可以看出，1990～2010年的面积缩减速度大于前一个时段，这是因为20世纪80年代我国西北地区的年均气温呈现快速升高的趋势。在该研究区冰川中，面积最大的单条冰川位于黑河上游大清水流域，1956～2010年缩减率约为3.6%。综上，1956～2010年，祁连山中段冰川数量和面积总体呈减少趋势。

表5-4　祁连山中段冰川两个时段的数量和面积变化

项目	1956～1990年	1990～2010年
数量变化/条	–7	–17
面积变化量/km^2	–29.289	–36.230
年均面积变化量/（km^2/a）	0.086	1.812
面积变化率/%	–17.8	–26.8
年均面积变化率/（%/a）	–0.51	–1.34

资料来源：夏明营，2013。

依据冰川面积大小进行划分，将冰川分为7个规模等级（表5-5），分别为＜0.1km^2、0.1～0.5km^2、0.5～1km^2、1～2km^2、2～5km^2、5～10km^2、≥10km^2。在祁连山中段冰

川区，冰川规模等级 5～10km^2 和≥10km^2 不存在，而且 2～5km^2 规模等级的冰川数量在 2010 年仅有 1 个，其面积为 3.956km^2。冰川规模<0.1km^2、0.1～0.5km^2、0.5～1km^2 和 1～2km^2 是该研究区主要的规模等级。以 2010 年冰川数据为例，就其冰川数量而言，冰川规模等级以<0.1km^2 和 0.1～0.5km^2 为主，分别为 141 条和 220 条，这两个规模等级的冰川数量占该区的 89.4%；对于冰川面积而言，冰川规模等级以 0.1～0.5km^2、0.5～1km^2、1～2km^2 为主，冰川面积分别为 42.072km^2、28.082km^2 和 23.951km^2，这 3 个规模等级的冰川面积占该区的 95.1%。可见，祁连山中段大型冰川数量匮缺，小型冰川众多。研究区的山地总体海拔不高，冷温条件也比我国西部其他山区差，冰川发育受到了极大的限制，这是导致祁连山中段冰川规模等级普遍较小的重要原因。

表 5-5　祁连山中段不同规模等级的冰川面积变化

冰川规模/km^2	1956 年冰川面积/km^2	2010 年冰川面积/km^2	减少量/km^2	缩减率/%
<0.1	2.350	0.874	1.476	62.8
0.1～0.5	80.590	42.072	38.518	47.8
0.5～1	43.583	28.082	15.501	35.6
1～2	33.580	23.951	9.629	28.7
2～5	4.351	3.956	0.395	9.1
5～10	0	0	0	—
≥10	0	0	0	—

资料来源：夏明营，2013。

表 5-5 表明，1956～2010 年，祁连山中段冰川规模等级<0.1km^2、0.1～0.5km^2、0.5～1km^2、1～2km^2、2～5km^2 的冰川面积缩减率分别为 62.8%、47.8%、35.6%、28.7%、9.1%，表明冰川面积越小，自身的调节功能越弱，其对气候变化的响应越敏感，面积缩减率越高（曹泊等，2010）。祁连山中段共计减少冰川 24 条，数量变化率为-5.6%，平均每两年就消失一条，这些消失的冰川全部是由冰川等级规模<0.1km^2 和 0.1～0.5km^2 贡献的，其中规模等级<0.1km^2 的冰川消失了 11 条，0.1～0.5km^2 的冰川消失了 13 条。由以可见，冰川缩减量的多少和速度，除与气温和降水因素有直接的关系外，冰川自身的规模状况也是一个不容忽视的重要因素。

二、祁连山中段各支流冰川数量变化差异

祁连山中段各支流冰川数量分布最多的是黑河上游流域和梨园河，2010 年的数量分别为 72 条和 61 条，分布最少的是夹道沟-潘家河流域，2010 年的数量为 13 条（表 5-6）。1956～2010 年冰川共减少 24 条，平均两年就消失一条，这些消失的冰川全部是由冰川等级规模<0.1km^2 和 0.1～0.5km^2 贡献的，其中规模等级<0.1km^2 的冰川消失了 11 条，0.1～0.5km^2 的冰川消失了 13 条。前 30 多年（1956～1990 年）冰川消失 7 条，而后 20 年冰川却消失了 17 条，说明该区域冰川的消亡数量和速度正在增加和加快（丁永建，1995）（表 5-7）。冰川数量减少最大的是黑河上游流域和马营河流域，两者各减少了 6 条，是因为这两个支流冰川数量是黑河流域相对较多的，而且冰川规模等级又以<0.1km^2 和 0.1～0.5km^2 为主，减少的这 12 条冰川全是由该等级冰川贡献的；长干河和梨园河的减

少量居于其次，各自减少了 3 条；而只有摆浪河流域的冰川数量没有减少，仍保持着 30 条的数量，主要是其冰川数量占整个祁连山中段的比例较低所致。

表 5-6　祁连山中段冰川数量和面积的空间分布

支流名称	编码	1956 年		1990 年		2010 年	
		数量/条	面积/km²	数量/条	面积/km²	数量/条	面积/km²
大河	5Y421	55	26.547	55	19.942	54	15.183
夹道沟-潘家河	5Y422	15	6.072	13	4.456	13	3.886
八宝河	5Y423	35	11.643	35	10.029	34	7.962
柯柯里河	5Y424	55	23.715	55	17.672	53	12.712
黑河上游	5Y425	78	24.443	77	22.073	72	13.597
长干河	5Y426	36	8.257	35	6.124	33	2.787
梨园河	5Y427	64	20.247	62	17.624	61	12.564
摆浪河	5Y428	30	18.051	30	16.724	30	14.456
马营河	5Y429	60	25.479	59	20.521	54	15.787
总计	5Y42	428	164.454	421	135.165	404	98.934

资料来源：夏明营，2013。

表 5-7　祁连山中段冰川的数量和面积的区域变化差异

支流名称	编码	1956～1990 年			1990～2010 年		
		数量变化/条	面积变化/km²	面积变化率/%	数量变化/条	面积变化/km²	面积变化率/%
大河	5Y421	0	−6.605	−24.88	−1	−4.759	−23.86
夹道沟-潘家河	5Y422	−2	−1.616	−26.61	0	−0.570	−12.79
八宝河	5Y423	0	−1.614	−13.86	−1	−2.067	−20.61
柯柯里河	5Y424	0	−6.043	−25.48	−2	−4.960	−28.07
黑河上游	5Y425	−1	−2.370	−9.70	−5	−8.476	−38.40
长干河	5Y426	−1	−2.133	−25.83	−2	−3.337	−54.49
梨园河	5Y427	−2	−2.623	−12.96	−1	−5.060	−28.71
摆浪河	5Y428	0	−1.327	−7.35	0	−2.268	−13.56
马营河	5Y429	−1	−4.958	−19.46	−5	−4.734	−23.07
总计	5Y42	−7	−29.289	−17.81	−17	−36.231	−26.80

资料来源：夏明营，2013。

三、祁连山中段各流域冰川面积变化差异

祁连山中段冰川正以极其惊人的速度消融（高鑫等，2011），1956～1990 年，祁连山中段冰川总共缩减 29.289km²，面积缩减率为 17.81%；1990～2010 年，共缩减 36.230km²，面积缩减率为 26.81%。祁连山中段流域共划分了 9 个支流流域，它们各自的冰川面积分布存在差异。据 2010 年祁连山中段冰川面积数据，各支流冰川面积分布最多的是马营河流域和大河流域，分别为 15.787km² 和 15.183km²，面积分布最少的是长干河流域，面积为 2.787km²（表 5-6）。1956～2010 年，祁连山中段冰川面积大量缩减，各支流流域的面积减少量和缩减率都有明显的不同（表 5-7）。从 1956～1990 年和 1990～2010 年的面积变化数据分析，长干河流域冰川面积缩减率较高，分别为达 25.83%

和 54.49%，这是由于该支流没有>0.5km^2 的冰川，大量的小型冰川对气候变暖的感应非常敏感，退缩速度加快。摆浪河在 1956～1990 年和 1990～2010 年的冰川面积缩减率都是较低的，分别为 7.35%和 13.56%。前 30 多年（1956～1990 年），冰川面积缩减量较大的为大河和柯柯里河流域，分别为 6.605km^2 和 6.043km^2；后 20 年（1990～2010 年）冰川面积缩减量较大的为黑河上游和梨园河流域，分别为 8.476km^2 和 5.060km^2。近 50 多年（1956～2010 年），冰川面积缩减量较大的为大河、柯柯里河和黑河上游流域，分别为 11.364km^2、11.003km^2 和 10.846km^2。

以 1956 年获得的冰川面积为基础数据，将各流域的冰川面积按照<0.5km^2 和≥0.5km^2 两个等级进行分类统计，结果表明，两个规模等级的冰川数量相差很大，但是面积相差较小。等级<0.5km^2 的冰川共 335 条，面积为 82.940km^2，等级≥0.5km^2 的冰川共 93 条，面积为 81.514km^2（表 5-8）。1956～2010 年，规模等级<0.5km^2 的冰川中，数量最多的是祁连山中段黑河上游流域，有 48 条，其面积减少量也最大，为 8.697km^2；数量最少的是夹道沟-潘家河流域，有 11 条，其面积减少量也最小，为 0.894km^2；面积缩减率最高的是长干河流域，缩减率为 66.2%，面积缩减率最低的是摆浪河流域，缩减率为 24.5%。在规模等级≥0.5km^2 的冰川中，长干河流域没有该规模冰川，而大河流域该规模的冰川最多，有 22 条，1956～2010 年面积缩减量和缩减率也最大，分别为 7.359km^2 和 42.0%。面积缩减率最低的仍然是摆浪河流域，缩减率为 17.9%。

表 5-8　祁连山中段各支流两个规模等级的冰川面积及其变化

编码	1956 年		2010 年		面积变化量/km^2		面积变化率/%	
	<0.5km^2	≥0.5km^2	<0.5km^2	≥0.5km^2	<0.5km^2	≥0.5km^2	<0.5km^2	≥0.5km^2
5Y421	9.009	17.538	5.005	10.179	−4.004	−7.359	−44.4	−42.0
5Y422	2.778	3.294	1.884	2.002	−0.894	−1.292	−32.2	−39.2
5Y423	7.604	4.039	4.994	2.968	−2.610	−1.071	−34.3	−26.5
5Y424	9.677	14.038	4.223	8.490	−5.454	−5.548	−56.4	−39.5
5Y425	16.045	8.398	7.348	6.250	−8.697	−2.148	−54.2	−25.6
5Y426	8.257	0	2.787	0	−5.470	0	−66.2	—
5Y427	13.639	6.608	7.274	5.289	−6.365	−1.319	−46.7	−20.0
5Y428	5.455	12.596	4.117	10.339	−1.338	−2.257	−24.5	−17.9
5Y429	10.476	15.003	5.314	10.473	−5.162	−4.530	−49.3	−30.2
合计	82.940	81.514	42.946	55.990	−39.994	−25.524	−48.2	−31.3

第四节　祁连山东西段冰川变化

一、祁连山西段冰川总面积变化

根据张华伟等（2011）的数据，得出疏勒南山地区的冰川总面积的变化情况见表 5-9。从表 5-9 中可以看出，研究区内的冰川总面积呈逐渐减少的趋势。其中，1970～1995 年变化明显，减少了 5.8%；1999～2002 年变化稍小，仅减小了 1.7%；1995～1999 年变化和 2002～2006 年变化一致，均减少了 3.0%。从变化数据来看，1970～1995 年变化相对较大，1999～2002 年年均变化次之，1995～1999 年年均变化与 2002～2006 年变化相一致（刘时银等，2002a）。

表 5-9 疏勒南山内冰川总面积的变化

年份	面积/km²	与 1970 年的变化率/%	与 1995 年的变化率/%	与 1999 年的变化率/%	与 2002 年的变化率/%
1970	428.34	—	—	—	—
1995	403.36	−5.8	—	—	—
1999	391.46	−8.6	−3.0	—	—
2002	384.91	−10.1	−4.6	−1.7	—
2006	373.34	−12.8	−7.4	−4.6	−3.0

通过对研究区气温的分析认为，20 世纪 90 年代研究区内夏季温度升高是导致该区冰川面积减少的主要原因。该区内的哈拉湖在 90 年代面积的显著增加也是明证（郭铌等，2003）。同时，从冰斗冰川变化可以看出，冰川的退缩非常明显，都呈减小趋势，有的冰斗冰川到 2006 年时就已经消失。相对而言，山谷冰川的变化不太显著，只有一部分冰川退缩，另一部分冰川基本稳定。疏勒南山西部的冰川尾部的冰湖面积在这些年间有显著增加趋势。近几十年来，青藏高原各地冰川变化各不相同。长江源的格拉丹东地区在 1969～2000 年冰川面积减少了 1.7%（鲁安新等，2002）；黄河源间冰川面积变化很小，只减少了 1.7%，阿尼玛卿山地区 1966～2000 年冰川面积变化很大，减少了 17.3%（杨建平等，2003）；黑河上游的野牛沟地区，1970/1973～2003 年冰川面积减少 18.23%（阳勇等，2007），也是冰川退缩大的地区。在祁连山西段，据刘时银等（2002b）的研究，1956～1990 年冰川面积减少了 10.3%；1970～2002 年疏勒南山地区的冰川面积减少了 10.1%，与祁连山西段的结果相一致。根据《简明中国冰川目录》，格拉丹东地区属于极大陆型冰川区，阿尼玛卿山地区和野牛沟地区属于亚大陆型冰川区，祁连山西段属于亚大陆型冰川和极大陆型冰川交界地区。因此，极大陆型冰川变化很小，亚大陆型冰川变化较大，这和地区间的气温降水等气象要素有很大关系。

二、祁连山西段不同规模冰川面积变化

表 5-10 是疏勒南山不同规模冰川（面积）的变化率平均值数据。可以看出，面积越大的冰川变化率平均值越小，面积小的冰川变化率平均值大。1970～2006 年，面积＜1km² 的冰川平均减少 32.2%，是变化率平均值中最大的；而 1995～1999 年，面积＞10km² 的冰川平均减少仅为 1.0%。

表 5-10 疏勒南山不同规模冰川的面积变化

冰川面积/km²	冰川条数/条	变化率平均值/%				
		1970～1995 年	1995～1999 年	1999～2002 年	2002～2006 年	1970～2006 年
＜1	184	−10.4	−13.4	−3.7	−12.1	−32.2
1～2	35	−6.7	−2.6	−2.4	−3.6	−14.3
2～5	39	−5.4	−2.6	−1.3	−2.6	−11.3
5～10	14	−5.3	−1.7	−1.5	−2.4	−10.5
＞10	7	−4.9	−1.0	−1.3	−1.1	−8.2

对于相同规模的冰川，除面积小于 1km^2 冰川之外，1970～1995 年的变化率平均值是最大的，这与 20 世纪 90 年代以来温度较高有关；疏勒南山冰川在 1995～1999 年变化较大，而在 1999～2002 年变化较小，2002～2006 年的变化次之。这与疏勒南山冰川面积总的变化趋势相一致。

三、祁连山东段冰川面积变化

选取青藏高原东北缘祁连山东段冷龙岭地区的现代冰川，基于地形图、遥感影像、测量、实地野外考察等手段来确定冰川的面积、长度、厚度和冰储量的变化。冷龙岭地区共发育现代冰川 244 条（其中 220 条＜1km^2），面积 101.6km^2，冰储量 3.299km^2；而 2012 年冰川面积减少至 66.7km^2，面积退缩率为 34.4%（0.86%/a）。1972～2012 年，西冷龙岭地区冰川总面积共减少了 27.5km^2，占 1972 年冰川面积的 31.9%，平均减少速率为 0.68km^2/a；但不同时段的面积退缩率却不尽相同，其中 1995～1999 年的退缩率最大，为 1.28%/a，1999～2002 年次之，为 1.15%/a，而 1972～1995 年最小，为 0.79%/a；南坡退缩速率要高于北坡，按规模统计，小冰川的面积退缩率要明显高于大冰川。

1972～2012 年，冷龙岭地区冰川的持续退缩主要是由温度的升高引起的，即使某时段降水量有所增加，其所带来的冰川积累量也不能弥补由温度升高引起的冰川退缩量。此外，该区域冰川的退缩受气温、降水、冰川规模、地形等多种因素共同控制，其中气温上升幅度大和冰川自身规模较小是导致该地区冰川强烈退缩的主要原因。西冷龙岭南坡的夏季气温升高幅度比北坡大，而冰川规模却比北坡小，致使南坡的面积退缩速率要高于北坡。

根据冰川消融与海拔的线性关系，通过度日模型，估算出西营河流域的冰川（占区域总面积的 0.8%）2012 年 6～9 月的融水总量为 0.0083km^3，占同时段流域总径流量的 3.9%。若气温升高 1℃，该流域冰川融水量将占流域总径流量的 4.8%。

第五节　新疆冰川资源及其分布现状

新疆维吾尔自治区的冰川分布在阿尔泰山、天山、帕米尔高原、喀喇昆仑山和昆仑山，额尔齐斯河、准噶尔内流河、中亚细亚内流河和塔里木内流河等水系发源于这些冰川。该区发育有冰川 18311 条，面积 24721.93km^2，冰储量 2623.48km^3，约占我国冰川总储量的 46.9%，是我国冰川规模最大和冰储量最多的地区（表 5-11）。新疆地处内陆干旱区，冰川在水资源的构成中占有重要地位，是该区工农业生产赖以发展的重要保证。冰川是大自然修筑的“固体水库”，为新疆灌溉农业发展提供了可靠的水资源保障。

表 5-11　新疆诸河流域冰川数量分布

水资源分区		冰川数/条	冰川面积/km^2	冰储量/km^3
二级区	三级区			
吐哈盆	艾丁湖	352	164.04	7.72
地小河	庙尔沟等	94	88.69	4.91

续表

水资源分区		冰川数/条	冰川面积/km²	冰储量/km³
二级区	三级区			
阿尔泰山南麓诸河	额尔齐斯河	403	289.29	16.40
	乌伦古河	13	3.91	0.10
中亚西亚内陆河区	伊梨河	2373	2022.66	142.18
	喀拉湖	12	25.50	1.53
天山北麓诸河	东段诸河	298	158.64	7.46
	中段诸河	1997	1268.49	82.34
	艾比湖水系	1104	823.06	47.55
塔里木河源	和田河	3555	5336.98	578.71
	叶尔羌河	2917	5315.31	612.10
	喀什噶尔河	1135	2422.82	230.62
	阿克苏河	1005	2411.56	436.99
	渭干河	853	1783.86	258.27
	开孔河	832	474.98	23.25
昆仑山北麓小河	克里雅河诸小河	895	1357.27	100.66
	车尔臣河诸小河	473	774.87	72.69

资料来源：刘海潮等，1998。

塔里木河源区冰川数量最多，冰川规模最大，其冰川条数、面积和冰储量分别占该区相应冰川总量的 56.2%、71.8%和 81.6%（表 5-11）。该区冰川集中发育在高大山峰周围，它们提供了有利于冰川发育的广阔空间和水热条件，因而形成了诸如汗腾格里-托木尔峰、乔戈里峰、昆仑峰和公格尔山等巨大山地冰川作用中心。该区面积大于 100km^2 的 18 条树枝状山谷冰川均发育在这些中心，其总面积和冰储量分别共计 3713.72km^2 和 990.98km^3，分别占该区相应冰川总量的 20.9%和 46.3%。冰川面积大于 2000km^2 的二级区依次为塔里木河源区、天山北麓诸河、昆仑山北麓小河和中亚西亚内陆河。阿尔泰山南麓诸河包括额尔齐斯河和乌伦古河，其中额尔齐斯河是西北诸河区内唯一的一条外流河，共计有冰川 403 条，面积 289.29km^2 和冰储量 16.40km^3，而发源于阿尔泰山东段的乌伦古河仅发育有少量的悬冰川。

伊犁河发源于天山，由喀什河、巩乃斯河、特克斯河和若干短小支流组成，流经伊犁盆地，最后注入巴尔喀什湖，是跨越中国和哈萨克斯坦的国际河流。发源于阿尔泰山的额尔齐斯河是一条跨越中国和俄罗斯的国际河流。这两条河流冰川水资源的充分利用受到一定限制。被高大的天山、帕米尔高原、喀喇昆仑山和昆仑山所环绕的塔里木河源区，有 3 条国际河流，即阿克苏河、叶尔羌河和喀什噶尔河，它们以向心状汇入塔里木河，其上游所发育的数量多、规模巨大的冰川，使该区实际利用的冰川水资源总量较中国境内拥有的冰川数量多，其境外的冰川面积（3461.9km^2）和冰储量（341.0km^3）分别占塔里木河源区相应冰川总量的 19.5%和 16.0%（表 5-11）。其中，阿克苏河支流库马里克河发源于吉尔吉斯斯坦的中天山和托木尔-汗腾格里峰区，在其上游发育有数量众多和规模巨大的冰川，其中南伊内里切克冰川长 63.5km，面积 567.2km^2，是中低纬度长度超过 50km 的八大冰川之一。库马里克河境外的冰川条数（1447 条）、面积（2248.4km^2）

和冰储量（228.5km^3）分别占该河相应冰川总量的 92.1%，70.4%和 46.0%。阿克苏河另外一条支流，即托什罕河的上游也源于吉尔吉斯斯坦的中天山，在其上游发育有 288 条冰川，但冰川规模（258.3km^2）不大。喀什噶尔河源于塔吉克斯坦共和国境内的西帕米尔，其上游发育有 239 条冰川，面积 345.7km^2。叶尔羌河上游的克勒青河在巴基斯坦实际控制区也有 142 条冰川，其面积（609.5km^2）和冰储量（72.4km^3）均较大。

在新疆内陆干旱区，冰川是十分宝贵的水资源，其冰雪融水对灌溉农业的发展具有重要的经济价值，并在很大程度上决定着干旱地区的环境状况。区内大部分河流都依赖冰川融水补给，其中塔里木盆地水系的平均补给比例高达 40.2%（杨针娘，1991），而其支流木扎尔特河和渭干河的冰川融水比例分别高达 81.1%和 85.6%，阿克苏河、库马里克河和台兰河等也在 50%以上。冰川融水的调节作用，使其补给河流的径流量年际变化小，因而是相对稳定的水资源。冰川在造福人类的同时，叶尔羌河和库马里克河上游冰川阻塞湖溃决所产生的突发性洪水，是各类洪水中洪峰最高、危害最大的洪水（张祥松和周聿超，1990），夏季常给下游带来巨大的经济损失，应予以防范和治理。

第六节　小冰期百年时间尺度的冰川变化

小冰期是指 15～19 世纪气候相对寒冷期。在此期间，世界各山地冰川均前进，在高山现代冰川末端不远处，遗留有三道形态清晰和完整的终碛垄。小冰期冰碛垄保存完好，其表面形态特征、规模、风化程度和植被状况均与更早时期形成的冰碛垄有明显差别，因而可以用其遗迹标志恢复小冰期时的冰川规模和重建当时的环境。王宗太（1991，1993）和刘潮海等（2002）量算了新疆天山乌鲁木齐河、喀喇昆仑山的叶尔羌河、昆仑山的和田河、阿尔泰山的布尔津河等流域小冰期以来的冰川变化（表 5-12）。

表 5-12　新疆主要流域小冰期最盛期以来的冰川面积变化量及其变化率

典型流域	山脉	现代冰川面积 S/km^2	小冰期冰川面积 S_L/km^2	变化量（S_L–S）/km^2	变化率（$\Delta S/S_L$）/%	代表河流
和田河	西昆仑山	5337	5990	653	11	玉龙喀什河源
叶尔羌河	喀喇昆仑山	5925	7251	1326	18	克勒青河
天山西南部	天山	4670	5708	1038	18	托什罕河和托木尔峰区
准噶尔内陆河	天山	2254	3031	777	26	乌鲁木齐河、安集海河和玛纳斯河
额尔齐斯河	阿尔泰山	289	445	156	35	布尔津河

小冰期以来，新疆冰川面积变化率的地区差异很大，阿尔泰山的额尔齐斯河冰川面积变化率可以达到 35%；随着远离水汽补给源地，降水量逐渐减少，冰川面积变化率也相应减少，西昆仑山东段冰川面积变化率也可降到 11%。即使是同一流域，边缘山地和内部山地的冰川变化也具有明显的差异。例如，天山乌鲁木齐河小冰期以来冰川面积平均减少了 47.1%，而位于其源头的一号冰川面积只减少了 18.0%（表 5-13），两者相差 2.6 倍（张祥松和王宗太，1995），说明边缘山地冰川变化幅度大，对气候变化的响应敏

感，而位居内部山地冰川变化相对迟缓。这一规律在冰川近数十年的变化中也同样得到明显的印证（刘海潮等，1998）。

表 5-13 乌鲁木齐河源一号冰川小冰期以来的面积变化

年份	面积减少速率/（km^2/a）	累积面积减少比例/%	零平衡线高度/m
1538	—	—	3920
1777	0.0003	—	—
1871	0.0015	2.7	3945
1920	0.0009	9.2	3970
1964	0.0009	11.2	4047
1973	0.0076	13.0	4062
1980	0.0020	16.0	—
1988	0.0038	—	4059
平均/总计	0.0009	18.0	—

资料来源：王宗太，1993。

冰川面积变化率也受到冰川规模大小的强烈影响。冰川面积变化率与其面积等级的中值有良好的负指数关系，表明冰川面积变化率有随冰川面积等级增大而减小的规律。例如，＜$0.5km^2$的冰川，小冰期最盛时的冰川面积是现存冰川面积的 2 倍，而＞$10km^2$的冰川仅为 1.03 倍。由此可见，小冰期以来消失的仅是面积＜$0.5km^2$的小冰川，而规模较大的冰川虽然面积有所缩小，但还没有出现消失现象。小冰期以来冰川变化的特点是其速度有逐渐加快的趋势。以天山乌鲁木齐河源一号冰川为例可以看出，近 100 年来，冰川面积减少量是小冰期以来平均值的 2 倍左右，而 20 世纪 70 年代以后达到 4.6～8.4 倍。

第七节 近几十年来典型流域冰川变化

一、乌鲁木齐河源一号冰川变化

一号冰川观测始于 1959 年，1967～1979 年暂停，1980 年起恢复观测至今。冰川末端变化通过对冰舌末端距冰川外基准点距离的测量获取。冰川面积的计算主要依照航片与地面摄影照片资料。1993 年，一号冰川分离为两条独立的冰川，对其末端及面积变化的观测也分开进行（表 5-14）。

表 5-14 一号冰川冰舌末端变化（后退）

时间	后退长度/m	时间	后退长度/m
1962.9～1973.8	–65.60	1981.8～1982.8	–2.06
1973.8～1980.8	–22.99	1982.8～1986.8	–14.30
1980.8～1981.8	–4.83	1986.8～1987.8	–3.68

续表

时间	后退长度/m	时间	后退长度/m
1987.8～1988.8	–3.80	1994.8～1995.8	东支–3.95，西支–6.17
1988.8～1989.8	–5.10	1995.8～1996.8	东支–3.40，西支–4.60
1989.8～1990.8	–3.57	1996.8～1997.8	东支–3.65，西支–4.80
1990.8～1991.8	–6.51	1997.8～1998.8	东支–3.47，西支–4.47
1991.8～1992.8	–3.44	1998.8～1999.8	东支–3.41，西支–4.85
1992.8～1993.8	–3.84	1999.8～2000.8	东支–3.40，西支–6.92
1993.8～1994.8	东支–4.85，西支–6.75	2000.8～2001.8	东支–3.10，西支–6.95

资料来源：李忠勤等，2003。

一号冰川自20世纪60年代以来一直处于退缩状态（表5-14），东西支冰舌自1993年完全分离，成为两支独立的冰川，其间共退缩139.72m，平均每年退缩4.5m。1993～2001年东支年退缩量为3.7m，西支为5.7m。东支末端年退缩量较小，而且变化不大，可能是由冰舌表碛覆盖所致。西支1999～2001年退缩量达到创纪录高值（13.87m），这主要与较高的气温有关。

一号冰川面积也呈加速减小趋势（表5-15）。其中，1962～1992年冰川面积减少0.117km^2，与1992～2000年减少的（0.100km^2）几乎相同。冰川面积减少除了气候原因以外，还与东西支冰川分离之后末端有效消融面积增大有关。

表5-15　一号冰川面积变化

时间	面积/km^2
1962.8	1.950
1964.10	1.941
1986.8	1.840
1992.8	1.833
1994.8	1.742（其中西支1.115；东支0.627）
2000.8	1.733（其中西支1.111；东支0.622）

资料来源：李忠勤等，2003。

二、乌鲁木齐河流域

乌鲁木齐河全流域冰川变化是通过两次航空摄影测量成图对比方法获取的，这两次航空摄影是分别于1964年和1992年进行的。因此，利用这两次摄影成图可量算出1964～1992年流域各条冰川长度、面积和冰储量变化的完整资料（陈建明等，1996）。

乌鲁木齐河流域冰川长度、面积和冰储量在1964～1992年均处于减小状态，包括乌鲁木齐河源一号冰川在内的全流域155条冰川末端平均退缩了97.6m，冰川总面积减小量为6.64km^2；冰川面积缩小量占整个流域1962年冰川面积的13.8%。而在有冰川储量量算结果的124条冰川中，冰厚度平均减薄5.8m，对应的冰川储量减小量达2.7亿m^3，减少的冰储量占1964年相应冰储量的15.8%。

三、艾比湖水系的天山四棵树河流域

据刘潮海等（1999）的研究，位于北天山西段的四棵树河，源于天山的博罗克努山北坡。该流域发育有冰川 364 条，面积 336.25km^2。选择其中的冬都郭勒、哈夏廷郭勒、东都郭勒和西白提 4 条山地冰川流域（四棵树河流域）的 30 条冰川，利用航空相片对比成图方法，获得这些冰川 1962～1990 年的变化资料（表 5-16）。在统计的 30 条冰川中，1 条冰川向前推进了 35m，年平均仅 1.2m。这种状态不是区域气候变化所引起的，可能与地形条件影响的积累量重新分配有关。另外，还有 3 条冰川处于稳定状态，其余冰川均在后退，面积缩小和冰储量减少，冰面高程下降。

表 5-16　1962～1990 年天山四棵树河流域冰川变化

流域名称	冰川末端变化			冰川面积变化			
	变化量/m	年平均变化率/（m/a）	变化率/%	面积/km^2		变化量/km^2	变化率/%
				1962 年	1990 年		
冬都郭勒	−170	−6.1	4.8	13.50	13.08	−0.43	3.2
哈夏廷郭勒	−131	−4.7	5.7	39.99	38.20	−0.79	2.1
东都郭勒	−153	−5.4	5.0	27.71	26.70	−1.01	3.6
西白提	−131	−4.7	4.1	22.02	21.57	−0.45	2.1
平均/总计	−140	−5.0	4.9	102.22	99.55	−2.68	2.6

四、伊犁河的喀什河流域

喀什河是伊犁河最北的一条支流，源于博罗克努山南坡，与四棵树河相对应。该流域发育有冰川 551 条，面积 421.60km^2。选择喀什河的阿勒沙郎、吐鲁更恰干、阿尔桑萨依、特洼萨依和孟克德萨依 5 条山地冰川流域的若干代表性冰川，用航片对比成图法，获得这些冰川 1962～1990 年的变化资料。喀什河测量的 64 条冰川全部后退，面积缩小和冰储量减少，冰川平均后退 149m，变化率为 7.0%，面积缩小了 4.809km，约为 1962 年冰川面积的 3.5%。

五、和田河-玉龙喀什河流域

根据冰川编目资料，玉龙喀什河流域共有 1331 条冰川，总面积为 2958.31km^2，储量为 410.3246km^3，其中发育了 17 条长度＞10km 的冰川。而研究区域共有现代冰川 372 条，其总面积约为 1776.96km^2，冰储量为 314.1808km^3，长度＞10km 的冰川有 14 条。

上官冬辉等（2004a）根据航空相片、地形图、遥感影像数据分析了西昆仑山北坡玉龙喀什河上游的冰川变化，通过 1970 年航空测图和 1989 年、2001 年卫星影像对比，获取了玉龙喀什河上游河源区 32 年冰川长度、面积、冰储量的系统资料。总体上看，该区的冰川变化幅度非常小，1970～2001 年的冰川面积、储量分别萎缩了 4.94km^2、0.6032km^3，分别占 1970 年研究流域冰川面积、储量的 0.3%和 0.2%，比西北干旱区其他地区的冰川萎缩率（约占 4.9%）小得多。对比 1970～1989 年、1989～2001 年两个时段的冰川变化，发现 1970～1989 年的冰川规模有所扩大，玉龙喀什河上游河源区 1970～

1989 年的冰川面积、储量分别增加了 1.39km^2、0.4781km^3，分别占 1970 年研究流域冰川面积、储量的 0.08%和 0.15%；而 1989～2001 年，冰川规模萎缩速率加快，冰川面积、储量分别减少了 6.33km^2 和 1.0813km^3，表明 1970～2002 年玉龙喀什河上游河源区冰川变化具有从扩大到萎缩的变迁，即在 1989 年以后冰川有加速萎缩的趋势。

1970～1989 年和 1989～2001 年发生退缩或前进的冰川条数占总数的比例为 0.3%～10.2%，除了 0.01～2.0km 这一级冰川变化较大以外，其余都小。从不同时段的冰川变化看，1970～1989 年后退冰川的数量少，1970～2001 年退缩的冰川条数较前期明显增多，其中数量变化最大的是＜2km^2 的冰川，从 1 条增加到 13 条，有 7 条冰川消失，说明 1989～2001 年有部分冰川转为退缩；速率上，1989～2001 年的冰川退缩速率相比 1970～1989 年，除 5.01～10km^2 这一级冰川稍小外，其余都大，而冰川前进的速率恰好相反，表明 1989 年以后冰川有加速萎缩的趋势。

结果表明，1970～2001 年该区冰川总体上以稳定冰川的数量占多数，但部分冰川呈退缩表现，使得整个研究区的冰川表现为萎缩的趋势。20 世纪 70 年代初到 80 年代末，冰川规模有扩大的趋势，冰川面积、储量分别增加了 1.4km^2、0.4781km^3，约占 1970 年研究流域相应总量的 0.12%、0.19%；而 1989～2001 年的冰川面积、储量分别比 1970 年减少了 0.5%、0.4%，是西北干旱区冰川面积变化幅度最小的区域；冰川末端变化表明，1970～2001 年玉龙喀什河上游河源区冰川末端平均后退 15.7m/a。

六、阿克苏河水系的台兰河流域

台兰河流域位于天山最高峰托木尔峰（海拔 7435.3m）南坡，河流最终注入塔里木盆地。台兰河水文站控制的流域面积为 1324km^2，流域最高点为托木尔峰，最低点为台兰水文站（海拔 1550m）。台兰河流域共发育现代冰川 115 条，冰川总面积 431km^2，冰川储量 73.132km^3，平均冰川雪线海拔 4290m，流域内长度超过 10km 的冰川有 4 条，总面积达 307.7km^2，占流域冰川总面积的 71.2%。西台兰冰川源于天山最高峰托木尔峰（海拔 7435.3m），面积 108.15km^2，长 22.8km，是一条树枝状的山谷冰川，冰川下部被厚层表碛所覆盖。该冰川在 1942 年前，东、西台兰冰川相连，1978 年再次测量时发现，西台兰冰川已与东台兰冰川脱离。20 世纪 70 年代中期，中国科学院登山科考队利用卫星照片实地判读方法测得 1942～1976 年西台兰冰川后退 600m，1997 年再次对该冰川的冰舌部分进行摄影测量，发现该冰川仍处在较强烈的后退之中，面积仍在缩小。

七、喀喇昆仑山、慕士塔格-公格尔山典型冰川变化监测结果

上官冬辉等（2004b）对喀喇昆仑山北坡、慕士塔格、公格尔山区的遥感数据进行解译，得出 2000 年左右的冰川边界范围，并与《中国冰川目录》资料进行对比。结果显示，慕士塔格-公格尔山典型冰川中有 5 条处于前进状态，8 条处于明显退缩状态；而克拉牙依拉克冰川处于稳定状态，其原因可能是表碛覆盖抑制了下伏冰的消融，对冰川起保护作用；对该区域 379 条冰川监测表明，＜1.0km^2 的冰川面积减少了 11.6km^2，占该级冰川面积的 12.6%。喀喇昆仑山典型冰川中有 8 条保持稳定状态，有 4 条冰川两两合并，有趣的是它们分别都是前进的冰川爬到后退的冰川上，面积＜1km^2 的 11 条冰川

消失。根据冰川规模越小，对气候变化的响应越敏感的观点，本书认为喀喇昆仑山北坡、慕士塔格-公格尔山区可能受气温上升的影响，而对那些处于稳定或前进的冰川来说，可能与冰川对气候响应的滞后性影响，或与气温上升导致冰温上升，进而引起的冰川动力作用加强有关。

八、天山开都河流域

李宝林等（2004）通过 GIS 集成长时间序列多源遥感数据，采用冰川末端变化和面积变化相结合的监测方法，获得了比较准确的 1963～2000 年天山冰川的动态变化信息。1963～1977 年，研究区 8 条冰川中的 4 条前进，2 条后退，冰川以前进为主；1977～1986 年，8 条中的 4 条冰川后退，其他 4 条保持稳定，冰川以后退为主，但后退的冰川主要是那些在 1963～1977 年前进的冰川；1986～2000 年，8 条冰川中有 7 条后退，只有 1 条保持稳定，这一时期冰川后退速度很快并具有普遍性，冰川后退速度达 10～15m/a。在这 40 年中，冰川面积由 1963 年的 5479.0hm^2 减少到 2000 年的 4795.4hm^2，达 12.5%，且主要发生在 1986～2000 年，冰川加速融化与 20 世纪 80 年代开始的全球变暖具有很强的一致性。

从目前我国其他地区利用遥感技术监测的冰川结果来看，20 世纪 60 年代到 20 世纪末冰川变化都以退缩为主，但区域差异较大。鲁安新等（2002）在青藏高原长江源头的各拉丹冬地区的研究认为，1966～2000 年冰川面积只减少了 1.7%，但大多数地区冰川退缩幅度都达到 10%左右（表 5-17）。从天山的情况来看，乌鲁木齐河流域 1964～1993 年冰川面积减少了 13.8%，1962～1990 年天山西部四棵树河和喀什河冰川面积退缩了 2.6%、3.5%。研究区冰川类型较多，其中面积较小的雪原和小冰川更容易退缩，而乌鲁木齐河流域一号冰川是一个规模较大、相对比较稳定的山谷冰川，因此从统计数字上研究区冰川退缩的幅度略大于乌鲁木齐河流域一号冰川是可以理解的，如果考虑整个流域的实际情况，冰川退缩的速度应该和乌鲁木齐河流域相当。

表 5-17　中国典型地区遥感监测冰川面积变化

作者	地区	时间	变化速率/%	变化趋势
刘时银等（2002a）	黄河上游阿尼玛卿山	1966～2000 年	−17	萎缩
鲁安新等（2002）	青藏高原长江源头的各拉丹冬地区	1969～2000 年	−1.7	稳定
刘时银等（2002b）	祁连山西部	1956～1990 年	−10.3	萎缩
Li 等（1998）	昆仑山脉中段的布喀塔格山峰	1976～1987 年 1976～1994 年	−1.5 −1.7	稳定
陈建明等（1996）	乌鲁木齐河流域	1964～1993 年	−13.8	萎缩
施雅风（2000）	天山西部四棵树河和喀什河	1962～1990 年	−2.6、−3.5	萎缩
李忠勤等（2003）	乌鲁木齐河流域一号冰川	1962～2000 年	−11.0	萎缩
Li 等（2004）	天山开都河流域	1963～2000 年	−12.5	萎缩

1962～2000 年，新疆地区的冰川以退缩为主要趋势，但同时也发现部分冰川处于稳定状态，少数冰川前进，三者的比例在不同地区和不同时段有较大的差别。一般而言，

稳定和前进的冰川数量及其所占比例与冰川变化幅度的区域性差异相一致，即湿润的边缘山地小于干旱的内陆山地。

20 世纪 60 年代至 20 世纪末，我国冰川面积相比 20 世纪 60 年代冰川总面积约缩小 6.0%。不同类型冰川的变化量及其变化率的差异很大。极大陆型冰川面积退缩率为 2.6%，大陆型冰川面积和冰储量的变化量及其变率的地区差别也很大，最小值出现在羌塘内流区、昆仑山北麓小河和西昆仑山的和田河等流域，其冰川面积缩小率仅 2.1%～2.5%，冰储量的平均减少率也不到 3%。随着湿润度增加，即由内部山地向边缘山地过渡，冰川面积和冰储量的变化量及其变率逐渐增大。冰川近期变化量及其变率也与冰川规模有关。例如，1964～1992 年乌鲁木齐河流域不同面积等级的冰川变化表明，面积＜0.5km^2 的冰川面积缩小率（20.1%）是面积 3.0～4.0km^2（8.0%）的 2.5 倍。被天山、帕米尔高原、喀喇昆仑山和昆仑山所环绕的塔里木河内陆水系，由于其冰川规模大，我国面积＞100km^2 的 27 条冰川就有 21 条分布在该流域，平均单条冰川面积高达 1.72km^2，因而冰川面积缩小率相对较小，低于大陆型冰川区的平均值。由此可见，随着全球气候变暖，首先消失的是面积＜1.0km^2 的小冰川，而大冰川虽然也表现为面积缩小和冰储量减少，但仍会在相当长的时间内保留。

自小冰期以来，冰川以长度缩短、面积缩小和冰储量减少为主要趋势，但各时段的变化量并不均一。20 世纪上半叶是冰川前进期或由前进期转为稳定期的时间；50～60 年代，中国冰川和世界大多数地区冰川一样出现大规模退缩，但并未形成冰川全面退缩；60 年代末至 70 年代，大多数冰川物质出现正平衡，冰川雪线下降，前进冰川的比例增大，退缩冰川的退缩幅度减小；80 年代以来，冰川退缩重新加剧；90 年代以来，退缩冰川数量和退缩幅度都是 20 世纪以来最多和最大的时期。

第八节　冰川消融及冰川径流

一、冰川退缩对冰川水资源的意义

由于 20 世纪的冰川退缩，特别是 80 年代以来的冰川退缩，我国冰川上储存的固体水资源已全面亏损。以最新研究所得到的结果，20 世纪下半叶以来，冰川退缩造成冰川水资源的净损失量估计最大可达 5869.24 亿 m^3，正好相当于 10 条黄河的年径流量。这个亏损数对干旱的西北地区是一个重要的信号。这一信号有它的短期意义，也有它的长期隐患；有它的正面意义，也有它的负面影响。它的短期意义是冰川的强烈退缩和冰川储存水资源在短期内大量释放，使得西北地区大部分冰川补给河流在近期和不远的将来，径流量仍然增加。由施雅风院士带领的一个科学家小组最近提出的证据充分说明了这一点。他们发现，无论是作为乌鲁木齐水源的乌鲁木齐河，还是作为西部大开发政府重点投资整治的塔里木河，冰川径流量都在增大，但其长远影响却是严峻的。随着冰川的不断退缩和冰川储存水资源的长期缺损，最终会出现冰川径流量由现在的逐渐增加达到顶峰后转入逐渐减少的临界点，随后冰川径流的减少会逐渐加剧，直到冰川完全消失，冰川融水径流完全消失。现在就准确判断这一临界点何时出现，还为时过早，因为研究基础还比较薄弱。同时已有的发现也确实说明，冰川的退缩强度在不同的地区有很大差异。在西藏东南部和喀喇昆仑山，冰川退缩最为严重，但在青藏高原中部和祁连山中西段，退缩比较弱。同时，冰川的后退对不同类型的冰川的影响程度也是不同的。冰川面积 1km^2 左右的冰川将是首批“牺牲品”，估计在未来几十年就会发生重大变化。但面积为几十平方千米到几百平方千米的冰川，预计在 22 世纪还会“健康”存在。因此，分地区、分类型研究中国西部的冰川是至关重要的。总的来讲，冰川越小，对气候变化反映越敏感，也越容易随着全球变暖而消失，从而对下游水资源产生重大影响。在甘肃河西走廊的石羊河流域所发生的水资源严重亏损、沙漠化加剧的现象就是因为该区冰川规模较小，气候变暖背景下冰川退缩严重。

从正面意义看，冰川强烈亏损，冰川径流增大，在短期内有助于绿洲的进一步扩展和经济建设的进一步发展。但其负面的结果人们必须重视，其最大的负面结果是随着冰川径流增大，冰川洪水灾害的频率增大。冰川径流的特点是“春旱、夏洪、秋缺、冬枯”。冰川洪水灾害就发生于夏洪季节。冰川洪水对下游造成的经济损失是巨大的，1996 年和 1999 年洪灾所造成的直接经济损失达 76 亿元，直接影响当地的经济建设和发展。

二、中国冰川融水径流的变化状况

冰川变化是热力消融动力积累两种作用平衡的结果。冰川消融是气温的函数，对 6～8 月气温的升高幅度起重要作用。冰川动力作用是冰川上游降雪积累得到的冰量通过冰川运动输送到消融区以至冰川末端，因此冰川末端后退是消融量超过来冰量的结果。随着气温升高，雪线上升，冰川表面消融加剧，融水量增加；与此同时，冰川末端因消融量超过运动来冰量而出现后退。在气候大幅度变暖初期，冰川冰面上增加的消融量远远超过冰川末端后退而减少的消融量，因此冰川融水增加，这种增大的径流称为退缩径流（Котляков and ЛебедеВа，2000）；但随着时间延续，冰川后退加速，当冰川面积缩减损失的消融量超过气温升高所增加的冰面上的消融量时，冰川融水径流随之下降，迅速降至升温前的融水径流初始值，最后将因冰川的消亡而使冰川融水径流终止。

严格来说，消融量并不等于冰川径流量，因为部分消融的水量在粒雪盆中渗入粒雪层中，重新冻结成冰，再次补给冰川，称为内补给。天山冰川研究曾估计内补给可以占到冰川径流的 11%（谢自楚等，1998）。此外，在干旱地区，融水在冰川表面还可以蒸发，这使得进入河道的融水径流少于消融的水量，另外冰川上的降雨直接转化为径流，补充着融水径流。一般说来，大陆型冰川上内补给及蒸发较大，海洋型冰川上降雨较多，但目前还未对这些因素进行足够的定量研究，难以将其从冰川径流中分割出来。从总体上看，这两部分损失的和补充的径流可以认为能够互相抵消。

以 1980 年为初始状态，对我国西部各流域冰川径流的估算结果表明，全国冰川径流总量为 615.75 亿 m^3，占出山口径流的比例为 11.90%。径流总量与对我国冰川径流估算的 604.65 亿 m^3（杨针娘等，2000）十分相近，仅相差 1.84%。虽然两者是用的不同方法，但却能得到大体相同的结果。从各流域来说，与蓝永超等（2000）估算结果比较，在内陆河流域前者比后者偏高 9.2%，在外流河流域偏低 2.8%。

小冰期以来，冰川以退缩、冰量减少为主要趋势。据刘潮海等（2002）估算，自小冰期结束以来，我国西部冰川面积减少了 17%，相当于增温率为 0.01K/a 时 150 年来的我国冰川面积平均减少率。20 世纪 80 年代以后我国西部升温速度加快，冰川退缩加剧，估计我国干旱区冰川面积 35 年减少了 4.9%（刘潮海等，2002），谢自楚等（2005）估算的 1960～2000 年的冰川面积减少率约为 5.5%，均相当于温度上升率为 0.02K/a 时的全国冰川面积减少率。据天山冰川站观测，1986～2001 年高山气象站（大西沟）温度比 1958～1985 年上升了 0.5℃（李忠勤等，2003），但在我国其他山区，还未见到如此高的升温值。从我国西部山区来看，平均升温率为 0.02K/a 可能比较合理。按此估算，2000 年我国冰川径流量增加 7.1%，即 43.72 亿 m^3。全国冰川径流总量达 659.47 亿 m^3，冰川补给比例增加 0.84%，达 12.74%。

我国冰川融水径流水资源的空间分布很不均匀，而且与冰川面积的分布不相一致。内流区冰川面积占我国冰川总面积的 60%，冰川融水径流占其总量的 41.5%（刘时银等，2002b），而冰川面积占 40%的外流区的冰川融水径流却占 48.5%。外流区的冰川大多数为海洋型冰川，它们所处纬度低，降水充沛，气温高，冰川消融强烈，冰川融水径流模数远大于大陆型冰川区，致使海洋型冰川区的冰川融水径流大。但冰川融水径流对河流补给比例则相反，即内陆干旱少雨的大陆型冰川区的冰川融水补给比例大，而降水丰沛的海洋型冰川区则相对较小。例如，冰川融水径流量基本相近的塔里木盆地水系和雅鲁藏布江水系，前者的冰川融水径流对河流的补给比例为 38.5%，而后者仅为 12.3%（蓝永超等，2000）。1980～2000 年，冰川融水径流增加的比例为长江区最大，达 9.5%，其次是西北诸河区，为 8.9%，而西南诸河区仅为 5.7%，黄河区增加的比例与全国大体一致。

三、代表性河流冰川融水径流变化监测

（一）天山乌鲁木齐河源一号冰川融水径流变化

冰川融水径流量变化是冰川对气候变化响应的重要综合性指标。杨针娘（1991）利用水量平衡法推算出一号冰川 1958～1987 年融水径流量。推算中使用的冰川区年降水量为大西沟气象站物质平衡年（第一年 9 月到第二年 8 月）降水量，并对其进行了 25%的上浮修正。冰川区径流量使用一号冰川水文站实测资料，其中 1966～1979 年为推算资料。冰川面积使用的是 1962 年 8 月测定的 1.95km^2。将上述推算从 1987 年延长到 2001 年。为使推算结果具有一致性，使用了相同的资料来源和处理方法。其中，冰川面积选取 1986～2000 年的平均值 1.79km^2，占控制流域面积 3.34km^2 的 53.6%。乌鲁木齐河源一号冰川物质平衡观测表明，1959～1985 年平均物质平衡值为–94.5mm/a，而 1986～2000 年增至–358.4mm/a，即较前段增大了 2.8 倍（李忠勤等，2003）。相应地，冰川融水径流也有大幅度增加，按杨针娘（1991）计算资料，1958～1985 年乌鲁木齐河源一号冰川平均融水径流深为 508.4mm/a，而 1986～2001 年则为 936.6mm/a，较前期增加 84.2%。由此可见，20 世纪 80 年代以来的快速升温，促使冰川融水径流量迅速增大（图 5-1）。

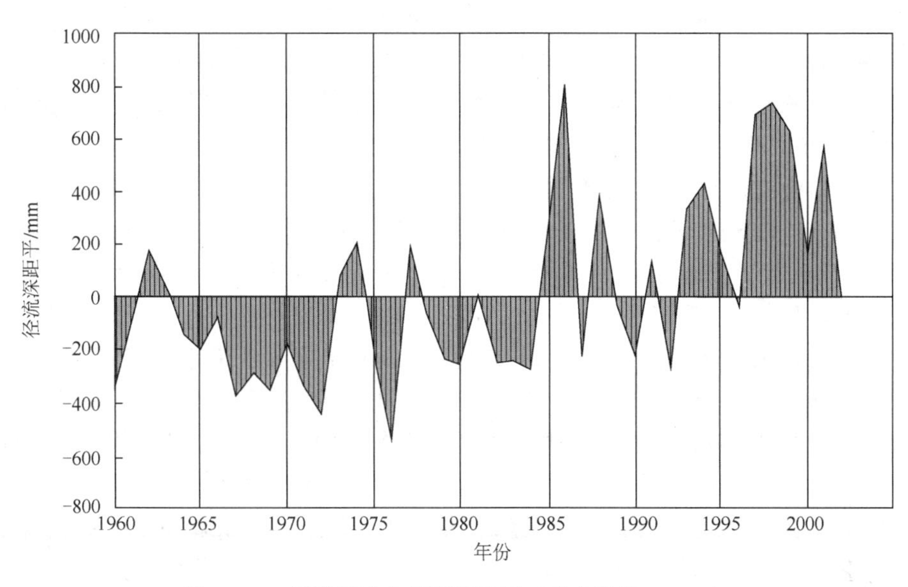

图 5-1　一号冰川融水径流深距平（李忠勤等，2003）

（二）塔里木河流域冰川融水径流变化

塔里木盆地内陆流域有冰川总面积 10748.10km^2，冰川融水年径流量达 150 亿 m^3，约占流域年地表总径流量的 40%，是该区最重要的水资源。1960～2000 年，该区冰川物质平衡主要呈负平衡状态：帕米尔高原和喀喇昆仑山的冰川流域年物质平衡约为 –150mm，天山南坡流域为–300mm，昆仑山流域冰川基本稳定。1982～1983 年是天山冰川物质平衡发展的一个突变点，其后冰川消融加剧，前后均值相差约 250mm，冰川融水和洪水峰值都呈明显增加的趋势。敏感性分析表明，年平均气温变化 1℃，冰川物质平衡约变化 300mm，引起的河流径流变化在台兰河可达 10%（沈永平和王顺德，2002）。在塔里木盆地周围中山带，年降水量与年气温变化呈正相关关系，年均气温变化 1℃将引起年降水量变化 200mm 左右，全球变暖将导致塔里木河流域山地降水增加。1960～2000 年塔里木盆地气温具有升温的趋势，约上升 0.3℃，升温主要是在冬、春季节，夏季略有降温，致使流域内冬季蒸发明显增加。冬春升温使得冰川冷储减少，冰温升高，未来夏季即使有小幅升温都会使冰川大量消融，急剧的升温可能引起冰川洪水的发生，产生严重的灾害（沈永平等，2003）。

（1）慕士塔格峰西侧的洋布拉克冰川融水径流变化。2001 年 7 月 4 日～8 月 8 日，在慕士塔格峰西侧的洋布拉克冰川冰舌段进行了短期的冰面消融观测（蒲健辰等，2005）。本书在观测资料的基础上，讨论了冰面的消融状况。慕士塔格峰冰川区暖期短，冰面强消融时期比较集中。观测期间，在冰舌海拔 4600～4460m 处，冰面纯消融厚度为 640～1260mm 水层，日平均消融厚度达到 32.8mm。冰面消融随海拔上升而减小，其消融梯度在裸露冰区为 1.6～1.7mm/10m，在表碛覆盖区为 1.2～3.0mm/10m，表碛覆盖区变幅较裸露冰区大。冰川的最大消融时间出现在观测期间的 7 月 21～22 日，在海拔 4460m 处，日消融量为 144.5mm；在海拔 4600m 处，日消融量为 59.5mm。与过去的研究资料比较，2001 年的冰面日平均消融量较 1987 年和 1960 年的消融量都大，反映出 1960 年以来冰面消融逐渐增大的特点，这与全球气候变暖的趋势是一致的。

1960 年对慕士塔格峰区的切尔干布拉克冰川海拔 4750m 进行过冰面消融的观测研究，1987 年苏珍等（1999）对洋布拉克冰川海拔 4800m 进行了冰面消融的观测研究，这两次观测的海拔都比 2001 年高，如果将 2001 年的观测结果按前述消融递减梯度推算到海拔 4750～4800m，再计算日平均消融量，比较这 3 次冰面消融资料可以发现，从 20 世纪 60 年代起，到 80 年代中期至 2001 年，冰川冰面消融呈明显增大的趋势，这反映了冰川消融对全球变暖背景的响应。

（2）1960 年以来的气温具有升温的趋势，但是升温主要是在冬春季节，夏季小有降温，冬春季升温使得冰川冷储减少，冰温升高，夏季很短的升温都会使冰川大量消融。急剧的升温可能引起冰川洪水的发生，产生严重的灾害。天山以南地区的气候呈现气温升高、降水增多的变化。昆马里克河协合拉站、台兰河的台兰站及木扎尔特河的破城子站的气象资料表明，20 世纪 80 年代气温比 60～70 年代约升高 0.3℃，降水量增加 12%～39%。昆马里克河是一条国际河，是阿克苏河的最大支流，也是塔里木河主要的补给水源。麦兹巴赫湖位于吉尔吉斯斯坦共和国境内的伊尔切克冰川上，海拔 3600m，最大库容达 5 亿 m^3，最大水深 140m。随着气温变暖，冰川减薄后退，冰湖库容已由 20 世纪 50 年代的几千万立方米增加到 90 年代的 5 亿 m^3，洪水逐年增大。据协合拉水文站资料分析，20 世纪 90 年代年径流量与 50 年代比较，增多 10 亿 m^3，增加 25%，90 年代最大流量与 50 年代比较，增多 32%，洪水频率也不断增加。这些变化已威胁到昆马里克河、阿克苏河及塔里木河水系的防洪安全。

第九节　冰川水资源对气候变化的响应

随着气温升高，雪线上升，冰川表面消融加剧，融水量增加，与此同时，冰川末端因消融量超过冰川运动来冰量而出现后退，在气候大幅度变暖初期，冰川面上增加的消融量远远超过冰川末端后退而减少的消融量，因此冰川融水量增加。但随着时间演替，冰川变薄后退加速，达到某种程度，即临界年（年代）冰川面积缩减损失的消融量超过气温升高所增加的面上消融量时，冰川融水径流量随之下降，迅速降至升温前的融水径流初始值，最后将因冰川的消亡，冰川融水径流停止。冰川变化是积累与消融平衡的结果，冰川上游降雪积累得到的冰量通过冰川运动输送到消融区以到达冰川末端，因此冰川的变薄后退是消融量超过冰川运动带来冰量的结果。降水或降雪积累增加可增强动力作用，而消融增加则可减弱动力作用。

根据《中国冰川目录》，西北干旱区各水系共有现代冰川 22240 条，面积 27974km^2，冰储量 2814.81km^3。随着气候变暖，冰川扩大消融，处于变薄后退过程中。施雅风（2001）估算 1960～1995 年西北冰川已减少 1400km^2 左右，其中河西内陆河流域可能缩小 5.8%。塔里木河流域缩小 4%、准噶尔盆地内陆河流域缩小 6.2%。根据 5 条冰川（西台兰冰川、乌鲁木齐河源一号冰川、老虎沟 12 号冰川、七一冰川、水管河四号冰川）物质平衡对气候的响应分析，当年降水量不变而夏季平均气温升高 1℃，冰川面积缩小量可能达

40%，缩小掉的冰川面积储量即用来增加河流径流量。但实际出流的冰川融水量并不与此成正比，即气温大幅度变暖初期，冰川面上增加的消融量远超过冰川末端后退而减少的消融量；只有当冰川厚度严重变薄，末端迅速后退减少的消融量超过面上增加的消融量时，冰川融水径流量将迅速下降。在气温正值大幅度升温的初期，融水量以增加为主。以天山乌鲁木齐河源一号冰川为例，该冰川自小冰期结束以来，一直处于缓慢退缩状态，1962 年实测冰川面积 1.95km^2，至 1992 年实测冰川面积减少了 0.12km^2，在此期间冰川末端退缩 140m，平均 4.5m/a。应用数字高程模型可视化计算方法计算，1964～1986 年一号冰川冰面高度降低了 10.8m，体积减小了 2053 万 m^3，即年平均亏损 93 万 m^3。据海拔 3650m 处的大西沟气象站资料，20 世纪 80～90 年代升温迅速，可能达 1℃左右，1986～2001 年年均降水量 488mm，较 1958～1985 年的平均值 426mm 高出 12.7%。一号冰川上测量的物质平衡量，1959～1985 年平均为–94.5mm/a，而 1986～2000 年增至–358.4mm/a，即较前阶段多 2.8 倍（图 5-2）。相应地，冰川融水径流深也有大幅度增加，1958～1985 年一号冰川平均融水径流深为 508.4mm，而 1985～2001 年按同样方法计算结果为 936.6mm（图 5-3）。由此可知，20 世纪 80 年代以来的快速升温，促使冰川消融区强力扩大。

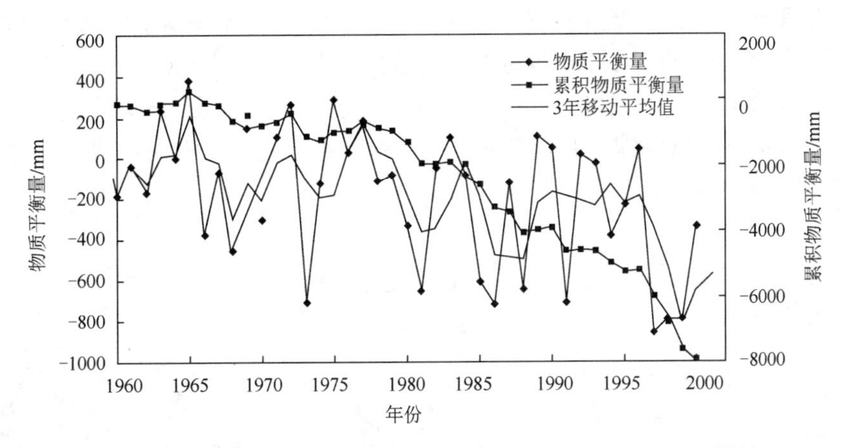

图 5-2　乌鲁木齐河源一号冰川年物质平衡量及累积物质平衡量（李忠勤等，2003）

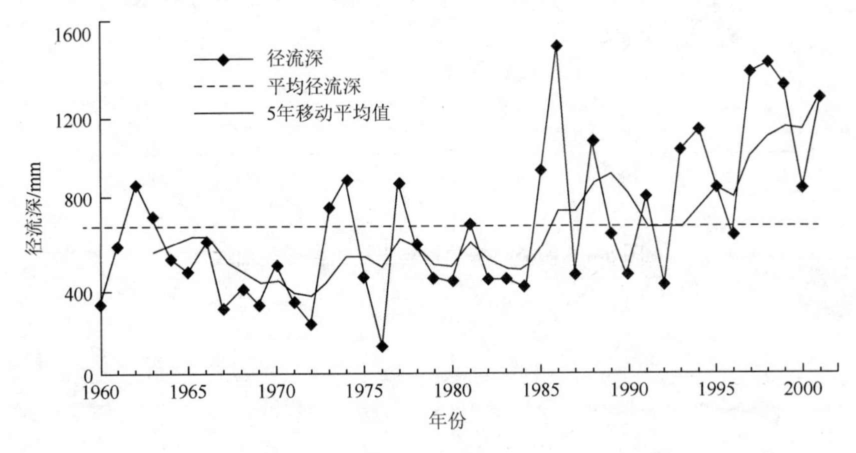

图 5-3　乌鲁木齐河源一号冰川融水径流深变化曲线（李忠勤等，2003）

新疆天山南坡台兰河流域面积 1324km^2，冰川面积 431km^2。对台兰河流域冰川物质平衡变化及其径流的影响进行的研究结果表明，1957～2000 年流域平均冰川物质平衡为–287mm/a，累计冰川物质平衡水当量为–12.6m。1982 年以后，台兰河流域冰川物质平衡一直呈负平衡，1957～1981 年平均物质平衡为–168mm/a，1981～2000 年下降为平均–445mm/a。如果以气候转型的 1986 年为界，1957～1986 年台兰河流域冰川积累平均为 1314mm/a，消融量为 1527mm/a，冰川物质平衡为–213mm/a，而 1987～2000 年冰川积累为 1361mm/a，消融量为 1808mm/a，冰川物质平衡为–447mm/a，即积累量平均增加 47mm/a，冰川消融增加 281mm/a，冰川物质平衡前后相差 234mm/a。台兰河流域冰川融水占台兰站控制流量的 65.3%，冰川融水的变化对流域水资源量的影响是非常明显的。1957～2000 年台兰河流域的年平均径流量为 7.512 亿 m^3，年径流量在 1982 年后急剧增加，1999 年的径流量比 1981 年增加了 3.506 亿 m^3，即增加了 58%。根据敏感性分析，台兰河流域冰川物质平衡变化 100mm，可引起流域平均径流深变化 30mm 或径流量变化 0.23 亿 m^3。1957～2000 年累计冰川物质平衡为–12.6m，相当于额外补给河流径流量 54.5 亿 m^3；44 年里由气温升高引起的冰川净消融为–287.15m/a，相当于每年额外补给河流 1.24 亿 m^3，占河流年径流量的 15%。1957～1986 年台兰河流域冰川消融对河流的额外净补给量占河流总径流量的 13%，而 1987～2000 年冰川消融对河流的额外净补给量占河流总径流量的 23%。根据分析，气温变化 1℃，冰川物质平衡约变化 300mm，河流径流变化在台兰河可达 16%。这意味着，随着新疆气候由暖干向暖湿转型，虽然降水量增加，但冰川对气温的敏感性更大（图 5-4），冰川消融还是加快，冰川融水量持续增加（图 5-5）。

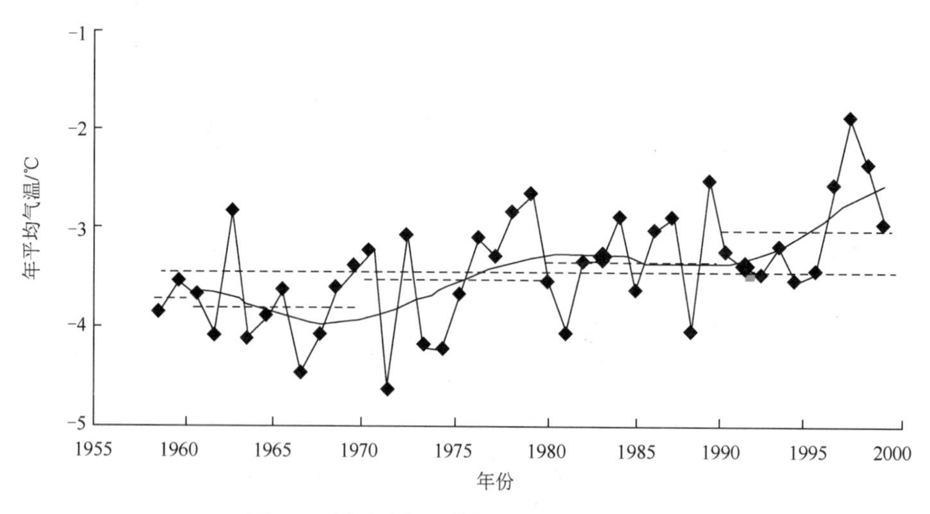

图 5-4　新疆吐尔尕特年平均气温变化曲线

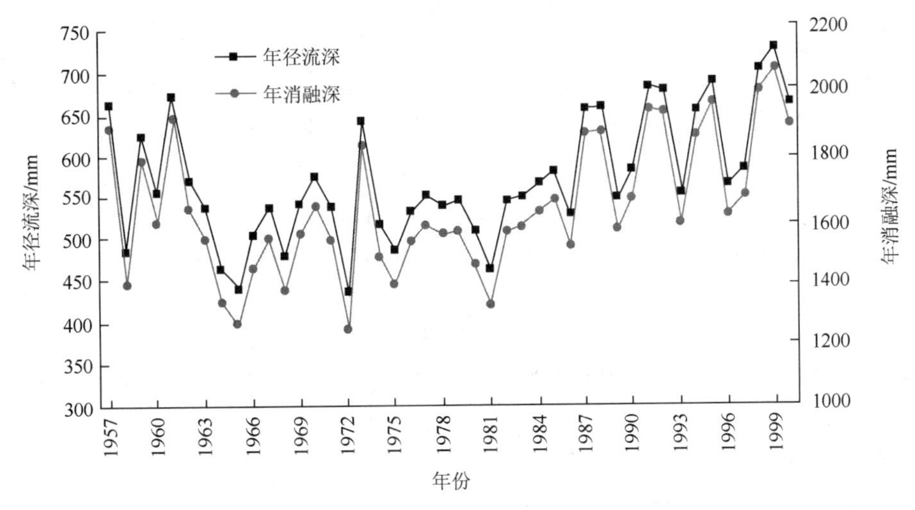

图 5-5　台兰河流域冰川年消融深与河流年径流深变化

第十节　适应气候变化的冰川水资源保护对策

冰川是高山固体水库，或者说是西部干旱区的水塔，是西部地区河流的调节器。在未来气候变暖背景下，增温加速冰川消融，因此我国西部冰川可能出现大规模的面积萎缩，对西部河流的补给和径流变率都将产生重大影响：前期大致因冰川融化，以冰川融水补给的河流水量增加，水资源变得较为丰富；后期冰川面积锐减，融水量会迅速趋于减少，水资源量也将因此而减少。此外，冰雪灾害的突发性增大，这些要素对西部尤其是对西北干旱区生态环境建设、社会经济发展必将带来巨大的影响。根据对这些未来情景的判断，本书提出如下建议。

（1）加强对西北干旱区冰川水资源的开发、合理利用和保护力度。在西北干旱区，那些冰川融水径流补给比例较大的河流，如塔里木河、疏勒河、玛纳斯河、格尔木河等，目前正在进行大规模的开发和整治，冰川都分布在高山峻岭之上，要接近这些地区需要专门的技术、专门的人才。因此，一些冰川融水径流决定该河流命运的大河，在流域整治规划中，基本忽略了冰川变化对流域水资源的影响这一核心要素，也缺乏对冰川水资源开发利用的长远规划，因而更谈不上对冰川水资源的保护，这种开发方式势必带来不必要的隐患。因此，在西部开发逐步实施过程中，需对一些流域开发治理方案作必要的调整和补充，特别是对塔里木河流域那样冰川融水补给占有较大比例的河流，要增加对冰川水资源利用的前瞻性研究。

冰川水资源的保护有两方面：一是利用古冰川活动遗留下的宽展槽谷和冰碛阻塞湖区修建高山水库，蓄积冰川融水用于灌溉和发电，瑞士能源的一半来自这种水库发电；二是进行高山区人工降雨，保护关键地区的冰川不会因强烈融化而最终消失。

（2）加强对冰雪变化与冰雪灾害的监测和预报。同国土资源一样，冰川资源也是重要的自然资源。更为特殊的是，冰川资源是不断变化的，对这种资源的调查是不能间断的，同气象、水文一样，在冰川附近生活的人们急切需要关注冰川动态的预报。但由于国家经济水平的限制，我国西部长期监测的冰川数量十分稀少，有能力定期观测的冰川仅有 3 条（乌鲁木齐河源一号冰川、唐古拉山小冬克玛底冰川及东昆仑山煤矿冰川），区域冰川变化监测无从谈起，更说不上预报。因此，特别呼吁国家加强对冰川监测的支持力度。由于中国西部范围广大、气候格局差异明显，发育在不同地区的冰川又因形态、规模及地形上差异而具有不同的作用特征和变化规律，因此有必要增加足够的、布局合理的典型冰川监测网。另外，充分运用现代先进的卫星遥感和 GIS 技术，在建立区域冰川变化、冰雪灾害监测与预警平台的基础上，加强对区域冰川变化、冰雪灾害的监测。同时，以典型冰川和区域冰川变化过程监测资料为基础，开展对我国西部不同类型冰川作用机制的研究，发展相关模拟与预测模式，研究冰川变化对水资源的影响规律。加强对有条件地区冰川水资源开发利用的研究，更好地为西部社会经济发展、生态环境建设提供强有力的决策依据。

（3）加强对冰雪灾害的监测与研究。在一些重大工程区和开发区，要特别重视对冰雪灾害的研究和监测。例如，对塔里木河流域的开发，必须要搞清上游冰湖溃决的频率和强度对下游工程的影响和影响程度。

第十一节　新疆积雪水资源变化及其对气候变化的响应

积雪，也称雪盖，它与大陆冰盖、山地冰川、海冰、冻土等一起构成了地球的冰冻圈。冰冻圈为地球水圈的一个组成部分，在全球水循环中起着独特而重要的作用。地球上近 80%的淡水资源贮藏在冰冻圈中。在冰冻圈中，季节积雪的地理分布最为广泛。北半球冬季积雪鼎盛时期大陆积雪面积达 46×10^6km^2，北半球陆地面积的 46.0%被积雪所覆盖（Robinson，2009）。与构成地表的其他物体，如水体、土壤、植被等相比较，积雪具有高反照率、强热辐射和高绝热特性（Cohen and Rind，1991）。它们对地表辐射平衡的影响导致雪面和底层大气发生强烈冷却（Namias，1985），从而影响积雪地区的生态环境，并对大气环流产生显著的热力胁迫作用（Walsh，1987）。气候变化总是伴随大陆积雪的惊人演变，积雪变化引起的地表反照率的改变对气候的正反馈作用形成了地球气候的一个重要特征——极地和高纬度积雪地带对气候变化的显著放大作用。

积雪在全球水循环中起着更为重要的作用，全球淡水年补给量大约 5%来自降雪（Hoinkes，1967）。全球陆地每年从降雪获得的淡水补给量为 59500 亿 m^3，北半球冬季大陆积雪储量（水当量）达 20000 亿 m^3（Borry，1985）。亚洲、欧洲、北美洲的许多大江大河，包括我国的长江、黄河源头地区，春季补给主要来自融雪径流。尤其是全球干旱、半干旱地区，包括我国西北地区，工农业用水高度依赖山区冬季积雪。春季融雪在我国东北、新疆、西藏等地区形成春汛，及时地满足了春灌的迫切需要，为农业发展提供了得天独厚的水资源条件。新疆、青海、西藏广大牧区冬季牧畜饮水和放牧都与积雪密切相关。“瑞雪兆丰年”的谚语正是积雪水资源重要意义的真实写照。相反，积雪异常引起的冬春干旱和大雪灾害经常给这里的农牧业带来巨大的损失（李培基，2001）。

新疆是我国积雪最丰富的地区之一，积雪分布呈北多南少、西多东少、山地多盆地少的分布特征（胡汝骥，2013）。山地积雪丰富与盆地积雪匮乏形成了鲜明的对比，积雪最丰富的山区是阿尔泰山，冬季积雪鼎盛时期平均雪深达 50～60cm；其次为天山，雪深为 40～50cm；再次为昆仑山，雪深为 20～30cm。额尔齐斯河流域、伊犁河流域及天山北麓乌苏-木垒一带积雪也相当丰富，雪深达 20～50cm。积雪最贫乏的地区为塔里木盆地，尤其是塔克拉玛干沙漠和罗布泊，除大雪年外，经常是连续数冬无雪，准噶尔盆地积雪也相当少，克拉玛依-和布克赛尔一带雪深仅 5～10cm。新疆积雪于 11 月中旬开始形成，初冬扩展缓慢，峰值出现迟，2 月底至 3 月中旬，春季积雪消退迅速，4 月中旬基本消失，消融期仅一个月。丰雪年与枯雪年峰值雪储量变化相对不大，为 70 亿 m^3 水当量，但积雪鼎盛时期的持续时间变化悬殊，丰雪年里可长达 72 天，枯雪年里仅为 30 天（柯长青和李培基，1998）。

人类面临全球气候变暖及其对积雪产生巨大影响的科学预言（IPCC，1996a，1996b），使积雪监测成为全球环境变化研究中的热点和前沿。在受气候变化影响的诸环境系统中，冰冻圈对气候变化的敏感性最强。积雪是冰冻圈中最为活跃的组成部分，它对大气和海洋的变化反应极为迅速和灵敏，气候变化引起的冰冻圈的变化，总是首先表现为大陆积雪数量、面积和持续时间的变化，进而导致河川径流量及其季节分配的变化。积雪波动引起的辐射气候效应对大气的反馈作用还能显著地放大全球的气候变化量（Cess et al.，1991）。随着 20 世纪 80 年代以来全球迅速增温，Robinson 等（1993）报道了北半球积雪面积自 1987 年以来在显著减少，达到 NOAA 卫星观测以来的最低值，并且证明北半球积雪面积的变化与北半球气温呈负相关，其似乎为全球变暖提供了有力的证据，引起了人们的广泛注意。接着 Groisman 指出，1970～1990 年北半球温带地区春季积雪面积的减少和春季积雪的提前消失导致了那里春季增温的加剧（Groisman and Easterling，1994；Groisman et al.，1994）。Aizen 等（1997）发现，西天山地区随着每年 0.01K 的升温，最大积雪深度在 1940～1990 年减少了 10cm，积雪期缩短了 9 天；虽然降水量每年增加 1.2mm，但主要发生在低海拔地区，海拔 2000m 以上的地区增加甚微。然而，许多重要的积雪地区却与此相反，积雪不是在减少，而是在增加。119 个地面气象台站 1936～1983 年的观测记录表明，整个俄罗斯冬季积雪深度是增加的，虽然南部出现了减少的情况，但广大北部地区的增加占主导地位（Ye，2000）。地面气象台站记录的积雪长期变化表明，近百年来，北美大陆积雪是逐渐增加的，虽然 80 年代末到 90 年代中积雪出现了显著负距平，但它仍未超出正常年际波动的幅度（Brown，2000；Hughes and Robinson，1996；Brown and Goodison，1996）。海气环流模式模拟结果表明，随着大气中 CO_2 含量增加，全球变暖，高纬度地区和高山地区降雪将增加，温带地区冬季降雪也将增加（IPCC，1996a）。似乎降雪和积雪量的增加已成为寒冷地区气候转暖时的固有特征。直到现在，关于全球大陆积雪是在减少还是增加的问题尚难以定论，雪对全球变暖的响应仍然是一个存在争议的问题。

西北干旱区为我国地表水资源最为匮乏的地区（施雅风和张祥松，1995）。在极其有限的地表水资源中，季节积雪是其中一个重要的组成部分。尤其是新疆积雪水资源条件更是得天独厚，占全国积雪水资源总量的 1/3。全球变暖对西北干旱区积雪的影响成为备受关注的问题。

从新疆积雪的空间变化可以看出，多雪地区雪深年际变化显著。例如，阿尔泰山区为 50cm，天山山区为 40～50cm，帕米尔高原和喀喇昆仑山区为 40cm，祁连山区为 20～30cm，阿勒泰地区、塔城地区和伊犁河谷达 40～50cm，积雪并不丰富的准噶尔盆地，年变幅高达 50～60cm。这是因为准噶尔盆地有的年份多雪，有的年份即使在冬季积雪鼎盛时期也无积雪出现。年积雪日数序列和年累计日积雪深度序列可一致描绘出新疆积雪长期变化，并以正距平时期和负距平时期的相间出现为特征。新疆地区在 1956～2000 年出现过 3 次积雪偏多时期：1958～1960 年、1975～1978 年、1984～1988 年；3 次偏少时期：1961～1966 年、1973～1975 年、1980～1984 年。最多积雪年为 1987 年和 1960 年，最少积雪年集中出现在 20 世纪 60 年代末和 70 年代初，如 1967 年、1973 年。这清楚地表明，1956～2000 年积雪的年际变化呈围绕着平均值随机波动的特征，不存在固定的主导变化周期，更没有发现任何所谓的气候“突变”事件。引起学术界广泛关注的所谓自 1987 年以来北半球积雪出现十分显著的持续减少，以及春季积雪提前消失等问题，在新疆地区尚不存在。相反，1987 年/1988 年为近 50 年里的最大雪年。仅仅在 80 年代末至 90 年代初积雪有所减少，但偏少的程度不及在此之前出现过的 3 次积雪偏少时期，积雪的减少完全在正常年际波动的范围之内。

积雪资源可以按补给水资源、储存资源和径流资源进行分类。积雪的补给来源是大气降雪。我国降雪记录至 1979 年就中止了，1980 年以后不再单独进行降雪观测，因此我国降雪补给量是根据 1951～1979 年 2300 个气象台站逐日降雪记录估算的。全国年平均降雪为 36.00mm，占年降水量的 5.7%。全国降雪年补给量为 3451.8 亿 m^3，其中 78.2% 集中在青藏高原、新疆和东北-内蒙古三大积雪地区，分别为 1390.1 亿 m^3、560.8 亿 m^3 和 749.3 亿 m^3。

根据扫描式多通道微波辐射计（scanning multichannel microwave radiometer，SMMR）10 年观测（1978～1987 年）结果，估算出我国西部（105°E 以西）积雪鼎盛时期平均积雪储量为 739.8 亿 m^3，其中青藏高原为 378.8 亿 m^3，西北干旱区为 361.0 亿 m^3。在西北干旱区内，北疆为 211.6 亿 m^3，南疆为 130.5 亿 m^3，祁连山为 18.9 亿 m^3。

1956～2000 年，新疆冬季变暖十分显著，近 50 年里新疆冬季气温升高 1.7℃。增温过程和全球冬季气温及全球平均气温变化相当一致。和全球一样，变暖并非是平稳均匀过程，而主要发生在 1976 年至今。增温发生得也相当迅速，幅度空前。1976 年/1977 年冬至 1980 年/1981 年冬，5 个年度全疆冬季气温升高 4.1℃。20 世纪 90 年代为全球近百年来最温暖的 10 年，也是新疆近 50 年里冬季气温最高的时期。1900～2000 年全球 4 个最温暖的年份均出现在 20 世纪 90 年代，即 1998 年、1997 年、1995 年和 1990 年（Jones and Briffa，1992）。1956～2000 年新疆 4 个最温暖的冬季几乎与全球 4 个最暖年份相差无几，仅 1980/1981 年暖冬与北极地区相一致。新疆冬季气温与全球气温变化的同步性，是由于 1956～2000 年全球增温最强烈的地区出现在亚洲北部及东部，以及冬季增温在全年增温中最为显著的缘故。降雪丰欠既出现在冷冬也出现在暖冬。冬季冷暖和干湿状况具有随机性，有时冬季为暖干或暖湿，有时为冷干或冷湿。这一重要事实表明，冬季降雪的年际波动并非是由当地冬季气温年际波动所引起的；反过来，降雪的变化也未能对冬季气温构成影响，降雪变化导致的积雪变化对气温的正反馈作用在这里并不明显。这是因为新疆冬季降雪并不很丰富，年平均仅 47.0mm。积雪层较薄，空间分布不连续，呈斑块状。连续持续时间不够长，全冬积雪日数平均只有 77 天。因此，积雪对大气的制冷作用就全疆范围而言并不显著。在新疆地区积雪与气候的相互作用中，气候处于主动地位，大气环流处于支配地位，冬季气温、降水和积雪波动都是海气环流低频振荡的结果（Clark et al.，1994）。

尽管新疆冬季气温与降水量年际变化无相关关系，但积雪的年际波动却与它们二者存在着相关关系。与中纬度其他地区一样，积雪与本地区冬季气温呈负相关，与该区冬季降水量呈正相关，与冬季气温和降水量二者复相关关系更为密切，积雪年际变化的 1/2～2/3 可以用冬季气温和降水量线性变化来解释。年累积日积雪深度与冬季降水量关系较密切，年积雪日数与冬季气温关系更为密切，年累加日积雪深度与冬季气温和降水量的复相关关系比年积雪日数更为密切，表明积雪数量比积雪持续时间对气温和降水量变化更为敏感。

通过二元回归分析，得出新疆积雪与气温和降水量的关系如下：

$$H_d = 20.86P - 150.29T - 73.88 \tag{5-1}$$

$$H_n = 0.48P - 4.51T + 35.2 \tag{5-2}$$

式中，H_d 和 H_n 分别为年累加日积雪深度（cm）和年积雪日数（d）；P 为当年冬季积雪季节的降水量（mm），确切地讲应当为降雪量；T 为当年冬季积雪季节气温（℃）。

检验结果充分证明，自 20 世纪 50 年代以来，青藏高原和新疆地区积雪变化并非偶然性过程，而是具有确定的长期增加趋势。青藏高原积雪增加趋势比较明显，年增加率为 2.3%，新疆积雪虽然增加得很缓慢，但足以否定减少趋势的存在。有趣的是，虽然我国西部冬季变暖显著，但 1956～2000 年新疆地区冬季气温升高 1.7K，1966～2000 年青藏高原升高 0.51K，结果积雪不但没有减少，反而略有增加。积雪的增加与冬季降水量的长期增加趋势相一致。这是由于在东亚冬季季风控制下，我国冬季气候寒冷而干燥，气温远较同纬度其他地区要低。增温尚未改变这里冬季气温远低于冰点的状况，并未对积雪的稳定性构成威胁。积雪的稳定性更多地取决于降雪的丰欠，积雪对降雪变化比对气温更为敏感。由此看来，主宰寒冷地区积雪长期变化趋势在相当长的一段时期内不是气温变化，而是降雪变化。因此，在积雪对全球变暖的响应研究中，如果仅注意积雪与气温的负相关关系来预测积雪未来的变化显然是片面的。

虽然预测积雪未来变化难度极大，但是积雪地区长达 50 年基本上能够反映地面积雪年际变化实况，其积雪观测时间序列毕竟已经建立起来。据此我国积雪预测概念模式的轮廓已勾画出：①水的相变温度（0℃）是积雪形成和维持的临界条件。随着全球变暖，冬季负温（＜0℃）期是否发生变化是以春秋季节负温期的存在与否和缩短程度作为预测积雪空间分异和季节变化的主要依据。只要冬季变暖对冬季负温状况并未构成威胁，而降雪具有确定的长期增加的趋势，那么未来积雪变化将表现为一个显著的随机波动过程叠加在长期缓慢的增加趋势之上。②不同类型的积雪其稳定性不同，不同季节（秋、冬、春）积雪的稳定性差异很大。全球变暖必将导致积雪稳定性的减弱，从而引起积雪类型转化。例如，稳定积雪区面积的减少，不稳定积雪区和无积雪区面积的扩大，积雪期的缩短，秋季积雪的推迟，春季积雪的提前消失。

根据上述积雪概念模式，积雪对冬季气温和降雪变化的敏感性分析，以及积雪区、积雪量、冬季气温和冬季降水量长期变化趋势检验结果，对未来积雪变化给出以下预测。青藏高原和新疆稳定积雪区，到 2030 年冬季气温将升高 0.5～1.0℃，冬季持续负温期不会受到任何影响，未来降雪以 1%～2%年速率增加。因此，积雪极其缓慢增加的趋势将继续下去，年累加日积雪深度将继续分别以每年 2.3%和 0.2%的速率增加。同时，积雪深度和积雪储量年际波动幅度将继续增大，丰雪年和枯雪年两者出现将更加频繁，三江源头地区冬季大雪灾和春季雪旱灾还会进一步加剧。

积雪对气候环境变化十分敏感，特别是季节性积雪，在干旱区和寒冷区既是最活跃的环境影响因素，也是最敏感的环境变化响应因子。雪冰资源对中国干旱区生态系统的良性循环和环境的改善具有极为重要的作用。积雪是气候的产物，区域积雪的长期波动无疑是区域气候长期变化的结果。近百年来，积雪的变化一直为中外气候学家所关注，监测积雪变化已成为探测全球变暖、诊断区域气候和研究气候与积雪相互作用的重要手段。新疆的积雪更是得天独厚，占全国积雪资源的 1/3（上官冬辉等，2004）。天山作为新疆干旱区的“湿岛”，冬季降雪丰沛，天山西部的降雪比东部丰富（Li et al.，2004）。据研究，天山西部伊犁河流域年最大雪深普遍超过 60cm，天山积雪与雪崩研究站和伊犁的最大雪深分别高达 152cm 和 89cm，位于天山东部的七角井仅为 10cm 左右（刘海潮和谢自楚，1988）。同时，天山冰雪覆盖区是新疆许多河流的发源地，冰雪融水和山区降水是干旱区农业的命脉，区域气候变化导致的积雪变化对春、夏季河川径流的影响对干旱区农、牧业和脆弱的生态系统产生严重的后果，甚至会导致旱涝灾害的频繁发生（刘时银等，2002a）。因此，摸清干旱区积雪与气候变化的关系，对干旱区脆弱的生态环境演变和经济的可持续发展具有重要的意义。

高卫东等（2005）通过研究分析认为，随着全球变暖，天山西部中山带的季节性积雪呈增加趋势。天山西部中山带季节性积雪的深度与该区冬季气温呈弱负相关，而与该地区冬季降水呈显著的正相关。1967～2000 年，天山西部中山带冬季气温升高了 0.8℃，同时冬季降水量每年平均增加了 0.12%。1974～2000 年，中山带季节性积雪的最大深度每年平均增加了 1.43%。相关因子与影响因子分析也明显表明，在全球变暖的背景下，由该区冬季降水量增加而导致的积雪量增加，大于该区由冬季气温升高而引起的积雪量减少。因此，从总体上看，积雪仍然呈增加的趋势，积雪随气候变暖而增加的趋势有可能已经成为寒冷区中高山带固有的特征。

第六章　出山径流形成与模拟

西北内陆干旱区深居内陆，是世界上最干旱的地区之一，水资源的短缺严重制约着当地经济发展。径流是该区域水资源的重要组成部分，对区域社会经济和生态环境有着举足轻重的影响。运用科学的方法分析径流变化特征，精确模拟和预测径流过程，是实施水资源管理、促进当地经济发展的一项重要工作。

西北内陆干旱区的河流由于受地形、地貌和水文气象分带规律的影响，从源头到尾闾大体可划分为两种性质不同的径流区，即径流形成区和径流散失区。高寒山区为径流形成区，这里气温低、蒸发弱、降水较多、冰川积雪发育，有利于地表径流的形成，是该区的水源地。在径流形成区，河流的水量随流域的增大而增加，一般在出山口处达到最大值。辽阔的山前冲洪积平原则为径流散失区，也是该区水土资源开发利用和绿洲农业的主要地区，该地区的气候和水文地质条件均不利于地表径流的形成。河流进入这里后，水量不但得不到补充，反而由于蒸发、渗漏和沿途引用，随着流程的增加而急剧减少。因此，来源于山区的地表径流量决定着平原绿洲生存发展的空间，而广泛分布于高山区的冰川融化所形成的融水径流又是山区水资源的重要组成部分。据统计，我国西北内陆干旱区，冰川径流约占出山口径流量的22%，其中新疆塔里木盆地达40%，个别河流如渭干河高达85%。另外，冰川对气候变化极其敏感，全球变暖会对冰川及其径流产生较大的影响。因此，对冰川及其径流的形成、变化和预测进行研究，对我国西北干旱区未来社会经济发展具有重要的指导意义。

第一节　内陆河出山径流研究进展

水文模型是对自然界中复杂水文现象的近似模拟，是水文科学研究的一种手段和方法，也是对水循环规律研究和认识的必然结果（徐宗学，2009）。20世纪30年代Sherman提出单位线理论、1948年Penman给出蒸发公式，20世纪50年代以后概念模型开始出现，如美国斯坦福流域水文模型（SWM）、萨克拉门托（Sacramento）模型、SCS模型、欧洲的HBV模型、日本的水箱（Tank）模型，以及我国的新安江模型。80年代后期，随着计算机技术的进步，分布式水文模型得到了快速发展，较为常见的有欧洲的SHE模型和Topmodel模型、英国的IHDM模型、美国的SWAT模型和VIC模型等。分布式水文模型已成为当前水文模型发展的趋势。近年来，随着全球气候变化的加剧，冰川消融、冻土退化及积雪变化对径流的影响也开始受到了学术界的关注。因此，现在不少水文模型侧重于模拟这些特殊的水文过程。

流域水文模型，是以一个数学模型来模拟流域降雨-径流或融雪-径流的形成过程，即定量分析从降水、融雪、截流、填洼、下渗、蒸发、产流、汇流到流域出口断面径流的全过程。利用水文模型模拟和预测流域径流是水文学研究的主要内容之一。从反映水文循环规律的科学性和复杂性出发，水文模型分为3类：系统理论模型（即“黑箱”模型）、概念性模型和分布式模型（徐宗学，2009）。每一类模型由于其不同的特点，在内陆河区的应用都有其不同的特征。

一、系统理论模型的应用

系统理论模型是将研究的流域或区间视作一种动力系统，利用已有的输入与输出资料，在建立某种数学关系后，据此用新的输入推测输出。这类模型只关心模拟结果的精度而不考虑输入与输出之间的物理因果关系，因此又被称为“黑箱”模型。由于黑箱模型简单实用，而且能够处理许多具有复杂因果关系和高度非线性映射的问题，从 20 世纪 90 年代开始，系统理论模型已经开始大量应用于干旱内陆河流域。常用于模拟预报的方法有灰色系统理论、人工神经网络、Kalman 滤波算法、小波分析、时间序列模型、支持向量机，以及这些方法的组合等。这些预报方法各有其优缺点和适用条件，且在河西内陆河地区河流径流过程的模拟预测中都取得了不错的效果。

二、概念性模型的应用

随着对内陆河水文循环过程研究的不断加深，概念性模型被引入到径流的模拟研究中。概念性模型是以水文现象的物理概念和一些经验公式为基础构造的，它把流域的物理基础（如下垫面等）进行概化（如线性水库、土层划分、需水容量曲线等），再结合水文经验公式（如下渗曲线、汇流单位线、蒸散发公式等）近似地模拟流域水流过程。典型的概念性模型有 HBV 模型、Tank 模型、新安江模型等。概念性模型在河西内陆河的径流模拟中也得到了广泛利用。康尔泗等（1999）用 HBV 模型，将黑河山区流域划分为高山冰雪冻土带和山区植被带两个基本海拔景观带，对黑河干流月出山径流进行了模拟，并探讨了在全球变化背景下，内陆河流域出山径流的可能变化，初步回答了内陆河流域水资源可持续利用的问题。陈仁升等（2003）在黑河干流区域应用 Topmodel 模型对黑河干流出山径流进行模拟，他们指出，Topmodel 模型虽然月模拟结果较好，但其结果比系统理论模拟结果差。在考虑到气候变化对内陆河径流的影响后，基于度日因子算法的融雪径流模型 SRM 也被引入了黑河干流的模拟中。王建和李硕（2005）利用 SRM 模型模拟气温上升框架下的融雪径流变化情势，结果表明，山区积雪流域融雪期在时间上前移，同时春季融雪径流量呈显著增加趋势且受径流周期变化控制。

三、分布式模型的应用

GIS 技术、遥感技术和计算机技术的快速发展，以及流域下垫面空间分布信息技术的日益完善，为构造具有一定物理基础的流域分布式水文模型提供了强大和及时的技术平台，分布式水文模型也因此获得了长足发展。分布式水文模型最显著的特点是与 GIS 结合，通过 DEM、土壤数据、植被数据等 GIS 数据进行地形分析、叠置分析，将流域下垫面空间离散化为一系列更小的水文响应单元或栅格单元，以偏微分方程控制基于物理过程的水文循环时空变化，并分布式地描述水文过程和输出模拟结果。分布式水文模型充分考虑了水文参数及流域内部各地理要素在空间分布上的不均匀性，将大的流域离散成多个小单元子流域，同时充分考虑了水文过程与下垫面的复杂性，也符合降水时空分布不均匀导致的流域径流高度非线性的特征，其所基于物理过程的水文循环更接近客观世界，比集总式水文模型更真实地反应流域径流的变化情况（贾仰文等，2005）。从21世纪初开始，国内外各类先进的分布式水文模型都被陆续应用到了河西内陆河的水文研究中，其中山区径流模拟是这类模型的主题。这类模型包括SWAT、VIC、PRMS等，其中SWAT模型在河西内陆河的应用最为广泛。通过研究发现，SWAT模型在结构上考虑融雪和冻土对水文循环的影响，较适用于我国西北寒区的水循环特点。此外，还有很多研究者对SWAT模型进行了不同的改进，使其更适用于河西内陆河。

四、现有径流模型的特点

从流域水文模型的研究进展和河西内陆河已有的水文模型应用来看，径流模型主要经历了从系统理论模型，到概念性模型，再到分布式模型的发展。在对河西内陆河出山径流的模拟和预测中，每种模型都有其各自的优点和缺点。系统理论模型是针对一个流域，根据长期水文观测资料建立的，它包含该流域地形、土壤、植被等众多要素及其空间特征对水文影响的概括，将数据之间隐含的物理意义用统计关系表达出来，具有灵活简单、实用性强等优点。同时，系统理论模型高度的概括性，以至于模型隐含的物理基础消失了，变成纯数学表达，无法从机理上解释水文过程，因而难以在其他流域推广。当流域内部发生变化时，需对模型参数重新率定，这些在很大程度上增加了系统理论模型的局限性。概念性模型在系统理论模型的基础上，考虑流域蓄满产流、超渗产流及汇流等物理机理，并利用河川观测径流量来率定模型参数。这些概念模型虽然比系统理论性“黑箱”模型前进了一大步，但是概念性模型在许多结构环节上仍主要借助于概念性元素模拟或经验函数关系描述，仅涉及现象的表面，而不涉及现象的本质，且物理模型中包含的许多参数都缺乏明确的物理意义，只是对流域水文特性的一个综合反映，很多参数只能依据实测降雨和径流资料来反推，这样求得的模型参数必然带有一定的经验统计性，直接导致概念性模型尽管能够拟合大部分的水文过程，但在个别特殊情况的处理及外推拟合方面不理想。正是以上问题的存在，使得分布式模型成为模型发展的重点。分布式模型充分利用空间分析技术，解决了影响因素的空间分布问题，能客观地反映气候和下垫面因子的空间分布对流域径流形成的影响，其参数具有明确的物理意义。通过连续方程和动力学方程求解参数，可以更准确地描述复杂的水文过程，具有很强的适应性。此外，分布式模型能按照模拟单元输出计算结果，其计算精度也较一般的集总式模型高。对于分布式模型来说，其参数通常是利用卫星遥感资料通过空间分析技术确定的，一般不需要大量的实测水文资料来率定，有利于在无实测水文资料的地区推广应用（万洪涛等，2000）。

在河西高山地区，积雪和冰川融水是河流的主要补给来源，目前的模型都没有完整地考虑到冰川、积雪等特殊水体对径流的影响。黑河干流地区还广泛分布着季节冻土和多年冻土，而多数分布式水文模型很少涉及冻土水热耦合，因此需要发展一个充分考虑冰川、积雪、冻土等水文过程的水文模型来理解内陆河流域高寒山区关键水文过程。

第二节　高山冰川径流的变化过程

一、高山冰川融水径流与气候

冰川融水径流也称冰川径流，其变化要比冰川的变化复杂。冰川越小，冰川径流对气温变化越敏感，径流过程线峰值越高，衰减也越快。径流过程线峰值的出现时间与气温的升高速度有关：升温越快，峰值出现时间越早，峰值越高，这同样表明了冰川越小其径流对气候变化越敏感。冰川径流与气温变化的不一致性实际上是冰川对气候变化滞后性的表现，在过去的几十年中，由冰川退缩引起的径流增加在出山口径流中已经有所表现（叶柏生等，1999）。

由于冰川对气候变化的滞后性，冰川径流变化更为复杂。冰川作为“固体水库”通过自身的变化对水资源进行调节。这一调节作用可分为短期（多年）和长期（几十年到数世纪）两种方式。从短期看，在高温少雨的干旱年，冰川的消融加强，储存于冰川上的大量冰川融化补给河流，使河流的水量有所增加，从而减小或缓解用水矛盾；相反，在多雨低温的丰水年，大量的降水储存于冰川，使河流的水量减少，结果使水的不可利用部分减少。

从长期看，冰川的形成和变化受气候条件的影响，同时受自身运动规律的制约，其形成和变化过程需几百年、上千年甚至更长时间。因此，它可将几百年前储存在冰川上的水在某一特定的气候条件下释放出来，或者将部分降水储存于冰川上，这就是冰川波动对水资源的长期调节作用。

二、西北地区冰川径流变化

杨针娘（1991）通过长期观测，按乌鲁木齐河流域冰川变化对径流补给增加量182mm推算出西北地区各流域冰川径流变化量（表6-1）。

表6-1　西北地区各流域冰川径流变化量估计（杨针娘，1991）

水系	冰川面积/km^2	河川径流量/亿 m^3	冰川径流量/亿 m^3	冰川径流量占比/%	冰川径流增加量/亿 m^3	冰川径流增加量占比/%
甘肃河西走廊	1334.72	72.4	9.99	13.8	2.43	3.3
准噶尔盆地	2254.08	125.0	16.89	13.5	4.10	3.3
伊犁河水系	2022.66	193.0	26.41	13.7	3.68	1.9
塔里木盆地	20796.19	347.0	139.50	40.2	37.80	10.9
柴达木盆地	1761.11	47.6	5.96	12.5	3.21	3.7
青海湖	13.29	13.3	0.07	0.4	0.02	0.2

由表6-1可以看出，冰川补给最丰富的塔里木盆地地区，因冰川退缩而增加的径流量高达37.8亿 m^3，约占其河川径流量的10.9%。但是，即使在这一地区，由于从小冰期以来，特别是1956～1990年里绝大部分冰川一直处于退缩状态，冰川对径流的这一长期调节作用也难以在只有三四十年的径流系列资料中得以反映。不过，从20世纪70

年代中期开始的迅速增温引起的冰川径流增加，在塔里木盆地的水资源变化上有一定程度的反映。

第三节　黑河干流出山地表径流的形成机理

本节以黑河干流山区为例，基于分布式水文模型——水土评价工具（soil and water assessment tool，SWAT）研究和模拟出山地表径流的形成机理。

一、气候特征

黑河干流气候特征具有明显的空间分异性。南部祁连山区气温低，蒸发弱，降水相对充沛；中部河西走廊地区气候相对干燥，无霜期日数长，降水较少；额济纳盆地则极度干燥，年均降水量仅为47.3mm，潜在蒸发量较大。

（一）降水特征

黑河流域在山区和山前地带的降水量大于300mm，随海拔增加而增加，其空间变化也大，但海拔高于2810m时，降水量逐渐减少。从降水的经纬度变化看，无论山区还是中游区，降水量都出现从东南向西北逐渐减少的趋势。中游区降水量一般小于200mm，从东南向西北减少。下游阿拉善高原从南向北减少，南部梧桐沟为70.9mm，中部达来呼布为39.7mm，北部两湖地区呼鲁赤古特为36.7mm。从空间分布上看，中游和下游干旱草原荒漠区降水比较均匀，数量也比较少。从实测资料看，降水量从低海拔的山前地带到高山冰雪地带，由300mm逐渐增加到800mm以上。在高山永久性冰雪覆盖地带，其降水量达到或超过800mm。总之，流域降水量时空分配很不均匀，降水主要集中在5～9月，占年降水量的75.9%～97.2%。5～9月的降水量从东南向西北逐渐增加，而山区降水量5～9月所占比例比平原区小。

黑河流域干旱指数的空间分布是由降水和蒸发特征决定的，从东向西逐渐增加，从下游荒漠区到上游祁连山区逐渐减少。高山区估计干旱指数在1.0以下，为相对湿润区，主要考虑其降水量比真正的湿润区降水要小得多，其温度低，导致蒸发量较小。出山口以上山区干旱指数从7.0降到1.6；走廊区从9.0到20.0变化；干旱指数最大的区域为河流下游和走廊西部，从25.0到55.0变化，干旱指数最大的区域为额济纳旗，一般在40.0以上。总体上，黑河流域干旱指数在0.8～55.0变化，区域差异较大。

（二）蒸散特征

蒸发量（Φ20）主要取决于当地的气温与辐射状况，这两个物理量相对于其他水文气候要素来说比较稳定，实际观测也表明水面蒸发量的多年变化比较稳定。黑河流域水面蒸发能力的空间分布规律性比较好，呈现从东南向西北逐渐增加的趋势；从平原区到山区表现为逐渐减少；其空间变化趋势基本与降水量的空间分布特性相反，即降水量大的地方，蒸发能力弱；降水量小的地方，蒸发能力较强。降水形成以山体为中心的高值区，而蒸发能力则往往以山体为中心形成低值区，这主要与蒸发能力的影响因素分布有关。

高山区水面蒸发能力明显减小，祁连山冷龙岭为水面蒸发量最小的区域，基本与祁连山降水径流高值区重合，年蒸发能力一般小于 900mm，最小值在 800mm 以下。此外，迎风坡和背风坡也有差别，一般迎风坡较大。流域水面蒸发能力由南向北递增，北部沙漠区蒸发能力最大，南部浅山区一般为 800～1200mm，走廊区增至 2000～3000mm。

同时，蒸发能力随高程的变化率从干旱区到半干旱区、半湿润区逐渐减少。从额济纳旗到中游绿洲，海拔每增加 100m，蒸发能力约减少 225.7mm；从中游绿洲到山区，海拔每增加 100m，蒸发能力减少 63.0～91.4mm。由此可以看出，山区与平原及山区与河谷之间水面蒸发量相差很大。

水面蒸发的年内分配、最大连续 4 个月蒸发能力均出现在 5～8 月，相当一致；而且流域的蒸发能力无论是绝对数值还是相对集中程度均较大。黑河流域各站蒸发能力最大的 4 个月的集中程度由西北向东南递减，正义峡为 58%，而莺落峡为 57%；年内最大蒸发能力出现在 6～7 月。

影响水面蒸发的主要因素是气温、风速、湿度和地理条件。地理条件年际之间没有什么变化，气候条件的年际变化也比较平缓，因此水面蒸发的年际变化也相对较小。对流域内长系列蒸发资料分析可知，最大年水面蒸发量与多年平均蒸发量的比值一般为 1.2～1.7，最小比值为 1990 年莺落峡站 1.18；最小年蒸发量与多年平均蒸发量的比值一般为 0.6～0.8，最大比值为 1993 年正义峡站 0.82。最大年蒸发量与最小年蒸发量的比值一般为 1.5～2.5，最小比值为莺落峡 1.47，其次为正义峡 1.49。

黑河流域蒸发量的多年变化比较复杂，温度是影响蒸发的绝对因素。在全球变暖的大背景下，蒸发应随气温升高而升高，但实际观测表明，在 1990 年温度升高的过程中，蒸发量在下降。实际上，器测蒸发量反映的是水面对大气蒸发能力的补充作用，并不是一般意义上的大气实际蒸发能力。大气温度增加时，土壤及其他能够释放水汽的植被等也相应增加了蒸发量，因此，最终相互补偿的平衡结果导致测得的水面蒸发量减少。

二、流域径流特征与时空变化

黑河流域径流量空间分布差异巨大，南部祁连山区径流丰富，北部径流贫乏。发源于祁连山山区的支流径流深度较大，而浅山区发源的河流径流度较小。5mm 径流深等值线基本与 1500m 地形等高线一致；50mm 径流深等值线基本处于各河流出山口附近；由于河流上游位于祁连山背风坡，降水稀少，植被覆盖差，水源涵养功能差，50mm 径流深等值线向上推移到河流发源区；100mm 径流深等值在祁连山中东部，位于中山区 2000m 附近，西部讨赖河推进到冰雪覆盖区前沿；200mm 径流深等值线处于祁连山中东部沿冷龙岭深山区分布，接近冰雪覆盖前沿。大渚马河等个别河流发源区，径流深可达 500mm 以上。

黑河流域各河流的径流年内分配主要受降水补给、出山口地下水溢出补给和冰雪/冻土融水补给影响，但河流大小和下垫面条件也是影响径流年内分配的重要因素。一般来说，河流来水集中在汛期 5 个月。各大河流汛期径流量占年径流量的 52.3%～80.5%，小河流所占比例更高，可达 90%以上。与降水量、年径流量分布相似，汛期径流量所占比例从东向西呈增加趋势。

三、流域水资源状况

黑河流域有系列水文资料的河流有 13 条，各河流出山径流量分别为：山丹河李桥水库 0.573 亿 m^3/a，洪水河双树寺水库 1.171 亿 m^3/a，大渚马河瓦房城水库 0.839 亿 m^3/a，黑河干流莺落峡 15.598 亿 m^3/a，梨园河梨园堡 2.168 亿 m^3/a，海潮坝水库 0.483 亿 m^3/a，童子坝河 0.722 亿 m^3/a，酥油口河 0.447 亿 m^3/a，摆浪河 0.446m^3/a，马营河红沙河 1.153 亿 m^3/a，丰乐河 0.942 亿 m^3/a，洪水坝河新地 2.395 亿 m^3/a，讨赖河冰沟 6.407 亿 m^3/a。那么实测的出山径流量为 33.425 亿 m^3/a，其中，黑河干流片多年平均出山水资源量为 23.549 亿 m^3/a，讨赖河片多年平均出山水量为 9.743 亿 m^3/a。

黑河流域没有水文站控制，也没有水库用水资料的小沟小河有 15 条，调查其出山径流量分别为山丹瓷窑口河 0.008 亿 m^3/a、流水口沟 0.087 亿 m^3/a、三十六道沟 0.022 亿 m^3/a、寺沟 0.082 亿 m^3/a、大野口水库 0.142 亿 m^3/a、大瓷窑河 0.110 亿 m^3/a、大河 0.051 亿 m^3/a、水关河 0.056 亿 m^3/a、石灰关河 0.548 亿 m^3/a、黑大板水库 0.066 亿 m^3/a、黄草坝沟 0.044 亿 m^3/a、涌泉坝沟 0.066 亿 m^3/a、观山河 0.154 亿 m^3/a、红山河 0.173 亿 m^3/a。这部分出山径流总量为 1.119 亿 m^3/a。

黑河流域山前地区多年平均天然径流量达 36.563 亿 m^3，出山径流量为 35.693 亿 m^3；其中，东部子水系天然径流量占总量的 68.7%，中部子水系占总量的 7.2%，西部子水系占总量的 24.1%。黑河流域山前地区多年平均地下水资源不重复量为 4.305 亿 m^3，其中东部子水系占 77.4%，中部子水系占 4.3%，西部子水系占 18.3%。

在全球气候变化的条件下，黑河流域气温发生了变化，特别是祁连山高寒地区，温度上升的幅度和趋势更加明显。根据黑河山区 1960～2010 年温度、径流、降水资料计算，气温每增加 1℃，山区陆面蒸散量增加 21.5mm，相当于使莺落峡断面减少 2.152 亿 m^3/a 出山水资源，而河西走廊区温度上升引起的蒸散增加更加显著。对莺落峡和正义峡区间农田灌溉耗水资料计算显示，温度每增加 1℃，农田蒸散量增加 184.2mm，按张掖、临泽、高台灌区现有 $161.73\times10^3hm^2$ 农田和林草灌溉面积计算，相当于每年多消耗 2.979 亿 m^3/a 水资源量。

四、黑河干流山区概况

黑河干流山区出山径流由莺落峡水文站（38°48′N，100°11′E，海拔 1637m）控制，流域海拔为 1637～5120m，控制面积约为 10009km^2（图 6-1）。流域内另有上游祁连水文站（38°12′N，100°14′E，海拔 2590m）和札马什克水文站（38°14′N，99°59′E，海拔 2635m）控制的东西两个分支流域，东支为八宝河，长约 75km，集水面积为 2452km^2，西支干流名为黑河，长约 175km，集水面积为 4589km^2，这两股流在青海省祁连县黄藏寺汇合后进入甘肃省境内，约经 85km 的流程在莺落峡出山口进入张掖灌区。流域内代表性气象台站的多年气温、降水分布状况见表 6-2。整个区域被多年冻土和季节性冻土覆盖，植被覆盖度高，降水较多，固态降水比例较大。

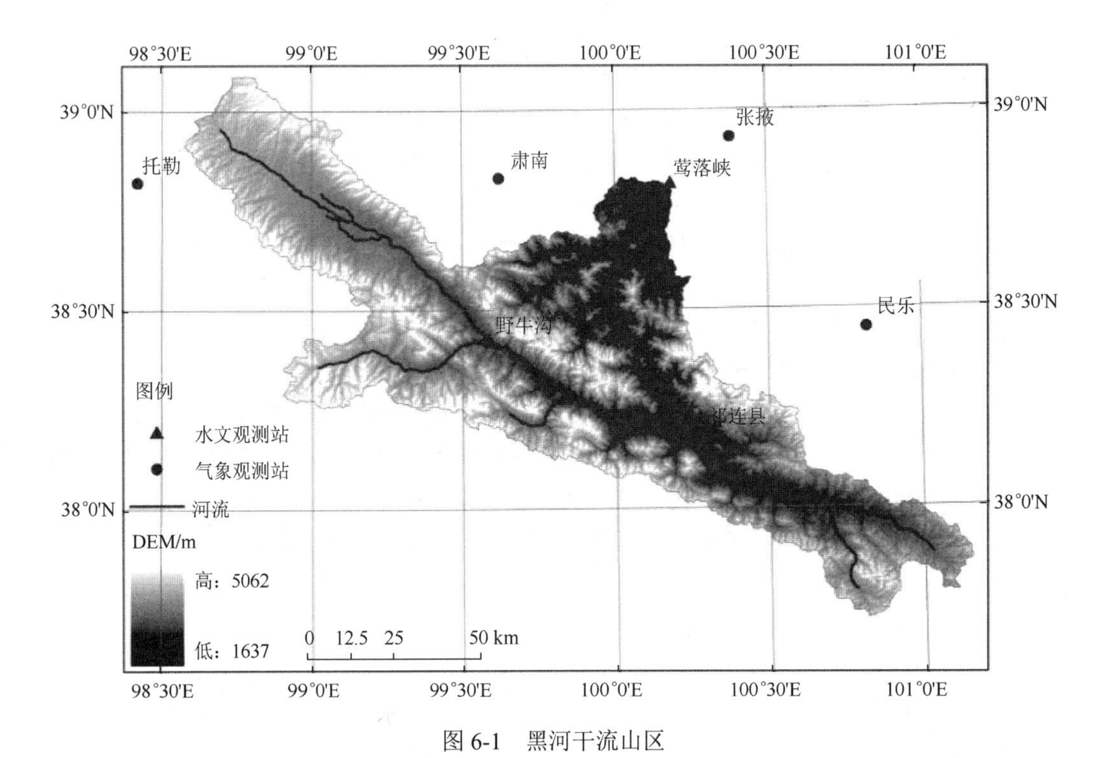

图 6-1　黑河干流山区

表 6-2　黑河干流山区代表性台站年平均气温、年降水量

台站	经度	纬度	年平均气温/℃	年降水量/mm	海拔/m
冰沟	100°13′E	38°04′N	–2.7	491.7	3500
祁连县	100°14′E	38°12′N	0.7	394.7	2787
野牛沟	99°36′E	38°24′N	–3.1	403.7	3180
肃南	99°37′E	38°48′N	3.6	255.2	2312
托勒	98°24′E	38°48′N	–2.9	284.3	3360

根据冰川编目资料，流域内有冰川 219 条，冰川覆盖面积 59km^2，冰川覆盖度 0.59%，冰川储水量 13.81 亿 m^3，径流量 16.05 亿 m^3，冰川融水补给率 3.4%。八一冰川是黑河干流流域最大的冰川，长度为 2.2km，面积为 2.81km^2。

通过对气象站观测资料分析表明，黑河上游祁连山区降水量从东向西呈减少趋势，并随海拔升高而增加，年降水量在低山区为 200mm 左右，而在高山区可达 600mm 以上，降水主要集中在夏季。流域植被覆盖类型主要有高山冰雪、高山草甸、高山草原、中山草甸、中山草原、中山森林和少量灌耕地等。森林主要分布于中山地带，以青海云杉和祁连圆柏为主，灌木和牧草遍布于流域各处。流域土壤以高山草甸土、高山草原土、寒漠土、灰褐土和灰棕漠土为主。

以海拔 3600m 为分界线，将黑河干流山区分为高山冰雪冻土带和山区植被带。高山冰雪冻土带下垫面主要由冰川、积雪、多年冻土和高山草甸等组成，而山区植被带下垫面主要由草甸、灌木和水源涵养林等组成。高山冰雪冻土带和山区植被带的多年平均水量平衡组成特征见表 6-3（康尔泗等，2008）。

表 6-3　黑河干流山区水量平衡组成

<table>
<tr><th rowspan="2">分带</th><th rowspan="2">分带
海拔/m</th><th rowspan="2">占流域面积
比例/%</th><th rowspan="2">平均
海拔/m</th><th colspan="2">降水量/mm</th><th colspan="2">陆面蒸散量/mm</th><th colspan="2">径流系数</th><th rowspan="2">对出山径
流的贡献
率/%</th></tr>
<tr><th>分带</th><th>流域平均</th><th>分带</th><th>流域平均</th><th>分带</th><th>流域
平均</th></tr>
<tr><td>高山冰雪
冻土带</td><td rowspan="2">3600</td><td>58.9</td><td>3993.1</td><td>513.2</td><td rowspan="2">459.7</td><td>279.3</td><td rowspan="2">294.1</td><td>0.46</td><td rowspan="2">0.36</td><td>83</td></tr>
<tr><td>山区植
被带</td><td>41.1</td><td>3142.3</td><td>383.1</td><td>315.4</td><td>0.18</td><td>17</td></tr>
</table>

第四节　黑河干流出山月径流 SWAT 模型分析与设计

一、模型原理

（一）SWAT 模型介绍

SWAT 模型是由美国农业部农业研究中心于 1994 年开发的，其全称是水土评价工具。该模型利用 GIS 和 RS 提供的空间信息，模拟复杂大流域中多种不同的水文物理过程，采用多种方法将流域离散化，能够响应降水、蒸发等气候因素和下垫面因素的空间变化，以及人类活动对流域水文循环的影响（徐宗学，2009）。该模型开发的最初目的是预测在大流域复杂多变的土壤类型、土地利用方式和管理措施条件下，土地管理对水分、泥沙和化学物质的长期影响。SWAT 模型以日为时间步长，可进行长时间连续计算。该模型的主要特点：基于物理机制，将水分运动、泥沙输送、作物生长和营养成分循环等物理过程直接反映在模型中。该模型不但可以应用于缺乏观测数据的流域，还可以应用于管理措施、气象条件、植被覆盖的变化对水质等影响的定量评价。该模型采用的数据通常都是常规观测数据。SWAT 模型提供了 3 种流域离散化方法：子流域（subbasin）、山坡（hillslope）和网格（grid）等，其中子流域是该模型所采用的最主要划分方法。对于每一个子流域，又可以根据其中的土壤类型、土地利用类型和管理措施的组合情况，进一步划分为单个或多个水文响应单元（hydrologic response unit，HRU），水文响应单元是该模型中最基本的计算单元。从建模技术看，SWAT 模型采用了模块化设计思路，水循环的每一个环节对应一个子模块，十分方便模型的扩展和应用。SWAT 模型主要应用领域包括评价分析土地利用对水文过程和水质，以及气候变化的影响。

至今，SWAT 模型发展比较成熟，已广泛用于不同区域不同尺度的非点源污染负荷方面的研究中，已经成为水资源保护管理规划中不可或缺的工具，其在美洲、欧洲、亚洲等许多国家和地区得到了广泛的应用验证。

（二）SWAT 模型原理

1. 概述

水文循环的陆地阶段指产流和坡面汇流部分，控制子流域内主河道的水、沙、营养物质和化学物质等的输入量，陆地阶段水文循环示意图如图 6-2 所示。

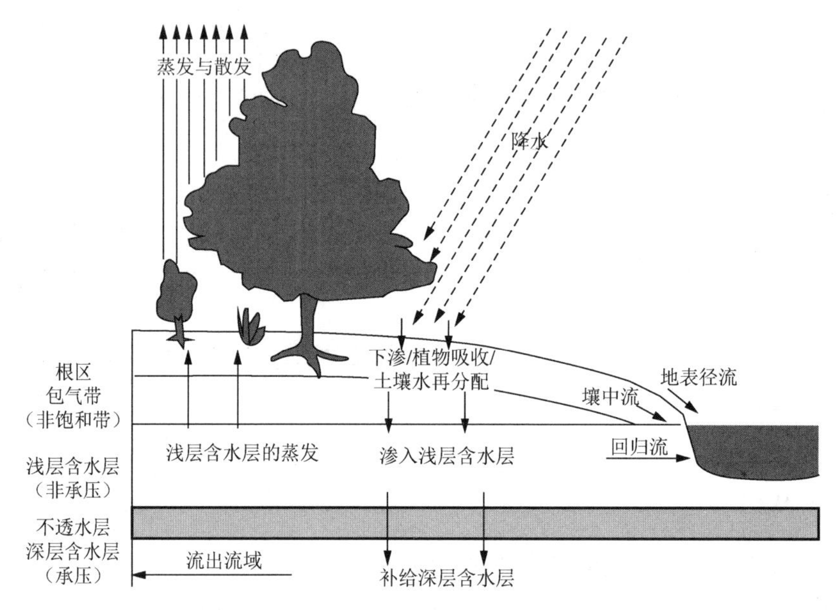

图 6-2　SWAT 模型水文循环陆地阶段示意图

SWAT 模型模拟的水文循环基于水量平衡方程：

$$SW_t = SW_0 + \sum_{i=1}^{t}(R_{day} - Q_{surf} - E_a - W_{seep} - Q_{gw}) \tag{6-1}$$

式中，SW_t 为最终的土壤含水量（mm）；SW_0 为第 i 天土壤的初始含水量（mm）；t 为时间（d）；R_{day} 为第 i 天的降水量（mm）；Q_{surf} 为第 i 天的地表径流量（mm）；E_a 为第 i 天的蒸散量（mm）；W_{seep} 为第 i 天从土壤剖面进入包气带的水量（mm）；Q_{gw} 为第 i 天的地下水补给河道径流量（mm）。

水文循环的陆地阶段模拟过程中需考虑气象和水文等方面的因素。气温控制降水形态和土壤温度，融雪温度控制融雪径流的发生；土壤温度控制土壤含水层中水的侧向流动（壤中流）和下渗强度，其中壤中流补给河道，下渗进入浅层蓄水层和深层蓄水层。当土壤温度低于 0℃时，土壤冻结，模型不再模拟土壤中水分的运动；浅层蓄水层中的水以回归流的形式补给河道；深层蓄水层中的水流向流域外，不参与水文响应单元产水量计算。地表径流、壤中流和浅层地下径流汇集成水文响应单元产水量。在每个水文响应单元预测出独立的径流，然后汇流得到流域的总径流量。这样可以提高该模型的精度，而且较好地描述了水量平衡的物理过程。

下面从高程带划分、雪的累积与消融、土壤温度、蒸散发、地表径流、壤中流、地下径流等方面介绍该模型的原理部分。

2. 高程带划分

该模型最多可将子流域划分为 10 个高程带。在各高程带上，单独模拟积雪覆盖和融雪。由此，可以估测由地形对降水和气温影响引起的积雪覆盖和融雪差异。地形雨是世界上特定区域的一种重要的自然现象。为考虑地形对降雨和气温的影响，每个子流域中最多可以定义 10 个高程带。在每个高程带，其降水量、最高气温和最低气温是相应高程带的递减率及台站高程与相应高程带平均高程之差的函数。

对于降水量：

$$R_{\text{band}} = R_{\text{day}} + (\text{EL}_{\text{band}} - \text{EL}_{\text{gage}}) \times \frac{\text{plaps}}{\text{days}_{\text{pcp,yr}} \times 1000} \quad (R_{\text{day}} > 0.01) \tag{6-2}$$

式中，R_{band}为高程带内的降水量（mm）；EL_{band}为高程带的平均高程（m）；EL_{gage}为记录台站的高程（m）；plaps 为降水递减率（mm/km）；$\text{days}_{\text{pcp,yr}}$为年内该子流域的平均降水天数（d）；1000 为把米换成千米的换算系数。

对于气温：

$$T_{\text{max,band}} = T_{\text{max}} + (\text{EL}_{\text{band}} - \text{EL}_{\text{gage}}) \times \frac{\text{tlaps}}{1000} \tag{6-3}$$

$$T_{\text{min,band}} = T_{\text{min}} + (\text{EL}_{\text{band}} - \text{EL}_{\text{gage}}) \times \frac{\text{tlaps}}{1000} \tag{6-4}$$

$$\overline{T}_{\text{band}} = \overline{T} + (\text{EL}_{\text{band}} - \text{EL}_{\text{gage}}) \times \frac{\text{tlaps}}{1000} \tag{6-5}$$

式中，$T_{\text{max,band}}$为高程带的日最高气温（℃）；$T_{\text{min,band}}$为高程带的日最低气温（℃）；$\overline{T}_{\text{band}}$为高程带的日均气温（℃）；$T_{\text{max}}$为台站实测或由台站数据生成的日最高气温（℃）；$T_{\text{min}}$为台站实测或由台站数据生成的日最低气温（℃）；$\overline{T}$为台站实测或由台站数据生成的日均气温（℃）；$\text{EL}_{\text{band}}$为该高程带的平均海拔（m）；$\text{EL}_{\text{gage}}$为记录台站的高程（m）；tlaps 为气温直减率（℃/km）；1000 为换算系数。

计算出子流域内各高程带的降水量和气温之后，可计算出新的平均降水量和气温：

$$R_{\text{day}} = \sum_{i=1}^{t} R_{\text{band}} \times \text{fr}_{\text{band}} \tag{6-6}$$

$$T_{\text{max}} = \sum_{\text{band}=1}^{b} T_{\text{max,band}} \times \text{fr}_{\text{band}} \tag{6-7}$$

$$T_{\text{min}} = \sum_{\text{band}=1}^{b} T_{\text{min,band}} \times \text{fr}_{\text{band}} \tag{6-8}$$

$$\overline{T}_{\text{av}} = \sum_{\text{band}=1}^{b} \overline{T}_{\text{av,band}} \times \text{fr}_{\text{band}} \tag{6-9}$$

式中，R_{band}为高程带 band 内的日降水量（mm）；fr_{band}为高程带面积占子流域面积的百分数（%）；b为子流域内高程带的总个数。

3. 雪的累积与消融

SWAT 模型根据日均气温将降水分为降雨或降雪。临界温度T_{s-r}为划分降雨或降雪的依据。如果日均气温低于临界温度，则水文响应单元内为降雪，雪水当量加在积雪上。

降雪以积雪的形式储存在地表，积雪的储水量称为雪水当量。积雪会随着后续降雪

而增加，也会随着消融或升华而减少。积雪的质量守恒方程为

$$\mathrm{SNO} = R_{\mathrm{day}} - E_{\mathrm{sub}} - \mathrm{SNO}_{\mathrm{mlt}} \tag{6-10}$$

式中，SNO 为某天积雪的含水量（mm）；R_{day} 为某天的降水量（仅当$\overline{T} \leqslant T_{s-r}$时，计算此项）（mm）；$E_{\mathrm{sub}}$ 为某天积雪的升华量（mm）；$\mathrm{SNO}_{\mathrm{mlt}}$ 为某天的融雪量（mm）。积雪数量用覆盖在整个水文响应单元区域上的深度表示。

融雪由气温、积雪温度、消融速率及积雪覆盖面积等因子控制。当最高气温超过 0℃时，积雪开始融化，融雪量根据积雪温度与最高气温的均值，与积雪阈值温度求差值，构建线性函数进行计算。在估算径流和渗透时，融雪等价于降水。融雪的降水能力为 0，通过假定 24h 内积雪均匀消融来估测洪峰流量。

当积雪温度超过阈值温度 T_{mlt} 时，积雪开始融化，该温度阈值由研究者设定。SWAT 模型通过一个线性函数来计算融雪量，即融雪量是积雪温度和最高气温的均值与积雪基温或阈值温度之差的线性函数：

$$\mathrm{SNO}_{\mathrm{mlt}} = b_{\mathrm{mlt}} \times \mathrm{sno}_{\mathrm{cov}} \times \left[\frac{T_{\mathrm{snow}} + T_{\max}}{2} - T_{\mathrm{mlt}}\right] \tag{6-11}$$

式中，b_{mlt} 为当天的融雪因子［mm H_2O/（℃ • d)］；$\mathrm{sno}_{\mathrm{cov}}$ 为积雪覆盖面积占水文响应单元面积的分数；T_{snow} 为某天的积雪温度（℃）；$T_{\max}$ 为某天最高气温（℃）；T_{mlt} 为融雪发生的阈值温度（℃）。

4. 土壤温度

土壤温度影响土壤水运行和残留物的腐殖速率。土壤温度计算包括土壤表面和各土层中心的日均土壤温度。土壤表面的温度是积雪覆盖、植被覆盖、残留物覆盖、裸土表面温度、土壤前一天表面温度的函数。土层温度是地表温度、年均气温及恒温土层临界深度的函数。其中，恒温土层温度不受气候变化影响，临界深度为阻尼深度，取决于土块密度和土壤含水量。

定量化土壤温度季节性变化的方程式为

$$T_{\mathrm{soil}}(z, d_n) = \overline{T}_{\mathrm{AA}} + A_{\mathrm{surf}} \exp(-z/\mathrm{dd}) \sin(\omega_{\mathrm{tmp}} d_n - z/\mathrm{dd}) \tag{6-12}$$

式中，$T_{\mathrm{soil}}(z,d_n)$为年内第 d_n 天深度 z（mm）处的土壤温度（℃）；$\overline{T}_{\mathrm{AA}}$ 为年内年均土壤温度（℃）；A_{surf} 为地表温度波动的幅度（℃）；dd 为阻尼深度（mm）；ω_{tmp} 为角频率。当 $z=0$（土壤表层）时，式（6-12）变为 $T_{\mathrm{soil}}(0,d_n) = \overline{T}_{\mathrm{AA}} + A_{\mathrm{surf}}\sin(\varphi_{\mathrm{tmp}} d_n)$；当 $z \to \infty$时，式（6-12）转化为$T_{\mathrm{soil}}(\infty, d_n) = \overline{T}_{\mathrm{AA}}$。

为了计算以上方程中的一些变量，必须知道土壤的热容量和导热率。通常不直接测量土壤的这些属性，而通过其他土壤属性来估计这些值的方法还未证实是否有效。因此，SWAT 模型中采用一个方程来计算土壤温度，方程中当天的土壤温度是前一天土壤温度、年均气温、当天土壤表面温度及土壤剖面深度的函数。

计算各土层中心处的日均土壤温度的公式为

$$T_{\mathrm{soil}}(z, d_n) = \ell \times T_{\mathrm{soil}}(z, d_n - 1) + [1.0 - \ell] \times \left[\mathrm{df} \times (\overline{T}_{\mathrm{AA\,air}} - T_{\mathrm{s\,surf}}) + T_{\mathrm{s\,surf}}\right] \tag{6-13}$$

式中，ℓ为滞后系数（0.0～1.0），控制前一天土壤温度对当天土壤温度的影响；$T_{soil}(z,d_n-1)$为前一天某土层的温度（℃）；df为深度因子，定量化土壤深度对土壤温度的影响；$\bar{T}_{AA\ air}$为年平均气温（℃）；$T_{s\ surf}$为当天土壤表层温度（℃）。其中，SWAT模型中滞后系数ℓ默认为0.8，前一天的土壤温度已知，年均气温可根据天气发生器输入文件（.wgn）中长期的月最高和最低气温求出，只需要定义深度因子df和土壤表面温度$T_{s\ surf}$。

5. 蒸散发

蒸散发是一个集合项，包括地球表面液态或固态水转化为水汽的所有过程。具体包括植物冠层水分的蒸发和蒸散、土壤水分的升华和蒸发等过程。蒸散发过程是流域水分散失的主要途径。陆地上约62%的降水被蒸散掉。在大部分流域及南极以外的所有大陆上，蒸散量大于径流量。降水量与蒸散量之间的差量可供人类利用和管理。因此，准确估算蒸散量，对于水资源及气候和土地利用变化对水资源影响的评估至关重要。

计算潜在蒸散量（potential evapotranspiration，PET）的方法很多，SWAT模型采用3种方法：Penman-Monteith法、Priestley-Taylor法及Hargreaves法。这3种PET计算方法要求输入的变量各不相同。Penman-Monteith法需要输入太阳辐射、气温、相对湿度及风速，Priestley-Taylor法需要输入太阳辐射、气温和相对湿度，而Hargreaves法仅需要输入气温。

（1）Penman-Monteith法。对处于中性稳定大气下水分供给充足的植物，假定风速在垂直方向上满足对数分布，则Penman-Monteith方程为

$$\lambda E_t = \frac{\Delta \times (H_{net} - G) + \gamma \times K_1 \times (0.622 \times \lambda \times \rho_{air} / P) \times (e_z^o - e_z) / r_a}{\Delta + \gamma \times (1 + r_c / r_a)} \tag{6-14}$$

式中，λ为蒸发潜热（MJ/kg）；E_t为最大散发率（mm/d）；K_1为确保两个变量单位统一所需的换算系数（当u_z的单位是m/s时，K_1=8.64×10^4）；P为大气压（kPa）。

（2）Priestley-Taylor法。该方法给出了地表潮湿情况下组合方程的简化形式，即在周围环境潮湿或湿润条件下，去掉空气动力学要素，将能量要素乘以系数α_{pet}=1.28。公式为

$$\lambda E_0 = \alpha_{pet} \times \frac{\Delta}{\Delta + \gamma} \times (H_{net} - G) \tag{6-15}$$

式中，E_0为潜在蒸散量（mm/d）；α_{pet}为系数；Δ为饱和水汽压-温度关系曲线的斜率，即de/dT（kPa/°C）；γ为湿度计算常数（kPa/℃）；H_{net}为净辐射［MJ/（m^2/d)］；G为到达地面的热通量密度［MJ/（m^2/d)］。

Priestley-Taylor公式提供了对流层下部的潜在蒸散量估算。在能量守恒中的对流部分很重要的半干旱或干旱区，Priestley-Taylor公式将会低估潜在蒸散量。

（3）Hargreaves法。Hargreaves法最初源自加利福尼亚州戴维斯市阿尔泰草场寒季作物8年的蒸渗仪观测数据。后来人们对原方程做过几次改进。SWAT模型采用的是1985年公布的方程（Hargreaves and Samani，1985）：

$$\lambda E_0 = 0.0023 \times H_0 \times (T_{max} - T_{min})^{0.5} \times (\bar{T} + 17.8) \tag{6-16}$$

式中，H_0 为地外辐射［MJ/（m^2/d）］；T_{max} 为某天的最高气温（℃）；T_{min} 为某天的最低气温（℃）；$\bar{T}$ 为某天的平均气温（℃）。

确定了潜在蒸散发总量之后，就可计算实际蒸散量。首先，SWAT 模型假设先蒸发冠层截留的雨量；然后，计算最大散发量及升华/土壤蒸发的最大量；最后，计算土壤的实际升华量和蒸发量。如果水文响应单元中有积雪，就会有升华现象。仅当没有积雪时，才会进行土壤蒸发。

（1）截留雨量的蒸发。在计算实际蒸发量时，SWAT 模型将从冠层截留量中去除尽可能多的水分。如果潜在蒸散量 E_0 小于冠层持有的自由水量 R_{INT}，则

$$E_a = E_{can} = E_0 \tag{6-17}$$

$$R_{INT(f)} = R_{INT(i)} - E_{can} \tag{6-18}$$

式中，E_a 为某天流域的实际蒸散量（mm）；E_{can} 为某天冠层持有的自由水分的蒸发量（mm）；E_0 为某天的潜在蒸散量（mm）；$R_{INT(i)}$为某天冠层持有的初始自由水量（mm）；$R_{INT(f)}$为某天冠层持有的最终自由水量（mm）。

（2）植被蒸散发。可以利用 Penman-Monteith 方程或以下方法计算潜在蒸散量：

$$E_t = \frac{E_0' \times \text{LAI}}{3.0} \quad (0 \leqslant \text{LAI} \leqslant 3.0) \tag{6-19}$$

$$E_t = E_0' \quad (\text{LAI} > 3.0) \tag{6-20}$$

式中，E_t 为某天的最大蒸散量（mm）；E_0' 为考虑冠层自由水分蒸发后的潜在蒸散量（mm）；LAI 为叶面积指数。该方法计算出的蒸散量是生长在理想条件下某天的植物蒸散量（mm），而实际蒸散量可能小于该值，因为土壤剖面缺乏有效水分。

（3）升华和土壤蒸发。升华量和土壤蒸发量受遮蔽度影响。某天升华/土壤蒸发的最大量计算如下：

$$E_s = E_0' \times \text{cov}_{sol} \tag{6-21}$$

式中，E_s 为某天升华/土壤蒸发的最大量（mm）；cov_{sol} 为土壤覆盖指数。

在植物高耗水期间，升华/土壤蒸发的最大量将会减小，其关系式为

$$E_s' = \min\left[E_s, \frac{E_s \times E_0'}{E_s + E_t}\right] \tag{6-22}$$

式中，E_s' 为考虑植物耗水后某天的升华/土壤蒸发最大量（mm）。

当发生土壤蒸发时，SWAT 模型必须首先划分不同土层的蒸发需水量。确定可蒸发的最大水量的深度分布如下：

$$E_{soil,z} = E_s'' \times \frac{z}{z + \exp(2.374 - 0.00713 \times z)} \tag{6-23}$$

式中，$E_{soil,z}$ 为深度 z 处的蒸发需水量（mm）；E_s'' 为某天的土壤最大蒸发量（mm）；z 为埋深（mm）。公式中选择这些系数来满足 50%的蒸发需水量来自表层 10mm 的土壤，而 95%的蒸发需水量来自表层 100mm 的土壤。

土壤层的蒸发需水量等于该土层上下边界处蒸发需水量的差量，即

$$E_{\text{soil,ly}} = E_{\text{soil,zl}} - E_{\text{soil,zu}} \tag{6-24}$$

式中，$E_{\text{soil,ly}}$为 ly 层的蒸发需水量（mm）；$E_{\text{soil,zl}}$为 ly 层下边界处的蒸发需水量（mm）；$E_{\text{soil,zu}}$为 ly 层上边界处的蒸发需水量（mm）。

SWAT 模型不考虑通过其他层来弥补该层未满足的蒸发需水量的情况。土壤层中的水分不能满足蒸发需水量，将导致该水文响应单元中实际蒸散量的减少。

在式（6-24）中添加一个系数，用户可以通过该系数修改深度分布来满足土壤蒸发需水量。修改的方程式为

$$E_{\text{soil,ly}} = E_{\text{soil,zl}} - E_{\text{soil,zu}} \times \text{esco} \tag{6-25}$$

式中，esco 为土壤蒸发补偿系数。

随着 esco 值的减小，该模型可以从下层获得更多的蒸发需水量。

当土壤层的含水量低于田间持水量时，该层的蒸发需水量将依照式（6-26）和式（6-27）减小：

$$E'_{\text{soil,ly}} = E_{\text{soil,ly}} \times \exp\left[\frac{2.5 \times (\text{SW}_{\text{ly}} - \text{FC}_{\text{ly}})}{\text{FC}_{\text{ly}} - \text{WP}_{\text{ly}}}\right] \quad (\text{SW}_{\text{ly}} < \text{FC}_{\text{ly}}) \tag{6-26}$$

$$E'_{\text{soil,ly}} = E_{\text{soil,ly}} \quad (\text{SW}_{\text{ly}} \geqslant \text{FC}_{\text{ly}}) \tag{6-27}$$

式中，$E'_{\text{soil,ly}}$为考虑含水量后的 ly 层蒸发需水量(mm)；SW_{ly}为 ly 层的土壤含水量(mm)；FC_{ly}为 ly 层的田间持水量（mm）；WP_{ly}为 ly 层的凋萎含水量（mm）。

除限制干旱条件下的蒸发量之外，SWAT 模型定义了任意时刻的最大蒸发量。该值等于某天植物可用水量的 80%，而植物可用水量等于土壤层的总含水量减去凋萎含水量（−1.5MPa），即

$$E''_{\text{soil,ly}} = \min[E'_{\text{soil,ly}} \times 0.8 \times (\text{SW}_{\text{ly}} - \text{WP}_{\text{ly}})] \tag{6-28}$$

式中，$E''_{\text{soil,ly}}$为 ly 层的蒸发量（mm）。

6. 地表径流

地表径流指沿坡面的水流。SWAT 模型运用逐日或日以下时间步长的降水量，来模拟各水文响应单元的地表径流量和洪峰流量。水最初到达干燥土壤时，其下渗率常常很大。随着土壤水分的增加，下渗率逐渐减小。当降雨强度大于下渗率时，开始填洼。如果降雨强度一直大于下渗率，一旦地表洼地填满，就会产生地表径流。对于估算地表径流，SWAT 模型提供了两种方法：SCS 曲线数法与 Green-Ampt 下渗法，原理分别如下。

SCS 曲线数法方程为

$$Q_{\text{surf}} = \frac{(R_{\text{day}} - I_{\text{a}})^2}{R_{\text{day}} - I_{\text{a}} + S} \tag{6-29}$$

式中，Q_{surf}为累积径流量或超渗雨量（mm）；I_{a}为初损量，包括产流前的地面滞留量、植物截留量和下渗量（mm）；S为滞留参数（mm）。滞留参数随着土壤、土地利用、管理和坡度的不同而呈现空间差异，同时随着土壤含水量的变化而呈现时间差异。滞留参

数的定义为

$$S = 25.4\left(\frac{1000}{\mathrm{CN}} - 10\right) \tag{6-30}$$

式中，CN 为某天的曲线数。

初损 I_a 通常近似为 0.2S，则式（6-29）变为

$$Q_{\mathrm{surf}} = \frac{(R_{\mathrm{day}} - 0.2S)^2}{(R_{\mathrm{day}} + 0.8S)} \tag{6-31}$$

仅当 $R_{\mathrm{day}} > I_a$ 时，才产生地表径流。不同 CN 所对应的方程曲线图如图 6-3 所示。

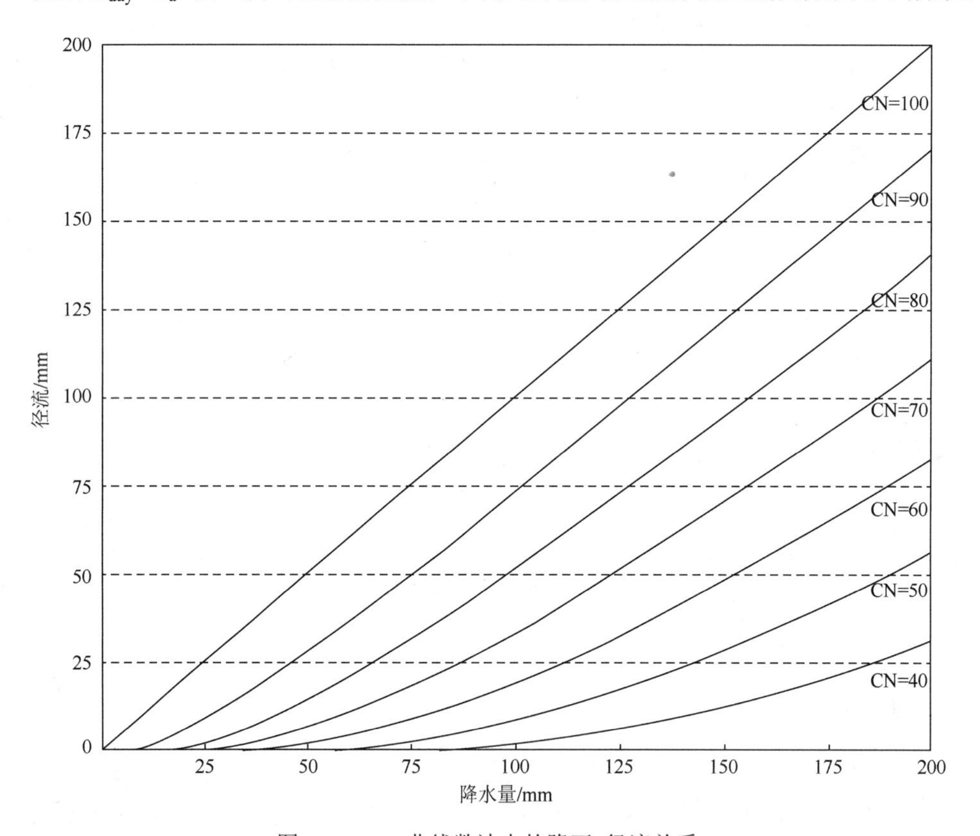

图 6-3　SCS 曲线数法中的降雨-径流关系

假设地表一直有过剩水量，可以用 Green-Ampt 方程来预测下渗量。该方程式假设土壤剖面均质，并且前期水分在剖面中均匀分布。随着水分渗入土壤，SWAT 模型假定湿润锋以上的土壤完全饱和，湿润锋面两边土壤含水量出现明显突变。

SWAT 模型将 Green-Ampt Mein-Larson 超渗雨量方法作为确定地表径流的另一种方法。该方法需要输入日以下时间步长的降水数据。

Green-Ampt Mein-Larson 的下渗率定义为

$$f_{\mathrm{inf},t} = K_{\mathrm{e}} \times \left(1 + \frac{\Psi_{\mathrm{wf}} \times \Delta\theta_{\mathrm{v}}}{F_{\mathrm{inf},t}}\right) \tag{6-32}$$

式中，$f_{\mathrm{inf},t}$ 为 t 时刻的下渗率（mm/h）；K_e 为有效渗透系数（mm/h）；Ψ_wf 为湿润锋处的基质势（mm）；$\Delta\theta_\mathrm{v}$ 为湿润锋处土壤体积含水量的变化量（mm/mm）；$f_{\mathrm{inf},t}$ 为 t 时刻的累积下渗量（mm）。

当降雨强度小于下渗率时，时段内所有降水量都渗入土壤，该时段的累积下渗量为

$$F_{\mathrm{inf},t} = F_{\mathrm{inf},t-1} + R_{\Delta t} \tag{6-33}$$

式中，$F_{\mathrm{inf},t}$ 为给定时间步长的累积下渗量（mm）；$F_{\mathrm{inf},t-1}$ 为前一个时间步长的累积下渗量（mm）；$R_{\Delta t}$ 为时间步长内的降水量（mm）。

式（6-32）定义的下渗率是下渗量的函数，而下渗量又是前期时间步长中下渗率的函数。为了避免多次时间步长计算产生的数值误差，用 $\mathrm{d}F_{\mathrm{inf},t}/\mathrm{d}t$ 替换式（6-32）中的 $f_{\mathrm{inf},t}$，积分后得到

$$F_{\mathrm{inf},t} = F_{\mathrm{inf},t-1} + K_\mathrm{e} \times \Delta t + \Psi_\mathrm{wf} \times \Delta\theta_\mathrm{v} \times \ln\left(\frac{F_{\mathrm{inf},t} + \Psi_\mathrm{wf} \times \Delta\theta_\mathrm{v}}{F_{\mathrm{inf},t-1} + \Psi_\mathrm{wf} \times \Delta\theta_\mathrm{v}}\right) \tag{6-34}$$

对式（6-34）进行迭代运算，求解出时间步长末的累积下渗量 $F_{\mathrm{inf},t}$。其中，使用到了连续迭代技术。对于每个时间步长，SWAT 模型将计算进入土壤的水量。没有渗入土壤的水形成地表径流。

7. 壤中流

壤中流指地表以下、临界饱和带之上的水流。土壤剖面（0～2m）的壤中流同水分再分布一起计算。运用运动存储模型来预测各土层的壤中流，模型考虑了渗透系数、比降和土壤含水量的变化。

从图 6-4 可以看出，单位面积山坡饱和带中存储水量的排水量 $\mathrm{SW}_{\mathrm{ly,excess}}$ 为

$$\mathrm{SW}_{\mathrm{ly,excess}} = \frac{1000 \times H_0 \times \phi_\mathrm{d} \times L_\mathrm{hill}}{2} \tag{6-35}$$

式中，$\mathrm{SW}_{\mathrm{ly,excess}}$ 为单位面积山坡饱和带中存储水量的排水量（mm）；H_0 为出口断面处山坡法向上的饱和带厚度，为总厚度的分数（mm/mm）；ϕ_d 为土壤的有效孔隙度（mm/mm）；L_hill 为坡长（m）；1000 为将米转化为毫米所需的换算因子。变换该方程式，可求解出 H_0

$$H_0 = \frac{2 \times \mathrm{SW}_{\mathrm{ly,excess}}}{1000 \times \phi_\mathrm{d} \times L_\mathrm{hill}} \tag{6-36}$$

土壤层的有效孔隙度为

$$\phi_\mathrm{d} = \phi_\mathrm{soil} - \phi_\mathrm{fc} \tag{6-37}$$

式中，ϕ_soil 为土壤层的总孔隙度（mm/mm）；ϕ_fc 为毛管孔隙度（mm/mm）。

只要土层的含水量超过该层的田间持水量，则认为该土壤层是饱和的。该饱和层中存储的有效水量为

$$\mathrm{SW}_{\mathrm{ly,excess}} = \mathrm{SW}_\mathrm{ly} - \mathrm{FC}_\mathrm{ly} \quad （\mathrm{SW}_\mathrm{ly} > \mathrm{FC}_\mathrm{ly}） \tag{6-38}$$

$$\mathrm{SW}_{\mathrm{ly,excess}} = 0 \quad （\mathrm{SW}_\mathrm{ly} \leqslant \mathrm{FC}_\mathrm{ly}） \tag{6-39}$$

式中，SW_ly 为某天土壤层的含水量（mm）；FC_ly 为土壤层的田间持水量（mm）。

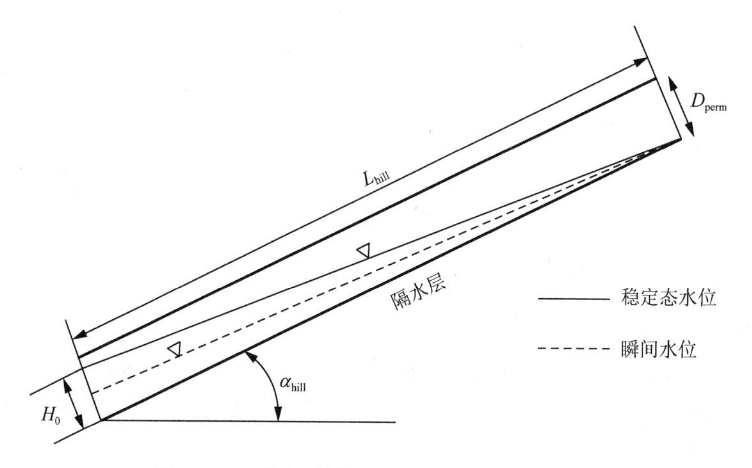

图 6-4　运动存储模型中假定的潜水面示意图

α_{hill} 为坡面坡度；D_{perm} 为总厚度

山坡出口断面处的净出流量 Q_{lat} 为

$$Q_{lat} = 24 \times H_0 \times v_{lat} \tag{6-40}$$

式中，Q_{lat} 为山坡出口断面处的出流量（mm H_2O/d）；H_0 为出口断面处山坡法向上的饱和带厚度，表达为总厚度的分数（mm/mm）；v_{lat} 为出口断面处的流速（mm/h）；24 为将小时转化为天的换算因子。

出口断面处的流速定义为

$$v_{lat} = K_{sat} \times \sin\alpha_{hill} \tag{6-41}$$

式中，K_{sat} 为饱和渗透系数（mm/h）；α_{hill} 为山坡的坡度。SWAT 模型中输入的坡度是单位距离上的高程增量 slp，其值等于 $\tan\alpha_{hill}$。由于 $\tan\alpha_{hill} \approx \sin\alpha_{hill}$，修改方程式（6-41）后，可以使用输入的坡度值，即

$$v_{lat} = K_{sat} \times \tan\alpha_{hill} = K_{sat} \times \text{slp} \tag{6-42}$$

综合上述过程得

$$Q_{lat} = 0.024 \times \left(\frac{2 \times \text{SW}_{ly,excess} \times K_{sat} \times \text{slp}}{\phi_d \times L_{hill}} \right) \tag{6-43}$$

8. 地下径流

SWAT 模型将地下水划分为两个含水层系统：一是浅层非承压含水层，可形成回归流（基流），最终汇入流域内的河流；二是深层承压含水层，最终汇入流域外的河流。渗透根区底部的水分为两部分，分别补给上述各含水层。除回归流外，在非常干旱的条件下，浅层含水层中存储的水分可以补给土壤剖面或直接被植物利用。无论是浅层地下水还是深层地下水，都可以用泵抽取。地下水主要通过下渗/渗透获得补给，也可由地表水体渗漏获得补给；主要通过汇入河流或湖泊而减少，也可能通过毛管作用带从潜水面向上运动。

SWAT 模型模拟各子流域中的两个含水层。浅层含水层是非承压含水层，汇入子流

域的主河道或河段中。深层含水层是承压含水层，假定进入深层含水层的水汇入流域之外的河流。

浅层含水层的水量平衡方程为

$$aq_{sh,i} = aq_{sh,i-1} + w_{rchrg,sh} - Q_{gw} - w_{revap} - w_{pump,sh} \tag{6-44}$$

式中，$aq_{sh,i}$为第 i 天浅层含水层储存的水量（mm）；$aq_{sh,i-1}$为第 i–1 天浅层含水层储存的水量（mm）；$w_{rchrg,sh}$为第 i 天进入浅层含水层的补给量（mm）；Q_{gw}为第 i 天汇入主河道的地下水径流量或基流量（mm）；w_{revap}为第 i 天因土壤水不足而进入土壤带的水量（mm）；$w_{pump,sh}$为第 i 天从浅层含水层抽取的水量（mm）。

浅层含水层可以补给子流域内的主河道或河段。仅当浅层含水层的储水量超过指定的水位阈值 $aq_{shthr,q}$时，浅层含水层补给河段。水分可以从浅层含水层运移到上覆非饱和带中。当含水层之上的物质干燥时，分隔饱和带与非饱和带的毛管作用带中的水分将会蒸发和向上扩散。随着毛管作用带中的水分被蒸发掉，下覆含水层中的水分将补给毛管作用带。含水层中的水分也可以被深根植物直接从含水层中吸收而减少。

深层含水层的水量平衡方程为

$$aq_{dp,i} = aq_{dp,i-1} + w_{deep} - w_{pump,dp} \tag{6-45}$$

式中，$aq_{dp,i}$为第 i 天深层含水层的储水量（mm）；$aq_{dp,i-1}$为第 i–1 天深层含水层的储水量（mm）；w_{deep}为第 i 天从浅层含水层渗入深层含水层的水量（mm）；$w_{pump,dp}$为第 i 天从深层含水层抽取的水量（mm）。如果深层含水层被指定为灌溉或流域外用水调水的水源，SWAT 模型中一天的最大调水量为深层含水层的总水量。

二、模型输入数据

SWAT 模型需要输入的数据很多，包括气象数据、DEM 数据、植被类型数据、土壤类型数据、气象水文站点分布数据等。其中，植被类型数据和土壤类型数据又分为空间数据和属性数据。各种数据的获取过程如下。

（1）DEM 数据。DEM 数据是分布式水文模型不可或缺的数据之一。利用 DEM 数据可以提取地形信息，计算水流方向，计算集水面积，提取河网，划分子流域等。本书所采用的 DEM 数据为 30m 分辨率的 ASTER GDEM 数据。

（2）站点实测数据。驱动 SWAT 模型需要的气象数据主要包括逐日降水数据、逐日最高气温数据、逐日最低气温数据、逐日太阳辐射数据、逐日相对湿度数据和逐日风速数据。本书采用的气象数据主要来自研究区内或研究区附近的气象站与水文站的观测数据，包括托勒、野牛沟、祁连县、民乐、张掖、肃南，各气象站与水文站的属性及模拟所采用的气象数据时间序列见表 6-4。各气象站与水文站空间分布状况如图 6-5 所示。

表 6-4　黑河干流山区气象站与水文站

台站	所属省份	经纬度	海拔/m	时间序列
张掖	甘肃省	38.9°N，100.4°E	1482.7	1976～2009 年
肃南	甘肃省	38.8°N，99.6°E	2312	1995～2009 年
民乐	甘肃省	38.5°N，100.8°E	2271	1995～2009 年

续表

台站	所属省份	经纬度	海拔/m	时间序列
托勒	青海省	38.8°N，98.4°E	3367	1976～2009 年
野牛沟	青海省	38.4°N，99.6°E	3320	1976～2009 年
祁连县	青海省	38.2°N，100.3°E	2787.4	1976～2009 年
札马什克水文站	青海省	38.23°N，100.0°E	2635	1976～2009 年
祁连水文站	青海省	38.2°N，100.23°E	2590	1976～2009 年
莺落峡水文站	甘肃省	38.8°N，100.18°E	1674	1976～2009 年

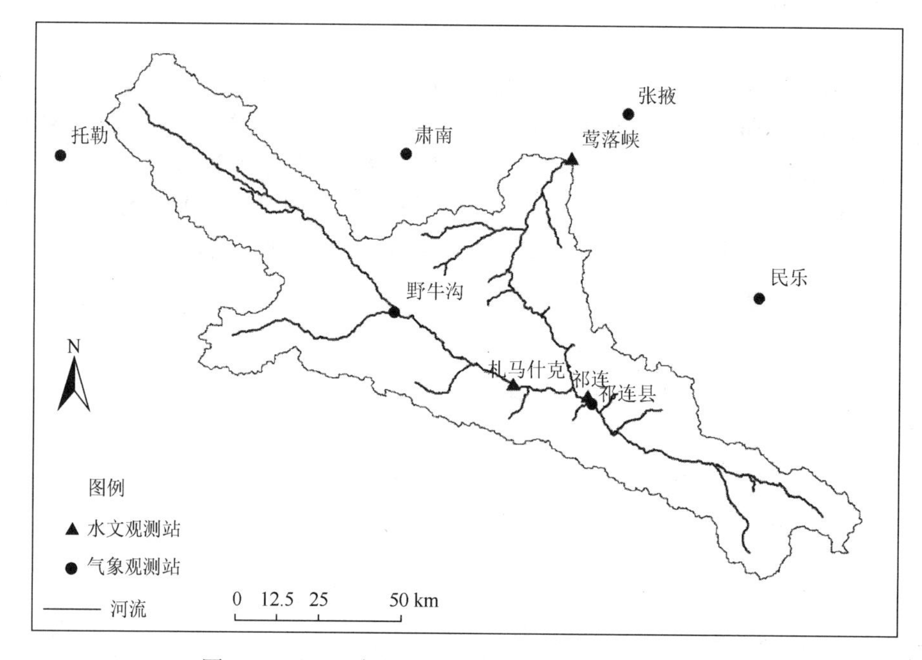

图 6-5 黑河干流山区气象站与水文站空间分布状况

降水量、气温、相对湿度、风速数据直接从各个气象台站的观测数据中整理得来，而逐日太阳辐射数据则需要根据各个气象台站观测的日照时数计算。然后，将 5 种气象数据按照 SWAT 模型输入输出文档中要求的输入格式整理成 DBF 格式数据，以备运行模型时读入气象数据。

驱动 SWAT 模型的土壤数据包括土壤类型空间数据和土壤类型物理属性数据。采用的土壤类型空间数据是从中国 1∶100 万土壤类型数据中裁切得到的。中国 1∶100 万土壤数据采用了传统的“土壤发生分类”系统，基本制图单元为亚类，共分出 12 个土纲，61 个土类，227 个亚类。土壤属性数据库记录数达 2647 条，属性数据项有 16 个，基本覆盖了全国各种类型土壤及其主要属性特征。研究区内共包括 24 种土壤类型（土壤亚类），如图 6-6 所示。

SWAT 模型中的土壤数据库是依据美国本土的土壤属性建立的。在模型模拟之前，需要根据黑河干流山区的实际情况，查找各土壤类型对应的物理、化学属性，输入到 SWAT 土壤数据中。土壤的物理属性决定了土壤剖面中水和气的运动情况，影响着陆地上的水文循环，并且对水文响应单元中的水循环起着重要作用。具体包括：①土壤名称；

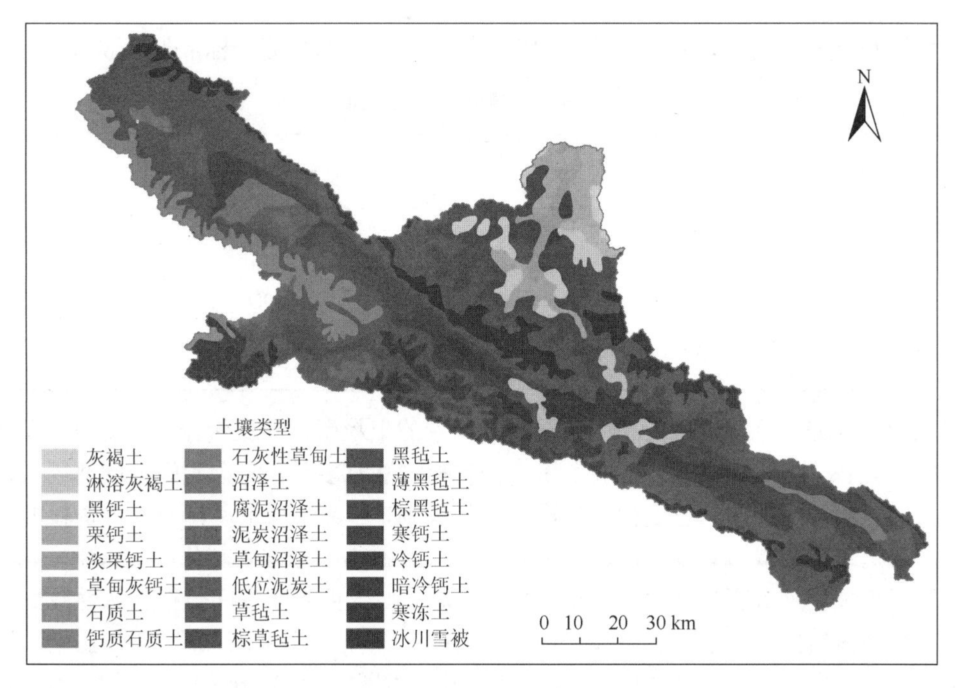

图 6-6　黑河干流山区土壤类型

②土壤分层数；③剖面最大根系深度；④土壤水文分组；⑤土壤层的结构。另外，SWAT 模型按土壤剖面分层输入的数据主要有：①土壤表层到土壤底层的深度；②土壤湿密度；③土层可利用的有效水量；④饱和水力值导系数；⑤每层土壤中的黏粒含量、粉粒含量、砂粒含量、砾石含量；⑥USLE 方程中的土壤侵蚀 K 因子。各土壤参数获取方式见表 6-5。

表 6-5　各土壤参数获取途径

参数名称	参数定义	获取途径
SNAME	土壤名称	中国土壤数据库
NLAYERS	土壤分层数	中国土壤数据库
HYDGRP	土壤水文学分组	中国土壤数据库
SOL_ZMX	土壤剖面最大根系深度	中国土壤数据库
TEXTURE	土壤层的结构	中国土壤数据库
SOL_Z	土壤表层到土壤底层的深度	中国土壤数据库
SOL_BD	土壤湿密度	SPAW 计算
SOL_AWC	土层可利用的有效水量	SPAW 计算
SOL_K	饱和水力传导系数	SPAW 计算
SOK_CBN	有机碳含量	中国土壤数据库、粒径转换
CLAY	黏粒含量	中国土壤数据库、粒径转换
SILT	粉粒含量	中国土壤数据库、粒径转换
SAND	砂粒含量	中国土壤数据库、粒径转换
ROCK	砾石含量	中国土壤数据库、粒径转换
USLE_K	USLE 方程中土壤侵蚀 K 因子	通过方程计算

由于我国土壤分类采用的是国际标准制，而 SWAT 模型中土壤数据的分类标准采用

的是美国制，需要在两种分类标准之间进行粒径转换。两种分类标准见表 6-6。

表 6-6　土壤粒径分类标准

国际标准制		美国制	
粒径/mm	名称	粒径/mm	名称
＞2	石砾	＞2	石砾
0.2～2	粗砂粒	0.05～2	砂粒
0.02～0.2	细砂粒	0.002～0.05	粉粒
0.002～0.02	粉砂	0～0.002	黏粒
＜0.002	黏粒		

土壤粒径分布是指土壤固相中不同粗细级别的土粒所占的比例，常用某一粒径及其对应的累积百分含量曲线来表示。土壤粒径转换方法有多种，考虑到模型的通用性，参数形式的土壤粒径分布模型更便于标准程序的编制，以及不同来源粒径分析资料的对比和统一。这里采用双参数修正的经验逻辑生长模型将国际标准制转化成美国制。

采用植被类型数据代替土地利用数据，植被类型数据包括空间数据和属性数据两部分。研究区内的植被类型影响着降水在陆面的成流过程，对模拟结果有重要影响。所采用的植被类型空间数据是从中国 1∶100 万植被分类图中裁切得到的。中国 1∶100 万植被分类图是《1∶1000000 中国植被图集》(2001 年）的数字化成果，经过多次校对、检查，质量较好。SWAT 模型采用的是美国本土的土地利用类型系统，其属性数据库也是美国标准。因此，需要结合研究区的实际情况，在保持下垫面类型多样性的同时，将黑河干流山区植被类型数据进行归并，并用 SWAT 模型能够识别的四位字母编码表示植被类型，经过归并后，研究区内共包括 14 种类型植被，如图 6-7 所示。

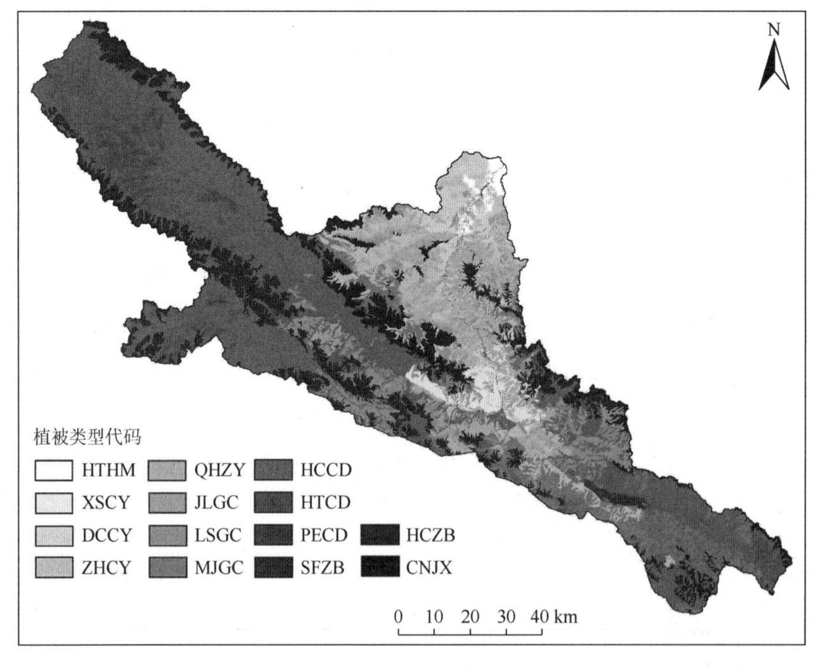

图 6-7　黑河干流山区植被类型代码分布

各植被类型代码表示的类型见表 6-7。

表 6-7　黑河干流山区植被类型代码

归并后植被类型	植被类型代码	面积/km²	面积占比/%
荒漠草原	HTHM	45.2	0.45
西北针茅草原	XSCY	701.0	7.00
短花针茅、长芒草原	DCCY	149.4	1.49
紫花针茅草原	ZHCY	664.7	6.64
针叶林	QHZY	581.0	5.80
金露梅灌丛	JLGC	13.5	0.13
毛枝山居柳灌丛	LSGC	503.2	5.02
毛枝山居柳、金露梅、箭叶锦鸡儿灌丛	MJGC	445.3	4.45
小蒿草草甸	HCCD	4831.0	48.22
西藏蒿草、薹草草甸	HTCD	946.5	9.45
垂穗披碱草、垂穗鹅观草草甸	PECD	36.3	0.36
水母雪莲、风毛菊稀疏植被	SFZB	585.0	5.84
风毛菊、红景天、垂头菊稀疏植被	HCZB	466.5	4.66
冰川积雪	CNJX	49.1	0.49

各植被类型的属性信息对于 SWAT 模型模拟植被生长至关重要。SWAT 模型植被数据库中每种植被类型包括 40 多个参数，这些参数可以通过查阅植物志或相关文献获取。本书所需的植被属性数据主要从《河西地区水土资源及其合理开发利用》（陈隆亨等，1992）、《高寒草甸生态系统与全球变化》（赵新全，2009）等著作或者相关文献中获取。查找到的属性值按照 SWAT 模型植被数据库的格式要求输入数据库中，以待模型运行时读取。

第五节　黑河干流出山月径流过程模拟与水文分析

一、水文过程模拟与结果评价

（一）月径流过程模拟

基于 ArcSWAT 2005 构建 SWAT 模型，首先完成数据的导入和模型运行的准备工作，然后利用 ArcSWAT 2005 模拟黑河干流山区月出山径流过程，并对结果进行分析。ArcSWAT 模拟的一般步骤为：①流域离散化；②水文响应单元划分；③写入数据；④模型初步运行；⑤模型不确定性分析；⑥敏感性分析与 SWAT 模型校准。具体如下：

（1）流域离散化。流域离散化是利用输入的 DEM 数据进行提取水系、描绘流域边界、划分子流域、计算子流域参数等操作。利用 ArcSWAT 进行流域离散化的过程如图 6-8 所示。

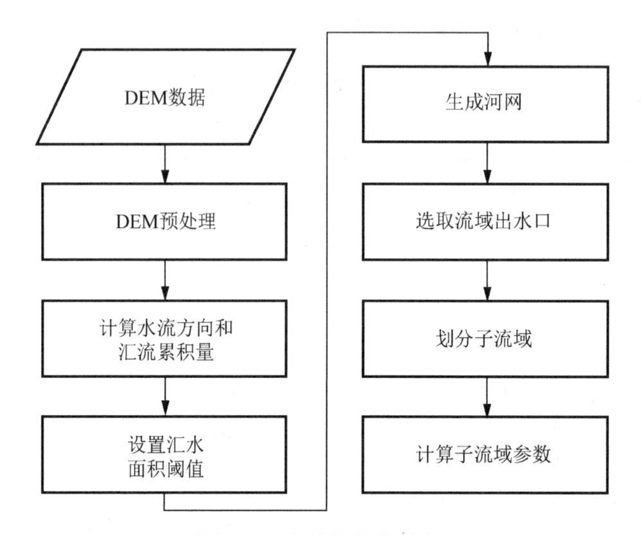

图 6-8　流域离散化过程

在 DEM 预处理过程中，由于 DEM 中通常存在一些凹陷点，为了创建一个具有“水文意义”的 DEM，所有的凹陷点必须进行“填洼”处理。经过预处理的 DEM 就可以用来计算格网内部的水流流向及汇流累积量。用于计算水流方向和汇流累积量的算法称为 D8 算法。D8 算法是基于 DEM 定义水流方向的最简单且使用最广泛的一种方法。D8 算法可以这样描述，中间的栅格单元水流流向（flow direction）定义为临近 8 个格网点中坡度最陡的单元。流动的 8 个方向用不同的代码编码，如图 6-9（a）所示。循环处理每个格网点，直到每个格网流向都得到确定，从而生成格网水流方向数据，如图 6-9（b）所示。在每个格网点流向确定的基础上，计算汇集到每个格网点上的上游格网数，即生成汇流累积矩阵，如图 6-9（c）所示。

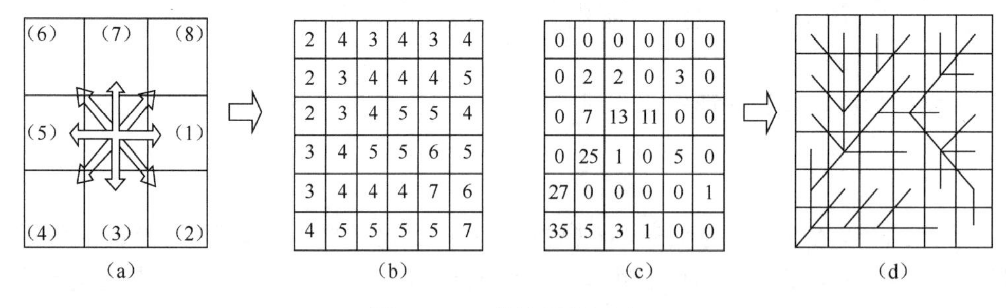

图 6-9　D8 算法提取河网

汇流累积矩阵是河网提取的基础，是指所有直接或间接指向该单元格的上游单元格的数据累计量所组成的矩阵。通过水流方向矩阵图，对水流方向进行逆向跟踪，可以计算出每一个栅格单元的上游给水区范围，并将其标注为该栅格的汇流特征值。水流累积矩阵的每一个单元格的值就代表着注入该单元格的所有栅格单元的数目，其值越高，注入水流越多。

以设定的集流阈值为标准，从水流累积矩阵图中提取河流栅格网络图。当栅格的特征值大于该阈值时，认为该栅格位于水道之上，将这些栅格的值赋为 1，小于该阈值的栅格作为产流区，其栅格的值赋为 0。将各水道按有效水流方向连接产生河流栅格网络图，如图 6-9（d）所示。对生成的河流栅格网络图进行矢量化转换，就可以获得相应的矢量河网图与相关的拓扑信息。

河网提取完成后，ArcSWAT 会在每条支流河道末端生成一个出水点（outlet）。根据研究区大小，选择合适的流域出水口之后就可以划分子流域，子流域划分完成后进一步计算各子流域的参数，如面积、水流长度等。

本书根据上述流域离散化方法，通过设置不同的集水面积阈值，进行 10 种不同阈值的离散化方案的试验，设置的集水面积阈值为 20～50km^2，划分的子流域个数为 11～283 个。结果表明，当阈值为 100km^2 时，径流模拟效果最佳。因此，黑河干流山区最终被划分为 43 个子流域，如图 6-10 所示。

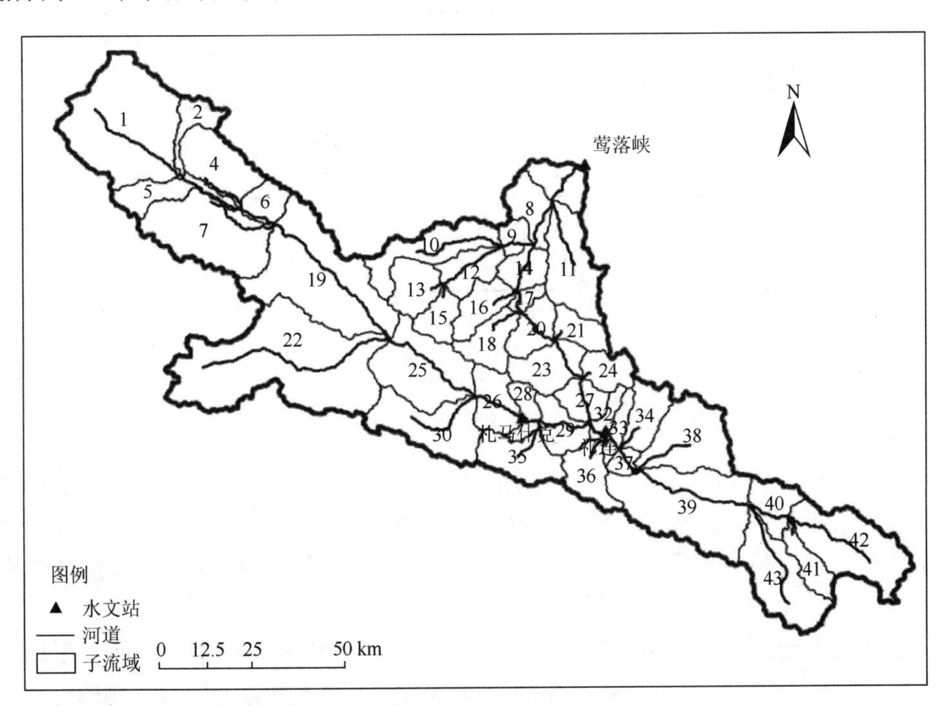

图 6-10　黑河干流山区子流域及河网

（2）水文响应单元划分。对于结构复杂的流域，划分出的每一个子流域包括多种土地利用方式和土壤类型。因此，在每一个子流域内部存在着多种植被-土壤组合方式，不同的组合也具有不同的水文响应。为了反映这种差异，通常需要在每个子流域内部进行更详细的划分。考虑到上述因素，SWAT 模型提出了水文响应单元的概念，即根据各子流域内不同的土地利用类型、土壤类型及坡度类型，划分水文响应单元，使其反映出不同土地利用、土壤类型及坡度组合的水文响应差异。

水文响应单元的划分是通过 ArcSWAT 模型中水文响应单元分析模块完成的。可以通过两种方式来划分水文响应单元：第一种是把整个子流域概化为 1 个水文响应单元，即选择子流域内面积最大的土地利用、土壤类型和坡度范围的组合作为水文响应单元；第二种是把子流域划分为多个不同土地利用、土壤类型和坡度范围的组合，即多个水文响应单元。本书采用第二种方法，水文响应单元划分流程如图 6-11 所示，以植被类型数据（土地利用数据）、土壤类型数据和坡度分类数据作为输入，并将植被数据和土壤数据重新分类为适合 SWAT 模型的分类标准。每一个水文响应单元具有唯一的植被类型、土壤类型和坡度分类，根据该标准，每个子流域被进一步划分为若干个水文响应单元。黑河干流山区的坡度变化较大，经过多次试验之后，将其坡度划分为 4 类，分别是 0～5%（占流域面积的 7.6%）、5%～25%（占流域面积的 36.6%）、25%～45%（占流域面积的 24.5%）和≥45%（占流域面积的 31.3%）。最终，水文响应单元划分完成后，43 个子流域被进一步划分为 2641 个 HRU。

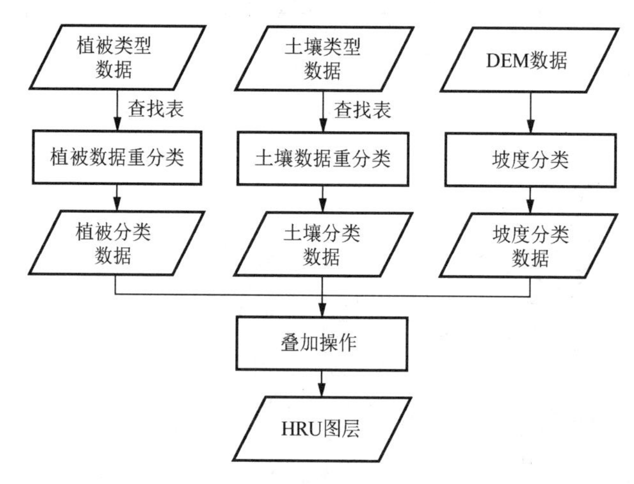

图 6-11　划分水文响应单元的流程图

（3）写入数据。ArcSWAT 中写入数据操作包括两部分：一是读入已经制备好的天气发生器数据和各气象台站的观测记录数据；二是将运行 SWAT 模型需要的各种参数，如土壤物理参数、植被参数等，写入到各流域、子流域及水文响应单元对应的文本文件中。

水文响应单元划分的结果是将研究区在空间上离散化为若干个下垫面类型均一的最小单元，每个 HRU 包括许多物理参数，以驱动发生在该单元上的水文物理过程，这是分布式水文模型的优势之一。这样操作的目的是将 HRU 对应的物理参数写入相应的文本文件，实现下垫面物理属性的空间离散化。SWAT 模型中包括 3 种不同空间尺度的物理参数，即流域尺度参数、子流域尺度参数和水文响应单元尺度参数：①流域尺度参数是指在整个研究区内参数值相同，如降雪温度（snowfall temperature，SFTMP）；②子流域尺度参数是指在每个子流域内参数值相同，不同子流域间参数取值不同，如温度递减率（temperature lapse rate，TLAPS）；③水文响应单元尺度参数是指在每个水文响应单元内参数的取值不相同。根据水文响应单元的属性分别进行取值，如基流 α 因子（baseflow alpha factor，ALPHA_BF）。不同尺度的参数存储在一系列后缀名不同的文本文件中，流域尺度参数分别存储在*.fig、*.bsn、*.wwq、*.cio 文件中；子流域尺度参数分别存储在*.pnd、*.rte、*.sub、*.swq、*.wgn、*.wus 文件中；水文响应单元尺度参数分别存储在*.chm、*.gw、*.hru、*.mgt、*.sol 文件中。该阶段的操作将 SWAT 模型运行所需的所有参数分别写入上述文件中，以备模型调用。

（4）模型初步运行。本书采用的气象水文实测资料时间段为 1995 年 1 月 1 日～2009 年 12 月 31 日，在上述准备工作已经全部完成的情况下，可以初步运行模型。模型初步运行选用的时间段为 1995～2009 年，模型模拟的时间步长为天，选择输出结果的时间步长为月。在模型运行时，根据每天输入的气象观测资料，计算水量平衡过程、产汇流过程等，对每月结果进行累加，输出月尺度水量平衡结果。以莺落峡作为研究区出水口，进行模拟径流量与实测径流量的对比，对比结果如图 6-12 所示。

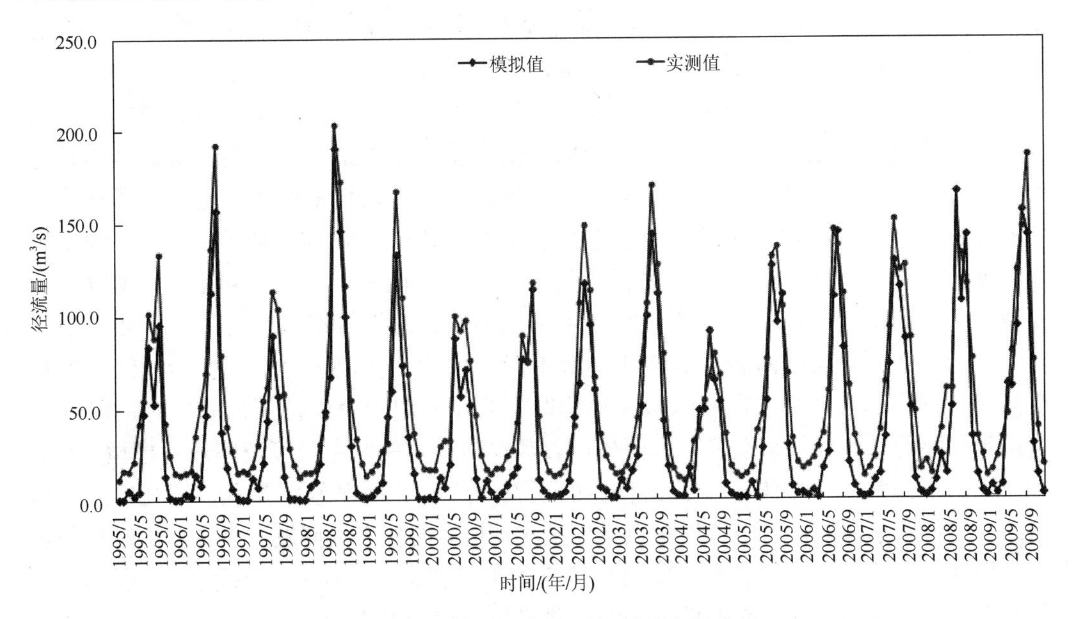

图 6-12　莺落峡径流量模拟值与实测值

总体而言，模型模拟的径流曲线与莺落峡水文站实测径流曲线基本吻合，模拟曲线与实测曲线基本同时达到波峰和波谷，说明 SWAT 模型能够模拟黑河干流山区的月径流过程。但是，与实测值相比，模拟值总体偏低，几乎所有的峰值模拟值均低于实测值，模拟曲线的波谷更是低于实测曲线的波谷。模拟结果计算表明，1995～2009 年莺落峡站平均径流量为 36.1m^3/s，而平均实测径流量为 54.5m^3/s，初步模拟的相对误差达–0.9%，相对而言误差较大，说明模型不能直接应用于黑河干流山区的水文过程模拟，需要对模型默认参数进行调整，即模型率定。

（5）模型不确定性分析。模型的不确定性是流域水文模拟中的一个重要问题，是任何水文模拟研究中都不可避免的问题。一般来讲，水文模拟的不确定性主要来源于四个方面：模型结构、模型参数、输入数据及验证数据。

输入数据通常包括降水、气温、蒸散发等气象数据，验证数据通常指流量、水位等用于和模型输出做比较的数据。也可以将这两部分数据的不确定性统一归纳为数据不确定性。这四个方面的不确定性相互作用和影响，在水文模拟过程中相互叠加，最终导致模拟结果存在着很大的不确定性。

模型结构是水文模型的核心，它与建模者的知识和经验密切相关。建模者知识和经验不足，对水文过程的认识有限，是水文模型结构不完善的原因之一。此外，在建模过程中，并不是现实水文过程的所有细节都有相应的数学描述，对水文过程，如产流、下渗、蒸散发过程进行合理的简化必不可少。总之，对水文过程认识的不足，对水文过程描述上的简化，采用数学公式在描述上的误差，数学公式本身的一些假定，都会导致模型结构不完美，因此存在着不确定性。此外，模型尺度问题也是不确定性的一大来源。通常，通过比较模型输出值与观测值、分析模型模拟残差序列的统计特征来评价模型总体不确定性。然而，误差序列通常是不稳定和异方差的，甚至很多模型中感兴趣的输出没有对应的观测值，因此模型结构不确定性的估计问题变得十分复杂。

模型参数估计的不确定性是水文模拟过程中不确定性的一个重要来源。对于一个具体的模型，在不同流域应用时，其模型结构是不变的，而模型参数随流域的不同而改变，因此模型参数是一个依赖于空间位置的变量。近年来，已经发展了很多单目标和多目标优化方法。然而，由于模型结构的复杂性和输入数据的不确定性，即使采用最流行、最快速、最有效的优化算法进行模型参数估计，也不能保证一定能寻找到模型的唯一真值，也无法判断单数是否达到全局优化。此外，参数受参数之间相关性、参数阈值、不敏感参数、模拟残差的非正态性和非独立性等影响，可能会导致参数组合不唯一。此外，尺度问题也是造成参数不确定性的主要原因之一，包括时间尺度和空间尺度问题。水文模型在模拟水文过程时，要在一定的空间范围内和确定的时间段内按照有限的时间步长来运算，因而模型参数仅在一定的时空尺度范围内对模型有效。

数据不确定性主要来源于数据存在的误差，产生数据误差主要有以下几方面的原因：水文信息空间随机分布特性与数学期望（均值）的代表性问题；水文信息时程随机分布特性的均化问题；用仪器不能直接测量的水文要素（其误差来源是多方面的）；一些水文要素至今还缺乏可靠的信息来源；测量仪器自身的观测误差。

（6）敏感性分析与 SWAT 模型校准。模型就是结构加参数。决定模型效率的因素除了模型对其模拟各个过程的精确表达以外，对模型中参数的最优化选取最为重要。SWAT 模型直接应用于黑河干流山区的水文过程模拟，误差较大，而模型结构已经无法改变，因此在尽量减少人为因素引起的不确定性因素之后，只能通过调整模型参数来达到模拟效果的最优。模型参数包括物理参数和过程参数，前者可以通过实测得到，后者不能通过实测获取。对于一些没有基于物理过程定义的参数，通常存在空间变异性、测量误差等问题，致使模拟值与观测值之间吻合程度不高，因此需要对某些参数进行调整。由于参数太多及模型的空间特性，确定每个参数的准确值是相当困难的，只能使重要的参数尽可能准确。通常的解决办法是找出模型的敏感参数，并对这些参数进行率定。SWAT 模型中包括 20 多个过程参数，对模型模拟结果产生影响，但是每一个参数对模型模拟效果的影响程度不一样。可以通过参数敏感性分析，找出对模拟结果最敏感的参数，通过调整敏感参数的值达到模拟结果的最优值。

参数敏感性分析是定量评价分布式水文模型各参数重要性的有效手段。通过对水量平衡要素（径流、渗漏、蒸散）的参数敏感性进行分析，可以为区域水量平衡的研究及合理利用区域水资源提供科学依据。利用 SWAT 模型自带的敏感性分析模块对模型参数进行敏感性分析，结果见表 6-8。

表 6-8 参数敏感性分析

参数	描述	敏感度	输入文件	尺度
TLPAS	温度递减率/（℃/km）	1	.sub	子流域
ALPHA_BF	基流因子/h	2	.gw	水文响应单元
SOL_Z	土壤层深度/mm	3	.sol	水文响应单元
ESCO	土壤蒸发补偿因子	4	.bsn	流域
CN2	SCS 径流曲线数	5	.mgt	水文响应单元
CH_K2	河道的有效渗透系数/（mm/h）	6	.rte	子流域
SOL_AWC	土壤层可利用水量/（mm H_2O/mm 土）	7	.sol	水文响应单元
CANMX	植被最大储水量/mm H_2O	8	.hru	水文响应单元
BLAI	最大叶面积指数	9	Crop.dat	流域
SOL_K	饱和水力传导度/（mm/h）	10	.sol	水文响应单元

一般情况下，水文模拟过程中可以将实测的气象水文资料分成校准期和验证期。校准期是通过调整模型中的相关参数，使模拟结果与实测数据达到较好地吻合，也称为模型率定；验证期是对已校准好的模型在流域内进行验证，以便对模型进行适用性评价。本书选定的模型校准期为 1995 年 1 月～2002 年 12 月，校准方法采用多时间尺度、多变量、多站点模型校准方法。校准流程如图 6-13 所示。

多时间尺度校准是指分别利用年、月、日尺度数据对模型进行校准，校准过程中时间尺度从大到小进行，即先校准年尺度数据，再校准月、日尺度数据。多变量校准是指采用出山总径流、蒸发量、地表径流、基流等多种水量平衡变量对模型进行校准，在校准过程中不但参考研究区出山径流数据，而且对研究区内其他相关研究结果进行总结，以现有研究结果为校准依据，进行多种变量校准。多站点校准是指在本书中不是以流域总出水口，即莺落峡水文站的观测数据为依据，而是先分别以干流西支的札马什克水文站和东支的祁连水文站为依据，再分别对西支、东支的径流进行校准，最后对莺落峡出水口进行总校准。

按照图 6-13 所示校准过程，根据敏感性分析结果，对模型主要敏感参数进行调整。最敏感的参数为温度递减率（TLAPS），这与研究区特殊的自然地理状况有关。本书中，研究区为高寒山区，冰川、积雪、冻土广泛分布，温度对冰川、积雪、冻土的冻融过程起着决定性的作用，因而温度决定着研究区内的主要水文过程。ALPHA-F 是第二敏感参数，因为研究区中基流对出山径流的贡献占有一定的比例，所以 ALPHA-F 对径流模拟较敏感。第三敏感参数为 Sol-Z，土壤层厚度对入渗、产流等过程影响较大，因此该参数也较敏感，Sol-Z 的值在模型模拟之前建立的土壤属性数据库中已经根据各种土壤的不同理化性质设置。为了充分考虑海拔对气象要素的影响，每个子流域根据不同高程范围划分为 3～6 个高程带，也分别对高程带中心的高度（ELEVB）和各高程带所占子流域的面积比例（ELEVB-FR）进行了设置，见表 6-9。

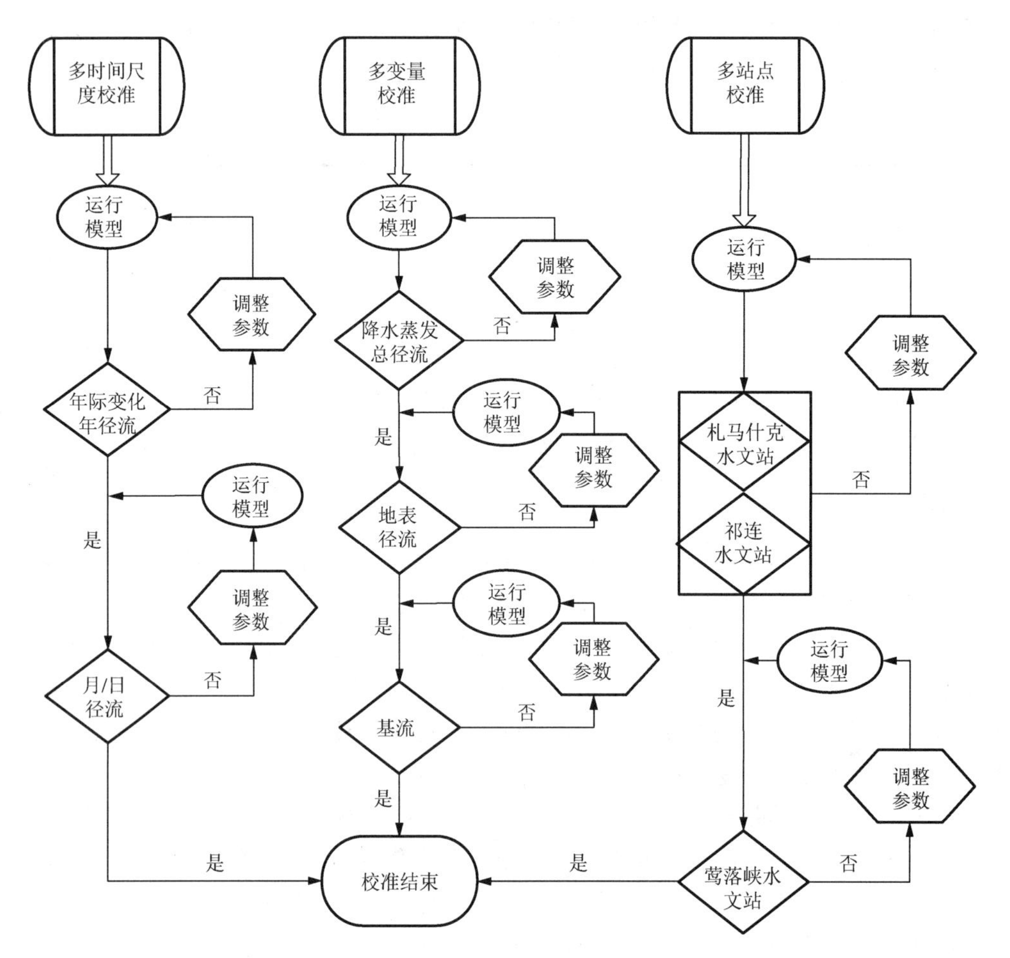

图 6-13　模型校准流程

表 6-9　子流域高程带

流域	面积/km²	高程带 1		高程带 2		高程带 3		高程带 4		高程带 5		高程带 6	
		ELEVB/m	ELEVB-FR	ELEVB/m	ELEVB-FR	ELEVB/m	ELEVB-FR	ELEVB/m	ELEVB-FR	ELEVB/m	ELEVB-FR	ELEVB/m	ELEVB-FR
1	770.45	3844	0.415	4200	0.506	4606	0.079	0	0	0	0	0	0
2	100.07	3843	0.202	4200	0.586	4604.5	0.212	0	0	0	0	0	0
3	139.89	1818.5	0.129	2200	0.371	2600	0.312	3000	0.163	3410.5	0.025	0	0
4	255.50	3782.5	0.580	4200	0.320	4612.5	0.099	0	0	0	0	0	0
5	156.73	3782.5	0.695	4200	0.247	4647	0.058	0	0	0	0	0	0
6	102.33	3749	0.733	4200	0.206	4577	0.060	0	0	0	0	0	0
7	490.54	3627.5	0.500	4000	0.313	4400	0.167	4731.5	0.020	0	0	0	0
8	146.21	2078	0.093	2500	0.173	2900	0.340	3300	0.328	3644.5	0.066	0	0
9	62.52	2290.5	0.176	2700	0.240	3100	0.316	3500	0.240	3847.5	0.029	0	0
10	271.13	2501.5	0.023	2900	0.123	3300	0.268	3700	0.275	4100	0.244	4578	0.067

续表

流域	面积/km²	高程带1		高程带2		高程带3		高程带4		高程带5		高程带6	
		ELEVB/m	ELEVB-FR	ELEVB/m	ELEVB-FR	ELEVB/m	ELEVB-FR	ELEVB/m	ELEVB-FR	ELEVB/m	ELEVB-FR	ELEVB/m	ELEVB-FR
11	313.66	2077.5	0.059	2500	0.251	2900	0.340	3300	0.173	3700	0.137	4243	0.039
12	145.56	2500	0.058	2900	0.258	3300	0.447	3848.5	0.237	0	0	0	0
13	162.76	3087	0.141	3500	0.381	3900	0.278	4433.5	0.200	0	0	0	0
14	113.98	2276	0.183	2750	0.303	3250	0.326	3750	0.166	4264	0.021	0	0
15	106.91	3080	0.109	3500	0.298	3900	0.338	4403.5	0.255	0	0	0	0
16	145.49	2398.5	0.031	2800	0.113	3200	0.347	3600	0.325	4000	0.138	4401	0.045
17	40.05	2388	0.292	2800	0.263	3200	0.212	3600	0.143	4153	0.090	0	0
18	154.26	2483	0.044	2900	0.154	3300	0.234	3700	0.209	4100	0.277	4506	0.082
19	739.79	3394	0.344	3800	0.349	4200	0.262	4639	0.045	0	0	0	0
20	138.16	2476.5	0.167	2900	0.260	3300	0.301	3700	0.142	4248	0.129	0	0
21	111.95	2666.5	0.042	3100	0.181	3500	0.328	3900	0.280	4420.5	0.169	0	0
22	1063.54	3407.5	0.085	3800	0.355	4200	0.448	4640	0.112	0	0	0	0
23	189.90	2593.5	0.119	3000	0.270	3400	0.257	3800	0.191	4315.5	0.163	0	0
24	119.39	2781.5	0.052	3250	0.220	3750	0.298	4250	0.332	4781	0.098	0	0
25	410.28	3189	0.292	3600	0.371	4000	0.258	4456	0.080	0	0	0	0
26	167.32	3007.5	0.192	3400	0.296	3800	0.250	4200	0.200	4604.5	0.061	0	0
27	112.08	2752.5	0.561	3250	0.341	3792	0.098	0	0	0	0	0	0
28	80.46	2974.5	0.298	3400	0.246	3800	0.202	4311	0.253854	0	0	0	0
29	139.26	2791	0.363	3250	0.404	3750	0.185	4276	0.04789	0	0	0	0
30	338.57	3243.5	0.106	3750	0.475	4250	0.381	4666.5	0.037132	0	0	0	0
31	0.01	2690	1	0	0	0	0	0	0	0	0	0	0
32	53.38	2800.5	0.478	3250	0.224	3750	0.177	4250	0.074	4700.5	0.0474	0	0
33	69.61	2939	0.532	3450	0.230	3950	0.153	4484.5	0.085	0	0	0	0
34	151.48	3026	0.233	3550	0.325	4050	0.239	4581.5	0.202	0	0	0	0
35	223.00	3024	0.142	3550	0.266	4050	0.459	4554.5	0.133	0	0	0	0
36	166.94	2842	0.071	3250	0.232	3750	0.450	4296.5	0.248	0	0	0	0
37	45.67	2969.5	0.595	3400	0.235	3800	0.106	4296.5	0.064	0	0	0	0
38	349.08	3128.5	0.197	3650	0.477	4150	0.271	4676.5	0.055	0	0	0	0
39	624.85	3077.5	0.407	3500	0.364	3900	0.200	4255.5	0.028	0	0	0	0
40	137.90	3362	0.709	3800	0.264	4125.5	0.027	0	0	0	0	0	0
41	112.73	3412	0.221	3800	0.538	4237.5	0.241	0	0	0	0	0	0
42	433.42	3412	0.477	3800	0.484	4183.5	0.039	0	0	0	0	0	0
43	361.30	3313	0.200	3700	0.413	4189.5	0.387	0	0	0	0	0	0

（7）模拟结果。本书的研究中模型校准期为1995年1月～2002年12月，模型验证期为2002年1月～2009年12月，两个模拟期均选定第一年作为模型的预热期。选取研究区内札马什克、祁连和莺落峡3个水文站的实测径流值与模拟值进行对比，结果如图6-14～图6-20所示。

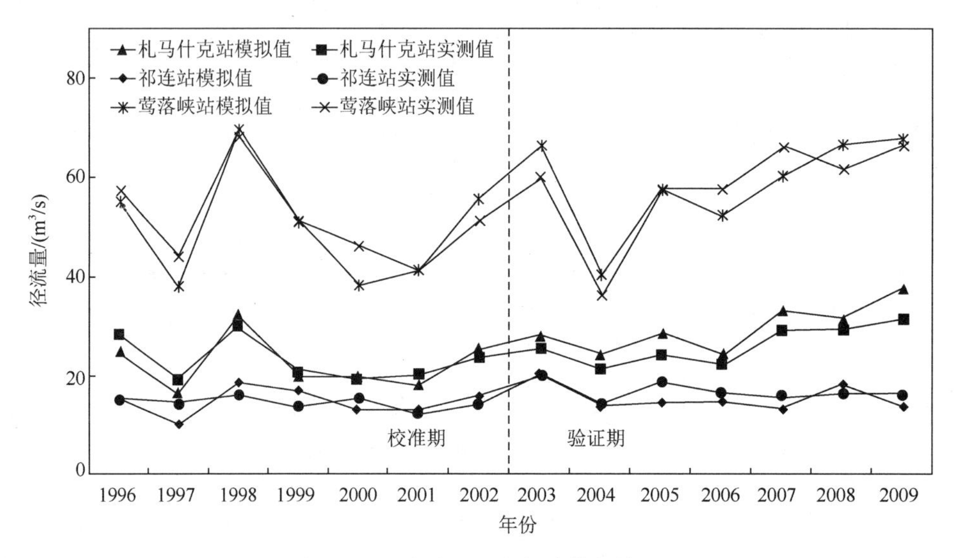

图 6-14　三个水文站年径流模拟结果

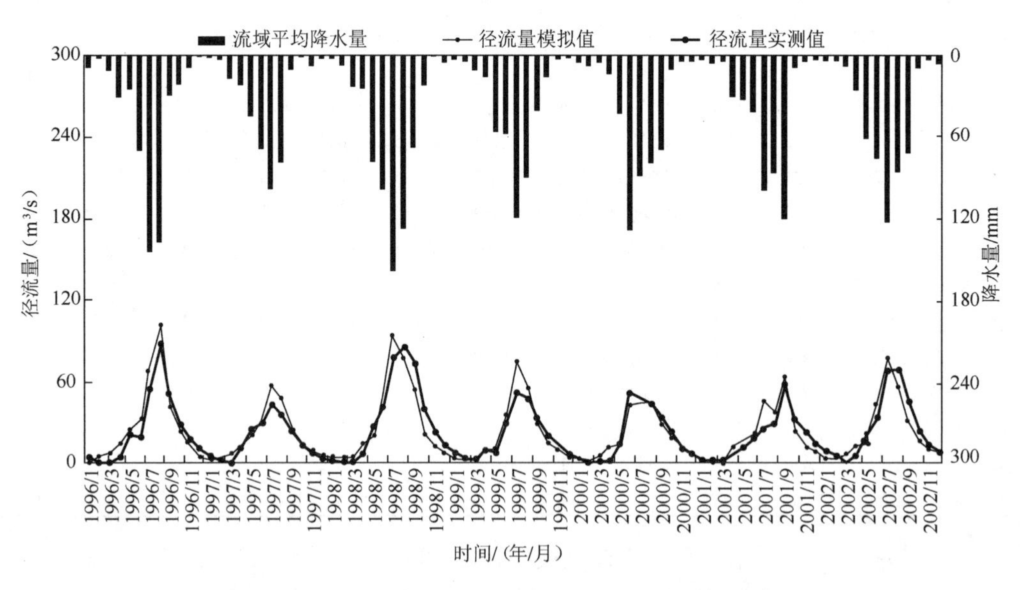

图 6-15　札马什克水文站校准期月径流模拟结果

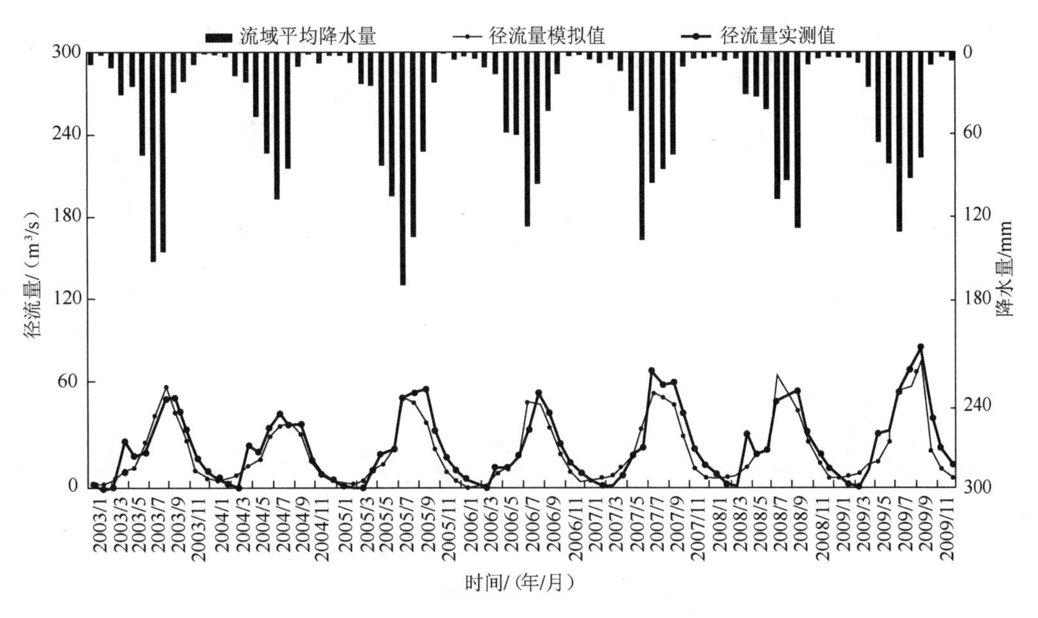

图 6-16　札马什克水文站验证期月径流模拟结果

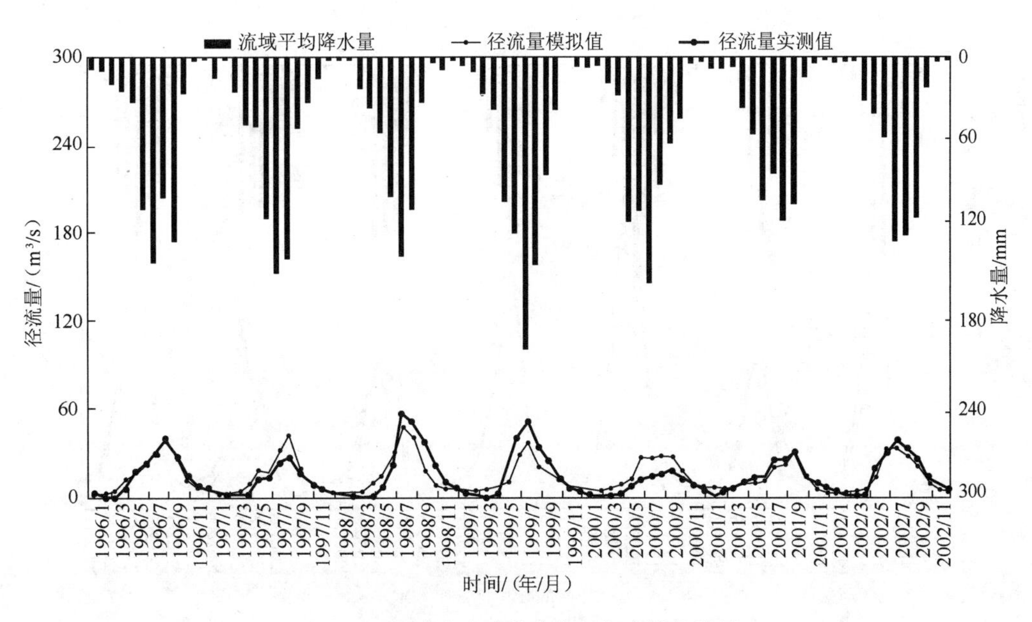

图 6-17　祁连水文站校准期月径流模拟结果

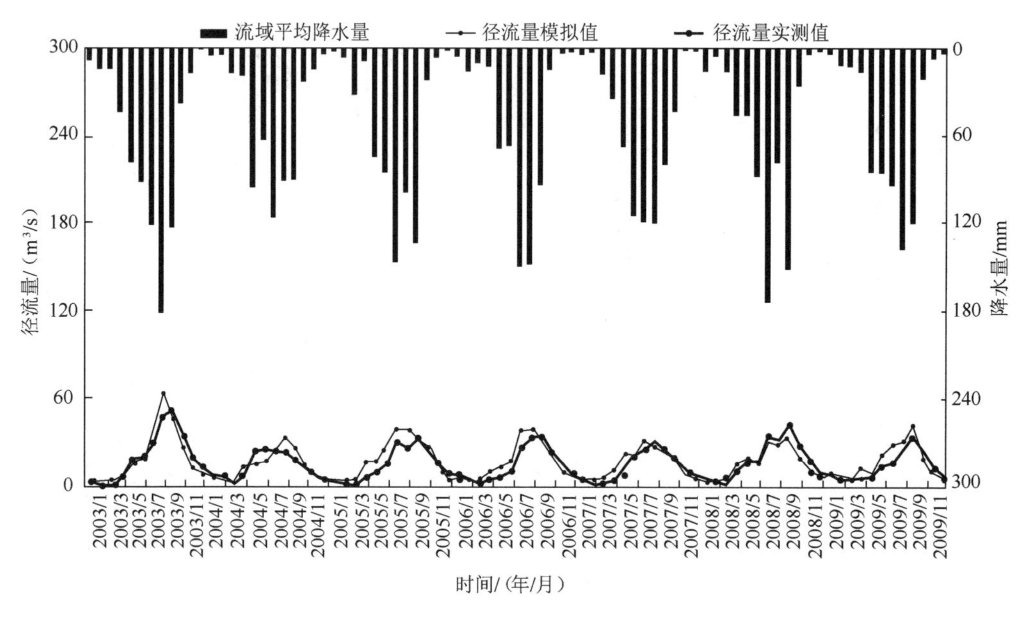

图 6-18　祁连水文站验证期月径流模拟结果

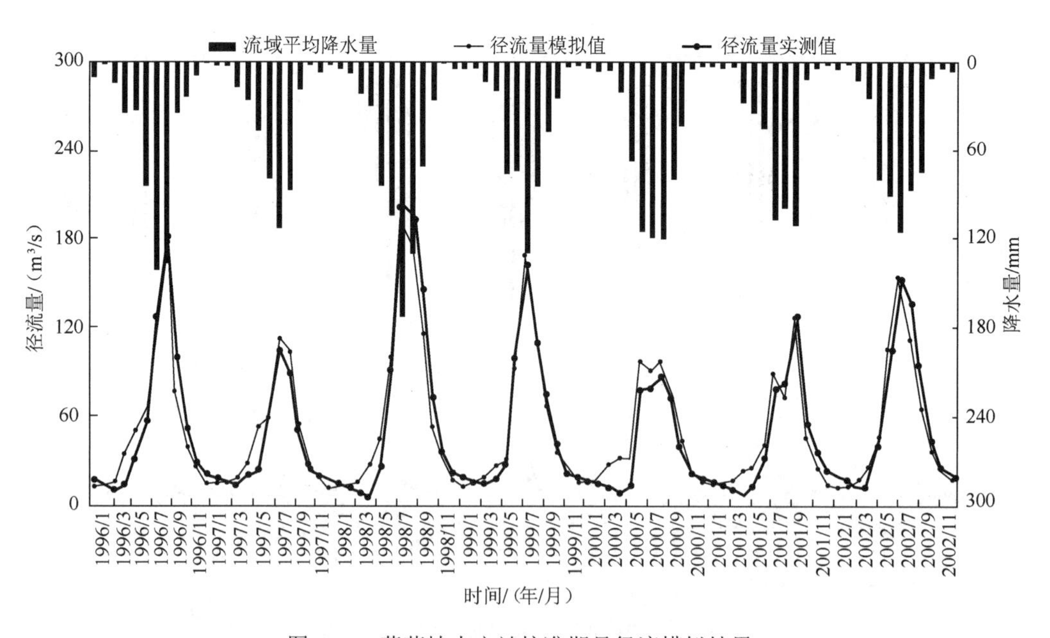

图 6-19　莺落峡水文站校准期月径流模拟结果

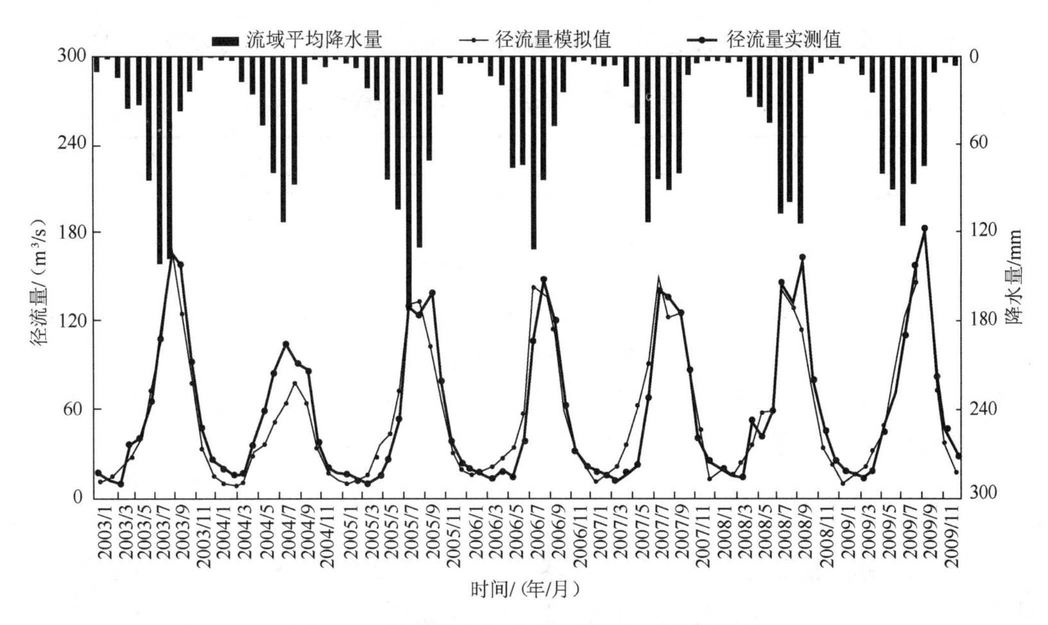

图 6-20　莺落峡水文站验证期月径流模拟结果

图 6-14 为札马什克水文站、祁连水文站和莺落峡水文站在模型校准期与验证期的年平均径流量模拟值与实测值对比结果。从图 6-14 中可以看出，1996～2009 年 3 个水文站径流过程模拟值与实测值均非常接近，有些年份的数据甚至完全重合，仅从曲线拟合程度考虑，3 个水文站年径流的模拟效果较好。札马什克水文站控制的干流西支流域产水量大于祁连水文站控制的干流东支流域产水量，1996～2009 年 3 个水文站出山径流均呈上升趋势。由数据计算得知，1996～2009 年札马什克水文站平均模拟径流量为 26.1m^3/s，年平均实测径流量为 24.8m^3/s，相对误差为 5.3%；祁连水文站年平均模拟径流量为 15.3m^3/s，年平均实测径流量为 15.9m^3/s，相对误差为–3.9%；莺落峡水文站年平均模拟径流量为 54.5m^3/s，年平均实测径流量为 54.7m^3/s，相对误差为–0.5%。简单的计算结果表明，3 个水文站年径流过程的模拟较为理想。

图 6-15～图 6-20 分别为札马什克水文站、祁连水文站、莺落峡水文站模型校准期（1995 年 1 月～2002 年 12 月）与验证期（2002 年 1 月～2009 年 12 月）月径流过程模拟值与实测值对比结果，柱状图分别为各水文站控制区域内的年平均降水量模拟值。

由于每个模拟期的第一年作为模型预热期，图 6-15～图 6-20 中所示时间段分别为 1996 年 1 月～2002 年 12 月和 2003 年 1 月～2009 年 12 月的数据。按照模型调参校准过程，3 个水文站均在校准期进行参数调整，调整完成后，保持各参数值不变，直接应用到验证期的径流模拟，以验证参数取值和模型对径流的模拟能力。从图 6-15～图 6-20 中可以看出，3 个水文站的校准期内，除个别年份个别月份的模拟值稍有差异外，模拟值与实测值几乎重合在一起。参数值保持不变应用到验证期的径流模拟时，模拟值与实测值也能够很好地拟合在一起，与模型校准期几乎无异，仅从曲线拟合情况而言，模型能够很好地模拟研究区内的出山径流过程。表 6-10 为 3 个水文站在校准期与验证期多年月平均径流量模拟值与实测值及相对误差计算结果，从表 6-10 中可以看出，除札马什克水文站验证期模拟值与实测值之间的误差达到12.5%外，其他阶段误差均小于10%。

表6-10　3个水文站月平均径流量及误差

模拟期	札马什克水文站			祁连水文站			莺落峡水文站		
	模拟值/（m^3/s）	实测值/（m^3/s）	误差/%	模拟值/（m^3/s）	实测值/（m^3/s）	误差/%	模拟值/（m^3/s）	实测值/（m^3/s）	误差/%
校准期	22.4	23.1	−2.8	14.1	14.6	−3.9	49.9	51.3	−2.9
验证期	29.6	26.3	12.5	15.6	17.0	−7.9	60.0	57.7	4.1

综上所述，仅从简单的数据计算和曲线拟合程度而言，模型能够很好地模拟研究区的出山径流、冰川融水径流，评价模拟结果具体的好坏程度还需要选取水文模拟中常用的一些评价指标进行评价。

（二）模拟结果评价

对于水文模拟结果的评价，通常有两种方法：一种是通过作图法比较模拟值与实测值的拟合程度、相关程度、变化趋势等；另一种是通过选取一些误差评价指标，进行误差统计分析，即统计法。从图6-15～图6-20可以看出，模拟值与实测值能够很好地拟合在一起，并且变化趋势相同。下面通过统计法进行模拟结果评价。

（1）评价指标。选定4个比较常用的参数作为评价模型模拟结果好坏的标准，分别是纳什效率（Nash-Sutcliffe efficiency，NSE）系数、均方根误差与实测值标准差的比值（root mean square error-observations standard deviation ratio，RSR）、偏差百分比（Percent bias，PBIAS）和决定系数（R^2）。

NSE系数用来评价模型模拟的精度，通过模拟值与实测值的比较，直观地体现实测与模拟过程的拟合程度。NSE系数的取值范围为$-\infty$～1，越接近1，说明模型模拟效果越好。当NSE系数的值为0～1时，认为模拟结果是可以被接受的，当NSE≤0.0时，说明模拟效果较差，不能接受。之所以选择NSE系数作为评价模型模拟好坏的标准，主要基于两个原因：①NSE系数是由美国土木工程师学会（The American Society of Civil Engineers，ASCE）和推荐使用的；②NSE系数被广泛使用，可以从文献报道中获取大量的参考信息。

均方根误差（root mean square error，RMSE）是较常用的误差衡量标准之一。RSR为均方根误差与实测值标准差的比值，即利用实测值的标准差将RMSE标准化。RSR集成了误差统计的优势，越接近于0表示模拟效果越好。

PBIAS表示模拟的平均值高于或低于实测值，正值表示模拟值偏低，负值表示模拟值偏高，取值范围为任意数，越接近0表示模拟效果越好。流水量体积误差百分比（percent streamflow volume error，PVE）、预测误差（prediction error，PE）、流水量体积偏差百分比（deviation of streamflow volume，D_v）的计算方式与PBIAS相似。D_v被用于评价一个特定时期流水量模拟值与实测值的误差累积量。选择PBIAS作为评价模型结果的标准之一，主要基于以下原因：①D_v是ASCE推荐使用的；②D_v被广泛应用于衡量水量平衡误差；③PBIAS能够快速指示模型模拟结果的好坏。

R^2 取值范围为 0～1，表示模拟值与实测值之间的线性相关程度和相关的方向。R^2 越接近 1，表示模拟值与实测值相关性越好。

Moriasi 等（2007）在总结大量文献之后，重点推荐使用 NSE、RSR、PBIAS 三个参数作为评价模拟结果的指标，并进一步对参数的取值范围与模拟结果的好坏进行分级，其中关于月尺度径流模拟的评价标准见表 6-11。

表 6-11　月尺度径流模拟评价标准

模拟结果	NSE	RSR	PBIAS/%
非常好	0.75＜NSE≤1.00	0.00≤RSR≤0.50	PBIAS＜±10
好	0.65＜NSE≤0.75	0.50＜RSR≤0.60	±10≤PBIAS＜±15
可以接受	0.50＜NSE≤0.65	0.60＜RSR≤0.70	±15≤PBIAS＜±25
不可接受	NSE≤0.50	RSR＞0.70	PBIAS≥±25

（2）评价结果。根据选定的评价指标，对札马什克水文站、祁连水文站、莺落峡水文站的月出山径流模拟值与实测值进行结果评价，结算结果见表 6-12。

表 6-12　3 个水文站模拟结果评价

水文站	校准期（1996 年 1 月～2002 年 12 月）				验证期（2003 年 1 月～2009 年 12 月）			
	NSE	RSR	PBIAS/%	R^2	NSE	RSR	PBIAS/%	R^2
札马什克	0.88	0.34	2.83	0.88	0.83	0.41	–12.49	0.87
祁连	0.70	0.55	3.88	0.79	0.80	0.44	7.91	0.82
莺落峡	0.94	0.25	2.88	0.94	0.90	0.32	–4.08	0.91

根据表 6-11 中的评价标准，结合表 6-12 中 3 个水文站在校准期与验证期的评价参数计算值可以得出以下结果，札马什克水文站在校准期的月径流模拟结果属于“非常好”，在验证期除 PBIAS 的值超过了 10%外，NSE、RSR 属于“非常好”范畴，综合 3 个参数，札马什克水文站在验证期径流模拟结果为“好”；祁连水文站在校准期的月径流模拟结果为“好”，但是验证期的模拟结果为“非常好”；莺落峡水文站在校准期与验证期的月径流模拟结果均为“非常好”，3 个水文站评价结果见表 6-13。

表 6-13　3 个水文站评价结果

水文站	校准期（1996 年 1 月～2002 年 12 月）	验证期（2003 年 1 月～2009 年 12 月）
札马什克	非常好	好
祁连	好	非常好
莺落峡	非常好	非常好

如表 6-12 所示，3 个水文站在校准期与验证期的 R^2 值，除祁连水文站在校准期低于 0.80 外，其他水文站均超过 0.80，莺落峡水文站两个时期的 R^2 值均超过 0.90，说明模拟值与实测值相关度较高。

综上所述，SWAT 模型在黑河干流山区月径流水文过程模拟中，模拟效果非常理想，SWAT 模型能够模拟研究区的水文过程，模拟结果可信，达到根据 SWAT 模型的输出结果模拟出山径流月过程，并进行相关的水量平衡信息提取与分析工作。但对于不同流域仍需要根据具体集水区域差异开展 SWAT 模型的应用设计，构建相应的内陆河流域出山口月径流 SWAT 模拟模型，并将其应用到仅有气象、土壤、植被等基础资料，而无出山径流资料或出山径流资料不全的流域；同时开展对集水区有关水文特征及径流量形成过程的水文分析。

二、水文分析

本书中，水量平衡的总输入为降水量（PRECIP，mm），实际蒸散量（ET，mm）和流域产水量（WYLD，mm）是主要的输出成分，如果忽略水流在河道中的传输损失，则水量平衡公式为：PRECIP = ET + WYLD。在 SWAT 模型中，WYLD 包括侧向流（壤中流，Q_{lat}，mm）、地表径流（Q_{surf}，mm）、地下径流（Q_{gw}，mm）和河道传输损失，若忽略传输损失，则 WYLD = Q_{surf} + Q_{lat} + Q_{gw}。需要强调的是，WYLD 是指坡面产流的水量，该部分水还未经过河道汇流演算。本书计算的水文信息分量还包括透过根系区进入地下水的量（PERC，mm）及模拟期结束时的土壤含水量（SW，mm）。

（一）水量平衡组成

黑河流域年平均水量平衡组成成分见表 6-14。

表 6-14　黑河干流山区年平均水量平衡组成成分表　（单位：mm）

时期	年份	PRECIP	ET	Q_{lat}	Q_{surf}	Q_{gw}	WYLD	PERC	SW
校准期	1996	524.0	323.6	100.9	35.4	41.8	177.7	45.2	97.2
	1997	397.1	320.4	68.9	28.3	19.2	116.1	20.5	75.9
	1998	652.6	383.7	133.1	36.0	62.9	231.4	69.0	109.4
	1999	481.5	324.3	92.8	29.0	40.4	161.8	43.7	103.3
	2000	462.5	321.1	72.3	28.8	22.2	122.9	24.0	107.2
	2001	452.1	334.2	80.6	26.1	31.3	137.6	33.9	111.7
	2002	505.7	323.6	95.1	31.6	48.2	174.5	52.2	109.4
验证期	2003	594.5	338.3	110.2	49.6	58.4	217.7	63.6	133.1
	2004	464.2	345.6	78.9	44.6	32.2	155.3	33.9	111.6
	2005	543.0	347.7	100.6	39.9	49.3	189.3	54.0	120.4
	2006	498.2	342.8	93.8	30.6	41.2	165.1	44.3	117.2
	2007	562.8	352.2	103.3	36.3	57.0	196.2	62.1	121.8
	2008	558.7	352.5	111.1	47.7	55.3	213.5	59.6	120.9
	2009	569.2	357.3	111.7	38.9	66.7	216.9	71.8	114.9
平均		519.0	340.5	96.7	35.9	44.7	176.8	48.4	111.0

如表 6-14 所示，模拟时间段内（1996 年 1 月～2009 年 12 月），模型校准期产水量最大的年份为 1998 年，流域平均产水深为 231.4mm，地表径流量为 36.0mm，占产水量的 15.6%；模型验证期产水量最大的年份为 2003 年，流域平均产水深为 217.7mm，地表径流量为 49.6mm，占产水量的 22.8%。仅从 1998 年和 2003 年的地表径流量所占比例来看，地表径流量有所上升。这与校准期的干旱年份有关，1997 年是整个模拟期中最干旱的一年，流域平均降水量为 397.1mm，产水深仅为 116.1mm，1997 年结束时，流域

平均土壤含水量仅为 75.9mm，为整个模拟期中最干旱的年份。事实上，当土壤足够干旱时会有更多的降水入渗到土壤，以补充土壤水分，而土壤中多余的水分通过壤中流或者浅层地下径流的方式补给河道，因此 1998 年会有更多的降水下渗到土壤，该现象可以从 1998 年的流域平均壤中流量为 133.1mm 占当年产水量的 57.5%和 2003 年的流域平均壤中流量为 110.2mm 占当年产水量的 50.6%的事实中得到证明。1998 年与 2003 年相比，壤中流量占产水量的比例降低 6.9%。可见，模型能够捕获这种极端干旱发生后对流域水文过程影响的现象，进一步说明模型结构的可靠性。

从表 6-14 可以看出，如果将全流域作为一个整体研究其逐年水量平衡状态，并不是每一年模拟结束时流域都能够达到水量平衡，而是表现为动态平衡。据表 6-14 中数据计算，有的年份流域失水，有的年份流域保水，多年平均达到平衡。在此定义两个状态，流域失水定义为流域输入水分小于输出水分，即 PRECIP＜ET＋WYLD；流域储水定义为流域输入水分大于输出水分，即 PRECIP＞ET＋WYLD。在本书中，流域失水年份为 1997 年、1999 年、2001 年、2004 年、2006 年、2008 年、2009 年，流域储水年份为 1996 年、1998 年、2000 年、2002 年、2003 年、2005 年、2007 年。干旱年份（年平均降水量小于多年平均降水量）流域失水，湿润年份（年平均降水量大于多年平均降水量）流域储水。从 1996～2009 年平均数据计算得知，流域多年平均降水量为 519.0mm，蒸发量为 340.5mm，产水量为 176.8mm，多年平均输入与多年平均输出之差为 1.7mm，可以认为是河道传输损失量。因此，从多年平均角度而言，流域处于水量平衡状态。

（二）坡面产流变化趋势

模拟的 1996～2009 年黑河流域产水量及 3 种坡面产流组成成分变化趋势如图 6-21 所示。从图 6-21 中可以看出，各组成成分年际波动状况基本与出山径流保持一致，1996～2009 年的总体变化呈不显著上升趋势。

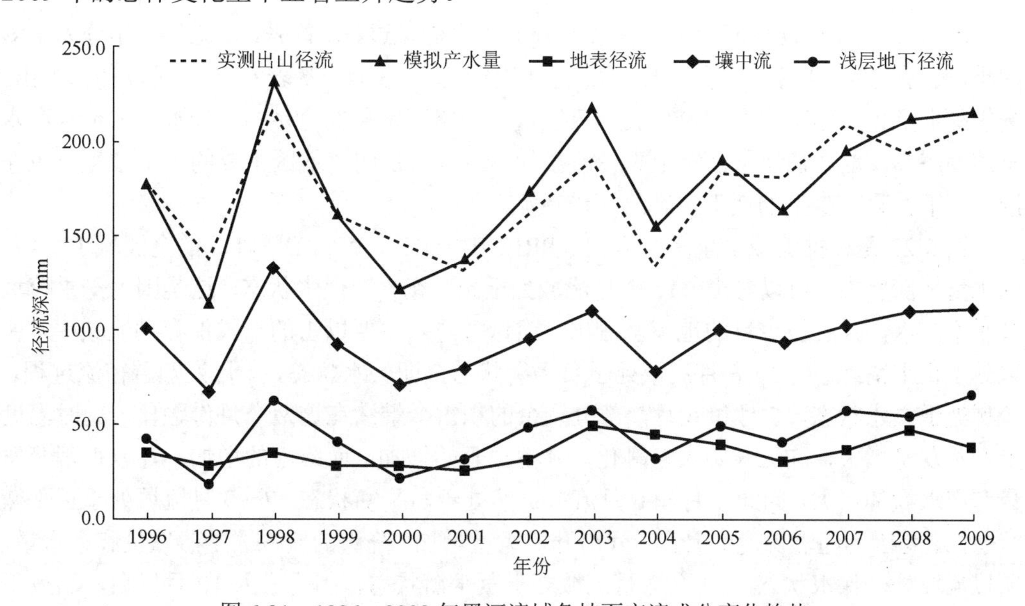

图 6-21　1996～2009 年黑河流域各坡面产流成分变化趋势

如表 6-14 所示，3 种坡面产流组成成分中，对径流贡献最大的是壤中流，超过了地表径流和地下径流对径流量的贡献，年平均补给量为 96.7mm，占总产水量的 54.5%；其次是地下径流，年平均补给量为 44.7mm，占总产水量的 25.2%；最小为地表径流，年平均补给量为 35.9mm，占总产水量的 20.3%。

（三）月平均水量平衡组成

根据 SWAT 模型输出结果，对 1996～2009 年黑河干流山区月平均水量平衡组成进行计算，结果见表 6-15。

表 6-15　1996～2009 年黑河干流山区月平均水量平衡组成　（单位：mm）

月份	PRECIP	ET	Q_{lat}	Q_{surf}	Q_{gw}	WYLD	PERC	SW
1	4.7	2.2	0.0	0.0	0.3	0.4	0.0	107.0
2	5.1	3.4	0.2	0.2	0.1	0.5	0.3	104.6
3	12.9	7.1	0.0	1.0	0.2	1.2	0.0	104.0
4	23.0	20.8	1.0	10.6	0.1	11.6	0.6	114.8
5	57.8	41.3	10.8	8.5	1.1	20.3	5.4	116.8
6	80.1	63.4	16.2	3.0	4.1	23.3	8.0	108.5
7	124.4	76.4	25.7	5.2	7.0	38.0	12.5	113.9
8	107.6	68.2	23.3	4.0	9.2	36.5	11.2	115.7
9	76.5	39.4	17.3	2.8	9.8	29.9	9.5	121.2
10	19.3	11.6	2.1	0.5	8.1	10.7	0.9	117.5
11	4.7	4.5	0.0	0.0	3.5	3.5	0.0	113.3
12	2.8	2.4	0.0	0.0	1.2	1.2	0.0	111.0
总计	518.9	340.7	96.6	35.8	44.7	177.1	48.1	112.4*

*表示土壤含水量的平均值。

表 6-15 能够体现黑河干流山区各成分的年内变化过程。首先，在此将一年分为干湿两季，湿季为 4～9 月，干季为 10～12 月和次年的 1～3 月。从表 6-15 中可以计算得出，湿季降水量占全年降水量的 90.4%，蒸发量占全年蒸发量的 90.9%，产水量占全年产水量的 90.3%，地表径流量占年地表径流量的 95.0%，说明该地区主要的水文过程发生在湿季。干季只有少量的地下水补给河道径流。

图 6-22 是根据流域水量平衡方程（PRECIP = ET + WYLD）计算的全流域 12 个月的水量平衡状态，可以看出，1～3 月流域处于正平衡，即保水状态，这是因为干季流域几乎不产水，只有极少量的地下水流出，而这时降水主要以雪的形式保存到流域中，所以处于正平衡状态。4～6 月流域处于负平衡状态，即失水状态，4 月为融雪径流过程，流域处于失水状态，5 月和 6 月，部分剩余的积雪会继续在这两个月份融化，同时温度上升蒸发量增大，冻土开始大量融化，降雨也开始增加，而降雨的增加不足以抵消蒸发量和产水量的增大，因此 5 月和 6 月流域仍然处于负平衡状态。7～9 月流域处于正平衡状态，这是因为随着温度的升高，降雨开始大量增加，降雨的输入大于蒸发量和产水量，所以流域处于保水状态。10～12 月流域处于负平衡状态，因为进入 10 月以后，温度下降，降水急剧减少，而 7～9 月大量的降水下渗到土壤中，没有立即汇入河道中，由于

土壤的调蓄作用，该部分水缓慢释放到河道中，10～12 月河道径流以地下水补给为主。

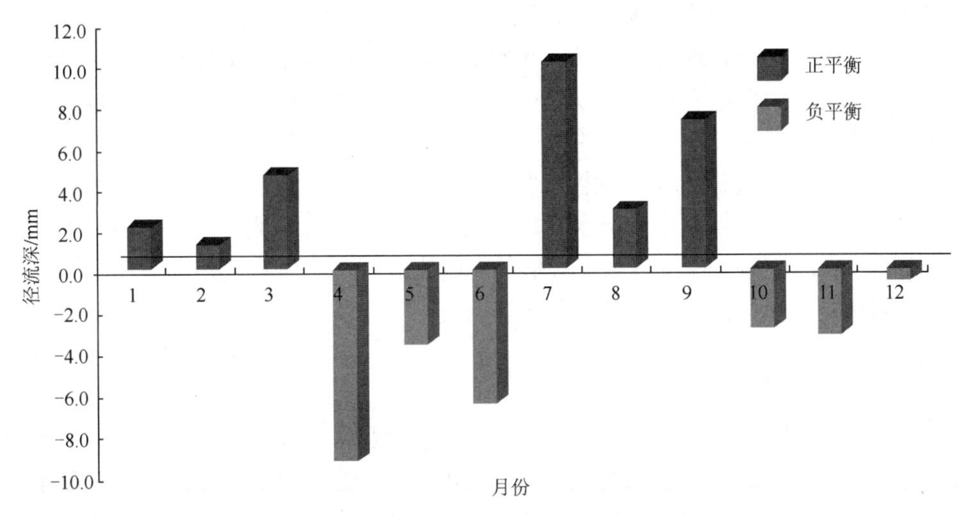

图 6-22　1996～2009 年黑河干流山区月平均水量平衡状态

流域产水量及各组成成分的年内变化过程如图 6-23 所示，可以看出，壤中流与流域产水量的年内变化趋势保持一致，均在 7 月达到最大；6～7 月存在一个明显的快速上升过程，7～9 月 3 个月流域产水量和壤中流均保持在一个较高的水平，进入 10 月存在一个明显的快速下降过程；10 月以后流域进入枯水期，温度较低、降水较少，只有少量的流域产水量产生。地表径流的年内变化过程与出山径流略有不同，地表径流在 4 月达到年内最大；3～4 月，地表径流存在一个快速上升过程，这与温度上升、在冬季积累的降

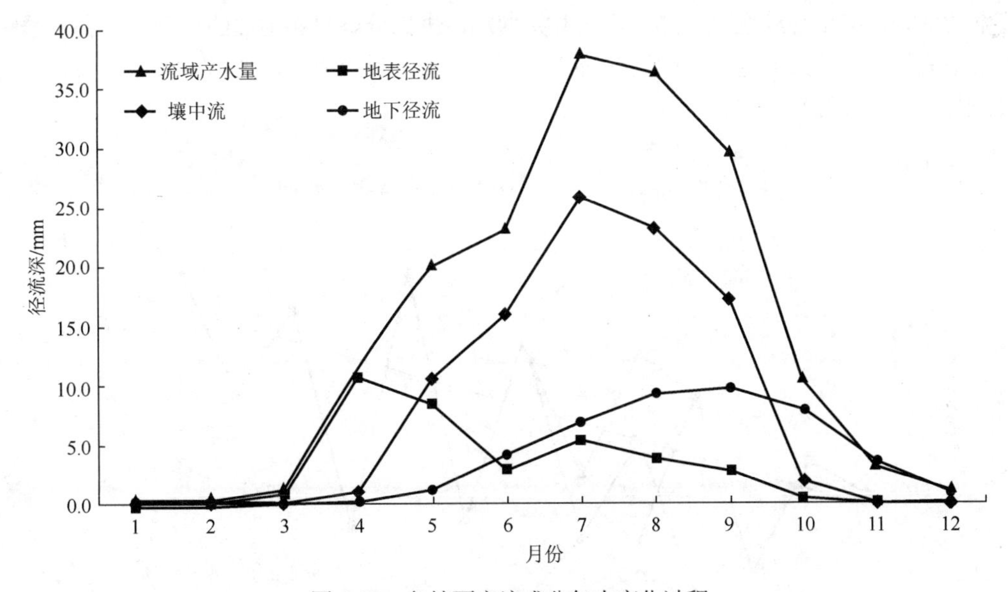

图 6-23　各坡面产流成分年内变化过程

雪开始融化有关，但是温度上升还不足以使冻土融化，这时冻土就像一个不透水层阻止了积雪融水的下渗，因此主要以地表径流的方式补给河道。冬季积累的降雪在 4～5 月两个月内几乎全部融化，这时虽然降水开始增加，但是降水主要下渗到土壤中以壤中流的方式补给河道，因此地表径流在 6 月存在一个相对低点。进入 7 月以后流域降水达到全年最大，一部分降水以地表径流的方式补给河道，因此地表径流出现了年内第二个小峰值，进入 8 月后，随着降水的逐渐减少，地表径流也随之减少。浅层地下径流的年内变化趋势相对简单，随着温度和降水的增加而增大，9 月浅层地下径流达到全年最大，之后逐渐减少；浅层地下径流达到最大值的时间比流域产水量达到最大值的时间滞后两个月，说明地下水对出山径流有调节作用。

（四）坡面产流成分

根据模型输出结果，对模拟时间段内流域产水量及各组成成分不同月份的多年变化趋势进行分析（图 6-24）。图 6-24（a）、图 6-24（b）分别为 1 月、2 月各成分逐年变化趋势，1996～2009 年，1～2 月流域产水量呈微小上升趋势，除 2000 年和 2001 年模拟的异常年份外，地下水回流与产水量曲线几乎重合在一起，说明 1～2 月出山径流绝大部分来自地下水的补给，分别占 99.6%、95.2%。图 6-24（c）为 3 月逐年变化状况，流域产水量也呈现上升趋势，随着温度的上升，地下水回流不再是主要的补给成分，地表径流对产水量的贡献为 95.2%，浅层地下径流仅占 4.7%。图 6-24（d）为 4 月逐年变化状况，流域产水量也呈微小上升趋势，随着温度的继续上升，积雪大量融化，地表径流仍然是主要的补给成分。年平均出山径流中，地表径流占 90.5%，侧向流占 8.3%，地下水回流仅占 1.2%。图 6-24（e）为 5 月逐年变化状况，与前 4 个月不同，5 月流域产水量呈微小下降趋势；温度继续上升，冻土继续融化，加之降水开始增加，大部分降落到地面的水分入渗到土壤中以壤中流的方式补给河道，因此侧向流成为主要的径流补给成分，占 53.0%，地表径流占 41.7%，地下水回流占 5.3%。

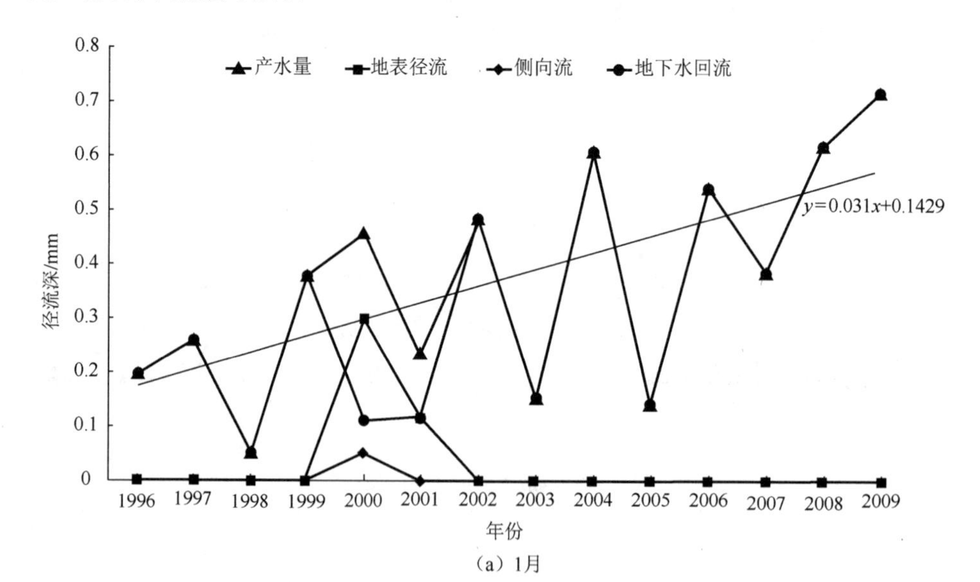

（a）1月

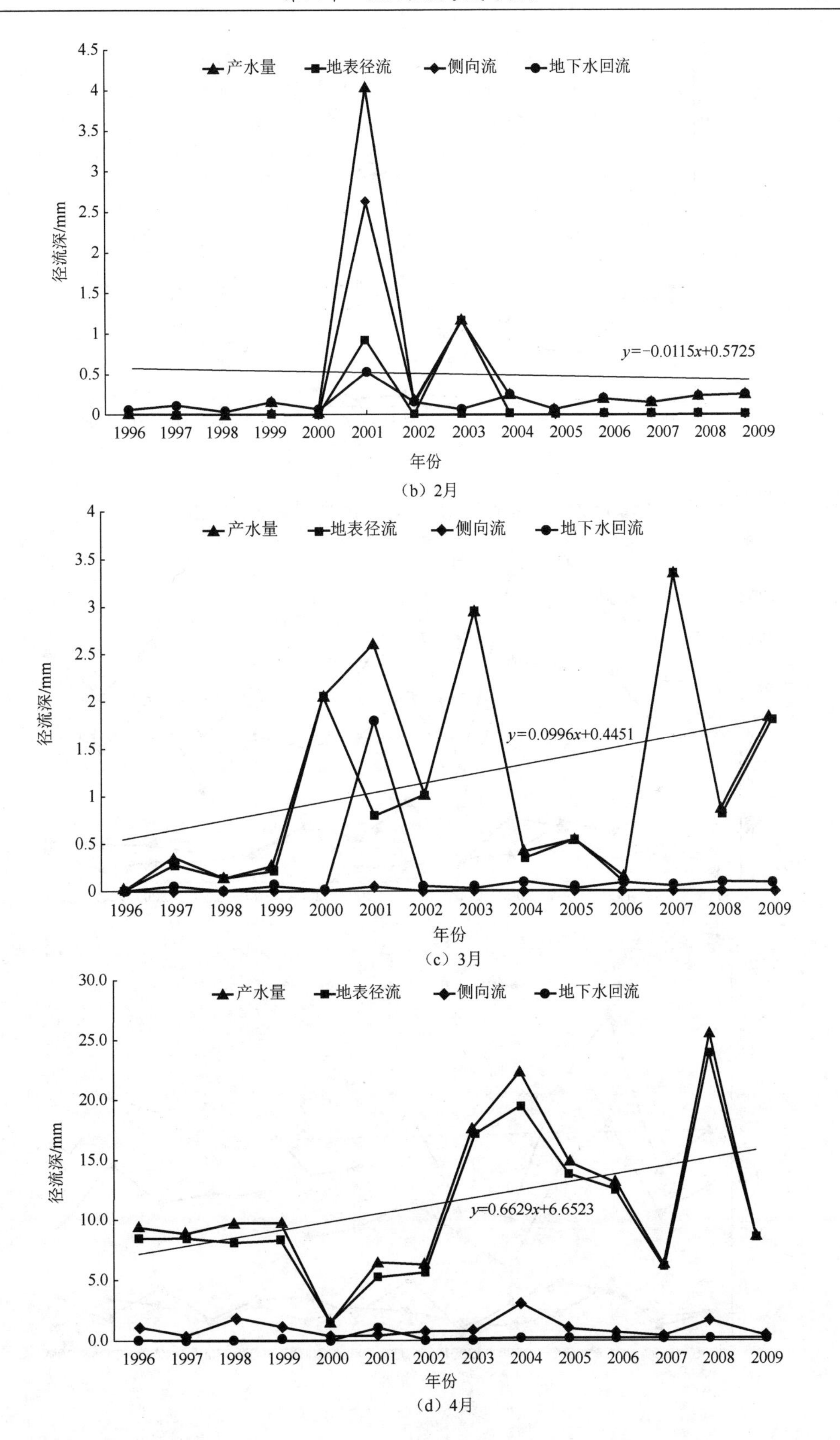

产水量
地表径流
侧向流
地下水回流
径流深/mm
年份
1996 1997 1998 1999 2000 2001 2002 2003 2004 2005 2006 2007 2008 2009
0 0.5 1 1.5 2 2.5 3 3.5 4 4.5
y=−0.0115x+0.5725
产水量
地表径流
侧向流
地下水回流
径流深/mm
年份
1996 1997 1998 1999 2000 2001 2002 2003 2004 2005 2006 2007 2008 2009
0 0.5 1 1.5 2 2.5 3 3.5 4
y=0.0996x+0.4451
产水量
地表径流
侧向流
地下水回流
径流深/mm
年份
1996 1997 1998 1999 2000 2001 2002 2003 2004 2005 2006 2007 2008 2009
0.0 5.0 10.0 15.0 20.0 25.0 30.0
y=0.6629x+6.6523

（b）2月

（c）3月

（d）4月

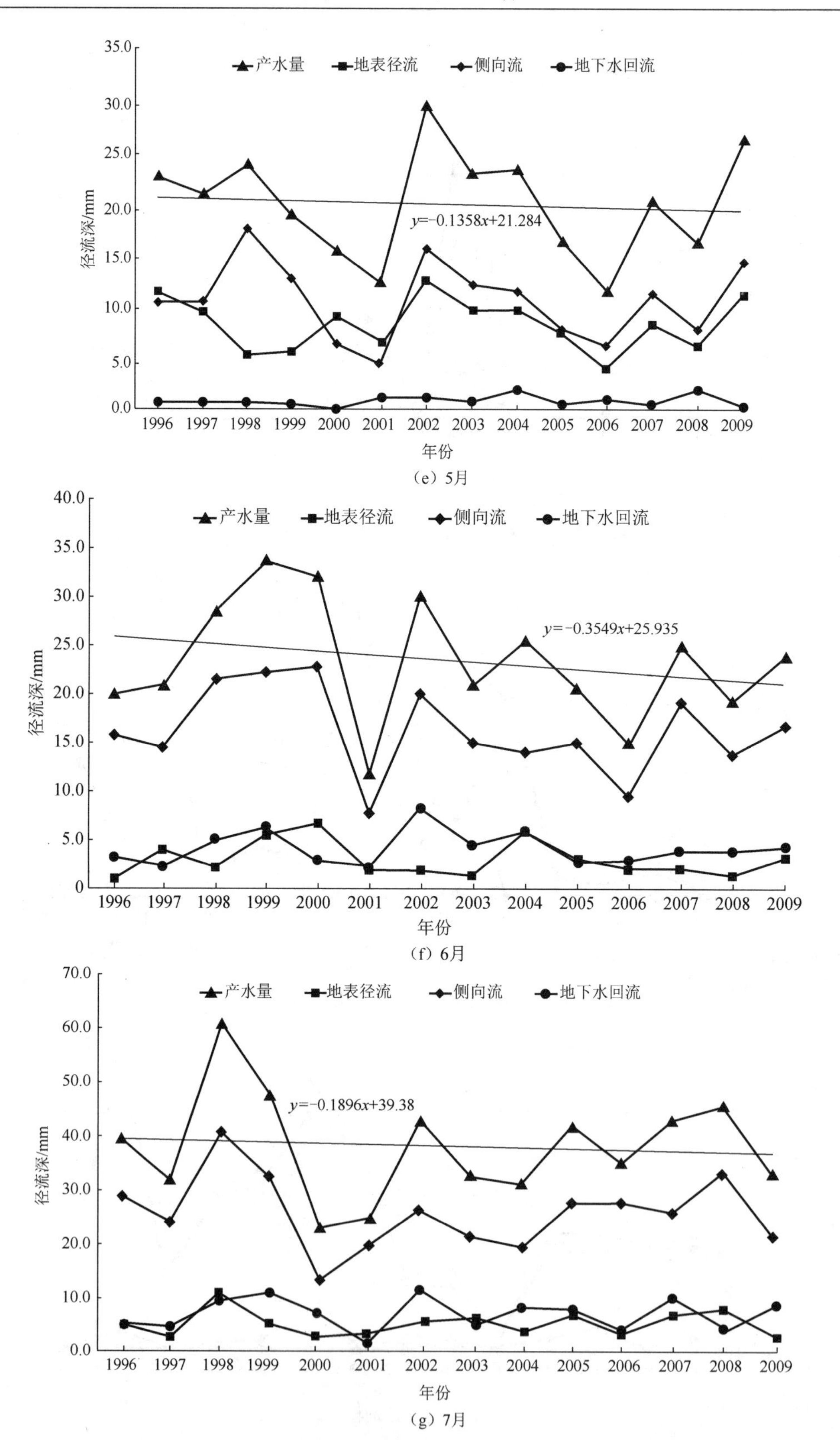
35.0
30.0
25.0
20.0
15.0
10.0
5.0
0.0
产水量
地表径流
侧向流
地下水回流
径流深/mm
y=−0.1358x+21.284
1996 1997 1998 1999 2000 2001 2002 2003 2004 2005 2006 2007 2008 2009
年份
(e) 5月

40.0
35.0
30.0
25.0
20.0
15.0
10.0
5.0
0
产水量
地表径流
侧向流
地下水回流
径流深/mm
y=−0.3549x+25.935
1996 1997 1998 1999 2000 2001 2002 2003 2004 2005 2006 2007 2008 2009
年份
(f) 6月

70.0
60.0
50.0
40.0
30.0
20.0
10.0
0.0
产水量
地表径流
侧向流
地下水回流
径流深/mm
y=−0.1896x+39.38
1996 1997 1998 1999 2000 2001 2002 2003 2004 2005 2006 2007 2008 2009
年份
(g) 7月

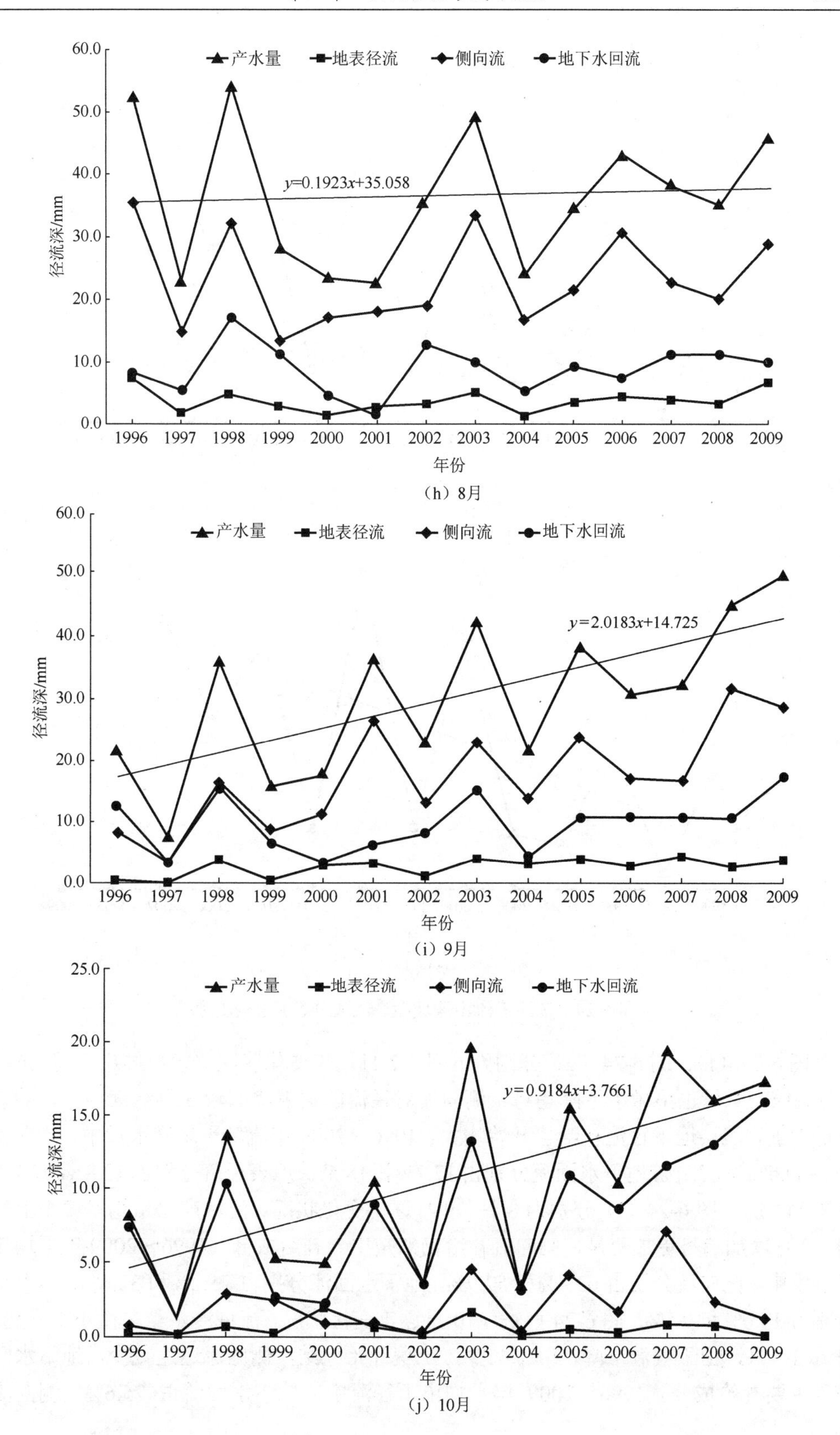

产水量
地表径流
侧向流
地下水回流
径流深/mm
y=0.1923x+35.058
60.0
50.0
40.0
30.0
20.0
10.0
0.0
1996
1997
1998
1999
2000
2001
2002
2003
2004
2005
2006
2007
2008
2009
年份
产水量
地表径流
侧向流
地下水回流
径流深/mm
y=2.0183x+14.725
60.0
50.0
40.0
30.0
20.0
10.0
0.0
1996
1997
1998
1999
2000
2001
2002
2003
2004
2005
2006
2007
2008
2009
年份
产水量
地表径流
侧向流
地下水回流
径流深/mm
y=0.9184x+3.7661
25.0
20.0
15.0
10.0
5.0
0.0
1996
1997
1998
1999
2000
2001
2002
2003
2004
2005
2006
2007
2008
2009
年份

（h）8月

（i）9月

（j）10月

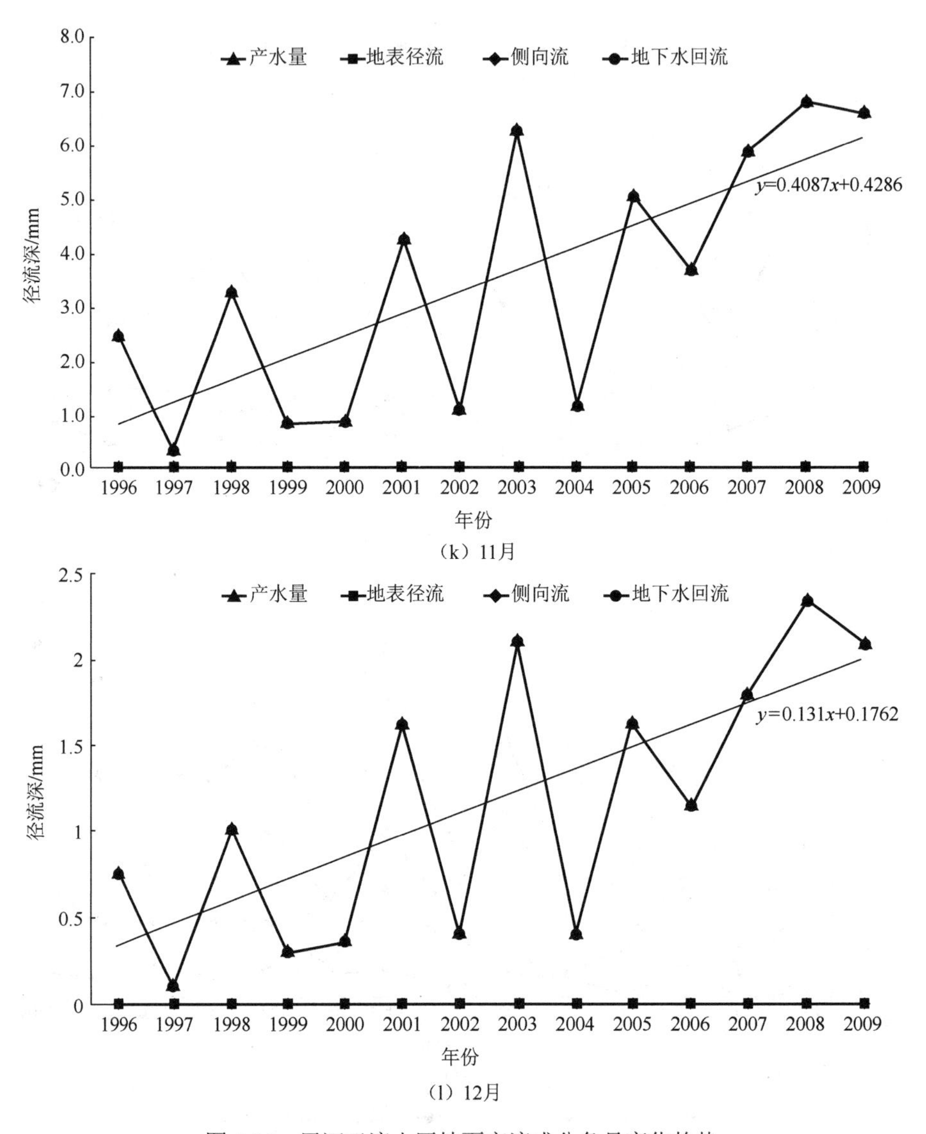

（k）11月

（l）12月

图 6-24　黑河干流山区坡面产流成分各月变化趋势

图 6-24（f）、图 6-24（g）分别为 6 月、7 月逐年变化状况。模拟结果表明，6 月、7 月流域产水量也呈微小下降趋势。侧向流对径流的贡献比例较 5 月继续增大，随着降水的增加，浅层地下径流补给也开始增大。1996～2009 年流域平均产水量中，侧向流分别占 69.5%和 67.7%，地下水回流分别占 17.7%和 18.5%，地表径流分别占 12.8%和 13.8%。图 6-24（h）、图 6-24（i）分别为 8 月、9 月逐年变化状况。流域产水量均呈微小上升趋势，9 月增加趋势更加明显，侧向流补给仍然是主导补给成分。1996～2009 年平均流域产水量中，侧向流分别占 63.8%和 57.9%，地下水回流分别占 25.2%和 32.6%，地表径流分别占 11.0%和 9.5%。图 6-24（j）为 10 月逐年变化状况，流域产水量呈微小上升趋势。进入 10 月，由于气温下降，降水减少，土壤开始冻结，侧向流迅速减少，地下水回流成为主要补给成分。1996～2009 年平均出山径流中，地下水回流占 75.6%，侧向流占

19.4%，地表径流仅占5.0%。图6-24（k）、图6-24（l）分别为11月、12月逐年变化状况，这2个月流域产水量均呈微小上升趋势，地下水回流与产水量曲线基本重合在一起，地表径流和侧向流几乎为0。1996～2009年平均出山径流中，地下水回流分别占99.4%和99.7%。

总之，流域产水量及各径流成分各月1996～2009年变化趋势，除5～7月呈微小下降趋势外，其余各月均呈上升趋势，1～2月、10～12月以地下水回流补给为主，3～4月以地表径流补给为主，5～9月以侧向流补给为主。通过本书研究，进一步理清了内陆河山区流域年内各月的主导水文过程，有助于中下游地区对水资源的合理开发利用。

（五）不同下垫面水量平衡组成

从SWAT模型模拟结果中提取的各植被类型（表6-7）1996～2009年平均降水量、蒸发量和产水量的值如图6-25所示。从图6-25中可以看出，单位面积降水量最大的植被类型为MJGC，达到600.5mm；在14种植被类型中，除了HTHM、XSCY、DCCY三种植被类型的年平均降水量低于500mm外，其他类型的年平均降水量均大于500mm。在所有的植被类型中，蒸发量均大于产水量，单位面积蒸发量最大的植被类型为PECD，最小的为HTHM。虽然HTHM所处的环境较干旱，但是由于其降水量比较小，绝大部分降水都用于蒸发，只有极少部分产流。单位面积产水量最大的植被类型为CNJX，其次为SFZB和HCZB，均超过200mm。

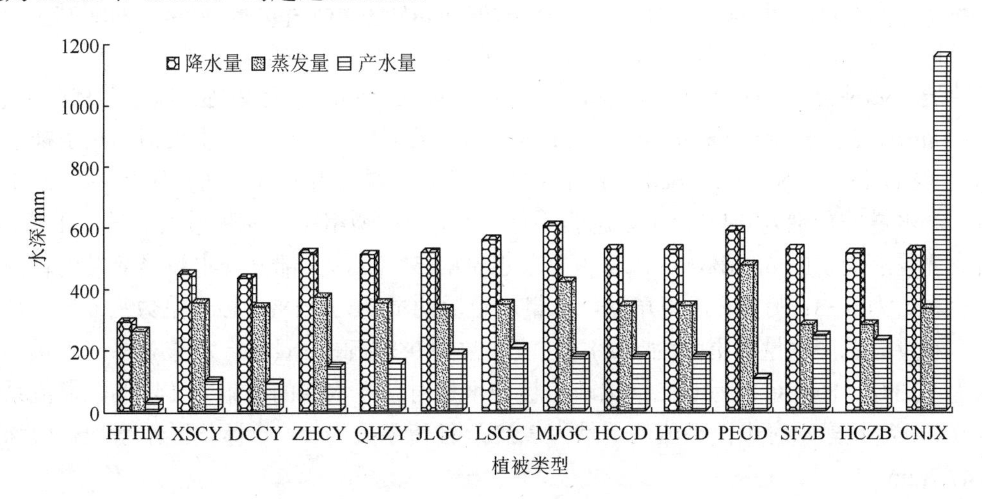

图6-25　1996～2009年各植被类型平均降水量、蒸发量和产水量

图6-26所示的是各种植被类型的面积占整个研究区面积的百分比，和各植被类型产水量对总产水量的贡献百分比。从图6-26中可以明显地看出，HCCD的面积百分比和产水量贡献百分比均接近50%，是黑河干流山区主要的产水植被类型，其他植被类型产水量对总产水量的贡献均低于10%。图6-26中呈现出面积大则产水多的规律。

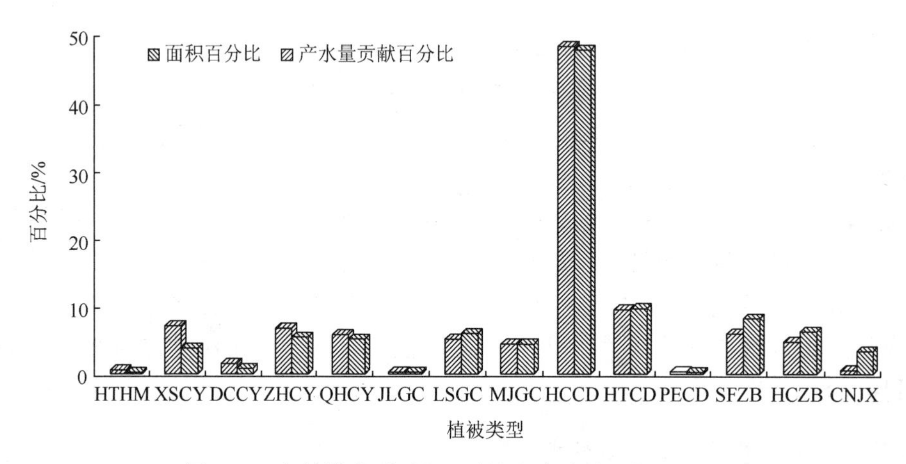

图 6-26　各植被类型面积百分比和产水量贡献百分比

为了能够进一步分析各个植被型组的水量平衡状况，本书将 14 种植被类型按照植被型组进行组合，分为 7 个植被型组，包括荒漠草原（*Sympegma regelii* desert，合头草荒漠），山地草原（*Stipa krylovii* steppe，西北针茅草原；*Stipa breviflora* steppe，*Stipa bungeana* steppe，短花针茅、长芒草草原；*Stipa purpurea* steppe，紫花针茅草原），针叶林（*Picea crassifolia* forest，青海云杉林），高山灌丛（*Dasiphora fruticosa* scrub，金露梅灌丛；*Salix oritrepha* scrub，毛枝山居柳灌丛；*Salix oritrepha*，*Dasiphona fruticosa*，*Caragana jubata* scrub，毛枝山居柳、金露梅、箭叶锦鸡儿灌丛），高山草甸（*Kobresia pygmaea* meadow，小蒿草草甸；*Kobresia schoenoides* Carex spp. *meadow*，西藏嵩草、薹草草甸；*Elymus nutans*，*Reogneria nutans* meadow，垂穗披碱草、垂穗鹅观草草甸），稀疏植被（*Saussurea medusa* Saussurea spp. *sparse* vegetation，水母雪莲、风毛菊稀疏植被；*S. medusa*，*Saussurea humilis* sparse vegetation，风毛菊、红景天、垂头菊稀疏植被）和冰川（Glacier and Snow capped，冰川雪被）。荒漠草原仅占流域总面积的 0.5%，产水量对总产水量的贡献为 0.1%，可以忽略不计；7 个植被型组中，面积最大的是高山草甸，占研究区总面积的 58.0%，产水量占总产水量的 57.4%，大部分降水被蒸散发消耗掉，径流系数为 0.33；另外，山地草原产水量对径流的贡献为 9.8%，径流系数为 0.24；针叶林产水量对总产水量的贡献为 5.0%，径流系数为 0.30；高山灌丛产水量对总产水量的贡献为 10.3%，径流系数为 0.33；稀疏植被产水量对总产水量的贡献为 14.2%，径流系数为 0.46；冰川融水对出山径流的贡献为 3.2%，径流系数为 2.19，冰川区年平均径流深为 1147.7mm。

如表 6-16 所示，1996～2009 年荒漠草原平均径流深为 29.1mm，几乎全部来自壤中流补给，地表径流补给仅为 0.1mm，可忽略不计，无浅层地下径流补给；1996～2009 年山地草原平均径流深为 114.8mm，其中壤中流补给占 77.4%，地表径流补给占 5.1%，浅层地下径流补给占 17.5%；1996～2009 年针叶林平均径流深为 153.2mm，壤中流补给占 83.1%，地表径流补给占 4.1%，浅层地下径流补给占 12.9%；1996～2009 年高山灌丛平均径流深为 190.2mm，壤中流补给占 65.0%，地表径流补给占 10.6%，浅层地下径流补给占 24.5%；1996～2009 年高山草甸平均径流深为 175.5mm，壤中流补给占 45.2%，地表径流补给占 23.3%，浅层地下径流补给占 31.8%；1996～2009 年稀疏植被平均径流深为 239.2mm，壤中流补给占 68.5%，地表径流补给占 17.0%，浅层地下径流补给占 14.7%；1996～2009 年冰川平均径流深为 1150.9mm，壤中流补给占 14.3%，地表径流补给占 84.9%，浅层地下径流补给占 1.1%。总之，除冰川外，其他植被型组均以壤中流补给河道径流为主，地下水回流补给次之，地表径流补给最小。这进一步说明，内陆河高寒山区河道径流补给方式特殊。

表 6-16　1996～2009 年各植被型组平均水量平衡组成

植被型组	面积百分比/%	降水量/mm	蒸散量/mm	壤中流/mm	地表径流量/mm	地下径流量/mm	径流深/mm	径流系数	径流贡献率/%
荒漠草原	0.5	287.3	257.8	29.1	0.1	0.0	29.2	0.10	0.1
山地草原	15.1	475.4	355.7	88.8	5.9	20.1	114.8	0.24	9.8
针叶林	5.8	506.6	348.3	127.2	6.3	19.7	153.2	0.30	5.0
高山灌丛	9.6	576.6	380.4	123.5	20.1	46.6	190.2	0.33	10.3
高山草甸	58.0	523.6	341.5	79.1	40.8	55.6	175.5	0.33	57.4
稀疏植被	10.5	519.2	275.8	163.6	40.5	35.1	239.2	0.46	14.2
冰川	0.5	523.3	329.0	164.2	973.8	12.9	1150.9	2.19	3.2

（六）不同高程带水量平衡组成

海拔是对内陆河高寒山区水文过程影响较大的因素之一。随着海拔的升高，温度降低，降水在达到最大降水高度带之前升高，超过最大降水高度带后随海拔的升高而降低，土壤温度也随空气温度的降低而发生变化。由高度引起的水热垂直地带性规律决定了植被的垂直地带性分布。为了探讨海拔对内陆河高寒山区水文过程的影响，将黑河干流山区进行高程分带，根据 SWAT 模型的输出结果，利用开发的水文信息提取系统分别提取各高程带的水量信息，进行水量平衡组成分析。本书将黑河干流山区分为 5 个高程带，分别为 1637～2800m、2800～3500m、3500～4000m、4000～4500m、4500～5062m，如图 6-27 所示。其中，海拔 2800m 以下为山地草原和荒漠草原，2800～3500m 为高山灌丛草甸带，3500～4000m 为高山草甸带，4000～4500m 为稀疏植被（裸露地面）带，4500m 以上为冰川积雪带。

1996～2009 年各高程带平均水量平衡组成见表 6-17。可以看出，产水量最多的高程带为 3500～4000m 带，占流域总产水量的 38.6%；其次为 4000～4500m 带，产水量占流域总产水量的 31.9%。除 1637～2800m 带外，其余各高程带的平均降水量都在 510mm 以上，平均降水量最大的高程带为 2800～3500m 带。各高程带单位面积平均产水量（径流深）随海拔的升高而增大，径流系数也随之增大，因此径流系数最大的高程带为 4500～5062m 带，达到 0.78。因为流域内的冰川大部分位于海拔 4500m 以上，冰川覆盖率占该高程带面积的 20%以上，所以径流系数较高。地表径流、壤中流、地下径流基本呈现出随海拔升高而增大的趋势。3500m 以上区域植被稀疏，温度较低，蒸发相对减小，产水量占流域总产水量的 75.7%，因此研究区主要为高海拔地区产流。

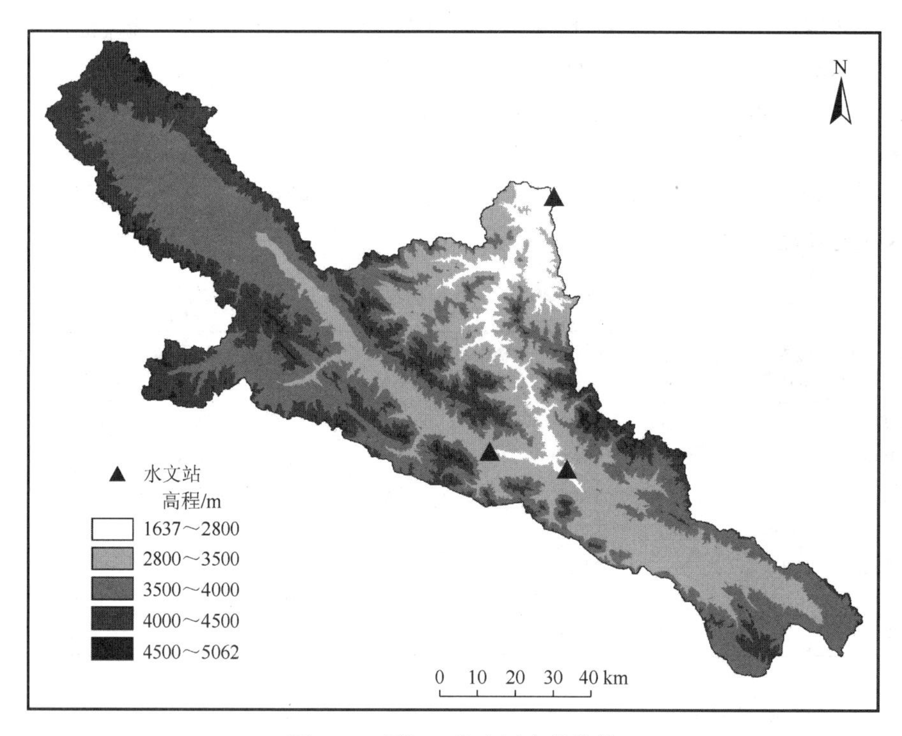

图 6-27　黑河干流山区高程分带

表 6-17　1996～2009 年不同高程带平均水量平衡组成

高程分带/m	面积百分比/%	降水量/mm	蒸发量/mm	壤中流/mm	地表径流量/mm	地下径流量/mm	径流深/mm	径流系数	径流贡献/%
1637～2800	5.5	428.4	340.5	70.4	2.6	10.8	83.8	0.20	2.6
2800～3500	26.6	532.5	382.6	89.4	17.2	37.7	144.3	0.27	21.6
3500～4000	40.2	524.9	347.7	84.7	36.5	49.3	170.5	0.32	38.7
4000～4500	25.4	515.2	291.4	123	47.3	52.9	223.2	0.43	32.0
4500～5062	2.3	511.7	265.9	167	197.0	35.1	399.1	0.78	5.1

第六节　气候变化对出山径流的意义

气温作为热量指标对径流的影响主要表现在以下几个方面：影响冰川与积雪的消融，影响流域总蒸散量，改变高山区降水的形态，改变冰川区下垫面与近地面层空气之间的温度差，从而改变冰川区的小气候，而这几方面都与夏季（6～8 月）的气温直接相关（程国栋，1997）。

一、气候变化对冰川径流的影响

作为西北干旱区水资源的重要组成部分——冰川径流，气候变化将会对其产生严重的影响。假如降水量不变，气温升高 4℃，乌鲁木齐河已没有冰川径流，而伊犁河的冰川径流量也减少 78.9%（图 6-28 和图 6-29）；另外，各种气候变化情景下的冰川径流量与目前的冰川径流量相比，气温变化引起的冰川径流量变化，在降水增加情况下比在降水减少情况下的大；降水量变化引起的冰川径流量变化，则随着气温升高、幅度增加而减小。

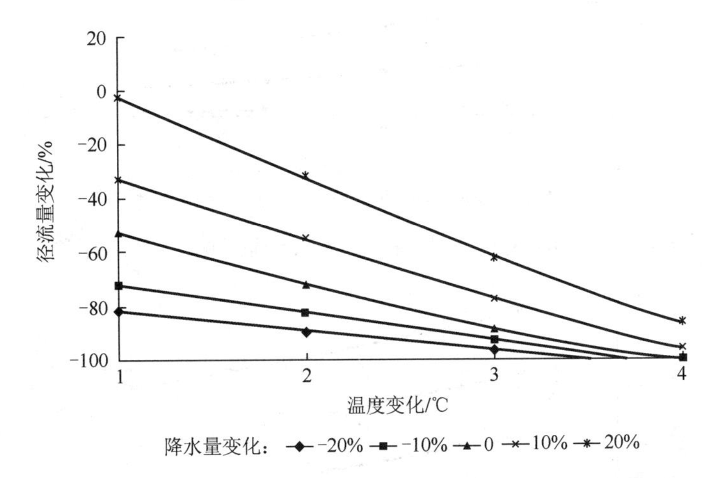

图 6-28　乌鲁木齐流域年均冰川径流量与气候变化情景（程国栋，1997）

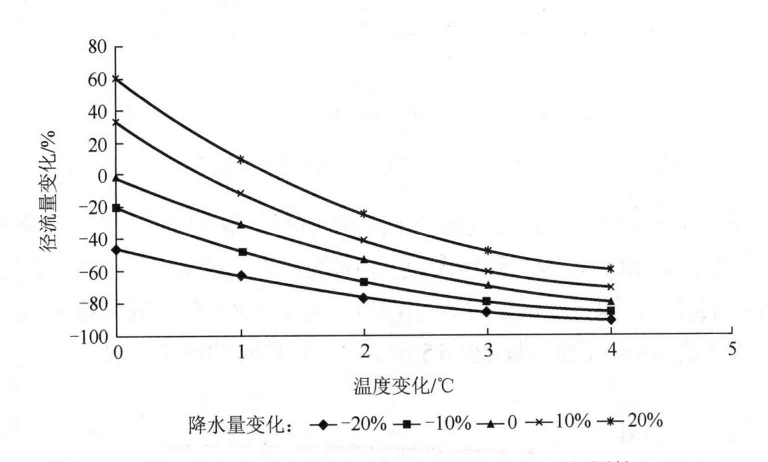

图 6-29　伊犁河年均冰川径流量与气候变化情景（程国栋，1997）

二、气候变化对径流的影响

流域地表对气候变化的反应没有冰川径流强烈（图 6-30 和图 6-31）。乌鲁木齐河和伊犁河流域径流主要依赖降水量的变化，但降水对它们的影响不如冰川径流对它们的影响大，气温变化对径流的影响则更小。若降水量不变，气温升高 4℃，伊犁河和乌鲁木齐河全流域的径流量分别减少 13.1%和 15.6%，只有同等条件下冰川径流变化量的 1/7 左右；当气温不变，降水量从–20%变到 20%时，伊犁河流域的径流变化约 50%，只相当于冰川径流变化量的一半。

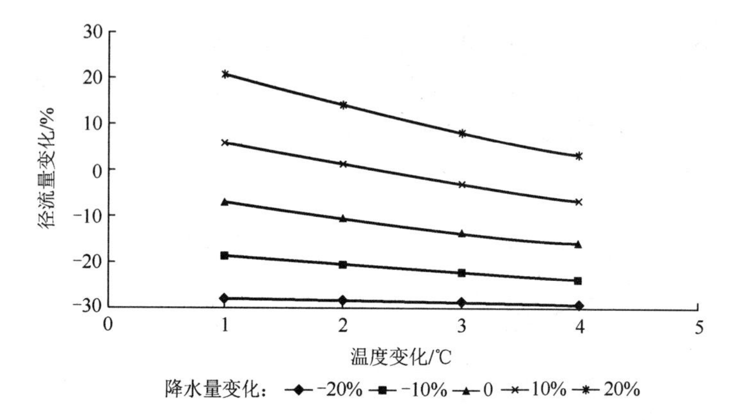

图 6-30　乌鲁木齐河流域年均径流量对各种气候变化情景的响应（赖祖铭和叶柏生，1995）

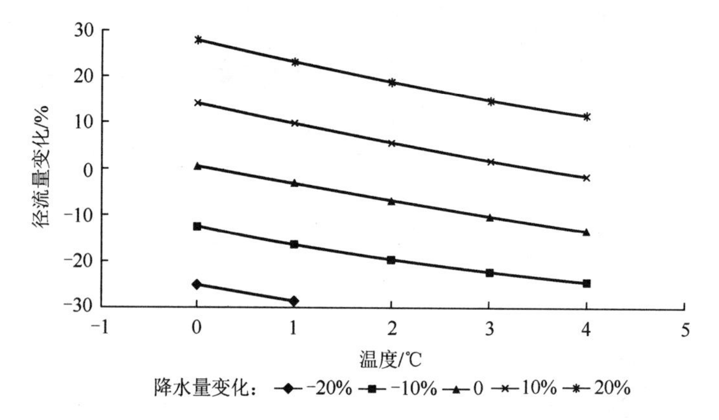

图 6-31　乌鲁木齐河流域年均径流量对各种气候变化情景的响应（赖祖铭和叶柏生，1995）

图 6-32 表明：①冰川径流对气温变化的敏感性比流域高；②流域降水量越大，径流对气温的敏感性相对越少。若伊犁河流域降水量（650mm）不变，温度升高 4℃，径流量变化为 13.1%，即 520mm 时为 14.6%；而乌鲁木齐河流域降水量（520mm）不变时，温度升高 4℃，径流量减少 15.6%，两个流域的结果一致。

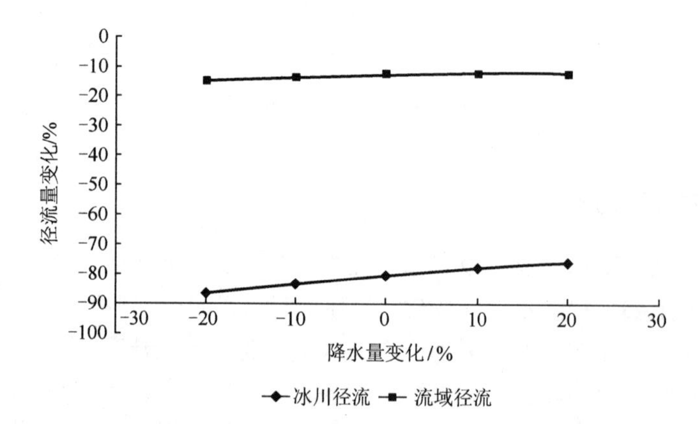

图 6-32　不同降水条件下气温升高 4℃引起的冰川和流域径流变化（伊犁河）（赖祖铭等，1990）

从图 6-33 可以看出，气温越高，冰川径流对降水的变化越敏感，伊犁河年平均气温为 0.4℃，气温不变时，降水量从+20%变化到–20%引起的流域径流量的变化为52.3%。

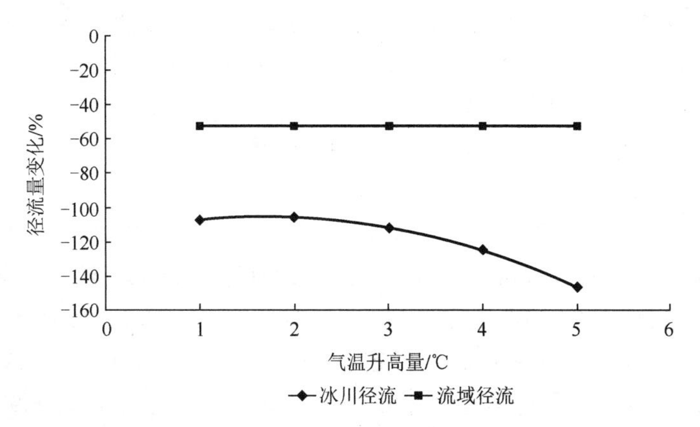

图 6-33　不同气温条件下降水变化±20%引起的冰川和流域径流变化（Lai and Ye，1991）

三、冰川融水量对径流的影响

根据 5 条冰川（西台兰冰川、乌鲁木齐河源一号冰川、老虎沟十二号冰川、七一冰川、水管河四号冰川）物质平衡对气候的响应分析，当年降水量不变而夏季平均气温升高 1.0℃时，西北冰川面积缩小量可能达 40%（刘潮海等，2002），缩小的冰川面积储量用来增加河流径流量，即实际冰川融水量并不与冰川面积成正比。气温大幅度变暖初期，冰川面上增加的消融量远超冰川末端后退而减少的消融量。只有当冰川厚度变薄，末端迅速后退减少的消融量超过面上增加消融量时，冰川融水径流才迅速下降。现在气温正值大幅度升温的初期，融水量以增加为主。按照杨针娘（1991）计算资料，1958～1985年一号冰川平均融水径流深为 508.4mm/a，而 1985～2001 年按同样方法计算为936.6mm/a，较前期增加 84.2%（李忠勤等，2003）。沈永平等（2003）对天山南坡台兰河流域冰川物质平衡及其对径流的影响进行了研究。1957～1986 年台兰河流域冰川平均积累为 1314mm/a，消融量为 1527mm/a，物质平衡为–213mm/a，而 1987～2000 年物质积累为 1361mm/a，消融量为 1808mm/a，冰川物质平衡为–447mm/a，冰川消融增加281mm/a，冰川物质平衡前后相差 234mm/a，表明随着气温升高，降水量也有增加，而冰川消融量是加速与持续增加（施雅风等，2003）。从目前的资料看，降水对径流增加的贡献十分显著，冰川融水增加对山区径流也有相当的影响，但影响尺度不清楚。对甘肃河西地区内陆河的主要河流年径流量变化趋势的分析结果显示，祁连山北坡西段的疏勒河流域、祁连山中段的黑河流域和甘肃河西地区的党河年出山径流增加。

四、气温升高对冰川变化及融水径流的影响

冰川物质平衡反映高山水、热气候条件对冰川的综合结果。从阿克苏河水系的东支流台兰河源冰川变化趋势考察分析，在流域尺度的冰川物质平衡中，根据台兰水文站径流资料，高山地区降水采用巴音布鲁克站降水量变化趋势，通过计算获得流域水文与冰川特征，并依据降水、河径流变化序列恢复台兰河流域冰川物质平衡变化序列（沈永平

等，2003）。1957～2000年平均年物质平衡为–287mm，累计冰川物质平衡为12.6m，自1986年以后，流域冰川一直处于负平衡状态。1987～2000年年平均冰川物质亏损达445mm，约为1957～1986年冰川亏损量（213mm）的2倍以上。这是气温与降水共同作用的物质平衡。自1985年以来，气温、降水同处于升高阶段，但幅度不大，呈正常的波动变化；1997～2003年气温属高峰时段，尽管处在多降水量背景下，但物质平衡仍需消耗老冰，达到创纪录亏损。这说明当气温升高到一定程度时，降水增加的冰川物质补给也难以阻挡冰川的强烈消融。

随着冰川的强烈消融，冰川面积和冰舌末端也发生变化。根据分布在天山北坡的乌鲁木齐河源一号冰川1962～2000年观测记录（李忠勤等，2003），该冰川原来为东、西两条冰舌汇合成一条冰川，1993年完全分离成两支独立冰川，1962～1993年退缩139.72m，平均年退缩量4.5m/a；1993～2001年东支年平均退缩量为3.7m/a，计29.23m，西支平均为5.7m/a，计45.51m；西支年退缩量在1999～2001年创纪录高值（6.92m和6.95m）。相应地，冰川面积在1962～2001年减少0.22km^2，即减少11%，其中1962～1992年的30年间减少0.12km^2，1992～2001年的8年间减少0.10km^2。

天山冰川近50年来的退缩趋势与区域气温显著升高相一致，据托木尔峰东南坡观测（谢昌卫等，2004），1942年前的西琼台兰冰川与东琼台兰冰川相连，之后分离为独立的两条树枝状山谷冰川。1942～1976年冰川末端以17.6m/a的速度退缩，采用地面立体重复测量发现，1977～1997年冰川后退了340m，其间后退速度为17m/a。根据天山乌鲁木齐河源一号冰川多年的观测与对托木尔峰南坡台兰冰川的考察，按《中国冰川编目》所获得冰川面积（S），根据不同地区冰川变化量和冰川径流（康尔泗等，2002），采用冰川面积平均变化率（A），这样可以求得1960～2000年塔里木河流域天山南坡主要水系的冰川面积变化（表6-18）。中国境内天山南坡退缩的冰川面积在250km^{2}以上，若考虑流域内的国外冰川，合计减少面积达403.82km^2，约占冰川面积的6%。

表6-18　1960～2000年塔里木河天山南坡各水系冰川面积变化

水系		S/km^2	A/%	ΔS/km^2	($\Delta S/S$) /%
阿克苏河片	库玛拉克河	947.01（3195.41）	0.140	53.03（178.94）	5.60
	托什干河	724.72（983.02）	0.140	40.58（55.05）	5.60
	小计	2411.56（4918.26）	0.140	135.05（275.42）	5.60
开都河片	开都河	444.53	0.150	24.89	6.00
	黄水沟	23.80	0.150	1.33	6.00
	小计	474.98	0.150	28.50	6.00
合计		4670.40		263.45（403.82）	5.64

注：S为《中国冰川目录》统计面积；A为冰川面积年平均变化率；ΔS为订正到1960年的冰川面积减少量；括号中数字为包括国外的冰川面积。

气温升高，使冰川物质出现负平衡，冰川面积缩小，冰川运动减缓，冰川末端进退发生变化。目前，冰川后退速度正处在增大阶段，可以观测到不同类型的冰川末端有明显退缩，同时冰川表面变薄。目前冰面高程可平均降低0.5～1.0m/a；出现冰川形状改变，一些冰川逐步分离，较小的冰川正在消失，特别是天山地区≤2km^{2}的冰川（占据冰川面积 38%，占冰川条数 85%以上）数量减少；引起高山固体淡水减少，冰川调节能力减弱。在短期内，这种冰川退缩和物质负平衡的持续，会使冰川融水径流增加，河川径流补给明显增长。河川径流的夏季水量增加，有利于出山地表水资源的利用。但由于大部分冰川面积较小（通常呈悬冰川和冰斗冰川），且分布在的海拔较低的山坡，易于融化退缩，甚至消失。一旦这部分冰川消失，冰川融水量突然减少，会使河流水量突然明显减少。

五、气候变化对山区径流的影响

河川径流是气候与环境变化的综合影响产物。在天山中高山地区降水、气温观测资料较少的情况下，根据乌鲁木齐河径流形成研究（周聿超，1999），河流出山口径流有 80%以上形成于中高山区，在天山南坡可达 90%以上。因此，河流出山口断面径流系列变化能较好地综合反映中高山区的气候环境变化。塔里木河地表水主要来自发源于天山南坡的阿克苏河、开都-孔雀河的出山径流，在气温变暖的条件下，降水量增加，冰川融水量也增加，两者都对出山径流增加有贡献，但冰川融水量对河流补给比例较大的河流，相应地，冰川融水对河流径流量增加的贡献也大。在以降水补给为主的河流，受山区气温增加对蒸发耗水影响较小，降水增加到一定程度，即超过气温增加耗水临界值时，产流面积大大增加，降水对河川径流增加就显得极为明显。分析天山南坡的库玛拉克河、托什干河、开都河及黄水沟这 4 条主要河流出山径流的变化趋势，它们都呈现不同程度的增加，其中阿克苏河上游的昆马里克河最为明显；在年径流模比系数曲线上，4 条河流出山径流大致都在 1987 年发生转折上升，20 世纪 90 年代水量增加显著，增幅最大的河流达 40%左右（表 6-19）。

表 6-19　天山南坡主要河流年径流量不同时段均值比较

时间段（W）	库玛拉克河 协合拉站	托什干河 沙里桂兰克站	台兰河 台兰站	开都河 大山口站	黄水沟 黄水沟站
W_1（1956～1986 年）/亿 m^3	45.70	25.6	7.05	32.94	2.53
W_2（1987～2000 年）/亿 m^3	52.60	30.01	8.36	36.96	3.56
（W_2–W_1）/W_1/%	15.10	17.20	18.60	12.20	40.70
W_3（1956～1979 年）/亿 m^3	44.97	26.07	7.07	33.79	2.64
W_4（1956～2000 年）/亿 m^3	47.83	26.98	7.46	34.18	2.85
[（W_4–W_3）/W_3] /%	6.40	3.50	5.50	1.20	8.00

注：W_1、W_2、W_3、W_4 分别表示对应时间段的径流量。

总之，西北内陆河流域出山径流量的变化取决于冰川融水补给量和降水量变化。在气温变暖条件下，降水量增加，冰川融水量也增加，两者都对出山径流量的增加有贡献，而在西北地区西部，冰川融水对河流的补给比例较中西部地区大，对河川径流量增加的贡献也大。因此，在温暖气候条件下，冰川融水量和降水量都增加，从而使得出山年径流量增加。

第七章　地下水补给与水资源转化

第一节　西北内陆区地下水资源特征

西北内陆区水资源的形成、分布和循环不同于我国东部地区。西北地区主要的内陆盆地构成了各自独立的水循环系统，形成了没有水力联系的内陆河大小流域。水资源在流域水循环过程中形成。干旱区生态脆弱，水资源的开发利用是进行工、农、牧业生产和社会发展的先决条件。在水资源的开发利用中，地下水占有特殊重要的地位。目前，在干旱区水资源利用紧张的情况下，人们寄希望于向地下索取更多的水源。从水资源本身来讲，地下水不同于其他地下资源，它和大气降水、地表水构成一个相互转化、相互依存的整体。因此，需要对西北内陆区的地下水资源环境的特殊性、地下水资源的形成与分布规律、质量评价或开发利用动态，以及“降水、地表水和地下水三水”进行统一考虑，并以流域为单元进行统筹规划。

一、独特的自然环境

西北内陆区地域辽阔，自然条件十分复杂，山地面积约占70%。西北内陆区的地貌特点是山脉与盆地相间。地质构造轮廓由北部的阿尔泰山、中部的天山与南部的昆仑山-祁连山构造带和夹持在其间的准噶尔、塔里木和柴达木三大陆块组成。东部为阿拉善地块和鄂尔多斯地块。第四纪时期，阿尔泰山、天山、昆仑山和祁连山强烈抬升，出现冰川沉积，其他陆块强烈下沉，形成塔里木、柴达木、准噶尔等断陷盆地，并出现一些大的湖泊。随着青藏高原的隆起，西北内陆区气候不断向干旱化方向发展。湖泊逐渐消失，形成了大范围的戈壁沙漠地带，成为我国最干旱的地区——西北内陆区主要的盆地，构成了各自独立的水循环系统，形成了各大盆地间没有水力联系的内陆河大小流域。

二、地下水资源的形成和分布特征

西北内陆区的降水主要由西风环流和南亚季风提供。前者从西向东呈纬向输入。以1959年、1977年和1980年计算，进入新疆的水汽量年平均为1073亿t，而降水仅占20%左右，因此大部分为过境水汽（胡汝骥等，2002）。南亚季风来自印度洋，东线水汽从孟加拉湾沿雅鲁藏布江和青藏高原东缘到达西北干旱区的东部。西线从阿拉伯海翻越喀喇昆仑山和帕米尔高原到达新疆南部，其量远小于东线。虽然对南亚季风进入西北的水汽量还缺乏精确的统计，但塔里木盆地东南缘年平均降水量仅为18mm的若羌，在1981年7月和1988年7月两次出现大暴雨（降水量分别达到74mm和48mm）。这说明该区受到了来自孟加拉湾水汽的显著影响。西风和季风两种气流的激荡进退，决定了西北内陆区降水分布的主要特征和历史上多次重大的干湿变化。

受海拔、地形及水汽输送条件等因素的影响，西北内陆区年降水分布极不均匀。从整体看，降水量从东南向西北减少，而西天山和阿尔泰山降水量增加，反映出降水受水汽来源方向的影响。另外，受地形的影响，山区降水明显增加，盆地、平原降水骤减。塔里木盆地、柴达木盆地和居延海地区降水量都在 50mm 以下。塔里木盆地东南的且末、若羌，吐鲁番盆地、柴达木冷湖等地都存在降水量小于 20mm 的地区。吐鲁番盆地的托克逊站 1961～1980 年年平均降水量仅为 6.9mm，是我国记录到降水量最少的地区。祁连山北麓的河西走廊年降水量呈东南多而西北少的情景，年降水量 50～200mm。

山区的降水量常是盆地的数倍到数十倍。阿尔泰山、天山西段北坡、祁连山东段都有降水量大于 500mm 的闭合中心；天山西段伊犁河上游出现大于 1000mm 的闭合中心；昆仑山、帕米尔高原降水量一般为 300mm 左右。西北内陆区绝大部分降水量集中在山区，降水量年内分配的统计表明，受大西洋和北冰洋气流影响较大的新疆西部和西北部山地冬春季降水量占有较大比例，其余大部分地区降水均集中于夏季。天山中部、东部及昆仑山、阿尔泰山以东、祁连山以南地区，5～9 月降水量占全年降水量的 80%以上。西北内陆区夏季炎热，风力活动强烈，因此蒸发量很大，盆地平原更为显著。塔里木盆地、柴达木盆地和居延海地区干燥度大于 16，为极端干旱区。准噶尔盆地、河西内陆河区的干燥度在 4 左右，是我国主要的干旱区。

由高山环绕的大大小小的断陷盆地所构造成的我国西北干旱区，与世界上其他干旱区不同。这些高大的山体对截留环流水汽、形成有效降水起了重要作用，同时，高大山体的顶峰终年积雪，发育了巨大的冰川，为盆地平原的地表径流和地下水提供了可靠的补给水源，是我国内陆区地下水形成的得天独厚的条件。

综上所述，西北内陆区降水主要分布在山区，如新疆年平均总降水量为 2429 亿 m^3，其中 84.3%来自山区。据王德潜（2000）分析，西北地区平均有 24.3%的降水转化为河川径流；西北干旱区地表水资源总量在 1000 亿 m^3 左右；地表径流深度与降水量的地域变化规律相似。据胡汝骥等（2002）分析，西北内陆区流域地下水天然资源总量为 688.97 亿 m^3/a（表 7-1）。表 7-1 将地下水分区和分项进行统计，可以看出地下水资源分布的地区性差异显著。在内陆河流域中，大流域地下水丰富，但质量较差；小流域地下水量虽少，但质量优，且均为淡水，同时表现出山地地下水质量明显优于盆地平原的特征。在贺兰山以西的干旱内陆河区，平均地下水天然模数为 1.64 万～6.35 万 $m^3/(km^2 \cdot a)$，不同水文地质单元地下水天然资源总量相差很大。区内工业和城镇生活用水主要靠地下水，农业用水的主要来源为地表水，地下水的开发利用有一定的潜力。

根据《中国地下水资源（综合卷）》（2004 年）调查结果，为了对西北内陆区有一个完整的认识，以盆地为单元进行评价，西北内陆河流域地下水资源量统计见表 7-2。由表可以看出，总的地下水天然补给量达 1008 亿 m^3/a，山区和平原分别为 686.2 亿 m^3/a 和 522.3 亿 m^3/a，重复量为 200.5 亿 m^3/a，其中孔隙水占 55%，主要分布在平原。山区和平原地下水天然补给模数分别为 3.48 万 $m^3/(km^2 \cdot a)$ 和 4.72 万 $m^3/(km^2 \cdot a)$。

表 7-1　西北内陆河流域地下水资源量统计（胡汝骥等，2002）

流域分布	水质	分区面积/万 km²	分区天然资源量/（亿 m³/a）	山地与盆地重复量/亿 m³	山地天然资源		盆地天然资源		潜水开采资源量/亿 m³	承压水		与地表水重复量/亿 m³
					面积/万 km²	天然资源量/亿 m³	面积/亿 km²	天然资源量/亿 m³		面积/万 km²	资源量/亿 m³	
伊犁河流域	淡水	5.4970	102.5054	31.1633	4.3794	80.1433	1.1176	53.5254	26.1635	0.8193	1.4592	95.5443
	微咸水	—	—	—	—	—	—	—	—	—	—	—
	咸水	—	—	—	—	—	—	—	—	—	—	—
额敏河流域	淡水	1.7313	20.3223	10.5002	1.6236	16.7780	0.1077	14.0445	9.8312	0.4842	0.6518	17.5233
	微咸水	0.2737	1.2545	—	—	—	0.2737	1.2545	—	—	—	—
	咸水	—	—	—	—	—	—	—	—	—	—	—
准噶尔盆地区	淡水	23.2785	93.4630	42.3580	14.2710	63.9004	9.0075	71.9206	53.1971	8.7326	17.1612	69.0485
	微咸水	7.4441	9.1427	—	—	—	7.4441	9.1427	—	—	—	—
	咸水	1.0090	8.2155	—	—	—	1.0090	8.2155	—	—	—	—
塔里木盆地区	淡水	77.1248	287.2655	122.0308	45.4358	183.2237	31.6890	226.0726	148.1411	18.4014	42.6074	247.1705
	微咸水	17.3278	36.2774	—	—	—	17.3278	36.2774	—	—	—	—
	咸水	14.2184	10.7134	—	—	—	14.2184	10.7134	—	—	—	—
小阿克苏河流域	淡水	1.4300	6.4779	—	1.4300	6.4779	—	—	—	—	—	6.4779
	微咸水	—	—	—	—	—	—	—	—	—	—	—
	咸水	—	—	—	—	—	—	—	—	—	—	—
羌塘高原内陆区	淡水	13.5630	10.5905		11.3378	10.2705	2.2252	0.3200	—	—	—	6.0460
	微咸水	—	—	—	—	—	—	—	—	—	—	—
	咸水	—	—	—	—	—	—	—	—	—	—	—
奇普恰普流域	淡水	0.4410	0.4498	—	0.4410	0.4498	—	—	—	—	—	—
	微咸水	—	—	—	—	—	—	—	—	—	—	—
	咸水	—	—	—	—	—	—	—	—	—	—	—

续表

流域分布	水质	分区面积/万 km^2	分区天然资源量/（亿 m^3/a）	山地与盆地重复量/亿 m^3	山地天然资源		盆地天然资源		潜水开采资源量/亿 m^3	承压水		与地表水重复量/亿 m^3
					面积/万 km^2	天然资源量/亿 m^3	面积/亿 km^2	天然资源量/亿 m^3		面积/万 km^2	资源量/亿 m^3	
额尔齐斯河流域	淡水	5.5130	53.9150	14.3118	3.5398	41.7412	1.9732	26.4856	13.4479	0.9224	0.7915	46.5924
	微咸水	—	—	—	—	—	—	—	—	—	—	—
	咸水	—	—	—	—	—	—	—	—	—	—	—
柴达木盆地	淡水	18.4920	44.7540	15.7088	13.1608	29.5550	5.3312	30.9078	16.7090	1.4966	4.0138	40.9569
	微咸水	0.9580	5.8181	—	—	—	0.9580	5.8181	—	—	—	—
	咸水	7.7515	55.5273	—	—	—	7.7515	55.5273	—	—	—	—
河西内陆地区	淡水	40.1290	69.2280	18.3210	30.2770	38.6020	9.8520	48.9470	42.0780	5.0620	11.1240	49.3320
	微咸水	13.0070	8.7290	—	10.8350	5.9730	2.1720	2.7560	6.0790	0.0970	0.1780	1.0550
	咸水	1.6560	0.7160	—	1.2570	0.2080	0.3990	0.5080	0.4980	0.0730	0.1340	0.2090
合计	淡水	187.1996	688.9714	254.3939	125.8962	471.1418	61.3034	472.2235	309.5678	35.9185	77.8089	578.6918
	微咸水	39.0106	61.2217	—	10.8350	5.9730	28.1756	55.2487	6.0790	0.0970	0.1780	1.0550
	咸水	24.6349	75.1722	—	1.2570	0.2080	23.3779	74.9642	0.4980	0.0730	0.1340	0.2090

注：表中数据来源于中国地质科学院水文地质工程地质研究所 1998 年 3 月资料。

表 7-2　西北内陆河流域地下水天然补给资源数量

分区名称	评价面积/万 km^2	天然补给资源量/（亿 m^3/a）							补给模数/[万 m^3/（km^2·a）]
		山区	平原	重复量	小计	孔隙水	岩溶水	裂隙水	
内蒙古北部高原	27.2	11.3	35.6	1.2	45.7	29.8	—	16.0	1.7
河西走廊及北山	47.7	27.5	56.7	0.5	83.7	61.5	2.3	19.5	1.8
柴达木盆地	20.6	49.8	44.8	33.7	60.9	50.3	3.5	7.2	3.0
准噶尔盆地	40.9	213.9	157.9	75.7	296.1	157.8	—	138.2	7.2
塔里木盆地	105.2	195.5	227.3	89.5	333.3	227.3	—	106.1	3.2
藏北高原	66.2	188.2	—	—	188.2	31.1	0.4	156.7	2.8
合计	307.8	686.2	522.3	200.6	1007.9	557.8	6.2	443.7	3.3

通过对黄河上游区的地下水补给山地、丘陵、山间盆地、河谷、平原进行分析计算，一般在兰州以上，除了在河谷滩地、盆地有城镇用水、农牧业灌溉用水和人畜饮用水会对地下水产生补给，基本属于地下水的天然补给区；但在兰州以下，为在黄河干流的青铜峡和磴口引水发展银川平原和河套平原进行的大规模农业灌溉，并为解决该区干旱缺水问题，发展了从黄河提引水工程和部分农田灌溉等，地下水的补给与内陆河区平原相似，增加了平原引水灌溉地下水的补给，再加上沿岸区的兰州、银川、包头、呼和浩特和西宁等大城市供水，该段就成了黄河上游主要的开采利用和消耗区。中国地下水资源评价结果表明，黄河上游地下水天然资源补给总量为 209.00 亿 m^3/a（表 7-3），在青海至内蒙古河套平原，平均地下水天然模数为 0.10 万～6.43 万 m^3/（km^2·a），不同水文地质单元地下水天然资源总量相差很大。区内城镇生活和工业用水主要靠地下水，银川和河套平原农业用水主要来源于黄河引水灌溉，地下水的开发利用潜力也很大。

表 7-3　黄河上游地下水天然补给资源数量统计表

资源区	面积/（万 km^2）	补给资源量/（亿 m^3/a）				补给可采资源量/（亿 m^3/a）				承压水/（亿 m^3/a）
		<1g/L	1～3g/L	3～5g/L	小计	模数/[万 m^3/（km^2·a）]	<1g/L	1～3g/L	3～5g/L	
河套平原	59306	7.38	6.38	1.92	25.67	4.33	10.35	3.60	1.04	—
鄂尔多斯	88124	24.73	2.46	0.45	27.64	3.14	12.22	2.10	0.34	21.14
银川平原	3217	10.18	8.76	2.25	21.18	5.83	16.93	9.22	6.04	—
黄土丘陵	9711	6.89	1.92	0.38	9.28	0.95	6.03	4.98	0.90	0.91
兰州下	31605	0.45	1.14	0.28	3.15	0.10	0.66	0.15	0.05	0.11
兰州上	51510	6.37	2.49	1.33	30.19	5.86	11.78	—	—	0.03
黄河上游	142764	91.89	—	—	91.89	6.43	6.70	—	—	—
合计	386237	77.89	23.15	6.61	209.00	5.37	64.67	20.05	8.37	22.19

三、地下水资源赋存特征

西北内陆区地下水资源的富集规律主要受地层岩性和地质构造控制。对西北内陆区具有开发价值并有供水意义的地下水归类如下：

（1）山前冲-洪积倾斜平原孔隙水。山前冲-洪积倾斜平原区分布有巨厚的第四系松散物质，孔隙度高，又有出山地表水的大量渗漏补给（范锡朋，1991），沿山前形成了一系列富水地段，为地下水提供了良好的赋存条件。天山、昆仑山、祁连山山前冲-洪积倾斜平原有丰富的地下水。例如，发源于天山山脉的阿克苏河，除冲-洪积平原地表为土层外，均为卵砾石，近河地段地下水埋藏较浅。托什干河以南，第四系松散沉积物厚度 100～900m，自西向东颗粒渐小。潜水埋藏在Ⅰ、Ⅱ级阶地小于 10m，Ⅲ、Ⅳ级阶地 20～30m，各级阶地大量渠系灌溉水入渗补给地下水，又在河漫滩与低阶地溢出，三角洲地段，上游为砂砾石，下游渐变为粗中砂、细砂，并出现黏性土夹层，单井流量 1000～3000m^3/d。山前砾质平原区，沉积 400～800m 第四系沉积物，属径流排泄带，潜水广泛分布，单井流量 1000～6000m^3/d。地下水类型为潜水和承压水，矿化度 1～3g/L，是适宜开采区。和田河流域南部为终年积雪的昆仑山，大量雪冰融水是该流域地下水充沛的补给源，山前巨厚的第四系松散堆积层是该流域地下水赋存的主要场所，发育密集的泉沟成为干旱气候条件下地下水的主要排泄方式。山前隐伏断层横切玉龙喀什河和喀拉喀什河出山口处，断层以南第四系厚度不大，地下水埋深 1～2m；断层以北沉积了较厚的第四系沉积物，由南向北含水层由单一的卵砾石层渐变为含砾中粗、中细砂夹粉砂、亚砂土的含水岩组，地下水埋深 5～10m，单井流量 100～3000m^3/d（周聿超，1999）。准噶尔盆地、塔里木盆地和柴达木盆地及河西走廊，从山前向盆地或坳陷腹部，由单一结构的卵砾石潜水含水层向多层结构的砂砾石承压含水层过渡，一般组成自流水斜地贮水构造（赵松乔，1985）。单井涌水量 1000～3000m^3/d，为矿化度小于 1g/L 的重碳酸或重碳酸-硫酸型水。由于山前冲-洪积层的巨大储水空间和极好的渗透性，常形成大型的天然地下水库。另外，在新疆和青海柴达木盆地的山前地带，中生界及古近系-新近系碎屑岩赋存有较为丰富的地下水。

（2）黄河大型河谷平原孔隙水。黄河上游下段的大型断陷盆地河谷平原区是赋存地下水的良好场所。其中，位于宁夏北部，南起青铜峡，北至石嘴山，西依贺兰山，东靠鄂尔多斯台地，南北长 165km，东西宽 42～60km，面积 7295km^2，海拔 1100～1400m 的银川盆地，其位于宁夏最低处，是新生代形成的断陷盆地，又是黄河河谷冲积平原，新生界厚度达 7000m，第四系最厚达 1600m，为一巨大的第四系松散岩类孔隙水“地下水库”。依据 0～250m 深度内赋存条件，可将第四系松散岩类孔隙水划分为潜水含水组、第一承压含水层组和第二承压含水层组。河套平原位于阴山以南、黄河以北，为一东西向的狭长地带，自东向西为呼包平原、三湖河平原和后套平原，海拔 900～1100m，为中生代断陷盆地，盆地中沉积了巨厚的第四系松散堆积物，富含孔隙水。阴山基岩山区裂隙发育，径流条件好，接受大气降水补给，为河套平原地下水补给区；平原还接受黄河引水和灌溉入渗水补给，地下水总流向是后套平原由西南向东北，呼包平原由东北向西南，平原地下水埋深较浅。一般上层为更新统至全新统潜水含水层，下部为中更新统承压水。这些河谷盆地都沉积了数千米厚的新生代冲-湖积层。其浅部冲积砂、砂卵石含水层，单井出水量一般为 500～2000m^3/d，近河地段可达到 3000～5000m^3/d。地下水水质主要与径流排泄条件有关，除局部地段外，大多为矿化度小于 1g/L 的淡水。傍河地带冲积层潜水在开采条件下可激发河水补给，形成一系列大中型水源地（张宗祜等，2005）。

（3）黄土层中孔隙水。黄土层中储存的孔隙水主要分布在被黄土覆盖形成塬及梁峁地形，在黄土高原北部、西部多梁峁，南部多黄土塬，区内仅在六盘山西侧分布有塬区。黄土含水层介质具有孔隙、孔洞或裂隙。孔隙以贮水为主，地下水主要赋存于黄土孔隙与孔洞中。不同地貌类型，地下水有其不同的赋存特征。地下水主要赋存于中更新统黄土中，下更新统黄土为中-重粉土质亚黏土，仅局部含水。由于黄土含水层水平径流条件差，地下水由水头高的塬心向水头低的塬边径流，抽水时含水层水平渗透系数仅 0.4～1.1m/d。由于黄土塬被沟谷切割为孤立“岛”状塬，各塬之间无水力联系。塬区地下水埋深和单井出水量与塬的面积大小和距沟谷远近关系密切，塬中心含水层厚度大，地下水水位浅，一般董志塬水位埋深小于 30m，单井出水量为 1000～2000m^3/d，塬边水位埋深大于 70m，单井出水量小于 100m^3/d。在黄土塬与梁峁的过渡地带分布有黄土残塬，尽管受水面比梁峁大，富水性也略好，潜水位过大，供水意义不大。在宁夏六盘山西侧、甘肃定西以南、青海湟水谷地等梁峁间冲沟沟头或上游段，含水层为上更新统至全新统黄土状土，隔水层为中、下更新统黏土或古近系-新近系泥岩，各自洼地自成补排循环系统，富水性与汇水面积及坡度大小有着密切关系，一般在这些地区打井取水，可解决小型灌溉和人畜饮水。在一些河谷，如黄河干流、洮河、庄浪河、湟水及祖厉河、清水河等河谷中，分布有第四系潜水，就成为该区主要的地下水类型，河谷盆地单井涌水量达 1000～3000m^3/d，局部大于 5000m^3/d，矿化度 1～2g/L（卢金凯和杜国桓，1991）。

（4）沙漠地区孔隙水。其分布在新疆、甘肃、青海、宁夏及内蒙古有大片沙丘覆盖的沙质荒漠，大致在乌鞘岭和贺兰山一线以西，沙漠、戈壁分布比较集中，并以流动沙丘为主，沙漠一般分布在盆地中部，戈壁主要分布在山前；在此线以东，沙漠、戈壁零星分布，大部分为固定、半固定沙丘。尽管地面干燥，但下伏多有地下水，并对地下水起到保护或减少蒸发的作用。

沙漠地区降水稀少，降水量大致自东向西减少，大部分地区降水量在 400mm 以下。在内蒙古东部的浑善达克沙地降水量为 200～350mm，毛乌素沙地为 150～250mm，在宁夏和内蒙古的乌兰布和沙漠为 100～150mm，巴丹吉林和腾格里沙漠为 50～100mm，塔克拉玛干沙漠和柴达木盆地沙漠中部则在 25mm 以下，但沙漠地区降水多以暴雨形式降落，加上沙地渗透能力强，一般在低洼地区或丘间低地，容易入渗地下，还可形成淡水透镜体储存在地下。

沙漠中除一小部分分布在高原上处，绝大部分分布在内陆巨大山间盆地，这些盆地的组成物质大多以河流冲积和湖泊平原厚层松散的沙质沉积为主。尽管降水稀少，蒸发旺盛，但发源于盆地周围的河流，多注入盆地，通过地表水在山前大量入渗，形成地下径流进入盆地中央；周围干旱山地的临时径流和暴雨入渗也可补给沙漠地下水；还有盆地周围山区的基岩裂隙水，通过断层带或地下含水层，呈承压水越流补给沙漠向地下水。除部分沙漠外，大部分都有沙丘潜水和风积沙下垫层承压水，沙漠潜水主要靠当地降水和凝结水补给，承压水主要为沙漠边缘山区和山前平原的潜水。在贺兰山以东沙漠地下水比较优越。

像塔里木盆地沙漠、古尔班通古特沙漠、柴达木盆地沙漠，周围有较多内陆河注入，山前平原灌溉绿洲和河道入渗补给，地下水补给条件仍很优越，周围山地和山前平原地下水丰富，并通过地下径流补给沙漠下部含水层，因此一般沙漠下部都有承压水和自流水存在。尽管水质条件较差，但现已开采成为这里油气资源及其他矿产开发的可利用地下水资源（杜虎林等，2005）。

毛乌素沙地位于内蒙古鄂尔多斯市南部，多年平均降水量在沙漠南部达 400mm 左右，到西部减少到 250mm，还有几条河流纵贯沙漠并流入黄河，沙漠内还有众多湖泊分布，大部分为苏打湖和盐湖，也有淡水湖，地下水比较丰富；浑善达克沙地因位于内蒙古高原东部，降水量更优越，可达 200～350mm，周围还有内陆河流补给，地下水相对优越。

另外，在新疆和青海柴达木盆地的山前地带，中生界及古近系-新近系碎屑岩赋存有较为丰富的地下水。

四、地下水资源主要变化特征

西北内陆区盆地平原内降水稀少，为不产流区，山区降水丰富，为产流区。地下水资源的形成和变化以山区水资源在盆地平原区内的转化为基本特征。这种特殊气候特点意味着内陆区的山区水资源（包括降水和雪冰融水）成为内陆河流和盆地平原地下水的唯一补给来源。盆地平原地下水和地表水是同一补给源的两种表现形式，且具有密切的水力联系。地下水水位的高低，随地表径流量的大小而变化。当地表水为丰水期时，地下水水位为高水位；当地表水为枯水期时，地下水水位为低水位。地下水水位变化较地表水位滞后 2～3 个月（刘燕华，2000）。

地表水与地下水的多次转化是内陆盆地水资源循环的基本方式。河西走廊内部分布有 2～3 排构造盆地，因此这种转化过程可重复 2～3 次，即由第一循环带过渡到第二循环带，以至第三循环带。水资源的循环转化运动都是从山前平原上部河水渗漏开始，到洪积扇前缘溢出带再出露地表转化为河水为止。在循环过程中，水量一次比一次少，泉水逐渐消失，最后在第二或第三循环带中，以少量地表径流汇潴于湖盆洼地，消耗于蒸发或渗入地下，完成整个水循环过程（陈隆亨和曲耀光，1992）。

地下水和地表水之间的大量转化和重复，一方面可以使水资源进行多次重复利用，为总水资源利用率的提高创造条件；另一方面也对各种形式水资源的开发利用产生明显的影响和制约，只要牵动转化链条中的一个环节，后面的各个环节将随之发生相应的变化。例如，上游地区修建水库、衬砌渠道、提高河水的调蓄程度和利用率，则地下水的补给量、泉水的溢出量和溢出地点、下游的河水数量和地下水补给数量都随之减少。新疆塔里木河干流水量逐年减少，下游卡拉水文站 20 世纪 50 年代径流量为 13.53 亿 m^3，到 90 年代减少为 2.84 亿 m^3，减少 79%，使河道干涸长达 320km，地下水水位下降 5～10m。目前，河西走廊大部分地区的地下水水位比 20 世纪 50 年代后期下降了 3～5m，有的地区达 10m 以上。地下水补给带的地下水水位下降尤为明显。石羊河流域武威盆地的泉水量降低幅度更大，由 20 世纪 50 年代中期的 6.92 亿 m^3 降至 70 年代末的 1.91 亿 m^3，约净减 5 亿 m^3，减少了 72%以上，除此之外，泉水溢出带的位置也普遍向上游位移动 2～7km（陈隆亨和曲耀光，1992）。

内陆盆地平原的水资源一般都是按流域分布，地表水和地下水构成统一的水资源系统、独立的水文单元和完整的生态系统。在叶尔羌河流域山前倾斜平原带，叶尔羌河、提兹那甫河、乌鲁瓦提河出山口后，流经洪积戈壁卵砾石带时，当地潜水埋深大，地层透水和径流条件良好，河水多沿河岸垂直渗漏，大量补给地下水。叶尔羌河在公路大桥以上地段，河水散失补给地下水。此带地下水动态明显，受河床影响，一般 6～8 月地下水水位最低，9 月开始上升，与河道的洪水期相对应，只是在时间上滞后了 1～2 个月。

倾斜平原前缘溢出带为农田灌溉区，当地渠系水网密布，其引水干、支渠大多流经山前倾斜平原戈壁砾石带，大量的渠系和灌溉入渗水成为该区地下水另一个主要补给源。

在冲积平原区，垂直入渗补给和侧向水平径流补给为主要补给源。当地地势平坦，地面坡降仅 1‰～2‰，加之含水层组成颗粒变细，含水层分层，厚度变薄，水平径流条件变差，地下水受阻，水位明显抬高，河道入渗作用已不如倾斜平原区明显，且多在汛期发生。在部分河段，潜水位较高而成为回归段，在部分河段于枯水期回归，流域主要农耕灌区大多分布于该平原区，因此渠系入渗、灌溉入渗和水库入渗已上升为该带内主要的垂直补给源。由于顶板的存在，承压水主要接受上游区的侧向径流补给。区内潜水位埋深浅，大部分为 1～3m，除少部分潜水以冲沟泉流和排水渠方式排泄外，部分以蒸发方式排泄；承压水大部分越流补给潜水，而后蒸发排泄，少部分侧向径流补给下游区（樊自立等，2008）。流域之间的过渡地带水资源贫乏，生态环境脆弱。

1990～2000 年新疆气温升高 0.3℃，北疆、天山山区、南疆平均降水量分别比前 30 年（1961～1990 年）增加约 6.9%、3.6%和 21.4%（胡汝骥等，2001）。新疆库尔勒、吐鲁番、乌鲁木齐等地的地下水水位普遍呈现出上升趋势。例如，乌鲁木齐地区（与 1999 年比）地下水水位上升了 0.1～2.4m（吴素芬和胡汝骥，2001）。2000 年初，博斯腾湖 3 次向塔里木河干流输水，结束了大西海子水库以下 320 余千米河道断流 20 多年的历史，河道两侧 500～800m 的地下水水位已恢复到昔日的水平（胡汝骥等，2002）。

内陆盆地平原的山前地带广泛分布的巨厚松散沉积物，颗粒粗，孔隙度大，往往形成天然地下水库，有巨大的调节开发潜力。针对西北干旱区内陆盆地平原地下水资源的以上特点，地下水资源勘查开发的重点应以流域为单元，研究这些地区水资源的相互转化和开发利用。

第二节 西北内陆区地下水资源补给、径流与排泄

中国内陆区大山脉间夹的大盆地和山间盆地地貌格局，控制着浅层地下水的形成和分布，使山区和盆地平原区的水文地质条件截然不同。山区是地表水的形成区，冰雪融水与降水补给的地下水沿坡地径流，并汇集于山溪河道，仅有少部分基岩裂隙水通过地下含水层与平原地区深层地下水发生联系，或由河谷潜水进入平原；盆地山前倾斜平原和细土平原的绿洲灌区是平原地下水的形成区，除人类开采利用和植被消耗外，地下水向盆地低洼处和河流下游径流与排泄，在内陆河流域的封闭盆地含水层中循环，并消耗掉全部水分；在外流河流域，通过河谷或两侧地下含水层，向下游排泄，并作为下游地区的地下水补给源。

在内陆河流域，平原以塔里木盆地、吐鲁番-哈密盆地、准噶尔盆地、河西走廊、

柴达木盆地、内蒙古东部内流盆地等地形地貌分布。大型盆地，如塔里木盆地、准噶尔盆地和柴达木盆地，四周高山为径流形成区，地表河流向盆地中汇集，基本呈向心水系，地表水入渗补给地下水，山前倾斜平原，多为戈壁带，进入地下水溢出地带或河流冲积扇缘，为细土平原，是天然绿洲和人工绿洲分布区。在绿洲外围为沙漠分布区，已进入盆地的腹部，地下水流向盆地中心汇流，地下水更新较快，最终向盆地最低洼处汇集。整个盆地浅层潜水含水层是连通的，下伏深层含水层视基底地质和隔水层情况不同，地下水更新较慢。河西走廊、吐鲁番-哈密盆地、青海南部一些盆地、内蒙古东部内流区，往往套有一系列小盆地，像河西走廊与阿拉善高原连接，呈几级盆地排状分布，高山河流发源地在盆地一侧，盆地间还有中低山相隔，河流与其补给形成的含水层地下水，呈单向径流，汇集到下游最低的盆地中心或内陆湖泊，可以划分出地下水形成、径流、利用消耗与散失区。总体上可概括为：河流发源于周围高寒山区，径流汇入盆地，大型河流可以形成巨大的冲积扇和洪积冲积沉积平原，在地质历史时期形成巨厚的松散岩层，接纳和储存地下水，通过河谷潜流和降水入渗、径流沿河渗漏和引灌入渗，成为盆地地下水的主要补给源；还通过现代河流的径流和盆地含水层的水文地质条件，控制着盆地内的地下水形成与分布。小型河流仅在流出山口后，河水入渗补给地下水，很快消失在戈壁或沙漠之中；而大中型河流可以穿越几级盆地，向下游流泄，并流进沙漠、戈壁等荒漠地区，在盆地最低洼处形成内陆湖泊。由于越往下游气候越干旱，降水既不能形成地表径流，又对地下水补给微弱，河水成为影响下游低洼盆地的地下水动态的一个重要因素。山区形成的地下水，受前山带的基岩阻挡，大部分回补进入山溪河道，最后作为出山口河川径流的一部分进入盆地。在内陆盆地，通过河流径流、降水和人为引灌，形成独特的地下水补给、径流、排泄等水循环特征。

综上所述，西北内陆干旱区地下水的形成和分布与盆地水文地质条件、河流水文与气候条件及其人类开发利用水资源极为密切，尽管地表水与地下水同源于大气降水，但在山区和平原区地下水存在形式、形成与分布相差很大，山区的降水补给地下水，为山地基岩裂隙水，并经由壤中流和稳定的基岩裂隙泉流补给河水为主，成为河川径流的基流部分。在平原多覆盖有松散沉积岩层，地面粗糙、极易渗透，降水不易产生地表径流，河道径流和降水容易形成地下孔隙水，山前以出山径流的河水补给地下水为主，降水补给地下水较少，通过地下径流和引水进入绿洲带，就以灌溉渠道和农田入渗补给地下水为主，还要通过人类开采利用和生态植被消耗地下水，并经历地下水与地表水相互转换，余水可从地表水和地下水两部分进入河流下游，通过蒸发和植被蒸腾散失水分，在盆地的不同部位形成地下水的补给、径流和排泄带，以此保持内陆河流域的水文循环与生态平衡。

一、地下水资源补给分析计算

通过对内陆干旱区的新疆、甘肃、青海、内蒙古和宁夏 5 个省（自治区）的水文地质普查和地下水资源调查评价，不同地区地下水资源量存在着巨大的差异。根据地下水资源评价的相关技术要求，从成因分析计算地下水各类补给量，一般按流域或盆地进行地下水资源评价。现将各类地下水补给的计算基本公式列举如下。

（1）大气降水入渗量计算，采用以下公式：

$$Q_{降} = \alpha X_{\mathrm{b}} F_{\mathrm{a}} \tag{7-1}$$

式中，$Q_{降}$为大气降水入渗量（m^3/a）；α为入渗系数；X_{b}为多年平均或频率为 75%的降水量（mm/a）；F_{a}为入渗系数的分布面积（m^2）。

（2）山前侧向补给量及向区外排泄量，主要采用达西断面法计算。

$$Q_{侧} = KIHB\sin\alpha \tag{7-2}$$

式中，$Q_{侧}$为山前断面侧向补给量（m^3/d）；K为渗透系数（m/d）；I为水力梯度；H为地下水含水层厚度（m）；B为钻孔纵断面宽度（m）；α为断面与流线间夹角（°）。

（3）河流和渠道渗漏补给量。河道渗漏补给量计算公式为

$$Q_{河渗} = (R_1 - R_2)(1-\lambda)/L \tag{7-3}$$

式中，$Q_{河渗}$为河道渗漏补给量；R_1为上断面径流量；R_2为下断面径流量；λ为上下游断面间及两岸浸润带蒸发之和与上下断面径流量的比值；L为上下游断面间距离。

渠道水位一般高于地下水水位，各季渠道（干、支、斗）在输水过程中有地下水补给，渠道渗漏补给地下水量计算公式为

$$Q_{渠渗} = mQ_{渠首} \tag{7-4}$$

式中，$Q_{渠渗}$为渠系渗漏补给量；$Q_{渠首}$为渠首引水量；m为渠系渗漏补给系数。

（4）农田灌溉入渗量。引地表水灌溉入渗量计算公式为

$$Q_{灌} = \beta Q_{引} \tag{7-5}$$

式中，$Q_{灌}$为地表水灌溉入渗量（m^3/a）；β为灌溉入渗系数；$Q_{引}$为引流地表水量（m^3/a）。

（5）洪水渗漏入渗量。洪水入渗量计算采用以下公式：

$$Q_{洪} = \alpha_{洪}(Q_{径} - Q_{基}) \tag{7-6}$$

式中，$\alpha_{洪}$为入渗系数；$Q_{径}$为年径流量（m^3/a）；$Q_{基}$为年基流量（m^3/a）。

（6）水库（湖泊、闸坝）渗漏量。水库渗漏量采用下式计算：

$$Q_{库渗} = \mu Q_{库} \tag{7-7}$$

式中，$Q_{库渗}$为水库入渗量（万 m^3）；μ为水库入渗系数；$Q_{库}$为水库多年平均库容（万 m^3）。

（7）地下含水层越流补给。当两个含水层之间存在着水头差且有联系通络时，水头较高的含水层就对水头较低的含水层进行地下水补给。含水层之间视相互连通直接补给，或切穿隔水层的导水断层、隔水层缺失部位“天窗”，以及穿过隔水层的钻孔发生水力联系，还有通过弱透水层进行越流补给。越流补给影响补给量大小的因素有：两个含水层间水头差、裂隙与断层的透水性、弱透水层的透水性和厚度等。

越流补给量计算公式为

$$Q_{越流} = KIW = K[(H_1 - H_2)/M]W \tag{7-8}$$

式中，$Q_{越流}$为越流补给量；K为弱透水层垂向渗透系数；I为驱动越流的水力梯度；H_1为含水层 1 的水头；H_2为含水层 2 的水头；M为弱透水层厚度（即等于渗透途径，W为越流面积）。

（8）人工回灌。人为补充、储存地下水资源，或为抬高地下水水位、改善地下水开采条件，控制地面下沉，防止咸水入侵含水层等，采用有计划的人为措施补充含水层水量的过程称人工补给地下水；有时也采用人工回补地下水来储存热源，用于锅炉用水；或储存冷源，用于空调冷却。

二、山区地下水资源

内陆河流域，山区主要包括昆仑山、阿尔金山、祁连山、天山和阿尔泰山等高大的山脉，地下水类型有孔隙水、裂隙水和岩溶水等。山区降水量较大，土壤较一般的平原地区土壤颗粒大，渗透性好，降水和冰雪融水易于入渗，在山坡顺地面坡度向溪谷径流，形成壤中流；当降雨强度较大时，便在地表形成坡面流；当地表径流流经基岩构造带与风化裂隙带，以及丘陵区洼地的河谷砾石、卵砾石带时，由于山地坡度较大、孔隙度也相对较大，一次降雨过后大量的降水入渗进入地表以下形成地下水，还有小部分水入渗进入基岩裂隙和断层断裂带，进入深层地下水。山区形成的地下水，受到前山带古近-新近岩系的相对阻水作用，容易在河流出山口的峡谷回归到河道流水，形成上游入渗、下游溢出排泄的循环。在山间河谷和盆地，也因山坡泄流、暴雨洪流和河道渗漏，形成河谷或山间盆地地下水。但由于山地海拔较高，降水入渗进入含水层，或有深层断裂带的地下水，可以直接输送到山前平原地带，形成以泉水出露的深层承压水。山区地带降水丰富，径流条件好，形成的地下水资源丰富且水质良好；在一些河谷和山间盆地，地下水埋深相对较浅，较有利于人们开采利用（陈旭光等，2003）。

三、平原地区地下水资源补给与消耗

内陆河流域处于北方内陆干旱地区，各个盆地平原区的地下水大都处于封闭或半封闭状态，不能或很少能直接流向盆地以外，因此，以盆地为单位的地下水均衡通用方程可以写成

$$(R+I+G_1+X)-(S+G_2+P+E_1)=\pm\Delta W \tag{7-9}$$

式中，R 为河水入渗量；I 为渠系、田间入渗量；G_1 为流入平衡区的地下径流量；X 为降雨、凝结水入渗量；S 为溢出地面的泉水量；P 为提取的地下水量；G_2 为流出平衡区的地下径流量；E_1 为地下水蒸发蒸腾量；ΔW 为平衡期始末地下水储量变化，分述如下。

（1）河水入渗量。河水在山前洪积扇带的渗漏率取决于河床特点和水文地质条件。在水文地质条件相同时，渗漏率与流量和流程有关。在河道宽展或不固定的卵砾石河床上，河水渗漏最大；在流程为10～30km时，平均渗漏率为每千米0.6%～4.6%；在深切固定河床中，河水的渗漏率较小，平均渗漏率一般为每千米0.32%～1.525%。

（2）渠系、田间入渗量。渠系在输水过程中，像河流一样有渗漏，渠系渗漏量和输水量、渠道衬砌类型和输水距离有关。各种卵石渠、土渠的渗漏率为0.5%～6%，混凝土渠为0.2%～2%，并随输水距离和时间的增加而增大，可近似地按式（7-10）计算：

$$I_1=[Q-Q(1-C)^N]T \tag{7-10}$$

式中，I_1 为渠系渗漏量；Q 为渠道输水量；C 为单长渗漏率；N 为渠长；T 为输水时间。

渠系渗漏中干支渠所占比例最大，根据平原灌区调查，可占渠水总渗漏量的 60%～74%。目前平原地区一般用“渠系利用系数”综合反映灌区渠系的利用率，其与渗漏量之间的关系为

$$I_1 = Q(1-\alpha)\beta \tag{7-11}$$

式中，α 为渠系利用系数；Q 为进田水量/进渠水量；β 为综合渗漏损耗系数，与渠水水面蒸发和包气带耗水有关，一般可近似采用 0.9。

渠水进入田间用于灌溉，一部分消耗于作物生长的生理蒸腾和棵间蒸发，这是为满足作物生长所必需的，一般称为“净耗水量”；另一部分则渗漏补给地下水，称为“田间回归量”或“田间渗漏率”。根据对平原区灌区地下水水位动态资料的分析，并考虑当前通常采用的灌水制度和灌水方法，在地下水深小于 10m 的灌区，田间水渗漏系数可采用 10%～40%。

（3）降水、凝结水入渗量。内陆河流域地区由于气候干旱、降水稀少，且多集中于高温的夏秋季节，降水对地下水的补给作用不是很大，且降水入渗情况在灌区和非灌区是不同的，可以产生降水入渗补给的地区主要分布在地下水水位埋深小于 5m、一次降水大于 10mm 以上的灌区。在非灌区则由于包气带天然含水量少，降水入渗补给只能发生在地下水水位埋深小于 1m 的地方。

关于干旱区凝结水的问题，普遍都承认它的存在，但至今还无法准确地加以测定。现有的观测资料大都是与降水和冻土融冻水入渗量混在一起的数值，难以区分出实际的凝结水量。据有关单位实测，包括冻土融冻水渗入在内的凝结水渗入量，在地下水水位小于 1m 的地区为 20.06mm，在 1～3m 地区为 12.2mm，在 3～5m 地区为 10.8mm，与降水入渗量小比较，这种入渗补给要大得多。

（4）潜水蒸发量。潜水蒸发量与潜水埋深之间关系密切，随埋深的增加而减少。潜水蒸发主要发生在地下水水位埋深小于 2m 的地区，大于 2m 的地区明显减少，大于 5m 的地区则几乎不蒸发（图 7-1）。蒸发最盛期与气温有关，为一年中的 5～9 月，其余时间由于气温低，土壤冻结，蒸发较少。

（5）泉水溢出量。泉水是地下水排泄量之一，可占平原区地下水天然资源的 40%以上，由于其易受人类水利经济活动的影响，其数量在不断减少。为了掌握泉水量及其变化情况，应加强泉水的观测工作，以求得比较准确的泉水年径流量。

（6）地下水开采量。地下水开采资源，指地下水天然资源中可以开采利用的那一部分资源，是在预定开采期间内能够从含水层中提取出来并且得到补给保障，而不导致地下水动态恶化的稳定的开采量。平原地区由于受地质构造控制，普遍分布着巨厚的含水层，地下水天然资源比较丰富。从水量平衡观点看，如果能够完全消除地下水的蒸发损耗，一个封闭流域的地下水最大开采资源可以等于地下水的天然资源。当然这是不可能的，因为任何时候人们都不能完全夺取地下水的无效蒸发损耗，何况内陆干旱区的地下水蒸发是其排泄的主要途径，蒸发面积辽阔，数量很大。为了增加开采资源，需要在某些高水位地区开采部分储存量，降低地下水水位，减少和夺取该部分的无效蒸发，使地下水向新的平衡发展，这是增加地下水开采资源和提高地下水资源利用率有效途径。除

此之外，由于平原区地下水天然资源的80%来自河、渠和田间渗漏补给，地表水的开发利用程度、灌溉面积的增加、灌溉技术的改进和水利工程的修建等，必然会影响地下水的天然资源和开采资源。

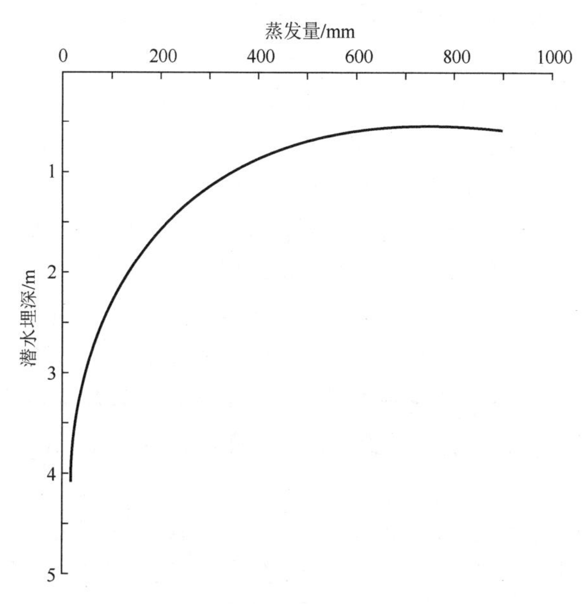

图 7-1　潜水蒸发量与埋深关系图

四、地下水资源量的分析计算方法

平原区地下水资源以现状条件为评价基础，以水均衡原理评价各区多年平均的各项补给量和各项排泄量。

（一）各项补给量计算

（1）水稻田灌溉入渗补给量。西北内陆区的宁夏和南疆，仍有种植水稻的习惯，产有银川大米和阿克苏大米，但其在干旱区耗水量大，在河西走廊因水资源紧缺已减少许多，在河滩地或潜水溢出带仍有零星种植，其对地下水补给计算方法为

$$Q_1 = \varphi F_{水田} T \tag{7-12}$$

式中，Q_1 为水稻生长期降水和灌溉补给量；φ 为水稻平均稳定入渗率；$F_{水田}$ 为计算区内水稻田面积；T 为水稻生长期（包括泡田期，不计晒田期）。为了将降水入渗量与灌溉入渗量分开，可采用式（7-13）和式（7-14）表示：

$$Q_{1雨} = Q_1 I_e \tag{7-13}$$

$$Q_{1灌} = Q_1 (1 - I_e) \tag{7-14}$$

式中，$Q_{1雨}$ 为降雨入渗补给量；$Q_{1灌}$ 为灌溉入渗补给量；I_e 为水稻生长期内灌溉有效雨量利用系数。

（2）旱地降水入渗补给量。计算公式为

$$Q_2 = P_{旱地} \alpha F_{旱地} \tag{7-15}$$

式中，Q_2 为旱地降水入渗补给量；$P_{旱地}$ 为旱地面积上的降水量；α 为降水入渗补给系数；$F_{旱地}$ 为旱地面积。

（3）河道或湖泊周边渗漏补给量。当河道或湖泊的水位高于计算区内的地下水水位时，其渗漏补给地下水的量一般用达西公式计算：

$$Q_5 = KIALT \tag{7-16}$$

式中，Q_5 为河道或湖泊周边渗漏补给量；K 为渗透系数；I 为垂直于剖面方向上的水力坡度，可用河、湖水位与相应时间的潜水位确定；A 为河道或湖泊周边垂直地下水流方向的剖面面积；L 为河道或湖泊周边计算长度；T 为渗漏时间。

（4）渠道渗漏补给量。一般情况下，渠道水位均高于地下水水位，因此灌溉渠道一般总是补给地下水。其可用干、支、斗三级渠道综合计算：

$$Q_6 = Vm = V\gamma(1-\eta) \tag{7-17}$$

式中，Q_6 为渠道渗漏补给量；V 为渠道引水量；m 为渠系渗漏综合补给系数；γ 为修正系数，即损失量中补给地下水的比例系数；η 为渠系水有效利用系数。

（5）山前侧向补给量。其指山丘区的山前地下径流补给平原区的水量，一般可用达西公式计算。

（6）残丘地下水补给量。南方平原区内，往往存在一些低丘陵区，这些丘陵区的地下水补给量可用区内小河站的流量过程线分割基流后求得的地下径流模数用类比法估算：

$$Q_8 = MF \tag{7-18}$$

式中，Q_8 为残丘地下水补给量；M 为残丘代表站地下径流模数；F 为残丘面积。

（7）井灌回归补给量。井灌回归补给量，包括井灌输水渠道的渗漏补给量。其计算公式为

$$Q_9 = \beta_{井} Q_{井} \tag{7-19}$$

式中，Q_9 为井灌回归补给量；$\beta_{井}$ 为井灌回归补给系数；$Q_{井}$ 为井的实际开采量。

（二）各项排泄量计算

（1）旱地和水稻田旱作期潜水蒸发量。其计算公式为

$$\varepsilon_{旱地} = \varepsilon_0 C F_{旱地} \tag{7-20}$$

或

$$\varepsilon_{旱地} = \mu(\Sigma\Delta H) F_{旱地} \tag{7-21}$$

$$\varepsilon_{水田} = \varepsilon_0 C F_{水田} n \tag{7-22}$$

或

$$\varepsilon_{水田} = \mu(\Sigma\Delta H) F_{水田} n \tag{7-23}$$

式中，$\varepsilon_{旱地}$、$\varepsilon_{水田}$ 分别为旱地和水田旱作期潜水蒸发量；ε_0 为多年平均水面蒸发量；C 为潜水蒸发系数；$F_{旱地}$、$F_{水田}$ 分别为计算区内旱地和水田面积；n 为旱作期占全年日数的比例。

（2）河道排泄量。在有水网平原区，水平排泄量为排泄项的主要方面，由于各地地面坡降不同，排水的沟渠尺寸也有差异，可通过调查得出一个典型的有代表性的平均网密度及其间距。河道排泄量的计算公式为

$$Q_{河排} = qLFT \tag{7-24}$$

式中，$Q_{河排}$ 为河道排泄量；q 为排水单宽流量；L 为单位面积河长；F 为计算区面积；T 为年内排泄天数。其中，q 采用裘布依公式计算：

$$q = KH - h2b \tag{7-25}$$

式中，K 为渗透系数；b 为地下水分水岭到排水基准点的水平距离；H 为分水岭处含水层的计算厚度；h 为排泄基准点处含水层厚度（刘予伟和金栋梁，2004）。

第三节　流域地表水与地下水资源的转化

干旱区的山前平原地区的年降水量一般在 100～150mm 或 100mm 以下，不可能对当地地下水有明显的补给作用。降水对地下水有直接补给作用的地区，仅限于额尔齐斯河、额敏河、伊犁河谷地及河西走廊石羊河流域东部山前平原，即年降水量大于等于 200mm 的地方。因此，地表水与地下水的转化就成为山前平原地区的基本现象（谢新民和颜勇，2003；陈隆亨和曲耀光，1992）。

干旱地区中的每一条内陆河水系，从源头到尾闾都要流经山区、山前洪积-冲积倾斜平原、冲积或湖积平原、沙漠等地貌单元。在岩相组成上分别是：裂隙基岩、大孔隙洪积砾石、冲积中细砂和粉砂，其使地下水的埋深分布，在出山口以下平原地区，具有自山前向盆地中心逐渐由深变浅的规律。山区的河流多数是山区基岩裂隙水的排泄通道，山区的地下水在河流出山之前几乎全部转化为地表水，经河道输往山前平原。河水进入山前平原后，就大量渗漏转化为地下水，然后部分地下水又在适当条件下，以泉水形式溢出地面，变成地表水，并汇集成平原河流。这种地表水→地下水→地表水的转化过程，是内陆河流域自上而下水循环运动的基本方式，具有普遍意义。有些干旱平原地区分布有前山构造，使这种“渗入”“溢出”的水资源转化可重复多次，如河西走廊地区，由径流形成区到径流散失区，内陆河要顺次穿越：中高山地区（河流强烈排泄地下水地带）、山麓丘陵区（阻碍山区地下径流自由进入平原地区的地带）、南部盆地洪积扇群（地表水强烈渗漏转化为地下水地带）、南部盆地细土平原（部分地下水以泉水形式溢出转化为地表水地带）、低山丘陵（北山阻滞地下径流北流地带）、北部盆地洪积、冲积、湖积平原（地表水再度渗漏转化为地下水及地下水蒸发排泄地带）（图 7-2）。

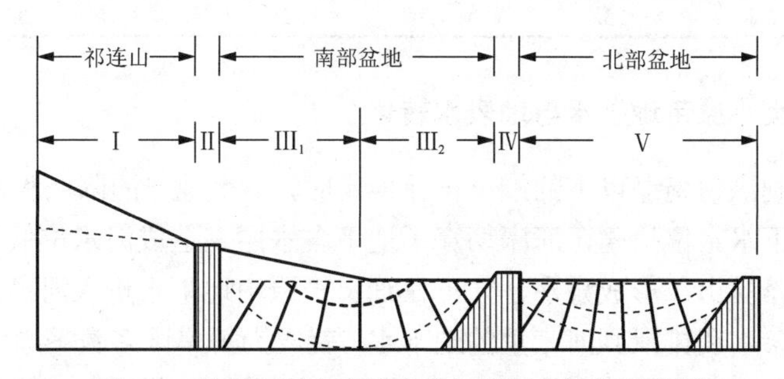

图 7-2　甘肃河西走廊地表水与地下水转化示意图

Ⅰ. 中高山地区；Ⅱ. 山麓丘陵区；$Ⅲ_1$. 南部盆地洪积扇群；$Ⅲ_2$. 南部盆地细土平原；Ⅳ. 低山丘陵；Ⅴ. 北部盆地洪积、冲积、湖积平原

一、洪积扇群地表水与地下水转化

山区河流在出山口后，首先进入山前平原地区的洪积扇群带，河流水位一般高出当地地下水水位 10～100m，河床及其以下的地层均为大孔隙砾石层，透水性极强，河水大量渗漏补给和转化为地下水，是山前平原地区地下水的主要补给区。通过该区的河道和渠道的渗漏量非常可观，一般水量较小的河流，在出山口后不久就消失殆尽；水量较大的大、中型河流虽然能够通过，但渗漏损失巨大，通常可占河流总水量的 30%～60%。例如，南疆的叶尔羌河，出山口卡群站多年平均年径流量为 64.54 亿 m^3，至下游 80km 处的衣干其水文站减至 34.53 亿 m^3，净减 30.01 亿 m^3，大量渗漏补给地下水，渗漏率为 46.6%。和田河在丰水期间的渗漏率为 11%～23%，平水期达 50%，枯水期则高达 82%～85%，全年平均为 29%左右。焉耆盆地的开都河，出山口处的多年平均年径流量为 37.84 亿 m^3，至博斯腾湖沿途渗漏损耗 8.53 亿 m^3，渗漏率为 31%。河西走廊石羊河、黑河及疏勒河三大河流，在通过走廊南部山前洪积扇群带时，渗漏补给地下水的水量在 20 世纪 50 年代后期为 29.5 亿 m^3，60 年代中期为 26.6 亿 m^3，70 年代后期为 23.0 亿 m^3，占同期出山河水径流量的 31.7%～41.7%。同期同带渠系的渗漏量：20 世纪 50 年代后期为 21.5 亿 m^3，60 年代中期为 17.0 亿 m^3，70 年代后期为 12.2 亿 m^3，由占同期出山河水径流量的 30.4%减至 16.8%（表 7-4）。在不同水利建设时期，整个河西走廊地区河流在洪积扇群带，通过河道及渠道渗漏补给地下水的总水量，合计可占河流出山口总径流量的 49%～72%。随着河流上游山区水库的修建，平原地区高标准防渗渠道的增加，渠系利用率的提高，地表水在洪积扇群带的渗漏量不断减少。例如，20 世纪 70 年代的渗漏量比 50 年代约减少了 31%，这一数据大体与走廊地区渠系利用率提高的幅度一致。

表 7-4　河西走廊地区南部洪积扇群带河渠渗漏量

时间	年均出山径流量/亿 m^3	天然河道		灌溉渠系		合计	
		入渗量/亿 m^3	占比/%	入渗量/亿 m^3	占比/%	入渗量/亿 m^3	占比/%
1956～1959 年	70.7	29.5	41.7	21.5	30.4	51.0	72.1
1960～1963 年	61.5	20.9	33.9	20.9	34.3	41.8	68.2
1964～1967 年	71.1	26.6	37.4	17.0	23.9	43.6	61.3
1972 年	80.2	31.4	39.2	18.0	22.4	49.4	61.6
1977 年	72.5	23.0	31.7	12.2	16.8	35.2	48.5

二、洪积扇缘细土平原带地下水与地表水转化

当河流延伸到洪积扇缘以下的细土平原地带时，整个地势的降低和地下含水层的透水性能减弱，地下水水位抬高，河床切穿了地下含水层，造成河水位低于地下水水位，在洪积扇前缘出露溢出，形成泉水，往下在细土平原中地下水进入河槽转变成地表水。汇集到河流中的泉水和排泄到河床里的地下水，就成为干旱区多数平原河流的主要补给来源。例如，甘肃河西走廊地区的石羊河、黑河、疏勒河；柴达木盆地的诺木洪河；新疆的大泉沟、胜金沟、白杨沟、策勒河、尼雅河、安迪尔河等。以河西走廊地区的 3 条

平原河流为例，泉水和地下水的补给比例分别是：石羊河香家湾站为88.0%，黑河正义峡为56.7%，疏勒河潘家庄站为70.5%，总平均为64.1%（表7-5）。

表7-5　河西走廊地区平原河流泉水和地下水补给比例表

水系	河流	测站	年径流量/亿 m^3	泉水和地下水比例/%
石羊河	石羊河	香家湾	3.42	88.0
	金川河	金川峡	1.23	51.2
黑河	黑河	正义峡	12.13	56.7
	北大河	鸳鸯池	3.88	62.4
疏勒河	赤金河	赤金峡	0.36	92.9
	疏勒河	潘家庄站	2.98	70.5
合计			24.00	64.1

三、地表水与地下水的转化次数

山前平原地区的水资源在完成地表水→地下水→地表水的第一次转化后，如果河流下游还有盆地构造，则还可有第二次循环转化。当然，水资源在经历过一次次转化后，因灌溉引水和蒸发损耗，转化水量一次比一次少，泉水量逐次减少以至完全消失，最后剩下的少量地表径流汇潴于河流尾闾湖盆洼地，最终消耗于蒸发或潜入地下，完成内陆河的整个水循环过程。

河西走廊地区是我国干旱区水资源转化研究较为深入的地区之一，资料完整，可作为典型详细说明水资源转化的数量比例及其变化的影响因素。河西走廊地区山前地区因分布有2～3排构造盆地，地表水与地下水的转化过程可重复2～3次。李宝兴（1982）研究表明，20世纪70年代后期河西走廊南盆地（第一循环带）每年约有41.1亿 m^3 的地表径流渗漏转化为地下水，占总出山地表径流量的62.9%；约有20亿 m^3 的地下水转化为泉水出露地表，占南盆地地下水天然资源的49.1%。在北盆地（第二循环带），每年有26.7亿 m^3 的河水（其中南盆地出露的泉水占76.5%）进入，约有9.01亿 m^3 渗漏转化为地下水，占进入河水总量的34.2%。在黑河流域最下游还存在第三循环带，1978年进入该区的地表水为9.820亿 m^3，其中约有4.4亿 m^3 渗漏转化为地下水，占进入该区的地表水量的44.9%。地下水除部分潜入居延盆地补给居延海外，其余约有73.5%消耗于蒸发（表7-6）。

表7-6　甘肃河西走廊地区20世纪70年代地表水与地下水的转化

流域	第一次循环转化					
	出山地表径流量/（亿 m^3/a）	地下径流量		泉水径流量（入北盆地）		
		河渠渗漏量/（亿 m^3/a）	占出山地表径流量/%	山前平原区泉水出露量/（亿 m^3/a）	占地下水天然资源量/%	占入北盆地河水量/%
石羊河	14.439	7.698	53.3	3.119	41.6	68.8
黑河	39.180	25.178	64.3	13.783	54.7	86.1
疏勒河	11.714	8.217	70.2	3.187	38.8	55.8
河西走廊	65.333	41.093	62.9	20.169	49.3	76.5

续表

流域	第二次循环转化			第三次循环转化		
	地表径流量/（亿 m^3/a）	地下水天然资源		地表径流量/（亿 m^3/a）	地下水天然资源	
		河渠渗漏量/（亿 m^3/a）	占地表径流量比例/%		河渠渗漏量/（亿 m^3/a）	占地表径流量比例/%
石羊河	4.650	2.268	48.8	—	—	—
黑河	16.008	3.411	31.3	9.820	4.409	44.9
疏勒河	5.717	3.331	58.3	—	—	—
河西走廊	26.735	9.010	34.2	—	—	—

干旱区地表水与地下水相互间大量的转化表明（陈隆亨和曲耀光，1992），干旱区山前平原现有的地表水、地下水、泉水等各种水资源形式，在成因和数量上有不可分割的内在联系。地下水的补给来源绝大部分是地表水的渗漏，而泉水则是出露的地下水，二者均是出山地表水的转化和重复，不是完全独立的水资源形式。因此，在计算地区的水资源总量时，不能机械地相加，必需扣除重复部分，不然就会夸大实有水资源数量，造成水资源评价和开发利用上的混乱，引发水资源开发利用过度及内陆河流域下游生态环境恶化的严重后果。

1949 年以来，干旱区各地的水利部门和科研单位曾数次对干旱区全部和局部地区的水资源进行过估算，但结果出入很大。例如，新疆地区地表水资源的估算最多达到 960 亿 m^3，最少为 780 亿 m^3，相差 180 亿 m^3，误差超过 20%。究其原因，关键是在径流散失区的山前平原地区约有 90 亿 m^3 的泉水，新疆吐鲁番盆地的情况更为突出，由博格达山南坡发源的坎儿井、可可亚尔、二唐沟、煤窑沟、大河沿、阿拉沟等山区河流，年总出山地表径流量约 14 亿 m^3。各河出山后流经约 10km 就全部渗入戈壁砾石带，转化为地下径流向南流至盆地中部，因火焰山隆起阻隔，在其北坡形成潜水溢出带，许多泉流汇集成连木沁河、苏巴什沟、葡萄沟、大草湖等河流，年总径流量约 3.5 亿 m^3。这些泉沟通过火焰山缺口或峡谷进入火焰山以南地区，出山后被引入农田，部分水量再度渗入洪积冲积扇中。与此同时，在火焰山的南北麓还分布有大量坎儿井，年出水量约 7 亿 m^3。有学者认为，吐鲁番地区的水资源是上述 3 项水量之和，再加上一些临时洪水河道和山区裂隙水对地下水的补给，合计约 20 亿 m^3。显然，发源于博格达山南坡的河流，在向盆地中心的流动过程中，河水与地下水几经转化，如此估算有相当部分水资源是重复的。也有学者按该方法计算，河西走廊地区的总水资源量超过 110 亿 m^3，而实际只有 75 亿 m^3。

第四节　平原水资源的计算及其转化

一、平原总水资源的计算方法

我国内陆区这种较为普遍的地表水与地下水转化，一方面可以提高当地的水利用率，如转化条件较好的河西走廊东部石羊河流域，在合理开发利用地表水和地下水的情况下，流域总水资源的开发利用率可以达到 75%左右；另一方面，水资源大数量的转化和重复，对各种形式水资源的开发利用有着深刻的影响和明显的制约，只要牵动转化链条中的一个环节，以下的各个环节将随之发生变化和影响并改变水资源的利用方式。例如，内陆河上游山区兴修水库、提高地表水的调蓄程度和衬砌高标准防渗引水渠道等来减少渗漏，都将大大减少地表水转化为地下水的数量，随之而来的是下游地区地下水水位下降，泉水溢出带下移和溢出量减少。又如，在上游平原区大规模开发利用地下水，降低地下水水位，将导致下游泉水溢出量和平原河流补给量大幅度减少，以至干涸。在甘肃河西走廊地区，20 世纪 80 年代由于地表水利用率的普遍提高和大规模开发利用地下水，山前平原地区的地下水水位较 50 年代普遍降低 3～5m，个别地区超过 10m，山前平原上部地区地下水补给带的地下水水位下降尤为强烈。从河西走廊山前平原地区灌渠的渠系水利用系数看，20 世纪 50 年代一般只有 0.25～0.30，每年地表水补给地下水的数量高达 64.9 亿 m^3；而 70 年代后期，普遍提高到 0.40～0.60，使每年地下水的补给量减至 49.2 亿 m^3，约减少 25%。水资源开发利用强度较大的石羊河流域减少更多，为 39%。山前平原地区地下水天然资源的减少及地下水开采利用的提高，引起区域性地下水水位下降，泉水溢出量明显减少。例如，1959 年河西走廊的泉水溢出量为 30.7 亿 m^3，到 1979 年则降至 20.2 亿 m^3，减少了 34.2%。石羊河的武威盆地（南盆地）泉水量的降低幅度更大，由 20 世纪 50 年代后期的 6.918 亿 m^3，降至 70 年代末期的 1.913 亿 m^3，减少了 72.3%，其中在凉州区减少了 81.7%（表 7-7），泉水溢出带位置普遍下移 2～7km。

表 7-7　甘肃河西走廊武威盆地泉水量变化表

地区	泉水量/亿 m^3			减少量占 1959 年比例/%
	1959 年	1979 年	1979～1959 年减少量	
凉州区	4.689	0.860	3.829	81.7
永昌县清河灌区	1.130	0.265	0.865	76.5
永昌县四坝灌区	1.099	0.788	0.311	28.3
合计	6.918	1.913	5.005	72.3
占 1959 年比例/%	100.0	27.7	72.3	—

由上述干旱区山前平原地表水与地下水的转化规律和特点可知：

（1）出山地表水资源 Y 进到山前平原后，分为入渠河水量 B 及河道余水量 R 两部分，即 $Y=B+R$，其中 $B=Y_c+I$，$R=R_s+R_g$，由此可得

$$Y = Y_c + I + R_s + R_g \tag{7-26}$$

式中，Y_c 为田间净耗水量；I 为渠系、田间渗漏量；R_s 为河道下泄水量；R_g 为河道渗漏。

（2）山前平原地区地下水天然补给资源由以下各项组成：

$$G = R_s + I + G_1 + X \tag{7-27}$$

式中，G 为平原地下水天然资源；G_1 为地下水侧向径流补给；X 为降雨、凝结水入渗补给。

（3）泉水为山前平原地区出露的地下水，可表示为

$$S = G\beta = (R_s + I + G_1 + X)\beta \tag{7-28}$$

式中，S 为山前平原地区出露的泉水量；β 为地下水天然资源溢出比例。

（4）几种干旱区总水资源计算方法的对比分析。干旱区总水资源计算方法有：机械

相加法、实有总水资源计算法和重复引用水资源计算法。

机械相加法：是把干旱区山前平原地表水、地下水、泉水等各种形式的水资源看作互不相干、彼此独立的水资源，然后进行机械相加而计算得到的水资源量（W_1）：

$$\begin{aligned}W_1 &= Y + G + S \\ &= (Y_c + I + R_s + R_g) + (R_s + I + G_1 + X) + (R_s + I + G_1 + X)\cdot\beta \\ &= (Y_c + I + R_s + R_g + G_1 + X) + [(R_s + I) + (R_s + I + G_1 + X)]\cdot\beta \end{aligned} \tag{7-29}$$

从式（7-29）中可以看出，后面中括号中的各项是重复项。显然，由于计算方法没有考虑山前平原地表水、地下水和泉水间的内在联系和顺次转化多次重复的特点，用机械相加方法计算的水资源量是一个包含重复水量在内的，比一个地区实际拥有的总水资源量大得多的结果。若不计泉水量，式（7-29）就变为过去通常计算干旱区山前平原总水资源量的方法：

$$W_1 = Y + G = (Y_c + I + R_s + R_g + G_1 + X) + (R_s + I) \tag{7-30}$$

式中，河道渗漏量 R_s 及渠系、田间水渗漏量 I 是重复的，其他各项是这种方法多算了水资源量的最基本原因。

实有总水资源计算法：这种方法是根据山前平原地表水与地下水相互转化和部分重复的客观规律，把地表水与地下水作为既有联系又相对独立的水资源，去除有联系的重复部分，只计算其相对独立部分的实有总资源量，即

$$\begin{aligned}W_2 &= Y + G - (R_s + I) \\ &= (Y_c + I + R_s + R_g) + (R_s + I + G_1 + X) - (R_s + I) \\ &= Y_c + I + R_s + R_g + G_1 + X \end{aligned} \tag{7-31}$$

由式（7-31）可见，总水资源量中的各个组成部分都只有一项，无任何重复和交叉，都为实有总水资源。式（7-31）经合并简化可写成：

$$W_2 = Y + G_1 + X \tag{7-32}$$

平原地区的总水资源量，应为出山口地表水资源 Y、进入平原区的地下水侧向径流 G_1 与平原地区降水凝结水入渗补给地下水量 X 三者水量之和。

重复引用水资源计算法：这种计算方法是基于干旱区山前平原地表水与地下水的相互转化，各种形式的水资源可以在流域不同部位被多次重复引用，有时使进入人工渠系的总水量大大超过流域的水资源总量。重复引用水资源计算法认为，在山前平原地区一定水利条件下，可以重复引用的水量，应是入渠水量通过渠系、田间入渗到地下含水层的那一部分地下水。这部分地下水除以实有水资源总量，称为水资源的“重复引用率”，但其不是一个固定不变的系数，而是随着引水渠系利用率的提高、灌溉面积的扩大和灌溉方法的改进等人类水利经济活动的影响而减小。按上述定义，“重复引用水资源量”应为一个内陆河流域的实有水资源量加上重复引用率与实有水资源量的乘积，即

$$W_3 = W_2 + W_2 K \tag{7-33}$$

式中，W_3 为重复引用水资源量；$K = I / W_2$ 为重复引用率。经过代换，式（7-33）可写成

$$\begin{aligned}W_3 &= (Y_c + I + R_s + R_g + G_1 + X) + W_2\left(\frac{I}{W_2}\right)\\&= (Y_c + I + R_s + R_g + G_1 + X) + I\end{aligned} \tag{7-34}$$

由式（7-34）可见，重复引用水资源量W_3的各组成部分中，只有一项I是重复的，因此其值是前两种计算方法的中间值。

表7-8和表7-9是用上述3种方法计算的河西走廊地区20世纪80年代末水资源量，机械相加法约为114.7亿m^3，实有总水资源计算法约为74.9亿m^3，重复引用水资源法约为104.9亿m^3。

表7-8　河西走廊地区20世纪80年代末的总水资源量计算表

流域	年均出山径流量/亿m^3	地下水资源					水资源量/亿m^3	
		天然资源/亿m^3	与地表水重复		不与地表水重复		机械相加法	实有总水资源计算法
			河渠田入渗量/亿m^3	占天然资源比例/%	侧向径流与降雨入渗量/亿m^3	占天然资源比例/%		
石羊河	15.670	9.313	7.988	85.8	1.325	14.2	24.983	16.995
黑河	37.950	24.01	21.52	89.6	2.488	10.4	61.950	40.436
疏勒河	20.530	11.45	10.32	90.2	1.126	9.8	27.790	17.466
河西走廊	74.150	44.773	39.828	89.0	4.939	11.0	114.723	74.897

表7-9　河西走廊地区20世纪80年代末的重复引水量计算表

流域	实有水资源量/亿m^3	渠系、田间入渗量/亿m^3	最大重复引用率/%	最大重复引水量/亿m^3
石羊河	15.995	6.74	39.7	23.735
黑河	40.436	17.23	42.6	57.666
疏勒河	17.466	6.02	34.5	23.486
河西走廊	74.897	29.99	40.0	104.887

二、平原地表水与地下水相互转化

干旱少雨的西北地区，水资源不仅是维持其社会经济发展的重要的供水水源，而且是稳定生态环境系统的重要因素。人类对水资源的不合理开发和利用，不仅会造成资源大量浪费，而且会引起一系列生态环境问题。例如，对地下水过量超采，会引起地下水水位的大幅度持续下降，造成表层土壤水分含量的降低，引起植物凋萎，植被退化以至自然死亡，从而进一步加剧土地沙漠化的发展；而对地表水过量引用（大水漫灌等），则会导致地下水水位不断上升，引起土壤次生盐渍（碱）化，甚至向沼泽化的方向发生或发展。这两种情况在西北地区是普遍存在的。在我国西北各流域的中上游地区，目前大多仍采用大水漫灌等传统的灌溉方式，过量引水灌溉，造成用水浪费、地下水水位偏高、土壤次生盐渍（碱）化、甚至沼泽化等问题；在下游地区则存在断流、河湖萎缩甚至消失，以及大量超采地下水的现象，导致地下水水位持续下降、土地沙化和荒漠化等严峻的生态环境问题，如石羊河流域、塔里木河流域、黑河流域等。因此，平原地表水与地下水的转化研究意义重大（谢新民和颜勇，2003）。

西北地区分内陆河区和外流域区，其中内陆河区面积为 250.5 万 km^2（扣除奇普恰普、额尔齐斯河外流区），占西北地区总面积的 3/4。以内陆河区为例，内陆河区中，山区面积为 98.0 万 km^2，占其面积的 39.1%；平原区（盆地）面积为 152.5 万 km^2，占其面积的 60.9%。内陆河全区多年平均降水量为 3569.5 亿 m^3，其中山区降水量为 2972.3 亿 m^3，占全区总降水量的 83.3%，平原（盆地）降水量为 597.22 亿 m^3，占全区总降水量的 16.7%。

西北内陆河流域从高山河流源头到下游地区可划分为：高山冰雪冻土带、山区植被带、山前绿洲带和下游荒漠带。降水主要集中在高山冰雪冻土带和山区植被带；山前绿洲带和下游荒漠带降水稀少，基本上不产生径流。因此，在出山口以上的高山冰雪冻土带和山区植被带形成的出山口径流基本代表了流域的水资源量。

山区径流出山口后，在天然情况下，部分洪水通过漫溢渗漏补给地下水，其余的通过河道渗漏补给河道两侧的地下水，最终消失于荒漠或终端湖泊中。在大规模开发利用水资源的情况下，人类活动增加了中下游河道两侧径流的侧支循环，通过引地表径流和开采地下水进行农田灌溉，多次垂向水量交换，最终使河流水量趋于衰减，甚至干枯。随着社会经济的高速发展，水资源的开发利用规模扩大和方式变化导致水资源数量、质量及其时空分布和内部分配关系等发生了变化，并引起一系列的生态环境问题。

由山区到流域下游，不同区段地下水与地表水的相互转化关系及地下水的径流模式不相同。山区地下水绝大部分以基流形式排泄，形成地表径流进入盆地，只有占水资源总量 3%的山区地下水通过侧向径流补给盆地的地下水。西北地区一般河流的基径比为 20%～45%，如玛纳斯河出山口为 45.6%，黑河出山口为 34.6%。出山口后由冲洪积扇的中上部河水（地表水）补给地下水，在西北内陆盆地年径流量小于 0.5 亿 m^3 的河水将全部渗漏，较大的河流也有 30%～40%的渗漏。例如，玛纳斯河年平均渗漏量为 1.38 亿 m^3，渗漏补给系数为 0.4；黑河年平均渗漏量为 5.27 亿 m^3，渗漏补给系数为 0.26。目前，大部分河流在山前出山口处建有引水渠，用于盆地的农业灌溉；在水利程度较高的地区，渠道引水量所占比例很大，如玛纳斯河渠首引水量占河流量的 3/4 左右。渠道引水使天然河道流量减少，相应地减少了河流入渗补给量。

地下水在水力梯度作用下由冲洪积扇向冲积平原运移，在冲积扇前缘地带，由于含水层颗粒变细，导水性变弱，形成地下水溢出带。地下水沿沟壑以泉水形式溢出地表，汇集流入或形成河流而转化为地表水。在西北地区泉水溢出量是下游地表水的主要补给源之一，也是维系冲洪积扇前缘绿洲带和冲积平原下游绿色走廊的重要水源。泉域范围内地表水的补给量减少和地下水开采量的增加，是导致泉水流量减少的根本原因。在冲洪积扇前缘以下的冲积平原，潜水含水层颗粒变细，地下水埋藏较浅，其水平径流速度缓慢，地下水是以垂向水量交替为主。该区为大面积农垦区，引用大量地表水灌溉，渠系、平原水库的渗漏和田间灌溉入渗，使该区地下水补给量较自然状态下大得多。冲积平原地形平坦，自然河网不发育，地下水径流排泄困难，使地下水水位上升，甚至接近地表，潜水蒸发量增加，使地下水矿化度升高和产生土壤次生盐渍化，甚至沼泽化。

在天然条件下，冲积平原下游河道直到尾闾湖，除洪水季节外，河流量很小，甚至干涸。在洪水季节，河流泄洪通过河道补给地下水，余水流入尾闾湖。正是水量不大的河水及其转化所形成的地下水，维系着该地带沿河两岸的植物生存，保护着该地带十分脆弱的生态环境。

在天然条件下，内陆山区水资源通过河川径流进入盆地后，经多次转化形成地下水资源，使盆地间地下水资源分布达到自然平衡，并维系盆地内的生态环境平衡。水资源开发利用，打破了原来的水循环规律和相互转化平衡关系。例如，山前冲洪积平原或河西走廊的南盆地，由于靠近水资源的补给源，大量开发利用水资源，甚至无计划、高消耗浪费水资源，致使进入下游平原或北盆地的水资源量大幅度的减少，无法满足下游平原或北盆地对水资源的需求，直接威胁下游平原或盆地的经济发展和生态环境。典型的例子是石羊河，其以牺牲民勤生态用水来发展武威，由于上游武威大量消耗水资源，流入下游民勤的河水流量逐年减少，以至河流尾闾湖泊干枯，地下水水位急剧下降，水质恶化，绿洲萎缩，弃耕面积达 1.3 万 hm^2；还有黑河流域下游的额济纳旗绿洲，由于中上游经济规模的扩大和水资源利用技术水平较低，也出现同样的情况，入境水量由 8 亿～10 亿 m^3/a 下降到 3 亿/a，河流经常持续断流，居延海干枯，导致地下水资源的补给量也相应减少，地下水水位持续下降，植被大片死亡，草场退化，沙化土地面积新增 3500km^2。大规模开发利用水资源，特别是渠道引水灌溉改变了地下水补、径、排关系和时空间分布，使冲洪积扇中上部地带地下水的补给量明显减少，造成泉水溢出量衰减，冲洪积扇地下水可开采资源量锐减，而中游冲积平原地下水补给明显增加，造成潜水位持续上升，蒸发量加大，发生土壤次生盐渍化。流域下游由于来水量减少，地下水补给量减小，导致植物消亡、土壤沙化等。

第五节　干旱内陆河流域地下水开发利用

西北内陆区特殊的地理位置和环境因素导致降水稀少，而该地区人口基数较大，工业发展较快，需水量较大，当地农业生产规模较大，农业用水较多，地表水资源无法满足该地区的生活生产用水。因此，开发利用地下水成为缓解水资源紧缺一个重要途径。根据 2000～2003 年全国提交的地下水资源调查成果和西北内陆区地下水开采利用情况，对重点地区地下水开采量、开采程度与开发潜力进行了评价分析，西北内陆河流域地下水可开采资源量为 318.47 亿 m^3，开采量为 79.84 亿 m^3，开采程度为 25%（表 7-10）。地下水开采主要在人口集中、工业较快发展的城镇，而在柴达木盆地不到 5%，河西走廊最高，平均达 67.60%，石羊河流域平原达 190%以上。尽管准噶尔盆地对整个盆地开采程度不到 30%，但从 1999 年主要城市地下水开采量与可采资源量的平衡关系上来看，已在石河子、哈密、吐鲁番和乌鲁木齐市等地出现超采；在河西走廊石羊河流域已经严重超采，黑河流域的北大河水系开采程度较高。按城市计，嘉峪关属过量开采，武威、金昌已严重超采。从地下水可采剩余量看，尽管仍有一定潜力，但其分布也严重不均，开采难度大。西北内陆河流域还有可以利用的微咸水和半咸水，初步评价结果分别为 25.82 亿 m^3 和 3.79 亿 m^3，以及潜在可采的矿化水 12 亿 m^3。开发这些水资源，仍需要加大勘探力度，研发科学有效的利用技术，实施严格管理措施，以发挥其效益。另有西北内陆河区的深层承压水 77.81 亿 m^3，可作为备用资源，需要加以严格保护，控制开采，其仅限于生活饮用水。

表 7-10　西北内陆河流域分区地下水开采量与开采程度统计表

地下水资源区	可开采资源量/亿 m^3	开采量/亿 m^3	开采程度/%	剩余量/亿 m^3	潜在可采资源量/亿 m^3		
					承压水	微咸水	半咸水
内蒙古北部高原	20.27	4.80	23.68	15.47	—	—	—
河西走廊	32.35	21.87	67.60	10.48	11.12	2.87	0.2
柴达木盆地	30.98	1.38	4.45	29.60	4.01	—	0.47
准噶尔盆地	90.45	24.33	26.90	66.12	20.06	8.51	0.67
塔里木盆地	144.42	27.02	18.71	117.40	42.62	—	—
藏北高原	—	0.02	24.93	—	77.81	11.38	—
合计	318.47	79.84	—	239.07	—	—	—

一、地下水农业灌溉

自然界的水，就其总量而言是十分巨大的，然而，可供灌溉和其他用途的淡水资源却是相当有限的。调查表明，对人类最为有用的淡水，约 69%分布在难于获取的高山冰川之上。而较易开发的江河湖水，其总量只占全球淡水量的 0.387%，且分布不均；埋深在 2000m 以内的地下淡水约占 30%，为地表水的 80 倍；即使埋深在 200m 以内的地下水，估计也有 4000 万亿 m^3，比当今全世界地面水库的蓄水量还多 800 多倍。地下水不仅量大，而且分布比较普遍，因此当有限的地面水源不能满足人类迅速增长的需要，特别是不能满足占最大用水比重的农业灌溉需要时，地下水很自然成为最理想的补充水源；而在严重缺乏地表水的干旱和半干旱地区，地下水更是供水和灌溉主要的甚至是唯一的有效水源。

农田水利建设的一个最主要任务是防旱抗旱、适时适量地供给作物生长所需要的水分。事实证明：地下水埋藏地下，受气候影响的程度远较地表水小，具有较强的防旱抗旱能力。在天旱需水时，一些河湖常常干涸，而地下水不致如此。在农田水利建设中合理开发利用地下水，还能起到防涝治碱的作用，即所谓井排的作用。在洼涝和盐渍化地区，为了排水疏干和冲洗，若采用开挖排水沟和引水渠系的办法，不仅要占用约 10%左右的耕地面积，而且基本建设和养护还要花费大量的人力物力，但常因找不到理想的容泄区而成效不大。在大多数情况下，修建灌排两用的水井，采用竖井排水，则能在少占地、无须修建大量土建工程和不大受容泄区限制的情况下达到排、灌两个目的，这已被国内外的许多实践所证明，且已被肯定为防治盐渍化最有效的措施。

不仅如此，为了提高灌溉用水保证率，防治渍涝和盐渍化，充分利用水源，扩大灌溉面积，在地面水源能充分保证的灌区，适当地结合地下水灌溉仍是必要的，而且这也是预防产生渍涝与次生盐渍化较好的办法。就地打井灌溉，由于渠系短，可以大大减少输水时间和输水损失，因而在蒸发量大、渗漏剧烈的地区，采用机动灵活的井灌容易做到适时适量，减少水量损失，提高灌溉效益。地下水灌溉对于那些要求小水勤浇、及时灌水的作物尤具明显的增产效果。

地下水还是发展喷灌、滴灌和渗灌等省水高产灌溉技术的最理想的水源，因为从水井中抽出的水总是比较清澈干净的，不会堵塞机器和渗水管道的孔眼，也不会像含泥量大的渠水那样，喷洒在叶面上堵塞作物的气孔而危害作物生长。

综上所述，地下水量大而分布普遍，具有季节与多年的调节抗旱能力。合理开发利用地下水常能达到防止旱、涝、碱等的综合作用，获得高产稳产的良好效果。因此，它在农田水利建设事业中起着日益重要的作用（吴波平和吴自陶，2012）。

二、城市工业的地下水供给

随着全球城市化趋势的日益明显，水资源短缺与水环境问题更加突出，成为城市建设和发展中最重要的制约因素。许多城市以地下水作为部分甚至唯一的供水水源，地下水在城市发展中扮演着越来越重要的角色。揭示城市化与地下水各方面之间的相互影响规律，协调城市与地下水环境之间的矛盾以实现其可持续发展，成为全球性的重要的研究课题。城市区因强烈的人类活动及其特殊的地表结构，其水文循环和环境地质问题有别于其他地区。城市化对地下水补给影响研究，无论对研究城市水文循环、水资源供需平衡，还是防治地下水水质恶化都有重要意义。

（一）城市化影响地下水补给的时空效应

采用地下水水位动态法和综合补给量法对研究区地下水补给量进行计算。地下水水位动态法是依据水均衡原理及地下水的补、径、排条件，建立如下模型：

$$Q_{蓄}=Q_{补}-Q_{排} \tag{7-35}$$

式中，$Q_{蓄}$为地下水蓄变量（m^3），$Q_{蓄}$=年末水位变差×变幅带岩层重力给水度×计算面积；$Q_{补}$为地下水补给量（m^3）；$Q_{排}$为地下水开采量+侧向流出量（断面长度×含水层厚度×含水层渗透系数×地下水水力梯度×365）+潜水蒸发量（水面蒸发量×计算面积×蒸发系数）（m^3）。地下水综合补给量是综合考虑各种补给源，将各项补给量求和，其数学模型为

$$\Sigma Q_{补}=Q_{降}+Q_{井归}+Q_{河渗}+Q_{渠渗}+Q_{渠归}+Q_{侧向} \tag{7-36}$$

式中，$\Sigma Q_{补}$为综合补给量（m^3）；$Q_{降}$为降水入渗补给量（m^3），$Q_{降}$=降水量×计算面积×降水入渗系数；$Q_{井归}$为井灌田间回归补给量（m^3），$Q_{井归}$=农田灌溉地下水开采量×井灌回归系数；$Q_{河渗}$为河流渗漏补给量（m^3），$Q_{河渗}$=河流输水量×河流入渗系数；$Q_{渠渗}$为渠系渗漏补给量（m^3），$Q_{渠渗}$=渠系引水量×渠系渗漏补给系数；$Q_{渠归}$为渠灌田间回归补给量（m^3），$Q_{渠归}$=渠系引水量×渠系渗漏补给系数；$Q_{侧向}$为侧向流入补给量（m^3），$Q_{侧向}$=断面长度×含水层厚度×含水层渗透系数×地下水水力梯度×365。

（二）地下水补给增量的诱发机理

（1）地下水开采引起补给增量的诱发机理。从表面上看，城市区由于大量的铺装区、建筑物及公路等，渗透补给地下水的可能性大大减小。然而，城区地下水补给与其他地区不同，除大气降水外，侧向补给、渠灌回归、井灌回归和渠灌田间补给都是重要的补给来源，并且侧向补给量和回归补给量位居前两位。

（2）新补给源的引入渗漏机理。随着城市化进程的加快，供水量和排污量也在增加，供水干线、下水道、输水-排水（污）渠等所产生的渗漏量成为城区地下水补给不可忽视的组成部分；渗滤坑、公共卫生系统及公路排水渗滤场等也对地下水补给产生影响。另外，地下水开采量随城市化进程而增加的同时，也引起地下水水位下降，使包气带厚度加大，进一步增加了新补给源的入渗补给问题（于开宁等，2004）。

三、人畜生活饮用供水

目前，地下水仍是人畜生活饮用水的主要来源。生活饮用水供水方式包括集中式供水和分散式供水。集中式供水是自水源中取水，通过输配水管网送到用户或者公共取水点的供水方式，包括自建设施供水，为用户提供日常饮用水的供水站和为公共场所、居民社区提供的分质供水，也属于集中式供水方式。集中式供水在入户之前经再度储存、加压和消毒或深度处理，通过管道或容器输送给用户的供水方式为二次供水。农村日供水在 1000m^3 以下（或供水人口在 1 万人以下）的集中式供水为小型集中式供水。分散式供水是分散居户直接从水源取水，无任何设施或仅有简易设施的供水方式。

第六节　地下水开发利用存在的问题

西北干旱区降水稀少，蒸发强烈，地表径流稀缺，很少有常年河流和淡水湖泊，且地表水的时间与空间分布极不均衡，致使可利用的地表水很有限，水质较差。相比较而言，在干旱地区，地下水具有地表水所不具备的许多优越性，如分布广、不易因蒸发受损失、供水和水质比较稳定、可利用程度较高等。因此，地下水是西北干旱区水资源的重要组成部分，在有些地区甚至是唯一的可用水源。近几十年来，为满足国民经济发展对需水量急剧增加的需求，地下水的开采强度逐渐增大，也加剧了外部环境对地下水系统的影响。大量开发利用地下水会导致地下水水位下降，相继产生了诸如大面积的地面沉降、降落漏斗、下游水量亏缺、植被退化、土地旱化、土壤盐渍化和咸化等严重的生态环境负效应，严重影响流域地下水资源的可持续利用和生态环境安全（周仰效和李文鹏，2010）。

一、下游地下水资源的亏缺

干旱地区，尤其是干旱的内陆河区，平原地区地下水资源主要由地表水补给，水资源的开发利用程度均较高，如石羊河水资源引用率达到了 150%。根据内陆河流域的陆地水循环特点，内陆河下游降水量不足 100mm，90%以上的地下水由河川径流补给，下游盆地的地下水成为受中上游水资源开发影响最严重的地区。上中游拦截和大量耗水，直接导致下游来水量的减少，使下游河道成为季节性河道或完全干涸，终端湖水量锐减，乃至枯竭，改变了流域内水量的区域再分配，使得下游地下水补给量减少，造成地下水资源的亏缺。

地处我国西北干旱区南疆大盆地的塔里木河，干流全长 1321km，是我国最长的内陆河。1950～2000 年，塔里木河在以水资源开发利用为核心的大强度人类经济、社会活动的作用下，流域自然生态过程发生了显著变化：9 条源流河供水变为 4 条，补给主源已由叶尔羌河变为阿克苏河，并成为常年供水河流；和田河和叶尔羌河补给塔里木河干流水量也大为减少；源流开都河-孔雀河，经博斯腾湖泵站提水，经过引水渠流入孔雀河，通过库塔干渠向塔里木河下游供水，汇合上游三源流到达塔里木河下游卡拉水文站，总径流量由 20 世纪 50 年代的 46.72 亿 m^3 逐渐下降到 90 年代的 15.03 亿 m^3，在其下游 70 年代修建的大西海子拦河水库，随后水库下游的 321km 河道彻底断流，河流尾闾湖——罗布泊和台特玛湖分别于 1970 年和 1972 年干涸，地下水补给连年减少，地下水水位大幅度持续下降，由地下水维持的生态系统也不断退化，塔里木河下游的绿色走廊至 90 年代末已趋于濒临毁灭。

石羊河流域在西北内陆河流域中水资源开发利用程度最高。随着农业灌溉及社会经济的发展，需水量大幅增加，生态环境趋于恶化，河流下游泉水几年全部衰竭甚至断流。20 世纪 70 年代以来，中上游地区修建水库及工农业生产用水量不断扩大，使流入下游民勤盆地的地表水净流量由 50 年代（1956～1959 年）的 5.45 亿 m^3/a，减少到 80 年代中期（1980～1983 年）的 2.39 亿 m^3/a，地下水超采 1.2 亿 m^3，地下水水位下降 5～10m，造成石羊河下游河川径流的衰竭（表 7-11）。由表 7-11 可知，1956～1983 年，在这短短的二十几年中，石羊河由祁连山区补给径流，进入中下游河西走廊平原的河水量就由 15.44 亿 m^3/a 下降到 13.10 亿 m^3/a，进入下游河川径流总量减少了 50%以上，而且逐年水量不稳、水质变差。

表 7-11　石羊河下游河川径流

指标	1956～1959 年	1960～1972 年	1973～1979 年	1980～1983 年
进入下游河川的河水量/（亿 m^3/a）	15.44	11.96	12.66	13.10
下游河川径流总流量/（亿 m^3/a）	5.45	4.35	2.87	2.39

再如，流经河西走廊中段并与石羊河相邻的黑河流域发源于祁连山，主要由山区的降水和冰雪融水补给，东部汇流入山丹、张掖盆地形成黑河干流，西部汇流于酒泉盆地形成北大河干流；受走廊北山阻隔，河水穿出正义峡和佳山峡进入下游，北大河流经金塔盆地汇入黑河，黑河干流经鼎新盆地，最后进入流域最下游的额济纳盆地，形成内蒙古西部高原的额济纳河和巨型弱水冲积扇。自 20 世纪 50 年代以来，由于上中游水利工程的兴建和耕地面积逐年扩大，上中游盆地用水量不断增大，致使流入额济纳盆地的水量逐年减少。正义峡水文站（据额济纳盆地约 170km）的资料显示，通过正义峡进入黑河下游的径流，20 世纪 40 年代为 13.3 亿 m^3/a，50 年代为 12.25 亿 m^3/a。50 年代起，由于金塔水库、东风场基地用水拦蓄，水量锐减，60～80 年代为 10 亿 m^3/a 左右，80 年代后，北大河已无地表水汇入黑河，正义峡的水量经中游地区大量拦蓄、引灌，使实际进入绿洲的水量不足 8 亿 m^3/a。进入 90 年代后，通过正义峡的下泄流量大幅度减少，1990～1992 年的年均流量仅为 6.83 亿 m^3/a。在正义峡流向额济纳盆地途中，又被鼎新盆地灌区蓄库、引灌等截流，而实际进入额济纳盆地的年径流量不超过 3.5 亿 m^3/a；1990 年进入额济纳盆地的水量为 3.1 亿 m^3/a，1991 年为 2.54 亿 m^3/a，1992 年只有 1.82 亿 m^3/a，仅在 1～3 月和 7～8 月河道有水，其余 7～8 个月基本干涸。由于流入下游盆地的水量逐年减少，额济纳盆地降水量不足 50mm，下游盆地地下水得不到河水补充，一直处于

负均衡状态，地下水水位持续下降，流速减缓、额济纳三角洲逐年干枯，造成原本就脆弱的额济纳盆地的生态环境急剧恶化，终端湖——东、西居延海干枯，并逐渐被流沙掩埋。据董正均所著的《居延海》一书，1944 年西居延海水域面积为 253km^2，东居延海水域面积为 24.5km^2。然而，西居延海于 1961 年全部干枯，东居延海也变成了间歇性干枯湖泊，进入 90 年代则完全干枯。由此可知，干旱区上游来水锐减，加剧了内陆河下游水资源枯竭，使得下游地下水的补给急剧减少，造成下游地下水资源的亏缺并由此引起了一系列的生态环境问题。

二、地下水开采水位持续下降与降落漏斗

内陆干旱区，由于社会经济的迅速发展，在地表水开发利用程度已经比较高的情况下，转向大量开采地下水。但由于对地下水资源数量质量评价较粗，对可开采利用量的评价偏高，采用的地下水可开采系数估计偏大（一般为 0.6～0.8）。同时，干旱区地下水补给模数小，开采模数要超出补给的几十倍至几百倍；地下水资源计量是以盆地为单元的，机井开采集中在某一区块或所建水源地，地下水开采管控落后，这就容易导致干旱区地下水严重超采，甚至引起区域性地下水水位的持续下降。

以河西走廊为例，现在地下水水位比 20 世纪 50 年代后期普遍下降 3～5m，部分地区达 10m 以上，尤其是在地下水的补给带上更为明显，这是由河水对地下水补给量减少造成的。据计算，黑河流域地下水年平均可开采量 11.70 亿 m^3，流域现有开采机井超过 8000 眼，年开采地下水量 5.08 亿 m^3，占地下水可开采资源量的 43.4%。据 1998～1999 年地下水动态观测资料，黑河流域中游地区地下水水位均处于持续下降过程，下降幅度自南部山前向北部细土平原逐步递减。南部山前地带地下水水位下降速度大于 0.5m/a，局部地带大于 1.0m/a；中部砾石平原为 0.3～0.5m/a；北部细土平原为 0.3～1.0m/a；泉水溢出带地下水水位变化幅度小于 1.0m/a，基本呈稳定状态。据动态观测，20 世纪 90 年代初，民勤绿洲地下水资源减少 1.38 亿 m^3/a，加上地下水的超采，水位下降速度达 0.25～0.57m/a。至 90 年代，其累计降幅已达 15m。额济纳绿洲地下水水位 80 年代末普遍下降了 0.3～1.5m，个别地段下降 2～3m。天山北麓山前平原中上部 1960～1990 年来地下水水位普遍下降了 3～10m，以乌鲁木齐河流域为最多，至 1990 年，累计地下水降幅达 11.8m。西北内陆河平原区地下水开采量和地下水水位降幅见表 7-12，平原区地下水累计降幅均在 6m 以上，而石羊河下游民勤绿洲更是达到了 15m。

表 7-12　西北内陆河平原区地下水的负均衡态（徐兆祥，1994）

水域	时间	出山河水量 /（亿 m^3/a）	地下水补给总量 /（亿 m^3/a）	地下水开采量 /（亿 m^3/a）	累计地下水水位降幅/m
石羊河	20 世纪 50 年代	15.40	12.80	0	–15
	20 世纪 90 年代		9.31	6.99	
乌鲁木齐河	1958 年	3.93	2.61	0	–11.8
	1981 年		1.60	1.85	
玛纳斯河	20 世纪 50 年代	12.60	4.70	0	–6
	20 世纪 90 年代		3.41	0.66	

地下水过量开采，使得地下水收支平衡遭到破坏，地下水水位持续下降，形成地下水降落漏斗。以乌鲁木齐市为例，乌鲁木齐市现在每年超采地下水1～1.5m，1990～2000年使市区及米泉一带形成了300km^{2}的地下水水位下降漏斗，平均每年水位下降0.3～0.9m。市区三甬啤酒厂一带，1987～2000年地下水下降8～14m，二宫水厂一带1978～2000年下降了9.4m。乌鲁木齐河下游的清格达水源地及三工河的渔儿沟水源地一带，由于过量开采，区域地下水下降漏斗也在不断扩大。在天山南坡哈密、吐鲁番，东昆仑山北坡柴达木盆地也有开采漏斗。对于河西走廊地区来说，地下水降落漏斗主要发生在河西走廊中下游。1975～2000年，河西走廊地区上游蓄水用水的大量增加，造成走廊中游地下水溢出带下移和消失，地下水水位下降，出现了漏斗区。城市地下水水位下降降幅最大的玉门地区，地下水水位甚至下降达到30.5m。2000年以来，河西走廊已经形成了九大漏斗区，部分超采区特别是部分禁采区因要维持日常的生活用水，仍在继续采用地下水，这些地区的“漏斗区”还在进一步扩大。

由于在干旱区机井开采地下水模数远大于地下水补给模数，必然会在开采过程中产生暂时的或永久的降落漏斗现象。若通过一段时间的地下水回补，可以得到恢复的即为暂时性降落漏斗。这是由于在生产井开采过程中井水被迅速排出，造成井壁内外地下水水位产生差异，其影响半径范围内的地下水流场发生改变，地下水向滤水管处汇集，形成局部降落漏斗。随着抽水时间的延续，影响半径不断扩大，降落漏斗也将增大，直至汇水量与出水量达到平衡时，降落漏斗呈现稳定状态。当开采过程停止，地下水流场将逐渐恢复到其原有的状态，降落漏斗也将逐渐消失。在地下水的采补平衡下，也可形成稳定的漏斗范围与降深。若开采量超过补给量过大时，会引起地下水水位持续下降，区域就会形成永久性的漏斗。如果以生产井开采，特别是在群井集中开采条件下，此时地下水回补难以恢复到原来水位，并将持续下降，降落漏斗范围不断扩大，便会演化成大范围区域性的地下水降落漏斗。

三、土壤盐碱化问题

作为荒漠化的一种类型，盐碱化已成为威胁人类生存和影响社会可持续发展的一个重大的环境和社会经济问题。在我国，仅西北6省（自治区）（陕、甘、宁、青、新、蒙）盐碱土面积就占全国盐碱土总面积的69.03%。盐碱化问题已成为制约干旱区灌区农业发展、农民生活条件改善的主要因素之一。

我国西北地区，气候干旱，土壤蒸发强烈，土壤中的水分含量极少，导致在地表蒸发过程中地下水会沿着土壤毛细管上移，盐分也随之上移，水分随蒸发过程耗散于大气，而盐分则留在土壤表层，当盐分离子积累达到一定高的浓度时，就发生土壤盐碱化。

一般来说，土壤盐碱化分为原生盐碱化和次生盐碱化，其中，次生盐碱化是西北干旱地区需要特别注意的问题。灌溉系统不够完善，灌水技术粗放，不合理的灌溉制度会使地下水水位很快升高，并长期维持在临界深度以内，通过蒸发土壤表层积盐，产生土壤的次生盐碱化。受气候干旱、蒸发强烈影响，在西北干旱内陆盆地发展灌溉事业，由于缺少排水条件，土壤次生盐碱化多发生在当地下水潜水埋深小于3.5m时（最大不超过5m）。含有较多的可溶性盐类的地下水，通过毛细管输送到达地表层，即可产生土壤次生盐碱化。有时灌排失去平衡，地下水水位上升至地表，或受地形条件影响，往往在低洼地或排水区发生水淹，也可形成土壤盐渍化。因此，灌区盐碱化是在一定的气候、地形、水文地质等自然条件作用下，人类不合理的灌溉对水盐运动产生影响的结果。

如果说干旱的气候环境和土壤质地结构是该区域盐碱化形成的基本条件，那么水文地质因素是该区域盐渍化形成和发展的决定性条件，具体表现在地下水水位升降和矿化度高低控制了土壤盐渍化的分布。干旱地区地表水贫乏，地下水成为发展工农业生产的主要水源。但地下水水位埋深较浅、矿化度较高、径流滞缓，再加上不合理的灌溉方式（如大水漫灌、排水不良等），使得西北干旱区的土壤盐碱化问题十分严重。目前，干旱区内陆河流域中下游农业灌溉主要采用浅层高矿化水，从而使浅层水进入以开采-入渗-蒸发-开采为主的循环状态，盐分不断累积，地下水矿化度逐渐升高，灌溉后高矿化水中的盐分残留于土壤中，造成土壤盐渍化。一般来说，在地下水水位埋深相同的条件下，地下水矿化度高的地区盐碱化程度较重；在地下水水位埋深不同的条件下，水位埋深越浅，地下水矿化度越高，盐碱化程度越重。民勤县的一次高矿化水灌溉，就使 10cm 以内的土壤含盐量由 0.333%增加到 0.668%，50cm 以内由 0.353%增加到 0.575%，土壤含盐量增大。同时，现行的大水漫灌、块灌等灌溉体制，既极大地造成了水资源浪费，又导致了地下水水位上升，特别是在土壤母质含盐量较高的地区，促使深层渗漏加剧和蒸发量增大，从而为次生盐渍化的产生提供了条件，使耕地不同程度地产生了次生盐渍化。

在西北内陆河中下游干旱荒漠区，确切地说，土壤盐碱化是土地沙漠化的一个阶段；盐碱化过程通常与荒漠化过程相伴生，同步发展，甚至相互促进、相互转化，其最终的发展结果是沙漠化。土壤发生盐渍化后，导致地表植物死亡，失去植被保护的土地在风蚀作用下最终沦为沙漠。据黑河中游地区土地沙化和盐碱化面积初步统计（表 7-13），黑河中游地区从 1950 年至 1995 年，新增盐碱化耕地面积达 3.48 万 hm^2，占中游总耕地面积的 9.99%；至 1998 年，新增沙化面积为 113.52 万 hm^2，约为该时期所发展耕地面积的 8 倍。

表 7-13　黑河中游地区土地沙化和盐碱化面积（丁宏伟和张举，2002）

地区（市）	1950 年沙化面积/万 hm^2	1998 年沙化面积/万 hm^2	占土地比例/%	1995 年盐化耕地面积/万 hm^2	占耕地比例/%
张掖市	117.32	220.39	53.84	2.98	10.31
酒泉市	8.48	15.73	46.48	0.47	8.72
嘉峪关市	3.77	6.97	53.70	0.03	5.56
合计	129.57	243.09	53.29	3.48	9.99

四、灌区次生盐渍化

西北干旱内陆区生态环境十分脆弱，水不仅是流域经济发展的主要条件，而且是主宰环境质量的主导因素。俗话说“有水是绿洲，无水是沙漠，多水是盐渍化”。因此，对有限的水资源要合理配置并优化利用，加强干旱区次生土壤盐渍化的研究工作，并制定出有效的防治对策和措施，在保证农业生产的基础上，尽可能地减少盐渍化的形成和发生，才能实现干旱区生态环境的可持续发展。

西北干旱内陆区长期高强度、普及性地大量开采地下水资源，改变了深层地下水的正常流动与补给，导致地下水水位持续下降，再加上长期采用微咸水灌溉，使得当地地下水矿化度也随之发生变化，水质存在恶化的倾向，地下水矿化度明显增高，出现了以氯离子含量增高为标志的咸水污染，深层地下水逐渐咸化，有的已成为苦咸水，并可能威胁到耕地的存在。西北干旱内陆区出现这种状况的原因主要有以下几点：①高强度的连续开采。在天然状态下，由于地下水运动缓慢，区内各含水系统地下水水质状态相对稳定。地下水开采量的增加及地下水水位的下降，破坏了原始的水文地质环境，改变了原有的补、径、排条件，导致化学组分不断变化，矿化度、氯离子含量增高，使深层地下水咸化程度加剧。例如，额济纳河的两个尾闾湖——嘎顺诺尔已由咸水湖变成为盐湖，索果诺尔已由微咸水湖现变成咸水湖。②隔水层薄弱地区越流补给。在地下水含水系统的一些地段，上下层之间的隔水层很薄或者缺失，在大量开采之后，中层含水系统与深层含水系统之间出现较大的渗透压，大大激化了隔水层薄弱区域上层含水系统的越流补给，使得高矿化水入侵深层含水系统，导致地下水咸化。③成井工艺不规范造成咸淡水层连通。因打井市场的开放，一些没有施工资质或不具备施工能力的打井队伍开展地下水开采业务，加上设备、技术手段不足，采用通天回填施工比较普遍，且治水质量较差，如果上覆有咸水或微咸水，往往使井边附近地带的地下淡水明显咸化。④劣质井和报废井长期开采。在自然状态下，由于存在隔水层，浅层水和深层水很难相互沟通混合。如果隔水层被认为破坏成孔洞，浅层污染水就会下渗污染深层水。一些存在渗漏和串层井位的劣质井、部分已经报废但未及时掩埋或填埋的材料和技术不合格的深井，恰恰是沟通深浅地下水的通道。这些劣质井和废井加快了咸水层的越流渗流速度和传统能力，造成地下水抽得越多，水质咸化越严重。⑤气温升高引起蒸发加剧；内陆河下游的水资源输送减少；盐碱地开发与灌溉排水影响。

除此之外，西北干旱内陆区水资源的高重复利用率也会使地下水中的盐分不断积累，矿化度上升，发生咸化。西北干旱内陆区地表水和地下水之间形成了独特的河流-含水层系统，地表水与地下水在这一系统中发生着频繁的变化，同时，地表水、地下水都强烈地消耗于蒸发。水资源的利用也同样受到了这种转化关系的影响。以石羊河流域为例，河流出山以后，首先在山前平原上被灌溉系统引用，而引用数量有相当一部分又回归进入地下水。在平原中部地下水重新溢出成为泉水，泉水又在平原中游被引入灌溉系统。这部分水又有相当一部分再次回归进入含水层，并被平原下游的井群所提取，再次用于灌溉。也就是说，可用于灌溉的水量，包含了大量的灌溉回归水，即水资源有相当一部分被重复利用。因此，水资源的最大可利用量远大于系统的总水资源量。据计算，河西走廊地区的水资源重复利用率可达0.43，天山北麓和塔里木盆地分别为0.29和0.40。如此高的重复利用率使地下水经历了较为剧烈的水岩相互作用，尤其是土壤层中的盐分溶滤及水在渠系、河道和土壤层中的蒸发作用，使地下水中的盐分不断积累、浓缩，矿化度上升，发生咸化。在民勤盆地中游坝区，地下水为淡水，但在平原下游湖区，地下水矿化度达到几克每升至十几克每升。在贺兰山前内蒙古阿拉善左旗的腰坝井灌区 20 年的地下水开发利用过程中，地下水不断咸化，在非开采期，矿化度超过 1g/L 的咸化地下水分布面积已由开采初期的不足 1/5 增加到 2/3，而且咸水区中心的矿化度也有较大提高，由原来的 1g/L 升到 3～4g/L。1980～2000 年，地下水质盐化还呈现溯源现象，不断向上游发展。据石羊河流域民勤灌区监测，地下水矿化度达到 2.0～3.0g/L 的面积，每年向上游扩展 2～6km。

水分和盐分是制约干旱区农业生产与生态植被的两大主要因素。当潜水埋藏深度在植物适宜生长范围内时，潜水矿化度对植物生长状态有着显著的影响，超出该范围就会出现衰败。例如，塔里木河干流主要的耐盐植被，如胡杨、柽柳和罗布麻等，若生长良好，潜水矿化度一般不超过 5g/L，若生长较好，潜水矿化度不超过 8g/L，潜水矿化度大于 10g/L 时绝大多数耐盐植被枯萎死亡。由此可知，控制地下水的咸化过程对于干旱区的生态环境有着重要的意义。因此，在开采地下水的过程中，应该科学布局与管理，控制合理的开采量，防止地下水水位过度下降，有效遏制深层地下水咸化的发展趋势。

五、地下水资源过度开采与采补不平衡

自 20 世纪 40 年代以来，随着干旱区人口的增加和工农业生产的发展及城市化进程在加快，对地下水资源的开发程度随之增大。但由于地下水补给参数不能量化，对地下水补给的可靠性评价还无法确定出一种综合性评价技术，目前只能用一个逐步逼近的过程进行粗略评价。这样有可能会对地下水评价估计过高，出现含水层过度开采的现象。石羊河流域由于泉水枯竭，不得不发展井灌以替代泉灌，使地下水补给来源断绝，因此目前开采的地下水，实际上大部分是不宜动用的储存量。据估计，地下水年开采量达 4 亿 m^3 左右，超采 3 亿 m^3 以上，下游盆地地下水水位下降 4～17m，形成总面积达 1000km^2 的大型区域地下水降落漏斗；黑河流域下游地区水位下降 1.2～5.0m，乌鲁木齐河流域河谷地带、北部山前倾斜平原和细土平原区，地下水水位平均每年下降 0.44～1.2m；承压水埋深自 1966 年以来下降到了 70～110m。

石羊河、黑河、疏勒河均是河西走廊地区发源于祁连山区的内陆河水系，水资源总量为 81.8 亿 m^3，其中地表水资源总量为 73.6 亿 m^3，受到地表水重复补给的地下水资源总量为 66.4 亿 m^3。但随着地下水资源的开发，河西走廊地区地下水资源逐年减少。据甘肃省地震局水文资料（表 7-14），河西走廊地下水资源 20 世纪 70 年代较 60 年代减少 14.9%，较 50 年代减少 24.3%，90 年代较 70 年代减少 23.9%。

表 7-14　20 世纪河西走廊地下水资源量（金自学等，2000）　（单位：亿 m^3）

流域	50 年代	60 年代	70 年代	80 年代	90 年代
石羊河	14.8	12	9.7	8.7	7.6
黑河	35.4	32.4	27.8	22.9	9.8
疏勒河	13.6	13.2	11.5	10.3	3
总计	64.8	57.6	49	41.9	37.3

此外，干旱区地下水开发过程中还存在开采不平衡的问题。干旱区地下水开发布局不合理，再加上地下水资源的开发缺乏统一规划和科学管理，导致地下水开发利用在地区间存在不平衡。地下水开发程度高的地区主要集中在城市周围及经济基础较好的地

区，部分地区已经超采或严重超采，而边远落后地区地下水开发利用程度很低，与经济建设布局、生态环境保护和农村脱贫致富的需求不相适应。从内陆河流域地下水分布来看，由于干旱地区水资源是按流域分布的，受河流来水不均的影响，地下水分布不平衡。一般来说，河源在山区，河水流出山区进入中游段，受水文地质条件和河水入渗大量补给，地下水资源比较丰富，且水质好，而到下游段受河水和降水补给减少，地下水就比较贫乏，且水质不佳。随着中上游调节水库的修建，地表水利用率提高，地下水开采强度加大，使中下游地表水资源发生巨大的变化，下游水资源量日益减少，致使内陆河尾闾湖大多干涸。加上中、下游水资源得不到合理分配，造成内陆河流域中游水资源过量消耗，下游盆地地下水资源补给量逐年减少，天然生态环境平衡遭到破坏（范锡朋，1990）。

第七节　地下水可持续开采利用的原则

西北干旱区降水稀少，有限的降水量时空分布不均，生态环境脆弱。地下水资源作为区内主要水源，在支撑干旱区经济发展、维持区内生态环境平衡等方面具有重要的作用。长期以来，地下水资源开发利用规模不断扩大，使区域内工农业经济得以迅速发展，但由于未能充分考虑干旱地区地下水资源的特点及其客观规律，地下水开发引发的生态环境负效应也更加突出（周仰效和李文鹏，2010）。因此，协调好西北干旱区地下水资源开发与环境及国民经济可持续发展之间的关系，实现“地下水资源合理开发与生态环境良性发展”的可持续开发模式（Sophocleous，2000），对控制地下水环境问题的恶化、维持区域地下水资源可持续开采利用具有极其重要的意义。

一、盆地地下水开采的采补平衡原则

西北干旱区盆地地下水的补给来源比较复杂，且在盆地不同部位，地下水的补给项也不尽相同。盆地边缘山前冲洪积扇群组成的倾斜平原中上部，是山区河流流出山口后进入戈壁砾质平原的地带。由于组成戈壁平原的卵砾石层透水性极强，河水大量渗失补给地下水，还有少量的河谷潜流，其成为山前盆地边缘区地下水的主要补给项。除此之外，低山丘陵区和山前地带的季节性河流和冲沟，在雨季汇集暴雨洪水流出山口后并入渗补给，山区河流出山口以下地段引水渠系入渗补给及山区地下水的侧向径流补给，也是山前平原区地下水的重要补给项。在盆地中部细土平原区，地下水的补给项除河水入渗、暴雨洪流入渗和渠系水入渗、地下水侧向径流补给外，还有田间灌溉水入渗、平原水库水入渗和降雨入渗等。地下水接受上述补给项补给后，在松散岩类的孔隙中大体由盆地边缘向盆地腹部径流，在冲洪积扇前缘地带因受透水性差的黏性土层阻挡，多以溢出泉的形式排泄于地表，或以侧向地下径流形式继续向盆地中部细土平原区排泄，最终排泄于盆地最低处的湖泊中。在地下水水位埋深小于5m的地带，地下水通过土壤毛细管上升到地表，通过蒸发或植物蒸腾进行排泄。

一般情况下，西北干旱区盆地地下水的补给与排泄总体上处于均衡状态，即补给量等于排泄量。当地下水的补给量大于排泄量时，地下水水位呈上升趋势；当地下水补给

量小于排泄量时，地下水水位呈下降趋势。随着需水量的增加，地下水被大量开采以满足人们对水的需求，人工开采地下水成为干旱区盆地地下水重要的排泄方式之一。大量开采含水层中储存的有限地下水资源，极易出现地下水水位下降、地下水资源枯竭的严重后果。但如果能将地下水开采量控制在补给量范围内，使地下水开采和补给达到平衡的状态，便能实现地下水资源的可持续开发利用。因此，保持地下水开采的采补平衡就成了地下水资源可持续开采利用的关键。为实现干旱区生态环境保护和盆地地下水资源的可持续开发，在自然补给条件下，开发地下水资源必须要考虑地下水的可持续开采量（迟宝明等，2009）。地下水可持续开采量，是以一个含水系统、盆地为单元计，在环境承载力允许条件下的可开采水量，并通过地下水的补给得到长期维持，不会在持续开采的条件下引起严重的社会、经济和环境影响的后果。实现最终目标既要设法满足当代的需求，又不能危及后代的发展需要（刘予伟和金栋梁，2008）。地下水可持续开采，不但要考虑开采的技术可行性、经济合理性和社会合法性，而且还要突出生态与环境影响的长远性，强调地下水资源的可更新能力和可持续利用性（王长申等，2007）。因此，对于西北干旱区地下水而言，在自然补给条件下要想实现地下水开采的采补平衡，需要将地下水开采量控制在可持续开采量的限度之内。

除此之外，针对地下水资源过度开采的问题，还可通过人工补给的方式，实现地下水的采补平衡。其实质就是借助某些工程措施，人为地将地表水注入地下含水层中，以增加地下水的补给量、调节和控制地下水水位，其是储存地表径流和进行水资源管理，以保证地下水储量的实用措施，可以有效地保证干旱区水资源可持续发展。

二、维持生态稳定的地下水水位安全原则

天然植被作为生态系统的主要生产者，是干旱区生物生态系统中最主要的组成部分。在干旱半干旱地区，天然状态下，植被受气候、土壤及地下水等因素的共同作用，经过长期演化，表现出适应其生态环境的特征。因此，如果影响植被生长的任何因子发生变化，都将影响干旱区植被的正常生长。在降水稀少、蒸发强烈的干旱盆地，地下水是影响植被生长的主要因子，影响着干旱区内陆河流域生态系统的构成、发展和稳定（樊自立等，2008；陈亚宁等，2006）。可以说，内陆河流域的水文过程控制着生态过程，与区域生态环境系统的稳定性有着密切的联系。研究表明，地下水水位的高低与干旱区影响植被生长的土壤水分和盐分密切相关（冯起等，2009a，2008a）。因此，当地下水水位过高时，在蒸发作用下，溶解于地下水中的盐分会沿着毛细管上升，使水流聚积于地表，使土壤发生盐渍化，对植物生长吸取水分造成盐分胁迫，不利于植物生长；当地下水水位过低时，毛细管上升水不能到达植物根系层，使上层土壤干旱，植物生长受到水分胁迫而生长不良，甚至枯萎死亡，造成地面裸露，从而促进风蚀沙化的发展。从防治土壤盐渍化角度看，地下水水位埋藏加深，可减少土壤积盐，有利于土壤盐分淋洗；但从防治荒漠化角度看，地下水水位过深，若无灌溉，难以保证植物根系所需水分，导致植被生长衰败，遭受土壤风蚀，从而促使土地沙漠化发展。因此，保持合理的生态地下水水位是防止植被死亡和土地荒漠化的关键，维持适度的地下水水位埋深可以控制土壤水盐运移和平衡，达到改良土壤和改善地质生态环境的目的。确定既不使土壤发生强烈

盐渍化又不发生沙漠化的生态地下水水位，对干旱区生态环境可持续发展至关重要。

从可持续发展角度考虑，生态安全的地下水水位埋深是指在干旱半干旱地区，维系植被的正常生长，维系河流、湖泊、沼泽（或湿地）正常的生态功能，且不发生土地荒漠化、水质恶化、地面沉降等生态环境问题的地下水水位埋深（冯起等，2009b，2008b）。生态地下水水位是基于地下水水位变化对生态环境影响提出的，其上限是防治地表土壤盐碱化的水位，下限是防治地表植被退化的水位。

根据在黑河下游额济纳天然绿洲和新疆塔里木河下游的考察，得出地下水水位埋深与土地沙漠化程度（表 7-15）。由表可知，地下水水位与天然植被生长适宜地下水水位关系密切，要避免土地沙化，地下水埋深应小于 5.0m；要防止土壤盐渍，地下水埋深应不超过 3.5m。适宜的天然植被生长需要结合植物长势和地表景观确定，通过荒漠地区几种植物生长的盐渍临界水位和生态警戒水位对土地沙化程度进行了评估（表 7-16）。除了表 7-16 中列出的植物中外，还有一些多年生灌木、半灌木和多年生草本及荒漠河岸林，主要有旱生、盐生系列和湿生种群，这些植物的根系大都在 3m 以内，根系密集层多在 1.5m 以内。野外调查也表明，维持植物正常生长的地下水埋深多在 2.0～3.5m。

表 7-15　黑河下游额济纳绿洲不同沙漠化程度土地地下水水位　（单位：m）

群落	非沙化	轻度沙化	中度沙化	严重沙化
胡杨	＜4.0	4～6	6～10	＞10
沙枣	2～3	4～5	5～6	＞6
柽柳白刺	＜5	5～7	7～8	8～10

表 7-16　黑河下游额济纳荒漠绿洲几种植物生长的适宜地下水水位　（单位：m）

植物	盐渍临界水位		生态适宜水位		生态警戒水位	
	埋深	变幅	埋深	变幅	埋深	变幅
芦苇	0～0.5	＜0.5	0.5～1.0	＜0.5	1.0～1.5	＜0.5
胡杨	1.5～2.5	0.5～1.0	2.5～3.5	0.5～1.0	＞5.0	0.5
柽柳	1.0～2.0	0.5～1.0	2.0～3.0	0～0.5	＞3.5	＜0.5
梭梭	1.5～2.5	＞0.5	2.5～3.5	0～0.5	＞4.0	＜0.5

这种生态地下水水位还与地面下土层的颗粒特性有关。结合植物根系分布和不同土壤质地，不同土壤质地的毛细管水上升高度，内陆河下游盆地的土壤质地属第四系细颗粒物质，毛细管上升高度为 0.7～1.0m，防止土壤盐碱化的临界水位为地下水深 3.5m，而预防土地沙漠化的地下水埋深为 4.5～5.0m，适宜荒漠植被生长的生态水位的安全区间为 3.5～5.0m（图 7-3）。该临界值的确定不仅可以为进一步计算植物耗水量提供依据，而且可作为稳定绿洲生态的调控地下水水位。

因此，保持生态地下水水位的具体意义可以理解为，在保持干旱区正常的降水入渗和蒸发蒸腾量的情况下，无论是自然环境的变化，还是人为地开采地下水或引水灌溉，都要保障不引起土壤盐渍化或产生土地沙漠化，并维持植物正常生长而不会破坏生态平衡（杨泽元等，2006）。

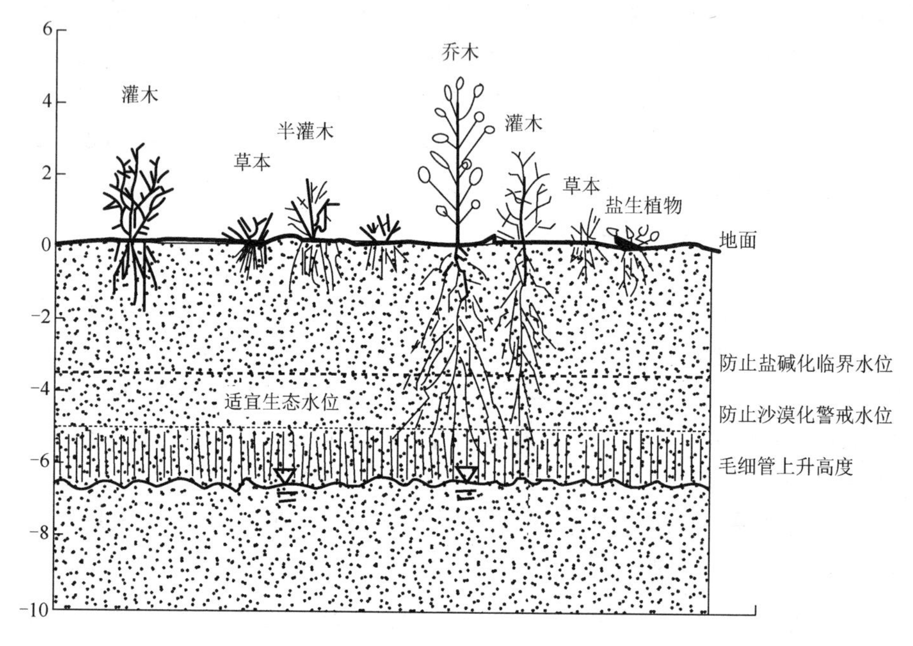

图 7-3　适宜生态地下水水位维持示意图（防止盐碱化与沙漠化的警戒水位）

不同类型的生态，其地下水水位可以是一个具体的值，如沼泽或湿地的生态安全地下水水位埋深为 0，大于 0 沼泽和湿地便成为积水湖泊；地下水水位也可以是一个区间，在这个区间内，生态环境系统具有最高的稳定性和良性循环发展的自适应能力。若偏离平衡位置，在一定时间内能够自动恢复（这取决于植被生长的弹性），表明生态环境处于安全状态；超过这个区间，植被生境的稳定性就遭到破坏，生态安全就受到威胁。干旱区地下水生态平衡水位的埋深，胡杨、沙枣、红柳等乔灌林最深不得超过 5m，梭梭林、苦豆子、芦苇、芨芨草等草类植物不得超过 3m（冯起等，2008c）。

随着干旱区工农业的大力发展，地表水资源量大大减少，为维持经济发展，不得不大规模地开采地下水，致使区域性地下水水位大幅度下降，引起了一系列的生态环境负效应。要恢复区域生态环境，实现地下水资源的可持续利用，必须将生态地下水水位保持在合理范围内。

三、保护地下水含水层避免退化原则

在西北干旱区，流域特殊的水文地质构造使得地表水与地下水在各带相互重复转化，形成了独具特色的河流水系的含水层系统。在该系统内，无论是引用河水还是开采地下水，都不可避免地产生可能波及流域平原区域的水文效应，引起大范围地下水补排条件的变化。因此，在这种水文地质条件下，径流减少和人类对地表水和地下水大规模的开发利用对流域内水文循环系统的影响就更加显著。人类对水资源的不合理开发利用使得这种水文循环呈现一种恶性循环，并在地下水的形成、补给和排泄方面直接对地下水含水层系统的脆弱性形成了一种负影响，使其功能衰减。

对于西北干旱区而言，地下水已成为众多城市、工矿企业和农业等重要的甚至是唯一的供水水源。由于地下水补给来源稳定，大量开采地下水资源使地下水补排关系严重失衡。地下水严重的补排失衡使得地下水系统输出要素中的地下水水位急剧下降。地下水与其周围岩土构成统一的力学平衡系统，当地下水水位下降时，会改变区域地下水天然流场，导致地下水含水层内部压力失衡，含水层本身及盖层孔隙被压密，使得覆盖于强烈岩溶化岩层之上的松散沉积物发生坍塌，形成岩溶塌陷和地下水降落漏斗，加剧地下水含水层的脆弱性。

另外，随着流域人口的增长和社会经济的发展，工业废水和城镇生活污水排放量不断增加，城市排水设备和污水处理设备却显得不足与落后，以至大量废水和有害物质直接或间接排入河流、湖泊等水体中，造成地表水质污染，被污染的地表水随着河渠的渗漏对地下水造成污染。除此之外，随着农耕面积的增大，有机肥料的大范围使用使得地下水体中的硝酸盐含量也迅速增加；居民生活垃圾的产生及堆放会在降雨的作用下产生有害成分、病毒及细菌等，从而使包气带土层及地下水产生严重的污染。伴随着水体污染，地下水水质不断恶化，水量锐减，地下水水位大幅度下降，进而导致了一系列的生态环境问题，使得地下水储存、传输、调蓄地下水量的功能和生态环境支撑功能衰退，致使地下水系统受损，变得更为脆弱。

此外，随着经济的发展，西北干旱区的城镇化水平逐渐提高，但由于缺乏对可持续发展理念的实践，破坏包括地下水资源在内的许多自然环境成为进行经济与社会发展的代价。城镇化的发展必然会带动建筑工程产业的发展，在一些较为发达的城镇中，地下管线、地下建筑及地下交通系统的修建对地下水起到一种阻隔的作用。因此，地下工程建设施工对地下水含水层的破坏是直接的。城镇化发展的过程中人工建筑物的密度会增大，地面铺装层面积的增加使得地表的自然环境发生改变，路面的硬化及较差的透水性会导致降水难以有效地渗透，而是形成地表径流进入排水系统中，进一步减少降水对城镇区域地下水的补给作用，从而使城镇区域的地下水含水层逐渐退化。城镇化的发展必然会对地表植被产生破坏，而植被在促进降水对地下水形成补给方面发挥着重要的作用。由于植被能够对地表径流起到阻滞作用，并且植被的枯枝落叶可以减少降水对地表土壤表层破坏，在植物根系的作用下，土壤的透水性能够得到进一步的加强，植被在涵养和调节水源方面发挥着不可忽视的作用（金自学等，2000）。但是在城镇化的发展中，植被覆盖率会不断降低而逐渐被人造绿地所替代，而人造绿地的土壤与天然植被的土壤相比较，其渗透系数要小得多，因此即使是在城镇化中的绿化带区域，地下水资源补给比其他地区更少，使地下水含水层水位降低。

四、污水经处理后回补原则

西北干旱内陆区由于深居亚欧大陆腹地，降水稀少，地表水资源十分有限。随着社会经济的快速发展，干旱内陆区水资源利用程度逐年加强，水资源开发利用潜力却相对减弱，水资源供需矛盾十分突出。地表水资源的匮乏致使地下水超采严重，许多地方地下水水位不断下降，诱发了地面沉降等一系列生态环境负效应。另外，未经处理的工业废水及城市生活污水直接排入水体，使得水体污染，水质严重恶化，从而加剧了干旱内陆区水资源短缺。此外，干旱内陆区水资源的循环利用程度不高。污水处理设施及再生水回用设施的不完善，导致污水处理率与再生水利用率较为低下。干旱内陆区再生水主要用于农业灌溉、城市绿化与景观用水，水量仅占总供水量的 2.1%。为缓解干旱区水资源危机，使生态环境得到改善，必须将生态地下水水位维持在合理的水平，在优化用水格局的基础上，积极推广地下水人工回灌技术，把城市污水净化处理为符合回灌标准的再生水，增加回补水源，并与集雨径流一起安全回灌补给地下含水层。地下水人工回灌技术通过选择适宜的地点和部位，将经过深度处理并达到地下水回灌标准的城镇废污水，通过土壤渗滤或井灌等方式回灌于被开采的含水层，使含水层中孔隙液压保持初始平衡状态，最大限度地减小因抽液而产生的有效应力增量，恢复和维持区域地下水量平衡。同时，利用地层孔隙空间储存污水再生水补充地下水源，可以形成地下水库，增加地下水储存资源（王晓愚等，2014）。

从水循环的角度出发，污水再生水地下回灌技术集污水处理、再生利用及水资源开发于一身，具有广阔的发展前景。污水经处理后回补地下水是水资源管理的一条有效途径，也是污水再生利用的重要的发展方向（杨庆等，2010）。在干旱缺水地区，污水再生的应用是解决供水危机的有效途径，将有利于缓解干旱区水资源紧缺、水重复利用率低、地下水超采、水环境恶化等矛盾，对改善干旱区地下水环境质量、实现地下水可持续开采具有十分重要的意义。

然而，就污水再生回补地下水而言，需要注意的问题有：①再生水水质要求。许多国家对回灌地下水都提出了水质要求，如美国要求回灌水水质至少能达到饮用水水质，德国要求回灌水水质应不低于当地的地下水水质，但大部分国家因担心污染地下水源而对地下水回灌，特别是对作为饮用水源的地下水回灌持谨慎甚至反对态度。概括而言，地下水回灌的再生水水质应随回灌区水文地质条件、回灌方式、回灌目的的不同而不同（魏东斌和魏晓霞，2010），因此目前还很难制定统一的地下回灌水质标准。我国针对再生水补给地下水颁布了《城市污水再生利用地下水回灌水质》（GB/T 19772—2005）和《再生水水质标准》（SL 368—2006）。但在西北干旱区采取污水再生水回灌，现行的水质标准是否满足水质、生态环境与人类健康的要求，仍需重点研究。②制定污水再生水补给地下含水层方案。污水再生水回补地下含水层是一项复杂的系统工程，不仅要考虑污水前处理、灌区水文地质条件、回灌场地、含水层地质构造、回灌方式等，还需考虑工程投资与收益，以及对区域环境造成的影响。因此，应研究制定经济合理的污水再生水补给地下含水层方案，划定回灌范围，确定回灌方式、回灌量和回灌水水质等。③再生水补给地下含水层的风险评价。尽管污水再生水水质满足回灌要求，但在长期补给地下含水层过程中，再生水中所含有的污染物残余在积累过程中也可能产生一定的水质安全问题。因此，在干旱区利用污水再生水补给地下含水层时，有必要针对污水再生水回灌补给地下水工程的脆弱性，对灌区的区域环境健康与生态安全做好风险预测评估及安全评价，分析评价该工程能保证正常运行和维护系统安全的能力，为制订相应的环境健康风险与生态风险防控对策提供依据（杨昱等，2014）。

五、地下水资源合理开采与管理定量评价原则

在西北干旱内陆区水资源的开发利用过程中，地下水占有非常重要的地位。在目前干旱内陆区地表水资源利用紧张的情况下，人们日益寄希望于向地下索取更多的水资源。需要注意的是，深层地下水不应作为常规水源被任意开采，当人类活动超过地下水系统的承载力时，将引起地下水水位和水质发生变异，进而引发生态环境问题。随着人类活动对地下水系统影响的加剧，环境生态问题日益突出。因此，迫切需要加强对西北干旱地区地下水资源评价及合理开采管理的力度，结合干旱区经济社会发展和生态建设需要，准确评价和确定地下水资源的承载能力，科学规划地下水资源开发利用总体布局，实现西北干旱区地下水资源及生态环境的可持续发展（丁宏伟和张举，2002；徐兆祥，1994）。地下水资源合理开采与管理定量评价有以下四个原则。

（1）建立西北地区特有的基于生态的区域地下水资源评价体系。正确地评价西北干旱地区的地下水资源量与地下水资源可利用量，对生态脆弱的西北干旱区的社会经济可持续发展具有十分重要的现实意义。西北干旱区地下水资源形成、分布特点与东部和西南地区有明显不同，因此在建立地下水资源评价体系时，不能照搬东部和西南地区的评价体系，需要建立西北地区特有的基于生态的水资源评价体系。同时，西北干旱区地下水与地面植被、生态环境关系密切，优化和调节地下水状态，可使其与生态环境相协调，并成为水资源可持续开发利用的关键问题之一。因此，在对地下水进行定量评价时，不仅要评价地下水对人类生存和经济发展的支持力度，还要评价地下水系统的调蓄能力，同时评价地下水对生态环境系统的维持能力。

（2）优化地下水开采布局，实现地下水合理开采。西北干旱区地下水开采利用并非只在补给区，其开采强度远大于补给强度，往往为一局部区域。地下水资源是以盆地为单元计量，并埋伏在地下的不同含水层，水质水量差异较大，并呈不同地下水系统的流动状态。人类开采地下水不仅在井采区取水，还在其上游地区的泉水区或潜水层地下水取水，上游地下水与其下游地下水开采利用密切相连，而且还明显受到地下水补给、径流、排泄的影响。因此，要在较大区域范围加强地下水资源数量和质量的勘查，掌握系统水文信息和水文地质资料；根据水源条件，规划地下水开采层位，划定禁采区、限采区及控制目标要求，制订实施禁采、限采计划，压缩开采量，并合理调整开采方式和开采井的布局，严格按照允许的开采量进行开采，建立和完善地下水动态监测网络，有效遏制地下水的无序开采，实现地下水合理开采与协调管理。

（3）建立长期有效的管理体制，强化流域水资源的统一管理。全流域的综合开发与治理、中下游农林牧及城乡生活用水、水资源数量与质量、地表水和地下水、生态用水和防污等方面要实行统一规划、协调、严格管理与执法，实现流域管理与区域管理有机结合。建立严格高效的水资源管理系统，实施地下水计量开采的监督管理，严格地下水开采使用审批制度及信息的存储、管理和发布，并开展有奖举报制度，进一步加大查处力度。组建权威性的区域统一的资源配置与环境利用、保护和管理机构，以综合协调、处理区域资源开发、保护与环境治理及管理事宜，保障流域治理方案、管理措施得到顺利实施。

（4）加强地下水管理的政策标准及法规建设。规范地下水开发、利用、保护、配置等行为，通过法律手段，强化对地下水资源的管理与保护。逐步建立和完善干旱地区地下水资源管理和保护的专项法律或法规，可在已颁布实施的有关法律、法规中，在管理和保护地下水资源各种规定的基础上，综合考虑干旱内陆河地区的地下水特点，开展相关立法工作，统一政策标准，制定出干旱地区地下水资源管理和保护一整套法规，这也是一项十分急迫的任务。

第八章　干旱区洪水与枯水径流

干旱是地球上最主要的自然灾害之一。据统计，气象灾害损失占各类自然灾害损失的70%，而旱灾损失又占气象灾害损失的50%以上（Obasi，2000）。当供水不能满足最低需求或水的含量低于某一标准时，即发生干旱。按不同学科观点，干旱可分为气候干旱、水文干旱、农业干旱及其他经济社会干旱等（程国栋和王根绪，2006）。尽管不同学科对干旱事件的确定标准不同，但对于干旱特点的认识是相同的：干旱具有区域性、渐变性、周期性和连续性，在西北地区更具有明显的易发性和灾害性（钱正安等，2011）。干旱的发生是一个复杂多变的过程，且旱灾的形成是多种因素综合影响的结果，干旱指标是确定干旱是否发生及其严重程度的标准，是干旱研究分析的基础（陈学君等，2012）。研究的角度不同，得出的干旱指标也不尽相同（刘德祥等，2006，2005a，2005b；谢金南等，2002）。目前，国内外关于干旱指标已有大量研究，卫捷和马柱国（2003）利用160个气象站的降水、气温月平均资料，计算全国160个气象站1951～1999年的修正帕默尔指数，认为帕默尔干旱指数对我国干旱指数有很好的指示意义（卫捷和马柱国，2003）。王越等（2007）利用西北地区年、日气候资料，通过对国内现用的 Z 指数、K 指数及帕默尔指数，以及其所含参数计算值与实测值的对比分析，论证帕默尔指数的合理性，并通过对西北地区年、季干旱等级与历史记录的对照，确定了适合西北地区干旱分析的帕默尔干旱指数及其等级划分标准。

第一节　干旱内陆河地区洪水的主要特征

我国西北干旱区山前平原由于气候干旱、降水稀少、蒸发强烈，基本上是不产流区，只在较少情况下可形成短暂的暴雨径流，但其总量微不足道。干旱区的洪水基本上形成于山区，从洪水出现的时间上基本可分为春汛与夏汛两大类。由山地积雪融化所形成的春汛流量一般为年平均流量的10倍或更多些。干旱区大部分地区以夏洪为特点，夏洪也是全年径流量的主要组成部分，夏秋季汛期径流量为年径流总量的60%～80%甚至更多。每年洪水总量往往与当年的年径流总量有着密切的关系，且洪水直接与山前平原地区广大绿洲息息相关（汤奇成等，1992）。因此，在水资源短缺且时空分布不均匀的西北干旱区，对待洪水不应一味地以“防”为主，要在保证防洪安全的前提下，实现洪水的资源化，充分利用水资源，促进区域经济发展（何传武，2007）。干旱内陆河地区洪水一般具有以下特点。

（1）干旱内陆河地区的洪水基本上形成于山区。洪水形成的垂直地带性可概括为：中低山带主要为暴雨洪水；中山带主要为季节积雪融水形成的洪水；高山带在冰川发育的地区，属于高山冰雪融水洪水（冰川洪水）。

（2）从出现的时间基本上可将洪水分为春汛与夏洪两大类。春汛发生的时间一般在每年的 4～5 月，夏洪发生的时间一般在每年的 6～8 月。由山地积雪融化所形成的春汛，主要出现在阿尔泰山区、准噶尔盆地西部山地的河流。春汛流量一般为年平均流量的 10 倍或更多些。此外，伊犁河流域、帕米尔高原河流、柴达木盆地东南部的河流等也都有春汛出现。干旱区大部分地区是以夏洪为特点的，夏洪也是全年径流量的主要组成部分，夏秋季汛期径流量为年径流总量的 60%～80%甚至更多些。因此，每年洪水总量往往与当年的年径流总量有着密切的关系。

（3）干旱区洪水的成因比较复杂，主要受积雪厚度、气温高低等诸多因素的影响。

（4）干旱区洪水主要可分为融雪型、降雨型、混合型 3 种类型。融雪型洪水发生在春、夏季，完全受气温控制，春洪以中、低山区季节性积雪消融为来源，夏洪以高山区冰川及永久性积雪消融为来源。这类洪水较有规律，有明显的一日一峰。在整个洪水期水量中融雪型水量占很大的比例。降雨型洪水洪量较小，一般与降雨覆盖面积、走向和强度有关，形成的洪水具有陡涨陡落的特点。混合型洪水为融雪型和降雨型洪水的组合，多发生于夏季（6～8 月），具有洪峰高、洪量大及历时相对较长的特点。

第二节　河西内陆河流域的旱涝特征

一、河西内陆河流域气温变化

从表 8-1、图 8-1 可见，1958～2006 年河西走廊的年均气温自 20 世纪 80 年代中期以来持续升高，尤其是 1986～1990 年的平均气温较前 5 年上升了 0.7℃，上升幅度最为明显，其线性倾向率为 0.0280℃/a（$P<0.001$），约每 10 年升温 0.3℃，在研究时段内升高 1.4℃。1993 年前后发生增暖突变。旱时日数整体呈增加趋势，大雨日数整体呈减少趋势。

表 8-1　河西内陆河年代际气温变化　（单位：℃）

时间	平均气温	时间	平均气温
1958～1960 年	6.4	1981～1985 年	5.9
1961～1965 年	6.3	1986～1990 年	6.6
1966～1970 年	5.7	1991～1995 年	6.7
1971～1975 年	6.1	1996～2000 年	7.1
1976～1980 年	6.1	2001～2006 年	7.3

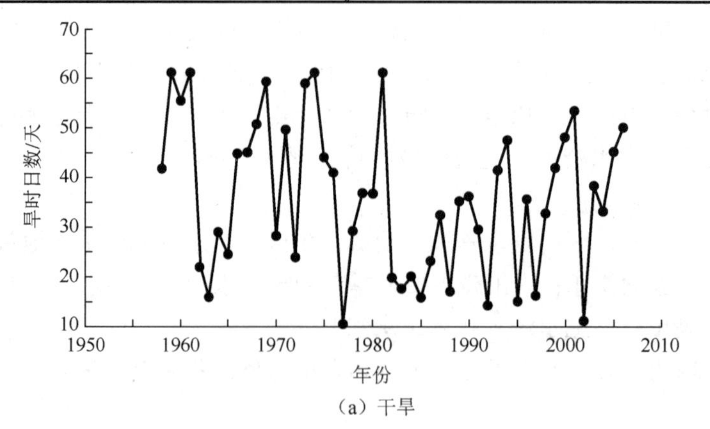

（a）干旱

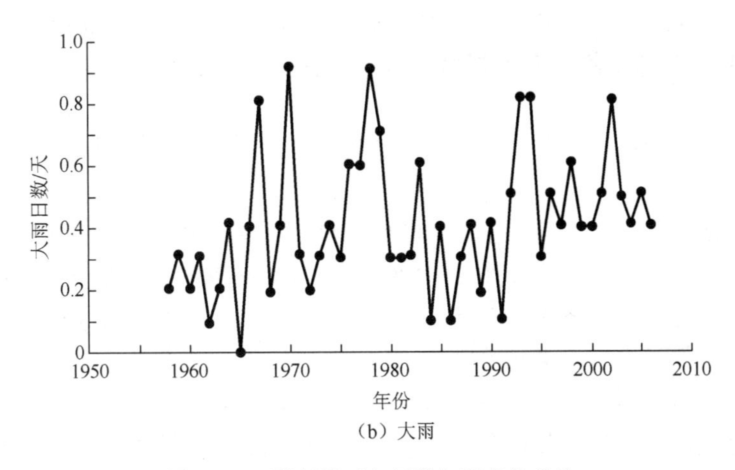

（b）大雨

图 8-1　两类极端天气日数年际变化趋势

二、河西内陆河流域暴雨特性

河西内陆河流域的一般洪水由暴雨和冰雪融水所形成。大洪水主要由暴雨形成，洪水期一般为 6～9 月，水量占全年的 60%左右。暴雨类型大体上有 3 种：一为锋面雨（暖锋雨），历时长，强度小，雨区范围大；二为雷阵雨，历时短，雨量集中，强度大，雨区范围小；三为混合雨，其历时、强度和雨区范围都具备了一、二类型的特点。由于暴雨的类型不同，再加上它们所降落的地区在地形、地貌、土壤、植被等方面的差异，所形成的洪水也各异。为了搞好水利水电工程设计洪水的成果，就必须对设计流域及其邻近流域的暴雨特性做细致的调研。河西地区的暴雨分布呈由东到西、由南到北呈递减趋势，如实测调查的年最大 24h 点暴雨，东边土门“66·8”暴雨量为 228mm，西边阿克塞“79·7”暴雨量为 113mm，南边黄娘娘台“76·8”暴雨量为 92.0mm，北边梧桐沟“66·7”暴雨量为 32.8mm（李超英，2014）。

三、河西内陆河流域的洪水特性

河西内陆河流域暴雨有 3 种类型，它们降落在中小河流所形成的洪水也分为 3 种类型：一为“矮胖型”洪水，峰小量大，系全流域普降锋面雨所形成；二为“尖瘦型”洪水，峰高量小，系流域内部分面积上降落雷阵雨所形成；三为混合型洪水，其峰高量大，系在流域普降锋面雨的基础上又在部分流域上出现雷阵雨所形成，往往在矮胖型洪水过程线上附加了一个独立的“尖瘦型”洪水，或是在“尖瘦型”洪水前或后附加一个“矮胖型”洪水，如土门“66·8”洪水就是雷阵雨和锋面雨叠加所形成，洪水峰高量大，这种混合型洪水的组成较为多样。河西内陆河流域都发源于祁连山，各河流与祁连山垂直，从南向北流，在它们出山口以前，都穿行于高山深谷之中，坡降陡峻，流速较大，河谷狭窄，河槽调蓄能力小，流至出山口处，其汇水面积多小于 3000km^2。由于各流域以上地形、地貌的特点，加之河西内陆河流域的暴雨兼有 3 种类型，河西大部分内陆河流域都具备 3 种类型洪水，从而使洪水的峰量关系比较散乱，其规律较为复杂。祁连山浅山区往往出现局部暴雨，形成较大的暴雨山洪，洪水尖瘦，峰高量小。河西走廊北部的北山山区，山势较低，断断续续，大致呈西北-东南走向，海拔 1500～2500m，间有沙漠戈壁分布，植被稀疏，有间歇性沟道，偶遇暴雨仍有山洪发生。

第三节 塔里木盆地洪水灾害的时间分布特征分析

塔里木河所处的塔里木盆地由于其特殊的地理背景，成为我国北方自然灾害种类较多、影响最为严重的地区之一（刘星，1999；新疆减灾四十年编委会，1993）。据分析，1949～1990 年，塔里木盆地共发生了旱灾、洪灾 483 次，暴雨灾害 392 次。频繁的自然灾害给人们的生产、生活带来严重损失（西北内陆河区水旱灾害编委会，1999；新疆自然灾害研究课题组，1994；新疆减灾四十年编委会，1993）。

洪水灾害是塔里木盆地各种自然灾害中较为普遍、损失较大的常发性灾害，1949～1990 年共发生各类大小洪灾 483 次，平均每年发生 11 次（唐兵和安瓦尔·买买提明，2012）。这与塔里木盆地浅山带局部暴雨洪水较多，以及突发性冰川洪水较频繁和抵御洪水的能力低等原因密切相关。1949～1990 年暴雨灾害共发生 392 次，平均每年发生 9 次，总体上暴雨灾害频次具有缓慢的增长趋势。

在年际分布上，灾害的发生具有周期性，各主要自然灾害频次的发生具有阶段发生的特点，即相隔一定的年代灾害发生的频次较少，随后是灾害发生频次较多的高峰期（张允和赵景波，2009）。塔里木盆地洪灾的多发期在 1949～1968 年、1980～1990 年，少洪灾期在 1968～1980 年。其中，1980～1990 年后期发生的洪灾最为频繁。1949～1968 年，共发生各类大小洪灾 140 余次，平均每年发生 7 次洪水灾害，并且这 20 年中洪灾发生的频次具有约 4 年出现一次洪灾高峰期的特点。暴雨灾害发生的频次具有较明显的平均 6 年出现一次暴雨灾害峰值的周期性波动变化的特点，两次较明显的灾害频次峰值出现在 1965 年和 1987 年，灾害频次分别为 34 次、50 次（唐兵和安瓦尔·买买提明，2012）。

总体上看，可以将塔里木盆地自然灾害划分为两个时期：1949～1973 年的这个时间段是区域自然灾害频次发生的相对稳定期，波动幅度较小，洪灾和暴雨灾害发生较为频繁。但自 1974 年以后可认为是区域自然灾害频次发生的持续增长期，洪灾、暴雨灾害频繁发生，总体上发生频次一直呈持续上升趋势，并且增长速度很快，波动幅度较大，其中暴雨灾害发生频次增长速度最快，仅 1984～1988 年就发生了 104 次，是 1974～1978 年和 1979～1983 年发生频次总和的 2.7 倍。

在年内分布上，洪灾主要发生在春季和夏季。春季洪水主要是春季升温导致积雪融化形成的升温型洪水，这种洪水具有持续时间长，范围广，洪峰高，洪量大，对水库安全及农田、公路、铁路危害性大的特点。夏季洪水常发生在天山及阿尔金山和昆仑山北麓浅山区的山间盆地、谷地、喇叭口地形深入地带。这一阶段的洪水多发生在 6～8 月，由于地形陡、降水量大、集流迅速而形成降雨型洪水（张国威等，1998）。暴雨灾害多发生在夏季，以 6～7 月居多。夏季洪灾、暴雨灾害发生频次占全年总数的 45.1%、49.9%，而春季分别占 45.7%、39.3%，秋季分别占 6.9%、9.2%，冬季分别占 2.3%、1.6%。这种季节差异主要是受该区域大气环流特点的影响（李耀辉等，2004）。

第四节　塔里木盆地气象灾害的空间分布特征分析

一、灾害的空间格局及其特征分析

塔里木盆地自然灾害具有很强的空间变化特征，灾害次数具有明显的区域性，在空间上主要呈条带状或块状的分布格局。从行政区划上看，塔里木盆地有两个自然灾害频发区，分别是阿克苏地区和喀什地区，这两个地区各灾害频次之和占其对应灾害总和的比例分别为 66%、72%、54%、79%。总的分布特点是：山区多，山区与盆地交界地带多，盆地内部较少；灾害发生频次以盆地北部最为集中，表现出北多南少、西多东少的基本格局。从单个灾害类型具体分析来看，具有如下特征。

（1）洪灾在空间上的分布主要集中在塔里木盆地北部的和西部，呈块状分布。其中，北部阿克苏地区的乌什县、温宿县和拜城县是洪灾频发区，灾害频次向南呈阶梯状递减趋势分布。而西部主要发生在喀什市周边县城及向南延伸至叶城县这一带，其中疏附县和莎车县是频发区。

（2）暴雨灾害主要发生在山区或靠近山区的地方，如天山中部南坡的暴雨主要出现在阿克苏河以东到开都河流域；昆仑山地区的暴雨主要降落在叶城和于田之间。乌什县-温宿县-拜城县-库车县一线为一条呈带状分布的暴雨灾害的频发地带，而阿克苏市南部的阿瓦提县也是暴雨灾害频发区。喀什地区也零星分布有暴雨灾害的次高发区。

（3）风灾在空间分布上具有分布范围广、影响区域大、连片分布的特点。在分布范围上，超过 76%的县（市）都受到较严重的风灾影响；在空间上，沿东北-西南轴向呈连续分布，其中风灾严重区：岳普湖县、阿克苏市、库车县在空间上呈“多核”分布的特点。从整个塔里木盆地来看，位于天山和阿尔金山之间的塔里木盆地东部为大风日数的高值区，大风日数为 30～40 天，其次是库车到喀什一带，为 20～30 天，塔里木盆地南缘约为 10 天，而中低山区大风相对较少（王旭和马禹，2002）。

（4）雹灾频发区明显集中在阿克苏地区，其中雹灾高发区主要分布在乌什县、阿克苏市、新和县、拜城县，在空间上形成“Y”形的树杈状分布的特点，而围绕其周围的周边县城形成雹灾的次高发区。

二、灾害空间格局特征的成因分析

阿克苏地区和喀什地区位于塔里木盆地西部山区和天山南坡中山段的浅山地带，这里是暴雨多发地带，易形成暴雨型洪水（吴友均等，2011）。塔里木盆地西部山区和天山南坡中段的许多较大河流多发源于山体高大、冰川广布的天山山脉，这些河流以冰雪融水型洪水为主，有些河流如叶尔羌河还可引发突发性冰川洪水（吴友均等，2011；王秋香等，2006）。强降水汇集成大的径流易引发灾害，如山洪、暴雨型洪水等。地形和低空气流方向成为影响区域降水的重要因素之一，地形对气流具有抬升和阻挡作用，暖气流在行进中受山地阻挡会被迫抬升，遇冷凝结降水，因而在山地迎风坡多形成暴雨（张新主等，2011）。全年大风日数的分布规律与大气环流形式和地形有很大关系（王秋香和李红军，2003）。大风进入南疆的通道有 3 个：一是从阿拉山口经新源、巴音布鲁克到阿克苏北部、巴州北部，北疆大风翻越天山进入南疆；二是从乌鲁木齐到达坂城的天山谷地进入南疆；三是从东疆风口进入南疆（王旭等，2002）。在大风行经区域上易形成分布范围广、影响区域多的风灾区。冰雹的产生往往与当地的地形有密切关系（王秋香和任宜勇，2006；张振宪，1992）。塔里木盆地冰雹的地理分布为西部多于东部，山脉的背风面多于迎风坡，山间盆地、谷地带多于开阔的平原地区，向东开口的喇叭形河谷地区多而盆地中心少（杨莲梅，2002）。例如，地处天山中段山间盆地的巴音布鲁克年均降雹次数多在 14 次以上；南疆西北部的阿合奇-阿克苏、西部的乌恰-喀什等地，均位于向东的喇叭形的河谷地带，相对来讲，降雹次数多于其他地区（马禹等，2002）。

第五节　新疆内陆河地区暴雨的特点和分布

我国气象部门规定，凡日降水量（24h）为 50mm 或以上的雨都称为暴雨。新疆维吾尔自治区具有内陆强降水少而急和山前宽广集水面积大等特点，因此新疆气象部门规定日降水量大于 25mm 者就称为暴雨。产生暴雨的重要条件是空气中要含有大量水汽，并有较强的上升对流运动。暴雨的发生和大气环流的季节性变化有密切的关系。随着气候变暖、大气含水量增加，发生暴雨、洪水、泥石流的强度和频率也会加大（徐爱明和况明生，2006）。阿克苏地区极端降水量和频次在 1961～2000 年显著增多，20 世纪 80 年代以来尤其明显，年极端降水量于 1980 年发生突变；但这期间新疆极端降水的强度无显著变化，是极端降水频次的增多导致了极端降水量的显著增加。

干旱区暴雨的水汽来源情况比较复杂，新疆基本上是西来水汽，在夏季西风槽活跃，可将西方及西南方向的水汽输入。但同时，由于副热带高压的西伸与西藏高压的北挺，也可输入我国东部的水汽。具体情况是：北疆准噶尔盆地兼有东方路径的水汽配合，但主要来自西方和西南方；南疆塔里木盆地由于周围地势较高，暴雨主要靠低空急流输入东部水汽。

一、新疆内陆河地区暴雨的主要特点

新疆内陆河地区的暴雨可归纳为两类：一类是大尺度天气系统形成的大范围暴雨；另一类是中小尺度天气系统形成的局地性暴雨，有时夹有冰雹。大尺度天气系统形成的大降水多由低涡或低槽产生，系统很厚，移动速度缓慢，新疆东部常有阻塞高压存在，雨区笼罩面积大，暴雨中心多落在中山区，降水历时相对较长，一般在 24h 左右，有时可达 2～3d。而局地性暴雨是在天气系统过境时，在地形作用下形成的中、小尺度系统移动迅速，雨区多呈不连续的带状分布，位置较低，常分布在低山、丘陵或盆地边缘，可有多个暴雨中心，强度大、历时短，一般只有十几分钟，长者也只有 1～2h。新疆暴雨主要有以下特点。

（一）大尺度天气系统形成大范围暴雨的发生频次较少

新疆维吾尔自治区气象局对1960～1980年4～10月的场次大降水进行了统计，各类大降水过程共计664次，其中降水量10～19mm的有248次，占各类大降水总数的37%；20～29mm的有271次，占41%；30～49mm的有126次，占19%；≥50mm的共19次，占3%。

新疆暴雨编图小组对1956～1975年4～9月的降水进行了统计，统计结果显示大雨（中心雨量≥30mm）104次，暴雨（中心雨量≥50mm）28次，大暴雨（中心雨量≥70mm）8次。

新疆维吾尔自治区水文水资源局对1956～2000年4～10月的场次大降水进行了统计，其结果是大雨（中心雨量≥30mm）104次，暴雨（中心雨量≥50mm）28次，大暴雨（中心雨量≥70mm）8次。由此可见，新疆大尺度天气系统的大范围暴雨发生的频次不是很高。

（二）时空变化大

新疆大范围大暴雨由大尺度倾斜对流运动所造成，主要分布在山区，是影响较大的灾害性暴雨。例如，1958年8月13日前后，天山南坡一次大降水过程，≥50mm的暴雨区域达70万km^2之多，发生过著名的库车大洪水；1996年7月中下旬，天山南北两侧出现特大暴雨，降雨范围达到50万～60万km^2，最大一日降水量占过程降水总量的46%～83%，一日过程最大降水量又集中在几个小时内，如达坂城站20日2～14时的降水量为80mm，占过程降水量的85%；头屯河上游山区团结队站19日20时～20日8时的降水量为32mm，占过程降水量的62%；开垦河开垦水文站26日8时～16时30分的降水量为44.5mm，占过程降水量的51%。多年平均降水量仅为7.7mm的吐鲁番盆地的托克逊，1996年7月21日（24h）降水量高达38.7mm，是历史最大值（12.6mm）的3倍、多年平均年降水量的5倍。大范围、高强度的暴雨导致了新疆有史以来的“96.7”特大暴雨洪水，造成了严重的灾害。

二、新疆内陆河地区暴雨的分布

（一）暴雨的分布

新疆暴雨主要发生在夏季。据1956～1975年4～9月降水资料统计，5～8月的暴雨占86%，其中6月、7月两个月最高，占61%，从已有的实测资料分析，大暴雨均发生在6～8月。新疆夏季日雨量≥25mm的暴雨出现频次的地理分布特征是：北疆多于南疆，山区多于盆地，中山带暴雨最多，东天山迎风坡（乌鲁木齐以东至木垒以西）多于中天山迎风坡，天山南坡少于天山北坡。暴雨带一般分布在对流旺盛、动力条件较好的中低山带。该地空气湿润，水分含量多，在上升运动的作用下，易产生局部不稳定，有利于形成较大降水（表8-2）。

表 8-2　塔里木盆地各山系夏季≥25mm 暴雨频数垂直变化情况（1958～1989 年）

天山南坡			昆仑山北坡		
站点	高程/m	频次	站点	高程/m	频次
尉犁	885	3	于田	1422	1
克尔古提	1510	11	努努买买提兰干	1880	10
巴伦台	1753	31	努尔	2300	6
巴音布鲁克	2450	10			

注：引自马淑红，1993。

由表 8-2 可见，塔里木盆地不同山系的暴雨出现最多地带的海拔有所不同，其中天山南坡一般为海拔 1500～2500m；昆仑山北坡为 1880～2300m。

（二）主要暴雨区

新疆日雨量≥25mm 等雨量线所包括的区域，称为暴雨区。从天山南坡山麓一直至尾闾都有暴雨发生，并呈西多东少的趋势。其主要分布在台兰河-阿拉沟上游山地，其暴雨带的中心在开都河山恨土海一带。这个暴雨区发生频率较天山北坡少，强度中等，但危害严重，除此之外，还有博尔塔拉西部山地、天山东部哈尔力克山周围山地。

帕米尔高原、喀喇昆仑山等地，提孜那甫河-杜瓦河、策勒河-克里雅河一带降水较为集中，降水量达到暴雨的机会不多，强度较弱，是新疆出现暴雨强度最小的地区，但山区春季往往出现强度大的暴风雪，暴雪量可达 25mm，包括昆仑山一部分、阿尔金山和克里雅河以东地区，降水量往往很大，但暴雨次数不多，是新疆暴雨最少的地区。

（三）大尺度天气系统形成的区域性暴雨洪水

大尺度天气系统所形成的暴雨过程降水量大、雨区范围大、持续时间长，常常形成区域性暴雨洪水，是新疆河流暴雨洪水形成的主要原因。

实例一：1958 年 8 月 11～15 日暴雨过程，暴雨中心始于天山南脉，沿天山山区逐渐向巴伦台附近移动至天池，最终到达北塔山，暴雨雨区面积达 73.5 万 km^2，本次降水总量达 199.6 亿 m^3，暴雨中心（位于库车河流域北部山区）最大降水量约 160mm，是新疆有记录以来最大的一场区域性暴雨，暴雨中心所经过的天山山区出现大范围的区域性暴雨洪水。天山南北坡 30 余条河流发生较大洪水，其中库车河出现大于 50 年一遇的特大洪水，兰干水文站洪峰流量达 1940m^3/s。这场暴雨不仅导致较大河流出现大洪水，而且雨区内的一些小洪沟也出现大洪水，如平时干涸的库车县附近的盐水沟，突然出现 1130m^3/s 的特大洪水，冲毁库车老县城，造成重大损失。

实例二：1996 年 7 月中下旬，天山山区等地出现大降水天气过程，这次暴雨过程呈大圆弧形路径。1996 年 7 月 15～21 日的降雨过程涉及新疆境内 11.9 万 km^2 的面积，累计降水量 56.5 亿 m^3。该场降雨始于天山西部巩乃斯河、喀什河和特克斯河流域，暴雨路径自西向东，再移向北，天山北坡中部和东部的奎屯河、玛纳斯河、头屯河、乌鲁木齐河、开垦河等河流流域出山口附近最大一日降水量达 18～56mm，其中达坂城气象站、大西沟气象站1996年7月下旬最大一日降水量为历年最大值的1.4倍、2.3倍；天山南坡及阿尔泰山东部的开都河、黄水沟、喀依尔特斯河等河流流域出山口附近最大一日降水量达20～46mm。降雨高值中心的乌鲁木齐河上游的大西沟气象站和东天山的天池气象站，次降水量达124.2mm和95.0mm。7月25～28日天山南麓和东疆一带又降大暴雨，最大一日降水量为35～76mm，其中天山南坡的黄水沟水文站、东天山的伊吾河苇子峡水文站最大一日降水量分别为历年最大值的1.3倍、1.6倍。降雨高值中心黄水沟上游的巴仑台气象站、木垒河流域的木垒气象站、巴里坤的冰沟次降水量分别达41.1mm、101.7mm、140mm。各场次降雨中心的降雨历时，大多数气象站为5～6天。这场降雨导致天山山区及南北两麓发生中华人民共和国成立以来罕见的暴雨洪水，天山北坡西起奎屯河、东至木垒河，天山南坡开都河以东至吐鲁番西部的诸河流相继发生大洪水，主要河流最大洪峰流量均超过防洪保证流量，达到1.2～2.5倍（表8-3）。

表8-3　新疆主要代表站“96·7”洪水情况一览表

河流	水文站	洪峰流量/（m^3/s）	历史排位	防洪保证流量/（m^3/s）	备注
八音沟河	喇嘛庙	237	1	200	
奎屯河	将军庙	211	2	150	
金沟河	八家户	193	2	150	
玛纳斯河	肯斯瓦特	735	2	600	
呼图壁河	石门	371	1	200	
塔西河	石门子	139	2	100	
三屯河	碾盘庄	301	1	200	
头屯河	制材厂	235	1	100	
开垦河	开垦	304	2	120	
木垒河	跃进水库	140	3	100	
黄水沟	黄水沟	602	1	250	
清水河	克尔古提	346	1	150	
乌鲁木齐河	英雄桥	352	1	180	
阿拉沟	阿拉沟	497	1	200	
西黑沟	西黑沟	114	—	—	调查值
冰沟	冰沟	155	—	—	调查值

黄水沟水文站最大洪峰流量602m^3/s，洪水与开都河主干流洪水汇合后，在焉耆水文站形成735m^3/s的洪峰流量；清水河克尔古提水文站出现364m^3/s的洪峰流量，是1956～1996年实测到的最大的一次洪水，洪水峰高浪急，致使清水河、黄水沟水文站及下游水利工程受到很大损失；吐鲁番西部至巴州北部的铁路、公路沿线的小河小沟也相继暴发山洪，阿拉沟水文站出现490m^3/s的洪峰流量，是有实测资料以来的最大一次洪水，洪水从起涨至下落长达4天，铁路沿线的鱼尔沟、祖日木头沟的流量分别为89.4m^3/s、90.6m^3/s，这一带平时干涸无水的小洪沟也突发峰高量大的大洪水，南疆铁路、公路及兰新线中断运行数日。在这场大降雨中，哈密巴里坤县西黑沟至东黑沟之间的大小洪沟先后发生大洪水，西黑沟最大洪峰流量为114m^3/s，洪水历时长达6h。调查发现，冰沟

最大洪峰流量为 155m^3/s，东黑沟为 53m^3/s。凶猛的洪水直泄而下迅速冲向巴里坤县城，使巴里坤县遭受到很大损失。根据《巴里坤县志》记载及实地调查，此次大洪水为 1891 年以来巴里坤遭受的最大一次洪水。

实例三：昆马里克河是一条国际河，是阿克苏河的最大支流，也是塔里木河主要的补给水源，位于 78°06′E～80°25′E，40°00′N～42°31′N，集水面积 12816km^2。昆马里克河源区及主要径流形成区位于吉尔吉斯斯坦境内，流域面积 10510km^2，占流域总面积的 82%。该河的河源地区分布有天山地区最长最大的冰川——伊力尔切克冰川（长 61km，总面积 821.6km^2）及数量众多的冰面湖与冰川阻塞湖，其中由德国人麦茨巴赫 1902 年发现并命名的麦茨巴赫冰川湖为众多冰川湖中最大的一个，该湖频繁发生突发性溃决洪水。麦茨巴赫冰川湖由南伊力尔切克冰川阻挡北伊力尔切克冰川，并汇集来自两支冰川的融水而形成，高水位时湖面长 4.5km、宽 1.5km，最大蓄水量 3.3 亿 m^3，海拔 3600m，最大库容达 5 亿 m^3，最大水深 140m。随着气温的变暖，冰川减薄后退，冰湖库容增加，洪水逐年增大。据协合拉水文站资料分析，昆马里克河年径流量 20 世纪 90 年代与 50 年代比较增多 10 亿 m^3，增加 25%，最大流量 90 年代与 50 年代比较增多 32%，洪水频率也不断增加（图 8-2）。

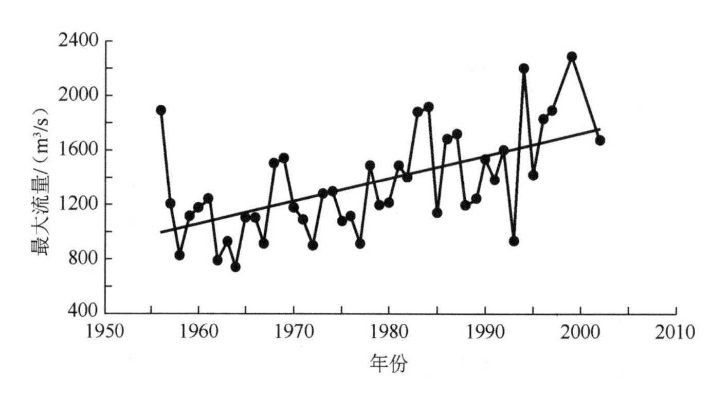

图 8-2　昆马里克河协合拉站年最大流量变化

发源于喀喇昆仑山叶尔羌河源的突发性洪水是上游分布在喀喇昆仑山北坡一系列与克勒青河谷呈正交的冰川（沈永平等，2004），有 4～5 条冰川下伸到主河谷阻塞冰川融水的下排，包括克亚吉尔冰川、特拉木坎力冰川、迦雪布鲁姆冰川等，经常形成冰川阻塞湖。当冰坝被浮起或冰下排水道打开时，就会发生冰湖溃决洪水。在经历了 1986 年的冰湖溃决洪水后，由于冰川排水道打开，直到 1996 年再没有发生溃决洪水。当时张祥松等（1996）根据喀喇昆仑山冰川进退变化，认为克勒青河上游的克亚吉尔冰川和特拉木坎力冰川等大尺度的冰川前进脉动已经过去，正处于相对稳定和退缩、变薄的阶段，在 21 世纪初气温持续升高的情况下，多数冰川必将后退变薄，冰川阻塞湖溃决（突发）洪水的规模也相应减小，出现数千立方米每秒流量的溃决（突发）洪水的可能性很小，叶尔羌河流域冰川洪水的危害将日益减轻。但 20 世纪 90 年代的剧烈增温过程，冰川消融加剧、冰川融水量增加、冰温升高、冰川流速加快，冰川再次阻塞河道形成冰湖，频繁发生大冰湖溃决洪水（图 8-3），并且冰湖溃决洪水的洪峰流量和洪水总量将越来越大，冰湖的规模相应扩大，溃决的危险程度也增加。随着全球气温的持续变暖，叶尔羌河的冰川湖溃决洪水的频率和幅度将会继续增加，对下游地区人们的生命财产和社会经济发展构成严重威胁。

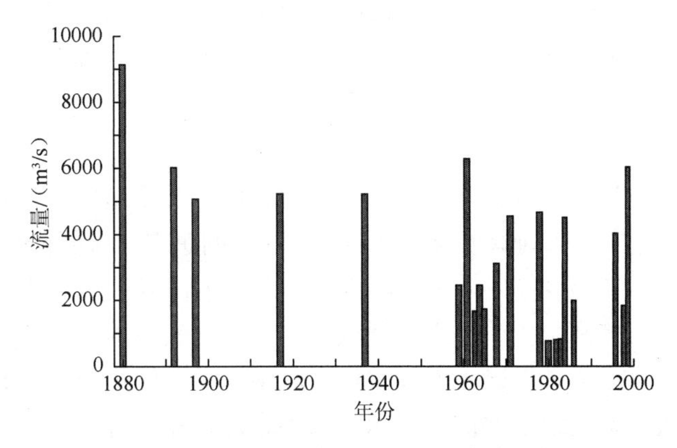

图 8-3　叶尔羌河卡群站冰川湖溃决洪水

冰川洪水变化对全球变暖的响应机理主要是：①冰床变软，变形加大，冰底部滑动量大，冰川流动和融化加快；②冰川流速加大，阻塞河谷，冰川湖形成；③冰温升高，冰川软化，冰湖水更易打开排水通道；④气温升高，冰川消融加剧，径流量增大，洪水发生频率加快；⑤冰川后退，冰川湖库容增大，冰川湖面积扩大，洪水洪峰增大，洪水量增多。

第六节　枯 水 径 流

枯水期径流的分析计算对于工矿企业具有重要意义，特别是一些工业的用水大户（火电厂、煤田、石油工业等），枯水径流量是选择厂址与规模的参数；在进行水力发电时，尤其是径流式电站，枯水径流更是重要的限制因素；在规划城市规模及其发展计划时设计城市供水，河川枯水径流同样是参考的因素。我国北方城市普遍缺水，许多城市为了解决缺水问题，在建成后采取寻找水源或修建引水工程措施来补救；河道航行也需要枯水径流资料，是因为枯水期水位对航行至关重要，河道通航能力及通航船舶的吨位，在很大程度上取决于枯水径流的多少。在我国北方地区，农业供水与枯水径流的关系最为密切；对于生态环境来说，用水量急剧增加，造成许多河流枯水期延长，枯水径流减少，甚至断流，不仅使许多河流变为季节性河流，而且使外流河入海水量锐减，造成一系列生态环境问题。例如，使泥沙、盐分堆积在陆地，改变流域沙量和盐量平衡，还会使河口或沿海的海水入侵；同时，随着人类活动强度的加大，特别是在城市附近及下游河段的水质污染，使枯水期水质污染程度加重，引起枯水期水体被污染而缺水；河流水质管理中要应用枯水径流的保证程度，涉及废水含量分配和允许流量，从而用于处理厂和垃圾场地选址，还用于规划中决定输水和排水的允许量；特别是在干旱半干旱地区，内陆河河流的上游用水使下游发生断流和枯水期延长，致使沿岸植被衰败，下游盆地地下水水位下降，植被退化，发生沙漠化和沙尘暴等环境灾害；还有为维持河道的生态基流，在水库出口泄放一定水量。为此，需要人们从经济发展与生态环境保护协调方面加强对河道的枯水径流分析与预测（李秀云和汤奇成，1988）。本章根据《中国河流的枯水研究》（李秀云等，1993），结合西北内陆河流的特点，介绍河流的枯水径流形成因素与分析方法。因内陆河区资料有限，书中有时运用非该区的河流来说明枯水径流特点。

一、地带性因素

在地带性因素中最重要的是气候因素。我国气候有 3 个基本特点：一是季风气候顺行，主要表现为冬夏盛行风向有明显变化。随着季风的进退，降水有明显的季节性变化，即夏半年多雨，而冬半年少雨。二是大陆性强，表现为冬夏两季的平均温度与同纬度其他国家或地区有较大差别，冬季平均温度低于同纬度的其他地区，而夏季则高于同纬度的其他地区。三是雨热同季。这 3 个气候特点对枯水径流的形成和分布有很大影响。影响枯水径流的气候因素中最重要的是降水，因为它是径流的源泉。我国及西北地区水汽来源主要是印度洋的西南季风、太平洋的东南季风、高空输送大西洋西风带，以及北冰洋等水汽。这几种水汽来源构成的年降水特点是东南多雨、内陆干旱、降水山地多于平原、迎风坡多于背风坡，这些特点也决定了年降水量的分布，并大致将全国划分为 5 个带。

（1）东南沿海年降水量超过 1600mm 的丰雨带：包括台湾、福建、广东和浙江的大部分、江西、湖南山地、广西东部、四川西部山地、云南西南部和西藏东南部。

（2）年降水量为 800～1600mm 的多雨带：包括淮河、汉江以南广大的长江中下游地区和广西、云南、贵州、四川的大部分，以及东北的长白山区。

（3）年降水量为 400～800mm 的半湿润带：包括华北平原、东北、山西、陕西的大部分、甘肃和青海东南部、新疆北部山区、四川西北和西藏东部。

（4）年降水量为 200～400mm 的半干旱地带：包括东北西部、内蒙古、宁夏、甘肃的大部分、青海和新疆部分山地及西藏部分地区。

（5）年降水量小于 200mm 的干旱带：包括内蒙古、甘肃、宁夏西部、青海柴达木盆地、新疆塔里木盆地及准噶尔盆地、藏北高原大部分地区。

可以看出，西北地区位于半干旱、干旱带。降水量对枯水径流的影响是直接的，如在下垫面情况大致相同和基本上未受人类活动的影响下，降水量的多寡则直接决定了枯水径流量。除降水外，气温的影响也很重要，这不仅是因为中国河流径流的年平均水温的地区分布趋势大体与气温一致，而且中国河流枯水径流的特点之一是出现的时间都在冬季，特别是北方地区冬季严寒，有些河流因为连底冻而断流。我国绝大部分河流的年平均水温均高于当地的年平均气温 1～2℃，但在封冻期长、冬季气温低的地区，其差别则增加，青藏高原和大兴安岭北部地区，水温高出气温 2℃以上，新疆北部二者较为接近。在水温年内变化中，与枯水径流关系最为密切的是冬季北方河流的封冻。河流封冻除热量条件外，还与水利条件等有关。我国河流封冻最早出现在大兴安岭北部、阿尔泰山区、祁连山地西南部及藏北高原，约于 11 月上旬开始封冻，而最晚出现在淮河流域和雅鲁藏布江东部一些支流。大兴安岭封冻期超过 180 天，阿尔泰山地在 160 天以上，松花江流域为 130～150 天，辽河流域为 110～130 天，天山和祁连山北麓约 90 天。当河流封冻时，枯水径流减少，并在冰下流动，甚至当河流连底冻时，河流断流。

植被也影响枯水径流。以华北海河流域的清水河 3 条支流（东沟、西沟、正沟）为例，这 3 条支流均发源于同一地区，气候条件大致相同，但植被情况却有很大区别：东沟森林面积占流域面积的 58%，正沟为 18%，而西沟仅为 4%，东沟草滩占集水面积的 29%，而正沟和西沟则无草滩分布（表 8-4）。流域内植被的差异，不仅使东沟的年径流增加，而且使年内分配更加均匀，枯水期中最小月径流量占年径流的 6%左右，而西沟和正沟则仅占 1%。

表 8-4　清水河支流东沟、西沟和正沟流域特性比较

沟名	站名	集水面积/km^2	河长/m	河道比降	流域宽度/km	河网密度/（km/km^2）	森林面积/km^2	草滩面积/km^2
东沟	榆木林	775	100	1/70	13	0.50	450	223
西沟	喇来庙	706	75	1/50	14	0.46	30	0
正沟	中山沟	351	70	1/60	9	0.48	62	0

二、非地带性因素

在自然地理因素中，非地带性因素对枯水径流的影响非常显著，其中一个重要原因是，枯水径流出现的时间，正值径流主要来源于地下水补给。因此，枯水径流与各地的水文地质、地形、湖沼等条件有密切关系。我国是一个多山的国家，山丘面积约占国土面积的 70%，内陆河出山河道流受切割深浅影响，地形对枯水的影响比较突出。地形主要影响两方面：直接影响产汇流，即影响径流形成的强度和历时；间接的影响主要表现为对气候，特别是对降水的影响，在各山地最高降水带以下，年降水量随海拔的增加而增加。

地质因素的影响主要表现在水体入渗最终影响到蒸发。在秦岭-淮河以南地区，地表覆盖物的颗粒较细，渗透作用弱，降雨后容易产生径流，因此枯水径流量较北方地区大。但在秦岭-淮河一线以北，地表覆盖物多为黄土、砂石等，渗透作用较好，地表径流比在相同降水情况下的南方地区少得多。西北干旱区与南方湿润区的产流方式则不相同，前者为黄土和倾斜山坡，产流与降雨强度有密切关系；而后者则土壤发育，多在蓄满水分后，再遇降雨而产流，与降雨强度关系不很密切。

由于枯水径流主要由地下水所补给，其与水文地质条件有密切关系。地下水的形成和分布受地质因素，以及和它有内在联系的自然地理因素的控制。西北山盆相间的独特的自然地理、地形地貌和地质构造特征，形成各种不同类型的水文地质条件。地下水具有不断补给、运动和排泄的特点，而且地下水的埋藏、运动均离不开地下岩层和岩层的孔隙、裂隙及溶洞等条件，因此含水层是地下水形成、分布的物质基础。按地下水储存状态和含水层结构不同，可以将地下水划分为 4 种类型：①松散沉积孔隙水；②岩溶裂隙溶洞水；③基岩裂隙水；④多年冻土孔隙裂隙水。我国西南地区有大片岩溶（喀斯特）分布，地表覆盖以石灰岩为主，易于透水，因此雨后迅速通过各种途径下渗补给地下水，形成地下径流，而地表仍感缺水，该地区在河流枯水期月平均流量较小（图 8-4）。

在非地带性因素中，与水文地质因素直接有关的河川径流的地下水补给与枯水径流

关系密切。我国昆仑山、天山和祁连山北坡河流出山口以上的流域内基本上未受人类活动影响，地质条件又较相近，在此情况下，多年平均最小流量与集水面积间存在着较好的关系（图 8-5）。从图 8-5 可以看出，年最小流量模数随集水面积的增大而增加，但各地不同。此外，集水面积的大小在一定程度上反映河流的切割深度，集水面积越大，河流的切割深度越深。

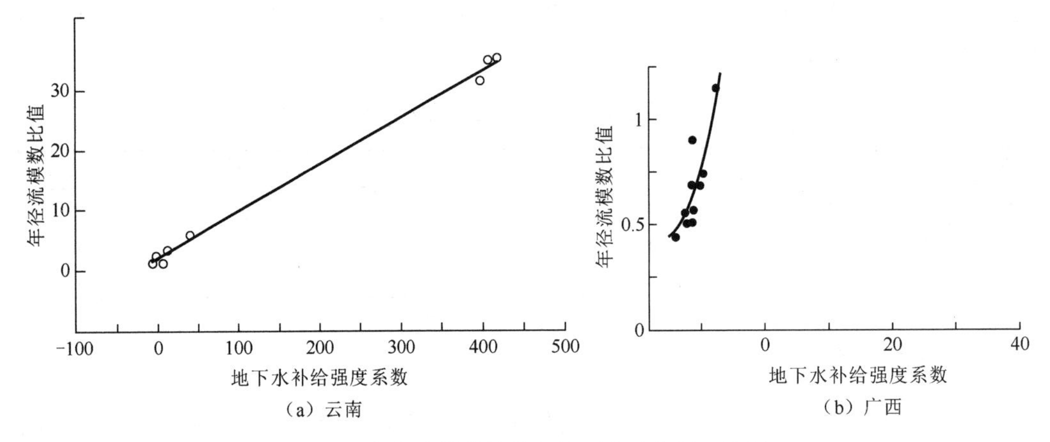

图 8-4　年径流模数比值与地下水补给强度关系

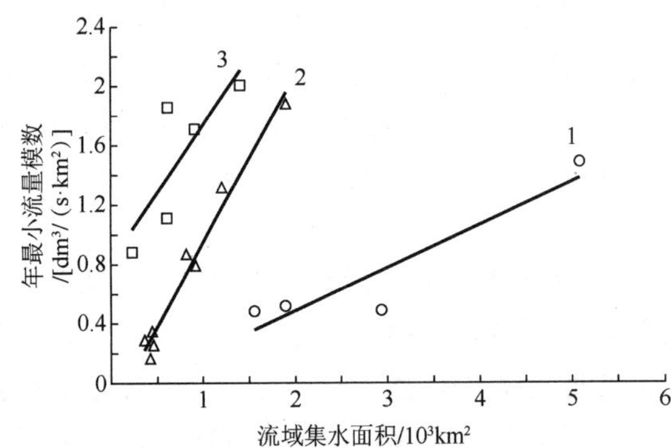

图 8-5　天山北坡诸河年最小流量模数与流域集水面积的相关关系

位于干旱地区（不包括半干旱区）的新疆、甘肃河西走廊、青海柴达木盆地诸河，是我国河川径流补给来源类型最多、情况最复杂的河流。尽管数据不一，但主要河流受山间河谷和盆地影响，地下水补给趋势一致。新疆河川径流的地下水补给可概括为：阿尔泰区，平均为 25%；天山为 39%；昆仑山为 31%；祁连山西段为 60%；祁连山东段为 30%左右。这种地下水补给量的多寡与河川枯水径流间有较好的关系。

同样，在全国范围内，凡是地下水补给占年径流比例大的河流，其枯水径流量也大，而且受集水区湖泊影响明显。我国是一个多湖泊分布的国家，根据湖泊的地理分布，大体可分为青藏高原湖区、蒙新高原湖区、东北平原及山地湖区、云贵高原湖区和东部平原湖区五大湖区，其中不少是吞吐湖。从吞吐湖发源的河流，其枯水径流情况与附近一般河流有较大的区别，如新疆的从博斯腾湖出流的孔雀河和云南的西洱河等。孔雀河年最小流量模数为 6.46dm³/（s•km²），最小月流量模数为 0.64dm³/（s•km²），与附近河流相比，显然要小得多。西洱河枯水径流已受人为控制，不能反映天然情况。除湖泊外，我国尚有部分河流流经大面积的沼泽。

三、人类活动的影响

人类活动对枯水径流的影响是多方面的。按其影响方式基本上可分为两大类：一类是直接的影响，包括在河道中建闸修坝，使下游枯水径流情势发生变化。例如，塔里木河下游大西海子水库，自建坝之时起，就成为塔里木河干流下游断流的开始，并导致河道断流、地下水水位连续下降，引起生态环境退化；另一类受人类活动影响而改变了原来流域的产汇流条件，从而减少了枯水径流量。例如，太行山东麓华北平原，由于过度开采地下水，引起地下水水位的下降而改变了产流条件，减少了河流枯水径流量。黄河流域河南金堤河濮阳站和范县自 20 世纪 50 年代以来，随着流域水资源开发利用程度的提高，暴雨径流系数逐渐减少，70 年代中期至 80 年代中期次暴雨径流系数仅有 50 年代中期至 70 年代中期的 1/2 左右（图 8-6）；山东徒骇河华屯站和马颊河平邑站次暴雨径流系数也因地下水埋深增大而减小，80 年代比 70 年代锐减，70 年代又比 60 年代减小（图 8-7）；华北滹沱河黄壁庄站-北中山站区间的年降水量-年径流量系数也是 80 年代比 60～70 年代明显减少（图 8-8）。

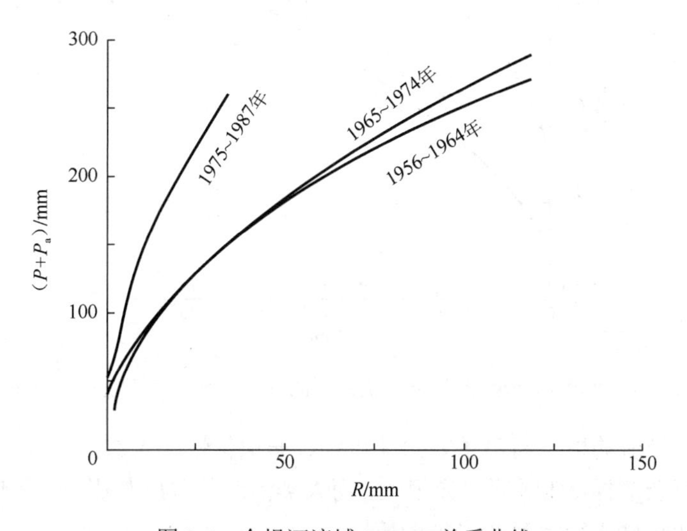

图 8-6　金堤河流域 $P+P_a$-R 关系曲线

下垫面变化对河水的影响主要表现在：①山区水库的修建，使汇流条件改变，干旱地区平原水库以下的河道都变成了季节流水，或者干涸断流。水库淤积和下游原来河道断面的变化，也改变了汇流条件和河道水质。关于河道断流的枯水径流的重要特征将在后面论述。②城市扩大、硬质地面增加，使降雨下渗减少，使地表径流系数增大，如京津塘地区的径流系数一般达 0.5～0.8，比郊区大 2～3 倍，汇流速度加快；特别是城市采用地下水供水，造成降漏斗，造成河道枯水期断流。

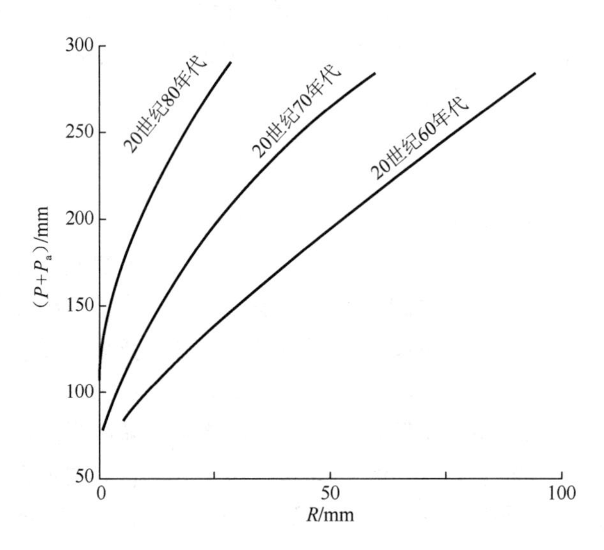

图 8-7　徒骇河、马颊河 $P+P_a$-R 关系曲线

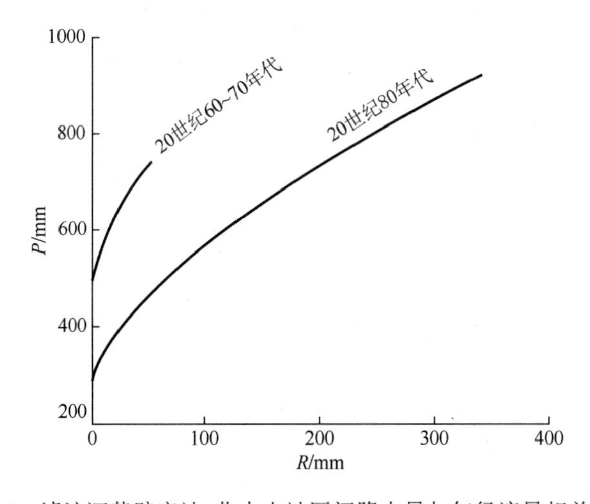

图 8-8　滹沱河黄壁庄站-北中山站区间降水量与年径流量相关关系

总之，河川径流的枯水情势主要由地带性、非地带性、人类活动 3 种因素决定。我国的自然条件复杂多样，地区间差异很大，而人类活动的强度与影响，各地也有所不同，造成了内陆区河川枯水径流复杂多样的情况。

第七节　枯水径流分析方法

一、资料的审查分析

对于枯水流量资料，要作审查分析以确定资料系列的可靠性、一致性和代表性。审查的原则和方法大致同年设计径流的计算所述，但是应对枯水径流的可靠性和一致性的审查予以足够的重视，分析的重点是枯水径流量的测验误差和人类活动的影响。在进行枯水频率分析之前，一般应使枯水流量系列“还原”到“天然”的河川径流，因此需要分析影响枯水径流的地带性和非地带性因素，来考虑水厂、污水处理厂和城市化、湖泊水库调节等大量排水和分水对枯水流量的影响。因为枯水流量主要是由地下水流入河道引起的，地下水储量显著的年际变化可导致年最小枯水流量在时序上（当年与次年）相关，所以应对枯水流量做趋势分析，识别出的趋势要反映在频率分析中。干旱内陆河枯水径流观测资料较少，为了对分析方法有更全面的理解，采用的信息资料应涉及湿润地区的河流，以及海河与黄河下游的枯水研究。

（一）测验误差

通常，枯水期往往测次少，垂线布置稀疏，加上枯水径流的测验也有一些实际困难，受低水时期流速本身较小及其流速仪性能所限，难以精确测定。此外，河床演变、水草生长、冰花等因素，也使测验精度降低，因此使枯水流量测验相对误差增大。枯水径流测验过程中由测验或整编中的错误引起的误差，可根据不同的原因采用相应的方法重新进行计算和整编，可以通过水文测验中资料整编的分析方法来实现，这里仅提及而不介绍。

（二）人类活动干扰

人类活动干扰对枯水径流影响很大，如河流上修建水库，流域内实施退耕还林还草、植树造林，可以增加地下蓄水量，增大枯水径流；在盆地开采地下水，在河道建闸修坝，都可使下游枯水径流情势发生变化；有时上游提水灌溉或筑坝取水，甚至可以使下游发生断流现象，改变枯水径流流量数值。因此，对枯水径流量资料进行审查分析时，除考虑测验误差以外，还需要考虑枯水径流系列的一致性，分析人类活动对枯水径流的影响，并查清原因，分析由此造成的误差，做出定量评价，进行改正和还原，使得到的枯水径流系列具有天然状况的代表性。

二、长期实测资料的枯水径流的分析方法

通常对枯水径流特征值的计算分析，采用时间序列分析、流量历时曲线、退水曲线、枯水流量频率曲线分析和数学模型分析等方法。

（一）时间序列分析

首先，经过资料和系列一致性考证后，通常选用年最小流量、月平均最小流量，做出相对流量的时间序列分布图；然后，进行枯水特征多年变化研究，可以直观地反映枯水径流的多年变化、变化趋势及特枯年份分布情况（图 8-9～图 8-13），但要明确每年出现的月或某时最小流量对应时间并非连续，而是时序相连。

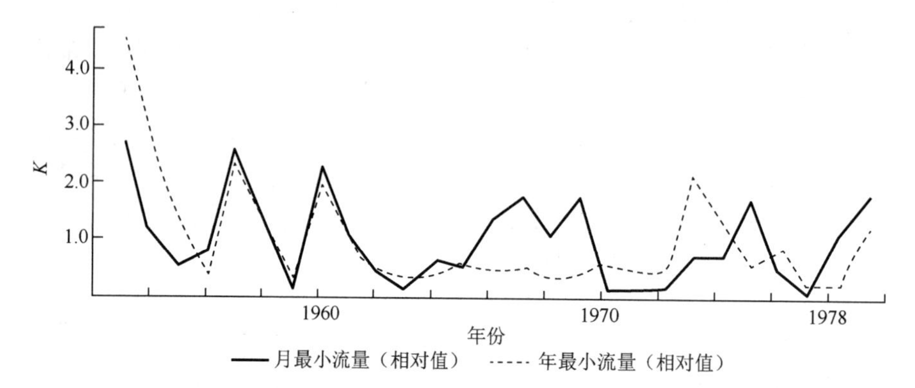

图 8-9　漠阳江双捷站年、月最小流量（相对值）时间序列分布曲线

K 表示柯尔莫哥洛夫熵

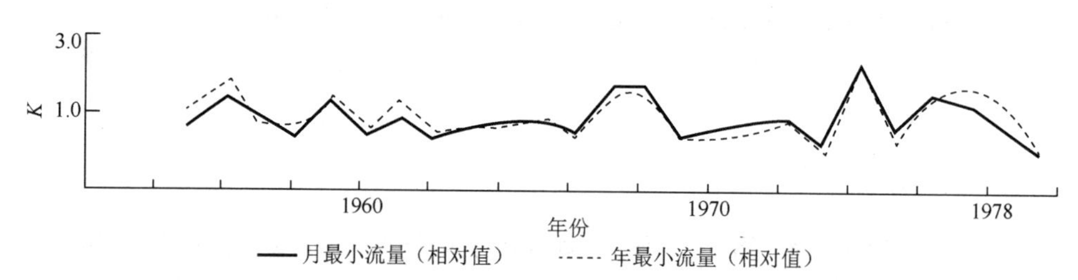

图 8-10　大盈江下拉线站年、月最小流量（相对值）时间序列分布曲线

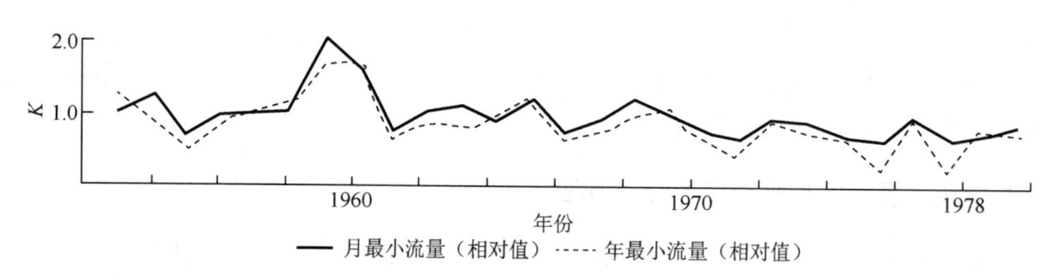

图 8-11　玛纳斯河红山嘴站年、月最小流量（相对值）时间序列分布曲线

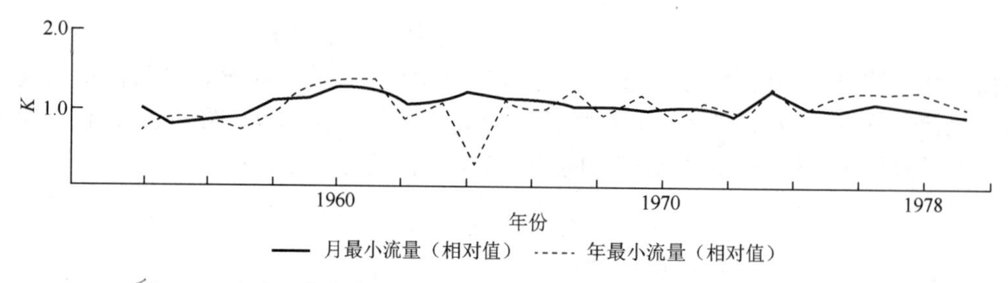

图 8-12　杂木河杂木寺站年、月最小流量（相对值）时间序列分布曲线

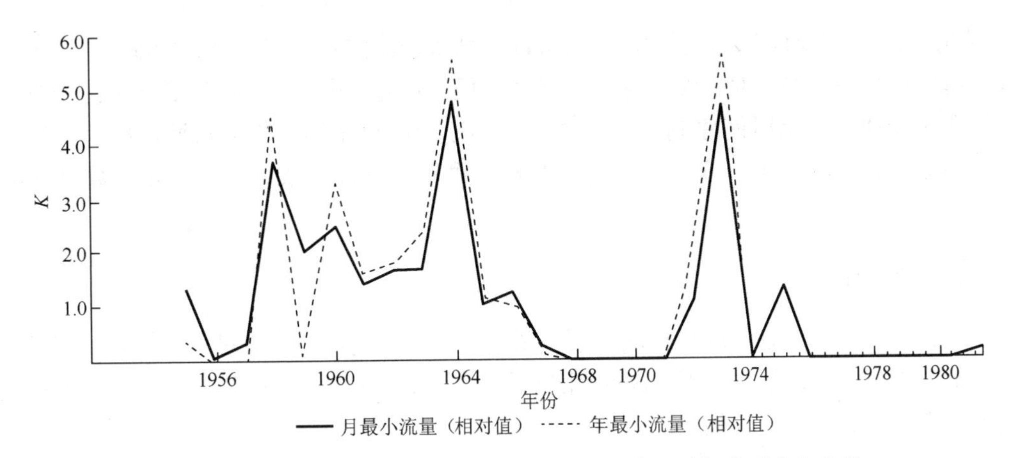

图 8-13　挠力河宝清站年、月最小流量（相对值）时间序列分布曲线

由图 8-9 可知，漠阳江双捷站年最小流量和月最小流量相对值时间序列变化 20 世纪 50 年代基本一致，60～70 年代变化相差较大，年最小流量多年变化的 C_v 值为 1.00，最小月流量多年变化的 C_v 值为 0.76，两者均较大。可见，漠阳江双捷站的枯水径流多年变化较大。

图 8-10 为大盈江下拉线站枯水径流特征值变化，年最小值和月最小流量相对值的时序变化基本一致，前者多年变化的 C_v 值为 0.30，后者为 0.28，两者均较小，可以看出，该站的枯水径流多年变化较小。

图 8-11 为天山北坡玛纳斯河红山嘴站年最小和月最小流量相对值时序变化曲线，其变化趋势基本一致，而且年最小值多年变化的 C_v 值为 0.21，后者仅 0.11，两者均小，多年变化幅度较小，是 5 条河流中变化最小的一条。

图 8-12 为祁连山北坡东段的杂木河杂木寺站枯水径流情况，年最小流量和月最小流量相对值的时序变化也基本一致，前者 C_v 值为 0.32，后者 C_v 值为 0.40，这是一种月最小流量的 C_v 值比年最小流量的 C_v 值大的例子。另外，从杂木河杂木寺站的枯水径流变化还可知，杂木河杂木寺站 20 世纪 60 年代以前变化较大，并有减小的趋势。

图 8-13 为挠力河宝清站年最小和月最小流量相对值时间序列曲线，两者变化均较大，但变化基本一致，其 C_v 值均在 1.0 以上。

总之，由枯水径流时间序列变化分析可以看出，河流多年变化的规律和趋势还可以通过测站年最小流量和月最小流量的 C_v 值分析，推测变化大小，凡两者的 C_v 值大者，则枯水多年变化则大，反之则小。

（二）枯水径流时序曲线的应用

这种枯水径流时序变化曲线分析，还可以结合气候旱涝分布图或应用航空遥感、卫星遥感图像等提取信息，通过太阳黑子、厄尔尼诺周期数的分析和应用，进行枯水径流的预报预测，为水资源的长期规划提供依据。还可以充分利用旱涝统计资料进行分析研究，通过大量河流的枯水特征变化归纳区域性特征，以利于提高枯水径流预测预报的预见期。

通过枯水径流时序变化分析，不仅可以为枯水径流的数理统计进行频率分析计算、数学模型计算提供特征值的定量依据，而且便于与下垫面和人类活动影响对比分析，掌握变化规律。枯水时间序列分析方法的数学模型，可采用常用的自回归模型进行分析和预测；数理统计频率分析法，可采用 *P*-III型频率曲线、耿贝尔曲线和对数 *P*-III型曲线。

三、流量历时曲线

流量的计算依据以实测流量测站所得资料，整编的逐日平均流量表而进行，可以得到日流量历时曲线，是一条不考虑时间连续性的曲线。流量历时曲线表示一条河流的流量大于给定值的时间百分数。

（一）流量历时曲线的制作

流量历时曲线一般用日流量累计经验频率来制作，也可以用月或周平均流量来制作，目的在于简化资料统计过程，但这种情况求出的曲线代表的是周数或月数的百分数。因为其比日平均流量历时曲线的用途少，精度也太粗略，所以一般不用。然而，年平均流量历时曲线在评价流量的年变化时具有重要价值。

制作日流量历时曲线，即用测站一年所实测的流量资料，通过整编所得的逐日流量表，将全年的逐日平均流量按其流量由大到小排列，不考虑流量在时间上的连续性。以日流量为纵坐标（或用流量的相对值表示）、日数（或日数的百分数）为横坐标，所绘制的流量曲线称为流量历时曲线（图 8-14 和图 8-15）；也可应用图 8-15 的对数概率格纸点绘，则流量历时曲线一般可以近似地点绘成一条直线。这种格纸对于所有流量可以给出同等的点绘精度，因此能够鉴别出枯水流量特征的差异，而这类差异往往具有水文学的重要意义。有时制作一条河流几十年系列的流量历时曲线，为了计算简便，一般把资料按方便的组距计数，如按＞100m^3/s、80～100m^3/s、60～80m^3/s、50～60m^3/s，40～50m^3/s，30～40m^3/s、20～30m^3/s、10～20m^3/s、5～10m^3/s、3～5m^3/s、2～3m^3/s、1～2m^3/s、0.5～1m^3/s、0.2～0.5m^3/s、＜0.2m^3/s 等，分别统计所出现的日数或在一年中出现相对百分数的累计数，在对数概率格纸上点绘得到。

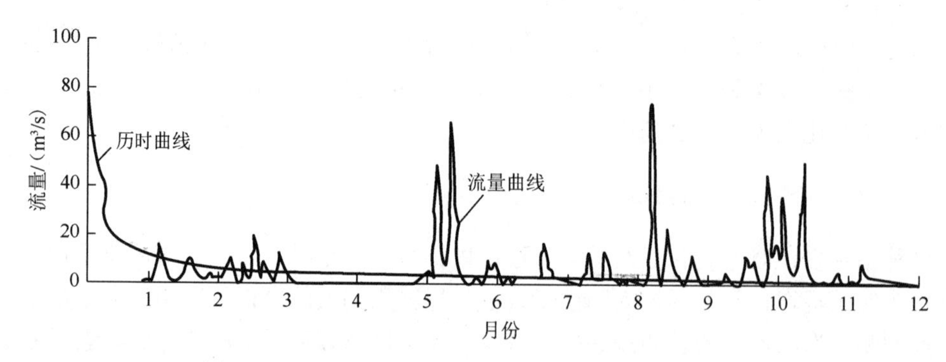

图 8-14　1953 年太湖水系苕溪长乐桥站流量历时曲线

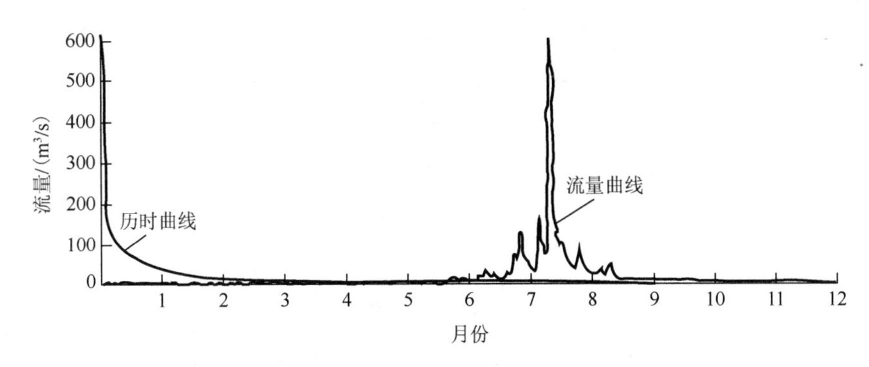

图 8-15　1954 年潮白河水系潮河戴营站流量历时曲线

（二）流量历时曲线的应用

（1）流量历时曲线可用于评价该测站以上河流径流量的补给及其年内变化，同时，便于进行概括和分析各种因数对径流的影响。另外，还可以为缺乏资料地区提供参考。

（2）用来确定该站处所属河流的枯水及其历时。流量历时曲线可直接用来表示河流拟定枯水流量大小值后出现的时间百分率（天数）。它最普遍的用途之一是计算初级电力和次级电力两者水力发电的潜能，还能直接查到某一流量值在一年中出现的天数。

（3）用于分析开发利用水资源。流量历时曲线能反映不同地区河流水文情势的特点。在开发利用河流水资源时，一般应绘出河流测站历年的实测流量历时曲线，并做出综合历时曲线，但因工作量甚大，则采用上述分组统计，或采用代表年作典型年的流量历时曲线，最后综合成一条综合流量历时曲线，其代表年的选择，则按年径流频率计算，而后按丰、平、枯各种频率选取代表年。

四、退水曲线

枯水河流在无洪汛时期，以流域蓄水和地下径流维持河流径流。对河流的某一个闭合断面的水流过程，在无地表水流进河流时，按照特殊的曲线进行消退，这种特殊的曲线就是退水曲线。

（一）退水曲线的制作

（1）地区内选择代表站，一般以中等集水面积的水文站为宜。

（2）绘制被选择站的逐日平均流量，只需绘制各种（丰、平、枯）不同频率年份的逐日平均流量过程线。

（3）在绘制的各种代表年日流量过程线上，取洪峰后无降水的逐日流量过程线，即为河流退水时间较长的退水段的流量曲线，将各条退水段在水平方向上移动，使其尾部重合，而后作外延线，即为综合退水曲线（图 8-16）。

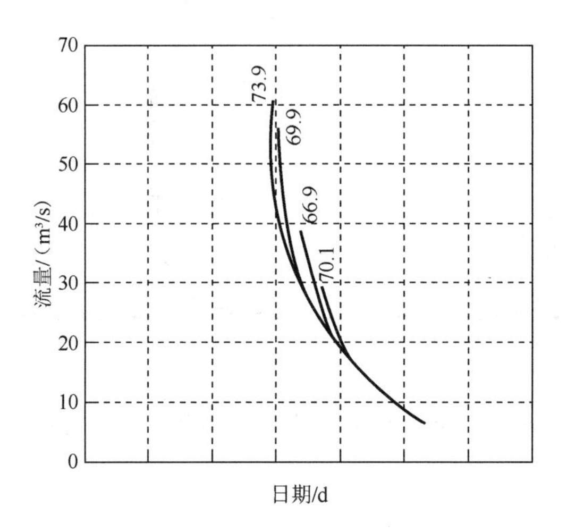

图 8-16　某站秋季流域综合退水曲线

（二）退水曲线的应用

（1）确定河川径流基流的起算点：用制作出的综合退水曲线，将其点绘在单对数格纸上，则不同坡度的两条直线相交，坡度较陡的一段表示地表径流的消退段，而坡度较缓的一段则表示地下水供给的消退过程。此两线的交点即为地表径流与地下径流的分界点，也是河川基流的计算起算点，称为退水拐点（图 8-16）。

它可以用数学方程表示：

$$Q_t = Q_0 e^{-\alpha t} \tag{8-1}$$

式中，Q_0 为退水开始时的枯水流量；Q_t 为退水开始后 t 时刻的枯水流量；α 为退水系数；e 为自然对数。

（2）计算河川基流的补给量：求基流补给量时，只需确定枯水历时，用基流量乘以时间即可求得基流总量。

（3）分析计算枯水：用综合退水曲线的数学表达式计算河流枯水较为方便。计算枯水时，只需确定枯水历时即可求出枯水流量和枯水期水量的大小。

五、枯水流量频率曲线分析

枯水是水文中的一种极值。枯水的频率分析计算，目前国内外常采用的理论频率曲线有 *P*-Ⅲ型曲线、耿贝尔（GB）曲线和对数 *P*-Ⅲ型曲线，我国常采用的一种曲线为 *P*-Ⅲ型曲线。为了对各种曲线进行比较，现应用 *P*-Ⅲ型曲线和耿贝尔两种曲线，对一些地区枯水特征值的分析进行对比。

P-Ⅲ型曲线的计算有 3 个参数，即均值、C_v（变差系数）和 C_s（偏差系数）。在一般情况下，C_v 等于标准差与均值的比值。对于大多数地区的枯水流量计算，均采用 C_s=2 C_v。即只要求得均值和 C_v 的值，便可得到不同频率的枯水流量值。但是，在 *P*-Ⅲ型频率曲线的右端，频率 *P*=80%以下，曲线往往比较平直，流量稍有变化，频率值变化较大，而且在适线过程中也难以同时满意地照顾到曲线的两端。

除 *P*-Ⅲ型曲线外，耿贝尔曲线也是水文频率分析计算的主要线型。耿贝尔曲线有两个参数，用包伟尔概率格纸作图，在图上其曲线实际上是一条直线。因此，适线的任意性较 *P*-Ⅲ型曲线小。不少国家和地区在计算枯水流量频率时常采用耿贝尔曲线。该线型由耿贝尔推荐而被命名。这种曲线用极值分布规律进行水文特征分析，其极值分布规律按负指数规律递减分布，较适合河流枯水退水规律。因此，枯水极值分析计算中应用耿贝尔曲线是可行的。

耿贝尔曲线呈直线形式分布，均值固定在 P=42.96%的位置处。因此，作图时只要求得一点既可求解。该线型计算简便，应用方便。求解指定频率值的计算式为

$$x_p = (\phi C_v + 1)\bar{x} \tag{8-2}$$

式中，x_p 为指定频率某种最小流量；$\bar{x}$ 为某种最小流量多年平均值；C_v 为某种最小流量变差系数；ϕ 为耿贝尔曲线的离势系数（ϕ 值查表）。

关于新疆地区的枯水径流，李秀云等（1993）用 *P*-Ⅲ型曲线和耿贝尔曲线不同的频率计算方法进行比较分析。李秀云等（1993）在南北疆共选择了 19 条内陆河出山口代表站，较系统地进行了月最小流量和年最小流量 90%、95%、98%、99%、99.5%共 5 种频率的计算分析（表 8-5）。

表 8-5　新疆地区枯水频率分析统计

河名	站名	各频率下月最小流量/（m³/s）					各频率下年最小流量/（m³/s）					线型
		90%	95%	98%	99%	99.5%	90%	95%	98%	99%	99.5%	
库依尔斯特	富蕴	1.8	1.70	1.57	1.51	1.42	1.70	1.62	1.53	1.47	1.41	*P*-Ⅲ
		1.84	1.76	1.68	1.64	1.59	1.73	1.67	1.61	1.58	1.55	耿贝尔
库依尔斯特	库威	2.40	2.27	2.11	2.03	1.92	2.14	2.00	1.84	1.76	1.65	*P*-Ⅲ
		2.46	2.36	2.26	2.21	2.15	2.19	2.09	1.99	1.94	1.87	耿贝尔
克兰河	阿尔泰	2.09	1.94	1.76	1.67	1.55	1.54	1.41	1.25	1.18	1.08	*P*-Ⅲ
		2.17	2.06	1.94	1.89	1.82	1.66	1.51	1.40	1.36	1.29	耿贝尔
哈什河	乌拉斯台	21.8	20.9	19.7	18.3	18.3	16.9	15.7	14.3	13.5	12.6	*P*-Ⅲ
		22.3	21.6	20.9	20.6	20.1	17.6	16.7	15.8	15.4	14.8	耿贝尔
精河	精河山口	2.98	2.86	2.71	2.64	2.54	2.43	2.33	2.21	2.15	2.07	*P*-Ⅲ
		3.06	2.96	2.90	2.85	2.80	2.47	2.41	2.34	2.30	2.26	耿贝尔
四棵树河	吉勒德	1.79	1.71	1.61	1.56	1.50	0.97	0.86	0.73	0.66	0.58	*P*-Ⅲ
		1.81	1.76	1.69	1.67	1.63	1.02	0.93	0.82	0.78	0.71	耿贝尔
八音沟	黑山头	1.11	1.04	0.95	0.90	0.84	0.17	0.16	0.071	0.051	0.037	*P*-Ⅲ
		1.16	1.11	1.05	1.02	0.91	0.15	0.063	−0.029	−0.071	−0.13	耿贝尔
玛纳斯河	红山嘴	8.15	7.85	7.47	7.29	7.03	5.22	4.80	4.30	4.06	3.74	*P*-Ⅲ
		8.28	8.08	7.86	7.76	7.64	5.39	5.08	4.74	4.59	4.38	耿贝尔
布古孜河	阿俄	1.79	1.69	1.57	1.51	1.43	1.32	1.21	1.08	1.02	0.93	*P*-Ⅲ
		1.84	1.76	1.69	1.65	1.61	1.37	1.29	1.19	1.15	1.10	耿贝尔
清水河	克尔古堤	0.99	0.93	0.86	0.83	0.78	0.73	0.67	0.59	0.56	0.51	*P*-Ⅲ
		1.01	0.97	0.92	0.90	0.87	0.77	0.72	0.67	0.65	0.62	耿贝尔
黄水沟	黄水沟	2.43	2.29	2.13	2.05	1.94	1.73	1.62	1.49	1.42	1.34	*P*-Ⅲ
		2.49	2.40	2.30	2.26	2.19	1.78	1.71	1.63	1.59	1.54	耿贝尔
库车河	兰干	1.34	1.29	1.09	1.03	0.94	0.72	0.62	0.51	0.46	0.39	*P*-Ⅲ
		1.38	1.30	1.21	1.17	1.11	0.76	0.67	0.57	0.52	0.46	耿贝尔

续表

河名	站名	各频率下月最小流量/（m^3/s）					各频率下年最小流量/（m^3/s）					线型
		90%	95%	98%	99%	99.5%	90%	95%	98%	99%	99.5%	
木扎提河	阿合布隆	5.68	5.39	5.09	4.86	4.62	4.88	4.57	4.20	4.07	3.77	P-III
		5.81	5.61	5.41	5.29	5.18	4.96	4.74	4.50	4.38	4.24	耿贝尔
克孜河	牙师	5.48	5.14	4.71	4.51	4.23	3.67	4.00	3.57	3.38	3.11	P-III
		5.68	5.44	5.18	5.06	4.90	4.45	4.18	3.90	3.76	3.59	耿贝尔
库山河	沙曼	3	3.09	2.82	2.70	2.52	2.56	2.37	2.14	2.02	1.87	P-III
		3.41	3.25	3.09	2.99	2.91	2.62	2.47	2.31	2.25	2.14	耿贝尔
提兹那甫河	玉孜门勒克	2.33	2.16	2.00	1.92	1.80	1.07	0.95	0.81	0.75	0.66	P-III
		2.39	2.28	2.17	2.11	2.05	1.13	1.03	0.93	0.88	0.81	耿贝尔
皮山河	皮山	0.75	0.70	0.60	0.58	0.57	0.40	0.36	0.28	0.25	0.21	P-III
		0.77	0.74	0.70	0.68	0.66	0.44	0.38	0.32	0.28	0.24	耿贝尔
策勒河	策勒	0.19	0.17	0.14	0.12	0.11	0	0	0	0	0	P-III
		0.20	0.18	0.15	0.14	0.13	−0.046	−0.076	−0.11	−0.70	−1.5	耿贝尔
克里雅河	努尔买卖提兰干	4.47	4.11	3.68	3.48	3.20	2.89	2.57	2.18	2.01	1.78	P-III
		4.65	4.38	4.11	3.98	3.80	3.05	2.70	2.49	2.36	2.18	耿贝尔

由表 8-5 可分析得出：

（1）在水文资料中，最小流量不可能出现负值。根据 *P*-III型曲线采用 $C_s \geqslant 2C_v$，也不会出现负值。

（2）在最小流量系列的 C_v 值较大时，如八音沟黑山头站年最小流量的 C_v 值为 0.68，策勒河策勒站为 1.36。根据耿贝尔曲线计算出现负值，这是因为耿贝尔曲线的两端无限，与水文现象的特征不相符合。为此，耿贝尔又提出了一端有限的曲线，用以弥补这种缺陷，即出现负值的数可看作 0。

（3）由于耿贝尔曲线的 C_s 值固定为 1.139，而 *P*-III型曲线的 C_s 值是可以调配的。新疆地区各站的 C_v 值比较小，如按 C_s=2C_v 计算，C_s 值一般小于 1.139。因此，大部分测站的枯水流量，无论是年最小流量或是月最小流量，在各种枯水频率中用耿贝尔曲线得出的值均大于 *P*-III型曲线得出的值。

（4）*P*-III型曲线的频率值决定于 3 个参数，有一定的弹性，但也增加了其任意性。而耿贝尔曲线的各种频率值虽弹性小，但其任意性也较小。干旱区枯水流量的系列较短，最长系列也只有 40 年，经验频率（期望式）均为 2.4%～97.6%。因此，单纯靠适线来定线型是不够的。*P*-III型曲线只要依据经验频率这是不够的，而必须与成因分析结合起来。

（5）在 C_s=2C_v 的情况下，C_v 值取 0.50 时，两种线型模比系数 K_p 值的情况见表 8-6。

表 8-6　C_s=2C_v 时两种线型模比系数 K_p 值比较（C_v=0.5）

线型	各频率下 K_p 值								
	0.01%	0.1%	1%	5%	20%	50%	80%	95%	99%
P-III	4.59	3.70	2.71	2.09	1.42	0.90	0.63	0.36	0.15
耿贝尔	4.84	3.82	2.79	2.07	1.41	0.91	0.53	0.25	0.07

由表 8-6 可得出，当 C_s 值接近于 1.00 时，耿贝尔曲线的 *P*（%）＞50 的情况 K_p 均小于 *P*-III型曲线的 K_p 值。现以库山河沙曼站、木扎提河阿合布隆站、提兹那甫河玉孜门勒克站 3 个站的最小月平均流量为例，以相同的 C_s=1.139，两种线型计算的结果见表 8-7。

表 8-7 P-III型、耿贝尔曲线在相同 C_s、C_v 条件下各站月最小平均流量值

河名	站名	线型	各频率下月最小平均流量/（m^3/s）				
			90%	95%	98%	99%	99.5%
库山河	沙曼	P-III	3.43	3.20	3.19	3.17	3.06
		耿贝尔	3.41	3.25	3.09	2.99	2.91
木扎提河	阿合布隆	P-III	5.87	5.67	5.50	5.44	5.37
		耿贝尔	5.81	5.61	5.41	5.29	5.18
提兹那甫河	玉孜门勒克	P-III	2.40	2.32	2.23	2.20	2.16
		耿贝尔	2.39	2.28	2.19	2.11	2.05

综上所述，在计算枯水流量的经验频率时采用哪一种理论频率的线型较好，经分析得到：①耿贝尔曲线在概率理论上是有根据的，理论性强，但应用上要求符合一定的条件；②P-III型曲线则以实测资料的极限频率排列为主进行适线。

因此，两种线型的基础不同，结果也不同。有条件时，应用耿贝尔曲线比较好。但无论采用哪种线型，必须结合成因分析，才能得出较好的结果。本小节西北内陆河区部分河流枯水极值（如年最小流量）是采用耿贝尔曲线求得的（表 8-8）。

表 8-8 部分内陆河流代表站各频率年最小流量统计

河名	站名	集水面积/km^2	年最小流量/（m^3/s）	C_v	各频率下年最小流量/（m^3/s）			
					80%	90%	95%	99%
查干木伦	龙头山	3587	0.316	0.28	1.33	1.03	0.803	0.437
呼和诺尔	西厂汗营	4820	0.019	1.22	0.243	0.227	0.200	0.171
苦水河	郭家沟	5216	0.032	0.65	0.015	0.009	0.005	0.002
黑河	莺落峡	10009	7.39	0.30	5.57	4.95	4.50	3.75
杂木河	杂木寺	849	0.56	0.40	0.376	0.335	0.268	0.192
格尔木河	格尔木	18648	1.14	0.18	0.97	0.91	0.87	0.80
头道沟	头道沟	371	0.093	0.53	0.053	0.044	0.029	0.012
玛纳斯河	红山嘴	4056	6.93	0.21	5.74	5.47	5.03	4.54
乌什水河	乌什水	707	0.412	0.62	0.202	0.156	0.079	0
克兰河	阿尔泰	1655	2.10	0.21	1.74	1.62	1.52	1.38

六、数学模型分析

对影响枯水的主要因素进行单元回归或多元回归，并用枯水时间序列、枯水径流自回归等方法建立枯水数学模型。现仅对多年月平均最小流量枯水特征值进行分析。河流枯水主要因各地区所受的影响因素的作用程度不同而有差异，要注意有的地方一个主要因素便可较好地反映枯水特性及其变化规律，而有的地方则需要多个因素来共同反映枯水特征。

第八节 河道径流断流的分析

河道径流断流是在枯水期出现的极端现象，在内陆河流的中下游受上游截引水流影响，经常断流，最下游河道甚至常年干涸。在西北内陆河出山口段、内蒙古北部和东北

的天然河道中，除了冬季连底冻的情况外，一年中出现较长时间断流的河流可称为季节性河流或临时性河流。断流在地区上分布和出现的时间规律，无论对枯水径流的研究，还是对国民经济建设，均有重要意义。

一、河道径流断流的时间

在我国，断流出现的时间大致可分为两种类型：一种出现在冬季各月，主要分布在东北和内蒙古的北部及新疆阿勒泰地区的某些河流。例如，挠力河宝清站，在 1955～1984 年的 30 年实测资料中，有 17 年在 12 月至翌年 2 月发生断流。这种断流与河流的水情密切相关，即当河流发生连底冻结时会出现断流现象，而结冰的厚度又与气温的负积温有关。有些河流虽未出现连底冻结的情况，但也在冬季出现断流，如甘肃梨园河梨园堡站 1975～1977 年连续 3 年在 2 月出现断流。另一种出现在春季，通常情况下，在河槽的蓄水储量接近耗尽而汛期尚未到达之前出现；也有的河流由于集水面积小、河流调蓄能力小而造成断流，如沙河石佛口站，集水面积仅 157km^2，1957～1980 年的 24 年中有 16 年出现断流，而且均发生在 5 月。

另外，在有人类活动影响的情况下，虽然集水面积较大，但春季仍然出现断流。例如，小清河石村站集水面积为 6260km^2，4～5 月曾出现断流。我国大部分地区，尤其是北方地区春季农业用水量较大，因此春季是断流的主要季节。在我国西北地区，水文测站将河道的流量与引水渠道的流量互加称为合成流量。例如，新疆渭干河千佛洞站，集水面积为 16784km^2，1979 年 5 月 20 日河道出现断流，但合成后年最小流量发生在 5 月 21 日，为 7.25m^3/s。

除上述情况外，尚有许多特殊情况。例如，在夏、秋季节，由于河流两岸发生泥石流或山体崩塌等地质灾害，碎屑物堵塞河道而造成临时性断流，这在黄河上游地区可遇到。

二、河流出现断流的分布

河流出现断流，在时间上有长有短，其范围也有大有小。这里所指的河流断流为：历年河流水文资料中任何一年的月最小流量为 0，或河干时即为断流，其成因包括天然的断流和受人类活动影响的断流。

根据以上含义，可以初步编制中国河流断流分布示意图（图 8-17）。由图 8-17 可知，我国河流断流的分布面积约占全国总面积的 1/3，其中大部分在北方地区。我国西部山地发育有大面积的现代冰川和永久积雪，西北和西藏的许多河流均源于冰川，每年有封冻期和消融期，在封冻期河流源头断流，河道为河冰覆盖。另一个断流集中分布区是东部平原区，尤其是黄淮海平原。随着地区经济的发展、用水量剧增，许多河流出现了断流，也有些河流仅在干旱年时才发生断流。其中，以黄河流域下游的断流与海河流域的断流最为著名，影响也最大。

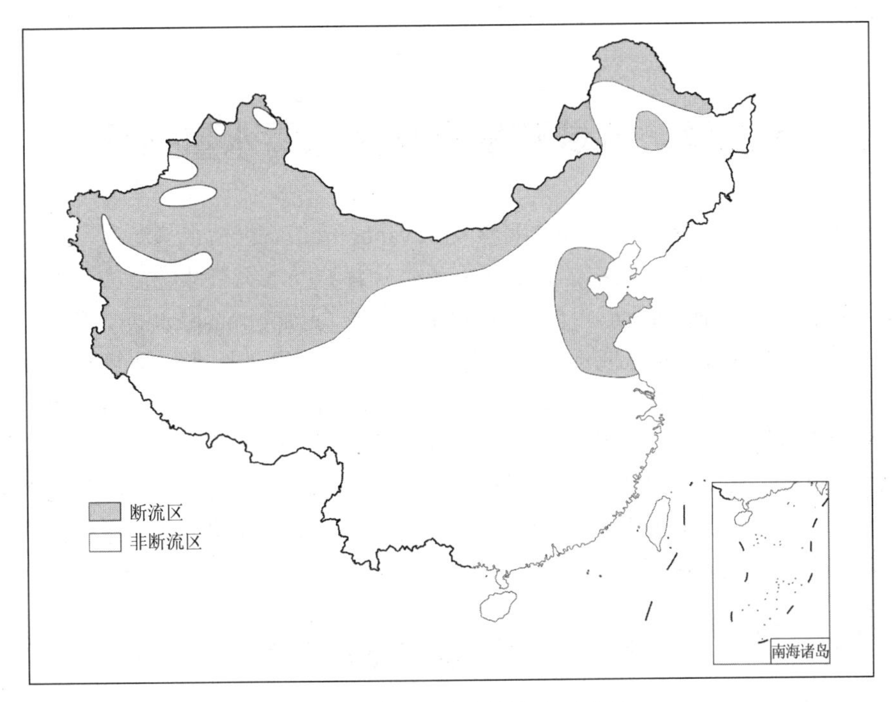

图 8-17　中国河流断流分布示意图

三、断流与集水面积间的关系

在下垫面一致或相似的情况下，河流流域集水面积的大小基本上反映了河流蓄水储量与下切深度的关系，可表示为

$$Q_{月} = \alpha(F - f)^n \tag{8-3}$$

式中，$Q_{月}$为月平均最小流量；F为集水面积；f为不产流的集水面积；α、n均为系数。

式（8-3）可改写为

$$F = \sqrt{\frac{Q_{月}}{\alpha}} + f \tag{8-4}$$

为了便于计算，可将断流的流量$Q_{月}$写成 0.001m^3/s，而不直接为 0。根据式（8-4），设α=0.0008，n=1.32，则F=606km^2。

在全国断流区，由于断流的成因、自然地理环境、受人类活动影响的种类和程度以及其他种种原因，集水面积有很大差别。也可以根据具体情况将图 8-17 划分成若干个小区，再求其n、α和f值。限于资料，本书仅以新疆天山东部小河区为例做一初步分析。

新疆天山东部小河区河流的特点是河流短小，水文站虽设在山口，但仍有部分的集水面积是不产流的面积。出现断流的流域的集水面积最小为 203km^2，最大为 666km^2。经过分析计算，最后得出，F为 370km^2，f为 210km^2，与俄罗斯的伏尔加河流域f值为 670km^{2}相比要小得多。

此外，西北内陆东部小河的断流与流域平均高程间也有一定关系。在相似的自然条件和集水面积下，高程较高者不易出现断流。例如，二堂沟站，集水面积虽有 666km^2，但据实测，1956 年、1958 年均出现断流。

第九章　流域蒸发量与生态需水量估算

水分从液态变为气态的物理过程叫蒸发（evaporation），包括水从海洋、江河、湖泊、土壤表面的蒸发；而水分从植物体表面（主要是叶片）以水蒸气状态散失到大气中的生理过程称为蒸腾（transpiration），两者合称为蒸散发（evapotranspiration，ET）。蒸散发是地-气系统水循环的重要组成部分，也是干旱区最为活跃的因素。估算蒸散发损失水量对深入刻画流域水分循环过程、定量评价干旱内陆河地区水资源及其合理利用、考虑生态需水量来维持流域生态平衡，不仅是一种重要手段，而且是一个定量评价依据。此外，估算蒸散发损失水量对实现区域可持续发展极为重要，特别是对我国西北干旱内陆河地区的水资源可持续开发利用与管理，充分发挥有限水资源的生态、经济和社会效益统一，有着不可忽视的作用。

第一节　内陆河流域蒸散发

中国西北内陆河流域独特的山区降水集流、绿洲集约转化、荒漠耗散消失的水文循环和水资源分配机理，形成了山区以森林、草甸为主体的山地生态系统和平原以绿洲、过渡带、荒漠渐次交错为圈层的平原生态系统；反过来，生态系统又维系着与其息息相关的水循环系统，两者相互依存、相互作用和相互发展，形成了西北内陆河流域独特的水循环——生态复合系统。内陆河流域径流不外流，完全耗散于蒸散发，从而形成流域尺度的水文小循环，因而蒸散发在水循环中起主导作用。内陆河流域径流产生于上游山区，耗散于山前平原的中游灌溉绿洲带和下游荒漠绿洲带，因此流域山区和平原的水文过程是不同的。一般可将内陆河流域蒸散发分为山地径流产生区和平原径流耗散区两大部分，其蒸散发机制也可分为两类。

在干旱内陆河流域山区，年降水量多而热量条件不足，因此蒸发能力小而供水量大。在高山区的冰川冻土带，地势高而温度低，冰川积雪发育，降水较多，但热量不足，还要供给冰雪消融，表现为蒸发能力弱，冰雪融水和降雨的供水能力大，就有地表径流产生；在中高山区的森林带，热量条件有利于森林植被生长，降水也很充沛，对蒸发的水分供给也充分，实际蒸发的水量相对较多，降雨余水形成径流，注入河槽；在中低山区的森林带，热量条件优于水分条件，常有夏季暴雨发生，因此在干旱季节，降水不足以供给蒸散发，而在暴雨期间，仍有降雨径流形成，并汇集成河流，最后输往山前平原的径流耗散区。因此，山区的总陆面蒸散量要大于山前平原区，并具有垂直分带性。一般认为，山区年陆面蒸散量最大的地带应是降水较多、热量充足的中山区森林带，即干旱区山地的蒸散发机制主要取决于热量条件。

在干旱内陆河流域的山前平原，因年降水量远小于山地，一般很难形成地表径流。虽热量充足但水分不足，实际年陆面蒸散量远达不到其潜在蒸散量，因此，陆面蒸散量的多寡主要取决于可供蒸散发的水量。通常人们误认为干旱区的陆面蒸散量很大，而且有研究用年（水面）蒸发量大于年降水量若干倍这一指标来判断一个地区的干旱程度。这仅是一种蒸发潜能的比喻，并非是实际年蒸发量大于降水量若干倍。实际上，根据水量平衡观点，在多年平均的情况下，即使降水不产生径流而完全消耗于蒸散发，陆面蒸散量最多与降水量相等。当然，干旱区平原的蒸发能力很大，如果有充分不间断的水分供给，年蒸散量可大得多。因此，干旱区平原的蒸散发机制主要取决于水分条件。

内陆河流出山后的平原人工绿洲、天然绿洲、河湖水体、地下水溢出带与地下水浅埋深带，以及河流形成的尾闾湖沼和盆地积水湖泊。尽管有些是咸水，比淡水蒸发要小，但这里是一些有充分供水能力的蒸发水面和有一定供水能力的陆面，其实际蒸散量要比干燥的陆面大得多。

第二节　内陆河流域水面蒸发量估算

水面蒸发的物理过程是水中动能较大的分子克服表层分子的压力流向空气中（蒸发），与空气中动能较大的水汽分子返回到水中（凝结）的差值。水温饱和水汽压与空气中实际水汽压之差称饱和水汽压差。水温越高于气温，饱和水汽压差越大，蒸发量越大；反之，气温高出水温越多，饱和水汽压差越小，返回水体（凝结放热）的分子越多，蒸发量越少。风的作用有两方面：一方面给水体中的水分子以动能，促使其上下翻滚浪花飞溅，8～9 月，小水滴可散落到下风向 300m 处；另一方面吹走水体上空的水汽，替换干热空气，加热水面，增加空气饱和水汽压差，促使水面蒸发加快。

常用的蒸发资料是 E601 和 *Φ*20cm 蒸发皿的观测资料，它们在我国已被使用多年，积累了大量数据，并编入了国家气象局地面气象观测规范，在水文气象站网中广泛使用。*Φ*20cm 蒸发皿测定的水面蒸发资料，是一种在不间断充分供水情况下的蒸发量，表示的是在 *Φ*20cm 蒸发皿条件下的“潜在蒸发量”。在干旱区平原，可供蒸发的热量条件非常充足，用 *Φ*20cm 蒸发皿测得的蒸发量都很大，通常是当地降水量的几倍、几十倍，甚至上百倍。

水面蒸发量的多寡与水面大小有直接关系。我国水文气象站网采用的水面蒸发仪器型号很多，有 *Φ*20cm、*Φ*80cm、E601、ГГИ3000 和 A 级蒸发器等，还有水面漂浮蒸发池。多年观测实验证明，当水面面积达到 $20m^2$ 时，水面蒸发量就基本趋于稳定，变化不大。因而，常采用 $20m^2$ 蒸发池观测的蒸发量作为有限水域的蒸发标准。有限水域是指有一定数量水面的江河、湖泊、水库、池塘和大型蒸发池等；而无限水域则指范围很大的连续水体，如洋面、海面等。两者蒸发过程不同，无限水域的表面蒸发过程可引起远距离水域边缘处的水汽凝结，形成雾和云；而有限水域的蒸发过程，则不能形成水汽凝结。我国水文气象部门在不同地区设置了水面蒸发实验站，为正确估算水面蒸发量提供了基础资料，但多数分布在东部地区，有关水面蒸发研究的论文多集中在东部地区，西北干旱内陆河流域的研究资料相对较少。

干旱内陆区最早的水面蒸发实验站是 1958 年在北疆哈地坡建立的，之后又陆续在南疆塔里木盆地上游水库和北疆阜康阜北农场等地建站。哈地坡水面蒸发实验站位于 87°15′E，43°47′N，地面海拔为 965.3m，设有 $20m^2$、E601、*Φ*80cm 套盆、ГГИ3000 及

Φ20cm 等不同水深的水面蒸发皿。该站建站以来积累了较多的 20m^2 蒸发池的蒸发资料。汤奇成等（1992）在分析研究新疆维吾尔自治区水文总站气象资料的基础上，根据干旱区蒸发站网稀少的特点，利用哈地坡 20m^2 蒸发池 51 个月的水面蒸发资料，研究了用常规气象资料估算干旱区各地水面蒸发量的方法，主要包括折算系数法和经验公式法。

一、折算系数法

折算系数法是目前估算水面蒸发量最为通用的方法。该法既有各种水面蒸发器之间的折算系数，又有年内不同时段或月份的折算系数。统计结果表明，无论何种型号水面蒸发器，其与 20m^2 蒸发池的折算系数年内和年际的变化都很大，且每年都不相同。例如，20m^2/Φ20cm 在 7 月的折算系数，在 1958～1983 年记录中最大为 0.63，最小仅 0.48，变幅达 0.15。在年内变化中，普遍存在 4 月低，4～6 月升高，7 月稍低，8～10 月又逐渐升高的趋势（图 9-1，表 9-1）。冬季各月的折算系数，一般采用略低于 4 月的数字（表 9-1）。哈地坡站的多年平均水面蒸发量 20m^2/Φ20cm 的折算系数为 0.55。据此，考虑到干旱区影响水面蒸发因素的地区分布规律及高程情况，初步拟定我国干旱区各地的折算系数值及年水面蒸发量（表 9-2），作为了解和确定干旱区无资料地区近似水面蒸发量值时的参考。

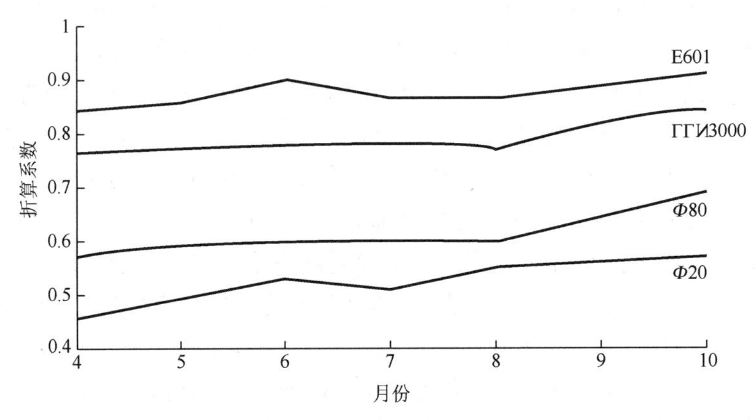

图 9-1　不同口径蒸发皿折算系数年内变化

表 9-1　20m^2 与 Φ20cm 水面蒸发器的折算系数表

年份	4 月	5 月	6 月	7 月	8 月	9 月	10 月
1958	—	—	—	0.50	0.55	0.57	—
1959	—	—	—	0.52	0.55	—	—
1960	0.42	0.58	0.50	0.53	0.59	—	—
1961	—	0.43	0.50	0.49	—	0.52	0.62
1963	—	—	—	0.48	0.56	0.59	0.50
1964	—	0.55	0.50	0.60	0.57	0.58	—
1965	0.54	0.54	0.58	0.59	0.62	0.62	0.61
1966	—	—	0.62	0.63	0.68	—	—
1981	—	—	—	—	—	—	—
1982	0.47	0.47	0.52	0.52	0.57	—	0.56
1983	—	0.49	0.56	0.56	0.54	0.64	0.65

续表

年份	4月	5月	6月	7月	8月	9月	10月
平均	0.48	0.51	0.54	0.54	0.58	0.58	0.59
C_v	0.10	0.11	0.08	0.09	0.08	0.07	0.08

表 9-2　干旱区各地年水面蒸发量估算表

项目	阿勒泰	天山北坡	天山南坡	西昆仑	东昆仑	准噶尔盆地南缘	塔里木盆地	柴达木盆地	河西走廊
代表站	群库勒	哈地坡	阿合布隆	同古孜洛克	纳赤台	红山咀	上游水库	格尔木	正义峡
Φ20cm 蒸发量/mm	2000	1950	2164	3650	2178	2134	2200	2560	2790
20m²/Φ20cm 折算系数	0.48	0.55	0.54	0.54	0.56	0.58	0.61	0.60	0.60
年水面蒸发量/mm	980	1072	1170	1971	1220	1237	1340	1540	1670

二、经验公式法

计算水面蒸发的公式很多，目前常用的有彭曼公式、布迪科公式、巴格洛夫公式和桑斯威特公式等，其中彭曼公式有坚实的物理基础，概念清晰，是当前最常用的公式，但在干旱地区使用时必须进行修正，以避免较大误差。彭曼公式（Penman，1948）具有下列形式：

$$E_0 = (\Delta R_n + E_a\gamma)/(\Delta + \gamma) \tag{9-1}$$

式中，E_0为自由水面估算蒸发量；Δ为任一温度T_a下的饱和水汽压曲线斜率；R_n为净辐射；γ为干湿表常数；E_a为待定系数，是风速和（e_a+e_d）的函数，其中e_a是在温度为T_a时的饱和水汽压，e_d是同样温度条件下的饱和水汽压。当0℃和1000hPa气压时，干湿表常数γ取0.65。

$$H = R_a(1-r)(0.18+0.55n/N) - \delta T_a(0.56-0.09e_d^*)(0.1+0.9n/N) \tag{9-2}$$

式中，H为显热通量（J/s）；R_a为平均大气顶太阳辐射，以蒸发当量（mm/d）表示；r为反射系数；n/N为实际与可能的日照时数之比；δ为斯蒂芬-玻尔兹曼常量，也以蒸发当量（mm/d）表示；T_a为平均气温（绝对）；e_d^*为空气实际水汽压，以水银柱mmHg表示。

$$E_a = (a+bu)(e_a+e_d) \tag{9-3}$$

式中，u为风速（m/s）；a、b为系数。确定平均水汽压e_d和平均饱和水汽压差（e_0–e_a）后，可利用日平均温度和相对湿度计算。

$$u_1/u_2 = (Z_1/Z_2)n \tag{9-4}$$

式中，u_1为10m高度处估算的风速；u_2为2m高度处观测的风速；Z_1为蒸发公式所需高度；Z_2为风速表高度；n为常数。

为检验彭曼公式在干旱区的适用情况，汤奇成（1994）利用哈地坡水面蒸发实验站的实测资料进行了检验，其中，Δ项根据哈地坡站高程作订正。利用哈地坡站1960～1984年资料比较，非结冰期（4～11月）蒸发量的实测值为905.5mm，计算值为864.8mm，比实测值偏小 5%，月蒸发量的相对误差≤10%的月数占 34%，≤20%的月数占 76%，≥30%的月数为 7%，在增温期（4～6 月）偏大、降温期（7～10 月）偏小。

（一）辐射平衡项的修正

采用陈荣芬（1980）提出的新疆地区经验公式：$Q_{陈}=Q(a+bs)(1-\alpha)$（Q 为理想气体下太阳辐射值，随纬度和高程而变，a、b 为随季节而变的系数）。用 1984 年 7 月～1985 年 12 月实测值与计算值相比，$Q_{陈}$计算值的相对误差为 3.9%，而 $Q_{彭}$计算值的相对误差达 14.6%。此外，经分析比较，有效辐射的计算还是采用彭曼公式，因而辐射平衡值 $R_1=Q_{陈}+Q_{彭}$。

（二）考虑水体热通量变化和“蒸发力”E_0的修正

采用哈地坡站 20m^2 蒸发池的实测月蒸发量，用修正式（9-3）反求 E_a 公式中的 K 值：

$$E_a = K(e_a + e_d)(1 + u/100) \tag{9-5}$$

K 值与蒸发池中水温及地面气温有关，其关系见表 9-3。K 值取值范围为 0.20～0.50，为了简化计算，可在增温期和降温期分别取平均 K 值，即在 4～6 月取 0.20、7～8 月取 0.35、9～10 月取 0.50。

表 9-3　蒸发池中水温与地面气温及 K 值随月份的变化

项目	4 月	5 月	6 月	7 月	8 月	9 月	10 月
蒸发池中 0.1m 处水温/℃	10.1	16.3	21.2	22.5	21.8	16.7	9.5
地面 2m 处气温/℃	8.3	15.1	20.3	22.4	21.6	14.8	7.1
K 值	0.18	0.19	0.23	0.31	0.39	0.50	0.51

对辐射平衡项和“蒸发力”E_0 进行修正后，利用彭曼公式计算的哈地坡 4～10 月的蒸发总量为 902.9mm，与实测值的相对误差仅 0.3%；月蒸发量的相对误差≤10%的月数占 68.3%，相对误差≤20%的月数占 100%（表 9-4）。

表 9-4　哈地坡站实测蒸发值与各种公式计算值比较　（单位：mm）

项目	4 月	5 月	6 月	7 月	8 月	9 月	10 月	合计
20m^2 蒸发池实测值	82.3	130.7	156.3	182.8	169.2	119.7	65.5	906.5
彭曼公式计算值	92.7	139.4	164.1	175.0	149.2	97.1	47.3	864.8
彭曼公式按（一）修正后	101.2	157.7	176.0	180.3	155.9	100.7	50.0	921.8
彭曼公式按（二）修正后	82.8	128.9	158.1	184.1	165.2	121.1	67.0	907.2
彭曼公式按（一、二）修正后	83.1	130.9	148.5	191.3	161.1	123.2	64.8	902.9

上述计算只是解决了非冰期的水面蒸发问题，而干旱区的冰期持续时间很长，为每年的 1～3 月和 11～12 月，约有半年左右，冰期水面蒸发量可占年蒸发总量的 9.3%，不容忽略。根据 Φ20cm 蒸发皿实测资料，可采用 4 月蒸发皿和蒸发池的折算系数，计算 1～3 月的水面蒸发量；用 10 月的折算系数计算 11～12 月的水面蒸发量。其结果对年总蒸发量计算精度影响不大。

另外，还有根据蒸发观测资料建立起来的蒸发率与气象要素特征值之间的关系公式，主要包括热力因素（通常用饱和差表示）和动力因素（用风速表示）：

$$E=(e_0-e)f(u) \tag{9-6}$$

式中，E 为水面蒸发率；e_0 为蒸发面的饱和水汽压；e 为空气中某高度的实际水汽压；$f(u)$ 为风速因素。

将 $20m^2$ 蒸发池的蒸发量 E_{20} 作为水面蒸发量，蒸发池的理论蒸发率公式为

$$E_{理}=0.13u(e_0-e_2) \tag{9-7}$$

式中，$E_{理}$ 为蒸发池理论蒸发量；e_2 为 2m 高度的实际水汽压。

用式（9-7）计算哈地坡的蒸发率，实测值与理论值之间存在较大偏差，需要进行订正。计算表明，当风速增加到一定程度时，E_{20} 与 $E_{理}$ 的比值接近 1，而当风速减少时，$E_{20}/E_{理}$ 的比值急剧增大，并得出下列经验关系式：

$$E_{20}=2.85u^{-0.437}E_{理}$$

换算后可得

$$E_{20}=0.37u^{0.563}(e_0-e_2) \tag{9-8}$$

经用 1961 年 6 月逐日平均要素值验算，$E_{理}$ 值为 197.1mm，与 E_{20} 实测值 208.1mm 的误差为–5%。抽样检查其他各月，误差均在–10%～+10%。由此，式（9-8）是一个较适合我国干旱区计算水面蒸发的经验公式。但在应用时需注意：

（1）高度订正。干旱区的各个水文气象要素变化很大，哈地坡站海拔 966m，在计算区高程与之相差很大时，需要进行高度订正，实际就是气压订正。哈地坡站 4～10 月 7 个月的月平均气压为 911hPa。当气压小于该值时，将订正值加在湿球温度上（Δt 为正）；当气压大于该值时，从湿球温度减去订正值（Δt 为负）。

（2）上述计算值不包括冬季蒸发量。哈地坡站的 $20m^2$ 蒸发池，只观测 4（5）～10 月的蒸发量，公式计算值不包括冬季蒸发量。冬季蒸发量一般采用 Φ20cm 蒸发皿测定的数值，或用称重法求得整个冬季的蒸发量。

（3）无资料地区水面蒸发计算的参考公式。干旱区的水面蒸发观测站点极少，但有较多的水文气象观测站点，可用其积累的基本资料估算广大流域的水面蒸发量。利用马格努斯公式近似地求解：

$$e_0-e_2=D+d(T_2)(T_0-T_2) \tag{9-9}$$

式中，D 为空气饱和差；T_0 为水面温度；T_2 为 2m 高度处的气温；d（T_2）为 T_2 时饱和水汽压曲线斜率（hPa/℃），由表 9-5 可查得。

表 9-5　de/dT（hPa/℃）查用表

T_2/℃ \ T_0–T_2/℃	0	1	2	3	4	5	6	7	8	9
–50	0.0073	—	—	—	—	—	—	—	—	—
–40	0.0196	0.0179	0.0162	0.0148	0.0134	0.0121	0.0109	0.0099	0.0089	0.0080
–30	0.0480	0.0441	0.0404	0.0371	0.0339	0.0310	0.0283	0.0259	0.0236	0.0215
–20	0.1081	0.1000	0.0925	0.0854	0.0789	0.0727	0.0670	0.0617	0.0568	0.0522
–10	0.2262	0.2108	0.1962	0.1826	0.1698	0.1577	0.1465	0.1359	0.1260	0.1168

续表

T_2/℃ \ T_0-T_2/℃	0	1	2	3	4	5	6	7	8	9
–0	0.4438	0.4160	0.3897	0.3649	0.3414	0.3193	0.2984	0.2787	0.2601	0.2427
0	0.4438	0.4732	0.5043	0.5370	0.5717	0.6092	0.6467	0.6872	0.7299	0.7749
10	0.8222	0.8720	0.9244	0.9793	1.037	1.098	1.161	1.228	1.298	1.371
20	1.448	1.5280	1.612	1.700	1.792	1.888	1.988	2.093	2.202	2.356
30	2.435	2.560	2.689	2.824	2.964	3.110	3.262	3.420	3.585	3.755
40	3.933	4.118	4.309	4.528	4.715	4.929	5.151	5.381	5.620	5.867
50	6.123	6.388	6.662	6.946	7.240	7.544	7.858	8.182	8.518	8.864
60	9.221	—	—	—	—	—	—	—	—	—

将式（9-9）代入式（9-8），则得

$$E_{20} = 0.37u^{0.513}[D + d(T_2)(T_0 - T_2)] \tag{9-10}$$

利用哈地坡站 33 个月平均气温与月平均水面温度资料 T_2 和 T_0 的关系，求得 0.01m 处水温与气温公式：T_0=3.98+0.834T_2。经用 1961 年 6 月资料验算，月蒸发量为 198.7mm，相对误差也是–5%。应当指出，用折算系数法计算干旱地区水面蒸发量看似简单，其实不然。由于干旱地区地域辽阔，自然地理条件复杂多样，内陆水体又多为矿化度较高的咸水湖和盐湖，若不加分析拿来就用，就是离哈地坡水面蒸发实验站不远、自然地理条件极其相似的地方，也会出现较大的误差。要得到一个较为合理的数据，必须做一些补充研究才能减少误差。

柴窝堡湖位于柴窝堡–达坂城盆地，海拔 1094m，矿化度 4g/L，西距乌鲁木齐 40km，西北距哈地坡约 65km。柴窝堡湖与哈地坡（海拔 996m）同在天山北麓，海拔相差无几，自然地理条件又极其相似，按理直接引用哈地坡水面蒸发折算系数计算蒸发量，应当能保证精度，然而却事与愿违。按哈地坡水面蒸发站的折算系数（K_3=0.54）计算，柴窝堡湖的年水面蒸发量为 1800mm。1985 年和 1986 年在湖岸边不同方向布设了 5 个 ГГИ3000 型水面蒸发器（ГГИ3000 和 E601 改进型），连续两年与林场气象哨 Φ20cm 蒸发器进行同步观测，用当地各月的 Φ20/ГГИ3000 型蒸发折算系数 K_1 和哈地坡 20m^2/E601 各月的折算系数 K_2，计算得柴窝堡湖水面蒸发折算系数 K_3（K_3=K_1 • K_2）为 0.395，多年平均水面蒸发量为 1319.0mm（表 9-6）。两者绝对误差为 481mm，相对误差为 36.5%。经分析研究发现，误差产生的原因有二：一是林场气象哨 Φ20 蒸发皿距柴窝堡湖 1.50km，其周围的温、湿度与湖边有较大差别，测得的蒸发量偏大，据 1985～1986 年实测，约高出 11%；二是哈地坡的 K_3 取的是各月算术平均值 0.55，而不是加权平均值（K_3=0.527），高出 0.023。由此可以看出，计算干旱地区水体蒸发量时，补充进行 1～2 年短期现场水面蒸发观测是非常必要的。

表 9-6　器测法计算的柴窝堡湖各月多年平均水面蒸发量

参数	1 月	2 月	3 月	4 月	5 月	6 月	7 月	8 月	9 月	10 月	11 月	12 月	合计
E_0/mm	48.9	64.0	155.0	330.7	481.2	511.2	563.4	511.9	330.4	202.7	94.3	48.9	3342.6
K_1	0.39	0.39	0.39	0.430	0.430	0.454	0.484	0.515	0.520	0.657	0.473	0.39	0.476
K_2	0.81	0.81	0.81	0.764	0.794	0.802	0.810	0.821	0.888	0.982	0.875	0.81	0.829
E_{20}/mm	15.5	20.3	49.0	108.6	164.3	186.1	220.9	216.4	152.6	130.8	39.0	15.5	1319.0

对河西走廊流域内 5 个长序列站蒸发资料分析可知，最大年水面蒸发量与多年平均蒸发量的比值一般为 1.2～1.7，最大比值为昌马堡站 1972 年的 1.73，最小比值为莺落峡站 1990 年的 1.18；最小年蒸发量与多年平均蒸发量的比值，一般为 0.6～0.8，最大比值为正义峡站 1993 年的 0.82，最小比值为昌马堡站 1955 年的 0.62。从最大年蒸发量与最小年蒸发量的比值来看，一般在 1.5～2.8，最大比值为昌马堡站的 2.78，其次为敦煌站的 2.41，最小比值为莺落峡站的 1.47，其次为正义峡站的 1.49。计算的 C_v 值一般也仅在 0.10～0.20 变化，最大值为敦煌站的 0.21，其次为昌马堡站的 0.19，最小值为莺落峡站的 0.08。从 C_v 值与最大值/最小值关系来看，一般最大值/最小值较大的测站，C_v 值也大；最大值/最小值较小的测站，C_v 值也小，详见表 9-7。

表 9-7 河西走廊长序列水面蒸发量的统计特征变化

站名	资料年数/年	年蒸发量/mm	C_v	最大值		最大值/平均值	最小值		最小值/平均值	最大值/最小值
				蒸发量/mm	年份		蒸发量/mm	年份		
昌马堡	46	1685.0	0.19	2923.3	1972	1.73	1050.3	1955	0.62	2.78
敦煌	49	1789.3	0.21	2855.9	1948	1.59	1183.4	1952	0.66	2.41
莺落峡	42	1491.2	0.08	1765.0	1990	1.18	1197.7	1955	0.80	1.47
正义峡	42	1814.0	0.12	2208.6	1959	1.21	1482.2	1993	0.82	1.49
黄羊河	46	921.6	0.14	1195.2	1960	1.30	653.0	1988	0.71	1.83

另外，干旱地区的内陆水体多为矿化度较高的咸水湖和盐湖，实际情况证明，它们的水面蒸发量除与其所处的自然地理条件有关外，还受其含盐量的影响。因此，在计算各种不同矿化度水体的蒸发量时，还不能直接引用哈地坡水面蒸发实验站的蒸发折算系数。例如，青海湖含盐量为 14.13g/L，用 $\Phi 20$ 蒸发器进行的淡泉水与湖水对比蒸发观测表明，湖水的蒸发量要比泉水少 15%左右。由此建议，在新疆哈地坡站增设 $20m^2$ 不同含盐量的水面蒸发观测实验，求出不同含盐量水体水面蒸发折算系数，为干旱地区水面蒸发计算提供实验依据。

由于器测水面蒸发量反映地区的蒸发能力，因此其与当地的降水量大小关系不大，主要影响因素是气温、湿度、光照、辐射、风速等。在地区分布上，一般冷湿地区水面蒸发量小，而干燥、气温高的地区水面蒸发量大；高山区水面蒸发量小，平原区水面蒸发量大。西北内陆河地区的水面蒸发，按统一口径折算到 E601。我国各水文站和气象站观测水面蒸发采用 E601 型蒸发器和 $\Phi 20$cm 型蒸发皿，E601 是用 80cm 口径套盆式，从 1964 年开始在水文系统推广使用，1973 年进行改进。全国多个地区观测对比资料分析表明，这种仪器与大小水体水面蒸发值之间的折算系数为 0.9～0.99。因此，在 1979～1985 年全国水资源评价中，在缺乏足够大小水体水面蒸发资料的情况下，可用 E601 型蒸发器观测值。

根据国家水文和气象部门的长期观测，结合有关科研、院校单位与地方有关科技人员的研究资料，结合气象部门的 $\Phi 20$cm 蒸发盆观测系列资料，统一折算到 E601 的水面蒸发值，绘制西北内陆地区多年平均水面蒸发量等值线图（图 9-2），以分析研究区域蒸发能力的时

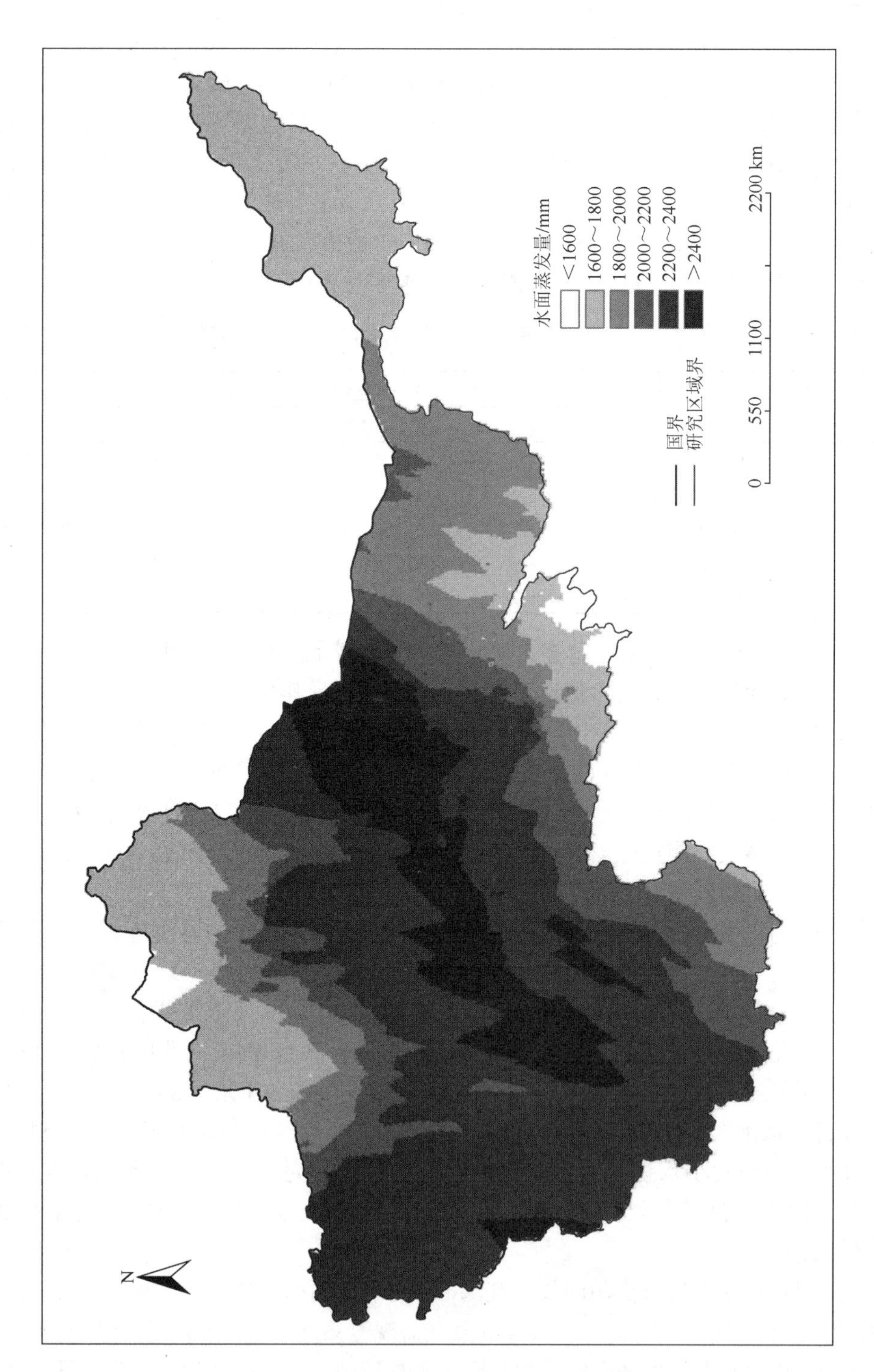

图 9-2　西北内陆地区多年平均水面蒸发量等值线图

空分布。从多年平均水面蒸发等值线图可以明显地看出，水面蒸发量受地形影响十分显著，受纬度影响也比较明显。其空间分布与气温极为相似，与降水量的分布恰好相反；高山小于平原，盆地周边小于盆地腹部；内陆盆地出现环状闭合的水面蒸发等值线，低值区在高山，高值区在湖盆；而且，水面蒸发量随地面抬升而衰减。同样，地面高程的水面蒸发量，南部大于北部，如塔里木盆地内部到周边，年水面蒸发量从 1600mm 下降到 900～1000mm。西北内陆区是全国水面蒸发量最高的地区，在新疆伊吾县和内蒙古额济纳旗一带（94°E～105°E），其多年平均水面蒸发量高达 2400～2600mm，青海柴达木盆地也可从周边山区 1000mm 增加到高原盆地内的 2000mm；而从内蒙古巴彦淖尔向东，随着地面抬升到大兴安岭一带，水面蒸发量又衰减到 1000mm（马秀峰等，1999）。可见，西北内陆干旱区的蒸发能力大，对区域水分消耗起到促进作用。

第三节　西北干旱区陆面蒸散量的估算

陆面蒸散发是指某一地区或流域内河流、湖泊、塘坝、沼泽等水体蒸发和土壤蒸发，以及植物蒸腾与地下水蒸发的总和，即陆面实际蒸散发的总量。对于一个闭合流域，陆面蒸散量等于流域平均降水量减去流域平均径流深。因此，陆面蒸散量受到蒸发能力和供水条件两大因素的制约。干旱区陆面蒸散量的准确估算在水循环、农业和森林气象学研究、灌溉制度和水资源管理方面有着突出的作用。西北内陆干旱地区的陆面蒸发量分布趋势和年降水量一致。可以通过水量平衡方法计算得到流域平均的蒸发量，并绘制出西北内陆地区多年平均陆面蒸发量等值线图（图 9-3）。

西北内陆干旱区的陆面蒸散发具有以下规律：东部地区由东南向西北递减，新疆从西向东、由北向南递减，与降水量分布一致；西北内陆盆地的塔里木盆地、柴达木盆地的沙漠地区陆面蒸散量在 25mm 以下，而在盆地四周的高山区，尽管降水量较多，陆面蒸散发受到热量限制，陆面蒸散量不高，但要比盆地里平原地区高许多，在天山、阿尔泰山、祁连山可达 300mm；在内蒙古北部高原，陆面蒸散量的低值中心在黑河下游的额济纳旗，在 50mm 以下，自西向东增加，到东部内陆河流域可达 200mm；陆面蒸散量 300mm 等值线，由内蒙古高原向西南延伸，再经黄河流域内内流区的鄂尔多斯高原中部，延伸到兰州；陆面蒸散量 400mm 等值线，与多年平均降水 400mm 等值线走向和位置基本上相一致，这也是我国干旱半干旱与湿润地区明显的分界线。

有很多方法可估算陆面参考蒸散量，归纳起来有两大类：水文学方法和气象学方法。近年来，遥感结合地面观测估算蒸散发的方法已受到学者的广泛关注（鱼腾飞等，2011），现有各种模型可适用于不同气候条件来估算蒸散量。而对西北干旱区陆面蒸散量估算，目前普遍采用水量平衡法和折算系数法。

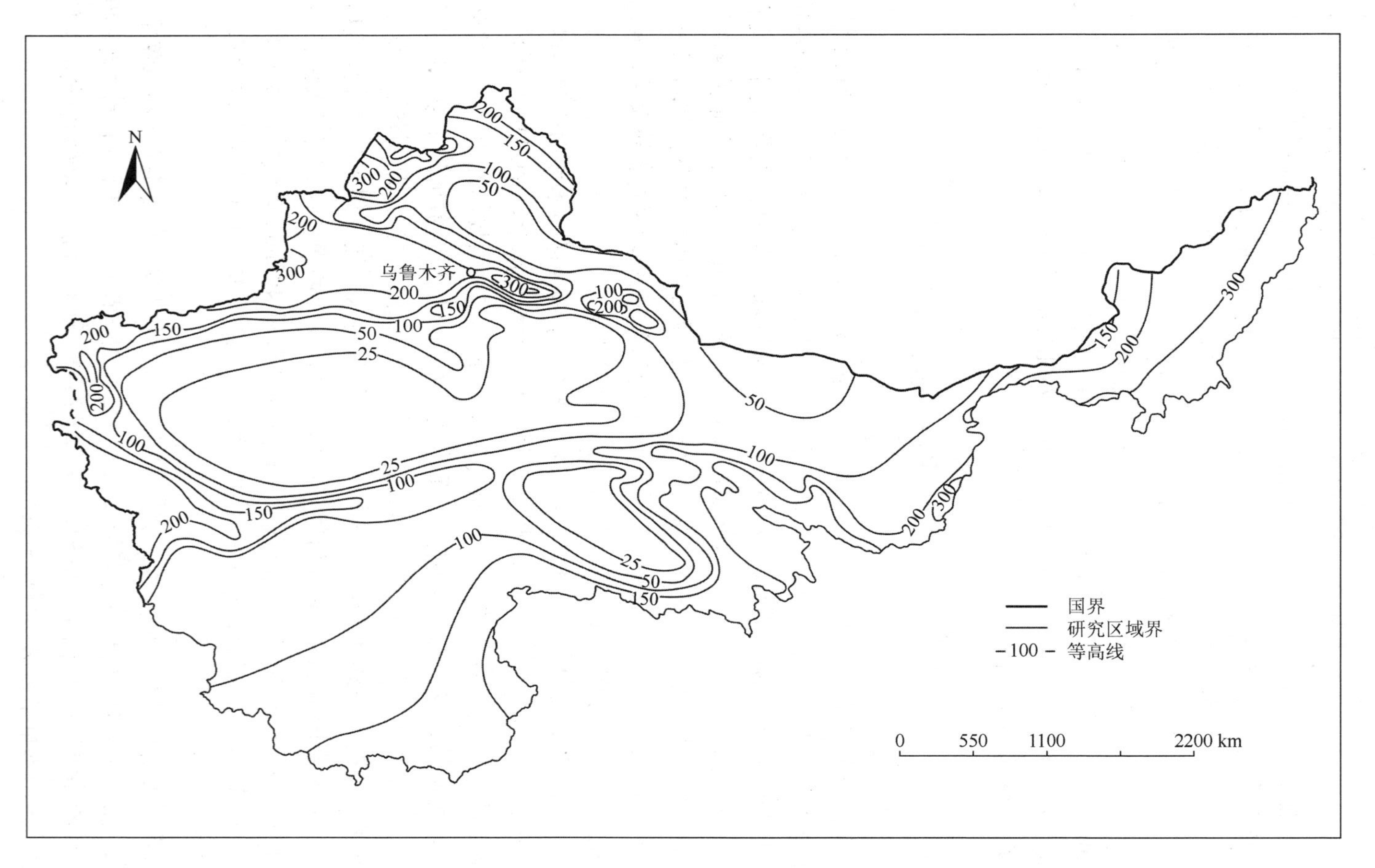

图 9-3　西北内陆地区多年平均陆面蒸发量等值线图（卢金凯和杜国桓，1991）（单位：mm）

一、水量平衡法

水量平衡法是目前区域蒸散发估算较为普遍采用的水文学方法。其理论基础是在多年平均和大范围或流域闭合的情况下，水量平衡应遵循下列方程式：

$$\mathrm{ET} = P - Q \tag{9-11}$$

式中，P 为多年平均年降水量；Q 为多年平均年径流量；ET 为多年平均年陆面蒸散量。

在获得一个地区的 P 和 Q 数值后，就可求算出该地区的陆面蒸散量。通常采用的方法是年降水量和年径流量等值线图叠置法，并勾绘出年陆面蒸散量等值线图，再从图上查出各地区的陆面年蒸散量。在干旱地区采用水量平衡法计算陆面蒸散量时，需要考虑水量平衡三要素的垂直变化规律，区分内陆河流域的径流形成区和径流散失区：

在径流形生区（山区）：$\mathrm{ET} = P - Q$；在径流散失区（平原区）：$\mathrm{ET} = P + Q_1 - Q_2$。式中，$Q_1$ 为入境（区）径流量；Q_2 为出境（区）径流量。

据此方法可得，新疆地区多年平均年降水总量为 2429 亿 m^3，入境径流量为 91 亿 m^3，出境径流量为 384.48 亿 m^3，多年平均年陆面蒸散发量为 2283 亿 m^3。用等值线法估算的新疆天然陆面蒸发量为 1603.30 亿 m^3，加上入境（区）水量和境内产水量，减去出境（区）水量，则新疆地区的多年平均年陆面蒸发量为 2250.2 亿 m^3，比用水量平衡法计算的数值少 33 亿 m^3，误差仅为−1.47%。新疆各地（州、市）陆面蒸发量列于表 9-8。

表 9-8　新疆各地（州、市）实际年陆面蒸发量　（单位：亿 m^3）

地（州、市）名	实际控制水量	出境（区）水量	区内实际消耗量	等值线图量算蒸发量	实际陆面蒸发量
阿勒泰	129	95.3	33.7	167.7	201.4
塔城	61.6	8.68	52.9	190.2	243.1
博尔塔拉	26.2	—	26.2	47.6	73.8
昌吉	40.1	—	40.1	95.5	135.6
乌鲁木齐	9.04	—	9.04	18.9	27.9
伊犁	1.7	117	53.0	157.0	210.0
哈密	10.1	—	10.1	72.6	82.7
吐鲁番	7.49	—	7.49	28.3	35.8
巴音郭楞	83.2	41.5	79.1	291.6	370.7
阿克苏	98.6	—	98.6	106.0	204.6
喀什	162.7	92.7	153.4	216.6	370.0
和田	86.2	29.3	83.3	211.3	294.6
全疆	715.93	384.48	646.93	1603.3	2250.2

新疆陆面蒸发量在地区上的分布规律与降水一致，也是山区大平原小、西部大东部小、北部大南部小。天山及北部山区一般为 200～300mm，南疆南部山区为 200mm；准噶尔盆地一般为 50～100mm；塔里木盆地及哈密南北戈壁为 25～50mm。最高值在天山和塔城北部山区，可达 300mm；最低值在塔里木盆地及哈密南北戈壁，仅 25mm。

二、折算系数法

陆面蒸散量也可采用 K 值法或其他方法计算。通常采用水量平衡法求出典型流域陆面蒸散量，再与修正后的彭曼公式求得的水面蒸发量对比，求出 K 值后再计算整个面上的陆面蒸散量。该方法操作简单且能保证有一定精度。在水面蒸发量实测和计算的基础上，可用年水面蒸发量资料推算年陆面蒸散量：

$$E = KE_0 \tag{9-12}$$

式中，E 为陆面蒸散量；K 为折算系数；E_0 为水面蒸发量。

对比干旱区各地年水面蒸发量和年陆面蒸散量可以发现，两者的分布趋势是一致的，使之有可能利用年水面蒸发量资料在径流形成区进行比对和求得 K 值，为推求年陆面蒸散量提供依据。以新疆为例，各山区的 K 值见表 9-9。K 值的变化范围为 0.07～0.30，干旱区的其他山区估计也应在该范围内变化。

表 9-9　新疆各山区的 K 值表

山区	K 值	山区	K 值
阿尔泰	0.13～0.30	帕米尔高原	0.20～0.25
准噶尔西部山地	0.20～0.25	昆仑山北坡西段	0.20～0.25
天山北坡	0.16～0.30	昆仑山北坡东段	0.07～0.13
天山南坡	0.13～0.25		

第四节　内陆河流域生态需水量估算

水是地球上最常见的物质之一，也是人和自然赖以生存的宝贵资源。在竞争用水条件下，以满足人类需求为中心的水资源开发利用活动从水量、水质等方面不同程度地影响、挤占和掠夺了地球各类生态系统的水资源，并通过水循环的改变控制着生态系统的演变，由此引发了生态受损、生态退化等一系列生态环境问题，危及生态安全，并最终危及人类安全与可持续发展。在此背景下，生态需水（ecological water requirement，EWR）研究伴随生态环境问题的产生引起了国内外的广泛关注，并成为当前资源环境领域研究的热点。

一、生态需水的若干研究进展

（一）生态需水的概念与分类

在不同时期文献中，尽管有生态需水量、生态用水量、生态环境需水量及生态环境用水量等多种提法，但是它们具有大致相通的科学内涵。总的来看，生态需水的概念尚未有统一的定义。Gleick（2000）明确给出了基本的生态需水（basic ecological water requirement）概念，即提供一定质量和一定数量的水给天然生境，以求最小化改变天然生态系统的过程，并保护物种多样性和生态完整性。国际水文计划（International Hydrological Programme，IHP）提出，生态需水是指以水文循环为纽带，在维系生态系统自身生存和生态功能相对一定的生态环境品质目标下，其客观需求的水（张丽等，2008）。

在美国，最早提出的环境用水指服务于鱼类和其他野生动物、娱乐及其他美学价值类的水资源需求（Langbein and Schumm，1958）。环境用水已经成为水资源管理部门的一项重要工作。尤其是在西部半干旱地区的几个州，称环境用水管理为河道内流量权管理，其目的是在合理保护自然环境的前提下，有效开发利用水资源。事实上，美国有46个州拥有河道内流量管理权，其中11个州以法规条例形式加以规定。在法国，1992年颁布的水法强调了水资源集中管理的必要性和保护水环境平衡的重要性，并规定：当河水流量降低到最低生物流量以下时，只有供应饮用水才能列为优先要保证的。在渔业法和乡村法中规定了水利工程施工建设和运用管理应当保证的河道内最小环境流量的底线（Simon and Curini，1998）。

我国在1990年的《中国水利百科全书》中将环境用水量定义为："改善水质、协调生态和美化环境等的用水。"《21世纪中国可持续发展水资源战略研究》认为：广义的生态环境用水是指"维持全球生物地理生态系统水分平衡所需用的水，包括水热平衡、水沙平衡、水盐平衡等，都是生态环境用水"。狭义的生态环境用水是指"为维护生态环境不再恶化并逐渐改善所需要消耗的水资源总量；计算的区域应当是水资源供需矛盾突出，以及生态环境相对脆弱和问题严重的干旱、半干旱和季节性干旱的半湿润区；主要包括保护和恢复内陆河流下游的天然植被及生态环境，水土保持及水保范围之外的林草植被建设，维持河流水沙平衡及湿地、水域等生态环境的基流，回补黄淮海平原及其他地方的超采地下水等方面"。

汤奇成（1995）在分析塔里木盆地水资源与绿洲建设问题时首次提出生态需水的概念，并探讨了生态环境用水的必要性。王芳等（2002）通过对生态需水概念的外延与内涵进行分析，将生态需水归纳为：为维护生态系统稳定，天然生态保护与人工生态建设所消耗的水量；并认为，对于没有植物作为第一性生产力的系统需水，如河流冲沙、稀释污染物、控制地面沉降等所需的水，为环境需水。刘昌明（2001）提出了在计算生态环境用水中如何估算水热平衡、水盐平衡、水沙平衡和区域水量平衡的方法。崔树彬（2001）认为，生态需水量应该是指一个特定区域内的生态系统的需水量，而不是单指生物体的需水量或者耗水量。它不但与区域的生物群体结构等有关系，更重要的是它还与气候、土壤、地质，以及地表、地下水文条件及水质等都有关系。因而，"生态需（用）水量"与"生态环境需（用）水量"的含义及其计算方法应当是一致的。计算生态需水量，实质上就是计算维持某一区域生物群落稳定和可再生维持的栖息地的环境需水量，也即"生态环境需水量"，而不是指生物群落机体的"耗水量"。

总之，由于不同学者的研究目的、研究方法和研究对象不同，对生态需水概念的理解也有差异。目前，生态需水还没有一个统一、规范的定义，生态需水基础理论研究仍显不足，从而导致计算方法可信度不高，研究成果缺乏可操作性，且往往达不到预期效果。根据已有的关于生态需水的综述，生态需水研究范围多集中在水资源供需矛盾突出，生态环境相对脆弱的干旱、半干旱和季节性干旱的半湿润区；研究对象涉及河流、湿地、湖泊、植被、绿洲、城市等生态系统；研究内容涵盖了从基础理论到量化方法及实践应用等。

就生态需水的分类而言，贾宝全和许英勤（1998）以新疆为背景，对干旱区生态用水的概念和分类进行详尽的阐述，从绿洲与其内、外部环境的依赖性出发，把绿洲生态用水分为人工绿洲生态用水、荒漠河岸林生态用水、河谷林生态用水、低平地草甸生态用水、城市生态用水、河湖生态用水、荒漠植被生态用水七大类，每个大类之下又划分了若干小类。董增川（2001）在研究西部地区水资源配置时认为，生态环境需水量是指水域生态系统维持正常的生态和环境功能所必需消耗的水量。根据西部地区水域生态系统的特点，生态环境需水量包括维护天然植被需水量、维护合理的生态地下水水位需水量、维持水体一定量稀释自净能力的基流量、防止河流系统泥沙淤积的河道最小径流量、维护河湖水生生物生存的最小需水量。王根绪等（2002）将生态需水分为人工绿洲生态需水和天然绿洲生态需水。姜德娟等（2003）根据生态系统的生态环境功能，将生态环境需水量分为河流生态环境需水量、植被生态用水量、用于湖泊湿地保护与恢复的生态环境需水量、城市生态环境需水量和回补超采地下水的生态环境需水量等。

由于研究对象、目的和对生态需水理解的不同，对生态需水的划分方法也不同。一些专家认为，生态需水应该强调问题的对象和区域，认为出现生态问题的区域一般是生态脆弱地区，特别是水分比较匮乏的地区，因而按地区划分生态需水；另一些专家认为，植被是生态建设的核心，因此应该用植被来划分生态需水，还有其他划分方法。徐志侠等（2006）将现有生态需水划分方法分为以下几类：①按水源可分为地表生态需水和地下生态需水；②按生态系统形成的原动力可分为天然生态需水和人工生态需水；③按生态系统的组成可分为绿色植物需水、动物需水和维持无机环境的生物地理平衡所需的水分；④其他分类。据此，依据生态系统的空间位置、类型、功能、临界状况等多种属性，对陆地地表生态需水进行逐级分类，如图 9-4 所示。

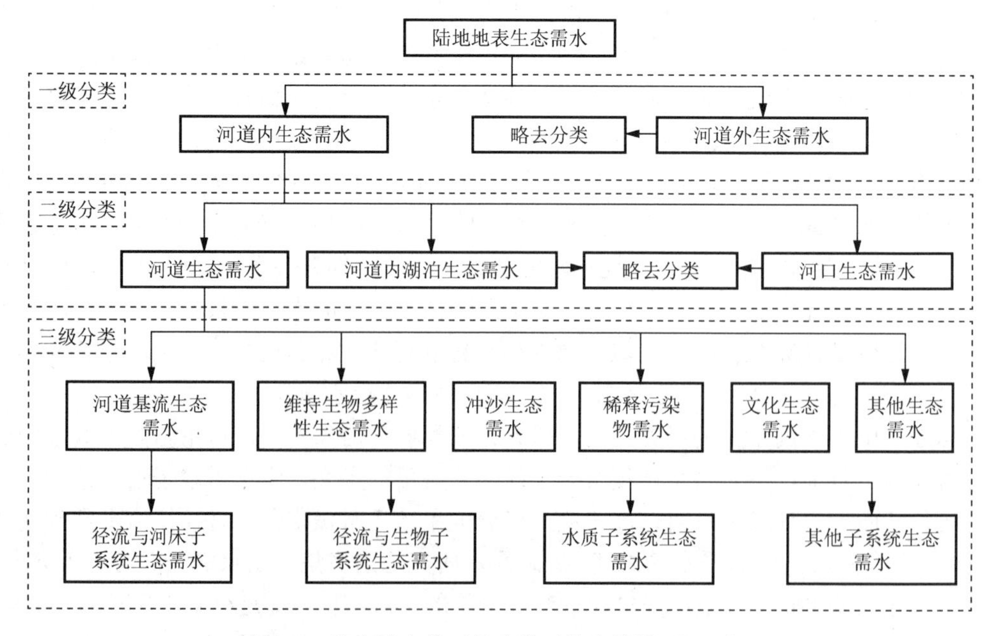

图 9-4 生态需水的三级分类（徐志侠等，2006）

（二）干旱区生态需水研究

西北干旱区内陆河流域生态环境用水与国民经济用水矛盾突出。不合理的水资源开发利用而引发的生态环境问题极为严重且复杂多样，不仅严重制约了该区域的可持续发展，而且其影响波及全国以及整个国民经济的稳定发展。因此，从水资源合理配置、土地资源利用、生态环境保护及经济合理布局等诸多方面的要求出发，迫切需要解决流域乃至区域内生态需水量的界定问题（沈国舫，2001；汪恕诚，2000）。系统开展干旱区生态需水研究是从20世纪90年代开始的，确切地讲始于国家“九五”攻关计划关于西北水资源合理利用研究时期。从那时起，不同学者即对干旱区生态需水量的概念、内涵及分析方法提出了不同观点，并据各自的理解用不同的方法计算得出了一些地区的生态需水量计算结果（夏军等，2003，2002；贾宝全等，2002）。对于干旱区而言，不同学者对生态需水定义也有差别，主要包括两类：一类是从景观生态学角度出发，另一类是从生态水文学角度出发。

从景观生态学角度出发，贾宝全和许英勤（1998）将干旱区生态用水定义为干旱区内凡是对绿洲景观的生存和发展及环境质量的维持与改善起支撑作用的系统所消耗的水分；并将新疆的生态用水分为人工绿洲生态用水、荒漠河岸林生态用水、河谷林生态用水、低平草甸生态用水、城市生态用水、河湖生态用水、荒漠植被生态用水。黄奕龙等（2005）将植被生态需水定义为在特定的尺度和环境标准下，维持植被正常生长（或维持植被生态系统健康）所需要的水量。陈锐等（2005）对流域景观的生态发展及环境质量维持与改善起支撑作用的耗水量分析后，认为植被生态需水是指为维持流域生态平衡特定的水盐条件及生态功能所消耗的最小蒸散耗水量。

从生态水文学角度出发，冯起和程国栋（1998）在对干旱区植被耗水研究的基础上，提出干旱区植被生态需水量可划分为临界生态需水量、最适生态需水量和饱和生态需水量。夏军等（2002）认为，对于干旱区而言，植被生态需水量是保证植物正常、健康生长，同时能够抑制土地沙化、碱化，乃至荒漠化发展所需的最小水资源量。在干旱半干旱区生态需水理论分析中，夏军以胡杨林植被为例，分析了西北干旱区流域生态环境质量与水需求的关系，认为当地下水埋深大到6m以上时，由于没有水的供养，胡杨林群落生存能力接近于零；当地下水埋深达9～10m后，胡杨林群落已经死亡。因此，保持地下水埋深不大于6m所对应的水资源量，可以视为胡杨林群落生存的最小生态需水量。王芳等（2002）利用植物种和环境间关系最具代表性的高斯模型，研究了新疆塔里木河干流区几种植物出现频率峰值时所对应的地下水埋深。张丽等（2008）对黑河流域下游天然植被生态需水机理的研究认为，干旱区植被盖度、出现频率与地下水埋深存在一定的关系。在植被适宜地下水埋深附近，植被生长发育良好，出现频率和相应的植被盖度高；植被长势受水分亏缺或土壤盐渍化的影响，生长发育相对较差，出现频率和相应的盖度低，并依据生态适宜性理论，建立了植物生长与地下水水位关系的对数正态分布模型，应用该模型计算了额济纳旗不同植被群落、不同盖度、不同地下水埋深的植物蒸腾和潜水蒸发，从而求出该区的植被生态需水量。冯起等（2009a，2008a，2008b，2008c，2006）在黑河下游极端干旱区进行了长期的天然植被耗水规律试验研究，并根据植被耗水特征进行生态水需求研究。由此可见，地下水埋深是限制干旱区天然植被生长的主要环境因子。许多学者利用干旱区植物生存、生长所必需的合理地下水埋深，计算植被在地下水水位某一埋深时的潜水蒸发量，进而间接推算植被的生态需水（何永涛等，2005；闵庆文等，2004；左其亭，2002；王根绪和程国栋，2002）。干旱区非地带性天然植被生长需要的地下水埋藏深度就是生态水位。间接计算法中植被生态水位的确定比较困难，目前已采用遥感数据分析流域地下水与植被生长、植物种群演替、植被覆盖度的关系，确定其适宜的生态水位，但这些研究还不成熟，仅仅为半定量描述方法，尚需要进一步研究。

值得一提的是，2002～2003 年由钱正英主持开展了中国工程院重大咨询项目“西北地区水资源配置、生态环境建设和可持续发展战略研究”，对整个西北地区的生态需水量进行了系统评价，给出了宏观尺度上不同地区的现状生态需水量（Xia et al.，2003）。现阶段，以干旱区典型植物（以旱生灌木为主）为对象进行的个体或群丛水分耗散机理观测实验分析干旱区生态需水量（Xia et al.，2003），不仅存在尺度及空间异质性的问题，而且也不能代表实际存在的各种生态系统对水资源的不同需求特性。区域水量平衡法将区域水资源消耗项中扣除水域蒸散、境外排泄和人类利用等量的剩余部分全部归结为生态消耗量（Xia et al.，2002），由于区域水资源消耗项很难准确定量，并且很多情况下无法明确区别其他水消耗项与生态系统水资源消耗，该方法存在明显缺陷。基于遥感数据分析较大区域生态系统的水分需求是目前最为活跃的生态需水量研究途径（Jia et al.，2002；Xia et al.，2002；Jia and Xu，1998），然而生态系统需水量评价对象难以准确判定，同时生态水文要素诸多参数获取困难，限制了这一方法的有效应用，而且其计算对区域生态需水量只能给出一个定值，既不符合生态系统对水分需求的动态性，也不能满足水文过程的动态变化特性。考虑到内陆河平原地区水资源规划和合理配置的实际需要，以及区域生态环境保护与区域生态安全，应从以生态系统安全为基本单元的客观角度，在流域或区域尺度上寻求基于生态系统水资源利用规律、符合水资源动态变化，并能反映生态需水变化过程的简单易行的生态需水量评价方法。

（三）干旱区生态需水研究面临的挑战

目前，我国西北干旱区生态需水研究面临许多问题与挑战。干旱区植被对缺水的适应机制还不明确。尽管已有研究表明，干旱区的某些植物为了适应荒漠环境，具有水分补偿能力和许多生理结构上的变化，但不同植物对水分亏缺的生理响应机制亟待研究；在干旱区，水分动态影响植被的分布格局，但这种分布格局如何响应水文过程的变化，它的生态学意义何在，植被的这种自然分布格局能否指导干旱区植被恢复等均有待研究；分析干旱植物在水分胁迫下的群落组成结构、分布格局与演变过程，始终是干旱区生态水文科学研究的重要领域，迄今为止，关于这方面的研究未能取得突破性进展，尤其是群落演变的生态机理仍然处于未知阶段；区域生态需水估算方法主要是依据不同气候带条件，确定生态需水计算的不同类别的生态水文参数，通过不同植被类型的蒸散发估算生态需水或生态耗水总量，这就会在实际中产生较大的差异，而基于生态水文过程的生态需水研究从成因观点估算生态需水，有比较好的理论依据。但是，干旱区内陆河流域生态环境问题特别复杂，特别是缺乏必要的生态水文过程及其空间变化的资料，由点的植被蒸发扩展到面的植被耗水机理的尺度问题等，导致目前准确估算有一定困难。

综上所述，国内外在生态需水研究方面已取得了重大突破，这些研究为植被生态需水研究提供了可借鉴的研究思路、方法和手段，但仍然存在很多问题。例如，缺少长期的试验数据支持；对计算方法的研究还不够深入和完善；各种方法之间的比较较少；从宏观角度出发研究区域生态需水的成果较多，而从微观角度出发研究植被生理耗水规律的较少。从生态系统的观点来看，植被生态需水是为了保证植被能够正常生长、发育，并确保其生态服务功能得到正常发挥而必须消耗的一部分水量；而从恢复和重建生态环境的目的来看，植被生态需水，是指能够满足生态系统植被基本生长需求的最小生态需水量，以及其生长达到不同恢复和重建目标的适宜生态需水量，且植被生态需水应该有阈值和范围。

二、生态需水量计算方法

依据《21世纪中国可持续发展水资源战略研究》界定的狭义的生态需水量的定义来看，陆地生态需水量主要指“保护和恢复内陆河流下游的天然植被及生态环境，水土保持及水保范围之外的林草植被建设”需水量。自20世纪80年代以来，有关这方面的研究已经有不少。综合分析这些研究，不论是林地草地、天然林还是人工用地，其计算方法大多为“面积定额法”或者是“植株定额法”，计算原理为已经成熟的和传统的水量平衡理论。从国内生态需水的计算成果来看，针对同一地区不同的研究者之间的计算结果尚有较大差别。因此，生态需水的概念体系和估算方法仍值得规范与统一。有关生态需水的计算方法有很多，目前主要涵盖了两个方面的研究内容：一是水域生态需水（包括河道内生态需水、湿地生态需水和湖泊生态需水）；二是植被生态需水，在此重点介绍后者。

（一）水域生态需水量计算

（1）河道内生态需水量计算。河道内生态需水研究起源于国外早期针对航运功能开展的河道枯水流量（low flow）研究，发展于20世纪40年代美国为保护渔业开展的河道基流（base flow）研究。近年来，随着水资源需求的增加和环保意识的增强，河道内水量配置更加引起了重视。国外在这方面的工作开展得较早，产生了许多计算和评价方法，其中，最为典型的是河道湿周法、R2CROSS法和河道流量增加法等。

河道湿周法基于保护好临界区域的水生物栖息地的湿周（指水面以下河床的线性长度），对非临界区域的栖息地提供足够的保护的假设，利用湿周作为栖息地的质量指标来估算期望的河道内流量值。在临界的栖息地区域现场搜集渠道的几何尺寸和流量数据，并以临界的栖息地类型作为河流其余部分的栖息地指标。河道的形状影响该方法的分析结果。该方法需要确定湿周与流量之间的关系。这种关系可从多个河道断面的几何尺寸与流量关系实测数据经验推求，或从单一河道断面的一组几何尺寸与流量数据中计算得出。河道湿周法内流量推荐值是依据湿周-流量关系图中影响点的位置而确定的。

以曼宁公式为基础的计算方法也称R2CROSS法。其适用于一般浅滩式的河流栖息地类型。该种方法的河流流量推荐值是基于浅滩最临界的河流栖息地类型，而保护浅滩栖息地也将保护其他的水生栖息地的假设。确定了平均深度、平均流速及湿周长百分数作为冷水鱼栖息地指数，平均深度与湿周长百分数标准分别是河流顶宽和河床总长与湿周长之比的函数，因此河流的平均流速推荐采用英尺[①]每秒为单位，这 3 种参数是反映与河流栖息地质量有关的水流指示因子。若能在浅滩类型栖息地保持这些参数在足够的水平，将足以维护冷水鱼类与水生无脊椎动物在水塘和水道的水生生境。起初河流流量推荐值是按年控制的。后来，生物学家研究根据鱼的生物学需要和河流的季节性变化分季节制订相应的标准。

河道流量增加法主要指 IFIM 法。IFIM 法把大量的水文水化学现场数据与选定的水生生物种在不同生长阶段的生物学信息相结合，评价流量增加对栖息地影响。考虑的主要指标有水的流速、最小水深、底质情况、水温度、溶解氧、总碱度、浊度、透光度等。河道流量增加法并不产生特定的河道内流量目标值，除非栖息地保护的标准能被确定。河道流量增加法的结果通常用来评价水资源开发建设项目对下游水生栖息地的影响。

此外，还有防治河流水质污染的自净需水量、生态环境需水量（Montana 法）、景观和水上娱乐环境需水量、水沙平衡生态环境需水量、河口海域生态环境需水量、河湖生态用水量等方法。这些方法主要是保护水生生物栖息地、防止河流水质污染及多种影响综合计算的方法。

（2）湿地生态需水量计算。依据拉姆塞尔公约和《中国湿地调查纲要》，湿地一般分为海岸湿地、河口海湾湿地、河流湿地、湖泊湿地、沼泽和草甸湿地五大类。海岸湿地作为一个大的生态类型，仅具有保护的意义，不具有需水量计算的意义；河流水库、湖泊生态，可以依据所要保护的敏感指示物种对水环境指标的需求确定，计算思路与前面述及的河流方法基本一致，但在计算时，应更加注意水位的涨落限制；封闭或半封闭的低洼、沼泽等类型的湿地，在对其水文循环进行一定时段的观察和调查、量测之后，可以依据水平衡的基本原理进行计算。

（3）湖泊生态需水量计算。湖泊生态需水量是为维持或恢复湖泊生态系统平衡和健康，并使其满足一定生态系统各项服务功能要求所需要补充进入湖泊的径流量。湖泊生态需水量的确定不能只考虑所需水量的多少，同时应保证湖泊生态功能的正常发挥。西北干旱区湖泊水的消耗主要是湖泊水面的蒸散，湖泊最小生态需水量应保证补充湖泊水面蒸散的耗水量。湖泊生态需水量的范围存在两个阈值：一是湖泊最大生态需水量，超过该值，湖泊将水漫堤岸，发生洪涝灾害；二是湖泊最小生态需水量，低于该值，湖泊生态系统结构与功能将受到不可逆的损害。正常状态下，湖泊的生态需水量在该范围内波动。

根据水量平衡原理，湖泊的生态需水量 W 为湖泊水面蒸发需水量（W_v）、湖泊水生植物蒸腾需水量（W_p）、湖泊自身存在的需水量（W_i）和湖泊渗漏需水量（W_g）的总和：

$$W = W_v + W_p + W_i + W_g \tag{9-13}$$

① 1 英尺≈0.3048m。

湖泊蒸发需水量为湖泊水面蒸发需水量（W_v）和湖泊水生植物蒸腾需水量（W_p）之和。

$$W_v = Q_E - Q_r \tag{9-14}$$

式中，W_v为湖泊水面蒸发需水量（亿 m^3）；Q_E为湖泊内蒸发量（亿 m^3）；Q_r为湖泊内降水量（亿 m^3）。

$$Q_E = E_w \times A \tag{9-15}$$

$$Q_r = P \times A \tag{9-16}$$

式中，A为湖泊的面积（km^2）；E_w为湖泊水面蒸发量（mm）；P为单位面积降水量（mm）。

湖泊水生植物蒸腾需水量 W_p为

$$W_p = \int_0^{t_1} ET_m dt \tag{9-17}$$

式中，t_1为计算时段长度；ET_m为植物的蒸散量（mm）。

湖泊自身存在的需水量 W_i，是为保证湖泊正常存在及功能发挥，在水位略有变化的情况下，保持常年湖泊存蓄一定的水量，该水量是水体发挥生物栖息地功能存在的前提条件，属于生态环境需水的重要组成部分：

$$W_i = A \times h / T \tag{9-18}$$

式中，h为湖泊水深（m）；T为湖泊换水率，即湖泊容积（v）与从湖中流出的年径流量（w）之比。若为闭塞湖，可以蒸发量代替湖泊的年出流量。

湖泊渗漏需水量 W_g：

$$W_g = \eta \times A \tag{9-19}$$

式中，η为研究区渗漏系数；A为湖泊面积（m^2）。上述计算假定地表水与地下水保持平衡状态，且不考虑地下水过度开采形成的地下漏斗。

（二）植被生态需水量计算

植被生态需水量的计算方法大致可以分为三大类：水文学方法、生态学方法和基于遥感技术的生态需水计算法。

1. 水文学方法

（1）水量平衡法。在无人为干扰的情况下，植被-土壤系统的水量平衡关系为：植被蒸散量加上时段内土壤含水量变化，即为该时段植被生态需水量（黄奕龙等，2005；贾宝全等，2002）：

$$E_t + (W_{t+1} - W_t) = (P + C) - (R + D) \tag{9-20}$$

式中，E_t为 t 到 t+1 时段植被蒸散量（mm）；W_{t+1}为 t+1 时刻土壤含水量（mm）；W_t为 t 时刻土壤含水量（mm）；P为降水量（mm）；C为地下水补给量（mm），地下水埋深较大时，可忽略不计；R为地表径流量（mm）；D为土壤水渗漏量（mm），地下水埋深较大时，可忽略不计。

水量平衡法是早期生态需水量计算最常用的方法，适合流域生态环境需水的计算。

它是通过分析水资源输入、输出和储存量之间的关系，间接地求取生态需水量的方法。该法原理成熟、操作简单，也是区域尺度上缺乏生态系统本身的基础数据时常采用的方法之一。

（2）土壤含水量定额法。在干旱缺水时，对土壤水分状况的要求是植物不发生凋萎死亡，范围可定为土壤适宜含水量至植物凋萎时所对应的含水量，由此来确定植物任一生育时段内所需补充的水量。一般用彭曼公式法计算的是在充分供水、供肥、无病虫害等理想条件下植物获得的需水量，即植被的最大需水量，并不是维持植物生长、不发生凋萎的生态需水量（卞戈亚等，2003）。但该方法主要利用能量平衡原理，在理论上比较成熟完整，且具有很好的操作性。针对我国目前对植物，特别是天然植物生态需水量计算方法研究还比较薄弱的实际情况，利用该方法可以近似计算植被生态需水量。

林地生态需水量由林地最小蒸散量和土壤最小含水量组成，可通过土壤含水量定额法计算林地的生态需水量（张远和杨志峰，2002）。计算公式为

$$W = W_{\min} AH + \sum(\mathrm{ET}_{\min})_j \times A / 100 \tag{9-21}$$

式中，W 为林地年（月）最小生态需水量（m^3）；$W_{\min}$ 为林地年（月）土壤最小含水定额（m^3/m^3）；A 为满足某种生态功能的林地合理面积（m^2）；H 为土壤深度（m）；$(\mathrm{ET}_{\min})_j$ 为第 j 月林地最小蒸散定额（mm）。

该方法首先要确定林地年（月）土壤最小含水定额 $W_{\min}$ 和林地月最小蒸散定额 ET，其次是确定林地面积 A。$W_{\min}$ 与土壤质地及土壤含水量有关，可通过 Jensen 公式（Jensen，1982）确定。对于 ET 的确定，Penman（1948）认为，当林地土壤保持最小含水定额时，实际蒸散量为潜在蒸散量的 60%。

（3）潜水蒸发法。干旱区潜水蒸发量的大小直接影响植物生长的土壤水分状况，进而影响植被的实际蒸散量。根据潜水蒸发量的计算间接计算植被生态需水量的方法，用某一植被类型在某一地下水水位的面积乘以该地下水水位的潜水蒸发量与植被系数，得到该面积下该植被生态需水量，各种植被生态需水量之和即为该地区植被生态需水总量（司建华等，2005；王根绪和程国栋，2002）。其计算公式为

$$\mathrm{WST}_i = A_i \times \mathrm{Wg}_i \times K \tag{9-22}$$

$$\mathrm{Wg}_i = E_{20} \times (1 - h_i / h_0)^n \tag{9-23}$$

式中，WST_i 为植被类型 i 的生态用水量；A_i 为植被类型 i 的面积；Wg_i 为植被类型 i 所处某一地下水埋深时的潜水蒸发量；K 为植被系数。

潜水蒸发法主要适用于降水量稀少的干旱区，对于某些基础工作较差且蒸散模型参数获取困难的地区，可考虑采用该方法估算天然植被生态需水量。基于以上植被蒸腾与潜水位之间的关系，考虑到干旱平原区天然与大部分人工植被的生存与繁衍主要依赖于消耗地下水，大多数学者选用最具代表潜水蒸发法的阿维里扬诺夫公式计算植被生态需水量。虽然该方法因研究区域、对象的不同，参数取值也不同，计算结果会差别很大，但在实施流域水资源规划、水资源调配及管理、生态环境恢复重建时仍可用该方法计算的结果做参考。

2. 生态学方法

（1）面积定额法。以某一地区某一类型植被的面积乘以其生态需水定额，计算得到该类型植被的生态需水量，各种类型植被的生态需水量总和即为所求的该地区植被生态需水总量。其计算公式为

$$W = \sum W_i = \sum A_i r_i \tag{9-24}$$

式中，W 为植被生态需水总量（m^3）；W_i 为植被类型 i 的生态需水量（m^3）；A_i 为植被类型 i 的面积（m^2）；r_i 为植被类型 i 的生态需水定额（m^3/m^2）。

用该方法计算的关键是要确定不同类型植被的耗水定额，因此，该方法适用于基础工作较好的地区与植被类型（冯起，2008b；何永涛等，2005；粟晓玲和康绍忠，2003）。

（2）改进的彭曼（Penman）公式法。改进的彭曼公式法通过计算植物潜在腾发量来推算植物实际需水量，并以植物实际需水量作为植被生态需水量（粟晓玲和康绍忠，2003）。其计算公式为

$$\mathrm{ET} = \mathrm{ET}_0 K f(s) \tag{9-25}$$

式中，ET 为植物实际需水量（mm）；ET_0 为潜在蒸发量（mm），可采用改进后的彭曼公式计算；K 为植物系数，随植物种类、生长发育阶段而异，生育初期和末期较小，中期较大，一般通过试验取得；$f(s)$为土壤影响因素，反映土壤水分状况对植物蒸腾量的影响。

（3）Penman-Monteith 方法。Penman-Monteith 方法将驱动蒸发的能量、影响水汽传输的风速、饱和差、限制蒸发的空气动力学阻力和表面阻力等因素组合在一起，其具体形式为

$$\lambda E = \frac{\Delta(H_{\mathrm{net}} - G) + \rho_{\mathrm{air}} \times c_{\mathrm{p}} \times (e_z^0 - e_z) / r_{\mathrm{a}}}{\Delta + \gamma \times (1 + r_{\mathrm{c}} / r_{\mathrm{a}})} \tag{9-26}$$

式中，λE 为潜热通量密度［MJ/（m^2 • d）］；E 为蒸散发潜力（mm/d）；Δ 为饱和蒸气压-温度曲线的梯度 de^0/dT（kPa/℃）；H_{net} 为净辐射［MJ/（m^2 • d）］；G 为地热通量密度［MJ/（m^2 • d）］；ρ_{air} 为空气密度（kg/m^3）；c_p 为常压下空气的比热容［MJ/（kg • ℃）］；e_z^0 为 z 高度上的温度为 T 时的饱和水汽压（kPa）；e_z 为 z 高度上的水汽压；γ 为干湿球常数（kPa/℃）；r_c 为植被冠层表面阻力（s/m）；r_a 为空气动力学阻力（s/m）。

（4）Priestly-Taylor 方法。Priestly 和 Taylor 在 1972 年提出了一套 Penman-Monteith 通用方程的简化版本，这个版本省略了空气动力学因素，同时给 Penman-Monteith 方程中的能量因子添加了一个修正参数，$\alpha_{\mathrm{pet}} = 1.26$。Priestly-Taylor 方程的具体形式为

$$\lambda E = \alpha_{\mathrm{pet}} \times \frac{\Delta}{\Delta + \gamma}(H_{\mathrm{net}} - G) \tag{9-27}$$

式中，变量含义与式（9-26）相同。

（三）基于遥感技术的生态需水计算法

随着计算机技术的发展，基于遥感技术的区域生态需水估算正在迅速发展之中。有学者将其用于干旱区天然植被生态需水量的计算，并将计算结果与其他方法的估算结果进行比较，认为该方法是合理可行的，可以推广应用到干旱区其他地区或流域的生态需水量计算中（王芳等，2002）。目前，最新的研究方法是基于植被生长需水的区域分异规律，通过遥感手段、GIS 软件和实测资料相结合来计算植被生态需水量。

（1）生产力水平法。主要思路为对选定的遥感影像（如 TM）计算归一化植被指数（normalized difference vegetation index，NDVI），形成 NDVI 指数图，建立生产力水平与 NDVI 的关系曲线，反推 6 个生产力水平类型的生产力分布图，然后对所测定的生产力调查样点的地理坐标进行投影并叠加到处理后的 NDVI 图上。生产力水平的值则由每一类型所拥有的样方地上生产力的平均值来代替。根据截取的生产力空间分布信息，计算不同土地利用类型的生产力水平，结合生产力水平斑块的组成特点，划分生产力水平级别。最后，根据生产力水平的差异和蒸腾系数估算植被的生态需水量。

（2）植被盖度法。主要思路为利用遥感与 GIS 技术进行生态分区，通过生态分区与水资源分区叠加分析，确定流域各级生态分区的面积及其需水类型，进一步分析生态分区与水资源分区的空间对应关系，确定生态耗水的范围和标准，并以流域为单元进行降水平衡分析和水资源平衡分析，在此基础上根据实测资料，计算不同植被群落、不同盖度、不同地下水水位埋深的植物蒸腾和潜水蒸发，从而求出该区植被的生态需水量（司建华等，2013；张丽等，2008；赵传燕等，2008）。

采用遥感方法和地下水水位观测数据，建立植被盖度与地下水水位埋深的关系模型：

$$P = \frac{1}{\sqrt{2\pi}\sigma x} e^{-\frac{1}{2}\left(\frac{\ln x - \mu}{\sigma}\right)^2} \tag{9-28}$$

式中，P 为植被盖度；x 为地下水水位埋深；μ 为 $\ln x$ 的数学期望，其值为 $\ln x$ 的平均值；σ 为植被对地下水埋深的耐受范围，是 $\ln x$ 的方差，反映 $\ln x$ 偏离其数学期望的程度。

植被生态需水量为植被蒸腾需水量和植被群落间的潜水蒸发量之和，公式为

$$W = W_1 + W_2 \tag{9-29}$$

植物蒸腾需水量（W_1）的计算公式为

$$W_1 = \sum_i \sum_j \mathrm{ET}_i \times A_{ij} \times P_i \tag{9-30}$$

式中，ET_i 为 i 类植物生长蒸腾耗水量（万 m^3/km^2）；A_{ij} 为 i 类植物 j 种盖度的面积（km^2）；P_i 为 i 类植物的盖度（%）。

植被群落间的潜水蒸发量包括植株间的潜水蒸发量和植被覆盖区植物非生长期的潜水蒸发量，即

$$W_2 = E_1 + E_2 \tag{9-31}$$

$$E_1 = \sum_i \sum_j A_{ijk} E_{ijk} \times (1 - P_i) \tag{9-32}$$

$$E_2 = \sum_i \sum_j A_{ijk} E_{ijk} \times P_i \tag{9-33}$$

式中，E_1为植株间的潜水蒸发量（m^3）；E_2为植被覆盖区植物非生长期的潜水蒸发量（m^3）；A_{ijk}为计算区域i类植物j种盖度在地下水水位埋深条件k下的面积（km^2）；E_{ijk}为埋深k条件下的潜水蒸发强度（m^3/km^2）；E_{ijk}为埋深k条件下植被覆盖区非生长期的潜水蒸发强度（m^3/km^2）。

第五节　干旱内陆河流域生态需水量估算

西北干旱内陆河流域既是我国生态环境问题突出的区域，也是生态需水研究的热点和典型区域。干旱内陆河流域由于径流形成区与径流耗散区分离的水资源分布特征，降水多分布在山区，而山区人类活动弱，生态系统需水靠降水便可自然满足，属绿水范畴（程国栋和赵传燕，2006），不属于生态需水的研究对象。平原区生态系统以河流水生生态系统为轴心，依次分布有绿洲（人工、天然）交错带及荒漠生态系统，生态需水研究对象为河流水生生态系统及河道外由可控水资源（蓝水）支撑的非地带性植被（陈敏建，2007）。在竞争用水条件下，鉴于绿洲的特殊意义，干旱区河道外生态需水优先度高于河流水生生态系统，而荒漠区生态系统大部分处于下游或绿洲外围无流区，依赖稀少的降水（一些地方年均不足 50mm）发育地带性荒漠植被或无植被分布，也不属生态需水的研究重点。

关于生态需水量的估算，目前常用的方法包括水文学方法（主要指水量平衡法和潜水蒸发法）、生态学方法和 RS 方法。以黑河中下游为例，本节重点介绍前两种方法在干旱内陆河流域生态需水量估算中的应用。本章第六、第七节主要介绍 RS 方法。

一、水量平衡法

（一）估算原理

内陆河平原区生态需水量，指流域一定时期内存在的天然绿洲、河道内生态体系（河岸植被、河道水生态及河流水质），以及人工绿洲内防护林植被体系等，维持其正常生存与繁衍所需要的水量（汪恕诚，2000；夏军等，2002）。其中，河道内生态需水量是维系河流生态环境平衡的最小水量，主要从实现河流的功能方面考虑，是维持河道内生物及其生境的基本生态环境需水量和汛期河流的输沙用水量（夏军等，2003）。在干旱区内陆流域，这方面的问题不突出，并往往以分水协议方式确定上、中、下游河道输水量，因此仅针对河道外生态需水量进行评价（王根绪等，2002a）。干旱区内陆河流域平原在人类活动的长期影响下形成了丰富多彩的生态系统，不同生态系统具有不同的水分消耗行为，干旱区植物具有适应干旱环境与水分短缺的特殊生态功能与生理机制。植被生态系统的水分消耗主要是满足其生长期内的蒸散发，因此与生态类型、生态系统的结构及其特征（如覆盖度、郁闭度等）关系密切，同时还与所处气候、水文及土壤条件有关。对于特定的干旱区生态系统类型和结构，不同时期的气候和土壤水分条件决定了该时期的蒸散量，这就为利用气候要素的动态变化过程分析生态系统的需水过程提供了可能的途径。

基于上述考虑，提出如下生态需水量评价思路：划分并归纳研究区域内具有生态需水量评价意义的生态系统类型，确定不同生态系统类型的蒸散发潜力 ET_0；选择不同水文典型代表年型，区分不同气候与地理区间，计算不同生态系统在不同水文年型的月尺度蒸散量 ET 值；分析不同水文年型对应的生态系统在不同生长期间的有效降水量 P_e 值；最后，根据 ET 与 P_e 的差值，建立生态需水量评价模型，评价不同生态类型的需水过程和合理的水量需求区间。

（1）生态系统类型划分。选取黑河干流流域中游和下游为典型区域，气候分带上属中温带甘-蒙气候区，根据干燥度，可进一步分为中游河西走廊温带干旱亚区及下游阿拉善荒漠干旱亚区和额济纳荒漠极端干旱亚区，气候干燥，降水稀少且集中。其中，中游地区涉及面积 5.56 万 km^2，多年平均降水量不足 200mm；下游地区主要属于内蒙古额济纳旗行政区域，研究涉及范围面积 6.15 万 km^2，多年平均降水量仅 37.5mm。

黑河干流中、下游地区的河道外的生态系统分为天然生态系统和人工生态系统两大类（王根绪等，2002b；丰华丽等，2001）。其中，天然生态系统类型主要有天然林地生态系统，包括天然有林地、灌丛、疏林，以及荒漠河岸与河泛地林灌系统；天然草地生态系统，可进一步分为浅山区干草原、河泛地及湖滩灌丛低湿草甸、盐化灌丛、杂类草草地等；河湖生态系统包括河道、湖泊等；荒漠生态系统，包括荒漠草原、戈壁、沙漠，以及植被覆盖度不足 3%的裸岩和裸土地；其中，中游地区天然林地生态系统基本全部分布在山区，不计入平原区范围。从生态需水评价角度，排除中游山地森林和山地草地，以及河湖生态系统，天然生态系统由天然绿洲生态系统和荒漠生态系统两部分组成，其构成与分类见表 9-10（丰华丽等，2001）。

表 9-10　黑河流域生态需水分类

生态需水类型		主要组成成分	生态需水计算归类
人工生态系统	人工绿洲生态需水系统	护田林网	人工林地
		防风固沙灌草带	草地
		封滩固沙乔灌片林	人工林地
		其他林地	人工林地
	人工绿洲需水系统	渠系、水库、渠系防护林	渠系耗水
	城镇园林绿地需水系统	公共绿地、园林、风景区	城镇工业与生活用水
自然生态系统	天然绿洲生态需水系统	荒漠河岸林	荒漠林
		河泛地及湖滩灌丛低湿草甸	草地
		盐化灌丛、杂类草	荒漠
		河湖生态	水生态与水环境用水
	荒漠生态需水系统	荒漠草原、草原化荒漠等	荒漠

人工绿洲生态系统是中游地区的核心。从生态需水量计算角度讲，人工生态系统需水包括人工绿洲生态需水系统、人工绿洲供水系统和城镇园林绿地。人工绿洲生态需水系统由农田和农田防护林体系组成，其中农田属于国民经济需水领域，不在生态需水分

析的范畴；农田防护林体系包括三部分：一是分布于农田内部的护田林网，二是绿洲外围防风固沙乔灌木林带，三是绿洲边缘和内部封滩固沙乔灌木片林，也称为“网-带-片”组合体系。城镇园林绿地是城镇环境中重要的生态系统，现阶段该系统用水作为城镇工业与生活用水的一部分，一般不纳入生态需水量的范畴。此外，人工绿洲供水系统作为绿洲生命的支撑体系，是绿洲不可或缺的组成部分，同时渠系防护林带又是农田防护林体系的重要组成成分，因此该系统需水必然包括在人工绿洲生态需水范畴中。

（2）不同生态系统参考作物蒸散量 ET_0 的计算。陆地植被生态系统水分消耗主要是满足其生长期内的蒸散发，估算植被蒸散量主要采用计算植被参考作物蒸散量（ET_0）的方法（Fisher，2001；Vorosmarty，1998），对于不同植被和覆盖状况，目前应用较为广泛的计算方法有：①Penman-Monteith 方程，是假设在高度一致的低矮植被（草地）完全覆盖并充分供水的条件下，从下垫面运移到空气中的水分总量。该方法对于覆盖度较高、水分条件相对充足的草地蒸散量估算，具有稳定性好、精度高等特点，是联合国粮食及农业组织（Food and Agriculture Organization，FAO）推荐的计算参考作物蒸散量的首选方法（王芳等，2002）。②Priestly-Taylor 方程，是现行方法中相对最为简化的一种估算手段。Flint 和 Childs（1991）及 Fisher 和 Peterson（2001）先后利用该方法估算郁闭度较高的森林区域的蒸散量，发现效果要优于 Penman-Monteith 方程。③Shuttleworth-Wallace 方程，由 Shuttleworth 和 Wallace 于 1985 年提出，是专门针对较低覆盖度植被蒸散量估算的方法。Federer 等（1996）对比研究后认为，该方程对于全球尺度的陆面蒸散量估算效果最好。该方程由两部分组成：土壤蒸发和植被蒸腾，均可以由 Penman-Monteith 方程获得。该方法对于分析覆盖度较低的荒漠生态系统较为适合，但所需参数很多，一些参数在黑河流域尚难获得，因此直接引入土壤蒸发系数对 Penman-Monteith 方程修正后代替，土壤蒸发系数由当地试验结果确定。

不同植被类型及其气候条件下应具有不同的蒸散发潜力，因此需要对不同的生态类型选择相应的蒸散量计算方法。鉴于上述 3 种模型各自的特点和国内外对不同模型应用的效果和经验，确定不同类型生态系统的 ET_0 值计算方法如下。

第一，森林生态系统：包括中游人工林地和下游具有较好林分条件的河岸林带。选择以植被冠层为主要对象，适宜于郁闭度较高的森林植被蒸散量计算的 Priestly-Taylor 方程。

第二，草地生态系统：包括下游的灌草地、盐化草甸及中游的沼泽草甸、高覆盖坡地草原和人工草地等。选择计算精度高并十分稳定的适宜于计算高覆盖草地蒸散量的 Penman-Monteith 方程。

第三，荒漠生态系统：包括大部分荒漠草原、退化的灌草地，以及郁闭度较低的疏林地和林分条件较差的退化荒漠林地等。采用较多考虑土壤蒸发的适于计算覆盖度较低的荒漠生态系统蒸散量的简化 Shuttleworth-Wallace 方程。

黑河中游地区选择张掖气象站，下游地区选择额济纳旗气象站，并结合中游地区和下游地区开展的陆气相互关系观测试验（张凯等，2006；乔晓英等，2005；吉喜斌等，2005），获取计算所需要的有关降水、风速、辐射的日资料及其他相关参数。

（3）修正蒸散量 ET 值计算。利用上述方法计算不同生态系统在不同时段的潜在蒸散量。由于各个方程所建立的具体或假设条件跟研究区有所不同，甚至差异较大，需根据植物类型、植物特性和当地土壤水分条件进行修正。干旱区的植物具有适应水分胁迫的特殊生理机制，对干旱环境具有极强的耐受性，从干旱区水资源极度匮乏的现状出发，在计算生态需水量的过程中必须要考虑植被的耐旱特性。干旱区土壤水分条件差，对其进行修正尤为重要；土壤含水量将直接控制植被的蒸腾量，因此这里仅针对土壤含水量进行修正。关于 Penman-Monteith 方程的土壤含水量修正，Fisher 和 Peterson（2001）建议直接在方程中引入系数（取值为 0.7～0.9），但在干旱区，用经验公式进行确定更为合理，土壤含水量修正系数 K_α 的经验公式为

$$
\begin{aligned}
K_\alpha &= 0(\theta \leqslant \theta_Z) \\
K_\alpha &= \frac{\theta - \theta_Z}{\theta_C - \theta_Z}(\theta_Z < \theta < \theta_C) \\
K_\alpha &= 1(\theta \geqslant \theta_C)
\end{aligned} \tag{9-34}
$$

式中，θ 为根系层平均土壤含水量（cm^3/cm^3）；θ_C 为临界含水量，一般取田间持水量的 70%；θ_Z 为凋萎系数。经土壤含水量修正后，换算为月时间尺度的蒸散量 ET：

$$
ET = K_\alpha \times ET_0 \tag{9-35}
$$

测定不同生态系统的土壤含水量参数，并参考已有的相关实验研究成果，合理确定 θ、θ_C 及 θ_Z 值，利用式（9-34）计算不同生态类型及不同时段的土壤含水量修正系数。但是基于农业灌溉的实验结果，只适宜于低湿与灌丛草甸草地，对于干旱区典型荒漠植被，生态耗水过程与土壤含水量关系密切，对干旱具有高耐受性且对土壤水分的利用效率较高（张丽等，2008）。荒漠植被土壤含水量修正，综合利用文献（张丽等，2008；沈志宝等，1994）的研究结果取值。全年土壤含水量修正系数的取值范围见表 9-11。

表 9-11　干旱区不同生态系统的有效降水量界限指标及 K_α 值范围

参数	荒漠生态系统	天然绿洲生态系统	人工绿洲生态系统	山地生态系统	平原河湖生态系统
有效降水量∶次降水量	≥0.5	≥1.5	≥3.0	≥3.0	≥0.1
K_α 值	0.17～0.58	0.24～0.66	0.55～0.84	0.73～0.97	—

（4）有效降水量 P_e 计算。20 世纪 30 年代提出作物有效降水量的概念以来，至今还没有形成统一的计算有效降水量的方法。由于影响因素众多，人们多采用试验确定或经验的手段，其中由美国农业部土壤保护服务组织依据代表不同气候与土壤条件的 22 个试验站 50 年的数据，综合分析提出一种确定有效降水量的方法（冯金朝和刘新民，1998），该方法在现阶段应用最为广泛，被 FAO 采纳应用到其开发的作物灌溉管理系统软件 CROPWAT 中（闫宇平等，2001）。在此，针对具体地区的气候和土壤条件，利用国内有关干旱区植物水分利用特征的研究成果（胡隐樵等，1994；陶泽宏等，1994），并参考美国农业部计算有效降水量的方法，来确定黑河流域乃至干旱区不同生态系统有效降水量的界限指标。由表 9-11 可知，满足对应指标的不同时段降水总量，即时段内生态系统获得的有效降水量。

利用黑河中、下游张掖和额济纳两个典型气象站 1960～2005 年的降水资料，分析获得不同典型代表年，分别为保证率 50%的平水年、95%的干旱枯水年和 20%的丰水年。限于气象资料，中游地区计算的典型年选取保证率 50%的平水年、35%的偏丰年及 90%的枯水年 3 种年型，对应的年降水量分别为 114.9mm、126.2mm 和 87.7mm；取 3 年平均值代表区域多年平均状况。下游额济纳区域则不同，选择保证率为 25%的丰水年、70%的中等干旱年和 90%的干旱枯水年 3 种年型，对应降水量分别为 65.6mm、26.9mm 和 18.7mm，取 3 年均值代表该区域多年平均状况。

（5）区域生态需水量计算。区域生态需水量计算公式为

$$Q_{\mathrm{et}}=\sum_{i=1}^{m}(\mathrm{ET}_{ti}-\mathrm{Pe}_{ti})\times A_i\times 10^3 \tag{9-36}$$

式中，Q_{et} 为任意时段 t 区域的生态需水量（m^3）；ET_{ti}、Pe_{ti} 分别为第 i 类生态系统在 t 时段的潜在蒸散发量（mm）和对应的有效降水量（mm）；A_i 为第 i 类生态系统的区域分布面积（km^2）；m 为研究区域生态系统类型个数。

采用陆地卫星 Landsat TM/ETM 2000 年的遥感数据，通过 ArcGIS 软件，获得各类植被覆盖面积，将各类需计算生态需水的植被进行归类合并，得到不同区域林地、草地、荒漠 3 种生态系统的分布面积。

（二）基于水量平衡法的黑河中下游生态需水量估算

（1）中游地区生态需水量。中游地区人工绿洲生态系统中的防沙灌草地、沼泽与草甸草地和浅山带高覆盖山地草原草地等均并入草地生态系统中。林地生态系统则包括护田林网、乔灌防风固沙林地、园林及其他林地。中游地区的荒漠草原和荒漠主要分布在南北山前冲洪积扇中上部地带，地下水埋深超过 30m，荒漠植被大部分是适应当地降水条件的雨养植物类型，如干旱胁迫一年生植物、干旱胁迫雨季生植物等，生态系统维持依靠降水和散流洪水，计算其生态需水量无意义，但在荒漠生态系统中，其分布在绿洲内部及周边覆盖度在 30%～50%的盐化荒漠草地与固定半固定沙地，这部分荒漠化草地或与地下水有关或需要人工灌溉以维护沙地的治理与稳定，需要计算其生态需水量。这样，中游地区生态需水量计算的生态系统包括草地、以人工林地为主体的林地，以及少部分绿洲内部或周边区域的荒漠生态系统。根据上述方法计算不同典型年和多年平均的蒸散发量与相应的有效降水量，限于篇幅，本书仅列出草地和林地两类，结果如图 9-5 所示。

不同典型年，由于气候条件不同，各生态系统具有明显不同的蒸散量，且年内分布以 5～8 月 4 个月最高，11 月～翌年 2 月最低，各月间蒸散量差异较大。对于草地生态系统，平水年 5～8 月蒸散量为 207.5～246.6mm，以 6 月最大；中等丰水年则为 203.3～255.4mm，以 7 月最大；枯水年份，蒸散量为 191.1～231.4mm，要小于其他年份。11 月～翌年 2 月蒸散发量分别为 24.4～50.5mm、27.0～47.2mm 和 30.9～49.8mm，以 12 月和 1 月为全年最低值［图 9-5（a)］。中等丰水年、平水年和枯水年的有效降水量分别为 115.8mm、106.6mm 和 75.2mm［图 9-5（b)］。

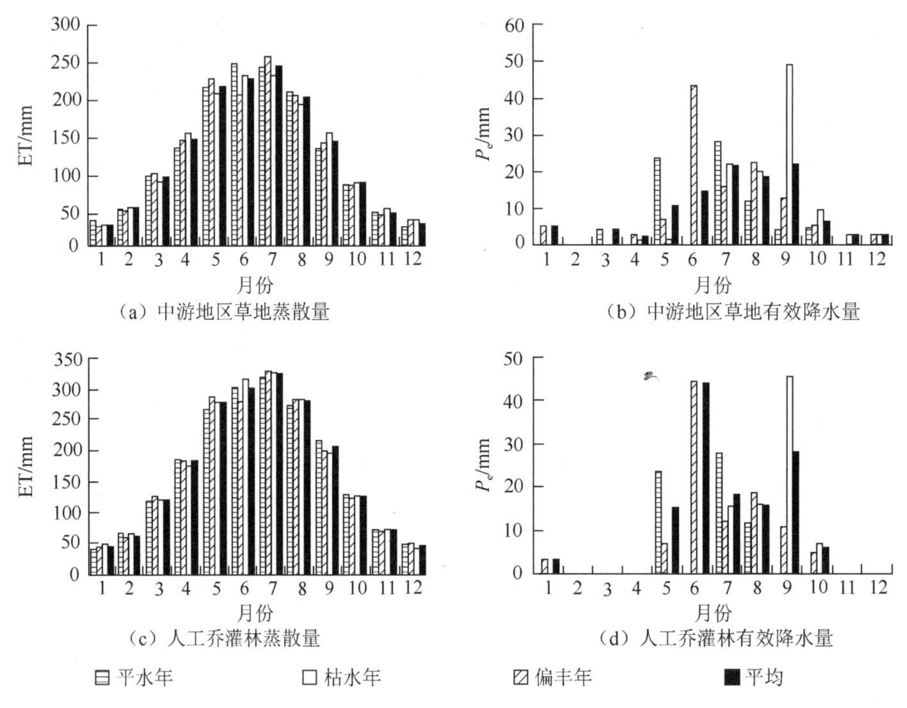

图 9-5　中游地区草地、人工乔灌林生态系统的蒸散量和有效降水量

中游的森林生态系统包括少量天然有林地与灌木林地，主要成分是人工林地，包括防风固沙林灌地。5～8 月蒸散量变化为 276.5～322.9mm［图 9-5（c）和图 9-5（d)］，年内最大值出现在 7 月，对应枯水年、平水年和中等丰水年的年有效降水量分别是 63.0mm、83.6mm 和 99.5mm。以荒漠草原为主体的荒漠生态系统 5～8 月平均蒸散量为 141.6～171.8mm，年内最大值不同典型年不同，与草地相似［图 9-5（a）和图 9-5（b)］。对应枯水年、平水年和中等丰水年，荒漠生态系统可以获得的有效降水量分别是 80.1mm、113.1mm 和 123.2mm。

依据 2000 年遥感影像 TM 数据解译获得的结果，中游山前平原区草地生态类型分布面积为 706.46km^2，林地生态系统分布面积为 180.5km^2，计算生态需水量的荒漠生态系统分布面积为 741.6km^2。典型枯水年中游地区生态需水总量为 14.87 亿 m^3，其中草地生态系统需水量占 58.4%，是中游生态需水量的主体，荒漠生态系统占 21.0%，林地需水量占 20.6%(表 9-12)。各生态系统需水量的年内分布具有明显差异，荒漠生态系统 5～8 月的需水量集中了全年的 56%，草地则占全年的 55.7%，林地占 57.5%，荒漠生态系统的需水量相对集中于其植物生长的夏季高峰期，草地和林地在春秋季节的需水量相对较大。

表 9-12　干旱枯水年份中游地区不同生态系统需水量

生态系统	面积/km²	各月需水量/万 m³								全年需水量/亿 m³
		4 月	5 月	6 月	7 月	8 月	9 月	10 月	11 月	
草地	706.5	10897.8	12851.5	16349.7	14357.8	12674.4	10585.5	5753.9	3500.4	8.69
林地	180.5	2689.0	3942.5	4899.0	4697.0	4224.3	3481.6	1813.2	1039.4	3.07
荒漠	741.6	2745.6	3091.0	5362.8	5139.9	4986.5	3616.9	1933.3	881.9	3.11
合计	1628.6	16332.4	19885.0	26611.5	24194.7	21885.2	17684.0	9500.4	5421.7	14.87

中等丰水年，生态系统获得的有效降水量要高于干旱枯水年，中游地区生态需水量总量为 13.20 亿 m³，比枯水年减少 11.23%（表 9-13）。其中，草地生态系统需水量为 8.40 亿 m³，占总量的 63.6%，林地需水量占 21.1%，荒漠占 15.3%，生态需水量的这种不同类型间需水比例结构没有变化；从年内分布来看，4～8 月草地需水量占全年的 79.0%，相应荒漠生态系统占 72.4%，林地占 66.5%。

表 9-13　中等丰水年份中游地区不同生态系统需水量

生态系统	面积/km²	各月需水量/万 m³								全年需水量/亿 m³
		4 月	5 月	6 月	7 月	8 月	9 月	10 月	11 月	
草地	706.5	9914.6	15508.8	11246.9	16945.5	12782.7	8982.3	5551.4	3101.5	8.40
林地	180.5	2650.2	4037.2	3405.0	4571.3	3816.4	2756.1	1682.0	972.7	2.78
荒漠	741.6	2280.7	3044.2	1410.5	4861.0	3032.4	2362.6	1057.5	722.1	2.02
合计	1628.6	14845.5	22590.2	16062.4	26377.8	19631.5	14101.0	8290.9	4796.3	13.20

在平水年，中游生态需水量 13.77 亿 m³（表 9-14），比干旱枯水年少 7.40%，各生态系统需水比例没有变化，草地生态系统占 61.7%，荒漠和林地分别为 17.7%和 20.6%；年内分布情况是草地在 4～8 月需水量占全年的 83.4%，荒漠生态系统需水量占全年的 91.8%，林地占 79.6%。因此，不同典型年，生态系统需水量的年内分布变化较大。

表 9-14　平水年份中游地区不同生态系统需水量

生态系统	面积/km²	各月需水量/万 m³								全年需水量/亿 m³
		4 月	5 月	6 月	7 月	8 月	9 月	10 月	11 月	
草地	706.5	15001.8	24307.5	27965.0	25163.9	21318.7	9388.4	8236.0	5078.3	8.50
林地	180.5	2541.7	3997.9	4535.0	4444.7	3831.3	2206.6	1694.2	1053.1	2.83
荒漠	741.6	2225.3	3278.3	5764.2	4064.4	3436.3	350.7	685.0	678.6	2.44
合计	1628.6	19768.8	31583.7	38264.2	33673.0	28586.3	11945.7	10615.2	6810.0	13.77

中游地区的平均生态需水量为 13.95 亿 m³，其中，草地生态系统为 8.53 亿 m³，森林生态系统为 2.89 亿 m³，荒漠生态系统为 2.52 亿 m³。草地生态系统需水量的 80.4%、森林生态系统的 77.7%和荒漠生态系统的 81.7%都集中在 5～8 月的 4 个月间。若仅考虑绿洲生态系统需水量，则中游平均生态需水量为 11.42 亿 m³（表 9-15）。

表 9-15　多年平均中游地区不同生态系统需水量

生态系统	面积/km²	各月需水量/万 m³								全年需水量/亿 m³
		4 月	5 月	6 月	7 月	8 月	9 月	10 月	11 月	
草地	706.5	11938.1	17555.9	18520.5	18822.4	15591.9	9652.1	6513.8	3893.4	8.53
林地	180.5	2627.0	3992.5	4279.7	4571.0	3957.3	2814.8	1729.8	1021.7	2.89
荒漠	741.6	2417.2	3137.8	4179.2	4688.4	3818.4	2110.1	1225.3	760.9	2.52
合计	1628.6	16982.3	24686.2	26979.4	28081.8	23367.6	14577.0	9468.9	5676.0	13.94

（2）下游地区的生态需水量。下游地区的高覆盖盐化草甸草地、河泛地、湖滩灌丛低湿草甸，以及中旱生灌草地等覆盖度大于 40%的草地组成草地（高覆盖度）系统；荒漠河岸胡杨和沙枣林及林灌混杂地等组成下游林地生态系统；包括疏林地，其他覆盖度小于 40%的荒漠草原、退化灌草地、固定与半固定沙地等组成荒漠生态系统，但其中覆盖度在 20%～40%的大部分荒漠生态系统中，包含大量依靠地下水补充生长所需水分的植物类型，该部分属于计算生态需水量的范畴，其他覆盖度小于 20%的绝大部分荒漠则与地下水和河水无任何水分关系，没有计算生态需水量的意义。因此，下游地区生态需水量计算的生态类型主要包括草地（高覆盖度）生态系统，荒漠河岸林生态系统和荒漠生态系统 3 类。根据上述方法，计算 1999～2000 年不同代表年的各类生态系统蒸散量，同样这里仅列出草地和河岸林地两类。下游降水量很小，年平均降水量只有约 40mm，对应不同代表年的有效降水量如图 9-6 所示。

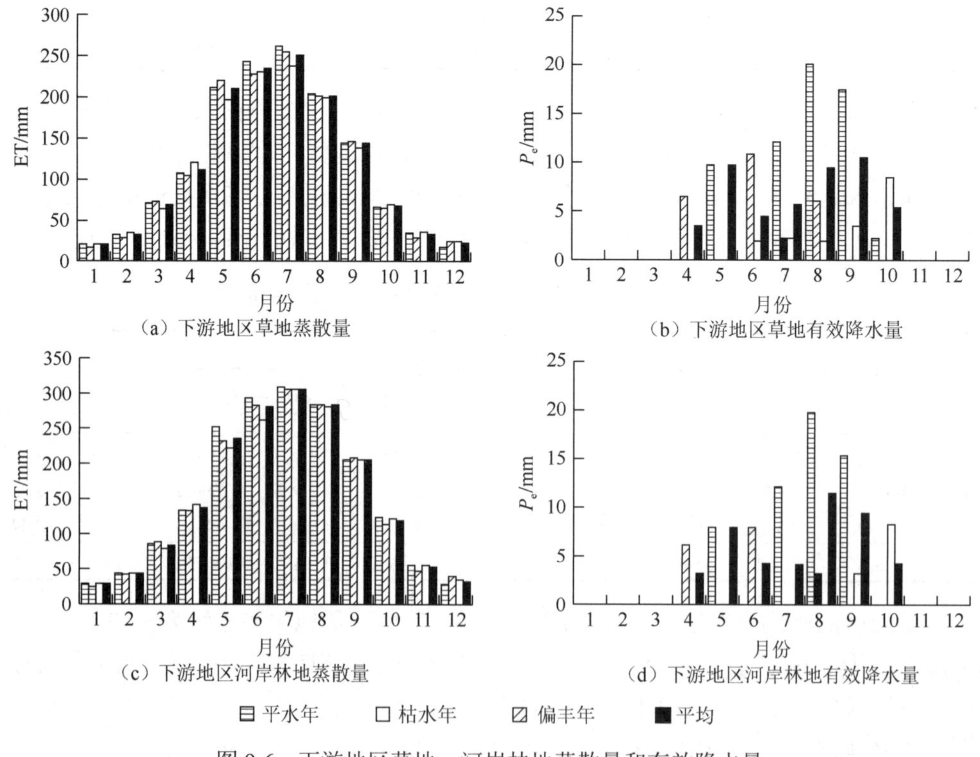

图 9-6　下游地区草地、河岸林地蒸散量和有效降水量

下游地区草地生态系统的蒸散量在丰水年与枯水年的变化为1335.9～1385.3mm，差异不是十分显著，主要原因就是该区域降水量很小，但年内季节分布差异巨大，平均61.45%的年蒸散量集中在5～8月，在丰水年略低，为60.2%，且7月明显高于其他时间，7月蒸散量一般要比5～8月其他月份的蒸散量高出56～80mm，而11月～翌年2月的冬季4个月蒸散量很小，仅占全年的7.8%［图9-6（a）］。草地在丰水年可获得有效降水量59.6mm，但在枯水年份只有16.1mm［图9-6（b）］。

下游地区河岸林地平均蒸散量为1812.6mm，同样60.4%集中在5～8月［图9-6（c）和图9-6（d）］，但所不同的是河岸林地5～8月差异更小，尤其是6～8月月均蒸散量几乎相等，而且在研究的1999～2001年年际间差异也很小。林地在丰水年可以获得54.4mm的有效降水量，在枯水年只有11.2mm。荒漠生态系统年蒸散量平均为899.8mm，其中63.1%集中在5～8月，集中程度要高于草地，最大值仍然出现在7月，但荒漠生态系统7月与5～8月其他月份之间差异较小，与草地类似，11月～翌年2月的蒸散量仅占全年的7.9%。在丰水年，荒漠生态系统可获得的有效降水量为64.6mm，枯水年份也只有18.3mm。

依据2000年遥感影像TM数据解译取得的结果，下游地区草地（高覆盖）生态类型分布面积为765.79km^2，河岸林地分布面积为397.04km^2，荒漠生态系统中属于计算生态需水量的部分（覆盖度在20%以上）分布面积为1635.7km^2，相对于中游地区而言，草地和河岸林地分布面积所占比例更小。依据上述方法计算的不同典型年下游地区各生态系统需水量结果分别见表9-16～表9-18。

表9-16　干旱枯水年份下游地区不同生态系统需水量

生态系统	面积/km^2	各月需水量/万 m^3								全年需水量/亿 m^3
		3月	4月	5月	6月	7月	8月	9月	10月	
草地	765.8	3194.0	4860.5	10990.0	12558.1	13482.2	10439.1	7296.6	2375.6	6.98
林地	180.5	397.0	3469.2	5279.8	9982.5	11748.8	12345.9	11285.6	8036.4	7.29
荒漠	741.6	1635.7	3183.8	4844.8	10954.6	12386.8	13273.0	10274.6	6642.9	6.74
合计	1687.9	5226.7	11513.5	21114.6	33495.2	37617.8	36058.0	28856.8	17054.9	21.01

表9-17　中等枯水年份下游地区不同生态系统需水量

生态系统	面积/km^2	各月需水量/万 m^3								全年需水量/亿 m^3
		3月	4月	5月	6月	7月	8月	9月	10月	
草地	765.8	3287.7	4310.0	11514.2	11027.5	13211.7	10053.8	7654.9	2874.0	6.84
林地	180.5	3515.7	5107.5	9310.1	10927.2	12271.4	11080.1	8233.4	4469.1	7.09
荒漠	741.6	3277.1	3764.0	11477.2	10076.1	12930.4	9351.9	7630.3	2864.8	6.57
合计	1687.9	10080.5	13181.5	32301.5	32030.8	38413.5	30485.8	23518.6	10207.9	20.50

表 9-18　丰水年份下游地区不同生态系统需水量

生态系统	面积/km²	各月需水量/万 m³								全年需水量/亿 m³
		3月	4月	5月	6月	7月	8月	9月	10月	
草地	765.8	2835.8	5464.3	9469.6	12006.3	11410.6	8799.9	5946.2	2906.6	6.44
林地	180.5	3167.5	5628.8	8552.7	10436.7	11723.3	10466.1	7555.3	4773.6	6.88
荒漠	741.6	2826.6	5283.1	8259.2	11869.5	10335.8	6980.0	4452.8	2625.7	5.75
合计	1687.9	8829.9	16376.2	26281.5	34312.5	33469.7	26246.0	17954.3	10305.9	19.07

在干旱枯水年，下游生态需水量为 21.01 亿 m³（表 9-16），其中，荒漠生态系统需水量为 6.74 亿 m³，占 32.1%；草地生态系统需水量为 6.98 亿 m³，占 33.2%；而以胡杨为主体的荒漠河岸林地生态需水量为 7.29 亿 m³，仅占 34.7%。在生态需水量的年内分布上，荒漠生态系统年需水量的 61.5%集中在 5～8 月，11 月～翌年 2 月需水量仅占全年的 6.2%；草地生态系统年需水量的 68.0%集中在 5～8 月，11 月～翌年 2 月需水量占全年的 6.6%；林地 5～8 月需水量是全年的 54.0%，冬季 11 月～翌年 2 月占 14.2%。

中等枯水和丰水年下游生态需水量分别为 20.50 亿 m³ 和 19.07 亿 m³，荒漠生态系统需水量分别为 6.57 亿 m³ 和 5.75 亿 m³，林地和草地生态系统需水量合计分别为 13.97 亿 m³ 和 13.28 亿 m³（表 9-17 和表 9-18）。在年内不同季节的分布上，中等干旱年 5～8 月荒漠生态需水量占全年的 66.7%，草地和林地分别占 67.0%和 61.5%，均略低于枯水年；丰水年 5～8 月荒漠生态需水量占全年的 65.1%，而草地和林地分别占 64.7%和 59.9%，显著低于枯水年和中等干旱年，其原因在于该区域 5～8 月集中了大部分有效降水量。

下游地区多年平均生态需水量为 20.19 亿 m³（表 9-19），其中，荒漠生态系统为 6.35 亿 m³，草地为 6.75 亿 m³，林地为 7.09 亿 m³。荒漠生态系统年需水量的 64.4%、草地的 66.6%和林地的 58.4%都集中在 5～8 月。若仅考虑绿洲生态系统需水量，则下游平均生态需水量为 13.83 亿 m³。

表 9-19　多年平均下游地区不同生态系统需水量

生态系统	面积/km²	各月需水量/万 m³								全年需水量/亿 m³
		3月	4月	5月	6月	7月	8月	9月	10月	
草地	765.8	3105.8	4878.3	10657.9	11864.0	12701.5	9764.3	6965.9	2718.7	6.75
林地	180.5	2360.1	4735.2	7714.2	10448.8	11914.5	11297.4	9024.8	5759.7	7.09
荒漠	741.6	2579.8	4077.0	8193.7	10966.7	11884.3	9868.3	7452.6	4044.5	6.35
合计	1687.9	8045.7	13690.5	26565.8	33279.5	36500.3	30930.0	23443.3	12522.9	20.19

（3）上述中下游地区不同生态需水量的计算结果是基于潜在蒸散发能力的估算，反映的是各类生态系统在良好水热条件环境下，最大可能的生态耗水量，在这种水分条件下，各生态系统将处于最佳状态，生产力达到最大。例如，中游和下游草地生态系统的需水量，分别达到每公顷 12074.2m³ 和 8814.34m³，与中游张掖地区充分灌溉条件下的

大田农作物耗水量相当，因此上述需水量结果代表了一种理想状态下的各类生态系统与热量条件相匹配的水量需求，并不能反映实际生态系统维持其生态功能与结构所需要的现实需水量。

在干旱区，干旱植物对水分胁迫的广域适应尺度决定了干旱区生态需水量应该是一种区间，而非定值。植物对水分的胁迫有一个区间，从植物水分亏损到抑制其正常生长的临界值再到水热条件匹配最佳值之间的水分供给，都能满足干旱植物正常生长与繁衍的水分需求。农作物灌溉水分管理上就存在最大的田间持水量、土壤水分临界值和凋萎值等不同水分含量界限，土壤水分临界值一般确定为田间持水量的70%。根据实验研究得出，北方玉米种植的土壤水分适宜值界限为田间持水量的55%～80%，而对于积极推广的非充分灌溉管理的理论，关键是降低控制土壤水分管理的下限。参照农作物水分管理的这种理论，如果把上述方法确定的生态需水量看作是接近土壤田间持水量时的参考耗散水量，那么上述水量的 60%～100%都应该是生态系统的适宜需水量，据此提出黑河中游和下游生态需水量及其在不同典型年的合理值，见表 9-20。

表 9-20　黑河流域中下游区域生态需水量评价结果　（单位：亿 m^3）

地区	类型	平水（偏枯）年	典型枯水年	丰水（偏丰）年	平均年
中游地区	绿洲生态	6.78～11.3	7.05～11.76	6.71～11.18	6.85～11.42
	整体生态	8.26～13.77	8.92～14.87	7.92～13.2	8.37～13.95
下游地区	绿洲生态	8.34～13.9	8.58～14.3	7.98～13.3	8.3～13.83
	整体生态	12.3～20.5	12.6～21.0	11.44～19.07	12.19～20.2

表 9-20 给出了不同典型年黑河流域中下游生态需水量的区间，从均值角度可以认为，中游地区如果满足（9.13±2.29）亿 m^3 的生态用水，则可促使现有人工绿洲范围内生态系统的稳定与发展；当生态用水供给量达到（11.16±2.67）亿 m^3 时，绿洲外围一定范围内的生态系统得以充分发展，对于保护人工绿洲安全和生态功能稳定具有重要作用。下游地区维护现有绿洲健康与稳定需要水量（11.06±2.77）亿 m^3，也就是说，现阶段实施的下游分水 9.7 亿 m^3/a 的方案，可以促使现有绿洲生态系统有一个良好的结构与功能；当实现（16.16±4.04）亿 m^3 的水量供给时，下游天然绿洲生态体系将得以较大规模发展，可望恢复其 20 世纪 60～70 年代的水平。

（4）综上，针对不同植被蒸散发潜力估算模型，提出可模拟和评价不同时期生态系统需水量的方法，明确区分不同生态系统及同一生态系统在不同气候与地理区域的不同生态需水规律，密切结合当地不同生态系统的生态有效降水条件，选择水文典型年型，结果不仅能够体现生态系统需水量年际间的变化，也能反映年内不同时间段（月、季节或日）的需水量变化过程。该方法所计算的需水量近似于植被的最佳需水量，干旱区植物对水分胁迫具有适应性，因此，干旱区生态系统在不同时期的生态适宜需水量是一个区间，从植物水分亏损到抑制其正常生长的临界值再到水热条件匹配最佳值之间的水分供给，可以通过土壤水分条件确定变化范围。

以黑河流域中下游地区为例，生态需水量评价结果表明，在保证率 90%的干旱枯水年份，中游地区生态需水量为 8.92 亿～14.87 亿 m^3，下游地区生态需水量为 12.6 亿～

21.0 亿 m^3；在正常平水年份，中游地区生态需水量为 8.26 亿～13.77 亿 m^3，下游地区为 12.3 亿～20.5 亿 m^3（偏枯年），在丰水年份，中游地区为 7.92 亿～13.2 亿 m^3（中等丰水年），下游地区生态系统则需要水量 11.44 亿～19.07 亿 m^3。全流域在保障生态用水量 15.15 亿 m^3 时，可维护现有绿洲生态系统得以稳定和功能的正常发挥，当生态用水量可供给到 27.32 亿 m^3 时，流域中下游生态系统将可以较大幅度的发展，现有绿洲外围的一些荒漠生态体系逐渐转变为绿洲生态系统，下游荒漠绿洲生态系统将得以恢复。

二、潜水蒸发法

（一）中游地区生态需水量

关于中游地区植被生态需水量，已有很多学者采用潜水蒸发法进行了计算。张凯等（2006）运用 2001 年 TM 遥感数据、1951～2001 年气象资料，以及 1991～1993 年植物蒸腾耗水观测数据，借助 GIS 技术和统计分析手段，采用阿维里扬诺夫公式计算中游地区临界植被生态需水量，结果见表 9-21。由表 9-21 可见，基于潜水蒸发法计算的黑河中游地区临界植被生态需水量为 16620.20 万 m^3。吉喜斌等（2005）利用阿维里扬诺夫公式计算的黑河中游绿洲典型灌区（平川、廖泉、鸭暖和板桥，面积 399.10km^2）在 1997 年、1999 年和 2003 年的潜水蒸发量分别为 3914.9 万 m^3、3493.2 万 m^3 和 2877.8 万 m^3，平均为 3428.6 万 m^3（表 9-22）。另外，乔晓英等（2005）采用阿维里扬诺夫公式和蒸发强度法计算的黑河中游张掖盆地（9 灌区：大满、盈科、西浚、沙河、鸭暖、板桥、平川、廖泉和梨园河，合计有效灌溉面积 1372.89km^2）的潜水蒸发量为 1.47 亿 m^3。若按黑河中游耕地面积 20.67 万 hm^2 计算，则潜水蒸发量为 2.26 亿 m^3。若考虑地下径流量 8.05 亿 m^3，则其总的生态需水量为 10.31 亿 m^3。

表 9-21　基于潜水蒸发法计算的黑河中游地区临界植被生态需水量（张凯等，2006）

（单位：万 m^3）

生态系统	山丹县	民乐县	甘州区	临泽县	高台县	合计
林地	164.45	238.28	3524.55	3537.72	5517.73	12982.73
草地	1753.14	1216.91	393.95	60.41	213.06	3637.47
合计	1917.59	1455.19	3918.50	3598.13	5730.79	16620.20

表 9-22　基于潜水蒸发法计算的黑河中游绿洲典型灌区植被生态需水量（吉喜斌等，2005）

（单位：万 m^3）

年份	平川灌区	板桥灌区	鸭暖灌区	廖泉灌区	合计
1997	1087.9	768.5	846.9	1211.6	3914.9
1999	1036.2	628.5	884.2	944.3	3493.2
2003	880.8	559.4	597.1	840.5	2877.8
平均	1001.6	652.1	776.1	998.8	3428.6

（二）下游地区生态需水量

采用阿维里扬诺夫公式计算潜水蒸发量时，公式中的 a、b 参数值与河道土质相关，不同土质的系数不同。根据毛晓敏等（1998）对叶尔羌河流域潜水蒸发规律进行的试验分析，得出了不同土质潜水蒸发公式参数的值（表 9-23）。根据实际调查，该研究区河道土质以砂壤土为主，因此参数 a、b 依据表 9-23 中的结果分别为 0.62、3.1。相应地，最大限制水位 H_{max} 取 3.5m。表 9-24 为黑河下游地区不同地下水埋深下的年潜水蒸发量。基于潜水蒸发法的黑河下游地区天然植被生态需水量计算结果见表 9-25。不同水平年（1987 年、1999 年和 2010 年）的生态需水量分别为 7.46 亿 m^3、4.66 亿 m^3 和 5.47 亿 m^3；2010 年各月生态需水量以 7 月最高，占 16%，11 月～翌年 3 月总计约占 15%，4 月约占 10%，5～6 月约占 29%，8 月约占 14%，9～10 月约占 16%。总体来看，各月需水量呈二次曲线分布。

表 9-23　不同土质潜水蒸发公式参数的值

土质	a	b	H_{max}/m
沙砾石	0.62	2.2	2
粉砂	0.62	2.6	2.58
粉砂土	0.62	2.8	4.5
砂壤土	0.62	3.1	3.5
轻壤土	0.62	3.2	5
中壤土	0.62	3.6	5.5

表 9-24　黑河下游地区不同地下水埋深下的年潜水蒸发量

参数	不同地下水埋深下的年潜水蒸发量/mm							
	0.5m	1.0m	1.5m	2.0m	2.5m	3.0m	3.5m	4.0m
数值	631	320	219	150	81	35	18	15

表 9-25　基于潜水蒸发法的黑河下游地区天然植被生态需水量（单位：万 m^3）

年份	1月	2月	3月	4月	5月	6月	7月	8月	9月	10月	11月	12月	合计
1987	911	1615	3343	7589	10096	10957	12727	10306	7528	4193	1834	869	71968
1999	685	994	2416	5110	6120	7109	8080	6823	4712	2812	1089	675	46625
2010	709	1376	3490	5422	7475	8382	8782	7512	5667	3302	1770	792	54679

三、生态学方法

（1）天然植被面积确定。选择以多时期、多时相的陆地卫星图像为基本数据源，并选择高程 DEM 等为辅助信息源。选用 Landsat 的 TM 数据为基本数据源，主要包括：1986 年、2000 年、2010 年三期影像，时相均为夏、秋季（7～9 月），采用 4 波段、3 波段、2 波段作红、绿、蓝标准假彩色合成；30m×30m DEM 栅格数据、“西部数据中心”下载的黑河流域相关基础地理信息，1986 年和 2000 年土地利用分类图，另外还包括部分张掖市资料及野外实地考察数据。此次遥感影像解译将研究区土地利用分为以下 6 个一级地类、18 个二级地类。二级地类中草地根据植被覆盖度分为三级：高覆被（＞75%）、中覆被（25%～75%）及低覆被（5%～25%）。据此，黑河中游三期天然植被面积见表 9-26。

表 9-26　中游地区不同年份天然植被面积分布　（单位：km^2）

年份	乔木林地	灌木林地	疏林地	防护林地	高覆被草地	中覆被草地	低覆被草地	沼泽地	合计
1986	10.00	14.80	79.40	21.36	15.98	111.57	1056.24	16.09	1325.44
2000	7.58	12.41	65.90	21.86	15.98	81.13	904.34	5.76	1114.96
2010	7.96	14.10	59.98	19.39	15.20	76.04	843.45	5.84	1041.96

（2）天然植物生长期天数与作物系数。根据黑河中游典型植物生长期特点，将天然植被生长期分为 4 个阶段，分别为生长初期、生长发展阶段、生长中期和生长后期。统计结果表明，二白杨生长期最大，为 220 天，最小为红砂 145 天，天然植被生长期平均值为 183.60 天。相应地，二白杨的作物系数最大，为 1.02，红砂的最小，为 0.25，天然植被作物系数总体平均值为 0.49（表 9-27）。

表 9-27　黑河中游主要天然植物生长期天数与作物系数

植物类型	生长期天数/天					作物系数				
	L_{ini}	L_{dev}	L_{mid}	L_{late}	L_{tot}	$k_{c\ ini}$	$k_{c\ dev}$	$k_{c\ mid}$	$k_{c\ end}$	$k_{c\ avg}$
沙枣	24	70	90	30	214	0.20	0.52	0.91	0.78	0.60
二白杨	25	70	90	35	220	0.53	1.24	1.23	1.09	1.02
梭梭	30	50	85	37	202	0.20	0.33	0.61	0.64	0.45
沙拐枣	35	75	65	25	200	0.21	0.36	0.57	0.53	0.42
柽柳	25	70	60	35	190	0.20	0.38	0.67	0.65	0.48
雾冰藜	25	60	50	30	165	0.21	0.35	0.65	0.54	0.44
碱蓬草	30	65	50	25	170	0.22	0.43	0.67	0.55	0.47
芦苇	20	55	85	20	182	0.23	0.45	0.62	0.55	0.46
泡泡刺	25	50	42	31	148	0.15	0.25	0.45	0.53	0.35
红砂	25	50	42	28	145	0.15	0.20	0.30	0.35	0.25
平均值	26.40	61.50	65.90	29.60	183.60	0.23	0.45	0.67	0.62	0.49

注：L_{tot} 为生长期天数；L_{ini} 和 $k_{c\ ini}$ 分别为生长初期天数和作物系数；L_{dev} 和 $k_{c\ dev}$ 分别为生长发展阶段天数和作物系数；L_{mid} 和 $k_{c\ mid}$ 分别为生长中期天数和作物系数；L_{late} 和 $k_{c\ end}$ 分别为生长后期天数和作物系数；$k_{c\ avg}$ 为平均作物系数。

（3）天然植物生长期蒸散量。受天然植被特点和水分可利用性的影响，生长期蒸散量随着叶面积指数的增加逐渐增大，而后减小。最大值发生在 7 月，其中二白杨的值最大，为 144.2mm，蒸散量最小的为泡泡刺，值为 42.5mm。在林地，受灌溉和农田侧渗的影响，防护林（二白杨）的年蒸散量最大，值为 669.8mm，其次为乔木林（598.8mm）、灌木林地（424.6mm）和疏林地（341.0mm）（图 9-7）。湿地年蒸散量为 436mm，随着覆盖度的增加，蒸散量逐渐增大，高覆被草地蒸散量最大，为 482.4mm，其中 6 月蒸散量达到最大值，为 187.6mm。在各种土地类型中，水域年蒸散量最大，包括水面蒸发和河道滩地的蒸散量，分别为 1610.4mm 和 848.7mm，最大值发生在 5～6 月，分别为 196.3mm 和 53.2mm。典型的湿地沼泽植物有芦苇，年蒸散量为 567.0mm。在沙地和戈壁，地下水水位达十几米，降水是维系天然植被生存的主要水分来源。典型的地带性植被为泡泡刺和红砂，年蒸散量分别为 148.5mm 和 125.6mm，基本接近于天然降水量。

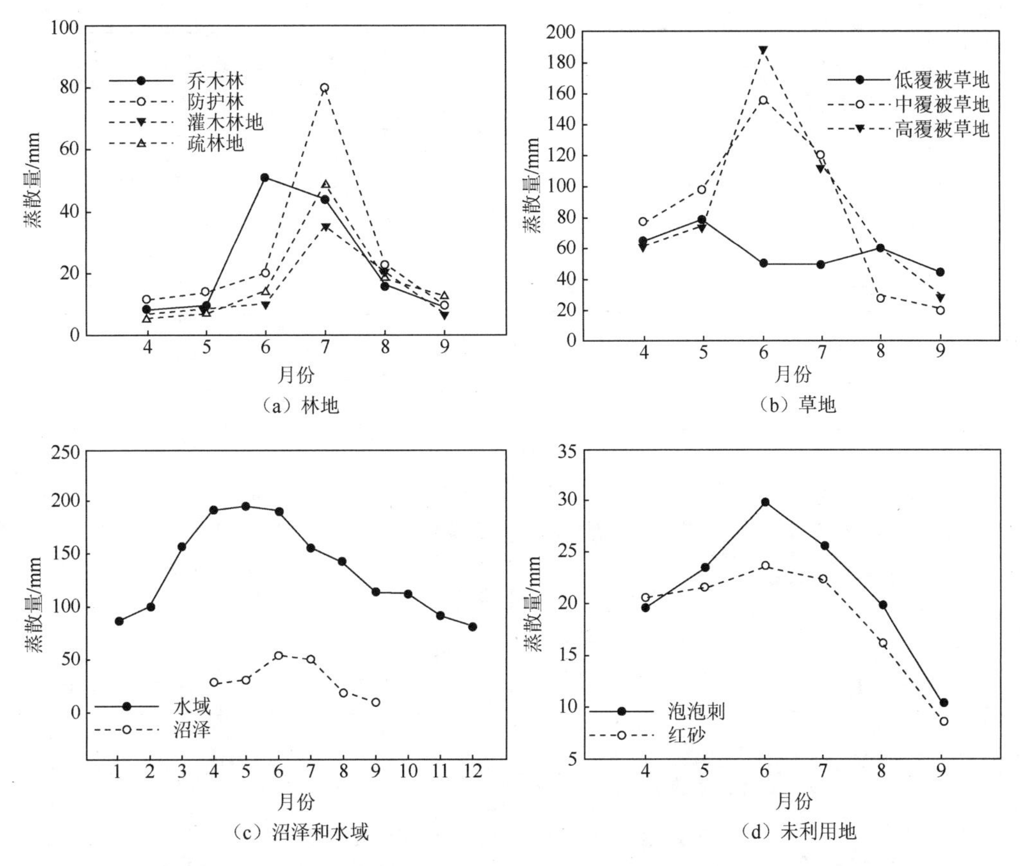

（a）林地

（b）草地

（c）沼泽和水域

（d）未利用地

图 9-7　黑河中游天然植被生长期作物蒸散量

（4）天然植物生长期土壤蒸发量。受地下水和黑河地表水的影响，黑河中游各种土地类型的土壤蒸发量具有明显的差异。林地和沙漠的土壤蒸发量最大值出现在 7 月，但是，5 月较小的植被盖度导致其他类型的土壤蒸发量出现最大值。生长期的土壤蒸发量依次为沼泽（381.2mm）、滩地（319.9mm）、高覆被草地（271.1mm）、中覆被草地（198.2mm）、灌木林地（164.7mm）、低覆被草地（159.0mm）、乔木林（145.8mm）、防护林（114.1mm）、疏林地（92.9mm）和沙漠（72.9mm）。相应地，土壤蒸发量占蒸散量的比例依次为沼泽、高覆被草地、沙漠、中覆被草地、低覆被草地、滩地、灌木林地、疏林地、乔木林和防护林，其值为 74.5%、65.1%、58.3%、50.2%、48.9%、44.2%、43.8%、31.8%、26.5%和 18.4%（图 9-8）。

（5）植被区实际蒸散量 ET_a 的确定。在水分供应不足的条件下，实际蒸散量与潜在蒸散量成正比，即

$$ET_a = B \times ET_p \tag{9-37}$$

式中，ET_a 为实际蒸散量（mm）；ET_p 为潜在蒸散量（mm）；B 为蒸发比系数，其中 $B \approx w/w_k$，w 为土壤实际含水量（mm），w_k 为临界土壤含水量（mm），其值为田间持水量的 70%～80%，本书取田间持水量的 70%。

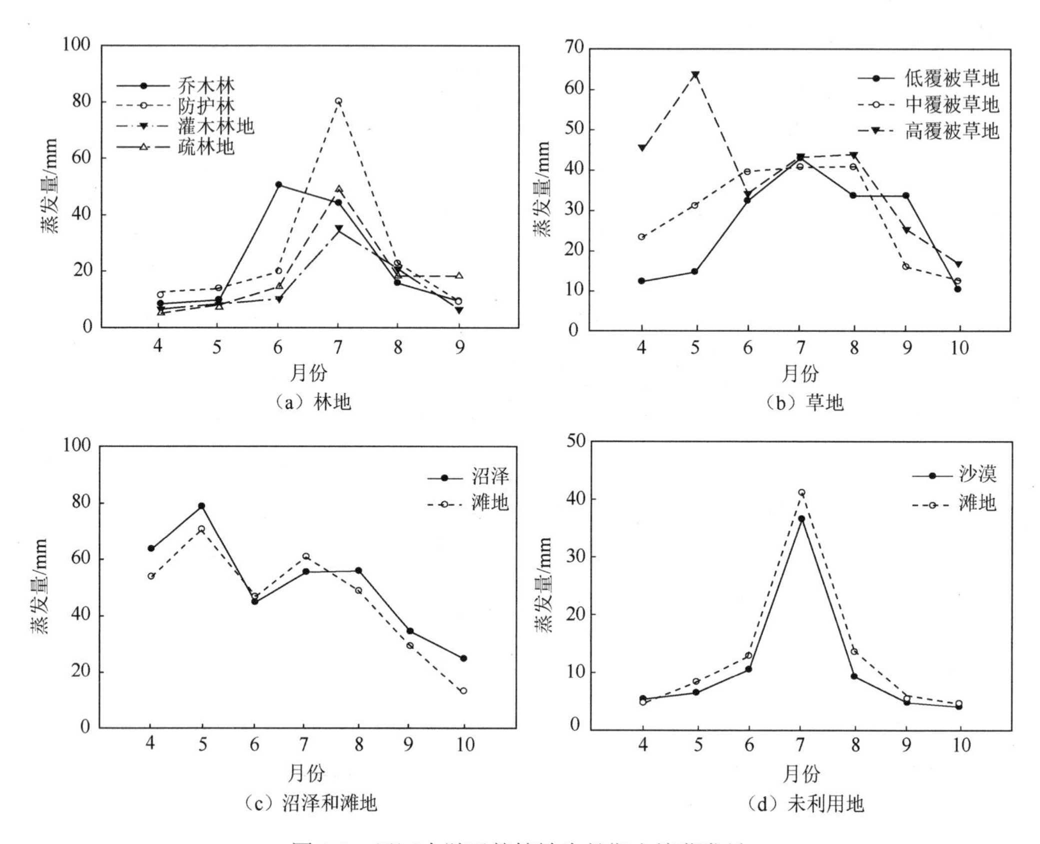

图 9-8　黑河中游天然植被生长期土壤蒸发量

研究区植被生态需水量计算利用 2010 年 TM 影像和 GIS 技术对研究区进行生态分区（表 9-28），林地划分为有林地、灌木林和疏林地；草地划分为高、中、低覆盖度草地，一般高盖度草地分布在绿洲内部，中覆盖度草地分布在绿洲边缘草本带，低覆盖度草地分布在荒漠绿洲过渡带，它们对绿洲生态安全起到了保护作用。农田防护林面积是通过县一级的林业统计资料获得的农田面积与防护林面积的比例所确定的。黑河中游的潜在蒸散量通过各县 1956～2010 年的气象数据获得。

表 9-28　基于面积定额法的黑河中游地区生态需水量

生态需水等级	植被类型	面积/km^2	蒸发比系数	土壤含水量/亿 m^3	蒸散量/亿 m^3	年生态需水量/亿 m^3
临界	乔木林	7.96	0.1162	0.79	1.28	0.02
	灌木林	2007.20	0.0971	177.04	269.74	4.47
	草地	1537.31	0.0978	85.78	208.08	2.94
最适	乔木林	19.39	0.294	3.26	7.89	0.11
	灌木林	59.98	0.1617	5.81	13.42	0.19
	草地	86.15	0.1463	7.21	17.44	0.25

续表

生态需水等级	植被类型	面积/km^2	蒸发比系数	土壤含水量/亿 m^3	蒸散量/亿 m^3	年生态需水量/亿 m^3
饱和	乔木林	199.84	0.7563	90.83	209.18	3.00
	灌木林	14.10	0.6615	5.59	12.91	0.19
	草地	98.31	0.4317	54.92	58.74	1.14
合计	—	4030.24	—	431.23	798.68	12.31

在黑河中游，植被区的年潜在蒸散量大约为 1382.5mm，日潜在蒸散量为 3.8mm，为 0.2～16.4mm，变异系数为 92.9%。潜在蒸散量具有较强的季节性分布规律，随着温度和辐射的增加，潜在蒸散量逐渐增大，7 月达到最大值 267.2mm，此后逐渐减小，12 月达到最小值 16.0mm，月潜在蒸散量平均值为 115.2mm（图 9-9）。

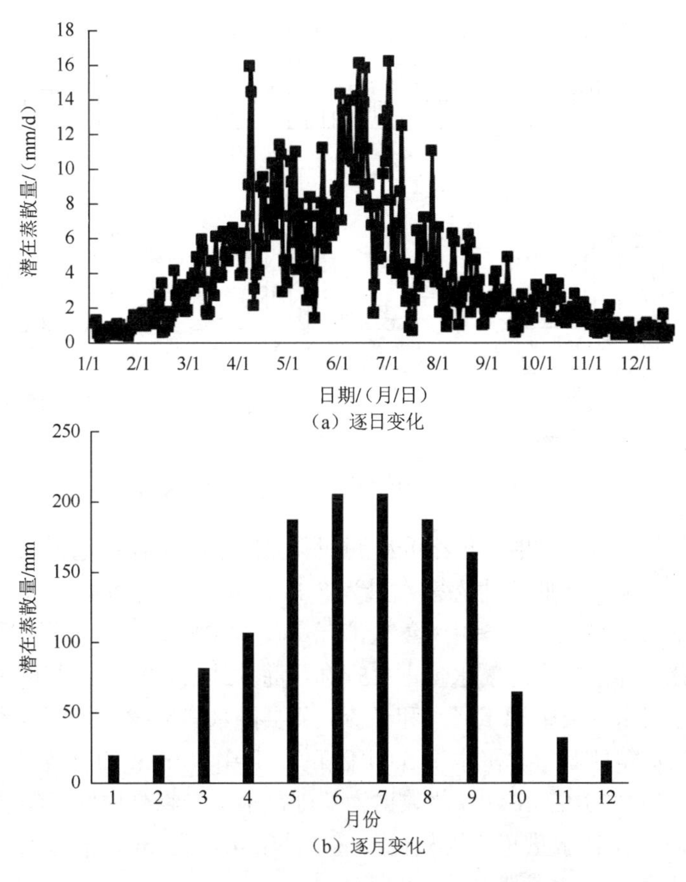

图 9-9　黑河中游潜在蒸散量的逐日、逐月变化

根据土壤实际含水量和临界含水量的比值，蒸发比系数为 0.0971～0.7563。天然植被区乔、灌、草 3 种植被类型的临界需水蒸散量分别为 0.03 亿 m^3、2.70 亿 m^3 和 2.08 亿 m^3，最适需水蒸散量分别为 0.08 亿 m^3、0.13 亿 m^3 和 0.17 亿 m^3，饱和需水蒸散量分别为 2.09 亿 m^3、0.13 亿 m^3 和 0.59 亿 m^3。最大值都在 7 月，乔、灌、草的临界需水蒸散量最大值分别为 0.25 亿 m^3、0.52 亿 m^3 和 0.40 亿 m^3；最适需水蒸散量最大值分别为

0.02 亿 m^3、0.03 亿 m^3 和 0.03 亿 m^3；饱和需水蒸散量最大值分别为 0.40 亿 m^3、0.03 亿 m^3 和 0.11 亿 m^3（图 9-10）。临界、最适和饱和需水蒸散量分别为 4.81 亿 m^3、0.38 亿 m^3 和 2.81 亿 m^3，占总蒸散量的 60.1%、4.8%和 35.1%。根据植被类型，乔、灌、草 3 种植被类型的蒸散量分别为 2.18 亿 m^3、2.96 亿 m^3 和 2.84 亿 m^3。

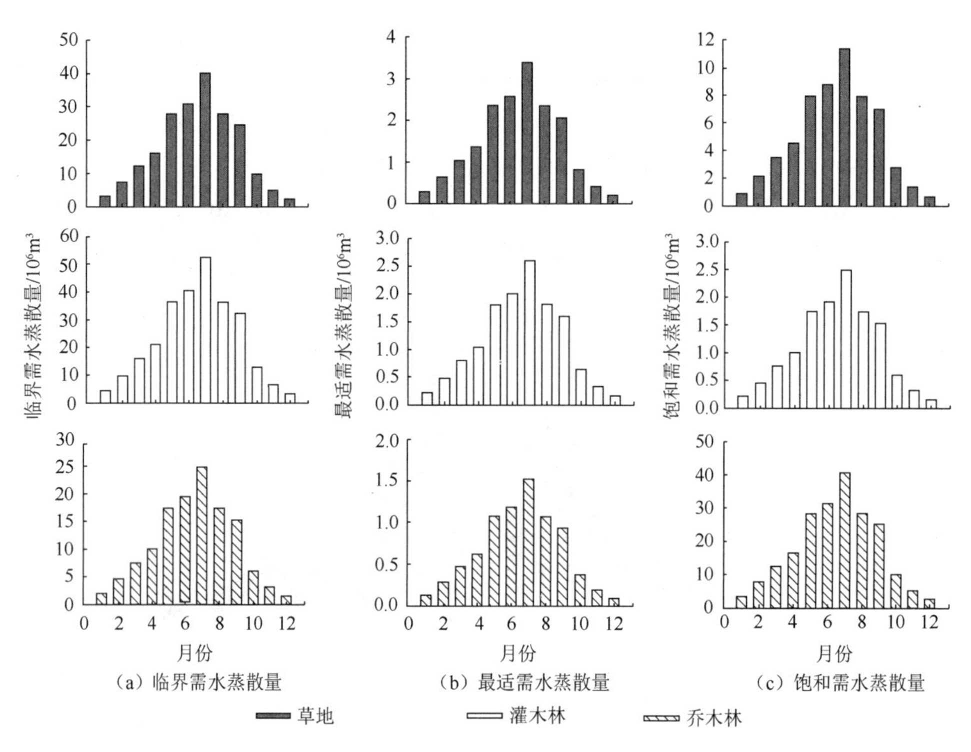

图 9-10　黑河中游植被区蒸散量动态变化

（6）生态需水量计算结果。由表 9-28 可见，黑河中游张临高地区天然植被生态需水量为 12.31 亿 m^3，其中年临界生态需水量为 7.43 亿 m^3，最适生态需水量为 0.55 亿 m^3，饱和生态需水量为 4.33 亿 m^3。其中，蒸散消耗量占 70.0%以上，土壤含水量仅占 30.0%。按植被类型来分，乔木林生态需水量占 25.4%，灌木林占 39.4%，草地占 35.2%。黑河中游张临高地区用水主要来源于降水和径流。各县降水资料统计表明，黑河中游相应的植被区域上平均每年能获得总降水量 5.04 亿 m^3，其中≥3mm 的有效降水量为 74.0%，有效降水的总量为 3.73 亿 m^3。以此数据为基础，中游张临高地区每年从径流量中补给 8.57 亿 m^3，临界生态需水量每年需从径流量中补给 4.14 亿 m^3，最适生态需水量需补给 3.97 亿 m^3，饱和生态需水量需补给 4.03 亿 m^3。

第六节　黑河下游地区生态需水量

一、不同时期天然植被面积变化

采用 GIS 遥感解译的不同水平年黑河下游地区不同地类面积见表 9-29。

表 9-29　不同水平年黑河下游地区不同地类的面积　（单位：km^2）

绿洲区				非绿洲区			
地类	1987 年	1999 年	2010 年	地类	1987 年	1999 年	2010 年
高覆被乔木	132.68	129.81	124.06	低覆被灌木	170.75	171.92	182.64
中覆被乔木	161.90	155.65	155.80	低覆被草本	1318.00	1363.02	1354.79
低覆被乔木	143.64	104.90	94.35	居民地	12.29	13.35	17.29
高覆被灌木	311.36	251.07	314.32	水体	216.17	172.10	174.99
中覆被灌木	665.62	570.46	614.55	基岩	9598.37	9598.37	9598.37
高覆被草本	468.35	492.98	440.92	戈壁	35273.79	35299.08	35283.16
中覆被草本	1720.62	1585.20	1573.89	沙漠	5063.74	5063.74	5052.44
耕地	25.48	38.38	110.54	盐碱地	2351.39	2502.87	2417.13
				裸土	2300.64	2421.89	2427.04
小计	3629.65	3328.45	3428.43	小计	56305.14	56606.34	56507.85

1987 年绿洲总面积为 3629.65km^2，乔木（胡杨林）、灌木、草本、耕地分别占绿洲总面积的 12.07%、26.92%、60.31%、0.70%。胡杨林面积为 438.23km^2，其中，盖度＞75%的胡杨林面积为 132.68km^2，覆被盖度在 15%～75%的面积为 161.90km^2，5%～15%的面积为 143.64km^2；灌木面积为 976.98km^2，其中，盖度＞75%的灌木面积为 311.36km^2，盖度在 15%～75%的面积为 665.62km^2；草地的面积为 2188.97km^2，其中，盖度＞75%的草地面积为 468.35km^2，盖度在 15%～75%的面积为 1720.62km^2；耕地面积为 25.48km^2。非绿洲面积为 56305.14km^2，其中，居民地面积为 12.29km^2，水体面积为 216.17km^2。

1999 年绿洲总面积为 3328.45km^2，胡杨林、灌木、草本、耕地分别占绿洲总面积的 11.73%、24.68%、62.44%、1.15%。胡杨林面积为 390.36km^2，其中，盖度＞75%的胡杨林面积为 129.81km^2，盖度在 15%～75%的面积为 155.65km^2，5%～15%的面积为 104.90km^2；灌木面积为 821.53km^2，其中，盖度＞75%的灌木面积为 251.07km^2，盖度在 15%～75%的面积为 570.46km^2；草地的面积为 2078.18km^2，其中，盖度＞75%的草地面积为 492.98km^2，盖度在 15%～75%的面积为 1585.20km^2；耕地面积为 38.38km^2。非绿洲面积为 56706.34km^2，其中，居民点面积为 13.35km^2，水体面积为 172.10km^2。

2010 年绿洲总面积为 3428.43km^2，胡杨林、灌木、草本、耕地分别占绿洲总面积的 10.9%、27.1%、58.8%、3.2%。胡杨林面积为 374.21km^2，其中，盖度＞75%的胡杨林面积为 124.06km^2，盖度在 15%～75%的面积为 155.80km^2，5%～15%的面积为 94.35km^2；灌木面积为 928.87km^2，其中，盖度＞75%的面积为 314.32km^2，盖度在 15%～75%的面积为 614.55km^2；草地的面积为 2014.81km^2，其中，盖度＞75%的面积为 440.92km^2，盖度在 15%～75%的面积为 1573.89km^2；耕地面积为 110.54km^2。非绿洲面积为 56507.85km^2，其中，居民地面积为 17.29km^2，水体面积为 174.99km^2，其中，东居延海面积为 42.68km^2，天鹅湖面积为 23.44km^2，木吉湖和沫浓湖基本消失。

二、典型植被耗水定额估算

林地蒸散量的大小在一定程度上取决于下垫面的状况。根据实验结果，6 月胡杨林叶面积指数大，作物蒸腾作用增强，潜热通量占净辐射的比例也大，蒸散量大；7～9月，正值胡杨的生长季节，受土壤水分的限制和林冠层遮蔽等因素的影响，胡杨林地蒸散量低于6月；9月以后，由于叶片衰老，蒸腾能力减弱，蒸腾量相对较小，蒸散量明显减小。6～9月胡杨林蒸散量分别为107.1mm、66.4mm、71.7mm、75.9mm，合计为321.1mm，其中6月蒸散量最大。6～9月柽柳林柽柳蒸散量分别为61.1mm、58.0mm、38.3mm、22.2mm，6～7月蒸散量较大。6～9月芦苇草地蒸散量分别为68.0mm、81.3mm、56.0mm、32.1mm。

三、典型植被生态需水量估算

依据本章公式，黑河下游地区1987年、1999年和2010年生态需水量计算结果见表9-30。1987年额济纳绿洲生态总需水量为7.50亿m^3，其中植物蒸腾潜耗水蒸发为5.72亿m^3，占总需水量的76.3%，水域的生态需水量包括湖泊和河流的生态需水量，为1.78亿m^3，占总需水量的23.7%。通过不同植被种类的生态需水可以看出，除去水域的生态需水以外，胡杨为主的乔木的生态需水量所占比例最大，为44.8%；其次为草本生态需水，占总生态需水的20.8%；而灌木的生态需水量最小，仅为10.7%。

表9-30　黑河下游不同植被类型按盖度计算生态需水量

植被类型	盖度/%	生态需水量/万m^3		
		1987年	1999年	2010年
胡杨	>75	13779	12035	11693
	15～75	13169	9888	9672
	5～15	6695	2260	2255
灌木	>75	1606	1225	1479
	15～75	4335	3317	3547
	5～15	2084	1637	1618
草本	>75	3215	3200	3331
	15～75	12352	9225	9232
水体	—	17780	3160	14273
合计	—	75015	45947	57100

分水前（1999年）额济纳绿洲生态总需水量约为4.60亿m^3，较1987年减小约2.91亿m^3，其中植物蒸腾潜耗水和潜水蒸发为4.28亿m^3，占总需水量的93.1%，较1987年减小1.45亿m^3，水域的生态需水量包括湖泊和河流的生态需水量，为0.32亿m^3，占总需水量的6.9%，较1987年减小1.46亿m^3。

现状年（2010年）额济纳绿洲生态总需水量约为5.71亿m^3，较1987年减小约1.79亿m^3，较1999年增加约1.12亿m^3，其中植物蒸腾潜耗水和潜水蒸发为4.28亿m^3，占总需水量的75.0%，水域的生态需水量包括湖泊和河流的生态需水量，为1.43亿m^3，占总需水量的25.0%，较1987年减小0.35亿m^3，较1999年增加1.11亿m^3。通过不同植被种类的生态需水可以看出，除去水域的生态需水以外，以胡杨为主的乔木的生态需水量所占比例最大，为41.4%，其次为草本生态需水，占22.0%，而灌木的生态需水量最小，仅为11.6%，各项的生态需水量仍小于1987年。

第七节　基于RS技术的植被生态需水量估算

一、黑河中游地区生态需水量估算

（一）生产力水平确定

应用遥感（remote sensing，RS）技术提取的黑河中游NDVI与对应调查样方的地上生物量之间存在显著的线性关系（y=327.4x+102.29，R^2=0.879）。生产力的模拟值与实测值十分接近，说明采用NDVI反演当年地上生产力的结果在黑河中游是可行的。基于生产力水平斑块的组成特点，黑河中游土地利用类型分为6级（图9-11）。

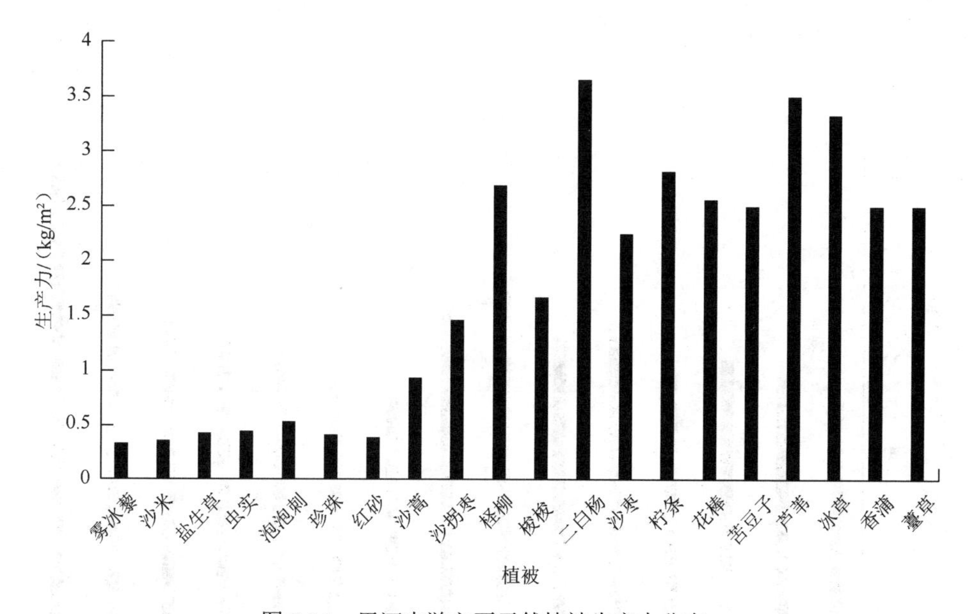

图9-11　黑河中游主要天然植被生产力分布

类型1［0.32～0.55kg/（m^2·a）］：分布于黑河中游绿洲外围戈壁地区，主要由泡泡刺、珍珠和红砂组成，总面积为2007.2km^2。

类型2［0.40～0.55kg/（m^2·a）］：分布于黑河中游的大部分荒漠地区，主要由生长状况不良的泡泡刺、珍珠、沙米、盐生草和严重退化的沙拐枣组成，总面积为673.86km^2，

类型3［0.56～0.93kg/（m^2·a）］：分布于黑河中游荒漠绿洲过渡带地区，主要由梭梭、沙拐枣、沙枣、雾冰藜和碱蓬草等组成，总面积为93.47km^2。

类型4［0.94～2.26kg/（m^2·a）］：分布范围最小，主要乔木为二白杨、沙枣和梭梭等，总面积为7.96km^2。

类型5［2.15～3.63kg/（m^2·a）］：分布范围集中在河流沿岸，为典型的河岸林植被，主要植物为生长较正常的柽柳、苦豆子、芦苇、冰草、香蒲、薹草等群落类型，总面积为283.4km^2。

类型6［2.20～3.80kg/（m^2·a）］：位于黑河中游绿洲核心地区，紧靠黑河呈条带状

分布，属最典型的河岸和绿洲草地植被，主要植物为柽柳、苦豆子、芦苇等，总面积为 964.8km^2。

（二）蒸腾系数的确定

蒸腾系数（又称植物单位需水量）是指生产 1g 干物质所需的水量。一般说来，植物每生产 1g 干物质需 300～600g 水。例如，黑河中游天然植被狗尾草需水 285g、苏丹草 304g、梭梭 342g、柠条 312g、籽蒿 263g、沙拐枣 345g、柽柳 325g、花棒 336g、沙枣 383g、二白杨 513g、珍珠 265g、红砂 274g、雾冰藜 302g、碱蓬 324g、苦豆子 325g、芦苇 376g 和赖草 354g。基于以上综合考虑，将黑河中游其他植被每 1g 干物质的生成需要消耗的水分界定为 300g，据此计算天然植被需水量。通过野外调查，黑河中游主要植物的蒸腾系数如图 9-12 所示。

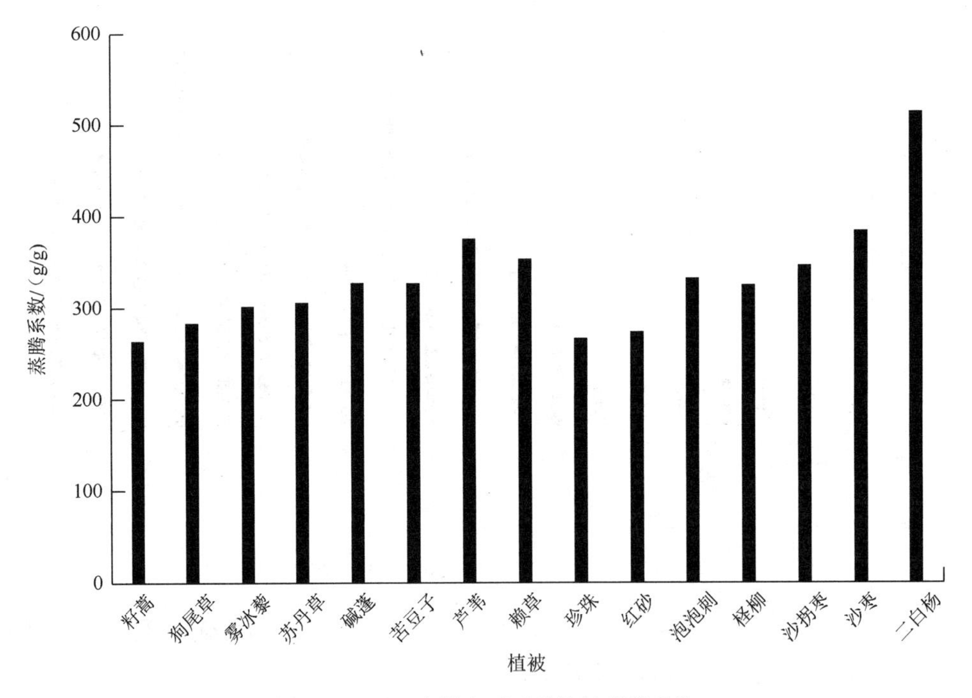

图 9-12　黑河中游主要天然植被蒸腾系数

根据黑河中游植被地面调查，结合 NDVI 所估算的生态需水量为 12.45 亿 m^3，不同类型的生态需水量分别为 2.04 亿 m^3、0.82 亿 m^3、0.20 亿 m^3、0.03 亿 m^3、2.14 亿 m^3 和 7.22 亿 m^3（表 9-31）。

表 9-31　基于生产力水平的中游地区生态需水量

植被类型	面积/km^2	生产力/（kg/m^2）	蒸腾系数/（g/g）	生态需水量/亿 m^3
类型 1	2007.20	0.34	302.00	2.04
类型 2	673.86	0.42	290.00	0.82
类型 3	93.47	0.70	305.00	0.20
类型 4	7.96	1.25	340.33	0.03

续表

植被类型	面积/km²	生产力/（kg/m²）	蒸腾系数/（g/g）	生态需水量/亿 m³
类型 5	283.40	2.28	330.60	2.14
类型 6	964.80	2.30	325.45	7.22
合计	4030.69	—	—	12.45

二、黑河下游地区生态需水量估算

在黑河下游地区，对不同生产力水平进行加权平均，计算得出不同植被类型的平均生产力，再结合蒸腾系数计算平均耗水量，结果见表 9-32。区域生态需水量是植被需水量、城镇居民生活用水量和现有农田用水量之和减去降水量。植被需水量是指植物生产当年总生物量的需水量和林间土壤蒸发需水量总和。在干旱区，土壤蒸发计算采用植被耗水加 20%；城镇居民生活用水是指绿洲内达来呼布镇 1.73 万非农业人口的生活需水［0.4m³/（人·d）］。农业用水是农田面积乘以用水定额 9 万 m³/km²。降水量是指大气有效降水量，以 2010 年实测年降水量（25.4mm）计算，绿洲区总面积为历年乔、灌、草和耕地面积总和。由表 9-33 可见，维持额济纳旗绿洲现状年（2010 年）的生态需水量为 5.81 亿 m³，若使现有的绿洲植被恢复到目标年（1987 年）的生态需水量，则为 7.60 亿 m³。

表 9-32　黑河下游地区现状年生产力和耗水量

植被类型	面积/km²	生物量/10⁶kg	蒸腾系数/（g/g）	平均生产力/（kg/m²）	平均耗水量/(kg/m²)
高覆被乔木	130.55	14.04	300	2.74	822.00
中覆被乔木	161.02	7.55	217	1.67	362.39
低覆被乔木	96.59	1.05	134	0.60	80.40
高覆被灌木	325.99	48.45	134	2.32	310.88
中覆被灌木	621.86	8.63	50	0.60	30.00
高覆被草本	472.56	5.37	50	1.40	70.00
中覆被草本	1587.84	0.04	50	0.40	20.00

表 9-33　基于生产力水平估算的现状年和目标年生态需水量　（单位：亿 m³）

需水类型	现状年（2010 年）	目标年（1987 年）
植被需水量	7.88	7.99
植物生产需水量	3.58	3.63
土壤需水量	4.30	4.36
居民生活用水	0.03	0.03
农业用水	0.04	0.02
降水量	2.14	0.44
需水量	5.81	7.60

三、不同计算方法的对比分析

基于不同方法估算生态需水量，结果见表 9-34。由表 9-34 可见，除水量平衡法外，其他方法计算的中游地区生态需水量均高于下游地区。水量平衡法计算结果偏高的原因可能是：该方法是一种基于潜在蒸散发能力的估算方法，反映的是各类生态系统在良好水热条件环境下，最大可能的生态耗水量，在这种水分条件下，各生态系统将处于最佳状态，生产力达到最大。这对于中游地区以灌溉农业为主的生态系统是较为合理的，因为中游的天然植被所占比例很少，所以计算结果与其他方法计算方法相差不大，而对于下游地区这样的条件是很难满足的，计算出来的结果必然是偏高的，这只能是一种潜在生态需水量的计算，即生态需水的上限值。

表 9-34　基于不同方法估算的生态需水量　　（单位：亿 m^3）

地区	水文学方法		生态学方法	RS 方法
	水量平衡法	潜水蒸发法	面积定额法	生产力水平法
中游地区	13.95	10.31	12.30	12.46
下游地区	20.19	5.47	5.71	5.81

何志斌等（2005）采用土壤水分定额法对黑河中游地区生态需水量估算的结果为：中游 2.56 万 km^2 面积上的生态需水量为 9.48 亿～11.58 亿 m^3，与现有测度结果较为一致。

对黑河下游或额济纳绿洲区生态需水量估算成果（表 9-35）对比来看，20 世纪 80 年代黑河下游生态需水量为 6.78 亿～7.57 亿 m^3，与本书结果较为一致。2000 年生态需水量为 5.25 亿～6.0 亿 m^3，平均为 5.53 亿 m^3，此次计算基于水量平衡法的结果与之相比明显偏高，可能的原因如前所述，即水量平衡法是一种计算潜在蒸散量的方法。

表 9-35　现有研究成果计算的黑河下游地区生态需水量

成果	研究范围	研究面积/km^2	研究时间	生态需水量/亿 m^3	强度/（m^3/km^2）
成果一	狼心山以下	3010.8	20 世纪 80 年代	6.78～7.57	225214
成果二	狼心山以下	6535.8	1995 年	5.70	87211
成果三	狼心山以下	6560.0	1997 年	5.337	80864
成果四	狼心山以下	5701.4	2000 年	5.313	93188
成果五	额济纳绿洲	3328.0	2000 年	5.57～6.0	167368
成果六	额济纳绿洲	4657.0	1996～1998 年	8.62	185098
成果七	额济纳绿洲	2940.0	2000 年	5.25	178571
成果八	额济纳绿洲	5998.7	1995 年	5.23～5.70	91102

注：成果一，高前兆等《黑河流域水资源合理开发利用》；成果二，内蒙古自治区水利科学研究院《内蒙古西部额济纳绿洲水资源开发利用与生态环境保护研究报告》；成果三，“九五”攻关《黑河流域水资源合理利用与社会经济和生态环境协调发展研究》；成果四，华北水利水电学院《黑河流域东部子系统水资源承载力研究》；成果五，“黑河重大问题及其对策研究”，程国栋院士主持的“黑河流域生态环境问题及其对策研究”；成果六，武选民等《西北黑河额济纳盆地地下水利用与生态环境保护研究》；成果七，杨国宪等《黑河额济纳绿洲生态与水》；成果八，王根绪和程国栋《干旱内陆流域生态需水量及其估算——以黑河流域为例》。

第十章　流域水体化学

干旱内陆河流域随着上中游水资源的开发利用、水量的频繁转化，而流向下游的水资源逐渐减少，在强烈的蒸发作用下，地表水与浅层地下水等水体的矿化度显著升高。流域水体化学特性尤其使水质发生变化，直接影响流域土壤理化特性变化，导致生态环境发生演变。这种变化的基本规律是沿着水流动的方向引起水循环的多个环节发生连锁变化，即矿化度增高→水质恶化→绿洲湿生、中生植被类型退化。湿生草本和盐生、旱生灌木逐渐被旱生、强旱生、超旱生荒漠植物替代，并由草甸景观向河岸林景观→灌丛景观→半灌木荒漠景观→草灌丛沙质荒漠景观演变。绿洲非盐渍土壤逐渐盐渍化，从而引起土壤旱化、植被退化、土地沙漠化、绿洲萎缩。因此，加强对内陆河流域水体化学的研究是评价该区水资源合理利用和保护水资源不可缺少的重要方面，也是评价水质优劣影响的土壤和植被环境的重要内容之一（Zhang，2002；Feng，1999；Feng et al.，1999）。

内陆河流域由于降水量小、蒸发量大，土壤盐分的季节性变化特征明显。地表水分强烈蒸发导致溶解在水中的盐分极易在土壤表层积聚，而地下水中的盐分也随毛管水上升聚集在土壤表层，各种易溶性盐类在地面作水平与垂直方向的重新分配，从而形成不同程度的土壤盐碱化。一般来说，地下水影响土壤盐分的关键在于地下水水位的高低及地下水矿化度的大小，地下水水位越高，矿化度越大，土壤越容易积盐。河流及渠道两旁的土地，因河水侧渗而使地下水水位抬高，促使积盐。有些地方灌溉时采用大水漫灌，或低洼地区只灌不排，均导致地下水水位很快上升而积盐。土壤含盐量过多，土壤溶液浓度增大，将对作物吸收水分产生不利影响，当土壤溶液的渗透压大于作物根系细胞的渗透压时，作物吸水困难，甚至发生反渗透现象，导致作物组织脱水死亡，即发生“生理干旱”。过量的土壤盐分还将显著抑制土壤微生物的活性，影响土壤养分的转化，而由于土壤溶液浓度过高，植物吸水困难，溶解在水中的养分也将不能正常被作物吸收，从而导致作物出现“生理饥饿”。此外，作物体内 Na^+吸收过多可导致蛋白质变性，Cl^-吸收过多则降低光合作用和影响淀粉的形成，而含 Na_2CO_3 较多的土壤对植物根、茎等组织有极强的腐蚀作用，均严重影响作物生长发育。

对内陆河流域水体水质开展系统研究，需根据流域水体化学特点，拓展流域水体关联及其相互作用的水化学基础研究。降水受气候、土壤、地形地貌、地质环境等自然条件控制，在形成地面径流的过程中，又受到人类活动和自然界生物的各种干扰，有时积存调蓄，有时汇集分散，并通过入渗、溶滤与地下水径流发生密切联系，各种矿物质、有机物、微生物和气体进入水体，在各种水体中运移、储蓄，从而形成独具特色的流域水体及其水质类型。

第一节　内陆河流域水体化学研究的主要内容与基础

流域水体化学是研究流域内各种水体的矿化度、总硬度、总碱度、pH、主要离子等特征值的形成、分布、时空变化规律及其影响因素的一门学科，研究水体主要包括降水、冰川、积雪、河流水、湖泊水、地下水等。此外，流域水体化学也研究各类水体的无机和有机化学成分、同位素及水体的物理特性与组成，是水文学和地球化学的交叉学科，是表征水资源（地表水和地下水）质量的重要指标。

流域水体化学主要研究内容有：①天然水作为溶剂的理论基础；②水体化学成分的形成过程及其变质作用；③水体化学成分的分析方法与技术；④水体化学动态及其与自然地理条件和生物环境的关系；⑤水化学在实践中的应用，包括水资源评价、饮用水评价、工农业用水要求、水资源形成与转化、环境变化等。

内陆河流域水体化学已基本形成了降水化学、河流水化学、地下水水化学、湖沼水化学、冰雪水化学及同位素水文学等分支学科。

降水：大气降水较少受到人类活动的影响，基本属于淡水类型，是西北内陆地区重要的淡水水源，需要加以严格保护。

河流水：内陆河流水主要受周围山区降水、冰川和积雪融水及经地表水转化出流的地下水补给，形成地表径流汇集于河道活水，一般属于优质的淡水资源。随着河水向山前平原河道径流，通过入渗和引流灌溉、各种利用和蒸发蒸腾消耗，又经过山前平原频繁的地表水与地下水转化，土壤溶滤作用加剧，各种污染物进入河流水，而由于降水减少地表水补给影响逐渐减弱，地下水及泉水补给增加，水质成分变得复杂、矿化度升高，但其仍属于适合人类利用的较淡水。河流水进入下游后，不仅挟带着上游加入的各种物质，受各种风化岩石及上层蒸发浓缩可溶性盐类影响的地下水补给，还通过人工开采或地下水向地表水的转化，使水质成分多样化。此外，随着地形变缓、水流速度降低、封闭内陆盆地地下水含水层颗粒物质变细、溶滤及水化作用加强，水体荷载加重，从而使河流下游末端河流水矿化度急剧增加，最终形成高矿化度碱水、盐水或卤水。

河流径流水是水资源的主要组成部分，尤其是在内陆河流域，约占90%以上，是流域水化学研究的重点。河流水化学组成中有8种主要离子（Na^+、K^+、Ca^{2+}、Mg^{2+}、Cl^-、SO_4^{2-}、HCO_3^-、CO_3^{2-}），它们占河水全部化学离子组成的95%以上，这些离子及其化合物的总含量称为矿化度。以矿化度作为指标，通常可将天然水分为弱矿化度水（小于200mg/L）、中矿化度水（200～500mg/L）、强矿化度水（500～1000mg/L）和高矿化度水（大于1000mg/L）。内陆河流水矿化度变化多样，成分复杂，从弱矿化度水到大于1000mg/L 含盐水均有分布。河水矿化度地带性规律明显，我国内陆的南北疆、青海柴达木盆地和河西内陆河中下游属高值区，黄土高原也为高值中心，并向山前平原和径流形成的山区逐步降低。

地下水：地下水也是一种浓度较稀的溶液，它主要由常见离子（最常见的阳离子是Ca^{2+}、Mg^{2+}、Na^+，最常见的阴离子是Cl^-、SO_4^{2-}、HCO_3^-）、微量组分（如氟、溴、碘、硼等）和气体组成（如氮、二氧化碳、甲烷等）。一定化学成分的地下水是特定地质环境下的产物，地下水化学成分是指地下水中所含的有机的和无机的化学成分。

从现有采集到的高山降水、积雪和古冰等样品分析，内陆河流域水资源大多属于低矿化度的气态、液态和固态水体。流域水环境主要由地表水环境和地下水环境两部分组成，其中地表水环境包括河流、湖泊、水库、池塘、沼泽、冰川、积雪等水体环境，地下水环境包括泉水、浅层地下水、深层地下水等水体环境。水环境是构成区域生态环境的基本要素之一，是人类社会赖以生存和发展的重要场所，也是受人类干扰和破坏最严重的领域。现今，水环境污染和破坏已成为当今世界主要的环境问题之一。

第二节 内陆河流域水体化学特征

为调查和研究内陆河流域自然状况下的水环境背景值，依据实验室流域水体化学分析和西北内陆地区潜水化学特征，选取黑河流域为重点研究区，对河流干流自上而下系统采集水样，运用等离子体光谱仪进行检测，分析常量、微量元素等 30 多项，对未作酸化处理的样品采用滴定法检测阴阳离子，并对水样采用原子吸收光谱法测定 Fe、Cu、Zn、Mn、Pb、Cr、Cd 等，以此作为内陆河流域水体的水化学专题研究。

一、降水的化学特征

地表物质参与大气循环，雨水降落到地面形成地表径流，因此说，天然水的矿化过程开始于降水对大气的淋溶过程。该流域测得矿化度最低的水体是大气固态降水——粒雪，据测定海拔 4100m 处降雪的离子总量为 31.12mg/L，水化学类型为 HCO_3^--Mg^{2+}型。乌鞘岭北坡新雪离子总量为 38.49mg/L，为 HCO_3^--Ca^{2+}型（表 10-1）。

表 10-1 黑河流域降水的化学组成

编号	海拔/m	水样类别	离子总量/（mg/L）	HCO_3^-浓度/(mg/L)	Cl^-浓度/（mg/L）	SO_4^{2-}浓度/(mg/L)	Ca^{2+}浓度/（mg/L）	Mg^{2+}浓度/（mg/L）	（K^++Na^+）浓度/（mg/L）	水化学类型
1	4800	雪	16.88	16.31	4.04	2.40	0.20	4.32	0.90	HCO_3^--Mg^{2+}
2	4100	雪	38.01	23.12	1.67	3.88	7.60	1.30	0.69	HCO_3^--Ca^{2+}
3	1900	雨	60.23	27.80	2.30	13.20	5.10	1.00	11.1	HCO_3^--Na^+
4	2000	雨	78.34	38.50	3.60	27.60	5.02	2.41	19.6	HCO_3^--Na^+-Ca^{2+}
5	1500	雨	65.12	36.10	7.89	17.06	8.75	1.40	14.2	HCO_3^--Na^+
6	1500	暴雨	200.78	58.20	14.9	70.43	27.89	2.78	26.9	HCO_3^--Na^+

由表 10-1 可看出，大气降水的共同特征是矿化度很低，但离子含量和化学组成不尽相同，在海拔 3000～4000m 处，即高山冰雪带及高山草甸带，降雪中离子总量小于 50mg/L，阴离子组成 $HCO_3^- > SO_4^{2-} > Cl^-$，阳离子组成 $Ca^{2+} > Mg^{2+} > K^+ > Na^+$或 $Mg^{2+} > Ca^{2+} > K^+ > Na^+$，这与祁连山区裸露岩风化壳类型——碳酸盐型是一致的。在海拔 2000～1500m 处，降雨离子总量为 45～96.9mg/L，高于降雪。地处荒漠带暴雨中的离子总量高达 209.1mg/L。大气降水离子总量有随海拔降低而增长的趋势，水化学类型由 HCO_3^- 型变为 SO_4^{2-}-HCO_3^-

型。海拔越低，荒漠气候的影响越强烈，反映了垂直地带性规律。在荒漠地区，由于大陆盐化作用，粉尘含盐较高，随风沙卷入大气又随降水而降落，加上降雨稀少，偶尔一次降雨离子含量都很高（Zhang et al.，1996）。例如，八宝河 1995 年 6 月一次降雨，离子总量为 185mg/L；在腾格里沙漠边缘，持续几分钟的一次降雨，离子总量达 266mg/L。此外，同一地点由于降雨持续时间不同，离子含量也有差异。黑河中游 1995 年 8 月一次降雨，1h 内测得离子总量为 140mg/L，降雨持续 3h 后降为 80mg/L，连续一昼夜降水，离子总量达到 30mg/L。离子含量随降雨持续时间而降低，反映了大气尘埃的净化过程。

二、地表水体化学分异规律

黑河流域矿化度最低的地表水是发源于高山的地表径流，矿化度为 50mg/L，矿化度最高的水体为终端湖居延泽，为 300～400mg/L。水从冰川源头流入沙漠腹地，流域范围流经了山区降水—渗流补给带—山前三角洲渗漏径流带—盆地强烈蒸发排泄带。这种垂直带气候条件的分异，决定了水文现象及其径流特征，也决定了水体化学的垂直分异和水体化学特征（表 10-2）（Feng，1999）。

表 10-2　各垂直地带的地表水体化学特征　（单位：mg/L）

山地垂直带	矿化度	Na^+浓度	Mg^{2+}浓度	Ca^{2+}浓度	Cl^-浓度	SO_4^{2-} 浓度	HCO_3^- 浓度	水化学类型
高山冰雪带	31.12	0.94	1.02	0.2	1.26	2.4	18.31	HCO_3^--Mg^{2+}
高山草甸带	97.0	3.5	2.4	18.8	2.3	11.0	52.7	HCO_3^--SO_4^{2-}-Ca^{2+}
森林灌丛带	152.9	4.8	10.5	43.2	2.8	56.9	109.4	HCO_3^--SO_4^{2-}-Ca^{2+}-Mg^{2+}
山地草原带	300.8	5.0	10.4	76.7	4.7	91.0	220.8	HCO_3^--SO_4^{2-}-Ca^{2+}-Mg^{2+}-Na^+
荒漠草原带	421.6	12.6	13.0	82.0	17.7	186.4	123.9	SO_4^{2-}-Cl^--Mg^{2+}-Ca^{2+}-Na^+

高山冰雪寒原带：海拔 3900m 以上，孕育着现代冰川，形成冰沼土，年降水量在 700mm 以上，多为固态降水，蒸发量最小，是主要的径流形成区。地表水电导率小于 0.1mS/cm，矿化度小于 50mg/L，水化学类型为HCO_3^--Ca^{2+}或HCO_3^--Mg^{2+}型。高山草甸带：海拔 3400～3900m，降水量为 600～700mm，地势高寒，蒸发量少。植被主要是鬼箭锦鸡儿（*Caragana jubata*）、山柳（*Salix oritrepha*）等灌丛和冷蒿（*Artemisia frigida*）、早熟禾（*Poa annua* L.）等。发育着高山草甸土。径流发育，地表水电导率小于 0.25mS/cm，矿化度小于 100mg/L，水化学类型为HCO_3^--SO_4^{2-}-Ca^+型。

森林灌丛带：海拔 2600～3400m，阴坡以云杉林为主，间有山杨等，发育着森林灰褐土，降水量为 400～600mm，径流以地下补给为主，在森林灌丛带矿化度显著升高至 200～300mg/L，水化学类型为HCO_3^--SO_4^{2-}-Ca^{2+}-Mg^{2+}型。

山地草原带：海拔 1900～2600m，蒸发旺盛，植被稀疏，主要为短花针茅（*Stipa breviflora*）、戈壁针茅（*Stipa tianschanica* var. *gobico*）、芨芨草（*Achnatherum splendens*）、冠芒草（*Enneapogon brachystachyus*）等，发育着山地黑土。降水量为 200～400mm，径流不发育，暴雨产流矿化度可达 0.5～1.5g/L。水化学类型为HCO_3^--SO_4^{2-}-Ca^{2+}-Mg^{2+}-Na^+型。

荒漠草原带：海拔 1500～1900m，地貌为低山丘陵。植被极为稀疏，发育着山地灰钙土。降水量在 200mm 以下，蒸发量很高。除暴雨洪水外基本不产流，一旦产流矿化度可达 1.5g/L 以上（表 10-2）。

综上所述，由于降水量随海拔升高而递增，降水量越多矿化度则越低，呈现明显的地带性分异，这里气象水文条件对水体化学的影响占主要地位。反之随海拔降低，热量增高，岩石物理风化、化学风化作用强烈，矿化度增高，水体化学类型由碳酸盐型向碳酸盐-硫酸盐型再向硫酸盐-氯化物型过渡（Xia and Takeuchi，1999）。发源于高山的低矿化度的河水沿河谷顺流而下，途中汇入中低山支流后矿化度陡然升高。此外，地表径流渗入岩石缝隙与岩石接触面增大而溶滤了化学物质，这也是矿化度增高的一个因素。

三、地下水水体化学特征

内陆河流域地下水的化学成分及其分布规律是该区水环境研究的主要内容，也是水资源开发利用和规划的主要依据。西北内陆区干旱少雨，大多数地区蒸发量是降水量的许多倍，水的矿化主要受蒸发浓缩作用，常出现高矿化度的咸水。复杂的地质构造运动形成大大小小的盆地和平原，如塔里木盆地、准噶尔盆地、柴达木盆地、河西走廊及一些小型的中新生代盆地。浅层地下水的化学成分在气候和地形因素的影响下，具有从盆地边缘向中心水平分带的特征；有山区以 0.5g/L 以下的重碳酸型淡水，向平原内部过渡到矿化度为 1～3g/L 的重碳酸·氯化物或重碳酸·硫酸盐型微咸水，在盆地汇水中心或最低洼地区逐渐演化为 1～5g/L 的氯化物·硫酸盐型水，再经过盐化作用形成更高含量的咸水。而在内陆高山区，自然分异以垂直分带为主，地下水化学成分也呈现出相应的垂直分带现象：在海拔 3200m 以上的高山区，冰川发育，冻土分布，地下水矿化度小于 0.5g/L，属溶滤作用形成的淡水；在海拔降低至 2000m 中山带时降水量仍可达 300～450mm，有乔木林或灌木林生长，地下水矿化度仍可维持在 1.0g/L 以内；但到毗邻低山带前，降水减少至不足 300mm，干旱加剧，植被稀疏，出现不同程度的荒漠化，地下水矿化度可达到 1～3g/L 的重碳酸·氯化物或重碳酸·硫酸盐及氯化物型的微咸水；在低山残山带，降水量不足 200mm，甚至不到 50mm，有时地下水积聚在低洼地，由于浓缩作用进一步矿化，矿化度可高达 5～50g/L，甚至达到 200g/L 以上。

西北内陆盆地的潜水从山区到平原或盆地中心，由重碳酸盐型过渡为硫酸盐型，直至氯化物型水，呈尤为明显的环状分布规律，其主要特点是含盐量变化幅度大，往往从高山冰雪带 0.2g/L 的低矿化淡水变为盆地中心的浓卤水，也说明西北干旱区长期干旱化过程对地下水演化的影响。在中高山区、山前平原区、甚至在大片沙漠覆盖区等，分布有含盐量小于 1g/L 的全淡水，如河西走廊、天山北麓山前平原，腾格里沙漠边缘带等地。柴达木盆地、塔里木盆地南部、巴丹吉林沙漠、腾格里沙漠等地的潜水化学组成，直接从重碳酸盐型过渡到氯化物型水，而且过渡类型很少或缺失。一般当含盐量小于 3.0g/L 时，潜水多为重碳酸盐·氯化物型或氯化物·重碳酸盐型。当含盐量超过 3.0g/L 后，就变为氯化物型的地下水。其中，在柴达木盆地这种地下水变化最为鲜明，以昆仑山前到盐湖带地下水化学分带和浓缩作用最具特色。黑河流域中下游平原属于半荒漠及荒漠气候带，地下水体化学成分除受岩性影响外，还受到河水入渗、溶滤、天然水体的离子平衡的作用和潜水蒸发等因素的影响，其地下水水体化学特征具有水平和垂直的分带性。在气候与地质因素的影响下形成自南向北的 3 个基本带（表 10-3）。

表 10-3　黑河中下游地下水体化学特征

位置	编号	离子总量/（mg/L）	pH	浓度/（mg/L）							水化学类型
				Na^+	K^+	Mg^{2+}	Ca^{2+}	Cl^-	SO_4^{2-}	HCO_3^-	
中游区	7	532.1	8.0	32.4	3.9	43.8	49.0	17.0	140.2	245.8	$HCO_3^- - SO_4^{2-} - Mg^{2+} - Ca^{2+} - Na^+$
	8	592.0	7.9	36.0	3.8	56.7	56.3	20.9	106.4	311.9	$HCO_3^- - SO_4^{2-} - Ca^{2+} - Mg^{2+} - Na^+$
	9	531.8	7.7	43.6	4.3	37.3	68.8	19.2	123.9	234.7	$HCO_3^- - SO_4^{2-} - Ca^{2+} - Mg^{2+} - Na^+$
	10	1207.2	8.0	97.0	11.0	103.4	96.4	51.8	238.7	608.9	$HCO_3^- - SO_4^{2-} - Mg^{2+} - Ca^{2+} - Na^+$
	11	293.5	7.8	17.0	3.0	22.9	28.5	12.9	50.3	158.9	$HCO_3^- - SO_4^{2-} - Mg^{2+} - Ca^{2+} - Na^+$
	12	358.6	7.7	18.7	2.80	23.7	49.0	7.8	66.9	189.7	$HCO_3^- - SO_4^{2-} - Mg^{2+} - Ca^{2+} - Na^+$
中下游	13	2502.8	7.9	580.0	16.0	324.7	203.4	510.1	326.9	541.7	$HCO_3^- - Cl^- - SO_4^{2-} - Mg^{2+} - Na^+ - Ca^{2+}$
	14	1658.6	8.1	410.0	2.0	25.3	123.4	404.3	579.2	114.4	$SO_4^{2-} - Cl^- - Na^+ - Ca^{2+}$
	15	857.6	7.6	172.0	10.7	19.8	52.8	119.7	179.7	302.9	$HCO_3^- - SO_4^{2-} - Cl^- - Na^+ - Ca^{2+} - Mg^{2+}$
	16	1381.0	7.7	292.0	1.8	27.6	113.2	322.1	490.5	133.8	$SO_4^{2-} - Cl^- - Na^+ - Ca^{2+} - Mg^{2+}$
下游区	17	1583.4	7.9	509.5	2.8	21.8	45.8	238.6	409.0	355.9	$Cl^- - SO_4^{2-} - HCO_3^- - Na^+$
	18	1501.9	7.5	38.9	7.8	67.9	109.8	367.8	682.0	168.9	$SO_4^{2-} - Cl^- - Na^+ - Mg^{2+} - Ca^{2+}$
	19	3887.4	8.3	750.0	12.9	237.6	103.7	567.2	1873.0	342.8	$SO_4^{2-} - Cl^- - HCO_3^- - Na^+ - Ca^{2+}$
	20	957.6	7.7	179.9	13.5	22.3	54.7	122.9	173.8	388.0	$HCO_3^- - SO_4^{2-} - Cl^- - Na^+ - Ca^{2+} - Mg^{2+}$
	21	2273.1	7.7	430.1	19.6	96.7	123.8	347.2	934.5	320.9	$SO_4^{2-} - Cl^- - HCO_3^- - Na^+ - Mg^{2+} - Ca^{2+}$
	22	4860.9	7.7	1654.8	20.6	123.5	209.5	1089.3	1245.0	517.5	$Cl^- - SO_4^{2-} - Na^+ - Mg^{2+} - Ca^{2+}$
终端湖	23	2921.2	—	667.8	39.8	239.7	68.9	713.7	1067.9	123.4	$SO_4^{2-} - Cl^- - Na^+ - Mg^{2+}$
	24	5517.6	—	1314.8	75.0	435.7	119.4	1209.7	2317.9	45.1	$SO_4^{2-} - Cl^- - Na^+ - Mg^{2+}$
	25	4084.9	—	714.6	49.5	360.0	89.21	837.9	1957.9	75.8	$SO_4^{2-} - Cl^- - Na^+ - Mg^{2+}$
	26	5175.2	—	1168.7	80.0	485.4	102.8	1047.9	2089.7	200.7	$SO_4^{2-} - Cl^- - Na^+ - Mg^{2+}$
	27	3032	—	639.4	35.9	267.7	68.6	674.1	1234.7	111.6	$SO_4^{2-} - Cl^- - Na^+ - Mg^{2+}$
	28	674.0	—	86.9	6.7	52.9	47.9	63.9	211.9	203.8	$SO_4^{2-} - HCO_3^- - Cl^- - Mg^{2+} - Na^+ - Ca^{2+}$
	29	1574.9	—	354.8	1.78	22.8	109.8	420.5	567.5	97.6	$SO_4^{2-} - Cl^- - Na^+ - Mg^{2+}$
湖泊水	30	1923.2	—	245.9	96.0	143.9	56.3	254.9	768.9	357.3	$SO_4^{2-} - Cl^- - HCO_3^- - Na^+ - Mg^{2+}$
	31	30865.5	—	23200	101.5	756.4	70.5	2208.1	4321.0	202.6	$SO_4^{2-} - Cl^- - Na^+ - Mg^{2+}$
	32	2157.7	—	410.8	33.5	17.9	38.9	409.8	1068.0	178.8	$SO_4^{2-} - Cl^- - Na^+ - Mg^{2+}$
	33	1051.9	—	345.9	7.8	12.3	14.6	123.7	224.8	321.9	$HCO_3^- - SO_4^{2-} - Cl^- - Na^+$

（1）山区裂隙水及山前砾石带——重碳酸盐带。山区裂隙水广泛形成$HCO_3^- - Ca^{2+}$型水，由于补给源大气降水及地表水均为这一类型，加之径流通畅，水循环迅速，变质过程不明显，矿化度一般小于 0.5g/L。在张掖盆地前缘过渡为$HCO_3^- - SO_4^{2-} - Na^+ - Ca^{2+} - Mg^{2+}$型，矿化度为 0.5～1.0g/L，是主要的灌溉农业区，地下水体化学特征见表 10-3。

（2）山前冲、洪积、湖积平原——硫酸盐带。灌溉农业区，地下水以富含硫酸盐为主要特征，埋藏深度为 1～3m，矿化度一般为 1～3g/L，水化学类型由$SO_4^{2-} - HCO_3^-$型逐步过渡为$SO_4^{2-} - Cl^-$型；阳离子由以 Ca^{2+}、Mg^{2+}为主过渡为以Na^+为主，充分显示了硫酸盐过渡型多元水体化学的特征（表 10-3）。该类型主要分布于下游的额济纳旗冲积平原。

（3）荒漠区及积盐洼地——氯化物带。水化学类型以 $Cl^- - Na^+$为主，其次为

Cl^--SO_4^{2-}-Na^+型和SO_4^{2-}-Cl^-型，矿化度可达 8～50g/L。由于一价离子比二价离子具有更高的迁移力，往往在流程较长的洼地形成化学沉积。

综上所述，祁连山径流形成区由于地势高寒，降雨充沛，加上山高坡陡，溶滤作用较弱，水质很淡。随着海拔降低，流程加长，热量增高，降雨减少，水质逐渐矿化。黑河流域祁连山—居延海地表水与地下水的化学分布特征如图 10-1 所示。

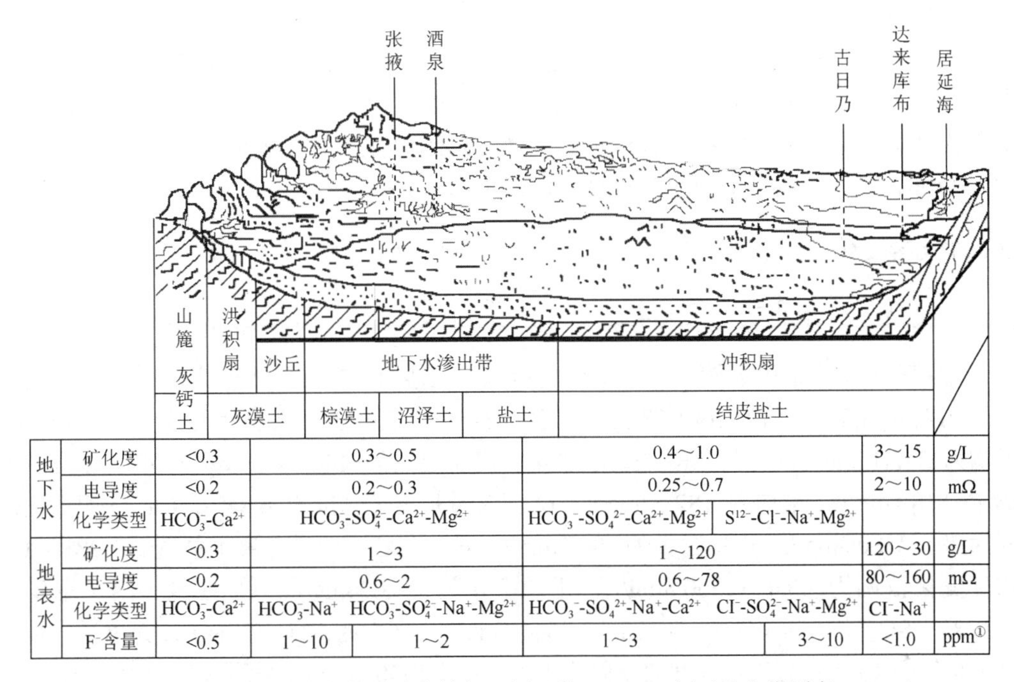

地下水	矿化度	<0.3	0.3～0.5		0.4～1.0		3～15	g/L
	电导度	<0.2	0.2～0.3		0.25～0.7		2～10	mΩ
	化学类型	HCO_3^--Ca^{2+}	HCO_3^--SO_4^{2-}-Ca^{2+}-Mg^{2+}		HCO_3^--SO_4^{2-}-Ca^{2+}-Mg^{2+}	S^{12-}-Cl^--Na^+-Mg^{2+}		
地表水	矿化度	<0.3	1～3		1～120		120～30	g/L
	电导度	<0.2	0.6～2		0.6～78		80～160	mΩ
	化学类型	HCO_3^--Ca^{2+}	HCO_3^--Na^+	HCO_3^--SO_4^{2-}-Na^+-Mg^{2+}	HCO_3^--SO_4^{2+}-Na^+-Ca^{2+}	Cl^--SO_4^{2-}-Na^+-Mg^{2+}	Cl^--Na^+	
	F^-含量	<0.5	1～10	1～2	1～3	3～10	<1.0	ppm①

图 10-1　黑河流域水体化学分布特征（刘亚传，1992；刘亚传和常厚春，1992）

四、天然水中的微量元素

天然水中溶解的微量元素与农业生产及人体健康的关系非常密切。用原子吸收光谱法测定的黑河流域天然水中 Fe、Cu、Zn、Mn、Pb、Cr、Cd 等元素含量见表 10-4。

表 10-4　黑河流域天然水中的微量元素含量　　（单位：μg/L）

水样类别	微量元素	Fe	Cu	Zn	Mn	Pb	Cr	Cd
河水	范围	6～176	2～6	3～22	3～30	4～13	0～22	2～9
	均值	70	3	10	6	9	4	4
地下水	范围	13～998	1～18	6～609	1～304	2～60	0～78	2～23
	均值	189	5	87	33	16	13	7
湖水	范围	66～189	10～300	8～178	82～58	14～543	0～98	32～02
	均值	652	85	53	72	123	23	54

各种水体微量元素含量顺序如下。

河水：Fe＞Zn＞Pb＞Mn＞Cr＞Cd＞Cu；地下水：Fe＞Zn＞Mn＞Pb＞Cr＞Cd＞Cu；

① 1ppm=0.001‰。

湖水：Fe＞Pb＞Cu＞Mn＞Cd＞Zn＞Cr。

黑河干流河段微量元素有沿程增加的趋势：张掖地区（中游）河水中微量元素的含量依次为：Sr＞Fe＞Al＞Cu＞Ba＞P＞Cr＞Zn＞Co＞Pb＞Ni＞Ca＞Mn；高台（中下游）河水中微量元素的含量依次为：Fe＞Al＞Sr＞Ba＞Cu＞Ni＞P＞Pb＞Cr＞Co＞Ca＞Zn＞Mn；湖西新村（下游）河水中微量元素的含量依次为：Fe＞Al＞Sr＞Cu＞Ca＞Pb＞Ba＞Ni＞Co＞Zn＞Cr＞P＞Mn。

天然水中的F^-具有自然地理分带现象，祁连山区地表径流F^-含量多在0～0.5mg/L，为低氟水。黑河流域的高氟水主要分布在以下几处：高山山前和受低山径流补给的山前平原及山间洼地，含氟量为1～6mg/L；绿洲边缘与沙漠接壤的拗陷洼地，潜水F^-含量为1～10mg/L；下游湖水中的F^-可达100mg/L以上。

五、水化学变化

（一）水化学变化的一般规律

黑河流域平原地区天然水矿化度变化范围大（表10-5），最小值为695mg/L，最大值达9147.4mg/L，平均为2681.78mg/L。其中，Na^++K^+浓度变化范围为49.3～1847.6mg/L，平均为382.12mg/L，Na^+和K^+的离子含量占离子总量的14.25%；Mg^{2+}浓度变化范围为18.4～818.4mg/L，平均为182.52mg/L，Mg^{2+}含量是离子总量的6.84%；Ca^{2+}浓度变化范围为78～2780.8mg/L，平均含量为190.1mg/L，其总的Ca^{2+}含量占离子总量的7.08%；Cl^-浓度变化范围为45.4～2300.8mg/L，平均含量为348.94mg/L，Cl^-含量占离子总量的13.01%；SO_4^{2-}浓度变化范围为178.6～4644.6mg/L，平均为1241.12mg/L，其离子含量占离子总量的45.9%；HCO_3^-浓度的变化范围为89.1～1530.4mg/L，平均浓度为360.15mg/L，总的HCO_3^-含量占离子总量的13.43%。总的阳离子占约离子总量的28%，阴离子占离子总量的72%。

表10-5　黑河流域平原地区离子含量　（单位：mg/L）

编号	CO_3^{2-}	HCO_3^-	Cl^-	SO_4^{2-}	Ca^{2+}	Mg^{2+}	K^+	Na^+	离子总量
1	0	240.4	1485.7	1688.7	153.9	153	19.1	1294.9	5035.7
2	0	240.4	726.7	1004.8	118.8	31.1	2	900.4	3023.8
⋮	⋮	⋮	⋮	⋮	⋮	⋮	⋮	⋮	⋮
100	0	484.5	683.7	—	390.4	301.2	127.1	569.9	4510.1
101	0	121.4	410	632.6	695.2	25.3	2	406	2292.5

（二）河水水化学变化

发源于祁连山的河流，其离子径流主要源于祁连山地岩石风化壳。出山口河水矿化度主要受气候因素的影响，山区气候高寒、降水丰沛，多形成HCO_3^--Ca^{2+}型淡水，随流程加长，气温升高，降水减少，硫酸盐成分增加。黑河又是得到冰川补给的河流，河川径流量的大小除决定于山区降水量外，还与冰川消融有关，当夏季气温升高冰川消融量大时，降雨丰富，河水径流量大，河水矿化度就低，反之冬季河水径流量小，矿化度就高。水质与水量二者呈负相关关系。但在一般情况下，河水多年平均矿化度总是趋于均衡的。河水进入平原后大量引入农灌区，在冲积扇缘再以泉水形式溢出，汇入黑河。经多次重复利用再溢出，至正义峡矿化度升高近 1 倍。

近年来，中下游河水多年平均值有升高的趋势。20 世纪 70 年代，黑河正义峡矿化度多年平均值为 0.54g/L，90 年代平均值为 0.621g/L，90 年代比 70 年代增长 15%。按 3 月测值计算黑河正义峡河水矿化度，90 年代比 60 年代增长 15.3%，增长幅度很大。

（三）地下水水化学变化

地下水是一种复杂的溶液系统，是一种取决于其成分、浓度、物理化学、地球化学和水循环动力条件等变化着的复杂的多元化学动态平衡体系，该体系中不断进行着水-岩之间、水-气之间、水-有机物和微生物之间及溶质之间的作用与平衡。在含水体单元里，在地下水流动过程中，其所赖以存在的环境发生改变，使其中各种离子存在形式的相互平衡发生变化，从而使各种离子的存在形式及含量发生变化，导致地下水水质发生变化，改变了水环境。弄清楚地下水中各种离子含量的分布范围及其规律、地下水化学组分的共生聚集关系，以及与可溶岩之间的关系，对于了解地下水环境质量有重要的意义。

额济纳旗浅层潜水的矿化度变化范围很大，地下水的化学类型变化较小，主要有 HCO_3^- • SO_4^{2-}-Na^+型水、Cl^- • SO_4^{2-}-Na^+（Ca^{2+}）型水、HCO_3^- • Cl^--Na^+（Ca^{2+}）型水和 SO_4^{2-} • Cl^--Na^+型水（图 10-2）。最高矿化度是 12667.9mg/L，最低矿化度是 45.5mg/L。从图 10-2 左下角的三角形中可以看出，在矿化度高的区域里，阳离子中几乎所有点均是 Na^++K^+含量最多，其次是 Ca^{2+}，阳离子含量最小的是 Mg^{2+}，在矿化度低的样点，阳离子的分布与矿化度高的样点基本相同，只有个别样点的 Mg^{2+}含量大于 Na^++K^+和 Ca^{2+}的含量，这同时也说明，额济纳旗富含钠盐；从图 10-2 右下角的三角形中可以看出，阴离子中，大部分矿化度较高的样点含 SO_4^{2-} 的浓度最大，其次是 Cl^-浓度，含量最小的是 $CO_3^{2-}+HCO_3^-$ 的浓度。而矿化度较低的样点，阴离子以 $CO_3^{2-}+HCO_3^-$ 占优势地位，其次是 Cl^-浓度，最小的是 SO_4^{2-} 的浓度，与矿化度高的样点离子含量比例正好相反。

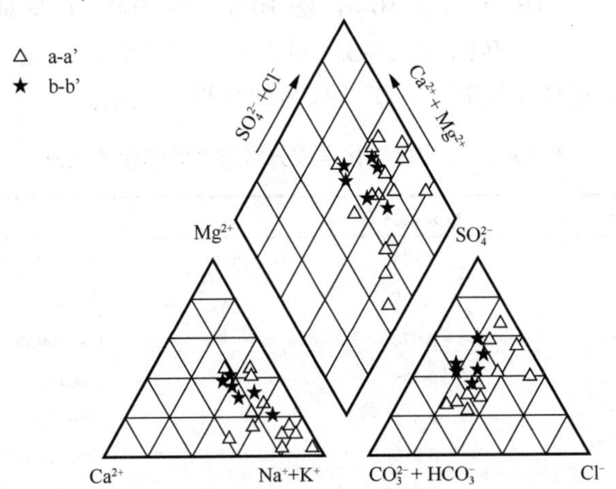

图 10-2 额济纳浅层地下水矿化度变化

a-a'，b-b'为取样剖面

（四）湖泊水化学变化

历史上黑河下游湖泊众多，古居延泽、东西居延海是最大的两个湖泊。古居延泽从古湖岸线量算，湖水面积曾达 800km^2 以上，于 600 年前干涸，额济纳河下游分两支，东支纳林河注入东居延海，西支穆林河尾闾为西居延海。史前时期，湖面很大，东、西居延海曾连为一体，面积达 1000 余平方千米，历史时期逐渐变干，于 20 世纪 60 年代初由于穆林河水断流而急剧干涸。随着入湖水量减少，湖水不断浓缩矿化，1979 年湖水矿化度平均为 7.434g/L。1980 年矿化度进一步升至 10g/L 以上，其盐化速度之快远远超过了新疆博斯腾湖，1980～1995 年矿化度平均每年升高 0.3g/L，1996 年 6 月湖水矿化度竟增至 34.5g/L。

第三节　水化学组成相关分析

一、矿化度与水化学成分之间的关系

地下水的矿化度是表征水文地球化学过程的重要参数，也是反映地下水径流条件的重要指标（闫琳，2000；王根绪和程国栋，1998；刘亚传，1992）。矿化度是地下水各组分浓度的总指标，地下水化学组分浓度的变化特别是常用组分浓度的变化，会引起矿化度的变化，因此它能很好地反映地下水中物质组分在总体上的分布特征和变化趋势（冯起和程国栋，1998）。为了揭示地下水化学组分的共生聚集关系，研究它们之间的成因联系，对矿化度与各组分之间用最小二乘法进行线性回归分析。最小二乘法的回归分析在水文分析中已经有很悠久的历史了，其主要用途是一方面可以用数学手段描述相关成分之间的关系，另一方面可以插补延长资料和利用水化学空间变化规律对未知地段的地下水化学特征做出预测。在研究区的第四纪浅层潜水（时代用代、纪、世；地层用界、系、统）。矿化度与组分之间的相关分析：两者呈线性相关关系的分别是 Cl^-、SO_4^{2-}、Ca^{2+}、Mg^{2+}、Na^+、K^+、HCO_3^-（表 10-6，图 10-3～图 10-8，自变量 X 为矿化度，因变量 Y 为各组分含量）。由表 10-6、图 10-3～图 10-8 可以看出，不论该区的阳离子还是阴离子都与矿化度的相关性比较好，与矿化度呈线性增长关系。

表 10-6　矿化度与化学成分含量之间的相关关系

序号	离子	相关系数 R	拟合方程
1	Cl^-	0.824	Y=0.150X+14.835
2	SO_4^{2-}	0.948	Y=0.449X−169.660
3	HCO_3^-	0.574	Y=0.096X+190.886
4	Ca^{2+}	0.725	Y=0.037X+18.037
5	Mg^{2+}	0.815	Y=0.058X−11.267
6	Na^+	0.919	Y=0.186X−1.257
7	K^+	0.523	Y=0.009X+0.273

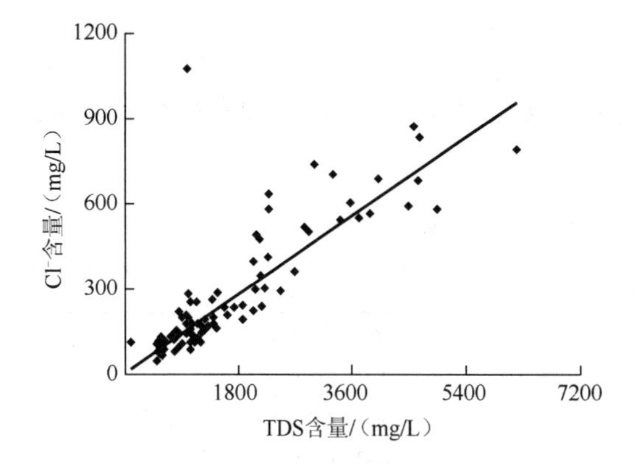

图 10-3　Cl^-与矿化度的拟合曲线

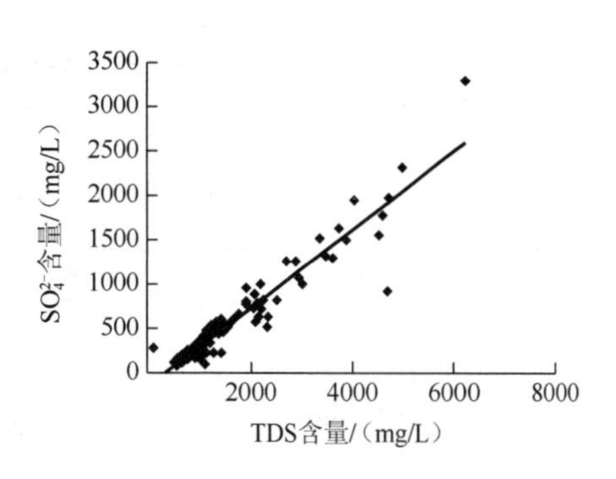

图 10-4　SO_4^{2-} 与矿化度的拟合曲线

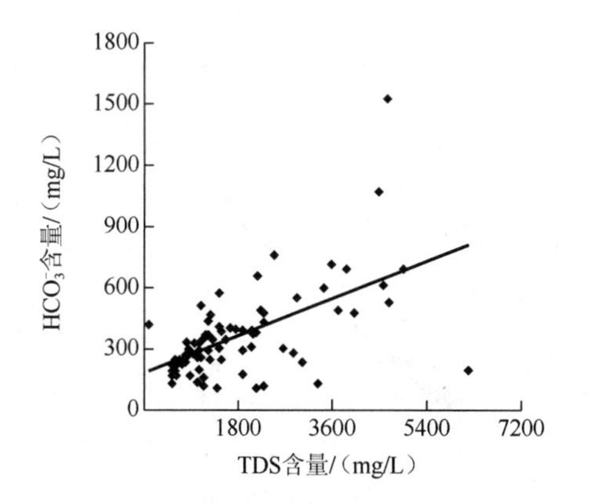

图 10-5　HCO_3^- 与矿化度的拟合曲线

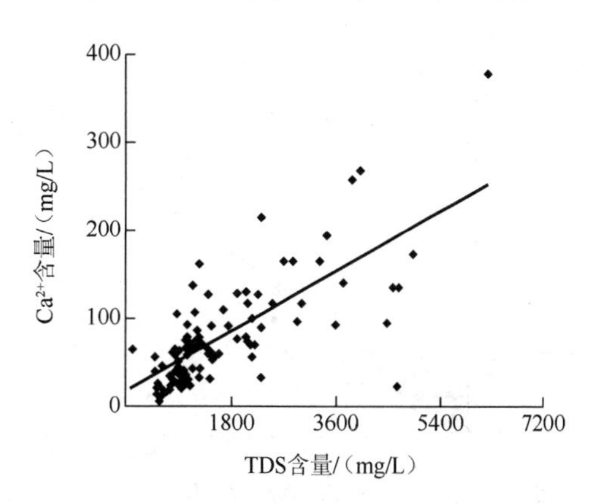

图 10-6　Ca^{2+}与矿化度的拟合曲线

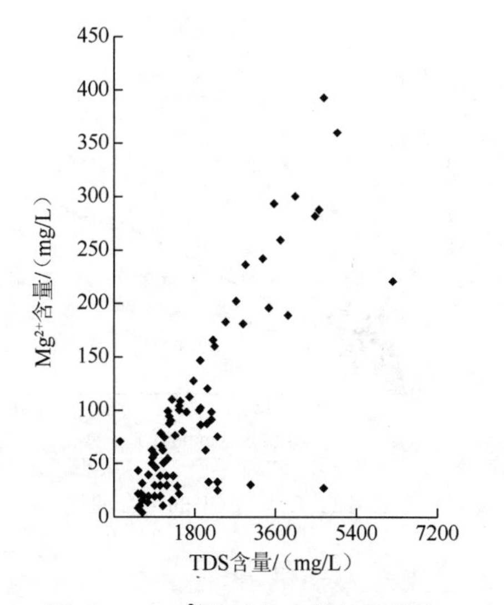

图 10-7　Mg^{2+}与矿化度的拟合曲线

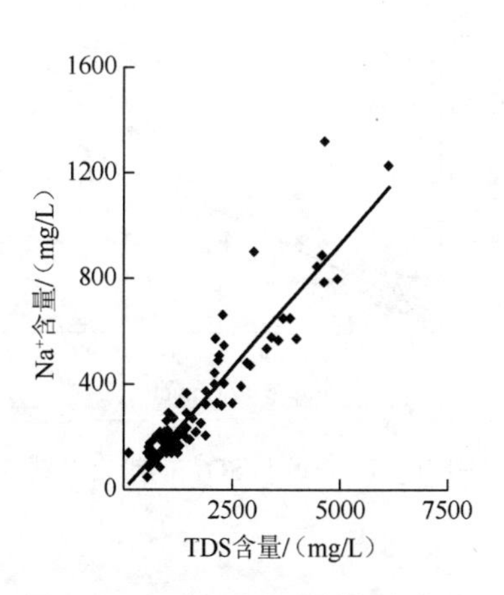

图 10-8　Na^+与矿化度的拟合曲线

二、水化学成分之间的关系

Na^+与SO_4^{2-}、Na^+与Cl^-、Ca^{2+}与SO_4^{2-}、Ca^{2+}与Cl^-、Mg^{2+}与SO_4^{2-}均呈线性相关关系，其拟合方程和拟合曲线见表 10-7、图 10-9～图 10-14。

表 10-7　化学成分含量之间的关系

序号	离子	相关系数 R	拟合方程
1	Na^+、SO_4^{2-}	0.783	$Na^+=0.839\ SO_4^{2-}+4.591$
2	Na^+、Cl^-	0.836	$Na^+=1.040027Cl^--1.103$
3	Ca^{2+}、SO_4^{2-}	0.699	$Ca^{2+}=0.191\ SO_4^{2-}+1.753$
4	Mg^{2+}、SO_4^{2-}	0.762	$Mg^{2+}=0.378\ SO_4^{2-}+0.1476$
5	Ca^{2+}、Cl^-	0.658	$Ca^{2+}=0.209Cl^-+0.394$

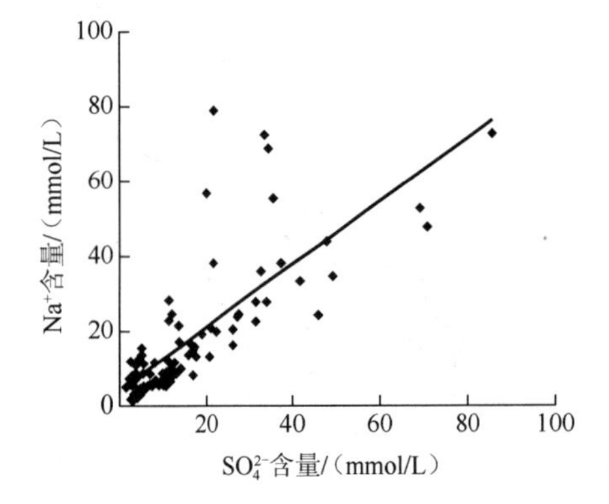

图 10-9　SO_4^{2-} 与 Na^+的拟合曲线

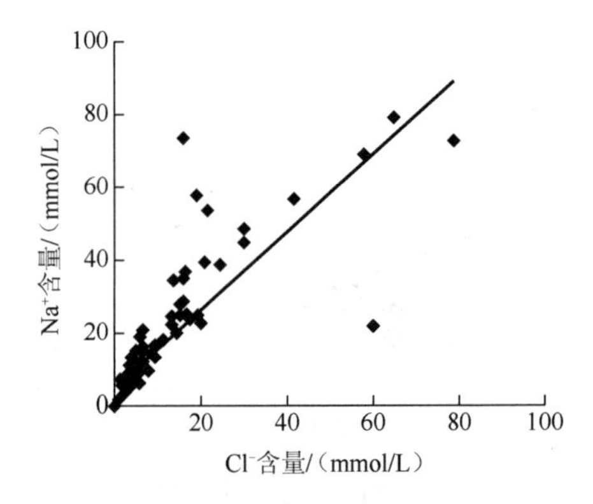

图 10-10　Na^+与 Cl^-的拟合曲线

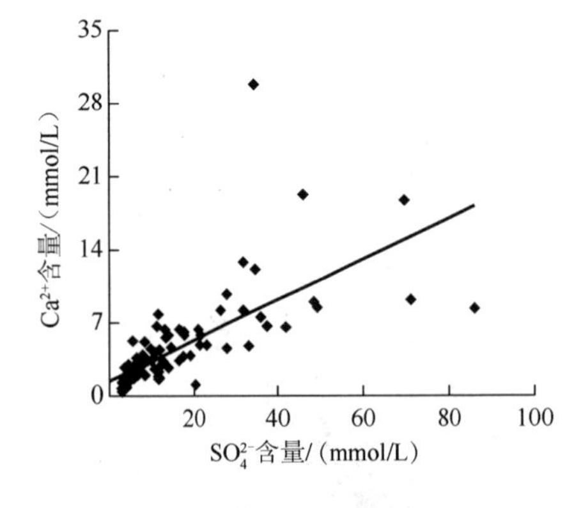

图 10-11　Ca^{2+}与 SO_4^{2-} 的拟合曲线

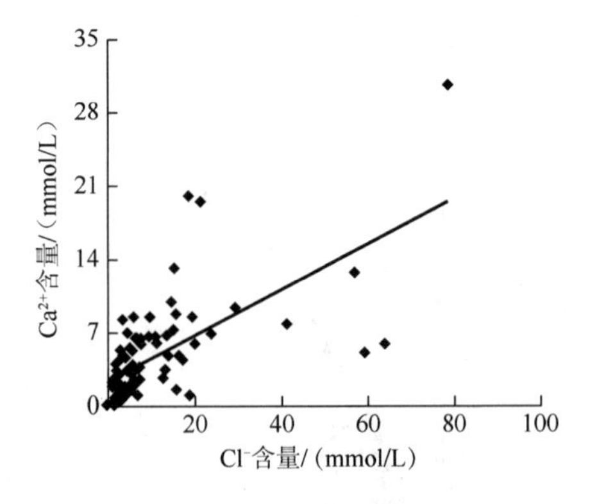

图 10-12　Ca^{2+}与 Cl^-的拟合曲线

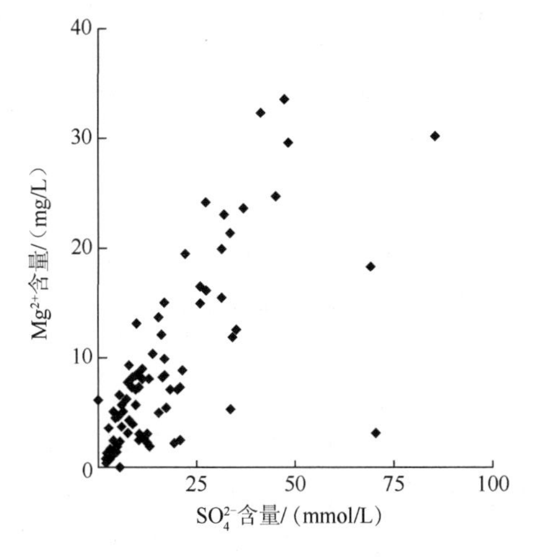

图 10-13　Mg^{2+}与SO_4^{2-}的拟合曲线

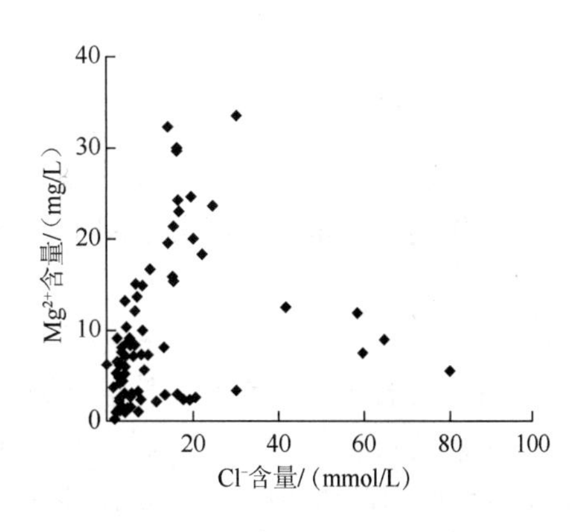

图 10-14　Mg^{2+}与Cl^-的拟合曲线

由图 10-9～图 10-14 和表 10-7 可以看出，Na^+与SO_4^{2-}、Na^+与Cl^-、Ca^{2+}与SO_4^{2-}、Ca^{2+}与Cl^-、Mg^{2+}与SO_4^{2-}呈明显的线性相关关系，并且相关系数均大于 0.65，只有Mg^{2+}和Cl^-的散点图呈扇状分布，呈非线性关系，但从图 10-14 中也可以看到，随着Cl^-的增大，Mg^{2+}也明显增加，即Mg^{2+}和Cl^-仍然呈正相关关系。

第四节　水化学的形成作用

水化学成分主要受含水沉积环境岩体的化学成分、水化学作用、径流条件和过程及后期等影响。

一、离子来源

黑河流域地层中的岩石主要由石膏、长石、石英、白云石和方解石等矿物组成，岩石中含有大量的可溶岩矿物，如石膏、盐岩和菱铁矿等，都对该流域水化学成分产生作用。

例如，黑河流域地下水中SO_4^{2-}的来源主要是石膏（$CaSO_4\cdot 2H_2O$）的溶解：

$$CaSO_4 \longrightarrow Ca^{2+} + SO_4^{2-} \tag{10-1}$$

HCO_3^-的来源是方解石（$CaCO_3$）的溶解：

$$CaCO_3 + CO_2 + H_2O \longrightarrow Ca(HCO_3)_2 \tag{10-2}$$

$$Ca(HCO_3)_2 \longrightarrow Ca^{2+} + HCO_3^- \tag{10-3}$$

Na^+来源于长石和食盐的分解，由图 10-10 可以看出，如果Na^+全部来源于食盐，那么Na^+和Cl^-应以 1∶1 增长，但是图 10-10 中明显看出，Na^+的增长速度大于Cl^-，说明还有其他物质的分解提供Na^+。研究区主要是沉积碎屑，富含斜长石（$NaAlSi_3O_8$），说明斜长石分解出一部分Na^+：

$$NaCl \longrightarrow Na^+ + Cl^-$$

$$NaAlSi_3O_8+(6/7)H^++(20/7)H_2O = (3/7)Na_{0.33}Al_{2.33}SiO_{3.67}O_{10}(OH)_2+(6/7)Na^++(10/7)Si(OH)_4$$

Mg^{2+}来源于白云岩［$CaMg(CO_3)_2$］的溶解：

$$CaMg(CO_3)_2 + Ca^{2+} \longrightarrow Mg^{2+} + CaCO_3 \qquad (10\text{-}4)$$

二、化学成分的形成作用

干旱区影响水化学成分形成过程的有溶滤作用、吸附交换作用和蒸发浓缩作用。在这些化学作用下，水的各组分之间不断产生新的化学平衡，形成新的组分。

（一）溶滤作用

溶滤是岩石的一种或若干种组分进入水的过程，它不破坏岩石的结晶格架，而只有一部分元素进入水中，是地下水与岩石及矿物相互作用的化学作用，是溶解的一个相对概念，溶解使造岩矿物和单矿物岩石晶格被水破坏。广义的溶滤作用包括溶解作用。为了叙述方便，本书将溶滤和溶解作用统称为溶滤作用。影响溶滤作用的因素如下。

（1）水溶液的性质及其中气体的含量：CO_2 在水中的大量存在会提高方解石、白云石的溶解度，从而增强水对陆源碎屑岩石的溶滤作用。

（2）岩性：不同的岩石所含的矿物（氯化物、硫酸盐、碳酸盐等）不同，因而它们遭到溶滤作用的程度也会有所差异。

（3）动力条件：地下水的水动力条件取决于地形与构造。在山区，地形切割强烈，地下水径流条件良好，岩石冲刷彻底（易溶盐大量淋失）易形成低矿化度的淡水，主要为重碳型水。在平原区，地形平坦，地下水径流条件差，流动缓慢，加上蒸发作用的影响，易造成高矿化度地下水的形成（溶滤不充分），易溶盐积累。

石盐（NaCl）是广泛存在于岩层中的单矿物岩石。由前面各离子组分相关性分析可知，Na^+、Cl^-相关性很高，相关系数是 0.836，据此可推测在研究区内，石盐溶解作用广泛存在，其方程式为

$$NaCl \longrightarrow Na^++Cl^- \qquad (10\text{-}5)$$

黑河流域方解石（$CaCO_3$）、白云岩［$CaMg(CO_3)_2$］也是分布较广泛的岩石。当大气降水在降落过程中吸收大气中的 CO_2 进入地下后，会吸收土壤中生物成因的 CO_2。这样大气降水变成地下水后，CO_2 在地下水中的大量存在，会提高方解石、白云岩的溶解度，增强岩石的溶滤作用，其反应方程为

$$CaCO_3+CO_2+H_2O \longrightarrow Ca(HCO_3)_2$$

$$Ca(HCO_3)_2 \longrightarrow Ca^{2+}+2HCO_3^-$$

$$CaMg(CO_3)_2+2CO_2+H_2O \longrightarrow Ca(HCO_3)_2+Mg(HCO_3)_2$$

$$Mg(HCO_3)_2 \longrightarrow Mg^{2+}+2HCO_3^- \qquad (10\text{-}6)$$

（二）交换吸附作用

岩土颗粒表面带有负电荷，能够吸附阳离子。在一定条件下，颗粒将吸附地下水中的一些阳离子，而将其原来吸附的阳离子转为地下水中的组分，这就是阳离子的交换吸

附作用。其影响因素如下。

（1）岩石的粒度：粒度越细，交换性能越强，如在黏土类岩石中，阳离子交替对水化学成分的影响更明显。

（2）交替阳离子的性质：阳离子的电价越高，越易被吸附。电价相同的阳离子，原子量越大，越易被吸附。按吸附能力，阳离子的顺序一般为：H^+＞Fe^{3+}＞Al＞Ba^{2+}＞Ca^{2+}＞Mg^{2+}＞K^+＞Na^+。浓度大的离子比浓度小的离子更易被吸附；pH 上升有利于交替吸附，pH 低时，阻碍吸附；H^+的吸附能力很强，它会阻碍阳离子进入吸附体。

岩盐和斜长石的不断融解，使水中 Na^+的含量不断增加，浓度增高，而 Na^+不易与某种阳离子达到饱和，随着 Na^+含量的增多，就会发生如下置换反应：

$$Ca^{2+}(ad)+2Na^+(aq) = 2Na^+(ad)+Ca^{2+}(aq) \tag{10-7}$$

自然界中单一成因的地下水难以找到，它们往往在循环过程中发生一系列的混合，从而导致其成分的变化。两种不同化学成分或矿化度的地下水相混合所形成的地下水，其化学成分与混合前的地下水有所不同，这种作用称为混合作用。混合作用的结果是产生新的水化学类型，改变水温、矿化度、硬度等。

黑河流域石膏（$CaSO_4 \cdot 2H_2O$）、白云岩［$CaMg(CO_3)_2$］的存在对地下水的化学类型产生较大的影响。其 SO_4^{2-}、Ca^{2+}主要来自石膏的分解，按照 $CaSO_4$ 分解反应方程，Ca^{2+}与 SO_4^{2-} 的摩尔比应接近 1∶1 增长。由图 10-15 可以看出，SO_4^{2-} 的增长速度明显高于 Ca^{2+}。而（$1/2Ca^{2+}+1/2\ Mg^{2+}$）与 SO_4^{2-} 的比例却比较接近于 1∶1。当富含 Ca^{2+}、SO_4^{2-} 的地下水运移到富含白云岩的地层时，它们之间的反应为复杂的混合作用，其方程式为

$$nCaSO_4 = nCa^{2+}+n\,SO_4^{2-} \tag{10-8}$$

$$mCaMg(CO_3)_2+mCa^{2+} = mMg^{2+}+mCaCO_3\downarrow \tag{10-9}$$

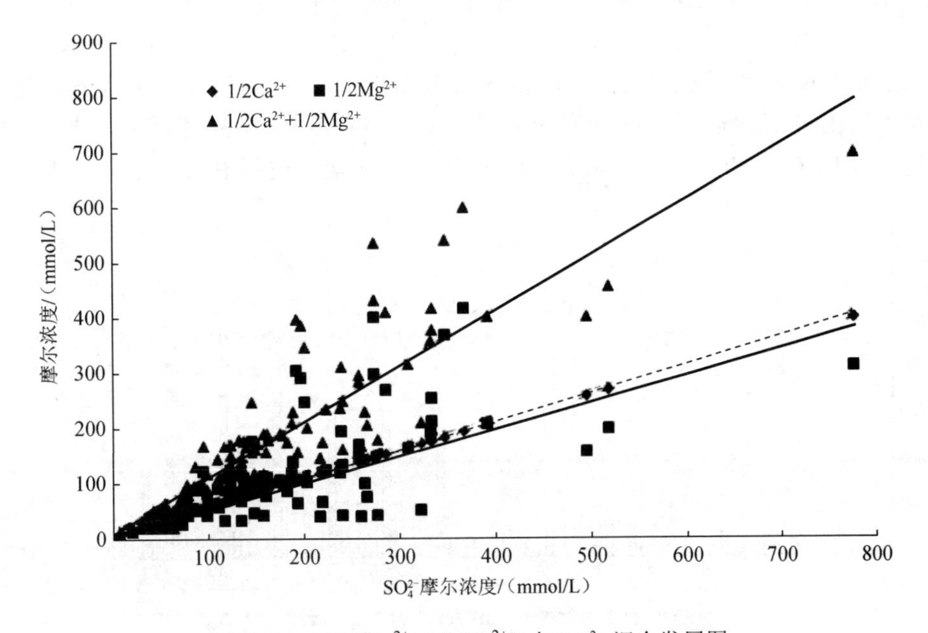

图 10-15　（$1/2Ca^{2+}+1/2\ Mg^{2+}$）与 SO_4^{2-} 混合发展图

相加：

$$nCaSO_4+mCaMg(CO_3)_2 = (n-m)Ca^{2+}+mMg^{2+}+mCaCO_3\downarrow+n SO_4^{2-} \qquad (10\text{-}10)$$

（三）蒸发浓缩作用

当水蒸发时，水中盐分含量不减，其浓度相对增大，这种作用称为浓缩作用。在干旱半干旱地区的平原和盆地中，地下水埋藏不深，蒸发量大大超过降水量，地下和地表径流差，水的主要排泄方式是蒸发。在水的蒸发浓缩过程中，随着水分的蒸发溶液逐渐浓缩，溶解固体总量增高；与此同时，溶解度较小的盐类在水中达到饱和而相继析出。因此，经过蒸发浓缩后，无论是地下水的总含盐量，还是含盐类型都将发生变化。伴随着水温变化，首先从水中沉淀出难溶于水的 $CaCO_3$、$MgCO_3$，之后沉淀 $CaSO_4$。因此，地下水在高度浓缩地区多形成氯化物水。

从 a-a’剖面柱状图 10-16 和图 10-17 可以看出，在取样点的下游，样点 1～4，阴离子以 HCO_3^- 为主，其次是 SO_4^{2-}、Cl^-，而阳离子以 Na^+为主，其矿化度一般小于 1000mg/L，水化学类型为 HCO_3^--Na^+，说明蒸发浓缩作用比较弱。其原因是在 a-a’剖面上下游取样点接近古日乃沼泽，受沼泽湖水的补给，地下水的蒸发浓缩作用比较微弱。随着纬度的升高，地表水补给量的减少，蒸发浓缩作用不断加强。从样点 5～14 可以明显地看出，HCO_3^- 的含量不断减少，而 SO_4^{2-} 的含量显著增大，Cl^-的含量也有所增大，阳离子中 Mg^{2+} 含量略有增加，但仍以 Na^+为主，其矿化度为 2000～5000mg/L，水化学类型为 SO_4^{2-}-Na^+。样点 15、16 及 17，由于受东居延海的影响，地下水的矿化度降低，HCO_3^- 的含量增加。a-a’剖面离河道较远，受河水的影响较少，基本上反映了干旱区内陆盆地典型的蒸发浓缩作用，其显著的特点就是 HCO_3^-、SO_4^{2-} 含量的变化，对于未经蒸发浓缩前为低矿化度的地下水，以 HCO_3^- 为主，居第二位的阴离子是 SO_4^{2-}，Cl^-的含量最小。随着蒸发作用的进行，溶液浓缩，HCO_3^- 的含量减少，SO_4^{2-} 上升为主要成分，形成硫酸盐水。而 b-b’剖面由于离河道较近，地下水受河道水的补给使得地下水不论在矿化度还是在水化学类型上都表现出与 a-a’剖面明显不同的特征。在 b-b’剖面各点矿化度都较低，水化学成分上阴离子以 HCO_3^-、SO_4^{2-} 为主，阳离子以 Na^+为主，在运移过程中均没有发生明显改变。

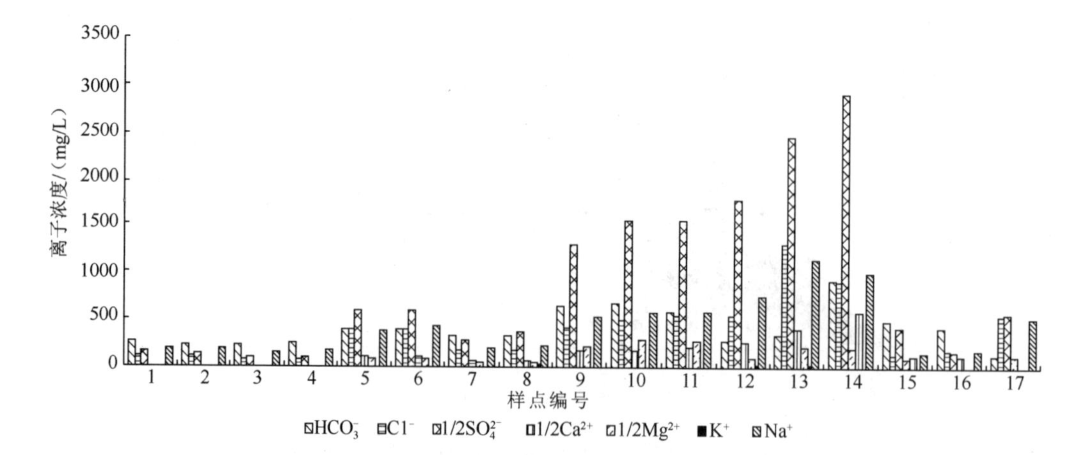

图 10-16　a-a’剖面各点浓度变化

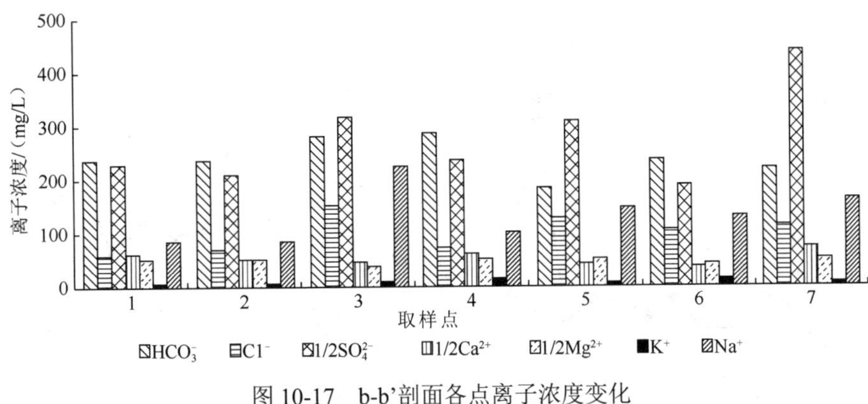

图 10-17 b-b'剖面各点离子浓度变化

由上述分析可以看出额济纳盆地地下水的总体特征，由于其深处内陆干旱区盆地内，降水稀少，蒸发强烈，地下水主要靠上游河水的补给。地下水水质的好坏取决于地表水资源状况。在离河道较近、地表水资源充分、地下水容易获得补给的地段，地下水水质通常较好。而在远离河道的地方，强烈的蒸发浓缩作用使地下水矿化度不断升高。因此，抑制额济纳旗地下水水质恶化的根本途径就是要保证有一定量的地表水进入盆地。

三、人类活动对流域水体的影响

（一）地下水水位下降

地下水水位动态是地下水资源量动态变化的直接反映。额济纳旗地下水补给主要靠河道渗漏及上游地下水径流补给，天然降水补给十分微弱。

额济纳旗地下水水位长期连续观测资料（1989～2001 年）统计结果如图 10-18～图 10-29 所示。狼心山（LXS）观测井除了 1#观测井在 1989～2001 年水位埋深上下波动起伏较为频繁、水位略有下降外，3#、4#及 5#观测井在 10 年来水位埋深较最初的 1989 年均有较为明显的下降，水位埋深普遍加深 0.5～2.5m；吉日嘎朗图（JRLT）各观测井 1989～2001 年地下水水位埋埋深均下将约 1m，并且四口观测井的水位变化幅度和趋势基本相同。策克（CK）6#观测井地下水水位下降也比较明显，几乎呈直线下降，2001 年的水位埋深比 1989 年下降约 1.5m，赛汉陶来（SHTL）13#、14#观测井和建国营 16#

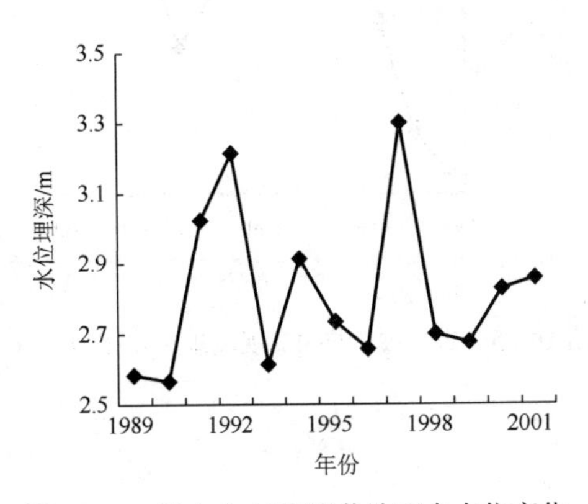

图 10-18 狼心山 1#观测井地下水水位变化

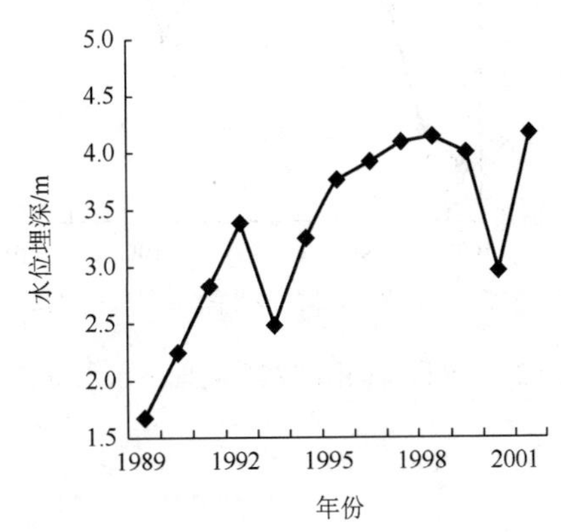

图 10-19 狼心山 3#观测井地下水水位变化

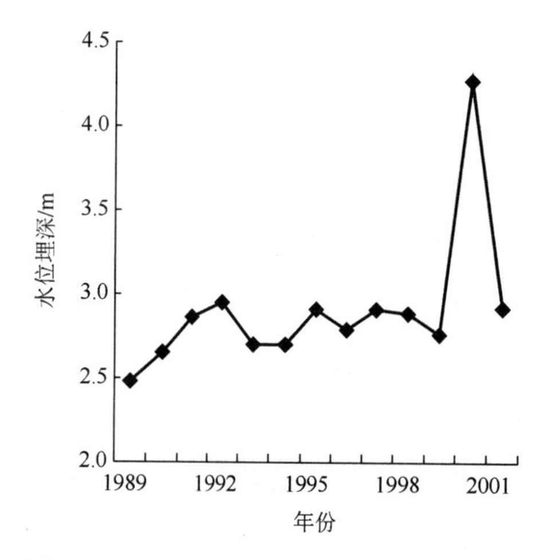

图 10-20　狼心山 4#观测井地下水水位变化

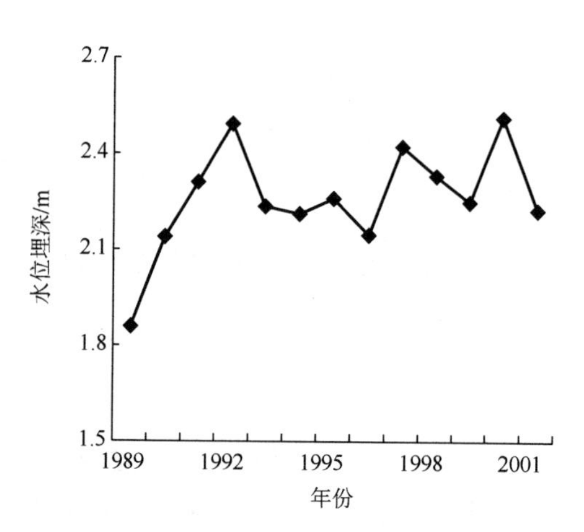

图 10-21　狼心山 5#观测井地下水水位变化

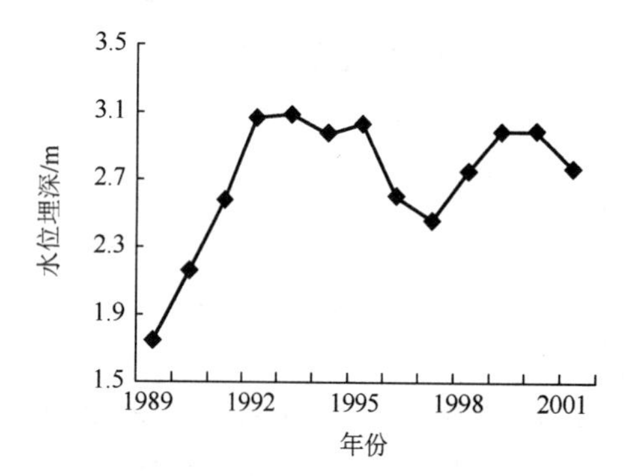

图 10-22　吉日嘎朗图 25#观测地下水水位变化

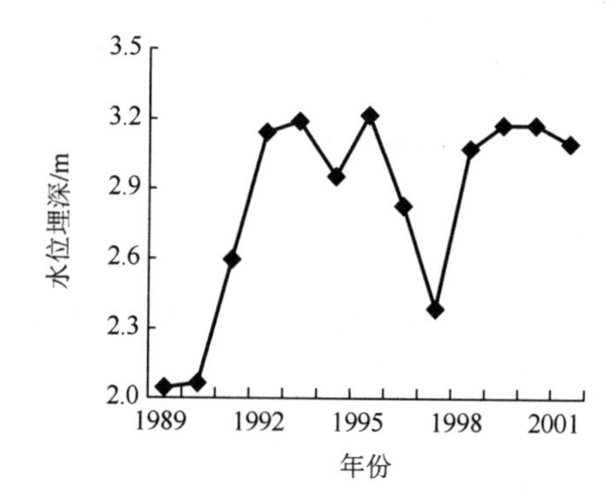

图 10-23　吉日嘎朗图 26#观测地下水水位变化

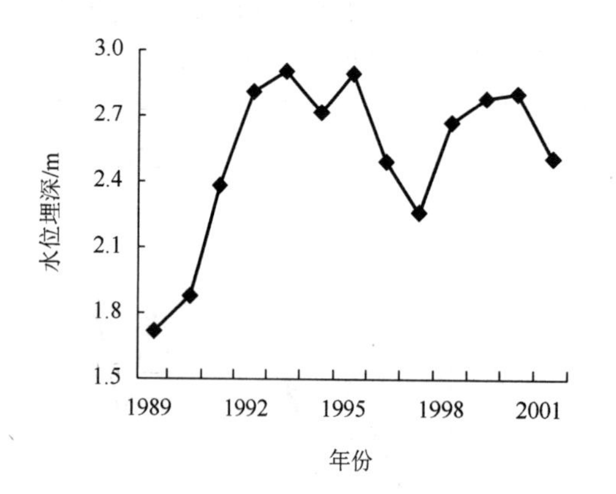

图 10-24　吉日嘎朗图 27#观测地下水水位变化

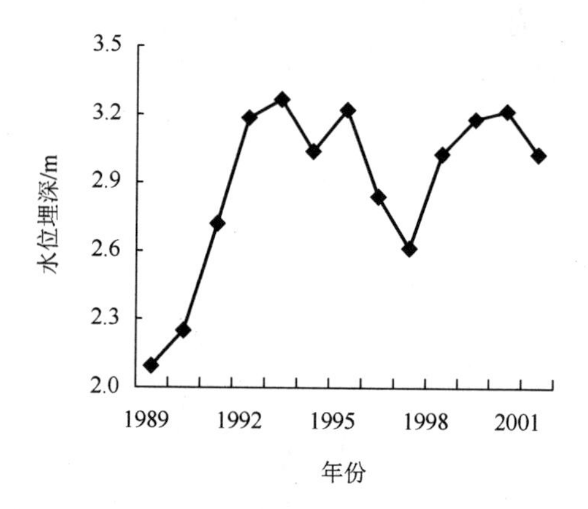

图 10-25　吉日嘎朗图 42#观测地下水水位变化

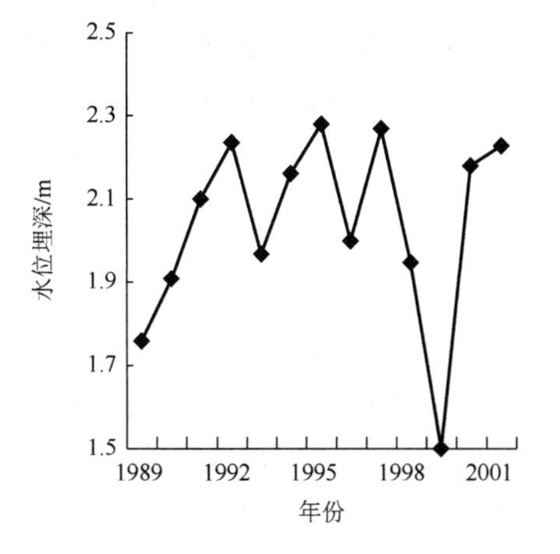

图 10-26　赛汉陶来 4#观测地下水水位变化

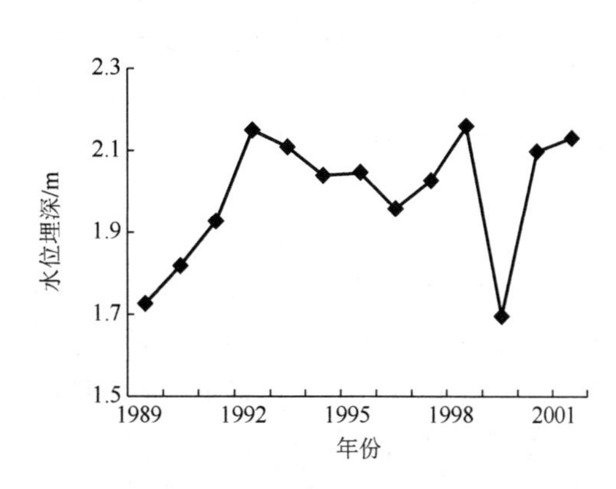

图 10-27　赛汉陶来 14#观测地下水水位变化

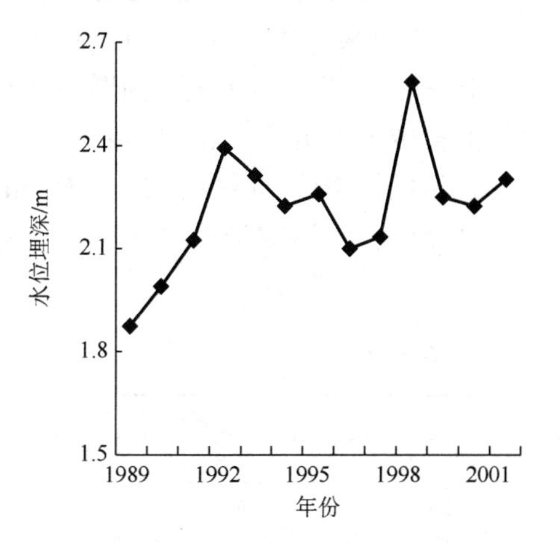

图 10-28　赛汉陶来 15#观测地下水水位变化

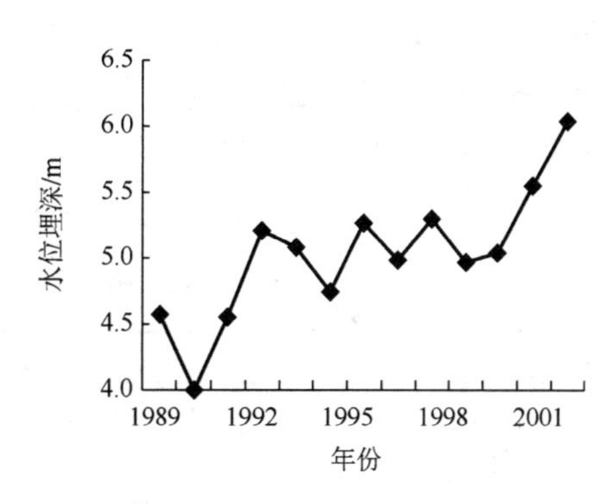

图 10-29　策克 6#观测地下水水位变化

观测井也有一定的上下波动，但幅度不大，赛汉陶来 15#观测井水位下降明显，总体来看，比 1989 年地下水水位下降约 0.5m。额济纳旗各观测井 1989～2001 年十几年来的地下水水位深度不断加深、水位不断下降，究其原因，除与区域气候变化有一定的关系外，很大程度上是由进入境内的作为地下水主要补给来源的黑河地表径流逐年锐减造成的。

地下水水位的下降造成水体浓缩矿化度升高，这是水环境变化的重要指标之一。1982 年黑河流域的水化学分布特征是：上游为 HCO_3^- - SO_4^{2-} -Ca^{2+}-Mg^{2+}型；中游正义峡的水化学类型是 SO_4^{2-} - HCO_3^- -Cl^--Mg^{2+}-Ca^{2+}；而到了下游，多为 SO_4^{2-} -Cl^--Na^+-Mg^{2+}型水和 SO_4- HCO_3^- -Cl^--Mg^{2+}型水。

（二）湖泊生态环境退化

黑河下游的居延海在 1960 年盛产白鱼、鲫鱼、草鱼等鱼类，并栖息有天鹅、鹳、水鸭等水禽，此时的湖水矿化度为2.3g/L。此后随着湖面不断缩小，湖水日益矿化，适应淡水的鲫鱼、白鱼、草鱼逐渐演替为适应咸水生境的大头鱼（裸鲤的一种）。1979年以后湖水矿化度一度在10g/L以上，不仅鲫鱼等淡水鱼已经不见，就连适应咸水生境的大头鱼也濒临灭绝。1982年东居延海湖面虽有所扩大，但全湖已经没有游鱼。东居延海的水生生态系统受到了毁灭性的破坏。

（三）植被生长严重衰退

植物对水分条件的反应极为敏感，20世纪50年代以前，河湖水量充沛，地下水埋藏浅，湖区主要分布依水而生的湿生植被系列。60年代以来，湖区上游来水减少，干旱化加强，土壤的盐分含量增加，植被种群减少。当土壤的含盐量超过2.0%时，植物不能正常生活或出现植株死亡（表10-8）。一般盐化湖盆以柽柳为主，沙化湖盆周围则以梭梭为主（Feng et al.，2001a）。黑河下游沿河以荒漠河岸林胡杨、沙枣为主，此外还有依地下水而生的多年生灌木、半灌木和多年生草本，这些植被广泛分布于额济纳冲积平原及湖盆中，是荒漠绿洲生态系统不可缺少的组成部分。近年来，由于湖水水位不断下降，东居延海原4m多高的芦苇现不足1m，随着湖水的退缩，芦苇分布也由湖滨向湖心退缩。由于水位和土壤含水量下降，湖滨依赖地下水生活的梭梭种子萌发受阻而难以更新，现有林木多为过熟林，加上过牧、滥伐等人为因素，额济纳旗梭梭林减少了2187万hm^2。沿河胡杨林、沙枣林、柽柳林呈现一片残败景象，居延海滨湖茂密的柽柳林也低矮枯黄，严重衰败。

表10-8　各植物耐盐极限的调查结果

植物名称	含盐量/%		植物生长发育状况
	0～40cm	40～60cm	
小叶杨	0.856	1.124	部分叶出现缺水的现象，生长缓慢，叶子卷曲，生长受抑制
新疆杨	1.356	1.380	
枸杞	1.490	1.823	
胡杨	1.685	1.634	
沙枣树	1.927	1.745	
红柳	1.956	1.805	
白刺	2.084	2.033	

由于水分条件的变化，土地出现旱化、盐化和沙化。黑河流域植被总的演替趋势是由湿生系列向盐生、沙生、旱生、超旱生系列演替。郁郁葱葱的绿洲景观逐步演变成沙丘连绵、植被低矮稀疏的荒漠景观。河流下游植被演替趋势大体分为以下两种：①湿生芦苇（*Phragmites communis*）→柽柳→超旱生红砂（*Reaumuria soongorica*）或芦苇（湿生）→盐角草（*Salicornia europaea*）；②芦苇→白茨（*Nitraria roborowskii*）、芦苇→梭梭、白茨、芦苇→梭梭、红砂→红砂。植被衰退使第一净生产力下降，并使天然植被防风固沙能力降低，导致土地沙漠化（Feng et al.，2002；Studyfzand，1999）。

（四）湖盆沙漠化

居延泽湖盆面积原为 882km^2，现湖水面积不足 2km^2，占古湖盆 99%以上的水面已完全干涸，湖盆中约 87.24km^2 被流沙所覆盖，其余大部分为盐漠。位于古居延泽周围古垦区 1870km^2 的土地上沙砾质戈壁占 22%，其余 78%被新月形沙丘、沙丘链、灌丛沙堆所占据，黑城附近的红柳沙堆高在 20～30m 或 30m 以上。

第十一章　流域尺度的生态水文

第一节　流域生态系统特点

我国西北干旱内陆河流域源出盆地周围的高大山地，流出山口后进入山前倾斜的广阔地带，穿越河流冲积平原形成绿洲，在下游形成内陆终端湖或消失于戈壁、沙漠之中，形成完整的内陆河流域生态系统；该系统以地表径流和地下径流为脉络，构成完整的生态功能单元（高前兆和李福兴，1990）。以黑河流域为例，干流水系全长 928km，出山口莺落峡以上为上游，河道长 313km，河道两岸山高谷深，河床陡峭，气候阴湿寒冷，植被较好，多年平均气温不足 2℃，年降水量为 350mm 左右，是黑河流域的产流区；莺落峡至正义峡为中游，河道长 204km，两岸地势平坦，光热资源充足，但干旱严重，年降水量仅 140mm，多年平均气温为 6～8℃，年日照时数长达 3000～4000h，年蒸发能力达 1410mm，人工绿洲面积较大，部分地区土地盐碱化严重，是黑河径流的主要利用区；正义峡以下为下游，河道长 411km，从正义峡下行 212km 至狼心山，在狼心山分水闸以下，分为东、西两河，分别注入东居延海（索果诺尔）、西居延海（嘎顺诺尔），除河流沿岸和额济纳绿洲区外，大部分为沙漠戈壁，年降水量只有 47mm，多年平均气温为 8～10℃，极端最低气温为–30℃，极端最高气温为 40℃，年日照时数为 3446h，年蒸发能力高达 2250mm，气候干燥，干旱指数达 47.5，属极端干旱区，风沙危害严重，是黑河径流的消失区。根据流域自然地理与人类开发程度，把黑河流域划分为南部山地亚系统、中部绿洲亚系统和北部绿洲外围的荒漠亚系统（图 11-1）。其中，山地亚系统面积约占 24.8%，绿洲亚系统仅占 5%，荒漠亚系统占 70.2%。组成流域的三大亚系统的主要特征如下。

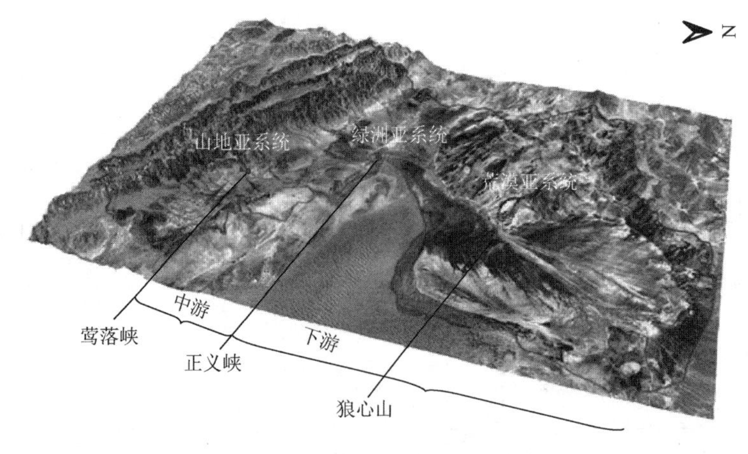

图 11-1　黑河流域及其生态系统组成

一、山地亚系统

上游山地系由祁连山北坡褶皱带组成，海拔多在4500m以上，最高峰位于西南部的祁连山主峰，高达5584m，高山四季严寒，终年积雪，降水多呈固态，冰川发育，冰川雪线高度为4550～4750m，冰舌末端可下伸到4100m。中山沟谷纵横，横向河谷宽阔，纵向河谷深切，气候凉爽，年降水量较多，可达350～500mm。下部为河谷切割的前山带，降水减少，海拔2000m处年降水量仅为200～250mm。山地亚系统受高山作用，热量有限，气候和植被呈明显的垂直分带，对山地水分循环影响较大。4200m以上为高山冰雪带，冰川可以储蓄降水，冰雪消融调节河川径流；3800～3200m为高山垫状草甸和灌丛草甸带，植被低矮稀疏，地形坡度大，对径流滞流影响不大，蒸发微弱，降水绝大部分转化为径流，产流系数可达0.6以上，流域地表降水的80%径流产生在这里，3200～2800m阴坡有云杉林呈片状分布，尽管蒸发蒸腾消耗部分水量，但降水丰富，对雨水和坡地径流起着涵养水源的作用；林带下为山地草原和荒漠草原带，植被低矮，表土疏松，吸水性能强，遇暴雨和强度较大的降雨，汇流迅速，侵蚀严重。展宽的河谷沉积有巨厚的砾石层，河谷和山间盆地地下水也起着调蓄河川径流作用。因此，山地亚系统不仅对流域径流形成和水源涵养起着重要作用，而且对整个流域生态平衡起着稳定水源的作用。黑河流域中、下游周围山地，除龙首山顶部为山地草原景观外，其余山地地形相对降低，降水较少，气候干燥，均为山地荒漠景观。

在山地亚系统中，现今仅在祁连山黑河谷地中，因水、热、土地条件稍好，开垦有小片耕地和灌溉草场，占山地面积的0.5%，其余大部分地区仍属自然状态，林草生长依靠天然降水满足。

二、绿洲亚系统

绿洲亚系统主要分布在山前河滩冲积扇、河流两岸阶地、下游冲积平原和干三角洲，以及湖盆里的地下水浅埋藏地带。按照人类活动的强度，绿洲亚系统可分为人工绿洲和天然绿洲。

河西走廊的甘州、临泽、高台、民乐、山丹、肃州和金塔、鼎新绿洲有悠久的开发历史，经过长期改造，特别是中华人民共和国成立以来的灌溉渠网、林网和农田建设，使这些绿洲成为大片稳定的人工灌溉绿洲；其他零星分布在中、小河流山前洪积-冲积扇中部和湖泊低洼地的小块绿洲，靠河水和井泉水灌溉，形成人工绿洲。在绿洲里，水网、林网和条田相互交错，构成绿洲生态系统。绿洲内道路网密布、居民点林立，人口密度高达 50～60 人/km^2，工业、交通发达，文化繁荣，土地生产力高出荒漠几倍或几百倍。这些绿洲犹如颗颗明珠镶嵌在荒漠中，是人为改造自然环境的成果，体现了流域水资源开发利用经济效益和生态效益的统一，但其发展规模受水资源条件的限制。

天然绿洲主要分布在流域下游古日乃湖盆地、额济纳河两岸和东西居延海周围，生长着成片成带的天然荒漠河岸林，乔灌木树种有胡杨、沙枣、红柳、梭梭等，草甸植被有苦豆子、甘草等，以及喜水禾本科芦苇、芨芨草等。尽管下游两岸三角洲上也经过了人工改造，如在下游分汊河道处修建了控制水量的水闸，挖掘了一些灌溉渠道和机井，进行灌溉草场土坝围埂等牧区水利建设，采用围栏封育草场和人工造林、灭草灭虫等人工措施，但绿洲里植被受天然来水和地下水水位波动的影响较深。此外，人工种植的农田和林地占天然绿洲的比例较低，而且已有水利工程难以控制绿洲的稳定，流域上、中游的水利工程还不能保障下游的供水，因此基本上仍处于天然绿洲状态。这些天然绿洲的生存和发展完全依赖于黑河水的补给和滋养。目前，天然绿洲是下游地区人畜赖以生存的基地，尽管人口密度不大，经济效益较低，但在周围地区有丰富的矿产资源待开发，仍是我国荒漠地区发展牧业有一定潜力的地区。一旦失去水源，植被破坏，土地将很快沦为沙漠，下游的沙漠化也必然威胁中游的绿洲的生存，因此尽管下游天然绿洲所占流域面积不大，但对整个流域的生态平衡却有着举足轻重的作用。

三、荒漠亚系统

荒漠亚系统占据平原绝大部分地区，黑河下游伸入巴丹吉林沙漠和马鬃山、北山及中蒙边境的戈壁。受温带大陆性干旱气候控制，下游地区属阿拉善荒漠的一部分，这里降水量仅为50～100mm，相应的潜在蒸发量为2500～4500mm，造成该地区水分极端缺乏；中游河西走廊界于阿拉善荒漠和祁连山地荒漠草原之间，也具有干旱荒漠的特征，年降水量从山前250mm降到北山一带为100mm，潜在年蒸发量为1800～2500mm，水分也很缺乏。在这个系统里，干旱缺水成为植物生长的主导限制因素，导致植被稀疏，生物量低下，土地生产受到限制。这里水热平衡失调，地表物质受强力风蚀和堆积，甚至出现裸露的戈壁或流动沙丘，属生产力低下的荒漠生态系统。

荒漠中蒸发强烈，土壤水分的向上运动远远超过向下运动，使土壤中盐分积聚在地表直接影响土地生产力，在低洼积水处，常造成碱滩和盐沼。平原大部分地区却因水分不足，地下水水位又深，风沙、旱灾频频发生。在荒漠中，有降水和地下水维持着植物生长的自然生态平衡，随气候变化和人类活动的干扰及水分条件的变劣，植被急剧退化，沙漠化现象将会发生。

在我国西北内陆河地区，在极端干旱的塔里木盆地，由源于喀喇昆仑山、昆仑山、天山、帕米尔高原和阿尔金山的叶尔羌河、和田河、阿克苏河、喀什噶尔河、渭干河、克里雅河、迪那河、开都河-孔雀河和车尔臣河九大源流水系，围绕着塔克拉玛干沙漠向心汇集于盆地，形成塔里木河干流，最后流经其下游的绿色走廊，注入台特玛湖，进入罗布泊，构成完整的塔里木河流域水系统。位于天山东段南部的吐鲁番盆地（包括鄯善、托克逊盆地）和哈密盆地小河区，准噶尔盆地北部源于阿尔泰山东端的乌伦古河，南部水流源于天山并汇集于古尔班通古特沙漠的艾比湖、玛纳斯河、呼图壁河、乌鲁木齐河等，以及天山北坡东段的中小河流流域，源于天山西坡并流入哈萨克斯坦的伊犁河和源于准噶尔界山向西流的额敏河等流域，柴达木盆地发源于祁连山南坡哈尔腾河、塔塔棱河、巴音河等与昆仑山北坡的格尔木河、诺木洪河等中小河流域、茶卡-沙珠玉等小型盆地小河，并有位于3000m以上属高原半干旱气候的青海湖流域，以及位于温带半干旱气候内蒙古东部高原的数十条内陆河流域等，在东部的黄河源自青藏高原出流，上游河道曲折行经黄土高原，形成纵贯4个纬度的“S”形大转弯，再进入内蒙古高原，干流沿途汇集118条大小支流，流经西宁、兰州、银川、包头和呼和浩特，并经毛乌素沙地及乌兰布和沙漠、库不齐沙漠，至内蒙古鄂尔多斯高原南部，从陕西和山西交界处流入黄河中游，最后汇入渤海湾；位于北疆北端源于阿尔泰山的额尔齐斯河，经哈萨克斯坦流经俄罗斯进入北冰洋。尽管区域气候有较大差异，但在水源形成、沿途径流利用及流经的荒漠地带，都与祁连山北坡黑河流域、石羊河流域和疏勒河流域的水系统相似，从河源山地到尾闾盆地平原，陆地生态可以归类为由景观显明不同的山地亚系统、绿洲亚系统和荒漠亚系统组成。

按照河流水系大小可以将河流分为大中型河流或湖泊流域和小型盆地河流流域，总数可达上百条。一个个河源的山地亚系统构成了我国西北独具特色的盆地周围的高大山地生态系统，不仅以水塔为干旱内陆盆地提供水源，而且形成寒冷的冰雪环境和阴湿的山坡生物资源库，高山冰川积雪广布与山坡森林、草地相映；由一个个地表径流和地下径流组成的河流流域的荒漠亚系统，与无流区组合成为宽阔盆地平原荒漠生态系统，总体上组成了这个区域以干旱气候为主的景观，沙漠、戈壁、盐沼成为其独特的景色；在荒漠与山地之间由一个个河流和湖泊形成的绿洲亚系统相连，造就了与荒漠相对应的更有生命气息的绿洲生态系统。尽管其面积不到西北内陆河区总面积的10%，但绿色环境与城市、村镇、农业、林业、牧业和工业的发展造就了人类生存繁衍之地。

与其他区域相比，我国干旱内陆区水循环和水资源形成与消耗特征比较独特，主要表现在无地表径流和地下径流与大洋相通，每一个流域都有径流形成区和耗散区，水资源形成与消耗利用互相分离。以河流为纽带，连接山区和盆地平原，以水循环为主体，并与生物、生态系统紧密相连，构成一个个独立而完整的内陆水分局地循环系统（加帕尔·买合皮尔和 A.A.图尔苏诺夫，1996）。水资源的时空分布明显不均匀，地表水与地下水同源于山区，相互转化频繁。水资源从大气降水补给，并以冰川、积雪、地下水、湖泊及河流地表径流等多种形式存在，因此无论在该区陆地水循环中，还是在任何生态系统里，水资源受全球气候变化的影响敏感，特别是盆地平原还遭受到人类活动的干扰和影响，并留有明显的印记。

第二节　山地生态系统的径流形成

我国西北内陆河区高大山系和宽广的盆地相间并存，使水文气象条件上不仅存在水平地带性差异，而且还有明显的垂直地带规律。特别是在干旱区周围和内部，矗立着像阿尔泰山、天山、祁连山、昆仑山、阿尔金山、贺兰山、六盘山、阴山等高大山体，它们一方面阻挡了水汽深入，造成了平原干旱沙漠地区的干燥气候；另一方面也拦截了气流中的湿气，承受着较多的降水，为干旱区河川径流提供了有利条件。

山地生态系统具有明显的垂直地带规律性，在气候相对湿润、降水量较多的祁连山北坡的东部、天山的北坡和阿尔泰山、六盘山等中山带等都有森林发育，植被生态的带谱较为完整。而干旱少雨的祁连山西段的北坡、天山南坡、阿尔金山北坡、塔里木盆地和柴达木盆地的昆仑山北坡等，荒漠化特征非常明显，荒漠已经侵入海拔1100～2700m的山坡，往往缺乏中山森林带，垂直带谱就不完整（陈隆亨和曲耀光，1992）。

根据山地生态系统特点，基本可将山地生态系统分为山地森林、山地草原和高山冰川积雪与草甸植被三大类次级生态系统。现以祁连山北坡为例扩展到整个西北内陆区，对各分类系统与水源关系分析如下。

一、山地森林生态系统涵养调蓄水源

山地森林生态系统是山地生态系统中最重要的类型，在祁连山北坡东段，主要分布在 2600～3600m，以青海云杉为主的寒温性针叶林和灌丛（杜鹃）草甸，可分为森林草原带、森林草甸草原带和亚高山灌丛草甸带。其中，森林草原带海拔为 2600～3200m，森林草原草甸带海拔为3200～3400m，亚高山灌丛草甸带分布在3400～3600m。在2800m以下的一些阴坡和沟谷中，有少量的山杨组成的阔叶林。该带的降水量比较丰富，一般可达 400～600mm，可以形成部分地表径流。但由于土壤非常松软，渗透性强，地表径流很快入渗地下，河川径流量以地下补给为主，特别是在亚高山灌丛带，降水量可达 600～700mm，水分条件优越，无论在阴坡还是阳坡，都被繁茂的金露梅、鬼箭锦鸡儿、山柳和杜鹃组成的亚高山灌丛及由蒿草早熟禾组成的高山草甸覆盖。在祁连山中段，山地森林分布在海拔 2800～3200m，到讨赖河山区，乔木林已成稀疏分布；高山灌丛草甸带升到 3200～3800m，在阳坡有零星祁连圆柏分布；高山灌丛草甸以金露梅、银露梅为主，但在干旱少雨的祁连山西段和阿尔金山东段，受水分条件限制，乔木森林已缺失，灌丛草甸已上升到 3600～4000m，降水量仅有 200mm 左右，发育亚高山灌丛草甸土，主要植物为金露梅等。在亚高山带土层较薄且有冻土分布，因此径流特别发育，是内陆河水源的重要补给区。

根据河西走廊石羊河水系西营河山区流域水文特征分析，山区陆面蒸发最大在森林草原和森林草甸草原带，降水量约为 576mm；平均蒸发量可达 460mm，径流系数约为 0.20，径流深为 115mm，而亚高山灌丛草甸带降水量为 660mm，蒸发量仅为 275mm，径流系数可达 0.58，径流深可达 380mm。西营河山区水分、热量组合条件适合森林、灌木林发育，而森林生长又较多地消耗了水分缘故，尽管森林带在径流形成区面积占一半以上，但所形成的径流不到总径流的 1/4；面积不到 1/3 的灌丛草甸带，包括高山冰雪寒冻带，产流量却达到出山径流总量的 3/4。由此可见，干旱内陆河流域径流形成区集中分布在海拔超过 3400m 以上的亚高山和高山地区，成为内陆区的“水塔”，其在稳定山地生态系统、涵养水源、调节径流、保护生物多样性等方面具有重要的作用，被誉为干旱内陆区的绿色水库，起着以绿色生态屏障的绿龙护驾水源青龙，对抗沙漠黄龙的生态作用。

二、山地草原生态系统水土保持

山地草地生态系统受到水分条件和热量条件的限制，在林带以下发育山地干草原，海拔为 2300～2600m，1900～2300m 为荒漠草原。这里年降水量为 200～400mm，蒸发强烈、土壤干燥、植被相对稀疏，主要植物为短化针茅、本氏针茅、醉马草等，发育着山地灰钙土和山地栗钙土。这里地表径流不发育，蒸发量约占降水量的 90%，但由于集水面积较大，暴雨径流对河流径流形成有一定作用，产水量占 2%～5%。

在祁连山中段，山地干草原带分布在 2300～2800m，草原化荒漠带分布在 2000～2300m，而到祁连山西段和阿尔金山东段，山地草原已上升到 2900～3600m，植物以针茅、紫花针茅为主，尽管因海拔高而蒸发微弱，但是由于降水减少，径流并不发育。在新疆，山地草原主要分布在阿尔泰山、天山、阿尔金山、昆仑山、喀喇昆仑山山区，面积达 1700 万 hm^2。这些山地草原在涵养水源上尽管不能与森林和灌丛相比（如云杉林枯落叶与土壤层可涵养水源 $1600m^3/hm^2$，而灌木丛仅有 1130 m^3/hm^2，草地大为减少，不到 $500m^3/hm^2$，而且差别很大。在退化草场，因植被稀疏，地表紧实，土层结构差，又无枯枝落叶层，表层渗水速度只有 0.4～1.4mm/min，仅为林内的 1/200，每逢中雨和大雨，迅速产生地表径流，形成坡面土壤侵蚀，水土流失十分严重，其水源涵养能力低下）。但是山地草场面积远大于森林面积，因此仍有巨大的涵养水源的能力，而且在山区起到防治水土流失，增加饲草资源，保护生物多样性和维护生态平衡的重要作用。

山地草原生态系统不仅分布面广、量大，而且对区域生态景观有着特殊的作用，因此也是山区流域重要的生态系统。尽管其对内陆河产流量的贡献不大，但对固土保水、防治水土流失的作用很大，也是山地放牧的主要草场活动区，同样在涵养水源、调节气候、保护生物多样性等方面发挥着重要的作用。

三、高山冰川积雪与草甸植被生态系统产生冰雪融水径流

在祁连山东段，由高山垫状植被带与高山冰雪寒冻带组成的生态系统称为高山冰雪生态系统，前者海拔为 3900～4200m，后者海拔在 4200m 以上。祁连山东段降水量可达 700mm 以上，雪线高度为 4400m，雪线以下地区径流最为丰富，是河流水源的重要补给区之一。该自然带主要发育高山寒漠土、冰川和永久积雪，在冰川覆盖区下伏永久冻土。祁连山中段的黑河流域山脊线在 4500m 以上，最高峰为祁连山主峰，海拔为 5584m，高山垫状植被可分布到 4000～4500m，分布有冰川 1078 条，面积为 $420.55km^2$，冰舌末端可延伸到 3860m，雪线高度自东向西升高，为 4500～4750m，平均单个冰川面积在黑河干流上仅 $0.30km^2$，到西部北大河达 $0.45km^2$，冰川融水量可占到出山径流的 12%～30%；在祁连山西段和阿尔金山东段，高山垫状植被分布在 4000～4500m，冰雪寒冻带上升到 4500m 以上，分布有冰川 975 条，面积为 $849.38km^2$，平均冰川面积达 $0.92km^2$，雪线高度上升到 4800m，冰舌末端在 4260～4610m。在石羊河流域，山区主要位于东段冷龙岭北坡，最高峰为 5254.5m，20 世纪 80 年代初有冰川 141 条，冰川面积为 $64.84km^2$，冰川个体面积较小，平均仅为 $0.46km^2$，石羊河水系冰川融水补给河水占出山径流的 2%～10%。疏勒河是河西内陆水系中冰川数量最多和规模最大的河流，超过 $10km^2$ 的冰川在疏勒河就有 8 条，最大的冰川面积为 $21.91km^2$，冰川融水量的 80%产自祁连山西段，河流出山径流有 18%～39%来自于高山冰川的融水。

根据 20 世纪 70 年代和 80 年代中期代表性冰川考察和半定位研究（施雅风，2005）获得的冰川变化资料发现，80 年代中期冰川退缩较 70 年代中期有所减缓。祁连山中段、西段冰川冰面增厚，而东段冰川仍处于强烈退缩阶段，但其幅度有所减缓，可能是 60 年代以来降温和降水量增多在冰川上的反映。但自 80 年代末期以来，随着全球气候变暖，冰川退缩加剧，根据河西内陆水系河源冰川分级统计，1956～1990 年 3 个主要流域冰川面积共减少了 $116.21km^2$，冰川储量减少了 $5.0km^3$，分别占到 1956 年冰川面积和冰储量的 10.2%和 8.9%，其中以北大河流域的冰川变化幅度最大，这与该流域冰川规模较

小有关。自 90 年代以来，冰川随温度升高仍处在强烈退缩状态。随着冰川的强烈退缩，冰川融水量增加，特别是祁连山西段的疏勒河和党河出山径流在 1990～2005 年一直处于上升阶段，而东部的石羊河各水系由于冰川面积较小，部分河源小冰川的冰川退缩和减薄明显，有的已消失，已造成对河流的调节功能减弱，受蒸发等综合影响，出山径流呈减少趋势。

柴达木盆地内流水系位于青藏高原东北部封闭断陷盆地内，由源自南部的鄂拉山、东昆仑山、阿尔金山的河流和北部的祁连山南部山地河流组成，还包括祁连山南部的青海湖和哈拉湖。柴达木盆地基底海拔为 2675m，周边山地均为 4000m 以上，南部最高峰海拔为 6860m，北部最高峰为 5352m，河源分布有冰川 1581 条，面积为 1865.05km^2，冰储量为 128.66km^2，冰川平均面积达 1.18km^2，大于 10km^2 的冰川有 19 条，南部山区冰川多于北部，南部冰川雪线高度为 4860～5760m，冰舌末端在 4480m；北部雪线要低 260～660m，最低冰舌末端相差不大。河源高山冰雪与草甸生态系统具有青藏高原的特色，在气候变暖影响下，永久冻土带上移，冰川也普遍处于退缩状态，冰川融水量有所增加，但高山降水量相对较少，南部东昆仑山仅 350～400mm，北部祁连山为 300～350mm，冰川融水在出山口河水补给比例不高，仅 13.3%～29.7%，但在祁连山南部西侧的塔塔凌河和鱼卡河可达 35%～40%。

吐-哈盆地内流区位于我国内陆最低的山间盆地，南部为库鲁克塔格山，最低处低于海平面 155m，也是我国降水量最少的极端干旱区。托克逊年降水量仅 6.7mm，而吐鲁番盆地是全国最热的地方，极端最高气温达 48.1℃，这里河流多源于东天山博格达山、巴里坤山和哈尔里克山南坡，均为短小河流，长度一般为 30～40km，最长不过 50km，河源高山区发育冰川 446 条，面积为 253.73km^2，冰川平均面积仅 0.57km^2，冰储量为 12.63km^3，折合储水量为 107.4 亿 m^3，最大冰川为 10.27km^2，长 7.4km；该区冰川最高到海拔 5540m，冰川末端在 3330m，冰川分布特点数量少、规模小，长度小于 1km 的冰川条数占 70%，面积小于 1km^2 的冰川占 86.6%。尽管在气候变暖影响下部分小型冰川已经消失，河源冰川融水量有所减少，但这里河源高山冰雪与草甸生态系统对区域生态和河流水源稳定有着重要作用，每年产生的冰雪融水，经过当地劳动人民开凿坎儿井淘出清澈渠水，灌溉着由沙地变为盆地内的块块绿洲，成为飘香全国的吐鲁番葡萄和哈密瓜的故乡。

塔里木内流水系由南部 4 座 8000m 和 15 座 7000m 以上的昆仑山和喀喇昆仑山、西部 2 座 7500m 以上的帕米尔高原和北部 40 余座 6000m 以上的天山山脉所环绕，并由源自境外的阿克苏河、叶尔羌河和喀什噶尔河，并与塔里木盆地里九大水系呈向心状汇入塔里木河。周围的高大山峰众多（如喀喇昆仑山的乔戈里峰为 8611m，帕米尔高原的公格尔山为 7649m，天山的托木尔峰为 7435mm，海拔 4000m 以上终年积雪，南伊内里切克冰川就位于中天山和托木尔-汗腾格里峰区，面积为 567.2km^2，长 63.5km），高大的山峰给冰川发育提供了广阔的空间和有利的水热条件。由于在塔里木南部高山区降水较少，仅 300～400mm，西部也仅 400～500mm，而北部天山的降水较多，可达 500～700mm，雪线高度由天山南坡的 3850～4400m，上升到帕米尔高原的 4280～4910m，到喀喇昆仑山的 4790～6010m，至昆仑山和田河河源最高，达到 4780～6260m，向东的车尔臣河源降到 4820～5640m；高山垫状植被在天山南坡可上升到海拔 4000～4500m，昆仑山北坡约为 4000m，这些给分布在 3000m 以上的高山冰雪与草甸植被生态系统提供了有利的条件。在塔里木河流域，河流源头有冰川 1913 条（境外 2248 条），冰川面积为 24174.89km^2（4297.24km^2），冰储量 2712.66km^3（399.37km^3），冰川平均面积高达 1.70km^2，属全国冰川数量最多和规模最大的水系。尽管高山区积雪量不大，但冰川融水量在高山冰雪与草甸植被生态系统里成为主要贡献水源，1956～2000 年塔里木盆地高山区气温升高，降水增加，冰川普遍处于退缩中，冰川强烈退缩和加速消融，塔里木内流水系冰川融水量在 1960～1980 年平均占河川径流总量的 40%以上，其中叶尔羌河、玉龙喀什河和昆马里克河等河源，冰川面积较多而个体也大，冰川融水量占出山径流量的 50%～80%，自全球气候变暖以来，冰川融水量一直处于增加状态，预计 21 世纪上半叶冰川融水量仍将处于增加状态。

准噶尔内流水系共有近百条相对独立的短小河流，分别源于北天山、东天山北坡和阿尔泰山东南端，其中有近 40 条河流为冰川融水补给，天山山脉东西延伸 1300km，平均海拔为 3000～4000m，海拔 5000m 以上山峰有 21 座，冰川绝大多数分布在婆罗科努山、依连哈比尔尕山、博格达山和哈尔里克山等山脉北坡，共分布有冰川 3412 条，面积为 2254.10km^2，冰川平均面积仅 0.66 km^2；雪线在天山北坡 3650～3860m，冰舌末端天山北坡下伸到 2600～3250m，均自西向东升高；雪线在纬度偏北的阿尔泰山较低，为 3350～3380m，冰舌可下伸到 3000m；高山草甸植被可分布到 3400m，在阿尔泰山冰舌可伸到 3080m，高山草甸植被分布在 3200m。各河源分布的冰川数量分布极不平衡，其中冰川数量分布最多和规模最大的是玛纳斯河，但天山北坡高山区降水自西向东减少，从西部的 500～600mm 下降到东部的 300～400mm，使天山北坡成为积雪较多的地区，并形成融雪径流的春汛，在西段的河流反映特别明显。在乌鲁木齐河源一号冰川建有长期观测的试验研究站，负责天山冰川变化检测。由于冰川对气候变暖反应敏感，观测到自 20 世纪 60 年代以来一直处于退缩状态，不仅冰川面积缩小，末端退缩，而且冰面减薄，冰储量减少，一些小冰川正在消失。北疆是我国三大积雪区之一，融雪径流在中高山区对河流水资源有重要作用。该内流水系以出山径流计，冰川融水量补给河流水量为 16.89 亿 m^3，平均补给率为 13.5%。由于升温影响，冰川退缩加快，在冰川数量较多的河源冰川融水量增加，在冰川数量少、冰川个体小的河源冰川融水量减少，若气温升高 2.1℃，推测以小于 1km^2 冰川为主的河流，冰川融水量到 21 世纪中期将会减少 8%～15%，但冰川规模较大的河流，如玛纳斯河、安集海河等，在 1km^2 冰川消失时，面积大于 5km^2 的冰川正值消融盛期，径流将比 20 世纪 90 年代末高出 1 亿 m^3。

伊犁河内流水系源于天山西段，由南侧哈尔克他乌山、那拉提山与北侧婆罗科努山合围，形成向西开口的喇叭形伊犁盆地，水流汇集于中部偏南的伊犁河干流，流经伊犁地区，最终流入哈萨克斯坦境内巴尔喀什湖。南侧高山区邻接汗腾格里峰高 6995m，北侧最高峰高 5500m，有利于拦截西风带的水汽，年降水量在南部可达 700～800mm，在北侧达 500～600mm，个别山区降水量达 1000mm，山区积雪深可达 100～150cm，其成为天山积雪最多的山区，不仅形成丰富的融雪径流，而且促使冰川发育。我国境内发育有冰川 2373 条，面积为 2022.66km^2，冰储量为 142.18km^3，冰川平均面积为 0.85km^2，冰川在数十年来以退缩和冰面减薄为主要趋势，伊犁河流域面积为 5.7 万 km^2，年径流量为 153.7 亿 m^3，冰川融水量补给比例为 16.5%，但冬春季积雪占全年降水的 53%以上，积雪融水比例高于冰川融水，冰川与积雪融水补给比例高达 50%～70%或以上。中亚内陆水系还有源于准噶尔西部山区的额敏河，河源没有冰川补给，但山区降水比较丰富，达 500mm 以上，融雪径流丰富；还有我国与吉尔吉斯斯坦边境附近的哈拉湖流域，源头有冰川面积 25.5km^2，冰储量 1.5333km^3。

额尔齐斯河流域汇集阿尔泰山中段和西段河流，向西流入哈萨克斯坦境内，成为鄂毕河上游，是我国唯一流到北冰洋的外流河。该区冬季受强大的亚洲反气旋影响，天气以晴朗严寒为主，河源年降水量达 700～800mm，却有 45%～50%集中降落在冷季，而且一年有 7 个月为冷季，有利于寒温带泰加林（寒温性针叶林）景观的形成和冰川积雪发育。该流域是我国纬度最高的冰川分布区，因气温低降水丰富，海拔不高，山峰平均海拔在 4000m 左右，雪线高度为 2800～3350m，冰舌末端最低可下伸至 2240m，河源分布有冰川 403 条，面积为 289.29km^2，冰储量为 16.40km^3，冰川平均面积为 0.7km^2，而且有 83.6%的冰川面积小于 1km^2，属于我国较小的冰川作用区，在全球气候变暖的背景下，冰川仍以退缩为其主要趋势；因该流域冰川面积少，冰川融水径流仅有 1.2 亿 m^3，占河川径流的 1.2%～1.6%。由于山区积雪资源较为丰富，年积雪深度超过 1.0m，融雪径流在我国较晚，要到 5 月上旬，但早于冰川融水。冬、春季的大量积雪成为河川径流的主要补给来源，季节积雪融水超过河流补给的 40%，甚至达到 50%以上。

黄河上游只有源于阿尼玛卿山南北坡 4 条支流和祁连山冷龙岭大通河有冰川发育，共有冰川 176 条，面积为 172.41km^2，冰储量为 12.29km^3，面积仅为全国总量的 0.29%，冰川平均面积也较小，仅 0.98km^2，对黄河上游水量调节和补给作用不大。据黄河源区唐乃亥水文站观测，冰川融水量仅占河流水量的 1.7%，大通河冰川融水所占比例更低。黄河主源巴彦喀拉山北麓，属于东昆仑山边缘山地，海拔低于 5000m，较干旱，降水量仅 400mm，没有现代冰川，只有季节性积雪，仅在中段的阿尼玛卿山主峰玛积雪山海拔 6282m，围绕主峰 28km 范围内有 15 座 5000m 以上高峰，这里受西南季风和北上暖湿气流影响，降水较多，迎风坡在雪线 4900～5000m 处通过雪坑推算可达 700～900mm，这里的高山冰雪与草甸系统主要为第四纪冰积物，高寒草甸植被可以分布到海拔 4200m；季节积雪融水对河流补给起主要作用，估算雪冰融水可占河川径流的 16%～18%。

高山冰雪与草甸植被生态系统主要为冰川积雪控制，冬半年基本为冰雪覆盖，夏季有稀疏的高山草甸植被，生长季节短，但仍是高山夏季牧场。由于处于高寒区，消耗水量少，蒸发能力弱，陆面蒸发可降至 135～280mm，径流形成区降水随高程增加而增多，蒸发则先增加后降低，使两者差额在森林带以上急剧增大，形成了非常有利的径流形成条件。加上河源的冰川个体加大、面积增加，尽管祁连山自东向西高山降水量减少，但河流径流补给更加集中于高山区。尽管山地生态系统还包括积水湖泊、山溪及泉流、高山草甸湿地、河谷湿地等山区湿地生态系统，但都是调节地表径流的场所，在山地生态系统中也可以起到涵养水源、净化水质的功用，相比山地森林、草原和高山冰雪生态系统来说，其明显处于从属地位。

在径流形成的山区，地下水主要为裂隙水，含水层为互有水力联系的变质岩、岩浆岩和沉积岩等风化裂隙，接受冰雪融水和降雨补给后，因山高坡陡、沟谷深切、河网发育，位于两侧山坡下，在山区地表水单一方向补给地下水，河谷成为壤中流和裂隙水的排泄通道。地表水以水蚀作用为主，一般河流的悬移质水蚀模数为 100～500t/km^2，特别是在浅山带，可能发生暴雨和泥石流，使河流挟带大量砂石，造成灾害；除悬移质泥沙外，山区推移质也多得惊人，粒径为 0.5～30cm 的推移质可占到河流总输沙量的 10%以上，造成蓄水工程和引水渠道的淤积和沙害。山区降水和冰雪融水属低矿化度水，仅 0.1g/L 左右；而河水矿化度较低，一般在 0.5g/L 以下，多为 HCO_3-Ca 型、HCO_3-Na 型水。因此，在山区化学径流以淋溶为主，河水矿化度沿程升高。只有在一些发源于中低山的小河和间歇性河流，在洪水和泥石流爆发期间河水矿化度可能大于 0.5g/L，水化学类型变为SO_4^{2-}，甚至 Cl^-化物型水。

内陆河上游山区的冰川积雪、森林、草原和湿地等生态系统，对维持河流水源稳定发挥着重要的水源涵养功能，并以内陆河流为纽带，紧密联系着平原地区的绿洲生态系统。

第三节　平原生态系统的径流利用耗散

中国西北内陆河区的大小河流从山区挟带水源流入平原，进入塔里木盆地、准噶尔盆地、柴达木盆地、河西走廊、内蒙古西部额济纳盆地、内蒙古东部锡林郭勒盆地和黄河上游的银川-河套平原，不仅形成了大大小小、各种各样的绿洲生态系统，而且附有河流廊道、河滩草甸、湖泊、沼泽及人工水库、渠网等湿地生态系统，并与绿洲外围的荒漠生态系统相衔接，仅接受有限的降水，在平原地区耗散掉全部河川径流。除内蒙古东部内陆河水系属于半干旱区外，其余都属干旱区，这里沙漠、戈壁广布，气候干旱，地多水少，水土资源极不平衡。干旱区绿洲的存在、发展和演变，完全与河流的水源密切相关，有水成绿洲，无水变沙漠。绿洲的大小和规模取决于水量的多寡，绿洲的稳定程度则取决于自然和人为的水源保障程度。

根据内陆盆地绿洲所处的地貌部位，内陆区平原绿洲大致可分为三个大类（张林源和王乃昂，1994）。第一类为扇形绿洲，分布在山前洪积-冲积扇的中上部，这种类型的绿洲一般距河流出山口不远，水源丰富且有保障，土壤以亚砂土和亚黏土为主，土层深厚、土地肥沃；地下水埋藏较浅，地下径流通畅、水质良好，基本无土壤次生盐渍化的威胁，如河西走廊的武威、张掖、酒泉、玉门、敦煌等绿洲，新疆的喀什、和田、于田、阿克苏、库车、库尔勒、玛纳斯、乌鲁木齐等绿洲，青海的格尔木、德令哈等绿洲。第二类为沿河绿洲，主要分布在水量较大的大、中型河流两岸低阶地上，一般呈长条形，如河西走廊黑河沿岸的临泽、高台绿洲，疏勒河沿岸的瓜州绿洲，新疆叶尔羌河沿岸的莎车、麦盖提绿洲，塔里木河上、中、下游沿岸的阿拉尔、新渠满、尉犁及下游绿色走廊等绿洲，还有黄河上游吴忠、银川、河套等绿洲。第三类为干三角洲和湖泊绿洲，主要分布在大、中型内陆河尾闾的干三角洲地区，以及积水湖泊周围，地势平坦、引水方便，但水源不稳定，易受到河流改道和上游人类活动的影响，如河西走廊石羊河下游的民勤、昌宁绿洲，北大河下游的金塔绿洲，摆浪河下游的骆驼城古绿洲，黑河下游的额济纳绿洲及古居延绿洲，新疆乌伦古河下游福海绿洲，开都河下游焉耆绿洲，孔雀河最下游的罗布泊西北的楼兰绿洲，尼雅河下游的精绝古绿洲，克里雅河下游的扦弥古绿洲等。这种特别是处在河流最下游的绿洲，受水源不稳定和上游农业发展水源减少影响、水质变差，致使绿洲有些已经废弃，有些绿洲仍处在不稳定状态。

根据其开发利用历史长短和兴衰变化，可将绿洲分为古绿洲、老绿洲和新绿洲等类型。古绿洲是历史上曾经存在过的，基本上以天然绿洲为主，并伴有星点状耕作土地和人口集居的城郭，后来由于自然条件发生变化（主要是水源减少、水质恶化）而被废弃的绿洲。老绿洲指开发历史悠久，至今还在利用的天然与人工绿洲。新绿洲一般指在20世纪50年代以后通过水利改造或开垦建设的人工绿洲。根据20世纪后期灌溉农业发展，以及工矿、城镇的绿化建设，特别是工业化、城镇化的迅速发展，已经在绿洲经济的基础上开拓出了城镇绿洲，城镇绿洲对干旱区水资源的高效利用和承载能力提高，已经并正在发挥着重大作用。

在平原地区，真正意义的沙漠、戈壁相对比较稳定（钟德才，1998），但在人类活动的影响下，其边缘地区沙漠化发生、发展的同时，最为显著的变化是天然绿洲向人工绿洲的转化（秦大河，2002；韩德林，2001；夏训诚等，1991）。应该说，在人类活动出现以前，在干旱区内陆盆地内的河流冲积扇缘、冲积平原的河流沿岸、下游三角洲一带就出现了绿洲，那是没有人类活动干预的纯天然绿洲。人类活动开始向农耕社会过渡后，人类首先占据天然绿洲进行生产开拓，逐渐改造成为半人工的或人工的绿洲。直到现代，由于人类活动的广度和深度已达到相当的程度，几乎每一块天然绿洲都打上了人类的印记。人类干预的程度，特别是投入强度上的显著差异，仍可将绿洲划分为天然绿洲与人工绿洲两大基本类型。一般天然绿洲保持着自然生态景观，主要生长天然植被，并靠天然河道来水和地下水供给进行萌发、生长和繁衍。目前，尽管一些冲积扇缘、下游三角洲，以及一些地下水水位较高的洼地也进行了人工改造，修建有控制水闸、挖掘一些灌溉渠道或机井，进行了一些林地和草场的灌溉水利建设，并采用围栏封育草场和人工造林，但绿洲里的植被仍受天然来水和地下水水位剧烈波动的影响较深，人工控制能力不足；此外，由于人工种植的农田和林草比例仍很小，现有的水利工程还难以维系绿洲稳定，即使在流域上中游有水利工程，还不能保障下游的供水，因此这些绿洲基本上仍属于天然绿洲状态。

一、人工绿洲生态系统

人工绿洲是由人类适应自然规律，并依据自身发展需求而创建的一种具有生机的人工生态系统，这里人成为人工绿洲的主宰因素。干旱区大多数人工绿洲是在天然绿洲基础上经过长期改造，特别是经过中华人民共和国成立以来的灌溉渠网、林网和农田的建设，而成为大片稳定的人工灌溉绿洲的；有些零星分布在中小河流山前洪积-冲积扇中部和湖泊低洼地的小块绿洲，靠河水和井泉水灌溉而成为人工绿洲；还有一些属于为开矿、引水、交通及其他用途使人口相对集居，并从远处引来水源或开采地下水保障人畜生存，辅以种植林木和植物增添生气的星点地块，也称为人工绿洲。在绿洲里，水网、林网和条田相互交错，道路网密布，居民点林立，人口密度很高，工业、交通发达，文化繁荣，土地生产力高出荒漠几倍甚至上千倍，构成了渠路林田规则成网的农业灌溉绿洲。这些绿洲犹如颗颗明珠镶嵌在荒漠之中，其发展规模受水源条件的限制。

河西走廊的人工绿洲已有两千多年的历史。西汉时期，汉武帝实施军屯、移民、设郡、屯垦戍边。据汉书《地理志》记载，河西四郡人口达 6 万户，28 万人，这种大规模屯田和移民开垦，促进了河西农业生产。经过两千多年的农垦，开发了大片农田，在西汉和中唐时期河西人口较为繁盛；清朝嘉庆年间人口达到高峰，有 196 万人；而在晋、隋时期人口变化不大，西夏、元时人口急剧减少，河西农业处于衰落期；清末河西人口和农业又有所回升；民国时期农业生产遭受很大破坏，致使农业衰败。据 1944 年统计资料，河西计有耕地 37.7 万 hm^2，其中灌溉地 28.7 万 hm^2，实际灌溉面积仅 13.3 万 hm^2。中华人民共和国成立以后，河西走廊经过灌区改造、荒地开垦、修建水库、修建灌溉渠网、打机井抽水、植树造林，至 1980 年耕地面积达 73.9 万 hm^2，灌溉面积扩大至 52 万 hm^2。20 世纪 90 年代，灌溉面积实际已达 66.7 万 hm^2，在河西走廊 21 县（市）拥有 18 片大型绿洲，面积达 19350km^2。

青海柴达木盆地在新石器时代就有人类活动，都兰县诺木洪古城为距今 3000 年的文化遗址，但种植业始于清朝雍正初年（公元 1716 年）。1928 年甘肃大旱，粮食依赖青海，部分农民到海西垦殖，促进盆地东部农业发展。中华人民共和国成立以来，柴达木盆地随着牧业的民主改革和经济建设开展，工农业迅速发展。1987 年人口猛增到 30 万人，耕地面积达 4.7 万 hm^2，还修建了一些灌溉设施，并成为闻名全国的以小麦为主的高产稳产灌溉农业区，主要绿洲有格尔木、德令哈、乌图美仁、都兰、乌兰、香日德河和诺木洪等，冷湖、茫崖、大柴旦是盆地中的工业绿洲，格尔木市是由铁路、公路连接青藏、甘藏、新藏的重镇。

河套平原和黄河谷地绿洲，黄河纵贯整个平原，水量丰富、水质良好，不仅提供了大量优质的灌溉水源，而且有肥沃的泥沙，可淤地改土，这里开发历史悠久，灌溉事业发达，为内蒙古和宁夏的粮食主产区。按照区域，可分为银川平原、后套平原与青海湟水川地、甘肃中部沿黄高扬程提水灌区。早在 2000 多年前，秦始皇和汉武帝为充实边防，在银川平原绿洲屯兵移民，引黄河水灌溉，开挖纵横交错的渠道，如秦渠、汉渠、唐徕渠、惠农渠等，至今仍保留一些古代灌溉系统；中华人民共和国成立后通过灌区改造，兴建了青铜峡大型水利枢纽，现有灌溉面积约 285 万亩，成为宁夏的粮食生产基地。后套平原绿洲在战国时期就出现了农业，秦统一中国后沿黄河两岸进行屯垦，设置郡县兴修水利，先后建有著名渠道，如延化、陵阳、咸阳、水清等渠，清朝道光年间形成八大灌渠，当时灌溉面积达 20hm^2，中华人民共和国成立后在磴口兴建三盛公水利枢纽工程，该区成为全国第三大自流灌区，有效灌溉面积达 46.7 万 hm^2（张林源和王乃昂，1994）。在青海西宁以下湟水川谷地，中华人民共和国成立后经过古老灌区多次修整改造，同时对湟水谷地进行重点开发，特别是在 20 世纪末开展了“引大济湟”灌溉工程，修建大量灌溉工程，灌溉面积由中华人民共和国成立前的不到 4 万 hm^2，发展到 9 万 hm^2，耕地面积相当于全省的 56%，仅以青海省 2.2%的土地面积养育了全省 61%的人口，成为青海东部一颗“绿色明珠”。

甘肃中部沿黄谷地因水低地高无法兴利，清朝嘉庆年间兰州人将南方水车引入甘肃，倒挽河水以灌农田；民国时期农田水利得到一定发展，特别作为西北抗日后方，在河东地区兴建多条新型渠道；中华人民共和国成立初期进行了必要加固和扩建；20 世纪 60 年代随刘家峡、盐锅峡等大中型水电站相继建成，黄河两岸电力提水工程飞速发展；随设计和施工技术水平的提高，提水工程向大流量高扬程的大中型工程发展，其中景泰川电力提灌一期和二期提水流量达 28m^3/s，最大提水高程为 502m，灌溉面积为 5.3 万 hm^2，成为全国高扬程之最（甘肃省地方史志编纂委员会，1998）；在 21 世纪初，为缓解石羊河下游生态危机，延伸二期从黄河调水向民勤供水，修建民调工程；20 世纪 70 年代开始引大入秦工程建设，从大通河天堂寺引水，引水自流灌溉永登秦王川和皋兰部分耕地 5.7 万 hm^2，1997 年全部完工，现已通水进入兰州、白银、永登、皋兰和景泰等地城乡。还有在 20 世纪 70 年代完成的三角城榆中电灌工程等，大大改变了甘肃中部地区干旱状况和农业生产面貌。20 世纪 80 年代建设兰州市南北两山绿化电灌工程，到 1990 年底，已绿化上水工程 73 项，绿化面积达 0.7 万多公顷，使得沿黄经济发展得到了快速发展，沿黄两岸形成了片片绿洲。可见，黄河上游沿黄经济区支撑着该区 4 个省会（首府）城市西宁、兰州、银川、呼和浩特与 3 个工业城包头、石嘴山、白银等大型城市型绿洲，还有一批中小城镇。

新疆的绿洲在内陆盆地最为典型，人类早期从事狩猎和游牧活动可追溯到六七千年前，从事农事活动大约出现在公元前三世纪，最早的农业活动在河流沿岸和扇缘泉水溢出带出现。例如，在距今 4000 年前的新石器时代，在塔里木盆地南缘及沙漠腹地已有原始农业，已从“随畜逐水草”到“逐水草而居”，这时的人工绿洲人口规模小，生产工具落后，仅在居民点附近改造小片耕地，称为原始绿洲阶段。经历了数千年的人类改造，从星点状古代绿洲到连片的老绿洲建设，通过屯田和移民，种植规模不断扩大，人口也随着增加，形成了农村集社，绿洲生产力相应有了很大发展，特别是在清朝，在新疆建省后，南北疆灌溉绿洲面积有所扩大，南疆形成规模大小不等的许多城郭型绿洲，在沿天山北麓一带也由屯田形成连片的老绿洲，此时乌鲁木齐市成了全疆最大的屯垦荒地和经济交流中心。据 1911 年清朝清丈地亩，熟地达 70.36 万 hm^2，估计当时绿洲面积可达 1 万 km^2。到 1949 年全疆耕地达 121 万 hm^2，估计绿洲覆盖 2 万 km^2。中华人民共和国成立后，新疆随着农业的发展，绿洲建设规模出现了大幅度增加，大致经历了水利建设、开荒造田和改造老绿洲的过程，使新型绿洲在老绿洲的内部、外围和戈壁荒滩崛地而起，到 1965 年估计新疆人工绿洲面积已达 3.3 万 km^2；1966～1987 年开发较慢，绿洲面积虽有变化，但总体规模增加不大；1988 年到 20 世纪末，新疆农业以棉粮基地建设为重点，以垦荒、改造中低产田与农业产业化，使绿洲开发建设的广度、深度及城镇绿洲、绿洲型工矿建设大有发展，此时新老绿洲密切镶嵌和融合，新型人工绿洲展现在南北疆，使新疆人工绿洲规模达到 6.19 万 km^2，约占全疆土地总面积的 3.8%，并与天然绿洲形成 9∶11 的比例格局。根据国土资源详查（温明炬等，2003），新疆的人工绿洲和天然绿洲总面积达 14.84 万 km^2，约占新疆土地面积的 9.20%。1956～2000 年共新建大小绿洲 100 多块，其分布北起额尔齐斯河平原，南到昆仑山下，西自伊犁谷地和塔城盆地，东到哈密，遍及天山南北、塔里木河流上下游，形成了一个人工绿洲生态系统，这也是治理沙漠的成就。

由于人类利用和改造自然的水平和能力不断提高，人工绿洲建设规模和深度也在不断扩大和加深，人类活动对原来的自然环境产生了深刻的变化，主要表现在以下几方面：首先，在山前平原地区由人工渠道代替自然河道，这是为了在干旱区发展灌溉农业，把天然河水引入灌区。最初，在土地开发规模较小的情况下，人工渠道不多，从天然河道引走的水量有限，对河流影响不大。随着土地开发规模的扩大，上游引走的水量较多，河流一出山口，便被人工修建的永久性或半永久性引水枢纽引入总干渠，再输送到灌区，在灌区内又被干、支、斗、农渠分散开，形成蛛网的人工水系，使原来的河道行水减少。1950～2000 年（李兰奇和王新，2003；杨川德和 Ж.C.塞迪可夫，1992），新疆在河流上修建的引水渠多达 420 座，总引水能力达 4800m^3/s，引水干渠达 600 多条，长达 1.2 万 km，建成各级渠道 32.36 万 km，每年从河道引水 440 亿 m^3，即有一半以上的河水通过引水渠道流进灌区，也使灌溉面积由中华人民共和国成立前的 106.7 万 hm^2 扩大到 1990 年的 322.8 万 hm^2，使全疆建成万亩以上大、中、小型灌区 477 处，这些大小灌区几乎全是人工水系，成为人工控制的绿洲水网。其次，人工水库代替了天然湖泊，由于新疆河流径流量年际变化平稳，有利于灌溉，但年内分配不均，夏季水量丰富，常造成洪水灾害，春季水量不足，影响农业发展。在耕地面积不断扩大的情况下，为解决春旱就必须修建水库，对径流进行调节，为此通过修建蓄水工程来调节河流径流。中华人民共和国成立前，人工水库开发规模很小，仅在南疆巴楚修建一座中型水库，库容不到 5000 万 m^3，中华人民共和国成立后，随着大规模开荒，全疆共修建大中小型水库 472 座，总库容达 70.2 亿 m^3，兴利库容 41.5 亿 m^3，水库水域总面积达 2000km^2。新疆是多湖泊地区（加帕尔·买合皮尔和 N.B.谢维尔斯基，1996；杨川德和邵新媛，1993），已在大型河流上修建拦河水库。例如，玛纳斯河上修建的大泉沟、蘑菇湖、夹河子等水库，使玛纳斯湖干涸；塔里木河上修建上游、胜利、帕满、卡拉、大西海子等水库，使罗布泊、台特玛湖干涸。根据中国科学院南京地理湖泊研究所调查（施成熙，1989），到 20 世纪 90 年代，新疆有 1km^2 以上的湖泊 139 个，湖泊总面积为 5505km^2，比中华人民共和国成立初缩小 3495km^2。这主要是人类活动改变地表水的地域分配，使大部分夏季洪水和冬闲余水拦截在人工水库中，使得人工水库代替了一部分天然湖泊。若将水库看作一种特殊湖泊，结果使原来在河流下游的湖泊蓄水迁移到了上游的山前平原灌区。再次，在人类开发土地过程中，通过灌溉、耕作、施肥和种植逐步改变了原来土壤的物理、化学和生物性质，提高了土地生产力，逐步由栽培组织物替代天然植被。被开垦的土地原多为被荒漠河岸林、灌木半荒漠、半灌木荒漠和盐生草甸等植被覆盖的天然绿洲，除一部分为生物生产力很低的草地外，大部分为产草量较高、植被盖度较大的林草地，通过人工种植，为农田作物、园林果树、绿洲林网、绿肥牧草和人工草地所取代，不仅可以为人类生存提供各方面的需要（衣、食、住）和人类生活的庇荫场所，而且仅用不到全疆总面积 2.45%的耕地，生产出占全疆 28%的生物生产量。人工绿洲当然也是人类集居的场所，根据气候条件和人工改造的程度，一般每平方千米所承载的人口可以从几十人到上千人，要比天然绿洲的承载能力强几倍到几百倍。人工绿洲人口密度大，使新疆 80%以上的人口都集中在此，构成了一种绿洲社会经济（刘甲金等，1995），还通过绿洲里的人工植被和林网构成了一幅独特的人工绿洲景观，由此组成以人为主宰、水网为基础、绿色植被为主体的人工生态系统。

二、城镇绿洲生态系统

山前平原人工绿洲生态系统的发展，在今天成熟的开发水源技术下，既可以从几百千米以外引来水源，也可以从几百米地下提取用水，并在需要人类集居的地方开采矿产，建立城镇和居地，并辅以林草庇护，还可使单位平方千米的土地承载成千上万的人口，这样也使现代绿洲向着更高层次发展，建成城镇型和工矿型的绿洲；还有历史上发展灌溉农业绿洲的同时，在绿洲中心形成大批行政管理、文化交流、集市贸易、交通枢纽、加工生产等居民集居城镇，构成现今自然地理环境、绿洲农业经济、多民族聚居与融合的城镇体系。除少部分历史城郭废弃外，大部分都保留至今。

以新疆为例，中华人民共和国成立后，经历了半个多世纪的快速发展，已初步具备了不同等级的绿洲中心城市和集镇（张小雷，2003；韩德林，2001）。现今，新疆已形成以乌鲁木齐市为经济文化中心的大型城市；以农业经济为基础的喀什、阿克苏、库尔勒、奎屯、伊宁、石河子等中等城市；以及克拉玛依、吐鲁番、哈密、昌吉、塔城、博乐、和田、阿图什、阿尔泰等地级及数十个县级等中小型城市；2002 年，还增添了五家渠、阿拉尔、图木舒克 3 个新兴市；另外，在建设以克拉玛依和库尔勒等石油城市的基础上，形成石河子、奎屯、米泉等新兴工业城市。这些由工矿工业和绿洲农业支撑的绿洲城镇或城镇绿洲是一种特殊的地域景观类型，一方面需要根据其服务功能发展和完善；另一方面仍需维护城镇绿洲生态，与周围的人工绿洲、天然绿洲和荒漠保持协调关系。这些崛起的城镇绿洲大部分以老城镇为基础，也有少数是在戈壁、沙漠中于中华人民共和国成立后新建的。通过扩大基建和城镇绿化建设，形成具有供水管网、供电网、金融网、信息网、街道、工厂、楼房、居住区、文化广场、林荫道、草地、公园和交通枢纽等设施完备的城镇集聚区，使承载的人口大为增加，现今新疆人口的 95%以上集居在绿洲，20%～50%居住在城镇，为促进人工绿洲发展和繁荣起到了决定作用，也为城镇绿洲发展奠定了基础。

人口相对集中，也迫使水量集中分配在绿洲里，而人工绿洲又分散分布在荒漠之中，周围为沙漠、戈壁荒漠所包围并隔开，加上人工绿洲生态系统是人为控制的结果，不像天然生态系统那样经过长期的自然考验，具备适应各种能力的多样性生物。相对来说，人工绿洲消耗水量大、森林覆盖率不高、系统结构简单、功能单一、系统平衡极易被打破，容易受到外部环境的影响，处在自然灾害和系统间的冲积影响的准平衡状态。因此，需要密切注意在这种绿洲的人为因素作用，特别是随人类利用土地的强度和频度的提高，使用化肥、农药和其他工业品增加，对绿洲土壤、水体和空气造成的污染。同时，随着工矿型绿洲和城镇型绿洲的发展，相对集中排放废水、废物和废气，会与农业灌溉绿洲混合，造成局部的水、土环境污染。而且，城镇区域一般选择在较优越的地表水流和地下水流的上游，即使城镇发生局部污染，也可能引起其下游流域系统的环境污染或灾难。若进入地下水系统，就更难以修复和逆转，会给子孙后代带来影响。城镇绿洲受到的人类活动干扰更集中、强度更大，排放三废不仅污染水源和附近土壤，而且对城镇空气和周围生态环境造成影响。城市水系统，尽管采用管网供、排水，但仍与河道和地下水含水层相连，并受都市水文效应的影响，夏季暴雨和河道洪水来临，成为排泄场所。

加上干旱区多数城镇缺水严重，为此需要在城镇绿洲发展循环经济，并减少废物排放，缓解缺水矛盾，提高用水效率，改善城镇环境。

干旱区城镇绿洲是在农业绿洲基础上发展起来的终极景观（张红旗等，2004；张勃和石惠春，2004）。园林化是建设城镇生态绿洲的一个重要目标，保持城镇型绿洲有一定比例的生态用地：生态用地主要由公共绿地、防护绿地和庭院绿地3部分构成，可按照城区的草坪、绿化隔离带、公园和环岛等公共绿地，城镇外围防风沙林、城镇生活用水水源保护林和城镇公路或流经城区河道两侧绿化林草地等绿地，以及单位或个人的庭院绿地等开展绿化建设，使城镇绿地既对城市环境生态平衡起重要作用，又可成为保障高密度城镇居民身体健康及高质量精神生活的重要组分。

位于青藏高原的柴达木盆地以盐湖资源、石油天然气、有色金属和非金属为主体的矿产及农牧业资源的开发，带动并以其为载体各类城镇发展，现已形成了格尔木和德令哈2个县级市，希里沟（都兰）、察汗乌苏（乌兰）、花土沟、大柴旦、冷湖、芒崖6个镇。诺木洪、香日德、乌图美仁、柯柯、锡铁山等30个农牧集镇、工矿分六级的城镇体系，在2000年城镇人口已达33.5万人，由于地域自然条件艰苦，相对城镇化率达到60%～70%。

河西走廊早在2000年多年前就设置武威、酒泉两郡（后改武威、张掖、酒泉、敦煌四郡），其曾经是丝绸之路的黄金通道，河西走廊灌溉绿洲的发展，有力地促进了城镇化建设，现已建成嘉峪关、金昌、张掖、武威和酒泉5个地级城市，县级城市包括敦煌、玉门，共辖建制城镇85个，2001年底总人口为483万人，其中非农业人口为125万人，城市化水平为25%；到2010年总人口达594万人，城镇化率达29%。

黄河流域历经几千年的建设，已建成具有内陆特色的大型现代化城市，以及星罗棋布的中小城镇，形成支撑着黄河上游的西宁、兰州、银川、呼和浩特4座省会（首府）城市与白银、石嘴山、包头3座工业城市，以及数十个中小城镇，而且黄河之水浇灌了城镇绿洲。几十年的种树种草，绿化和美化了城镇，特别是“十一五”期间，大力推进循环经济，狠抓新建和在建的环保项目审批和治污工作，坚持林水结合、城市一体化的城市绿化原则，城市绿化采用多种树种科学搭配，大力推广和使用乡土树种，城市绿地面积逐步增加，建成区绿化覆盖率达到22.8%，构筑了城市生态系统的大格局，不仅使城市生态系统质量有所改善，而且使大型城市扩容，面貌一新，成为沿黄经济带上灿烂的明珠（表11-1）。

表 11-1　西北内陆地区省会城市城镇化与绿化覆盖率

城市	全市人口/万人	市辖人口/万人	辖区增长率/‰	人口密度/（人/km^2）	绿地面积/km^2	建成面积/km^2	绿化覆盖率/%	全市总产值/亿元	市辖总产值/亿元
兰州	321.5	206.4	2.4	1264.6	5319	1741	29.4	2084.4	1753.4
乌鲁木齐	257.8	251.8	5.6	263.0	23372	13630	35.5	2150.8	2147.0
呼和浩特	230.2	122.0	–4.1	590.8	7198	7650	36.0	1304.9	1263.0
西宁	198.5	91.8	4.4	1799.2	2750	2823	37.6	1031.2	566.7
银川	167.2	100.2	9.1	433.7	5656	5632	41.7	1647.6	824.4
包头	223.5	145.2	4.8	489.6	7862	7812	42.0	3236.0	2488.1

注：引自《中国城市统计年鉴2013》，中国统计出版社，2014。

目前，西北内陆地区工业正处于工业化初期阶段向中期阶段迈进的阶段（张小雷和雷军，2006），各种矿产资源开发仍具有巨大潜力，工业发展也已具备了一定基础，加快工业化进程势在必行。把资源优势转化为经济优势，应主要依靠现代加工工业。农业进一步发展和增加农民收入的根本出路是推进农业产业化，关键在于发展农产品加工工业和培育“龙头”企业。推进城市化离不开工业化，要以工业化带动城市化，更多地吸纳就业和承担农村劳动力转移的历史使命。同时，以促进小城镇建设作为经济发展的重要推动力，可缓解与城市对立的二元经济结构，经济要素分散及刺激内需的问题，也可实现农村剩余劳动力的转移，增加农民的收入和农业化经营。因地制宜、选择性地进行小城镇建设，在科学规划的基础上，实现内陆各省（自治区）的协调发展和可持续增长（郝毓灵，1999）。

三、天然绿洲生态系统

由于大部分转化为耕地的可垦土地位于天然绿洲里，土地开发使人工绿洲得到了发展，这样天然绿洲就会缩小、退化，表现最明显的是下游河道断流、天然湖泊干涸、荒漠河岸林退化、天然湿地减少、草场和植被退化和土地旱化，天然绿洲面积迅速减少，生物多样性遭受破坏（加帕尔·买合皮尔和 N.B.谢维尔斯基，1997）。

土地开垦主要使河流中下游流程缩短，下游河道干枯，无流水补给终端湖；还有大量农田排水进入河道，使河水矿化度增加，河流水质盐化；破坏植被使土壤侵蚀加重，河流夹带泥沙增加，淤积危害水利工程；修建水利工程，干扰河流水文特征，短期内即可发生变化；流经城市和矿区的河流，受到工业和城市排放的污水影响，水质遭受污染等（高前兆等，2003；Zu et al.，2003）。表现最为明显的是我国最大的内陆河——塔里木河，首先河流水系分离，早期塔里木盆地里发源于天山、帕米尔高原、喀喇昆仑山和昆仑山的较大河流，都可以汇入塔里木河，随着历代戍边屯垦和流域开发，克里雅河首先脱离塔河水系。直到 18 世纪，由和田河、叶尔羌河、喀什噶尔河、阿克苏河等源流河汇集于阿克苏南的阿拉尔附近向东流泄，并接受渭干河和孔雀河流水，在群克折向东南流入台特玛湖，成为塔里木河的近代干流。20 世纪 50 年代，喀什噶尔河、渭干河、孔雀河相继无地表径流进入塔里木河干流。70 年代在塔里木河下游建成大西海子水库后，流水仅能到达英苏，以下完全断流；为解决下游卡拉、铁干里克灌区缺水，修建了库塔干渠，自 1976 年开始从孔雀河引水，即构成现今塔里木河“四源一干”的格局。20 世纪末，塔里木河下游从大西海子到台特玛湖 320km 多河道一直处于干枯状态，过去曾是塔里木河、孔雀河和车尔臣河水的归宿地——罗布泊，1930～1931 年实测湖水面积为 1900km^2，到 1962 年缩小为 660km^2，而在 1972 年的卫片上已干枯；面积 150km^2 的台特玛湖到 1962 年缩小为 88km^2，1981 年主体湖干枯，1987 年在罗布庄大桥下已出现积沙。同时，塔里木南缘的河流也都有不同程度的下游河道断流，下泄河水流程缩短，植被枯萎，沙进河退；北疆玛纳斯河和乌伦古河也因补给下游水量减少，出现玛纳斯湖干枯和布伦托海收缩。

平原天然湖泊和湿地的变化也极为明显，在 1950～2000 年的人工绿洲建设的辉煌时期，新疆最大的内陆湖——罗布泊干涸，还有塔里木河下游的台特玛湖、叶尔羌河下游的卓尔湖、玛纳斯河下游的玛纳斯湖、乌鲁木齐河下游的东道海子、吐鲁番盆地的艾丁湖等也先后干涸；在焉耆盆地开都河下游的博斯腾湖、准噶尔盆地最低处的艾比湖、乌伦古河下游的布伦托海、巴里坤盆地的巴里坤湖等也出现湖水水体萎缩、水位下降、矿化度增加等现象；除了阿克苏河冲积扇西部因阿克苏灌区排水形成艾西漫湖，水体面积有所扩大、周围的湿地增加外，其他多数平原湖泊周围、冲积扇缘、河流下游、低洼地区的湿地均有明显缩小。这些地区不仅是新疆环境要素的变化象征，而且因其位于地形部位的水流下部，对区域水分条件反映特别敏感，是指示天然绿洲水分条件变化的重要标志。

按 0.4 的郁闭度划分有林地，平原地区到 20 世纪 90 年代初仍保存有胡杨林地 14.34 万 hm^2，疏林 58.20 万 hm^2，灌木林 74.07 万 hm^2；还有平原河谷林 2.49 万 hm^2，疏林 2.87 万 hm^2，灌木林 3.19 万 hm^2。特别是新疆胡杨林，尤以塔里木盆地沿塔里木河、叶尔羌河及和田河较为集中，由于人类活动的砍伐和垦殖，自 50 年代以后开始衰败和破坏，新疆林业厅 1958 年调查与 1979 年航测相比较，塔里木盆地林地面积达 46 万 hm^2，到 70 年代末仅存 17.5 万 hm^2，后来有所恢复，到 90 年代也只有 29.8 万 hm^2；在北疆的艾比湖流域也分布较多，在 1958 年调查约有 5.33 万 hm^2，其中疏林地 2.71 万 hm^2，胡杨树高达 10m，现今仅存 3.87 万 hm^2，有些地方几乎全部砍完。平原河谷林现已很少，仅存在于额尔齐斯河-乌伦古河及伊犁河几处，伊犁河谷林面积已比 1958 年时减少 18.2%，额尔齐斯河-乌伦古河也比 70 年代减少 26.7%，两项合计折算，河谷林毁减 1.5 万 hm^2。可见，毁坏的河谷林面积也是相当严重的。灌木林地破坏更为严重，特别是北疆的梭梭林和南疆柽柳林，往往人们砍伐薪柴和垦殖农田是最易毁坏的，因此林地缩小和退化最为严重。还有各类天然草地 5725.88 万 hm^2，占全疆总面积的 33.4%，主要由山地草地、平原草地和沙漠草地组成，平原草地有 2182 万 hm^2，其中相当部分属于地下水水位较浅的草甸草场、沼泽草场。这些乔木林地、灌木林地和部分草地不仅是天然绿洲的主要组成部分，而且还是人工绿洲的天然绿色屏障。但是，经过 1950～2000 年的开垦、砍伐和破坏，加上过度放牧，留存下来乔灌林地不到原来的一半，平原草地也已减少 1/3，而且有 80%的草地出现了退化和沙化，产草量下降了 30%～50%，其中 37%遭到严重退化。

天然绿洲缩小的速度很快，减少的面积也很惊人，而且仍在发展。根据新疆 20 世纪 80 年代中期开始的土地详查量算，除去灌木林地、盖度低的疏林地和草甸草场的天然绿洲总面积为 8.65 万 km^2，约为人工绿洲的 1.2 倍，这也是到 20 世纪末尚能保存的规模（张勃和石惠春，2004）。但要看到，尽管人工绿洲有大幅度增加，按 50 年平均计算，每年增加达 862km^2，但天然绿洲处在萎缩态势，而且今后将继续削减，其趋势难以逆转。这不仅与农业土地的开垦有关，还与不合理的人类活动（采集薪柴、过度放牧）和土地退化有着直接的联系。特别是在新疆这样脆弱生态环境条件下，山区进入平原的水资源数量有限，而人类开发利用水资源的强度超出了其所能承载的能力，造成挤占生态环境用水，使有限的水资源集中消耗在开发区域内，对广泛分布的天然绿洲造成严重的压力，天然绿洲处于缺水退化状态。

特别是水资源开发与农业开垦，当超过水资源的承载能力限度时，便可产生对环境的负效应。现以塔里木盆地南缘为例来说明农业开垦的人工绿洲建设与天然绿洲退缩关系。

在内陆河流域生态系统中，人类活动通过水资源开发利用对生态环境产生影响，最主要的是通过开发地表水资源，拦截河川径流，引流灌溉，扩大人工绿洲，以人工渠道替代天然河床，人工水库代替天然湖泊，在自然条件的基础上加速和促进水资源的时空再分配，引起区域地表水和地下水的水文效应，从而产生绿洲生态环境的负效应。

这种区域性水文效应反映在以下几方面：①使水资源的空间格局发生变化。例如，河流上、下游水资源分配失衡，河道水文状况变化，地下水补给条件改变和地下水水位剧烈变动等，使沿河岸生长的胡杨林迅速退化和减少。②减少流向下游泄放水量。山前平原引水量持续增加，扩大灌溉使人工绿洲非回归耗水增大，相应减少了流向下游的水量和地下水补给，这样明显地挤占天然生态用水，使天然绿洲萎缩（高前兆等，2003；樊自立，1996）。③地下水变化。地下水补给减少与气候的暖化和旱化，导致盆地地下水呈负均衡，除局部灌溉区地下水水位上升外，区域性地下水水位总体下降，潜水溢出带向下迁移，泉水流量减少。1980～2000 年，塔里木南缘绿洲外围地下水水位普遍下降了 0.5～2.0m，泉水流量减少了 15%～35%，使沙漠南缘脆弱的绿洲生态带处于不稳定状态，沙漠化加快发展。④水质变化。由于干旱区河道和地下水自净能力有限，水体污染已在城镇附近出现；同时由于灌区盐碱化和回归水排放，加上流向下游的水量减少，河水和地下水矿化度有增加趋势。这些水文效应正在对天然绿洲造成巨大威胁。

在历史时期，绿洲生态环境负效应主要受河流水量、水系和湖泊变迁、风沙运动和自然灾害等气候变化影响，有时还受战乱干扰，造成古代绿洲废弃、城郭被流沙掩埋，土地退化为沙漠、戈壁或沙丘覆盖荒地（Zu et al.，2003）。20 世纪以来，尽管迅速扩大了人工绿洲，并改善了局部环境，产生有好的生态环境效应，有气候干旱化的趋势，但人类活动的影响已大大超过了气候变化，其中人类对水量的支配和控制成为绿洲生态环境效应的主导因素，如灌溉水利工程、地下水开发、人工绿洲建设、造林、植被种植和过牧、毁林等，直接威胁着天然绿洲的稳定和存在；水资源的过度开发使得天然绿洲失去了水资源的安全保障，产生了大面积土地退化和绿洲生态环境的负效应。

由于水资源有限，一定数量的水资源只能维持一定面积的绿洲，天然绿洲和人工绿洲的水分供给源保持着相应的平衡，一旦增加人工绿洲的水分供给，天然绿洲将失去水分生态平衡。每增加 1hm^2 的灌溉耕地，需要消耗 7500～17500m^3 的水量，而相应要退化 2～3hm^2 的天然绿洲植被。近半个世纪来是大沙漠南缘的人工绿洲扩展最快、增长最大的时期（表 11-2），和田地区人工绿洲扩大了 1538km^2，灌溉面积增加了 13.3 万 hm^2，这是以牺牲天然绿洲为代价的。这里因缺水旱化土地面积达 3430km^2，还有退化掉的胡杨林和柽柳林地 1290km^2 及被流沙吞没的农田 200km^2，合计达到 5000km^2，即损失的绿洲面积为扩大的 3 倍以上。这里的自然环境恶劣，尽管目前的人工绿洲与天然绿洲的比例仍保持在 4.6∶5.4，但灌溉农田用水已经在 20 世纪 80 年代就十分紧张，河流下游河道缺水十分严重，天然绿洲迅速退化，绿洲防御风沙袭击的能力虽有所增强，但还不能抵抗特大风沙和沙尘暴的灾害。

表 11-2　塔克拉玛干沙漠南缘主要河流流域的生态环境变化　（单位：km^2）

河流流域	2000 年绿洲面积		1970 年绿洲面积	
	人工绿洲	天然绿洲	人工绿洲	天然绿洲
和田河	2883.4	97.0	1896	4529
克里雅河	448.2	537.0	318	3730
策勒县	674.5	592.9	433	1728
民丰县	152.2	177.9	100	1458
皮山县	532.6	16.0	406	1462
合计	4690.9	1420.8	3153	12907

现今平原的天然绿洲均位于盆地的冲积扇缘、内陆河流下游和人工绿洲的外围，除了水资源开发引起的水量区域再分配使极大部分水集中到农业灌溉区，而补给下游河道水量减少外，还会引起整个内陆盆地里地下水水位的下降，这种现象已经在塔里木盆地、准噶尔盆地和吐鲁番-哈密盆地出现，并成为我国北方地区一个普遍的现象。内陆盆地的地下水主要由流出山口的河道来水补给和灌溉渗漏，在盆地里的降水和山前的侧向补给甚微，仅占百分之几，因此盆地里的地下水主要受控于河道来水。随着渠田灌溉水利用提高，入渗补给大大减少。此外还有地下水的开发，尽管新疆地下水开发利用率不高，但都会减少盆地地下水的补给总量，加上气温上升会增加人工和天然绿洲的植被耗水量，使得内陆盆地地下水水位持续下降。这样，因地下水水位的下降可扩展到盆地四周，造成天然绿洲退化，特别是位于盆地冲积扇缘和地下水溢出带的天然绿洲，会随着盆地里地下水水位的下降，地下水溢出带向盆地内侧下移，使原有的天然植被收缩、减小，乃至消失；而位于河流下游、盆地底部的天然绿洲，也因地下水水位下降至植被难以吸收水分时，会失去地下水的保障而衰退、消亡。这种天然绿洲的退化例子很多，许多掩埋在塔克拉玛干沙漠和古尔班通古特沙漠里的古城就是很好的例证，尽管有些是因为战争毁坏和河流改道，使城郭废弃、农田掩埋、人口迁移，但地下水条件的改变，不仅使它周围的天然绿洲消失，而且也引起人工绿洲的覆灭，其中罗布泊西北岸边的古楼兰曾一度是辉煌的绿洲，后由于水资源的缺乏，古楼兰文明早已消失在茫茫荒漠中。

天然绿洲是人工绿洲的重要防线和天然屏障，同时也是沙漠中的绿色生命家园，为此，一定要进行规划，保护保存绿洲到一定的合适“规模”，从保护天然绿洲的水分生态平衡出发，宏观调整和控制人工绿洲的水资源利用，实施退耕还林还草和退水，保障天然绿洲的供水，达到实施生态环境建设的可持续发展战略（高前兆，2000）。

四、平原湿地生态系统

以黑河下游额济纳三角洲为例，20 世纪 90 年代，额济纳绿洲东河、西河沿岸及中戈壁区域，植被覆盖度在 10%～70%的稳定天然绿洲面积为 1286km^2，覆盖度在 5%～10%的退化、沙化绿洲面积为 1055km^2，共计 2341km^2。其中，东河及其支岔流有稳定绿洲 804km^2，退化、沙化绿洲 625km^2；西河及其支岔流有稳定绿洲 482km^2，退化、沙化绿洲 625km^2。除两河沿岸及中戈壁区域外，额济纳三角洲内在古日乃等地还有零星绿洲 987km^2，额济纳绿洲总面积为 3328km^2。沿河绿洲分布的特点是，东河区域上段少，下段多，中段几乎空白；西河区域中上段多，下段少。两河及中戈壁区域绿洲分布可大体分为狼心山绿洲区、东河中上部绿洲区、昂茨河绿洲区、西河绿洲区、中戈壁绿洲区，以生长荒漠河岸林为主。

（1）狼心山绿洲区：这是黑河进入额济纳绿洲的第一片绿洲。该绿洲区长约 31km（狼心山以上 13km，以下 18km），宽 1～6km，面积约 150km^2。植被主要为胡杨和红柳，长势较好，覆盖度为 40%左右。

（2）东河中上部绿洲区：主要分布在纳林河口至布都格斯河段。绿洲区长约 32km，宽 1～4km，面积 67.5km^2，绿洲分布呈断续斑块状，在植被斑块内覆盖度较高，一般可达 60%～80%，代表植被为胡杨、红柳及苦豆子、甘草；斑块与斑块之间植被稀少。布都格斯以下 50km 植被分布零星稀疏。

（3）昂茨河绿洲区：主要沿一道河至八道河分布。该绿洲区为额济纳绿洲植被分布最为集中的区域，面积约 645km^2，植被种类主要有胡杨、红柳及苦豆子、胖姑娘、顶羽菊等。依据植被的种群、盖度，可以将绿洲分为核心区、缓冲区和退化区。绿洲核心区位于一道河至七道河之间，其中一道河和二道河绿洲区位于查于保勒格至敖包图；三道河至七道河绿洲区位于沿河的上中部。主要代表植被为胡杨，红柳次之，草本植被长势良好。植被覆盖度一般可达 70%左右，在四道河胡杨林保护区的植被覆盖度部分可达 90%以上，总体上植被保护良好，但过度放牧影响了胡杨林的自然更新发育，胡杨树以 30 年以上树龄的为主，幼树出现断代，同时，河间高地出现零星分布的沙丘。近些年来，该绿洲区大面积实施围栏封育，胡杨自然更新，呈现出良好的发展态势。绿洲缓冲区位于一、二道河下段、七道河与八道河之间，以红柳为代表性植被。植被覆盖度一般可以达 40%～70%，总体上植被保护良好，生长基本正常，出现零星的红柳枯死现象，河间高地的沙丘有增大趋势。绿洲退化区位于一道河至八道河尾端及绿洲与沙漠、戈壁交汇地带，代表植被为红柳，同时分布有骆驼刺、梭梭等荒漠植被。植被覆盖度为 10%～30%，植被生长不良，难以抵挡沙漠、戈壁的入侵，绿洲荒漠化发展迅速。

狼心山至杜金陶来约 113km 河段连续分布有完整绿洲带。植被带宽度 2～3km，面积约 310km^2，代表性植被为红柳，胡杨、沙枣次之。该绿洲区为目前额济纳绿洲主要畜牧区和放牧草场，代表植被为胡杨，红柳次之，苦豆子、胖姑娘等草本植被生长茂盛。赛汉陶来以下 20km 范围内仍存在以胡杨、红柳为主的绿洲带，长势较好，再向下游为植被退化带，退化程度远远大于东河区绿洲退化带，胡杨死亡，红柳干枯，面临着土地沙漠化的危险。

这些绿洲集中分布在 4 条绿洲带上，分别为纳林河绿洲带、安都河绿洲带、聋子河绿洲带和哈特台河绿洲带。纳林河绿洲带主要分布在纳林河口-大娃乌苏，长约 25km 的范围内，绿洲覆盖度总体上较好，大娃乌苏以下为荒漠、戈壁。安都河绿洲带从孟克图分水闸-叩克敖包长约 56km，宽约 0.9km。聋子河绿洲带从西河老西庙开始，止于达赛公路，长约 47km，宽约 1.1km。哈特台河绿洲带，长约 70km，宽约 1km；安都河、聋子河和哈特台河绿洲带植被覆盖度较差，以荒漠草本植被为主，如沙枣、骆驼刺、苦豆子等，零星分布胡杨、红柳、梭梭等。

五、荒漠生态系统

以黑河下游阿拉善荒漠自然地理区为例，对荒漠生态系统中维护天然绿洲系统生态平衡进行分析。这里的荒漠天然绿洲生态存在于阿拉善荒漠之中，成为荒漠生态系统中最有生命力的部分。由于阿拉善荒漠区位于我国西北干旱区东北部与内蒙古荒漠相连，受温带大陆干旱气候控制，降水量仅为 40 多 mm，相应的潜在蒸发量为 2500～4500mm，造成该地区水分极端缺乏，成为一个典型的荒漠生态系统。在这个系统中，干旱缺水成为限制植物生长的主导因素，由此导致植被稀疏，生物量低下，土地生产力受限制。阿拉善沙漠水热平衡失调，土地贫瘠，自然灾害频频袭击，地表物质发生强烈风蚀和堆积，以至出现裸露的戈壁和流动沙丘，属土地生产力极低下的荒漠生态系统（高前兆和李福兴，1990）。按照自然地理特征和成因差别，阿拉善荒漠生态系统由下列 4 个生态亚系统组成（表 11-3），其各自分布特征如下。

表 11-3　阿拉善荒漠生态系统分类及其结构

生态系统	子系统	类别	结构
天然绿洲生态系统	林地	河岸疏林灌丛草甸系统	稀胡杨-柽柳-芦苇杂草 胡杨-白刺+枸杞杂草 沙枣-柽柳-芦苇杂类草
		柽柳灌丛杂草系统	多枝柽柳-杂类草
		湖盆梭梭灌丛	梭梭-杂类草
	农田	小片人工绿洲系统	种植小麦饲草料、人工林
	湿地	积水湖泊、沼泽	咸水或矿化水
	草地	河泛地、湖盆低地、沼泽草甸草场	芦苇-杂类草型 芨芨草+杂类草型
		干涸湖盆	细枝盐爪+白刺+红砂组
		固定、半固定沙地	灌木、小乔木草场
戈壁生态系统	荒漠草场	戈壁荒漠草场	膜果麻黄+沙蒿+针茅组
		高平原草荒漠场	砾石戈壁小灌木、灌木 砂砾质戈壁灌木、小灌木
	裸露戈壁	剥蚀戈壁	红砂+荒漠
		堆积戈壁	梭梭-红砂+荒漠
沙漠生态系统	沙漠	巴丹吉林、腾格里和乌兰布和沙漠	湖泊、海子和干草湖 流动沙漠 半固定-流动沙丘灌木组
干旱中山丘陵生态系统	高山带	贺兰山森林草原	高山灌丛、草甸、针阔叶林、云杉林、油松林
	中低山	北山、宗乃山、雅布赖山、马鬃山、贺兰山等	荒漠 裸岩

（一）天然绿洲生态系统

黑河下游冲积扇是伸入阿拉善荒漠的绿洲半岛，因河、湖水的滋润，形成荒漠天然绿洲生态系统，可划分为荒漠河岸林、灌木林、草地、湖沼湿地和小片人工绿洲生态系统等几类。此外，在贺兰山西侧腾格里沙漠东部边缘河水伸入区也有小片天然绿洲和人工绿洲。

在干旱地区，荒漠绿洲生态系统具有以下特征：①绿洲的异质性。天然荒漠绿洲是以广袤的戈壁荒漠景观为基质的镶嵌体，且二者之间存在截然不同的生物作用强度和生产力，使二者之间对比明显。②景观斑块较大，结构粗粒化。干旱区荒漠绿洲景观的嵌块体粒度相对于农业及城郊景观要大得多，同一类景观嵌块体可占据数百乃至上千平方千米范围，这也是干旱环境下生物种类相对贫乏、生态结构简单的体现。③水源依赖性。干旱区天然降水对绿洲生存与发展几乎不具有任何价值，构成河流下游绿洲的主要植被群落是依靠地表径流或地下水来维持，而地下水多来自地表径流的转化，这种荒漠绿洲实质是河流廊道及其影响区；还有部分天然绿洲，分布在积水湖泊周围和干枯湖盆洼地地下水浅埋深带，依赖水分维持植被生长。④类型简单。构成绿洲的天然植被主要有沼泽植被、草甸植被、灌木植被及河岸林植被等非地带性类型，空间分布上沿河流廊道带状分布，部分零散分布于低湿湖盆地带，荒漠绿洲生物种类稀少，种群结构单一，景观类型相对简单。⑤景观的区域性。干旱区荒漠绿洲景观是在极其严酷的自然环境下外来地表水或地下径流作用的产物，其脆弱性决定了其抗干扰性质。尤其是对水源的依赖性，使其随水分条件的变化演变十分显著而深刻，且发生的范围较大，具有区域性（肖笃宁和李晓文，1998；傅伯杰，1995），具体特征如下。

（1）荒漠河岸林地。荒漠河岸林为胡杨和柽柳林与灌丛结合的禾草林地，主要分布在额济纳河两岸，面积达 26.1 万 hm^2。此类林地水分条件好，土壤为沙土、盐化灰棕荒漠土、盐化草甸土、沙质草甸土。该系统包括河岸疏林灌丛禾草草甸系统组和河泛地柽柳灌丛杂类草系统组两类。河岸疏林灌丛禾草草甸系统面积有 16.7 万 hm^2，以乔木胡杨、沙枣为建群种，林下有灌木，下层为禾草，有 2～3 层结构，产草量高，植被盖度大，是骆驼、羊的良好牧场，也是冬季的保膘牧场。根据乔木、灌木结合情况，分为 3 种类型，即稀胡杨-柽柳-芦苇+杂草类、胡杨-白刺+黑果枸杞-杂类草、沙枣-红柳-芦苇+杂类草，面积比约为 5∶4∶1，前者主要分布在东河沿岸，植物群落中胡杨林多呈条状或斑块状沿河分布，林下常有风积沙，甚至形成沙丘，沙丘一般生长柽柳，林下生长苦豆子、芦苇，其次有甘草呈斑块状分布，整个植物群落盖度为 47.2%，100m^2 内有 5 种植物。后者主要分布在西河中下游，土壤为沙土，灌木占优势，有柽柳、枸杞、沙拐枣；伴生有草本植物甘草、骆驼刺、苦豆子等，人工沙枣林长势良好，郁闭度在 0.6 以上；天然沙枣林郁闭度在 0.1 左右，100m^2 内有 9 种植物种。还有一类在两河沿岸有分布，面积仅次于前者，生长的胡杨更稀疏，郁闭度仅为 0.1～0.2，草场盖度为 30%左右，100m^2 内植物种数仅 4 种，群落组成比较复杂，含有大量荒漠种成分，小灌木有白刺、黑果枸杞、麻黄，在覆沙地段有沙拐枣，草本有芨芨草、碱草、芦苇等。第二组属河泛地柽柳灌丛杂类草系统，以灌木林为主，面积为 9.4 万 hm^2，多沙土、盐化草甸土、盐化灰棕荒漠土。其分布于两河的河岸滩，植物群落以多枝柽柳占绝对优势。在盐碱化程度较重的地段，常伴生一些黑果枸杞、白刺等。在沙质程度较重的地段常伴有沙蒿、苦豆子、麻黄等，在两河的中下游，盖度可达 40%～60%，100m^2 内有 8 种植物。还有梭梭灌丛主要分布在干湖盆滩地和戈壁滩地，有 80 多万公顷，集中在古日乃湖、拐子湖、阿拉善右旗、阿拉善左旗的腾格里沙漠边缘和乌兰布和沙漠北部等地。由于这些滩地处于洪积平原及干三角洲前缘潜水位较高地带，水分条件较好，梭梭生长可成片分布，成为沙漠边缘地区主要的天然植被。梭梭是超旱生植物，近年来已有人工规模种植，并取得接种太空肉苁蓉进展，有较好的经济效益。一般由湖盆中心至边缘呈带状圈景观，即湖盆底部局部积水生长芦苇、芨芨草等，湖缘生长梭梭，外围有白刺沙堆，再外则为沙丘或戈壁。

（2）草地。草地生态系统总面积有 21.6 万 hm^2，包括河泛地、湖盆低地、沼泽草甸草场组，细枝盐爪爪+西伯利亚白刺+红砂组和固定、半固定沙丘灌木、小乔木荒漠草场组 3 个组。较好的为河泛地、湖盆低地、沼泽草甸草场组，主要分布于古日乃湖、拐子湖、木吉湖、素果诺尔及两条河流间的低洼地、戈壁上的低洼地，属盐化草甸土和灰棕荒漠土，有的地段有覆沙，以高禾草占绝对优势，伴生一些盐生灌木、半灌木，产量较高，是良好的打草场。余下以细枝盐爪爪占优势，植株一般在 50cm 以下，群落比较密集，植被盖度在 10%以上，保存良好地段盖度可达 40%。植物种群组成简单，100m^2 内仅有 5 种，常伴生白刺、红砂等。

（3）湖沼湿地。湖沼湿地主要分布在额济纳冲积扇缘，如东居延海、进素图海子、木吉湖等和一些湖盆低洼湿地，在东风场区修建有河西新湖和在额济纳旗开挖有夏拉卓尔水库等，积水湖库区周围主要生长芦苇、芨芨草等，还有的分布在沙漠中积水湖泊和泉水出露处，较大的有伊和吉格德、音德尔图、吉兰泰、和屯池等，以及在一些湖盆低洼地的盐碱沼泽，这些沙漠中的湖水明珠，不仅给沙漠地区增添绿色，还可以调节局地小气候，具有湖光山色的自然美好景观；这里既是地下水的汇集中心，也是供给放牧人、牲畜和野生动物的生命水源之地。

（4）农田。在额济纳三角洲河岸林地内，中华人民共和国成立后人为开辟了小片农田，引流河水或提取地下水灌溉，作为种植经济作物和饲草料基地，还有在阿拉善左旗腾格里沙漠边缘开发腰坝滩、孪井滩、格林滩、西滩等农业种植区，采用机井开采地下水、修渠引流河水、引黄和扬黄灌溉，还建设像巴彦浩特、吉兰泰、达来呼布、额肯呼都格、雅布赖、东风场区、马鬃山等八镇十区十滩。尽管小片人工绿洲比较分散，但却是阿拉善地区极其重要的粮食作物、经济作物和饲草料生产基地，也是农牧民主要集居区，集中有 80%以上的人口，构成阿拉善荒漠中零星分布的小片人工绿洲。尽管在这些小片人工绿洲里，居民点林立，村镇繁荣，出现井、渠、路、田、林规整的田园村镇景观，但是由于面积较小，开发历史较短，人工种植的农田和林地占有其所处的天然绿洲的比例较低，绿洲里植被受天然来水和地下水的剧烈波动的影响较深，人工调控能力不足，或还难以调控绿洲稳定。为此，把这些小片人工绿洲放在天然绿洲来讨论。

这些生长在额济纳河两岸成片成带的天然荒漠河岸林，干湖盆的灌木林及草地，包括零星分布的小块人工绿洲，构成了荒漠里生命乐园的绿洲，它们的生存与发展连同绿洲一起，完全依赖于上游的来水和盆地地下水的补给和滋养，其是我国北部边疆荒漠里的绿色植被草场资源，以及其所保护的土地都是有生产力的自然资源。尽管经济效益较低，但对发展荒漠地区牧业仍有一定潜力，一旦失去水源或造成地下水枯竭，植被破坏，土地很快就沦为荒漠。

（二）戈壁生态系统

戈壁荒漠植被属于亚非荒漠区中亚洲中部亚区的地带性植物种，均属温带荒漠地带性土壤，完全受干旱气候控制，贫瘠的土壤和稀少的降雨使植物矮小、生物量低下，但自然适应性强。该系统主要群落为红沙荒漠，砾石戈壁伴生膜果麻黄、霸王，覆沙戈壁有泡泡刺，石质低山残丘有合头藜、短叶假木贼，山丘间谷地有麻黄、沙拐枣、霸王、白刺。植被垂直分带不明显，仅在西部马鬃山 1600m 以上和东部雅干山 1500m 以上出现有戈壁针茅、荒漠细柄茅、多根葱、耆状亚菊等植物。按植被盖度不同，可将戈壁生态系统划分为戈壁荒漠草场和裸露戈壁。

（1）戈壁荒漠草场。戈壁荒漠草场面积有 19 万 hm^2，主要分布在黑河下游广阔的冲积平原戈壁滩上，是该地区面积最大的一类草场，土壤多为荒漠土、沙土和盐土。砾石戈壁小灌木、灌木或小乔木，荒漠草场面积较大，占该草场类的 73.8%。小面积的覆沙戈壁上生长有沙拐枣、沙蒿群落；盐土戈壁上生长有柽柳灌丛、盐爪爪、齿叶白刺群落；在固定、半固定的沙丘上生长有梭梭、小果白刺。其可分为：Ⅰ砾石戈壁小灌木、灌木或小乔木荒漠草场；Ⅱ砂砾质戈壁灌木、小灌木草场；Ⅲ覆沙戈壁半灌木、灌木荒漠草场；Ⅳ盐土盐生半灌木、半灌土草场；Ⅴ半固定-流动沙丘灌木共 5 组 10 种草场类型。

（2）裸露戈壁。裸露戈壁可分为剥蚀和堆积两个类别：在马鬃山、北山、宗乃山、雅布赖山高平原主要分布有剥蚀戈壁，也有砾石戈壁，面积较大，主要生长红砂，在地下水水位较高的地段有梭梭生长，砂砾质戈壁上生长有泡泡刺、麻黄等群落。土壤瘠薄，植物生长不良，盖度小，利用价值也小，可分为红砂和梭梭-红砂戈壁两类。剥蚀红砂戈壁面积有 43.2 万 hm^2，约占戈壁的 67.2%，多为裸露砾石戈壁滩，植物种单一，有些地段仅生长一种植物；在覆沙冲沟中，常伴生泡泡刺、沙拐枣、霸王；在较低地段伴有珍珠、柽柳、黑果枸杞，有原生长梭梭地段，受遭砍伐后由红砂所代替，且生长良好，盖度一般低于 5%。梭梭-红砂面积为 15.9 万 hm^2，以额济纳河冲积平原上的堆积戈壁为主，在地下水水位较浅地段，大的冲沟、古代干河床及覆沙戈壁上为该类型的主要分布区。植被盖度仅 5%～10%，100m^2 内有 3～7 种植物，以灰绿色疏林梭梭为主，常伴生红砂。在沙质程度较大的地段，还有泡泡刺、霸王、沙拐枣、沙蒿；在山前洪积扇上，伴生有合头藜、雾冰藜、沙蒿、沙拐枣等；在水分较好的地段，还有柽柳出现。

这是比较脆弱的生态系统，尽管地表为砾石和沙砾所覆盖，植被盖度很低，但有较稳定的状态，受风化和风力作用自然演变缓慢；一旦地表遭到扰动，下伏的细砂粒物质就成为风沙的物质来源。

（三）沙漠生态系统

沙漠生态系统集中分布在阿拉善高原，这里地势大致自南向北倾斜，其间有不少山岭起伏，把高原分成若干低地，大沙漠都位于低地内。例如，NE-SW 向雅布赖山把阿拉善南部沙漠分隔为东部腾格里和西部巴丹吉林两大沙漠；NE-SW 向狼山把东北部沙漠分隔为乌兰布和沙漠及亚玛雷克、博克台和海里沙漠（朱震达等，1980），这些沙漠总面积达 11 万 km^2，成为我国北部阿拉善荒漠的中心，发育有复合型新月形沙山、复合型新月形沙垄、新月形沙丘链、星状沙丘、垄状沙丘、新月形沙丘等温带流动沙漠景观。沙山最高达 500m，一般也有 200～300m，以流沙为主，但在沙丘迎风破下部和丘间低地仍生长有稀疏的植物，植物成分在东西部也有差别，西部主要有沙拐枣、籽蒿、花棒、霸王、麻黄、木蓼等，而在东部主要为籽蒿和沙竹，沙拐枣已不占重要地位，麻黄、霸王、木蓼等向东逐渐减少。阿拉善沙漠系统，由于水分奇缺，又在西伯利亚高压的控制下，顺行西北风，太阳能大量消耗于风沙搬运堆积，经自然界长期风力的塑造，形成高大的流动沙丘集合。

与高大沙山相映的是沙丘间分布有许多内陆小湖（海子），在巴丹吉林沙漠有 144 个之多，集中分布在沙漠的东南部，面积一般小于 1km^2，其中面积最大的有 1.5km^2，最大水深为 6.2m，如巴丹吉林庙的伊和扎格德海子，北部及西部分布较少；在腾格里沙漠中也有大小湖泊达 422 个，还有乌兰布和沙漠东北部断续分布许多丘间的低湿地和小湖，但与巴丹吉林沙漠中的小湖不同，大部分为未积水或积水面积很小的草湖；在东北部和中部，湖盆小者面积都在 1km^2 以下，除部分为临时性集水洼地外，还有不少丘间低地下伏有断裂带，积水湖泊受水质良好的泉水补给，如高璃玛海子等。由于强烈蒸发，湖水矿化，多为盐水，水质达 4～100g/L 及以上，不能饮用或灌溉，有的属于盐湖，如吉兰泰、和屯盐池。有些高大沙山下的海子，受大气降水和深层断裂带地下水补给，有泉水出露，流向湖内，泉水水质较好，多数矿化度为小于 1g/L 的淡水，可供人畜饮用。

除了有积水湖泊（海子）外，还有面积较大的干涸湖盆，如巴丹吉林沙漠北部的拐子湖和西部的古日乃湖、木吉湖，东北部的树贵湖、黄草湖等，腾格里沙漠南部的头道湖、二道湖、三道湖、邓马营湖等，湖盆低洼处局部积水，湖水矿化可达 4.5～9g/L，湖盆内地下水水位浅埋部位，生长有梭梭、白茨、沙蒿、芨芨草、芦苇和盐爪爪等，成为沙漠中的绿色草场。此外，在 3 个沙漠边缘及干涸湖盆分布着固定沙丘、半固定沙丘和沙地，面积为 35.9 万 hm^2，多属沙土，植被盖度为 7%～30%，产草量较高，利用价值较大，一年四季都可以放牧利用，是骆驼良好的放牧场。

阿拉善沙漠生态系统具有持续的恶劣气候和极端的多变性，目前正面临着气候变暖过程中出现的沙漠化、沙尘暴、盐碱化等发展态势，其不仅成为该地区经济发展的障碍，而且危及周边地区，沙漠中这些资源不是稳定的环境产品和服务链，必须加以保护。因此，需要根据沙漠资源的特点，特别是水资源供给，全面规划加强人类集居区的生态环境建设，增加预测灾害和抵御灾害的能力，减少造成的损失，把它们作为沙漠生态系统可持续管理的重要组成部分，增加旱灾和沙尘暴灾害发生时的紧急支持，并前瞻性地管理，以增加人类和社会的弹性，通过增加多样化的农牧收入机会，维持灾害发生紧张时期的当地居民生活。

（四）干旱中山丘陵生态系统

贺兰山高山带分布有次生森林和高山草甸草原，属山地森林草原生态系统，降水量相对较多，植被稳定，然而仍受荒漠生态系统的深刻影响，一定程度上可为中低山和平原地区的局部荒漠提供水源保障、生物产品和文化景观服务，因此必须加以保护。

中山丘陵草原化荒漠草场主要分布于雅干山 1400m 以上及马鬃山、白头山海拔 1600m 以上的碎石山地上，面积为 6209hm^2。植被盖度很小，产量很低，丛生禾草的产量相对更低，土壤为石质灰棕荒漠土、沙质灰棕荒漠土。残山的坡度较大，风蚀严重，地表岩石裸露，植被稀疏，只有旱生、超旱生植物生长。该类草场只有覆沙低山灌木、半灌木、丛生禾草草场组。土壤为沙质灰棕漠土、洪积沙土，土壤养分贫瘠。植物生长不良。该组只有一个草场型，即膜果麻黄+沙蒿+戈壁针茅。该草场型主要分布在山地阴坡及沟谷。以膜果麻黄、沙蒿为主要建群植物，伴生种有戈壁针茅、短叶假木贼等。植物盖度为 10%左右，在冲沟的边缘，植物生长良好，但产草量很低。这些山地隐藏有多种矿产资源，亟须采取保护性开发措施。

该系统散布在沙漠、戈壁中，气候干燥、多分布在中山与丘陵、侵蚀中山与丘陵和裸露岩石山地，相对于沙漠、戈壁，地形较高、地面稳定，受气候和自然风化影响变化较慢。

第四节　内陆河流域生态系统用水与水资源评价

在西北干旱地区，水资源的利用与生态环境保护密切相关，绿洲的可持续发展也与生态环境保护密切相关。要改变干旱区的生态环境，至少使现有的生态系统保持不向坏的方向发展，就必须有一定的水资源（中国科学院地学部，1996）。汤奇成和张捷斌（2001）将总水资源量划分成两部分：一部分为生态环境用水，另一部分为国民经济用水。他们确定的生态环境用水范围很广，大体可分为绿洲生态系统用水与天然生态用水两部分。绿洲生态用水包括湖泊的生态用水、农田防护林网、乔灌木防沙带的用水，以及为防止破坏植被需要种植的薪炭林、改良盐碱地用水、用材林和城市的公共绿地、水体和风景名胜等几大部分。天然生态用水包括河谷林生态用水、荒漠河岸林生态用水、沼泽和低地生态用水、荒漠过渡带生态系统用水等。具体到每个绿洲，既有绿洲本身的生态用水，也有考虑绿洲周围荒漠的生态用水，用水量视各地情况而异，占总水资源量的 10%～20%或更多。贾宝全和许英勤（1998）计算了新疆的生态用水，把绿洲生态用水分为人工绿洲生态用水、荒漠河岸林生态用水、河谷林生态用水、低平地草甸生态用水、城市生态用水、河湖生态用水、荒漠植被生态用水七大类，每个大类之下又划分了若干小类。王让会等（2002）研究了塔里木河“四源一干”的生态需水量，估算得出塔里木河流域、叶尔羌河流域、和田河流域及开都河–孔雀河流域 4 源流区的生态需水量分别为 16.18 亿 m^3、14.80 亿 m^3、7.99 亿 m^{3}和 10.50 亿 m^3，干流区在 2005 年、2010 年和 2030 年 3 个目标年的生态需水量分别为 31.86 亿 m^3、36.27 亿 m^{3}和 41.04 亿 m^3。另外一种是按自然地带为维护生态平衡所需的生态用水。例如，张兴有对柴达木盆地的估算（中国科学院地理研究所，2000），生态用水要占总用水资源的 60%以上；贾宝全和慈龙骏（2000）对新疆生态用水的估算约占全疆水资源的 26%；安芷生（2000）认为，西北内陆干旱区耗水量最少为 388 亿 m^3，约占总水资源的 34%，而且每个地区一般应有 30%的水资源量作为生态用水。

一、绿洲生态系统生态需水划分

内陆河流域绿洲依据地带性划分，生态用水主要包括山区生态用水、荒漠灌丛用水、人工绿洲用水、天然绿洲用水、湖沼用水、荒漠生态耗水（表 11-4）。流域内生态系统的主体是绿洲，因此可以认为干旱区内陆河流域生态需水量应指流域一定时期内存在的天然绿洲、河道内生态体系（河岸植被、道水生态及河流水质），以及人工绿洲内防护植被体系等维持其正常生存与繁衍所需要的水量。

表 11-4　干旱内陆河流域地带划分和生态用水的关系

地带划分	生态用水
高山冰雪 森林草地 牧场	山区生态用水
砾、沙、洪积扇 荒漠（灌丛）带 地表水转化地下水	荒漠灌丛用水
潜水出露 人工绿洲，农田 工农业、人居用水	人工绿洲用水
天然绿洲带 胡杨、梭梭	天然绿洲用水
盐沼湿地 尾闾湖泊	湖沼用水
沙漠	荒漠生态耗水

人工生态系统需水包括人工绿洲生态需水系统、绿洲供水系统和城镇园林绿地耗水。人工绿洲生态需水系统由农田和农田防护林体系组成，其中农田属于国民经济需水领域，不在生态需水分析的范畴。农田防护林体系包括 3 部分：一是分布于农田内部的护田林网；二是绿洲外围防风固沙乔灌木林带；三是绿洲边缘和内部封滩固沙乔灌木林片，也称为“网-带-片”组合体系。城镇园林绿地是城镇环境中重要的生态系统，现阶段该系统用水作为城镇工业与生活用水的部分，一般不纳入生态需水量的范畴（李宗礼，1995a）。自然生态系统需水则由天然绿洲生态需水系统、荒漠生态需水系统以及河湖生态耗水等组成，其中天然绿洲生态需水系统包括河岸林、灌丛低湿草甸、河泛地及湖滩低湿草甸、盐化灌丛、杂类草及河湖生态等。综上所述，区域生态需水量的分类系统见表 11-5。

表 11-5　区域生态需水分类

生态系统类型	生态需水类型	主要组成成分	生态需水计算归类
人工生态系统	人工绿洲生态需水系统	护田林网	植被生态耗水
		防风固沙乔灌林带	
		封滩固沙乔灌林片	
	绿洲供水系统	渠系、水库、渠系防护林	渠系耗水、绿洲耗水
	城镇园林绿地	公共绿地、园林、风景区	城镇工业与生活用水
自然生态系统	天然绿洲生态需水系统	荒漠河岸林	植被生态耗水
		河泛地及湖滩灌丛低湿草甸	
		盐化灌丛、杂类草	
		河湖生态	水生态与水环境用水
	荒漠生态需水系统	荒漠草原、草原化荒漠等	天然降水量和部分地下水消耗量

二、绿洲生态系统生态需水计算

计算区域自然生态系统的生态需水量比较成熟的方法有潜水蒸发和植物蒸腾物理测定等方法。其计算模型如下（李宗礼，1998，1995b）：

干旱区植被的实际蒸散是由潜水向上形成土壤水供给。植物生长的土壤水分状况取决于潜水蒸发量的大小。从较大的空间尺度而言，当土壤处于稳定蒸发时，不仅地表的蒸发强度保持稳定，而且土壤含水量也不随时间而变化，即潜水蒸发强度、土壤水分通量和土壤蒸散强度三者相等。基于以上植被蒸腾与潜水位之间的关系，考虑到干旱平原区天然与大部分人工植被的生存与繁衍主要依赖于地下水，选用具有代表性的下述两种计算模型。

（1）阿维里扬诺夫公式：

$$E = a(1 - H / H_{\max})^{b} \times E_0 \tag{11-1}$$

式中，$H_{\max}$为极限埋深（单位：m），即潜水停止蒸发时的地下水埋深，黏土$H_{\max}$=5m，亚黏土$H_{\max}$=4m左右，亚砂土$H_{\max}$=3m左右，粉细砂$H_{\max}$=2.5m左右；b为经验指数（无因次），一般为1.0～2.0，应通过分析合理选用；a为作物修正系数（无因次），无作物时a取0.9～1.0，有作物时a取1.0～1.3；H为潜水埋深（m）；E、E_0分别为潜水蒸发量和水面蒸发量（mm）。

（2）潜水蒸腾公式：

$$E = K\mu E_0^{c}(1 + H)^{d} \tag{11-2}$$

式中，c，d，K为与植物有关的待定系数；μ为给水度。

基于植物实测蒸腾量测定，根据水量平衡，植被耗水量Q与地下水水位降幅之间存在下列平衡式：

$$\mu\Delta H = P\lambda_1 + R\lambda_2 - Q_1 \tag{11-3}$$

式中，P，R分别为灌水量和降水量；λ_1，λ_2分别为灌溉、降水补给系数。由式（11-3）可得出Q_1的计算公式：

$$Q_1 = P\lambda_1 + R\lambda_2 - \mu\Delta H \tag{11-4}$$

三、内陆河流域绿洲生态需水量初步估算

根据干旱内陆河流域下游地区的实际情况，生态用水量应是维持某一区域生态系统稳定和生态环境保持良性动态平衡所需耗水量。具体而言，其应包括：①维持人工绿洲内部“乔灌草、带片网”农田防护体系所需水量；②维持人工绿洲边缘人工防护体系所需水量；③维持人工绿洲边缘天然灌丛和其外围半荒漠草场稳定的需水量；④灌区内部重点地带、弃耕地上种草种树且予以保护并兼顾利用所需水量；⑤维持对生态环境有影响的湖泊水量、水质所需水量；⑥维持大河两岸荒漠河岸林所需水量；⑦保证河流、地下含水层水质不受污染（超采地区为回升地下水水位、淡化水质等）所需水量；⑧尚未认知领域所留预备水量（李宗礼等，1999）。

生态需水量与生态类型密切相关，不同类型的生态体系，其需水量不同，对于植被生态而言，其需水量主要表现在生长期的蒸腾耗散，因此还与所处地域的气候、水文条件有关。在进行评价和计算时，应区别不同生态类型和同一类型所处的气候、水文及地貌单元。

通过分析西北干旱区盆地生态可利用水量并进行平衡计算，结果表明：西北干旱区盆地在现状社会经济发展水平下，基本上能满足现状生态系统的耗水需求。2000 年总生态耗水 377 亿 m^3，其中人工生态耗水 51 亿 m^3，天然生态耗水 326 亿 m^3，水资源利用率最高的黑河和石羊河两流域，生态需水得不到满足，会引起生态退化，生态缺水 3.1 亿 m^3。南疆地区、疏勒河和柴达木盆地盐碱地及其他无效流失的水资源较严重，特别是南疆。大量水资源流失，或在塔里木河源流区损失于盐碱地，或在塔里木河中游干流区泛滥流失于河道外，形成盐碱滩，同时造成下游断流，使下游生态濒临灭亡。盐渍化耗水不但浪费水资源，而且破坏自然生态。从耗水结构来看，包括经济耗水和人工生态耗水在内，50%的水资源消耗在人工绿洲，这还不包括盐碱地耗水。进一步分析人工绿洲内部水资源利用和水循环，可以充分了解国民经济用水效率及其与生态环境保护的关系。

到 2020 年，新疆的生态环境将有较大改善，而河西走廊问题较多，柴达木基本保持稳定，总需水量将增加 65 亿 m^3，经济耗水将增加 86 亿 m^3，与此同时，生态耗水增加 8 亿 m^3，盐碱化耗水减少 65 亿 m^3（陈敏建等，2004）。

第五节　面向生态系统的水资源评价

在全球范围内，1950～1990 年里，人类社会无限度地获取陆地淡水资源，现代水利工程成功地控制了大部分河流，使人类很方便地无论何时何地都可以获得想获得的水量，但从未考虑过生态系统的基本生存需水问题（Raskin et al.，1995）。人类活动极大地改变了生物圈水资源的分配，地球淡水生物圈处于极度危险状态，这种对淡水生态系统水资源利用的疏忽将直接威胁人类社会未来的可持续发展（Raskin et al.，1995；Gleick et al.，1995）。Lundqvist 和 Gleick（1996）在 21 世纪世界水资源的可持续性的报告中指

出，现在需要一个全新的面向可持续发展的水资源评价和规划的认识和理论体系，提出必须要将环境和生态系统维护的淡水资源需求纳入区域水资源评价和开发利用规划中来。利用狭义水资源的概念，定义生态水资源为一定时期内可被生态系统以各种方式利用的水体，包括大气降水、地表水与地下水，并可得以恢复与更新。这里生态系统指自然、半自然及人工生态系统，但不包括人类自身。水资源供给方式有自然和人工两种。生态水资源与人类社会水资源的最大区别在于水资源概念的主体不同，人类社会水资源只与人类在自然生态系统上构建的人工生态系统（如农田生态系统、人工防护林生态系统等）存在主体的交叉，同时人类社会水资源与水质密切相关，只有水质符合人类社会要求的水体才能作为水资源看待，但对于不同水环境下形成的生态系统来讲，除非是受人类活动影响而次生的严重污染水体，否则对于天然状态水质及轻度污染的水体几乎没有限制。目前，人们对面向生态系统乃至整个环境体系的水资源科学体系尚没有足够的认识，由于生态系统对水资源的利用方式、对水质的要求等与人类社会不同，因此有理由认为，面向生态环境的生态水资源构成与评价体系也不同于现在立足于人类社会利用的水资源理论框架。

现阶段，国际上生态水资源领域主要集中在生态需水及其相关问题的研究，生态需水量的研究是生态水文过程理论的实践应用。早在 20 世纪 40～60 年代，美国、加拿大、澳大利亚、南非及法国等国家，通过对流域水生生物（主要是鱼类）对河流水文情势变化的响应特征的研究，提出了河流最小环境（或生物）流量的概念，编制了典型鱼类繁衍所必需的河流生境质量的高低与基本生态需水（流速和水深）之间的曲线关系，通常是基于河流物理形态、鱼类和无脊椎动物确定最小或最佳的生态需水流量（Petts，1996；Bovee，1986）。直到 20 世纪 90 年代，随着生态水文过程研究的不断深入和扩展，人们才开始考虑维持整个淡水生态系统完整性的生态水量需求。Covich 和 Gleick（1996）认为，生态需水就是恢复和维持生态系统健康发展所需的水量，提出了基于生态建设（恢复）用水的基本生态需水量的概念，指出能够最大限度地改善生态系统并保护生物多样性和生态整合性所需要提供给天然生境的水量，认为生态需水在一定范围内可以变动，而不是一个固定的值，所针对的是自然生态系统的平衡问题。2003 年由英国政府国际发展部发起完成的非洲南部发展中国家流域水资源需求与利用报告提到，环境是一个合理的必须考虑的水资源用户，并将环境需水量同作物和工业需水量同等看待，给予定量评价，但该报告将环境需水定义为河道内生态系统尤其是流域内水生生物生存繁衍对河流流量的要求，认为流域环境需水量就是河流生态系统维持一定状态所要求的河道内径流量（Jill et al.，2002）。Baron 等系统地总结了 1990～2010 年有关人类社会与生态系统间水资源的合理利用问题的论述后，明确了维护淡水生态系统对水资源需求及其人类必须予以保障的必要的理论阐述，但远不足以建立人类社会与生态系统之间水资源合理分配的理论体系（DFID，2003）。

与生态水文过程不同，近年来生态需水量的研究在我国迅速发展，以西部生态环境保护和建设为目标的区域生态需水量评价和相关理论的探讨，已经在国内成为很有影响力的水文学科的前沿领域。早在 20 世纪 70 年代，地质矿产部兰州水文地质与工程地质中心在开展地矿部“六五”攻关计划“河西走廊地下水评价与合理开采利用规划”研究时，在针对地下水盆地水量平衡中，提出了生态用水的水量消耗项。80年代后期，施雅风和曲耀光等在开展乌鲁木齐河与塔里木河流域水资源合理利用的问题研究过程中，提出生态用水问题，认为“为了保护各绿洲的生态环境所需要的水，可统称为生态用水”，并把这个理念用到后来开展的河西走廊水资源合理利用研究中（Shi and Qu，1992）。进入 90 年代，先是国家“八五”攻关计划中有关华北水资源合理利用问题的研究，明确将生态环境用水作为重要的水资源需求给予优先满足，考虑到华北地区的实际情况，当时仅把水污染状况作为环境的约束条件（Shi and Qu，1992）。此后，随着水环境问题越来越受到广泛关注，关于河流环境用水问题的研究逐渐成为全国范围内的热点领域，先后有众多科学家提出多种关于环境用水的概念内涵及评价方法（DFID，2003；Li and Zheng，2000；Xu et al.，1997）。刘昌明先生提出（DFID，2003；Liu，1999），维持自然生态与人类环境用水应该考虑水热（能）平衡、水盐平衡、水沙平衡，以及区域水量平衡与供需平衡等4个原则。从广义角度讲，维持全球生物地球化学平衡诸如水热（能）平衡、水盐平衡、水沙平衡等所消耗的水分都是生态环境用水；从狭义角度讲，即保障生态环境不再恶化并逐渐改善而需要消耗的水资源总量。在流域尺度的生态需水量的概念、内涵及其组成等方面，强调要在研究水循环和水量转化规律的基础上确定生态需水的理论内涵，提出陆地系统中的水可分解为资源水、灾害水、生态水和环境水。部分从维持地表水体特定的生态环境功能，天然水体必须储存和消耗的最小水量角度，评价国内一些河流的生态环境需水（Wang et al.，2001；Li and Zheng，2000）。西北干旱区生态环境与经济社会发展的用水矛盾十分突出，水资源开发利用而引发的生态环境问题最为严重且复杂多样，不仅严重制约了该区域的可持续发展，而且其影响波及全国以及整个国民经济在 21 世纪的稳定发展，因此西北干旱区是有关生态需水问题研究的核心地区。系统开展干旱区生态需水问题是从20世纪90年代开始的，确切地讲，开始于国家“九五”攻关计划关于西北水资源合理利用研究时期，从那时起，有关干旱区生态需水量的概念、内涵及分析方法等，不同学者提出了不同观点，在不同地区和空间尺度上提出了有关生态需水量的计算结果（Jia et al.，2002；Wang et al.，2002；Wang and Cheng，2002）。值得提出的是，2002～2003年由钱正英主持开展了中国工程院重大咨询项目“西北地区水资源配置、生态环境建设和可持续发展战略研究”，对整个西北地区的生态需水量进行了系统评价，给出了宏观尺度上不同地区的现状生态需水量。

然而，生态需水量的研究毕竟是 21 世纪初才出现的新生事物，无论是对其概念的理解、生态对象的选择还是需水量的计算方法，都处于开发和形成阶段，理论上的争议是必然和必需的，而且伴随对生态环境的新认识和水资源问题的新困难，生态需水研究面临许多新的挑战。但从认识和理论的准备上也已达成了共识：人类对淡水资源的评价和开发利用规划必须将陆地淡水生态系统和环境质量维持的需水量纳入人类社会水资源利用的整体中，需要建立基于这种考虑的全新的水资源理论体系。现在面临的问题是如何准确评价生态系统需水量，如何把生态需水量纳入人类社会的蓄水量整体中统一管理（Brian et al.，2003）。为了实现生态水资源的合理规划与管理，需要在流域尺度上开展（Brian et al.，2003；Xia and Tan，2002）：①定量评价维持生物物种和生态系统功能所需要的淡水资源及其关键性的制约要素；②准确分析现状及未来充分满足人类社会对水资源的需求对流域水资源状况的影响，客观评估人类与生态系统之间对水资源需求的不相容性及其时空分布特征；③多学科通力协作共同寻求解决这种不相容性的途径与办法，并引入水资源管理试验，以解决人类社会与生态系统统一协调利用水资源中存在的一些不确定因素；④制定并实施面向生态环境的流域可持续水资源管理规划，该规划应具有很强的实用性和长期有效性。

第六节　基于生态需水量的理论与问题

一、生态需水量的概念与组成

目前国内外有关生态需水量的研究成果，可以分为河道内生态需水量和河道外生态需水量两大体系。国外研究河道内生态需水量较早，其内涵包括生态系统及其生境维持的非生命系统需水量在内，基本上是河道环境保护的水量需求范畴。早期国外有关生态需水的概念大都明确局限在维持天然河道内生态系统稳定的水量需求这样的内涵范畴，国内由于存在紧迫的区域生态需水量评价社会需求，且西北干旱区生态需水量研究是重点而发展较快。归纳现阶段的生态需水概念，可以分为以下有争议的两大体系：①生态需水，即生态环境需水，认为生态需水量是指水域生态系统维持正常的生态和环境功能所必须消耗的水量，计算生态需水量实质上就是要计算维持生态保护区生物群落稳定和可再生维持的栖息地的环境需水量（Wang et al.，2002；Liu，1999；Xu et al.，1997）。这一认识中还包括与 Covich（1993）观点相似的生态安全需水论，认为生态需水是在一定时期内为保障生态系统安全所消耗的水资源，区域生态需水包括生态系统对风险的抵御需水和生态系统健康维护需水两方面。②生态需水就是生态系统维持生命系统的需水量，认为生态需水是生态环境需水的一部分，包括为维护生态系统稳定、天然生态保护与人工生态建设所消耗的水量（DFID，2003；Wang and Cheng，2002；Wang et al.，2001）。

实际上，这里的生态需水与生态环境需水既有区别，又相互联系（图 11-2），生态需水的主体包括生物体及环境中的生命及其相关支撑部分；环境需水所指的主体即通常所说的环境，它包括生命部分和非生命部分，其中生命部分的需水也就是生命支持系统需水，该部分是生态需水的组成部分；生态环境需水则囊括了生态需水与环境需水的主体。不考虑环境中对生命系统起重要支持作用的非生命系统的水量需求，以单纯生命系统的需水量作为生态需水量是不可取的，但是把具有广泛内涵的生态环境需水作为生态系统需水来理解也存在很大问题，关键在于二者水量需求的主体不同，这要视具体研究对象。对于干旱区以植被生态系统为对象的生态需水问题，就应该局限在上述生态需水的概念范畴。

与人类社会的水资源利用相类似，一定时期内生态水资源实际消耗量与生态水资源实际需要量具有不同的含义，其在大多数情况下也不同。生态耗水量（用水量）指一定时期内在特定水资源供给水平下生态系统的实际水资源消耗量，与一定时期生态系统对

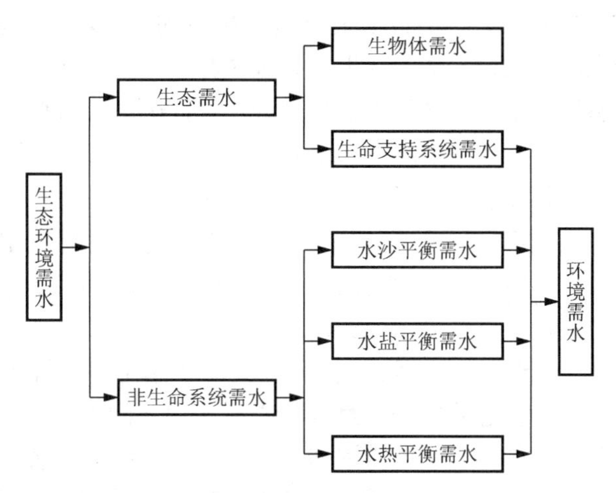

图 11-2　生态需水及其与生态环境需水、环境需水的关系

水资源的利用能力、水资源保障程度有关；生态需水量指维护生态系统正常结构、功能与完整性所需要的水分，强调的是满足不同生态环境体系，维持其正常生态体系健康的基本水量需求。生态需水量不仅与生态类型密切相关，而且与生态系统的结构和生态特征（如覆盖度、郁闭度等）关系密切。不同类型的生态体系，其需水量不同，对于植被生态而言，其需水量主要表现在生长期间的有机体水分平衡及蒸腾耗散，因此还与所处地域的气候、水文条件有关。

二、干旱区生态需水的分类与界定问题

干旱区植物具有适应干旱缺水环境的特殊的生态功能与生理机制，Evenari 系统归纳了干旱区植物对荒漠环境的适应性，并把植物划分为“变水”植物和“恒水”植物两类。变水植物具有许多对极端干旱环境的生理适应性能，苔藓或地衣类植物是干旱区植物最典型的组成类型，但大部分荒漠植物属于恒水植物大类，可进一步划分为干旱胁迫一年生植物、干旱胁迫雨季生植物、多年生及双季性年内生植物等，这些类型都具有多种干旱适应性（John et al.，1999）。分析干旱植物在水分胁迫下的群落组成结构、分布格局与演变过程，始终是干旱区生态水文科学研究的重点领域，但迄今为止关于这方面的研究未能取得突破性进展，尤其是群落演变的生态机理仍然处于未知阶段（John et al.，1999）。干旱区植被生态系统的这种水分适应性，给以植被生态为主要对象的生态需水量计算带来了更大的困难，尤其是干旱胁迫一年生植物、干旱胁迫雨季生植物的大量存在，使得生态需水量在需水对象角度就存在很大的随机性。

根据上述干旱区植物的生态水分适应机理，以植被生态体系为对象的生态需水量就存在最小生态需水量、适宜生态需水量和最大生态需水量几种类型。最小生态需水量接近生态系统维持其生存的最低水量，是从维护生态环境系统功能的角度，是遏制其不再继续恶化的最基本的需水阈值，类似于农田生态系统的凋萎水量。一旦生态环境用水量低于最小生态环境需水量，将导致该生态系统破坏甚至崩溃。最大生态系统需水量是以

生态系统的水、热条件最佳匹配为标准，在所处环境下的潜在耗水量能够充分得到满足，区域处于最佳质量下的需水量，是一种生态系统在其最佳生态结构和功能下，在所处气候条件下的最大生态用水量，如果供水量超过该水量，在失衡的水热条件下生态系统将发生演替，类似于农田生态系统中的饱和田间持水量。正是由于干旱区植物具有广泛的水分适应性，只要水分条件大于最小生态需水量，又不超过最大生态需水量，其间的水量对于某一特定生态系统而言均是适宜的，就是适宜生态需水量。生态系统需水量的 3 种形式及其相互关系可以由图 11-3 来表示，区域植物的水分耗散能量（净辐射量 Rn），换算的水分当量（通过除以蒸发潜热 L）与水分收入（Q）的比值 R，代表了生态系统水分的供给和需求状况，当 R 为 1 或者趋近于 1 时，表示生态系统水分需求能够完全满足，水热条件完全匹配，生态系统处于最佳状态；当 $R \geqslant 1$ 时，生态系统水分需求大于供给量，处于水分亏损状态，当 R 值持续增大，直至生态系统需水的最低临界值时，系统就处于生存临界阈值；当 $R \leqslant 1$ 时，水分供给超过需求，水分有盈余，当 R 持续减少，水分盈余过多时，形成新的水热条件不匹配，在新的水热条件下，生态系统将发生演替，如原来的草原生态系统可能形成湿地生态系统。介于某一生态系统需水量的最低临界值和最大值之间的水量供给都是适宜水量。

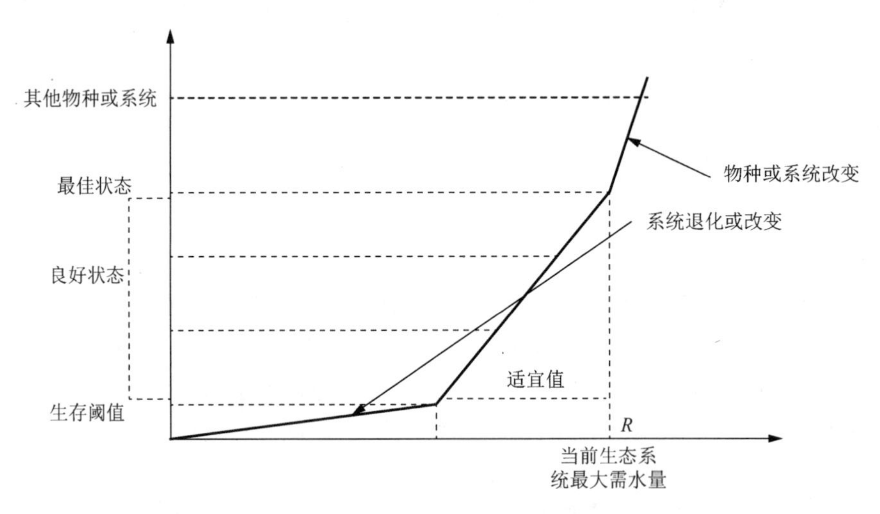

图 11-3 生态需水量类型的分布及其相互关系

在干旱内陆流域尺度上，生态需水量的界定还需要考虑生态系统对象自身所处的阶段和研究目的，其存在以下几种情况：一是以现状生态类型、结构与分布为对象的生态需水量评价，生态需水量评价以现阶段实际存在的生态系统分布与组成状况为对象；二是考虑已退化生态系统的恢复，以及区域生态环境建设的生态需水量评价，这是干旱区进行水资源合理配置和利用规划中需要确定的量，但作为用水主体的生态系统的组成与分布状况是不确定的，其随人们所确定的区域退化生态系统的恢复程度和生态建设的布局而变化；三是依据流域内生态系统保护区域和生态建设规划方案的生态需水量，其随保护对象和规划方案设定的生态系统的不同而变化，服务于流域的水资源中长期开发利用规划。因此，生态需水量并不是一个简单的固定水资源需求量，其存在不同考虑角度的生态需水量分类，既存在生态系统现状、恢复和保护与建设等不同条件下的生态需水量，而且就同一条件下的生态适宜需水量也应该是一个区间，而不是固定常量。

三、生态需水量的评价方法

（一）河道内生态环境需水量确定方法

目前，有关河道内环境维护水量需求（环境流量）的计算方法很多，一般常用的方法有水文指标法、水力学法、栖息地法和整体分析法。各方法的主要原理、分类及优缺点汇总于表 11-6。

表 11-6　河道内生态环境需水量计算的主要方法及其优缺点（DFID，2003；Tennant，1976）

主要方法类	方法亚类	主要原理	方法优点	方法缺陷
水文指标法	①Tennant 法 ②Texas 法 ③A-M 法 ④水流持续曲线法 ⑤可变逼近区间法	根据月或日的流量历史记录数据获取河流流量推荐值，以确定河流环境流量	最简单，易用；一旦建立了流量和水环境的关系，需要数据较少；一般不需要现场工作	流量与水生态系统的关系很难准确建立；适用于较高目的的研究
水力学法	湿周法	利用湿周作为栖息地的质量指标来估算期望的河道内流量值	相对简单，数据要求较少	只能产生最小环境基流，属于特定地点依赖方法
整体分析法	分块法（BBM）	将河流生态需水量分为基础流量、底质维持流量和维持生态所需的洪水流量	考虑月枯水期和丰水期的流量变化；枯水期流量可作为主要环境流量	需要评价基础流量、自然年均流量和还原流量；属于特定地点依赖方法
栖息地法	①IFIM 法 ②CASIMIR 法	依据河流实际参数，基于水力学模型，建立河流参数与生物生态参数间的数值模拟模型，确定环境流量	可提供考虑物种和环境要素的水量；可获得指示物种整个生命周期的流量要求；自然流量的建立不依赖还原数据	相对昂贵且费时，只能用于中小尺度的一个或数个河段，很少用于整个流域甚至次一级流域

（二）河道外生态环境需水量确定方法

这是现阶段生态水资源研究的前沿领域，主要集中在河流冲洪积平原或流域盆地生态需水量（用水量）的计算上，主要源于生态环境保护与建设规划，以及区域水资源利用规划与合理配置决策的制定需要。目前，关于生态用水量（需水量）的计算方法大致可归纳为以下几类（Xia et al.，2002；Wang et al.，2002，2001；Wang and Cheng，2002；Jia et al.，2002；Vorosmarty et al.，1998）：

（1）水量平衡法：在河流或河道内生态需水量计算中，利用河道多年平均枯水期径流量与流域生态系统最低用水量近似相等，或一定区域（洪泛区及湖泊洼地）多年平均蒸散量与降水量的差值，近似看作区域生态系统耗水量，包括水沙平衡、水盐平衡及河流污染自净所需要的最低水量等；在河道外流域范围或局部地区，利用区域水资源均衡原理和供需平衡分析方法计算生态系统用水量。该方法是早期生态需水量计算最常用的手段，也是区域较大尺度上缺乏生态系统本身的有关数据时常采用的方法之一。水量平衡法应该是计算区域生态需水量较为准确可靠的手段，而且原理成熟、方法简单，问题是区域内其他水均衡要素难以准确量化。

（2）基于植被蒸散发特性的经验计算方法：以植被蒸散发特性参数为基础，利用一些经验和半经验方法计算较小空间尺度植被生态系统需水量，主要有：①定额估算法，类比作物灌溉定额，确定不同区域天然或人工植被单位面积用水量，依据研究区域相应植被的分布面积，估算生态系统需水量；②植被耗水模式法，采用经试验获得的典型植被的水分消耗规律，确定不同植被类型在不同地下水分布区的植被耗水模式，将其推广到整个研究区域，估算生态需水量，其广泛用于干旱内陆地区；③潜水蒸发量法，认为天然状态下植被生长消耗的水分是通过浅层地下水和降水来满足的（非河流区），利用潜水蒸发量的经验与半经验估算方法（如阿维里扬诺夫公式）推算植被生态耗水量，是干旱区生态需水量计算较常用的方法之一。

（3）基于遥感与 GIS 技术的区域生态需水量估算法：这是现行的区域生态需水估算的主要方法。主要思路是：依据不同气候带与降水等条件，开展自然生态系统分区，通过不同植被类型的蒸散量计算，估算生态需水或生态耗水总量。该方法的主要问题是如何对不同植被类型选择适当方法估算其蒸散量，尤其在区域或较大流域尺度上，植被类型复杂多样，在缺乏相应的气象参数的观测数据情况下，准确计算不同类型植被的蒸散量就遇到很大困难。

（4）基于遥感与 GIS 技术的生物生产力水分利用效率法：不同生态类型分区的生物生产力不同，并具有不同的单位生产力水分利用率。如果通过其他生物的或生态水文学的一些方法，获得区域不同生态类型分区的单位生物生产力水分利用效率，就可以通过 RS 技术获得生物生产力空间分布参数，计算生态需水量。该方法把不同植被的水分生物生产力作为主要依据，应该说是能够较为准确估算植被蒸散量的有效方法之一。其优点为能够依据植被生长不同阶段的水分效率计算不同时期的植被蒸散量，主要问题为如何准确确定不同类型植被在不同气候与地理条件下的水分效率函数。

（5）生态阈值诊断法：构建流域生态系统对于水分胁迫的临界指标体系，这些指标能够从不同角度揭示生态系统的水分临界状况，综合起来可定量指示生态系统对水资源需求的最低临界阈值；根据这些可定量的指标体系建立数值模拟模型，预测分析不同气候和水资源供给情境下的生态需水量。

这些方法在计算以现状生态系统分布为基础的生态需水量或现实用水量时都有一定的应用价值，尤其是在当前没有完善的有关生态需水量分析理论的情况下，这些方法都从不同侧面反映了人们对于评价区域生态需水量的探索结果。现阶段从植被的蒸散发角度估算流域河道外生态系统需水量仍然是主要途径，最有效也被多数人所接受和利用的方法可以分成两类：一是基于不同下垫面的实际陆面蒸散量观测结果，选择现行较好的蒸散量计算方法，如 Penman-Monteith、Shuttleworth-Wallace，以及 Priestly-Taylor 方程等计算区域尺度的植被蒸散量。其中，Penman-Monteith 公式被认为是计算植被蒸散量最稳定和相对最准确的方法，被 FAO 推荐为全球范围内进行有关作物蒸散量计算的方法。二是借助遥感与 GIS 技术的流域和较大区域尺度的植被蒸散量估算。随着遥感与 GIS 技术的发展和普及，把原来在较小范围内取得的观测结果向较大区域尺度推演成为可能，而且可以通过土壤水分遥感数据和植被区域NDVI值进行植被覆盖程度与生物水分效率推算，结合蒸散发计算公式可估算较大区域尺度上的陆面蒸散量。

第七节　流域生态水文研究展望

生态水文学的理论与方法为流域的水文学与水资源、生态学及可持续发展等学科领域的一系列科学问题提供了最富有前景的研究途径和思路。展望未来，针对全球流域尺度紧迫的水资源与环境问题，流域生态水文学的发展将从与生态水文过程和生态水资源相关的几个领域取得突破和深入研究。

一、生态水文过程领域

生态水文过程是指水文过程与生物动力过程之间的功能关系，包括生态水文物理过程、生态水文化学过程及其生物效应（黄奕龙等，2003）。在总结生态水文过程特点的基础上，充分利用我国生态学和水文学良好的基础，在广泛区域加强理解陆面生态水文过程与功能，预测生态水文过程变化带来的结果，积极地开展大尺度生态水文过程、生态水文模型、生态水文恢复、内陆河上游山地系统和下游荒漠生态系统恢复等研究，已取得了进展，但仍需继续加强，其不仅为维持良性的生态水文和生态水文恢复提供了理论依据，而且也可应用于退化生态系统的恢复实践中。

（一）基于长期观测网络的生态系统对于水文过程作用的关键参数获取

在各种空间尺度上，水文循环的准确描述都缺乏对生态过程影响的关键环节的定量参数，如降水与地表径流之间、与地下水之间，地下水或土壤水的蒸散发过程等环节，都存在许多未知的生态作用因素，这是流域尺度水文过程模拟发展的瓶颈，也是全球变化研究中水文循环中生物圈作用研究计划的核心。利用全球范围内已成功建立的生态观测网络，系统开展各种生态系统，以及生态功能分区中生态要素与水文要素之间的相互作用机理研究，可以掌握其物理过程和生物过程，获取基于这些过程的水文循环关键环节的生态参数。

（二）全球变化下流域生态过程对水文循环加剧的应对策略

随着全球气候持续变暖，未来100年高温天气、强降水、热带气旋等极端天气气候事件发生的频率将会增加，流域尺度降水变异性增强、蒸散发加剧、突发性洪涝和极端干旱事件的频率增加，无疑将导致流域水文循环剧烈变化。在这种水文情势下，流域生态系统的响应机制就是流域保护的关键科学问题，需要掌握全球气候变化下生态系统对水文循环巨变的应对策略，以制订可控制的生态系统可持续对策。

（三）土地利用与覆被变化的水文效应

在全球变化和人类活动的共同作用下，土地利用与覆被变化成为最重要的陆地生态系统的变化方式，土地利用与覆被变化在较大时空尺度上深刻改变着地表生态结构。这种变化对流域水文过程的影响是显著的，有许多分布式水文模型已经模拟出不同土地利用与覆被结构对流域水文过程的影响程度，但仍然存在许多问题需要进一步深入探索。在我国，这一问题在黄土高原具有重要的现实意义，黄土高原实施退耕还林还草政策，对黄河流域的水文情势（包括水沙过程）及下游水生态系统具有何种影响，已引起国际社会的普遍关注。

（四）流域生物地球化学过程中的生态水文耦合与水土界面的可持续管理

流域生态过程与水文过程变化在不同程度上对区域生物地球化学过程产生影响，而生物地球化学过程变化反过来对流域淡水生态系统和水文（水化学）过程产生影响，三者在流域尺度上具有密切的相互作用关系。这种关系实质上是流域内最为普遍和重要的水土间物质的传输过程，是伴随水分运移而必然存在的过程。在流域水文过程不可避免地发生剧烈变化的情况下，如何使得流域生态系统结构与功能可持续化，科学合理地管理水土界面的物质循环可能是一条有效途径。

（五）干旱区特殊的生态水文过程研究

干旱区有着长期和丰富的有关干旱植物水分适应机理与水分胁迫响应对策的研究积累。近年来，初步开展了有关地带性植被群落的水分行为和更广泛的中旱生及其他绿洲建群种物种的水分耗散过程研究，并依据干旱内陆河流域自然景观分异的区域性特点，对不同植被景观带的陆面水热通量开展了系统观测研究，这些研究积累和研究工作为进一步开展较大空间尺度的生态系统、生态景观及区域的生态水分行为奠定了基础。只有在较大空间尺度上获得干旱植物群落，以及系统的水分行为和生态水文过程，才能够制订合理的流域生态水资源时空配置制度与决策，科学地引导人为因素，促进干旱区生态系统的良性发展及荒漠绿洲生态的安全维护。这方面涉及生态水文过程的尺度问题和生态水文过程与地质地貌、土壤与气候条件等因素间的相互关系问题。

（六）流域尺度的生态水文过程集成与模拟

现有的 SVAT（土壤-植被-大气传输）模型和其他描述植被水分影响的生态水文模型更注重垂直方向的水热运动规律的模拟，能够模拟空间水文过程的许多分布式水文模型大都基于对生态系统的简化；同时，基于相对湿润和森林植被开发的模型不能适应干旱区气候与植被条件。研究开发基于干旱内陆河流域封闭水文单元的，能模拟迥然不同景观带生态系统水文作用的生态水文模拟模型，是现阶段干旱区生态水文研究的重要任务。

二、生态水资源领域

（一）更加适用的生态需水量评价体系的建立

目前常以干旱区典型植物（以旱生灌木为主）为对象进行的个体或群丛水分耗散机理观测实验结果来分析干旱区生态需水量。这种方法不仅存在尺度及空间异质性的问题，而且也不能代表实际存在的各种生态系统对水资源的需求特性。区域水均衡法将区域水资源消耗项中扣除水域蒸散、境外排泄和人类利用等量的剩余部分全部归结为生态消耗量。由于存在区域水资源消耗项准确定量的困难，以及很多情况下无法明确区别其他水资源消耗项与生态系统水资源消耗，该方法存在明显缺陷。基于遥感数据分析较大区域生态系统的水分需求是目前最为活跃的生态需水量研究途径，然而准确判定生态系统需水量评价对象和生态水文要素诸多参数获取的困难限制了其有效应用。由蒸发散计算生态需水量是普遍的方法之一，但下垫面因素、水文参数等空间的变异性和不均匀性，使得由蒸散发计算的生态需水在向大尺度的转换过程中产生了很大的误差，始终影响着计算结果的准确性。现阶段迫切需要研究适合于干旱区生态系统和水文过程的生态需水量评价方法。只有以水文过程为基础，结合生态系统的水资源需求规律，才能较为合理地计算生态需水量，也就是说，建立在具体特定区域的生态水文过程特征的基础上研究生态需水量是干旱区生态需水量评价的必由之路。

（二）面向生态环境的流域水资源评价与开发利用模式的研究

现行的水资源评价体系基于传统水文过程科学，没有考虑生态过程对水文过程的影响及水资源消耗机理。正是长期依赖这种方法获得水资源量进行开发利用，使得区域生态用水长期被挤占和掠夺，出现流域生态环境问题伴随流域的开发而发生，随着开发程度深入而加剧的局面。干旱区流域水资源合理利用规划与配置、生态环境保护方案的制订与实施，以及流域经济与社会发展规划等，都需要一个面向生态环境和基于可持续发展理论的能够准确评价水资源状况与利用潜力、给出水资源合理开发利用模式的水资源理论体系，这种体系将水文过程与生态过程密切结合，基于系统的区域生态水文特征，能客观体现水资源系统的人类与自然的和谐发展。

第十二章 水资源开发利用引起的重大生态和环境问题

我国西北内陆区水资源开发利用引起的生态和环境问题异常严重，简单地说，就是先天不足，后天失调。所谓先天不足，是指自然环境恶劣、气候干旱、降水稀少，水资源严重短缺又分布极不平衡，土地资源较为丰富，但沙漠、戈壁及干旱土地面积广大，还有大量无流区终年无地表流水，总体上天然绿洲与人工绿洲面积只占 5%；所谓后天失调，是指人类在开发利用水土资源过程中，历经 1950～2000 年高强度的开发，重视工程建设而忽视环境生态，未能把握好人与自然的关系，特别是在全球气候变暖背景下，对水资源数量与质量及其变化规律的掌握仍较被动，在广大的荒漠土地中进行水资源再分配往往失去平衡，不仅造成水土资源开发利用过度，而且导致河流中下游生态平衡失调，造成下游河道断流、湖泊干涸、地下水水位下降、沙漠化、水土流失、水污染、土地退化等环境问题突出，致使水量和水质等水资源利用条件恶化。既然先天不足，培本固精就成为唯一的合理的选择，培本就是优先生态环境保护、培植水资源再生能力，固精就是进行水资源合理开发利用与保护、调整人类用水行为。后天失调的对症办法是遵循自然规律、调整产业结构、调整用水结构、提高水资源管理水平。这种对症施治的力度要缓而有序，开发利用过度就会措置失当，物极必反。只有这样，才能够实现经济建设与生态环境建设协调发展，走上水土资源可持续利用与可持续发展的道路。

内陆河流域是我国丝绸之路上干旱区重要的经济发展地带，也是社会经济发展的交通纽带和绿色生态屏障，其在巩固、稳定国防和边防中长期发挥着特殊作用。河流从发源区到尾闾湖泊，依次穿越了高山冰雪冻土带、山区植被带、中游人工绿洲带、下游干旱荒漠草原带 4 个反差巨大的地理景观带，形成具有干旱内陆河流典型特征的冰雪覆盖区-山地森林草原-绿洲-干旱荒漠草原复合生态系统。流域的水资源主要形成于高寒山区和山前地带的上游，中游山前平原和下游干旱荒漠基本不产流，但却是主要的水资源开发利用区。水资源形成区与水资源利用区分离，呈现出西北内陆河流域典型的生态景观格局特征，其生态梯度、气候梯度明显，生态系统、农业经济系统、牧业经济系统界限分明。

内陆河流域特殊的地理景观格局和水资源条件决定了上游山区以牧业经济为主、中游绿洲区以农业经济为主、下游荒漠草原区以牧业经济为主的生态经济格局。2000 多年以来，上游山区水资源系统和生态系统主要受气候变化扰动，中下游水资源系统和生态系统则受人类活动扰动影响相当突出，因而中下游地区随着人类经济活动的加强，生态退化问题日趋严重。特殊的水资源形成机制和分布格局，使水资源成为经济社会发展的基础和生态环境建设的主要制约因素，同时也成为社会经济系统和生态系统联系的纽带。水资源的开发利用从各个方面深刻地影响着经济发展与生态环境建设。受长期历史开发和近年来气候剧烈变化的影响，内陆河流域地区产生了诸多严重制约社会经济发展和生态平衡与环境稳定的问题。以塔里木河流域为例，该流域是我国最大的内陆河流域，但水资源的有效利用率仅为 35%～40%，1/3～1/2 的水由于蒸发、转化或输送而损失。同时，不合理的管理、不协调的水分配、无节制的开发，造成河流沿程水资源既紧缺又严重浪费的状况。高的灌溉定额、过度的水分流、拦蓄储水、大水漫灌和串灌等管水用水方法仍很广泛，导致用水者之间的冲突频发。塔里木河上游地区的年灌溉定额为35～42cm，不仅造成水资源的大量浪费，而且引起土壤次生盐碱化问题（邢小宁，2009），加上下游干旱加剧、水质下降，用水仍采用传统的漫灌方式，加剧了全流域水资源的浪费（胡春宏，2005）。这种水利工程的水资源过度开发利用与用水过度浪费，直接造成河水流程缩短、湖泊退缩与干涸、地下水水位持续下降、植被退化，从而加剧了短期内水土环境的恶化。

第一节　流域中下游的生态系统水平衡失调

一、塔里木中下游径流量减少

从20世纪60年代开始，塔里木河上中游地区大规模开发利用水资源，使完整的塔里木河水系遭受了多次解体过程。曾经深入沙漠的中、下游地区河流，由于上游来水的减少，河流不断改道或缩短，许多支流已退缩到了绿洲边缘。沿河修建的水库使大量的水被抽取，用于灌溉或由于蒸发而浪费。虽然塔里木河上游的阿拉尔站每年的补给量仍有46亿m^3，但到达下游地区的水量在大幅度减少，中下游地区的卡拉水文站，补给的水量由20世纪50年代的13.8亿m^3减少到70年代的5.3亿m^3，到1993年只有1.27亿m^3（王顺德等，2003）。

20世纪90年代，塔里木河流域的总泉水量为1.05亿m^3，即使在丰水年或有洪水补给的年份，泉水量一般也不超过1.07亿m^3。中游和上游地区大规模地开发利用水资源，使得终端湖水面积大幅度减少。曾有3000km^2水面面积的罗布泊在70年代以后完全干涸。随着孔雀河和塔里木河下游三角洲的干涸，土地沙漠化现象明显，流动沙丘开始形成。到70年代，塔里木河下游300多千米的河床已干涸。

20世纪50年代末，下游地区铁干里克的地下水水位为3～5m，1982年则为7～10m，1986年降至11m以下，已超过了胡杨、红柳和其他灌草植被赖以生存的最低地下水水位线。中游地区的地下水水位由50年代末的50～60cm下降到2m以下。

二、黑河下游水资源量减少

额济纳河的地表水源几乎靠黑河中游由正义峡经狼心山流入的水量，但是近半个世纪以来，特别是1990～2000年，从正义峡下泄的水量大幅度减小（图12-1）。从图12-1可以看出，上游莺落峡断面的水量基本稳定，每年下泄水量没有太大变化，但经过正义峡的水量每年不同程度地减少，自正义峡从甘蒙交界处的狼心山进入额济纳河的多年平均径流量也直线下降，1992年最小，仅为1.80亿m^3。河道断流期也从20世纪50～60年代的100天左右延长到90年代的200天左右。50年代末，黑河的终端湖区西居延海和东居延海分别保持水域面积267km^2和35.0km^2，上游来水减少后，西居延海已于1961年干涸，成为草木不生的戈壁、盐漠，而东居延海1949年后已干涸了6次，到1992年彻底干涸。

随着地表水补给的减少，这一地区的地下水水位持续下降，目前有近3/4的水井干

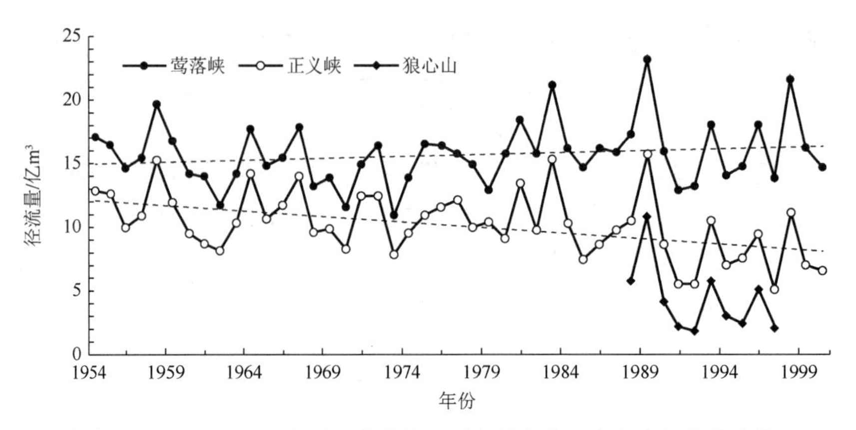

图 12-1　1954～2000 年黑河莺落峡、正义峡和狼心山径流量变化曲线

涸。1978 年勘探地下水水位与 1987 年、1988 年同一地点调查水位对比，除局部引河水灌溉的地段外，其余地段地下水水位下降 0.3～1.5m，平均下降 0.75m。1990～1995 年，对不同地区地下水观测证实，地下水水位均有不同程度的下降，其中下降幅度最大的是位于甘蒙交界处的狼心山地区和位于额济纳旗东北部的策克，下降幅度达 1.5m；其次是狼心山和赛汗陶来，水位下降均超过 1.0m。从额济纳旗的两个观测井在不同年份的连续观测结果（图 12-2）可以看出，1989 年 4 月～1991 年 10 月，牧场新场部地区地下水水位虽然有不同程度的升高或降低的波动，但其整体趋势是水位不断下降；同时，1989 年 4 月～1991 年 2 月，草原站地区地下水水位下降趋势更加明显。

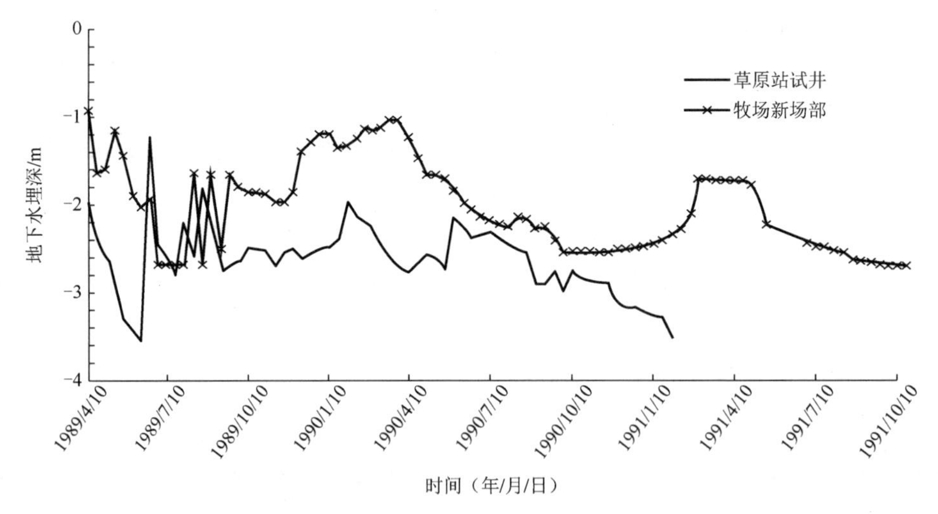

图 12-2　额济纳旗牧场新场部与草原站试井的地下水水位变化曲线

第二节　下游绿洲灌区次生盐碱化

一、水环境演变

石羊河流域水环境的演变涉及整个流域的水循环规律改变、水质污染等，问题最严重、影响最深远的是下游盆地地下水水位的持续下降和地下水质的不断恶化。因此，本

节主要讨论民勤绿洲地下水埋深和矿化度时空分布变化特征。

（一）地下水水位时空分布变化

杨怀德等（2017）依据民勤绿洲 3 个灌区 73 个观测井的观测资料，对绿洲 1999～2013 年地下水埋深动态变化进行了分析（图 12-3）。结果表明，民勤绿洲 1999～2013 年地下水埋深呈缓慢增加态势，说明地下水水位呈缓降趋势，地下水水位平均每年下降 0.33m。其中，昌宁灌区波动最大，年均地下水埋深增幅为 1.31m，其中 2013 年比 2012 年净增加 5.52m；环河灌区基本维持稳定，红崖山灌区在 2010 年之前呈缓慢增加趋势，2011 年小幅下降，之后开始增加。李小玉等（2005）运用 1987～2001 年的相关资料分析了民勤绿洲地下水水位和水质的变化。结果显示，绿洲地下水水位持续下降，地下水降落漏斗的面积逐年扩大（图 12-4）。即使在 1998 年以后耕地面积有所减少的情况下，地下水水位逐年下降的趋势也没有停止，其原因一方面可能是地下水持续超采，耗水量增大；另一方面是绿洲内渠道高标准衬砌，渠系水利用系数的提高使地下水回归量减少，造成参与水循环的水资源数量也相应减少，导致绿洲地下水的允许开采量降低、地下水补排失衡，从而引发区域性地下水水位持续下降。

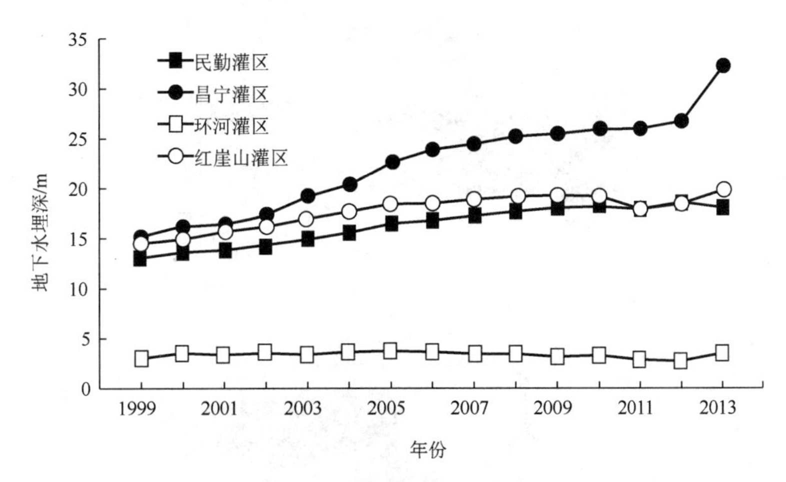

图 12-3　1999～2013 年民勤绿洲及各灌区地下水埋深变化（杨怀德等，2017）

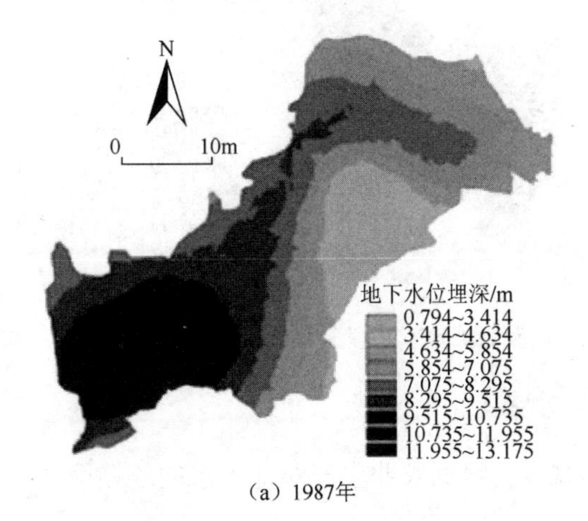

（a）1987年

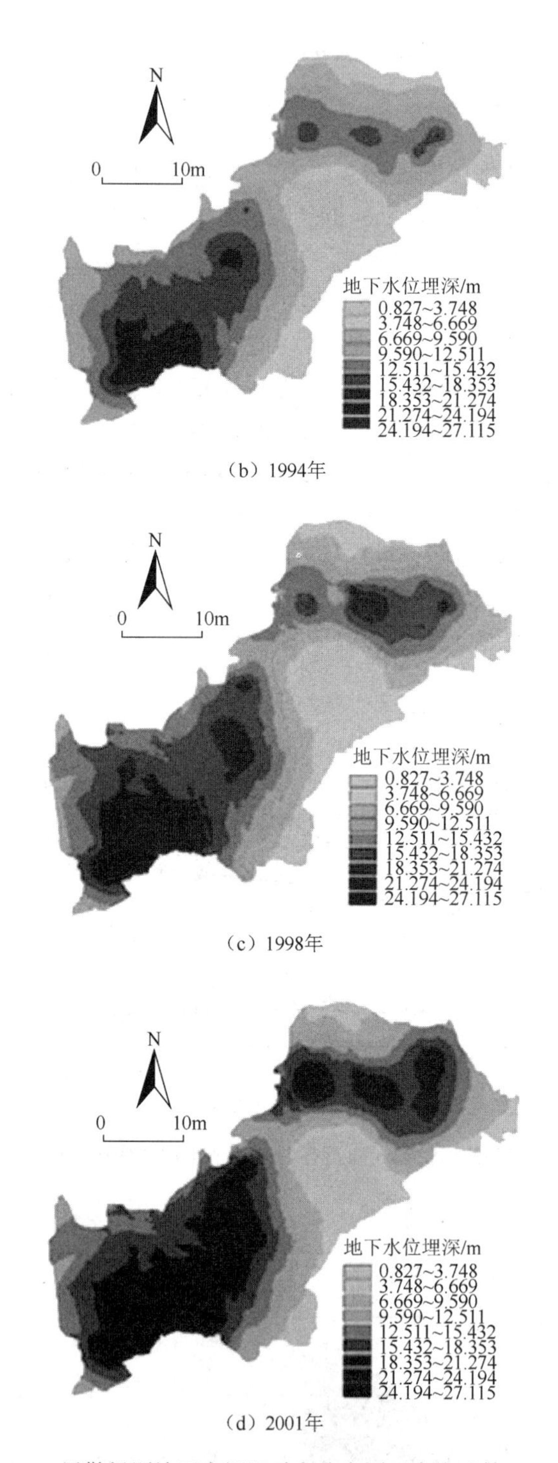

（b）1994年

（c）1998年

（d）2001年

图 12-4　民勤绿洲地下水埋深时空分布图（李小玉等，2005）

（二）地下水矿化度时空变化

随着地表水的逐年减少，绿洲农业生产对地下水的依赖程度逐渐加大，地下水成为农业灌溉用水的主要来源。由于地下水的矿化度直接影响耕地生产力，地下水矿化度的高低将直接影响绿洲的农业生产，也会对绿洲的经济生态安全造成一定程度的影响。从1987年和2001年民勤绿洲矿化度的空间分布图（图12-5）可以看出，1987～2001年的14年间绿洲地下水矿化度的空间分布格局发生了明显的变化，绿洲北部地下水矿化度上升趋势较为显著。绿洲泉山区地下水矿化度以每年0.05～0.10g/L的速率升高，湖区北部升高速率达到每年0.08～0.12g/L，由1987年平均为3.9g/L上升到2001年平均为5.6g/L，上升了1.43倍。湖区南部与泉山区的地下水矿化度也有一定程度的上升，分别由1987年的1.9g/L和2.2g/L上升到2001年的2.8g/L和3.0g/L，分别上升了1.47倍和1.36倍。造成绿洲北部（泉山区的北部与湖区北部）地下水矿化度变化的原因主要是该区地下水矿化度本身较高，加之地表淡水资源逐年减少，其对地下水的淡化作用逐渐减弱；同时，随着地下水超采量的不断增加，矿化度本已较高的地下水不断浓缩，导致该地区地下水矿化度进一步上升。坝区地下水矿化度除了在东南部有较为明显的下降趋势外（14年间降低了1.2g/L左右），其他地带地下水矿化度均呈缓慢上升趋势。坝区东南部地下水矿化物的下降可能与该区域地下水的地层构造有关。水文资料显示，该区地下水分布为上咸下淡型，随着地下水水位的下降，地下水的取水深度已越过上层咸水层到达下层淡水层的深度，致使该区地下水水质变好。地下水矿化度的普遍上升将直接影响作物的安全生长，导致作物产量的下降与农业经济效益的降低。

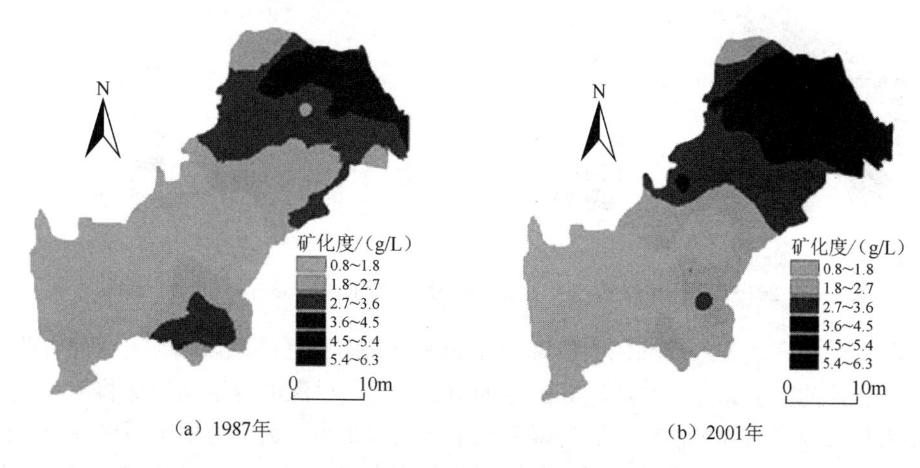

图12-5 民勤绿洲矿化度时空分布图

（三）地下水水位和矿化度时空分布预测

肖笃宁等（2006）根据1987～2001年民勤绿洲地下水水位和矿化物监测数据对绿洲2015年的地下水水位和矿化度时空分布格局进行了预测。从预测得出的2015年民勤绿洲地下水水位分布图（图12-6）可看出，如果该绿洲地下水仍以2001年的速率开采，到2015年时地下水水位将大幅度下降，地下水水位分布在14m以下的绿洲面积将从2001年的1167.93km^{2}减少到383.66km^2（仅为绿洲面积的14%）；地下水水位分布在14～20m的绿洲面积将从2001年的1399.7km^2（为绿洲面积的51%）降低到494.17km^2（仅为绿洲面积的18%）；而地下水水位在20m以上的绿洲面积将从2001年的177.38km^2

增加到 1867.26km²，占整个绿洲面积的 68%，其中水位在 30m 以上的绿洲面积将达 228.25km²。从地下水水位的整体分布格局来看，水位在 30m 以上的漏斗区主要集中在绿洲南部和水质较好的坝区，而整个绿洲中心地带地下水水位都将达到 25m 以上。虽北部的湖区水质较差，开采较少，但水位下降仍然显著，大部分区域水位达到 14m 以上。

另外，从绿洲地下水水位和矿化度空间分布图（图 12-6）可以看出，2015 年地下水矿化度的分布仍呈从南到北逐渐升高的分布格局，绿洲东南部地质构造使矿化度有所降低，其他区域都呈不同程度的升高趋势，尤以绿洲中部和北部最为明显，使得地下水矿化度的南北差异更为显著。2015 年，地下水矿化度在 3.0g/L 以下的绿洲面积为 1401.95km²，比 2001 年有所减少，主要分布在水质较好的绿洲南部；而地下水矿化度高于 5.0g/L 的绿洲面积达 578.15km²，全部集中在水质较差的绿洲湖区最北部，部分区域矿化度甚至高达 7.0g/L 以上。这些区域地下水将彻底无法继续开采利用，农业种植生产也由于过高的地下水矿化度而无法维持。

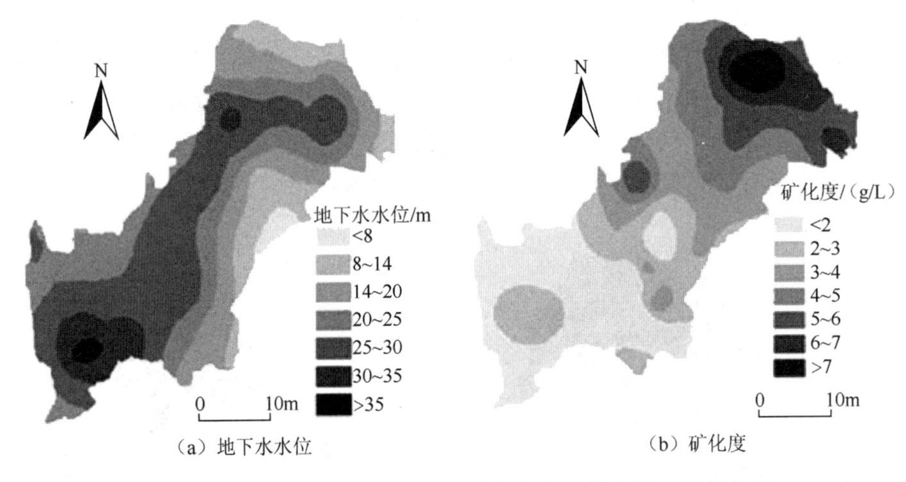

（a）地下水水位　　（b）矿化度

图 12-6　2015 年民勤绿洲地下水水位和矿化度空间分布图（肖笃宁等，2006）

随着民勤绿洲地下水埋深的大幅降低和绿洲北部矿化度的急剧增加，绿洲农业生产将受到最直接的威胁。对于水质较好的绿洲南部而言，过深的地下水埋深将大大提高农民打井和开采利用的成本，一方面将减少地下水的开采量，另一方面水资源缺乏会给该区域的农业生产造成严重后果；而对于绿洲北部而言，地下水矿化度的持续增加将严重影响该区域的农业种植和生产，甚至部分区域将彻底退出农业生产（肖笃宁等，2006）。

同时，地下水水位和矿化度的改变还可对绿洲植被群落演替产生较大影响。在地下水变化不大的情况下，干旱区非地带性的中生植被中，优势植物能占据自己的生存空间，保持优势地位，在一个相对长的时间范围内维持群落不会发生演替现象。但当地下水水位在长时期发生大变化时，优势植物种群的生境就会发生改变，从而导致该种群在群落中优势地位的丧失，造成植被群落演替的发生。因此，地下水水位是干旱区植被演替的驱动力。

干旱区地带性的荒漠植被总体上处在植被演替的初级阶段，在相当长的时期内将会停留在不断占据生存空间的过程中，不会出现演替问题。对于非地带性的中旱生植被来说，由于人类活动的干扰，地表水文过程和地下水水位发生了明显的变化，这些植被则正处在演替之中，主要包括原来的湿地生境和荒漠河岸林发生旱化、沙化和盐化后植被的演替，以及绿洲农业灌溉节余的水分在绿洲内部丘间低地人工植被积聚而引起的演替，可以概括如下。

（1）湿地生境以芦苇和芨芨草为代表的群落，当地下水埋深大于 1m 且没有季节性积水时，柽柳就会入侵成为优势植物。随着水位的进一步下降，苦豆子入侵成为群落优势植物。当地下水埋深超过 6m 时，裸地成为生境中的主要成分。

（2）地下水埋深 1～3m 的中生植物群落胡杨和沙枣，在地下水埋深下降到 3～8m 时，柽柳入侵成为群落中的优势植物。当地下水埋深超过 8m 时，裸地成为生境中的主要成分。

（3）在沙丘上建植的梭梭人工林在地下水水位为 2～5m 的生境条件下，是群落中的优势植物，但随着绿洲农业灌溉节余水分汇集使地下水埋深抬升至 2.1m 时，柽柳、白刺开始入侵并成为群落中的优势植物。当灌溉节余水分进一步汇集、地下水埋深进一步抬升并有季节性积水时，芦苇就逐渐成为群落中的优势种。

地下水矿化度也影响着植被演替。在石羊河下游，当地下水矿化度小于 2g/L 时，芦苇、胡杨、柽柳为群落中的优势种；当地下水矿化度上升到 2.4g/L 时，骆驼刺就成为群落中的优势植物；当地下水矿化度进一步上升至 4～5.5g/L 时，盐爪爪就成为群落中的优势植物；地下水矿化度超过 5.5g/L 时，裸盐斑就成为景观中的主要成分（冯起，1998）。

二、土壤盐碱化

石羊河流域由于水资源在时空分布上发生了变化，导致土壤母质含盐量较大，地下水质为咸水，地下水埋深已经大于或接近临界深度，从而引起局部土壤盐碱化的发生，且该趋势日益加剧。整体上看，民勤绿洲土壤盐碱化的发生可以分为 3 种情况。

（1）使用高矿化度的地下水浇灌造成了土壤聚盐，不仅原有的盐碱地未得到改良，而且形成了新的盐碱地。这种方式形成的盐碱地在民勤盆地尤为严重，主要分布在大靖灌区下游的井灌区和民勤县除环河灌区及收成乡以外的其他灌区。

（2）停止灌溉压盐水后，土壤表层聚盐，使原有盐碱地的盐碱化程度加重，并使一部分原来未盐碱化的土地变为新的盐碱地。这种盐碱地主要分布在民勤湖区和泉山灌区，这里的农田是在盐渍化土壤的基础上垦殖起来的，过去依靠每年一次的大水泡地把盐分压到土壤深处，使土壤中植物生长范围内的盐分含量降低，以保证作物生长。近年来，来水量减少，使部分土地因无足量水压盐而成为新的盐碱地。

（3）流域灌溉水和地下水矿化度均较低，但因局部地段地下水水位高，原有的盐碱地尚未脱盐，强烈蒸发使盐分表聚，形成盐碱地。这种盐碱地数量较少，主要分布在民勤县的环河灌区和石羊河两岸的沿河部分耕地。

陈丽娟等（2013）对民勤绿洲土壤盐分空间分布特征进行研究显示，民勤绿洲土壤含盐量呈现出从南到北、由西到东逐渐增大的趋势，非盐渍化土占区域总耕地面积的 50.01%，轻、中、重度盐渍化土分别占 19.13%、10.44%和 16.96%（图 12-7）。根据 2010 年土地详查资料，石羊河流域土地资源中未利用的盐碱地为 13.258 万 hm^2，其中金昌市为 1.845 万 hm^2，武威市为 11.41 万 hm^2。民勤盆地有盐渍化耕地 0.923 万 hm^2。

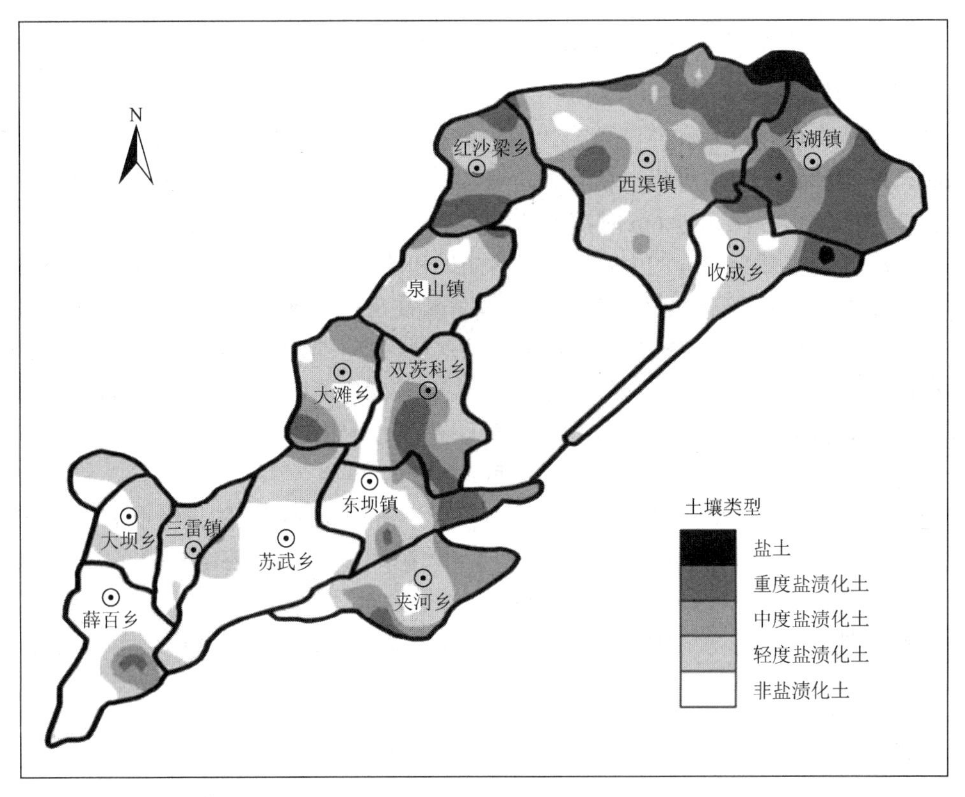

图 12-7　2010 年民勤绿洲盐渍化土壤类型分布图（陈丽娟等，2013）

第三节　上游山区植被退化与水土流失

近年来，内陆河上游山区植被退化与水土流失严重，直接影响河源水塔稳定。由于全球变暖和人为活动加剧的双重影响，内陆河上游山区生态环境表现出冰川退缩、雪线上移、草场退化、水土流失加重、荒漠化趋势。部分山区生态虽局部好转，但整体恶化趋势明显，总体生态服务功能下降。一方面，随着气候变暖、冰川及植被变化，地下水溢出量减少。冻土地层变化引起生态环境变化，改变了地下水补给、径流与排泄方式，导致浅层地下水与植被之间的关系发生变化，影响植被生长环境及分布范围等，造成生态环境退化。另一方面，近几十年来内陆河上游山区矿产资源开发、水电站建设、公路修建等人类工程活动日益强烈，受其影响，突发性的地质灾害频繁、水土体污染等环境地质问题突出，因采矿引发的地面塌陷和尾矿占用林地、草地面积不断增加，矿山周围植被破坏严重，生态环境逐步恶化。内陆河上游山区植被退化和水土流失造成的生态环境恶化的情况在祁连山区表现得较为典型，因此本节以祁连山区为例对此进行说明。

一、气温升高，极端气候事件增多，气象灾害增加

1956～2005 年，祁连山区气温呈升高趋势，年平均气温的年际变化率为 0.0298℃/a，

20 世纪 80 年代中期以后明显升高；降水量也呈增加趋势，年降水量的年际变化率为 0.6571mm/a，2000 年以后增加明显；蒸发量呈减小趋势，年蒸发量的年际变化率为 –4.3415mm/a，90 年代中期以后有所增大。山区气候由暖干向暖湿转型，这对林草植被恢复有利。但是，由于降水存在时空差异，祁连山降水增加和蒸发减少的幅度不足以改变浅山地带干旱少雨的状态，在降水稀少年份易发生春末夏初干旱和伏旱，农作物、牧草和林木的生长深受干旱威胁。

祁连山的极端气候有增强的趋势，这在一定程度上增大了自然灾害的风险，灾害性天气的不利影响值得重视。极端高温天数的增多和日最高气温的升高加大了森林和草原的防火压力，低温天数的减少和日最低气温的升高虽有利于林、草植被越冬，但森林和草原易受病虫危害，不利于生态环境的建设和保护。极端降水天数的增多和日最大降水量的增加虽有助于地表径流量和水资源总量的增加，但洪涝灾害的危害加大，对农、牧业生产和群众的生命财产安全有较大威胁。

二、冰川退缩，雪线上升

自 19 世纪中叶小冰期结束以来，祁连山区冰川总体上处于不断萎缩中。据西北地区水资源与可持续利用项目组研究，近 500 年来，祁连山雪线由 3800m 上升到 2010 年的 4000m 以上。依据代表性冰川监测和卫星影像判读估算，1956 年至 2010 年，祁连山区冰川面积和冰储量分别减少 168km^2 和 7m^3，减少比例分别为 12.6%和 11.5%。20 世纪 80 年代中期以来，冰川萎缩程度是 1956 年以来最严重的时段。冰川面积在减少的同时，冰川厚度减薄，平均减薄 5～20m，雪线（平衡线）波动幅度达 100～140m。1999 年以来，6～7 月冰雪消融量急剧增加，并且雪线高度不断上升。据甘肃省气象局的监测，近年来祁连山冰川局部地区的雪线正以年均 2～6.5m 的速度上升，有些地区的雪线年均上升竟达 12.5～22.5m。冰川作为“固体水库”的调节作用逐渐减弱，流域径流变率加大，冰川洪水、泥石流等灾害增加和洪涝出现的频率增大。

三、河川径流有增有减，水土流失现象增大

据甘肃省水文站调查，由于气温升高、降水量和冰川融水增加，发源于祁连山的河川总径流量从 20 世纪 80 年代以后总体呈现略微增加的趋势，年径流过程线呈现高频振荡，在跌宕起伏中缓慢上升，但流域间差异较大（图 12-8）。东部石羊河流域气温升高，降水减少，出山径流呈明显减少趋势；中部黑河流域在山区降水量略有增加的情况下，气温上升导致冰雪融水有所增加，出山径流略有增加；西部疏勒河流域出山径流在山区气温升高和降水量增加的情况下，增加趋势明显。

随着近年来降水量和径流量的增大，水土流失现象也有所增加。统计结果表明，祁连山主要河流 20 世纪 60～70 年代输沙量较大，80～90 年代输沙量较小。21 世纪初，除黑河干流因修建了七级梯级水电站对河流输沙有逐级沉积作用而输沙量呈减少趋势外，其他河流输沙量均在增大。

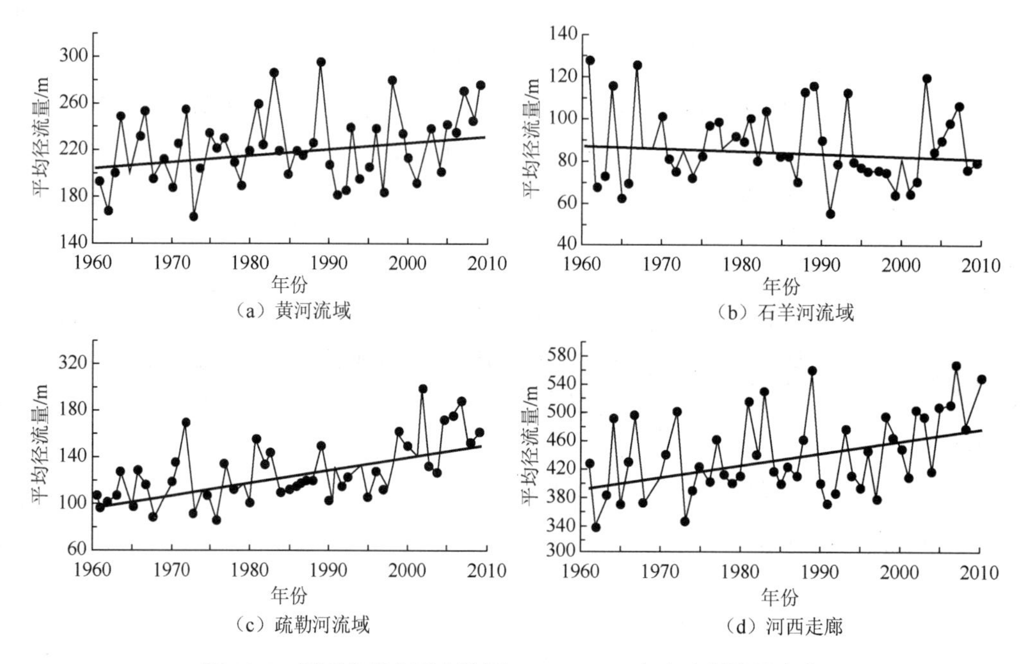

图 12-8　河西走廊主要内陆河 1961～2010 年出山径流量变化

四、草场严重退化，生产力和生态服务功能下降

长期以来，人们对草地的生态服务功能认识不足，受草地超载过牧、乱挖滥搂、开垦樵柴、开矿修路等影响，祁连山地草地生态系统出现严重退化现象。植被覆盖度、草层高度和草地的畜载能力不断下降，草地蝗虫危害和鼠害加重，草群结构逆向演替，毒杂草比例增加；水源涵养功能下降，水土流失增加，生态环境严重恶化等情况较为突出。

据甘肃省草原总站 20 世纪 80 年代中期的调查结果，祁连山区天然草地面积为 1324 万 hm^2，可利用天然草地面积为 452.57 万 hm^2，占 34.2%。其中，人为退化草地面积达到 97.51 万 hm^2，占可利用草地的 21.5%；另有 1.82 万 hm^2 草地遭到鼠害，251.22 万 hm^2 草地因干旱缺水不足利用或无法利用。到 2008 年草地只剩下 486.9 万 hm^2，可利用草地面积为 439.08 万 hm^2，其中天然草地面积为 418.88 万 hm^2，占 95.40%。退化草场面积为 374.75 万 hm^2，占草地面积的 76.97%。其中，重度退化占 38.09%，中度退化占 33.85%，轻度退化 28.06%，与 1950 年相比，牧草产量下降了 30.4%，牧草盖度下降了 11.11%，高度下降 41.09%，畜均草地占有量由 1950 年的 2.25hm^2 减少到 2010 年的 0.6hm^2。2008 年草原鲜草总产量为 56.51 亿 kg，折合甘草 17.8 亿 kg，每公顷产鲜草仅 1287kg，每个羊单位需要 1.4hm^2 草场，草场严重超载。

青海省祁连山区退化草地面积达 431.87 万 hm^2，占草地总面积的 84.46%。其中，重度退化的占 30.27%，中度退化的占 33.93%，轻度退化的占 35.8%。高寒干草原和草原化草甸逐步向高寒荒漠草地演化，草地植被盖度在 30%以下，植被种类减少，毒杂草蔓延，可食牧草产量普遍下降 50%～70%，最严重的毒杂草盖度达到 80%～90%，已成为优势群落，优良牧草丧失殆尽。草地的退化，导致病虫害和鼠害严重。山地高寒草地的主要鼠害为高原鼠兔、高原鼢鼠和田鼠，虫害主要为草原蝗虫和草原毛虫。青海省鼠虫危害总面积为 403.8 万 hm^2，其中鼠害 311.75 万 hm^2，其余为虫害。在鼠害严重的草地，风蚀和水蚀使草地水土流失严重，草地荒漠化严重发展，造成超载—草场退化的恶性循环。

五、森林资源总量不足，水源涵养功能下降

春秋战国以前，祁连山区森林面积约有 600 万 hm^2。汉武帝开发河西走廊以来，随着气候波动和人为破坏，祁连山区森林逐渐减少。中华人民共和国成立前，祁连山区天然林退缩至玉门石油河以东，森林下限由海拔 1900mm 退缩至海拔 2300（东段）～2400m（中段）或以上。中华人民共和国成立初期，甘肃、青海两省祁连山森林面积减至 153.14 万 hm^2，不足西汉时期的 1/4。中华人民共和国成立后，历经“大跃进”“文化大革命”时期，祁连山森林遭到严重破坏，2000 年初，两省森林面积减少为 121.24 万 hm^2，比 20 世纪 50 年代初减少了 1/5。

1980 年以来，经过大力保护与治理，祁连山森林资源有了较大恢复。但是，祁连山森林总量不足，北坡森林覆盖率为 10.9%，南坡的森林覆盖率只有 5.92%，远远低于全国 18.2%的平均水平。其中，有林地面积比例只有 18.93%，灌木林比例为 49.06%。区划林地面积只有 11.285 万 hm^2（其中，甘肃 8.575 万 hm^2、青海 2.71 万 hm^2），占总面积的 0.6%，占宜林地面积的 10%～15%，森林扩展没有空间。近年来，超载放牧导致大面积灌木林退化，一些林分因覆盖度过高或过低，森林涵养水源功能下降，森林结构不合理，生物多样性降低，森林火险等级高，火险隐患多，森林长势衰弱，病虫危害增加。

六、山前平原区泉水枯竭河水断流

虽然从长时段分析，整体上祁连山出山流量有所增加，但由于工农业和居民生活用水激增，水资源短缺的矛盾仍然较为突出。随着河流水系的人工化，靠河道渗漏水补给的洪积扇前缘泉水枯竭、河流萎缩，下游终端湖干涸，地下水水位下降，水质恶化。

石羊河下游自 1958 年红崖山水库蓄水以来，青土湖干涸，地下水水位下降 10～20m，最多达 40m。武威、民勤、永昌出现漏斗，水质恶化，人畜饮水困难。同时，民勤绿洲盐碱地面积增加，下游地下水矿化度以每年约 0.1g/L 的速度增长，苦咸水面积由民勤湖区扩展到泉山区，高矿化度水灌溉使盐碱地面积由中华人民共和国成立初的 1.2 万 hm^2 扩至 2.75 万 hm^2。

居延海在内蒙古额济纳旗境内，是额济纳河（黑河）下游的终端湖。历史上的居延海水量充足，面积最大时曾达 2 万～3 万 km^2，湖畔土地肥沃，是我国最早的农垦区之一，早在汉代就开始了农垦历史。因主要补给水源额济纳河注入湖中的水量减少，20 世纪 80 年代初湖面萎缩为 23.6km^2，最大水深为 1.8m，1992 年东居延海完全干涸。1982 年下游还有的 34.87 万 hm^2 柽柳林，到 2000 年仅剩下 10 万 hm^2，7.17 万 hm^2 的胡杨、沙枣林也面临绝迹的危险。

疏勒河史前曾西流入罗布泊，历史时期河流不断萎缩，17 世纪末退到了的哈拉池，其后依次退缩至玉门关以西的盐池湾、玉门关以东的波罗湖，清末退至哈拉诺尔，1950

年接近到达瓜州西湖。1960 年双塔水库建成后，瓜州县城以下河道基本上断流。据 20 世纪 90 年代调查，区内有 320 余个泉眼，泉水溢出，形成季节性湖泊、沼泽，仅湾窑墩一带湿地面积达 3.3 万 hm^2，生长 127 种植物，栖息黑颈鹤、野骆驼、鹅喉羚等 122 种动物。1950～2005 年，敦煌境内湿地以每年近 2700hm^2 的速度萎缩，面积由 1950 年的 25 万 hm^2 减少到 2003 年的 11 万 hm^2，到 2005 年仅存 1.8 万 hm^2。

党河原是注入疏勒河的一级支流，1974 年建成党河水库后，水库以下断流。地下水水位以每年 0.3～0.5m 的速度连续下降，1960 年月牙泉平均水位为 1141.50m，最大水深为 7.50m，水域面积为 1.47hm^2，到 1998 年水域面积只剩下 0.4hm^2，最大水深不足 1.0m，水域面积缩减了 72.7%，最大水深减少了 6.5m。目前，月牙泉最大水深仅维持在 1m 左右，通过每年注水 1000 万 m^3 得以维持。敦煌绿洲原有的 14.6 万 hm^2 天然林减少到 8.7 万 hm^2，80%湖泊消失，沙漠向绿洲逼近。

七、土地荒漠化扩展

水资源总量不足和生态用水减少，过牧、毁林开荒和绿洲盲目扩大导致祁连山区和河西走廊土地荒漠化呈扩展趋势。祁连山区植被退化明显。20 世纪末与 70 年代相比，祁连山北坡盖度大于 60%的植被茂密区面积减少 2653km^2，占 25.9%；盖度在 10%～30%的植被较少区面积减少 5125km^2，占 26.1%；而盖度小于 10%的植被稀疏区面积增加 12512km^2，占 79.6%。1952～1980 年青海祁连山林区 28 年间采伐木材 31.66km^3，森林面积比中华人民共和国成立初期减少 16.5%；草地超载幅度 87.8%，部分区域接近 90%，鼠害、虫害蔓延，草地严重退化，重度退化草地占 30.27%，大面积的高寒草甸已退化成“黑土滩”等荒漠化土地。

2004 年第三次荒漠化监测结果显示，甘肃境内祁连山北坡荒漠化土地面积达到 215.8 万 hm^2，占监测区总面积的 67.4%；青海祁连山地区沙化草地面积为 68.66 万 hm^2，“黑土滩” 62.05 万 hm^2；河西地区沙化土地面积达到 1671.14 万 hm^2，较 1999 年又增加 59.24 万 hm^2。沙漠化土地以每年 0.18%～0.72%的速度递增，某些沙化严重地区的递增率达 1.47%。浅山地区水土流失面积加大，程度增强；流域中下游次生盐渍化面积不断扩大。

石羊河流域沙漠化面积已达 21.5 万 hm^2，草场退化面积为 150 万 hm^2，流沙压埋农田 0.53 万 hm^2。沙漠以每年 8～10m 的速度向绿洲推进。1994～2014 年，敦煌绿洲区外围沙漠化面积增加了 1.3 万 hm^2，平均每年扩大近 1300hm^2，沙漠每年向前推进 3～4m。

土地沙漠化的严峻形势使河西走廊的干旱、大风、沙尘暴、低温霜冻等自然灾害频繁发生，其中以沙尘暴造成的影响范围最广、威胁最大。特强沙尘暴出现的频率在 20 世纪 50 年代为 5 次，60 年代为 8 次，70 年代为 13 次，80 年代为 14 次，90 年代为 23 次。1993 年 5 月 5 日，甘肃、内蒙古、宁夏发生特大黑风暴，共造成 85 人死亡，影响范围达 100 万 km^2，成为中华人民共和国成立以来最严重的风沙灾难。该事件以后，河西走廊的沙尘暴有逐年增多的趋势，新一轮沙尘天气的特点是时间提前，强沙尘暴频率增加。2000 年河西地区出现沙尘天气 9 次，强沙尘暴 2 次；2010 年仅影响兰州的沙尘天气就有 11 次之多。河西走廊和黑河下游额济纳已成为东亚沙尘暴源区。

第四节　河流水质恶化与水污染严重

人们通常所说的水资源是能够满足生产生活要求的矿化度低于 1g/L 的淡水资源，因此在评价区域水资源时，必须同时从水量、水质两个方面考虑。目前，世界各地发生的水资源危机主要是由水资源的污染引起的，特别是第三世界落后国家，饮用清洁水的不足已成为影响国家发展、人民健康的头等问题。在这个问题上西方发达国家负有不可推卸的责任。西方发达国家经历了 100 多年的工业化过程以后，遭受了工业污染的巨大危害，在国内立法逐渐完善、生产成本上升以后，必须寻找合适的低成本的生产地；而第三世界落后国家大多数没有经历过或正在经历工业化过程，人们对工业化带来的好处羡慕有加，对工业化带来的恶果却浑然不知，在国内立法和政策上存在许多环境保护漏洞。20 世纪 80 年代世界市场的再分配，使这两个世界终于实现了皆大欢喜的交接班和产业转移。我国南方经济发达地区，1990～2010 年的发展完全再现了工业化国家 100 多年的痛苦历程，而东部沿海和南方落后的中小城镇仍然在重复这个过程。随着我国环境保护法规的建立健全，东南经济发达地区高污染、高耗能企业正承受着前所未有的社会压力和经济成本节节攀升的压力，由此引起西部落后地区也正面临或经历着低级产业转移的巨大危险。

一、塔里木河干流水环境恶化

水质恶化是水环境变化的重要指标。冯起等（2004）对 1960～2000 年塔里木河水质情况进行了分析，结果表明，在塔里木河上游的阿拉尔站，1960 年的最大含盐量是 1.28g/L，1965 年是 3.5g/L。然而，1981～1984 年含盐量达到 4.0g/L，1998 年竟高达 7.8g/L，2000 年仍高达 7.0g/L。1960 年中游地区浅层地下水的含盐量为 0.43～0.82g/L，下游地区为 1.02～8.90g/L。而 1995 年，中游地区达到 0.62～1.40g/L，下游地区为 5.0～16.0g/L。到 2000 年，中游地区达到 0.77～2.01g/L，水化学类型由 HCO_3^--Cl^--Ca^{2+}-Mg^2 变为 Cl^--SO_4^{2-}-Ca^{2+}-Mg^{2+}，下游地区为 5.1～13.0g/L（表 12-1）。矿化度升高的原因是中游过量地开发利用水资源，结果是下游补给严重减少。1995 年，下游浅层地下水含盐量的变化为 5.0～16.0g/L，比 1960 年增加了两倍。另外，流域农田盐化面积以每年 100hm^2 的速度增加。

表 12-1　塔里木河中游和下游水质变化

取样时间	水源类型	中游地区		下游地区	
		含盐量/（g/L）	水化学类型	含盐量/（g/L）	水化学类型
1960 年	地表水	0.31～3.28	HCO_3^--Cl^--Na^+-Mg^{2+}	0.86～8.56	SO_4^{2-}-Cl^--Na^+-Mg^{2+}
	浅层地下水	0.43～0.82	HCO_3^--Cl^--Ca^{2+}-Mg^{2+}	1.02～8.90	Cl^--SO_4^{2-}-Na^+-Mg^{2+}
1995 年	地表水	0.87～6.12	HCO_3^--Cl^--Na^+-Mg^{2+}	0.82～3.64	SO_4^{2-}-Cl^--Na^+-Mg^{2+}
	浅层地下水	0.62～1.40	HCO_3^--Cl^--Ca^{2+}-Mg^{2+}	5.0～16.0	Cl^--SO_4^{2-}-Na^+-Mg^{2+}
2000 年	地表水	0.78～5.13	HCO_3^--Cl^--Na^+-Mg^{2+}	1.03～3.06	SO_4^{2-}-Cl^--Na^+-Mg^{2+}
	浅层地下水	0.77～2.01	Cl^--SO_4^{2-}-Ca^{2+}-Mg^{2+}	5.1～13.0	Cl^--SO_4^{2-}-Na^+-Mg^{2+}

同时，1960 年中游地区地表水的含盐量为 0.31～3.28g/L，下游是 0.86～8.56g/L，1995 年中游的含盐量达 0.87～6.12g/L，下游达 0.82～3.64g/L。而到 2000 年中游含盐量达 0.78～5.13g/L，下游达 1.03～3.06g/L（表 12-1）。中游地表水化学类型为 HCO_3^--Cl^--Ca^{2+}-Mg^{2+}。相比之下，下游地区水化学类型更普遍，为 SO_4^{2-}-Cl^--Na^+-Mg^{2+}，表明塔里木河中游和下游的粗放式发展与水资源过度利用，使下游地区地表水水质恶化。

塔里木河大多数的化学元素也超过了国际水质标准，污染程度不断加剧，已超过了一般生活用水标准。例如，Na、Rb、Ca、As 和 Ba 的含量分别高出国际水质标准 2 倍、6.6 倍、1.2 倍、4.2 倍和 20 倍。而且，在中游和中下游地区，化学需氧量（chemical oxygen demand，COD）为 0.9～8.6mg/L，碳酸含量为 0.3～0.5mg/L，中游水库污染严重，COD、BOD（biological oxygen demand，生物需氧量）和 NH_4^+-N 含量分别是 15.04mg/L、1.82mg/L 和 0.64mg/L。而下游水库的情况更糟，COD、BOD、NH_4^+-N 含量分别是 19.30mg/L、1.93mg/L、0.33mg/L。

二、黑河干流水环境恶化

黑河流域的水化学分布特征（1982 年）是上游 HCO_3^--SO_4^{2-}-Ca^{2+}-Mg^{2+}型；中游正义峡的水化学类型是 SO_4^{2-}-HCO_3^--Cl^--Mg^{2+}-Ca^{2+}；而到了下游，多为 SO_4^{2-}-Cl^--Na^+-Mg^{2+}型水和 SO_4^{2-}-HCO_3^--Cl^--Mg^{2+}型水。而根据 2002 年的取样分析，下游额济纳旗的水化学类型主要是 SO_4^{2-}-Cl^--Na^+-Mg^{2+}型水和 Cl^--CO_3^{2-}-SO_4^{2-}-Na^+型水，这就说明该地区的盐渍化加剧，矿化度升高。表 12-2 是根据额济纳旗 1979 年的水文地质普查资料和 2002 年的取样分析的对比结果，可以看出，1979～2002 年全区矿化度普遍提高 1g/L 以上，有的甚至提高得更多。在湖盆地区，矿化度从 0.9～90g/L 提高到 4.25～208.40g/L，几乎是 1979 年的 3 倍。这表明在 1979～2002 年的 30 年的发展过程中，额济纳旗的水资源矿化度在不断提高，水质在不断恶化。

表 12-2 1979 年和 2002 年额济纳旗各区矿化度 （单位：g/L）

时间	极值	黑河	东河	西河	河道	河岸	湖盆	戈壁	泉水	全区平均
1979 年 5 月	最大	71.02	12.20	71.02	1.70	15.33	90.00	10.6	3.88	3.94
	最小	0.50	0.57	0.50	0.55	0.50	0.90	0.85	0.98	
2002 年 5 月	最大	98.57	13.21	98.57	1.89	13.21	208.40	5.56	5.65	4.60
	最小	0.60	0.60	0.97	0.60	0.73	4.25	0.64	0.53	

三、河西内陆河流域水污染问题

河西地区日渐加重的水环境污染问题与高污染、高耗能产业转移有很大关系。西部地区在计划经济时代原本就是我国资源和初级产品的输出区域，由于经济落后和财政困难，已成为未来产业转移中的牺牲品。

河西内陆河流域水资源从形成上说，绝大部分是产生于祁连山区的优质淡水资源，只有产生于北山地区的少量水资源属于高矿化度的苦咸水。河流出山以后，水质矿化度逐渐增加，特别是经过走廊区城镇以后，污染物质逐渐富集，造成水质恶化。20 世纪

80 年代以前，河西只有玉门石油河天然水质较差，污染比较严重。90 年代来，三大流域中下游河段的污染都逐渐加剧。2000 年内陆河流域废污水排放总量为 2.25 亿 t，其中达标排放量为 0.40 亿 t，仅占废污水排放总量的 17.8%。全流域日平均排放量为 61.38 万 t，其中工业废水日平均排放量为 51.43 万 t，占 83.8%；生活污水日平均排放量为 9.95 万 t，占 16.2%。

对河西内陆河水质监测河段地表水质量进行检测，主要超标项目为氨氮、挥发酚、高锰酸盐指数、六价铬（表 12-3）。疏勒河、石油河上游、黑河上游、金川河水质较好；北大河上游水质受到轻度污染，但未超标；黑河下游、北大河下游、山丹河、石羊河中下游、红水河水质受到严重污染，主要超标项目为高锰酸盐指数、氨氮、六价铬、砷、挥发酚等；石羊河下游、上游受到极严重污染，主要超标项目为六价铬、氨氮、挥发酚、亚硝酸盐氮、溶解氧、化学需氧量等。枯水期内陆河流域Ⅳ类水质河长 76km，Ⅴ类水质河长 44km，超Ⅴ类水质河长 26km，主要分布在城市附近及江河下游的人口密集区，水资源的质量受到严重影响。

表 12-3　河西内陆河流域监测河段水质状况

河名	重点河段	水质类别	主要超标项目及超标倍数
黑河	莺落峡	II	—
黑河	高崖	V	挥发酚（1.0），高锰酸盐指数（0.5）
北大河	冰沟	III	—
北大河	北大桥	V	六价铬（0.6）
讨赖河	鸳鸯池	II	—
山丹河	山丹桥	V	六价铬（0.3）、挥发酚（5.2）、氨氮（4.6）、高锰酸盐指数（8.6）、砷（5.9）

由表 12-3 可以看出，河西水资源污染状况形势相当严重。尤其是石羊河流域，在长期缺水、以地表水短缺和地下水超采为主的水资源危机爆发以来，人们关注的焦点是外流域调水工程，忽略了本流域水资源水质的保护，造成了严重污染。1996 年石羊河红崖山水库水质为Ⅲ类，没有纳入水质重点监测范围；1999～2001 年该水库水质变为Ⅴ类水质；2002 年冬季水质迅速恶化，达到超Ⅴ类极限标准，水库鱼类全部死亡。民勤在经历长期缺水、风沙大量掩埋耕地、湖区丧失生态生产功能而全面放弃以后，又一次面临更大的社会危机。如果不解决武威污染企业废水排放问题，民勤的状况将进一步恶化。酒泉下游鸳鸯池水库的水质状况同样令人担忧，目前也正面临着水质逐渐恶化的危险。

按照河西河流来水量计算，工业和生活污水进入河流以后，水质下降程度不超过Ⅲ类水质标准，这个数量为河流纳污容量。河西多年平均纳污容量为 0.6021 亿 m^3/a，但区域污水排放总量 1990～2001 年保持在 2 亿 m^3/a 以上，大部分企业没有污水处理设施，而部分经过处理后的污水多数被用于城市绿化及下游灌溉，这部分水量稍加处理后仍可用于农林及生态环境保护，应尽量避免将这些水直接排入河道或盐沼。西北内陆河地区工业和城镇生活污水对环境的危害非常大，这是因为内陆河流域的环境污染容量本身很小，而且污染物质一旦进入地表水与地下水循环的通道，造成的影响将是长期的、持续的，短时间内很难彻底清除；同时，由于内陆河地区水资源非常贫乏，对土地和环境造成的污染很难通过环境自净和天然降水的冲刷恢复。

第五节　平原植被退化土地沙漠化

一、平原植被严重退化威胁绿洲

在干旱区特定的生态环境条件下，荒漠植被主要依靠地下水和沙漠凝结水生存。对沙生植物作用的分析，以及地下水水位埋深对植物生长和土壤盐渍化影响的分析表明，地下水对生态环境的控制作用、地下水埋深及包气带水分运动状况是主要的生态环境指标。保持合理的生态地下水水位是防止植物死亡和土地荒漠化的关键；维持适度的地下水水位埋深，是防治人工绿洲、天然绿洲及荒漠植被退化、土壤荒漠化的关键，可以控制土壤水盐运移和均衡，达到改良土壤和改善地质生态环境的目的（崔亚莉等，2001）。这一水位埋深称为地下水最佳的生态环境埋深，是评价地下水水位变化的阈值。当地下水水位在此区间时，生态环境良好，反之，生态环境将遭到破坏。一般情况下，水位埋深小于 2m 时，蒸发量大，地下水矿化度高，容易出现土壤盐渍化。地下水水位大于 5m 时，土壤含水量很小，潜水蒸发消失，以至于浅根植物无法得到维持其正常生长所需的水分，造成旱生植物开始凋萎，同时发生土壤沙化。因此，干旱地区地下水最佳生态环境埋深为 2.5m。在地下水水位埋深小于 2m 时适当开采地下水，使之保持在 2.5m 左右，不但不会影响植物生长，反而可以防止潜水无效蒸发引起土壤盐碱化和盐渍化。

自 20 世纪 50 年代以来，塔里木河流域植被生物量降低、多样性趋于简单。例如，1958～1978 年，胡杨覆盖面积减少了 69.6%，生物量减少了 57.4%；1958 年上游 2300km^2 的胡杨拥有生物量 113 万 m^3，1978 年胡杨面积为 582km^2，拥有生物量 87.5 万 m^3，而 1978 年胡杨面积仅为 435km^2，仅拥有生物量 65.4 万 m^3；1958 年中游胡杨面积为 1758km^2，生物量为 328.8 万 m^3，1978 年胡杨面积减少到 1002km^2，生物量为 146.0 万 m^3；1958 年下游胡杨面积为 540km^2，生物量为 27.0 万 m^3，1978 年胡杨面积为 164km^2，生物量为 6.2 万 m^3（新疆地理研究所，1995）。

塔里木河中游地区大约有 550km^2 的草地严重退化，导致草原的承载力也降低了 1/4。同期，下游草地退化的面积达 200km^2（吴申燕，1992）。塔里木河大约有 38000km^2 的土地沙漠化，其中 4565km^2 是由不合理的水资源利用造成的。塔里木河流域的森林生物量 1960～1990 年减少了 82.5%（许英勤等，2001）。20 世纪 50 年代之前，茂密的牧草植物，像芨芨草、苦豆子、罗布麻和喜沟渠湿地的植物芦苇、盐穗木，盐节草、香蒲等覆盖了整个塔里木河下游。80 年代时，塔里木河下游径流量减少使植被覆盖度大大降低，植被覆盖面积减少了 65.2%，其中柽柳林面积相比 50 年代时减少了 57.6km^2。

另外，由于水资源和土地资源开发利用强度增大，自然生长的胡杨和灌木林严重退化。1958～1990 年，塔里木河下游主要树种胡杨面积减少了 3820km^2，而灌木和牧草地面积减少了 200km^2，塔里木河的生物种类也快速减少：草本植物种类从 200 种降低到 20 种，野生动物由 26 种降低到 5 种（梁匡一和刘培君，1990）。

二、中下游土地沙漠化不断加剧影响区域环境稳定

（一）塔里木河土地沙漠化

塔里木河流域严重的水资源浪费和不平均衡的水资源分布，再加上过度砍伐，加速了地表暴露的过程。随着缺水时间的延长和自然植物退化，流沙面积逐渐扩大，导致沙尘暴事件频繁发生，土地沙漠化和盐渍化加剧。1958年，塔里木河流域沙漠化土地面积不超过24600km^2，到1978年，土地沙漠化面积增加了30%，该区的上游、中游和下游沙漠化面积分别提高了17.7%、30.1%和35.3%（新疆地理研究所，1995）。

塔里木河下游阿拉干地区最具代表性。滥用水资源和乱砍木材导致固定沙丘和林地面积快速减少，土地沙漠化不断加剧。通过评价分析可知，土地沙漠化特别是流动沙丘发育的地区明显扩大。土地沙漠化程度包括潜在沙漠化土地（PRD）、正在发生沙漠化土地（OGD）、中度退化沙漠化土地（SIDP）和严重退化沙漠化土地（MSIDP）。1958～2000年总体趋势是轻度沙漠化土地面积逐步减少，PRD和OGD的比例分别由1958年的19.0%、13.37%下降为2000年的5.47%、6.90%，而MSIDP却明显增加，由1958年的43.33%上升为2000年的70.62%（图12-9）。

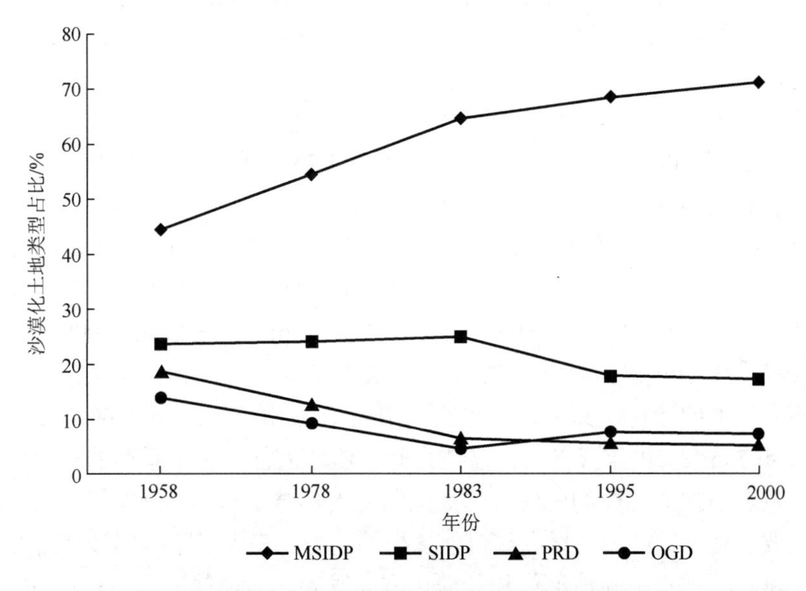

图12-9　塔里木盆地下游阿拉干地区土地沙漠化态势

在干旱沙漠区，滥用水资源导致的环境退化是土地沙漠化产生和发展的主要原因。塔里木河下游水资源本身较为缺乏，加上在干旱季节上游和下游大范围的农业开发，造成下游补给被切断，两岸的自然植被萎靡枯死，导致集中在河流两岸的固定和半固定红柳沙丘活化。在冲积平原废弃耕作的地区，平原边缘的细沙物质和干沙河床的沉积沙在风力作用下输送，形成流动沙地或流动沙丘，沙丘的平均高度为1.0～4.0m，以新月形沙丘为主。同时，在大风的作用下，沙尘暴事件不断发生，导致生态环境严重退化。

（二）石羊河土地沙漠化

根据《甘肃省石羊河流域环境现状评价及劣化经济损失评估》，石羊河流域土地沙化主要分布在武威盆地、民勤盆地和昌宁盆地。

腾格里沙漠南缘二十里大沙和古浪灌区北缘、洪水河以北地区是武威盆地沙漠化发生的主要地段。20 世纪 50～60 年代，古浪北部风沙线基本上以大土沟为界，但现已南移。1991 年，武威盆地沙化耕地约 2333hm^2，丧失耕地能力的有 1027hm^2，分布在段家栅子、塘沟坝一带和八步沙南段，沙化厚度一般为 50cm，轻者 10cm，八步沙地段每年受沙害面积 13.3hm^2；1991 年，吴家井灌区有 26.7hm^2 耕地被沙覆盖，厚度达 4～5cm。二十里大沙是武威市的主要治理地段，50 年代时二十里大沙南缘米家庄仍有人居住，至 1992 年该地已深居沙漠约 0.5km。据武威治沙站对该地区沙丘的观测，1984 年以前，尚未完全治理时沙丘以每年 5m 的速度向东南移动，而 60 年代末南缘种植的大片沙枣林起到了巨大的抵御作用，未使沙漠化蔓延，仅在沙漠防护带北缘一带积沙高达 5m。60 年代编绘的地形图中这里还是一片完好的土地，而现在已完全沙化，沙厚达 1～2m，并向东迁移，在公路东侧出现了零星分布的沙滩。

民勤盆地夹在巴丹吉林和腾格里两大沙漠之间，地处蒙古高压带南部边缘，常年大部分时间盛行西北风，风力强盛，一般为 2～5 级，最大为 9 级。盆地东北部地区多有沙暴，特别是每年冬春季节多有大风。受地理位置和气候条件的影响，沙漠化一直是民勤最主要的自然灾害。据《民勤县志》记载，民勤盆地在清康熙年间就有生态恶化现象，19 世纪初期以来的 200 多年间，沙漠已侵吞农田 1.73 万 hm^2、村庄 6000 多个，汉代的三角城遗址和唐代的连城遗址已深居沙漠达 6km。

20 世纪 50 年代～1992 年，民勤盆地土地完全沙漠化无法耕种的面积达 867hm^2，其中湖区北部沙进 50～70m，侵占耕地约 407hm^2；泉山坝区西部沙漠挺进 40～60m，仅红沙梁西北部 70 年代中期到 1992 年东移了 30～40m，吞没耕地 4400hm^2；中沙窝东部及南部沙漠进移 20～30m，使 167hm^2 土地失去了耕作能力。另外，近 5333hm^2 的土地产生了不同程度的沙化，其中湖区北部 427hm^2，泉山、坝区西部 600hm^2，中沙窝、东沙窝东部 467hm^2。70 年代以前，盆地丘间、洼地大都为湿生系列的草甸植物，后来急速退化，目前已被旱生植物所代替，大面积的天然林木和 50～60 年代人工种植的沙枣林相继衰败、枯死，已失去再生和自然繁衍的能力，丧失了防沙固沙和对绿洲的保护作用，使土壤、植被不断向沙漠化和盐渍化方向发展。盆地盐渍化面积从 70 年代的不足 1.33 万 hm^2，发展到 4 万 hm^2，其中重盐碱化土地就达 2.67 万 hm^2，且不断向南扩展，程度也在加重。尽管这些土地尚可利用，而且部分已得到利用，但沙漠化趋势和危害依然存在。

历史时期，民勤盆地的生态演变过程主要是由人为破坏森林、无节制地采樵砍伐、毁林（牧）开荒造成的。20 世纪 50 年代以来，随着人口的不断增长，除了上述原因外，上中游水资源开发利用程度提高，进入民勤盆地的地表水量减少，加上民勤盆地过量开采地下水，导致地下水水位急剧下降，这是其生态环境恶化最主要、最直接的原因。

昌宁盆地北部直接受巴丹吉林沙漠影响，20 世纪 50 年代到 1992 年，该地区有 600hm^2

土地完全沙化，近 667hm^2 轻度沙化，目前该地区每年受沙害面积 26.7hm^2，其中近 40hm^2 沙化严重，部分土地完全无法耕作。

除外围沙漠入侵造成沙化以外，绿洲内部就地起沙也是一个不可忽视的沙化现象。在民勤分轩北部红沙梁至东湖镇一带不连续地分布着约上万亩的原耕地就地起沙，地表由于风蚀形成一条又一条的沟壕，土壤表层土的流失使土壤本身沙的含量明显增高，加速土壤沙化。

第六节　土壤性质变化

一、塔里木河流域土壤理化性质变化

土壤容重、pH、养分含量和含水量等理化指标是衡量土壤是否沙化的重要指标。土地严重沙化可使土壤的黏粒含量减少，而容重趋于增加。同时，风蚀使地表土壤层原有黏土层减少，上、下土层的土壤容重差异缩小。土壤 pH 以未退化土地最低，以退化土地最高。pH 随风蚀沙化加剧呈增高趋势，说明沙漠化土壤的碱性增强。

塔里木河流域表层土壤风蚀和积沙后，土壤有机质含量急剧下降，退化土地的有机质比未退化的下降 56.9%（表 12-4）（Feng and Cheng，1998）。其中，积沙地平均下降幅度为 79.1%，风蚀地下降幅度为 55.5%，尤其是风蚀洼地中心，其下降幅度高达 71.2%。养分是构成土壤肥力的物质基础，不同的土壤类型所含的养分不同。塔里木河流域表层土壤养分含量变化也十分明显，沙化土地的全养中氮和磷呈明显下降趋势，积沙地平均下降 17.4%和 12.0%，退化土地平均下降 50.0%和 25.4%，而钾呈缓慢增加趋势，积沙地和退化土地分别增加 2.3%和 8.4%。沙化土地的速效养分也大幅度下降。

表 12-4　塔里木河流域土壤物理与化学性质变化

项目	容重/（g/cm^3）		pH	有机质含量/%	养分含量/（g/kg）		
	0～10cm	10～30cm			N	P_2O_5	K_2O
未退化土地	1.47	1.18	8.66	0.850	0.46	0.51	26.3
退化土地	1.52	1.50	8.91	0.366	0.24	0.38	28.0

项目	速效养分含量/（g/kg）			土壤含水量/%		地温/℃	
	N	P_2O_5	K_2O	0～10cm	10～30cm	0cm	10～20cm
未退化土地	0.0655	0.0103	0.116	1.76	2.10	13.6	11.3
退化土地	0.0255	0.0106	0.073	0.85	1.02	14.4	11.6

土壤水分是植物生长的决定因素，土壤含水量的高低直接影响植物的存活、生长和产量。从表 12-4 可以看出，由于机械组成和干沙表层经受风蚀的原因，全期 0～10cm 的土壤含水量普遍较低，10～30cm 的土壤含水量相对较高。0～10cm 深的土壤含水量比较，退化土地均要低于未退化土地的土壤含水量，其大小次序为未退化土地＞退化土地，不过二者之间的差异甚小。然而，10～30cm 深的平均土壤含水量和最高、最低含水量都是未退化土地＞退化土地，而且差异很大，如全期平均含水量未退化土地为退化土地的 2.49 倍，尤其是干旱期，未退化土地下层的土壤含水量要比退化土地高 3～5 倍。

二、黑河下游土壤养分变化

内蒙古土地勘查设计院 1978 年和 2002 年对额济纳旗 5 种不同土壤类型养分含量的调查结果显示，1978～2002 年不同土壤中各种养分都有不同程度的减少（表 12-5）。全磷含量在灰棕漠土中变化最大，从 1979 年的 0.110%减少到 2002 年的 0.038%，减少了 65.5%；全氮的含量在半（固）定风沙土中变化最大，从 1979 年的 0.028%减少到 2002 年的 0.017%，减少了 39.3%；有机质的含量在流动风沙土中变化最大，从 1979 年的 0.370%减少到 2002 年的 0.140%，减少了 62.2%；而全钾的含量是龟裂性土中变化最大的，从 1979 年的 3.050%减少到 2002 年的 2.370%，减少了 22.3%。这说明额济纳旗在 1978～2002 年土壤养分减少迅速，沙漠化程度不断加强。

表 12-5　额济纳旗不同类型土壤养分含量　（单位：%）

土壤名称	年份	有机质	全氮	全磷	全钾
灰棕漠土	1979	0.240	0.023	0.110	2.380
	2002	0.187	0.018	0.038	2.069
草甸土	1979	0.928	0.035	0.636	2.298
	2002	0.808	0.064	0.047	2.262
流动风沙土	1979	0.370	0.019	0.076	2.200
	2002	0.140	0.016	0.031	2.010
半（固）定风沙土	1979	0.557	0.028	0.090	2.260
	2002	0.250	0.017	0.039	2.040
龟裂性土	1979	0.608	0.034	0.116	3.050
	2002	0.516	0.037	0.052	2.370

三、土壤有机碳含量变化

干旱地区土地退化和土壤中有机物大量损失，进一步导致植被盖度减少和土壤生产力降低。土壤有机物空间分布的变化与分解是全球二氧化碳变化的重要因素（Moore and Knowles，1989），因此塔里木河流域的沙漠化土地很可能对全球的二氧化碳状况有重要影响（Feng，1999）。塔里木河流域沙漠化土地表层（0～100cm）储存的有机碳总量是 396.4Tg（表 12-6）。其中，271.6Tg 储存在 PRD 中，23.5Tg 储存在 OGD 中，97.7Tg 储存在 SIDP 中，还有 3.6Tg 储存在 MSIDP 中（Feng et al.，2001a）。根据调查结果分析，塔里木河流域 OGD 平均每年增加 0.5%，在 SIDP 地区每年增加 1.1%，MSIDP 每年增加 19.0%。根据目前沙漠化土地的有机碳含量估算，20 世纪 60～90 年代近 30 年间向大气中释放的有机碳量达 112.2Tg，其中 28.3%的有机碳来源地表 0～100cm 的土层。30 年间 OGD 释放有机碳量为 12.8Tg，SIDP 释放有机碳量为 17.7Tg，MSIDP 释放有机碳量为 33.4Tg，其余的来自 PRD。由此可见，潜在沙漠化土地具有较大的释放有机碳的能力，这对沙漠化土地的管理具有重要意义。假如现在塔里木河流域全部 OGD 退化为 SIDP 和由 SIDP 再退化为 MSIDP，它们将分别向大气中释放 10.7Tg 和 80Tg 的有机碳，共有 284.2Tg 的有机碳释放到大气中，其中 71.07%的有机碳来源于 0～100cm 的土壤层。

表 12-6　塔里木河流域表层（0～100cm）土壤有机碳的变化

时间	沙漠化土地面积与碳量	PRD	OGD	SIDP	MSIDP	总计
20 世纪 60 年代	面积/km^2	11131	1824	10510	1135	24600
	有机碳量/Tg	271.6	23.5	97.7	3.6	396.4
20 世纪 90 年代	增加沙漠化土地面积/km^2	1559	584	3690	6480	12313
	有机碳散发量/Tg	48.3	12.8	17.7	33.4	112.2
2010 年	增加沙漠化土地面积/km^2	—	973	6150	10800	17923
	有机碳散发量/Tg	—	23.2	29.3	54.4	106.9
2030 年	增加沙漠化土地面积/km^2	—	3186	19120	16255	38561
	有机碳散发量/Tg	—	30.3	41.2	76.0	147.5

注：PRD、OGD、SIDP 和 MSIDP 分别代表潜在沙漠化土地、正在发生沙漠化土地、中度退化沙漠化土地和严重退化沙漠化土地。1Tg=10^{15}g

如果继续维持传统的土地使用模式和体系，流域土地退化的路径将是：由 OGD 退化为 SIDP 或最先发展成为 PRD，再由于人类活动干扰退化为 OGD；或者由于强烈的人类活动干扰，潜在的沙漠化土地直接退化为 SIPD（Feng et al.，2001a）。在发电厂、化工厂、油田基地区，由于人口快速增加和城市化发展，城市周围的土地已由潜在沙漠化土地变为严重沙漠化土地。干草原地区土地沙漠化也是由于人口增长对土地压力增大的结果（Liu et al.，2003；Feng et al.，2001b），一般干草原在人类强烈干扰下，只用 5～10 年时间，土地就开始退化。

如果没有人为的科学恢复，到 2030 年，塔里木河流域将有 38561km^2 土地出现沙漠化。根据 1990 年沙化土地中有机碳的含量，预计到 2030 年向大气中释放的有机碳量为 147.5Tg。OGD、SIDP 和 MSIDP 释放有机碳量，到 2030 年分别为 30.3Tg、41.2Tg、76.0Tg（表 12-7）。可见，塔里木河流域不合理的水资源开发利用，在造成土地退化的同时，也间接带来碳循环格局的变化，进而对全球环境变化产生一定影响。

这些问题的总根源就是水资源数量不足，但需求基数过大、需求增长过快。因此，可以把复杂的水资源形成与开发利用的巨大问题，转化成简单的供求关系来对此进行分析。从一般商品的供求矛盾来说，当供给不足时增加生产，如果生产能力不足，则转而抑制需求。水资源是一种特殊商品，其生产不能由人类定夺，它有自身的形成转化规律，除了从外流域调水，从根本上说人类无法大幅增加供给数量，只有抑制需求这一条道路可走。当然，抑制需求在没有陷入绝境之前，并不是限制发展或放弃发展。抑制需求的途径有两个：一是直接削减、压低需求量；二是通过资源的节约降耗，在不牺牲发展速度的前提下来逐步实现。当然人们愿意接受后者。这样，发展节水技术、提高水资源开发利用水平、完善水资源管理制度就成为人们的必然选择。

第七节　用水紧张程度分类

内陆河流域地区水土资源开发利用过度，使下游地区来水量逐年减少，破坏了水盐平衡和区域地下水动态平衡，导致地下水水位持续下降，引起大面积生态环境恶化。从用水结构看，表现为经济用水与生态环境用水比例失衡。

在目前经济技术条件下，河西地区经济和生活用水量应控制在 70%，经济用水量最高控制在 50.5 亿 m^3/a；生态用水量应保证不低于 30%，丰水年争取要达到 35%，用水量应不少于 25 亿 m^3/a。要完全实现上述用水比例必须采取严厉的行政措施。如果按照上述最高 60%的经济用水和 40%的生态用水比例控制河西发展，不但起不到改善生态环境的作用，而且有可能导致经济严重衰退，进而导致生态环境的大规模恶化。联合国发布的世界用水紧张程度指标（表 12-7）对于指导河西地区水资源管理有一定作用，但这个指标不能作为流域综合治理的指导原则。

表 12-7　用水紧张程度分类

用水紧张程度	用水量与可用淡水比值/%	分类描述
A 低度紧张	＜10	用水不是限制因素
B 中度紧张	10～20	可用水量开始成为限制因素，需要增加供给，减少需求
C 中高度紧张	20～40	需要加强供水和需水两方面的管理，确保水生生态系统有充足的水流量，增加水资源管理投资
D 高度紧张	＞40	供水日益依赖地下水超采和咸水淡化，急需加强供水管理。严重缺水已经成为经济增长的制约因素，现有的用水格局和用水量不能持续下去

从历史经验看，引起土地沙漠化的一个重要原因是人类不适当地反复开垦与放弃。开垦土地一旦放弃，将引发快速的土地沙漠化。从实际考察中发现，古代废弃的军事要塞和古代城镇周围都有大片活化沙漠存在，这些沙漠是由古代农业耕地废弃以后形成的。由于农业耕地一般选择在土层厚、土壤质地比较细的沙地上开垦，这些耕地放弃后，表层物质容易被风沙侵蚀，形成现代活化沙漠。中华人民共和国成立以后，民勤绿洲地区在原先尾闾湖区大量开垦耕地，以地下水为主进行农业灌溉，然而随着下游来水的逐年减少，湖区地下水矿化度逐渐升高，地下水井也越打越深，同时腾格里沙漠逐渐向湖区绿洲内部发展，压埋农田，在缺水和沙漠化的双重压力下，农田现在基本上从湖区退出，即使有部分没有退出的农田，生产环境继续恶化，无法维持正常生产，不久也会自然退出，这为新的活化沙漠提供了物质条件。石羊河流域金昌下游的昌宁盆地与民勤情况类似，20 世纪 80 年代在黑瓜子经济大潮中，盲目开垦大量荒地，靠地下水维持生产，后因地下水减少、生产成本增加、黑瓜子价格下跌而放弃生产；同时，由于用水紧张，昌宁灌区原有的土地难以保证灌溉，大量弃耕，结果形成大面积沙漠活化区，给武威各县造成很大风沙危害。

由此可见，这种垦而复弃的粗放耕作制度，对土地沙漠化形成起着推波助澜的作用。应当大力加强开垦制度的管理，尽量减少没有水源充分保证的土地开垦。目前，河西地区这种性质的灌溉保证率很低的耕地很多，水肥没有保障，时耕时弃，生产力也很低下，对河西生态环境建设构成严重威胁。

第八节　可持续利用预警综合评价

流域水资源可持续利用是一项复杂的系统工程，涉及资源、经济、社会等多个系统，对其综合评价具有一定的难度和不确定性（罗朝晖等，2004；刘恒等，2003；牛文元，1994）。流域水资源可持续利用实质上是一种多层次、多目标的决策问题，常用的评价方法包括模糊综合评价、层次分析等方法（王本德等，2004；金菊良等，2004），这些方法很重要的一部分内容就是确定权重系数。综合评价中，人们常用 Delphi 法、专家调查法、层次分析法等确定权重系数（李慧伶等，2006；金菊良等，2004）。这些方法确定权重系数比较复杂，而且常带有主观随意性。多元统计分析的主成分分析法为综合评价提供了一个简单直观的评价方法（夏庆云等，2007）。

一、基于主成分分析的评价方法

主成分分析法是设法通过将原来众多具有一定相关性的指标，重新组合成一组新的相互无关的综合指标（主成分），从而达到降维的目的，同时得到其方差贡献率。基于主成分分析的综合评价就是把各主成分的方差贡献率看作相应的权重，构建基于主成分的综合评价指标（王群妹和梁雪春，2010；夏庆云等，2007；叶晓枫和王志良，2007）。评价的具体步骤如下。

（1）数据归一化处理。数值越大、压力越大型指标标准化处理方法：

$$x_i^*=\frac{x_i-x_s}{x_1-x_s} \tag{12-1}$$

数值越小、压力越大型指标标准化处理方法：

$$x_i^*=1-\frac{x_i-x_s}{x_1-x_s} \tag{12-2}$$

式中，i 为指标个数，$i=1,2,\cdots,n$；x_i^* 为经过标准化处理后的指标值；x_i 为原始指标值；x_s 为该指标中的最小值；x_1 为该指标中的最大值。

（2）建立相关系数矩阵。通过对归一化后的数据分别进行统计分析，得到各指标之间的相关系数。

（3）求相关矩阵的特征值，确定主成分个数。求相关系数矩阵的特征值，并根据最初几个特征值在全部特征值中的累积方差贡献率大于等于一定的百分率的原则（通常取累积方差贡献率大于等于 85%），确定选取的主因子个数。得到主因子的累积方差贡献率和主因子得分。

（4）以累积方差贡献率为权重，构建主因子得分的线性组合，作为综合评价指数。

二、水资源可持续利用预警综合评价

水资源可持续利用预警综合评价以石羊河流域为例。

（一）数据选择与处理

对石羊河流域 1994～2008 年耕地灌溉率、水资源利用率、水资源开发利用程度、供水模数、需水模数、人均供水量、生态环境用水率、农业用水有效利用率、工业用水循环利用率、农田灌溉亩均用水率、城镇人口人均日均生活用水量、农村人口人均日均生活用水量、工业万元 GDP 用水量、地表水控制率、人均可利用水资源量 15 个水资源可持续利用评价指标数据（表 12-8），进行石羊河流域水资源可持续利用预警数据归一化处理，表 12-9 为数据归一化后的结果。

表 12-8 石羊河流域水资源可持续利用评价指标数据

年份	耕地灌溉率/%	水资源利用率/%	水资源开发利用程度/%	供水模数/（万 m^3/km^2）	需水模数/（万 m^3/km^2）	人均供水量/（m^3/人）	生态环境用水率/%	农业用水有效利用率/%
1994	0.2565	0.5994	0.5860	0.6087	1.0000	0.9075	0.0000	1.0000
1995	0.2268	0.6885	0.6407	0.3478	0.5929	1.0000	0.0000	0.8889
⋮	⋮	⋮	⋮	⋮	⋮	⋮	⋮	⋮
2007	0.2639	0.7729	0.7661	0.1014	0.2655	0.5780	0.7073	0.1111
2008	1.0000	0.4069	0.3943	0.3768	0.3540	0.3179	0.9756	0.0000

表 12-9 石羊河流域水资源可持续利用预警数据归一化处理数据

年份	工业用水循环利用率/%	农田灌溉亩均用水率/%	城镇人口人均日均生活用水量/［L/（d·人）］	农村人口人均日均生活用水量/［L/（d·人）］	工业万元 GDP 用水量/m^3	地表水控制率	人均可利用水资源量/m^3
1994	1.0000	0.8872	0.0000	0.0000	1.0000	0.3305	0.0000
1995	0.9286	1.0000	0.0000	0.0000	0.7528	0.6667	0.1392
⋮	⋮	⋮	⋮	⋮	⋮	⋮	⋮
2007	0.0714	0.6541	0.9835	0.9310	0.0637	0.6695	0.8861
2008	0.0000	0.4060	1.0000	1.0000	0.0000	0.0000	0.9620

（二）主成分分析综合评价

选用 SPSS 软件，对经过标准化处理后的水资源可持续利用数据进行主成分分析，得到各个主成分因子的方差贡献率和累积方差贡献率，见表 12-10。

表 12-10 石羊河流域水资源可持续利用各主成分因子方差贡献率

主成分编号	方差贡献率/%	累积方差贡献率/%
1	47.468	47.468
2	24.054	71.522
3	13.316	84.838
4	6.209	91.047
5	4.728	95.775
6	3.004	98.779
7	0.540	99.319
8	0.377	99.696

从表 12-10 可以看出，前 4 个主成分因子的累积方差贡献率达到 91.048%，说明前 4 个主成分因子已经能够反映原始变量 85%以上的信息，因此提取前 4 个主成分因子即可满足分析要求。

利用回归法计算得出各主成分因子得分函数的系数矩阵，根据因子得分系数矩阵计算得到因子得分函数，根据各主成分因子的得分函数计算得 1994～2008 年石羊河流域水资源可持续利用主成分因子得分矩阵（表 12-11）。

表 12-11　石羊河流域水资源可持续利用主成分因子得分矩阵

年份	主成分 1	主成分 2	主成分 3	主成分 4
1994	1.3149	–0.1766	1.5176	0.3590
1995	1.3731	0.7010	1.3111	–0.4686
⋮	⋮	⋮	⋮	⋮
2007	–1.0161	0.8278	0.1024	–1.4361
2008	–1.9074	–1.3459	0.8071	0.1083

根据因子得分矩阵（表 12-11），将各个主成分的方差贡献率（表 12-10）作为权重，对各个评价的主成分进行线性加权求和，所得结果为最终的评价结果，即

$$Y=\sum_{i=1}^{k}Y_i a_i \ (k \leqslant p) \tag{12-3}$$

式中，k 为提取的主成分因子个数；p 为原始变量中指标的个数；Y_i 为某县（市、区）第 i 个主成分因子的得分；a_i 为某年第 i 个主成分的方差贡献率；Y 为最终的评价结果，即该年的水资源可持续利用的综合指数。由式（12-3）计算得到 1994～2008 年石羊河流域水资源可持续利用的综合指数（表 12-12）。

表 12-12　1994～2008 年石羊河流域水资源可持续利用综合指数

年份	水资源可持续利用的综合指数	年份	水资源可持续利用的综合指数
1994	0.80556	2002	–0.07279
1995	0.966704	2003	–0.2443
1996	0.655118	2004	–0.32664
1997	0.492008	2005	–0.40898
1998	0.154079	2006	–0.45107
1999	0.039154	2007	–0.35652
2000	–0.05066	2008	–1.11517
2001	–0.04174		

（三）预警分析

根据对比判断法，结合区域水资源可持续利用现状及相关文献，当预警指数小于 0 时，水资源系统由中级可持续利用向低级利用状态转化，系统的发展朝不利方向进行，按预警原理，此时系统进入有警状态，在此引进模糊数学隶属度概念，将警度的划分转化为隶属度的划分。在系统向有警状态演化过程中，预警综合指数的最优值为 0，记为 M_b，最劣值为–2（对应最低级状态），记为 M_a，则隶属度为

$$R(x)=\begin{cases}0 & (E \geqslant M_\text{b}) \\ (E-M_\text{b})/(M_\text{a}-M_\text{b}) & (M_\text{a}<E<M_\text{b}) \\ 0 & (E \leqslant M_\text{a})\end{cases} \tag{12-4}$$

按照设定的预警对象的警限 0.25，将预警极度划分为

轻警区间：$R(x) \in [0,0.25)$

中警区间：$R(x) \in [0.25,0.45)$

重警区间：$R(x) \in [0.45,0.65)$

巨警区间：$R(x) \in [0.65,0.85)$

根据上述水资源可持续利用预警指数，计算的 1994～2008 年石羊河流域水资源可持续利用综合指数预警结果见表 12-13。

表 12-13　1994～2008 年石羊河流域水资源可持续利用综合指数预警结果

年份	综合指数	隶属度	预警结果	年份	综合指数	隶属度	预警结果
1994	0.8056	0	无警	2002	−0.07279	0.0364	轻警
1995	0.9667	0	无警	2003	−0.2443	0.1221	轻警
1996	0.6551	0	无警	2004	−0.32664	0.1633	轻警
1997	0.4920	0	无警	2005	−0.40898	0.2045	轻警
1998	0.1541	0	无警	2006	−0.45107	0.2255	轻警
1999	0.0392	0	无警	2007	−0.35652	0.1783	轻警
2000	−0.0507	0.0253	轻警	2008	−1.11517	0.5576	重警
2001	−0.0417	0.0209	轻警				

（四）警度预测

利用 SPSS 软件，将 1994～2008 年石羊河流域水资源可持续利用预警综合指数拟合，并分别做 2009～2023 年水资源可持续利用预警综合指数预测。根据曲线预测结果，选取拟合度较高的 Linear 一元线性预测，对石羊河流域水资源可持续利用预警综合指数进行预测，拟合度 R^2=0.902，拟合模型为

$$y = 2.933 - 0.116x \tag{12-5}$$

用 Linear 模型做 2009～2023 年资源可持续利用预警综合指数预测，结果见表 12-14。

表 12-14　2009～2023 年石羊河流域水资源可持续利用预警综合指数预测

年份	综合指数	隶属度	预警结果	年份	综合指数	隶属度	预警结果
2009	−0.9270	0.4635	重警	2017	−1.8571	0.9285	巨警
2010	−1.0433	0.5216	重警	2018	−1.9733	0.9867	巨警
2011	−1.1595	0.5798	重警	2019	−2.0896	1	巨警
2012	−1.2758	0.6379	重警	2020	−2.2058	1	巨警
2013	−1.3920	0.6960	巨警	2021	−2.3221	1	巨警
2014	−1.5083	0.7541	巨警	2022	−2.4383	1	巨警
2015	−1.6245	0.8123	巨警	2023	−2.5546	1	巨警
2016	−1.7408	0.8704	巨警				

从上述分析中可以看出，石羊河流域水资源可持续利用呈显著下滑趋势，其中 2000 年警度为 0.0253，已经超过警限，2008 年警度为 0.5576，进入重警状态，反映出石羊河流域水资源开发利用程度在 2000～2008 年显著加深。在未来预测中，石羊河流域水资源开发利用程度将进入巨警状态，已不容忽视。

第十三章　流域水资源承载力

承载力的概念来自生态学的研究，早在20世纪20年代就有学者提出了承载力的概念（Park and Burgess，1921）。资源承载力用于研究人口与资源之间的关系，1950年以来主要集中于土地、水和重要矿产资源方面。随着人口、经济的快速增长，对资源的过度开发利用导致了生态系统的退化，制约了社会经济的可持续发展，最终影响到人类和其他生物的生存环境。21世纪，水资源短缺将成为世界各国社会、经济和生态环境协调发展的瓶颈。如何节约水资源，提高水资源的利用率，合理配置水资源，有效缓解人口、资源与环境之间的矛盾已引起了世界各国的广泛关注。水资源承载力是研究水资源优化配置的基础，对缓解农业用水与生态用水的矛盾、水资源利用与经济发展、生态系统的可持续发展有重要的指导意义，可为合理开发利用水资源提供科学依据。

第一节　水资源承载力研究状况

一、水资源承载力的概念与发展

20世纪80年代，联合国教育、科学及文化组织（简称联合国教科文组织）（United Nations Educational，Scientific and Cultural Organization，UNESCO）提出了资源承载力的概念：一个国家或地区的资源承载力是指在可预见的时期内，利用本地资源及其他自然资源和智力、技术等条件，在保证符合其社会文化准则的物质生活水平下所持续供养的人口数量（UNESCO and FAO，1985）。许多学者在土地、矿产等资源的承载力方面做了大量研究工作，取得了显著的成果（Russell，2003；Irmi and Clem，1999；Jonathan and Scott，1999；Millington and Gifford，1973）。然而，早期的承载力概念局限于资源的人口承载能力范畴，尤其是土地资源的人口承载能力，对水资源承载力的研究不多，较少涉及其与社会、经济、人口之间的关系。与土地资源及其他不可再生资源不同，水资源承载力的概念具有明显的动态特性，与经济社会发展阶段、水资源利用水平和技术手段等密切相关，并强调经济与社会发展的历史阶段和管理及技术条件；其动态性还表现在水资源量的时空动态变化及对气候变化响应强烈。

水资源承载力的研究起步较晚，到目前为止对水资源承载力的概念还没有统一的认识。许多学者在资源承载力的基础上，从以下几个方面阐述了水资源承载力的概念。

（1）从人口容量的角度来定义水资源承载力。许新宜等（1997）在对华北地区水资源承载力进行研究时认为，水资源承载力是指在某一具体的历史发展阶段下，以可预见的技术、经济和社会发展水平为依据，以可持续发展为原则，以维护生态环境良性发展为前提，在水资源合理配置和高效利用的条件下，区域社会经济发展的最大人口容量；阮本青和沈晋（1998）认为水资源承载力即所能持续供养的人口数量。

（2）从社会经济和人口数量角度定义水资源承载力。施雅风和曲耀光（1992）在对乌鲁木齐河流域的研究中提出，某一地区的水资源，在一定社会和科学技术发展阶段，在不破坏社会和生态系统时，最大可承载的农业、工业、城市规模和人口水平，是一个随社会经济和科学技术水平发展变化的综合目标。这是我国最早的较完善的水资源承载力的概念。

（3）从社会经济和生态环境角度定义水资源承载力。随着近年来生态经济学和可持续发展理论的发展，从这种角度来论述水资源承载力的概念在现阶段占据主导地位。程国栋（2002）定义现阶段水资源承载力的概念为：某一区域在具体的历史发展阶段，考虑可预见的技术、文化、体制和个人价值选择的影响，在采用合适的管理技术条件下，水资源对生态经济系统良性发展的支持能力。

与以往概念相比，现阶段对于水资源承载力的内涵又有新的发展。

（1）拓宽了水资源承载力的研究对象和范围：除了水资源自身的循环转移规律外，还把经济系统各组分之间结构和功能的协调包括在内，并且从量和质的角度综合考虑水资源对生态经济系统的支持。

（2）强调水资源承载力研究对生态经济系统良性发展的重要作用：水资源承载力具有极限含义和生态极限内涵，其生态极限是水资源存在承载极限的根本原因，也是水资源承载力的基本构成部分之一，因此对生态经济系统良性发展的认识和研究必须以水资源承载力的研究为起点。

（3）从管理的角度和层次提出了水资源合理配置等技术问题：水资源承载力具有动态性，它涉及一般的技术水平和管理问题两个层面，水资源的最优化管理对应水资源承载力的最佳状态，因此，通过优化水资源管理可以大大增强水资源对社会经济和生态环境的承载能力。

二、水资源承载力的研究方法

（一）水资源供需平衡分析法

水资源供需平衡分析法是水资源承载力研究早期采用的主要分析方法之一，即首先根据某地区的水资源状况、特点，预计未来水资源可供应量，再根据该地区社会经济发展的战略目标来预测需水量，然后反复进行供需平衡分析，确定该地区的水资源承载力。施雅风和曲耀光（1992）运用水资源供需平衡分析法对新疆乌鲁木齐河流域水资源承载力进行了分析。杜虎林等（1997）也把这种方法应用到了对河西走廊水资源承载力的研究中。

水资源供需平衡分析法从水资源供需平衡角度进行水资源承载力分析和计算，较为直观和简单。根据区域（流域）不同水平年社会经济各部门发展趋势和需水标准进行需水量预测，根据预测结果而采取的措施和对策基本接近实际，结论是令人信服的。该方法简便直观，易于被分析者接受。但是，水资源系统是自然和社会相互作用的动态系统，影响区域地下水资源承载力的因素众多，区域需水量的供需平衡关系不足以全面反映其承载能力，其没有系统全面地考虑影响水资源承载力的要素及层次，以及各层次要素间的相互制约、相互作用机制，所得到的结果不能全面反映水资源承载力的实际状况，因此，该方法只能用于简单估算区域水资源承载力。

（二）情景分析法

情景分析法是在历史背景下，考虑世界范围内的经济发展、水资源利用、生产力水平、生活水平及生态环境演化，选择相应的研究区域自然和社会的情景与实际情况作对比，求得该区域可能的承载能力。最直观和简单的水资源承载力的分析例子来自河西走廊石羊河流域与以色列全国的比较（李世明等，2002）。两个区域天然水资源量、面积、气候条件等几乎相当，但支撑的社会经济规模和水平却相差较大，前者 1995 年支撑水平为 214 万人和人均收入约 100 美元，而后者则为 500 万人和人均收入 1000 美元，从而推算出石羊河流域水资源还应有较大的承载潜力。

情景分析法的另一种形式是趋势分析法，包括自相关分析和互相关分析。该方法只采用一个和几个承载因子分析，因子之间相互独立，简单易行。但其分析多局限于静态的历史背景，割裂了资源、社会、环境之间相互作用的联系，对土地生产能力这类简单承载能力的估计是可以接受的，对水资源承载力这一复杂的自然社会经济系统来说显得过于简单。

（三）综合指标法

综合指标法主要采用统计分析的方法，选择单项和多项指标来反映地区水资源承载力现状和阈值。采用单项指标可以简单衡量区域水资源承载能力，如用人均占有水量、水资源开发利用潜力、资源开发利用率等来判断区域水资源承载力的现状与潜力。区域水资源承载力的多项指标评价方法主要有权系数法（惠泱河等，2001b）和模糊综合评判法（周维博，2002；高彦春和刘昌明，1997）。许有鹏（1993）在采用模糊综合评判法对影响和田河流域水资源承载力的各个因素进行单因素评价的基础上，通过综合判断矩阵对其承载能力做出了多因素综合评价，并建立了一套适合绿洲水资源承载力的综合评价和计算的方法。

在利用综合指标法进行水资源承载力综合评价的研究中，灰色系统模型、门槛分析模型和层次分析模型得到了广泛应用。20 世纪 90 年代中后期，水资源承载力的研究达到了空前鼎盛时期，多个“九五”攻关项目和自然科学基金课题都涉及这一领域，如许新宜等（1997）以水循环、水资源合理配置和生态需水理论为基础，对西北地区水资源承载力进行了研究；阮本青和沈晋（1998）采用水资源适度承载能力计算模型，对黄河下游地区水资源承载力进行了分析；傅湘和纪昌明（1999）采用主成分分析法对该区水资源承载力进行了分析；周维博（2002）采用模糊综合法对陕西关中地区进行了研究。

总体而言，上述成果对区域水资源承载力的研究均采用的是静态研究方法，其主要特点是估算人口承载力的上限值，把人口作为外生变量，不考虑人口对农业生产的反馈作用，也未考虑投入及其变化对生产和水资源供需的影响，忽略了人口发展、经济活动和水资源系统之间的动态反馈关系。因此，静态研究方法无法反映水资源承载力随时间的变动情况，极大地限制了这些方法的应用范围。模糊综合评判方法是一种对主观产生的“离散”过程进行综合的处理，其方法本身存在明显的缺陷，取小取大的运算法则使大量有用信息遗失，模型的信息利用率低，评价因素越多，遗失的有用信息越多，信息利用率则越低，误判的可能性越大，因此该方法很快被系统动力学、多目标情景规划等动态研究方法取代。

（四）系统动力学方法

系统动力学（system dynamics）是由美国麻省理工学院的福莱斯特（Forrester）教授最早提出并逐步建立起来的一门分析研究信息反馈系统、偏重于方法的学科，是一门沟通自然科学领域和社会科学领域的横向学科。

福莱斯特教授的学生麦都斯首次把系统动力学应用于全球性的人口、粮食、资本、不可再生资源和环境污染五大未来问题的研究中，并且得出了增长的极限，在世界各国产生了巨大反响。尽管他的结论是悲观荒谬的、不可接受的，但他采用的方法有着严密的逻辑和严格的科学依据，主要问题在于他的许多假设前提和参数选取等依据不足，并且全球性模型也难以符合各国的实际情况。

1984年，英国苏格兰资源利用研究所开始应用系统动力学建立了提高人口承载力的备选方案模型，即“ECCO”（enhancement of carrying capacity options），并应用这种新方法进行了肯尼亚承载能力的实验性评价。该方法基于联合国教科文组织提出的资源承载力的概念，综合考虑区域人口、资源、环境和社会发展间众多因子的相互关系，分析系统结构，明确系统因素间的关联作用，绘制出因果反馈图和系统流程图，建立了ECCO模型，通过模拟不同发展战略得出人口增长、区域资源承载力和经济发展间的动态变化趋势及其发展目标，供决策者比较选用。该方法能把包括社会经济、资源环境在内的大量复杂因子作为一个整体，对一个区域的资源承载力进行动态计算。

系统动力学方法是水资源承载力动态研究应用较广泛的方法之一。这种方法的特点是通过一阶微分方程组来反映系统各个模块的变量之间的因果反馈关系。在使用中，对不同的发展方案采用系统动力学模型进行模拟，并对决策变量进行预测，然后将这些决策变量视为水资源承载力的指标体系，再运用前述的综合评价方法进行比较，选择得出最佳的发展方案及相应的承载能力。例如，方创琳和申玉铭（1997）应用新陈代谢的灰色计量模型，对河西走廊绿洲的水土资源承载能力与人口承载能力进行了计算和预测，并阐明了水土资源承载能力、人口增长与生态环境承载力三者之间的互动关系；王建华等（1999）建立了系统动力学模型，对新疆绿洲的水资源承载力进行了动态研究；还有学者尝试运用系统动力学方法对柴达木盆地和关中盆地等地区的水资源承载力进行研究（惠泱河等，2001a；陈冰等，2000；方创琳和余丹林，1999）。

系统动力学方法本身有着严密的逻辑基础和科学依据，能定量地分析系统的各种特性，擅长处理高阶、非线性问题，比较适应宏观的长期动态趋势研究。但在对水-生态-社会经济这样复合大系统的研究中，由于系统动力学模型的建立受建模者对系统行为动态水平认识的影响，参变量不好掌握，其假设前提的确定和参数的选取会显得相当困难，从而直接影响研究成果的可靠性，易导致不合理的结论。

（五）多目标模型分析法

由水资源承载力的定义和特点可知，水资源承载力研究面对的系统涉及水资源、经济、社会、人口、环境等众多因素，各因素之间相互促进、相互制约，其属于可持续发展研究的范畴，因而水资源承载力的研究需要从可持续发展的角度，研究水资源与社会经济发展、生态环境及其他资源之间的关系。水资源承载力问题是一典型的复合系统问题，这就为多目标模型进行承载力分析提供了理论依据。在众多方法中，多目标规划方法在水资源承载力问题的研究中获得了越来越广泛的关注。

Millington 和 Gifford（1973）将多目标模型分析法引入承载力分析，通过分析各种资源（土地、水、气候、能源等）对人口数量的限制，计算了澳大利亚的土地资源承载力。清华大学在“八五”攻关项目“华北地区水资源合理配置”研究中，采用投入产出分析方法，将水资源纳入了宏观经济系统集成研究，并采用多目标分析技术对水资源进行合理配置，取得了重大研究成果。中国科学院寒区旱区环境与工程研究所在“九五”攻关项目“西北地区水资源合理配置和生态环境建设”中也采用了投入产出方法，将水资源承载力的研究纳入了可持续发展的系统分析框架下，以投入产出方法为基础，采用情景基础的多目标分析框架研究了黑河流域水资源承载力（龙腾锐等，2004；徐中民和程国栋，2002，2000；徐中民，1999）。

第二节　水资源承载力分析方法——动态模拟递推算法

水资源虽有多种功能，但基本用途是设法满足当代和后代人生存与发展需要的清洁淡水。因此，水资源的量和质的供应能力便是衡量一个流域、地区或城市水资源承载能力的主要指标。水资源供应的对象是地区居民、生态环境和经济、社会发展，并有一定的水质要求，因此通过水的动态供需平衡来计算，便可以显示出水资源承载力的状况和支持人口与经济发展的最终规模。根据该思路，冯尚友（2000）推荐采用水资源承载力动态模拟递推算法进行分析，这种方法的实质和特点介绍如下。

水资源承载力动态模拟递推算法的实质是模拟方法，即利用计算机模拟程序，仿造一流域或某地区水资源供需真实系统运行，进行模拟预测，根据逐年运行的实际结果，有目的地改变模拟模型参数和结构，使其与真实系统尽可能一致。当水资源供应能力达到时（对水资源紧缺地区）或地区人口增长或经济增长达到“零增长”时（对水资源丰裕地区），即水资源供应能力可能继续增长，但其承载力按照定义已达最大。

采用这种模拟算法与传统的水资源长期规划，如供水规划、调度规划、水质规划的模拟方法没有本质区别，其特点是不设规划期或规划水平年，而是以年为时段，每年终了都要对模拟计算结果进行分析，根据实际情况及时修正模型参数，再进行下一年的模拟计算，这样逐年递推计算下去，直到水资源承载力达到极限为止，因此称为动态模拟递推算法。这样做的目的一是能直观地反映流域或地区水资源承载力的发展和达到最大的全部过程，有利于分析和采取对策；二是更贴近地区和流域发展的实际状况，反映地区和流域所执行的有关政策、科技进步和管理水平对水资源承载力的影响。

一、水资源承载力分析系统及分析步骤

（一）水资源承载力分析系统

流域或地区水资源承载力分析涉及人口、环境、经济、社会和水资源工程等相互影响、互相制约的方方面面，它们之间能够相互协调地运转，才是区域或流域经济可持续发展的保证。实践中，水资源在地区或流域发展的支持能力是通过图 13-1 所示的水资源系统来完成的。该系统一般由供水子系统、用水子系统、排水子系统（包括污水处理）和水环境子系统组成。

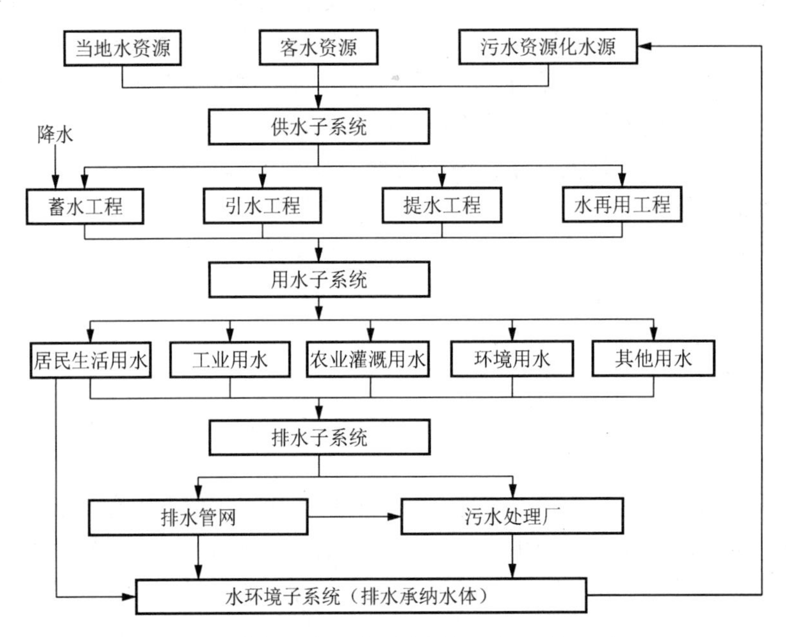

图 13-1　城市、地区或流域水资源供需系统示意图

供水子系统一般由蓄水、引水和提水工程所组成，其水资源主要由当地的地表水和地下水补给；有条件的话，客水也是重要的来源，客水是指本区或本流域以外或流经本区的河流过境径流和流入本区的地下潜流，以及可能的跨流域调水的径流量；经过污水处理后可再用的水量，包括集雨径流等，也可以是供水来源的一部分。但不管是当地的水量，还是区域外的引水量，作为淡水其数量都是有限的。

用水子系统在一个流域或者在一个城市或地区主要由居民生活用水、工业、农业灌溉用水、环境用水及其他用水组成。其中，环境用水一般指为保护流域或地区生态环境功能不受损害的用水；对于一个流域而言，环境用水是指保障下游的天然绿洲或湖泊湿地，维持其生态平衡所必需的水资源量；对于城市而言，环境用水一般指环卫绿化用水和特殊景观点用水。其他用水一般指非生活用水，如行政事业、商业、建筑、服务行业等用水。这里农业灌溉（包括人工草场、人工绿洲护田林带等）、工业用水是属于第一、第二产业用水，都需要由供水工程满足。

排水子系统由排水管网和污水处理厂组成，生活和工业等用水中除少量被消耗外，

大部分以污水形式排入排水管网，或直接排入承纳水体，或者由污水处理厂回收再利用一部分，余下的部分排入承纳的水体；农业灌溉回归水一般排入河道、湖泊、地下水等水体，或引流排入荒滩、废地。由于水资源日益紧缺和承纳水体（水环境）水质的要求，废弃水的处理回收利用已成为引起各地普遍重视的问题，回收利用不仅可以增加供水系统水源，对承纳水体来说还可以减轻环境污染。

（二）水资源承载力分析步骤

对水资源的现值承载力和最大限度的承载力进行评价可采用下列5个步骤。

第一步：划分研究子分区或界定流域范围。根据自然地理条件、水资源地区差异特点、社会经济发展水平差异、未来计划发展方向与生产力布局不同及水利工程设施等多种因素，将研究流域或区域划分为若干相对独立的子分区，以便分区分析、分别对待，使研究结果尽可能符合实际。这种分区一般为水资源分区和水资源供需分区。前者以尽可能保持河流水系完整，并反映水资源条件的地区差异为原则；后者根据现行水资源供需运行情况，考虑水体功能、水质目标，兼顾行政区划系统和相对一致的未来经济发展方向，确定出水资源供需分析区域，以便更有利于水资源承载力分析计算。

第二步：根据流域或地区水资源分区，进行全流域或全区的水资源评价和开发利用条件分析，这是搞清流域或地区水资源特性、数量、质量及可开发利用条件的基础性工作，可为新增供水工程规划与建设、预估可能的规模及制定缺水信息相应对策提供基本资料。

第三步：根据水资源供需分区和流域社会经济发展计划，预测未来分区与全流域各项用水需求量和总需水量，其中包括不同时期的人口、工农业发展规模预测，单位用水指标，有关计算模型参数选择和需水总量计算。对于干旱区灌溉农牧业，由于其是最大用水户，灌溉引水、田间灌水技术和节灌水平决定着需水量，但在某一时段内保持在一个水平上，计算模型参数相对稳定。这一步是核定一个流域或地区社会经济发展需要多少水量及其供应的核心部分。

第四步：根据流域水系或分区拥有的水资源量和开采利用条件，预测满足用水需要的新增供水工程的可供水量及其相应措施。这一步是能否满足流域或地区发展硬件保证部分，也是判断流域或区域水资源的盈亏及其程度的重要依据。

第五步：通过逐年或一定时期的水资源供需平衡计算，采用动态模拟递推算法，进行水资源的现时承载力和承载过程的计算与分析，直到找到可供水量达到零增长时的水资源极限承载力，或人口、经济发展达到零增长时的最大水资源承载力限度。这也是水资源承载力分析目的的最终部分。

二、流域水资源量承载力分析

（一）流域承载力的水资源量评价

水资源承载力评价是摸清一个流域或地区水资源“家底”的基础性工作，对流域或地区全社会的可持续发展具有重要意义。评价的内容主要包括流域或地区范围内各水资源分区的天然水资源数量（包括地表水与地下水量）、质量、时空分布变化规律及开发利用、保护整治条件分析与评价，从而预测支持流域或地区可持续发展的可能范围与规模。同时，水资源承载力评价也是水资源持续开发利用和管理研究的基础。

我国曾在 20 世纪 80 年代初进行过各大流域和各省（自治区、直辖市）到县级的水资源评价，对干旱内陆河流域水资源总量及其相关影响因素的分析取得许多有价值的成果，但对某流域或省、市内某些地区或某一城市的水资源评价未必有较详细的分析，加上水资源变化是一个动态的过程，受气候变化和人类活动影响需要不断进行评价，即使有过评价也需要进行核实。因此，当研究某个流域或地区的水资源承载力问题时，必须搞清楚该地区水资源的基本情况，特别是水资源数量、变化规律和利用情况。这是研究水资源承载力支持发展的基础，也是绝不能少的首项工作。

一个地区或流域的水资源总量一般定义为当地降水产生的地表水与地下水之和，可用方程表达为

$$W = P - E_s = R + E_g + U_g \tag{13-1}$$

式中，W 为一个地区或流域水资源总量；P 为大气年降水量；E_s 和 E_g 分别为年地表蒸散量和地下水年蒸发量；R 为河川年径流量，还可细分为地表年径流量 R_s 和地下径流量 R_g；U_g 为地下潜水流量。对于闭合流域来说，地下水、地下潜水流 U_g 可看作为 0。对于内陆河流域平原地区来说，该地区降水量很少，仅有少量有效降水补充田间作物或林草生长，对供水意义不大。水资源主要为流出山口河流的地表年径流量，地下潜水流 U_g 主要为以年计的河谷潜流和侧向地下径流及少量降水入渗补给量。式（13-1）可针对山区流域来计算地表水年径流量和与地表水重复的地下水年补给量，并将其作为地区或流域的水资源总量。由于流域或地区的地表水、地下水和大气降水相互转化、可以分割，这 3 种形态的水是水循环的不同阶段或环节存在的形式，都可以被人类利用。

对一个流域或地区水资源量进行估算，如果有足够长的地表径流、地下水调查和降水观测记录，就可以估算出各分区或地区的多年平均水资源总量，一般情况下选取完整的丰枯水年周期，至少 30 年为好。若没有，可借助流域或地区所在省份的多年平均的径流、蒸发、降水等值线图或水利调查结果，运用水量平衡法计算多年平均河流径流、陆地实际蒸发量、平均降水量，还有径流变差系数、离差系数及径流模数等，从而计算得到多年平均地表径流量等。这种估算需要与流域、地区的等值线图平衡衔接，以示一致性和准确性；同时还要利用一切可获得的信息和资料，进行多方面论证，最后确定该流域或地区多年平均水资源量和相应的保证率。对于地下水资源量，可通过水文地质调查取得地下水天然年补给量和可开采资源量，干旱地区可开采地下水量往往大于地下水天然补给量，因此需要考虑采补平衡确定地下水资源量。这样就可以确定流域或地区的水资源总量。

水资源条件分析应该包括流域自然条件、社会经济发展现状、水资源时空分布、变化规律、水资源开发利用现状与未来需求展望，还要说明水资源在支持地方经济发展方面可能遇到的问题及其对策。

按人均水资源量，尽管干旱内陆河流域要高于塔里木盆地、柴达木盆地和内蒙古高

原东部内陆河以及黄河上游地区，但按区域环境和生态现状，区域平均水资源量非常低。因此，干旱内陆河流域属于资源型缺水地区，不但全年缺水，而且季节性缺水更严重。目前，我国西北水资源开发利用主要是建设稳固人工绿洲，发展节水灌溉，保障人畜饮水、工矿和城镇生活及市政供水。随着绿洲农业发展和矿产资源开发，下游水量被大量拦截，生态用水量被大量挤占，地表水资源供水基本上接近饱和，甚至有的已超采地下水。目前，水资源开发利用的现状是不但水资源利用效率较低，需要在高效、合理上下功夫，而且随着地方经济发展、人口快速发展，水资源供需矛盾日益突出。缓解水资源供需矛盾的办法包括就地挖潜、节水和区域调配、用水结构调整、流域水资源调配等。从境外跨流域、跨地区的引水也是解决缺水的一条重要途径。但是流域引水制约因素很多，水质也难以保障，而且需要一定的时期才能实现。因此，从长远计议，进一步开发当地水源和采取节水措施，提高水资源利用效率才是必然的根本性措施。流域水资源承载力分析，就是在充分利用地表水和地下水资源的基础上，考虑在技术上可行、经济上合理的跨区域或流域调水方案，并使其高效利用，然后达到合理的水资源承载力限度。

（二）流域（城市）的需水量预测

流域或地区的需水量主要由人口、工业、农业和环境保护用水所组成，其需水量大小取决于该地区社会经济近期和远期的发展计划与发展目标。因此，需水量预测一般是该地区在一定时期内社会经济发展计划已确定的条件下进行的，如果地区发展计划仅给出一定期间的宏观发展目标，或有一些笼统的指标（如人口总数、GDP、总产量等），在需水量预测时则要先对人口（有时包括牲畜）、工业、农业和环保等进行规划或预测，再进行需水量计算。预测年全区总需水量等于各分区各项需水量总和，可表示为

$$Q_{\mathrm{s}}=\sum_{j=1}^{j}\sum_{k=1}^{k}(Q_t^{\mathrm{i}}+Q_t^{\mathrm{a}}+Q_t^{\mathrm{p}}) \tag{13-2}$$

式中，Q_{s}为分区第t年需水总量；Q_t^{i}为第j区第k项——工业（i）第t年的需水量预测值；Q_t^{a}为第j区第k项——农业（a）第t年的需水量预测值；Q_t^{p}为第j区第k项——人口（p）（有时包括牲畜）第t年的需水量预测值；分区j=1，2，…，j；k为用水项目数，这里概括记为k=i、a、p。

在需水量预测中，目前我国还没有将环保用水纳入需水量预测项目中，而是将城市环卫绿化用水归并为增强人体健康居民用水项中。实际上，环保用水不仅限于环卫绿化用水，更主要是保护陆地和水域生态环境用水。因此，在需水量预测时应将环保用水作为专项列出。此外，各用水户用水项目应尽可能细分，以利于进一步对节水潜力分析。有关用水户的需水预测分别如下。

（1）人口增长及需水量预测（包括人口增长、居民生活需水、牲畜发展与饮用水、公共需水等）；

（2）工业发展及需水量预测（包括工业产值和工业需水）；

（3）农业发展及需水量预测（包括农业产值和新增灌溉面积、农业需水等）。

（三）流域可供水量预测及水源工程规划

可用水量预测是为满足地区发展需要而提前进行的应策性预报。它是在流域或地区水资源评价的基础上，以地区范围内预测基准年所有供水工程的实际可供水量为依据，以流域或盆地为核算单位，提前审察和预测未来可供水量增长的情况，对水资源进行调配及规划建设水源工程，以保证流域水资源供需平衡。

基准年全流域可供水量包括已建和在建水源工程可供应地表水、地下水、污水处理后再生水、集雨径流和/或咸水淡化水等水量。基准年全流域可供水量确定后，通过逐年或一定时期内的供需平衡计算，预测未来可供水量的数值。因此，可供水量预测实质上是预计、规划和建设该流域或地区新增水源供水工程项目数量、类别及其供水能力。新增的可供水量通常以多年平均的供水量及其供水保证率为 75%、95%和 98%的不同水平年可供水量表示。

新增供水工程主要取决于水资源评价结果和自然、社会条件。通常情况下，水源较丰富的流域新增水源工程不成问题，但对于内陆河流域，水资源系统的整体性需要考虑新增水源工程对中下游及地下水补给的影响；在水源脆弱区也可以新增水源工程，如打井、引水等，但要看地区社会经济发展规模和水资源配置情况，需要进行客观的环境影响评价，对水源工程的合理性、经济性和可行性进行评价；对于水资源紧缺地区，一般来说人均占有水资源量少，现时水资源开发利用率较大，新增供水工程预留不多甚至潜力已尽，需要增设节水设施；对于贫水地区，由于自然地理条件的特殊性，即便可以开采地下水或新增一些地表水供水工程，但其数量和规模均有限，若对全流域或一个地区来说，可能要进入可供水量零增长阶段。上述 4 类地区和其中个别区域或城市，新增供水工程的可能性与实施性需要根据具体情况分析确定。

内陆河流域天然水资源并不富裕，就是人均水资源量超过 1000m^3 的流域或地区，其河流余水实际上最后都进入了河道、湖泊和地下水含水层，尽管这些水资源仍有一些生态作用，但是仍是低效消耗。目前，内陆河流域水资源开发已进入夺取低效消耗水资源的阶段。因此，根据情况和发展需要，各地新增供水能力途径主要有 3 个方面：一是尽量充分合理开发利用当地的各种水资源，从集雨径流、人工增雨雪、污水再生水等方面开辟新增水源；二是实施节水措施，逐渐建立节水型社会，自辟新水源；三是有条件或创造条件进行跨区域或跨流域调水，利用外援增补可供水量。区域平衡补水调配措施实际上已在部分人均水资源不足 300m^3 的地区实施。对于资源型缺水流域，上述的开源和节流途径是满足日益增长用水需要和提高水资源承载力的必然出路。现行的流域新增供水能力的工程规划主要有以下两个方面。

（1）流域新增供水工程规划。充分利用流域内各种水源，新增供水能力的建设是解决缺水、增加供水可靠性的最佳途径。增加供水能力的工程措施和非工程措施有：修建和扩建地面与地下水库、水塘和水窖；从河湖直接引水或通过提水、引水和开采地下水增加供水能力；修建污水处理回收工程、实施资源化再利用；开展雨水和临时径流收集及洪水资源利用；实施节水灌溉技术革新、调整用水结构；开展人工增雨和咸水利用；多用光、少用水发展沙产业，甚至采用抗旱耕作、地膜覆盖及更换抗旱品种的措施；合理提高水价，强化管理和监督等。

污水处理回收利用在国外已有较丰富的经验，如用再生水替代淡水作为清洁用水，或用作绿化、作物容许的灌溉用水。国内部分地区现今也修建有污水处理厂，但仍需加大投资力度和技术改革，提高废污水处理率，研究回收利用途径，并做好安全防范，强化管理。

咸水利用和盐水淡化也是增辟新用水源的一项措施，不仅因为还有许多盐碱化土地和地下咸水资源比较有潜力，而且在咸水灌溉和咸水养殖上已经积累了成功经验。另外，应充分利用光能资源，开展光伏水利，发展沙产业，探索用水少产出高的绿色食品。

（2）跨流域调水工程规划。北方地区水资源供需平衡状况表明，依靠跨流域或跨区域引水是解决供需矛盾的一种重要手段，其成本有时与节水和增辟新用水源的成本相当，但要在区外和其他流域有余水补给时才可采用，而且要考虑被调水区的补偿问题，注意水权问题、调水区与受益区公平交易，使干旱内陆河地区水资源分布极不均匀的状况得到改善。通常情况下，跨流域或跨区域调水与尽量利用当地水源相比要付出更多代价，因此要权衡利弊。水资源承载力研究则是提供更加合理的受水区域及调水量的科学依据。

所有增加供水工程和措施计划，必须落实到地点、时间、规划、规模及其预算，以便筹备资金、人力、物力，加强前期论证，采取分步实施原则，逐步见效，否则会耽误时机，不利于区域的可持续发展。

（四）流域水资源供需平衡与对策

流域或地区逐年水量供需平衡方程为

$$\Delta Z_t = Q_t^{\mathrm{s}} - Q_t^{\mathrm{d}} - L_t = (Q_{t-1}^{\mathrm{s}} + Q_t^{\mathrm{s}}) - (Q_{t-1}^{\mathrm{d}} + \Delta Q_t^{\mathrm{d}}) - L_t \tag{13-3}$$

式中，ΔZ_t 为第 t 年水量供需平衡值；Q_t^{s} 和 Q_t^{d} 为第 t 年可供水量与需要水量；L_t 为该年的水量总损失量。一般供水工程供水量根据其出口输出的水量计算，而用户的需水是以入口处输入量计算，其间要通过输水工程联系，水量损失不可避免，其值大小可根据供需实际记录估算，以占供水或需水的百分数估量。平衡值 ΔZ 可能会出现下列 3 种情况，应仔细分析，及时采取对策。

（1）$\Delta Z=0$。年供水量与需水量平衡，意味着水资源供给虽能满足现时需要，但水资源的现时承载力已处于临界状态，应策方案可依据下列情况而定：若流域或地区天然水丰裕，存在大量开发潜力，应提前做好开发水源规划，预防缺水（或暂时的）情况发生；同时，应加强污水处理能力和提倡节水措施，挖潜增水；若开发当地水资源潜力不大，除强化污水处理回收能力和节水措施外，宜早做引用客水（过境水、外地调水）的打算和实施方案；若当地和外地可用水资源基本用尽（包括污水处理回收、节水与挖潜），则水资源对地区或流域发展的支持能力已接近或达到极限边缘，也即水资源供给增长率接近或达到“零增长”的地步，水资源承载力也就达到了最大限度。

（2）$\Delta Z>0$。可供水量大于需水量，表明水资源不是地区或流域发展的制约因素，但随着社会经济的不断发展，这种情况是暂时的，而不会长久存在。即使流域或地区可开发的水资源潜力较大，也要早做规划和考虑；若水资源量并不丰裕，更应未雨绸缪、早做筹划（包括引用外境水）。这种情况下水资源承载力与 $\Delta Z=0$ 相同，可视遇到的情况来定。

（3）$\Delta Z<0$。可供水量小于需水量，其原因可能有：流域或地区有水，但供水工程能力不足，因此需要迅速增强供水工程建设；地区或流域开发利用率已较大，除合理开发利用本地资源外，应尽可能挖掘节水潜力和替代资源，可能在从外流域引水情况下早做筹措、规划和实施；还有可能存在二者之间缺水的状况，需要根据具体情况采用不同的运行措施。现在内陆河流域基本上还有一点开发潜力，但却减少了维护自然环境的生态用水，降低了地下水水位，夺取低效消耗的那部分水资源，按照需水发展看都是缺水状态，因此需要以流域为单位核算供需平衡。

流域水资源承载力分析研究的目的是提高水资源利用效率和效益，尽量合理开发利用该地区水资源，把减少浪费、内涵挖潜放在首位，其次再考虑引用外地水源。因此，应注重加强污水处理能力建设，提高水的重复利用指数和效率，提高水资源管理水平，强化全面节水并珍惜淡水资源。另外，修正不合理的水资源政策、调整不合理的用水结构也是非常必要的。这些都是增强水的承载能力、维持水资源可持续利用的根本内容。

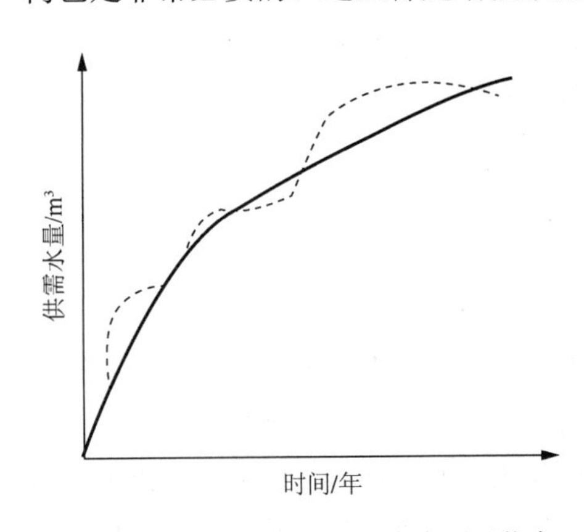

图 13-2　缺水的流域或地区水资源承载力供需平衡受挫示意图

内陆河流域使缺水地区发展能力最终因供水零增长受挫（图 13-2），即使暂时或前期会出现供大于需的情形，但低效用水发展最终会被高效用水取代，并会出现供不抵需，最后出现供水不足而达到水资源利用极限。不管出现哪种情况，在长期发展过程中，提高供水效率或增强水承载能力的措施及其方法还是很多的，如政策、计划、技术、社会和管理的调整、改革和提高会在很大程度上节水增效，达到增强水资源对地区发展承载力的目的。利用动态模拟递推算法分析水资源承载力过程清晰、简单实用。该方法可以逼近实际水资源承载能力出现极限的全过程，及时了解供需平衡状况，并预示供需间可能出现的问题，以便提早采取应变对策。这种方法是在正确的发展政策、用水政策和科技与管理水平进步的条件下进行的，其精度主要取决于模型中的多变量和参数的取值准确性，如基准年的基本资料、预测过程中的人均年用水量定额、万元工业产值用水量、各项年增长率等。该方法是以年为时段，逐年预测、平衡和分析，因此有条件修改下一年或以后几年的有关政策、变量和参数，使之尽可能符合实际，同时还可以在计算机上进行简单的模拟和重复，操作简便、实用性强。若有足够资料和条件，可以采用数量统计法，逐一确定有关参数，应用于供水优化调度模型，对各项用水的最佳时程份额进行分配，提高供水效率。以上过程均可以嵌套于整个计算过程之中，因此动态模拟递推算法在水资源承载力分析中是一种繁简并容、方法简洁、实际操作性强的方法。

三、水环境容量承载力分析

（一）水污染与水环境容量介绍

水环境容量承载力分析，实质上是对一定功能的水域、一定的水质标准进行分析，评定给定的水域能够容纳不同污染物的最大数量，即环境容量。水环境容量的确定和分析是在水质调查、监测资料搜集分析的基础上，按照下列步骤进行的：首先，评价地区或流域环境现状；其次，预测未来发展，分析不同分区、不同污染源的污染物浓度与数量；再次，通过对水质目标确定下的可容纳污染量与预测量的分析比较，确定某水域对不同污染物的环境容量；最后，根据分析结果，制定污染防治、环境保护的途径、策略和规划。

一般流域或地区水环境的污染主要有点源污染和非点源污染（面污染源）。点源污染主要是工业污染源和生活污染源；非点源污染主要指广大农田灌溉排水、农药、化肥流失和水土流失，以及城市垃圾、地面污染物等随降水和径流带入水体的污染物。不同的污染源所产生的污染物不同，对水环境造成的危害也不同，宜分类，分别对待和处理。

污染物种类繁多，按对水环境造成污染危害的不同可分为：固体污染物，即固体悬浮物、泥沙等；需氧污染物，即通过生物化学作用消耗水中溶解氧的物质，绝大部分为有机物；营养污染物，主要是氮磷盐类，氮和磷的浓度分别超过 0.2mg/L 和 0.02mg/L 时水体就会富营养化；毒性污染物，为废水中对生物引起毒性反应的化学物质，如无机化学毒物重金属、有机化学毒物和放射性污染物；生物污染物，为废水中对微生物及其他有害的有机物；油类污染物，如矿物油（石油）和动植物油的液体部分；热污染，为水温过高引起的污染；感官污染物，为废水中异色、浑浊、泡沫、恶臭等现象，引发人们感官上厌恶；酸性污染物，即进入废水中的无机酸、碱造成的污染等。这些不同类的污染物和同类不同种的污染物对水环境的污染程度或危害性无疑是不同的。

内陆河流域的水体与水环境主要有河流、湖泊、水库和地表水等形式容纳体与地下水等水体的水环境。由于它们的特性和运动规律不同，它们受到污染后的性状也不同。河流是各种需水重要的供水水源，也是用水以后废污水的排放容纳体。河流中污染物扩散快，污染影响大，污染程度随着径污比而变化，通常河水污染后相对地下水较容易消除和控制。但是，内陆河的特点是山区为上游，属于河流补给源区，河流水量随河长增加而增加；进入平原后，河水基本无补给源，在山前大量引流和入渗补给地下水后，河流水量随着流长增加而减少，特别是下游基本上因上、中游拦截用水而变为季节性河流，甚至河道干枯。湖泊水交替慢、流速小，污染物停留时间长，质与量易变化和积累，特别是位于内陆河中、下游的湖泊，除了受到河流季节径流补给外，地下水补给占的比例也较大，水质矿化和盐化快，污染物都会积累。湖泊干涸后，累积的污染物和盐类与沉积物受到风力影响在空中扩散，影响下风向很远距离，造成大气污染。因此，干旱内陆河流域湖泊污染治理难度相对于湿润地区湖泊要难，比河流治理难度更大。水库的水力特性介于河流与湖泊二者之间，相对于湖泊而言，水体交换较快，自净能力的恢复也相对较快。

地下水水流缓慢，具有污水过程缓慢、不容易发现和难以治理的特点，加上干旱地区地下水补给量小，一旦地下水受到污染，即使在彻底控制污染后，一般也需要很长时间（几年、几十年）才能恢复到原来的水质，因此在内陆河地区需要严格控制污染物向地下水体的排放。另外，地下水污染会向河流下游和盆地扩散，其影响远比湿润地区要大、要深远。

我国政府已颁布有关水质标准的法规，目的在于保障人群健康、保证社会正常活动和人们的生活条件不受影响，还要保护自然生态环境。因此，控制和消除污染物对水环境污染应作为现实和规划的目标，要求在一定时期内保持和达到水环境目标。我国在20世纪70年代末到80年代初，对地面水质、生活用水、工业用水、农业灌溉、渔业用水等水质均颁布相应的水质标准，还出台发布了有关地面水环境、地下水环境等质量标准。为了达到水环境质量标准，我国还制定了工业废水排放标准和排污总量控制等法规。这些标准与法规在保护环境、保护水资源质量方面发挥了重要作用，在干旱地区更需要严格执行。

（二）流域水环境质量现状调查与评估

水资源“量”与“质”的承载力分析是水资源利用、保护的两个侧重面，在分析步骤上也大体类似，只是研究对象不同，具体的方法也不尽相同。以下从地区水环境调查评估入手，分析水环境的承载力评价方法及应采取的相应对策。调查评估的范围、分区、基准年、递推年限均与本章第一节水资源量的承载力分析一致，这里不再叙述。

1. 污染源及污染物调查

水环境污染主要来自流域或各分区的点源和面源污染物的排泄，点源污染指生活污水、工业废水等排放；非点源污染主要指由于暴雨径流冲刷地面污染物和灌溉排水等进入江河、湖泊、水库等水环境造成水质污染。地方国民经济发展结构（第一、第二、第三产业）、产业组成类别及用水状况、管理水平的不同，造成水环境污染状况也不同，这里仅对内陆河地区有水域的水污染分别做调查，区别对待。

工业污染是工业比例较大地区的主要污染源，在干旱区以前主要集中在各类矿山、大城市，现今随着乡镇企业的发展，已扩散到县城、主要工业乡镇。因此，基准年选定后，要调查统计工业企业总数、主要水污染型企业的类别和数量、该年工业废水排放总量、各分区工业废水直接排放份额［如进入江河湖库和其他水域（集水池或干坑）的份额］、不同工业门类废水中主要含有的污染物等。工业废水按要求必须经过必要的处理后才能排入不同水域。因行业不同，工业废水中的污染物种类繁多，也应该分别进行调查统计。

生活污染源排放的污水量可在生活用水基础上估算出来。污水含有的污染物主要为耗氧有机物，如 BOD_5 和 COD_{cr}，可以按人均日排放量进行统计。基准年或现状年各分区汇总的生活污水排放量估算式为

$$Q_{ij}^{f}=\theta\sum_{j}Q_{ij}^{\mathrm{d}}\bullet 0.365(i=1,\ j=1,2,\cdots,j) \tag{13-4}$$

式中，Q_{ij}^{f}为流域或各分区（或城市）生活污水排放总量（万 t/a）；Q_{ij}^{d}为第 j 区生活用水总量（万 t/d）；θ 为生活污水排放系数，其值为生活用水减去因蒸发、滴漏等因素损失后的排污系数，可依据实地调查而定，一般为 0.85～0.95。基准年或现状年各分区汇总的污染物排放量按式（13-5）估算：

$$W_i^{f} = G_t \cdot P_t \cdot 0.365 \tag{13-5}$$

式中，W_i^{f} 为生活污染物年排放量（t/a）；P_t 为 t 年人口数量；G_t 为人均排放量的 k 种污染物数量［kg/（人·d)］，如 COD_{cr} 和 BOD_5 为主要生物污染物体，其值可分别取为 0.07kg/（人·d）和 0.07～0.4kg/（人·d）。

非点污染源一般分为广大农田施用的农药、化肥、水土流失和城市垃圾等。将不同土地类型单位面积上污染物含量乘以该类土地单位面积污染物输出速率，即可得到非点污染物的数量；然后按水资源分区计入河流等水域负荷，累计可得全流域或地区各主要河流或水体的纳污量。

饮用水源的水库和某河流段按规定不允许纳污，但要注意，现实状况不仅有生活污水，甚至某些工业废水也可能往水库排，这时特别要注意调查分析，并采取措施解决。

2. 污染源评价

污染源评价的目的在于分清流域或地区每个污染源及其各种污染物对水环境质量的影响程度和主次。它是在查明污染物排放地点、方式、数量和规律的基础上，综合考虑污染物毒性、危害和对环境的影响等因素，采用一定的数学模式来表示污染源的潜在污染能力，并使各种不同污染物和污染源能够相互比较，以确定对环境影响的顺序。

评价标准一般按《污水综合排放标准》(GB 8987—88)，或者由各省、市级的地方评价标准选定。评价方法采用无量纲标准化的对比方法，即将多种污染源的实测浓度、绝对量等数值与某一评价标准进行对比分析，找出其中主要的污染源、污染物并判断其污染程度。根据评价结果，一般要给出流域或地区工业废水污染性行业的数量、名次和等标负荷比的百分数，以及外排废水中的主要污染物类别、等标负荷百分数，从而可以看出流域或地区内各分区的污染程度和顺序，用于污染治理、防治和保护；具体评价方法可以参考有关环境科学文献。

四、未来水环境污染预测

环境污染是伴随人口和经济增长产生的。因此，水环境污染预测应以区域社会经济发展目标及其需水量为依据，分门别类并汇总流域或地区的污染浓度、污染物数量等，以备分析计算水环境的最大允许纳污量。

（一）点源污染预测

城市生活污染源的污染预测内容主要有生活污水的排放量、污染物数量及其总量的预测。第 t 年污水排放总量计算式为

$$Q_i^f = \sum_{j=k}^{j}\sum_{k=1}^{k} Q_{jk}^f \cdot \theta_{jk} \tag{13-6}$$

式中，Q_i^f 为第 t 年城市生活污水的排放总量；Q_{jk}^f 为第 j 区第 k 类第 t 年的需水量；θ_{jk} 为第 j 区第 k 类生活污水排放系数。这里的 j 区指水资源分区、供需水量分区或行政分区等；第 k 类生活需水指纯生活用水、环卫行政用水、商业服务类用水等；排污系数 θ 一般为 0.90 左右。

第 t 年居民生活产生的污染物数量为

$$W_{tjk} = \sum_t\sum_j\sum_k P_{tjk} \cdot \varphi_{tjk} \cdot 0.365 \tag{13-7}$$

式中，W_{tjk} 为第 t 年、第 j 区生活污水含有的第 k 类污染物总量；P_{tjk} 为第 t 年第 j 区人口数量；φ_{tjk} 为第 t 年第 j 区第 k 类污染物的人均日排放量，这里生活污染物主要为 COD_{cr} 和 BOD_5，单位为 mg/L。污染物进入水域（河、湖、库等）的数量，通常以流达率 80% 计算，即为污水排放总量的 4/5。

点污染源的另一大户是工业污染，它的废水排放量也可由式（13-8）计算：

$$Q_{tj}^i = \sum_t\sum_j Q_{tj}^d \cdot \psi_{tj} \tag{13-8}$$

式中，Q_{tj}^i 为第 t 年第 j 区工业废水排放总量；Q_{tj}^d 为第 t 年第 j 区工业需水量；ψ 为废水排放系数，一般为 0.80 左右，ψ_{tj} 为第 t 年第 j 区废水排放系数。

第 t 年工业废水产生的污染物数量为

$$W_{tjk}^i = \sum_t\sum_j\sum_k Q_{tj}^i \cdot C_{tjk} \tag{13-9}$$

式中，W_{tjk}^i 为第 t 年第 j 区第 k 类污染物排放总量；C_{tjk} 为第 t 年第 j 区第 k 类污染物排放浓度；k 为污染物种类数，以流域或地区工业行业排放的污染物类别而定，多为 COD_{cr} 和 BOD_5，不过要根据具体情况分析而定。作为未来预测，各分区工业废水排放的 COD_{cr} 和 BOD_5 的浓度应当按排放标准确定（不超过 130mg/L）。如果废水中有机质的组成相对稳定，那么 COD_{cr} 和 BOD_5 之间有近似的比例关系。

（二）非点源污染预测

非点源污染常指通过不确定途径与时间排放不确定污染物的污染源特点。其主要来源于地表垃圾冲刷、广大农田面积上的农药、化肥流失量、土壤溶出和侵蚀，以及大气降尘、降水等。随着点源污染逐步得到控制，非点源污染有加重趋势。加强非点源污染的预测，一般采用如下经验公式：

$$\mathrm{NP} = \sum_h A_h \cdot \sigma_h \tag{13-10}$$

式中，NP 为非点源污染输出总量（t/a）；h 为土地利用类型数量，一般分为农业区、工业区、普遍汇水区和果园等；A_h 为第 h 种土地类型面积（km^2）；σ_h 为第 h 种土地类型的污染物输出率［t/（km^2·a）］。目前，地表径流污染物浓度和单位面积输出速率研究成果在国内还很少见，必要时可以参考国外研究成果选用。当获得每年（或水平年）的各类土地利用面积后，即可求出各分区每年输出的非点源污染物。

将上述生活、工业和非点源污染物分区汇总，即可得到全流域或地区的年（t=1,2,…,n）废水排放量和污染物排放量，然后对此分析并采取应对策略与措施。

五、水环境容量计算与承载力分析

在前面现状分析和未来水污染预测的基础上，根据各区各主要水体功能，按照《地区环境质量标准》（GB 3838—880），确定各水体的水质保护目标。干旱地区的水体环境和水质无论在环境资源还是观赏价值方面都非常重要，目前干旱地区每一水体甚至城市周围的河段大都开发成景观欣赏、休闲娱乐、度假旅游的重点地段。因此，对水环境和水质保护的目标一定要严格落实，甚至要有所改善。

依据选用的水质标准，通常采用一维稳态 Thomas 模型推算河流允许排放量，从而得出各河流的环境容量。以水库允许排放量为例，计算水体环境容量。

水库的环境容量，即允许排放量，可按式（13-11）进行计算：

$$W = \frac{1}{\Delta t}(C_s - C_0)V + K_1 C_s V + C_s q \tag{13-11}$$

式中，W 为某一水库某种污染物的允许排放量（t/d）；Δt 为水库维持某设计水量的天数（d）；C_s 为水质保护目标的污染物浓度（mg/L）；K_1 为降解系数（1/d），根据经验河流中 K_1 值一般为 0.01～0.1，而湖泊、水库因流动性差且水体深度大，K_1 值相对较小；V 为水库的设计水量，根据流域或地区各水库的实际情况和安全着想，可以依据水库设计正常（或有效）库容的 80%～90%计算；q 为水库的日出水量（m^3/d），一般取水库设计的供水能力（即相应供水保证率）的 95%～97%计算。

根据上述计算方法，依据设定的水质标准，可以推算出河流、水库、湖泊及其他水域允许的最大容纳污染物的数量，再与现状年或预测年的污染物数量进行对比分析，就可确定各个水域污染状况。汇总各类水域的污染状况，就可以获得全流域或地区的水污染评价。

对上述水域污染状况分析比较可能会出现 3 种情况：一是实际排污量与水域环境容量相等，说明水环境污染状况处于临界状态；二是现时排污量大于水环境容量，表明该地区环境污染已经相当严重，急需防治解决；三是现时排污量小于水环境容量，这种情况随着人口、经济增长将会发生变化，仍需要采取未雨绸缪的预防措施。根据目前的情况，内陆河流域一般在山区存在第三种情况，在平原地区前两种情况较为多见，在干旱季节特别在枯水季节较为普遍。因此，内陆河流域保护水环境和防治水环境恶化的任务相当艰巨。

水环境容量承载力也随上述 3 种情况而定：当地区或流域水域排污量与水环境容量达到平衡时，严格地说，水环境对地区经济社会发展支持能力已达到设定水质标准的最大限度；当某地区或流域水域预测年的排污量大于该年的水环境容量时，它的承载力已变为负值；只有排污量小于水环境容量时，水环境容量的承载力才呈现正值，此时水环境对地区经济发展支持力才是正向的、有余量的。随着人口、经济继续增长，通过预测和平衡分析，可以预测出地区或流域水环境允许最大纳污量的年限和污染等级。因此，为实现保护水环境、防治水污染的根本目标，需要加大治理力度，从污染源头抓起，尽可能降低对水域的污染物排放，根据水域的环境容量，倒逼污染治理，使排污量永远小于水域的环境容量。

根据水环境容量承载力分析的 3 种结果，可采取的水资源保护技术策略主要是预防污染、治理污染和节约用水，并将三方面有机地结合起来；同时，可通过技术、政策、法律和经济手段加强水资源管理，提高用水效率，减低废污水排放量；另外，实施节能减排可以减轻环境污染程度，增大水环境承载力。

20 世纪末，我国就已认识到洪涝灾害、干旱缺水、水环境恶化三大水资源问题的存在，尤其在西北干旱区的内陆河流域更为严峻。对于西北干旱区内陆河流域来说，干旱缺水是主题，由此引发的水环境恶化问题难以恢复和治理，因此一定要加强水环境承载力的分析，进而提高水资源承载力调控能力（汪恕诚，2003）。

第三节　水资源承载力研究存在的问题与发展趋势展望

一、存在问题

水资源承载力是一个复杂的巨系统，受到人口、资源和环境等多因素的影响，许多学者都对其进行了广泛深入的研究和应用，并取得了很大进展。但由于水资源承载力本身的复杂性，尽管已经做了大量工作，但仍存在许多不足之处，表现在以下方面。

（1）对水资源承载力本身的认识和研究程度不够，至今仍没有提出一个统一的水资源承载力的概念。

（2）多数水资源承载力的研究方法偏重于静态现状分析，忽略了从区域管理出发，对动态变化过程和发展趋势的预测。

（3）缺乏统一的水资源承载力评价指标体系，在定性指标的有效量化方法、各指标的评判标准及水资源承载能力的综合表述等方面还有待进一步研究。

（4）以经济的和社会的（人口）为主要分析目标，缺乏生态和环境要素目标。

二、发展趋势展望

（1）区域水资源承载力的研究应置于水资源可持续利用概念的框架下。可持续发展的核心是指人类的经济和发展不能超越资源与环境的承载能力，主张人类之间及人类与自然之间和谐相处。对于水资源来说，就是将水资源的开发利用提高到人口、经济、资源和环境 4 个方面协调发展的高度，水资源开发利用必须与可持续发展统一起来。水资源对社会经济的承载力是维持水资源供需平衡的基础，也是可持续发展的重要指标之一。

（2）未来的发展趋向于从“水循环-自然生态-社会经济”系统耦合机理上，综合考虑区域水资源的承载力，加强学科交融。变化环境下（即自然变化和人类活动影响）的水循环是水资源演变和水资源承载力研究的基础，一个流域和区域水资源承载能力的大小，直接与该流域和区域的可利用水资源量与质有本质联系，而区域可利用水资源量，又决定于在不断变化的自然环境（包括全球气候变化和人类活动影响）和水文循环规律及其所控制的水资源形成规律。另外，水资源是生态环境的有机组成和控制性因素，因此单一基于社会经济系统的水资源开发利用必然会影响由水资源系统、人类社会系统、生态环境系统共同构成的复杂巨系统的稳定性。在各种水资源和生态环境问题的胁迫下，现代水资源承载力的研究将会囊括水资源系统、生态环境系统和社会经济系统三者平衡关系的研究。

（3）大系统、多目标整合模型的建立和完善。水资源系统本身是一个高度复杂的非线性系统，其功能与作用是多方面、多层次的。影响水资源承载力的因素不仅包括水资源的量与质，而且包括政策、法规、经济和技术水平、人口状况、生态环境状况和水资源综合管理水平等。因此，那些能够包含影响水资源承载力众多影响因素的量化方法及模型，将为社会、经济、人口发展规划决策提供更切合实际、更加准确的依据。

（4）从区域管理出发，水资源承载力的动态变化过程及发展趋势预测研究不断加强。最初对于水资源承载力的研究只是停留在简单的定量描述，属于一种静态分析，直到系统动力学方法应用到水资源承载力分析后，才使该研究走向动态预测研究。现在，水资源承载力研究日趋模型化，并已从静态分析为主转向动态分析为主。因此，加强水资源承载力动态模拟的研究，建立一套能反映本质问题、技术上可行、科学上有依据，而且能反映承载力多元性、非线性、动态性、多重反馈特征的模型成为未来研究的重点，最终可实现对水资源承载力估算和动态变化过程的预测。

（5）研究领域不断拓宽。现阶段，水资源承载力研究着重研究水资源对人口和经济的承载力，特别是水资源与人口和经济的协调关系，这只是表征水资源承载力大小的一个宏观指标，具有很大的片面性和局限性。因此，有必要加强与水资源承载力密切相关的区域合理配置研究，其内容包括水土资源空间配置、社会经济活动的空间配置状况等。在水资源承载力研究中考虑区域分异与空间配置问题，不但是水资源承载力研究的一个重要方面，也将使水资源承载力研究成果对社会实践具有更明确的指导作用。近年来，特别要强调面向生态环境和可持续发展的水资源承载力分析。

第十四章　流域尺度的水资源合理利用与评价

水资源合理开发利用是人类可持续发展概念在水资源问题上的体现。它是指在兼顾社会经济需水要求和环境保护的同时，充分有效地开发利用水资源，并使这种活动得以持续进行。在当今技术条件下，还做不到完全按人的意愿调控整个水资源系统。因此，开发利用量一般不得超过水资源系统的补给资源量，即水循环所能提供的可再生水量。水资源开发利用的基本原则是应尽可能满足社会经济发展的需要。各种开发利用方案的制订应紧密结合经济规划，不仅应与现时的需水结构、用水结构相协调，而且应为今后的发展和需水、用水结构的调整保留一定的余地。此外，在整个开采规划中，既要保证宏观层次用水目标的实现，又要尽可能照顾到各低层次的局部用水权益。大规模的水资源开发利用是对天然水资源系统结构的调整，是水量、水质在空间上重新分配的过程。这一过程会使环境发生变化，特别是地下水水位的变化，往往可能引发地面沉降、海水入侵、土壤盐渍化和生态退化等问题。因此，水资源的开发利用不仅要注意水量的科学分配、水质的保护，也要密切注意因水位的变化而带来的不良环境问题。对于一些环境脆弱地区，尤其要注意对水位加以控制。水资源的开发利用既要考虑供水的需要，又要考虑经济效益问题，包括水资源开发工程的投入-产出效率、水的价值，尽可能做到以最小的投入换取最大的经济回报。水资源的开发利用应在经济条件允许的前提下，尽可能做到“物尽其用”，充分发挥水资源的潜力，提高水的重复利用率，节约用水。此外，水资源的开发利用所使用的技术、工程布设方案也同样要因地制宜、合理使用。

目前，我国的水资源量是以流域为单元统计的，而且在干旱地区，一个流域就是一个完整的地表水与地下水密切联系的生态系统功能单元。水资源形成、运行、利用和消耗也是以单元流域来衡量的，但人们开发利用水资源往往是以行政区为单元来实施的，若行政区与流域界线不重合，需要分不同流域进行核算。根据《西北地区水资源配置生态环境建设和可持续发展战略研究：水资源卷》(陈志恺等，2004)，按照内陆河流域（含额尔齐斯河）和西北黄河区进行水资源分区（图 14-1)，内陆河流域可划为 9 个二级区、45 个三级区，黄河上游可划为 5 个二级区、12 个三级区。这种划分方案可以强调以流域为单元的水资源管理，可以使流域尺度上水资源合理利用与评价更科学、更客观、更有可比性。流域水资源管理是将流域的上、中、下游，左岸与右岸，干流与支流，水量与水质，地表水与地下水，治理、开发与保护作为完整的一个系统，将兴利除害结合起来，运用行政、法律、经济、技术与教育等手段，按流域进行水资源的统一协调管理（阮本清等，2001)。

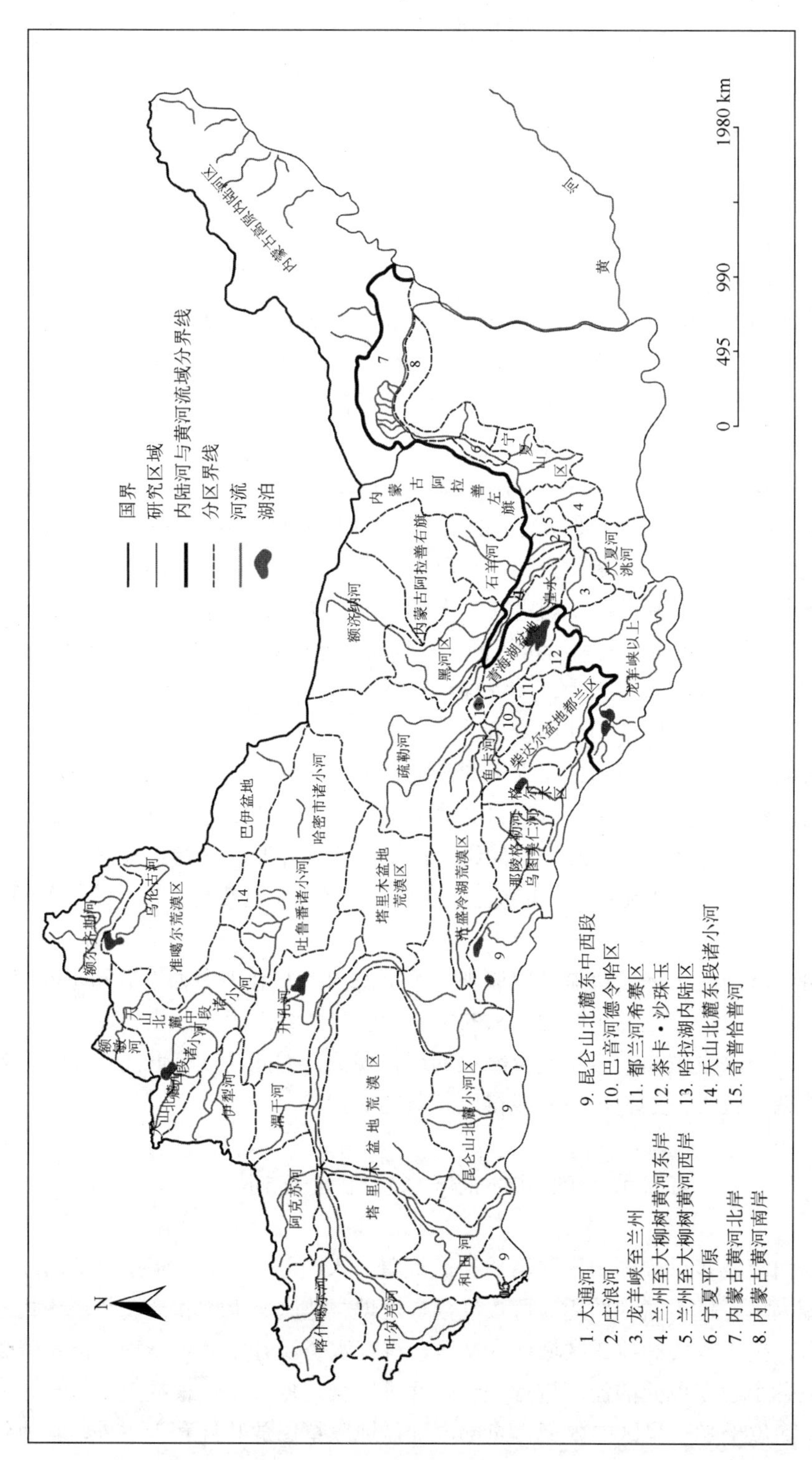

图 14-1　西北内陆河流域与黄河上游水资源三级分区

第一节　流域水资源开发原则

流域不仅是地理单元，也是社会经济、资源和生态系统单元，古代四大文明的产生和发展与河流均有密切的关系。流域具有多种资源，有生物资源也有非生物资源，有可更新资源也有不可更新资源。水资源属于可更新资源，水不仅是生命不可缺少的物质，也是人类社会生活和生产活动不可替代的资源。城乡建设、工农业发展和矿产资源开发都离不开水。流域开发是一个大系统的规划问题，应是社会、经济、生态、环境的综合体。由于水资源的特殊地位，流域开发与流域水资源的平衡是密切相连的。根据张玉芳和邢大韦（2004）对内陆河流域水资源平衡与生态环境改善的研究，流域尺度水资源开发和利用需要保持与流域的水资源平衡，必须遵循可持续发展与水资源可持续利用、统筹兼顾协调一致、社会经济与生态环境协调一致三大原则。

（1）可持续发展与水资源可持续利用原则：可持续发展也是一个自然资源得到可持续利用的问题，对不可更新资源要以最少的消耗、最优的利用模式使资源得到合理配置，或者使用可更新资源代替不可更新资源。对可更新资源则要通过合理的调控、保护，实现资源的永续利用。水资源可持续利用就是充分利用一切现代科学技术，在水资源总量的基础上，通过合理配置和有效利用水资源，最大限度地保持良好的社会经济发展规模。一方面必须考虑水资源的承载能力，水资源利用量不能超过其再生能力；另一方面也必须保持水的功能，不能丧失水的使用价值。

（2）统筹兼顾协调一致原则：在水资源开发利用中必须考虑上、中、下游，左岸与右岸，干流与支流，水量与水质，地表水与地下水，治理、开发与保护作为完整的一个系统，统一考虑水资源转化与生态功能的维护。现代流域开发注重梯级开发，在一定程度上忽视了工程与河段、全流域之间的关系，忽视了流域整体合理性，缺乏统筹兼顾、协调一致。

（3）社会经济与生态环境协调一致原则：水资源的开发利用多为生活和生产服务，但忽视了水环境的保护、生态多样性、水的生态功能，就会产生水污染、地面下沉、沙漠化等环境灾害和水生生物的减少甚至绝灭的退化现象。因此，只有重视社会经济效益与生态环境协调一致性，生态环境才能得以有效的保护。

第二节　内陆河流域水资源开发利用

西北内陆河流域多以周围山区的河川径流汇集进入内陆盆地，一条条内陆河流或内流水系以流域为单元位于盆地四周，可按气候、地理、地质、土壤和植被环境等相近的水文特性组合，构成较大盆地或区域性水文区，进行水资源开发利用管理。但水资源量基本上还是以各个独立单元的流域进行统计，并进行合理性评价。根据上述分析，西北内陆河流域，除位于半干旱区的内蒙古东部内陆盆地以草原放牧经营为主外，其他包括河西走廊、柴达木盆地、准噶尔盆地、塔里木盆地四大区块及吐鲁番、哈密、青海湖等盆地主体是灌溉绿洲农业和畜牧业，交通和矿产资源开发程度相对较高，工业和城镇建设已经具有一定规模。流域开发促进水资源开发利用，其中水资源开发利用率较高、出现问题较多的是河西走廊的石羊河、黑河流域，以及塔里木盆地的塔里木河流域。为此，现以这 3 个流域为代表，说明西北内陆河流域水资源开发利用现状。

一、塔里木河流域水资源开发利用

塔里木河流域位于新疆南部，流域北部是天山山脉，西南面为帕米尔高原及喀喇昆仑山，南面为昆仑山及阿尔金山，天山山脉与昆仑山脉之间为封闭的塔里木盆地，盆地中部为塔克拉玛干沙漠。盆地由九大水系和塔里木干流组成，流域总面积 102.60 万 km^2，其中国内面积为 100.24 万 km^2，国外面积为 2.36 万 km^2。塔里木河流域涵盖了巴音郭楞蒙古自治州、阿克苏市、克孜勒苏柯尔克孜自治州、喀什地区、和田地区南疆五地州，还包括伊犁哈萨克自治州、哈密地区、吐鲁番市的部分行政区面积。塔里木河流域深居欧亚大陆腹地，远离海洋，有限的水汽来源又被高山阻挡，难以进入塔里木盆地，属典型的大陆性暖温带干旱气候。

流域多年平均地表水资源量为 349.38 亿 m^3/a，入境水量为 62.23 亿 m^3/a，河川径流量为 411.61 亿 m^3/a（邓铭江，2009）。流域平原区多年平均地下水总补给量为 220.38 亿 m^3/a，地下水资源量为 219.10 亿 m^3/a，地下水总补给量中降水入渗补给量为 4.68 亿 m^3/a，山前侧向补给量为 16.73 亿 m^3/a，河道渗漏补给量为 86.48 亿 m^3/a，渠系渗漏补给量为 69.06 亿 m^3/a，渠灌田间入渗补给量为 37.08 亿 m^3/a，库塘渗漏补给量为 5.07 亿 m^3/a，井灌回归补给量为 1.28 亿 m^3/a。流域平原区近期地下水可开采量为 90.52 亿 m^3/a。2005 年塔里木河流域总供水量为 302.66 亿 m^3/a，其中地表水源供水量为 285.86 亿 m^3/a，地下水源供水量为 16.80 亿 m^3/a。地表水源供水量中蓄水工程供水量为 32.25 亿 m^3/a，引水工程供水量为 250.43 亿 m^3/a，提水工程供水量为 3.18 亿 m^3/a（王新平和张娜，2010；王智等，2009；董新光和邓铭江，2005）。

二、河西内陆河流域水资源开发利用

河西内陆河流域东起乌鞘岭，西至甘肃和新疆交界，南以祁连山分水岭为界，北至中蒙边界，从东到西分布石羊河、黑河和疏勒河三大水系，流域面积为 27 万 km^2，占甘肃省面积的 59%，有武威、金昌、张掖、酒泉和嘉峪关五座城市。流域内地势南高北低，按地形地貌特点可分为祁连山地、河西走廊及北山山地 3 个区域。河西内陆河流域属典型的大陆性气候，具有降水稀少、蒸发量大、气候干燥、气温适中、光照充足、太阳辐射强烈、昼夜温差大等特点，年平均气温为 5～10℃，走廊区年降水量为 50～160mm，年蒸发量为 1500～2500mm。截至 2005 年底，流域内总人口为 465.2 万人，耕地面积为 82.28 万 hm^2。

河西内陆河流域地处内陆腹地，总体气候干燥、雨量稀少，流域多年平均降水总量为 352.1 亿 m^3，折合降水量为 130mm。降水量的空间分布极不均匀，大部分地区年降水量在 300mm 以下，降水自南向北、自东向西减少；降水量年内分配不均，多集中在 6～8 月，占年降水量的一半以上，春季降水量占年降水量的 20%以下；降水量年际变化很大，越是干旱地区越突出，历年最大最小年降水量的倍比多数在 3 倍以上，在敦煌达到

16.5 倍。

河西内陆河流域水资源总量为 74.70 亿 m^3（表 14-1），其中自产地表水 55.6 亿 m^3，入境水量 14.0 亿 m^3，不重复地下水 5.1 亿 m^3。多年平均径流量大于 1.0 亿 m^3 的河流 15 条，均发源于祁连山区（陈文，2009）。水资源可利用量以水系为计算单元，采用从水资源总量中扣除河道内生态环境需水量（天然生态需水量），以及浅山区产水量（主要为浅山区小沟小河出山径流量）的方法，剩余水量为水资源总量可利用量（水利部水利水电规划设计总院，2002）。

表 14-1　河西地区水资源总量及可利用量

流域分区	水资源量/亿 m^3	水资源可利用量/亿 m^3	人均水资源可利用量/（m^3/人）	亩均水资源可利用量/（m^3/亩）	水资源可利用率/%
石羊河	16.89	15.15	672	442	90
黑河	36.82	23.42	1219	517	64
疏勒河	20.99	14.48	3165	886	69
合计	74.70	53.05	1145	553	71

注：水资源可利用量计算中，水资源总量包括黑河流域的入省境水量 14.0 亿 m^3。

河西内陆河流域生态用水量为 4.86 亿 m^3，占 6.51%，城市生活用水量为 0.71 亿 m^3，占 0.95%，农村生活用水量为 0.83 亿 m^3，占 1.11%，其余多为农业灌溉用水。1997 年全国工业用水占总用水量的 20.2%，农业用水占 75.3%，可见河西内陆河流域农田灌溉用水明显偏高，还说明河西地区工业化、城镇化水平偏低。

河西内陆河流域万元工业产值用水量为 154m^3，较全国平均水平高 63m^3，其主要原因是河西地区工业以高耗水的冶炼、化工和石油工业为主，而耗水量较低的高新技术产业所占份额很小，这种特定的产业结构决定了工业用水定额高于全国平均水平。流域工业用水重复利用率为 49.0%，比全国平均水平高。同时，农业灌溉净定额为 390m^3/亩，明显高于全国和全省水平，这是由其特殊的气候条件所决定的。灌溉水利用系数为 0.49，与全国平均水平大体相当。万元 GDP 用水量约为 3000m^3，约是全国平均水平的 4 倍。总的来说，河西内陆河流域的用水还比较粗放，效率还比较低，有待进一步的提高。

第三节　水利工程建设概况

内陆河流域水利工程设施已具有一定规模，1950～2010 年来的流域开发，基本形成了上游修建山区水库调蓄、出山口引水枢纽，中游平原渠道输水，以林、渠、路、田、村镇的人工灌溉绿洲，下游配以机井井灌或井渠混合灌溉供水，最下游盆地多数为天然绿洲、以河渠下泄补充植被土壤水和盆地地下水，部分也以有利地形条件修建平原蓄水调节水库，发展成为天然草地为主、辅以灌溉草场和农田的景观，形成了以开发利用地表水为主、开采地下水为辅的流域尺度的水资源利用格局。流域尺度的引水枢纽、年调节水库、灌溉渠网、河道整治、引泉井采地下水、生态输水等水利工程建设，已为西北内陆地区绿洲经济和多民族地区社会发展发挥了重要作用。

一、塔里木河流域水利工程建设情况

截至2012年，塔里木干流已修建了乌斯满、阿其克、恰拉、阿恰4座分水枢纽，修筑输水堤防649.45km，管理道路207.39km，生态闸（堰）64座。堤防工程包括堤防、堤岸防护工程。其中，输水堤防649.45km，设计标准为10年一遇；堤岸防护工程有护岸65.32km，其中上游10.50km，中、下游54.82km。塔里木河流域管理局直管水闸工程共68 座（大中型4座、小型64座），主要是分水闸和生态闸等。

塔里木河综合治理前，截至 1998 年，塔里木河干流共设置了阿拉尔、英巴扎、乌斯满、恰拉4个中心站，实施对干流水文和生态综合监测，以及工程、灌溉管理；干流缺乏堤防和引水控制工程，有临时引水口 138 处，主要引水口 77 处，其中农业灌溉引水口 27 处，生态引水 50 处，均为天然引水工程，除 28 处为有闸控制外，其余均为无闸控制。汛期洪水漫溢宽度一般为3～5km，最宽达20余千米，水量散耗严重。此外，塔里木河两岸开荒架泵提水比较普遍，据统计有水泵1000台，每年扬水量超过1.5亿m^3。2000～2012年，已实施了13次向塔里木河下游生态输水，共计输送生态水39亿m^3，年均下泄生态水3.25亿m^3，水头10次到达尾闾台特玛湖，最大形成300km^2湖面，结束了下游河道连续干涸30年的历史；2012年下游恰拉断面来水量达到13.4亿m^3，塔里木河流域综合治理取得明显的生态效益、经济效益和社会效益，生态环境明显改善。

二、河西内陆河流域水利工程建设情况

河西内陆河实际供水总体上是以蓄水、引水、地下水工程为主。蓄水、引水、地下水3项供水比例各流域分别为：石羊河流域38∶11∶51；黑河流域27∶57∶16；疏勒河流域44∶33∶22。

河西地区基本形成了山区和平原有水库调蓄、渠道输水、机井提灌的工程布局。已建成水库143座，总库容14.96亿m^3，兴利库容10.1亿m^3，其中大型水库两座，总库容3.5亿m^3；引水工程156处；机电井29631眼。水工程设计供水能力84亿m^3。2005年实际供水量为77.37亿m^3。其中，蓄水工程供水30.02亿m^3，占总供水量的38.8%；引水工程供水22.15亿m^3，占28.6%；提水工程供水0.0369亿m^3；民调工程跨流域调水0.566亿m^3，占0.7%；地下水源供水23.82亿m^3，占30.8%；其他水源利用0.7791亿m^3。2005年实际总用水量为77.37亿m^3。其中，农业用水71.96亿m^3，占总用水量的93.0%；工业用水3.62亿m^3，占4.7%；生活用水1.17亿m^3，占1.5%；建筑业及第三产业用水0.38亿m^3，占0.5%；生态环境用水量0.24亿m^3，占0.3%。

第四节　水资源利用状况

截至2010年，河西内陆河流域建成水库工程160座，其中大型3座，中型21座，小型136座，塘坝86座，总库容15.67亿m^3；引水工程300处，提水工程144处，调水工程2处，已建成机电井3.31万眼，其中配套机井3.30万眼，集雨水窖2.82万眼。工程设计总供水能力86.6亿m^3，实际供水量75.21亿m^3。2010年实际供水总体上是以

蓄水、引水、地下水工程为主。蓄水、引水（含外调水）、地下水 3 项供水比例各流域分别是：疏勒河流域 52∶28∶20，黑河流域 30∶46∶24，石羊河流域 51∶23∶26（拜振英，2015）。

一、石羊河流域水资源开发利用

石羊河流域水资源的年内分配因受补给条件的影响四季分明，一般规律是：冬季由于河流封冻，径流靠地下水补给，最小流量出现在 2 月，这一时期为枯季径流，1～3 月来水量占年总量的 6.59%；4～5 月以后，气温明显升高，流域积雪融化和河网储冰解冻形成春汛，流量显著增大，来水量占年来水量的 15.76%，这一时节正值农田苗水春灌时期。夏秋两季是流域降水较多而且集中的时期，也是河流发生洪水的时期，6～9 月来水量占年来水量的 64.22%。10～12 月为河流的退水期，河流来水量逐渐减少，其来水量占年来水量的 3.43%。

水资源年际变化的总体特征常用变异系数 C_v 或年极值比（最大、最小年流量的比值）来表示。C_v 反映一个地区水资源过程的相对变化程度，C_v 值大表示年际丰枯变化剧烈，对水资源的利用不利。石羊河流域各河流 C_v 值为 0.15～0.37，年极值比为 1.72～4.15，且西部河流小、东部河流大，说明西部河流的天然来水量较东部河流稳定。

（一）石羊河流域水资源利用状况

石羊河 8 条主要支流除杂木河外均在山区建立水库，控制河川径流量 9.1 亿 m^3，在石羊河中下游的走廊北山沿河还有西马湖和红崖山两座水库。红崖山水库的来水量与古浪河、黄羊河、杂木河、金塔河、西营河、东大河 6 条河流有密切的关系。据 1995 年统计，中游武威盆地上段为渠灌区，灌溉面积 10.13 万 hm^2；下段为以地下水（井泉）为主的渠井双灌区，灌溉面积 6.62 万 hm^2；下游民勤盆地为渠井双灌区，灌溉面积 4.2 万 hm^2；全流域灌溉面积合计 21.14 万 hm^2。1990 年全流域耗水量为 19.52 亿 m^3，其中农业耗水量为 15.86 亿 m^3，工业和生活耗水量为 1.14 亿 m^3，其他耗水量为 2.52 亿 m^3。1995 年全流域供水量为 26.73 亿 m^3，其中地表水 14.62 亿 m^3，地下水 11.11 亿 m^3；总用水量 25.72 亿 m^3，其中农业灌溉用水 24.11 亿 m^3，城乡生活用水 0.56 亿 m^3，工业用水 1.05 亿 m^3（王浩，2003；汤奇成和张捷斌，2001）。

根据 2003 年统计，石羊河流域内共有水库 20 座，其中中型水库 8 座，小型水库 12 座，总库容 4.5 亿 m^3，兴利库容 3.7 亿 m^3，8 条山水河流除杂木河外均建有水库。已建成总干、干渠 109 条，干支渠以上总长 3989km，衬砌率 81.4%，衬砌完好率 49.7%，灌区渠系已衬砌部分有效利用系数为 0.50～0.62，未衬砌部分为 0.38～0.50。建有机电井 1.69 万眼，配套 1.56 万眼，其中，民勤现拥有机井数量为 1.01 万眼，配套 0.9 万眼，处于常年运行之中。石羊河流域设计供水能力 37.91 亿 m^3，其中蓄水工程 16.56 亿 m^3，引水工程 5.13 亿 m^3，地下水供水工程 15.28 亿 m^3，跨流域调水 0.6 亿 m^3，其他 0.34 亿 m^3。现状实际供水能力 29.9 亿 m^3，其中蓄水 12.15 亿 m^3，引水 2.8 亿 m^3，地下水 14.78 亿 m^3，其他 0.17 亿 m^3，实际供水能力占设计供水能力的 70.2%。

（二）石羊河流域水资源利用的问题

（1）山区水源涵养林萎缩。近年来，石羊河上游祁连山区由于人为砍伐森林，过度放牧，开矿挖药和毁林毁草开荒种植，植被破坏严重，涵养水源的能力降低。目前，有近 15 万 hm^2 的林草地被垦殖，植被覆盖率为 36%～40%。山区调节功能降低，水土流失面积增大，上游地区的十多座水库均有不同程度的淤积，有效库容减少。

（2）水资源严重短缺，供需矛盾十分尖锐。石羊河流域内人均拥有当地水资源量 744m^3，仅为全国的约 1/3，亩均水资源量 369m^3，仅为全国的约 1/4。石羊河流域人均、单位面积耕地占有水资源量较低（表 14-2），是石羊河流域用水紧缺和生态环境恶化的主要根源之一。

表 14-2　石羊河流域人均、亩均水资源量比较表

流域名称	人均水资源量/m^3	亩均水资源量/m^3
石羊河	744	296
黑河	1400	529
疏勒河	4759	2150
塔里木河	5196	2099
甘肃	1114	389
全国	2167	1421

注：全国数据来自《中国水资源公报 1999》。

石羊河流域水资源开发重复利用率达 170%，居内陆河流域之首。经济社会用水挤占生态用水，导致生态环境恶化，而生态环境恶化反过来又威胁人类的生存环境，使人与自然不能和谐共处。过度开发水资源，致使地下水水位严重下降，土地沙化面积已占流域总面积的 50%以上。造成目前流域水资源供需矛盾的主要原因，一是流域人口偏多，二是灌溉面积偏大。

（3）水资源利用效率低。流域用水结构低效，农业灌溉面积较大。石羊河流域用水比例为：农田灌溉用水占 85.0%、工业占 6.1%、林草占 4.6%、城市及农村生活占 4.3%。缺乏高效益的其他优势产业，而农业的单方水效益很低。

（4）区域用水不平衡加剧。流域经济和社会发展没有充分考虑流域水资源的整体承载能力及区域的平衡性，总用水和耗水规模偏大，中下游水资源配置不尽合理。经计算，1971～2000 年 30 年间，从中下游水文控制的蔡旗断面进入民勤的水量共计减少了 3.0 亿 m^3，平均每年递减约 0.1 亿 m^3，造成地下水水位急剧下降。下游民勤盆地为渠井双灌区，农业耗水量为 15.86 亿 m^3，其中地下水超采量 1.75 亿 m^3。从 20 世纪 70 年代开始，有近 1000hm^2 的范围，地下水平均以每年 1.14m 的速率下降，累计下降了 10～25m，造成生态环境严重恶化。

（5）地下水严重超采，水体污染加重。石羊河地下水开发利用程度达到了 164.5%，随着人口压力的不断增加，地下水持续超采，水资源亏损量不断加大，地下水多次重复利用造成水质不断恶化（Feng and Cheng，1998），地下水水位逐年普遍大幅度下降，土地沙漠化面积进一步扩大，下游民勤盆地的环境遭到严重破坏。同时，水体污染严重，中下游河段普遍达到Ⅳ类，部分河段达到Ⅴ类水质标准，严重威胁当地的生产和生活用水。

河西内陆河流域主要河流水质断面监测结果显示，各河流上游水质良好，中游与下游水质沿流程受人类活动影响逐渐恶化。污染较为严重的河流有石油河、石羊河、黑河、山丹河等，主要污染物为氨氮、COD、总磷、挥发酚、石油类等。石羊河出山口以上河段中，西大河、东大河、西营河、金塔河、杂木河、黄羊河和古浪河属于Ⅰ类水质，大靖河属于Ⅱ类水质，总体属优良水质。但是，黄羊河上游的金矿、西营河上游的九条岭煤矿和电厂已对两河水质产生一定影响。平原区金川峡水库水质属于Ⅲ类，但四坝桥断面、红崖山水库来水由于受凉州区工业、城市生活废污水及农业退水等水体的污染，水质差，基本属于劣Ⅴ类水质，现状水质已不能满足灌溉要求。

石羊河南盆地地下水水质尚好，但污染形势不容乐观。北盆地地下水由于地表水污染、多次重复利用、地下水补给量减少等导致地下水水质明显恶化，矿化度升高，各种有害离子含量增大。民勤湖区地下水矿化度普遍在 3g/L 以上，局部地区高达 10g/L，不但不能饮用，而且灌溉也受到很大程度的影响。

二、黑河流域水资源开发利用

（一）黑河流域水资源总体状况

黑河流域有 8 条支流由水文站控制，即山丹河、洪水河、大渚马河、黑河干流、梨园河、丰乐河、洪水坝河和冰沟河。评价选择的控制水文站作为水资源计算控制站，分别是：李桥水库、双树寺水库、瓦房城水库、莺落峡、梨园堡、丰乐河、新地和冰沟这 8 个水文站；其他没有水文站控制的小河有 19 条，其出山水资源量按各水管所引水资料计算，没有引水资料的按调查数值计算。

张玉芳和邢大韦（2004）根据 1950～2001 年同期资料对黑河流域各河流出山径流量进行了计算，其中有系列水文资料的河流有 13 条，各河流出山径流量分别为：山丹河李桥水库 0.573 亿 m^3/a，洪水河双树寺水库 1.171 亿 m^3/a，大渚马河瓦房城水库 0.839 亿 m^3/a，黑河干流莺落峡 15.598 亿 m^3/a，梨园河梨园堡 2.168 亿 m^3/a，海潮坝水库 0.483 亿 m^3/a，童子坝河 0.722 亿 m^3/a，酥油口河 0.447 亿 m^3/a，摆浪河 0.446 亿 m^3/a，马营河红沙河 1.153 亿 m^3/a，丰乐河 0.942 亿 m^3/a，洪水坝河新地 2.395 亿 m^3/a，讨赖河冰沟 6.407 亿 m^3/a。实测出山径流量为 33.425 亿 m^3/a，其中，黑河干流片多年平均出山水资源量为 23.549 亿 m^3/a，讨赖河片多年平均出山水量为 9.743 亿 m^3/a。

没有水文站控制，也没有水库用水资料的小河有 14 条，其出山径流总量调查为 1.116 亿 m^3/a，各河流调查结果分别为：山丹瓷窑口河多年平均灌溉土地面积为 167hm^2，推算水量为 0.008 亿 m^3/a，流水口沟 0.087 亿 m^3/a，三十六道沟 0.022 亿 m^3/a，寺沟 0.082 亿 m^3/a，大野口水库 0.142 亿 m^3/a，大瓷窑河 0.110 亿 m^3/a，大河 0.051 亿 m^3/a，水关河 0.056 亿 m^3/a，石灰关河 0.055 亿 m^3/a，黑大板水库 0.066 亿 m^3/a，黄草坝沟 0.0454 亿 m^3/a，涌泉坝沟 0.066 亿 m^3/a，观山河 0.154 亿 m^3/a，红山河 0.173 亿 m^3/a。

祁连山前地带及北山区天然产水量很少，径流等值线在 5mm 以上部分按图解法分析估算，其天然产水量为 0.962 亿 m^3/a，其中，山丹县为 0.209 亿 m^3/a，民乐县为

0.523 亿 m^3/a，甘州区为 0.090 亿 m^3/a，高台县为 0.024 亿 m^3/a，肃州区为 0.116 亿 m^3/a。山区水文站控制区内的工农业用水量为 0.610 亿 m^3/a。黑河流域总的出山径流量为 36.114 亿 m^3/a。

如前所述，地下水综合补给量中河道渗漏、渠道渗漏、田间渗漏等是出山地表水利用过程中在形态上的转化，在量上是与出山地表水相重复的，而降水凝结水入渗是在山前地区形成的，山前裂隙水对平原地区的直接补给，即山区地下水侧向径流未包括在出山地表水量中。据 Feng 和 Cheng（1998）分析计算，黑河流域山前地区多年平均地下水资源不重复量为 4.305 亿 m^3，其中东部子水系 3.333 亿 m^3，占 77.4%；中部子水系 0.183 亿 m^3，占 4.3%；西部子水系 0.789 亿 m^3，占 18.3%。

山前总水资源定义为出山地表径流（即天然径流量扣除还原量）和地下水资源不重复量（凝结水入渗补给和山区地下水侧向径流量）之和，为山前地区实际拥有的水资源数量。据计算，黑河流域山前地区多年平均总水资源量为 40.144 亿 m^3，其中东部子水系 27.646 亿 m^3，占总量的 68.87%；中部子水系 2.994 亿 m^3，占总量的 7.46%；西部子水系 9.504 亿 m^3，占总量的 23.67%。

（二）黑河流域水资源开发利用状况

表 14-3 给出了黑河流域各计算单元 1995 年和 2020 年的水资源利用率与地下水均衡值。除额济纳三角洲地区采用的是保证率 50%以外，其他单元的计算结果均为供水保证率 75%时的情况。当供需平衡时，利用量值采用模型计算的水资源可利用量值，否则采用需水量值。此外，需要说明的是，额济纳三角洲天然生态系统的耗水量也计入水资源利用量中。

表 14-3　黑河流域主要单元不同水平年水资源利用情况

年份	计算单元	总水资源量/亿 m^3	水资源利用情况		地下水均衡/亿 m^3
			利用量/亿 m^3	利用率/%	
1995	张掖盆地	17.254	13.301	77.1	0.0
	金塔鼎新	4.089	1.121	27.4	0.0
	额济纳三角洲	5.447	3.762	69.1	–1.797
	酒泉清金	1.766	1.119	63.4	0.0
	明华盐池	0.827	0.332	40.1	0.252
	嘉峪关	1.892	0.969	51.2	0.0
	肃州	4.272	3.382	79.2	0.0
	金塔鸳鸯	2.976	1.453	48.8	–0.100
2020	张掖盆地	15.114	11.902	78.7	0.0
	金塔鼎新	1.962	1.510	77.0	0.0
	额济纳三角洲	8.146	6.473	79.5	0.255
	酒泉清金	1.754	1.118	63.7	0.0
	明华盐池	0.839	0.324	38.6	0.250
	嘉峪关	2.132	1.383	64.9	0.0
	肃州	4.014	3.441	85.7	0.0
	金塔鸳鸯	2.976	1.501	50.4	–0.274

甘州（张掖盆地）和肃州1995年的水资源利用率达到77.1%和79.2%，而且供给量小于需求量，地下水资源收支呈均衡状态。2020年张掖盆地和肃州水资源利用率又有进一步提高，分别达78.7%和85.7%，比1995年分别高出1.6个和6.5个百分点；地表水与地下水的蒸发损失量分别占21.3%和14.3%，其中地下水的蒸发量分别为1.369 亿 m^3 和1.222 亿 m^3，比现状减少70%。由此可见，在现状水利工程条件下，再进一步提高水资源的可利用量已经非常困难。因此，中游地区水资源开发利用达到2020年的水平后，开发利用潜力基本挖掘殆尽。从水资源利用率和地下水均衡结果看，只有中部子水系水资源尚有一定潜力，其量为0.252亿 m^3。虽然清、金灌区隶属酒泉市，但中部子水系出山河流相当分散，流量小、流程短，无法被酒泉盆地其他灌区所利用。

（三）黑河流域水资源利用的问题

黑河流域是我国西北地区最典型的内陆河流域，占全流域面积93%的中、下游多年平均降水量由西南部的140mm向东北减少至47mm，几乎不产生地表径流。流域多年平均蒸发能力由西南部的1407mm增加至东北部的2249mm，干旱指数最高达82；多年平均降水总量122.6亿 m^3，自产水资源总量28.08亿 m^3，即降水量中有大约22.9%转化为地下水和地表水资源，77.1%消耗于蒸散发。干流水系地表水资源量24.75亿 m^3，径流深21.3mm，产水模数2.13万 m^3/km^2。1950年以来，尽管黑河走廊盆地水资源开发利用已取得了很大成绩，使走廊绿洲土地生产潜力得到了发挥，为人类的生存拓展了空间，但是也暴露出一些问题：一方面拦截引用的河水过度，造成河道下泄水量减少；另一方面水资源利用效率不高，浪费严重，不仅影响了流域水资源的可持续开发，也阻碍了区域社会经济的协调发展。2004年分析数据显示，黑河流域灌溉农业用水占80%以上，农业灌溉净定额高达 $6976m^3/km^2$，渠系利用系数为48%～60%，而田间灌溉水作物棵间消耗水量占52%～55%，因此灌溉水从渠系到田间作物吸收的净利用率仅为22%～30%（高前兆等，2004）。

历史上黑河流域水资源问题就十分突出，清代雍正年间实行“均水制”，以解决下游干旱缺水的困扰。历史上就有“水规”大于“军规”之说。中华人民共和国成立初期也是靠部队解决这个问题。黑河流域水资源少，不能满足社会经济和生态环境的需水要求。黑河流域用水不均衡，北大河水系因为修建了鸳鸯池、解放村、苗家板3座水库，总库容为2.5亿 m^3，使北大河在鼎新以下断流，成为与黑河干流无水流联系的独立水系。黑河流域下流最终注入居延海。居延海分为西居延海和东居延海。600年前，居延海最大湖面面积为 $800km^2$。西居延海在1932年湖面面积为 $190km^2$，1958年航测图片计算湖面面积为 $267km^2$，1960年测绘湖面面积为 $213km^2$，湖水矿化度为88g/L。1960～1961年入湖水量仅2.0亿 m^3，最后西居延海干涸消失，目前仅残存盐壳或沙漠。1982年考察湖区地下水水位已大于3.0m，平均下降5.0m，年下降速率大于0.2m/a。东居延海曾于1992年彻底干涸，周边地区3.02万 km^2 中荒漠化土地面积2.64万 km^2，占87.2%。随着居延海消失，天然绿洲濒临完全消失，人工绿洲也不断减少。

20世纪90年代，中游张掖盆地开垦种植，扩大灌溉面积仍然较为普遍，一些地方已经开垦到沙丘边缘，原来在绿洲与荒漠之间的过渡带大大缩小；同时，在张掖、临泽、高台绿洲，尽管种植水稻的面积已有减少，但小麦套种玉米的复种面积大有增加，平原小水库和塘坝仍在利用，局部地下水水位居高不下，灌溉耕地的盐碱化并未得到减轻；加上河道的泄水利用率极低，大部分水量被无效蒸发。在采取渠道衬砌和大改小等常规灌溉节水措施后，灌溉定额已有所下降，但水资源重复利用率大大降低，现今渠道引水量并未减少，势必增加走廊耗水量；在地表水紧缺情况下，大量开采地下水，加大了中游灌溉用水量，使分水下泄更加困难。在走廊地区，绿洲化和沙漠化现象同时出现，天然绿洲与人工绿洲比例失调，受旱不能保灌的土地面积增加，河流下游或灌渠末端的绿洲边缘成为沙漠化条带，特别是每年春季，得不到灌溉的农田风蚀起沙，成为河西走廊的沙尘源地。

总体上，河西内陆河流域利用存在如下问题：

经济用水挤占环境用水，中下游用水矛盾突出。目前，流域内社会经济的发展主要是以扩大农业灌溉面积、增引河川径流量、消耗水土资源为前提来实现的。这种粗放型农业发展模式，一方面浪费水资源的现象十分严重，没有将水作为一种稀缺的、有限的资源加以保护和合理利用；另一方面生态用水被挤占，加剧了下游生态环境恶化。据史料记载，黑河中游地区汉代仅有 8 万～9 万人，灌溉面积约 4666hm^2；1950 年初总人口约 55 万人，灌溉面积 6.9 万 hm^2；而 2010 年总人口 121 万人，灌溉面积 22.3 万 hm^2（含林草灌溉面积）；总人口和灌溉面积分别相当于 1950 年初期的 2.2 倍和 3.2 倍，人均灌溉面积相当于中华人民共和国成立初期的 1.5 倍，也远远高于全国水平。由于统筹考虑水资源条件不够，20 世纪 60 年代末以来，在“以粮为纲”思想的指导下，河西地区大规模垦荒种粮，发展商品粮基地，特别是 1990 年以后，甘肃省提出“兴西济中”发展战略并向中部地区移民，灌溉面积发展很快。2010 年，中游地区年产粮食 99 万 t，农业灌溉占用了大量水资源，挤占了生态用水。下游内蒙古额济纳旗现状总人口 1.62 万人，相当于 1949 年 0.23 万人的 7 倍。随着人口和灌溉面积的增加，全流域生产生活用水量已由 1950 年初期的约 15.0 亿 m^3 增长到目前的 26.2 亿 m^3，其中中游地区用水量增加到 24.5 亿 m^3，而进入下游的水量则从 20 世纪 50 年代的 11.9 亿 m^3 减少到 90 年代的 7.76 亿 m^3。同时，由于下游金塔县鼎新灌区用水增加、国防科研基地用水等因素影响，加上河道损失的水量，实际进入额济纳旗的水量只有 3 亿～5 亿 m^3。黑河中游农田灌溉事业发展和农业用水量的不断增加导致了下游生态用水大幅度减少，这也成为下游生态环境恶化的根本原因（肖生春和肖洪浪，2003；李万寿，2002；朱震达等，1983）。

由于上、中、下游经济结构不同，用水习惯差异较大，水资源利用矛盾十分尖锐，利益调整也极为复杂。尤其是长期以来人们习惯于尽可能大量拦截、储蓄、利用河水，立足于各自小区域的利益，超量利用流域共有水资源，缺乏流域整体观念，加上没有统一的流域规划，使中、下游土地开发失去平衡，无控制开发和超量用水的局面。同时，在干旱区经济发展过程中缺乏对生态环境问题的足够认识，造成不考虑生态环境用水的失误，加上人口增长很快，在一定程度上以牺牲生态环境为代价来换取眼前经济利益，在开发利用时明显挤占了生态环境用水，造成下游河水断流、可利用水质量降低及地下水水位大幅度下降，其成为造成沙漠化的一个重要原因。

额济纳旗生态形势严峻，分水不是万全之策。从表面上看，环境现状发生的主要原因是人类在中上游大量引水，致使流到下游的水量减少，进而导致草场和绿洲退化，使额济纳旗 2.0 万人民的生产和生活受到了严重影响；但就整个黑河流域而言，其根本原因不是从中上游给下游放多少水的问题，而是整个流域水资源缺乏的问题。从流域的角度讲，绿洲退化不是真正的荒漠化，实际上是绿洲分布在空间上的变化，是整个黑河流域景观格局的调整，因为整个流域的绿洲面积非但没有减少，反而有所增加（李并成，1998）。如果只从经济效益的角度来考虑，发展中游绿洲更容易达到目的；而从发展额济纳旗绿洲的角度来看，就要限制黑河中上游的用水，保证有足够的水流到下游；但是如果从整个流域环境建设的角度来看，就是如何根据自然规律和区域社会经济发展的目标合理分配水资源，以便可以充分高效利用水资源（薛丽芳，2003）。

从额济纳旗所处的位置、与外界的联系和其他基础设施来看，稳定和发展绿洲的目的一方面是使之适宜于人类居住，另一方面是保护和改善地区环境，控制沙尘暴的发生和强度，而不是从流域的角度来考虑如何保护环境，较少考虑整个流域的自然地理系统优化和流域经济的发展。虽然维持一定的绿洲面积是必要的，通过维持和建设绿洲生态系统来保护和改善地区与流域环境的缺点也相当明显，因为维持和建设绿洲的途径不外乎两条：一是以大面积缩小荒漠生态系统为代价来维持较小面积的绿洲；二是以较低的单位水资源利用效率为前提，从中上游下泄大量的水资源来保证下游绿洲的维持和发展。前者极大地影响保护和改善环境目标的实现，而后者必将以牺牲流域经济的发展为代价，这在根本上与我们进行流域地理建设的基本目标背道而驰。因此，以建设绿洲生态系统为途径的地理建设方式必然会使我们陷入上述的两难境地（薛丽芳，2003）。

三、塔里木河流域水资源开发利用

塔里木河是中国最大的内陆河，河水最终流入台特玛湖，其下游都在塔克拉玛干沙漠内（图 14-1）。塔里木河的源头是高山冰川和积雪融水，上游高山冰川与积雪带的年降水量为 200～800mm，年潜在蒸发量为 800mm（苏宏超等，2003）。塔里木河的中游和下游是极端干旱气候，年降水量为 50～70mm，年蒸发量达 2100～3000mm（Feng et al.，1999）。中游径流量不超过 1000m^3/s，分支河流或在山谷中出露，或在沙漠里消失。由于中游和下游区域天然降水少，来自塔里木河的水成为该地区的主要水资源，同时河水驱动区域生态，维持着环境平衡。

（一）塔里木河流域水资源状况

中国水文学年鉴收集了新疆维吾尔自治区包括塔里木河上游阿拉尔站、中游新满其站和大坝站，还有卡拉临时测站，记录了自 20 世纪 50 年代以来的详细水文数据。山区降雨和高山冰雪融水是塔里木河流域地表水和地下水的根本来源（Feng et al.，2000）。塔里木河的源头——天山和昆仑山脉，拥有 24038 亿 km^3 的高山冰川储量，冰雪覆盖面积达 2.3 万 km^2，每年能提供 172 亿 m^3 的冰雪融水补给塔里木河流域，占盆地总地表径流的 45%（Feng et al.，2000）。20 世纪 50 年代以来，塔里木河径流量的变化比较明显。

以上游阿拉尔站、中游新满其站、中下游大坝站和下游卡拉站的径流变化为例，20 世纪 90 年代的径流量分别只相当于 50 年代的 84%、75%、79.6%和 20%，其中 1950～1970 年的变化最为显著（图 14-2）。

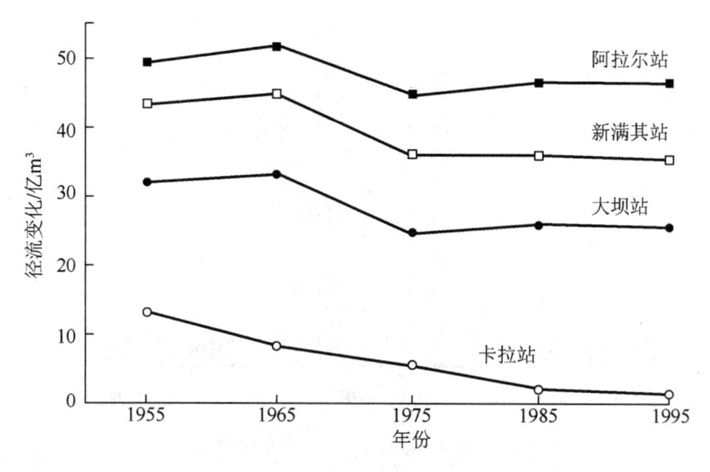

图 14-2　塔里木河主要测站的不同年代径流变化

1995 年塔里木河源流年径流量为 61.17 亿 m^3，其中地表径流占 62.3%，地下径流占 37.6%（表 14-4）。位于塔里木河中上游的阿拉尔站在 1995 径流量是 46.61 亿 m^3，而位于中下游和下游入口处的大坝站和卡拉站，水量分别只占 56.1%和 2.8%（图 14-2）。就干旱地区水资源利用而言，虽然地下水对未来水资源开发更重要，但地表水和地下水构成了完整的水文循环系统并互相影响，不可分割（Feng et al.，1999）。根据出山径流的计算，地表水资源是由高山降水和冰雪融化形成的。区域地下水来自降雨、山麓平原地带水的侧渗、地表水渗漏，而主要地表水资源的年径流分布随季节的变化而变化。例如，在阿拉尔站，6～9 月径流量占年径流量的 73.45%，而在 1～5 月灌溉期的径流量只占年径流量的 13.21%，5～6 月农田灌溉需水量占年径流量的 32%，因此这段时间出现水文“赤”字（图 14-3）。

表 14-4　1995 年塔里木河流域中上游和中游水资源

河流	面积/km²	地表径流量/亿 m³	地下水资源量/亿 m³			总水资源量/亿 m³	净水资源量/亿 m³
			地下径流	降雨入渗	河道、农田入渗		
塔里木河	33340	38.78	0.00	0.01	22.38	61.17	38.78
台兰河	6100	10.00	0.00	0.96	7.50	18.46	10.96
渭干河	16550	27.60	0.00	0.22	22.16	49.98	27.82
迪那河	7380	10.00	1.15	0.04	2.63	13.82	11.19
孔雀河	13820	11.85	1.28	0.03	5.30	18.46	13.16
总量	77190	98.23	2.43	1.26	59.97	161.89	101.91

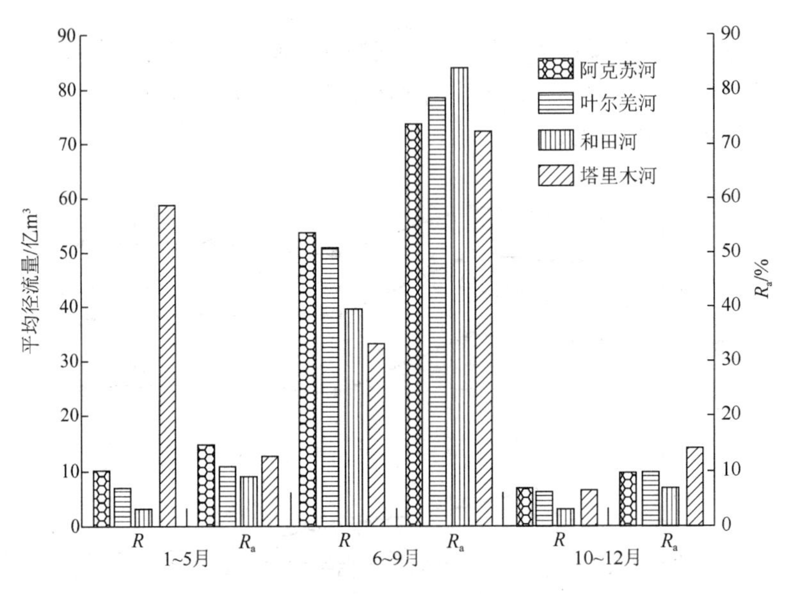

图 14-3　塔里木河上游多年平均径流特征

R 为平均径流，R_a 为占年均径流

（二）塔里木河流域水资源的开发利用

由于灌溉源于对地表水和泉水的利用，古代农业一般分布在河流三角洲或别的容易灌溉的地方（Strzepek et al.，1996）。随着社会经济发展，灌溉系统和灌溉技术进步，水资源利用率才有了极大的提高。塔里木河流域自 1950 年以后，源灌区扩大的灌溉面积达到 4265km^2，比 1950 年增加 121%，使源流区的绿洲面积扩大到 16000km^2，干流区阿拉尔以下由 0 发展到 385km^2，整个流域新增绿洲承载人口约 150 万人（李新和杨德刚，2001）。1995 年本地人口比 1950 年增加了 2.5 倍，使区域水文条件和生态环境发生了很大变化。1950 年，源流区耕地面积是 3.50 万 km^2，而 1995 年达到 6.07 万 km^2（Feng et al.，2000）。随着人口的快速增长和灌溉系统的发展，塔里木河干流 1986 年工业和家畜的耗水量增加了 0.1 亿 m^3，农田耗水量达 2.63 亿 m^3，森林生态系统用水达到 40 亿 m^3。1950～1995 年渠水利用率提高了 1.5 倍，渠的整体长度增加了 2000km，即 1950～1995 年增加了 2.2 倍。1995 年，抽取的地下水增加了 1.05 亿 m^3。塔里木河流域水的利用率是 35%～40%，1/3～1/2 的水由于蒸发、循环或输送被损失。高的灌溉定额、过度的水分流、大水漫灌和串灌等方法仍在广泛使用，如上游地区的年灌溉定额为 350～420mm，造成水资源的大量浪费（李新和杨德刚，2001），加之全流域采用传统的漫灌方式加剧了水资源浪费（冯起等，2004）。水资源的过度开发与浪费，使河流缩短、湖泊退缩、地下水水位下降，加剧了水土环境和下游生态恶化。

从 20 世纪 60 年代开始，塔里木河上中游大规模开发利用水资源，使完整的塔里木河水系遭受了一次解体过程。曾经深入沙漠的中、下游地区河流，由于上游来水的减少，许多支流退缩到了绿洲边缘，从而使河流不断改道或缩短。沿河修建的水库致使大量的水被抽取用于灌溉或由于蒸发而浪费。虽然塔里木河上游的阿拉尔站每年的补给量仍有

46 亿 m^3，但下游地区的水量在大幅度减少。中下游地区的卡拉水文站，补给的水量由20 世纪 50 年代的 13.8 亿 m^3 减少到 70 年代的 5.3 亿 m^3，到 1993 年只有 1.27 亿 m^3。90年代，塔里木河流域的总泉水量为 1.05 亿 m^3，即使在丰水年或有洪水补给泉水量一般也不超过 1.07 亿 m^3。中游和上游地区水资源大规模的开发利用使得终端湖水面积大幅度减少。曾有 3000km^2 水面面积的罗布泊在 70 年代以后完全干涸。随着孔雀河和塔里木河下游三角洲的干涸，土地沙漠化现象明显，流动沙丘开始形成。到 70 年代，塔里木河下游 300 多千米的河床已干涸。

塔里木河流水质不断恶化。冯起等（2004）对 1960～2000 年塔里木河水质情况进行了分析，结果表明，在塔里木河上游的阿拉尔站，1960 年的最大含盐量是 1.28g/L，1965 年是 3.5g/L。然而到 1981～1984 年含盐量达到 4.0g/L，1998 年竟高达 7.8g/L，2000年仍高达 7.0g/L。在 1960 年中游地区浅层地下水的盐度为 0.43～0.8g/L，下游地区为1.02～8.9g/L。而在 1995 年，中游地区达到 0.62～1.40g/L，下游地区为 5.0～6.0g/L。到2000 年中游地区达到 0.77～2.01g/L，水化学类型由 HCO_3^--Cl^--Ca^{2+}-Mg^{2+} 变为 Cl^--SO_4^{2-}-Ca^{2+}-Mg^{2+}，下游地区为 5.1～13.0g/L。1995 年，下游浅层地下水含盐量的变化为 5.0～16.0g/L，比 1960 年增加了两倍。流域农田盐化面积以每年 100hm^2 的速度增加。同时，1960 年中游地区地表水的盐分含量为 0.31～1.28g/L，下游是 0.86～8.56g/L，1995年中游的盐分含量达 0.87～6.12g/L，下游达 0.82～3.64g/L。而到 2000 年中游盐分含量达 0.78～5.13g/L，下游达 1.03～3.06g/L。中游地表水化学类型为 HCO_3^--Cl^--Ca^{2+}-Mg^{2+}。相比之下，下游地区水化学类型更普遍为 SO_4^{2-}-Cl^--Na^+-Mg^{2+}，表明塔里木河中游和下游的粗放式发展和水资源过度利用，使下游地区地表水水质恶化。

塔里木河大多数的化学元素也超过了国际水质标准，污染程度不断加剧，已超过了一般生活用水标准。例如，Na、Rb、Ca、As 和 Ba 的含量分别高出国际水质标准 2 倍、6.6 倍、1.2 倍、4.2 倍和 20 倍。而且，在中游和中下游地区，COD 为 0.9～8.6mg/L，碳酸含量为 0.3～0.5mg/L，中游水库污染严重，COD、BOD 和 NH_4^+-N 含量分别为 15.04mg/L、1.82mg/L 和 0.64mg/L。而下游水库的情况更糟，所测以上 3 种的含量分别为 19.30mg/L、1.93mg/L、0.33mg/L。最近几年，污染程度不断加剧，已超过了一般生活用水标准。

水资源和土地资源开发利用强度增大，使自然生长的胡杨和灌木林严重退化。1958～1990 年，塔里木河下游地区主要树种胡杨面积减少了 3820km^2，而灌木和牧草地面积减少了 200km^2。

第五节　可利用水量与生态需水量

一、水资源可利用量

2003 年水平年，石羊河流域实际供水量 26.63 亿 m^3，其中蓄水工程 9.49 亿 m^3，占总供水量的 35.6%；引水工程 2.86 亿 m^3，占 10.7%；抽水工程 1.00 亿 m^3，占 3.8%；地下水工程 12.64 亿 m^3，占 47.5%；其他 0.64 亿 m^3，占 2.4%（表 14-5）。黑河流域实际供水量 34.84 亿 m^3，其中蓄水工程 9.50 亿 m^3，占总供水量的 27.3%；引水工程 19.69

亿 m^3，占 56.5%；抽水工程 0.13 亿 m^3，占 0.4%；地下水工程 5.42 亿 m^3，占 15.6%；其他 0.10 亿 m^3，占 0.2%（表 14-5）。疏勒河流域实际供水量 15.29 亿 m^3。国际人均水资源指标为：小于 1700m^3/人为用水紧张，小于 1000m^3/人为缺水，小于 500m^3/人为严重缺水。依此指标评价河西内陆河流域水资源量，除疏勒河流域外，黑河流域属用水紧张地区，石羊河流域属缺水地区。

表 14-5　2003 年各流域不同工程供水量统计　（单位：亿 m^3）

工程类别		石羊河流域	黑河流域	疏勒河流域	小计
地表水供水工程	蓄水	9.49	9.50	6.79	25.78
	引水	2.86	19.69	5.10	27.65
	抽水	1.00	0.13	0	1.13
	小计	13.35	29.32	11.89	54.56
地下水供水		12.64	5.42	3.40	21.60
污水净化供水		0.04	0.10	0	0.14
外流域调水		0.60	0	0	0.60
总计		26.63	34.84	15.29	76.75

二、河道内生态需水量

石羊河干流出山口多年平均径流量 6.89 亿 m^3，加入红水河 0.76 亿 m^3，至下游红崖山水库时为 2.59 亿 m^3，沿程减少 5.06 亿 m^3，主要为沿程生产生活用水、区间河道内渗漏损失的水量及发展人工天然防护林消耗的水量。维护沿河最小生态需水按 10%估算，干流区中游约为 0.69 亿 m^3，其他独立水系及沿山支流约为 0.82 亿 m^3，生态需水量为 1.51 亿 m^3。2000 年石羊河流域水资源利用率高达 149%，主要表现为中下游地区地下水大量超采，地下水水位不断下降，致使下游河湖干涸，环境日益恶化，下游民勤地区已出现严重的生态问题。

红崖山站实测年径流量逐渐减少，从 20 世纪 60 年代的 3.90 亿 m^{3}减少到 90 年代的 1.70 亿 m^3，2000 年为 0.75 亿 m^3，可供下游生态用水几乎为 0。为了将下游的生态恢复到 80 年代以前的水平，下游最小河道内生态需水按红崖山水库 80 年代前平均年径流量 3.46 亿 m^3 的 10%估算，约需 0.35 亿 m^3。经分析估算，石羊河流域独立水系及沿山支流河道内最小生态需水 0.82 亿 m^3，干流区中游 0.69 亿 m^3，下游 0.35 亿 m^3，合计 1.86 亿 m^3。

黑河干流出山口多年平均径流量为 18.11 亿 m^3，其中莺落峡站为 15.97 亿 m^3，梨园河梨园堡站为 2.14 亿 m^3，沿程纳入其他支流，流至正义峡时径流量为 8.04 亿 m^3。为了实现向黑河下游狼心山以下输送 7.50 亿 m^3 的生态用水，需要考虑沿途河道内的水量损失。黑河中下游河段，特别是下游河段，蒸发渗漏损失较大。20 世纪 90 年代从正义峡进入下游的水量约为 7.70 亿 m^3，而到达狼心山实际进入额济纳的水量只有 3.0 亿～5.0 亿 m^3。沿途减少的水量达 2.7 亿～4.7 亿 m^3，这其中有一部分是下游鼎新灌区和国防科研基地用水（为 1.50 亿～2.0 亿 m^3），其余的主要为河道内沿程损失的水量，为 1.20 亿～2.70 亿 m^3。据估算，正义峡至狼心山沿程损失的水量约为 2.0 亿 m^3，莺落峡至正义峡损失的水量应小一些，约为 1.0 亿 m^3。此外，中游河段两岸生态防护林消耗的水量约为 2.0 亿 m^3。这样，莺落峡至狼心山区间河道内消耗水量和沿程生态防护林消耗的水量合计为 5.0 亿 m^3。黑河下游狼心山以下额济纳三角洲地区天然植被所需的生态水，主要是植被生长期间的生理需水、株间和斑块间潜水蒸发量及植被覆盖区非生长季节的潜水蒸发量。根据黑河流域近期治理规划要求，下游恢复到 80 年代中期规模，绿洲面积达到 $4.35\times10^5hm^2$ 左右，估计生态需水量为 7.50 亿 m^3（冯起等，2015）。

讨赖河多年平均出山口径流量为 8.75 亿 m^3，其中讨赖河冰沟站为 6.24 亿 m^3，洪水河新地站为 2.51 亿 m^3，流至鸳鸯池水库时径流量为 3.33 亿 m^3，沿程减少 5.42 亿 m^3，主要为沿程生产生活用水、区间河道内渗漏损失的水量，以及发展人工天然防护林消耗的水量。该区间特别是下游河段，蒸发渗漏损失大，维护沿河最小生态需水按 15%估算，约为 1.31 亿 m^3，鸳鸯池以下最小生态需水按 10%估算，约为 0.33 亿 m^3，讨赖河河道内消耗水量和沿程生态防护林消耗的水量合计为 1.64 亿 m^3。其他沿山支流多年平均出山口径流量为 8.08 亿 m^3，均为独立内流河流，其水量一部分用于生产、生活，另一部分用于蒸发渗漏，对自然环境有保护作用，生态用水按 20%估算，为 1.62 亿 m^3。据此估算，黑河全流域河道内消耗的水量和沿河生态防护林消耗的水量，以及维持下游生态天然景观所需的水量合计为 15.76 亿 m^3。

疏勒河流域除昌马河、石油河汇入干流疏勒河外，其他河流独立形成子水系，自流消失。本次只计算疏勒河水系可利用水量，不包括苏干湖水系。疏勒河干流昌马河多年平均出山口径流量为 10.35 亿 m^3，沿程加入石油河 0.44 亿 m^3 水量，流至双塔堡站时，双塔堡站的多年平均径流量为 2.62 亿 m^3，沿程减少 8.17 亿 m^3。其中，昌马灌区及石油河生产、生活用水估计为 4.0 亿 m^3，据此计算，沿河两岸生态防护林消耗的水量及河道内损失的水量为 4.17 亿 m^3。双塔堡水库以下，其径流大多数被双塔灌区生产生活、人工发展绿洲消耗掉，为防止下游土地盐渍化面积进一步扩大，适当增加地表径流量，下游的最小生态用水按 20%估算，约需 0.52 亿 m^3。党河出山口党城湾站多年平均径流量为 3.52 亿 m^3，至下游沙枣园站时减少为 2.94 亿 m^3，沿程减少 0.58 亿 m^3，其中肃北灌区生产、生活用水估计为 0.2 亿 m^3，据此计算，沿河两岸生态防护林消耗的水量及沿程河道内蒸发渗漏损失的水量为 0.38 亿 m^3。沙枣园以下，其径流大多数被敦煌灌区消耗掉。在全国水资源可利用量初步成果汇总时，专家们认为，这一区域最小生态用水若按 10%估算明显偏小，应以 20%估算为宜，约需 0.59 亿 m^3。其他独立内流河流及沿山支流 1.93 亿 m^3 水量，除发展农业灌溉等用水外，其余基本处于自然耗损状态，对自然环境有保护作用，将其一半作为生态用水，为 0.97 亿 m^3。这样，疏勒河流域河道内消耗水量和沿河生态防护林消耗的水量，以及维持下游生态天然绿洲所需的水量合计为 6.63 亿 m^3。

根据以上分析，对三大流域水资源可利用总量进行计算。石羊河河道内生态需水量为 1.86 亿 m^3。其中，将下游的生态恢复到 20 世纪 80 年代以前的规模，生态需水量为 0.35 亿 m^3，干流中游、其他独立子水系及沿山支流河道内损失和沿岸防护林消耗的水量为 1.51 亿 m^3。石羊河流域多年平均水资源总量为 17.05 亿 m^3，减去河道内生态需水量 1.86 亿 m^3，水资源可利用量为 15.19 亿 m^3，可利用率为 89%。

黑河河道内生态需水量为 15.76 亿 m^3，其中下游生态需水量为 7.50 亿 m^3，干流中游、其他独立子水系及沿山支流河道内损失和沿岸防护林消耗的水量为 8.26 亿 m^3。黑河水系多年平均水资源总量为 37.16 亿 m^3，减去河道内生态需水量 15.76 亿 m^3，水资源可利用量为 21.40 亿 m^3，可利用率为 58%。

疏勒河河道内生态需水量约为 6.63 亿 m^3，其中中游生态需水量为 4.55 亿 m^3，下游生态需水量为 1.11 亿 m^3，其他独立内流河流及沿山支流生态需水量为 0.97 亿 m^3。疏勒河流域多年平均水资源总量为 16.68 亿 m^3，减去河道内生态需水量 6.63 亿 m^3，水资源可利用量为 10.05 亿 m^3，水资源总量可利用率为 60%。

第六节　水资源开发利用综合评价

纵观西北内陆河流域的水资源开发利用过程，从渔猎社会到农耕社会，经历了由原始到进步的漫长历史过程，才使人类社会的发展出现一次大飞跃。西北干旱区通过对内陆河山前平原三角洲和泉水出露地带，以开发利用地表水（或泉水）开始，对地势平坦、土地肥沃、引水方便的区域进行原始的灌溉农业发展，历经了 2000 多年的变革，有些灌溉工程建设仍延续至今。一方面，随着几十年的经济社会发展和科技进步，西北干旱地区在地表水开发利用上已取得了很大进步，使地表水引用率和灌溉渠系利用系数有较大幅度提高。20 世纪 80 年代初，据新疆和甘肃河西引水统计，新疆地表水引用率平均约为 55%，甘肃河西地区较高已达 80%，青海柴达木盆地较低，不足 50%，全干旱区平均为 56%；地表水渠系利用系数，新疆为 0.42，河西为 0.50，青海柴达木不足 0.40，平均为 0.42；田间水利用系数为 0.80，按水资源总量核算，其利用率不到 20%，尽管分布不均，但总体看地表水开发利用仍有潜力，水资源开发利用程度还未达到普遍较高的程度（曲耀光等，1995）；但是随后的迅速发展，在河西走廊、吐哈盆地、天山北坡、塔里木河流域及黄河上游下段等，水资源开发利用已使生产、生活用水总量基本已接近或超过了可利用水量，而且大都挤占了保护环境和维护生态平衡的用水，造成的环境问题越来越严峻。另一方面，人类活动加剧和气候变暖，使西北干旱区的生态环境遭受巨大压力，特别是内陆河流的下游终端湖泊、湿地干涸，河道断流、两岸植被枯萎、地下水水位下降，造成地面裸露、风沙侵袭，加上沙尘暴肆虐，已经威胁到下游绿洲生态和绿色走廊的安危，助长了内陆河流域的环境急剧恶化。在这种情况下，流域水资源开发不得不考虑可持续发展的根本性问题。

尽管内陆河流域水资源开发基本已经历了地表水开发利用的第一阶段，大部分已进入了地表水与地下水联合开发利用的第二阶段，但各区各流域还不平衡，需要尽快进入可用水资源经济利用的第三阶段。在干旱区内陆河流域内，山区形成的水资源数量有限、地表水与地下水转化频繁、引水截灌与开采地下水对自然水系统及水循环影响极大，干旱生态与流域水文关系密切。因此，需要转变内陆河流域的水资源开发利用为以需定供的资源水利模式，并在提高水资源利用效率和可用水量的基础上，把水利工作重点放在转变以供定需的工程水利发展方式上，需要将流域水资源的总量作为供水依据，合理和协调满足流域里的各类用水需求，充分发挥资源水利的效益。绝不能按照发展的需水要求，由工程供水来满足。在水利工作上应优先生态，保护环境，加强山区水源稳定和水库调蓄，增加调节能力，为流域中下游分水供水和生态输水提供便利条件；继续提高渠系利用率，合理开采地下水，维护采补平衡，继续加强农田基本建设和配套田间工程，加大农业节水力度，加固流域输配水工程，以此提高水资源利用率；还要保障生态用水，维护绿洲生态平衡并加强下游绿洲防护，维护下游盆地的生态地下水水位，以达到经济利用流域内可用水资源的目的。应将经济用水、节约用水作为西北干旱缺水地区的基本对策，实行最严格的水资源管理，各行各业都要节水，既要建立节水型工业和城市，又要建立节水型农业，全面开展节水型社会建设。农业灌溉是西北干旱区最大的用水户，既有巨大节水潜力，又是人工维护区域绿色生态的基础，是干旱地区人类定居和发展的家园，应采用先进的管理和灌溉技术，建立节水型高效绿洲农业，实现干旱地区灌溉农业现代化，这对促进西北内陆河地区的经济发展具有不可替代的意义。

为此，仅以 2000 年前河西内陆河流域尺度的水资源开发利用简要评价如下：水资源开发利用程度用水资源利用率表述，水资源利用率的计算方法为当地实际供水量加调出水量减调入水量，扣除污水及雨水利用量等其他供水量，再除以当地多年平均水资源总量，地下水利用率为当地地下水开采量除以地下水资源量（Feng et al.，2000）。根据甘肃省第二次水资源调查评价成果，河西内陆河流域水资源量及 2000 年水资源开发利用率见表 14-6。

表 14-6　河西内陆河流域水资源量及水资源开发利用率

流域	多年平均水资源量/亿 m^3				当年实际供水量/亿 m^3			水资源开发利用率/%		
	地表水	地下水	重复量	总量	地表水	地下水	总供给量	地表水	地下水	总量
石羊河	15.037	7.706	5.692	17.051	13.952	12.676	26.628	84.8	164.5	149.1
黑河	34.940	9.333	7.116	37.157	29.326	5.517	34.843	83.9	59.1	93.8
疏勒河	20.737	3.733	3.289	21.181	11.886	3.395	15.281	57.3	90.9	72.1
河西内陆河	70.714	20.772	16.097	75.389	55.164	21.588	76.752	76.3	103.9	100.2

2000 年河西内陆河流域水资源开发利用程度为 100.2%。黑河、石羊河流域地表水开发利用程度已远远超过国际公认标准的最高上限 60%，石羊河流域地下水开发利用程度高达 164.5%，疏勒河流域由于地表地下水转换频繁，实际地下水利用率为 72.1%。水资源的过度开发与浪费，直接使河流缩短、湖泊退缩、地下水水位下降，加剧了水土环境的恶化，引起了严重的生态危机。

按多年平均水资源总量和生活生产耗水量统计分析，石羊河流域水资源利用消耗率为 109%；按多年平均水资源总量和全流域总耗水量统计分析，流域水资源消耗率为 124.5%。持续过多地动用地下水净储量是导致生态环境严重恶化、人与自然矛盾持续尖锐的根本原因之一。

第十五章　流域水资源可持续管理及对策

可持续水资源管理是当今世界水问题研究的热点之一，但是，国际上对可持续水资源管理的量化研究还处在积极摸索阶段。可持续水资源管理的量化研究涉及的内容广泛，但许多量化研究的基础问题还没有解决，其研究方法正在发展之中。现主要回顾可持续水资源管理的概念及研究取得的进展，讨论可持续水资源管理量化的研究方向和挑战，再讨论研究框架。

第一节　可持续水资源利用与管理的概念

全球在 20 世纪发生了三大影响深远的变化。首先，社会生产力的极大提高和经济规模的空前扩大；其次，世界人口爆炸性增长，世界总人口翻了两番，已达到 60 亿人，并以每年约 9200 万人的速度剧增；最后，自然资源速度开发与消耗加速，污染物质大量排放，导致全球性资源短缺、环境污染和生态破坏。这三者相互作用所带来的不良后果为工业生产方式掘下了坟墓，以高耗能刺激经济增长的传统发展模式已经走到了尽头。人们赖以生存的星球——地球已经敲响了发展危机的警钟，走可持续发展道路才是唯一正确的选择。对可持续发展的思考，从古至今已源远流长，早在我国春秋战国时期就有“不竭泽而渔，不樊林而猎”，表达了人类与自然和谐持续发展的思想。但是随着人口的增加和社会生产力的提高，人们的注意力逐渐集中到扩大生产方面，忽略了持续发展的必要性。

1972 年，在瑞典首都斯德哥尔摩召开的人类环境大会上，来自 113 个国家的代表在一起讨论了“只有一个地球”的含义，人们已经认识到经济增长要与环境、资源相协调。可惜的是，此次大会就环境与发展方向上发达国家和发展中国家并未达成共识，发达国家担心的主要是污染、人口过剩和自然保护等难题，而发展中国家认为贫困、饥荒、疾病、文盲和生存是他们面临的更为现实的问题；尽管如此，这次人类环境大会的意义还是非常重大的，扭转了人们的观点，孕育着可持续发展的萌芽。

随着时间的推移，全球的环境问题继续恶化，国际社会的关注也越来越大。1983 年 12 月，世界环境与发展委员会成立并开始研究制订全球的变革日程。经过 4 年的努力，该委员会在 1987 年再次召开的世界环境与发展委员会大会上作了题为“我们共同的未来”的报告，该报告明确提出了可持续发展的概念，即可持续发展是人类在社会经济发展和能源开发中以确保它满足目前的需要，而不破坏未来发展需求的能力。可持续发展有三个基本要求。

第一，开发不允许破坏地球上基本的生命支撑系统，即空气、水、土壤和生态系统。

第二，发展必须在经济上是可持续的，即能从地球自然资源中，不断地获得物质并维持生态系统的必要条件与环境。

第三，要求建设国际及国家、地区、部落和家庭等各种尺度上的可持续发展社会系统，以确保地球生命支撑系统的合理运行，共同享受人类发展与文明，减少贫富差距。

随着全球环境持续恶化、发展问题更趋严重，1992 年联合国环境与发展会议在巴西里约热内卢召开并讨论通过了《21 世纪议程》。该文件着重阐明了人类在环境保护与可持续之间应做出的选择和行动方案，涉及与地球持续发展有关的所有领域，是“世界范围内可持续发展行动计划”。在此之后，“可持续发展”这一术语在世界范围内逐步得到认同，也很快扩展到许多学科，学术界对“可持续发展”的不同意义和解释也随之出现，到 1997 年估计已超过 100 个。

一、可持续发展的意义及实质

1992 年联合国环境与发展会议后，我国在 1994 年 3 月讨论通过并发表了《中国 21 世纪议程——中国 21 世纪人口、环境与发展的白皮书》。现今可持续发展已成为世界各国制定国民经济发展的中心议题和理论基础。第八届全国人大四次会议通过了“我国实施经济体制和经济增长方式的根本转变，实施科教兴国和可持续发展战略方针”，确立了我国实施可持续发展战略。

可持续发展是人类社会发展的新气象、新模式，也是对过去发展模式的挑战与创新。可持续发展的定义是，既要满足当代人的需要，又不对后代人满足其需要的能力构成危害。发展有两层含义：一是首先满足当代人需要尤其是世界贫困人民的基本需要，即满足他们衣、食、住、行和受教育、就业、社会保障与基本生存权利需要；二是在生态环境可维持的前提下，先满足人类目前与长远需要，即发展经济、提高人民生活水平、保护生态环境基础，又为后代人生存发展创造条件，使人类社会永续地发展下去。

可持续发展是一个复杂的过程，实质上是要处理人口资源环境与发展之间协调的关系，使之持续发展下去，以达到现代人和后代人永葆健康和生存发展的目的。发展是经济社会、人类社会永恒的主题，只有发展经济才能提高人类物质生活水平，文化素质和科学技术水平的提高则促进人类社会不断进步。

走可持续发展道路，已成为世界人民的共识并形成声势浩大的共同呼声，发达国家如此，发展中国家也同样有如此强烈的愿望。我国是世界上最大的发展中国家，人均资源相对紧缺、环境污染不减、生态环境质量下降，尤为严峻的是人口还在继续增长。总体上，空气、水、土壤污染严重，生态环境仍未得到好转，局部地区的环境恶化态势仍很严峻，资源利用令人担忧。在这种形势下，我国要发展经济、提高人民生活水平，再不能走先破坏、再治理的道路，只能正视现存问题，走可持续发展道路。

二、可持续发展的定义与解释

（1）生态学家从生态与环境角度把可持续发展定义为“保护和加强环境系统的生产和更新能力”，即发展不超越环境系统的再生能力。

（2）社会学家从人类生存质量与环境角度将可持续发展定义为“在生态与环境承载力范围内，改善人类的生活质量”。这类定义的最终落脚点是人类社会，改善人类的生活质量，创造美好的生活环境。

（3）经济学家认为可持续发展的核心点是经济发展，把可持续发展定义为“在保护自然资源质量和其所提供服务的前提下，使经济发展的净利益增加到最大限度”。

（4）工程技术专家认为可持续发展为“采用更清洁、更有效的技术，尽可能接近‘零排放’或‘封闭式’发展的工业，尽可能减少对能源和其他资源的消耗”。

（5）地理学家则强调区域可持续发展，并认为可持续发展是人地关系的和谐。

（6）还有其他学者从可持续发展的词义出发，认为可持续发展包括经济、环境、社会可持续发展，发展涉及社会和经济的方方面面，发展的动力应该来源于内部，应以一个民族的文化为基础，以文明为目标，属于人类自身为中心的内源涵式发展模式。

上述不同学家对可持续发展的定义各有侧重，但中心思想基本围绕着 1987 年联合国环境与发展委员会提出的“既满足目前的需要，又不破坏未来发展需求能力”。

水是生命之源，是人类和一切生物赖以生存的不可缺少的一种安全资源，是生态环境的基本要素，是支撑地球生命和非生命环境正常运转的重要条件，是一个国家或地区经济建议和社会发展最宝贵的自然资源和物质基础。从水资源与社会经济环境的关系来看，水资源不仅是人类生存不可替代的一种宝贵资源，而且也是经济发展不可缺少的一种物质基础，还是生态环境维持正常状态的基础条件。人类生活用品、物质基础的提供和农业发展、工业生产必须要有水源作保障。人类社会离开了水，就不能正常运行，更谈不上社会经济的持续、稳定发展。因此，一定程度上可持续发展就等于水资源的可持续发展。

然而，随着人口的不断增长和社会经济的迅速发展，用水量也在不断增加，水资源与社会经济发展、生态环境保护之间的不协调关系在“水”上表现得十分突出，造成水资源短缺、水质恶化、水旱灾害频发等问题。21 世纪，水资源的可持续发展战略是一个关系到人类前途和命运的重大问题，因此水资源可持续开发利用已成为国际国内水资源研究中最突出的前沿问题。

第二节 可持续水资源利用与管理提出的背景

一、水利发展的历史进程

纵观人类兴水利、除水害的发展历史，大致可分为 3 个阶段：初级水利阶段、工程水利阶段和资源水利阶段。

（1）初级水利阶段。该阶段水利的重要目标是解决人类生存问题，水资源的开发利用仅根据当时的经济技术条件，满足当地生产发展需要，实现灌溉、航运、防洪等单一目标。该阶段决策的依据也限于某一地区或内部的直接利益，很少以整个流域为目标进行开发利用。在初级阶段，水资源可利用量远大于社会经济发展对水的需求量，水似乎给人们以“取之不尽，用之不竭”的印象。

（2）工程水利阶段。该阶段以建设水利工程为主要手段，采用的工程措施尽可能满足各项需水，以保障人类经济社会的稳定发展，实行“以需定供”，水资源的开发利用也由单一目标发展到多个目标的综合利用，开始强调水资源统一规划，兴利除害、综合利用。在技术方面，常通过一定数量的方案比较来确定流域或区域的开发方式的优劣，提出工程措施的实施程序。水资源的开发规划目标和评价方法，大多是以区域经济的需求为前提的工程方案，技术经济指标以最优为依据，未涉及经济以外的其他方面。由于大规模的水资源开发利用工程建设，这个阶段可利用水资源的量与社会经济发展各项用水量逐步趋于平衡。

（3）资源水利阶段。当水资源量与各项用水需求平衡被打破后，水资源数量有限无法满足供水要求时，只能采取“以供定需”的措施，要限制取用或有计划地合理使用水资源。核实用水必须站在国民经济与社会发展的高度来研究水资源的开发、利用与保护等工作，确保社会经济的发展需要。该阶段政府部门、水利科研与教育单位，不仅要重视水利工程的兴修与管理，更要加强对水资源的开发利用与保护等方面的研究、教育和发展，并将资源水利与工程水利紧密结合起来，使水利事业的发展科学持久。

进入 20 世纪后期，工程水利的情况发生了巨大的变化。人口的急剧增长、经济的快速发展和城市化的高速发展等因素给水资源带来了巨大的变化和压力。一方面，生产、生活等经济用水量急剧增加，而且水质要求提高；城市集中供水量骤增，迅速超过地域供水能力的限度，城市缺水严重。另一方面，生活废水、工业污水迅速增长，特别是城市附近水域污染严重，导致可有效利用的水资源量不断减少，生态环境遭到破坏；特别是在我国的内陆河流域，中上游过多拦截用水，造成下游河道断流、湖泊干枯、地下水水位持续下降、植被消亡、干旱化与沙漠化接踵而来；加上工程水利阶段仅考虑工程经济效益，忽视了生态环境用水的考虑，造成经济发展挤占了生态用水，流域下游的生态环境急剧恶化。即使在黄河流域也存在同样情况，致使黄河断流时间加长，上中下游用水矛盾加剧。

流域和区域的水资源总量是有限的，水资源短缺问题就会越来越突出，环境退化与生态欠账呼声很高。在这种情况下，光靠修建水利工程已经不能解决问题，修好的水库很可能无水可蓄，打井开渠也有可能提引不到水。这时，人们开始转向水资源合理开发利用，开始重视和研究水资源问题，认识到必须从资源的开发、调配等方面来满足人类社会发展进步对水资源的需求，资源水利逐渐产生和发展起来。但是资源水利并不是只抓水资源或不注重抓水利工程，仍需要兴修一批水利工程，特别是考虑改善生态环境的流域内调配水工程，更加需要重视水利工程与水资源利用管理。通过工程和非工程措施来控制、调度和分配水资源，实现水利开发和综合利用，发展我国除害兴利的水利事业（汪恕诚，2003）。

工程水利向资源水利转变是事物发展的必然规律，实现由工程水利到资源水利的转变是一个生产力发展的过程，是自然和社会发展规律的结果，是水利事业由一个阶段发展到一个更高、更全面的阶段。因此，工程水利向资源水利转变是水利事业发展的必由之路。

二、流域水量-水质-生态耦合系统模型建立

自然界中的水文系统和生态系统是两个十分复杂和相互联系、相互交叉的大系统。在研究水文模型、水文过程，以及生态环境演变与调控、可持续水资源管理问题的同时，需要把水文系统与生态系统耦合在一块进行研究，定量研究水文系统与生态系统之间的内在联系，建立水文-生态耦合系统模型。

无论是可持续水资源管理量化研究，还是生态环境调控与管理量化研究，其重要前

提是要充分了解研究区的水文信息和气候环境变化特点、水文学与生态学的联系及人类活动与经济发展对水文水资源量与质及生态系统的影响。同时，要重视流域水文循环过程。大气降水一部分通过植物林冠层滴落到地面和水面，另一部分直接降落到地面和水面。其中，部分降水形成地表径流，流向低洼处汇成河流和湖泊等地表水体；部分下渗到土壤，其中有些补给地下水；植物吸收水分通过植物茎到达叶面，通过蒸腾作用返回大气；地面和水面蒸发也把大量水分转移到大气中。另外，人类活动也可在一定范围内改变局部水循环，如人类从地表水或通过开采地下水利用水资源，最终通过排放废水、污水流入自然界。这种活动不仅改变了水分循环过程，而且改变了其他物质（如 N、P 元素及重金属等）的循环过程。其他成分也伴随水循环迁移转化，其过程要比水循环更复杂。大气降水在向陆面降落水分的同时，也带入少量其他物质（如 HCO_3^-、SO_4^{2-}、Na^{2+}等）；地表水在汇集和下渗过程中与土壤、岩石或其他周围环境发生复杂的物理、化学交换，使水中有些成分浓度增加，有些成分浓度减少，部分成分被植物、动物吸收或转化（如 N、P、K 等）；另外，人类活动对有害物质循环的影响越来越大，如无限制的排放污水、废水、废气、废物，使有害物质增多，反过来又影响人类生存环境。因此，人类生存所依赖的生态环境与区域水文气象条件（包括水量、水质）息息相关。自然界水量多少、水质好坏直接影响生态系统状况，反过来，生态系统（如植被覆盖率）又影响水循环（如水土流失）及其他成分循环。

如何用一个定量模型来描述水文系统（包括水量、水质两个方面）和生态系统之间这种复杂的关系，是水文系统-生态系统耦合研究的基本问题之一。实际上，它所需要建立的模型是一个以反映水量循环为主的水量模型，以反映水质变化为主的水质模型，以反映生态系统状态和演变的生态系统模型，以及三模型的耦合模型，即水量-水质-生态耦合系统模型。然而，建立这样的一个定量化模型并非易事。目前，研究较多的是水量与水质的耦合模型，而水量、水质与生态系统三者的耦合模型还比较少见。这里仅介绍多种生态水文模型，以便了解相关研究。

第三节　流域水管理的生态水文模型

生态水文过程是地球表层系统中生态过程和水文过程的耦合，它是地球表层系统发展和演化的基本过程（黄奕龙等，2003；Baird and Wilby，1998）。以生态水文过程为基本研究内容，通过对地表不同时空尺度的生态水文特征和生态水文过程的探讨，寻求和建立地球表层系统可持续的生态水文模型，实现水资源和水环境的可持续管理，是生态水文学面临的热点和难点科学问题（Newman et al.，2006；Janauer，2000；Rodriguez，2000）。流域是水文响应的基本单元，也是水文水资源研究的基本单元，因而成为生态水文过程研究最理想的基本空间尺度（王根绪等，2005）。流域生态水文过程的研究就是将流域水文和流域生物区系（尤其是植被）在流域空间上加以整合，形成超级有机体，揭示这一超级有机体在自然和人类驱动下的形成和演化过程，从而将流域的生态学属性、水文学特征、自然和人类活动对流域生态系统的干扰等有机地结合在一起，这也是 20 世纪 90 年代生态水文学被正式提出的重要理论基础和核心思想（Bond，2003；Bonel，

2002；Gurell et al.，2000；Zalewski，2000）。

生态水文模型是生态水文过程研究的一个有力工具。它可以通过对不同尺度的生态过程与水文过程的刻画，把两者耦合起来，揭示其相互作用机制，阐明两者之间的关系（孙晓敏等，2010；Arora，2002）。生态水文模型为探索和认识变化环境下的地球表层系统生态水文格局及其演变历史、生态水文过程和未来演变态势，实现流域空间上的生态和水文信息的综合，提供了一个重要手段与方法（冯起等，2014）。因此，在生态水文学的发展进程中，流域生态水文模型一直是研究的重要分支和热点问题（陈腊娇等，2011）。

一、流域生态水文模型研究状况

广义地讲，生态水文模型就是任何可以用于生态水文研究的模型。狭义地讲，在模型构建中，考虑生态水文过程的一类模型就是生态水文模型（严登华等，2005）。传统的水文和生态模拟研究一直集中于建立单一模型，孤立地看待生态过程与水文过程。水文模型关注流域的产汇流等物理过程，很少或没有考虑植被的生物物理和生物化学过程（Wigmosta et al.，1994）。生态模型则重点关注土壤-植被-大气连续体垂向机制，基本不考虑或者简化处理土壤水运动，并且忽略水平方向上的侧向径流过程（Waring and Running，1998）。

流域生态水文模型的兴起，一方面得益于地理信息技术、遥感等空间信息获取技术，为流域过程模拟提供详细的流域下垫面条件的空间分布信息；另一方面流域分布式水文模型的出现，使得在各个空间单元上耦合田间尺度的生态模型成为可能（陈腊娇等，2011）。流域生态水文模型的起源有两大分支（杨大文等，2010）。

（1）流域水文模型中对植被因素的考虑。由于下垫面变化对水文过程及水量平衡有显著影响，大多数水文模型不同程度地考虑了植被因素的影响。这些模型中，垂向植被参数化主要包含在蒸腾、根系吸水、冠层能量传输及二氧化碳交换 4 个过程的描述中，而空间植被参数化主要体现在不同植被类型的空间分布上。

（2）植被/作物生长模型中对水文过程的考虑。现有的大多数植被生长模型来源于生物物理模拟模型（Richard et al.，1998）。一般的生态系统模型的重点在于植被碳循环的模拟，主要包括植被碳吸收及碳在植物体内的分配；对水文过程的模拟一般仅简单考虑土壤水分对植被生长的胁迫作用（Arora and Boer，2005），从植被生态过程模拟的角度出发，增加了垂向的土壤水运动和二维水文循环过程的模拟。

就生态水文过程建模而言，国内外对生态水文模型已开展了一定深度的研究，并取得了一些阶段性成果。根据不同的标准，生态水文模型有着不同的分类（王根绪等，2001）。按照模型的基本算法，可将其分为经验模型（如 Rutter 模型、Philip 模型等）和基于过程的机理模型（如 Penman Monteith 模型、Horton 模型、FOREST BGC 模型等）；按照模型输入参数的特点，可将其分为随机模型（如 Monte Carlo 模型、马尔可夫模型）和确定性模型（如 Darley Richards 模型、Boussinesque 模型、Manning 模型等）；按照模型对空间的表述，可将其分为集总式概念模型（SWIM 模型、SHE 模型、新安江模型、SCS 模型等）和分布式模型（RHESSys 模型、TOPOG 模型、Macaque 模型、VIP 模型、tRIBS VEGIE 模型和 BEPS TerrainLab 模型）。集总式概念模型反映流域总体的水文响应，但不考虑流域空间上的差异，不描述流域水文的物理过程，因此在揭示流域水文过程的物理响应机理上有一定的不足（张俊等，2007）。分布式模型是在小尺度单元上基于物理过程描述的控制方程（physically based governing equations）进行流域的生态水文模拟，但由于诸多控制方程的高度非线性、流域地形特征和气候输入的巨大变异性，导致该类模型异常复杂和计算上的困难（徐宗学和程磊，2010）。

以下按照模型中对流域生态与水文过程相互作用的描述，将现有模型归为两大类（陈腊娇等，2011）：①在水文模型中考虑植被的影响，但不模拟植被的动态变化，为单向耦合模型；②将植被生态模型嵌入水文模型中，实现植被生态-水文交互作用模拟，为双向耦合模型。当前的研究主要集中于松散地耦合现有生态模型与水文模型，而建立统一物理机制的生态水文模型仍处于前期探索阶段。

（1）单向耦合模型。目前，单向耦合模型主要是从水文模拟的角度出发，利用含有陆域模块的水文模型作为水分输出的驱动生态模型，而生态模型输出的植被生长情况等参数未对水文模型形成反馈。这些研究的焦点集中于水文模型分辨率对植被生长的影响，水文过程的各要素组成对植被、土壤等的影响。单向耦合模型的主要代表模型有：DHSVM 模型（Wigmosta et al.，1994）、SHE 模型（Abbott et al.，1986）和 VIC 模型（Liang et al.，1994）等。但这一类模型仅考虑植被对水文过程的单向影响，不考虑水文过程对植被生理、生化过程及植被动态生长的影响，因此，也就不能描述植被的动态变化对水文过程的影响。DHSVM 模型（Wigmosta et al.，1994）充分考虑了植被对于蒸散发作用的影响，采用双源模型区分计算植被蒸腾与土壤蒸发，在垂直方向上划分植被林冠层和地面植被层，详细描述冠层内的短波、长波辐射传输，分别计算各层的蒸腾作用。该模型在空间上为全分布式，通过将流域划分为栅格单元充分体现下垫面的空间异质性，栅格之间通过坡面流和壤中流的逐个网格汇流进行汇流演算（陈腊娇等，2011）。目前，将生态模型的输出应用于水文模型的输入的研究还较少。考虑生态环境变化对水文过程的影响，如土地利用变化、植被覆被变化、土壤性质的变化对径流过程的影响等。这些反映植被、土壤性质等的生态环境参数，如何从生态模型中得到并很好地应用到水文模型中，是未来研究的主要方向。在单向耦合研究中，生态模型与水文模型分别独立运行，由于二者的时间尺度及参数等取法不同，对同一网格或流域会得到不同的蒸发估算及土壤水估算。另外，两种模型不能实现信息数据的实时传递：由于不能共享陆面过程模拟结果，水文模型不能实时地利用植被信息改进对土壤水和蒸发的计算，生态模型也不能借鉴水文模拟的结果和实测径流资料，应实时地验证并修改其对生态格局和生态过程模拟的精度。

（2）双向耦合模型。20 世纪 90 年代以来，国内外生态水文学界加强了模型耦合研究。在此基础上，归纳提出了生态水文模型耦合理论的概念性框架，即利用一个共同的陆面模型耦合植被生长和水文过程，加强植被生长对水分、土壤性质等的描述，改善水文模型预报能力，为生态模型提供更精确的水分能量输入；同时，不断提高生态模型的模拟精度和模拟尺度，为研究下垫面环境变化下水文过程响应提供依据；还有利用不同层次多级嵌套，实现生态模型和水文模型的双向耦合，然后分别对两个模型进行率定。在双向耦合中，两个模型使用相同的陆面过程机制，生态模型对水文模型存在反馈，影响着下一步水文模型的模拟结果。根据模型中对于植被-水文过程相互作用机制描述的复杂程度，可将双向耦合模型分为概念性模型、半物理过程模型、物理过程模型三大类。

第一，概念性模型。随着模型的发展，研究人员开始考虑在水文模型的基础上耦合生态模型，期望能够模拟植被-水文相互作用的影响。但是最初只是将经验性的作物生长模型或参数模型与水文模型耦合，这类模型称为概念性生态水文模型。概念性生态水文模型的主要代表有 SWAT 模型（Arnold et al.，1998）、SWIM 模型（Krysanova et al.，2005）、EcoHAT 模型（刘昌明等，2009）等。其特点是：①采用简单的、经验性的关系计算植被动态生长，大多通过先计算潜在生长，再引入水分胁迫、养分元素胁迫等来计算实际生长；②对于蒸散发的计算，通过先计算潜在蒸发再折算实际蒸发；③这一类模型通常将流域下垫面空间离散化为相互独立的子单元，为半分布式模型。概念性生态水文模型的缺陷在于缺乏对植物生长和植被-水文相互作用关系的机理描述（Kiniry et al.，2008；罗毅和郭伟，2008），植被与水文过程之间只是松散的耦合关系，限制了模型对环境变化引起的流域生理生态响应的模拟能力。

第二，半物理过程模型。随着技术的发展，对概念性生态水文模型中生态模块的机理性描述逐渐增强，更加微观的光合作用过程被引入生态水文模型中。由于尺度不匹配、过程机理仍然不够清楚等，对于光合作用过程的描述继续采用半经验半机理的模型，如碳同化模型等；进行蒸散发计算时，采用 Penman Monteith 方法，引入冠层导度直接计算植被的实际蒸腾量，而不再采用潜在蒸散发折算的方法提高计算精度。在空间划分上，模型将流域离散成完全分布式的空间单元，详细刻画流域的空间异质性。但是，之所以定义为半物理过程生态水文模型，是因为模型对光合作用过程的描述过于简化，不能详细刻画水文过程对植被生化过程的影响。Topog 模型（Warrick et al.，1997）是这一类型模型的典型代表，该模型是澳大利亚联邦科学工业研究组织发展的、基于生态水文过程机理的小流域分布式生态水文模型（陈腊娇等，2011）。

第三，物理过程模型。20 世纪 90 年代以来，植物生理学及生态学研究取得了重大进展，人们逐渐意识到植被-水文相互作用过程中，最关键的两大过程是植被冠层气孔行为和土壤水运动过程。光合作用与蒸腾作用同时受控于气孔行为，因而可以通过光合作用-气孔行为-蒸腾作用的耦合机制，将植被的生化过程与水文过程耦合在一起。此后，考虑植被生理作用的生态水文机理过程模型不断出现。例如，在流域分布式水文模型 TOPMODEL 的基础上耦合森林碳循环模型 Forest BGC，建立了分布式生态水文模型 RHESSys（Tague and Band，2004；Band et al.，1993），用以模拟森林流域侧向径流过程对土壤水空间分布的影响，以及由土壤水的空间分布差异而对森林冠层的蒸散发及光合作用的影响。该模型后来继续改进，能够模拟多种植被类型的碳、氮循环过程（Band et al.，2001；Mackay and Band，1997）。随后，又涌现出许多基于物理过程的分布式生态水文模型，如 Macaque 模型（Band et al.，2001）、VIP 模型（Mo et al.，2004；Watson et al.，1999）、tRIBS VEGIE 模型（Ivanov et al.，2008）、BEPS Terrain Lab 模型（Govind et al.，2009；Chen et al.，2005）等。这一类模型的主要特点是：采用植被生理生态机理过程模型描述植被的光合作用等生理过程，将植被的生化过程与水文过程耦合在一起，一方面能够刻画水文过程尤其是土壤水对植被生化过程的影响，另一方面能够模拟植被的动态生长，如叶面积指数（leaf area index，LAI）的季节动态变化对于水文过程的影响。但是，模型的缺陷在于计算复杂，涉及植物生理特性参数、植被形态参数等众多，且大部分参数都难以获得（vander Tol et al.，2008；Schymanski，2007），限制了模型的推广与应用。典型流域生态水文模型特征见表 15-1。

表 15-1　典型流域生态水文模型特征

类别	空间离散化	模型	年份	国家	模型特征
单向耦合，物理模型	网格单元	DHSVM	1994	美国	是一个综合考虑能量平衡，充分反映气候、植被、雪盖、土壤、水文相互作用和相互反馈机理的分布式水文模型
	网格单元	VIC	1992	美国	是一个可变下渗能力大尺度水文模型，可同时进行陆-气间能量平衡和水量平衡的模拟。在后来发展的 VIC 模型中既考虑了蓄满产流，又考虑了超渗产流
双向耦合，概念性模型	水文响应单元	SWAT	1994	美国	按照土壤类型、土地利用方式和管理条件、坡度分类等将下垫面离散化为水文响应单元。在每个水文响应单元上应用传统的概念性模型来推求净雨，再进行汇流演算，最后求得出口断面流量
	水文响应单元	SWIM	1998	德国	SWIM 模型是把气候数据和农业管理数据作为外部输入数据，并整合了流域尺度上的水文、土壤侵蚀、植被和氮/磷动态模块的分布式水文模型
	分布式	EcoHAT	2009	中国	集成了生态水文过程中的水分循环过程、营养元素循环过程、植被生长过程，把水分循环过程和营养元素循环、植被生长紧密结合，能从物理化学机理上对区域生态水文过程进行综合模拟
双向耦合，半物理过程模型	分布式	Topog	1993	澳大利亚	基于生态水文过程机理的小流域分布式生态水文模型，同时考虑了林冠截持、植物蒸腾、土壤蒸发、入渗、地表径流、壤中流、植物生长等生态水文过程，同步模拟植被与水的相互关系
双向耦合，物理过程模型	分布式	RHESSys	1993	加拿大	用于综合模拟流域内水、碳和氮循环的分布式物理机理模型。模型具有多层嵌套的结构以反映流域地理特性，模型中的不同层次分别对应水文、微气象和生态系统过程
	网格单元	VIP	2004	中国	模型采用生态水文动力学模式，包括土壤-植被-大气传输、径流汇流和植被动态过程，其中地表产流采用可变土壤蓄水容量方法、汇流过程采用一维运动波方法进行模拟
	分布式	tRIBS.VEGGIE	2008	美国	耦合植物生理模型 VEGGIE 和分布式水文模型 tRIBS，能够模拟植被-水文系统中的多个过程，包括生物物理过程、水文过程、生物化学过程及进行水文预报等
	栅格单元	BEPS TerrainLab	2009	加拿大	在 DHSVM 模型基础上耦合生物地球化学循环模型 BEPS 建立的流域生态水文模型，模型采用逐网格进行汇流演算，网格之间通过坡面流和壤中流逐网格汇流发生水文联系，充分考虑栅格单元的交互作用

二、流域生态水文模型的应用

（一）生态水文模型在森林流域研究中的应用

在森林生态水文学研究中，生态水文模型通过对不同尺度的生态过程与水文过程的描述，并把两者耦合在一起，揭示其相互作用机制，阐明两者之间的关系（程国栋等，2011）。其研究的重点是突出森林植被作为水文景观的动态要素，将森林植被的结构、生长过程、物候的季相变化耦合到分布式的生态水文模型中，全面客观地阐明森林植被与水分的相互作用关系（余新晓，2013；王金叶，2008），以及森林植被参与流域水文循环调节的过程与机制（张志强等，2004）。对森林生态水文过程的研究，一般是按森林冠层、地被物层和土壤层来分别进行，主要关注冠层截留过程、地被物层截留过程、土壤层蓄水过程、森林蒸发散过程、森林与径流的关系等方面（程国栋等，2011；刁一伟和裴铁璠，2004；张志强等，2003）。青海云杉是黑河上游最重要的林种，面积及蓄积量占黑河上游全部森林的79.6%和91.2%（程国栋等，2014）。黑河上游排露沟小流域青海云杉林年降水量中用于蒸散的比例高达97.5%（林冠截持33.2%、林木蒸腾34.6%和林地蒸发29.7%），仅余2.5%可能形成壤中流、深层基流或存储在土壤中（He et al.，2012）。部分研究者对祁连山中段大野口关滩森林站的青海云杉林开展长时间连续观测、建立模型等，对青海云杉林的蒸腾耗水量（田风霞等，2011）、林冠截留（彭焕华等，2010）、生态水文效应（田风霞等，2012）等进行计算与模拟，取得较好的结果。

（二）生态水文模型在干旱半干旱流域中的应用

干旱半干旱区的生态系统非常脆弱，缺水严重制约着植被的生长与生存（程国栋等，2006；王浩等，2003），植被生态系统对气候变化的响应极其敏感，因此，流域生态水文模型被广泛应用于干旱半干旱流域中气候变化、土地利用变化，以及蒸散发过程及其对农田作物产量的影响、作物耗水等研究中（严登华等，2008）。从整体上识别干旱区生态水文耦合作用机制及演变规律，进行流域整体安全调控数值模拟，可为干旱区流域生态水文演变规律的探寻提供有效工具（程国栋和赵传燕，2008），进行流域尺度上生态水文过程演变分析也是干旱区生态水文过程研究中的重要课题（冯起等，2013），而建立干旱区流域生态水文耦合模型则是干旱区生态水文集成研究的核心。

黑河流域是我国西北内陆区典型的干旱半干旱流域，近年来在黑河流域开展的国家自然科学基金重大研究计划“黑河流域生态-水文过程集成研究”（简称黑河计划）（程国栋等，2014），贯穿地球系统科学的思维，针对我国内陆河地区严峻的水-生态问题，探索流域尺度提高水利用效率的理论和方法。该计划构建了上游分布式生态水文模型和集总式生态水文模型，主要特点包括：①采用基于流域地貌和植被格局的空间离散化方法；②以山坡为生态水文过程的基本模拟单元，根据自然河网结构模拟流域汇流过程；③耦合了冰冻圈水文过程、植被动态生长过程和产汇流过程。通过集总式与分布式模型的对比，提升对变化环境下流域生态水文响应的分析和预测能力。另外，初步构建了黑河中下游流域尺度地下水-地表水-生态过程耦合模型（HEIFLOW），模型的特色是：

①基于物理过程的分布式三维数值模型；②详细描述流域内的产汇流过程，即河流渠道流、二维陆面径流、三维饱和-非饱和带地下水流；③考虑三维热量传输和溶质迁移；④包含体现区域特点的农田生态系统模块和荒漠植被生态系统模块；⑤考虑人类活动对区域水循环的影响（程国栋等，2014）。

三、应用流域生态水文模型时应注意的几个关键问题

（一）生态-水文相互作用机制的解析

对生态-水文相互作用机制的解析，是进行生态-水文过程模拟的关键（康尔泗等，2007）。由于对生态-水文过程之间交互作用的复杂机理认识尚不完整（冯起等，2009b），在模型中如何合理地刻画生态水文交互作用和动态耦合，是生态水文模型构建的难点与关键所在（李小雁，2011）。现有大多数模型所描述的生态过程与水文过程之间只是松散的耦合关系，或只是输入输出数据之间的连接，并没有充分考虑过程之间的内在联系和动态反馈机制（杨大文等，2010）。因此，需要开展多尺度生态要素和水文要素之间的相互机理研究（冯起等，2008b），并通过野外试验观测、室内分析等手段弄清其物理化学及生物过程，揭示生态水文过程的机理，以及建立更符合实际的生态水文机理模型。黑河计划的研究成果初步揭示了流域生态水文过程的耦合机理（程国栋等，2014）：通过对冰冻圈水文过程的研究，揭示出祁连山高寒区是黑河水资源形成的主要区域；形成的黑河关键地区水循环系统的基本认识，极大地推动了流域尺度水系统集成；系统认识青海云杉林的空间格局及其对水文过程的影响；初步查明中游的绿洲农田、林地与荒漠之间土壤水分相互交换关系（Li and Shao，2013）；也揭示出河岸林和荒漠植被对水分胁迫的多尺度响应机制，并建立了胸径与边材面积的关系模型，通过边材面积的生长模型，可实现耗水的时空尺度扩展。

在应用流域生态水文模型时，应注意以下几个关键问题。

（1）尺度问题。生态学和水文学都有各自的尺度域，尺度问题是生态学和水文学研究中的主要难点之一（James，1995），因此生态水文学中的尺度问题尤为重要（刘宁等，2013）。在小尺度实验研究中建立起来的模型能否推广应用到大尺度问题上，是生态水文模型应用过程需要解决的又一重要问题（彭立和苏春江，2007；王根绪等，2001）。Sposito（1998）从标准的点尺度方程式出发，推导面均水文守恒方程，模拟了不同时空尺度上水文过程的变化。Rudi（2005）在黄土高原小流域径流预测和土壤侵蚀量的研究中表明，选择合适的时空尺度非常重要。傅伯杰等（2010）对景观格局与水土流失的尺度特征与耦合方法进行探讨，为解决尺度问题提供了理论依据。王晓燕等（2014）对晋西黄土区不同空间尺度径流影响因子的研究表明，随着空间尺度的增大，降水量对径流量的影响作用加大，降雨强度和植被对径流的影响作用较小。刘星才等（2012）以辽河流域为例，对影响水生态系统的大尺度环境要素的空间尺度特征进行分析，确定了各要素空间变异最为显著的尺度。尺度问题会在下列情况下产生（王朗等，2009）：空间的不均匀性和过程的非线性；主导过程在不同尺度上的变化；通过机理和协同作用反馈的交叉尺度的连接；小尺度部分自身机理的展开；干扰和压迫下系统的时间滞后效应（Kim et al.，2006）。不同尺度上生态水文过程的主导过程不同，应准确把握系统的主导过程，尺度转化是解决生态-水文模型耦合的关键。在生态水文过程模拟中，不同尺度要求的精度也不同：在大尺度上，要求能够把握现象和系统的大致趋势；而在中小尺度上，不仅要对客观现象进行模拟，而且要对具体决策起到实质性的支撑作用（王凌河等，2009）。水文尺度上的数据要耦合到生态中也很困难，水文尺度上定义的单元往往会削弱生态效应。

（2）数据问题。数据作为模型的驱动因子，是一个模型能否成功地刻画相关物理过程的决定性要素。生态水文过程模拟需要多尺度、多过程的众多数据作为输入，既包括传统的基础地理信息数据（如土地利用状况、土壤类型、植被类型、地质地貌、水体分布等），也包括水文气象专题数据（如水文监测数据和气象观测数据），以及各生态水文过程的实验观测数据等多源、多类型和多时相信息（王凌河等，2009）。地面已有的水文气象站、自动观测站等将提供一部分实测数据，另外的数据则可通过对卫星的遥感数据分析，以及通过数据同化获取。遥感技术在生态水文过程研究中已得到了广泛的应用，为模型的数据来源提供可靠保障（李新等，2012）；GIS 和 RS 技术及空间数据库的采用，可以有效地整合大量空间数据，使 GIS 与生态水文模型的耦合更加深化（李新和程国栋，2008）；数据通过 GIS 等手段服务于模型的构建，进行规律分析，将提高我们对生态水文过程本质的认识（尹振良等，2013；Sui and Maggio，1999）。

针对目前流域生态水文过程研究中的数据问题，冯起等（2013）在黑河流域开展了流域生态水文样带调查，建成了具有查询功能的数据库，为流域生态水文耦合集成模型提供了数据支持，共调查植被样方 620 个、土壤剖面 594 个，获取土壤样品 1675 个、水文参数 1666 个、地下水观测井 134 个，形成了黑河流域 2399 个生态水文实验监测点，获取 8493 样品或参数；同时，分别在高山寒漠带、山区水源涵养林带、中游绿洲带和下游荒漠带建立野牛沟综合寒区水文过程观测点（陈仁升等，2014）、西水水源涵养林观测站（林业部站）、临泽内陆河流域综合观测研究站和阿拉善荒漠生态水文试验研究站，为内陆河流域水文循环过程提供了数据、仪器和观测平台，形成了以内陆河流域综合观测试验站为轴线、流域水文-土壤-植被相互作用综合观测试验系统建设，取得了重要成果和长期的连续观测数据；开展了“黑河流域生态-水文过程综合遥感观测试验”，在中游试验区，建立了国际领先的通量观测矩阵和密集的生态水文无线传感器网络（Li et al.，2013；李新等，2012）；搭载激光雷达、光学-近红外-热红外波段成像光谱仪、多角度热红外成像仪、微波辐射计，获取了一套高分辨率遥感数据；发展了针对中游核心试验区及黑河计划上游核心试验小流域的 DEM 产品（1m 分辨率），以及试验区土壤水分、叶面积指数、作物高度、反照率、地表温度等重要生态水文变量的产品，为生态水文过程的深度耦合模拟和集成研究奠定基础。

（3）不确定性问题。不确定性是定量认识陆地表层系统的最大挑战之一。不确定性来源于参数、状态变量和边界条件的时空异质性，以及由此带来的尺度效应，异质性总是存在的，因此不确定性并不能消除（李新，2013）。生态水文过程包括多种生物物理、生物化学过程及高度复杂的水文过程。采用相对简单的数学公式来描述复杂的生态水文过程，往往会出现“失真”现象，导致模型的不确定性（Beven and Binley，1992）。不确定性的存在影响了模拟结果的可靠程度，从而限制了模型的应用与发展。模型不确定性来源于模型输入、模型结构和模型参数。针对模型不确定性，国内外已经开展大量的研究，其中普适似然不确定性（generalized likelihood uncertainty，GLUE）方法（Beven and Binley，1992）和贝叶斯估计（梁忠民等，2010；董磊华等，2011）是两种较为有效的方法。

GLUE 方法认为，决定模型最优结果的并不是唯一的最优参数组合，而是存在多组功能类似的参数值组合，利用 Monte Carlo 随机采样方法获取模型的参数值组合，采用主观判断确定可行参数组的阈值，该方法适合于多参数、参数先验知识缺乏的情况（黄国如和解河海，2007）；贝叶斯方法将参数的先验分布与似然函数结合获得参数后验分布，对其进行随机抽样得到模拟值的经验分布，根据参数的后验分布及模拟值的经验分布确定参数的不确定性（Quan et al.，2007）。目前，各种不确定性问题的研究方法仍处于探索阶段，有必要深入开展不确定性分析的方法体系研究，以提高模型应用的置信度。

四、模型参数估计与数据同化

模型参数估计是流域生态水文模拟建模的重要环节，它将生态水文模拟的理论与生态水文模型的应用实践连接起来。流域生态水文模型包括多个过程的大量参数，部分区域异质的模型参数无法通过站点的观测试验直接获取；或即使能够通过站点获取的参数，也因为站点数量有限且分布稀疏，在推广到更大尺度时存在较大误差。因此，必须借助参数估计算法（陈腊娇等，2011）。随着生态模型与水文模型的耦合，参数手工估算法已经不适合生态水文模型（Boyle et al.，2000）。参数自动估算法包括局部估计法和全局估计法。常用的局部估计法如 Rosenbrock 法（Rosenbrock，1960）、模式搜索法（Hooke and Jeeves，1961）、下山单纯形法（Nelder and Mead，1965）等；常用的全局估计法有模拟退火算法（Kirkpatrick and Gelatt，1983）、SCE-UA 算法（Duan et al.，1992）、差分进化算法（Storn and Price，1997）等。目前，SCE-UA 算法被认为是生态水文模型参数估计和优化中效果较好的方法，在国内外生态水文模型参数估计中应用十分广泛，在模型参数估计和优化过程中得到较理想的效果（李得勤等，2013；Liu et al.，2005；Scott et al.，2000）。

遥感数据以大面积、快速、动态的优势被广泛应用于模型参数估计中，相对于传统的稀疏离散点获取参数，遥感数据是一种革命性的变革。应用遥感手段，可以高效地进行降水、积雪、土壤湿度、土地利用、植被、水体特征及地表温度等多种与水文过程相关的流域变量信息的监测，也能反演和提取与生态过程相关的植被生物物理参数，如叶面积指数、光合有效辐射、森林郁闭度、冠层结构等（王文和寇小华，2009）。仅仅依靠遥感观测数据势必在模型参数估算中引入很大程度的不确定性（National Research Council，2008）。为最大限度地利用易获取的遥感数据，减小参数估算的误差，数据同化开始活跃于生态水文模型参数估算中。其中，卡尔曼滤波（Kalman Filter）方法（Mo et al.，2008）是数据同化中应用最为广泛的方法。Ottlé 和 Vidal-Madjar（1994）将根据 NOAA AVHRR 热红外图像获取的土壤含水量数据同化到一个水文模型中，以改进日流量预报精度；Pauwels 等（2001）利用两种同化方法，尝试利用 ERS 卫星微波遥感反演获取土壤含水量数据，并与基于TOPMODEL和TOPLATS模型的数据同化，发现在同化了遥感反演土壤含水量数据后，都能提高流量预报精度；除了土壤含水量，积雪面积（Andreadis and Lettenmaier，2006）、植被覆盖（Boegh et al.，2008）、蒸散量（Schuurmans et al.，2003）等的遥感估算值也被应用于生态水文模型的数据同化中。

流域生态水文模型研究是生态水文学研究的一个重要方面，流域生态水文模型研究有助于更客观地解释流域内生态与水文的相互作用。目前，国内外对流域生态水文模型已开展了一定深度的研究，并取得了一些阶段性成果（Si et al.，2014；康尔泗等，2008）。按照模型中对植被与水文过程相互作用的描述，将现有模型归为两大类：单向耦合模型和双向耦合模型，其中双向耦合模型可归纳为概念性模型、半物理模型和物理模型。目前，流域生态水文模型在森林流域和干旱半干旱区气候变化的流域生态水文过程响应（如蒸散发过程）及气候变化、土地利用对作物产量影响研究中得到广泛应用。现有模型在对植被-水文相互作用机制的刻画、流域尺度转换、模型参数估计、数据、模拟精度等方面存在一些问题，这些问题也是未来生态水文模型研究的重点。生态水文耦合模型的研究依赖于生态水文学的学科发展和理论研究，生态水文模型的发展要结合生态水文学的最新研究进展，才能够实现模型在理论上的突破。

第四节 可持续水资源管理优化模型及其求解方法

一、模型的一般表达式

1. 目标函数

可持续水资源管理是以可持续发展为目标，要求“发展”的目标函数BTI值达最大，即在某一特定的时段，在一定条件下，使N个时段的总效益达到最大（即目标函数BTI最大）。于是，目标函数为

$$\max(\mathrm{BTI}) = \max\sum_{T=1}^{N}[\mathrm{DD}(T)/N] \tag{15-1}$$

2. 约束条件

（1）可承载能力。前述已对“可承载”程度进行量化和分类，为了保证整个系统的可持续发展，必然要求系统的可承载程度达到某一最低水平（设LI_0），于是可承载条件方程式为

$$\mathrm{LI}_T \geqslant \mathrm{LI}_0 \tag{15-2}$$

假设可承载程度要求的最低水平 $\mathrm{LI}_0=0.8$（即为“可承载”），于是，式（15-2）进一步写成

$$\mathrm{LI}_T \geqslant 0.8$$

另外，有时在T=1时段以前，一些原因使得可承载能力较低或丧失严重。这样，采取任何计算也很难很快达到可承载条件。为此，针对具体情况，应对规划到某一时刻T_1，

要求 $T > T_1$。于是，可承载条件方程式为

$$\mathrm{LI}_T \geqslant 0.8 \ (T \geqslant T_1) \tag{15-3}$$

（2）可持续力。欲保证整个系统可持续发展，必然要求系统发展是“可持续”的，即要求态势隶属度超过某一最低水平（设 SDDT_0），即

$$\mathrm{SDDT} \geqslant \mathrm{SDDT}_0 \tag{15-4}$$

假设发展态势要求最低水平 $\mathrm{SDDT}_0 = 0.8$（即达“良性发展态势”），于是，有条件方程式：

$$\mathrm{SDDT} \geqslant 0.8$$

（3）水资源-生态环境系统结构关系约束。研究可持续水资源管理，需要了解未来变化了的水资源系统及其与生态环境的联系。因此，如何建立一个模型来反映水资源-生态环境系统结构关系及变化关系，如何把这个模型嵌入可持续水资源管理优化模型中，就显得十分必要了。

前述已介绍了水量-水质-生态耦合系统模型的建模方法。把该模型嵌入优化模型中，就能把水量-水质-生态有机地统一起来，满足可持续水资源管理在变化自然情况下来研究水资源系统的要求。为此，可把 SubMod（Q，C，E）模型作为一个约束条件放入优化模型中，即有约束条件：

$$\mathrm{SubMod}（Q，C，E）$$

（4）社会经济系统结构约束。如果要定量研究未来变化的社会，就需要建立社会经济系统模型，也需要把该模型作为一个约束条件，嵌入优化模型中。若把社会经济系统模型统称为 SubMod（SESD）模型，即有约束条件：

$$\mathrm{SubMod（SESD）}$$

（5）其他约束条件。针对具体情况，可能还需要增加一些其他约束条件，如水资源最大开采量、湖泊最低水位、生态地下水水位等。这样，目标函数和约束条件组合在一起，就构成了可持续水资源管理的优化模型，也称为规划模型，即

目标函数：

$$\max(\mathrm{BTI}) = \max\sum_{T=1}^{N}[\mathrm{DD}(T)/N] \tag{15-5}$$

约束条件：

$\mathrm{LI}_T \geqslant 0.8 \ (T \geqslant T_1)$

$\mathrm{SDDT} \geqslant 0.8$

SubMod（$A-Q$，C，E）

SubMod（SESD）

其他约束条件

该模型是一个十分复杂、多阶段优化的模型，而由于该模型 k 时段以后过程受其以前的演变过程影响，显然不符合运筹学中动态规划模型的重要性质——无后效性。因此，该模型不是一个动态规划模型，只能说是一个多阶段优化模型。

另外，由于有了子模型的求解方法 SubMod（Q，C，E）和 SubMod（$A-Q$，C，E）的嵌入及隶属度函数的引入，一般该模型的目标函数和约束条件均为（或含）非线性函数。于是，该模型又是一个非线型优化模型。上述建立的可持续水资源管理模型是一个十分复杂的多阶段非线性优化模型。

二、模型的求解方法

以下简单介绍优化模型的一般求解方法，并对各类方法可持续水资源管理优化模型中应用的可能性作简单评述。

（1）解析解技术。如果能够根据优化模型直接解出最优解，那将是最有效的，如线性规划模型采用解析法（如线性规划的图解法、单纯形法等）。对于一些简单的非线性优化模型，常采用假定、简化、取主舍次等方法（如非线性的线性化、变量和约束条件的简化等），把其转化为一个可解的优化模型，然后求解。

可持续水资源管理优化模型一般是一个十分复杂的多阶段非线性优化模型，基本不可能得到解析解，因此，解析解技术一般不适合于求解可持续水资源管理优化模型。

（2）数值解技术。其就是对优化模型采用迭代方法求解它的最优解。一般有关“最优化方法”的书中，针对优化模型所讲的最优化技术就是指迭代方法，也是优化模型最常用的方法。

该方法的思路是：从一个选定的初始点 $x \in R^n$ 出发，按照某一个特定的迭代规则产生一个点列 $\left|x^k\right|$，使得 $\left|x^k\right|$ 是有穷点列时，其最后一个点是优化模型的最优解；当 $\left|x^k\right|$ 是无穷点列时，它有极限点，且极限点就是优化模型的最优解。

用迭代方法求解优化模型的关键是，构造搜索方和确定适当的步长。因此，人们在搜索方向和搜索步长过程中，派生出许多种迭代方法。例如，针对非线型规划模型，有梯度法、Newton 法、共轭梯度法、惩罚函数法、乘子法等。迭代方法是求解非线性规划模型最有效的方法。

但是，对于像“可持续水资源管理优化模型”这样复杂多阶段非线性优化模型，由于具有“多阶段特性”和复杂的子模型的嵌入，构造搜索方向比较困难。目前比较成熟的可借鉴的一般方法还未见到，多是针对具体的问题，建立具体优化模型，依据问题的本身特性，利用灵活的数学技巧来求解优化模型。

（3）计算机模拟技术。计算机模拟技术在水资源系统分析中，特别是在水资源管理研究中，是应用最广泛的一种计算方法。它通过计算机仿造系统的真实情况，针对不同系统方案多次计算（或实验），对照优化模型，可以回答“如果……，则……”。具体到可持续水资源管理优化模型，就是“如果……，则系统是（或不）满足可持续水资源管理准则，目标函数值为……”。

模拟技术不是一种最优化技术，但在求解像可持续水资源管理优化模型这样的复杂模型时，这种方法非常有效。例如，本节第一小节建立的 SubMod（Q，C，E）模型嵌入优化模型中，由于 SubMod（Q，C，E）模型是一个复杂的子模型块，用解析解技术不可能，用数值解技术也难于实现［假设所采用的 SubMod（Q，C，E）模型比较复杂］，这时采用模拟技术求得近似最优解，可大大减少计算工作量。通过实际应用，也能基本满足可持续水资源管理量化研究的要求。

应用计算机模拟技术解决实际问题还要注意主要步骤和几个关键问题。

主要步骤：①建立系统的计算机模型（或模拟程序）；②运用模型机计算（或称实验）；③分析模拟计算结果，并作决策。

几个关键问题：①建立可靠的模拟模型。计算机模拟能否反映客观实际、能否得到有价值的输出结果与建立的模拟模型好坏关系密切。只有建立可靠的模拟模型，才有可能保证输出结果可信。②确定输入，也就是如何划分拟选方案。在多数情况下，可以针对具体情况来人为确定所要模拟计算的输入，也可以使用优化技术（如网络法、对开法、旋升法、最陡梯度法、切块法等），逐步优选方案，作为输入。③输出结果择优标准的确定。对于众多模拟方案的输出结果，到底选择哪一种方案，要有明确的判定标准。例如，在进行可持续水资源管理模拟实验研究时，可以选择“满足所有约束条件下的目标函数值最大”作为判定标准。

三、优化模型求解步骤

运用可持续水资源管理优化模型来进行水管理政策模拟实验的方法步骤大体可分为五步。

第一步，首先进行调查，提出问题，分析问题，对水资源系统进行系统分析。这是建立可持续水资源管理优化模型的前期工作。

第二步，研究量化方法，建立定量优化模型。这是进行模拟实验的重要前提，有关建立模型的方法已在前面做了简单介绍。

第三步，拟定水管理政策，确定输入，即选定模拟的方案。这可以根据具体的情况，人为划分模拟方案；也可以使用优化技术来逐步优选方案。

第四步，模拟计算，输出结果，并以“目标函数值最大”为目标选择最优方案。

第五步，通过政策分析与模型使用效果分析，评估模型，并进一步剖析系统，得到更多信息，反过来再修改模型，直至得到满意的分析结果，包括最优的水资源管理方案。

第五节　西北内陆河区的水资源开源前景

一、冰雪水、雨水和地表径流水资源

新疆维吾尔自治区、青海省和甘肃省高山区冰川广泛分布，在众多内陆河流及黄河上游的源头，固体冰川水资源储存量在 20 世纪 80 年代冰川编目统计达 30000 亿 m^3 以上（施雅风，2005），年消融出水量约 228 亿 m^3；2014 年完成的《中国第二次冰川编目》，得出西部冰川总体呈现萎缩态势，1964～2014 年冰川面积缩小了 18%左右，由于气候变暖，相应冰川融水量有所增加（刘时银，2015）。冰川通过高山地区的降雪进行年际间补偿，从而达到物质平衡，海拔 3000m 以上的山区多以固体降水为主，每年冬春季节还具有可观的季节性积雪资源，北疆、青藏高原是我国积雪资源最丰富的两个区，天山和

祁连山的积雪资源也很丰富，据统计每年山区的积雪资源达 882 亿 m^3（胡汝骥，2013），而且在高山区夏季还有临时积雪。这些冰川和积雪资源对汛期地表水资源具有重要的调节功能，不仅可以增加河川淡水径流量，而且起着维护水资源稳定的作用。西北内陆河流域，初步估算冰川融水分别占新疆维吾尔自治区、青海省、甘肃省河川径流总量的 22.5%、5.8%、3.7%（耿雷华等，2002），其中新疆塔里木盆地可达 40%，个别河流如台兰河和玉龙喀什河可达 60%以上；融雪径流按雪冰融水扣除冰川融水计，分别可占 22.9%～61.9%、22.0%～23.6%、14.1%～18.1%。黄河上游在祁连山和阿尼玛卿山也有冰川分布，冰川融水也占河源区径流的 1.3%～2.4%，融雪径流占 16.5%。因此，冰雪资源是该地区绿洲赖以生存的水资源的重要组成部分。冰雪资源对地表水资源的调节，不仅表现在这种多年的“高山固体水库”及冬半年的“积雪覆被”储存水量，再慢慢消融释放，对河川径流具有多年调节作用；而且体现在对径流的年内分配影响，这与我国植物生长季相匹配，增加了水资源的可利用性。目前，冰川仍处在强烈消融阶段，因为高山冰川还具有极其重要的调节气候、稳定山区和平原的自然生态功用，所以不宜采用人工扩大开发固体冰川来增加近期的水源利用，需要采取保护固体冰川、增加补给来维护稳定水源的措施。同时，尽管我国西部高山地区积雪消融时间有提前现象，但对积雪资源量还未见明显的减少趋势，仍需加强积雪和融雪径流的监测与对稳定河流水源的研究。

人工增雨在特定条件下对局部地区减缓旱情有积极意义。根据国外研究，在适宜条件下可增雨为当地降水量的 10%～40%。若按西宁市 4 月降水 30%计，可增雨 6mm，仅占供云量的很小部分。据青海省东部地区 1992 年、1994～1997 年的人工增雨效果统计分析，得出 5 年增加的雨量为 25.6mm，增加水量 12.8 亿 m^3，平均相对增水率为 11.3%，并为缓解青海省东部牧业区和环青海湖部分牧区的春旱起到了积极作用。1990～2000 年，西北地区的青海、甘肃、新疆、内蒙古、宁夏、陕西等省（自治区）成立了人工增雨办公室，组织实施干旱期间人工降雨作业，同时根据西部特点在祁连山、天山等山区开展人工增雨，年增加水量逐年增加，有力缓解了干旱季节的水资源紧缺矛盾，为抗御旱情、增加水源补给、改善农业和草场，以及减轻干旱、病虫害和森林火灾起到了重要作用。

集雨径流是半干旱和干旱地区开发降水资源的一种行之有效的方法（高前兆等，2005）；国际上雨水利用，通过初试利用、基础研究与技术开发、系统研究与技术全面发展 3 个阶段的发展，为干旱土地增加更多水并见到成效；把雨水集流系统利用于小型人畜供水、径流农业、草场改良、地下水回灌及其改善生态环境等方面，认为在降水量超过 100mm 的地区，采用小规模人工措施收集雨水在技术上可行、经济上合理。尽管我国雨水利用有较悠久的历史，但雨水集流系统的发展相对较晚，直到 20 世纪 80 年代，为解决干旱区贫困山区人畜饮水问题，甘肃省先行开展了对集雨技术系统可行性研究。到 90 年代，以集雨技术为依托，在半干旱区建立了初具规模的庭院经济集水农业模式，其他各省份也开展了雨水集流系统技术推广利用。先后实施雨水集流工程的有甘肃省的“121”雨水集流工程（1 户建 100m^2 集流面，打 2 眼水窖，发展 1 亩庭园经济）、内蒙古自治区的“380”工程和“112”集雨节水灌溉工程（1 户建 1 处集蓄 40m^3 雨水旱井或水窖，采用点种和微灌等先进节水技术，发展 2 亩抗旱保收田）、宁夏回族自治区的“窑窖”工程、陕西省的“甘露”工程等。至 20 世纪末，通过建窖拦截雨水，修建各类供水工程 1.4 万处，新打水窖 29.4 万眼，解决了 593 万人和 200 多万头家畜的饮水困难；中华全国妇女联合会（简称全国妇联）发起“母亲水窖”行动，在我国西部地区建造 9 万多个水窖，解决了 90 万人的饮水困难。这种雨水集蓄技术，不仅可以缓解当地人畜饮水困难，还可以解决部分宅旁地补灌和庭院经济灌溉，在一般年成或丰水年效果很好，特别是在年降水量 250～400mm 地区取得的社会、经济和生态效益明显。但遭遇大旱年份，集雨窖蓄水量有限，仍受缺水威胁。甘肃省黄土丘陵区，累计已建集水水窖百万眼，年收集雨水总量达 2500 万 m^3。对于严重缺水的黄土区，适当增建雨水集蓄工程、解决分散的人畜饮水和补充灌溉仍有必要。

西北内陆河流域的地表水资源是以河流出山口径流计量的，也是山区冰川和积雪融水、降水转化输出进入平原地区每年可更新的水资源量。对于平原地区来说，这笔水资源量仍是未来人类生存发展的基础。由于气候、地理和自然环境差异，并受到山区河流的补给和地质条件影响，河川径流的水资源分布差异很大，人类开发利用的历史、类型和程度在地域间有差别，水资源开发利用率也不同。河西走廊和塔里木盆地等内流区地表水利用率已达 90%左右，河流地表水潜力只能从合理开发和有效利用两方面来提高。黄河流域各省份引黄水量分配方案都已达到或超过了定额。当黄河中上游梯级开发工程全部完成后，黄河水的利用率将会进一步提高。西北地区人均多年平均水资源量为 1781m^3，其中黄河流域为 838m^3，内陆河流域为 3900m^3，水利部发展研究中心对西北甘肃、青海、陕西等多省份、多地区已逼近用水总量红线提出警告。由于水资源匮乏，生态环境十分脆弱，西北干旱区受黄土沟壑水土流失、沙漠和戈壁干旱、荒漠化与沙尘暴自然灾害等威胁，突显出有限的水资源的重要性。水资源不仅成为这里社会经济至关重要的命脉，而且也是区域生态保护和局部环境改善的决定因素。

二、跨流域调水

西北干旱区属资源型缺水地区，采用一般性挖潜、常规性节水、通常性治污等措施，难以从根本上解决缺水面貌，必须从外流域调水来缓解西北干旱区的缺水矛盾。但跨流域调水给缺水地区带来巨大的社会、经济和环境效益的同时，也对被调水地区造成了一定的损失。无偿的调水不仅违背水资源配置的公平性原则，也不利于水资源的高效利用。因此，需要建立合理的跨流域调水补偿制度来解决各方的矛盾冲突，消除调水的不利影响。

跨流域调水是解决西北缺水的有效途径之一。我国西北地区从 20 世纪 70 年代开始，就对有关区内调水工程建设进行调查研究，到 90 年代后，才有水量向补水区调配。据统计，实施多项调水工程，已实现大量调水，其中从外流域调入内陆河流域的水量不到一半，大部分在黄河上游两岸，小部分在内陆河流域内（表 15-2）。

表 15-2　西北内陆河及黄河上游实施的跨流域调水工程一览表

调水工程名	受水区	被调区	工程性质	年调水量/亿 m^3	调水用途
引大济西	西大河-金昌	大通河-硫磺沟	穿山隧道	0.40（0.92）	工业用水
民勤调水	石羊河-民勤县	黄河干流-景泰	扬水明渠	0.61（0.92）	生态用水

续表

调水工程名	受水区	被调区	工程性质	年调水量/亿 m^3	调水用途
库塔干渠	塔河-铁干里克	孔雀河-尉犁	引水明渠	（5.10）	农灌与生态
引大入秦	秦皇川-兰州市	大通河-天堂寺	度糟渠道	4.43	农灌与生活
引大济湟	湟水-海北区	大通河-石头峡	水库隧洞渠道	3.60	农业灌溉
盐环定	宁东区-盐池 1 期	黄河干流-期建	扬黄提水渠道	1.18	生活用水
引洮工程	黄河干流-定西 1 期	洮河-九甸峡水 2 期在建	水库隧洞渠道	2.37（3.13）	农灌生活

注：括号内数据为二、三期工程实现后达到数。

2002 年 12 月，我国最大的调水工程——南水北调工程开始施工建设，该工程主要解决我国北方地区的水资源短缺问题，截至 2014 年 12 月 12 日，南水北调中线工程、东线工程（一期）已经完工并向北方地区调水。计划从南方长江流域向黄河上游和内陆河流域调水的南水北调西线工程从 20 世纪就开始进行规划、预研和进行可行性研究，该工程的实施将成为一项史无前例的宏伟工程，必须通过水资源与生态环境、技术与经济多方面充分论证后才能选定，并非在短期内就可以实现。在大规模西线调水工程实施前，仍需提高现有的地表水利用率，首先要完善和合理发挥已有水利工程的作用，再充分利用当地的地表水资源，也可适当进行近距离区内跨流域性调水。在上述调水工程的基础上，除还未完工的南水北调中、东线二、三期工程外，待议待建工程还有甘肃引哈济党工程、甘蒙青引大济黑和济湖工程等，但从引水规模、工程艰巨和影响面衡量，南水北调西线最为重要。

初步拟定南水北调西线工程为在长江上游通天河、支流雅砻江和大渡河上游筑坝建库，开凿穿过长江与黄河的分水岭巴颜喀拉山的输水隧洞，调长江水入黄河上游贾曲。西线工程的供水目标主要是解决涉及青、甘、宁、内蒙古、陕、晋等 6 省（自治区）黄河上中游地区和渭河关中平原的缺水问题。采用建筑黄河干流上的骨干水利枢纽工程，还可以向邻近黄河流域的甘肃河西走廊地区供水，必要时也可向黄河下游补水。可从 3 条河（通天河、雅砻江、大渡河）共计调水 170 亿 m^3，分三期进行，第一期调水 40 亿 m^3，第二、第三期分别为 50 亿 m^3 和 80 亿 m^3。而且，在进行南水北调西线工程规划时，也初步研究了后续从怒江、澜沧江等调水，简称为“黄委会大西线方案”。还有设想从渤海湾提水至大兴安岭，自流经内蒙古额济纳旗，再向北疆至南疆的海水西调工程。

目前，水利部黄河水利委员会正在搜集资料，推进西线工程前期工作；近期已有西北省区和政协委员提出建议，要求尽快启动并加快推进南水北调西线工程。但因工程艰巨、技术难度大、施工期长，待立项上马后，仍需 15～20 年才能供水。因此，在西线调水实施前，仍需要严格管理水资源，根据现有的水资源量来保障社会经济发展和生态环境用水的供需，坚持以水定产、以水定城等发展原则。由于西北干旱区农业灌溉用水占水资源总量的 80%以上，首先需要依据农业发展和灌溉的节水潜力，定量控制农牧业灌溉用水；然后要开展工业、城镇、生活等节水型社会建设，生态节水也要加紧推进，在一定程度上要依靠节水来解决目前缺水困境。同时需要采取倒逼机制，通过用水方式倒逼产业结构调整和区域经济布局优化，从根本上破解水资源短缺瓶颈；加上积极发展钱学森提出的沙产业，以少量的水在沙漠、戈壁和黄土地上生产出更多绿色优质食品（史振业等，2012），走出一条高效光合作用下节水高产的现代化农业道路。

三、地下水的开采潜力

地下水资源具有地域分布广、水质水量稳定、多年调节功能强、避免蒸发损失和相对不易被污染等特点，地下水资源开发可以实行探采结合，具有建设周期短、投资少、见效快等优点，地下水在西北干旱、半干旱地区解决缺水问题中起着不可替代的重要作用。目前，西北地区地下水开采量不足 130 亿 m^3，是地下水天然资源量的 11.1%、开采资源量的 29.7%，开发利用潜力很大。此外，西北地区许多大型盆地的中深层地下水尚未勘查开发（冯起等，1997）。

西北地区有供水价值的主要含水岩组如下。

（1）冲积沉积相岩层的全新统-上更新统含水岩组：分布于黄河及其支流经过的盆地或宽谷段，沿河漫滩与一级、二级阶地形成一系列傍河水源地，含水层渗透性强，可获取河水激发补给，成为一些城市及工矿企业的主要供水水源。

（2）洪积-冲积沉积相岩层的中、上更新统含水岩组：在山前平原形成潜水-承压水自流斜地，受毗邻山区河川径流补给，淡承压水层可延伸到盆地中心盐湖或沙漠之下。此类含水岩组分布在准噶尔盆地南部、塔里木盆地周边、柴达木盆地南部及河西走廊等地，含水层巨厚，形成天然地下水库，可实现多年调节，合理利用。

（3）河流-湖泊沉积相岩层中、下更新统含水岩组：广泛分布于内陆盆地，为砂、黏土互层的承压水系统。除塔里木盆地和柴达木盆地外，多数赋存丰富的淡水。

（4）山麓沉积相、河流-湖泊相以红色建造为主的古近系-新近系和白垩系含水岩组：分布在六盘山、贺兰山以西，淡水和微咸水仅分布于古近系-新近系浅部露头区，其下部多为封存的高矿化水。准噶尔盆地、河西走廊、吐鲁番-哈密盆地北部和塔里木盆地北缘等地有淡承压水。

四、可转化的水资源

在我国西北干旱地区，水资源存在的重要形式有冰川积雪、降水、河川径流、湖泊（水库）蓄水与地下水、土壤水等。近期可转化的年内水资源分为降水资源、河川径流资源和浅层地下水天然补给资源（高前兆和杜虎林，1996）。

（1）降水资源。降水是该地区所有水资源形式的根本来源，它不仅决定着西北干旱地区的水分状况，而且降水的时空分布直接影响西北干旱地区的河川径流、地下水的天然补给量，以及高山冰川积雪的发育和分布。西北干旱区远离海洋 1000km 以上，并且受高大山地地形的影响，该地区山区降水相对丰富，平原地区降水较少。除银川平原、青海省东部和甘肃省河西走廊东部的年降水量可达 100～250mm 外，其余广大地区不超过 100mm。塔里木盆地、准噶尔盆地、柴达木盆地和内蒙古西部居延海盆地形成 4 个较大的降水低值中心，区内记录年平均降水量不足 50mm。根据内陆河区和黄河上游范围估算，多年平均降水总量为 5845 亿 m^3，总量略比 20 世纪 90 年代初有所增加。但在面积较大的平原地区降水较少，有 60%～80%或以上水量降落在盆地周围的山区，折合平均雨深为 155mm，并且真正降到地面上的水只是该地区水汽输入量的小部分，根据新疆气象局测算，降落到地面的水量仅占空中水汽的20.8%。

（2）河川径流资源。河川径流主要来自周围山区的降水和冰雪融水，对于西北干旱的平原地区来说，这些水资源只有汇集于河道或地下水以泉水出露或转化为地表径流并进入山前平原才能被直接有效利用。据20世纪90年代初资料统计，整个西北干旱地区河川径流量为1410亿m^3，其中外流河径流量为480亿m^3，占总径流资源的34.4%，内陆河径流量为920亿m^3，占65.5%（表15-3），可见内陆河河川径流是干旱区主要的地表水源。目前，在新疆维吾尔自治区仍有221亿m^3水流出国境，主要为伊犁河流入哈萨克斯坦和额尔齐斯河北流经哈萨克斯坦进入俄罗斯；南疆阿克苏河有90亿m^3水从吉尔吉斯斯坦流入南疆；另外，黄河河源补给干旱区的总水量为352.9亿m^3（冯起等，1997），但仍需保持一定水量在内蒙古河口镇下泄给黄河中游。经21世纪初西北地区水资源配置研究，核算内陆河流域与黄河上游总水资源为1412.67亿m^3（参见第二章），内陆河和黄河上游分别为1002.03亿m^3和410.64亿m^3，其中西北干旱区内陆河区为909.24亿m^3，黄河上游为332.59亿m^3。

（3）浅层地下水天然补给资源。地下水天然补给是西北干旱区水资源中一个重要的组成部分。尽管地表水和地下水是一个相互转换、互相制约的统一整体，但西北干旱地区的地下水又是水资源运行、转化和开发利用中不可缺少的一种存在形式（汤奇成等，1992）。根据浅层平原地区水文地质普查，以及测定的河床渗漏，观测渠系和田间渗漏系数，并与水分平衡对照分析，根据山前平原地区的河道、渠系、田间渗透量等资料分析估算的降水入渗量。在新疆维吾尔自治区、宁夏回族自治区还考虑了暴雨、洪水对山前平原地下水的补给，求得我国西北干旱区五大内陆盆地浅层平原的地下水天然补给量为424.63亿m^3，其中山前平原地下水天然资源中有60%～86%是由地表径流转化而来的，黄河流域补给的水量为73.00亿m^3，与地表不重复的黄河补给量为26.00亿m^3。

（4）水资源总量。西北干旱区的地表水资源以统计河流出山河川径流量为依据，由山区的降水和冰雪融水汇集而成，而地下水天然资源是由平原地区的降水入渗侧向径流和地表水入渗补给。根据干旱地区地表水和地下水同属一个总体水资源的特点，可由地表水资源与地下侧向径流和平原降水入渗之和得出。20世纪90年代初，按青铜峡以上黄河上游与青海内流及西北干旱内陆河区统计，计算得西北内陆区的水资源总量为1511.88亿m^3（表15-3），这是可转化的淡水资源量。其中，西北内陆区有1136.17亿m^3，目前在南疆和青海高原内流区（柴达木盆地）有66.31亿m^3水量难以利用；黄河上游流域有375.71亿m^3，黄河在向中游出口的河口镇有247.60亿m^3水流入中游，其余大部分水资源已有不同程度的开发利用。

表15-3　西北内陆河流域水资源统计表

地区	面积/万km^2	降水资源/亿m^3	地表径流/亿m^3	地下水补给资源/亿m^3	地表水资源/亿m^3	总水资源/亿m^3	未开发利用量/亿m^3
北疆地区	44.9	1150	439.4	—	439.4	417.05	220.98
准噶尔盆地	—	—	127.53	107.92	—	139.20	—
南疆地区	119.8	1280	445.0	—	445.0	481.47	37.78

续表

地区	面积/万 km^2	降水资源/亿 m^3	地表径流/亿 m^3	地下水补给资源/亿 m^3	地表水资源/亿 m^3	总水资源/亿 m^3	未开发利用量/亿 m^3
塔里木盆地	—	—	392.89	232.93	—	339.15	—
河西走廊	27.1	426	70.45	43.12	70.45	76.35	—
青海柴达木盆地	25.7	414	69.24	40.66	69.24	107.06	28.53
青海其余内陆	—	204	25.3	—	25.3	54.0	25.3
阿拉善荒漠	24.9	224	0.24	14.12	0.24	0.24	—
黄河上游	—	1768	353.59	—	353.59	375.71	247.6
总计	312.4	5466	1403.22	424.63	1403.22	1511.88	—

五、可被开发利用的水资源

可被开发利用的水资源，即较难转化或不能直接取用的水资源，主要包括高山冰川、深层地下水、沙漠地下水和湖泊洼地蓄水、空中水汽、河流洪水和雨洪、咸水、污水再生水等。它们要么蓄存年代长久、更新周期较长，要么开采成本高、技术难度较大。

（1）高山冰川资源。高山地区发育着冰川和永久积雪，作为河源的“固态水库”，冰川和永久积雪是干旱地区存在的一种特殊形式的水资源。高山冰川通过高山固体降水和冰川运动来更新，一般小型冰川更新速率为几十年至数百年，大型冰川则可达数万年，并通过每年夏季辐射和气温升高消融出流，保持高山冰川物质平衡。由于冰川的存在，冰雪融水可对河流产生重要的补给作用。高山冰川积雪消融集中在 5～9 月，与夏季集中的降雨径流和季节融雪径流共同影响，增加河川径流年内分配的集中度。年际间，低温多雨年份时可将大量固体降水储藏起来，而到高温少雨年份释放，起着河川径流的多年调节作用。因此，高山冰川资源不仅为西北干旱地区提供一定数量的储备水源，而且可为平原地区水资源利用创造稳定和有效利用的优越条件。分布在西北干旱区的冰川总面积为 3.47 万 km^2，冰川储量为 35408 亿 m^3，折合水量约为 32000 亿 m^3。河流源头冰川面积有 2.58 万 km^2，多年平均补给河流融水量约为 228 亿 m^3。由于全球气候变暖，冰川物质平衡已处于负增长，对河流补给的融水量也呈增加趋势。冰川融水的增加，在 20 世纪初使我国西北地区河流径流量年增加 5.5%以上，尤其是使新疆境内的许多河流流量大幅度增加。尽管目前对河源冰川较多、规模较大的冰川融水补给使径流有增加趋势，但对河源冰川较少、规模较小的融水补给已出现减少和不稳定迹象。开发利用冰川水资源，除了根据冰川消融规律摸清河流水量的依赖性外，还需要加强对高山生态和水源的保护，监测冰川与积雪的变化动态，同时加大山区河流径流调蓄能力。

（2）深层地下水。西北干旱区山前平原有巨厚的沉积层，不仅有利于接纳地表水和降水入渗，而且为储存地下水提供了极有利的条件。在地质历史时期，西北干旱区蓄积储存了可观的地下水，初步估算几个大型的山前平原第四纪含水层静储存水量达 5×10^{12}～$8\times10^{12}m^3$。除此之外，受地形和地质条件影响，许多山前平原和大型盆地断陷凹地的第四系松散层和古近系-新近系中生界地层中埋藏有浅层和深层承压自流水，这是更新世几次多水期形成的产物。准噶尔盆地北部、柴达木盆地、河西走廊、塔里木盆地的天山南麓和喀什-和田凹陷中揭露有第四系自流水层，在 50～300m 深度至少有一个含水层，甚至多达 6 层，水头可高出地面 1～5m，水质多数属淡水，含盐量局部地区为 1～3g/L，出水量高达 2～3L/s；另外，在黄河流域的银川平原、河套平原、乌兰布和沙漠和内陆河区的居延盆地、伊犁谷地等也有自流水盆地存在。

（3）干旱盆地地下水和湖泊、洼地蓄水。西北干旱区大型盆地大多为广大沙漠所占据，尽管沙漠降水为 50～100mm，但多以暴雨形式降落，并在干沙层较薄的部位入渗补给地下水，有时呈淡水透镜体形式存在。由于沙漠沙层较厚，水分极易渗漏和保存，成为西北干旱区良好的储水构造。初步估算，沙漠地区天然降水对潜水补给量可达 45 亿 m^3 以上，在沙丘下伏的 100～200m 范围地下水含水层中，还蓄积有大量储水量。

西北干旱区大小湖泊数以千计，面积大于 1km^2 的有 400 多个。矿化度小于 3g/L 的微咸水湖总面积达 1.7 万 km^2，咸水湖有 80 多个，面积达 3500km^2，储水量达 300 亿 m^3 以上。西北干旱区 80%的湖泊属半咸水和盐湖，分布在内陆河流的终端或在盆地最低处和沙漠丘间低地，湖水矿化度为 3～35g/L，最高矿化度可达 300g/L。这些湖泊蓄水都属于未来可利用更新的水资源，其中淡水湖和微咸水湖开发利用价值较大。尽管这些湖泊水体多处于收缩之中，但仍对维护区域的生态环境起着重要的作用（冯起等，1997）。

（4）空中水汽资源开发。一切地表水资源都来自于空中降水，依据我国大陆水循环的大气过程研究，按多年平均，每年进入我国西北上空的水汽量约有 4.5 万 m^3，其中 90%以上输出区外；而在区内年蒸发水量中，平均只有 7%重新以降水返回到地面。因此，可以通过人工降雨增加干旱山区和干旱季节的水资源量。

我国西北内陆区多年平均水汽输送主要有 3 个通道：一是西风带挟带的大西洋及欧亚大陆蒸散的水汽源通道，这是西北地区（天山和喀喇昆仑山）降水的主要来源；二是东亚季风挟带的西太平洋或南海水汽源通道，其水汽丰沛，却只能影响到黄河上游地区和祁连山东部，在合适的大气环流条件下才能伸展到西北内陆；三是由印度季风挟带的阿拉伯海和孟加拉湾水汽通道，这支水汽在越过昆仑山南坡时可形成大量云层、产生降水，但进入新疆地区后，仅在沿塔里木盆地南缘可以形成暴雨降水，其余地区变成下沉气流，不易形成降水。根据 1979～2008 年 NCEP/NCAR（NCEP，美国国家环境预报中心；NCAR，美国国家大气研究中心）月平均资料分析，从大气可降水量、水汽输送和收支等方面分析，得出西北干旱区整层年水汽含量略呈增加趋势，而夏季水汽总收支呈现显著增加趋势（刘芸芸和张雪琴，2011）。1981～2002 年祁连山区水汽资源分布研究结果显示，祁连山水汽年输入总量为 9392.5 亿 t，年输出量为 8031.5 亿 t，只有 14.5%成云致雨或留在区域上空，其余 85.5%的水汽成为过路水，即潜在开发的水资源量较大。区域内年空中含水量为 331.2 亿 t，夏季最多水汽含量也最大，冬季最少含量也小，春夏秋冬四季空中含水量分别为 71.1 亿 t、56.6 亿 t、76.9 亿 t、32.5 亿 t（郭良才等，2009）。由此可见，祁连山区存在较大的人工增雨（雪）潜力。

人工增雨，是通过人工降雨影响天气的作业，但都要有能够形成降雨的前置条件，就是空中必须要有大量富含水汽的云，并且一般也只有 10%～20%的增量，如果天上没有云和水汽，撒播再多的催化剂也变不成雨水。由于西北干旱区周围为高山环绕，祁连山、天山、阿尔泰山和昆仑山 4500m 以上为冰雪冻原，空中云水资源丰富，也是易降水区。祁连山区水汽主要来源于西南气流的径向输送和少量以西风为主的纬向输送，夏季低云量最高，且祁连山主体部分总云量比周围地区高近 10%，低云量比周围高 20%左右，因此水汽输送也最强。根据人工降雨实践，当云光学厚度为 8～20km、云粒子有效半径为 6～12μm、云液态含水量大于 0.04g/m^{3}时产生降水的概率较大。祁连山区云液态含水量高达 0.15g/m^3，表明山区云水资源具有很大的开发潜力。2010 年，武威市在祁连山石羊河上游的作业基地开展人工增雨（雪）作业 216 点次，覆盖面积达 5000km^2，平均降水量比历年偏多 2 成以上，全市天然河道来水量超过 6000 万 m^3，较历年增加 2000 万 m^3。2011 年作业 403 点次，降水量较历年同期偏多 70%，石羊河流域来水总量达 2.7 亿 m^3，较 2010 年同期增加 3000 万 m^3，人工增雨（雪）取得了显著效果。2013 年，青海省在三江源地区通过人工增雨作业增加降水 42.91 亿 m^3。尽管目前这种作业还不能在更大范围发挥作用，但仍是缓解内陆河下游干旱季节或干旱年份用水紧张局面的有效办法，可显著地为平原地区增加社会、经济、生态等效益，同时也为补充高山区冰雪积累量、减缓冰川退缩起到稳定河源水资源的作用。

开发空中水资源是在人工增雨基础上提出的，通过科学分析大气中存在的水汽分布与输送格局，进而采取人工干预手法，实现不同地域间大气、地表水资源再分配，有望实现跨区域空中调水，构建南水北调“空中走廊”，打造“天河工程”，为解决西北干旱区缺水提供了一个大胆构想。“天河工程”和未来南水北调“空中走廊”的构想将有助于实现青藏高原地区生态效益最大化，促进全国特别是我国北方经济社会发展。根据规划，“十三五”期间，“天河工程”有望每年在青藏高原的三江源、祁连山、柴达木地区分别增加降水 25 亿 m^3、2 亿 m^{3}和 1.2 亿 m^3，中远期有望实现每年跨区域调水 50 亿 m^3，大约相当于 350 个西湖的蓄水量（王光谦，2016）。

（5）河流洪水和雨洪资源化。西北干旱区河流洪水主要形成于山区，可分为高山带冰川洪水、中山带季节性融雪洪水和中低山暴雨洪水。西北干旱区河流洪水往往带有大量泥沙迅猛下泄出山，常造成各种大小洪水灾害，但是洪水又具有资源、环境、生态等多种功能。由于以夏洪为特点，夏汛期径流量占年径流总量的 60%～80%甚至更多。洪水总量与年径流量密切相关，而且洪水也是山前平原绿洲与人类生存的淡水源和主要的能量物质源泉，因此要在防洪安全的前提下，实现洪水资源化。首先，可利用已修建水库科学调度，通过水库汛前水位动态控制或适当提高汛限水位，通过现代化水文气象预报和科学管理调度等手段，多蓄汛期洪水，增加水资源可调度量，将汛期洪水转化为非汛期供水，这是西北干旱区洪水资源化的主要途径。其次，可将洪水资源转化为地下水，由于洪水补给，地下水水质较好，可作为城乡主要的生活水源，也可回补超采的地下水，控制水位下降。通过在山前修建地下水库，蓄积山区河道的夏汛洪水，作为平原稳定供水水源，还可减少蒸发损失，增加可利用性。最后，可用洪水冲刷输送水库和河道中的泥沙，用洪水调沙或引水拉沙或冲沙，在山谷淤积成田；还可引导洪水作为荒漠绿化和生态建设的补给水源，或直接引洪淤灌林草。这样通过工程、非工程等手段，以最小的投入换取最大的经济、社会和环境效益，使灾害洪水转变为资源洪水。但在洪水资源化时还应注意到水库的防洪、泄洪和调沙安全，及洪水流速大、含沙量高与引洪淤灌造成的不安全风险。因此，要在保证水库和下游河道、引洪建筑安全的条件下，生态环境允许时再采用这些措施达到资源化目的。

洪水资源的高效利用技术在干旱半干旱区已经取得了显著的成效。敦煌阳关是抗击风沙的第一道防线，地处中度沙漠化地带，阳关遗址损毁日益严重。来自阿尔金山的洪水灾害频发，给当地居民生命财产造成巨大损失。2011 年 6 月 16 日，敦煌市发生百年一遇的特大洪水，洪水造成大泉河、党河、西土沟等多处防洪堤坝决堤，多个乡镇发生严重洪灾，党河水库入库洪峰流量一度达到 412.3m^3/s，水库最高水位达到 1430.91m，超过汛限水位 2.91m。为了降低阳关地区的洪水危害使其实现资源化利用，也为了达到该地区防风固沙、改善生态环境的目的，从 2007 年开始，敦煌飞天产业有限公司、中国科学院寒区旱区环境与工程研究所和甘肃水利科学研究院等科研单位开展院地合作，在库姆塔格沙漠风口的阳关镇建立西土沟洪水灾害综合治理工程。该工程设置沙障 100 多条，清洪分离保护水资源，开凿清洪分离河道 21km，13 条 20 多千米多级梳流分洪河道，通过渗滤净化、拦蓄洪水救活防风固沙林，化水“害”为水“利”、变沙进为沙退，在洪水资源利用和沙漠化防治方面具有开创性。2001～2006 年，西土沟下游年均流量为 0.35m^3/s，年径流量为 1104 万 m^3，经过 2007 年实施引流、拦蓄和过滤山洪等工程的建设，使平均流量增加到 0.75m^3/s，年径流量增加 2352 万 m^3，水资源量增加 2 倍。同时，由于洪水转化的稳定泉水水质良好，符合Ⅱ类水质标准，出露的地表水为淡水和微咸水，湖泊水为淡水，且出水径流稳定，十分方便开发利用，因此在该地区开展了绿化种植和水产养殖，取得了较好的效益，实现了将洪水转化为可利用的水资源，达到了洪水资源化的目的，被誉为“沙漠都江堰”工程。

在西北黄土高原和内陆山前平原，汛期降水量占 60%～70%，往往集中在几场大暴雨上，降雨历时短、强度大，造成暴雨洪水，淹没作物，冲毁良田，致使人民生活十分贫困。然而，在干旱区，暴雨洪水又是重要的淡水资源。西北地区雨洪利用具有悠久历史：20 世纪 60 年代创造鱼鳞坑、隔坡梯田等就地拦蓄利用技术（Mikkelsen et al.，1999）。在黄土高原的塬区和山坡，修建鱼鳞坑、梯田、截水沟、筑土坝就地蓄雨并防治水土流失，对农业发展起到较大推动作用；随后创造大口井、水塘和贮水窖等设施，集蓄村镇的庭院场地、屋面、道路、硬质坡地等汛期雨水，不仅解决旱季庭院经济补充灌溉，而且解决人畜饮用水。自 80 年代起，真正意义的雨洪资源利用是在修建梯田、谷坊、水平沟、造林等水土保持及雨水集流的基础上，在黄土沟壑区修建淤地坝、小塘坝和小型水库等，不仅拦蓄暴雨洪水，还可集蓄沟谷径流，创造出了黄土高原小流域治理经验，既保持水土，又造就淤田；雨水集流也由传统的浇灌利用与现代的节水灌溉相结合，将雨洪资源蓄存在人工修建的窑窖和储水柜中，用来发展庭院经济种植的补灌水源，并可补充村镇居民生活和企业工农业生产用水；雨洪集流也发展到西北内陆城郊的半干旱山坡，采用山坡等高线挖沟种植耐旱林草，开展集雨绿化，保持了水土，改善了环境；同时，随城镇化快速发展，城市硬质地面增加，城市雨洪管理问题愈发突出（郭永辰，2004），因此我国在借鉴国外雨洪资源利用经验的基础上也开展了城市雨洪资源的研究与应用，主要采取工程和非工程措施，分散实施、就地拦蓄、储存和就地利用城市雨洪，避减洪涝灾害，增辟城市可利用水源，改善城市居住环境。结合西北干旱区特点，开展城市雨洪收集、储存和利用系统建设可以有效缓解城区水资源短缺，建筑物屋顶、市政广场、运动场、草坪、庭院、城市道路都可以作为收集雨水界面，雨水收集储存于专门修建的蓄水池，汇集的城市雨洪水经过滤、渗透处理后可作为清洁、绿化用水；同时，应尽量增加雨水入渗通道，减少封闭地面，采用绿化植被至土壤层间增设储水层、透水层等办法减缓雨水地表径流速度，增加城市土壤相对含水量，降低暴雨期间防洪压力，并使城市地下水得到补偿；也可利用雨水资源发展屋顶绿化，净化空气，美化城市；还可通过渗透性好的土壤和地层，利用雨水回灌，渗漏净化补给补充地下水（郭永辰，2004）。

进入社会经济高速发展的阶段后，全球气候变化带来的极端气候和洪涝灾害日益频繁，造成的损失越来越大，加上西北干旱地区缺水矛盾突出，这些都会使雨洪资源利用在今后一段时期内有更大的发展。但是，随着河流洪水和雨洪利用的不断深入和工程建设的增多，追求经济效益、忽视防洪安全等新的问题也会不断涌现。因此，需要采用现代化手段进行河流洪水和暴雨洪水预报预测，总结经验、掌握规律，对化害为利的资源利用进行跟踪监测，同时，要不断完善相关政策法规，制定出一些规范条例和有关的实施细则，对河流洪水和雨洪利用等工作加以规范。

（6）咸水资源化。矿化度大于 2.0g/L 的水即被称为咸水（阮明艳，2006）。按矿物度大小可将咸水分为微咸水（矿化度 2～3g/L）、半咸水（矿化度 3～5g/L）、咸水（矿化度 5～10g/L）、盐水（矿化度 10～50g/L）和卤水（矿化度大于 50g/L）。我国地下微咸水资源约 200 亿 m^3/a，其中可开采量为 130 亿 m^3，绝大部分存在于地面以下 10～100m 处，宜开采利用。因此，开发利用微咸水资源，可以有效地缓解我国水资源的缺乏。2000～2003 年，第二次全国地下水资源调查按照淡水、微咸水和半咸水摸清了地下水天然补给源和可采潜水资源。按内陆河流域（表 15-4）和黄河上游（表 15-5）分别统计，西北干旱区内陆河流域盆地平原每年有微咸水约 55 亿 m^3，半咸水约 75 亿 m^3，可采微咸的潜水约 9 亿 m^3。还有一些微咸湖水资源，光青海内陆盆地就有湖泊面积 5000 多平方千米，储水超过 2000 亿 m^3。黄河干流上游 4 省份内约有 22 亿 m^3，半咸水 4 亿 m^3，可采微咸潜水 12 亿 m^3。现已在甘肃省、内蒙古自治区和宁夏回族自治区利用有价值微咸水 12 亿 m^3，半咸水约 1 亿 m^3。

表 15-4　内陆河流域各盆地平原天然地下水补给源和可采潜水资源统计（单位：亿 m^3）

盆地名	地下水天然补给资源			可采潜水资源		
	淡水	微咸水	半咸水	淡水	微咸水	半咸水
准噶尔盆地	139.48	10.39	8.21	89.19	—	—
塔里木盆地	226.07	36.28	10.71	148.14	—	—
柴达木盆地	30.91	5.82	55.53	16.71	—	—
河西走廊	48.97	2.76	0.51	42.08	6.02	0.50
内蒙古东部内流区	28.70	5.40	0.26	17.26	2.87	0.20
额尔齐斯河外流区	26.48	—	—	13.45	—	—
合计	500.61	60.65	75.22	326.83	8.89	0.70
西北干旱内陆河区	445.43	55.25	74.96	254.04	6.02	0.50
包括额尔齐斯河外流河区	471.71	55.25	74.96	267.49	6.02	0.50

表 15-5 黄河上游各省区的地下水补给源与可采潜水统计 （单位：亿 m³）

省名	地下水天然补给资源			可采潜水资源		
	淡水	微咸水	半咸水	淡水	微咸水	半咸水
青海	81.89	—	—	29.54	—	—
甘肃	26.82	3.64	1.61	12.43	—	—
四川	23.46	—	—	7.50	—	—
宁夏	17.14	10.75	2.63	13.65	7.12	2.15
内蒙古	—	42.11	8.84	22.58	5.70	—
黄河上游合计	149.31	56.50	13.08	85.70	12.82	2.15

我国微咸水主要分布于易发生干旱的华北、西北及沿海地带（刘友兆和付光辉，2004）。如今我国缺水的地区除了充分利用微咸水进行农田灌溉和发展养殖业以外，还可以通过淡化技术处理，用于人畜饮用，以减少对深层地下淡水的开采。微咸水灌溉以抗旱作物为主，不宜进行全生长期灌溉，并要控制好灌溉量和灌溉次数（徐秉信等，2013）。目前，微咸水的灌溉方式主要有直接灌溉、咸淡水混灌和咸淡水轮灌。对于淡水资源十分紧缺的地区，可直接利用微咸水进行灌溉，以保障作物的产量，但必须要防止灌溉后土壤中的盐分积累达到限制作物生长的水平（王艳娜等，2007）。在干旱时用微咸水给作物浇关键水，较不灌的增产 1.2～1.6 倍（龙秋波等，2010）。咸淡水混灌方式是在有碱性淡水的地区将其与咸水混合，克服原咸水的盐危害及碱性淡水的碱危害。混灌是将低矿化度的淡水和高矿化度的微咸水合理配比后进行灌溉，该方法比用 4～6g/L 的咸水灌溉增产 20%，比不灌的增产 163%（郭永辰等，1992）。咸淡水轮灌是根据水资源分布、作物种类及其耐盐特性和作物生育阶段等交替使用咸水灌溉的一种方法，在同样盐分的水平下，咸淡水轮灌的作物产量高于咸淡水混灌的产量（吕烨和杨培岭，2005；Ai-Sulaimi et al.，1996）。对于淡水资源严重缺乏的地区，也可采用咸水淡化工艺技术，将含盐量 3～5g/L 的咸水通过脱盐、降氟、净化，变成含盐量小于 1g/L 的淡水，达到国家规定的饮用水标准。实践表明，利用咸水、微咸水养殖是一种投资大，但收益高、周期短、见效快的开发模式（蔺海明，1996），尤其发展利用植物、动物、微生物之间相互利用、相互依存、相互促进、共同生长的高效生态模式，从而实现微咸水的最佳经济效益、社会效益和生态效益。在排水不畅、不宜种植作物的盐碱洼地上，微咸水养殖效益更加明显。

目前，我国对微咸水的利用还处于探索阶段，有一些研究成果并没有普遍地推广利用。通过对四川省宁南县、甘肃省民勒县等地区的微咸水灌溉研究，认为由于土壤盐渍化程度的不同，用不同水质的微咸水对农田进行灌溉时，生产实践中可以根据灌溉所用微咸水矿化度的不同来决定微咸水利用的方式（吴忠东，2008）。宁夏回族自治区利用微咸水灌溉已有 40 多年的历史，用咸水灌溉的大麦、小麦比旱地增产 3～4 倍；用矿化度 3.0～6.0g/L 的咸水灌溉枸杞树生长良好；用矿化度 3.0～7.0g/L 的咸水可灌溉韭菜、芹菜、甘蓝等。新疆利用微咸水和咸水灌溉碱茅草，说明微咸水灌溉在当地是可行的（王卫光等，2004）。咸水灌溉的成败与水质、土壤、气候、灌溉技术和作物种类密切相关。

咸水灌溉最好在透水性良好的砂质地上进行，并应特别注意灌水技术，作物生长期的几次灌水不能相距过长。

（7）污水资源化。污水资源化又称废水回收，是把工业、农业和生活废水引到预定的净化系统中，采用物理的、化学的或生物的方法进行处理，使其达到可以重新利用标准的整个过程。这是提高水资源利用率的一项重要措施，目前西北地区排污水总量已达70亿t，若将其1/3资源化就是一笔巨大资源。

污水根据形成和产生途径可分为生活污水、城市工业污水和径流污水。随着我国工业化和城镇化进程的加快，人口迅速增长，城镇用水猛长，排放的污水量也相应增加。目前，我国各城市排放的污水量几乎与城市供水量相等（王浩等，2004）。根据2000年水资源公报统计，西北内陆河与黄河流域上游地区工业用水量已到50亿m^3，污水排放总量达35亿t，污水处理率仅20%；西北地区生态环境极为脆弱，环境容量有限，污染较为严重，在一些大型工矿基地和城市附近污染突出；河流污染情况也不乐观：尽管内陆河源头位于高大山区，仍可保持在Ⅰ～Ⅲ类水质，但进入平原城镇和灌溉绿洲区，出现Ⅳ～Ⅴ类水质，而且劣Ⅴ类的河段占总监测河段的6%以上；黄河上游污染支流重于干流，监测河段总长6606km，Ⅳ～Ⅴ类水质河段超过23%，劣Ⅴ类水质河段达20%。按2011年中国统计年鉴资料，2010年城市用水量为54.9亿m^3，污水排放量快速增长，工业用水量在“十三五”期间快速增加，生活用水量稳步上升，生态用水总量也随生态建设加强逐步上升，污水排放量将占有很大份额，急需通过相关技术创新来挖掘水资源开发的巨大空间。因此，把废水（污水）再利用看作水资源开发利用的蓝海，必须认识到水污染防治要从源头减量抓起，再把污水、废水当成可贵的资源，努力实现污水资源化。污水资源化是解决西北干旱区缺水和水体污染的有效途径，由于干旱区环境封闭和容量低，污染后难以很快治理恢复，污水资源化是西北内陆区有限水资源可持续发展的战略必需。

西北干旱区大中城市基本都属于缺水型，绝大多数由地表水担负供水，少数为地表水和地下水联合，随着城镇化的发展，供水压力很大。因此，污水回收处理可以为城镇开发稳定的第二水源，污水资源化不仅是解决城镇水资源紧缺的重要途径，用再生水取代自来水，可为城市开拓几乎一半甚至一倍的用水量；而且污水资源化本身就是改善城镇生态环境的客观需要，既可缓解环境污染问题，减少对下游地表水和城区浅层地下水的污染，又可通过中水回灌绿色林草，为绿洲城市建设提供水源，从根本上治理污染、提高环境质量、保障人民身体健康；而且污水资源化也是建设经济效益型城市的必要措施，既减少排污量又减缓市政排水系统压力，社会经济效益明显，成为城市生态文明建设的一项重要指标。同时，污水资源化也是进行水资源养蓄行之有效的途径，对增加水源、提高水质有重大作用。在资源量上节约了优质水、少取新水，使水源得到保养调蓄；同时，在水质方面可减少排出有害污染物质的废水，治理了污染源，减轻和消除废水对水体的污染，使水环境得到改善，保护了水源。另外，污水处理后可以直接回补给地下水水位下降区，可作为一个重要的地下水回补源。

由于污水产生的途径和组成不同，污水的性质差异很大。生活污水主要含碳水化合物、蛋白质、氨基酸、脂肪，以及氨、氮等有机物，具有一定肥效，不含有害物质，但含有大量细菌和寄生虫卵，在卫生上具有一定危害；城市生活污水成分比较稳定，BOD、COD、SS（悬浮物）、NH^{+}_{4}-N（铵态氮）等含量高；生产污水成分复杂，在生产过程中使用的液体和洗废水，不仅水质复杂而且浓度高，需要从源头管控好，尽可能回收添加剂或循环使用；工业废水有的COD、BOD高达10^3～10^4mg/L，碱性废水的pH远大于7，有的含有特殊污染物，如酚、氰、铬、铅、汞等有毒有害物质，常把食品加工和各类化工厂、染织、制革、造纸等废水排放分类处理，而占有量大的冷却水水质相对较好，可以循环使用或用作清洁水；城市雨水污水水质一般较好，但流经垃圾、废物堆或被污染的地表面，就带有有害物质，在初期排放的水质相对复杂，简单处理可把初雨径流与工业和生活污水并列，作为污水的重要部分。由于污水都或多或少含有有毒、有害物质，作为污水处理时最后处置的废水，需要分门别类，按照城镇污水排放标准和工业废水的处理办法，按其达到预定水质要求进行加工处理。现行的污水处理分两个层次：第一是工矿企业排污进入地下水管道以前处理，即污水经处理后其排入地下水管道的水质要符合国家排放标准，属于污染源治理，这是我国实施的强制性水环境保护措施；第二是进入下水管道的污水，国家要求地方政府建立专门污水处理厂，进行严格处理。

污水处理厂采用收集并集中方式来处理污水。现代化污水处理主要有物理、化学、生物、理化和理化生物处理等方法，一般采用三级处理。目前，污水处理厂主要侧重于除去或转化污水的油类、悬浮物、重金属和妨碍污水处理厂运行的物质或高残留有机物，以及调整pH，这样处理后的废水可以达到无害化，成为可用的再生水资源。各地污水处理厂需要根据污水的利用和排放去向，同时考虑水体自然净化和污水利用过程中的净化作用来确定污水的处理程度和相应的工艺。目前我国已经采用生活污水作为水源就地回收并经过处理后达到水质标准，处理产生的水称中水，中水可重新用于城市杂用水的二次供水系统，可作为一定范围内重复使用的非饮用水。当然也可从废水中获得有机污染物，转化为能源，或从废水中吸取氮、磷、钾、镁等重要的肥源和化工原料，不过目前通过废水回收有机物、化工原料和肥料的成本相对较高，尽管如此还可以看到污水的资源价值。处理后的污水，无论用于工业、农业或回灌地下，均需符合国家颁布的有关水质标准。污水处理回用或再生回用需要严格按照各类水质标准，再生污水回用范围比较广泛，涉及淡水资源利用的可用于工业、城市生活、绿化、农业、环境、建筑等用水和水源补水等。需要根据不同用途建立不同回用系统，并加强管理，特别是污水再生后用于生活用水，必须经过三级处理，使水质严格达到《生活饮用水卫生标准》（GB 5749—2006）才能饮用，目前已有一些污水处理厂实现了污水通过处理后可作为饮用水。可见，污水资源化在今后不仅有较大的资源潜力，而且可作为水资源开发利用和环境治理的一个重要方面。

（8）边际水资源管理。水是地球上所有生命最基本的和不可替代的资源。日益增加的人口已经导致用水需求增长，造成许多地区不能满足水的供给。面临日益增长的缺水形势，边际水资源作为干旱地区农业和家庭生活用水的替代资源，其开发、利用和管理已经成为一种必需。处理和重复利用边际水资源（废水、污水、咸水和海水等），可理解为满足世界人口增长对水需求的基础。

边际水资源是2013年12月在以色列Arava环境研究所Arava可持续研究中心主办

的培训项目中提出来的，主题为“为农业和生活用水管理和利用边际水资源”。西北干旱地区淡水资源将被最大限度地利用，并需要通过人工增雨、雨洪水资源化、咸水资源化、污水资源化及开发深层地下水等办法开发利用边际水资源。水资源已成为干旱区社会、经济和生态可持续发展的瓶颈，水资源空间优化配置和合理利用已成为当今特别关注的热点之一。为提高水资源利用效率又不失公平地使用有限的水资源，应从最严格管理来调配水资源的利用，需要采用经济学上边际效应的递减规律来解决水资源稀缺的问题。

我国“八五”国家重点科技攻关项目“塔里木沙漠石油公路工程技术”在塔克拉玛干沙漠腹地开展了塔里木油田腹地绿化先导试验；随后在中国石油天然气总公司科技发展局立项开展“塔里木盆地开展塔里木油田可利用水资源的研究”。这些项目不仅在塔里木河古河道找到透镜体淡水资源，为沙漠公路建筑维护及油田工人与勘探开发提供有限淡水，而且还就地利用沙漠下伏的 3～5g/L 地下咸水和沙漠砂，克服极端干燥气候和风沙危害，种植出了小片绿地。同时，除了柽柳、梭梭、沙拐枣等几种耐盐灌木植物外，还有耐盐蔬菜和花卉也被筛选出，并成功地应用于塔里木沙漠公路沿线及沙漠油田防沙绿化工程建设，取得了明显的经济、社会和生态效益（高前兆等，2005；高前兆，2000）。在对沙漠公路沿线和沙漠油田可利用水资源勘查中，基本查明塔克拉玛干沙漠公路沿线浅层地下水补给来源，塔中油田地下水主要来自昆仑山北坡侧向径流和河川径流入渗补给，并进行了定量评价。这些项目的实施也为塔里木沙漠腹地油田就地利用沙漠下伏 300m 地下含水层咸水提供了科学依据，并建成沙漠高产大油田生产的井群水源地，成为油井生产补水取得可替代淡水资源的成功实践（杜虎林等，2005）。

然而，我国水资源的区际空间分配方法多采用行政配额方式，在思想和实践上仍倚重行政手段，侧重强化“分水协议”的实施保障机制而不重视对利益主体的经济激励，已产生了不少的区际矛盾（龙爱华等，2001）。在市场经济体制和以国家工程投资为主体的条件下，区际调水及其空间合理配置应当更多地考虑受水区分水后的经济效益，因而建立了基于水资源边际效益的空间动态优化均衡配置模型（王劲峰等，2000），实现了符合经济学原理的区域配水方案。水资源分配应首先分配到初始边际效益最大的地区，当边际效益递减到第二个地区的初始边际效益水平时，第二个地区也应启动分水；当第一或第二个分水区的边际效益递减到第三个地区的初始水平时，第三个地区也应开始与第二和第一个地区得到分水，依次类推。若分配水资源量足够多时，所有地区都会先后得到分水，但若水资源有限，只能使边际效益较大的地区才能得到分水。

水资源的空间优化配置问题，现已成为制约内陆河流域社会经济发展和生态环境保护的重要问题，基于行政力量进行的水资源空间配置造成了严重的行政割据的局面（龙爱华等，2001；Ioslovich and Gutman，2001；Allan，1999）。根据水资源利用的经济效益最大化原则，运用边际效益递减和边际成本递增理论，可以分析水资源空间配置的净边际效益均衡理论。以黑河流域张掖地区为例，实证研究结果表明，当调入水量大于或等于 1.1905 亿 t 时，高台县、临泽县、山丹县都应得到分水。运用生产函数模型，理论上应该可以确定合理供水的最大值（即在净边际效益为零的时刻），同时对各区的产业结构调整和水资源在工农业间调配等决策具有良好的指导意义。实证研究证明，如果在工业（或农业）内部更细的部门间运用边际效益均衡的分析方法，也可以确定各部门内部用水的最佳分配量（王智勇等，2000）。这也可为南水北调西线工程的实施，实现西北地区各流域之间的水资源定量空间优化配置提供依据。

第六节　应对西北干旱区资源型缺水问题的对策

内陆河下游绿洲严重缺水，当前急需制定科学可行的经济发展与生态环境建设规划，实现经济效益、生态效益、社会效益的完全统一，从而达到人与自然和谐，经济持续发展，生态环境安全的目标。为破解西北干旱区资源型缺水问题，建议采取以下措施。

一、未来种植业结构

内陆河地区水资源不仅短缺，而且内部水资源的配置及区域分配也十分不合理。这种不合理既体现在地域差异，如新疆南北两盆地绿洲人均获得的水资源量悬殊，也体现在不同行业间的水资源保障程度的差异，更体现在社会经济用水与生态环境用水的差异。水资源地域的分配差异和生态环境实际用水量的不断减少严重威胁着绿洲稳定，已造成不容忽视的生态难民现象，必须加以调整。

应挖掘水资源与外调水潜力、调整上中下游水资源分配、调整社会经济与生态环境用水比例、调整社会经济内部各产业间的用水比例，通过水资源合理配置，促进水资源在保障人民群众生存和基本发展；在保护绿洲安全的前提下，向水资源高效方向发展；明确该地区粮食以自给为前提，大力发展耗水量较少的草业，发展绿色产业，需要采用规划提出适宜该地的种植业模式，确定全流域粮、草、林地合理的比例。

二、流域水资源管理制度

内陆河地区的生态环境问题，以及由此而产生的一系列问题，均是由水而生，是水资源总量不足、分配不合理、水生产力不高的客观反映。任何一种短缺的资源，都会引起社会经济活动对该资源的竞争，水资源也是如此。在没有合理的竞争规则调节下，这种竞争终将趋于无序甚至演化为哄抢，必将导致更大危机的产生。

内陆河流域很早以前就有关于用水规则的协议，中华人民共和国成立后的 60 余年里，也不断有协议产生，20 世纪末已在黑河流域、塔里木河流域和石羊河流域先后对上、中、下游制定了定量分配方案，对黄河上游区甘肃、宁夏和内蒙古三省份用水也制定了限额用水协议，并建立了一批流域性管理局，制定了配套的水管理条例和法规。随着时间的推移，内陆地区流域水循环特性已发生了很大改变，以往用水协议依照的水循环条件也有改变，因此必须根据水循环变化核实并确定流域上下游的用水协议，并在国家《水法》框架内，以法律形式固定下来，才能有效维护水资源利用秩序，调节水资源分配比例，促进水生产力提高。

同时，内陆河流域只能依据荒漠化区域的自然特征进行与当地气候与水资源条件相适应的荒漠化群落的生态恢复与建设。要按“生态用水”优先的原则，提供给当地独特的生态恢复最低生态用水量。因此，西北地区水资源的开发利用，只能在保护极其脆弱生态环境的前提下，依据区域内自然形成的、特有的生态系统与环境格局，在基本不改变原来水资源储存、分布、运移规律的前提下，采取“尊重自然、顺应自然”的科学态度，合理地确定区域经济发展规模和经济结构，做好水资源供需基本平衡。

三、保护涵养水源

结合天然林保护工程，以水源涵养区建立的国家级自然保护区为依托，利用围栏封育等措施保护山区水源涵养林，按核心区、缓冲区及实验区的不同要求，确定相应的保护等级，采取不同的手段进行保护。

对山区坡度在25°以上的坡耕地实施退耕还林、还草、还荒，有效减少上游地区的耕地；将与下游分水关系密切的上游地区作为退耕还林（草）的重点区域。

对天然草场特别是地处浅山草原及荒漠草原亚区的草地进行封育，补播草种，减轻放牧强度，恢复天然草被；在上游等适宜发展牧业的地区进行人工种草；同时，加强水利设施建设，提高水资源利用率，减少用水量，保障出山径流的稳定。

在水源涵养区的宜林地或林中空地、林缘地，以及由开矿、滑坡等人为和自然因素造成的水土流失区，结合天然林保护工程的要求进行人工造林，以增加植被覆盖，减轻水土流失，提高山区的水源涵养能力。对有条件的林地、草地进行封山育林。

四、建设节水型社会

节水型社会建设是我国今后相当长的一个时期内水资源开发利用的基本国策。内陆河流域不仅是水资源最为短缺的地区，其经济发展也处于对环境威胁最敏感的时期。水资源不足和水污染加剧都将成为制约这一地区可持续发展的关键因素。目前，我国内陆河流域水资源利用无论在用水结构上还是在用水技术上，与国内外先进水平都有较大差距，特别在水资源综合生产力指标上，与相似干旱内陆河流域的先进水平还有很大差距。内陆河流域水资源利用必须走调整结构、节约用水、提高水资源产出效率的道路。

节水型社会建设是关系整个社会的系统工程，包括工程、技术、法律、政策、管理、文化、宣传等各个方面，必须从全社会角度全面建设，达到促进水资源生产力、提高水资源支撑社会经济可持续发展能力的目的。

五、建设绿洲农牧业高效村社

通过适当推广大棚种植，引进高效益作物品种，推进模式和高效绿洲节水。集成示范设施微灌果蔬高效生产模式、枣农复合系统高效利用模式、种植-养殖-沼气循环经济模式，以日光温室和农-果-经复合生态系统为主要特色的高效绿洲。推行节水农作制度、田间灌水与农艺节水技术、生物节水技术、水-肥-生物调配技术。开展节水型绿洲防护体系和节水型城镇防护体系技术，包括低耗水植物种的选择。集成组装系统节水型防护体系建设、水分高效利用、地下水和地表水联合调度等技术模式，寻求绿洲系统水资源优化管理模式。

完善农田防护林体系，以维持中游绿洲的稳定；以“生态村”建设为依托，进行村级道路、四旁、沟渠绿化，改善人居环境，达到人与自然的和谐发展；通过灌区改造，发展节水农业。通过灌区配套及节水工程，调整农业内部产业结构、实施常规节水、推广高新节水技术等，减少用水总量，提高用水效率。有计划地减少地下水的开采，逐步恢复地下水水位；严格核定耕地面积，进行超定额耕地退耕还林；发展舍饲养殖，减少畜牧业对自然植被的压力；随着我国光伏技术的发展，利用西北地区丰富的光能资源，开展光伏水利和光伏农牧业具有较好的前景。以工业化发展带动城镇化发展，以工业化带动农业、推动第三产业的发展，扩大经济总量，增加就业，实现劳动力的非农化转移；以国有林场为主体，保护天然植被和人工植被，特别是对大面积的防风固沙林和农田林网要进行重点保护；以人工沙枣林为主，建立自然保护区。同时，在牧区建立草业市场和外向市场，鼓励当地农民和牧民对天然草场，特别是地处浅山、沙漠边缘的草原及荒漠草原区的草地要进行围栏封育，减轻放牧强度，恢复天然草被；在上游等适宜发展牧业的地区，进行人工种植优质牧草；同时，积极探索国内外牧草市场，建立稳定的牧草出售渠道。

六、冰川科学研究

开展以冰川动力学为基础的预测研究。这种研究在机理上考虑了冰川对气候响应的各个方面，可以在大范围上较为准确地预测冰川的长期动态变化，实现由气候变化-冰川物质平衡变化-冰川动力学响应-冰川形态体积变化（冰川融水资源变化）的完整推算。模式的建立需要以野外观测、遥感、地理信息系统等资料为基础。内陆河上游有众多条冰川，通过预测研究，可以了解到这些冰川未来的变化趋势和由此产生的融水量的动态变化。

另外，在目前的情况下，由于冰川消融加剧，大多数冰川的融水径流处在一个上升的阶段，然而随着不断的消融，冰川产流面积减少，冰川融水径流在达到一个极大值之后也会减少，对这一极大值及其出现时间的预测也是一个亟待解决的问题。

七、跨流域调水的水费筹集机制

干旱区内陆河流域水少而且在时间上的波动很大。这种空间分布与时空匹配的极端不均匀性，决定了采用区域水资源调配办法改善这种不均匀性的必要性。在我国国土整治与国土经济发展中，解决西北干旱问题使之适应区域土地经济建设发展的需要具有重要意义。干旱区内陆河流域不管是从区内，还是从区外调水，必须遵循跨流域调水原则。

一是调水方向为从余水区向缺水区调水；二是考虑流域水权和经济上的合理性；三是技术上具有可行性；四是促进调入区与调出区的社会与生态安定。南水北调西线方案在我国西北的国土经济发展中是一项具有实践意义的措施，应当在以往工作的基础上，结合西部大开发的规划，进一步加强前期论证工作。

同时，建立用于生态的跨流域调水水费基金。建议在全流域现有水费的基础上每立方米水增加 0.1～0.2 元，作为跨流域调水水费基金，同时省、市、县各级财政也应通过联席会议协商，为基金提供相应的财政支持。从全流域征收的水资源费中按比例提取用于补贴生态用水的水费。根据内陆河流域的实际，农业灌溉用水是流域内的用水大户，建议对农业灌溉用水开征水资源费，并从流域征收的水资源费中按比例提取用于补贴生态用水的水费。

八、建立水资源市场机制

要按照有关政策，根据满足运行成本、费用的原则，重新核定流域供水中农业用水价格，逐步到位；根据满足运行成本、费用和获得合理利润的原则，重新核定流域供水中工业和城镇生活用水价格。积极推广分类水价、季节水价、浮动水价等水价形式；加强用水的计划管理，制定各行业用水定额，定额内实行基本水价，超定额部分实行超定额累进加价制度，设立水权交易市场。可以通过交易行为，将结余的用水指标出售，使节水者获得水利工程管理维修管理所需资金，开展高效节水，提高用水效率。

九、气候变化适应对策

尽管对干旱内陆河流域径流的研究已经非常多，但是研究主要集中在气候变化对径流平均变化的影响上，并不能证明气候和径流的关联有多大。因此，对水文要素对气候变化的影响的认识还不够全面。干旱内陆河流域特殊的地理位置、复杂的环境，以及收集的水文历史资料的长短及质量也都极大地限制了气候变化对水资源影响的研究。

针对气候变化对干旱区水资源的影响，中华人民共和国科学技术部、国家自然科学基金委、中华人民共和国教育部等部门从不同方面、不同层次建立了不同的研究计划，试图解决气候变化影响下干旱内陆河水资源的应对策略与措施。然而，现行干旱区内陆河流域水资源规划和管理较少考虑气候变化的动态影响。因此，加强水资源管理对气候变化的适应性对策研究，结合当前流域管理委员会及水利部门的方针政策，从水资源管理工作的角度，提出减缓气候变化所带来的不利影响的适应性对策（李峰平等，2013；夏军等，2012；郭生练和刘春蓁，1997）。可从以下几个方面着手，在气候变化与水资源影响两者之间寻求合适的发展道路（李峰平等，2013）。

（1）气候变化情景设定与水文模型的构建是关键。因地制宜，结合流域自身情况，研制具有更高分辨率的气候情景，深入气候变化情景设定与水文模型的耦合技术，提高水文模型在不确定气候状况下的模拟水平。在气候变化对流域径流平均变化影响研究的基础上，开展气候变化对供水系统、需水量、水质、农业灌溉、水文极端事件的研究（邓振镛等，2013）。此外，探讨气候变化下水资源适应性管理的制度、模式及保障途径，为干旱内陆河流域综合规划和健康提供依据。

（2）实行流域水资源科学管理，提高水资源利用效率。受气候变暖影响，祁连山雪线不断上升，流域源头来水逐年减少，加上人类不合理的生产生活方式超过了生态环境可承载的限度，使得水资源进一步短缺。因此，流域综合治理与开发利用的根本出路在于节水。要实现节水目标，必须要切实理顺流域水资源管理体制，突出流域水资源的节约和保护，做好流域水量统一调度和管理，制定流域水资源管理条例，推进流域节水型社会建设。

（3）改变生产方式，调整农业种植业结构与布局。内陆河流域农作物灌溉面积过大，以及粗放的灌溉方式造成农业用水占到流域整个用水量的 80%以上，也是用水量居高不下的重要原因。因此，要采取农业比例下降、农业内部种植业比例下降、种植业内部粮食作物比例下降和非农产业比例上升、草畜产业比例上升和非粮食作物比例上升的“三降三升”的发展模式。

（4）加大水源涵养自然保护区建设，搞好水资源可持续利用。高寒山区是水源涵养地区，也是气候变化反应较敏感的地区，是我国乃至世界上生物多样性保护的重要基地。保护区水源涵养林是内陆河的主要集水区和径流形成区，其综合效益和生态地位十分突出。因此，应加大高寒山区自然保护区的建设力度，提高水源涵养林的涵养能力。

（5）积极开发周围山区丰富的空中水汽资源，哺育高山冰川。多年综合考察和试验研究表明，祁连山、天山等山区的地形抬升容易形成有效的增雨云系，山区空中水汽资源极其丰富，也是人工增雨（雪）作业的最佳地区。利用人工增雨（雪）作业，每年可为河西地区和天山北等经济发展区的内陆河增加10%～15%的降水，可有效保护和增加高山固体冰川总储量，增加内陆河上游来水量和水库蓄水量，其是增加水资源总量重要的途径。

十、流域水资源安全保障体系

西北内陆干旱区是我国生态环境最脆弱、水资源最短缺的区域之一。水资源严重不足已成为制约这一地区生态环境建设和社会经济可持续发展的瓶颈。在全球经济一体化的今天，在区域工业化、城镇化和小康社会发展进程不断加快的背景下，深入开展对流域水安全问题的研究，提出流域水安全模式及其政策保障体系具有十分重要的意义。只有建立起以水安全预警预测系统和水安全政策支持体系为核心的水安全保障体系，才能真正确保流域水资源的可持续生产、高效配置和永续利用，不断提高区域的水安全水平。构建流域水安全保障体系，具体来说包括以下几方面的重要内容：①流域水资源承载力及水资源资产评价；②流域水安全动态分析与水安全态势的评价和预测；③流域水资源安全预警系统框架的建立；④影响流域水资源安全的关键因素分析；⑤流域水资源安全模式选择与政策支撑体系的建立。具体研究方法和技术路线是，综合运用新制度经济学的制度变迁理论、博弈论和公共选择理论，综合采用实证分析、比较分析、系统分析和模型模拟分析等多种定性和定量研究方法和手段，系统分析水资源作为公共产品的政策制定和实施过程，在全面评价流域水安全政策效能的基础上，提出流域水资源安全模式及其政策支持体系。

第七节　建立节水型生态特区

西北内陆区出现以水为核心的生态环境问题一方面是由于水资源严重短缺，另一方面是由于区域经济相对落后，致使下游河流生态系统濒临崩溃、生态环境条件严重退化、环境急剧恶化，这充分说明西北内陆区以流域为单元综合治理的复杂性、紧迫性和重要性。如果以常规的方法和措施进行内陆河和黄河支流流域的治理，恐难以取得理想效果或延误时间。因此，必须采取强有力的、超常规的科学对策，紧急实施下游绿洲抢救工程，在保存下游绿洲的基础上实施治本策略，从而实现全流域的环境修复、生态良化和社会经济可持续发展。鉴于前述的复杂性、紧迫性、重要性和区域的共性，本书提出建立内陆区流域节水型生态特区的问题，并进行分析讨论。

一是内陆区不应再作为国家的商品粮生产基地，流域上中游要适当压缩高耗水的粮食作物播种面积，以减少上中游的过量用水；下游绿洲内的粮食需求应由国家优惠供给，除了国家退耕还林还草的粮食、现金、种苗补助外，还应积极争取从节水、环保、生态治理等专项经费中给予支持。首先，内陆河流域退出国家商品粮基地，对国家粮食安全带来的影响非常小；然后，内陆河下游地区自20世纪90年代以来由于地下水矿化度升高已不能用于粮食作物灌溉，而发展经济作物的实践证明，只要有了粮食供应的保障就有条件逐步取消粮食耕作面积。高耗水的粮食作物取消后，下游绿洲水资源压力就会立即减轻，就能以经济作物和草畜业为主发展生态产业，将现有农区改造为生态产业的原料基地。同时，也能逐步改造绿洲边缘防护体系，选择生态功能和经济效益并重的植物并将其优化组合为结构合理、功能完备、效益显著的节水型防护体系。另外，绿洲内的农民可自然转为生态工人，经过培训就能成为发展生态产业的主力。

二是通过高强度、高科技、高投入、高效益的节水措施和产业结构优化，坚决压缩社会经济系统用水量。以“四高”节水和“多采光、少用水、高科技、高效益”的生态产业为突破口，建立高效绿洲现代化农业技术体系和集约型优质绿色农业产业，使人工绿洲农林牧业升值，更适宜人类生存发展（史振业和冯起，2012）。另外，促进生态牧业发展可使天然绿洲更加稳定，不仅可抵御外围恶劣环境和风沙灾害侵袭，而且可为畜牧业提供稳定的饲草料和放牧草场。

三是以优惠的生态产业政策扶持生态产业的龙头企业，延长产业链条，提高生态产业的综合效益。优惠政策包括企业的税收优惠、贷款优惠、基金优惠、生态产业奖励基金、生态产业产品出口优惠等，政策到位就能调动各方面的积极性，吸引多渠道的投资，形成多方位、多层次、多渠道建设生态产业的投入格局，带动生态产业的快速发展，从而转变绿洲经济增长方式，依靠科技进步和产业链条的延伸不断提高绿洲水土资源的承载力，建设社会进步、经济发展、生态良好的资源节约型现代绿洲。

四是努力开创沙产业新局面。钱学森在1993年明确指出“沙产业就是在不毛之地的戈壁沙漠搞农业生产，充分利用戈壁上的日照和温差等有利条件，推广使用节水技术，搞知识密集型现代化农业。概括地说，就是以系统工程思想整合的‘阳光农业体系’”，并预言知识密集型沙产业将成为21世纪在中国出现的第六次产业革命（刘恕，2009）。为此，已在内蒙古自治区、甘肃省和宁夏回族自治区等地实践沙产业，并建立了一批生产基地、生产模式、特色产业，在此基础上形成具有一定规模的农业型、工业型、能源型和旅游型沙产业。

五是建立多元化投资机制，多渠道筹措生态产业资金，吸引外资改善生态环境。必须建立多元化的投资机制和投资管理机制，坚持以国家投入为主与地方支持和农民自力更生相结合、当地投入与招商引资相结合的原则，对一些大型产业化龙头骨干项目可采取项目融资方式，吸纳海内外投资（方创琳和刘彦随，2001）。目前，国家已启动内陆河流域综合治理，要将节水型生态特区建设与综合治理结合起来，整体推进。

第八节 建立生态环境监测预警系统

西北内陆河地区的一些资源类型特别是水资源供需矛盾突出的问题，在今后一段时间内仍将持续下去，随着全球气候变化和西北地区社会经济的进一步发展，这一矛盾将更加突出。西北地区在新一轮丝绸之路开发中将不可避免地引发沿线地区新一轮的城市化建设浪潮，进而带动周边地区加快发展进程，这些都将造成水资源供给越来越紧张。西北地区水资源利用中的问题主要是水资源供给总量不足，行业之间、地区之间及流域上下游之间分配不均，水资源浪费现象严重等。按照可持续发展的观点，水资源供给已成为西北发展的瓶颈，因此必须采取节约型的水资源利用模式，以缓和这一瓶颈对社会经济发展的约束作用。

西北内陆河流域具有较好的发展潜力，同时这一地区又是各种自然灾害的多发地区，自然和人文要素的各种局部和区域性的变化，都将给工农业生产和居民生活带来一定的影响。鉴于以往的人类开发活动已经造成了诸多区域性的生态问题，现阶段区内社会经济发展中希望与困难并存的情形，要求该区在今后的发展中必须进行科学决策，通过有效管理途径来协调经济发展、水资源合理利用和生态保护之间的关系。为此，应在对西北干旱区继续进行深入研究的基础上，建立一套网络化的水、生态环境监测预警系统，以便为该区的科学决策和管理提供强有力的支持作用（曾辉等，1997）。西北干旱区内陆河地区生态环境监测预警系统，应以各种典型地区的定位观测资料和各种开发活动的动态监察资料为基础，通过综合的系统分析和模拟手段，对区域性经济发展、水资源变化和生态环境的协调状况做出判断，并帮助决策部门形成合理的对策，用于正确指导西北干旱区社会经济发展和生态恢复工作。该系统的功能建设应围绕以下几个方面来进行：①在总结西北干旱区已有研究成果的基础上，建立合理的水资源环境评估系统；②根据西北干旱区景观结构、功能的基本规律，建立景观动态变化的预测系统；③通过分析不同景观类型对水文过程的反应，确定合理的生态水文阈限，建立景观预警系统；④在上述系统的支持下，建立符合该区社会经济发展、水资源配置和环境保护需求的决策管理系统。

参考文献

安芷生. 2000. 在中国科学院第 10 次院士大会上的讲话[N]. 科学时报. 2000-06-13.

白肇烨, 许国昌, 孙学筠, 等. 1998. 中国西北天气[M]. 北京: 气象出版社.

拜振英. 2015. 河西内陆河流域水资源开发利用现状及合理利用途径探讨[J]. 甘肃水利水电技术, 51(1): 1-3.

卞戈亚, 周明耀, 朱春龙. 2003. 南方地区河流系统生态需水量系统组成分析[J]. 水利与建筑工程学报, 1(4): 18-22.

曹泊, 潘保田, 高红山, 等. 2010. 1972—2007 年祁连山东段冷龙岭现代冰川变化研究[J]. 冰川冻土, 32(2): 242-248.

陈冰, 李丽娟, 郭怀成, 等. 2000. 柴达木盆地水资源承载方案系统分析[J]. 环境科学, 21(3): 16-21.

陈辉, 李忠勤, 王璞玉, 等. 2013. 近年来祁连山中段冰川变化[J]. 干旱区研究, 30(4): 588-593.

陈家琦, 王浩, 杨小柳. 2002. 水资源学[M]. 北京: 科学出版社.

陈建明, 刘潮海, 金明燮. 1996. 重复航空摄影测量方法在乌鲁木齐河流域冰川变化监测中的应用[J]. 冰川冻土, 18(4): 331-336.

陈腊娇, 朱阿兴, 秦承志, 等. 2011. 流域生态水文模型研究进展[J]. 地理科学进展, 30(5): 535-544.

陈丽娟, 冯起, 成爱芳. 2013. 民勤绿洲土壤水盐空间分布特征及盐渍化成因分析[J]. 干旱区资源与环境, 27(11): 99-105.

陈隆亨, 曲耀光. 1992. 河西地区水土资源及其合理开发利用[M]. 北京: 科学出版社.

陈梦熊. 1997. 西北干旱区水资源与第四纪盆地系统[J]. 第四纪研究, 17(2): 97-104.

陈敏建. 2007. 生态需水配置与生态调度[J]. 中国水利, (11): 21-24.

陈敏建, 王浩, 王芳, 等. 2004. 内陆河干旱区生态需水分析[J]. 生态学报, 24(10): 2136-2142.

陈仁升, 康尔泗, 杨建平, 等. 2003. Topmodel 模型在黑河干流出山径流模拟中的应用[J]. 中国沙漠, 23(4): 428-434.

陈仁升, 阳勇, 韩春坛, 等. 2014. 高寒区典型下垫面水文功能小流域观测试验研究[J]. 地球科学进展, 29(4): 507-514.

陈荣芬. 1980. 新疆地区太阳辐射的计算及其分布特征[J]. 新疆大学学报(自然科学版), (1): 98-110.

陈锐, 邓祥征, 战金艳, 等. 2005. 流域尺度生态需水的估算模型与应用——以克里雅河流域为例[J]. 地理研究, 24(5): 725-731.

陈文. 2009. 河西内陆河流域水资源可持续利用研究[J]. 地下水, 31(6): 71-73.

陈曦. 2010. 中国干旱区自然地理[M]. 北京: 科学出版社.

陈旭光, 陈德斌, 卞予萍, 等. 2003. 天山北麓中段山区地下水对山前平原区侧向补给的探讨[J]. 新疆地质, (3): 369-370.

陈学君, 姜梦晶, 韩涛. 2012. 河西走廊地区五个典型站干旱指数对比和气候分析[J]. 干旱地区农业研究, 30(5): 216-223.

陈亚宁, 徐宗学. 2004. 全球气候变化对新疆塔里木河流域水资源的可能性影响[J]. 中国科学(D辑), 34(11): 1047-1053.

陈亚宁, 王强, 李卫红, 等. 2006. 植被生理生态学数据表征的合理地下水水位研究——以塔里木河下游生态恢复过程为例[J]. 科学通报, 51(增刊): 7-13.

陈云明, 刘国彬, 郑粉莉, 等. 2004. RUSLE侵蚀模型的应用及进展[J]. 水土保持研究, 11(4): 80-83.

陈志恺, 等. 2004. 水资源卷: 西北地区水资源及其供需发展趋势分析[M]. 北京: 科学出版社.

程国栋. 1997. 气候变化对中国积雪、冰川和冻土的影响研究[M]. 兰州: 甘肃文化出版社.

程国栋. 2002. 承载力概念的演变及西北水资源承载力的应用框架[J]. 冰川冻土, 24(4): 361-367.

程国栋, 王根绪. 2006. 中国西北地区的干旱与旱灾——变化趋势与对策[J]. 地学前缘, 13(1): 3-14.

程国栋, 赵传燕. 2006. 西北干旱区生态需水研究[J]. 地球科学进展, 11(2): 101-109.

程国栋, 赵传燕. 2008. 干旱区内陆河流域生态水文综合集成研究[J]. 地球科学进展, 23(10): 1005-1012.

程国栋, 肖洪浪, 傅伯杰, 等. 2014. 黑河流域生态——水文过程集成研究进展[J]. 地球科学进展, 29(4): 431-437.

程国栋, 肖洪浪, 徐中民, 等. 2006. 中国西北内陆河水问题及其应对策略——以黑河流域为例[J]. 冰川冻土, 28(3): 406-413.

程国栋, 赵传燕, 王瑶. 2011. 内陆河流域森林生态系统生态水文过程研究[J]. 地球科学进展, 26(11): 1125-1130.

迟宝明, 施枫芝, 王福刚, 等. 2009. 流域地下水可持续开采量的定义及评价体系[J]. 水资源保护, 25(5): 5-9.

崔树彬. 2001. 关于生态环境需水若干问题的探讨[J]. 中国水利, (8): 71-75.

崔亚莉, 邵景力, 韩双平. 2001. 西北地区地下水的地质生态环境调节作用研究[J]. 地学前缘, 8(1): 191-196.

崔玉琴. 1994. 西北内陆上空水汽输送及其源地[J]. 水利学报, 9(1): 79-87.

邓铭江. 2009. 中国塔里木河治水理论与实践[M]. 北京: 科学出版社.

邓振镛, 张强, 王润元, 等. 2013. 河西内陆河径流对气候变化的响应及其流域适应性水资源管理研究[J]. 冰川冻土, 35(5): 1267-1275.

刁一伟, 裴铁璠. 2004. 森林流域生态水文过程动力学机制与模拟研究进展[J]. 应用生态学报, 15(2): 2369-2376.

丁宏伟, 张举. 2002. 干旱区内陆平原地下水持续下降及引起的环境问题——以河西走廊黑河流域中游地区为例[J]. 水文地质工程地质, (3): 71-75.

丁永建. 1995. 近 40 年来全球冰川波动对气候变化的反应[J]. 中国科学(B 辑), 25(10): 1093-1098.

董磊华, 熊立华, 万民. 2011. 基于贝叶斯模型加权平均方法的水文模型不确定性分析[J]. 水利学报, 42(9): 1065-1074.

董新光, 邓铭江. 2005. 新疆地下水资源[M]. 乌鲁木齐: 新疆科学技术出版社.

董增川. 2001. 西北地区水资源配置研究[J]. 水利水电技术, 32(3): 1-2.

董治宝. 1994. 陕北沙漠/黄土带典型区土壤风蚀流失量模型——以六道沟小流域为例[D]. 兰州: 中国科学院兰州沙漠研究所.

杜虎林, 高前兆, 李福兴, 等. 1997. 河西走廊水资源供需平衡及其对农业发展的承载潜力[J]. 自然资源学报, 12(3): 225-232.

杜虎林, 马振武, 熊建国, 等. 2005. 塔里木沙漠公路与沙漠油田区域水资源研究及其利用评价[M]. 北京: 海洋出版社.

樊自立, 陈亚宁, 李和平, 等. 2008. 中国西北干旱区生态地下水埋深适宜深度的确定[J]. 干旱区资源与环境, 22(2): 1-5.

樊自立. 1996. 新疆土地开发对生态与环境的影响及对策研究[M]. 北京: 气象出版社.

范锡朋. 1981. 河西走廊地下水与河水相互转化及水资源合理利用问题[J]. 水文地质工程地质, (4): 1-6.

范锡朋. 1990. 西北干旱区地下水资源特征及水资源开发引起的环境问题(下)[J]. 水文地质工程地质, (2): 12-16.

范锡朋. 1991. 西北内陆平原水资源开发引起的区域水文效应及其对环境的影响[J]. 地理学报, 46(4): 415-426.

方创琳, 刘彦随. 2001. 河西地区生态重建与经济可持续发展战略研究[J]. 地球科学进展, 16(2): 251-256.

方创琳, 申玉铭. 1997. 河西走廊绿洲生态前景和承载能力的分析与对策[J]. 干旱区地理, 20(1): 33-39.

方创琳, 余丹林. 1999. 区域可持续发展 SD 规划模型的试验优控——以干旱区柴达木盆地为例[J]. 生态学报, 19(6): 767-774.

丰华丽, 王超, 李勇. 2001. 流域生态需水量的研究[J]. 环境科学动态, 7(1): 27-37.

冯金朝, 刘新民. 1998. 干旱环境与植物水分关系[M]. 北京: 中国环境科学出版社.

冯起. 1998. 额济纳旗绿洲水分平衡及最佳生态地下水水位和生态用水量研究[R]. 兰州: 中国科学院兰州冰川冻土研究所冻土工程国家重点实验室博士后出站报告.

冯起, 程国栋. 1998. 荒漠绿洲植被生长与生态地下水水位的关系[J]. 中国沙漠, 18(增刊): 106-109.

冯起, 刘蔚, 司建华, 等. 2004. 塔里木河流域水资源开发利用及其环境效应[J]. 冰川冻土, 26(6): 682-690.

冯起, 曲耀光, 程国栋. 1997. 西北干旱地区水资源现状、问题及对策[J]. 地球科学进展, 12(1): 66-73.

冯起, 司建华, 李建林, 等. 2008a. 胡杨根系分布特征与根系吸水模型建立[J]. 地球科学进展, 23(7): 765-772.

冯起, 司建华, 席海洋, 等. 2008b. 极端干旱区典型植被耗水规律分析[J]. 中国沙漠, 28(6): 1095-1103.

冯起, 司建华, 席海洋, 等. 2015. 黑河下游生态水需求与生态水量调控[M]. 北京: 科学出版社.

冯起, 司建华, 席海洋. 2009a. 荒漠绿洲水热过程与生态恢复技术[M]. 北京: 科学出版社.

冯起, 司建华, 张艳武, 等. 2006. 极端干旱地区绿洲小气候特征及其生态意义[J]. 地理学报, 61(1): 99-108.

冯起, 苏永红, 司建华, 等. 2013. 黑河流域生态水文样带调查[J]. 地球科学进展, 28(2): 187-196.

冯起, 尹振良, 席海洋. 2014. 流域生态水文模型研究和问题[J]. 第四纪研究, 34(5): 1082-1094.

冯起, 张艳武, 司建华, 等. 2009b. 土壤-植被-大气模式中水分和能量传输研究进展[J]. 中国沙漠, 29(1): 143-150.

冯起, 张艳武, 司建华, 等. 2008c. 黑河下游典型植被下垫面与大气间能量传输模拟研究[J]. 中国沙漠, 28(6): 1145-1150.

冯尚友. 2000. 水资源持续利用与管理导论[M]. 北京: 科学出版社.

傅伯杰, 徐延达, 吕一河. 2010. 景观格局与水土流失的尺度特征与耦合方法[J]. 地球科学进展, 25(7): 673-681.

傅伯杰. 1995. 景观多样性分析及制图研究[J]. 生态学报, 15(4): 345-350.

傅湘, 纪昌明. 1999. 区域水资源承载能力综合评价——主成分分析法的应用[J]. 长江流域资源与环境, 8(2): 169-173.

甘肃省地方史志编纂委员会. 1998. 甘肃省志: 水利志(23 卷) [M]. 兰州: 甘肃文化出版社.

高前兆, 杜虎林. 1996. 西北干旱区水资源及其持续开发利用[A]//刘昌明, 何希吾, 任鸿遵. 中国水问题研究[M]. 北京: 气象出版社.
高前兆, 李福兴. 1990. 黑河流域水资源合理开发利用[M]. 兰州: 甘肃科学技术出版社.
高前兆, 李小雁, 仵彦卿, 等. 2004. 河西内陆河流域水资源转化分析[J]. 冰川冻土, 26(1): 48-54.
高前兆, 李小雁, 俎瑞平. 2005. 干旱区供水集水保水技术[M]. 北京: 化学工业出版社.
高前兆, 王润. 1996. 中国西北地区的水系统与环境问题[A]//中国地理学会冰川冻土分会——第五届全国冰川冻土大会论文集[C]. 兰州: 甘肃文化出版社.
高前兆, 仵彦卿, 刘发民, 等. 2004. 黑河流域水资源的统一管理与承载能力的提高[J]. 中国沙漠, 24(2): 156-161.
高前兆, 仵彦卿, 俎瑞平. 2003. 河西内陆区水循环的水资源评价[J]. 干旱区资源与环境, 17(6): 1-7.
高前兆, 仵彦卿. 2004. 河西内陆河流域的水循环分析[J]. 水科学进展, 15(3): 391-397.
高前兆. 2000. 塔里木南缘水资源与生态环境建设战略[J]. 冰川冻土, 22(3): 298-308.
高前兆. 2003. 塔克拉玛干沙漠南缘水资源开发与绿洲生态环境负效应[J]. 干旱区地理, 26(3): 193-201.
高庆先, 徐影, 任阵海. 2002. 中国干旱地区未来大气降水变化趋势分析[J]. 中国工程科学, 4(6): 36-43.
高卫东, 魏文寿, 张丽旭. 2005. 近 30 年来天山西部积雪与气候变化——以天山积雪雪崩研究站为例[J]. 冰川冻土, 27(1): 68-74.
高鑫, 张世强, 叶柏生, 等. 2011. 河西内陆河流域冰川融水近期变化[J]. 水科学进展, 22(3): 344-350.
高彦春, 刘昌明. 1997. 区域水资源开发利用的阈限分析[J]. 水利学报, (8): 73-79.
耿雷华, 黄永基, 郦建强, 等. 2002. 西北内陆河流域水资源特点初析[J]. 水科学进展, 13(4): 496-501.
郭良才, 王伏村, 吴芳蓉, 等. 2009. 河西走廊3大内陆河近51年出山径流分布特征[J]. 干旱地区农业研究, 27(5): 209-215.
郭铌, 张杰, 梁芸. 2003. 西北地区今年来内陆湖泊变化反映的气候问题[J]. 冰川冻土, 25(2): 211-214.
郭生练, 刘春蓁. 1997. 大尺度水文模型及其与气候模型的联结耦合研究[J]. 水利学报, 28(7): 37-41.
郭永辰, 陈秀玲, 高巍. 1992. 咸水与淡水联合运用的策略[J]. 中国农村水利水电, (6): 15-18.
郭永辰. 2004. 综合利用城市雨洪资源[J]. 南水北调与水利科技, 12(6): 27-28.
韩德林. 2001. 新疆人工绿洲[M]. 北京: 中国环境科学出版社.
郝毓灵. 1999. 新疆绿洲[M]. 乌鲁木齐: 新疆人民出版社.
何传武. 2007. 浅议西北干旱区洪水资源化[J]. 科技咨询导报(资源与环境), (9): 136.
何永涛, 闵庆文, 李文华. 2005. 植被生态需水研究进展及展望[J]. 资源科学, 27(4): 8-14.
何志斌, 赵文智, 方静. 2005. 黑河中游地区植被生态需水量估算[J]. 生态学报, 25(4): 705-710.
贺建桥, 宋高举, 蒋熹, 等. 2008. 2006 年黑河水系典型流域冰川融水径流与出山径流的关系[J]. 中国沙漠, 28 (6): 1186-1189.
胡春宏. 2005. 塔里木河干流河道演变与整治[M]. 北京: 科学出版社.
胡汝骥. 2004. 中国天山自然地理[M]. 北京: 中国环境科学出版社.
胡汝骥. 2013. 中国积雪与雪灾防治[M]. 北京: 中国环境科学出版社.
胡汝骥, 樊自立, 王亚俊, 等. 2002. 中国西北干旱区的地下水资源及其特征[J]. 自然资源学报, 17(3): 321-327.
胡汝骥, 樊自立, 王亚俊, 等. 2001. 近 50a 新疆气候变化对环境影响评估[J]. 干旱区地理, 24(2): 97-104.
胡隐樵, 高由禧, 王介民, 等. 1994. 黑河实验(HEIFE)的一些研究成果[J]. 高原气象, (3): 2-13.
黄国如, 解河海. 2007. 基于 GLUE 方法的流域水文模型的不确定性分析[J]. 华南理工大学学报(自然科学版), 35(3): 137-143.
黄荣辉, 韦志刚, 李锁锁, 等. 2006. 黄河上游和源区气候、水文的年代际变化及其对华北水资源的影响[J]. 气候与环境研究, 11(3): 245-258.
黄奕龙, 陈利顶, 傅伯杰, 等. 2005. 黄土丘陵小流域土壤水分空间格局及其影响因素[J]. 自然资源学报, 20(4): 483-492.
黄奕龙, 傅伯杰, 陈利顶. 2003. 生态水文过程研究进展[J]. 生态学报, 23(3): 580-587.
惠泱河, 蒋晓辉, 黄强, 等. 2001a. 二元模式下水资源承载力系统动力仿真模型研究[J]. 地理研究, 20(2): 191-198.
惠泱河, 蒋晓辉, 黄强, 等. 2001b. 水资源承载力评价指标体系研究[J]. 水土保持通报, 21(1): 30-34.
吉喜斌, 康尔泗, 陈仁升, 等. 2005. 黑河中游绿洲典型灌区地下水资源总均衡估算[J]. 水文地质工程地质, (6): 25-29.
加帕尔·买合皮尔, 图尔苏诺夫 A A. 1996. 亚洲中部湖泊水生态学研究[M]. 乌鲁木齐: 新疆科技卫生出版社.
加帕尔·买合皮尔, 谢维尔斯基 N B. 1997. 人类活动对亚洲中部水资源和环境的影响及天山积雪资源评价[M]. 乌鲁木齐:

新疆科技卫生出版社.
贾宝全, 慈龙骏. 2000. 新疆生态用水量的初步估算[J]. 生态学报, 20(2): 243-250.
贾宝全, 许英勤. 1998. 干旱区生态用水的概念和分类[J]. 干旱区地理, 21(2): 8-12.
贾宝全, 张志强, 张红旗, 等. 2002. 生态环境用水研究现状、问题分析与基本构架探索[J]. 生态学报, 22(10): 1734-1740.
贾仰文, 王浩, 倪广恒, 等. 2005. 分布式流域水文模型原理与实践[M]. 北京: 中国水利水电出版社.
姜德娟, 王会肖, 李丽娟. 2003. 生态环境需水量分类及计算方法综述[J]. 地理科学进展, 22(4): 369-378.
金菊良, 张礼兵, 魏一鸣. 2004. 水资源可持续利用评价的改进层次分析法[J]. 水科学进展, (2): 227-232.
金自学, 谢宗平, 谢晓蓉, 等. 2000. 河西走廊生态系统退化特征研究[J]. 水土保持学报, 20(4): 11-15.
靳生理, 张勃, 孙力炜, 等. 2012. 近50年河西地区降水量变化特征及时间分布均匀度变化[J]. 资源科学, 34(5): 811-818.
康尔泗, 陈仁升, 张智慧, 等. 2007. 内陆河流域水文过程研究的一些科学问题[J]. 地球科学进展, 22(9): 940-953.
康尔泗, 陈仁升, 张智慧, 等. 2008. 内陆河流域山区水文与生态研究[J]. 地球科学进展, 23(7): 675-681.
康尔泗, 程国栋, 董增川. 2002. 中国西北干旱区冰雪水资源与出山径流[M]. 北京: 科学出版社.
康尔泗, 程国栋, 蓝永超, 等. 1999. 西北干旱区内陆河流域出山径流变化趋势对气候变化响应模型[J]. 中国科学(D 辑): 地球科学, 29(增刊 1): 49-54.
柯长青, 李培基. 1998. 青藏高原积雪分布与变化特征[J]. 地理学报, 53(3): 209-215.
赖祖铭, 叶柏生, 朱守森. 1990. 用冰川区水量(物质)平衡模型估计气候变化对冰川水资源影响的初步研究[J]. 水科学进展, 1(1): 49-54.
赖祖铭, 叶柏生. 1995. 西北河川径流变化及趋势[A]//施雅风. 气候变化对西北、华北水资源影响[M]. 济南: 山东科学技术出版社.
蓝永超, 丁永建, 康尔泗. 2004. 近 50 年来黑河山区汇流区温度及降水变化趋势[J]. 高原气象, 23(5): 723-727.
蓝永超, 丁永健, 沈永平, 等. 2003. 河西内陆河流域出山径流对气候转型地影响[J]. 冰川冻土, 25(2): 188-192.
蓝永超, 康尔泗, 张济世. 2000. 河西内陆河干旱区主要河流出山径流特征及变化趋势分析[J]. 冰川冻土, 22(2): 147-152.
李宝林, 张一驰, 周成虎. 2004. 天山开都河流域雪盖消融曲线研究[J]. 资源科学, 26(6): 23-30.
李宝兴. 1982. 我国西北干旱地区地下水资源的合理开发利用[J]. 中国沙漠, 2(1): 1-12.
李并成. 1998. 河西走廊汉唐古绿洲沙漠化的调查研究[J]. 地理学报, 53(2): 106-115.
李超英. 2014. 对河西内陆河流域洪水的特性研究[J]. 甘肃农业, 17: 60-63.
李得勤, 张述文, 段云霞, 等. 2013. SCE-UA算法优化土壤湿度方程中参数的性能研究[J]. 大气科学, 37(5): 971-982.
李峰平, 章光新, 董李勤. 2013. 气候变化对水循环与水资源的影响研究综述[J]. 地理科学, 33(4): 457-464.
李慧伶, 王修贵, 崔远来, 等. 2006. 灌区运行状况综合评价的方法研究[J]. 水科学进展, 17(4): 543-548.
李江风. 1991. 新疆气候[M]. 北京: 气象出版社.
李兰奇, 王新. 2003. 新疆水资源利用与农业可持续发展分析[J]. 中国水利, (3): 10-13.
李培基. 2001. 新疆积雪对气候变暖的响应[J]. 气象学报, 59(4): 491-501.
李庆祥, 刘小宁, 李小泉. 2002. 近半世纪华北干旱化趋势研究[J]. 自然灾害学报, 11(3): 50-56.
李世明, 程国栋, 李元红, 等. 2002. 河西走廊水资源合理利用与生态环境保护[M]. 郑州: 黄河水利出版社.
李万寿. 2002. 黑河流域水资源可持续利用研究[J]. 西北水电, (4): 14-18.
李小雁. 2011. 干旱地区土壤-植被-水文耦合、响应与适应机制[J]. 中国科学: 地球科学, 41(12): 1721-1730.
李小玉, 宋东梅, 肖笃宁. 2005. 石羊河下游民勤绿洲地下水矿化度的时空变异[J]. 地理学报, 60(2): 319-327.
李新. 2013. 陆地表层系统模拟和观测的不确定性及其控制[J]. 中国科学(D 辑): 地球科学, 43(11): 1735-1742.
李新, 杨德刚. 2001. 塔里木河水资源利用的效益与生态损失[J]. 干旱区地理, 24(4): 328-331.
李新, 程国栋. 2008. 流域科学研究中的观测和模型系统建设[J]. 地球科学进展, 23(7): 756-764.
李新, 刘绍民, 马明国, 等. 2012. 黑河流域生态-水文过程综合遥感观测联合试验总体设计[J]. 地球科学进展, 27(5): 481-498.
李秀云, 汤奇成. 1988. 西北干旱地区枯水径流分析和预测[J]. 冰川冻土, 10(1): 28-35.
李秀云, 汤奇成, 傅肃性, 等. 1993. 中国河流的枯水研究[M]. 北京: 海洋出版社.
李耀辉, 张存杰, 高学杰. 2004. 西北地区大风日数的时空分布特征[J]. 中国沙漠, 4(6): 715-723.
李泽椿, 李庆祥. 2004. 中国西北地区近30年降水变化趋势分析[A]//刘东生. 西北地区自然环境演变及其发展趋势[M]. 北京: 科学出版社.
李忠勤, 韩添丁, 井哲帆, 等. 2003. 乌鲁木齐河源区气候变化和一号冰川 40a 观测事实[J]. 冰川冻土, 25(3): 117-123.
李宗礼, 石培泽, 俞天松. 1999. 干旱内陆河灌区节水潜力及可持续发展[A]//夏军, 许新宜, 胡宝清. 水资源可持续管理问题研究与实践[M]. 武汉: 武汉测绘科技大学出版社.
李宗礼. 1995a. 干旱内陆河流域下游地区生态用水量及水资源承载能力分析[A]//环境水利论文选编(第八集)[M]. 北京: 水利水电出版社.
李宗礼. 1995b. 生态水资源学——基本概念与体系[A]//第一届全国海事技术研讨会文集[C]. 上海: 上海科学技术文献出版社.
李宗礼. 1998. 地下水持续超采地区开采量优化分析[A]//中国西北荒漠区持续农业与沙漠综合治理国际学术会文集[C]. 兰州: 兰州大学出版社.
梁匡一, 刘培君. 1990. 塔里木河两岸资源与环境遥感研究[M]. 北京: 科学技术文献出版社.
梁忠民, 戴荣, 李彬权. 2010. 基于贝叶斯理论的水文不确定性分析研究进展[J]. 水科学进展, 21(2): 274-281.
林振耀, 吴祥定. 1990. 青藏高原水汽输送路径的探讨[J]. 地理研究, 9(3): 30-39.
林之光. 1995. 中国自然地理知识丛书: 中国的气候及其极值[M]. 北京: 商务印书馆.
蔺海明. 1996. 干旱农业区对咸水灌溉的研究与应用[J]. 世界农业, (2): 45-47.
刘昌明, 杨胜天, 温志群, 等. 2009. 分布式生态水文模型 EcoHAT 系统开发及应用[J]. 中国科学(E 辑), 39(6): 1112-1121.
刘昌明. 2001. 中国 21 世纪水问题方略[M]. 北京: 科学出版社.
刘潮海, 施雅风, 王宗太, 等. 2000. 中国冰川资源及其分布特征——中国冰川目录编制完成[J]. 冰川冻土, 22(2): 106-112.
刘海潮, 谢自楚, 久尔盖诺夫 M B. 1998. 天山冰川作用[M]. 北京: 科学出版社.
刘潮海, 谢自楚, 刘时银, 等. 2002. 西北干旱区冰川水资源及其变化[A]//康尔泗. 中国西北干旱区冰雪水资源与出山径流[M]. 北京: 科学出版社.
刘潮海, 谢自楚. 1988. 祁连山冰川的近期变化及趋势预测[J]. 科学通报, (8): 620-623.
刘德祥, 白虎志, 宁惠芳, 等. 2006. 气候变暖对甘肃干旱气象灾害的影响[J]. 干旱地区农业研究, 5: 707-712.
刘德祥, 董安祥, 邓振镛. 2005a. 中国西北地区气候变暖对农业的影响[J]. 干旱地区农业研究, 1: 119-125.
刘德祥, 董安祥, 薛万孝, 等. 2005b. 气候变暖对甘肃农业的影响[J]. 干旱地区农业研究, 2: 467-477.
刘国纬. 1997. 水文循环的大气过程[M]. 北京: 科学出版社.
刘恒, 耿雷华, 陈晓燕. 2003. 区域水资源可持续利用评价指标体系的建立[J]. 水科学进展, 14(3): 265-270.
刘恒, 钟华平, 顾颖. 2001. 西北内陆河水资源利用与绿洲演变规律研究——以石羊河下游民勤盆地为例[J]. 水科学进展, 12(3): 378-384.
刘甲金, 黄俊, 王宁. 1995. 绿洲经济论[M]. 乌鲁木齐: 新疆人民出版社.
刘宁, 孙鹏森, 刘世荣, 等. 2013. WASSIC 生态水文模型响应单元空间尺度的确定——以杂古脑流域为例[J]. 植物生态学报, 37(2): 132-141.
刘时银, 鲁安新, 丁永建, 等. 2002a. 黄河上游阿尼玛卿山区冰川波动与气候变化[J]. 冰川冻土, 24(6): 701-707.
刘时银, 沈永平, 孙文新, 等. 2002b. 祁连山西段小冰期以来的冰川变化研究[J]. 冰川冻土, 24(3): 227-233.
刘时银, 姚晓军, 郭万钦, 等. 2015. 基于第二次冰川编目的中国冰川现状[J]. 地理学报, 70(1): 3-16.
刘恕. 2009. 留下阳光是沙产业立意的根本——对沙产业理论的理解[J]. 西安交通大学学报, 29(2): 40-44.
刘新民, 赵哈林, 赵爱芬. 1996. 科尔沁沙地风沙环境与植被[M]. 北京: 科学出版社.
刘星. 1999. 新疆灾荒史[M]. 乌鲁木齐: 新疆人民出版社.
刘星才, 徐宗学, 张淑荣, 等. 2012. 流域环境要素空间尺度特征及其与水生态分区尺度的关系——以辽河流域为例[J]. 生态学报, 32(11): 3613-3620.
刘亚传, 常厚春. 1992. 干旱区咸水资源利用与环境[M]. 兰州: 甘肃科学技术出版社.
刘亚传. 1992. 居延海的演变与环境变迁[J]. 干旱区资源与环境, 2: 9-18.
刘燕华. 2000. 柴达木盆地水资源合理利用与生态环境保护[M]. 北京: 科学出版社.
刘友兆, 付光辉. 2004. 中国微咸水资源化若干问题研究[J]. 地理与地理信息科学, 20(2): 57-60.
刘予伟, 金栋梁. 2004. 平原区地下水资源瓶颈方法综述[J]. 水资源研究, (2): 11-18.
刘予伟, 金栋梁. 2008. 地下水资源可开采量评价方法综述[J]. 水利水电快报, (S1): 16-19.
刘芸芸, 张雪琴. 2011. 西北干旱区空中水资源的时空变化特征及其原因分析[J]. 气候变化研究进展, 7(6): 385-392.

龙爱华, 程国栋, 樊胜岳, 等. 2001. 我国水资源管理中的行政分割问题与对策[J]. 中国软科学, (8): 17-21.
龙秋波, 袁刚, 王立志, 等. 2010. 邯郸市东部平原区微咸水现状及开发利用研究[J]. 水资源与水工程学报, 21(4): 127-129.
龙腾锐, 姜文超, 何强. 2004. 水资源承载力内涵的新认识[J]. 水利学报, 35(1): 38-45.
卢金凯, 杜国桓. 1991. 中国水资源[M]. 北京: 地质出版社.
鲁安新, 姚檀栋, 刘时银, 等. 2002. 藏高原各拉丹冬地区冰川变化的遥感监测[J]. 冰川冻土, 24(5): 559-562.
罗朝晖, 陈丹, 席会华. 2004. 区域水资源开发利用程度综合评 TOPSIS 模型及其应用[J]. 广东水利水电, (6): 17-18.
罗毅, 郭伟. 2008. 作物模型研究与应用中存在的问题[J]. 农业工程学报, (5): 307-312.
吕烨, 杨培岭. 2005. 微咸水利用的研究进展[A]//杨培岭. 都市农业工程科技创新与发展[M]. 北京: 水利水电出版社.
马力. 1993. 新疆典型大暴雨路径与影响系统的关系[J]. 新疆气象, 16(2): 12-15.
马淑红. 1993. 新疆暴雨路径的研究[J]. 新疆气象, 16(4): 19-26.
马秀峰, 吴燮中, 陈敬智, 等. 1999. 西北内陆河区水旱灾害[M]. 郑州: 黄河水利出版社.
马禹, 王旭, 赵兵科, 等. 2002. 新疆冰雹的时空统计特征[J]. 新疆气象, 25(1): 4-5.
满苏尔·沙比提, 楚新正. 2007. 近40年来塔里木河流域气候及径流变化特征研究[J]. 地域研究与开发, 26(4): 97-102.
毛晓敏, 李民, 沈言俐, 等. 1998. 叶尔羌河流域潜水蒸发规律试验分析[J]. 干旱区地理, 21(3): 44-50.
闵庆文, 何永涛, 李文华, 等. 2004. 基于农业气象学原理的林地生态需水量估算——以泾河流域为例[J]. 生态学报, 24(10): 2130-2135.
聂振龙, 郭占荣, 焦鹏程, 等. 2001. 西北内陆盆地水循环特征分析[J]. 地球学报, 22(4): 302-306.
聂振龙, 张光辉, 申建梅, 等. 2012. 西北内陆盆地地下水功能特征及地下水可持续利用[J]. 干旱区资源与环境, 26(1): 63-66.
牛文元. 1994. 持续发展导论[M]. 北京: 科学出版社.
彭焕华, 赵传燕, 沈卫华, 等. 2010. 祁连山北坡青海云杉林冠对降雨截留空间模拟——以排露沟流域为例[J]. 干旱区地理, 33(4): 600-606.
彭立, 苏春江. 2007. 水文尺度问题及尺度转换研究[J]. 西北林学院学报, 22(3): 179-184.
蒲健辰, 姚檀栋, 段克勤, 等. 2005. 祁连山七一冰川物质平衡的最新观测结果[J]. 冰川冻土, 27(2): 199-205.
钱正安, 吴统文, 宋敏红, 等. 2001. 干旱灾害和我国西北干旱气候的研究进展及问题[J]. 地球科学进展, 16(1): 28-38.
乔晓英, 王文科, 孔金玲, 等. 2005. GIS 支持下的河西走廊黑河中游盆地地下水资源评价与潜力分析[J]. 干旱区地理, 28(2): 219-224.
秦大河. 2002. 中国西部环境演变评估——综合卷[M]. 北京: 科学出版社.
曲焕林. 1991. 中国干旱半干旱地区地下水资源评价[M]. 北京: 科学出版社.
曲耀光. 1987. 河西地区地表水与地下水资源的转化及总水资源的计算[J]. 自然资源, (2): 7-15.
曲耀光, 马世敏, 刘景时. 1995. 西北干旱区水资源开发利用阶段及潜力[J]. 自然资源学报, 10(1): 27-34.
阮本青, 沈晋. 1998. 区域水资源适度承载能力计算模型研究[J]. 土壤侵蚀与水土保持学报, 4(3): 57-61.
阮本清, 梁瑞驹, 王浩, 等. 2001. 流域水资源管理[M]. 北京: 科学出版社.
阮明艳. 2006. 咸水灌溉的应用及发展措施[J]. 新疆农垦经济, (4): 66-68.
上官冬辉, 刘时银, 丁永建, 等. 2004a. 玉龙喀什河源区 32 年来冰川变化遥感监测[J]. 地理学报, 59(6): 855-862.
上官冬辉, 刘时银, 丁永建, 等. 2004b. 中国喀喇昆仑山、慕士塔格-公格尔山典型冰川变化监测结果[J]. 冰川冻土, 26(3): 374-375.
申元春. 2007. 拓展中国绿洲研究, 促进干旱区域可持续发展[J]. 干旱区研究, 24(4): 415.
沈大军, 陈雯, 罗健萍. 2006. 水价制定理论、方法与实践[M]. 北京: 水利水电出版社.
沈国舫. 2001. 生态环境建设与水资源的保护利用[J]. 中国水土保持, (1): 4-8.
沈晋, 沈冰, 李怀恩, 等. 1992. 环境水文学[M]. 合肥: 安徽科学技术出版社.
沈永平, 刘时银, 丁永建, 等. 2003. 天山南坡台兰河流域冰川物质平衡变化及其对径流的影响[J]. 冰川冻土, 25(3): 124-129.
沈永平, 王国亚, 魏文寿. 2004. 冰雪灾害[M]. 北京: 气象出版社.
沈永平, 王顺德. 2002. 塔里木盆地冰川及水资源变化研究新进展[J]. 冰川冻土, 24(6): 819.
沈永平. 2003. 冰川[M]. 北京: 气象出版社.
沈志宝, 邹基玲. 1994. 黑河地区沙漠和绿洲的地面辐射能收支[J]. 高原气象, 13(3): 314-322.

施成熙. 1989. 中国湖泊概论[M]. 北京: 科学出版社.
施雅风, 黄茂桓, 姚檀栋. 2000. 中国冰川与环境——现在、过去和未来[M]. 北京: 科学出版社.
施雅风. 2001. 2050年前气候变暖冰川萎缩对水资源影响情景预估[J]. 冰川冻土, 23(4): 333-341.
施雅风. 2005. 简明中国冰川编目[M]. 上海: 上海科学技术出版社.
施雅风, 曲耀光. 1992. 乌鲁木齐河流域水资源承载力及其合理利用[M]. 北京: 科学出版社.
施雅风, 沈永平, 胡汝骥. 2002. 西北气候由暖干向暖湿转型信号、影响和前景初步探讨[J]. 冰川冻土, 24(3): 219-226.
施雅风, 沈永平, 李栋梁, 等. 2003. 中国西北气候由暖干向暖湿转型问题评估[M]. 北京: 气象出版社.
施雅风, 张祥松. 1995. 气候变化对西北干旱区地表水资源的影响和未来趋势[J]. 中国科学(B 辑), 25(9): 968-977.
史振业, 冯起. 2012. 21世纪战略新兴产业——沙产业[M]. 北京: 科学出版社.
水利部水利水电规划设计总院. 2002. 全国水资源综合规划技术细则(试行)[S].
司建华, 冯起, 席海洋, 等. 2013. 黑河下游额济纳绿洲生态需水关键期及需水量[J]. 中国沙漠, 33(2): 560-567.
司建华, 冯起, 张小由, 等. 2005. 植物蒸散耗水量测定方法研究进展[J]. 水科学进展, 16(13): 450-459.
宋连春, 张存杰. 2003. 20世纪西北地区降水量变化特征[J]. 冰川冻土, 25(2): 143-148.
苏宏超, 魏文寿, 韩萍. 2003. 新疆近50a来的气温和蒸发变化[J]. 冰川冻土, 5(2): 174-178.
苏珍, 刘宗香, 王文悌, 等. 1999. 青藏高原冰川对气候变化的响应及趋势预测[J]. 地球科学进展, 14(6), 607-612.
粟晓玲, 康绍忠. 2003. 生态需水的概念及其计算方法[J]. 水科学进展, 14(6): 740-745.
孙晓敏, 袁国富, 朱致林, 等. 2010. 生态水文过程观测与模拟的发展与展望[J]. 地理科学进展, 29(11): 1293-1300.
汤奇成, 曲耀光, 周聿超. 1992. 干旱区水文水资源利用[M]. 北京: 科学出版社.
汤奇成, 张捷斌. 2001. 西北干旱地区水资源与生态环境保护[J]. 地理科学进展, 20(3): 227-233.
汤奇成. 1994. 用灰色关联法探讨干旱地区蒸发器的代表性[J]. 湖泊科学, 6(2): 107-114.
汤奇成. 1995. 绿洲的发展与水资源的合理利用[J]. 干旱区资源与环境, 9(3): 107-112.
汤奇成. 1998. 中国的河流[M]. 北京: 科学出版社.
唐兵, 安瓦尔·买买提明. 2012. 1949—1990年塔里木盆地自然灾害时空分布特征研究[J]. 干旱区资源与环境, 26(12): 124-130.
陶泽宏, 左宏超, 胡隐樵. 1994. 黑河试验数据库[J]. 高原气象, 13(3): 369-376.
田风霞, 赵传燕, 冯兆东, 等. 2012. 祁连山青海云杉林冠生态水文效应及其影响因素[J]. 生态学报, 32(4): 1066-1076.
田风霞, 赵传燕, 冯兆东. 2011. 祁连山区青海云杉林蒸腾耗水估算[J]. 生态学报, 31(9): 2383-2391.
万洪涛, 万庆, 周成虎. 2000. 流域水文模型研究的进展[J]. 地球信息科学, 12(4): 48-50.
汪恕诚. 2000. 资源水利的理论内涵和实践基础[J]. 中国水利, (5): 13-17.
汪恕诚. 2003. 资源水利: 人与自然和谐相处[M]. 北京: 中国水利出版社.
王本德, 于义彬, 王旭华, 等. 2004. 考虑权重折衷系数的模糊识别方法及在水资源评价中的应用[J]. 水利学报, 35(1): 6-10.
王德潜. 2000. 西北地区水资源特征与持续利用[J]. 第四纪研究, 20(6): 493-502.
王芳, 王浩, 陈敏建, 等. 2002. 中国西北地区生态需水量研究[J]. 自然资源学报, 17(2): 129-137.
王根绪, 程国栋. 1998. 近 50a 来黑河流域水文及生态-环境的变化[J]. 中国沙漠, 18(3): 33-238.
王根绪, 程国栋. 2002. 干旱内陆地区生态需水量估算的方法——以黑河流域为例[J]. 中国沙漠, 22(2): 129-134.
王根绪, 程国栋, 沈永平. 2002. 干旱区受水资源胁迫的下游绿洲动态变化趋势分析——以黑河流域额济纳绿洲为例[J]. 应用生态学报, 13(5): 564-568.
王根绪, 刘桂民, 常娟. 2005. 流域尺度生态水文研究评述[J]. 生态学报, 25(4): 892-903.
王根绪, 钱鞠, 程国栋. 2001. 生态水文科学研究的现状与展望[J]. 地球科学进展, 16(3): 314-323.
王光谦. 2016. 我国科学家提出“天河工程”构想未来有望构建南水北调“空中走廊”[N]. [2016-09-11]. http://www.xinhuanet.com/tech/ 2016-09/11/c_1119546724.htm.
王浩. 2003. 西北地区水资源合理配置和承载能力研究[M]. 郑州: 黄河水利出版社.
王浩, 陈敏建, 秦大庸. 2003. 西北地区水资源合理配置与承载能力研究[M]. 郑州: 黄河水利出版社.
王浩, 秦大庸, 王建华, 等. 2004. 西北内陆干旱区水资源承载能力研究[J]. 自然资源学报, 19(2): 151-159.
王浩, 王建华, 秦大庸, 等. 2002. 现代水资源评价及水资源学科体系研究[J]. 地球科学进展, 17(1): 12-17.
王建, 李硕. 2005. 气候变化对中国内陆干旱区山区融雪径流的影响[J]. 中国科学(D 辑): 地球科学, 35(7): 664-670.
王建华, 江东, 顾定法, 等. 1999. 基于 SD 模型的干旱区城市水资源承载力预测研究[J]. 地理学与国土研究, 15(2): 18-22.

王金叶. 2008. 森林生态水文过程研究[M]. 北京: 科学出版社.
王劲峰, 刘昌明, 王智勇, 等. 2000. 水资源空间配置的边际效益均衡模型[J]. 中国科学(D辑), 31(5): 421-427.
王朗, 徐延达, 傅伯杰, 等. 2009. 半干旱区景观格局与生态水文过程研究进展[J]. 地球科学进展, 24(11): 1238-1246.
王凌河, 严登华, 龙爱华, 等. 2009. 流域生态水文过程模拟研究进展[J]. 地球科学进展, 24(8): 891-898.
王鹏祥, 杨金虎, 张强, 等. 2007. 近半个世纪来中国西北地面气候变化基本特征[J]. 地球科学进展, 22(6): 649-656.
王璞玉, 李忠勤, 高闻宇, 等. 2011. 气候变化背景下近 50 年来黑河流域冰川资源变化特征分析[J]. 资源科学, 33(3): 399-407.
王秋香, 李红军. 2003. 新疆近20a风灾研究[J]. 中国沙漠, 23(5): 545-548.
王秋香, 任宜勇, 张静, 等. 2006. 新疆近53年洪灾研究[J]. 新疆气象, 29(6): 1-3.
王秋香, 任宜勇. 2006. 51a新疆雹灾损失的时空分布特征[J]. 干旱区地理, 9(1): 65-69.
王群妹, 梁雪春. 2010. 基于主成分分析的水质评价研究[J]. 水资源与水工程学报, 21(6): 140-142.
王让会, 樊自立, 马英杰. 2002. 干旱区水域生态系统的水盐耦合关系[J]. 应用生态学报, 13(2): 204-208.
王顺德, 王彦国, 王进, 等. 2003. 塔里木河流域近 40a 来气候、水文变化及其影响[J]. 冰川冻土, 25(3): 315-320.
王苏民, 林而达, 佘之祥. 2002. 环境演变对中国西部发展的影响及对策略[M]. 北京: 科学出版社.
王卫光, 张仁铎, 王修贵. 2004. 咸水灌溉下土壤水盐变化的试验研究[J]. 灌溉排水学报, 23(3): 1-4.
王文, 寇小华. 2009. 水文数据同化方法及遥感数据在水文数据同化中的应用进展[J]. 河海大学学报(自然科学版), 37(5): 556-562.
王晓燕, 毕华兴, 高路博, 等. 2014. 晋西黄土区不同空间尺度径流影响因子的辨析[J]. 西北农林科技大学学报(自然科学版), 42(1): 159-166.
王晓愚, 赵晨曦, 章真怡, 等. 2014. 新疆再生水补给地下含水层的可行性探讨——以乌鲁木齐市为例[J]. 环境工程技术学报, 4(4): 306-312.
王新平, 张娜. 2010. 新疆塔里木河流域地下水资源合理开发利用研究[J]. 地下水, 32(2): 37-39.
王旭, 马禹. 2002. 新疆大风的时空统计特征[J]. 新疆气象, 25(1): 1-3.
王旭, 王健, 马禹. 2002. 新疆大风天气过程的特点[J]. 新疆气象, 25(2): 4-6.
王艳娜, 侯振安, 龚江, 等. 2007. 咸水资源农业灌溉应用研究进展与展望[J]. 中国农学通报, 23(2): 393-397.
王永安. 1989. 论我国水源涵养林建设中几个问题[J]. 水土保持学报, 3(4): 74-82.
王越, 江志红, 张强, 等. 2007. 基于Palmer湿润指数的旱涝指标研究[J]. 南京气象学院学报, (6): 383-389.
王长申, 王金生, 滕彦国. 2007. 地下水可持续开采量评价的前沿问题[J]. 水文地质与工程地质, 34(4): 44-49.
王智, 魏守忠, 丁国梁, 等. 2009. 新疆维吾尔自治区南疆地下水开发利用规划报告[R]. 乌鲁木齐: 新疆水文水资源局.
王智勇, 王劲峰, 于静洁, 等. 2000. 河北省平原地区水资源利用的边际效益分析[J]. 地理学报, 55(3): 318-328.
王宗太. 1991. 新疆的冰川[J]. 干旱区地理, 14(1): 18-24.
王宗太. 1993. 乌鲁木齐河大西沟小冰期(盛)以来的径流变化[J]. 水科学进展, 4(4): 260-267.
卫捷, 马柱国. 2003. Palmer干旱指数、地表湿润指数与降水距平的比较[J]. 地理学报, 9: 117-124.
魏东斌, 魏晓霞. 2010. 再生水回灌地下的水质安全控制指标体系探讨[J]. 中国给水排水, 26(16): 23-26.
魏文寿. 2000. 现代沙漠对气候变化的响应与反馈[M]. 北京: 中国环境科学出版社.
温明炬, 郑伟元, 李宪文, 等. 2003. 西部大开发土地资源调查评价[M]. 北京: 中国大地出版社.
吴波平, 吴自陶. 2012. 浅谈地下水在农业灌溉中的作用[J]. 才智, (24): 1-2.
吴申燕. 1992. 塔里木盆地水热传输-蒸发及其相关性[M]. 北京: 海洋出版社.
吴素芬, 胡汝骥. 2001. 近年来新疆盆地平原区域湖泊变化原因分析[J]. 干旱区地理, 24(2): 123-129.
吴友均, 师庆东, 常顺利. 2011. 1961—2008年新疆地区旱涝时空分布特征[J]. 高原气象, 30(2): 391-396.
吴忠东. 2008. 微咸水畦灌对土壤水盐分布特征和冬小麦产量影响研究[D]. 西安: 西安理工大学.
西北内陆河区水旱灾害编委会. 1999. 西北内陆河区水旱灾害[M]. 郑州: 黄河水利出版社.
夏军, 陈俊旭, 翁建武, 等. 2012. 气候变化背景下水资源脆弱性研究与展望[J]. 气候变化研究进展, 8(6): 391-396.
夏军, 孙雪涛, 谈戈. 2003. 中国西部流域水循环研究进展与展望[J]. 地球科学进展, 18(18): 58-67.
夏军, 郑冬燕, 刘青娥. 2002. 西北地区生态环境需水估算的几个问题研讨[J]. 水文, 5(22): 12-17.
夏明营. 2013. 近 50 多年来祁连山中段黑河流域冰川变化研究[D]. 兰州: 西北师范大学.

夏庆云, 王尉英, 廖林仙. 2007. 基于主成分分析的区域水资源开发程度综合评价[J]. 浙江水利科技, (2): 49-54.
夏训诚, 李崇顺, 周兴佳. 1991. 新疆沙漠化与风沙灾害治理[M]. 北京: 科学出版社.
肖笃宁, 李小玉, 宋冬梅, 等. 2006. 民勤绿洲地下水开采时空动态模拟[J]. 中国科学: 地球科学, 36(6): 567-578.
肖笃宁, 李晓文. 1998. 试论景观规划的目标、任务和基本原则[J]. 生态学杂志, 17(3): 46-52.
肖生春, 肖洪浪. 2003. 黑河流域绿洲环境演变因素研究[J]. 中国沙漠, 23(4): 385-390.
谢昌卫, 丁永建, 刘时银, 等. 2004. 托木尔峰南坡冰川水文特征及其对径流的影响分析[J]. 干旱区地理, 27(4): 570-575.
谢金南, 李栋梁, 董安祥, 等. 2002. 甘肃省干旱气候变化及其对西部大开发的影响[J]. 干旱地区农业研究, 3: 359-369.
谢新民, 颜勇. 2003. 浅析西北地区地表水与地下水之间的相互转化关系[J]. 水利水电科技进展, 23(1): 8-10.
谢自楚, 冯清华, 王欣, 等. 2005. 中国冰川系统变化趋势预测研究[J]. 水土保持研究, 12(5): 77-83.
谢自楚, 刘宗香, 乌什努尔且夫, 等. 1998. 天山冰川物质平衡特征和成冰作用[A]//刘潮海, 谢自楚, 久尔盖诺夫. 天山冰川作用[M]. 北京: 科学出版社.
新疆地理研究所. 1995. 干旱地区资源、环境与绿洲[M]. 北京: 科学出版社.
新疆减灾四十年编委会. 1993. 新疆减灾四十年[M]. 北京: 地震出版社.
新疆水文总站. 1985. 新疆地表水资源[R]. 乌鲁木齐: 新疆水文总站.
新疆自然灾害研究课题组. 1994. 新疆自然灾害研究[M]. 北京: 地震出版社.
邢小宁. 2009. 塔里木河流域“四源一干”生态环境中存在的问题及其成因分析[J]. 塔里木大学学报, 21(2): 121-123.
熊怡, 汤奇成. 1989. 中国河流[M]. 北京: 人民教育出版社.
徐爱明, 况明生. 2006. 温室效应导致全球变暖对我国河流的影响[J]. 中国水运(理论版), 4(6): 231-232.
徐秉信, 李如意, 武东波, 等. 2013. 微咸水的利用现状和研究进展[J]. 安徽农业科学, 46(31): 13914-13916, 13918.
徐长春, 陈亚宁, 李卫红, 等. 2006. 塔里木河流域近50年气候变化及其水文过程响应[J]. 科学通报, 51(增刊I): 21-30.
徐兆祥. 1994. 西北干旱区平原地下水开发与生态环境问题[J]. 甘肃水利水电技术, (2): 16-19.
徐志侠, 王浩, 董增川, 等. 2006. 河道与湖泊生态需水理论与实践[M]. 北京: 中国水利水电出版社.
徐中民, 程国栋. 2000. 运用多目标分析技术分析黑河流域中游水资源承载力[J]. 兰州大学学报(自然科学版), 36(2): 122-132.
徐中民, 程国栋. 2002. 黑河流域中游水资源需求预测[J]. 冰川冻土, 22(2): 139-146.
徐中民. 1999. 情景基础的水资源承载力多目标分析理论与应用[J]. 冰川冻土, 21(2): 99-106.
徐宗学, 程磊. 2010. 分布式水文模型研究与应用进展[J]. 水利学报, 41(9): 1009-1017.
徐宗学. 2009. 水文模型[M]. 北京: 科学出版社.
许新宜, 王浩, 甘泓, 等. 1997. 华北地区宏观经济水资源规划理论与方法[M]. 郑州: 黄河水利出版社.
许英勤, 胡玉昆, 马彦华. 2001. 塔里木中河下游区域开发对生态环境的影响及生态环境恢复与重建对策[J]. 干旱区地理, 24(4): 342-345.
许有鹏. 1993. 干旱区水资源承载能力综合评价研究[J]. 自然资源学报, 8(3): 229-237.
薛丽芳. 2003. 额济纳旗建设之思考[J]. 科学经济社会, 21(4): 12-14.
闫琳, 胡春元, 董智, 等. 2000. 额济纳绿洲土壤盐分特征的初步研究[J]. 干旱区资源与环境, (14): 25-30.
严登华, 何岩, 王浩, 等. 2005. 生态水文过程对水环境影响研究述评[J]. 水科学进展, 16(5): 747-752.
严登华, 王浩, 杨舒媛, 等. 2008. 干旱区流域生态水文耦合模拟与调控的若干思考[J]. 地球科学进展, 23(7): 773-778.
阎宇平, 王介民, Menenti M, 等. 2001. 黑河试验区非均匀地表能量通量的数值模拟[J]. 高原气象, 20(2): 132-139.
颜东海, 李忠勤, 高闻宇, 等. 2012. 祁连山北大河流域冰川变化遥感监测[J]. 干旱区研究, 29(2): 245-250.
阳勇, 陈仁升, 吉喜斌. 2007. 近几十年来黑河野牛沟流域的冰川变化[J]. 冰川冻土, 29(1): 100-106.
杨川德, 塞迪可夫 Ж С. 1992. 亚洲中部水资源研究[M]. 北京: 科学技术文献出版社.
杨川德, 邵新媛. 1993. 亚洲中部的湖泊近期变化[M]. 北京: 气象出版社.
杨大文, 雷慧闽, 丛振涛. 2010. 流域水文过程与植被相互作用研究现状评述[J]. 水利学报, 41(10): 1142-1149.
杨根生. 1991. 黄土高原地区北部风沙区土地沙漠化综合治理[M]. 北京: 科学出版社.
杨怀德, 冯起, 郭小燕. 2017. 1999—2013 年民勤绿洲地下水埋深年际变化动态及影响因素[J]. 中国沙漠, 37(3): 562-570.
杨建平, 丁永建, 刘时银, 等. 2003. 长江黄河源区冰川变化及其对河川径流的影响[J]. 自然资源学报, 18(5): 595-602.
杨莲梅. 2002. 新疆的冰雹气候特征及其防御[J]. 灾害学, 17(4): 26-31.

杨庆, 郭萌, 刘予, 等. 2010. 北京利用土地处理技术将再生水回补地下水可行性探讨[J]. 城市地质, 5(1): 7-10.
杨晓玲, 丁文魁, 董安祥, 等. 2009. 河西走廊气候资源的分布特点及其开发利用[J]. 中国农业气象, 30(增1): 1-5.
杨昱, 廉新颖, 马志飞, 等. 2014. 再生水回灌地下水环境安全风险评价技术方法研究[J]. 生态环境学报, 23(11): 1806-1813.
杨泽元, 王文科, 黄金廷, 等. 2006. 陕北风沙滩地区生态安全地下水水位埋深研究[J]. 西北农林科技大学学报(自然科学版), 34(8): 67-74.
杨针娘, 刘新仁, 曾群柱, 等. 2000. 中国寒区水文[M]. 北京: 科学出版社.
杨针娘. 1991. 中国冰川水资源[M]. 兰州: 甘肃科学技术出版社.
叶柏生, 韩添丁, 丁永建. 1999. 西北地区冰川径流变化的某些特征[J]. 冰川冻土, 21(1): 54-58.
叶晓枫, 王志良. 2007. 主成分分析法在水资源评价中的应用[J]. 河南大学学报(自然科学版), 37(3): 276-279.
尹振良, 肖洪浪, 邹松兵, 等. 2013. 祁连山黑河干流山区水文模拟研究进展[J]. 冰川冻土, 35(2): 438-446.
于开宁, 娄华君, 郭振中. 2004. 城市化诱发地下水补给增量的机理分析[J]. 资源科学, 26(2): 71.
于维忠. 1988. 水文学原理[M]. 北京: 水利电力主板社.
余新晓. 2013. 森林生态水文研究进展与发展趋势[J]. 应用基础与工程科学学报, 21(3): 391-402.
鱼腾飞, 冯起, 司建华, 等. 2011. 遥感结合地面观测估算陆地生态系统蒸散发研究综述[J]. 地球科学进展, 26(12): 1260-1268.
曾辉, 崔海亭, 黄润华. 1997. 西北干旱区脆弱景观的生态整治对策[J]. 自然资源, 19(5): 1-7.
张勃, 石惠春. 2004. 河西地区绿洲资源优化配置研究[M]. 北京: 科学出版社.
张国威, 何文勤, 商思臣. 1998. 我国干旱区洪水灾害基本特征——以新疆为例[J]. 干旱区地理, 21(1): 40-48.
张红旗, 王立新, 贾宝全. 2004. 西北干旱区生态类型概念及其功能分类研究[J]. 中国生态农业学报, 12(2): 5-8.
张华伟, 鲁安新, 王丽红, 等. 2011. 祁连山疏勒南山地区冰川变化的遥感研究[J]. 冰川冻土, 33(1): 8-14.
张家宝, 邓子风. 1987. 新疆降水概论[M]. 北京: 气象出版社.
张俊, 郭生练, 李超群, 等. 2007. 概念性流域水文模型的比较[J]. 武汉大学学报(工学版), 40(2): 1-5.
张凯, 宋连春, 韩永翔, 等. 2006. 黑河中游地区水资源供需状况分析及对策探讨[J]. 中国沙漠, 26(5): 842-848.
张丽, 李丽娟, 梁丽乔, 等. 2008. 流域生态需水的理论及计算研究进展[J]. 农业工程学报, 24(7): 307-312.
张林源, 王乃昂. 1994. 中国的沙漠与绿洲[M]. 兰州: 甘肃教育出版社.
张强, 赵雪, 赵哈林. 1998. 中国沙区草地[M]. 北京: 气象出版社.
张庆云, 陈烈庭. 1991. 近30年来中国气候的干旱变化[J]. 大气科学, 15(5): 72-81.
张祥松, 陈建明, 王文颖 1996. 喀喇昆仑山巴托拉冰川的新近变化[J]. 冰川冻土, (S1): 33-45.
张祥松, 王宗太. 1995. 西北冰川变化及其趋势[A]//施雅风. 中国气候与海面变化及其趋势和影响[M]. 济南: 山东科技出版社.
张祥松, 周聿超. 1990. 喀喇昆仑山叶尔羌河冰川湖突发洪水研究[M]. 北京: 科学出版社.
张小雷, 雷军. 2006. 水土资源约束下的新疆城镇体系结构演进[J]. 科学通报, 51(S1): 148-155.
张小雷. 2003. 新疆城镇体系规划的理论与实践[M]. 乌鲁木齐: 新疆人民出版社.
张新主, 章新平, 张剑民, 等. 2011. 1999—2008年湖南省暴雨特征分析[J]. 自然灾害学报, 20(1): 19-25.
张玉芳, 邢大韦. 2004. 内陆河流域水资源平衡与生态环境改善[J]. 水资源研究, 25(1): 23-27.
张远, 杨志峰. 2005. 河道生态环境分区需水量计算方法与实例分析[J]. 环境科学学报, 25(4): 429-435.
张允, 赵景波. 2009. 1644—1911年宁夏西海固干旱灾害时空变化及驱动力分析[J]. 干旱区资源与环境, 23(5): 94-99.
张振宪. 1992. 阿克苏地区降雹特征及成雹条件的分析[J]. 新疆气象, 15(6): 10-19.
张志强, 王盛萍, 贾宝全, 等. 2004. 甘肃民勤地区不同地下水埋深花棒蒸腾耗水研究[J]. 生态学报, 24(4): 739-742.
张志强, 余新晓, 赵玉涛, 等. 2003. 森林对水文过程影响研究进展[J]. 应用生态学报, 14(1): 113-116.
张志强. 2002. 森林水文: 过程与机制[M]. 北京: 中国环境科学出版社.
张宗祜, 李烈荣. 2005. 中国地下水资源(宁夏卷、内蒙古卷)[M]. 北京: 中国地图出版社.
张宗祜, 李烈荣. 2004. 中国地下水资源(内蒙古卷)[M]. 北京: 中国地图出版社.
章曙明, 王世杰, 尤平达, 等. 2005. 新疆地表水资源研究[M]. 北京: 中国水利水电出版社.
赵传燕, 冯兆东, 南忠仁. 2008. 陇西祖厉河流域降水插值方法的对比分析[J]. 高原气象, 27(1): 208-215.
赵松桥. 1985. 中国干旱地区自然地理[M]. 北京: 科学出版社.

赵松桥, 申元村, 任洪林, 等. 1985. 柴达木盆地的土地类型和农业生产潜力[J]. 干旱区地理, (4): 4-17.
赵新全. 2009. 高寒草甸生态系统与全球变化[M]. 北京: 科学出版社.
中国科学院地理研究所. 2000. 柴达木盆地水资源合理利用与生态环境保护[M]. 北京: 科学出版社.
中国科学院院士西北水资源考察团. 1996. 关于黑河石羊河流域合理用水和拯救生态问题的建议[J]. 中国科学院院刊, (1): 7-10.
中国气象局. 2006. 中国气候与环境演变[M]. 北京: 气象出版社.
钟德才. 1998. 中国沙海动态演化[M]. 兰州: 甘肃文化出版社.
中科学地学部. 1996. 西北干旱区水资源考察报告——关于黑河、石羊河流域合理用水和拯救生态问题的建议[J]. 地球科学进展, 11(1): 1-4.
周维博. 2002. 河西走廊灌溉农业发展的水资源承载力分析[J]. 自然资源学, 17(5): 564-570.
周仰效, 李文鹏. 2010. 地下水可持续开发概念原理与方法[J]. 水文地质工程地质, 37(1): 9.
周聿超. 1999. 新疆河流水文水资源[M]. 乌鲁木齐: 新疆科技卫生出版社.
朱瑞兆, 熊建国, 马淑红, 等. 1995. 塔里木盆地腹部气象资料整编[M]. 北京: 气象出版社.
朱震达, 刘恕, 高前兆, 等. 1983. 内蒙古西部古居延-黑城地区历史时期的环境变化与沙漠化过程[J]. 中国沙漠, 3(2): 1-8.
朱震达, 吴正, 刘恕, 等. 1980. 中国沙漠概论(修订版)[M]. 北京: 科学出版社.
左其亭. 2002. 干旱半干旱地区植被生态用水计算[J]. 水土保持学报, 24(3): 114-117.
David R M. 2002. 水文学手册[M]. 张建云, 李纪周, 译. 北京: 科学出版社.
Abbott M B, Bathurst J C, Cunge K A, et al. 1986. An introduction to the European hydrological system-Systeme Hydrologique European, “SHE”, 2: Structure of physically based, distributed modelling system[J]. Journal of Hydrology, 87(1-2): 61-77.
Ai-Sulaimi J, Viswanathan M N, Naji M, et al. 1996. Impact of irrigation on brackish. Groundwater lenses in north Kuwait[J]. Agricultural Water Management, 31:75-90.
Aizen V B, Aizen E M, Melack J M, et al. 1997. Climate and hydrologic changes in the Tien Shan Central Asia[J]. Journal of Climate, 10: 1393-1404.
Allan T. 1999. Productive efficiency and allocative efficiency: Why better water management may not solve the problem[J]. Agricultural Water Management, 40(3):71-75.
Andreadis K M, Lettenmaier D P. 2006. Assimilation remotely sensed snow observations into a macro scale hydrology model[J]. Advances in Water Resources, 29(6): 872-886.
Arnold J G, Srinivasan R, Muttiah R S, et al. 1998. Large area hydrologic modeling and assessment: Part I. Model development[J]. Journal of the American Water Resources Association, 34(1): 73-89.
Arora V K, Boer G J. 2005. A parameterization of leaf phenology for the terrestrial ecosystem component of climate modes[J]. Global Change Biology, 11(1): 39-59.
Arora V K. 2002. Modeling vegetation as a dynamic component in soil vegetation atmosphere transfer schemes and hydrological models[J]. Reviews of Geophysics, 40(2): 1-26.
Baird A J, Wilby R L. 1998. Ecohydrology: Plants and water in Terrestrial and Aquatic Environments[M]. London: Routledge.
Band L E, Patterson P, Nemani R. 1993. Forest ecosystem processes at the watershed scale: Incorporating hills lope hydrology[J]. Agricultural and Forest Meteorology, 63(1-2): 93-126.
Band L E, Tague C L, Groffman P, et al. 2001. Forest ecosystem processes at the watershed scale: Hydrological and ecological controls of nitrogen export[J]. Hydrological Processes, 15(10): 2013-2028.
Beven K J, Binley A M. 1992. The future of distributed models: Model calibration and uncertainty prediction[J]. Hydrological Processes, 6(3): 279-298.
Boegh E, Thorsen M, Butts M B, et al. 2008. Incorporating remote sensing data in physically based distributed agrohydrological modeling[J]. Journal of Hydrology, 287(1-4): 279-299.
Bond B. 2003. Hydrology and ecology meet? And the meeting is good[J]. Hydrological Processes, 17(10): 2087-2089.
Bonel L M. 2002. Ecohydrology-A completely new idea?[J]. Hydrological Science Journal, 47(6):809-810.
Borry R G. 1985. Characteristics of Arctic Ocean ice determined from SMMR data for 1979: Case studies in the seasonal sea ice zone[J]. Advances in Space Research, 5(6): 257-261.

Bovee K D. 1986. Development and Evaluation of Habitat Suitability Criteria for Use in the Instream Flow Incremental Methodology[R]. Washington, D.C.:Instream Flow Information Paper No.21, US Fish and Wild life Service, Biological Report.

Boyle D P, Gupta H V, Sorooshian S, et al. 2000. Toward improved calibration of hydrological models: Combining the strengths of manual and automatic methods[J]. Water Resources Research, 36(12): 3663-3674.

Brian D, Mathews R R, Harrison D L, et al. 2003. Ecologically sustainable water management: Managing river flows for ecological integrity[J]. Ecological Applications, 13(1): 206-224.

Brown R D, Goodison B E. 1996. Interannual variability in reconstructed Canadian snow cover, 1915-1992[J]. Journal of Climate, 9: 1299-1318.

Brown R D. 2000. Northern Hemisphere snows cover variability and change, 1915-1997[J]. Journal of Climate, 13:2339-2355.

Brutsaert W. 2005. Hydrology: An introduction[M]. New York: Cambridge University Press.

Catherine M P, Mary B. 2000. The land-water interface: Science for a sustainable biosphere[J]. Ecological Applications, 10(4): 939-940.

Cess R D, Potter G L, Zhang M H. 1991. Interpretation of snow-climate feedback as produced by 17 general circulation models[J]. Science, 253: 888-892.

Chen J M, Chen X F, Ju W M, et al. 2005. Distributed hydrological model for mapping evapotranspiration using remote sensing inputs[J]. Journal of Hydrology, 305(1-4): 15-39.

Clark D H, Clark M M, Gillespie A R. 1994. Debris-covered glaciers in the Sierra Nevada, California, and their implications for snowline reconstructions[J]. Quaternary Research, 41:139-153.

Cohen J, Rind D. 1991. The effect of snow cover on the climate[J]. Journal of Climate, 4: 689-706.

Covich A. 1993. Water in Crisis: A Guide to the World's Fresh Water Resources[M]. New York: Oxford University Press.

Duan Q Y, Sorooshian S, Gupta V K, et al. 1992. Effective and efficient global optimization for conceptual rain fall runoff models[J]. Water Resources Research, 28(4): 1015-1031.

Falkenmark N. 1990. Environmental management and the role of hydrologist[J]. Nature and Resources, 26(1): 13-21.

Federer C A, Vorosmarty C J, Fekete B. 1996. Intercomparison of methods for calculating potential evaporation in regional and global water balance models[J]. Water Resources Research, 32: 2315-2321.

Feng Q, Cheng G D, Endo K H. 2001a.Towards sustainable development of the environmentally degraded river Heihe basin, China[J] . Hydrological Sciences Journal, 46 (5): 651.

Feng Q, Cheng G D, Endo K H. 2001b. Carbon storage in desertified lands: A case study from north China[J]. GeoJournal, 51:181-189.

Feng Q, Cheng G D, Masao M K. 2000. Trends of water resource development and utilization in arid northwestern China[J]. Environmental Geology, 39(8): 831-832.

Feng Q, Cheng G D, Mikami M S. 1999. Water resources in China: Problem and countermeasures [J]. Ambio, 28: 202-203.

Feng Q, Cheng G D, Mikami M S. 2001c. The carbon cycle of sandy lands in China and its global significance[J]. Climatic Change, 48: 535-549.

Feng Q, Cheng G D. 1998. Current situation, problem and rational utilization of water resources in arid north-western China[J]. Journal of Arid Environment, 40: 373-382.

Feng Q, Endo K H, Cheng G D. 2002. Soil water and chemical characteristics of sandy soils and their significance to land reclamation[J]. Journal of Arid Environment, 51: 35-54.

Feng Q. 1999. Sustainable utilization of water resources in Gansu Province[J]. Chinese Journal of Arid Land Research, 11: 293-299.

Fisher F T, Peterson P L. 2001. A tool to measure adaptive expertise in biomedical engineering students: Multimedia Division (Session 2793) Proceedings for the 2001 ASEE Annual Conference[J]. Albuquerque, NM. 6: 24-27.

Flint A L, Childs S W. 1991. Use of the Priestly-Taylor evaporation equation for soil water limited conditions in a small forest clearcut[J]. Agriculture and Forest Meteorology, 56: 247-260.

Gleick P H. 1996. Minimum water requirements for human activities: meeting basic needs[J]. Water International, (21): 83-92.

Gleick P H. 2000. The changing water paradigm: A look at twenty-first century water resource development[J]. Water International,

25(1): 127-138.

Gleick P, Loh P, Gomez S, et al. 1995. California Water 2020: A sustainable Vision[M]. California: Pacific Institute for Studies in Development, Environment and Security.

Govind A, Chen J M, Margolis H, et al. 2009. A spatially explicit hydrogeological modeling frame work (BEPS Terrain LabV20): Model description and testing boreal ecosystem in eastern North America[J]. Journal of Hydrology, 367(3-4): 200-216.

Greiner R. 1997. Optimal farm management responses to emerging soil salinisation in a dryland catchment in eastern Australia[J]. Land Degradation and Development, 8(4): 281-303.

Groisman P Y, Easterling D R. 1994. Variability and trends of total precipitation and snowfall over the United States and Canada[J]. Journal of Climate, 7: 184-205.

Groisman P Y, Karl T R, Knight R W. 1994. Observed impact of snow cover on the heat balance and the rise of continental spring temperatures[J]. Science, 363: 198-200.

Gurell A M, Hupp C R, Gregory S V, et al. 2000. Preface: Linking hydrology and ecology[J]. Hydrological Processes, 14(16-17): 2813-2815.

Hargreaves G H, Samani Z A. 1985. Reference crop evapotranspiration from temperature[J]. Applied Engineering in Agriculture, 1: 96-99.

He Z B, Zhao W Z, Liu H, et al. 2012. Effect of forest on annual water yield in the mountains of an arid in land river basin: A case study in the Palilugou catchment on Northwestern China's Qilian Mountains[J]. Hydrological Processes, 26(4): 613-621.

Hoinkes H. 1967. Glaciology in the International Hydrological Decade[A]//IAHS Publication No.79[C]. Bern: IUGG General Assembly, IAHS Commission on Snow and Ice, Reports and Discussions.

Hooke R, Jeeves T A. 1961. "Direct search" solution of numerical and statistical problems [J]. Journal of ACM, 8(2): 212-229.

Hughes M G, Robinson D A. 1996. Historical snow cover variability in the Great Plains region of the USA: 1910 through to 1993[J]. International Journal of Climatology, 16: 1005-1018.

Ioslovich I, Gutman P A. 2001. Model for the global optimization of water prices and usage for the case of spatially distributed sources and consumers[J]. Mathematics and Computer in Simulation, 56(1):347-356.

IPCC. 1996a. Climate Change 1995: The Science of Climate Change. Contribution to the Second Assessment Report of the Intergovernmental Panel on Climate Change[R]. Cambridge: Cambridge University Press.

IPCC. 2013. Climate change 2013: The physical science basis. Contribution of working group I to the fifth assessment report of the Intergovernmental Panel on Climate Change[J]. Computational Geometry, 18(2):95-123.

IPCC.1996b.Revised 1996 Guidelines for National Greenhouse Gas Inventories[R]. Washington, D.C.: Reference Manual, Organization for Economic Cooperation and Development.

Irmi S, Clem A T. 1999. Carrying capacity reconsidered: From Malthus's population theory to cultural carrying capacity[J]. Ecological Economics, 31: 395-408.

Ivanov V Y, Bras R L, Nivoni E R, et al. 2008. Vegetation hydrology dynamics in complex terrain of semiarid areas: 1. Energy water controls of vegetation spatiotemporal dynamics and topographic niches of favorability[J]. Water Resources Research, 44: W03430.

James L D. 1995. NSF research in hydrological sciences[J]. Journal of Hydrology, 172(1-4): 3-14.

Janauer G A. 2000. Ecohydrology: Fusing concepts and scales [J]. Ecological Engineering, 16(1): 9-16.

Jensen B N. 1982. Pilot judgment-training and evaluation[J]. human Factors, 24(1): 61-73.

Jia B Q, Xu Y Q. 1998. The conception of the eco-environmental water demand and its classification in arid land[J]. Arid Land Geography, 21(2): 8-12.

Jia B Q, Zhang Z Q, Zhang H Q, et al. 2002. On the current research status, problems and future framework of ecological and environmental water use[J]. Acta Ecologica Sinica, 22(10): 1734-1740.

Jill S, Baron N, LeRoy P, et al. 2002. Meeting ecological and societal needs for freshwater[J]. Ecological Applications, 12(5): 1247-1260.

John W W, Mark M G, John T. 1999. Plants and water in drylands[A]// Baird A J, Wilby R L. Eco-hydrology[M]. London: Routledge.

Jonathan M H, Scott K. 1999. Carrying capacity in agriculture: Global and regional issues[J]. Ecological Economics, 29: 443-461.

Jones P D, Briffa K R. 1992. Global surface air temperature variation over the twentieth century, part 1[J]. Holocene, 254: 698-700.

Kim K, Lee D H, Hong J, et al. 2006. Hydro Korea and Carbo Korea: Cross scale studies of Ecohydrology and biogeochemistry in a heterogeneous and complex forest catchment of Korea [J]. Ecological Research, 21(6): 881-889.

Kiniry J R, MacDonald J D, Kemanian A R, et al. 2008. Plant growth simulation for land scape scale hydrological modelling [J]. Hydrological Sciences Journal, 53(5): 1030-1042.

Kirkpatrick S, Gelatt C D, Vecchi M P. 1983. Optimization by simulated annealing[J]. Sciences, 220: 671-680.

Korzoun V I. 1978. World Water Balance and the Water Resources in the Earth[C]. Paris: UNESCO.

Krysanova V, Muller Wohlfeil D, Becker A, et al. 2005. Development of the Eco hydrological model SWIM for regional impact studies and vulnerability assessment[J]. Hydrological Processes, 19(3): 763-783.

Lai Z M, Ye B S. 1991. Evaluating the water-resource impacts of climatic warming in cold alpine regions by the water-balance model-modeling the Urumqi river basin[J]. Science in China Series B-Chemistry, 4(11): 1362-1371.

Langbein W B, Schumm S A. 1958. Yield of sediment in relation to mean annual precipitation[J]. Transactions of the American Geophysical Unin, 39: 442-460.

Li B L, Zhang Y C, Zhou C H. 2004. Remote sensing detection of glacier changes in Tianshan Mountains for the past 40 years[J]. Journal of Geographical Sciences, 14(3): 296-302.

Li D F, Shao M A. 2013. Simulating the vertical transition of soil textural layers in North western China with a Markov Chain Model[J]. Soil Research, 51(3): 182-192.

Li L J, Zheng H. 2000. Environmental and ecological water consumption of river systems in Haihe-Luanhe basins[J]. Acta Geographica Sinica, 55(4):495-500.

Li X, Cheng G D, Liu S M, et al. 2013. Heihe watershed allied telemetry experimental research(HiWATER): Scientific objectives and experimental design[J]. Bulleting of American Meteorological Society, 94(8): 1145-1160.

Li Z, Sun W X, Zeng Q Z. 1998. Deriving glacier change information in the Tibetan Plateau using Landsat data[J]. Remote Sensing of Environment, 63: 258-264.

Liang X, Lettenmaier D P, Wood E F, et al. 1994. A simple hydrologically based model of landsurface water and energy fluxes for general circulation models[J]. Journal of Geophysical Research, 99(D7): 14415-14428.

Liu C M. 1999. Analysis of balance about water supply and demand in the 21st century of China: Ecological water resource studying[J]. China Water Resources, (10):18-20.

Liu S Y, Xie Z C, Wang N L, et al. 1999. Mass balance sensitivity to climate change: A case study of glacier NO.1 at Urumqi riverhead, Tianshan Mountains, China[J]. Chinese Geographical Science, 9 (2): 134-140.

Liu S Y, Zhang Y, Zhang Y S, et al. 2009. Estimation of glacier runoff and future trends in the Yangtze River source region, China[J]. Journal of Glaciology, 55(190): 353-362.

Liu Y Q, Gupta H V, Sorooshian S. 2005. Constraining land surface and atmospheric parameters of a locally coupled model suing observational data[J]. Journal of Hydrometeorology, 6(2): 156-172.

Liu Y S, Jay G, Yang Y F. 2003. A holistic approach towards assessment of severity of land degradation along the Great Wall in northern Shaanxi province, China[J]. Environmental Monitoring and Assessment, 82 (2): 187-202.

Lumbroso D. 2003. Handbook for the Assessment of Catchment Water Demand and Use[M]. London: HR Wallingford.

Lundqvist J, Gleick P H. 1996. Sustaining Our Waters into the 21st Century. Report to the Comprehensive Global Freshwater Assessment of the United Nations[R]. Stockholm: Stockholm Environment Institute.

Mackay D S, Band L E. 1997. Forest ecosystem processes at the watershed scale: Dynamic coupling of distributed hydrology and canopy growth[J]. Hydrological Processes, 11(9): 1197-1217.

Mikkelsen P S, Adeler O F, Albreehtsen H J, et al. 1999. Collected rainfall as water resource in Danish households-what is the potential and what are the costs?[J]. Water Science & Technology, 39(5):49-56.

Millington R, Gifford R. 1973. Energy and How We Live[C]. Australian UNESCO Seminar, Committee for Man and Biosphere.

Mo X G, Li S X, Lin Z H, et al. 2004. Simulating temporal and spatial variation of evapotranspiration over Lushi basin[J]. Journal of Hydrology, 285(1-4): 125-142.

Mo X, Chen J M, Ju W, et al. 2008. Optimization of ecosystem model parameters through assimilating eddy covariance flux data with an ensemble Kalman filter[J]. Ecological Modelling, 217(1-2): 157-173.

Moore T R, Knowles R K. 1989. The influence of water table levels on methane and carbon dioxide emissions from peat land soils[J]. Canadian Journal of Soil Sciences, 69: 33-38.

Moriasi D, Arnold J G, van Liew M W, et al. 2007. Model evaluation guidelines for systematic quantification of accuracy in watershed simulations[J]. Transactions of The ASABE, 50: 885-900.

Namias J. 1985. Some empirical evidence for the influence of snow cover on temperature and precipitation[J]. Monthly Weather Review, 113: 1542-1553.

National Research Council. 2008. Earth observations from space: The first 50 years of scientific achievements[C]. Washington, D.C: National Academies Press.

Nelder J A, Mead R. 1965. A simple method for function minimization[J]. Computer Journal, 7(4): 308-313.

Newman B D, Wilcox B P, Archer S R, et al. 2006. Ecohydrology of water limited environments: A scientific vision[J]. Water Resources Research, 42(6):W06302.

Obasi G O P. 2000. Mitigation of Natural Disasters: WMO's Contributions to Societal Needs in the New Millennium[R]. Long Beach, CA: Lecture presented at the 80th Annual Meeting of the American Meteorological Society.

Oerlemans J, Reichert B K. 2000. Relating glacier mass balance to meteorological data by using a seasonal sensitivity characteristic[J]. Journal of Glaciology, 46(152): 1-6.

Oerlemans J. 1998. The atmospheric boundary layer over melting glaciers[J]. Clear and Cloudy Boundary Layers, Royal Netherlands Academy of Arts and Sciences, 48: 129-153.

Oerlemans J. 2005. Extracting a climate signal from 169 glacier records[J]. Science, 308(5722): 675-677.

Olli V.1999. Water resource development: Vicious and benign cycles[J]. Ambio, 28: 599-603.

Ottlé C, Vidal-Madjar D. 1994. Assimilation of soil moisture inferred from infrared remote sensing in a hydrological model over the Hapex Mobilhy Region[J]. Journal of Hydrology, 158(3-4): 241-264.

Park R E, Burgess E W. 1921. Introduction to the Science of Sociology[M]. Chicago: University of Chicago Press.

Pauwels V R N, Hoeben R, Verhoest N E C, et al. 2001. The importance of the spatial patterns of remotelysensed soil moisture in the improvement of discharge prediction for small scale basins through data assimilation[J]. Journal of Hydrology, 251(1-2): 88-102.

Penman H L. 1948. Natural evaporation from open water, bare soil, and grass[J]. Proceedings of the Royal Society, 193:116-140.

Petts G E, Maddock I, Bickerton M, et al. 1995. Linking Hydrology and Ecology: The Scientific Basis for River Management[M]. Chichester: Wiley.

Petts G E. 1996. Water allocation to protect river ecosystems[J]. Regulated Rivers: Research & Management, 12: 353-365.

Quan Q, Ajamin K, Gao X, et al. 2007. Multi model ensemble hydrologic prediction using Bayesian model averaging[J]. Advances in Water Resources, 30(5): 1371-1386.

Raskin P, Hansen E, Margolis R. 1995. Water and sustainability: A global outlook. Polestar Series Report Number 4[R]. Boston: Stockholm Environment Institute.

Richard M A, Brian H H, Stephanie L, et al. 1998. Effects of global climate changes on agriculture: An interpret active review[J]. Climate Research, 11(1): 19-30.

Robinson D A, Dewey K F, Heim R R. 1993. Global snow cover monitoring: An update[J]. Bulletin of the American Meteorological Society, 74: 1689-1696.

Robinson D A. 2009. The northern tier rules: The 2007-2008 snow report[J]. Weatherwise, 62: 28-35.

Rodriguez I I. 2000. Ecohydrology: A hydrologic perspective of climate-soil-vegetation dynamics[J]. Water Resources Research, 36(1): 3-9.

Rosenbrock H H. 1960. An automatic method for finding the greater or least value of a function[J]. Computer Journal, 3(3): 175-184.

Rudi H. 2005. Effects of grid cell size and time step length on simulation result of the Limburg soil erosion model (LISEM)[J]. Hydrological Processes, 19(15): 3037-3049.

Russell H. 2003. Human Carrying capacity is determined by food availability[J]. Population and Environment, 25(2): 109-117.

Schuurmans J M, Troch P A, Veldhuizen A A, et al. 2003. Assimilation of remotely sensed latent heat flux in a distributed hydeological model[J]. Advances in Water Resources, 26(2): 151-159.

Schymanski S J. 2007. Transpiration as the Leak in the Carbon Factory: Model of Self-Optimizing Vegetation[M]. Perth: The University of Western Australia.

Scott R L, Shuttleworth W J, Keefer T O, et al. 2000. Modeling multiyear observations of soil moistures recharge in the semiarid American southwest[J]. Water Resources Research, 36(8): 2233-2247.

Shi Y F, Qu Y G. 1992. Reasonable Utilization and the Carrying Capacity of Water Resources in Urumqi River Basin[M]. Beijing: Science Press.

Si J H, Feng Q, Cao S K, et al. 2014. Water use sources of desert riparian Populus euphratica forests[J]. Environmental Monitoring and Assessment, 186(9): 5469-5477.

Simon A, Curini A. 1998. Pore pressure and bank stability: The influence of matric suction[C]//Proceedings of Water Resources Engineering Conference, Memphis, Tennessee: ASCE: 358-363.

Sophocleous M A. 2000. Methodology and application of combined watershed and ground-water models in Kansas[J]. Journal of Hydrology, 236(3-4): 185-201.

Sposicto G. 1998. Scale Dependence and Scales Invariability in Hydrology[C]. Cambridge:Cambridge University Press.

Storn R, Price K. 1997. Differential evolution-A simple and efficient adaptive scheme for global optimization over continuous spaces[J]. Journal of Global Optimization, 11(4): 341-359.

Strzepek K M, Yates D N, Elquosy D E. 1996. Vulnerability assessment of water resources in Egypt to climate change in the Nile Basin [J]. Climate Research, 6: 89-95.

Studyfzand P J. 1999. Patterns in groundwater chemistry resulting from groundwater flow[J]. Hydrogeology Journal, 7: 15-27.

Sui D Z, Maggio R C. 1999. Integrating GIS with hydrological modeling: Practices, problems, and prospects[J]. Computers, Environment, and Urban Systems, 23(1): 33-51.

Tague C L, Band L E. 2004. RHESSys: Regional hydro ecologic simulation system-An object oriented approach to spatially distributed modeling of carbon, water, and nutrient cycling[J]. Earth Interactions, 8(19): 1-42.

Tennant D L. 1976. Instream flow regimens for fish, wildlife, recreation, and related environmental resources[A]//Orsborn J F, Allman C H. Proceedings of Symposium and Specility Conference on Flow Needs II[C]. Bethesda, Maryland: American Fisheries Society.

UNESCO, FAO. 1985. Carrying Capacity Assessment with a Pilot Study of Kenya: A Resource Accounting Methodology for Exploring National Options for Sustainable Development[R]. Paris and Rome: UNESCO, FAO.

van der Tol C, Meesters A, Dolman A, et al. 2008. Optimum vegetation characteristics, assimilation, and transpiration during a dry season: 1. Model description[J]. Water Researches Research, 44(3): W03421.

Varis O. 1999. Water resources development: Vicious and virtuous circles[J]. Ambio, 28(7): 599-603.

Vorosmarty C J, Federer C A, Schloss A L. 1998. Potential evaporation functions compared on US watersheds: Possible implications for global-scale water balance and terrestrial ecosystem modeling[J]. Journal of Hydrology, 207: 147-169.

Walsh J E. 1987. Large-scale effects of seasonal snow cover[A]// Goodison B E. Large Scale Effects of Seasonal Snow Cover[M]. Wallingford: IAHS, 166: 3-14.

Wang F, Wang H, Chen M J. 2002. A study of ecological water requirements in Northwest China[J]. Journal of Natural Resources, 17(2): 129-137.

Wang G X, Cheng G D. 2002. Water demand of eco-system and estimate method in arid inland river basins-Take Heihe River basin as an example[J]. Journal of Desert Research, 22(2):129-134.

Wang N L, Yao T D, Pu J C.1996. Climate sensitivity of the Xiao Dongkemadi Glacier in the Tanggula Pass[J]. Gyrosphere, 2: 63-66.

Wang X Q, Liu C M, Yang Z F. 2001. Method of resolving lowest environmental water demands in river course[J]. Acta Scientiae Circumstantiate, 21(5):544-547.

Ward J V, Stanford J A.1979. The Ecology of Regulated Streams[M]. New York: Plenum Press.

Waring R H, Running S W. 1998. Forest Ecosystems: Analysis at Multiple Scales[M]. 2nd Edition. SanDiego: Academic Press.

Warrick R D, Lu Zhang, Hattona T J, et al. 1997. Evaluation of a distributed parameter ecohydrological model (TOPOG-IRM) on a small cropping rotation catchment[J]. Journal of Hydrology, 191(1-4): 64-86.

Watson F G R, Vertessy R A, Grayson R B, et al. 1999. Large scale modeling of forest hydrological processes and their long term effect on water yield[J]. Hydrological Processes, 13(5): 689-700.

Wigmosta M S, Vail L W, Lettenmaier D P, et al. 1994. A distributed hydrology vegetation model for complex terrain[J]. Water Researches Research, 30(6): 1665-1679.

Xia J, Sun X T, Feng H L, et al. 2003. The challenge of the research about ecological water demand in West China faces[J]. China Water Resources, (5): 57-60.

Xia J, Takeuchi K. 1999. Introduction to special issue on barriers to sustainable management of water quantity and quality[J]. Hydrological Sciences Journal, 44(4): 503-506.

Xia J, Tan G. 2002. Hydrological science towards global change: Progress and challenge[J]. Resources Science, 24(3):1-7.

Xia J, Zheng D Y, Liu Q E. 2002. Study on evaluation of eco-water demand in Northwest China[J]. Journal of Hydrology, 5(22): 12-17.

Xu X Y, Wang H, Gan H. 1997. Theories and Methods for the Macroeconomic Water Resource Management of North China[M]. Zhengzhou: Yellow River Water Conservancy Press.

Ye H C. 2000. Decadal variability of Russian winter snow accumulation and its associations with Atlantic sea surface temperature anomalies[J]. International Journal of Climatology, 20(14): 1709-1728.

Zalewski M. 2000.Ecohydrology:The scientific back ground to use ecosystem properties as management tools toward sustainability of water resources[J]. Ecological Engineering, 16(1): 1-8.

Zhang H P. 2002. Relationship between Ejina Oasis and water resources in the lower river basin of Heihe[J]. Advances in Water Sciences, 13(2): 223-228.

Zhang R H, Sumi A, Kimoto M. 1996. Impact of El Niño on the east Asian monsoon:A diagnostic study of the ‘86/87 and ‘91/92 events[J]. Journal of the Meteorological Society of Japan, 74(1): 49-62.

Zhang Y S, Koji F J, Yutaka A T. 1998. The response of glacier ELA to climate fluctuations on High-Asia[J]. Bulletin of Glacier Research, 16: 1-11.

Zu R P, Gao Q Z, Qu J J. 2003. Environmental changes of oases at southern margin of Tarim Basin, China [J]. Environmental Geology, 44: 639-644.

Котляков В М, Лебедева И М. 2000. Возможные изменения абляции и ледникового стока высочайщих горных стран Азии в связи с глобалных потеплением климата[J]. МГИ, 88: 3-15.